ENCYKLOPÄDIE

DER

MATHEMATISCHEN

WISSENSCHAFTEN

MIT EINSCHLUSS IHRER ANWENDUNGEN.

ERSTER BAND:

ARITHMETIK UND ALGEBRA.

ENCYKLOPÄDIE

DER

MATHEMATISCHEN WISSENSCHAFTEN

MIT EINSCHLUSS IHRER ANWENDUNGEN.

HERAUSGEGEBEN
IM AUFTRAGE DER AKADEMIEEN DER WISSENSCHAFTEN
ZU GÖTTINGEN, LEIPZIG, MÜNCHEN UND WIEN,
SOWIE UNTER MITWIRKUNG ZAHLREICHER FACHGENOSSEN.

ERSTER BAND IN ZWEI TEILEN.

ARITHMETIK UND ALGEBRA.

REDIGIERT VON

WILHELM FRANZ MEYER
IN KÖNIGSBERG I. PR.

ERSTER TEIL.

Springer Fachmedien Wiesbaden GmbH
1898—1904.

ISBN 978-3-663-15446-4
DOI 10.1007/978-3-663-16017-5

ISBN 978-3-663-16017-5 (eBook)

Softcover reprint of the hardcover 1st edition 1904

Einleitender Bericht über das Unternehmen der Herausgabe der Encyklopädie der mathematischen Wissenschaften.

Im September des Jahres 1894 trafen auf einer Fahrt in den Harz *Felix Klein* und *Heinrich Weber* mit *Franz Meyer*, damals Professor an der Bergakademie in Clausthal, zusammen. Dort wurde der erste Plan der Encyklopädie der mathematischen Wissenschaften entworfen. *Franz Meyer* entwickelte seinen Gedanken der Abfassung eines *Wörterbuches der reinen und angewandten Mathematik*.

Das zu Ende gehende Jahrhundert hat wie auf so vielen Gebieten menschlicher Erkenntnis so auch hier den Wunsch nach einer zusammenfassenden Darstellung der in seinem Laufe geleisteten wissenschaftlichen Arbeit entstehen lassen, welche zugleich die mannigfaltigen Anwendungen auf Naturwissenschaft und Technik mit einbegreifen sollte. Erschöpfend freilich im Sinne einer geschlossenen, in alle Einzelheiten des weitverzweigten Baues eingehenden, alle Wege nach historischer wie nach methodischer Richtung bezeichnenden Darlegung konnte, beim Mangel umfassender Vorarbeiten, ein solches Werk nicht geplant werden, wollte man anders nicht seine Durchführung gefährden. So war es zunächst die Absicht, nur das „Notwendigste“, die fundamentalen „Begriffe“ unseres mathematischen Wissens in Form eines *Lexikons* zusammenzustellen und zu charakterisieren.

„Es sollte“ — so führte *Franz Meyer* in einem ersten Entwurfe aus — „die Erklärung des unter ein vorliegendes Stichwort fallenden Begriffes in der Form, in welcher er zuerst aufgetreten ist, gegeben werden, nebst Angabe der litterarischen Quelle, soweit das möglich ist. War dabei hauptsächlich an die neueren Begriffe gedacht, so sollten immerhin auch die alten und sogar auch die veralteten Kunstausdrücke Erwähnung finden, um sie wie in einem Museum zu konservieren. Darauf sollte die historische Entwickelung des Begriffes folgen bis in die neueste Zeit. Fast jeder Begriff differenziert und spaltet sich mit der Zeit, nimmt verschiedene Nüancen und Modifikationen an, verzweigt sich je nach den Anwendungen, die man von ihm macht, vertieft und verallgemeinert sich. Entsprechende Umänderungen, Zusätze und Zusammensetzungen erfährt das bezügliche Kunstwort. Die wichtigsten Abschnitte bei dieser Laufbahn des Begriffes sollten wiederum mit Belegen versehen werden." So sollte die Entwickelungsgeschichte eines jeden einzelnen Begriffes an seinem Teile ein Bild der fortschreitenden Wissenschaft liefern.

Der Plan fand die volle Zustimmung von *Klein* und *Weber*.

Frische und Mut ihn auszuführen mochte bei der Wanderung durch Berg und Wald sich stärken. Ein grosses Ziel war vor Augen gerückt, wert die Kräfte dafür einzusetzen und die Schwierigkeiten zu bestehen, die der Weg dahin darbieten würde. Das Unternehmen überstieg die Kraft des Einzelnen, es sollte ein Gemeinsames unserer Deutschen Mathematiker werden, zu dem ein jeder nach seinem besonderen Arbeitsgebiete beizutragen hätte, an dem darüber hinaus, wo es die Entwickelung mit sich brachte, auch Forscher aus dem Ausland heranzuziehen waren.

Damals war eben das *Kartell Deutscher Akademieen* geschlossen, bestimmt grosse wissenschaftliche Unternehmungen in gemeinsamer Arbeit ins Werk zu setzen und zu fördern. Die hier gestellte Aufgabe erschien recht eigentlich als eine Aufgabe des Kartells. Durch die Akademieen sollte nicht nur finanzielle Unterstützung geboten, sondern auch in wissenschaftlicher Beziehung der Fortgang der nicht rasch sich vollziehenden Arbeit — man dachte damals an eine Durchführung in sechs bis sieben Jahren — gesichert werden.

Die *Deutsche Mathematiker-Vereinigung* aber sollte in erster Linie das Unternehmen zu dem ihrigen machen durch das Zusammenwirken ihrer Mitglieder. Für sie wurde der eben mit Erfolg begonnene Plan grosser eingehender wissenschaftlicher Referate über alle aktuellen Gebiete der Mathematik, die jeweils in den Jahresberichten niedergelegt werden sollten, ergänzt durch diese neue zusammenfassende Aufgabe, für die aus jenen zum Teile wenigstens die Vorarbeiten gezogen werden konnten.*)

---

*) Schon auf der ersten Versammlung der Deutschen Mathematiker-Vereinigung in Halle, Herbst 1891 hat *Felix Müller* bei der Besprechung „litterarischer Unter-

So stellte sich der Bedeutung und dem Bedürfnis zusammenfassender Darstellung des weitverzweigten Wissens die Notwendigkeit eines Zusammenschlusses ihrer Vertreter zu gemeinsamer Arbeit in natürlichem Entwickelungsgang zur Seite.

*   *   *

Auf der *Naturforscherversammlung in Wien* im September 1894 beschloss die deutsche Mathematiker-Vereinigung den Plan der Abfassung eines Wörterbuches der reinen und angewandten Mathematik aufzunehmen und beauftragte *Franz Meyer,* für denselben die wissenschaftliche und finanzielle Unterstützung der im Kartell vereinigten Akademieen und gelehrten Gesellschaften zu *Göttingen, Leipzig, München* und *Wien* anzurufen.

Zu Anfang des Jahres 1895 wurde der erste Entwurf des Wörterbuches, verbunden mit einem vorläufigen Plan der Finanzierung (welcher mit Beiziehung der Firma B. G. Teubner in Leipzig aufgestellt war) den Akademieen vorgelegt und erlangte die prinzipielle Zustimmung von Göttingen, München und Wien, während die Gesellschaft der Wissenschaften zu Leipzig mangels verfügbarer Mittel sich genötigt sah, von der Beteiligung am Unternehmen vorerst noch abzusehen.

Von den gelehrten Gesellschaften wurden *F. Klein* (Göttingen), *W. v. Dyck* (München), *G. v. Escherich* (Wien) beauftragt, die Verhandlungen mit der Redaktion und mit einem ins Auge zu fassenden Verlage einzuleiten und einen genauen Plan des Unternehmens nach seiner wissenschaftlichen wie nach seiner finanziellen Seite zu entwerfen. Diese akademische Kommission trat weiterhin als eine ständige Einrichtung der Redaktion zur Seite. Sie verstärkte sich gleich zu Anfang noch durch *H. Weber* (Strassburg) als Vertreter der deutschen Mathematiker-Vereinigung und *L. Boltzmann* (Wien) als Beirat in wissenschaftlichen Fragen. Später traten dann noch *H. v. Seeliger* (München) sowie neuerdings der später noch zu nennende *O. Hölder* (Leipzig) hinzu.

In eingehenden Vorarbeiten, welche die Gliederung des Stoffes und seine Einordnung in grössere zusammenfassende wie in kleinere

---

nehmungen, welche geeignet sind, das Studium der Mathematik zu erleichtern" (1. Jahresbericht der D. M.-V., S. 59) anlässlich der Darlegung des Entwurfes zu seinem (inzwischen erschienenen) mathematischen Vokabularium auf eine solche alphabetisch geordnete mathematische Encyklopädie hingewiesen.

Einzelartikel, sodann den in Aussicht zu nehmenden Umfang des ganzen Werkes zum Gegenstande hatten, verging der Sommer 1895. Die Entscheidung über die Durchführbarkeit des Unternehmens aber brachte eine Konferenz der Delegierten der Akademieen mit *Franz Meyer* im September 1895 zu Leipzig, an der sich auch *A. Wangerin* an Stelle *H. Weber*'s, sowie Verlagsbuchhändler *Alfred Ackermann-Teubner* beteiligte. Neben einem ersten Entwurf einer Stoffanordnung nach Stichworten lag dort das Manuskript von *Felix Müller*'s schon oben genanntem Lexikon der mathematischen Terminologie vor — und da zeigte sich, dass für die hier in Aussicht genommenen Zwecke einer *Encyklopädie* an einer *alphabetischen* Anordnung nicht festgehalten werden könne. Wollte man, wie dies der eingangs bezeichnete ursprüngliche Plan gewesen war, die Darlegung des Inhaltes unseres heutigen mathematischen Wissens anknüpfen an die einzelnen Begriffe und Kunstwörter und ihre Umgestaltung, so würde schon die richtige, von unnötigem Ballast freie Auswahl der aufzunehmenden Stichwörter, um welche sich die gesamte Darlegung zu gruppieren hätte, ganz erhebliche Schwierigkeiten bieten. Gleichwohl würde eine solche Anordnung eine weitgehende Zersplitterung des Inhaltes zur Folge haben, während doch andererseits besonders in der Darstellung der Resultate und Methoden der Forschung Wiederholungen kaum zu vermeiden wären. Das Lexikon würde zudem einen völlig unhomogenen Charakter erhalten, weil neben zusammenhängenden Entwickelungen über einzelne Gebiete auch ganz kurze Abschnitte, blosse Worterklärungen, eine Unmenge von Rückverweisen eingefügt werden müssten.

So kam in Leipzig auf Antrag von *Dyck* der Beschluss zu Stande, die Idee eines eigentlichen *Lexikons* fallen zu lassen und an Stelle des *künstlichen* Systems einer alphabetischen das *natürliche* System einer rein sachlichen Anordnung und Darlegung der mathematischen Wissensgebiete zu setzen. Auch in einer solchen wird noch oft genug der mannigfache Zusammenhang der einzelnen Disziplinen zerschnitten, kann das gegenseitige Ineinandergreifen in sachlicher oder in methodischer Hinsicht nur teilweise zum Ausdruck kommen, muss das Nacheinander der Darlegung das Nebeneinander der Thatsachen unvollkommen ersetzen. Aber doch ist es möglich, in der einfach ausgebreiteten Darstellung dem Hauptzuge der leitenden Gedanken zu folgen und ihm die Entwickelung der Einzelgebiete mit ihrer weiteren Ausgestaltung einzufügen.

Unter Zugrundelegung dieses neuen Prinzipes wurde nun zunächst die Disposition für die der reinen Mathematik gewidmeten Bände getroffen. Für ihre Ausarbeitung wie für die Bearbeitung zweier Probeartikel über „Flächen dritter Ordnung" und über „Potentialtheorie" gelang es neben *Franz Meyer* noch *Heinrich Burkhardt,* damals Privatdozent an der Universität Göttingen, zu gewinnen und den letzten auch zum Eintritt in die Redaktion zu bestimmen, denn von vornherein trat zu Tage, dass die Aufgabe der Redaktion von einem Einzelnen nicht würde bewältigt werden können. Im besonderen übernahm dann späterhin *Franz Meyer* die Redaktion von Band I (Arithmetik und Algebra) und von Band III (Geometrie), *Heinrich Burkhardt* die des Bandes II (Analysis).

Es lässt sich nicht verkennen, dass mit der Änderung des Systems der Darlegung auch eine Verschiebung des Inhaltes oder doch eine andere Betonung desselben gegeben war. Nicht der einzelne Begriff, sondern der Aufbau des Inhaltes in den Resultaten und Methoden der mathematischen Forschung bildet das Prinzip der Gruppierung. So wurde als Aufgabe der *„Encyklopädie der mathematischen Wissenschaften",* wie das Werk von da ab genannt wurde, die folgende aufgestellt:

„Aufgabe der Encyklopädie soll es sein, in knapper, zu rascher Orientierung geeigneter Form, aber mit möglichster Vollständigkeit eine Gesamtdarstellung der mathematischen Wissenschaften nach ihrem gegenwärtigen Inhalt an gesicherten **Resultaten** zu geben und zugleich durch sorgfältige Litteraturangaben die geschichtliche Entwickelung der mathematischen **Methoden** seit dem Beginn des 19. Jahrhunderts nachzuweisen. Sie soll sich dabei nicht auf die sogenannte reine Mathematik beschränken, sondern auch die **Anwendungen** auf Mechanik und Physik, Astronomie und Geodäsie, die verschiedenen Zweige der Technik und andere Gebiete mit berücksichtigen und dadurch ein Gesamtbild der Stellung geben, die die Mathematik innerhalb der heutigen Kultur einnimmt."

Eine weitere Schwierigkeit lag nunmehr in der Bemessung des Umfanges des ganzen Werkes und in einer richtigen Verteilung des Raumes auf die einzelnen Gebiete. Vergleiche mit früheren Werken ähnlicher Art, mit analogen anderer Disziplinen boten nur geringen

Anhalt. Hier konnte ein erster Ansatz nur als eine wünschenswerte Begrenzung, nicht als eine sichere Norm aufgestellt werden, immerhin aber musste ein solcher Überschlag die Grundlage für die Bemessung der von den Akademieen beizusteuernden Mittel wie für die Verhandlungen mit der Verlagsbuchhandlung bilden.

Man einigte sich, sechs Bände Grossoktav zu je vierzig Bogen als Ausgangspunkt für die Raumdisposition festzulegen. Drei Bände sollten der reinen, zwei der angewandten Mathematik dienen, ein weiterer den historischen, philosophischen und didaktischen Fragen gewidmet sein. Jeder Band sollte mit einem eigenen Register versehen werden. Der letzte Band sollte ausserdem eine zusammenfassende Gesamtübersicht, und, um das Werk auch als Nachschlagewerk brauchbar zu machen, ein ausführliches alphabetisch geordnetes *Register* enthalten.

Für die gesamte Durchführung des Unternehmens sollte die Redaktion mit der von den Akademieen eingesetzten Kommission zusammenwirken:

Der *Redaktion* fiel die Aufgabe zu, auf Grund der in gemeinsamen Beratungen mit der Kommission festgestellten Disposition des Werkes den Stoff im einzelnen zu gliedern; die Mitarbeiter zu gewinnen, sich über die Verteilung der Gebiete mit ihnen zu verständigen und die gegenseitige Bezugnahme der Referenten über benachbarte Gebiete zu vermitteln; für die Erzielung eines einheitlichen Charakters der verschiedenen Artikel Sorge zu tragen; die Drucklegung zu überwachen; die Register zusammenzustellen; endlich durch die Kommission regelmässige Berichte über den Fortgang des Werkes an die beteiligten Akademieen zu erstatten.

Der *akademischen Kommission* sollte die Wahrnehmung des besonderen Interesses der Akademieen an dem Gedeihen des Werkes und die thatkräftige wissenschaftliche Unterstützung der Redaktion obliegen. Insbesondere sollte die Zustimmung dieser Kommission erforderlich sein für alle etwa sich als notwendig erweisenden Änderungen im Plane des Werkes wie in der Zusammensetzung der Redaktion und ebenso für die Auswahl der Mitarbeiter.

*   *   *

Im Frühjahr 1896 erhielten die vorgelegten Pläne und Organisationsvorschläge der Kommission und Redaktion die Zustimmung der Akademieen zu *Göttingen, München* und *Wien* und wurde der Vertrag für die Herausgabe mit dem Verlage von *B. G. Teubner* in Leipzig abgeschlossen.

Und nun begann das Werk — unter günstigen Auspicien, denn gleich von Anfang an gelang es der Redaktion, einen grossen, bedeutenden Kreis von Mitarbeitern sich zu sichern, bereit unter Hintansetzung ihrer besonderen Interessen ihre Arbeit in den Dienst der gemeinsamen Sache zu stellen. Es waren „*Allgemeine Grundsätze*" ausgegeben worden, welche nach Möglichkeit eine gemeinsame Basis des Aufbaues der Artikel und eine gleichmässige Behandlung des Stoffes sichern sollten, ohne doch die wissenschaftliche Freiheit und die Individualität des Einzelnen, der für seine Darlegung die volle Verantwortlichkeit trägt, allzusehr zu beschränken.*)

Über die Anordnung der einzelnen Bände, wie sie nunmehr, gestützt auf diese Grundlagen allmählich sich gestaltete, wird in den besonderen Einleitungen der Redaktion zu berichten sein. Hier soll nur hervorgehoben werden, wie die Aufstellung und allmähliche Ergänzung der umfassenden Disposition, die gegenseitige Abgleichung des Inhaltes der einzelnen Aufsätze und die Klarlegung ihrer wechselseitigen Beziehungen ganz besonders gefördert wurde in den häufigen persönlichen Konferenzen der Mitarbeiter, der Redakteure und Kommissionsmitglieder untereinander. Sie bedeuten ein aufs dankbarste anzuerkennendes Opfer aller Beteiligten, aber auch einen bleibenden

---

*) Wir glauben, sie an dieser Stelle mit denjenigen Abänderungen und Ergänzungen wiedergeben zu sollen, welche sie später, insbesondere bei Inangriffnahme der Bände der angewandten Mathematik, erfahren haben.

Allgemeine Grundsätze für die Bearbeitung der Artikel.

1. Innerhalb des einzelnen Artikels werden die dem betreffenden Gebiete eigentümlichen mathematischen *Begriffe*, ihre wichtigsten *Eigenschaften*, die fundamentalsten *Sätze*, und die *Untersuchungsmethoden*, die sich als fruchtbar erwiesen haben, dargestellt.

2. Auf die Ausführung von *Beweisen* der mitgeteilten Sätze muss verzichtet werden; nur wo es sich um prinzipiell wichtige Beweismethoden handelt, kann eine kurze Andeutung derselben gegeben werden.

3. Die auf *Anwendungen* bezüglichen Teile des Werkes sollen einen doppelten Zweck erfüllen: sie sollen *einerseits* den Mathematiker darüber orientieren, welche Fragen die Anwendungen an ihn stellen, *andererseits* den Astronomen, Physiker, Techniker darüber, welche Antwort die Mathematik auf diese Fragen giebt. Demgemäss beschränken sie sich auf die mathematische Seite der Anwendungen; Instrumentenkunde, Beobachtungskunst, Sammlung von Konstanten, Verwaltungsvorschriften fallen ausserhalb des Rahmens des Werkes.

Gewinn für das ganze Werk wie für Alle, die an demselben sich bethätigt haben. Die Naturforscherversammlungen des letzten Jahrzehntes, von der Wiener Versammlung des Jahres 1894, auf welcher der Grundstein des Werkes gelegt wurde, angefangen, der internationale Mathematikerkongress in Zürich (1897), wie endlich besondere Konferenzen der akademischen Kommission und der Redaktion, die fast regelmässig mit den jährlichen Versammlungen des Kartells der deutschen Akademieen vereinigt wurden, boten die wichtige Gelegenheit zur gemeinsamen Beratung über den Fortgang des Werkes und zum Gedankenaustausch über seine Ausgestaltung im Einzelnen.

Ganz besonders trat die Notwendigkeit persönlicher Aussprache hervor, als es sich, nachdem die wesentlichsten Schritte für die Disposition und die Durchführung der drei ersten Bände der reinen Mathematik getan waren, im Jahre 1897 darum handelte, nunmehr auch an die der angewandten Mathematik gewidmeten Bände heranzutreten. Von vornerein war klar geworden, dass nur eine Erweiterung der Redaktion die Durchführung des Unternehmens sichern konnte und ebenso, dass es — wollte man nicht die Fertigstellung

---

Soll das erste dieser Ziele erreicht werden, so wird erforderlich sein: kurze Angabe der Überlegungen, die zur mathematischen Formulierung des betr. Problems geführt haben; explizite Aufstellung dieser Formulierung; Angabe der Grenzen, innerhalb deren in den Fällen der Praxis die auftretenden Konstanten liegen; Angabe des Genauigkeitsgrades, bis zu dem die betr. Formulierung als richtig anzusehen ist.

Soll auch das zweite Ziel erreicht werden, so wird man sich nicht auf blosse Verweisungen auf diejenigen Stellen der drei ersten Bände beschränken dürfen, an denen das betr. Problem behandelt ist; man wird das Resultat der erforderlichen mathematischen Operationen (Gleichungsauflösung, geometrische Konstruktion, Integration) kurz angeben müssen. Dagegen ist Wiederholung der Litteraturangaben nicht erforderlich.

4. Streng chronologische Anordnung des Stoffes würde zu vielen Wiederholungen nötigen, für die nicht Raum ist; aber die *allmähliche Entwickelung der Begriffe und Methoden* wird an geeigneten Stellen auseinanderzusetzen und durch *genaue Litteraturangaben* zu belegen sein.

5. Die vorhandenen historischen Monographien und bibliographischen Hilfsmittel werden den Herren Mitarbeitern zur ersten Orientierung gute Dienste leisten; der erste Grundsatz aller historischen Kritik verlangt jedoch, dass die Darstellung schliesslich auf *eigenem Studium der Originalarbeiten* beruht.

6. Von *älteren Entwickelungsperioden* werden zwar die Resultate aufzunehmen sein, aber auf speziellen Nachweis ihres Ursprungs wird verzichtet werden müssen; andernfalls würde die Befolgung der Grundsatzes (5) den Abschluss der Arbeit über die Maassen verzögern, da es an den erforderlichen orientierenden Vorarbeiten namentlich für das 18. und teilweise auch für das 17. Jahrhundert noch

des Ganzen in weiteste Ferne verschieben — notwendig war, das Werk von allen Seiten in Angriff zu nehmen. Die akademische Kommission hoffte, *F. Klein* zum Eintritt in die Redaktion und speziell für die Bearbeitung des auf Mechanik bezüglichen Bandes bestimmen zu können und ebenso *A. Sommerfeld* (damals Privatdozent in Göttingen), für die Redaktion des mathematisch-physikalischen Teiles zu gewinnen. Zunächst übernahm es *Klein* auf mehrfachen grösseren Reisen (nach England, Frankreich, Holland, Italien und Österreich), zu denen die Akademieen die nötigen Mittel in liberaler Weise gewährt hatten, für Disposition, Ausgestaltung und Mitarbeit an diesen Bänden die nötigen Vorarbeiten zu treffen. War schon für die ersten Bände die Beteiligung auch nichtdeutscher Autoren von wesentlicher Bedeutung für das Gepräge der Referate geworden, hier, bei den der angewandten Mathematik gewidmeten Bänden ist es besonders wichtig, der Entwicklung der einzelnen Gebiete gemäss auch auf die Mitarbeit nichtdeutscher Autoren zählen zu können.

So sehr wir das ganze Unternehmen nach Grundlage und Durchführung als ein deutsches in Anspruch nehmen wollen, es ist von

---

fehlt. Demgemäss wird die historische Darstellung im allgemeinen zweckmässigerweise mit dem Beginn des neunzehnten Jahrhunderts einsetzen. Soweit überhaupt Zitate auf frühere Zeiten gegeben werden, werden sie in dem Sinne zu verstehen sein, dass keine Gewähr dafür geleistet wird, ob nicht eine noch frühere Stelle hätte zitiert werden können.

7. Die einzelnen mathematischen Fächer werden nicht als von einander isoliert betrachtet; es ist im Gegenteil eine der Hauptaufgaben des Werkes, das vielfache *In- und Übereinandergreifen der verschiedensten Gebiete* allgemein zum Bewusstsein zu bringen.

8. Einseitige Hervorhebung eines bestimmten Schulstandpunktes läuft dem Zwecke des Werkes zuwider. Das Erstrebenswerteste würde es sein, wenn es überall gelänge, die auf verschiedenen Wegen gewonnenen Resultate zu einer *objektiven Darstellung* ineinander zu arbeiten; wo das undurchführbar erscheint, soll wenigstens jede der einander gegenüberstehenden Auffassungen zu Worte kommen.

9. Zur Entscheidung schwebender *Streitfragen*, insbesondere solcher über Priorität, ist die Encyklopädie nicht berufen.

10. Werden in einem Gebiete Begriffe oder Sätze benutzt, die einem andern angehören, so wird auf den das letztere Gebiet behandelnden Abschnitt *einfach verwiesen* (unter Benutzung der in der Disposition gebrauchten Signatur), auch wenn derselbe in der Encyklopädie erst an einer späteren Stelle erscheint. Übrigens werden Dinge, von welchen man zweifeln kann, ob sie in einen früheren oder in einen späteren Abschnitt gehören, im allgemeinen an der früheren Stelle eingereiht.

11. Soweit es ohne Beeinträchtigung der Grundsätze (7) und (10) geschehen kann, werden die Ansprüche an die *Vorkenntnisse* der Leser so gehalten, dass

höchster Bedeutung, soll es nicht einen einseitigen Standpunkt vertreten, dass in der Auffassung und Darlegung der einzelnen Gebiete alle Stimmen zu Worte kommen, welche zu der Eigenart ihrer Entwicklung beigetragen haben. Der bleibende Besitzstand einer jeden Wissenschaft ist ein internationales Gut, gewonnen aus der gesamten Arbeit der Gelehrten aller Zeiten und aller Länder. Aber in verschiedenen Richtungen, mit verschiedener Betonung und Wertschätzung der einzelnen Gebiete, mit charakteristischem Unterschied in den Methoden und in der Darstellungsform haben die verschiedenen Nationen, die verschiedenen Epochen sich an dieser Arbeit beteiligt. Dies muss in der Encyklopädie in der Darlegung des Inhaltes nach seiner geschichtlichen Entwicklung wie in der Heranziehung der Mitarbeiter zum Ausdruck gebracht werden. In der That zählt das Unternehmen heute neben dem Grundstock seiner deutschen Autoren Gelehrte Amerikas, Belgiens, Englands, Frankreichs, Hollands, Italiens, aus Norwegen, Österreich, Russland, Schweden zu seinen Mitarbeitern.

In den Jahren 1898 und 1899 konnte, besonders durch die persönlichen Bemühungen und Beziehungen *F. Klein's*, die Durchführung

---

das Werk auch demjenigen nützlich sein kann, der nur über ein bestimmtes Gebiet Orientierung sucht.

12. Bibliographische Vollständigkeit der *Litteraturangaben* ist ebensowenig möglich oder auch nur wünschenswert, als erschöpfende Aufzählung aller überhaupt aufgestellten Sätze oder vorgeschlagenen Kunstausdrücke

13. Doch sollen alle wichtigen wirklich im Gebrauche befindlichen *termini technici* vorkommen und Erläuterung finden, damit sie später in das Register aufgenommen werden können. Besonders werden Fälle zu notieren sein, in welchen derselbe Terminus oder dasselbe Symbol von verschiedenen Autoren in verschiedenen Bedeutungen gebraucht wird, namentlich solche, in welchen der Sinn eines Terminus sich im Laufe der Zeit unvermerkt erweitert hat. Unter veralteten Terminis wird sparsame Auswahl zu treffen sein

14. Überall, wo es zum Verständnis erforderlich ist, werden *Figuren im Texte* beigegeben

15. Zur Aufnahme ausführlicher *Sammlungen von Formeln,* sowie von dergleichen *Tabellen numerischer Werte* der behandelten Funktionen — die doch nicht ohne vorherige Kontrolle aus anderen Werken abgeschrieben werden dürften — hat das Unternehmen *nicht* die Mittel. Dagegen sind Angaben darüber wünschenswert, wo dergleichen zu finden, erforderlichenfalls mit einer Warnung vor kritikloser Benutzung — Ganz kleine Tabellen können Platz finden, welche den Verlauf einer Funktion durch einige wenige geeignet ausgewählte Zahlwerte veranschaulichen; vielfach wird eine graphische Darstellung denselben Dienst noch besser thun.

16. *Zitate* auf vielbenutzte Zeitschriften werden in einheitlicher abgekürzter

der der angewandten Mathematik gewidmeten Bände gesichert und eine erste Disposition derselben entworfen werden. Dabei erwies es sich als notwendig, den gesamten überreichen Stoff der Anwendungen statt wie geplant auf zwei, auf drei Bände zu verteilen, von denen der vierte die Mechanik, der fünfte die mathematische Physik, der sechste die Geodäsie, Geophysik und Astronomie umfassen sollte, während für die historischen, philosophischen und didaktischen Fragen ein siebenter Band vorbehalten wurde.

Im Jahre 1899 übernahm *Klein* definitiv die Redaktion des der Mechanik gewidmeten Bandes, bald darauf *Sommerfeld* die Redaktion des fünften Bandes, der mathematischen Physik.

An eine Disposition des sechsten Bandes konnte erst nach mannigfachen Vorverhandlungen im Jahre 1900 gegangen werden. Sie wurde von *E. Wiechert* in Göttingen für Geodäsie und Geophysik, von *R. Lehmann-Filhés* in Berlin für die Astronomie getroffen, die beide damit in die Redaktion der Encyklopädie eintraten. Leider sah sich der letztgenannte schon im Jahre 1902 genötigt, von der Redaktion, in der er in dankenswertester Weise die ersten Verhandlungen mit den gewählten Mitarbeitern geführt hatte, zurückzutreten. An seine

---

Form (nach einem besonders aufgestellten Schema) gegeben; Bücher werden, wo sie in einem Artikel zum ersten Mal vorkommen, mit Familien- und abgekürztem Vornamen des Verfassers, Hauptteil des Titels, Ort und Jahr zitiert, bei öfterem Vorkommen die späteren Male in kürzerer Form. Wo zu genaueren Angaben die Sache nicht wichtig genug erscheint, haben blosse Aufzählungen von Autorennamen für den Leser meist wenig Nutzen

17. In ihrer Allgemeinheit nichtssagende *epitheta ornantia*, wie epochemachend, genial, grossartig, klassisch u. s. w. werden zu vermeiden sein. Dagegen wird angegeben, in welcher Richtung jedesmal der Fortschritt liegt: ob in Auffindung *neuer Resultate* — oder in *strenger Begründung* vorher nur vermutungsweise aufgestellter oder ungenügend bewiesener Sätze — oder in Abkürzung umständlicher Entwickelungen durch Beiziehung *neuer Hilfsmittel* — oder endlich in *systematischer Anordnung* einer ganzen Theorie.

Speziell der Bearbeitung der Bände für angewandte Mathematik gelten noch die folgenden Bemerkungen:

1. Da sich die Encyklopädie wesentlich an ein mathematisches Publikum wendet, muss sie den Nachdruck auf die *mathematische* Seite der Theorieen legen Hierzu wird einerseits zu zählen sein die mathematische *Formulierung* der in Betracht kommenden Aufgaben, andererseits ihre mathematische *Durchführung*. Der letztere Gesichtspunkt, welcher in den spezifisch physikalischen und ingenieurwissenschaftlichen Büchern vielfach zurücktritt, wird hier wesentlich im Auge zu behalten sein. Andererseits wird aber auch im Gegensatz zu der Darstellung in der Mehrzahl der mathematischen Werke die experimentelle Grundlegung der Einzel-

Stelle trat mit dem Jahre 1903 *K. Schwarzschild,* der eben an die Göttinger Sternwarte berufen worden war.

Ostern 1904 wurde *Conrad H. Müller,* der schon längere Zeit an den Arbeiten der Redaktion beteiligt war, zur Unterstützung *F. Klein's* als Mitredakteur des vierten Bandes durch die akademische Kommission bestimmt; im Juli 1904 endlich *Ph. Furtwängler* (in Potsdam) zur Redaktion des ersten Teiles von Band VI (Geodäsie und Geophysik) in Gemeinschaft mit *E. Wiechert* berufen.

* * *

Inzwischen war, am 7. November 1898, das erste Heft des ersten Bandes zur Ausgabe gelangt, enthaltend *H. Schubert's* Bericht über die Grundlagen der Arithmetik, *E. Netto's* Referat über Kombinatorik und die grosse Arbeit von *A. Pringsheim* über Irrationalzahlen und Konvergenz unendlicher Prozesse. Im August 1899 begann dann die Publikation des zweiten Bandes mit *Pringsheim's* Grundlagen der allgemeinen Funktionenlehre, dem sich der Aufsatz von *A. Voss* über Differential- und

---

gebiete zu schildern sein, nämlich so weit, dass der Leser ein allgemeines Urteil über die Begründung und die Genauigkeitsgrenze der mathematischen Theorie gewinnt.

2. Dem allgemeinen Plane der Encyklopädie entspricht, wie in dem Rundschreiben hervorgehoben, die *historische Anordnung des Stoffes* und die Wiedergabe der Hauptmomente der *geschichtlichen Entwickelung.* Indess ist für die vorliegenden Bände in dieser Hinsicht zu beachten, dass die Ergebnisse der angewandten Mathematik rascher veralten, wie die der reinen, und dass daher die geschichtliche Entwickelung hier nicht dieselbe Wichtigkeit für das Verständnis des heutigen Standes der Theorie hat, wie dort. Trotzdem wird im Allgemeinen die historische Darstellung auch in den folgenden Bänden wünschenswert sein, soweit sie sich mit Systematik und Übersichtlichkeit verträgt.

3. Auf den Gebieten der angewandten Mathematik ist die Litteratur vielfach sehr zerstreut und unzusammenhängend. Die Redaktion hat es sich daher angelegen sein lassen, im voraus nach möglichst vielen Seiten, bei Mathematikern, Physikern, Technikern, . . . Astronomen, sowie in verschiedenen Ländern, Beziehungen anzubahnen; sie wird gerne bereit sein, den Herren Mitarbeitern auf Grund dieser Beziehungen sonst schwer beschaffbare Litteratur mitzuteilen oder wenigstens nachzuweisen.

4 Schliesslich scheint es nicht erforderlich, dass jeder Artikel von einem einem einzelnen Autor bearbeitet wird. Vielmehr sind auch *kleinere Beiträge,* welche nur einen Teil des in dem betr. Artikel zu behandelnden Stoffes decken, unter Umständen erwünscht. Solche Beiträge können dem zusammenfassenden Artikel als Anhang beigedruckt oder, falls sich der Verfasser damit einverstanden erklärt, dem Hauptreferenten des Gebietes zur Verfügung gestellt und von diesem eingearbeitet werden. In der Überschrift des Artikels wird die Autorschaft solcher Beiträge in geeigneter Weise zum Ausdruck kommen.

Integralrechnung, sowie der des verstorbenen *G. Brunel* über bestimmte Integrale anreihte. Im Oktober 1902 erschien das erste Heft des dritten Bandes mit den Aufsätzen von *H. v. Mangoldt* und *R. v. Lilienthal* über Differentialgeometrie. Die Veröffentlichung der der angewandten Mathematik gewidmeten Teile setzte im Juni 1901 mit dem vierten Bande mit *M. Abraham's* Darlegung der geometrischen Grundbegriffe zur Mechanik der deformierbaren Körper und zwei Abhandlungen von *A. E. H. Love* über Hydrodynamik ein. Ostern 1903 folgte Band V (Mathematische Physik), eingeleitet durch die Aufsätze *C. Runge's* über Mass und Messen und *J. Zenneck's* über Gravitation, an welche sich *G. H. Bryan's* Allgemeine Grundlegung der Thermodynamik anschliesst. Noch im Laufe dieses Jahres wird mit der Herausgabe der ersten Hefte der beiden Teile des sechsten Bandes begonnen werden. Sie werden einerseits die Aufsätze von *C. Reinhertz* und *P. Pizetti* über Geodäsie, von *S. Finsterwalder* über Photogrammetrie enthalten, andrerseits (im astronomischen Teil) die Abhandlungen von *E. Anding* und *F. Cohn* zur Theorie der Koordinaten bringen.

Man hat nicht überall diese, an allen Seiten des Werkes einsetzende Thätigkeit gutgeheissen in der Befürchtung, es möchte dadurch die Fertigstellung der einzelnen Bände sich allzusehr verzögern. Auch erhält der Leser gegenwärtig ein nicht leicht zu übersehendes Stückwerk vereinzelter Hefte, welches auch die Bibliotheken nur ungerne der Benützung freigeben. Es muss aber hierzu gesagt werden, dass eine Verzögerung der Herausgabe durch den breiten Umfang der redaktionellen Thätigkeit nicht eintritt, weil es sich fast durchweg um verschiedene Redakteure und Mitarbeiter handelt; im Gegenteil ist aber der gleichmässige Fortschritt des Ganzen für die Verwertung der wechselseitigen Beziehungen der einzelnen Bände und der einzelnen Aufsätze untereinander von wesentlicher Bedeutung. Der Erleichterung in der Benutzung der einzelnen Hefte andererseits hat die Verlagshandlung in jüngster Zeit durch eine besondere Ausstattung und Broschierung der Hefte Rechnung getragen.

Hier ist der Ort gegeben, das überaus grosse Entgegenkommen der Verlagsbuchhandlung *B. G. Teubner* mit besonderem Danke hervorzuheben. Einerseits hat die Firma alle auf die Drucklegung bezüglichen weitgehenden Wünsche und Anforderungen der Redaktion wie der Autoren auf das Bereitwilligste erfüllt und andererseits durch ihr eigenes Eintreten für die aufzuwendenden Honorare es ermöglicht, dem im Laufe der Entwicklung immer stärker auftretenden Bedürfnis gerecht zu werden, das Werk in einem gegenüber dem ersten Plane ganz beträchtlich erweiterten Umfange durchzuführen.

Man mag bedauern, dass der ursprüngliche Ansatz, einen ganz gedrängten Überblick unseres heutigen mathematischen Wissens in sechs nicht unhandlichen Bänden darzubieten, verlassen worden ist und mag nicht ohne Bedenken sehen, wie von Band zu Band das Werk über die zu Anfang gezogenen Grenzen hinaustritt. Das Streben nach möglichster Vollständigkeit in den einzelnen Abschnitten aber und der Wunsch übersichtlich und klar zu sein, auch auf Kosten der Kürze, ein Wunsch der besonders auch aus den Kreisen der Leser wiederholt an uns herangetreten ist, bilden den unmittelbaren Grund für das Anwachsen des Umfanges. Der wesentliche Grund aber liegt wohl tiefer: Das Werk ist ein *erstes* nach seiner Aufgabe, so kann es nicht ein vollendetes sein, sie zu erfüllen. Erst wenn das gewaltige Gebiet, welches es umfasst, in dieser ersten Fassung als ein Ganzes vor uns liegt, wenn der Kreis der Probleme, die es darzulegen hat, einmal durchmessen ist, wird man übersehen können, wieviel zur Vertiefung seines Inhaltes, zur Vereinfachung und Prägnanz der Darstellung, zur Abgleichung und zum Ineinanderschliessen aller einzelnen Teile zu thun noch übrig bleibt.

* * *

Zwei für die Anerkennung der bisher geleisteten wissenschaftlichen Arbeit bedeutsame Umstände sind in unserem historischen Berichte noch zu erwähnen:

Der eine ist die Herausgabe einer französischen Bearbeitung der Encyklopädie, zu der die Verleger *B. G. Teubner* in Leipzig und *Gauthier-Villars et fils* in Paris im Jahre 1900 die Ermächtigung durch die Akademieen erhielten. *J. Molk*, Professor an der Faculté des Sciences in Nancy, wurde mit der Leitung dieser Ausgabe zunächst für die der reinen Mathematik gewidmeten Bände betraut, während er für die Herausgabe der Bände der angewandten Mathematik mit *P. Appell*, Mitglied des Institut de France (Mechanik), sowie mit *A. Potier* (Physik), *Ch. Lallemand* (Geodäsie und Geophysik) und *H. Andoyer* (Astronomie) in Verbindung trat.

Es ist nicht bloss eine Übersetzung, sondern eine Bearbeitung beabsichtigt, bei welcher die ersten französischen Gelehrten ihre Beteiligung zugesagt haben. Unter voller Erhaltung der Eigenart des deutschen Originals soll dabei in dieser Ausgabe dem Gebrauche des französischen Leserkreises Rechnung getragen und sollen andererseits unter gemeinsamer Mitarbeit der Autoren wie der Bearbeiter die einzelnen Artikel noch mannigfache Ergänzungen, besonders auch bezüglich der Litteraturzitate erfahren. *)

So wird das deutsche Werk in seiner französischen Ausgabe noch weiteren Kreisen erschlossen und in ihnen gewürdigt werden.

Eine fernere Anerkennung der bisherigen Durchführung des Werkes, die wir mit besonderer Freude begrüssen, dürfen wir darin erblicken, dass in jüngster Zeit auch die Königl. Sächsische Gesellschaft der Wissenschaften zu *Leipzig* es ermöglicht hat, an der Herausgabe der Encyklopädie sich zu beteiligen. Sie hat ihrerseits *O. Hölder* in die akademische Kommission delegiert.

Damit erscheint nunmehr die Herausgabe als ein gemeinsames Unternehmen der im Kartell der deutschen Akademien vereinigten gelehrten Gesellschaften zu Göttingen, Leipzig, München und Wien und es bezeugt auch sie die Bedeutung dieser Vereinigung für die Durchführung von Aufgaben, die nur in vereinter Arbeit möglich sind; zugleich aber bietet die Autorität der Akademieen, welche das Unternehmen zu dem ihren gemacht haben, die Gewähr, dass auch die künftige Gestaltung, die Vollendung des Ganzen, wie spätere Neubearbeitung in beste Hand gelegt und in ihrem wissenschaftlichen Grunde gesichert ist.

*   *   *

---

*) Der Prospekt der französischen Ausgabe kennzeichnet die Art der Bearbeitung in folgender Weise:

Dans l'édition française on a cherché à reproduire dans leurs traits essentiels les articles de l'édition allemande; dans le mode d'exposition adopté on a cependant largement tenu compte des usages et habitudes françaises.

Cette édition française offrira un caractère tout particulier par la collaboration de mathématiciens allemands et français. L'auteur de chaque article de l'édition allemande a, en effet, indiqué les modifications qu'il jugeait convenables d'introduire dans son article et, d'autre part, la rédaction française de chaque article a donné lieu à un échange de vues auquel ont pris part tous les interessés; les additions dues plus particulièrement aux collaborateurs français seront mises entre deux astérisques L'importance d'une telle collaboration, dont l'édition française de l'Encyclopédie offrira le premier exemple, n'échappera à personne.

So möge denn die Encyklopädie unter diesem freundlichen Aspekt, unter dem Schirm der vereinigten Akademieen an ihrem Teile den Wissenschaften dienen:

Der *reinen mathematischen Forschung*, indem sie den alten vieldurchfurchten Boden zu neuer Saat und Ernte vorbereitet und neuerrungenes Land der befruchtenden Gedankenarbeit erschliesst;

den *angewandten Wissenszweigen*, indem sie die vielfach getrennten Wege mathematischer und naturwissenschaftlicher Betrachtung zusammenführt und nach Grundlage und Methode ihrer weiteren Entwicklung vorarbeitet;

der *Gesamtheit aller Geistesarbeit*, indem sie die Stellung bezeichnet und umschreibt, welche den mathematischen Wissenschaften im Bereich der menschlichen Erkenntnis zukommt.

München, 30. Juli 1904.

Walther von Dyck,
als Vorsitzender der akademischen Kommission
für die Herausgabe der Encyklopädie.

Vorrede zum ersten Bande.

Der vorliegende erste Band der Encyklopädie der mathematischen Wissenschaften umfasst die *Arithmetik, Algebra, Zahlentheorie, Wahrscheinlichkeitsrechnung* (mit Anwendungen auf Ausgleichung und Interpolation, Statistik und Lebensversicherung), sowie einige angrenzende Disziplinen: *Differenzenrechnung, Numerisches Rechnen, Mathematische Spiele* und *Mathematische Wirtschaftslehre.*

Es sind das etwa diejenigen Teile der reinen Mathematik, die nicht spezifisch analytischen oder geometrischen Charakters sind.

Diese Abtrennung von der *Analysis* (Band II) und *Geometrie* (Band III) konnte naturgemäss keine ganz starre sein, vielfach war ein Übergreifen in jene beiden grossen Gebiete unvermeidlich, und ebenso wenig war es möglich, den Begriff der „reinen" Mathematik überall festzuhalten. Es mag das in den Hauptzügen, dem Gange des Bandes I folgend, näher ausgeführt werden.

In der Arithmetik (Abschnitt A) bilden das Irrationale und der Grenzbegriff (A 3) zugleich die Grundlage der heutigen Analysis; bei der Konvergenz und Divergenz unendlicher Reihen, Produkte, Kettenbrüche und Determinanten waren daher analytische und auch nichtanalytische Funktionen als Belege heranzuziehen. Die Theorie der einfachen und höheren komplexen Grössen (A 4) nötigte, auf die geometrischen Eigenschaften der einfachsten kontinuierlichen Transformationsgruppen einzugehen. Die Mengenlehre (A 5) ist als fundamentales Klassifikationsprinzip für die Funktionen überhaupt von Bedeutung geworden, und neuerdings auch für die Grundlagen der Geometrie und Analysis situs.

In der Algebra (Abschnitt B) beziehen sich einige der lehrreichsten Anwendungen der Invarianten- und Gruppentheorie (B 2, B 3 c, d, B 3 f), insbesondere der Theorie endlicher linearer Gruppen, auf bedeutsame geometrische Konfigurationen; andererseits ist die Lehre von den algebraischen Gebilden und Transformationen ebensowohl mit der Entwickelung der algebraischen Funktionen, wie der algebraischen Geometrie auf das Engste verknüpft.

In dem Abschnitte (C) über Zahlentheorie sind es vor allem die Approximationsmethoden der analytischen Zahlentheorie (C 3), die wesentlich der Analysis entstammen und umgekehrt wiederum diese gefördert haben; als eine Hauptanwendung auf die Geometrie erscheint die Unmöglichkeit von der Quadratur des Kreises. Der Artikel (C 6) über komplexe Multiplikation liesse sich mit demselben Rechte auch als integrierender Bestandteil der Lehre von den elliptischen Funktionen auffassen.

Endlich sei noch auf die mannigfachen Beziehungen zwischen der Wahrscheinlichkeits- und Differenzenrechnung, nebst deren Anwendungen (D, E), zu der Approximation bestimmter Integrale hingewiesen, sowie auf das Eingreifen der Lehre von den allgemeinen Koordinatensystemen und der Methoden der darstellenden Geometrie in das numerische Rechnen (F).

Gerade diese letzten Abschnitte (D, E, F, G) lehren zugleich, in welchem Umfange ursprünglich aus der reinen Mathematik geschöpfte Prinzipien ihre Kraft bei der Lösung der verschiedenartigsten technischen Probleme bewähren.

Wir wenden uns nunmehr zu der systematischen Einteilung der Abschnitte in die Einzelartikel und können uns dabei um so kürzer fassen, als das ausführliche Gesamtinhaltsverzeichnis eine äussere Orientierung über die Verteilung des Stoffes ohnehin gestattet.

Der Abschnitt (A) über *Arithmetik* beginnt mit den Elementen (A 1, H. Schubert), den arithmetischen Grundoperationen und deren Anwendungen auf positive und negative, ganze und gebrochene Zahlen; hieran schliesst sich von selbst die Kombinatorik (A 2, E. Netto), deren wesentlichster Ausfluss die Lehre von den Determinanten ist.

Von den Elementen aus kann man innerhalb der Arithmetik nach vierfacher Richtung weitergehen.

Entweder man erweitert (A 3, A. Pringsheim) das Gebiet der rationalen Zahlen durch Aufnahme der irrationalen, und überträgt zugleich die arithmetischen Grundoperationen auf eine unbegrenzte Anzahl von Objekten. Daraus erwächst der Begriff der Grenze einer Zahlenfolge, und hieraus wiederum durch Spezifikation die Theorie der Konvergenz und Divergenz unendlicher Reihen, Produkte, Kettenbrüche und Determinanten. Hierbei konnte auch die Lehre von den endlichen Kettenbrüchen mit aufgenommen werden.

Zweitens kann man die Beschränkung auf das Reelle fallen lassen und das Gebiet der arithmetischen Grössen durch Schöpfung der gemeinen und höheren komplexen Grössen ausdehnen (A 4, E. Study); geeignete Einteilungsprinzipien ermöglichen die organische Einordnung besonderer komplexer Grössen von Bedeutung, insbesondere der Quaternionen.

Drittens lässt sich die natürliche Zahlenreihe über sich selbst hinaus fortsetzen (A 5, A. Schoenflies) und man gelangt zu den verschiedenen Modifikationen der Mengen und der transfiniten Zahlen.

Oder endlich man baut (A 6, H. Burkhardt), im Anschluss an die Kombinatorik, auf der Grundlage des Permutationsprozesses die Lehre der Substitutionen einer Anzahl von Elementen auf. Als die folgenreichste Art der Zusammenfassung von Substitutionen erweist sich die „Gruppe", zunächst für eine endliche, weiterhin für eine unbegrenzte Reihe von Elementen oder überhaupt Operationen.

Indem man der Analysis den Begriff einer stetig variabeln Grösse entlehnt, betritt man den Boden der *Algebra,* wie sie in Abschnitt B behandelt ist. Mit Hilfe der ersten drei resp. vier Rechenspezies entstehen die ganzen resp. gebrochenen rationalen Funktionen einer und mehrerer Variabeln (B 1 a, b, E. Netto). Die hierher gehörigen Untersuchungen gruppieren sich um zwei Hauptprobleme. einmal um die formale Elimination von Unbekannten aus Gleichungssystemen, die in der Theorie der Modulsysteme einen gewissen Abschluss erreicht, sodann um den Existenznachweis für die Lösungen von algebraischen Gleichungen und Gleichungssystemen.

Die Theorie der ganzen Funktionen erfährt eine schärfere Ausprägung auf der Grundlage des Begriffes des „Rationalitätsbereiches", indem die Koeffizienten der Funktionen ihrerseits wiederum als ganze Funktionen einer Anzahl von Urvariabeln, aber mit nur ganzzahligen Koeffizienten aufgefasst werden (B 1 c, G. Landsberg). Dadurch gelingt es, die Eigenschaften der algebraischen Gebilde, insbesondere rationalen Transformationen gegenüber, den verschiedenen Modifikationen eines grundlegenden Prozesses unterzuordnen, der Reduktion unendlicher Funktionen- oder Formensysteme auf eine endliche Anzahl. Diese Entwickelungen dienen daher zugleich als algebraische Grundlage der höheren Zahlentheorie (Abschnitt C).

Von da an tritt im Abschnitte B wieder eine Verzweigung in Untergebiete spezifischen Charakters ein.

Abgesehen von dem Artikel B 3 a (C. Runge), der die mehr praktischen Fragen erörtert, wie man Gleichungswurzeln in geeignete Grenzen einschliessen und sie mittels numerisch brauchbarer Algorithmen approximieren kann, tritt der Gruppenbegriff als der herrschende auf. Unter den rationalen Transformationen der Variabeln ganzer Funktionen (Formen) sind in erster Linie die linearen zu berücksichtigen (B 2, W. Fr. Meyer). Unterwirft man jene Variabeln irgend einer linearen Gruppe, so unterliegen die Koeffizienten der gegebenen Formen gleichfalls einer gewissen linearen Gruppe, und die Aufgabe der linearen Invariantentheorie ist, die Invarianten dieser letzteren Gruppe, oder allgemeiner, einer beliebigen linearen Untergruppe, aufzustellen, sie sachgemäss zu klassifizieren, und die unbegrenzte Reihe derselben als ganze resp. als rationale Funktionen einer endlichen Anzahl unter ihnen darzustellen. Ein besonderes Interesse beanspruchen dabei wegen ihrer Beziehungen zur Gleichungstheorie, zur Analysis und Geometrie die aus einer endlichen Anzahl von Substitutionen zusammengesetzten Gruppen, denen daher noch ein besonderer Artikel (B 3 f, A. Wiman) gewidmet ist.

Als der eigentliche Träger des ganzen Abschnitts darf die schon in B 1 c berührte *Galois*'sche Theorie der Gleichungsgruppen (B 3 c, d, O. Hölder) gelten, die, ursprünglich von der speziellen Frage nach der Auflösbarkeit gewisser Gleichungen durch Wurzelzeichen ausgehend, in ihrer weiteren Entwickelung sich die Theorien algebraischer wie arithmetischer und geometrischer Rationalitätsbereiche (sowie auch die formalen Integrationstheorien der Differentialgleichungen) untergeordnet hat. Eine Einleitung in diese Theorie bildet die Lehre (B 3 b, K. Th. Vahlen) von den ein- und mehrwertigen algebraischen Funktionen einer oder mehrerer Grössenreihen, insbesondere der Wurzeln von Gleichungen und Gleichungssystemen.

Die *Zahlentheorie* oder die explizite Ausführung der Eigenschaften der einzelnen arithmetischen Rationalitätsbereiche liesse sich vom heutigen Standpunkt aus direkt an den Artikel B 1 c anschliessen. Aus historischen Gründen empfahl sich jedoch die Gestaltung eines besonderen Abschnittes (C).

An die Darstellung der elementaren Teilbarkeitsgesetze der natürlichen Zahlen (C 1, P. Bachmann) schliesst sich die Behandlung der linearen, bilinearen, quadratischen, und gewisser höherer Formen, Gleichungen und Kongruenzen (C 2, K. Th. Vahlen); die schon in der Algebra hervorgetretenen Begriffe der Elementarteiler und des Ranges einer Matrix dienen hierbei als grundlegende Klassifikationsprinzipien.

Der folgende Artikel (C 3, P. Bachmann) über analytische Zahlentheorie wird einmal den zerstreuten Methoden über additive Zusammensetzung von Zahlen gerecht, deren systematische Behandlung noch aussteht. Andererseits geht er auf die approximative Bestimmung mittlerer Werte zahlentheoretischer Funktionen ein. Endlich werden, im Anschluss an die periodischen Eigenschaften algebraischer Zahlen, die neuerdings hervorgetretenen Fragen nach der Transzendenz ausgezeichneter Irrationalitäten, wie e und π, erörtert.

Das Hauptziel der heutigen systematischen Zahlentheorie, die Ausdehnung der Teilbarkeitsgesetze der natürlichen Zahlen, sowie im Anschluss daran der Reziprozitätsgesetze der Potenzreste auf die algebraischen Zahlkörper, d. h. auf die rationalen Funktionen algebraischer Zahlen, insbesondere der quadratischen, wird in C 4 a, b (D. Hilbert) verfolgt. War die Aufgabe im Falle eines Kreiskörpers durch Einführung der idealen Zahlen gelöst, so treten im allgemeinen Falle die Schöpfungen der Körperideale resp. Körperformen an deren Stelle.

Der besondere Fall der in der komplexen Multiplikation der elliptischen Funktionen auftretenden quadratischen Klassenkörper findet seine Erledigung in C 6 (H. Weber).

Von der bis hierher behandelten niederen und höheren Arithmetik und Algebra lässt sich sagen, dass sie eine geschlossene Einheit ausmachen.

Nicht das Gleiche gilt von den nun folgenden, schon oben berührten Abschnitten; sie genügen mehr *der negativen Definition, weder zum Vorhergehenden, noch zu den nächsten zwei Bänden zu gehören.*

Der Abschnitt D wird im wesentlichen von der Wahrscheinlichkeitsrechnung beherrscht; wenn sich auch beispielsweise die Ausgleichungsrechnung (D 2) theoretisch ohne Hilfe spezifischer Wahrscheinlichkeitsbegriffe aufbauen lässt, so haben sich doch die einschlägigen Begriffe und Methoden an der Hand der Wahrscheinlichkeitsrechnung allmählich entwickelt.

Die *Wahrscheinlichkeitsrechnung* (D 1, E. Czuber), im Anfange nur eine Anwendung der Kombinatorik auf einige Hazardspiele, hat, vornehmlich nach Adoption infinitesimaler und geometrischer Grundbegriffe, ihren Umfang derart ausgedehnt, dass sie einer ansehnlichen Anzahl mathematischer Approximationsmethoden explizite oder implizite zu Grunde liegt. Erkenntnistheoretisch hat sie das Verdienst, den Begriff des Zufalles oder vielmehr der ihn begleitenden Umstände bis zu einem gewissen Grade in mathematische Ansätze und Gesetze aufgelöst zu haben.

Die ergiebigste Quelle der *Ausgleichungsrechnung* (D 2, J. Bauschinger) ist das Prinzip vom Minimum der Summe der Fehlerquadrate, das ja auch in modifizierter Fassung, als Prinzip vom kleinsten Zwange, als die Quelle der ganzen Dynamik dienen kann.

In der *Interpolationsrechnung* (D 3, J. Bauschinger) wird eine beliebige, durch gewisse Daten festgelegte Funktion durch eine ganze rationale Funktion oder auch durch eine endliche trigonometrische Reihe approximiert; sowohl bei der praktischen Ausgestaltung der erforderlichen Algorithmen, wie bei der mehr theoretisch interessierenden Aufstellung der Restglieder leistet die Differenzenrechnung wertvolle Dienste, die in Art. E (D. Seliwanoff) selbständig behandelt wird.

Die Aufgaben der *Statistik* (D 4 a, L. v. Bortkiewicz) und *Lebensversicherung* (D 4 b, G. Bohlmann) sprechen für sich selbst.

Der Artikel F (R. Mehmke), über *numerisches Rechnen*, enthält mehr, als sein Titel angibt. Ausgehend von Kunstgriffen und Tabellen, die dazu dienen, das praktische Rechnen mit rationalen und irrationalen Zahlen zu erleichtern, dehnt sich der Stoff durch Verwendung der mannigfaltigsten Arten von Rechenapparaten und Maschinen zu einer weiten mathematisch-technischen Disziplin aus; darüber hinaus wird er durch Einbeziehung fruchtbarer graphischer Methoden zu einer Art geometrischer Arithmetik.

Die Artikel G 1 (W. Ahrens), G 2 (L. Pareto) über *Spiele* und *Wirtschaftslehre* mögen als Anhang angesehen werden.

Der Artikel G 3 (A. Pringsheim) über *unendliche Prozesse mit komplexen Termen*, der eine unmittelbare Ergänzung sowohl zu A 3, wie zu A 4 darstellt, war ursprünglich für den zweiten Band bestimmt. Mit Rücksicht auf seine nahe Beziehung zu diesen Aufsätzen und in Übereinstimmung mit der in der französischen Ausgabe der Encyklopädie getroffenen Anordnung ist er nachträglich dem ersten Bande als Schlussartikel zugewiesen worden.

Um dem Leser eine bequemere Handhabung des ganzen Bandes zu ermöglichen, ist derselbe in zwei Teile zerlegt worden. Aus inneren und äusseren Gründen empfahl es sich, den ersten Teil mit dem letzten Artikel (B 3 f) des Abschnittes B (Algebra) abzuschliessen.

Möge die Encyklopädie, die die mathematischen Erfindungen eines Jahrhunderts in historischer Entwickelung vorführt, auch das erkenntnistheoretische Studium der grundlegenden Frage, was in der Mathematik denn eigentlich als „neu" zu gelten habe, beleben! Besteht das Neue in einer durch innere Anschauung gewonnenen Vermehrung und Vertiefung eines Besitzstandes aprioristischer Erkenntnisse oder kommt es nur zurück auf eine andere Gruppierung vorhandener Erfahrungsthatsachen?

Sodann sei es noch gestattet, die leitenden Gesichtspunkte auseinanderzusetzen, nach denen das *Register* bearbeitet worden ist. Dasselbe sollte ein Wort- und Sachregister sein.

In das *Wortregister* sind nur Ausdrücke aufgenommen, die in dem vorliegenden Bande wirklich vorkommen; wenn sich diese Aufnahme auch auf eine erhebliche Anzahl von Termini erstreckt hat, die entweder veraltet, oder nur weniger im Umlauf sind, oft auch nur einer augenblicklichen Idee des Autors entsprungen sein mögen, so geschah das, um auch diejenigen, die sich für die philologische Seite der Wortbildungen interessieren, bis zu einem gewissen Grade zu befriedigen. Weniger einfach gestaltete sich die Auswahl bei dem ansehnlichen Schatze von Ausdrücken technischer Natur, wie sie sich vornehmlich in den Artikeln über Statistik und Lebensversicherung, Numerisches Rechnen, Spiele und Wirtschaftslehre vorfinden. Der Herausgeber hat sich bemüht, hierbei Ausdrücke für solche Objekte herauszugreifen, denen immer noch ein gewisses Mass mathematischer Denkweise zukommt.

Was das *Sachregister* angeht, so sei vorab auf zwei Schwierigkeiten hingewiesen, die nur annähernd gelöst werden konnten.

Das ist einmal die Frage nach den zu zitierenden *Autoren*. Mit einigen Ausnahmen sind hier bei den Stichworten nur solche Autoren berücksichtigt, die der Gegenwart nicht mehr angehören, und auch diese zumeist nur dann, wenn ihr mit einem bestimmten Begriffe oder Satze oder einer spezifischen Methode verbundener Name — oft freilich nur zufällig oder auch missbräuchlich — zu einer Art gangbarer Münze geworden ist. Andererseits lag die Versuchung nahe, wenn ein Autor angeführt wurde, hinsichtlich seiner hervorstechenden Leistungen eine gewisse Vollständigkeit anzustreben. Der an sich berechtigte Wunsch, den Mancher gehegt haben wird, dass dies Prinzip auf möglichst viele oder gar alle Autoren hätte ausgedehnt werden sollen, konnte schon mit Rücksicht auf den zur Verfügung stehenden Raum nicht befriedigt werden. Wo dagegen der Name eines Forschers, oft nur der grösseren Deutlichkeit halber, innerhalb des Registertextes erwähnt wurde, ist er nicht durch den Druck hervorgehoben worden, da eine derartige Hervorhebung für andere Zwecke vorbehalten wurde (s. u.).

Die andere Schwierigkeit lag in den *Wortbildungen* selbst. Die grosse Anzahl der Mitarbeiter lässt es erklärlich erscheinen, dass ein und dasselbe Wort durchaus nicht stets denselben Begriff bezeichnet, und dass umgekehrt ein und derselbe Begriff, von Sätzen und Methoden gar nicht zu reden, mit den verschiedensten Namen belegt wird.

Der Herausgeber hat keine Mühe gescheut, sachlich zusammengehörige Zitate auch je an einer Stelle zu vereinigen, ist sich aber sehr wohl bewusst, dass in dieser Hinsicht noch viele Lücken verblieben sein werden, und umgekehrt manches Überflüssige Eingang gefunden hat. Dass bei Stichworten, die umfangreichere Begriffsgattungen angeben, Einzelheiten nach Möglichkeit unterdrückt werden mussten, bedarf wohl kaum der Rechtfertigung. Dass dagegen die Übersichtlichkeit des Registertextes durch häufige Einschachtelungen gelitten hat, soll ohne weiteres zugestanden werden.

Es wird vielleicht Bedenken erregen, dass auch eine Reihe von *Adjektiven* den Stichworten einverleibt wurde. Es geschah das indessen bei solchen Adjektiven, die mehr sind, als blosse Epitheta, die vielmehr eine besonders charakteristische Eigenschaft des Hauptwortes zum Ausdruck bringen. Da andererseits das Hauptwort als Stichwort nicht fehlen durfte, so gleicht das Register nach verschiedener Richtung einer mathematischen Tafel mit doppeltem, zuweilen sogar mehrfachem Eingange.

Über die Hervorhebung durch den Druck ist zu bemerken, dass die Stichworte, sowie Verweise auf solche, durch gesperrte Lettern wiedergegeben sind. Der *kursive* Druck ist verwandt zur Kenntlichmachung der Unterabschnitte innerhalb grösserer Wortartikel, sei es, dass sich diese Abschnitte auf charakteristische Bereiche des Bandes beziehen, oder auch auf Ableitungen und Zusammensetzungen des Stichwortes. Es erschien dabei zweckmässig, jene charakteristischen Bereiche der Kürze halber zum Teil besonders zu benennen. So z. B. wurden die Artikel B 1 c und C 4 a, b unter dem Gattungsnamen „Körpertheorie" zusammengefasst, ferner die in F einen grossen Raum einnehmenden graphischen Methoden unter „Graphik", u. a. m. Bezüglich einer spezifischen Verwendung des Semikolons, sowie runder und eckiger Klammern gibt die am Kopfe der ersten Registerseite befindliche Bemerkung Auskunft.

Von der ursprünglichen Absicht, jedes Zitat unter Anführung des Artikels und dessen Verfassers zu geben, wurde mit Rücksicht auf den Umfang Abstand genommen. Eben bezüglich des Umfanges sind dem Herausgeber die verschiedenartigsten Wünsche zugegangen, die sich etwa in den Grenzen von zwei bis zu zehn Bogen bewegen. Der thatsächliche Umfang von nicht ganz $4\frac{1}{2}$ Bogen ergibt im Verhältnis zu den $70\frac{1}{2}$ Bogen Text des Bandes einen Prozentsatz von etwas über 6%.

Zur Beurteilung des Registers sei noch auf seine Entstehung hingewiesen; erst nachdem von jedem Artikel ein gesondertes Register angefertigt war, wurden diese, so gut es anging, in ein Ganzes zusammengezogen.

Ursprünglich bestand die Absicht, dem Bande auch noch Berichtigungen und Nachträge beizufügen. Inzwischen ist das bisher in dieser Hinsicht zusammengekommene Material so inhomogen, dass hiervon Abstand genommen wurde, in der Hoffnung, es werde später möglich sein, was ja auch aus anderen Gründen durchaus erwünscht ist, den jeweils abgeschlossenen Bänden der Encyklopädie von Zeit zu Zeit Ergänzungshefte folgen zu lassen.

Zum Schlusse erfüllt der Herausgeber gern die Pflicht, nach verschiedenen Richtungen seinen besondern Dank auszusprechen: in erster Linie den Akademieen zu Göttingen, Leipzig, München und Wien, sowie der von ihnen eingesetzten Kommission; sodann den sämtlichen Herrn Mitarbeitern des ersten Bandes, die auf ihre Beiträge namhafte Zeit und Mühe verwandt haben; ferner Herrn Kollegen H. Burkhardt, der jeden Artikel einer mehrmaligen Korrektur unterzogen und hierbei eine umfangreiche Reihe kritischer und historischer Bemerkungen beigesteuert hat; und nicht zum letzten dem Teubner'schen Verlage für sein weitgehendes Entgegenkommen bei der schwierigen und langwierigen Drucklegung.

Königsberg i/Pr., April 1904.

W. Franz Meyer
als Herausgeber.

Inhaltsverzeichnis zu Band I Teil I.

A. Arithmetik.

(Abgeschlossen im Okt. 1898.)

3. Irrationalzahlen und Konvergenz unendlicher Prozesse.
Von A. Pringsheim in München.

4. Theorie der gemeinen und höheren komplexen Grössen.
Von E. STUDY in Greifswald (jetzt Bonn).

5. Mengenlehre. Von A. SCHÖNFLIES in Göttingen (jetzt Königsberg i. Pr.).

6. Endliche diskrete Gruppen. Von H. BURKHARDT in Zürich.

(Abgeschlossen im Nov. 1898.)

B. Algebra.

1a. Rationale Funktionen einer Veränderlichen; ihre Nullstellen. Von E. Netto in Giessen.

(Abgeschlossen im Mai 1899.)

1b. Rationale Funktionen mehrerer Veränderlichen. Von E. Netto in Giessen.

(Abgeschlossen im Juli 1899.)

1c. Algebraische Gebilde. Arithmetische Theorie algebraischer Grössen. Von G. LANDSBERG in Heidelberg.

(Abgeschlossen im Aug. 1899.)

2. Invariantentheorie. Von W. FR. MEYER in Königsberg i. Pr.

3a. Separation und Approximation der Wurzeln. Von C. Runge in Hannover.

3b. Rationale Funktionen der Wurzeln; symmetrische und Affektfunktionen. Von K. Th. Vahlen in Königsberg i. Pr.

(Abgeschlossen im Sept 1899.)

3c, d. Galois'sche Theorie mit Anwendungen. Von O. Hölder in Leipzig.

(Abgeschlossen im Okt. 1899)

3e. Gleichungssysteme. Von E. Netto in Giessen und K. Th. Vahlen in Königsberg i. Pr. (Siehe: B 1b und B 3b.)

3f. Endliche Gruppen linearer Substitionen. Von A. Wiman in Lund.

(Abgeschlossen im Dez. 1899.)

Inhaltsverzeichnis der einzelnen Hefte zu Band I Teil I mit ihren Ausgabedaten.

1. Teil.

A. Arithmetik.

B. Algebra.

I A 1. GRUNDLAGEN DER ARITHMETIK.

(DIE VIER GRUNDRECHNUNGSARTEN; EINFÜHRUNG DER NEGATIVEN UND DER GEBROCHENEN ZAHLEN; OPERATIONEN DRITTER STUFE IN FORMALER HINSICHT.)

VON

H. SCHUBERT
IN HAMBURG

Inhaltsübersicht.

1. Zählen und Zahl.
2. Addition.
3. Subtraktion.
4. Verbindung von Addition und Subtraktion.
5. Null.
6. Negative Zahlen.
7. Multiplikation.
8. Division.
9. Verbindung der Division mit der Addition, Subtraktion und Multiplikation.
10. Gebrochene Zahlen.
11. Die drei Operationen dritter Stufe

---

1. Zählen und Zahl. Dinge[1] *zählen* heisst, sie als gleichartig[2] ansehen, zusammen auffassen[2]), und ihnen einzeln andere Dinge zu-

---

1) Dass auch *unkörperliche* Dinge gezählt werden können, betont *G. F. Leibniz,* den Scholastikern gegenüber, „De arte combinatoria" (1666), ebenso *J. Locke* in seinem Werke „An Essay concerning human understanding" (1690, Book II) Dagegen sieht *J. St. Mill* (Logic, Book III, 26) die in der Definition einer Zahl ausgesagte Thatsache als eine *physische* an, ähnlich *G. Frege,* „Grundlagen der Arithmetik" (Breslau 1884).

2) Dass dem Zählprozess einerseits ein Zusammenfassen der zu zählenden Dinge, andrerseits aber auch die Erkenntnis der *Gleichartigkeit* der zu zählenden Dinge vorangehen muss, hebt *F. Schröder* in seinem „Lehrbuch der Arithmetik" (Leipzig 1873) p. 4 hervor, ebenso *F. Mach* in seinem Buch „Die Principien der Wärmelehre" (Leipzig 1896) (Nr. 7).

ordnen³), die man auch als gleichartig ansieht⁴). Jedes von den Dingen, denen man beim Zählen andere Dinge zuordnet, heisst *Ein-*

---

3) Dass ein Zählen nicht ohne ein mehr oder weniger bewusstes *Zuordnen* oder Abbilden möglich ist, pflegte *K. Weierstrass* in der Einleitung zu seinen Vorlesungen über die Theorie der analytischen Funktionen hervorzuheben. (Man vgl. *E. Kossak* „Die Elemente der Arithmetik", Berlin, Progr. Friedr. Werder-Gymn., 1872). Ebenso betonen dies *E. Schröder* in seinem Lehrbuch, *L. Kronecker* in seinem Aufsatze „Über den Zahlbegriff" (Philosophische Aufsätze, Zeller gewidmet, Leipzig 1887, Journ. f. Math. 101), *R. Dedekind* in seiner Schrift „Was sind und was sollen die Zahlen?" (Braunschweig 1887 und 1893) in welcher das „Zuordnen" durch eine Reihe von Definitionen (Kette) und Lehrsätzen eingehend analysiert wird.

4) In dieser Definition der Zahl stimmen wohl alle Philosophen und Mathematiker im wesentlichen überein. Wohl aber gehen die Ansichten darüber auseinander, welche psychischen Momente die Bildung des Zahlbegriffs ermöglichen. Nach dem Vorbilde I. Kant's betont *W. R. Hamilton* als das Fundament das Zahlbegriffs die Anschauungsform der *Zeit*. Algebra ist ihm „Science of Order in Progression" oder „Science of Pure Time". Er spricht dies zuerst aus in der in den Dubl. Trans. 17, II (1835) erschienenen Abhandlung „Theory of Conjugate Functions or Algebraic Couples with a Preliminary and Elementary Essay on Algebra as the Science of Pure Time". Später wiederholt er diese Ansicht in der Vorrede zu seinem Werke „Lectures on Quaternions" (Dublin 1853). Auf demselben Standpunkt steht *H. Helmholtz* in seiner Abhandlung „Zählen und Messen", in den Eduard Zeller gewidmeten philosophischen Aufsätzen (Leipzig 1887); ebenso auch *W. Brix* in seiner Abhandlung „Der mathematische Zahlbegriff und seine Entwicklungsformen" (Band V und VI der von Wundt herausgegebenen philosophischen Studien; auch als Dissertation, Leipzig 1889, erschienen). Dagegen sagt *J. F. Herbart* in seiner „Psychologie als Wissenschaft" (Königsberg 1824, Band II), dass die Zahl mit der Zeit nicht mehr zu thun habe als viele andere Vorstellungsarten. *J. J. Baumann* und *F. A. Lange* meinen, dass die Zahl weit besser mit der *Raum*vorstellung als mit der Zeitvorstellung in Einklang stehe, und zwar *J. J. Baumann* in seinem Werke „Die Lehre von Raum, Zeit und Mathematik in der neueren Philosophie" (Berlin 1869) und *F. A. Lange* in seinen „Logischen Studien" von 1877. Ebenso bekämpft *E. G. Husserl* die Bestrebungen, welche den Zahlbegriff auf die Vorstellung der Zeit gründen, und zwar im I. Bande seines Werkes „Philosophie der Arithmetik", Halle 1891.

Häufig wird *Aristoteles* als derjenige hingestellt, der zuerst die Zahl definiert hat, und zwar aus dem Begriff der Zeit. Dies ist nicht richtig. Aristoteles definiert umgekehrt die Zeit vermittelst des Zahlbegriffs und zwar in seiner „Physica auscultatio" (IV. Buch, 11. Kapitel, p. 219 β oder deutsche Übersetzung von Prantl, Leipzig 1854, p. 207 u. f.), wo es heisst: „Zeit ist die Zahl der Bewegung nach dem Früher oder Später" und weiterhin: „Zeit ist die Zahl der Raumbewegung". Der oft wiederholte Ausspruch *Euclid*'s (Elemente, VII. Buch) „Die Zahl ist eine Vielheit von Einheiten" kann kaum als Definition aufgefasst werden.

Analysen des Zahlbegriffs sind *ausser in den schon zitierten Schriften* namentlich noch in den folgenden neueren Abhandlungen und Büchern zu finden:

heit[5]); jedes von den Dingen, die man beim Zählen andern Dingen zuordnet, heisst *Einer*[5]). Das Ergebnis des Zählens heisst *Zahl*. Wegen der Gleichartigkeit der Einheiten unter einander und der Einer unter einander ist die Zahl unabhängig von der Reihenfolge, in welcher den Einheiten die Einer zugeordnet werden[6]).

Wenn man bei einer Zahl durch einen hinzugefügten Sammelbegriff daran erinnert, inwiefern die Einheiten als gleichartig angesehen wurden, spricht man eine *benannte Zahl* aus. Durch vollständiges Absehen von der Natur der gezählten Dinge gelangt man vom Begriff der benannten Zahl zum Begriff der *unbenannten* Zahl. Unter Zahl schlechthin ist immer eine unbenannte Zahl zu verstehen.

Um Zahlen *mitzuteilen*, kann man als Einer irgend welche gleichartigen Dinge wählen (Finger, Rechenkugeln, Kreidestriche). Wilde Völker, die keine Schrift haben, nehmen Steine oder Muscheln als Einer, wenn sie Zahlen mitteilen wollen. Ordnet man den zu zählenden Dingen gleichartige Schriftzeichen zu, so erhält man die *natürlichen Zahlzeichen*[7]). So stellten in ältester Zeit die Römer die Zahlen von eins bis neun durch Aneinanderreihung von Strichen, die Azteken

---

W. Wundt, Logik, Band I;

G. Frege, Grundlagen der Arithmetik, Breslau 1884;

R. Lipschitz, Grundlagen der Analysis, Bonn 1877 (§ 1);

U. Dini, Grundlagen für eine Theorie der Funktionen einer veränderlichen Grösse, übersetzt von *J. Lüroth* (Leipzig 1892);

G. Peano, Arithmetices principia nova methodo exposita, Torino 1889;

K. Th. Michaelis, Über Kant's Zahlbegriff, Progr. Charlottenburg, Berlin, bei Gärtner, 1884;

E. Knoch, Über den Zahlbegriff und den elementaren Unterricht in der Arithmetik, Programm des Realprogymnasiums in Jenkau, 1892;

G. F. Lipps, Untersuchungen über die Grundlagen der Mathematik in Wundt's Philosophischen Studien (von Band X an); das vierte Kapitel (in Band XI) enthält die logische Entwickelung des Zahlbegriffs.

Von diesen Autoren knüpfen *G. Peano* und *E. Knoch* an Dedekind's Abbildungen in dessen schon zitierter Schrift an.

Auf den Zahlbegriff lassen sich die Gesetze der Arithmetik *ohne irgend ein Axiom* aufbauen, wie u. a. *K. Weierstrass* in seinen Vorlesungen betonte.

5) Die Unterscheidung von Einheiten und Einern in diesem Sinne rührt von *E. Schröder* her (Lehrbuch der Arithmetik und Algebra, Leipzig 1873, p. 5 oder Abriss der Arithmetik und Algebra, erstes Heft, p. 1).

6) *H. Helmholtz* und *L. Kronecker*, in den schon zitierten Aufsätzen zu Zeller's Jubiläum, denken sich die Zuordnung so, als wenn den zu zählenden Einheiten die Zahlen Eins, Zwei, Drei u. s. w. zugeordnet werden. Diese Ansicht bekämpft *E. G. Husserl* im Anhang zum ersten Teile seiner „Philosophie der Arithmetik" (Halle 1891).

7) Über *Zahl-Mitteilung* und *Zahl-Darstellung* durch Wort oder Schrift findet man Eingehendes in folgenden Schriften:

die Zahlen von eins bis neunzehn durch Zusammenstellung einzelner Kreise dar. Die modernen Kulturvölker haben natürliche Zahlzeichen nur noch auf den Würfeln, den Dominosteinen und den Spielkarten. Ordnet man den zu zählenden Dingen gleichartige Laute zu, so erhält man die natürlichen Zahllaute, wie sie z. B. die Schlagwerke der Uhren ertönen lassen. Statt solcher natürlicher Zahlzeichen und Zahllaute gebraucht man gewöhnlich Zeichen und Wörter, die sich aus wenigen elementaren Zeichen und Wortstämmen methodisch zusammensetzen[7]). Die moderne Zifferschrift, welche auf dem Princip des Stellenwertes und der Einführung eines Zeichens für nichts beruht, ist von indischen Brahma-Priestern erfunden, gelangte um 800 zur Kenntnis der Araber und um 1200 nach dem christlichen Europa, wo im Laufe der folgenden Jahrhunderte die neue Zifferschrift und das neue Rechnen allmählich das Rechnen mit römischen Ziffern verdrängte[7]).

Die Lehre von den Beziehungen der Zahlen zu einander heisst *Arithmetik* ($\dot{\alpha}\varrho\iota\vartheta\mu\acute{o}\varsigma$, Zahl). *Rechnen* heisst, aus gegebenen Zahlen gesuchte Zahlen methodisch ableiten. In der Arithmetik ist es üblich, eine beliebige Zahl durch einen *Buchstaben* auszudrücken, wobei nur zu beachten ist, dass innerhalb einer und derselben Betrachtung der-

---

M. Cantor, Mathematische Beiträge zum Kulturleben der Völker, Halle 1863;

G. Friedlein, Die Zahlzeichen und das elementare Rechnen der Griechen und Römer und des christlichen Abendlandes vom 7. bis 13. Jahrhundert. Erlangen 1869; Gerbert, Die Geometrie des Boethius und die indischen Ziffern, Erlangen 1861.

H. Hankel, Zur Geschichte der Mathematik im Altertum und Mittelalter, Leipzig 1874;

M. Cantor, Vorlesungen über Geschichte der Mathematik, Leipzig 1880, I. Band;

A. F. Pott, Die quinäre nnd vigesimale Zählmethode bei Völkern aller Weltteile, Halle 1847;

A. F. Pott, Die Sprachverschiedenheit in Europa, an den Zahlwörtern nachgewiesen, Halle 1868;

K. Fink, Kurzer Abriss einer Geschichte der Elementar-Mathematik, Tübingen 1890;

A. v. Humboldt, Über die bei verschiedenen Völkern üblichen Systeme von Zahlzeichen und über den Ursprung des Stellenwertes in den indischen Zahlen (J. f. Math., Band 4);

P. Treutlein, Progr. Gymn. Karlsruhe 1875.

M. Chasles, Sur le passage du premier livre de la géométrie de Boèce, Brux. 1836; Aperçu historique..., Brux. 1837; Par. C. R. 4, 1836; 6, 1888; 8, 1839.

F. Unger, Die Methodik der praktischen Arithmetik in historischer Entwickelung, Leipzig 1888;

H. G. Zeuthen, Geschichte der Mathematik im Altertum und Mittelalter, Kopenhagen 1896;

H. Schubert, Zählen und Zahl, eine kulturgeschichtliche Studie, in Virchow-Holtzendorff's Sammlung gemeinv. wiss. Vorträge, Hamburg 1887.

selbe Buchstabe auch immer nur eine und dieselbe Zahl bedeuten darf [8]).

Gleich [9]) heissen zwei Zahlen a und b, wenn die Einheiten von a und die von b sich einander so zuordnen lassen, dass alle Einheiten von a und von b an dieser Zuordnung teilnehmen. *Ungleich* [9]) heissen zwei Zahlen a und b, wenn ein solches Zuordnen nicht möglich ist. Da beim Zählen die Einheiten als gleichartig betrachtet werden, so ist es für die Entscheidung, ob a und b gleich oder ungleich sind, gleichgültig, welche Einheiten von a und von b einander zugeordnet werden. Wenn zwei Zahlen ungleich sind, so nennt man die eine die *grössere*, die andere die *kleinere* [9]). a heisst grösser als b, wenn sich die Einheiten von a und die von b einander so zuordnen lassen, dass zwar alle Einheiten von b, aber nicht alle von a an dieser Zuordnung teilnehmen. Das Urteil, dass zwei Zahlen gleich bezw. ungleich sind, heisst eine *Gleichung*, bezw. *Ungleichung*. Für gleich, grösser, kleiner benutzt man in der Arithmetik bezw. die drei Zeichen $=, >, <$ [9]), die man zwischen die verglichenen Zahlen setzt. Wenn man aus mehreren Vergleichungen einen Schluss zieht, so deutet man dies durch einen wagerechten Strich an. Die fundamentalsten Schlüsse der Arithmetik sind:

$$\frac{a=b}{b=a}; \qquad \frac{a>b}{b<a}; \qquad \frac{a<b}{b>a}.$$

Diese Schlüsse beziehen sich auf nur zwei verglichene Zahlen. Auf drei Zahlen beziehen sich die folgenden Schlüsse:

---

8) Die ersten Keime einer arithmetischen Buchstabenrechnung finden sich schon bei den Griechen (Nikomachos um 100 n. Chr., Diophantos um 300 n. Chr.), mehr noch bei den Indern und Arabern (Alchwarizmî um 800 n. Chr., Alkalsâdî um 1450). Die eigentliche Buchstabenrechnung mit Verwendung der Zeichen $=$, $>, <$ und der Operationszeichen ist jedoch erst im 16. Jahrhundert ausgebildet (Vieta † 1603), vor allem in Deutschland und Italien. Das jetzt übliche Gleichheitszeichen findet sich zuerst bei *R. Recorde* (1556). Hierüber Näheres in:

L. Matthiessen, Grundzüge der antiken und modernen Algebra der litteralen Gleichungen, 1878;

P. Treutlein, Die deutsche Coss, Zeitschr. f. Math., Band 24;

S. Günther, Geschichte des math. Unterrichts im deutschen Mittelalter bis zum Jahre 1525, Berlin 1887; Beiträge zur Erfindung der Kettenbrüche, Progr., Weissenburg 1872; Vermischte Untersuchungen zur Geschichte der math. Wissenschaften, Leipzig 1876.

Erst durch *L. Euler* (von 1707—1783) hat die arithmetische Zeichensprache die heutige festere Gestalt bekommen.

9) Eine genauere Analyse der Begriffe gleich, mehr, weniger, grösser und kleiner findet man in *E. G. Husserl's* Philosophie der Arithmetik, Band I, Kap. 5 und 6 (Halle 1891), woselbst auch weitere philosophische Literatur zu finden ist.

$$\frac{\begin{matrix} a = m \\ b = m \end{matrix}}{a = b}; \quad \frac{\begin{matrix} a > m \\ b = m \end{matrix}}{a > b}; \quad \frac{\begin{matrix} a < m \\ b = m \end{matrix}}{a < b}; \quad \frac{\begin{matrix} a > m \\ m > b \end{matrix}}{a > b}.$$

2. Addition [10]). Wenn man zwei Gruppen von Einheiten hat, und zwar so, dass nicht allein alle Einheiten jeder Gruppe gleichartig sind, sondern dass auch jede Einheit der einen Gruppe jeder Einheit der andern Gruppe gleichartig ist, so kann man zweierlei thun: entweder man kann jede Gruppe einzeln zählen und jedes der beiden Zähl-Ergebnisse als Zahl auffassen oder man kann die Zählung über beide Gruppen erstrecken und das Zähl-Ergebnis als Zahl auffassen. Im ersteren Falle erhält man zwei Zahlen, im letzteren Falle nur eine Zahl. Man sagt dann von dieser im

---

10) Der hier im Text vollzogene logisch genaue *Aufbau* der vier fundamentalen Operationen der Arithmetik wurde am ausführlichsten von *E. Schröder* in seinem Lehrbuch (Leipzig 1873, Band I: Die sieben algebraischen Operationen) durchgeführt. Ausser ihm haben Verdienste um einen solchen Aufbau:

1) *M. Ohm*, Versuch eines vollkommen konsequenteu Systems der Arithmetik (2 Bände, II. Auflage, Berlin 1829);
2) *W. R. Hamilton*, Preface zu den Lectures on Quaternions, Dublin 1853.
3) *M. Cantor*, Grundlage einer Elementararithmetik, Heidelberg 1855;
4) *H. Grassmann*, Lehrbuch der Arithmetik, Berlin 1861;
5) *H. Hankel*, Theorie der komplexen Zahlsysteme, Leipzig 1867 (Abschnitt I, II, III);
6) *J. Bertrand*, Traité d'arithmétique, 4. édition, Paris 1867;
7) *R. Baltzer*, Die Elemente der Mathematik, I. Band, letzte (7.) Auflage, Leipzig 1885;
8) *O. Stolz*, Vorlesungen über allgemeine Arithmetik, Leipzig 1885.

Eine Verbindung des konsequenten Aufbaues mit didaktischen Rücksichten auf Anfänger versuchte zuerst *E. Schröder* in seinem Abriss der Arithmetik und Algebra. I. Heft, Leipzig 1874, dann ausführlicher *H. Schubert* in seinen Lehrbüchern (Sammlung von arithmetischen und algebraischen Fragen und Aufgaben) vier Auflagen, Potsdam 1883 bis 1896, System der Arithmetik, Potsdam 1885, Arithmetik und Algebra in Sammlung Göschen (Leipzig 1896 und 1898).

In früheren Jahrhunderten herrschte sogar noch Unklarheit darüber, welche Operationen als arithmetische Grund-Operationen zu betrachten sind, so um die Mitte des 15. Jahrhunderts bei *J. Regiomontanus, G. v. Peurbach, Lucius Pacioli* und im *Bamberger Rechenbuch*. *Peurbach*'s Algorithmus kennt z. B. acht Grund-Operationen, nämlich Numeratio, Additio, Subtractio, Mediatio, Duplatio, Multiplicatio, Divisio, Progressio.

Im Zusammenhang mit *allgemeineren* Gesichtspunkten erscheinen die Operationen und Gesetze der Arithmetik in der *formalen Arithmetik.* im *Logikkalkül* und in der *Begriffsschrift*. Die formale Arithmetik studiert die Beziehungen von Grössen, ohne Rücksicht darauf, dass diese Grössen Zahlen sind. Namentlich lese man hierzu einerseits *H. Grassmann*'s Ausdehnungslehre, 1844 und 1878, andrerseits *H. Hankel*'s Theorie der komplexen Zahlsysteme, Leipzig 1867. Bezüglich des Logikkalküls und der Begriffsschrift vgl. man Bd. VI.

letzteren Falle erhaltenen Zahl, dass sie die *Summe* der beiden im ersteren Falle erhaltenen Zahlen sei und diese beiden Zahlen nennt man die *Summanden* der Summe. Der soeben geschilderte Übergang von zwei Zahlen zu einer einzigen heisst *Addition*. Zählen und Addieren unterscheiden sich also nur dadurch, dass man beim Zählen mit einer einzigen Gruppe, beim Addieren mit zwei Gruppen von Einheiten zu thun hat. Um anzudeuten, dass aus zwei Zahlen a und b eine dritte Zahl s durch Addition hervorgegangen ist, setzt man das Zeichen $+$ (plus) zwischen die beiden Summanden. Aus den Erklärungen des Grösserseins und der Addition folgt: Eine Summe ist grösser als einer ihrer Summanden, nämlich um den andern Summanden. Wenn $a > b$ ist, so kann a Summe von zwei Summanden sein, von denen der eine b ist.

Aus dem Begriff des Zählens folgt, dass es immer nur eine Zahl geben kann, welche die Summe zweier beliebigen Zahlen ist, und dass es umgekehrt auch nur eine Zahl geben kann, die, mit einer gegebenen Zahl durch Addition verbunden, zu einer *grösseren* gegebenen Zahl als Summe führt.

Da das Ergebnis des Zählens unabhängig von der Reihenfolge ist, in der man zählt, so muss sein:

$$a + b = b + a.$$

Man nennt das hierin ausgesprochene Gesetz das *Commutationsgesetz* [11]) der Addition. Trotz dieses Gesetzes kann man begrifflich die beiden

---

11) Wenn $+$ das Zeichen für eine ganz allgemein gedachte Verknüpfung zweier Grössen ist, so gilt für diese Verknüpfung das *commutative* Gesetz (Commutationsgesetz), wenn $a + b = b + a$ ist, das *associative* Gesetz (Associationsgesetz), wenn $(a + b) + c = a + (b + c)$ ist. Wenn ferner $\times$ das Zeichen für eine zweite allgemein gedachte Verknüpfung ist, so gilt für beide das *distributive* Gesetz (Distributionsgesetz), wenn $(a + b) \times c = (a \times c) + (b \times c)$ ist, oder wenn $(a \times b) + c = (a + c) \times (b + c)$ ist. Die Unterscheidung dieser drei Grundgesetze und deren Namen findet man in Deutschland zuerst bei *H. Hankel* (Theorie der komplexen Zahlsysteme, Leipzig 1867), in England schon seit etwa 1840, und zwar sind (nach Hankel) die Ausdrücke commutativ und distributiv zuerst von Servois (Gergonne's Ann., Bd. V, 1814, p. 93) gebraucht, associativ wahrscheinlich zuerst von Hamilton. Auch in allgemeineren Beziehungen als den arithmetischen Operationen spielen diese drei Grundgesetze eine fundamentale Rolle, so in der formalen Mathematik, dem Logikkalkül und der Begriffsschrift. (Vgl. hier Bd. VI.) Im Logikkalkül bedeutet $a + b$ alles, was entweder a oder b ist, $a \cdot b$ alles, was zugleich a und b ist. Für jede dieser Operationen gilt das commutative und das associative Gesetz. Ausserdem gilt das distributive Gesetz in beiderlei Gestalt, indem $(a + b) \cdot c = (a \cdot c) + (b \cdot c)$ und ausserdem $(a \cdot b) + c = (a + c) \cdot (b + c)$ ist. Hierauf machte *E. Schröder* in seiner Schrift „Operationskreis des Logikkalküls" (Leipzig 1877) aufmerksam.

Summanden unterscheiden, indem man bei der Operation des Addierens den einen als passiv[12]), den andern als aktiv[12]) auffasst. Den passiven Summanden könnte man *Augend*[12]), den aktiven *Auctor*[12]) (Increment[12])) nennen. Diese begrifflich mögliche Unterscheidung ist wegen des Commutationsgesetzes arithmetisch unnötig.

Aus dem Begriff des Zählens folgt ferner:

$$(a + b) + c = a + (b + c).$$

Das durch diese Gleichung ausgesprochene Gesetz heisst das *Associationsgesetz*[11]) der Addition.

Aus der Eindeutigkeit der Addition allein folgt das Gesetz über die Verbindung zweier Gleichungen durch Addition, wonach aus $a = b$ und $c = d$ folgt: $a + c = b + d$. Wie aber eine Gleichung und eine Ungleichung oder zwei Ungleichungen zu verbinden sind, kann nur durch Anwendung des Associationsgesetzes erkannt werden. Die vereinigte Wirkung beider Grundgesetze der Addition ergiebt:

Wenn beliebig viele Zahlen in beliebiger Reihenfolge durch Addition so verbunden werden, dass immer die Summe zweier Zahlen wieder als Summand einer neuen Addition auftritt, so ist die Zahl, die das schliessliche Ergebnis darstellt, immer dieselbe, gleichviel, in welcher Reihenfolge die vorliegenden Zahlen durch Addition verbunden werden.

Diese Wahrheit berechtigt dazu, das letzte Ergebnis die *Summe aller* gegebenen Zahlen zu nennen, und damit den Begriff der Summe dahin zu erweitern, dass dieselbe nicht allein zwei, sondern beliebig viele Summanden haben darf.

3. Subtraktion[10]). Bei der Addition sind zwei Zahlen, die beiden Summanden a und b, gegeben, und aus ihnen geht eine dritte Zahl, die Summe s, hervor. Wenn man nun umgekehrt die Summe s und den einen Summanden als gegeben betrachtet, so geht der andere Summand daraus als eine Zahl hervor, die (nach Nr. 2) eine ganz bestimmte ist. Die Aufsuchung dieser Zahl aus der Summe s und dem gegebenen Summanden nennt man *Subtraktion*[13]). Die Zahl s, die früher Summe

---

12) Die Unterscheidung der beiden durch eine arithmetische Operation verknüpften Zahlen durch die Ausdrücke *passiv* und *aktiv* gab zuerst *E. Schröder* in seinem „Abriss der Arithmetik und Algebra" (Leipzig 1874). Bei der Addition nennt er die passive Zahl Augend, die aktive Increment. *H. Schubert* unterscheidet Augend und Auctor, z. B. in seiner „Arithmetik und Algebra" in „Sammlung Göschen" (Leipzig).

13) Addition, Multiplikation und Potenzierung nennt man gewöhnlich direkte Operationen und ihre Umkehrungen indirekte Operationen. Bei *H. Hankel* (Theorie

war, wird bei der soeben definierten *umgekehrten* [13]) Rechnungsart *Minuend* genannt. Der gegebene Summand könnte als aktive Zahl „*Minutor*" genannt werden. Üblich ist jedoch dafür der Name *Subtrahend*. Das Ergebnis der Subtraktion heisst *Differenz*. Das Zeichen der Subtraktion ist ein wagerechter Strich (minus), vor den man den Minuend und hinter den man den Subtrahend setzt. Es ist also:

$$(s - a) + a = s$$

die *Definitionsformel* der Subtraktion. Aus der Eindeutigkeit der Subtraktion folgt hieraus zweitens:

$$(s + a) - a = s.$$

Auf der Definition der Subtraktion beruht auch die *Transpositionsregel erster Stufe*, wonach ein Subtrahend (Summand) auf der einen Seite einer Gleichung dort fortgelassen werden darf, um auf der andern Seite als Summand (Subtrahend) zu erscheinen. Durch Transponieren kann ein unbekannter Summand oder ein unbekannter Minuend *isoliert* werden, d. h. es kann dafür gesorgt werden, dass er auf der einen Seite einer Gleichung allein steht.

[*Identisch* heisst eine Gleichung, die immer richtig bleibt, was für Zahlen man auch für die in ihr auftretenden Buchstaben setzen mag. *Formel* heisst eine identische Gleichung, wenn sie dazu dient, eine Wahrheit in arithmetischer Zeichensprache auszudrücken. *Bestimmungsgleichung* heisst eine Gleichung, die nur richtig wird, wenn die darin auftretenden Buchstaben durch bestimmte (nicht durch alle) Zahlen ersetzt werden. Wenn in einer Bestimmungsgleichung alle vorkommenden Zahlen bis auf eine bekannt sind, so pflegt man die noch unbekannte Zahl mit x [14]) zu bezeichnen, und es entsteht dann die Aufgabe, die Gleichung zu *lösen*, d. h. die Zahl zu suchen, die man für x setzen muss, damit die Gleichung richtig wird. Eine Gleichung, in der x Summand oder Minuend ist, löst man durch die Transpositionsregel erster Stufe.

---

der komplexen Zahlsysteme, Leipzig 1867) gehören die direkten Operationen der Arithmetik zu den *thetischen*, die indirekten zu den *lytischen* Verknüpfungsarten. Aus der thetischen Verknüpfungsart $a \times b = c$ folgen die beiden lytischen $c \top a = b$ und $c \perp b = a$.

14) Bei Diophantos wird die Unbekannte durch ein Schluss-Sigma als den letzten Buchstaben von ἀριθμός bezeichnet. Über die Entstehung der Bezeichnung x für eine unbekannte Zahl lese man: *Treutlein*, Die deutsche Coss, Zeitschr. f. Math. Bd. 24 und die mehrfach angezweifelte Ansicht von *P. A. de Lagarde*, Woher stammt das x der Mathematiker? (Gött. Nachr., 1882).

4. Verbindung von Addition und Subtraktion. Aus der Definition der Subtraktion folgen bei Anwendung des Commutationsgesetzes und des Associationsgesetzes der Addition die vier Formeln:

$$a + (b - c) = (a + b) - c,$$
$$a - (b + c) = (a - b) - c,$$
$$a - (b - c) = (a - b) + c,$$
$$a - b = (a - n) - (b - n).$$

Da bei jeder dieser Formeln mindestens auf einer der beiden Seiten eine Differenz steht, so handelt es sich beim Beweise derselben nur darum, zu *prüfen*, ob die andere Seite die durch die Definition der Subtraktion vorgeschriebene Eigenschaft erfüllt, bei welcher Prüfung nur die beiden Grundgesetze der Addition oder eine Formel angewandt werden darf, die hier der zu beweisenden voraussteht und deshalb schon als bewiesen gelten kann.

Da aus $p = q$ nach Nr. 1 $q = p$ folgt, so enthält jede arithmetische Formel zwei Wahrheiten, die man erhält, je nachdem man die Formel von links nach rechts oder von rechts nach links auffasst. Wenn man das Associationsgesetz der Addition und die ersten drei der vier obigen Formeln von links nach rechts liest, so ergeben sie Regeln über Addieren und Subtrahieren von Summen und Differenzen. Wenn man sie von rechts nach links liest, so ergeben sie Regeln über Vermehrung und Verminderung von Summen und Differenzen. Auch liefern diese Formeln den Beweis dafür, dass Summanden und Subtrahenden in beliebige Reihenfolge gebracht werden können, sowie endlich die Regeln, nach denen aus einer Gleichung und einer Ungleichung oder aus zwei Ungleichungen durch Subtraktion der rechten und der linken Seiten eine neue Ungleichung erschlossen werden kann.

Die arithmetische Zeichensprache[8]) hat sich so ausgebildet, dass bei den Operationen der Addition und Subtraktion die Klammer[15]) um die *voranstehende* Rechnungsart fortgelassen werden darf, um die nachfolgende aber gesetzt werden muss, so dass das Associationsgesetz der Addition und die drei ersten der obigen Formeln auch so geschrieben werden dürfen:

---

15) Über das Setzen von *Klammern* in der Arithmetik spricht zuerst *E. Schröder* in seinem Lehrbuch die folgende allgemeine Regel aus: Ein Ausdruck, der Teil eines neuen Ausdrucks ist, wird in eine Klammer eingeschlossen. Allmählich ist es gebräuchlich geworden, diese Klammer in zwei Fällen fortzulassen, erstens wenn von zwei *gleichstufigen* Operationen die *voranstehende* zuerst ausgeführt werden soll, zweitens, wenn von zwei *ungleichstufigen* Operationen die *höherer* Stufe zuerst ausgeführt werden soll.

$$a + (b + c) = a + b + c; \quad a + (b - c) = a + b - c;$$
$$a - (b + c) = a - b - c; \quad a - (b - c) = a - b + c;$$

5. Null[16]). Da nach der Definition der Subtraktion der Minuend eine Summe ist, deren einer Summand der Subtrahend ist, so hat die Verknüpfung zweier gleicher Zahlen durch das Minuszeichen keinen Sinn. Eine solche Verknüpfung hat zwar die *Form* einer Differenz, stellt aber keine Zahl im Sinne von **Nr. 1** dar. Nun befolgt aber die Arithmetik ein Princip, das man das *Princip der Permanenz*[17]) oder der Ausnahmslosigkeit nennt und das in viererlei besteht:

erstens darin, jeder Zeichen-Verknüpfung, die keine der bis dahin definierten Zahlen darstellt, einen solchen Sinn zu erteilen, dass die Verknüpfung nach denselben Regeln behandelt werden darf, als stellte sie eine der bis dahin definierten Zahlen dar;

zweitens darin, eine solche Verknüpfung als Zahl im erweiterten Sinne des Wortes zu definieren und dadurch den Begriff der Zahl zu erweitern;

drittens darin, zu beweisen, dass für die Zahlen im erweiterten Sinne dieselben Sätze gelten, wie für die Zahlen im noch nicht erweiterten Sinne;

viertens darin, zu definieren, was im erweiterten Zahlengebiet gleich, grösser und kleiner heisst[19]).

Demgemäss wird die Zeichen-Verknüpfung $a - a$ den beiden Grundgesetzen der Addition und der Definitionsformel der Subtraktion unterworfen, wodurch erzielt wird, dass die Formeln von **Nr. 4** auch für die Zeichen-Verknüpfung $a - a$ gelten müssen. Durch Anwen-

---

16) Als allgemeines Zeichen für die Differenzformen, in denen Minuendus und Subtrahendus gleich sind, tritt die *Null* erst seit dem 17. Jahrhundert auf. Ursprünglich war die Null nur ein *Vacat-Zeichen* für eine fehlende Stufenzahl in der von den Indern erfundenen Stellenwert-Zifferschrift. (Man vgl. die in Anmerkung 7 angegebene Litteratur.) Sie heisst im Rechenbuch des im 14. Jahrhundert lebenden Mönchs Maximus Planudes (deutsch von *H. Waeschke*, Halle 1878) „tziphra", woraus das englische cypher und das französische zéro für Null entstanden sind. Das auch von tziphra herkommende deutsche Wort Ziffer hat im Deutschen eine allgemeinere Bedeutung gewonnen. Andere Zifferschriften, wie die additive der Römer oder die multiplikative der Chinesen, haben kein Zeichen für Null.

17) Das Princip der *Permanenz*, dem hier im Text die für die Erweiterung des Zahlbegriffs geeignete Gestalt gegeben ist, ist in allgemeinster Form zuerst von *H. Hankel* (§ 3 der Theorie der komplexen Zahlsysteme, Leipzig 1867) ausgesprochen, nachdem schon *G. Peacock* die Notwendigkeit einer rein formalen Mathematik und im Zusammenhang damit ein Princip betont hatte, aus dem durch Erweiterung das der Permanenz hervorgeht (*G. Peacock* in Brit. Ass. III, London 1834, Symbolical Algebra, Cambridge 1845).

dung der Formel $a - b = (a - n) - (b - n)$ auf $a - a$ erkennt man dann, dass alle Differenzformen, bei denen der Minuendus gleich dem Subtrahendus ist, einander gleichzusetzen sind. Dies berechtigt dazu, für alle diese einander gleichen Zeichen-Verknüpfungen ein gemeinsames festes Zeichen einzuführen. Es ist dies das Zeichen 0 (null)[16]. Man nennt ferner das, was dieses Zeichen aussagt, eine *„Zahl"*, die man auch Null nennt. Da aber Null kein Ergebnis des Zählens (Nr. 1) ist, so hat der Begriff der Zahl durch die Aufnahme der Null in die Sprache der Arithmetik eine Erweiterung erfahren. Aus der Definition $a - a = 0$ ergiebt sich, wie man mit Null bei der Addition und Subtraktion zu verfahren hat, nämlich: $p + 0 = p$, $0 + p = p$, $p - 0 = p$; $0 + 0 = 0$, $0 - 0 = 0$.

6. Negative Zahlen[18]. Wenn in $a - b$ der Minuend a kleiner als der Subtrahend b ist, so stellt $a - b$ keine Zahl im Sinne von Nr. 1 dar. Nach dem in Nr. 5 eingeführten Princip der Permanenz[17] muss dann die Differenzform $a - b$ der Definitionsformel der Subtraktion $a - b + b = a$ unterworfen werden, woraus hervorgeht, dass dann die in Nr. 4 behandelten Formeln auf $a - b$ auch in dem Fall anwendbar werden, wo $a < b$ ist. Hierdurch erkennt man, dass alle Differenzformen einander gleich[19] gesetzt werden können, bei denen der Subtrahend um gleichviel grösser ist als der Minuend. Es liegt daher nahe, alle Differenzformen $a - b$, bei denen b um p grösser als a ist, durch p auszudrücken. Indem man endlich solche Differenzformen auch *„Zahlen"*

---

18) Obwohl bei einem logischen Aufbau der Arithmetik die Einführung der *negativen Zahlen* der Einführung der gebrochenen Zahlen vorangehen muss, so sind doch historisch die negativen Zahlen viel später in Gebrauch gekommen, als die gebrochenen Zahlen. Die griechischen Arithmetiker rechneten nur mit Differenzen, in denen der Minuend grösser als der Subtrahend war. Die ersten Spuren eines Rechnens mit negativen Zahlen finden sich bei dem indischen Mathematiker *Bhâskara* (geb. 1114), der den negativen und den positiven Wert einer Quadratwurzel unterscheidet. Auch die Araber erkannten negative Wurzeln von Gleichungen. *L. Pacioli* am Ende des 15. Jahrhunderts und *Cardano*, dessen Ars magna 1550 erschien, wissen zwar etwas von negativen Zahlen, legen ihnen aber keine selbstständige Bedeutung bei. *G. Cardano* nennt sie aestimationes falsae oder fictae, *Michael Stifel* (in seiner 1544 erschienenen Arithmetica integra) nennt sie numeri absurdi. Erst *Th. Harriot* (um 1600) betrachtet negative Zahlen für sich und lässt sie die eine Seite einer Gleichung bilden. Das eigentliche Rechnen mit negativen Zahlen beginnt jedoch erst mit *R. Descartes* († 1650), der einem und demselben Buchstaben bald einen positiven, bald einen negativen Zahlenwert beilegte.

19) Dass die durch eine Erweiterung des Zahlbegriffs hervorgerufene Erweiterung der Begriffe gleich, grösser und kleiner einer näheren Erörterung bedarf, wird in neueren guten Lehrbüchern hervorgehoben.

nennt, erweitert man den Zahlbegriff und gelangt zur Einführung der *negativen Zahlen*. Demgemäss lautet die Definitionsformel der negativen Zahl $-p$ (minus p):

$$-p = b - (b + p).$$

Im Gegensatz zu den negativen Zahlen heissen die in Nr. 1 definierten Ergebnisse des Zählens *positive* Zahlen. Aus der Definitionsformel der negativen Zahl $-p$ folgt für $b = 0$, dass $-p = 0 - p$, und da auch $p = 0 + p$ ist, so liegt es nahe, $+p$ für p zu setzen. Die vor eine Zahl (im Sinne von Nr. 1) gesetzten Plus- und Minuszeichen heissen *Vorzeichen*. Negative Zahlen haben also das Vorzeichen minus, positive das Vorzeichen plus. Von den beiden Vorzeichen heisst das eine das *umgekehrte* des andern. Mit Vorzeichen versehene Zahlen heissen *relativ*. Lässt man bei einer relativen Zahl das Vorzeichen fort, so entsteht eine Zahl im Sinne von Nr. 1, die man den *absoluten Betrag*[20]) der relativen Zahl nennt. Aus diesen Definitionen folgt, wie relative Zahlen durch Addition und durch Subtraktion zu verknüpfen sind. Als Ergebnis erscheint immer eine relative Zahl oder Null.

Die Einführung der relativen Zahlen ermöglicht es, eine beliebige klammerlose Aufeinanderfolge von Additionen und Subtraktionen als eine „*Summe*" von lauter relativen Zahlen aufzufassen. Man nennt eine so aufgefasste Summe eine *algebraische* und die relativen Zahlen, die sie zusammensetzen, ihre *Glieder*. Steht eine algebraische Summe in einer Klammer, vor der ein Pluszeichen bezw. Minuszeichen steht, so darf dieselbe fortgelassen werden, wenn man die Vorzeichen der in ihr enthaltenen Glieder sämtlich beibehält bezw. sämtlich umkehrt.

Durch die Einführung der Zahl Null (Nr. 5) und der negativen Zahlen erhalten die in Nr. 2 und Nr. 4 angedeuteten Vergleichungsschlüsse einen ausgedehnteren Sinn, wenn man auch auf die neu eingeführten Zahlen die Ausdrücke grösser und kleiner anwendet. Man nennt nämlich immer, gleichviel ob a und b null, positiv oder negativ sind, $a > b$, wenn $a - b$ positiv ist, $a < b$, wenn $a - b$ negativ ist[19]).

Endlich machen die neu eingeführten Zahlen auch solche Gleichungen lösbar, die nach dem ursprünglichen Zahlbegriff als unlösbar gelten mussten. So ist die Gleichung $x + 5 = 5$ nach Nr. 1 unlösbar, nach Nr. 5 aber lösbar. So ist ferner die Gleichung $x + 5 = 3$ nach Nr. 1 unlösbar, nach dieser Nummer aber lösbar[17]).

7. Multiplikation[10]). Da wegen der Grundgesetze der Addition die Reihenfolge, in welcher Additionen ausgeführt werden, das Ergebnis

---

20) Der Ausdruck „absoluter Betrag" für den Modul jeder komplexen Zahl ist durch *K. Weierstrass'* Vorlesungen gebräuchlich geworden.

unverändert lässt, so konnte am Schluss von Nr. 2 das Ergebnis beliebig vieler aufeinanderfolgender Additionen als eine *Summe von vielen* Summanden aufgefasst werden. Stellen die letzteren nun sämtlich eine und dieselbe Zahl a dar, so liegt es nahe, diese Zahl nur einmal zu setzen und ein Zeichen hinzuzusetzen, welches angiebt, *wieviel* Summanden a die Summe enthalten soll. Man gelangt dadurch zu einer *neuen* Verknüpfung zweier Zahlen, nämlich der Zahl a, welche als Summand gedacht ist und der Zahl p, welche zählt, *wie oft* dieser Summand gedacht ist. Man nennt diese neue Verknüpfung *Multiplikation* und bezeichnet sie als Rechnungsart *zweiter Stufe*, während man die Addition und ihre Umkehrung, die Subtraktion, Rechnungsarten *erster Stufe* nennt. Eine Zahl a (passiv) mit einer Zahl p (aktiv) multiplizieren heisst also, eine Summe von p Summanden berechnen, von denen jeder a heisst. Die Zahl a, *welche* als Summand dabei auftritt, heisst *Multiplikand*, die Zahl p, welche zählt, *wie oft* der Summand gedacht ist, heisst *Multiplikator*. Das Ergebnis heisst Produkt. Wegen Nr. 5 und Nr. 6 kann der Multiplikator positiv, null oder negativ sein. Der Multiplikator aber, der angiebt, *wieviel* Summanden gemeint sind, kann nur ein Ergebnis des Zählens, also nur eine Zahl im Sinne von Nr. 1 sein. Indem eine Zahl a auch als Summe von einem einzigen Summanden aufgefasst wird, darf der Multiplikator auch die Zahl 1 sein. Das Zeichen der Multiplikation ist ein zwischen dem Multiplikand a und dem Multiplikator p gesetzter Punkt. Die Definitionsformel der Multiplikation lautet hiernach:

$$\overset{1)\quad 2)\quad 3)\qquad\quad p)}{a \cdot p = a + a + a + \cdots + a,}$$

wo die jedem Summanden übergesetzte Zahl angiebt, der wievielte Summand er ist. Früher setzte man statt des Punktes das Zeichen $\times$.

Aus der Eindeutigkeit der Addition folgt die Eindeutigkeit der Multiplikation, und daraus folgt, dass Gleiches mit Gleichem multipliziert, Gleiches ergiebt. Aus der Definitionsformel der Multiplikation ergeben sich durch die Formeln von Nr. 3 und Nr. 4 die vier *Distributionsgesetze* [11]):

I. $a \cdot p + a \cdot q = a \cdot (p + q);$

IIa. $a \cdot p - a \cdot q = a \cdot (p - q),$ wenn $p > q$ ist;

IIb. $a \cdot p - a \cdot q = 0,$ wenn $p = q$ ist;

IIc. $a \cdot p - a \cdot q = -[a \cdot (q - p)],$ wenn $q > p$ ist;

III. $a \cdot p + b \cdot p = (a + b) \cdot p;$

IV. $a \cdot p - b \cdot p = (a - b) \cdot p.$

[Über das Fortlassen der Klammern auf den linken Seiten dieser Formeln lese man Anmerkung 15.]

Die Formeln I und II zeigen, vorwärts gelesen, wie ein gemeinsamer Multiplikand *abgesondert* wird, rückwärts gelesen, wie *mit* einer Summe, bezw. Differenz multipliziert wird. Die Formeln III und IV zeigen, vorwärts gelesen, wie ein gemeinsamer Multiplikator *abgesondert* wird, rückwärts gelesen, wie eine Summe bezw. Differenz multipliziert wird. Aus den Distributionsgesetzen ergiebt sich, wie eine Gleichung und eine Ungleichung oder zwei Ungleichungen durch Multiplikation zu verbinden sind, falls die vier verglichenen Zahlen positiv sind.

Wie ein Produkt zu behandeln ist, dessen Multiplikand null oder negativ ist, geht aus Nr. 5 oder Nr. 6 hervor. Wenn aber bei einem Produkte der *Multiplikator null oder negativ* ist, so stellt dies zunächst eine sinnlose Zeichen-Verknüpfung dar. Nach dem Princip der Permanenz [17]) ist derselben nun ein Sinn zu erteilen, der es gestattet, dass man damit nach denselben Regeln rechnen kann, als wenn der Multiplikator eine Differenz ist, die eine Zahl im Sinne von Nr. 1 darstellt. Deshalb ist bei der Formel II die Beschränkung $p > q$ aufzuheben, um aus ihr zu entnehmen, wie *mit* Null und negativen Zahlen multipliziert wird. So ergiebt sich, dass $a \cdot 0 = 0$ und $a \cdot (-w) = -(a \cdot w)$ ist. Hieraus ergiebt sich dann auch, wie relative Zahlen durch Multiplikation zu verknüpfen sind.

Aus den Distributionsgesetzen folgt auch, dass für die Multiplikation das *Commutationsgesetz* [11]) und das *Associationsgesetz* [11]) richtig sind.

Das Commutationsgesetz der Multiplikation hebt die Notwendigkeit der Unterscheidung von Multiplikand und Multiplikator für die reine Arithmetik auf. Man bezeichnet deshalb beide mit dem gemeinsamen Namen *Faktor* und schreibt sie in beliebiger Reihenfolge. Das Produkt nennt man ein *Vielfaches* von jedem seiner Faktoren und jeden Faktor einen *Teiler* des Produktes. Ferner nennt man bei einem Produkte jeden Faktor den *Koeffizienten* des andern.

Bei benannten Zahlen tritt die Unterscheidung von Multiplikand und Multiplikator dadurch hervor, dass der erstere zwar benannt sein kann, der letztere aber unbenannt sein muss. Deshalb ist bei benanntem Multiplikand das Commutationsgesetz sinnlos.

Für die Arithmetik der unbenannten Zahlen folgt aus der vereinigten Wirkung des Commutationsgesetzes und des Associationsgesetzes, dass die Reihenfolge, in welcher Multiplikationen auf einander folgen, bezüglich des schliesslichen Ergebnisses gleichgültig ist. Dies berechtigt dazu, den Begriff des Produktes dahin zu erweitern, dass dasselbe nicht bloss zwei, sondern beliebig *viele Faktoren* haben darf.

Dadurch, dass diese Faktoren alle dieselbe Zahl darstellen können, ist die Möglichkeit der Definition einer direkten Operation dritter Stufe, der Potenzierung[21]), gegeben.

Eine algebraische Summe, deren Glieder auch Produkte sein können, heisst *Polynom*. Zwei Polynome multipliziert man, indem man jedes Glied des einen mit jedem Gliede des andern multipliziert und die erhaltenen Produkte wieder zu einer algebraischen Summe zusammenfasst. Dabei wird jedes Glied positiv oder negativ, je nachdem es aus Gliedern mit gleichen oder mit ungleichen Vorzeichen durch Multiplikation entsteht. Der Beweis dieser Regel folgt aus den Formeln I bis IV.

Aus den bisher entwickelten Definitionen und Resultaten lässt sich schliessen, dass, wenn beliebig viele Zahlen, die null oder relativ sind, in beliebiger Weise durch Addition, Subtraktion und Multiplikation verbunden werden, das schliessliche Ergebnis immer null oder relativ, also eine der bisher definierten Zahlen, sein muss.

8. Division[10]). Die Division geht aus der Multiplikation durch Umkehrung[13]) hervor, nämlich dadurch, dass das Produkt und der eine Faktor als gegeben, der andere Faktor als gesucht betrachtet wird. Dabei erhält die Zahl, die vorher Produkt war, den Namen *Dividend*, der gegebene Faktor den Namen *Divisor*, der gesuchte Faktor den Namen *Quotient*. Das Zeichen der Division ist ein Doppelpunkt (gelesen : durch), vor den man den Dividend und hinter den man den Divisor setzt. Demgemäss lautet die *Definitionsformel der Division:*

$$(p:a) \cdot a = p.$$

Statt $p:a$ schreibt man auch $\frac{p}{a}$, seltener p/a. Wie die Subtraktion hat auch die Division begrifflich zwei Umkehrungen, da sowohl der positive Faktor, der Multiplikand, als auch der aktive Faktor, der Multiplikator, gesucht werden kann. Ist der Dividend eine benannte Zahl, so heisst die Aufsuchung des Multiplikand *Teilung*, die des Multiplikators *Messung*. Wegen des Commutationsgesetzes ist es jedoch bei unbenannten Zahlen unnötig, die beiden Umkehrungen der Multiplikation zu unterscheiden. Damit $p:a$ Sinn habe, muss p ein Produkt sein können, dessen einer Faktor a ist, d. h. p muss ein Vielfaches von a, oder, was dasselbe ist, a ein Teiler von p sein.

Daraus, dass $0 \cdot m = 0$ ist, folgt zweierlei:

---

21) Vgl. hier Nr. **11.**

1) Null dividiert durch Null ist jeder beliebigen Zahl gleich zu setzen. Daher nennt man die Zeichen-Verknüpfung $0:0$ *vieldeutig*.

2) Null dividiert durch jede beliebige Zahl ergiebt immer die Zahl Null.

Wenn aber der Divisor Null ist und der Dividend nicht Null, sondern eine beliebige relative Zahl p ist, so entsteht die Frage, welche Zahl, mit Null multipliziert, zur relativen Zahl p führt. Da keine der bisher definierten Zahlen die verlangte Eigenschaft hat, so ist das Princip der Permanenz [17]) anzuwenden. Die Untersuchung aber, *welcher* Sinn dann $p:0$ beizulegen ist, wenn p nicht Null ist, gehört in ein anderes Kapitel der Mathematik (vgl. I A 3).

Da die Division nur dann eindeutig zu einer der schon definierten Zahlen führt, wenn der Divisor nicht Null ist, so darf man aus zwei Gleichungen nur dann durch Division eine dritte erschliessen, *wenn die Divisoren von Null verschieden sind.* Auf der Ausserachtlassung dieser Einschränkung beruhen viele Trugschlüsse der elementaren Arithmetik wie auch der höheren Analysis.

Wie relative Zahlen dividiert werden, folgt aus den entsprechenden Regeln für die Multiplikation relativer Zahlen.

Aus der Definitionsformel der Division folgt auch:

$$(p \cdot a) : a = p, \quad \text{falls } a \text{ nicht Null ist.}$$

Diese Formel ergiebt im Verein mit der Definition der Division die Regel, dass Multiplikation und Division mit derselben Zahl sich aufheben, *falls diese Zahl nicht Null ist.*

Daraus, dass die beiden Gleichungen $x \cdot b = p$ und $x = p : b$ sich gegenseitig bedingen, falls b nicht Null ist, ergiebt sich die *Transpositionsregel zweiter Stufe.* Durch zweitstufiges Transponieren kann man entweder einen unbekannten Faktor oder einen unbekannten Divisor isolieren und dadurch die Lösung von Bestimmungsgleichungen bewerkstelligen.

9. Verbindung der Division mit der Addition, Subtraktion und Multiplikation. Mit Hilfe der Definitionsformel der Division (Nr. 8) kann man die Richtigkeit folgender Formeln erkennen:

    I. $(a + b) : m = a : m + b : m,$

    II. $(a - b) : m = a : m - b : m,$

    III. $a \cdot (b : c) = a \cdot b : c,$

    IV. $a : (b \cdot c) = a : b : c,$

    V. $a : (b : c) = a : b \cdot c,$

    VI. $a : b = (a \cdot m) : (b \cdot m),$

    VII. $a : b = (a : n) : (b : n).$

[Über das Fortlassen der Klammern auf den rechten Seiten von F. I bis V lese man Anm. 15.]

Hierbei sind die auftretenden Divisoren natürlich als Teiler des zugehörigen Dividend aufzufassen. Insbesondere darf auch keiner der Divisoren Null sein. Die Formeln III, IV, V, VII entsprechen in der zweiten Stufe genau den vier in Nr. 4 für die erste Stufe aufgestellten Formeln.

Die beiden Distributionsformeln III und IV in Nr. 7, sowie die hier mit I und II bezeichneten Formeln lehren, in der einen Richtung gelesen, wie eine Summe oder Differenz multipliziert oder dividiert wird, in der andern Richtung gelesen, wie Produkte mit gleichem Faktor oder Quotienten mit gleichem Divisor addiert oder subtrahiert werden. Im ersten Falle werden Klammern gelöst, im zweiten gesetzt.

Aus den Formeln I und II folgt auch, wie eine algebraische Summe durch eine Zahl dividiert wird, und wie umgekehrt eine beliebige algebraische Summe von Quotienten mit gemeinsamem Divisor in einen Quotienten verwandelt werden kann, dessen Divisor der gemeinsame Divisor aller Glieder ist. Wenn bei einer algebraischen Summe von Quotienten die *Divisoren verschieden* sind, so kann man diese Quotienten durch Formel VI in andere Quotienten verwandeln, die alle denselben Divisor (General-Divisor) haben, und dann die soeben genannte Regel anwenden.

Das Associationsgesetz der Multiplikation und die obigen Formeln III, IV, V lehren, je nachdem man sie in der einen oder in der andern Richtung liest, sowohl, wie mit Produkten oder Quotienten multipliziert oder dividiert wird, als auch, wie Produkte oder Quotienten multipliziert oder dividiert werden. Im ersten Falle werden Klammern gelöst, im zweiten gesetzt. Ferner zeigen diese Formen, dass Faktoren und Divisoren in beliebige Reihenfolge gebracht werden können, ohne dass das schliessliche Ergebnis sich dadurch ändert.

Wenn zwei Quotienten gleichen positiven Divisor haben, so stellt derjenige die grössere Zahl dar, der den grösseren Dividend hat. Wenn aber zwei Quotienten, deren Dividend und Divisor positiv sind, gleichen Dividend haben, so stellt derjenige, der den grösseren Divisor hat, die *kleinere* Zahl dar. Diese Regeln folgen aus den aufgestellten Formeln und ergeben, wie eine Ungleichung und eine Gleichung oder zwei Ungleichungen durch Division zu verbinden sind, wenn die Divisoren positiv und Teiler der zugehörigen Dividenden sind.

10. Gebrochene Zahlen[21]). In § 5 und § 6 schuf das Princip der Permanenz[17]) aus $a - b$, wo a nicht grösser als b ist, die Null und die negativen Zahlen. In derselben Weise entstehen aus $a:b$, wo a kein Vielfaches von b ist, die *gebrochenen Zahlen*, und zwar dadurch, dass man die Definitionsformel der Division

$$(a : b) \cdot b = a$$

auf $a:b$ überträgt, falls a kein Vielfaches von b ist. So erreicht man auch die Übertragung aller bisher aufgestellten Definitionen und Formeln auf die Quotientenform $a:b$ und die Aufhebung der in Nr. 8 und Nr. 9 ausgesprochenen Beschränkung, „falls der Divisor ein Teiler des Dividend ist". Insbesondere erscheint nun die Gleichung $b \cdot x = a$ auch dann lösbar, wenn b kein Teiler von a ist.

Indem man die Quotientenform $a:b$, wo b kein Teiler von a ist, eine „*Zahl*" nennt, erweitert man von neuem den Begriff der Zahl, vergrössert man das Untersuchungsfeld der Arithmetik und vervollkommnet man die Mittel[22]), mit denen sie arbeitet. Im Gegensatz zu den so entstehenden gebrochenen Zahlen heissen alle bisher definierten Zahlen (Nrn. **1, 5, 6**) *ganze Zahlen*. Den Dividend a eines Bruches $a:b$ nennt man seinen *Zähler*, den Divisor b seinen *Nenner*. Man bezeichnet einen Bruch durch einen wagerechten Strich[21]), eine darüber gesetzte ganze Zahl, die sein Zähler ist, und eine darunter gesetzte ganze Zahl, die sein Nenner ist.

---

21) Mit *Brüchen* wurde schon im Altertum gerechnet. Ja, das älteste mathematische Handbuch, der *Papyrus Rhind* im Britischen Museum, enthält schon eine eigenartige Bruchrechnung (Näheres in *M. Cantor*'s Geschichte der Mathematik, Band I), in der jeder Bruch als Summe verschiedener *Stammbrüche* geschrieben wird. Die *Griechen* unterschieden in ihrer Buchstaben-Zifferschrift Zähler und Nenner durch verschiedene Strichelung der Buchstaben, bevorzugten aber Stammbrüche. Die *Römer* suchten die Brüche als Vielfache von $\frac{1}{12}$, $\frac{1}{24}$ u. s. w. bis $\frac{1}{288}$ darzustellen, im Zusammenhang mit ihrer Münz-Einteilung. Die *Inder* und *Araber* kannten Stammbrüche und abgeleitete Brüche, bevorzugten aber, ebenso wie die *alten babylonischen* und, ihnen folgend, die *griechischen Astronomen, Sexagesimalbrüche* (vgl. Anmerkung 24). Der *Bruchstrich* und die heutige Schreibweise der Brüche rührt von *Leonardo* von Pisa (genannt *Fibonacci*) her, dessen liber abaci (um 1220) die Quelle für die Rechenbücher der nächsten Jahrhunderte wurde.

22) Dass die Einführung der negativen und der gebrochenen Zahlen von der Algebra entbehrt werden kann, und dass jene Zahlen nur Symbole sind, die das Rechnen erleichtern, führte *L. Kronecker* in seiner Abhandlung „Über den Zahlbegriff" (J. f. Math. 101, 1887) aus. Nach *Kronecker* dienen also die Erweiterungen des Zahlbegriffs nur zu dem, was *E. Mach* „Oekonomie der Wissenschaft" nennt. (Vgl. *E. Mach*, Mechanik, Leipzig 1883; Populärwissenschaftliche Vorlesungen, Leipzig 1896; Die Principien der Wärmelehre, Leipzig 1896, p. 391 u. f.)

Um Brüche zu vergleichen, bringt man sie durch Anwendung der Formel VI in Nr. 9 auf gleichen Nenner und nennt einen Bruch *gleich* einem andern, *grösser* oder *kleiner*[19]), als der andere, wenn sein Zähler gleich dem Zähler des andern Bruches ist, grösser oder kleiner als dessen Zähler ist. Einen Bruch $\frac{a}{b}$ nennt man grösser oder kleiner als die ganze Zahl c, je nachdem $a > b \cdot c$ oder $a < b \cdot c$ ist. Ein Bruch, der kleiner als 1 ist, heisst *echt*, ein Bruch, der grösser als 1 ist, *unecht*. Durch Anwendung der Betrachtungen in Nr. 5 und Nr. 6 auf Brüche gelangt man zu den Begriffen des negativen Bruches, des positiven Bruches, des relativen Bruches und des absoluten Betrages[20]) eines relativen Bruches. Jede der bisher definierten Zahlen ist also Null oder positiv-ganz oder negativ-ganz oder positiv-gebrochen oder negativ-gebrochen. Man fasst alle Zahlen, die eins dieser Merkmale haben, also alle bisher definierten Zahlen, durch das Wort *„rational“*[23]) zusammen, im Gegensatz zu den später definierten irrationalen Zahlen (vgl. I A 3). Die Regeln, wie rationale Zahlen durch Addition, Subtraktion, Multiplikation und Division zu verknüpfen sind, gehen aus den in den früheren Paragraphen aufgestellten Formeln hervor.

Nach Formel VII in Nr. 9 kann ein Bruch, dessen Zähler und Nenner einen gemeinsamen ganzzahligen Teiler haben, gleich demjenigen Bruche gesetzt werden, der entsteht, wenn man Zähler und Nenner durch diesen Teiler dividiert. Dieses Verfahren heisst *Heben* oder *Reduzieren* des Bruches. Das erststufige Analogon zum Heben der Brüche ist die Verminderung des Minuend und Subtrahend einer Differenz um eine und dieselbe ganze Zahl. Während aber bei diesem Verfahren jede beliebige ganze Zahl als Minuend und als Subtrahend aus jeder beliebigen Differenz ganzer Zahlen erzielt werden kann, kann durch Heben eines beliebigen Bruches nicht jede beliebige ganze Zahl als Zähler oder Nenner erzielt werden. Man muss sich damit begnügen, soweit zu heben, dass Zähler und Nenner

---

23) Die Unterscheidung von rationalen und irrationalen Grössen tritt bei den Griechen in geometrischem Gewande schon vor Euclid (um 300 v. Chr.) auf, zuerst wohl bei *Pythagoras* (um 500), der erkannte, dass die Hypotenuse eines gleichschenklig-rechtwinkligen Dreiecks unsagbar (ἄῤῥητος) sei, wenn die Katheten sagbar sind. *Plato* (429—348) erkannte die Irrationalität bei der Diagonale des Quadrats über Fünf (Plato's Staat, VIII 546). Ausführlicher noch behandelte *Euclid* das Irrationale (ἄλογον) im 10. Buche seiner „Elemente“, und zwar in geometrischer Gestalt, indem unterschieden wird, ob zwei Strecken kommensurabel oder inkommensurabel (ἀσύμμετροι) sind. Archimedes (287—212) schloss bei seiner Berechnung der Zahl π die Quadratwurzel aus Drei und aus anderen Zahlen in sehr nahe rationale Grenzen ein. Über das Irrationale in neuerer Zeit vgl. hier I A 3.

keinen gemeinsamen Teiler mehr haben. Ist der Zähler eines Bruches ein Teiler des Nenners, so lässt sich durch Heben ein Bruch erzielen, dessen Zähler 1 ist. Solche Brüche mit dem Zähler 1 heissen *Stammbrüche*[21]). Jeder beliebige Bruch kann als Produkt seines Zählers mit seinem Stammbruch aufgefasst werden, d. h. mit demjenigen Bruch, der denselben Nenner hat. Wenn $a > b$ ist und a und b ganzzahlig sind, so kann $a = m \cdot b + v$ gesetzt werden, wo m eine ganz bestimmte ganze Zahl und $v < b$ ist, woraus folgt, dass jeder Bruch um einen echten Bruch grösser als eine ganze Zahl ist, oder dass jede rationale Zahl in zwei Grenzen eingeschlossen[19]) werden kann, die ganze Zahlen sind, sich um 1 unterscheiden, und von denen die eine grösser, die andere kleiner ist[19]), als die rationale Zahl.

Durch Fortsetzung des Stellenwert-Princips, auf dem unsere Zifferschrift beruht, nach rechts gelangt man zu den *Dezimalbrüchen*[24]), d. h. Brüchen, von denen nur der Zähler geschrieben zu werden braucht, weil der Nenner zehn oder hundert oder tausend u. s. w. ist. Welche von diesen Zahlen als Nenner gemeint ist, deutet man durch die Stellung eines Komma's[24]) an. (Vgl. Numerisches Rechnen in I F.)

Die Einführung der relativen Zahlen verwandelt jede Subtraktion in eine Addition, und zwar durch Umkehrung eines Vorzeichens. Ebenso verwandelt die Einführung der gebrochenen Zahlen jede Division in eine Multiplikation. Versteht man nämlich unter *reziprokem Wert* eines Bruches den Bruch, dessen Zähler und Nenner Nenner und Zähler des ursprünglichen Bruches sind, so erkennt man, dass das Ergebnis der Division durch einen Bruch übereinstimmt mit dem Ergebnis der Multiplikation mit seinem reziproken Werte.

Die Arithmetik, welche nur die Operationen erster und zweiter Stufe umfasst, schliesst, wie aus dem Obigen hervorgeht, mit den beiden folgenden Endergebnissen ab:

---

24) Die *Dezimalbrüche* entstanden im Laufe des 16. Jahrhunderts. *Johann Keppler* (1571—1630) führte das Dezimalkomma ein. Das Princip, das der Dezimalbruch-Schreibweise zu grunde liegt, war schon im Altertum bei den *Sexagesimalbrüchen* verwendet. Bei denselben lässt man auf die Ganzen Vielfache von $\frac{1}{60}$ und dann von $\frac{1}{3600}$ folgen. Dass dieselben *babylonischen* Ursprungs sind, ist durch die Entdeckung einer von babylonischen Astronomen angewandten sexagesimalen Stellenwert-Zifferschrift (mit 59 verschiedenen Ziffern, aber ohne ein Zeichen für nichts) unzweifelhaft geworden. Auch die griechischen Astronomen (*Ptolemaeus*, um 150 n. Chr.) rechneten mit Sexagesimalbrüchen. Z. B. setzte *Ptolemaeus* $\pi = 3 \ldots 8 \ldots 30 = 3 + \frac{8}{60} + \frac{30}{3600}$. Unsere Sechzig-Teilung der Stunde und des Grades, sowie die Ausdrücke *Minute* (pars *minuta* prima) und *Secunde* (pars minuta *secunda*) sind Reste der alten Sexagesimalbrüche.

1) Wenn allgemeine Zahlzeichen (Buchstaben) in beliebiger Weise durch die Operationen erster und zweiter Stufe verbunden werden, so lässt sich das Ergebnis immer als Quotient darstellen, dessen Dividend und Divisor eine algebraische Summe von Produkten ist;

2) Wenn beliebig viele rationale Zahlen in irgend welcher Weise durch die Operationen erster und zweiter Stufe verbunden werden, so ist das Ergebnis immer eine rationale Zahl, falls eine Division durch Null nicht vorkommt.

Neue Erweiterungen des Zahlengebietes werden erst notwendig, wenn man die bisher definierten Zahlen durch die Operationen dritter Stufe miteinander verknüpft. (Vgl. Nr. 11 sowie I A 3 und I A 4.)

11. Die drei Operationen dritter Stufe. In Nr. 7 ist die Definition des Produktes dahin erweitert, dass es beliebig viele Faktoren enthalten darf. Der Fall, dass diese alle gleich sind, führt zur direkten Operation dritter Stufe, der *Potenzierung*[25]). Eine Zahl a (passiv) mit einer Zahl p (aktiv) potenzieren, heisst also, ein Produkt von p Faktoren bilden, von denen jeder a heisst. Die Zahl a, *welche* als Faktor eines Produktes gesetzt wird, heisst *Basis*, die Zahl p, welche angiebt, *wie oft* die andere Zahl a als Faktor eines Produktes gesetzt werden soll, heisst *Exponent*[25]). Das Resultat der Potenzierung, das man a^p schreibt und „a hoch p" liest, heisst *Potenz*. Insofern man a als Produkt von einem Faktor auffasst, setzt man $a^1 = a$. Durch die Definition der Potenzierung ergeben sich

---

25) Potenzen mit den Exponenten 1 bis 6 bezeichnete schon Diophant in abgekürzter Weise. Er nennt die zweite Potenz δύναμις, ein Wort, auf das durch die lateinische Übersetzung potentia das Wort „Potenz" zurückzuführen ist. Im 14. bis 16. Jahrhundert finden sich schon Spuren eines Rechnens mit Potenzen und Wurzeln, so bei *Oresme* († 1382), *Adam Riese* († 1559), *Christoff Rudolf* (um 1530) und namentlich bei *Michael Stifel* in dessen Arithmetica integra (Nürnberg 1544). Näheres hierüber in *M. Cantor's* Geschichte der Mathematik. Aber erst die Erfindung der Logarithmen am Anfange des 17. Jahrhunderts verschaffte den Operationen dritter Stufe ein volles Bürgerrecht in der Arithmetik. Die tiefere Erkenntnis ihres Zusammenhanges gehört jedoch einer noch späteren Zeit an. Die Erfinder der Logarithmen sind *Jost Bürgi* († 1632) und *John Napier* († 1617). Um die Verbreitung der Kenntnis der Logarithmen hat auch *Keppler* († 1630) grosse Verdienste. *Henry Briggs* († 1630) führte die Basis zehn ein und gab eine Sammlung von Logarithmen dieser Basis heraus. (Vgl. Numerisches Rechnen, I F.) Das Wort Logarithmus (λόγου ἀριθμός = Nummer eines Verhältnisses) erklärt sich dadurch, dass man zwei Verhältnisse dadurch in Beziehung zu setzen suchte, dass man das eine potenzierte, um das andere zu erhalten. So nannte man 8 zu 27 das dritte Verhältnis von 2 zu 3. Auch kommt für Logarithmus der Ausdruck „numerus rationem exponens" vor, von dem vielleicht das Wort „Exponent" herrührt.

aus den Gesetzen der Multiplikation die folgenden Gesetze der Potenzierung:

$$\text{I.}\quad a^p \times a^q = a^{p+q};$$
$$\text{IIa.}\quad a^p : a^q = a^{p-q}, \text{ falls } p > q \text{ ist;}$$
$$\text{IIb.}\quad a^p : a^q = 1, \text{ falls } p = q \text{ ist;}$$
$$\text{IIc.}\quad a^p : a^q = 1 : a^{q-p}, \text{ falls } p < q \text{ ist;}$$

(Distributionsformeln bei gleicher Basis.)

$$\text{III.}\quad a^q \cdot b^q = (a \cdot b)^q;$$
$$\text{IV.}\quad a^q : b^q = (a : b)^q;$$

(Distributionsformeln bei gleichem Exponenten.)

$$\text{V.}\quad (a^p)^q = a^{p \cdot q} = (a^q)^p; \quad \text{(Associationsformel.)}$$

Nach der Definition der Potenzierung kann die Basis jede beliebige Zahl sein; der Exponent muss jedoch ein Ergebnis des Zählens, also eine positive ganze Zahl sein. Für „positiv-ganz" sagt man auch „*natürlich*"; demnach heisst eine Potenz mit einem derartigen Exponenten eine „*natürliche*".

Wegen einer geometrischen Anwendung heissen Potenzen mit dem Exponenten 2 auch Quadrate, mit dem Exponenten 3 auch Kuben.

Ist die Basis eine Summe, eine Differenz, ein Produkt, ein Quotient oder eine Potenz, so ist dieselbe in eine Klammer einzuschliessen. Dagegen macht die höhere Stellung des Exponenten eine Klammer um denselben überflüssig.

Nach der Definition der Potenzierung sind a^0 und a^{-n}, wo $-n$ eine negative ganze Zahl ist, zunächst sinnlose Zeichen. Auch Produkte, deren Multiplikator null oder negativ ist, waren, nach der ursprünglichen Definition der Multiplikation, sinnlose Zeichen. Doch erhielten solche Zeichen, gemäss dem Princip der Permanenz, dadurch Sinn, dass man wünschte, mit solchen Differenzen ebenso multiplizieren zu können, wie mit Differenzen, die eine positive Zahl darstellen. In derselben Weise verfährt man mit den Potenzformen

$$a^0 \text{ und } a^{-n}.$$

Man setzt also $a^0 = a^{p-p}$, hebt die Beschränkung $p > q$ in Formel IIa auf, und wendet dieselbe, umgekehrt gelesen, an. Dann kommt:

$$a^0 = a^{p-p} = a^p : a^p = 1.$$

Ebenso setzt man $a^{-n} = a^{p-(p+n)}$, hebt die Beschränkung $p > q$ in Formel IIa auf, findet dadurch $a^p : a^{p+n}$, wendet nun Formel IIc an und erhält $1 : a^n$.

Die Ausdehnung des Begriffs der Potenzierung auf den Fall, dass der Exponent eine gebrochene Zahl ist, lässt sich erst bewerkstelligen, nachdem die Gesetze der Radizierung, der einen der beiden Umkehrungen der Potenzierung, festgestellt sind.

Da bei der Potenzierung das Kommutationsgesetz nicht gilt, weil im allgemeinen b^n nicht gleich n^b ist, so müssen die beiden Umkehrungen der Potenzierung nicht bloss logisch, sondern auch *arithmetisch unterschieden* werden. Die Operation, welche bei $b^n = a$ die Basis, also die passive Zahl, als gesucht, a und n aber als gegeben betrachtet, heisst *Radizierung*[25]); die Operation, welche bei $b^n = a$ den Exponenten, also die aktive Zahl, als gesucht, b und a aber als gegeben betrachtet, heisst *Logarithmierung*[25]).

„n^{te} *Wurzel aus* a", geschrieben: $\sqrt[n]{a}$[25]), ist also die Zahl', welche mit n potenziert, a ergiebt. Demnach ist $\left(\sqrt[n]{a}\right)^n = a$ die Definitionsformel der Radizierung. Die Zahl, welche ursprünglich Potenz war, heisst bei der Radizierung *Radikand*, die Zahl, welche Potenz-Exponent war, heisst *Wurzel-Exponent* und die Zahl, welche Basis war, heisst *Wurzel*. Durch die Definition der Radizierung ergeben sich aus den Gesetzen der Potenzierung die folgenden Gesetze der Radizierung:

$$\text{I.} \quad \sqrt[n]{a} \cdot \sqrt[n]{b} = \sqrt[n]{a \cdot b};$$
$$\text{II.} \quad \sqrt[n]{a} : \sqrt[n]{b} = \sqrt[n]{a : b};$$

(Distributive Formeln.)

$$\text{III.} \quad \sqrt[p]{a^q} = \left(\sqrt[p]{a}\right)^q;$$
$$\text{IV.} \quad \sqrt[p]{\sqrt[q]{a}} = \sqrt[pq]{a} = \sqrt[q]{\sqrt[p]{a}};$$

(Associative Formeln.)

$$\text{V.} \quad \sqrt[np]{a^{nq}} = \sqrt[p]{a^q}.$$

Durch die Radizierung lassen sich Potenzen mit *gebrochenen Exponenten* definieren. Da $\frac{p}{q} \cdot q = p$ die Definitionsformel der gebrochenen Zahl $\frac{p}{q}$ ist, und da $a^{\frac{p}{q} \cdot q}$ gleich $\left(a^{\frac{p}{q}}\right)^q$ ist, so ist unter $a^{\frac{p}{q}}$ eine Zahl zu verstehen, die mit q potenziert, a^p ergiebt, und dies ist $\sqrt[q]{a^p}$. Ebenso erkennt man, dass $a^{-\frac{p}{q}} = 1 : \sqrt[q]{a^p}$ ist. Ferner ergiebt Formel V, wie $\sqrt[n]{a}$, wo n eine positive oder negative gebrochene Zahl ist, als Potenz dargestellt werden kann, deren Basis a ist und deren Exponent rational ist. Jede Wurzel lässt sich also als Potenz darstellen, deren Basis der Radikand der Wurzel ist, gerade so wie jeder Quotient sich als Produkt darstellen lässt, dessen Multiplikand der Dividend des Quotienten ist.

Wenn a eine beliebige rationale Zahl und n eine ganze Zahl ist, so stellt a^n eine rationale Zahl dar. Wenn aber bei rationalem a die Zahl n zwar rational, aber nicht ganzzahlig ist, so giebt es nur dann eine rationale Zahl, die gleich a_n gesetzt werden darf, wenn a die q^{te} Potenz einer rationalen Zahl ist, wo q der Nenner der Zahl n ist. In allen anderen Fällen stellt a^n, wo n nicht ganzzahlig ist, eine Zeichen-Verknüpfung dar, der erst noch Sinn zu erteilen ist. (Vgl. I A 3 und I A 4.)

„*Logarithmus von a zur Basis b*“ [25]), geschrieben: $\overset{b}{\log} a$, ist der Exponent, mit welchem b potenziert werden muss, damit sich a ergiebt. Demnach ist:

$$b^{\overset{b}{\log} a} = a$$

die Definitionsformel der *Logarithmierung*. Die Zahl, welche ursprünglich Potenz war, heisst bei der Logarithmierung *Logarithmand*, die Zahl, welche Basis war, heisst *Logarithmen-Basis*, und die Zahl, welche Exponent war, heisst *Logarithmus*. Durch die Definition der Logarithmierung ergeben sich aus den Gesetzen der Potenzierung die folgenden Gesetze der Logarithmierung:

I. $\overset{b}{\log}(p \cdot q) = \overset{b}{\log} p + \overset{b}{\log} q$;

II. $\overset{b}{\log}(p : q) = \overset{b}{\log} p - \overset{b}{\log} q$;

III. $\overset{b}{\log}(p^m) = m \cdot \overset{b}{\log} p$;

IV. $\overset{b}{\log} a = \dfrac{\overset{c}{\log} a}{\overset{c}{\log} b}$.

Wenn b eine beliebige rationale Zahl ist, so stellt $\overset{b}{\log} a$ nur dann eine rationale Zahl dar, wenn a gleich einer Potenz ist, deren Basis b ist, und deren Exponent eine rationale Zahl ist. [Dies ist z. B. der Fall, wenn $b = \frac{9}{4}$ und $a = \frac{8}{27}$ ist. Denn $\left(\frac{9}{4}\right)^{-\frac{3}{2}} = \left(\frac{4}{9}\right)^{+\frac{3}{2}} = \left(\sqrt{\frac{4}{9}}\right)^3 = \left(\frac{2}{3}\right)^3 = \frac{8}{27}$. Daher ist $\overset{\frac{9}{4}}{\log} \frac{8}{27}$ gleich der rationalen Zahl $-\frac{3}{2}$.] In allen sonstigen Fällen stellt $\overset{b}{\log} a$ eine Zeichen-Verknüpfung dar, der erst noch Sinn zu erteilen ist. (Vgl. I A 3 und I A 4.)

In der folgenden Tabelle der arithmetischen Operationen ist immer 16 als passive, 2 als aktive Zahl betrachtet.

Tabelle der 7 Operationen.

Name der Operation:	Beispiel:	Die passive Zahl, hier 16, heisst:	Die aktive Zahl, hier 2, heisst:	Das Resultat heisst:
Addition	$16 + 2 = 18$	Augend (Summand)	Auctor (Summand)	Summe
Subtraktion	$16 - 2 = 14$	Minuend	Subtrahend	Differenz
Multiplikation	$16 \cdot 2 = 32$	Multiplikand (Faktor)	Multiplikator (Faktor)	Produkt
Division	$16 : 2 = 8$	Dividend	Divisor	Quotient
Potenzierung	$16^2 = 256$	Basis	Exponent	Potenz
Radizierung	$\sqrt[2]{16} = 4$	Radikand	Wurzel-Exponent	Wurzel
Logarithmierung	$\overset{2}{\log} 16 = 4$	Logarithmand	Logarithmen-Basis	Logarithmus

Wie hierbei aus jeder der drei direkten Operationen Addition, Multiplikation, Potenzierung ihre beiden Umkehrungen folgen, zeigt folgende Tabelle:

Stufe:	Direkte Operation:	Indirekte Operation:	Gesucht wird:
I.	Addition: $5 + 3 = 8$	Subtraktion: $8 - 3 = 5$	Augend
		Subtraktion: $8 - 5 = 3$	Auctor
II.	Multiplikation: $5 \cdot 3 = 15$	Division: $15 : 3 = 5$	Multiplikand
		Division: $15 : 5 = 3$	Multiplikator
III.	Potenzierung: $5^3 = 125$	Radizierung: $\sqrt[3]{125} = 5$	Basis
		Logarithm.: $\overset{5}{\log} 125 = 3$	Exponent

In derselben Weise, wie die Multiplikation aus der Addition, die Potenzierung aus der Multiplikation hervorgeht, so könnte man auch aus der Potenzierung als der direkten Operation dritter Stufe eine direkte *Operation vierter Stufe*[26]), aus dieser eine fünfter Stufe u. s. w.

---

26) Von Abhandlungen, die sich auf Operationen vierter oder höherer Stufe beziehen, seien hier erwähnt: die von *H. Gerlach* in der Zeitschr. f. math. nat. Unterr. Jahrg. 13, Heft 6, von *F. Wöpcke* in J. f. Mat. 42, von *E. Schulze*

ableiten. Doch ist schon die Definition einer direkten Operation vierter Stufe zwar logisch berechtigt, aber unwichtig, weil bereits bei der dritten Stufe das Kommutationsgesetz seine Gültigkeit verliert. Um zu einer direkten Operation vierter Stufe zu gelangen, hat man a^a als Exponenten von a zu betrachten, die so entstandene Potenz wieder als Exponenten von a zu betrachten und so fortzufahren, bis a $b$mal gesetzt ist. Nennt man das Ergebnis dann $(a; b)$, so stellt $(a; b)$ das Resultat der direkten Operation vierter Stufe dar. Für dieselbe gilt z. B.: $(a; b)^{(a; c)} = (a; c + 1)^{(a; b-1)}$.

---

in Arch. f. Math. (2) III (1886). *G. Eisenstein* untersuchte durch Reihen-Entwickelungen die Funktion $x = y^{\frac{1}{y}}$ als Umkehrung von $y = (x; \infty)$ in J. f. Math. Bd. 28. Die Lehrbücher von *Hankel, Grassmann, H. Scheffler, E. Schröder, O. Schloemilch, Schubert* erwähnen die direkte Operation vierter Stufe, ohne näher darauf einzugehen.

I A 2. KOMBINATORIK

VON

E. NETTO

IN GIESSEN.

Inhaltsübersicht.

Die Monographien sind in Nr. 1 und Nr. 35 angegeben.

1. Kombinatorik; historische Würdigung. Die *Kombinatorik* hat sich weder in ihren elementaren noch in ihren höheren analytischen Gebieten so entwickelt, wie dies zu Beginn des Jahrhunderts in überschwänglicher Weise von den Vertretern der „kombinatorischen Schule" erhofft wurde. Anfänge der Kombinatorik lassen sich weit zurück verfolgen; als Zweig der Wissenschaft darf sie erst von *Bl. Pascal*[1]), *G. W. Leibnitz*[2]), *J. Wallis*[3]), besonders aber von *Jac. Bernoulli I.* und *A. de Moivre*[4]) an gelten. Die Grundzüge der elementaren Teile sind in jedes Lehrbuch übergegangen; die analytischen Anwendungen treten sehr zurück. So stammen die umfassenderen Monographien sämtlich aus früherer Zeit[5]), und tiefer eindringende Abhandlungen sind nur in geringer Zahl vorhanden[6]).

2. Kombinatorische Operationen. Definitionen. Von den unendlich vielen möglichen kombinatorischen Operationen haben drei als gleichberechtigt (trotz logischer Bedenken) hauptsächliche Geltung erlangt, die Permutationen (P.), die Kombinationen[7]) (K.) und die Variationen (V). Jede Anordnung von n Elementen nennen wir eine Komplexion (Kp.) derselben. — P. von n Elementen heissen die Kp., welche alle gegebenen Elemente in allen möglichen Aufeinanderfolgen liefern. Sind die Elemente von einander verschieden, dann giebt es $n!$, kommen unter ihnen a gleiche einer Art, b gleiche einer andern Art u. s. w. vor, dann giebt es $n! : (a!\, b! \ldots)$.

K. von n Elementen zur k^{ten} Klasse sind alle Kp. von je k jener n Elemente ohne Berücksichtigung der Anordnung; darf jedes Element nur einmal aufgenommen werden, dann sind es K. ohne Wiederholung (o. W.), sonst mit Wiederholung (m. W.). Es giebt in k^{ter} Klasse

$$ \text{K. o. W. } \frac{n!}{k!\,(n-k)!}, \qquad \text{K. m. W. } \frac{(n+k-1)!}{k!\,(n-1)!} . $$

---

1) Traité du triangle arithmétique. Paris 1665, geschrieb. 1664 (Op. posth.).

2) Dissertatio de arte Combinatoria. Lipsiae 1668. Opp. II, T. I, p. 339.

3) Treatise of algebra. Lond. 1673 und 1685.

4) *Bernoulli*, Ars conjectandi. Basil. 1713 (Op. posth.). — *Moivre*, Probabilities. Lond. 1718.

5) *K. F. Hindenburg*, Nov. Syst. Permutationum etc. Lips. 1781. — *J. Weingärtner*, Lehrb. d. combinator. Analysis. Leipz. 1800. — *Knr. Stahl*, Grundriss d. Kombin.-Lehre. Jena 1800. — *Bernh. Thibaut*, Grundr. d. allgem. Arithm. od. Analysis. Götting. 1809. — *Chr. Kramp*, Élem. d'Arithm. Cologne 1808. — *Fr. W. Spehr*, Lehrbegr. d. rein. Kombin.-Lehre. Braunschw. 1824. — *A. v. Ettingshausen*, D. kombinat. Analysis. Wien 1826. — *L. Öttinger*, Lehre v. d. Kombinat. Freiburg 1837.

6) *Hessel*, Arch. f. Math. 7 (1845), p. 395. — *Öttinger*, ib. 15 (1850), p. 241.

7) *Hindenburg* schreibt auch „Komplexionen"; diese zerfallen in eigentliche Kombinationen, in Konternationen, Konquaternationen u. s. w.

V. entstehen, wenn man in den K. die Elemente permutiert. Es giebt in k^{ter} Klasse

$$\text{V. o. W. } \frac{n!}{(n-k)!}, \qquad \text{V. m. W. } n^k.$$

3. Inversion; Transposition. Da die Elemente nur insofern gelten, als sie identisch oder verschieden sind, so kann ihre Bezeichnung beliebig z. B. durch Ziffern 1, 2, 3, ... oder durch Buchstaben $a, b, c, \ldots$ bewirkt werden. Dadurch kommt ein neues Agens in die Betrachtung, welches nun nach verschiedenen Richtungen hin benützt werden kann. Eine Kp. heisst *gut geordnet*, wenn stets die höhere Ziffer (der alphabetisch spätere Buchstabe) hinter der niederen (dem früheren) steht. Jede Abweichung davon heisst *Inversion* [8]). Für die Abzählung der Inversionenzahl bei umfangreichen Kp. giebt *P. Gordan* eine Regel [9]). Eine Kp. verschiedener Elemente gehört zur *ersten* oder *zweiten* Klasse (ist *gerade* oder *ungerade*), je nachdem sie eine gerade oder ungerade Zahl von Inversionen enthält [10]). Durch eine *Transposition*, d. h. Umstellung zweier Elemente, wird die Klasse geändert [11]).

4. Permutationen mit beschränkter Stellenbesetzung. P. mit *beschränkter Stellenbesetzung* sind solche, bei denen entweder eine vorgeschriebene Anzahl von Elementen ihre Plätze beibehält, oder bei denen gewisse Stellen nur von gewissen Elementen eingenommen werden dürfen.

L. Euler [12]) führt eine Funktion $f(n)$ ein, welche die Zahl der P. giebt, bei denen jedes Element den ursprünglichen Platz ändert. Hiermit in Verbindung steht ein $F(n, m)$, welches angiebt, bei wievielen P. von n Elementen genau m ihren Platz behalten [13]). Es ist

---

8) *G. Cramer*, Introduct. à l'Analyse des lignes courbes (1750); Genève. Appendice p. 658. — *T. P. Kirkman*, Cambr. a. Dubl. J. 2 (1847), p. 191.

9) Vorles. üb. Invarianten-Theor., herausgeg. v. *G. Kerschensteiner* (1885), Leipz. I, p. 2.

10) *E. Bézout*, Mém. Paris (1764), p. 292. — *A. L. Cauchy*, J. de l'Éc. pol. cah. 10 (1815), p. 41. — *K. G. Jacobi* Werke 3, p. 359 = J. f. M. 22 (1841), p. 285.

11) *P. S. Laplace*, Mém. Paris (1772), p. 294.

12) Mém. Pétersb. 3 (1809), p. 57. — *Öttinger*, Lehre v. d. Kombin. Freiburg 1837. — *M. Cantor*, Z. f. Math. 2 (1857), p. 65. — *R. Baltzer*, Leipz. Ber. (1873), p. 534. — *S. Kantor*, Z. f. Math. 15 (1870), p. 361. — *A. Cayley*, Edinb. Proceed. 9 (1878), p. 338 u. 388.

13) *M. Cantor*, Z. f. Math. 2 (1857), p. 410. — *J. J. Weyrauch*, J. f. Math. 74 (1872), p. 273.

$$f(n) = nf(n-1) + (-1)^n = (n-1)[f(n-1) + f(n-2)];$$
$$f(0) = 1, \quad f(1) = 0.$$
$$F(n, m) = \binom{n}{m} f(n-m).$$

Eine andere Beschränkung der Stellenbesetzung ist die, dass gewisse Stellen nur von gewissen Elementen eingenommen werden dürfen[14]), z. B. die geraden Stellen nur von geraden Zahlen[15]); oder, falls gleiche Elemente vorkommen, dass nicht zwei solche aufeinander folgen[16]).

Auch darin liegen Beschränkungen der Stellenbesetzung, dass die P. selbst in verschiedene Anordnungen treten, z. B. so dass n P. von n Elementen so unter einander gesetzt werden sollen, dass in keiner Spalte gleiche Elemente vorkommen[17]) (lateinisches Quadrat).

5. Verwandte Permutationen. *Verwandte Permutationen* sind nach *H. A. Rothe*[18]) zwei P. dann, wenn die Stellenordnung und das Stellenelement (als Zahl) der einen gegen die der anderen vertauscht sind; es wird zu bestimmen sein, wie viele P. sich selbst verwandt sind[19]). *P. A. Mac-Mahon* giebt Erweiterungen dieser Begriffe[19]).

6. Sequenzen. *D. André* hat den Begriff der *Sequenz* bei P. eingeführt und in einer ganzen Reihe von Abhandlungen durchforscht[20]). Aufeinanderfolgende Zahlenelemente einer P. bilden eine Sequenz, wenn jedes folgende grösser (kleiner) als das vorhergehende ist. Jede P. zerfällt in Sequenzen. Die Anzahl der vorkommenden Sequenzen bestimmt die „Art" der P. Es wird untersucht, wieviele P. einer bestimmten Art angehören. Es zeigt sich, dass die Anzahl der P. mit gerader Sequenzenzahl gleich derjenigen der P. mit ungerader Sequenzenzahl ist. Es werden geometrische Repräsentationen gegeben, u. s. w.

---

14) *C. W. Baur*, Z. f. Math. 2 (1857), p. 267.

15) *A. Laisant*, C. R. 112 (1891), p. 1047.

16) *C. Terquem*, J. d. Math. 4 (1839), p. 177. — Weitere Einschränkungen in der Stellenbesetzung untersucht *Th. Muir*, Edinb. Proceed. 10 (1881), p. 187. *A. Holtze*, Arch. f. Math. (2), 11 (1892), p. 284.

17) *A. Cayley*, Messenger (2), 19 (1890), p. 135. *M. Frolov*, J. m. spéc. (3), 4 (1890), p. 8 und 25. *J. Bourget*, J. de Math. (3), 8 (1882), p. 413. *P. Seelhof*, Arch. f. Math. (2), 1 (1884), p. 97.

18) Hindenb. Arch. f. M. (1795).

19) *P. A. Mac-Mahon*, Messeng. (2) 24 (1894), p. 69.

20) C. R. 97 (1883), p. 1356; 115 (1892), p. 872; 118 (1894), p. 575. [*G. Darboux* Rapport; C. R. 118 (1894), p. 1026]. Soc. m. d. Fr. 21 (1893), p. 131; Ann. Éc. Norm. (3), 1 (1884), p. 121.

7. Anwendung auf Fragen der Arithmetik. Im Zusammenhange mit den P.-Theoremen stehen die Fragen, auf wie viele Arten man Summen oder Produkte gegebener Elemente, die verschieden oder zum Teil einander auch gleich sind, mit oder ohne Umstellung dieser Elemente, rechnerisch durchführen könne[21]).

8. Kombinationen zu bestimmter Summe oder bestimmtem Produkte. Auch bei den K. und V. können die einzelnen Kp. Beschränkungen unterworfen werden. Die bekannteste und wichtigste besteht darin, dass die K. und V. der natürlichen Zahlen betrachtet werden, deren Elemente m. W. oder o. W. eine *bestimmte Summe* haben, welche das *Gewicht* der Kp. genannt wird. Ihre Bedeutung tritt in der Invariantentheorie zu Tage. *L. Euler* war der Erste, welcher diese Frage behandelte (Introd. in Anal. Lausanne 1748, § 299 ff.; Comm. Acad. Petr. 3 [1753], p. 159), der für die Anzahl dieser K. Entwickelungscoefficienten gewisser Produkte gab und dadurch zu Beziehungen zwischen K. m. W. und K. o. W. gelangte. Diese Fragen wurden später vielfach weiter verfolgt[22]), und ihre Beantwortung besonders von *Cayley*[23]) und *J. J. Sylvester*[24]) durch Aufstellung von Tabellen und geometrische Repräsentationen gefördert. *Mac-Mahon* hat diese Untersuchungen weitergeführt, die dann auch auf die Zerlegung von Zahlenpaaren ausgedehnt wurden. Wir müssen uns mit diesen Bemerkungen begnügen, da die weiteren Anwendungen auf symmetrische Funktionen und die Invariantentheorie nicht mehr kombinatorischer Natur sind.

In ähnlicher Weise hat *Möbius* die K. behandelt, bei denen die Elemente der Kp. ein *bestimmtes Produkt* besitzen[25]). Sie werden nach ihren Klassen geordnet, und die Anzahlen der zugehörigen K. mit einander in Verbindung gebracht. Derartige Relationen treten auch für den Fall auf, dass den Kp. noch Bedingungen auferlegt werden, z. B. dass bei dem vorgeschriebenen Produkte $a^\alpha b^\beta$ in jeder Kp. jedes Element mindestens einen Faktor b hat.

Ettingshausen ist ferner darauf eingegangen, jede Kp. als Produkt

---

21) *E. Ch. Catalan*, J. d. Math. 6 (1874), p. 74. *E. Schröder*, Z. f. Math. 15 (1870), p. 361.

22) *M. Stern*, J. f. M. 21 (1840), p. 91 und p. 177, ibid. 95 (1883), p. 102, *C. Wasmund*, Arch. f. Math. 21 (1853), p. 228, ibid. 34 (1860), p. 440.

23) Lond. Transact. 145 (1855), p. 127, ibid. 148 (1858), p. 47. Amer. J. 6 (1883), p. 63.

24) Quart. J. o. M. 1 (1855—57), p. 81 u. p. 141. Amer. J. 5 (1882), p. 251, C. R. 96 (1883). Vgl. auch *Mac-Mahon*, Lond. Trans. 184 (1894), p. 835, sowie den Bericht über Combin. Analysis: Lond. M. S. Pr. 28 (1897), p. 5.

25) J. f. M. 9 (1832); 105.

aufzufassen, und alle solche zu einer K.-Klasse gehörigen Produkte zu summieren[26]). Weiter werden die Klassen nach bestimmten Moduln eingeteilt und Zahlenbeziehungen zwischen ihnen ermittelt[27]).

Und nicht nur auf die K. selbst beziehen sich solche Untersuchungen, sondern auch auf Kp., die in verschiedenartiger Weise aus den gewöhnlichen K. abgeleitet sind. Es wird z. B. zum ersten Elemente jeder Kp. 0 addiert, zum zweiten 1, ... zum n^{ten} $(n-1)$. · So entstehen Produkte, zwischen deren Summen wieder merkwürdige Beziehungen sich angeben lassen[28]). Vgl. auch *Th. B. Sprague*, Edinb. Proc. 37 (1893), p. 399.

9. Kombinationen mit beschränkter Stellenbesetzung. Der Weg der Untersuchung, welcher sich auf *beschränkte Stellenbesetzung* bezieht, gliedert sich hier. Zunächst werden, ähnlich wie bei den P., Forderungen gestellt, dass gewisse Elemente in einer vorgeschriebenen Anzahl von Malen vorkommen[29]), oder dass eine Maximalzahl für ihr Auftreten gegeben ist[30]).

10. Tripelsysteme. Eine andere Richtung aber hat sich für die Geometrie, die Wahrscheinlichkeitsrechnung, für die Algebra als besonders wichtig herausgestellt. Unabhängig von einander stellten *D. P. Kirkman*[31]) und *J. Steiner*[32]) fast identische Aufgaben; der Erste sein „Schulmädchen-Problem": Fünfzehn Mädchen werden 35mal ausgeführt in Reihen zu je 3, so dass nicht 2 zweimal zusammen gehen; der Letzte das folgende: Aus N Elementen sollen K. der 3ten Klasse (Ternen) so ausgewählt werden, dass jede Ambe ein- und nur einmal vorkommt; ferner K. der 4ten Klasse (Quaternen) so, dass in ihnen jede Terne, die unter den vorigen nicht auftrat, ein- und nur einmal vorkommt u. s. w. *Cayley*[33]) und *R. R. Anstice*[34]) behandelten einzelne Fälle der „*Tripelsysteme*". Eine allgemeine Regel für die Bildung solcher Systeme, welche $N = 6n + 1$, $6n + 3$ fordern, gab *M. Reiss*[35]).

----

26) Die kombinatorische Analysis. Wien (1826).

27) *A. A. Cournot*, Bull. sci. m. (1829). *Ch. Ramus*, J. f M. 11 (1834), p. 353.

28) *H. F. Scherk*, J. f. M. 8 (1828), p. 96; J. f. M. 4 (1829), p. 226.

29) *Ad. Weiss*, J. f. M. 34 (1847), p. 255.

30) *Öttinger*, Arch. f. M. 15 (1850), p. 241. *Baur*, Z. f. M. 2 (1857), p. 267. *Scherk*, Math. Abhandl. Berlin (1825), p. 67. *André*, Ann. Éc. norm. (2), 5 (1876), p. 155.

31) Cambr. a. Dubl. m. J. 7 (1852), p. 527 u. 8 (1853), p. 38; vgl. *T. Clausen*, Arch. f. M. 21 (1853), p. 93.

32) J. f. M. 45 (1853), p. 181 = Werke II, p. 435.

33) Phil. Mag. (3), 37 (1850), p. 50. — Ibid. (4), 25 (1862), p. 59.

34) Cambr. a. Dubl. m. J. 7 (1852), p. 279 u. 8 (1853), p. 149.

35) J. f. M. 56 (1859), p. 326.

In neuerer Zeit wurden analytische Darstellungen für Primzahlen $6n+1$ hergeleitet, ferner für Zahlen $6n+3$, falls dies das Dreifache einer Primzahl von der Form $6k+5$ ist, u. s. w. Endlich wurden analytische Bildungsregeln gegeben, aus denen die Konstruktion für jedes mögliche N folgt[36]). Für $N=13$ sind zwei Tripelsysteme bekannt[37]). Die weiteren Teile der *Steiner*'schen Aufgabe sind noch nicht in Angriff genommen. — Auf ähnliche Aufgaben macht *Cayley* aufmerksam[38]). Vgl. I A 6 Nr. 13 Anm. 67.

11. Ausdehnung des Begriffs der Variation. Der Begriff der V. ist nach der Richtung hin erweitert worden, dass m Reihen von je n Elementen gegeben sind, und als V. m^{ter} Klasse werden dann die Kp. bezeichnet, welche je ein Element aus jeder der m Reihen enthalten. Darf derselbe Stellenzeiger der Elemente nur einmal auftreten, so sind es V. o. W., sonst V. m. W.

12. Formeln. Zwischen den verschiedenen bisher besprochenen Anzahlen bei P., K. und V. giebt es eine ausserordentlich grosse Menge verknüpfender Formeln. Hier muss es ausreichen, auf die hauptsächlichsten Schriftsteller hinzuweisen, welche sich mit der Ableitung oder Zusammenstellung beschäftigt haben[39]).

13. Binomialkoeffizienten. Wir haben schon erwähnt, dass die Beweise des *binomischen* und des *polynomischen* Satzes für ganze positive Exponenten n

$$(z_1 + z_2 + \cdots + z_\varrho)^n = \sum \frac{n!}{x_1! \, x_2! \cdots x_\varrho!} \, (z_1^{x_1} z_2^{x_2} \cdots z_\varrho^{x_\varrho}$$
$$(x_1 + x_2 + \cdots + x_\varrho = n)$$

Anwendungen kombinatorischer Formeln sind. Die binomische Formel findet sich zuerst bei *H. Briggs*[40]), dann bei *J. Newton*[41]); die Koeffi-

---

36) *E. Netto*, Substit.-Theorie § 192 ff. Leipz. (1882). Math. Ann. **42** (1892), p. 143. *E. H. Moore*, Math. Ann. **43** (1893), p. 271; N. Y. Bull. (2), **4** (1897), p. 11. *L. Heffter*, Math. Ann. **49** (1897), p. 101. *J. de Vries*, Rend. Palermo **8** (1894).

37) *K. Zulauf*, Dissert. Giessen (1897).

38) Phil. Mag. **30** (1865), p. 370.

39) *Hindenburg*, Nov. Syst. Permutationum, Combin. etc. primae lineae. Lips. (1781). — D. polynom. Lehrs., d. wichtigste Theorem d. ganzen Analysis, neu bearb. v. *J. N. Tetens, G. S. Klügel, A. Krauss, J. F. Pfaff* u. *Hindenburg*, herausgeg. v. *Hindenburg*. Leipz. 1796. *Hindenburg*, Infinitonomii dignitatum historia, leges etc. Vgl. auch *J. A. Grunert*, Arch. f. M. **1** (1841), p. 67; *Brianchon*, J. de l'Ec. Polyt. t. **15** (1837), p. 159.

40) Arithmetica Logarithmica. London (1620).

41) Briefe an *Oldenburg* (1676) 13. Juni u. 24. Oktober.

cienten der binomischen Entwickelung ($n = 2$), die *Binomialkoeffi-cienten* in ihrer Anordnung etc. als „arithmetisches Dreieck"

$$1$$
$$1 \quad 1$$
$$1 \quad 2 \quad 1$$
$$1 \quad 3 \quad 3 \quad 1$$
$$\cdot \quad \cdot \quad \cdot \quad \cdot \quad \cdot \quad \cdot$$

kommen schon bei *Bl. Pascal* vor[42]).

Als Erweiterungen des binomischen Satzes ist zu erwähnen erstens die Entwickelung von $a(a + b)(a + 2b)\cdots(a + nb)$ nach Potenzen von a[43]); ferner die Entwickelung

$$(x + a)^n = x^n + c_1(x + t_1)^{n-1} + c_2(x + t_1 + t_2)^{n-2} + \cdots,$$

wobei die t_α willkürliche Grössen sind[44]).

Als Erweiterung der Binomialkoefficienten sind Ausdrücke der Form

$$[n(n + k)(n + 2k)\ldots(n + (p - 1)k)] : p!$$

eingeführt worden[45]), deren Zähler als Fakultäten eingehend untersucht sind[46]). Die analytische Behandlung gehört nicht hierher.

Zwischen den Binomialkoeffizienten giebt es eine unübersehbare Zahl von Relationen, deren Klassifizierung von *J. G. Hagen* angebahnt ist[47]). Vgl. auch die „figurierten Zahlen" der Alten.

14. Anwendungen. Wie schon in Nr. 1 erwähnt wurde, bieten die meisten Anwendungen analytischer Natur der Kombinatorik nur noch historisches Interesse dar. Wir beschränken uns darauf, die wichtigsten Zweige anzugeben, welche die Kombinatorik zu stützen unternommen hatte. An erster Stelle gehört hierher die Wahrscheinlich-keitsrechnung, in deren elementaren Teilen ja ununterbrochen kombinatorische Fragen auftreten, und von der aus umgekehrt die Kombinatorik manche Anregung erhalten hat. Sie knüpft ferner an

---

42) Traité du triangle arithmét. Paris (1665) posth.; u. schon früher bei *M. Stifel*, Arithm. integra. Norimb. (1544), p. 44.

43) *Pascal* „productum continuorum".

44) *N. H. Abel*, J. f. M. 1 (1826), p. 159 giebt einen Spezialfall; allgemein *A. v. Burg*, J. f. M. 1 (1826), p. 367. — *Cayley*, Phil. Mag. 6 (1853), p. 185 = Werke II, 102.

45) *Bl. Pascal*, siehe oben.

46) *L. Euler*, Calc. diff. II. c. 16 u. 17. Berl. (1755). *Öttinger*, J. f. M. 33 (1846), p. 1, 117, 226, 329; ferner 35 (1847), p. 13 u. 38 (1849), p. 162, 216; endlich 44 (1852), p. 26 u. 147, wo auch Historisches aufgeführt ist.

47) Synopsis. Berlin (1891), p. 64 ff. Vgl. auch *G. Eisenstein*, Brief an *M. A. Stern*, Z. f. Math. 40 (1895), p. 193 der hist. Abtl.

die Theorie der Reihen an, bestimmt formal die Produkte, Potenzen, Quotienten von Reihen; das Resultat der Substitution einer Reihe für die Variable z in eine Reihe, die nach Potenzen von z fortschreitet; die formale Umkehrung von Reihen; die Rationalisierung solcher, in welche Irrationalitäten eingehen; die allgemeinen Glieder wiederkehrender Reihen; die Logarithmen von Reihen und Reihen von Logarithmen u. s. w. Ebenso giebt sie die Form für die höheren Differentiale von komplicierteren Funktionen u. s. w. Für ihre Zwecke hatte sie ein vollständiges Bezeichnungssystem ersonnen, welches jetzt freilich durchaus veraltet ist[48]).

Die gesamte Theorie der endlichen discreten Gruppen (I A 6) kann unmittelbar an die Kombinatorik angeschlossen werden.

Noch eine zweite Anwendung, die auf die Lösung linearer Gleichungen gerichtete, hat sich in überraschender Weise entwickelt. Sie ist zur *Lehre von den Determinanten* geworden.

15. Determinanten. Erklärung des Begriffs. Es seien n^2 Grössen a_{ik} $(i, k = 1, 2, \ldots n)$ gegeben; man bilde alle $n!$ Produkte a_{1i_1}, $a_{2i_2}, \ldots a_{ni_n}$, in denen $i_1, i_2, \ldots i_n$ eine P. von $1, 2, \ldots n$ bedeutet und gebe jedem das Zeichen $+$ oder $-$, je nachdem diese P. zur ersten oder zweiten Klasse gehört. Die Summe dieser $n!$ Summanden ist die *Determinante n^{ten} Grades*[49]). *A. L. Cauchy*[50]) definiert sie auch so, dass er das alternierende Produkt $\prod(a_i - a_k)$, $(i = 1, 2, \ldots n;\ k = i+1, \ldots n)$, entwickelt und die Exponenten als zweite untere Indices schreibt. *E. Schering*[51]) giebt eine geometrische und eine analytische Erklärung, *Kronecker* legte in seinen Vorlesungen eine funktionentheoretische zu Grunde.

An Bezeichnungen sind die üblichsten[52]):

$$\begin{vmatrix} a_{11} & a_{12} & \cdots & a_{1n} \\ \cdots & \cdots & \cdots & \cdots \\ a_{n1} & a_{n2} & \cdots & a_{nn} \end{vmatrix} = \sum \pm\, a_{11} a_{22} \cdots a_{nn} = |\, a_{h1}\, a_{h2} \cdots a_{hn}\, | = |\, a_{hk}\, |;$$

$$(h,\ k = 1,\ 2,\ \ldots n).$$

---

48) Vgl. *Hindenburg*, Nov. Syst. etc. Leipz. (1781).

49) *Jacobi*, J. f. M. 22 (1841), p. 285 = Werke III, p. 355.

50) Analyse algébrique. Paris (1821).

51) Gött. Abh. 22 (1879), p. 102.

52) Die dritte Bezeichnung ist von *L. Kronecker* vielfach verwendet; die letzte zuerst von *St. Smith*, Brit. Ass. Rep. (1862), p. 504. Als neu eingeführt hat sie dann *L. Kronecker*, J. f. M. 68 (1868), p. 273. Über weitere Bezeichnungen vgl. *Cayley*, Phil. Mag. 21 (1861), p. 180. *Nanson*, Lond. phil. Mag. (5) 44 (1897), p. 396. *W. Schrader*, Determinanten. Halle 1887.

Historisch zu bemerken ist, dass die Determinanten von *Leibnitz*[53]) und später unabhängig von *Cramer*[54]) erfunden und zunächst zur Auflösung eines Systems linearer Gleichungen benutzt worden sind. Die ersten ausführlichen theoretischen Darlegungen stammen von *J. Binet* und *Cauchy*; allgemein eingeführt wurde die Lehre über die D. durch *Jacobi*[55]). Ausführliche Litteraturangaben findet man bei *Muir*[56]) von Beginn der Theorie bis zum Jahre 1885 fortgesetzt; Historisches auch bei *S. Günther*, Determinantentheorie, Erlangen (1875), bei *Baltzer*, Determinanten, Leipzig (1881) und bei *G. Salmon*, Modern higher algebra, Note I im Anschluss an *Baltzer*.

16. Definitionen. Die Grössen a_{ik} heissen die *Elemente* (El.) der D.; der erste (zweite) Index giebt die Ordnungszahl der Zeile (Spalte). Die Grössen a_{ii} bilden die *Hauptdiagonale*; die $a_{i,\,n+1-i}$ bilden die *Nebendiagonale*. Das Glied $a_{11}a_{22}\ldots a_{nn}$ der D. heisst ihr *Hauptglied*. Wählt man m Werte des ersten und m des zweiten Index aus $1, 2,\ldots n$ aus, so bilden die zugehörigen El. eine *Subdeterminante* (Subd.) m^{ten} Grades[57]). Sind die El. ihrer Hauptdiagonale zugleich El. derjenigen der D., dann heisst die Subd. eine *Hauptsubdeterminante*. Ist das Produkt der Hauptglieder zweier Subd. ein Glied der D., so heissen die Subd. *adjungiert*, oder auch *komplementäre* Subd.

Ist $a_{ik} = a_{ki}$, so heisst die D. eine *symmetrische D.*

Ist $a_{ik} = a_{i+k-2}$, so heisst die D. eine *rekurrierende* (einseitige, *orthosymmetrische*). Sie ist symmetrisch[58]).

Ist $a_{ik} = a_{i+1,\,k+1}$, wobei die Indices mod. n reduciert werden, so heisst die D. eine *Cirkulante*[59]), (auch *negativ-orthosymmetrische D.*).

Ist $a_{ik} + a_{ki} = 0$, $a_{ii} = 0$, so heisst die D. eine *halbsymmetrische*. Ist $a_{ik} + a_{ki} = 0$ für $i \neq k$, dann heisst die D. eine *schiefe*[60]).

---

53) Lettres à l'Hospital (1693). — Acta Erudit. Leipz. (1700), p. 206.

54) Introd. à l'anal. des courbes algébr. (1750). Genève. Appendice p. 656.

55) J. de l'Éc. Polytechn. Cah. 16 (1812), p. 280 u. Cah. 17 (1812), p. 29. — *Jacobi*, J. f. M. 22 (1841), p. 285 = Werke III, p. 355.

56) Quart. J. 18 (1882), p. 110; ibid. 21 (1886), p. 299. — Edinb. Proc. 13 (1886), p. 547. — Im Phil. Mag. (5) 18 (1884), p. 416 macht *Muir'* auf *Ferd. Schweins* als einen vergessenen Entdecker aufmerksam, „Theorie der Differenzen u. Differentiale" (1825). Heidelberg. Cap. IV, p. 317.

57) Auch Unterdeterminante, Partialdeterminante, Minor.

58) *H. Hankel*, Dissert. Leipz. (1861) Göttingen — „Recurrierend" nach *G. Frobenius*; Berl. Ber. (1894), p. 253.

59) *Th. Muir*, Quart. J. (1882), p. 166. *Hankel* l. c.

60) *Jacobi*, J. f. M. 2 (1857), p. 354; ibid. 29 (1845), p. 236. *Cayley*, J. f. M. 38 (1849), p. 93; ibid. 32 (1846), p. 119; ibid. 50 (1855), p. 299. *Cayley* bezeichnet die halbsymmetrischen D. als „schiefsymmetrische".

Ist $a_{ik} = a_{n+1-i,\, n+1-k}$, so heisst die D. eine *centrosymmetrische*.

17. Anzahl-Probleme hinsichtlich der Glieder. Die Anzahl der Glieder einer D. n^{ten} Grades ist $n!$. Es knüpfen sich hieran weitere Fragen: wie viele der Glieder enthalten eine vorgeschriebene Anzahl von El. der Hauptdiagonale[61])? Wie viele Glieder hat eine D., deren Hauptdiagonale k El. 0 enthält[62])? Wie viele verschiedene Glieder giebt es in symmetrischen, wie viele in halbsymmetrischen D.[63])?

18. Elementare Eigenschaften. Die folgenden Eigenschaften elementarer Natur zeigen sich sofort: man kann, ohne den Wert der D. zu ändern, jede α^{te} Z. zur α^{ten} Sp. machen[64]). Bei Transposition zweier Parallelreihen ändert sich das Vorzeichen der D.; folglich ist eine D. mit zwei identischen Parallelreihen gleich Null[65]). Die D. kann als lineare, homogene Funktion der El. jeder Reihe dargestellt werden[66]). Daraus folgt, dass man einen gemeinsamen Faktor aller El. einer Reihe vor die D. ziehen kann. Der Grad einer D. lässt sich durch passende *Ränderung*, d. h. Anfügung neuer Z. und Sp. vermehren. Stimmen zwei D. in $(n-1)$ Reihen überein, so können sie zu einer D. mit denselben $(n-1)$ Reihen summiert werden. Ist $a_{ik} = b_{ik} + c_{ik}$ $(k = 1,\dots n)$, so zerfällt umgekehrt die D. in einzelne Summanden. Die lineare, homogene Darstellung liefert die partielle Ableitung der D. nach a_{ik}. Bezeichnen wir sie mit a'_{ki}, so folgt
$$\sum_{\lambda} a_{i\lambda} a'_{\lambda k} = \varepsilon_{ik} D, \quad (\text{d. h.} = D,\ \text{wenn}\ i = k,\ \text{sonst} = 0)^{67}).$$ Wie die a', so können auch die höheren Subd. als partielle Ableitungen höherer Ordnung dargestellt werden[68]).

Die D. ändert ihren Wert nicht, wenn zu einer Reihe eine Parallelreihe addiert oder von ihr subtrahiert wird[69]).

---

61) *Baltzer*, Determin. 4. Aufl. Leipz. 1875, p. 39. Leipz. Ber. (1873), p. 534. *C. J. Monro*, Messeng. (2), 2 (1872), p. 38.

62) *N. v. Szütz*, Math. Ann. 33 (1889), p. 477.

63) *J. J. Weyrauch*, J. f. M. 74 (1872), p. 273. *Cayley*, Monthly Not. of Astron. Soc. 34 (1873—74), p. 303 u. p. 335. *G. Salmon*, Modern Algebra. Dublin (1885), p. 45.

64) *J. C. Becker*, Z. f. M. 16 (1871), p. 326. *Gordan*, Vorles. üb. Invar.-Th. (1885), p. 21. — Die D. wird „gestürzt".

65) *Ch. A. Vandermonde* Par. Acad. (1772), 2° part., p. 518, 522.

66) *Cramer*, l. c. *J. L. Lagrange*, Berl. Mem. (1773), p. 149, 153.

67) ε_{ik} von *Kronecker* eingeführt, J. f. Math. 68 (1868), p. 273. Setzt man $a_{ik} : D = \alpha_{ik}$, so nennt *Kronecker* die Systeme a_{ik}, α_{ik} reciproke Systeme.

68) *Jacobi*, J. f. Math. 22 (1841), p. 285, § 10 = Werke III, p. 365.

69) *Jacobi*, J. f. Math. 22 (1841), p. 371 = Werke III, p. 452.

Mit Hülfe der angegebenen Sätze kann die Berechnung von D. mit Zahlen-El. häufig abgekürzt werden, ebenso wie die von D., deren El. analytischen Gesetzen folgen. Es besteht eine fast unübersehbare Zahl von Einzelresultaten; die Heraushebung auch nur der wichtigsten würde den Rahmen dieser Darstellung sprengen[70]).

19. Laplace'sche und andere Zerlegungssätze. Von *P. S. Laplace*[71]) rührt ein wichtiger Satz her über die Entwickelung von D. nach Produkten adjungierter Subd. Aus den m ersten Z. (Sp.) werden alle möglichen Subd. m^{ten} Grades, aus den folgenden Z. (Sp.) alle adjungierten $(n-m)^{\text{ten}}$ Grades gebildet. Dem Produkte zweier adjungierten wird ein solches Vorzeichen gegeben, dass das Produkt ihrer Hauptglieder ein Glied der D. ist. Die Summe dieser Produkte ist gleich der D. Nimmt man beliebige m und $(n-m)$ Z. (Sp.), so ist die Summe $= 0$, wenn auch nur eine gemeinsame Reihe vorkommt[72]). *Jacobi* zieht hieraus eine Reihe von Schlüssen über D. mit Null-Elementen[73]).

Sehr naheliegend ist die Erweiterung des Satzes nach der Richtung, dass die Produkte aus mehr als zwei Faktoren bestehen[74]).

Eine andere Erweiterung benutzt die Ränderung der D. und giebt an, wie aus jedem durch die *Laplace*'sche Formel gelieferten Resultate ein neues über geränderte D. sich ableiten lässt[75]). Dieser Erweiterung stellt sich eine andere die adj. Subd. betreffend zur Seite[76]).

20. Entwickelungen. Von weitern Entwickelungen wäre noch zu erwähnen die einer D., bei welcher die Diagonalglieder $a_{ii} = b_{ii} + z$ heissen; die Entwickelung geschieht nach Potenzen von z[77]). Ferner ist die Entwickelung einer einreihig geränderten D. $(n+1)^{\text{ten}}$ Grades nach den El. des Randes von Wichtigkeit[78]). Von *O. Hesse* stammt

---

70) Vgl. die Beispiele in *Baltzer, S. Günther, R. F. Scott, Salmon* u. s. w.

71) Recherches sur le calcul intégral et sur le système du monde. Paris Ac. d. Sc. (1772) 2ᵉ part., p. 267. — *Cauchy*, l. c. p. 100. — *Jacobi*, l. c. Nr. 5.

72) *Cauchy*, l. c.

73) *Jacobi*, l. c. Nr. 5.

74) *Vandermonde*, l. c. p. 524. — *Laplace*, l. c. p. 294. — *Jacobi*, l. c. Nr. 8.

75) *Netto*, J. f. Math. 114 (1895), p. 345.

76) *E. Pascal*, Rend. Acc. d. Linc. (5) 5, (1896), p. 188. Das dort aufgestellte Theorem folgt übrigens aus dem vorigen vermittels eines allgemeinen Satzes von *Th. Muir*, Edinb. Transact. 30 (1882), p. 1, durch den man von einer Formel über Subd. zu einer andern über adjungierte Subd. übergehen kann.

77) *Laplace*, Mécan. céleste, 1, liv. 2, Nr. 56. Paris (1799). — *Jacobi*, J. f. Math. 12 (1834), p. 15 = Werke III, p. 208.

78) *Cauchy*, l. c. p. 69.

ein Satz über Zerfällung der geränderten D., falls die ungeränderte verschwindet[79]).

21. Komposition und Produkt. Das Produkt einer D. m^{ten} in eine D. n^{ten} Grades lässt sich durch Aneinanderschieben in Diagonalrichtung (*Laplace*'scher Satz) leicht als D. $(m+n)^{\text{ten}}$ Grades darstellen. *J. Ph. M. Binet* und *A. L. Cauchy* haben das Produkt zweier D. n^{ten} Grades wieder als D. n^{ten} Grades dargestellt[80]). Gleichzeitig haben sie folgende Erweiterung gegeben: Aus zwei Systemen a_{ik}, b_{ik} wird ein drittes c_{ik} gebildet, *komponiert*,

$$a_{ik} \ (i=1,\ldots m;\ k=1,\ldots n);\quad b_{ik} \ (i=1,\ldots n;\ k=1,\ldots m)$$

$$c_{ik}=\sum' a_{i\lambda}b_{\lambda k} \quad (i=1,\ldots m;\ k=1,\ldots m;\ \lambda=1,\ldots n);$$

dann ist $|c_{ik}|=0$ für $m>n$; ferner $|c_{ik}|=a_{ik}\,|\,|b_{ik}|$ für $m=n$; und endlich $|c_{ik}|=\sum_t |a_{it}|\,|b_{it}|$ für $m<n$, wobei t alle möglichen Kombinationen m^{ter} Klasse aus $1, 2, \ldots n$ durchläuft. Der mittlere Fall giebt die Multiplikationsregel[81]); die verschiedene Anordnung der El. in Z. und Sp. liefert vier verschiedene Formen für das Produkt[82]). An diese Darstellung knüpfen sich analytisch und zahlentheoretisch wichtige Formeln[83]).

22. Andere Art von Komposition. Auf eine andere Art von Komposition hat *Kronecker*[84]) aufmerksam gemacht: a_{ik} $(i,k=1,\ldots m)$ und b_{gh} $(g,h=1,\ldots n)$ werden zu $c_{pq}=a_{ik}b_{gh}$ $(p=(i-1)n+g;$ $q=(k-1)n+h;\ i,k=1,\ldots m;\ g,h=1,\ldots n)$ komponiert. Dann ist

$$|c_{pq}|=|a_{ik}|^n\cdot|b_{gh}|^m.$$

23. Zusammengesetzte Determinanten. Eingehendes Interesse hat sich der Frage nach den *zusammengesetzten* D. (compound det.) zugewendet, d. h. nach solchen, deren Elemente selbst wieder nach gewissen Gesetzen gebildete D. sind. Am nächstliegenden ist die Untersuchung der aus den El. a'_{ik}, d. h. den Adjunkten der a_{ik} gebildeten D. *Cauchy*[85]) hat für $|a'_{ik}|$ $(i,k=1,\ldots n)$ den Wert ange-

---

79) J. f. Math. 69 (1868), p. 319.

80) J. de l'Éc. polyt. Cah. 16 (1812), p. 280; Cah. 17 (1812), p. 29.

81) Weitere Beweise u. a.: *J. König*, Math. Ann. 14 (1879), p. 507. *M. Falk*, Brit. Ass. Rep. (1878), p. 473. *A. V. Jamet*, Nouv. Corresp. M. 3 (1877), p. 247.

82) *Cauchy*, l. c. p. 83.

83) *Ch. Hermite*, J. f. Math. 40 (1850), p. 297. *K. F. Gauss* Werke 3, p. 384. *Baltzer*, Leipz. Ber. (1873), p. 352. *S. Gundelfinger*, Z. f. Math. 18 (1873), p. 312.

84) Vorlesungen. *K. Hensel*, Acta mat. 14 (1890—91), p. 317. *Netto*, Acta mat. 17 (1894), p. 200. *B. Igel*, Monatsh. f. Math. 3 (1892), p. 55. *G. v. Escherich*, ib. 3 (1892), p. 68.

85) l. c. p. 82.

geben; *Jacobi*[86]) allgemeiner für $|a'_{ik}|$ $(i, k = 1, 2, \ldots m;\ m < n)$. Im ersten Falle tritt eine Potenz von D. auf, im zweiten eine solche, multipliciert mit einer Subd. $|a_{ik}|$.

Diese Sätze sind von *Franke*,[87]) erweitert worden; statt der a'_{ik} werden die Subd. m^{ten} Grades p_{ik} $(i, k = 1, 2, \ldots \mu)$ betrachtet, wo $\mu = \binom{n}{m}$ ist, und die Numerierung auf alle μ Subd. m^{ten} Grades von D. sich erstreckt. Ferner soll p'_{ik} zu p_{ik} adjungiert sein, d. h. p'_{ik} ist eine Subd. $(n - m)^{\text{ten}}$ Grades von $|a_{ik}|$, und das Produkt der Hauptglieder von p_{ik} und p'_{ik} ist ein Glied von $|a_{ik}|$. Es ergiebt sich dann

$$|p_{ik}| = D^{\binom{n-1}{m-1}}, \qquad |p'_{ik}| = D^{\binom{n-1}{m}},$$

uud auch hier kann man die Subd. von $|p'_{ik}|$ in ähnlicher Weise darstellen, wie bei *Jacobi* die Subd. von $|a'_{ik}|$.[88])

Allgemeiner noch ist der *Sylvester*'sche Satz[89]), den wir kurz dahin charakterisieren können, dass er sich auf Ränderung der D. $|p_{ik}|$ bezieht.

Andere Arbeiten beschäftigen sich damit, D. aus Reihen zweier gegebenen D. zusammenzusetzen, und diese neuen D. als Elemente einer D. aufzufassen[90]).

24. Rang der Determinante. Nach *Kronecker* bezeichnet man als *Rang* r einer D. die grösste Zahl von der Beschaffenheit, dass nicht alle Subd. r^{ten} Grades verschwinden[91]). Durch Vertauschung und durch lineare Kombination der Reihen wird r nicht geändert. Ist D vom Range r, so können seine El. aus zwei Systemen

$$a_{ik}\ (i = 1, \ldots n;\ k = 1, \ldots r) \quad \text{und} \quad b_{ik}\ (i = 1, \ldots r;\ k = 1, \ldots n)$$

komponiert werden[92]). Von Wichtigkeit ist dieser Begriff für viele Fragen der Algebra, besonders Auflösung linearer Gleichungen (I B 1 b).

---

86) l. c. § 11. — *C. W. Borchardt*, Brief an *Baltzer* (1853).

87) J. f. Math. 61 (1863), p. 350.

88) *C. W. Borchardt*, J. f. Math. 61 (1863), p. 353, 355 macht darauf aufmerksam, dass der Satz ein Spezialfall des früher von *Sylvester* gegebenen ist; *Kronecker*, Berl. Ber. (1882), p. 822 weist seine Identität mit dem obigen von *Jacobi* nach. — Vgl. *Picquet*, C. R. 86 (1878), p. 310; J. de l'Éc. Pol. cah. 45 (1878), p. 201.

89) Phil. Mag. (4), 1 (1851), p. 415. Vgl. *Frobenius*, J. f. Math. 86 (1879), p. 54; Berl. Ber. (1894), p. 242. — *Netto*, Acta math. 17 (1894), p. 201; J. f. Math. 114 (1895), p. 345. *R. F. Scott*, Lond. Proceed. 14 (1883), p. 91. *C. A. v. Velzer*, Amer. J. 6 (1883), p. 164. *Ém. Barbier*, C. R. 96 (1883), p. 1345; ib. 97 (1883), p. 82. *E. J. Nanson*, Lond. phil. Mag. (5) 44 (1897), p. 396.

90) *Picquet*, l. c. *G. Zehfuss*, Z. f. Math. 7 (1862), p. 496.

91) Berl. Ber. (1884), p. 1071.

92) *Kronecker*, J. f. Math. 72 (1870), p. 152. *Baltzer*, Determinanten, 4. Aufl. Leipz. (1875), p. 53.

25. Hier mag noch ein auf allgemeine D. bezüglicher Satz von *Mac-Mahon* erwähnt werden (Phil. Trans. 185 (1894), p. 146). Zwischen einer D. und all den Subd., deren Hauptdiagonalen in die Hauptdiagonale der D. fallen, bestehen $2^n - n^2 + n - 2$ Relationen. Vgl. auch *Muir*, Phil. Mag. (1894), p. 537; Edinb. Proceed. 20 (1895), p. 300. *Cayley*, ibid. p. 306. *Nanson*, ibid. (1897), p. 362.

26. Symmetrische Determinanten. Bei *symmetrischen*, d. h. solchen D., deren El. in Beziehung auf die Hauptdiagonale symmetrisch sind, bilden auch die a'_{ik} eine symmetrische D. — Jede Potenz einer symmetrischen D., und jede gerade Potenz einer beliebigen D. ist symmetrisch[93]). Das Produkt aus einer symmetrischen D. in das Quadrat einer beliebigen D. ist als symmetrische D. darstellbar[94]). Ist r der Rang einer symm. D., so hat sie eine nicht verschwindende Hauptsubd. vom Grade r.[95]) *H. G. Grassmann* hatte zuerst angegeben[96]), dass zwischen den Subd. symmetrischer D. lineare Relationen bestehen; denselben Satz hat später *Kronecker* wieder gefunden[97]), und *C. Runge* hat gezeigt[98]), dass die von ihm gegebenen Relationen die einzigen vorhandenen sind. Diese haben folgenden Charakter:

$$|a_{gh}| = \sum |a_{ik}| \quad \begin{aligned} (g &= 1, \ldots m; \ h = m+1, \ldots 2m; \ i = 1, \ldots m-1, r; \\ k &= m+1, \ldots r-1, m, r+1, \ldots 2m). \end{aligned}$$

Rändert man eine symmetrische, verschwindende D. in symmetrischer Weise, so ist die entstehende D. als Funktion der Ränderungs-Elemente aufgefasst ein Quadrat[99]), wie sich aus Nr. **19** leicht ergiebt. Trägt man $a_{ii} + z$ statt der a_{ii} ein und setzt die entstehende symmetrische D. gleich Null, dann hat diese Gleichung in z nur reelle Wurzeln. Die entstehende Gleichung heisst die „Säculargleichung"[100]). (Vgl. Nr. **31**.)

---

93) *H. Seeliger*, Z. f. Math. 20 (1875), p. 468 bestimmt die El. einer beliebigen Potenz einer symm. D.

94) *O. Hesse*, J. f. Math. 49 (1853), p. 246. — Vgl. über eine Erweiterung *Muir*, Amer. J. 4 (1881), p. 351.

95) *S. Gundelfinger*, J. f. Math. 91 (1881), p. 235; vgl. *Hesse*, analyt. Geom. d. Raumes, 3. Aufl. Leipz. (1881), p. 460. *Frobenius*, Berl. Ber. (1894), p. 245.

96) Ausdehnungslehre, Berlin (1862), p. 131. Vgl. *Mehmke*, Math. Ann. 26 (1885), p. 209. Die Art wie *Grassmann* statt der D. gewisse „kombinatorische Produktbildungen" benutzt, erkennt man am einfachsten aus der „Übersicht" (Arch. f. Math. 6 [1845], p. 337). Genaueres findet sich in der „Ausdehnungslehre" §37, § 51 ff., § 63 ff. Die D. tritt dabei als ein Produkt $\Pi(a_{i_1} e_1 + a_{i_2} e_2 + \cdots)$ „extensiver Grössen" auf, bei dem $e_x^2 = 0$, $e_x e_\lambda = -e_\lambda e_x$ ist.

97) Berl. Ber. (1882), p. 821. Vgl. *Darboux*, J. d. Math. (2) 19 (1874), p. 347.

98) J. f. Math. 93 (1882), p. 319.

99) *Cauchy*, l. c. p. 69.

100) *J. L. Lagrange*, Mém. de Berlin (1773), p. 108 für $n = 3$; allgemein

27. Rekurrierende Determinanten. Cirkulanten. Die Symmetrie tritt bei *rekurrierenden* D. $a_{ik} = a_{i+k-2}$ in noch verstärktem Masse auf. *Hankel* (l. c.), der sie als orthosymmetrisch bezeichnet, stellt sie als $|\varDelta_k|$ dar, wo die $\varDelta_k$ die Anfangsglieder der Differenzenreihen der a_{i+k} sind. Diese D. treten vielfach in der Algebra auf[101]; ihr Rang wird dabei von Bedeutung.

Einen Specialfall hiervon bilden diejenigen rekurrierenden D. n^{ten} Grades, bei denen $a_{n+i} = a_i$ ist[102]; und mit diesen hängen eng die *Cirkulanten* (vgl. Nr. 16) zusammen ($a_{i,k} = a_{i+1, k+1}$), die in Beziehung auf die Nebendiagonale symmetrisch sind, welche sich durch Vertauschung der Z. in jene umwandeln lassen. Eine Cirkulante ist in das Produkt aus den n Faktoren.

$$a_1 + \omega^\alpha a_2 + \omega^{2\alpha} a_3 + \cdots + \omega^{(n-1)\alpha} a_n, \qquad (\alpha = 1, 2, \ldots n)$$

auflösbar, wobei ω eine primitive n^{te} Wurzel der Einheit bedeutet; daraus folgt sofort, dass eine Cirkulante $2n^{\text{ten}}$ Grades als solche n^{ten} Grades darstellbar ist[103]. Eine Cirkulante $2n^{\text{ten}}$ Grades kann ferner als Produkt einer solchen n^{ten} Grades und einer ähnlich gebildeten ausgedrückt werden[104].

28. Halbsymmetrische Determinanten. Für *halbsymmetrische* D. ($a_{ik} = -a_{ki}$; $a_{ii} = 0$)[105] gelten die Sätze: $a'_{ik} = a'_{ki}$; $\dfrac{\partial D}{\partial a_{ik}} = 0$; $D = 0$ für ungerades n; dagegen $a'_{ik} = -a'_{ki} = \dfrac{1}{2}\dfrac{\partial D}{\partial a_{ik}}$; $a'_{ii} = 0$; und D ist ein Quadrat für gerades n. Jedes Glied von $\sqrt{D}$ ist ein Produkt von $\frac{1}{2}n$ El. a_{ik}, deren Indices alle unter einander verschieden sind, wie z. B. das in $\sqrt{D}$ auftretende Glied $a_{12} a_{34} \ldots a_{n-1, n}$ zeigt. $\sqrt{D}$ wird von *Cayley* (l. c.) $= \pm (1, 2, \ldots n)$ gesetzt und als „*Pfaffian*" bezeichnet.

Cauchy, Exerc. de Math. 4 (1829), p. 140. Vgl. *E. Kummer*, J. f. Math. 26 (1843), p. 268. *G. Bauer*, J. f. Math. 71 (1870), p. 46. *Sylvester*, Phil. Mag. 2 (1852), p. 138. *Borchardt*, J. de Math. 12 (1847), p. 50; J. f. Math. 30 (1846), p. 38.

101) *Jacobi*, J. f. Math. 15 (1836), p. 101. *Kronecker*, Berl. Ber. (1881), Juni; J. f. Math. 99 (1886), p. 346. *Frobenius*, Berl. Ber. (1894), p. 241.

102) „persymmetrische D." nach *Muir*, Quart. J. 18 (1882), p. 264.

103) *J. W. L. Glaisher*, Quart. J. 15 (1878), p. 347; ibid. 16 (1878), p. 31. Vgl. auch I A 6, Nr. 23, 24.

104) *R. F. Scott*, Quart. J. 17 (1880), p. 129.

105) *Lagrange* u. *S. D. Poisson* sind wohl, *Jacobi* zufolge, zuerst auf solche D. gestossen. Vgl. *Jacobi*, J. f. Math. 2 (1827), p. 354. — *Cayley*, J. f. Math. 38 (1849), p. 93, nennt sie „schief-symmetrisch". Er beweist zuerst, dass D ein Quadrat ist bei geradem n. J. f. Math. 32 (1846), p. 119; ibid. 50 (1855), p. 299.

106) *Brioschi*, J. f. Math. 52 (1856), p. 133. *Cayley*, l. c. Vgl. eine Erweiterung von *Muir*, Phil. Mag. (5) 12 (1881), p. 391.

Das Quadrat jeder D. geraden Grades kann in eine halbsymmetrische D. umgeformt werden[106]), so dass die D. selbst als Pfaffian auftritt. *Cayley* hat ferner gezeigt (l. c.), dass wenn man eine halbsymmetrische D. ungeraden Grades beliebig durch $a_{\alpha k}$, $a_{i\beta}$ rändert, die entstehende D. in ein Produkt $\pm (\alpha, 2, \ldots n) \cdot (\beta, 2, \ldots n)$ zweier Pfaffians zerfällt. Für $\alpha = \beta = 1$ geht daraus der vorige Satz hervor.

29. Schiefe Determinanten. Lässt man die Bedingung $a_{ii} = 0$ fallen, so gelangt man zu den *schiefen* D., deren Behandlung gleichfalls auf *Cayley* zurückzuführen ist (l. c.). Die Entwickelung der schiefen D. nach den Gliedern der Hauptdiagonale (Nr. 20) liefert Aggregate von halbsymm. D. Ist also jedes $a_{ii} = z$, so treten bei der Entwickelung von D. nach Potenzen von z nur die Glieder mit den Exponenten n, $n-2$, $n-4$, $\ldots$ auf.

30. Centrosymmetrische und andere Determinanten. Endlich seien noch die *centrosymmetrischen* D. ($a_{ik} = a_{n+1-i,\,n+1-k}$) kurz erwähnt. Jede derartige von geradem Grade $2m$ kann als Produkt zweier D. m^{ten} Grades dargestellt werden. Da nun Cirkulanten (Nr. 27) durch Umstellung der Zeilen zu centrosymmetrischen D. gemacht werden können, so folgt der (Nr. 27) erwähnte Satz leicht aus diesem.

31. Weitere Determinantenbildungen. Ausser den angeführten besonderen Bildungen sind noch viele andere untersucht worden; so knüpfen sich z. B. an die letztbesprochenen die centroschiefen D. an; ferner sind die *Vandermonde*'schen oder *Potenzdeterminanten* zu erwähnen, bei denen $a_{ik} = a_i^{v_k}$ ist, wobei die v_k beliebige Zahlen bedeuten. Die Kettenbruch-Determinanten[107]), die *Continuanten* (*Sylvester*), liefern die Darstellung der Zähler und Nenner der Näherungswerte eines Kettenbruches[108]). *Hermite* betrachtet Par. C. R. 41 (1855), p. 181, J. f. Math. 52 (1856), p. 40 Det., in denen a_{ik} und a_{ki} konjugiert complex sind. Erweiterung der Säkulargleichung.

An die Funktionentheorie knüpfen Bildungen an wie: 1) die *Wronski*'sche D.; 2) die *Jacobi*'sche (Funktional)-D.; 3) die *Hesse*'sche D.

Bei 1) sind die a_{1i} Funktionen von x; die $a_{\varkappa i}$ ihre $(\varkappa - 1)^{\text{ten}}$ Ableitungen[109]).

---

107) *Painvin*, J. d. Math. (2) 3 (1858), p. 41. *J. Sylvester*, Am. J., 1 (1878), p. 344.

108) *Sylvester*, Phil. Mag. 5 (1859), p. 458; 6 (1853), p. 297. *W. Spottiswoode*, J. f. Math. 51 (1856), p. 209. *E. Heine*, ibid. 57 (1860), p. 281. *S. Günther*, Erlangen (1873) u. Math. Ann. 7 (1874), p. 267. — Vgl. II A 3.

109) *C. J. Malmsten*, J. f. Math. 39 (1850), p. 91. *Hesse*, ibid. 54 (1857), p. 249. *E. B. Christoffel*, ibid. 55 (1858), p. 281. *Frobenius*, ibid. 76 (1873), p. 236. *M. Pasch*, ibid. 80 (1875), p. 177.

Bei 2) sind a_i Funktionen von n Variablen $x_1, \ldots x_n$, und $a_{\varkappa i}$ ist $= \dfrac{\partial a_i}{\partial x_\varkappa}$ [110]).

Bei 3) ist a eine Funktion von $x_1, \ldots x_n$, und $a_{\varkappa i}$ ist $= \dfrac{\partial^2 a_i}{\partial x_\varkappa \partial x_i}$. [111])

An die Algebra knüpfen Bildungen an wie *Resultanten* und *Diskriminanten*. Wir verweisen hierüber auf I B 1 a und b.

32. Determinanten höheren Ranges. Determinanten höheren (ν^{ten}) Ranges werden aus n^ν Grössen $a_{h_1, \ldots h_\nu}$ derart gebildet, dass man die Indices gleicher Stelle unter sich vertauscht; dann werden Produkte von je n dieser Grössen gebildet, bei denen nie zwei Faktoren an gleicher Stelle gleichen Index haben, und endlich der früheren Zeichenregel entsprechend das $\pm$ Zeichen vorgesetzt. Alle diese Aggregate bilden die D. Von ihnen gelten eine Reihe von Eigenschaften der gewöhnlichen Det.; andere sind zu modifizieren; Det. *geraden* und solche *ungeraden* Ranges verhalten sich in manchen Hinsichten verschieden [112]). Auch hier ist eine Behandlung im Sinne *Grassmann's* möglich (*G. v. Escherich* l. c.), vgl. Anm. 96.

33. Unendliche Determinanten. Betrachtet man $a_{ik}(i,k=1,2,\ldots\infty)$, so kann man $D_n = |a_{ik}| \ (i,k=1,2,\ldots n)$ als Funktion von n auffassen. Wächst n, so gelangt man zum Begriffe *unendlicher Det.* Vor allem ist hier die Existenzfrage aufzuwerfen [113]). Diese Bildungen sind für Differenzialgleichungen von Wichtigkeit. Vgl. I A 3 Nr. **58, 59.**

34. Matrizen. Ein System von $m \cdot n$ Grössen a_{ik} ($i = 1, 2, \ldots m$; $k = 1, 2, \ldots n$) heisst eine *Matrix*. An diese Gebilde schliesst sich eine Reihe fundamentaler Fragen, deren Behandlung in I A 4 (bilineare

---

110) *Jacobi*, J. f. Math. 12 (1834), p. 38 = Werke III, p. 233; J. f. Math. 22 (1841), p. 319 = Werke III, p. 393. *Sylvester*, Phil. Trans. (1854), p. 72. *Cayley*, J. f. Math. 52 (1856), p. 276. *Clebsch*, ibid. 69 (1868), p. 355. *Kronecker*, ibid. 72 (1870), p. 155 u. s. w.

111) *Hesse*, J. f. Math. 28 (1844), p. 88; ibid. 42 (1851), p. 117; ibid. 56 (1859), p. 263. *Sylvester*, Cambr. a. Dubl. M. J. 6 (1851), p. 186.

112) Zuerst behandelt wurden kubische D. von *A. de Gasparis* (1861). Es folgten: *Dahlander*, Oefvers. of K. Akad. Stockh. (1863). *G. Armenante*, Giorn. di Battagl. 6 (1868), p. 185. *E. Padova*, ibid. p. 182. *G. Zehfuss*, Frankf. (1868), *G. Garbieri*, Giorn. d. Batt. 15 (1877), p. 89. *H. W. L. Tanner*, Proceed. Lond. M. S. 10 (1879), p. 167. *R. F. Scott*, ib. 11 (1880), p. 17. *G. v. Escherich*, Wien. Denkschr. 43 (1882), p. 1. *L. Gegenbauer*, ib. 43 (1882), p. 17; 46 (1883), p. 291; 50 (1885), p. 145; 55 (1889), p. 39. Wien. Ber. 101 (1892), p. 425.

113) *G. W. Hill*, Acta math. 8 (1886), p. 1, im Wes. Abdruck einer Monogr. Cambridge U. S. A. (1877). *H. Poincaré*, Bull. Soc. de Fr. 13 (1884—85), p. 19; 15 (1885—86), p. 77. *Helge von Koch*, Acta math. 15 (1891), p. 53; ibid. 16 (1892 bis 1893), p. 217.

Formen) gegeben wird. Der Begriff des Ranges sowie der Komposition von Matrizen ist festzustellen. Aus einer Matrix können auf verschiedene Weise Det. gebildet werden. Ihr Zusammenhang, sowie ihre invarianten Eigenschaften sind zu untersuchen. Hierher gehört der Fall der *korrespondierenden Matrizen:* a_{ik} $(i = 1, \ldots m; \ k = 1, \ldots \alpha)$ und b_{jl} $(j = 1 \ldots \beta; \ l = 1, 2, \ldots m)$, wobei $\alpha + \beta = m$ ist, und die $\alpha \cdot \beta$ Relationen bestehen $\sum_{(q)} a_{qk} b_{jq} = c_{kj} = 0$, bei denen Proportionalität korrespondirender Determinanten eintritt[114]).

35. Monographien. An Lehrbüchern über Determinanten führen wir, unter Übergehung von nur für den Schulgebrauch bestimmten, als hauptsächlichste an:

Brioschi, La teoria dei determinanti. Pavia (1854). Deutsch, Berlin (1856).

Spottiswoode, Elementary Theorems relating to Determinants, J. f. Math. 51 (1856), p. 209—271 u. 328—381.

Baltzer, Theorie u. Anwendung der Determinanten. Leipzig (1857). Fünfte Aufl. (1881).

Salmon, Lessons introductory to the modern higher algebra. Dublin (1859). Deutsch Leipz. (1877) v. *Fiedler.*

Hesse, Die Determinanten, elementar behandelt. Leipz. (1872).

Günther, Lehrbuch der Determinantentheorie. Erlangen (1875). Zweite Aufl. (1877).

Scott, A treatise on the theory of determinants. Cambridge (1880).

P. Mansion, Éléments de la théorie des déterminants. Paris 4e éd. (1883).

L. Leboulleux, Traité élémentaire des déterminants. Genève (1884).

A. Sickenberger, Die Determinanten in genetischer Behandlung. München (1885).

Gordan, Vorlesungen über Invariantentheorie. I. Determinanten. Leipz. (1885).

Pascal, I determinanti. Milano (1897).

---

114) Der Begriff der Matrix ist von *A. Cayley* eingeführt, J. f. Math. 50 (1855), p. 282. *Cayley* will die Theorie der Matrizen von derjenigen der Determinanten getrennt halten.

I A 3. IRRATIONALZAHLEN UND KONVERGENZ UNENDLICHER PROZESSE

VON

ALFRED PRINGSHEIM

IN MÜNCHEN.

Inhaltsübersicht.

29. Tragweite der Kriterien erster und zweiter Art.
30. Die Grenzgebiete der Divergenz und Konvergenz.
31. Bedingte und unbedingte Konvergenz.
32. Wertveränderungen bedingt konvergenter Reihen.
33. Kriterien für eventuell nur bedingte Konvergenz.
34. Addition und Multiplikation unendlicher Reihen.
35. Doppelreihen.
36. Vielfache Reihen.
37. Transformation von Reihen.
38. *Euler - Mac Laurin*'sche Summenformel. Halbkonvergente Reihen.
39. Divergente Reihen.
40. Divergente Potenzreihen.

IV. Unendliche Produkte, Kettenbrüche und Determinanten.

41. Unendliche Produkte: Historisches.
42. Konvergenz und Divergenz.
43. Umformung von unendlichen Produkten in Reihen.
44. Faktoriellen und Fakultäten.
45. } Allgemeine formale Eigenschaften der Kettenbrüche.
46. } Rekursorische und independente Berechnung der Näherungsbrüche.
47. Näherungsbrucheigenschaften besonderer Kettenbrüche.
48. Konvergenz und Divergenz unendlicher Kettenbrüche. Allgemeines Divergenzkriterium.
49. Kettenbrüche mit positiven Gliedern.
50. Konvergente Kettenbrüche mit Gliedern beliebigen Vorzeichens.
51. Periodische Kettenbrüche.
52. Transformation unendlicher Kettenbrüche.
53. Umformung einer unendlichen Reihe in einen äquivalenten Kettenbruch.
54. Anderweitige Kettenbruchentwickelungen unendlicher Reihen.
55. Kettenbrüche für Potenzreihen und Potenzreihenquotienten.
56. Beziehungen zwischen unendlichen Kettenbrüchen und Produkten.
57. Aufsteigende Kettenbrüche.
58. Unendliche Determinanten: Historisches.
59. Haupteigenschaften unendlicher Determinanten.

Litteratur.

Lehrbücher.

Leonhard Euler, Introductio in analysin infinitorum. I. Lausannae 1748. Deutsch von *Michelsen* (Berlin 1788) und von *H. Maser* (Berlin 1885).

Augustin Cauchy, Cours d'analyse de l'école polytechnique. — I. Analyse algébrique. Paris 1821. Deutsch von *C. Itzigsohn*, Berlin 1885.

M. A. Stern, Lehrbuch der algebraischen Analysis. Leipzig 1860.

Eugène Catalan, Traité élémentaire des séries. Paris 1860.

Oskar Schlömilch, Handbuch der algebraischen Analysis. Jena 1868 (4. Aufl.).

Charles Méray, Nouveau Précis d'analyse infinitésimale. Paris 1872. — Leçons nouvelles sur l'analyse infinitésimale. I. Paris 1894.

Karl Hattendorff, Algebraische Analysis. Hannover 1877.

Rudolf Lipschitz, Lehrbuch der Analysis. I: Grundlagen der Analysis. Bonn 1877.
Moritz Pasch, Einleitung in die Differential- und Integral-Rechnung. Leipzig 1882.
Max Simon, Elemente der Arithmetik als Vorbereitung auf die Functionentheorie.
     Strassburg 1884.
Otto Stolz, Vorlesungen über allgemeine Arithmetik. 2 Bde. Leipzig 1885. 86.
Jules Tannery, Introduction à la théorie des fonctions d'une variable. Paris 1886.
Camille Jordan, Cours d'analyse de l'école polytechnique. 2de éd. I. Paris 1893.
Ernesto Cesaro, Corso di analisi algebrica. Torino 1894.
Otto Biermann, Elemente der höheren Mathematik. Leipzig 1895.
Alfred Pringsheim, Vorlesungen über die element. Theorie der unendl. Reihen
     und der analyt. Functionen. I. Zahlenlehre. (Demnächst bei B. G. Teubner,
     Leipzig, erscheinend.)

     Bezüglich der Irrationalzahlen vergleiche man noch: *P. Bachmann*, Vorl.
über die Natur der Irrationalzahlen, Leipzig 1892; bez. der unendlichen Reihen:
J. Bertrand, Traité de calc. différentiel, Paris 1864 [1]).

Monographien.

Siegm. Günther, Beiträge zur Erfindungsgeschichte der Kettenbrüche. Schul-
     Programm, Weissenburg 1872.
Paul du Bois-Reymond, Die allgemeine Functionentheorie. I (einz.). Tübingen 1882.
R. Reiff, Geschichte der unendlichen Reihen. Tübingen 1889.
Giulio Vivanti, Il concetto d'infinitesimo e la sua applicazione alla matematica.
     Mantova 1894.

Erster Teil. Irrationalzahlen und Grenzbegriff.
I. Irrationalzahlen.

1. Euklid's Verhältnisse und incommensurable Grössen. Die
Irrationalzahlen, deren principielle Einführung eine der wesentlichsten
Grundlagen der *allgemeinen Arithmetik* bildet, sind nichtsdestoweniger
zunächst aus *geometrischen* Bedürfnissen erwachsen: sie erscheinen ursprünglich als Ausdruck für das *Verhältnis incommensurabler* (d. h.
durch kein gemeinschaftliches Mass messbarer) *Streckenpaare* (z. B.
der Diagonale und Seite eines Quadrats[2]). In diesem Sinne kann
das 5. Buch des *Euklid*, welches die *allgemeine* Theorie der „Verhältnisse" entwickelt, sowie das von den *incommensurablen* Grössen
handelnde 10. Buch als litterarischer Ausgangspunkt für die Lehre
von den *Irrationalzahlen* angesehen werden. Immerhin behandelt
Euklid naturgemäss nur ganz bestimmte mit *Zirkel und Lineal kon-
struierbare* (also, arithmetisch gesprochen, durch Quadratwurzeln dar-

---

     1) Die sehr umfangreichen Abschnitte über *Reihen* in *S. F. Lacroix* grossem
Traité de calc. diff. et intégr. (3 Vols., 2de éd., Paris 1810—1819) enthalten über
die *elementare* Reihenlehre wenig brauchbares.

     2) Dass die Diagonale und Seite eines Quadrats incommensurabel seien,
soll schon *Pythagoras* erkannt haben; s. *M. Cantor*, Gesch. d. Math. 1 (Lpz.
1880), p. 130. 154.

stellbare) *Irrationalitäten* in ihrer Eigenschaft als *incommensurable Strecken* [3]); die Anschauung, dass das Verhältnis zweier solcher *specieller* oder gar zweier *ganz beliebig* zu denkender incommensurabler Strecken eine *bestimmte* (irrationale) *Zahl definiere*, ist ihm, wie überhaupt den Mathematikern des Alterthums, fremd geblieben [4]).

2. Michael Stifel's Arithmetica integra. Aber auch für die Arithmetiker und Algebraisten des Mittelalters und der Renaissance sind die aus der Geometrie übernommenen *Irrationalitäten* noch keine „*wirklichen*", sondern allenfalls *uneigentliche* oder *fingierte Zahlen* [5]), die lediglich wie ein notwendiges Übel geduldet werden. Den ersten entscheidenden Schritt für eine richtigere Schätzung der Irrationalzahlen verdankt man wohl *Michael Stifel*, der im 2. Buche seiner *Arithmetica integra* [6]) im Anschlusse an das 10. Buch des *Euklid* ausführlich von den *Numeris irrationalibus*" [7]) handelt. Wenn er sich auch zunächst noch der aus dem *Euklid* abstrahierten Ansicht anschliesst, dass die *irrationalen* Zahlen *keine* „*wirklichen*" Zahlen seien [8]),

---

3) Näheres darüber (ausser a. a. O. bei *Euklid*): *Klügel*, Math. W.-B. 2, p. 949. *M. Cantor* a. a. O. p. 230. *Schlömilch*, Ztschr. f. M. 34 (1889), Hist.-lit. Abth. p. 201.

4) *Euklid* sagt (Elem. X, 7) ganz ausdrücklich: Incommensurable Grössen verhalten sich *nicht* wie Zahlen zu einander. — *Jean Marie Constant Duhamel* (Des méthodes dans les sciences de raisonnement, Paris 1865—70) hat versucht (a. a. O. 2, p. 72—75), die Euklidische Verhältnislehre für die Fundierung des allgemeinen Irrationalbegriffs nutzbar zu machen. Doch verdirbt er schliesslich seine anfänglich richtige Methode durch unnötige Heranziehung eines unklaren geometrischen Grenzbegriffs. — Dagegen giebt *O. Stolz* (Allg. Arithm. 1, p. 35 ff.), neben einer der heutigen Darstellungsweise angepassten Reproduktion der Euklidischen Verhältnislehre, die nötigen Andeutungen, wie die letztere zu einer einwandfreien Theorie der reellen Zahlen (insbesondere also auch der irrationalen) ausgestaltet werden könne. — Vgl. auch: *O. Stolz*, Grössen und Zahlen (Rektoratsrede vom 2. März 1891, Lpz. 1891), p. 16; ferner: Nr. 13, Fussn. 84.

5) „*Numeri ficti*", gewöhnlich als „*Numeri surdi*" bezeichnet: diese dem *Leonardo von Pisa* (Liber abaci, 1202) zugeschriebene Benennung hat sich bis ins 18. Jahrhundert, in England („*Surds*") bis auf die Gegenwart erhalten.

6) Nürnberg 1544. Fol. 103—223.

7) Die Bezeichnung „*radices surdae*" gebraucht *Stifel* in einem engeren Sinne a. a. O. Fol. 134.

8) Die entgegengesetzte Angabe bei *C. J. Gerhardt* (Gesch. der Math. in Deutschl., München 1877, p. 69) scheint mir inkorrekt. Die betreffende Stelle bei *Stifel* (a. a. O. Fol. 103ᵃ) lautet ganz unzweideutig: „Non autem potest dici numerus verus, qui talis est, ut praecisione careat et ad numeros veros nullam cognitam habet proportionem. Sicut igitur infinitus numerus non est numerus: *sic irrationalis numerus non est verus numerus* atque lateat sub quadam infinitatis nebula."

so liegt hierin, wie der betreffende Zusammenhang lehrt, doch schliesslich nur eine von der heutigen verschiedene *Ausdrucksweise*, welche im Grunde nichts anderes besagt, als dass die *irrationalen* Zahlen eben *keine rationalen* sind. Dagegen dokumentiert *Stifel* seine mit den modernen Anschauungen *sachlich* im wesentlichen übereinstimmende Auffassung durch den Ausspruch, dass *jeder irrationalen* Zahl gerade so gut, wie *jeder rationalen* ein *eindeutig bestimmter Platz* in der geordneten Zahlenreihe zukomme [9]). Damit erscheint in der That das wesentlichste Moment, welches die Irrationalitäten als *Zahlen* charakterisiert, zum ersten Male scharf hervorgehoben. Freilich sind hierbei unter Irrationalzahlen immer nur gewisse einfache *Wurzelgrössen* zu verstehen — eine Einschränkung, die sich teils aus der damals noch bestehenden Alleinherrschaft der *Euklidischen* Methoden in der *Geometrie* erklärt, teils aber auch aus dem Umstande, dass die Aufsuchung der n^{ten} Wurzel aus einer zwischen g_n und $(g+1)^n$ ($g =$ ganze Zahl) gelegenen ganzen Zahl die *einzige* Aufgabe war, deren *Nichtlösbarkeit* durch eine *rationale* Zahl man damals wirklich *nachweisen* konnte [10]).

3. Der Irrationalzahlbegriff der analytischen Geometrie. Erst der allmählich sich vollziehende Bruch mit der Geometrie der Alten, insbesondere die mit dem Erscheinen von *Descartes' Géométrie* (1637) beginnende Entwickelung der analytisch-geometrischen Methode, sodann die Erfindung der Infinitesimalrechnung durch *Leibniz* und *Newton* (1684; 1687) schuf das Bedürfnis, die Äquivalenz zwischen *Strecken* und *Zahlen* weiter auszubilden und den Irrationalzahlbegriff dementsprechend zu vervollständigen. Hatte schon *Descartes* beliebige *Streckenverhältnisse* mit *einfachen Buchstaben* bezeichnet und damit *wie mit Zahlen* gerechnet, so erscheint die Aussage, dass *jedem Verhältnis* zweier Quantitäten eine *Zahl* entspreche, an der Spitze von *Newton's Arithmetica universalis* (1707) geradezu als *Definition* der Zahl [11]). Und noch specieller an den geometrischen Begriff der

---

9) A. a. O. Fol. 103[b], Zeile 3 von unten: „Item licet infiniti numeri *fracti* cadeant inter quoslibet duos numeros immediatos, quemadmodum etiam infiniti numeri *irrationales* cadunt inter duos numeros integros immediatos. *Ex ordinibus tamen utrorumque facile est videre, ut nullus eorum ex suo ordine in alterum possit transmigrare.*"

10) *Stifel* a. a. O. Fol. 103[b].

11) *Numerum* non tam multitudinem unitatum quam abstractam quantitatis cujusvis ad aliam ejusdem generis quae pro unitate habetur rationem intelligimus." — Freilich erscheint, wie *Stolz* treffend bemerkt (Allg. Arithm. 1, p. 94), diese Definition bei N. nur als eine Art Paradestück: für eine wirkliche

messbaren Grösse anknüpfend definiert *Chr. Wolf*, dessen in der ersten Hälfte des 17. Jahrhunderts überaus verbreiteten Lehrbücher trotz ihres Mangels an Originalität und schärferer Kritik immerhin als Ausdruck der damals von der grossen Majorität acceptierten Ansichten gelten können: „*Zahl* ist dasjenige, was sich zur Einheit verhält, wie eine gerade Linie zu einer gewissen anderen Geraden"[12]). Die *Zahl* erscheint also als Ausdruck für das Resultat der *Messung* einer *Strecke* durch eine andere, welche die Rolle der *Einheitsstrecke* spielt — eine Anschauung, die bis in die neueste Zeit hinein zur einzig herrschenden wurde und auch noch heutzutage von einzelnen Mathematikern streng festgehalten wird. Jeder *Strecke* (oder auch — vermöge einer einfachen und bekannten Modifikation — jedem *Punkte* einer Geraden) entspricht nunmehr eine bestimmte *Zahl*, nämlich entweder eine *rationale* oder eine *irrationale*, d. h. zunächst ein nach geeigneten Regeln (Euklidisches Verfahren zur Aufsuchung des grössten gemeinschaftlichen Masses[13]) oder unbegrenzte Unterteilung der messenden Einheitsstrecke) zu gewinnender *unbegrenzt fortsetzbarer Algorithmus in rationalen Zahlen* (unendlicher Kettenbruch, unendlicher Dezimalbruch); die *Berechtigung*, ein solches *unbegrenztes System von Rationalzahlen* als eine *einzige bestimmte Zahl* zu ḅetrachten, wird dann ausschliesslich darin erblickt, dass dasselbe als *arithmetisches Äquivalent* einer *gegebenen Strecke* mit Hülfe *derselben Messungsmethoden* gefunden wird, welche für *andere* Strecken eine *bestimmte rationale* Zahl liefern. Daraus folgt nun aber *keineswegs*, dass man umgekehrt auch berechtigt ist, ein *beliebig vorgelegtes arithmetisches* Gebilde der bezeichneten Art in dem eben definierten Sinne als *Irrationalzahl* zu betrachten, d. h. die Existenz einer jenes Gebilde bei geeigneter Messung erzeugenden *Strecke* als *evident* anzusehen[14]). Dieser für die konsequente Aus-

---

Ausbildung der Irrationalzahltheorie auf Grund der Euklidischen Verhältnislehre wird sie keineswegs ausgenützt. (Vgl. auch: *Stolz*, Zur Geometrie der Alten, Math. Ann. 22 [1888], p. 516.)

12) Elementa Matheseos universae. 1, Halae 1710: Elementa Arithmeticae, Art. 10. (Ich zitiere nach der mir vorliegenden zweiten Auflage von 1730.)

13) Eucl. Elem. X, 2, 3. *A. M. Legendre*, Géométrie, Livre III, Probl. 19.

14) Der oben zitierte *Chr. Wolf* weiss hierüber nur folgendes zu sagen (a. a. O. Art. 296): „In geometria et analysi demonstrabitur, tales radices, quae actu dari non possunt, esse ad unitatem ut rectam lineam ad rectam aliam, consequenter numeros eosque irrationales, cum ex hypothesi rationales non sint." Das läuft doch schliesslich wieder darauf hinaus, dass von den *arithmetisch definierten* Irrationalitäten lediglich die *geometrisch konstruierbaren* als *Zahlen* zu betrachten sind. Dabei springt nun freilich *W.* mit dem Begriffe der *geometrischen Konstruierbarkeit* in der Weise leichtfertig um, dass er z. B. Parabeln be-

bildung des Irrationalzahlbegriffs fundamentale Punkt wurde bis in die neueste Zeit teils mit Stillschweigen übergangen, teils mit Hülfe angeblicher geometrischer Evidenzen abgethan oder durch metaphysische Redensarten über Stetigkeit, Grenzbegriff und Unendlichkleines mehr verdunkelt, als aufgeklärt.

4. Das Cantor-Dedekind'sche Axiom und die arithmetischen Theorien der Irrationalzahlen. *G. Cantor* hat wohl zuerst scharf hervorgehoben, dass die Annahme, *jedem* nach Art einer Irrationalzahl definierten *arithmetischen Gebilde* müsse eine bestimmte *Strecke* entsprechen, weder *selbstverständlich, noch beweisbar* erscheine, vielmehr ein wesentliches, rein *geometrisches Axiom* involviere[15]). Und fast gleichzeitig hat *R. Dedekind* gezeigt, dass das fragliche *Axiom* (oder, genauer gesagt, ein ihm *gleichwertiges*) *derjenigen* Eigenschaft, welche man bisher *ohne jede zulängliche Definition* als *Stetigkeit* der geraden Linie bezeichnet hatte, erst einen *greifbaren Inhalt* giebt[16]). Um die Grundlagen der allgemeinen *Arithmetik* von einem derartigen *geometrischen* Axiome völlig unabhängig zu machen, hat jeder der beiden genannten Autoren seine besondere *rein arithmetische* Theorie der Irrationalzahl entwickelt[17]). Einer anderen, gleichfalls *rein arithmetischen* Einführungsart hatte sich schon seit längerer Zeit *K. Weierstrass* in seinen Vorlesungen über analytische Funktionen bedient[18]). *Cantor*

---

liebig hoher Ordnung ohne weiteres als *konstruierbar* ansieht und diese sodann zur angeblichen Konstruktion von $\sqrt[m]{x}$ benützt! (a. a. O. Elementa Analyseos, Art. 630).

15) Math. Ann. 5 (1872), p. 128.

16) *Stetigkeit und irrationale Zahlen.* Braunschweig 1872. — Das betreffende Axiom erscheint daselbst in folgender Fassung: „Zerfallen alle Punkte der Geraden in zwei Klassen von der Art, dass *jeder* Punkt der *ersten* Klasse *links* von *jedem* Punkte der *zweiten* Klasse liegt, so existiert *ein* und *nur ein* Punkt, welcher diese Einteilung . . . hervorbringt.“

17) A. a. O. — Die *Cantor*'sche Theorie wurde ungefähr um dieselbe Zeit, wie von ihrem Verfasser selbst, auch von *E. Heine* (mit ausdrücklichem Hinweis auf mündliche Mitteilungen *Cantor*'s) in etwas ausführlicherer Weise publiziert: J. f. Math. 74, p. 174 ff. — Dagegen hat *Ch. Méray* die Grundlagen dieser Theorie *unabhängig* von *Cantor* gleichfalls aufgefunden und ungefähr gleichzeitig mit *Cantor* und *Heine* veröffentlicht in seinem: Nouveau Précis d'Analyse infinitésimale, Paris 1872.

18) Die Grundprinzipien der *W.*'schen Theorie hat zuerst *H. Kossak* kurz mitgeteilt in einer Programmabhandlung des Werder'schen Gymnasiums, Berlin 1872 (p. 18 ff.). — Ausführlicheres findet man bei *S. Pincherle*, Giorn. di mat. 18 (1880), p. 185 ff. — *O. Biermann*, Theorie der analytischen Functionen, Leipzig 1887, p. 19 ff.

selbst hat im 21. Bande (1883) der Math. Ann. (p. 565 ff.) alle *drei* Definitionsformen einer kritischen Vergleichung unterzogen und bei dieser Gelegenheit seine erste Darstellung (wohl im Anschluss an die von *Heine* gegebene) einigermassen modifiziert, derart, dass die Trennung der zu definierenden *Irrationalzahl* von jeglicher *Grenzvorstellung* noch schärfer zum Ausdruck kommt.

5. Die Theorien von Weierstrass und Cantor. Die *Weierstrass*'sche Theorie und die etwas bequemer zu handhabende *Cantor*'sche, welche man mit *Heine*[19]) passend als eine glückliche Fortbildung der ersteren bezeichnen kann, knüpfen beide an eine bestimmte *formale Darstellung* der Irrationalzahlen an, als deren einfachster und jedermann geläufiger Typus diejenige durch *unendliche Dezimalbrüche* erscheint[20]). Während aber *W.* hiervon das Prinzip der *Summenbildung* als ausschliessliches *Erzeugungsmoment* beibehält, so entnimmt *C.* jenem Vorbilde den allgemeineren Begriff der sog. *Fundamentalreihe*, d. h. einer Reihe von rationalen Zahlen a_ν von der Beschaffenheit, dass $|a_{\nu+\varrho} - a_\nu|$ für einen *hinlänglich gross* gewählten Wert von ν und *jeden* Wert von ϱ *beliebig klein* wird. *Wesentlich* ist sodann, dass die zu definierende *allgemeine reelle* Zahl (welche je nach Umständen eine *rationale* oder *irrationale* sein kann) *nicht* etwa als *Summe* einer „unendlichen" Anzahl von Elementen oder als „unendlich entferntes" Glied einer Reihe durch irgend welchen nebelhaften *Grenzprozess* gewonnen wird. Dieselbe erscheint vielmehr als ein fertiges, *neu geschaffenes Objekt*, oder, noch konkreter nach *Heine*[21]), als ein *neues Zahlzeichen*, dessen *Eigenschaften* aus denjenigen der definierenden rationalen Elemente eindeutig festgestellt werden, dem ein *eindeutig bestimmter Platz* innerhalb des Gebietes der rationalen Zahlen angewiesen wird, und mit welchem nach bestimmten Regeln *gerechnet*[22]) werden kann. Die

---

19) A. a. O. p. 173.

20) Eine ausführliche Darstellung der *Cantor*'schen Theorie, welche zweckmässig die Lehre von den *systematischen Brüchen* (Verallgemeinerung der Dez.-Br.) zum Ausgangspunkte nimmt, findet man bei *Stolz*, Allg. Arithm. 1, p. 97 ff.; eine andere, für den Anfänger gleichfalls nicht unzweckmässige Darstellung, bei welcher zur Definition der Irrationalzahlen und ihrer Rechnungsoperationen *zwei monotone* Zahlenfolgen (s. Nr. **13** dieses Artikels) dienen, giebt *P. Bachmann*, Vorl. über die Natur der Irrationalzahlen (Lpz. 1892), p. 6 ff.

21) A. a. O. p. **173**: „Ich stelle mich bei der Definition (der Zahlen) auf den rein formalen Standpunkt, *indem ich gewisse greifbare Zeichen Zahlen nenne,* so dass die Existenz dieser Zahlen also nicht in Frage steht." — Anders *Cantor:* Math. Ann. 21 (1883), p. 553.

22) Vgl. *Pincherle* a. a. O. Art. 18, 28. *Biermann* a. a. O. p. 24. *Heine* a. a. O. p. 177. *Cantor,* Math. Ann. 5, p. 125; 21, p. 568.

auf diese Weise definierten *allgemeinen reellen Zahlen* sind natürlich zunächst *nicht* als Zeichen *für bestimmte Quantitäten* (zähl- oder messbare Grössen) anzusehen, und die für sie definierten Begriffe *„grösser"* und *„kleiner"* bezeichnen demgemäss keine *Quantitätsunterschiede,* sondern lediglich *Successionen.* Insbesondere erleidet hierbei also auch der Begriff der *rationalen* Zahlen eine *Erweiterung* in *dem* Sinne, dass sie als *Zeichen* erscheinen, denen in erster Linie lediglich *eine bestimmte Succession* zukommt[23]), und die wohl bestimmte *Quantitäten* vorstellen *können,* aber nicht *müssen.* Wird dieser entscheidende Punkt übersehen[24]), so erscheinen Einwendungen begreiflich, wie sie von *E. Illigens* gegen die Theorien von *Weierstrass* und *Cantor* mit Unrecht erhoben worden sind[25]). Dass im übrigen die *Weierstrass-Cantor*'schen Zahlen (einschliesslich der *irrationalen*) zur Darstellung bestimmter *Quantitäten* z. B. *Strecken* benützt werden *können,* ist von den Verfassern der betreffenden Theorien ausdrücklich gezeigt worden[26]): *jeder Strecke* entspricht (nach Fixierung einer beliebigen Einheitsstrecke) *eine* und *nur eine* bestimmte *Zahl.* Das *Umgekehrte* gilt natürlich wiederum nur für *rationale* und *spezielle irrationale* Zahlen; für *beliebige Irrationalzahlen* nur *dann,* wenn man das in Art. 4 erwähnte geometrische *Axiom* gelten lässt[27]).

6. Die Theorie von Dedekind. *Dedekind* definiert die Irrationalzahl, ohne direkte Benützung irgend eines arithmetischen Formalismus, mit Hülfe des von ihm eingeführten Begriffs des *„Schnittes"*[28]); darunter versteht er eine Scheidung aller Rationalzahlen in zwei Klassen von

---

23) Man kann, von diesem Begriffe der *eindeutigen Succession* ausgehend, zu einem *vollkommen einheitlichen* Aufbau der Zahlenlehre gelangen, wenn man von vornherein die *natürlichen* Zahlen *nicht,* wie üblich, auf Grund des Anzahlbegriffs als *Kardinalzahlen,* vielmehr (nach dem Vorgange von *H. Helmholtz* und *L. Kronecker*) als *Ordinalzahlen* einführt. Vgl. meinen Aufsatz Münch. Ber. 27 (1897), p. 325.

24) S. z. B. *R. Lipschitz,* Grundl. d. Anal., Abschnitt I, und vgl. meinen Vortrag: Über den Zahl- und Grenzbegriff im Unterricht. Jahresb. d. D. M.-V. 6 (1848), p. 78.

25) Math. Ann. 33 (1889), p. 155; desgl. 35, p. 451. Replik von *Cantor:* ebend. 33, p. 476. — Vgl. auch *Pringsheim,* Münch. Sitzber. 27, p. 322, Fussnote.

26) *Pincherle* a. a. O. Art. 19. *Cantor,* Math. Ann. 5, p. 127.

27) Bei *Pincherle,* dessen Darstellung der *W.*'schen Theorie freilich keineswegs als eine authentische angesehen werden kann, wird merkwürdiger Weise jenes *Axiom* (in der *Dedekind*'schen Form) wiederum als eine selbstverständliche Thatsache betrachtet (a. a. O. Art. 20).

28) A. a. O. § 4.

Individuen (a_1) und (a_2), so dass durchweg $a_1 < a_2$. Ist dann unter den Zahlen a_1 eine *grösste* oder unter den Zahlen a_2 eine *kleinste*, so ist die betreffende (*rationale*) Zahl gerade diejenige, welche den fraglichen *Schnitt* hervorbringt. Im andern Falle wird demselben ein *neu geschaffenes* Individuum α, eine *Irrationalzahl*, zugeordnet und als diesen *Schnitt* hervorbringend angesehen. Auf Grund dieser Definition lassen sich sodann die Beziehungen dieser neuen Zahlen α untereinander und zu den rationalen Zahlen a, sowie die elementaren Rechenoperationen eindeutig feststellen, wie *D.* selbst im wesentlichen durchgeführt hat. Eine ausführlichere Darstellung in mehr *geometrischem* Gewande hat *M. Pasch* in seiner „Einleitung in die Differential- und Integral-Rechnung" gegeben[29]) und dieser später einige Modifikationen hinzugefügt[30]), welche die in Wahrheit doch wesentliche *arithmetische* Grundlage jener Theorie deutlicher hervortreten lassen.

Gerade dadurch, dass die *Dedekind'*sche Einführungsart der Irrationalzahlen an keinerlei arithmetischen Algorithmus anknüpft, gewinnt sie den Vorzug einer ganz besonderen Kürze und Prägnanz. Aus dem nämlichen Grunde erscheint sie aber auch merklich abstrakter und schliesst sich dem Kalkül weniger bequem an, als die *Cantor'*sche. Nicht unzweckmässig hat daher *J. Tannery* in seiner „Introduction à la Théorie des Fonctions"[31]) eine Darstellung gewählt, welche von der *Dedekind'*schen Definition ausgehend weiterhin durch Heranziehung der *Cantor'schen Fundamentalreihen* an dessen Theorie Anschluss gewinnt.

7. Du Bois-Reymond's Kampf gegen die arithmetischen Theorien. Der Trennung des *Zahl*-Begriffs von demjenigen der *messbaren* Grösse, wie sie durch die arithmetischen Theorien der Irrationalzahlen statuiert wird, ist insbesondere *P. Du Bois-Reymond* mit Entschieden-

---

29) Leipzig 1882, §§ 1—3.

30) Math. Ann. 40 (1892), p. 149.

31) Paris 1886, Chap. 1. — Übrigens begeht *Tannery* einen Irrtum, wenn er (p. IX) den eigentlichen Grundgedanken der *Dedekind'*schen Theorie *J. Bertrand* (Traité d'Arithmétique) zuschreibt, wie *Dedekind* mit Recht in der Vorrede seiner Schrift: „Was sind und was sollen die Zahlen?" hervorgehoben hat (p. XIV). *Bertrand* benützt die beiden im Texte mit (a_1), (a_2) bezeichneten Klassen thatsächlich nur, ganz wie die älteren Mathematiker, zur *angenäherten Darstellung* der *Irrationalzahl;* ihre *Definition* knüpft er keineswegs an den ihm fremden Begriff des *Schnittes,* sondern durchaus an denjenigen der *messbaren Grösse* (s. a. a. O. 11. Aufl., 1895, Art. 270. 313), und er usurpiert stillschweigend für die Begründung der Addition und Multiplikation der Irrationalzahlen (Art. 314. 315) das *Axiom* des Art. 4.

heit entgegengetreten[32]). In seiner „Allgemeinen Funktionentheorie" (Tübingen 1882) verwirft er dieselbe als formalistisch, die Analysis zu einem blossen Zeichenspiele herabwürdigend[33]), und betont aus historischen und philosophischen Gründen den untrennbaren Zusammenhang der *Zahl* mit der *messbaren* oder, wie er sie nennt, *„lineären" Grösse*. Dabei reduziert er die in dem *Axiome* des Art. 4 enthaltene *Forderung* auf *diejenige* der *Dezimalbruchgrenze*, d. h. der *Existenz* einer bestimmten *Strecke*, welche (in dem oben — Nr. 3 — näher erörterten Sinne) einem beliebig vorgelegten *unendlichen Dezimalbruche* entspricht[34]). Er sieht nun diese Aussage nicht ohne weiteres als ein *Axiom* an, sondern untersucht, in wieweit sich dieselbe durch Betrachtungen wesentlich psychologischer Natur begründen lasse. Über den *erkenntnistheoretischen* Wert dieser Auseinandersetzung[35]) wird an späterer Stelle zu berichten sein[36]). Für den *Mathematiker* kommt dabei schliesslich kaum etwas anderes heraus, als dass er die fragliche Forderung als *Axiom* gelten lassen muss, wenn er die Lehre von den *Irrationalzahlen* auf diejenige von den *messbaren Grössen* begründen will. Es ist dies der Standpunkt, den in neuester Zeit *G. Ascoli* gegenüber den arithmetischen Irrationalzahltheorien als den ihm einzig natürlich erscheinenden hervorgehoben hat[37]). Immerhin dürfte sich heutzutage die bei weitem grosse Mehrzahl der wissenschaftlichen Mathe-

---

32) *Herm. Hankel* (Theorie der complexen Zahlensysteme) schrieb schon 1867, also zu einer Zeit, wo ihm höchstens die *Weierstrass*'sche Theorie durch mündliche Mitteilung bekannt sein konnte, folgendes (a. a. O. p. 46): „Jeder Versuch, die irrationalen Zahlen formal und ohne den Begriff der Grösse zu behandeln, muss auf höchst abstruse und beschwerliche Künsteleien führen, die, selbst wenn sie sich in vollkommener Strenge durchführen liessen, wie wir gerechten Grund haben zu bezweifeln, einen höheren wissenschaftlichen Wert nicht haben." Es erscheint äusserst merkwürdig, dass gerade der Schöpfer einer *rein formalen Theorie der Rationalzahlen* für die entsprechende Weiterbildung des Zahlbegriffs so wenig Verständnis gezeigt hat.

33) A. a. O. Art. 18.

34) Diese Forderung reicht in der That hin, da sich jede beliebige, arithmetisch definierte Irrationalzahl als systematischer Bruch mit beliebiger Basis darstellen lässt, s. Nr. **9**, Fussnote 48.

35) A. a. O. p. 1—168.

36) VI A 2 a, 3 a.

37) Rend. Ist. Lomb. (2) 28 (1895), p. 1060. — *A.* formuliert dabei jenes Axiom folgendermassen: „Liegt von den Segmenten $\overline{a_1 b_1}$, $\overline{a_2 b_2}$, $\overline{a_3 b_3}$, ... jedes ganz im Innern des vorhergehenden und ist $\lim\limits_{n=\infty} \overline{a_n b_n} = 0$, so giebt es *stets einen* und *nur einen* Punkt, der im Innern aller dieser Segmente liegt."

matiker einer der rein *arithmetischen* Definitionsformen der Irrationalzahlen angeschlossen haben und somit einer *Trennung* der *reinen Zahlenlehre* von der *eigentlichen Grössenlehre* zustimmen[38]). Die Einführung jenes *Axioms* wird bei dieser Auffassung erst erforderlich, wenn es sich darum handelt, die innerhalb der *reinen Arithmetik* ohne seine Mitwirkung zu Recht bestehenden Ergebnisse in die *Raumanschauung* zu übertragen[39]).

8. Die vollkommene Arithmetisierung im Sinne Kronecker's. Während die Anhänger der eben bezeichneten „*arithmetisierenden*" Richtung sich damit begnügen, die *Definition* der *Irrationalzahlen* und der damit auszuführenden Rechnungsoperationen auf die Lehre von den *rationalen*, also schliesslich von den *ganzen* Zahlen zu begründen, hat *Kronecker* einen wesentlich höheren Grad von „*Arithmetisierung*" der gesamten Zahlenlehre (Arithmetik, Analysis, Algebra) als erstrebenswertes und nach seiner Meinung auch erreichbares Ziel hingestellt[40]). Darnach sollen die arithmetischen Disciplinen alle „*Modifikationen und Erweiterungen des Zahlbegriffs* (ausser demjenigen der natürlichen Zahl) *wieder abstreifen*", insbesondere sollen also die *Irrationalzahlen* endgültig daraus verbannt werden. Dass es je dahin kommen werde, scheint mir nicht gerade wahrscheinlich[41]). Denn beachtet man, was *Kronecker* a. a. O. zur Beseitigung der *negativen* und *gebrochenen*[42]), sowie der *algebraischen* Zahlen vorschlägt, so gewinnt man den Eindruck, dass die fragliche *vollkommene Arithmetisierung* jener Disciplinen darauf hinauslaufen würde, deren wohlerprobte Ausdrucksweise und Zeichensprache, welche äusserst *verwickelte* Relationen zwischen *natürlichen* Zahlen in kürzester und vollkommen präciser Weise *zusammenfasst*, in einen höchst weitläufigen und schwerfälligen Formalismus *aufzulösen*.

---

38) Vgl. auch *Helmholtz*, Ges. Abh. 3, p. 359.

39) Vgl. *F. Klein*, Math. Ann. 37 (1890), p. 572.

40) J. f. Math. 101, p. 338. — Das inzwischen zum Terminus technicus gewordene Schlagwort „*Arithmetisierung*" ist wohl von *K.* zuerst gebraucht worden.

41) Vgl. meinen oben zitierten Aufsatz: Münch. Sitzber. 27, p. 323, Fussnote. Ferner: *E. B. Christoffel*, Ann. di Mat. (2) 15 (1887), p. 253. (Der Inhalt dieses Aufsatzes ist im übrigen wesentlich zahlentheoretischer Natur.)

42) Die von *Kronecker* benützte, auf dem arithmetischen Begriffe der *Kongruenz* beruhende Methode ist übrigens genau dieselbe, welche schon von *Cauchy* zur Beseitigung der *imaginären* Zahlen entwickelt wurde: Exerc. d'anal. et de phys. math. 4 (1847), p. 87. Vgl. I A 2, Nr. 3.

9. Verschiedene Darstellungsformen der Irrationalzahlen und Irrationalität gewisser Darstellungsformen. Den einfachsten Typus von *Zahlreihen* zur *Darstellung der Irrationalzahlen* bilden die unendlichen, d. h. unbegrenzt fortsetzbaren *systematischen Brüche*[43]). Schon bei *Theon von Alexandria*[44]) findet sich eine Methode zur angenäherten Berechnung der Quadratwurzeln mit Hülfe von *Sexagesimal*-Brüchen. Die letzteren blieben auch noch im Mittelalter ausschliesslich in Gebrauch und wurden erst seit dem 10. Jahrhundert allmählich durch die *Dezimal*-Brüche verdrängt[45]). Statt der in der Praxis jetzt allgemein üblichen *Dezimal*-Brüche erweisen sich die *dyadischen*[46]), wegen ihrer ausserordentlichen formalen Einfachheit und besonderen geometrischen Anschaulichkeit, für die Zwecke analytischer Beweisführung als vorzugsweise geeignet.

Die *nicht-periodischen* unendlichen Dezimalbrüche dürfen als die ersten arithmetischen Darstellungsformen gelten, deren *Irrationalität* man (auf Grund der eindeutigen Darstellbarkeit jedes *rationalen* Bruches durch einen allemal *periodischen* unendlichen Dezimalbruch[47])) ausdrücklich erkannt hat. Dass umgekehrt *jede* Irrationalzahl durch einen unendlichen Dezimalbruch (bezw. systematischen Bruch mit beliebiger Basis) eindeutig darstellbar ist, wurde von *Stolz* allgemein bewiesen[48]).

Eine zweite fundamentale Darstellungsform der Irrationalzahlen, nämlich durch unendliche *Kettenbrüche*[49]) knüpft gleichfalls an das Problem der Quadratwurzelausziehung an. Die Berechnung einer Quadratwurzel mit Hülfe eines unbegrenzt fortsetzbaren *regelmässigen Kettenbruches*[50]) lehrte zuerst (freilich nur an *Zahlen*-Beispielen) *Pietro*

---

43) Eine ausführliche Theorie derselben bei *Stolz*, Allg. Arithm. 1, p. 97 ff.

44) Um 360 n. Chr. *M. Cantor*, 1, p. 420.

45) Vgl. *M. Cantor*, 2, p. 252. 565—569. — *Siegm. Günther*, Verm. Unters. zur Gesch. der math. Wissensch. (Leipzig 1876), p. 97 ff.

46) Auf die Vorzüge des dyadischen Systems hat u. a. *Leibniz* besonders aufmerksam gemacht: Mém. Par. 1703. (Opera omnia, Ed. Dutens, 3, p. 390.)

47) *Joh. Wallisii* de Algebra Tractatus (1693), Cap. 80.

48) A. a. O. p. 119.

49) In Wahrheit wäre diese Darstellungsform durch den geometrischen Ursprung der Irrationalzahl als Verhältnis *incommensurabler* Strecken und durch die Euklidische Methode zur Feststellung der Commensurabilität bezw. Incommensurabilität (Elem. X 2, 3) unmittelbar angezeigt gewesen. Die historische Entwickelung hat indessen einen anderen Gang genommen.

50) D. h. eines solchen, dessen Teilzähler durchweg $= 1$, dessen Teilnenner natürliche Zahlen sind.

Cataldi[51]), welcher darnach überhaupt als *Erfinder der Kettenbrüche* anzusehen ist[52]). Das von *Cataldi* aufgefundene *rein numerische* Verfahren erscheint unter der Form einer *allgemeinen analytischen Methode* bei *Leonhard Euler*, dem man die erste zusammenhängende Theorie der Kettenbrüche verdankt. Schon in seiner ersten Abhandlung[53]) über diesen Gegenstand zeigt er u. a. folgendes: Jeder *rationale* Bruch lässt sich durch einen *endlichen*, jeder *irrationale* durch einen *unendlichen regelmässigen* Kettenbruch darstellen. Insbesondere liefert die Entwickelung einer *Quadratwurzel* stets einen *periodischen* regelmässigen Kettenbruch; umgekehrt genügt jeder convergente Kettenbruch dieser Gattung einer *quadratischen* Gleichung mit ganzzahligen Coefficienten[54]). Sodann werden die Zahlen e, $\dfrac{e^2 - 1}{2}$ u. a. durch Kettenbrüche dargestellt[55]) — zunächst freilich *rein numerisch* (d. h. indem näherungsweise gesetzt wird: $e = 2{,}718281828459049$). Das auf diesem Wege durch blosse *Induktion* gefundene Gesetz für die Bildungsweise der *unendlichen* Kettenbrüche wird aber hierauf auch *analytisch* wirklich bewiesen: damit hat in der That *Euler* die *Irrationalität* von e und e^2 zum ersten Male festgestellt[56]).

Mit Hülfe allgemeinerer Kettenbruch-Entwickelungen gelang es sodann *Joh. Heinr. Lambert*[57]), die *Irrationalität* von e^x, tang x und somit auch von lg x, arctang x für *jedes rationale* x, insbesondere[58]) also diejenige von π ($= 4$ arctang 1) nachzuweisen[56]). Eine Abkürzung dieser Beweise und zugleich ein allgemein nützliches Hülfsmittel zur Erkenntnis

---

51) Trattato del modo brevissimo di trovare la radice quadra delli numeri. Bologna 1613.

52) Auch die heutige *Bezeichnung* der Kettenbrüche (sowohl die gewöhnliche, als auch die gedrängtere, vgl. Fussn. 338) findet sich schon bei *C.*, mit dem einzigen Unterschiede, dass er & statt $+$ (bezw. & statt $+$) schreibt (so z. B. a. a. O. p. 70). Die Annahme, dass schon die Griechen, insbesondere *Archimedes* und *Theon von Smyrna* (um 130 n. Chr.), die Berechnung von Quadratwurzeln mit Hülfe von Kettenbrüchen im Prinzipe gekannt hätten, beruht lediglich auf Konjekturen. Vgl. *M. Cantor*, 1, p. 272. 369.

53) De fractionibus continuis. Comment. Petrop. 9 (1737), p. 98.

54) Dieser Satz bildet bekanntlich die Grundlage wichtiger Untersuchungen in der Theorie der quadratischen Formen (*Euler, Lagrange, Legendre, Dirichlet*, s. I C 2) und der numerischen Auflösung algebraischer Gleichungen (*Lagrange*, s. I B 3 a).

55) Die Bezeichnungen e und π stammen von *Euler*, vgl. *F. Rudio*, Archimedes, Huygens, Lambert, Legendre. Leipzig 1892, p. 53.

56) Vgl. meine Note in den Münch. Sitzber. 1898, p. 325.

57) Hist. de l'Acad. de Berlin, Année 1761 (gedruckt 1768), p. 265.

58) A. a. O. p. 297.

des Irrationalen lieferte *Legendre*'s Satz von der *Irrationalität* eines jeden unendlichen Kettenbruches:

$$\frac{a_1|}{|\,b_1} \pm \frac{a_2|}{|\,b_2} \pm \cdots \pm \frac{a_\nu|}{|\,b_\nu} \pm \cdots,$$

für den Fall, dass die $\dfrac{a_\nu}{b_\nu}$ gewöhnliche ächte Brüche sind[59]). Mit Benützung dieses Satzes dehnte zunächst *Legendre* den Irrationalitätsbeweis noch auf π^2 aus. Auch beruht darauf z. B. der von *G. Eisenstein*[60]) gegebene Beweis für die Irrationalität gewisser in der Theorie der elliptischen Funktionen vorkommender Reihen und Produkte, wie:

$$\sum_{1}^{\infty}{}^{\nu}\,\frac{1}{p^{\nu 2}}, \quad \sum_{1}^{\infty}{}^{\nu}\,\frac{(-1)^{\nu-1}}{p^{\nu 2}}, \quad \sum_{1}^{\infty}{}^{\nu}\,\frac{r^\nu}{p^{\nu 2}}, \quad \prod_{1}^{\infty}{}^{\nu}\left(1 - \frac{1}{p^\nu}\right),$$

(wo p eine ganze, r eine rationale positive Zahl)[61]).

10. Fortsetzung. Die Ausdehnung des *binomischen* Satzes auf *gebrochene* Exponenten[62]) lehrte die Wurzeln eines beliebigen Grades durch unendliche Reihen darstellen und lieferte damit zugleich den ersten allgemeinen Reihentypus von *unmittelbar* erkennbarer Irrationalität. Er scheint lange Zeit der einzige dieser Gattung geblieben zu sein. Der in die meisten Lehrbücher übergegangene *direkte* Beweis für die Irrationalität der bekannten e-*Reihe* rührt erst von *J. Fourier* her[63]). Durch Anwendung eines ganz analogen Beweisverfahrens zeigte *Stern*[64]) die Irrationalität der Reihe: $\sum^{\nu} p^{-\nu} q^{-m_\nu}$, (wo p, q natürliche Zahlen, (m_ν) eine unbegrenzte Folge natürlicher Zahlen, für welche $m_{\nu+1} - m_\nu$ mit ν ins Unendliche wächst) und: $\sum \pm (p_1 p_2 \cdots p_\nu)^{-1}$ (wo $p_1, p_2, p_3, \ldots$ eine unbegr. Folge wachsender natürlicher Zahlen), sowie einiger ähnlicher, etwas allgemeinerer Reihen und damit äquivalenter unendlicher Produkte.

---

59) Éléments de géométrie (1794), Note IV. (Auch abgedruckt in der oben zitierten Schrift von Rudio p. 161.) Vgl. Nr. **49**.

60) J. f. Math. **27** (1843), p. 193; **28** (1844), p. 39.

61) Die weiteren Untersuchungen in dieser Richtung beschäftigen sich wesentlich mit der Scheidung der Irrationalitäten in *algebraische* und *transcendente*. Hierüber (speziell auch über die *Transcendenz* von e und π) s. I C 2.

62) Um 1666 durch *Newton* (Brief an Oldenburg vom 24. Okt. 1676 — s. Opuscula, Ed. Castillioneus, 1 (1644), p. 328). *N.* fand den fraglichen Satz lediglich durch Induktion. Den ersten strengen, rein elementaren Beweis (d. h. ohne Anw. der Diff.-R.) gab *Euler*: Nov. Comment. Petrop. **19** (1774), p. 103.

63) Nach *Stainville*, Mélanges d'analyse (1815), p. 339.

64) J. f. Math. **37** (1848), p. 95 (1883), p. 197.

W.L. Glaisher [65]) machte darauf aufmerksam, dass man die Irrationalität der von *Eisenstein* betrachteten Reihen $\sum p^{-\nu^2}$, $\sum (-1)^{\nu-1} p^{-\nu^2}$ und der allgemeineren: $\sum n_\nu \cdot p^{-m_\nu}$ (wo m_ν, n_ν gewissen Bedingungen genügende nat. Zahlen) ganz unmittelbar erkennt, wenn man dieselben als *systematische* (offenbar *nicht*-periodische) *Brüche* mit der Basis p auffasst. Auch weist er mit Hülfe von Kettenbruch-Entwickelungen die Irrationalität verschiedener anderer Reihen nach, die im wesentlichen mit den von *Stern* behandelten zusammenfallen.

Eine der Exponentialreihe nachgebildete, eindeutige Darstellung *jeder* ächt-gebrochenen *Irrationalzahl* durch die Reihe $\sum_{1}^{\infty}{}_\nu \frac{m_\nu}{\nu!}$ (wo m_ν eine natürliche Zahl $< \nu$) hat *Cyp. Stéphanos* angegeben [66]); die Summe der Reihe liefert dabei eine *rationale* Zahl dann und nur dann, wenn von irgend einem bestimmten ν ab durchweg $m_\nu = \nu - 1$. Übrigens erscheint diese Darstellung nur als ein spezieller Fall einer schon früher von *G. Cantor* gegebenen [67]). Eine andere ebenfalls eindeutige Darstellung *aller* zwischen 0 und 1 gelegenen Zahlen durch Reihen von der Form:

$$\frac{1}{m_1 + 1} + \sum_{1}^{\infty}{}_\nu \frac{1}{m_1(m_1 + 1) \cdots m_\nu(m_\nu + 1)}$$

rührt von *J. Lüroth* her [68]). Die *rationalen* Zahlen liefern stets *periodische*, die *irrationalen* dagegen *nichtperiodische* Reihen dieser Art — *vice versa*.

Hierher gehört schliesslich noch eine von *G. Cantor* [69]) mitgeteilte eindeutige Darstellung aller über 1 liegenden Zahlen durch unendliche Produkte von der Form: $\prod_{1}^{\infty}{}_\nu \left(1 + \frac{1}{m_\nu}\right)$, wo die m_ν nat. Zahlen und $m_{\nu+1} \geq m_\nu^2$. Dabei sind die *irrationalen* Zahlen dadurch charakterisiert, dass für unendlich viele Werte von ν: $m_{\nu+1} > m_\nu^2$, während bei jeder *rationalen* Zahl von einem gewissen Werte ν an durchweg die Beziehung $m_{\nu+1} = m_\nu^2$ besteht [70]).

------

65) Philosophical Magazine 45 (London 1873), p. 191.

66) Bull. de la S. M. d. F. 7 (1879), p. 81. — Eine funktionentheoretische Anwendung dieser Darstellungsweise bei *G. Darboux*, Ann. de l'École norm. (2), 7 (1879), p. 200.

67) Z. f. Math. 14 (1869), p. 124.

68) Math. Ann. 21 (1883), p. 411. — Daselbst giebt L. auch je eine Anwendung auf Funktionentheorie und Mengenlehre.

69) Z. f. Math. 14 (1869), p. 152.

70) Eine Darstellung *spezieller* Irrationalitäten durch unendliche Produkte,

II. Grenzbegriff.

11. Der geometrische Ursprung des Grenzbegriffs. Der zum Irrationalzahlbegriffe in engster Beziehung stehende allgemeinere Begriff der *Grenze* oder des *Grenzwertes* einer irgendwie definierten, der Anzahl nach unbegrenzten *Zahlenmenge* ist aus dem schon von *Euklid* und *Archimedes* benützten Prinzipe der *Exhaustion*[71]) in Verbindung mit der erst der neueren Zeit angehörigen Anwendung des *Unendlichen* hervorgegangen. Das *Exhaustions*-Prinzip erscheint bei den Alten unter der Form eines zur Vergleichung von Flächen und Körpern dienenden rein *apagogischen* Beweisverfahrens, dessen Kern folgendermassen formuliert werden kann[72]): „Zwei geometrische Grössen A, B sind einander gleich, falls sich zeigen lässt, dass bei Annahme $A > B$ der Unterschied $A - B$, und bei der Annahme $A < B$ der Unterschied $B - A$ kleiner wäre als jede mit A, B gleichartige Grösse.“ Die Auffassung eines von einer stetig gekrümmten Linie oder Fläche begrenzten Raumgebildes als eines Polygons bzw. Polyeders mit *„unendlich vielen“* und *„unendlich kleinen“* Seiten findet sich schwerlich vor dem 16. Jahrhundert. Auch hier darf wohl der oben bereits zitierte *M. Stifel* als der erste gelten, welcher den *Kreis* als ein *Unendlich-Vieleck* und, noch genauer, gewissermassen als *letztes* (also nach unserer Ausdrucksweise als „*Grenze*“) aller möglichen Polygone mit endlicher Seitenzahl definierte[73]). Während er aber gerade hieraus auf die *Unmöglichkeit* schloss, das Verhältnis von Peripherie und Durchmesser durch eine *rationale* oder *irrationale* Zahl darzustellen[73a]), so gelangte *Joh. Kepler*, von analogen Anschauungen

---

als deren erstes Beispiel die bekannte *Wallis*'sche Formel für $\dfrac{\pi}{2}$ erscheint (s. Nr. 41 Gl. [52]), gab *Ch. A. Vandermonde*, Mém. de l'Acad., Paris 1772. (In der deutschen Ausgabe von *V.'s Abhandl.* aus der reinen Math. [Berlin 1888], p. 67.)

71) Vgl. Art. „*Exhaustion*“ in *Klügel* W. B., 2, p. 152. — Eine kritischere Darstellung giebt *Hermann Hankel* in *Ersch und Gruber*'s Encyklopädie, Sect. I, Bd. 90, Art. „*Grenze*“.

72) *Stolz*, Zur Geometrie der Alten. Math. Ann. 22 (1883), p. 514. Allg. Arithm. I, p. 24.

73) A. a. O. Fol. 224ᵃ. Def. 7. 8: „*Recte* igitur describitur circulus mathematicus esse polygonia infinitorum laterum. *Ante* circulum mathematicum sunt omnes polygoniae numerabilium laterum, quemadmodum ante numerum infinitum sunt omnes numeri dabiles.“

73ᵃ) A. a. O. Fol. 224ᵇ. Def. 12. Beachtet man, dass *Stifel* den *allgemeinen* Irrationalzahlbegriff noch nicht hatte (cf. Nr. 2), so darf der obige anscheinend falsche Schluss nicht nur als vollkommen logisch, sondern geradezu als ein charakteristisches Zeichen der (*moderner* Auffassung sich nähernden) *arithmetisch-*

ausgehend, zu brauchbaren Formeln für die *Kubatur* von Rotations-
körpern[74]). Kurze Zeit darauf erschien *Bonvav. Cavalieri's Geometrie der
Indivisibilien*[75]), welche, erheblich über *Kepler's* Spezialuntersuchungen
hinausgehend, unbeschadet der einigermassen mystischen Natur jener
„Indivisibilien" als die erste grundlegende Darstellung *einer allgemeinen wissenschaftlichen Exhaustionsmethode* angesehen zu werden
pflegt[76]).

12. Die Arithmetisierung des Grenzbegriffs. Zu einer *arithmetischen* Formulierung des *Grenzbegriffs*, wie sie im wesentlichen
heute noch üblich ist, gelangte *John Wallis*[77]), indem er, das umständliche *apagogische* Verfahren der Alten verlassend, *Cavalieri's direkte geometrische* Methode ins *Arithmetische* übersetzte — dem Sinne
nach und in heutiger Ausdrucksweise etwa folgendermassen:

Eine Zahl a gilt als *Grenze* einer unbegrenzt fortsetzbaren Zahlenreihe a_ν ($\nu = 0, 1, 2, \ldots$ in inf.), wenn die Differenz $a - a_\nu$ mit
hinlänglich wachsenden Werten von ν *beliebig klein*[78]) wird.

Diese *Definition*, welche die *arithmetische* Beziehung jener *Grenze*
a zu den Zahlen a_ν vollkommen fixiert, sobald die Zahl a *bekannt* ist
oder zum mindesten ihre *Existenz* von vornherein feststeht, liefert
aber noch *kein Kriterium*, um eventuell aus der Beschaffenheit der
Zahlen a_ν auf die *Existenz* einer Grenze schliessen zu können. In
dieser Hinsicht nahm man immer wieder seine Zuflucht zu *geometrischen* Vorstellungen und Analogien, aus denen man dann ohne weiteres die *Existenz* der fraglichen Grenze folgern zu können glaubte[79]).
So z. B. sah man bei der *Quadratur* krummlinig begrenzter Ebenen-

---

scharfen Denkweise *Stifel's* gelten. Jener Schluss stimmt nämlich vollkommen
mit unserer heutigen Ansicht überein, dass die *Rektifikation* einer krummen Linie
ohne den *allgemeinen* Irrationalzahlbegriff überhaupt nicht definiert werden kann.
Vgl. Nr. **11. 12.**

74) Nova stereometria doliorum. Linz 1615. (Vgl. *M. Chasles*, Histoire de
la Géométrie (2de éd. 1875), p. 56. *M. Cantor*, Gesch. der Math. 2, p. 750.)

75) Geometria indivisibilibus continuorum nova quadam ratione promota.
Bologna 1635. (Ausführliches darüber bei *Klügel*, 1, Art. „*Cavalieri's Methode
des Unteilbaren*". *M. Cantor* a. a. O. p. 759.)

76) *H. Hankel* a. a. O. p. 189. *Chasles* a. a. O. p. 57.

77) Arithmetica Infinitorum (1655), Prop. 43, Lemma. (In der Gesamtaus-
gabe der *W.*'schen Werke — Opera omnia, Oxoniae, 1695. 1, p. 383.) Vgl.
M. Cantor, 2, p. 823.

78) „Quolibet assignabili minor." L. c. Prop. 40.

79) Ich übergehe hier wiederum absichtlich alle Versuche, den Grenzbegriff
erkenntnistheoretisch und psychologisch zu begründen, als in die *Philosophie* der
Mathematik (also nach VI A 2 a, 3 a) gehörig.

stücke, bei der *Rektifikation* von Kurvenbögen (mit Hülfe der Quadratur bez. Rektifikation einer Reihe unbegrenzt angenäherter Polygone) die *Existenz* einer bestimmten *Flächen-* bezw. *Längenzahl* als etwas *selbstverständliches*, auf Grund der *geometrischen* Anschauung *a priori* vorhandenes an[80]). Die *entscheidende Wendung* zur Beseitigung dieser unzulänglichen Auffassung bezeichnet *Cauchy*'s Definition und Existenzbeweis[81]) für das *bestimmte Integral* einer stetigen Funktion; hiermit wird in der That nicht nur zum ersten Male die *Notwendigkeit* deutlich gemacht, die *Existenz* einer *Flächenzahl* ausdrücklich *arithmetisch* zu beweisen, sondern dieser Nachweis *wenigstens in der Hauptsache* wirklich geliefert — d. h. es wird gezeigt, dass zur Definition jener Flächenzahl *Zahlenreihen* vorhanden sind, welche das zur *Existenz* einer bestimmten *Grenze* erforderliche (sogleich noch näher zu erörternde) *Kriterium* erfüllen[82]). Fehlt auch bei *Cauchy* (und zwar nicht nur an der betreffenden Stelle, sondern überhaupt in seinen Arbeiten) der *Beweis* dafür, dass jenes *Kriterium* für die Existenz einer bestimmten *Grenze* thatsächlich *hinreicht*, so kann man doch sagen, dass durch *Cauchy*'s genannte Leistung die wahre *arithmetische* Natur des allgemeinen Grenzproblems zum ersten Male scharf gekennzeichnet und für dessen endgültige Erledigung der Weg gewiesen worden ist.

13. Das Kriterium für die Grenzwertexistenz. Das erwähnte *Kriterium* für die Existenz einer bestimmten *Grenze* lautet in seiner *Grundform*, d. h. für eine einfache, unbegrenzt fortsetzbare Reihe reeller Zahlen (einfach-unendliche *Zahlenfolge*, einfach-*abzählbare*[83])

---

80) In der Stereometrie tritt die analoge Schwierigkeit schon bei der Kubatur der *Pyramide* auf; vgl. *R. Baltzer*, Die Elemente der Mathematik 2 (1883), p. 229. *Stolz*, Math. Ann. 22 (1883), p. 517.

81) Beides findet sich schon in dem „Résumé des leçons données à l'école polytechnique sur le calcul infinitésimal" (Paris 1823), p. 81 (nicht erst, wie häufig angenommen wird, in den von *M. Moigno* 1840—44 herausgegebenen „Leçons sur le calcul différentiel et intégral" 2, p. 2).

82) Zur vollen Strenge des Beweises wäre noch die Erkenntnis von der *gleichmässigen* Stetigkeit einer schlechthin stetigen Funktion erforderlich — was aber in dem hier vorliegenden Zusammenhange nicht wesentlich ins Gewicht fällt. Vgl. II A 1.

83) Vgl. I A 5, Nr. 2. In dem vorliegenden Artikel wird im wesentlichen immer nur von den *Grenzwerten abzählbarer Zahlenmengen* gehandelt, da die Grenzwerte *nichtabzählbarer*, insbesondere *stetiger* Zahlenmengen (vgl. I A 5, Nr. 2. **13. 16**) der *Analysis* (II A, B) angehören. Natürlich lässt sich diese Trennung mit Rücksicht auf die historische Entwicklung der verschiedenen Grenzwert-

Zahlenmenge) und im Anschluss an die oben gegebene *Definition* der *Grenze* folgendermassen:

Damit die unbegrenzte Zahlenfolge (a_ν) eine bestimmte *Grenze* (einen bestimmten *Grenzwert* oder *Limes*) a besitze, in Zeichen[84]):

$$a = \lim a_\nu \quad (\nu = \infty) \quad \text{oder} \quad \lim_{\nu = \infty} a_\nu = a,$$

ist *notwendig* und *hinreichend*, dass $a_{n+\varrho} - a_n$ für *einen hinlänglich grossen* Werth von n und jeden Wert von ϱ *beliebig klein* wird[85]).

Die Zahlenfolge (a_ν) heisst alsdann *konvergent*.

Dass die obige Bedingung eine *notwendige* ist, folgt unmittelbar aus der *Definition* der *Grenze* und mag wohl bekannt gewesen sein, seit man sich überhaupt mit solchen Grenzwerten beschäftigt hat. Dass sie auch *hinreicht*, wurde bis in die neueste Zeit als *selbstverständlich* angesehen, aber *niemals ausdrücklich bewiesen*. Das Verdienst, diese Notwendigkeit zuerst hervorgehoben zu haben, gebührt *Bolzano*[86]), der den entsprechenden Beweis für den besonderen Fall der Reihenkonvergenz[87]) wenigstens zu führen *versuchte*. Derselbe ist allerdings unzulänglich, wie auch ein von *Herm. Hankel* gegebener (auf den allgemeineren Fall *beliebiger* Zahlenmengen bezüglicher) Beweis[88]).

---

betrachtungen nicht immer streng einhalten (wie z. B. oben bezüglich des Zitates über das bestimmte Integral oder bei den folgenden Bemerkungen über den Beweis des Grenzwertkriteriums).

84) Das uns heute völlig unentbehrlich gewordene *Zeichen lim* scheint mir zuerst von *Simon L'Huilier* (Exposition élément. des calculs supérieurs, Berlin 1786 — auch unter dem Titel: Principiorum calc. diff. et integr. expositio, Tübingen 1795) angewendet worden zu sein. Allgemein gebräuchlich ist es wohl erst seit *Cauchy* (Anal. algébr. p. 13) geworden (d. h. also seit 1821; in dem grossen Traité de calc. diff. et intégr. von *Lacroix*, 1810—1819, wird noch jeder einzelne Grenzübergang umständlich mit Worten bezeichnet). Die oben genannte, in den mir bekannten histor. Darstellungen bei weitem nicht nach Gebühr geschätzte Schrift *L'Huilier's* (von der Berl. Akademie als Lösung einer 1784 gestellten Preisfrage preisgekrönt) enthält die erste strenge Darstellung des Grenzbegriffs auf Grund der Euklidischen Verhältnislehre und der Exhaustionsmethode.

85) Dieser Satz mit seiner Übertragung auf *beliebige* (z. B. stetige) Zahlenmengen — von *Du Bois-Reymond* als das „*allgemeine Convergenzprinzip*" bezeichnet (Allg. Funct.-Theorie, pp. 6. 260) — ist der eigentliche *Fundamentalsatz der gesamten Analysis* und sollte mit genügender Betonung seines fundamentalen Charakters an der Spitze jedes rationellen Lehrbuches der Analysis stehen.

86) „Rein analytischer Beweis des Lehrsatzes, etc." Prag 1817. Vgl. *Stolz*, Math. Ann. 18 (1881), p. 259.

87) Vgl. auch Nr. 21 dieses Artikels.

88) *Ersch* u. *Gruber* a. a. O. p. 193; Math. Ann. 20 (1882), p. 106. Vgl. *Stolz* a. a. O. p. 260, Fussnote.

Da die Richtigkeit des fraglichen Satzes wesentlich und ausschliesslich auf der *wohldefinierten Existenz der Irrationalzahlen* beruht,
so fallen die ersten strengen Beweise desselben naturgemäss mit dem
Auftreten der *arithmetischen* Irrationalzahltheorien und der damit zusammenhängenden Revision und Verschärfung auch der älteren *geo-
metrisierenden* Erklärungsweise (vgl. Nr. 7) zusammen. Bei *Cantor*
erscheint der Satz als eine ganz unmittelbar aus der *Definition* der
Irrationalzahlen resultierende *Folgerung*, wie von ihm selbst scharf
hervorgehoben wird[89]). Auch *Dedekind* hat im Anschluss an *seine*
Irrationalzahltheorie einen vollkommenen Beweis desselben (für den
allgemeineren Fall *beliebiger* Zahlenmengen) geliefert[90]). Der letztere
ist von *U. Dini* etwas einfacher gefasst[91]) und sodann von *Du Bois-Reymond* der von ihm vertretenen Anschauungsweise angepasst worden[92]).
Andere Modifikationen jenes Beweises haben *Stolz, J. Tannery, C. Jordan*[93]) und *P. Mansion*[94]) gegeben.

Ist die Zahlenfolge (a_ν) *monoton*[95]), d. h. niemals *ab*- oder niemals *zunehmend*, so genügt für deren *Konvergenz* die Bedingung, dass
die a_ν numerisch unter einer festen Zahl bleiben (Beispiel: die system.
Brüche). Man kann diese *einfachste* Form von konvergenten Zahlenfolgen auch zum Ausgangspunkte für die Lehre von den Irrationalzahlen und Grenzwerten nehmen[96]). Doch bedarf man dann, um die
Subtraktion und Division definieren zu können, stets *zweier* solcher
Folgen (einer niemals *ab*- und einer niemals *zunehmenden*)[97]).

14. Das Unendlichgrosse und Unendlichkleine. Haben die
Terme einer unbegrenzten Folge wohldefinierter Zahlen (a_ν) die Eigenschaft, dass, wie gross auch eine positive Zahl G vorgeschrieben werde,
von einem bestimmten Index ν ab durchweg: $a_\nu > G$ (bezw. $a_\nu < -G$),

---

89) Math. Ann. 21 (1883), p. 124.

90) A. a. O. p. 30.

91) Fondamenti per la teorica etc. p. 27.

92) Allg. Funct.-Theorie p. 260.

93) Vgl. meine Bemerkungen in den Münch. Sitzber. 27 (1897), pp. 357, 358.
— *Stolz* hat auch die Existenz des Grenzwertes durch dessen Darstellung in
system. Form erwiesen: Allg. Arithm. 1, p. 115 ff. (vgl. Nr. 9 dieses Artikels).

94) Mathesis 5 (1885), p. 270.

95) Dieser Ausdruck stammt von *C. Neumann*: „Über die nach Kreis-,
Kugel- und Cylinder-Funct. fortschr. Entw.", Leipzig 1881, p. 26.

96) Vgl. *Mansion*, Mathesis 5, p. 193.

97) *Bachmann* a. a. O. pp. 12. 13. Vgl. Nr. 4, Note 20. — Wählt man zur Definition der Irrat.-Zahlen noch speciellere Zahlenfolgen, etwa die system. Brüche,
so tritt schon bei der Definition der Addition und Multiplikation eine Schwierigkeit ein.

so sagt man, der *Grenzwert* der a_ν sei positiv (negativ) *unendlich*, in Zeichen:

$$\lim_{\nu = \infty} a_\nu = + \infty \qquad (\text{bezw.} \ \lim_{\nu = \infty} a_\nu = - \infty).$$

Die Zahlenfolge (a_ν) heisst alsdann *eigentlich divergent*.

Dieser Satz hat nach heutiger Auffassung als *Definition des Unendlichen* zu gelten[98]), während ihn ältere Analysten als einen beweisbaren *Lehrsatz* anzusehen pflegten[99]); in Wahrheit musste aber jeder solche Beweis auf einen blossen *circulus vitiosus* hinauslaufen, solange keine anderweitige *mathematisch-greifbare Definition des Unendlichen* existierte[100]) (was erst seit neuester Zeit der Fall ist — s. etwas weiter unten).

Auf Grund der oben gegebenen Definition *ist* unter den Zahlen a_ν, wie gross auch ν angenommen werden mag, *keine unendlich grosse*, dagegen bedient man sich der *Ausdrucksweise*, die Zahlen a_ν *werden mit unbegrenzt wachsenden Werten von ν unendlich gross*. Das *Unendliche*, welches bei dieser Definitionsform lediglich als ein *Veränderlich-Endliches*, also als ein *Werdendes*, kein *Gewordenes* erscheint, wird als *potentiales*[101]) oder *uneigentliches*[102]) *Unendlich* bezeichnet.

Aber auch *unabhängig* von jedem derartigen *Werdeprozess* lässt sich das *Unendliche* als ein *aktuales* oder *eigentliches Unendlich* streng arithmetisch definieren. *B. Bolzano*[103]) hat als eigentümliches Merkmal einer *unendlichen* Menge von Elementen hervorgehoben, dass die Elemente, welche lediglich einen gewissen *Teil* jener Menge bilden, den Elementen der *Gesamt*-Menge *eindeutig-umkehrbar* zugeordnet werden können (z. B. der *Gesamt*-Menge der Zahlen $0 \leqq y \leqq 12$ die *Teil*-Menge der Zahlen $0 \leqq x \leqq 5$ auf Grund der Festsetzung: $5y = 12x$). Die nämliche Eigenschaft hat *G. Cantor* dahin formuliert, dass bei einer *unendlichen* Menge und *nur* bei einer solchen ein *Teil* der Menge mit ihr selbst *gleiche Mächtigkeit* besitzen könne[104]). Unabhängig von den

---

98) Etwa seit *Cauchy*: Analyse algébr. pp. 4. 27.

99) S. z. B. *Jac. Bernoulli*, Positiones arithmeticae de seriebus infinitis (1689), Prop. II (Opera, Genevae 1744, 1, p. 379).

100) Auch was z. B. *Du Bois-Reymond* in seiner Allg. Functionen-Theorie p. 69 ff. über die Unterscheidung des „*Unendlichen*" vom „*Unbegrenzten*" sagt, erscheint unhaltbar. Vgl. meine Bemerk. Münch. Sitzber. 1897, p. 322, Fussn. 1.

101) Das *Infinitum potentia* oder *synkategorematische Unendlich* der Philosophen, im Gegensatz zu dem sogleich zu erwähnenden *Infinitum actu* oder *kategorematischen* (aktualen) *Unendlich*.

102) Nach *G. Cantor*, Math. Ann. 21 (1883), p. 546.

103) Paradoxien des Unendlichen. Leipzig 1851. § 20.

104) Journ. f. Math. 84 (1878), p. 242

beiden genannten[105]) hat *Dedekind* diese Eigenschaft geradezu zur *Definition* des *Unendlichen* erhoben, d. h. (mit Beibehaltung der eben benützten *Cantor*'schen Ausdrucksweise): Eine Menge heisst *unendlich*, wenn sie eine *Teil*-Menge von *gleicher Mächtigkeit* enthält; im entgegengesetzten Falle heisst sie *endlich*[106]). *Dedekind beweist* sodann die *Existenz unendlicher* Mengen[107]), leitet daraus den Begriff der *natürlichen Zahlenreihe* und schliesslich denjenigen der *Anzahl* einer *endlichen* Menge ab.

Umgekehrt hat *G. Cantor*, den *Anzahl*-Begriff für *endliche* Mengen in der üblichen Weise als etwas *a priori* gegebenes ansehend, diesen Begriff auf *unendliche* Mengen übertragen und ist hierdurch zur Aufstellung eines konsequent ausgebildeten *Systems von eigentlich-unendlichen* („*überendlichen*" oder „*transfiniten*") Zahlen geführt worden[108]).

In der *Arithmetik* erscheint das *Unendliche* immer nur als *Uneigentlich-Unendliches*, also als *Veränderlich-Endliches*, dessen absoluter Betrag an keine obere Schranke gebunden ist. In der *Funktionenlehre*, zumal für komplexe Veränderliche, hat es sich indessen als zweckmässig erwiesen, neben diesem *Uneigentlich-Unendlichen* auch ein *Eigentlich-Unendliches* in der Weise einzuführen, dass man allen möglichen *endlichen* Werten, deren eine Veränderliche fähig ist, *den Wert* ∞ *wie einen einzigen, bestimmten* (geometrisch durch einen bestimmten Punkt repräsentierten) hinzufügt[109]).

---

105) Vgl. das Vorwort zur 2. Auflage der Schrift: Was sind und was sollen die Zahlen? Braunschweig 1895. (Erste Auflage 1887.)

106) A. a. O. Nr. 64. *D.* bezeichnet dabei zwei Mengen von „*gleicher Mächtigkeit*" (also solche, deren Elemente sich eindeutig-umkehrbar einander zuordnen lassen) als „*ähnlich*" (oder auch ausführlicher als solche, die ineinander ähnlich abgebildet werden können). — Eine andere, in gewisser Beziehung noch einfachere Definition des Unendlichen giebt *D.* in dem oben zitierten Vorwort, p. XVII. — Vgl. auch *Franz Meyer*, Zur Lehre vom Unendlichen. Antr.-Rede, Tübingen 1889; *C. Cranz*, Wundt's Philos. Studien 21 (1895), p. 1; *E. Schroeder*, Nova acta Leop. 71 (1898), p. 303.

107) Ähnlich wie schon *Bolzano* a. a. O. § 13.

108) Math. Ann. 21 (1883), p. 545 ff. Die betr. Abhandlung enthält auch eine mit zahlreichen Zitaten versehene historisch-kritische Erörterung des Unendlichkeitsbegriffs. — Weiteres über *transfinite* Zahlen s. I A 5, Nr. 3 ff.

109) Dieses eigentliche *Unendlich* der Funktionentheorie lässt sich keineswegs allemal ohne weiteres durch das *uneigentliche Unendlich* ersetzen; mit anderen Worten: das Verhalten einer Funktion $f(x)$ *für alle möglichen noch so grossen* Werte von x braucht noch keineswegs dasjenige für den Wert $x = \infty$ zu bestimmen. Setzt man z. B.

$$f(x) = \lim_{n=\infty} f_n(x), \quad \text{wo:} \quad f_n(x) = \frac{n}{n+x},$$

Etwas anders verhält es sich mit dem sogenannten *Unendlichkleinen*. Ist lim $a_\nu = 0$, so bedient man sich häufig der *Ausdrucksweise*, die Zahlen a_ν *werden* mit *unbegrenzt* wachsenden Werten von ν *unendlichklein* [110]). Wo immer in der *Arithmetik, Funktionenlehre, Geometrie* das sog. *Unendlichkleine* auftritt, ist es immer nur ein *unendlichklein werdendes*, also nach der oben gebrauchten Terminologie *Uneigentlich-Unendlichkleines* [111]). Wenn es auch neuerdings gelungen ist, in sich konsequente Systeme *eigentlich-unendlichkleiner „Grössen"* aufzustellen [112]), so handelt es sich hierbei doch lediglich um blosse *Zeichensysteme* mit *rein formal* definierten Gesetzen, welche von den für reelle Zahlen geltenden zum Teil verschieden sind. Solche fingierte *eigentlich-unendlichkleine Grössen* stehen zu den *reellen Zahlen* in keinerlei direkter Beziehung; sie finden in der eigentlichen *Arithmetik* und *Analysis* keinen Platz und können auch nicht, wie die reellen Zahlen, dazu dienen, *geometrische Grössenbeziehungen* widerspruchsfrei zu *beschreiben*. Insbesondere lässt sich aus der Möglichkeit derartiger arithmetischer Konstruktionen *keineswegs* die *Existenz unendlichkleiner geometrischer Grössen* (z. B. Linienelemente) folgern. *G. Cantor* hat vielmehr ausdrücklich gezeigt, dass aus der Annahme von Zahlen, die numerisch *kleiner* sind als *jede* positive Zahl, geradezu die *Nichtexistenz unendlichkleiner Strecken* erschlossen werden kann [113]).

15. Oberer und unterer Limes. Aus einer *uneigentlich diver-*

so hat man für *jedes noch so grosse* endliche x ausnahmslos:

$$f(x) = 1,$$

dagegen:

$$f_n(\infty) = 0, \quad \text{also auch:} \quad f(\infty) = 0.$$

Im übrigen ist allgemein das Verhalten einer Funktion $f(x)$ für jenen *Wert* oder *Punkt* $x = \infty$ definiert durch dasjenige von $f\left(\dfrac{1}{x}\right)$ für $x = 0$. Vgl. II B 1. — Ein anderer Typus des Eigentlich-Unendlichen („die unendlich ferne Gerade") hat sich in der projektiven *Geometrie* als zweckmässig erwiesen.

110) *Cauchy*, Anal. algébr. p. 4. 26.

111) Mit dem *eigentlich-unendlichen* $x = \infty$ der Funktionentheorie korrespondiert *nicht* etwa ein *eigentlich-unendlichkleiner* Wert x, sondern der Wert $x = 0$.

112) *O. Stolz* hat mit Benützung *Du Bois-Reymond*'scher Untersuchungen zwei verschiedene Systeme von eigentlich-unendlichkleinen Grössen konstruiert: Ber. d. naturw.-medic. Vereins, Innsbruck 1884, p. 1 ff. 37 ff. Allg. Arithm. 1, p. 205 ff. Vgl. I A 5, Nr. 17. — Über *P. Veronese's „Infiniti* und *infinitesimi attuali"* vgl. I A 5, Fussn. 103. 107. — Eine ausführlich historisch-kritische Darstellung der Lehre von den unendlich-kleinen Grössen giebt *G. Vivanti's* Schrift: Il concetto d'infinitesimo, Mantova 1894.

113) Z. f. Philos. 91, p. 112. Vgl. auch *O. Stolz*, Math. Ann. 31 (1888), p. 601. *G. Peano*, Rivista di Mat. 2 (1872), p. 58.

genten, d. h. weder konvergenten, noch eigentlich divergenten Zahlen-
folge (a_ν) lassen sich stets *zwei konvergente* oder *eigentlich divergente*
Zahlenfolgen (a_{m_ν}), (a_{n_ν}) von folgender Beschaffenheit herausheben:
Setzt man

$$(1) \qquad \lim_{\nu=\infty} a_{m_\nu} = A, \qquad \lim_{\nu=\infty} a_{n_\nu} = a,$$

(wo $A > a$ und A, a entweder bestimmte Zahlen vorstellen oder auch
$A = +\infty$, $a = -\infty$ sein kann), so lässt sich aus der Folge (a_ν)
keine Folge herausheben, welche einen *grösseren Limes* als A, oder
einen *kleineren Limes* als a besitzt. A heisst hiernach der *grösste*
oder *obere,* a der *kleinste* oder *untere Limes* der a_ν, in Zeichen[114]):

$$(2) \qquad \lim_{\nu=\infty} \sup a_\nu = A, \qquad \lim_{\nu=\infty} \inf a_\nu = a,$$

oder kürzer[115]):

$$(3) \qquad \overline{\lim_{\nu=\infty}} a_\nu = A, \qquad \underline{\lim_{\nu=\infty}} a_\nu = a.$$

Vermöge dieser Verallgemeinerung des Limesbegriffs erscheinen die
konvergenten und *eigentlich divergenten* Zahlenfolgen als derjenige Grenz-
fall, bei welchem *oberer und unterer Limes zusammenfallen,* sodass also:

$$(4) \qquad \overline{\lim_{\nu=\infty}} a_\nu = \underline{\lim_{\nu=\infty}} a_\nu = \lim_{\nu=\infty} a_\nu.$$

Der Begriff des *oberen und unteren Limes* findet sich schon bei *Cauchy*[116]),
der speciell in der Reihenlehre eine äusserst wichtige Anwendung
davon gemacht hat[117]). *Du Bois-Reymond* hat für *den oberen und
unteren Limes* die Bezeichnung *obere und untere Unbestimmtheitsgrenze*
eingeführt[118]) und wird deshalb vielfach fälschlich für den *Erfinder*
des damit bezeichneten *Begriffs* gehalten. Immerhin kann man sagen,
dass er als der erste die grosse und allgemeine Bedeutung jenes Begriffs für die Reihen- und Funktionenlehre ausdrücklich hervorgehoben
und zu dessen konsequenter Anwendung[119]) Veranlassung gegeben hat.

---

114) Nach *Pasch*, Math. Ann. 30 (1887), p. 134.

115) Nach einer neuerdings von mir eingeführten Bezeichnung: Münch.
Sitzber. 28 (1898), p. 62. Die gelegentliche Anwendung der Bezeichnung $\overline{\lim}_{\nu=\infty} a_\nu$
soll bedeuten, dass in dem betreffenden Zusammenhange *sowohl der obere als
der untere Limes* genommen werden darf.

116) Anal. algébr. p. 132, 151 etc. — *C.* bezeichnet den oberen Limes als
„la plus grande des limites". — „La plus petite des limites" bei *N. H. Abel*: Oeuvres
2, p. 198.

117) Vgl. Nr. 28.

118) Antritts-Progr. d. Univ. Freiburg (1871), p. 3. Münch. Abh. 12, I. Abth.
(1876), p. 125. Allg. Funct.-Th. p. 266.

119) Vgl. insbesondere den oben zitierten Aufsatz von *Pasch*.

16. Obere und untere Grenze. Mit dem Begriff des *oberen* (*unteren*) *Limes* zwar verwandt, dennoch scharf davon zu unterscheiden, ist der zuerst von *Bolzano*[120]) bemerkte, namentlich aber von *Weierstrass* (in seinen Vorlesungen)[121]) betonte Begriff der *oberen* (*unteren*) *Grenze*[122]): Jede Zahlenfolge (a_ν) mit endlich bleibenden (d. h. zwischen zwei bestimmten Zahlen enthaltenen) Termen besitzt eine bestimmte *obere* und *untere Grenze* G, g, d. h. man hat für *jedes* ν: $g \leqq a_\nu \leqq G$ und für mindestens je einen Wert $\nu = m$, $\nu = n$: $G - \varepsilon < a_m \leqq G$, $g \leqq a_n < g + \varepsilon$ bei beliebig klein vorgeschriebenem positivem ε. Giebt es einen Term $a_m = G$ (eventuell auch mehrere oder sogar unendlich viele), so heisst die *obere Grenze* der a_ν zugleich deren *Maximum*[123]). Giebt es *keinen* solchen, so müssen unendlich viele Terme a_{m_ν} vorhanden sein, für welche $G - \varepsilon < a_{m_\nu} < G$, d. h. in diesem Falle ist die *obere Grenze* G gleichzeitig der *obere Limes* der a_ν. Dies findet offenbar ebenfalls statt, wenn für *unendlich viele* Werte von ν die Beziehung $a_\nu = G$ besteht.

Das analoge gilt bezüglich der unteren Grenze g.

Bleiben die a_ν *nicht* unterhalb einer bestimmten *positiven*-bezw. oberhalb einer bestimmten *negativen* Zahl, so wird $G = +\infty$, bezw. $g = -\infty$. Auch in diesem Falle erscheint die obere bezw. untere *Grenze* zugleich als oberer bezw. unterer *Limes*[124]).

---

120) Beweis des Lehrs. etc. p. 41. Vgl. *Stolz*, Math. Ann. 18 (1881), p. 257.

121) *Pincherle* a. a. O. p. 242 ff.

122) *Pasch* a. a. O. bezeichnet das, was hier (nach dem Vorgange von *Weierstrass*) obere (untere) *Grenze* genannt wird, als obere (untere) *Schranke*, und verwendet den Ausdruck obere (untere) *Grenze* für den oberen (unteren) *Limes*. — Französische (und italienische) Autoren pflegen den Ausdruck *limite supérieure* (*limite superiore*) bald in dem einen, bald in dem andern Sinne zu gebrauchen, was leicht zu Unklarheiten Veranlassung geben kann.

123) *Darboux* (Ann. de l'école norm. (2) 4, p. 61) nennt die obere (untere) Grenze: „*la limite maximum (minimum)*“ — eine Bezeichnung, die nicht mit *Maximum* (*Minimum*) verwechselt werden darf. — Ich pflege im Falle $a_m = G$ die obere Grenze noch prägnanter als das *reale Maximum* der a_ν zu bezeichnen und nenne sie deren *ideales Maximum*, falls *kein* Term die obere Grenze G erreicht (eine Annahme, die auch den Fall $G = \infty$ mit umfasst). Alsdann kann man sagen: Der obere *Limes* fällt dann und nur dann mit der oberen *Grenze* zusammen, wenn dieselbe ein *ideales* oder *unendlich oft vorkommendes reales Maximum* ist. — Analog für die untere Grenze.

124) *G. Peano* hat darauf aufmerksam gemacht, dass man in gewissen Fällen (z. B. Def. des best. Integrals, der Rektifikation etc.) mit dem Begriffe der oberen (unteren) *Grenze* leichter und präciser operiert, als mit dem des *Limes*: Ann. di Mat. (2), 23 (1895), p. 153.

17. Das Rechnen mit Grenzwerten. Die Zahl $e = \lim\left(1 + \frac{1}{\nu}\right)^{\nu}$.
Sind (a_{ν}), (b_{ν}) konvergente Zahlenfolgen, so liefern die unmittelbar an die Definition der Irrationalzahlen anzuknüpfenden elementaren Rechnungsregeln die Relationen:

$$(5) \quad \begin{cases} \lim a_{\nu} \pm \lim b_{\nu} = \lim (a_{\nu} \pm b_{\nu}), \quad \lim a_{\nu} \cdot \lim b_{\nu} = \lim (a_{\nu} b_{\nu}), \\ \dfrac{\lim a_{\nu}}{\lim b_{\nu}} = \lim \left(\dfrac{a_{\nu}}{b_{\nu}}\right) {}^{125)}. \end{cases}$$

(wobei in der letzten Gleichung der Fall $\lim b_{\nu} = 0$ auszuschliessen ist), und allgemein:

$$(6) \quad f(\lim a_{\nu}, \lim b_{\nu}, \lim c_{\nu}, \ldots) = \lim f(a_{\nu}, b_{\nu}, c_{\nu}, \ldots),$$

wenn f irgend eine Kombination der 4 Species (mit Ausschluss der Division durch 0) bedeutet.

Enthält das Rechnungssymbol f noch andere Forderungen, z. B. Wurzelausziehungen, so gilt Gl. (6) als *Definitions*-Gleichung, sofern die rechte Seite *konvergiert*. Mit Hülfe dieses Prinzips lässt sich insbesondere die Lehre von den gebrochenen und irrationalen Potenzen und deren Umkehrungen, den Logarithmen, konsequent und streng begründen [126].

Die ausgezeichneten arithmetischen Eigenschaften, welche die *natürlichen* Logarithmen (d. h. die mit der Basis e) von allen anderen voraus haben, beruhen auf den Beziehungen:

$$(7) \quad \lim\left(1 + \frac{1}{\nu}\right)^{\nu} = e, \qquad \lim\left(1 + \frac{a}{\nu}\right)^{\nu} = e^{a}$$

(a eine beliebige reelle Zahl). Während die letzteren bei *Euler* [127] nur in dem Zusammenhange erscheinen, dass die Gleichheit der links stehenden Grenzwerte mit den zur *Definition* von e, e^{a} dienenden *Reihen* (in einer nach heutigen Begriffen freilich unzulänglichen Weise) abgeleitet wird, so hat *Cauchy* [128] die *Existenz* jener Grenzwerte direkt bewiesen und darauf die *Definition* der Exponentialgrössen und natürlichen Logarithmen gegründet — eine Methode, die seitdem in die meisten Lehrbücher der Analysis übergegangen ist [129].

---

125) Ich schreibe von jetzt ab, soweit ein Missverständnis ausgeschlossen erscheint, immer nur lim statt $\lim_{\nu = \infty}$.

126) Vgl. *Stolz,* Allg. Arithm. p. 125—148.

127) Introductio in anal. inf. 1 § 115—122.

128) Résumé des leçons etc. (1823), p. 2.

129) Dabei wird gewöhnlich die Definition der Potenz mit beliebigen (event. also irrationalen) Exponenten als bereits bekannt vorausgesetzt. Man

18. Sogenannte unbestimmte Ausdrücke. Werden die in Gl. (5), (6) vorkommenden $\lim a_\nu$, $\lim b_\nu, \ldots = \infty$ oder 0, so entstehen auf den *linken* Seiten jener Gleichungen zum Teil sogenannte *unbestimmte Ausdrücke*[130]) (wie: $\infty - \infty$, $0 \cdot \infty$, $\frac{\infty}{\infty}$, $\frac{0}{0}$, 0^0, ∞^0 etc.), als deren *„wahre Werte"* man die *rechts* stehenden *Grenzwerte* (sofern dieselben einen bestimmten Sinn besitzen) nicht gerade sehr passend zu bezeichnen pflegt. Obschon die Methoden zur Bestimmung derartiger Grenzwerte ihre volle Allgemeinheit erst durch die Einführung einer *stetigen* Veränderlichen an Stelle der veränderlichen *ganzen* Zahl ν gewinnen und in dieser Form der Differentialrechnung angehören[131]), so beruhen sie doch schliesslich (wie die ganze Lehre von den Funktionen *stetiger* Veränderlicher) auf gewissen einfachen Sätzen über Grenzwerte gewöhnlicher Zahlenfolgen. Hierhin gehören die folgenden von *Cauchy* herrührenden Beziehungen[132]).

Man hat

$$(8) \quad \lim \frac{a_\nu}{\nu} = \lim (a_{\nu+1} - a_\nu) \qquad (\text{Beisp. } \lim \frac{\lg \nu}{\nu} = 0, \quad \lim \frac{e^\nu}{\nu} = \infty)$$

und für $a_\nu > 0$:

$$(9) \qquad \lim a_\nu^{\frac{1}{\nu}} = \lim \frac{a_{\nu+1}}{a_\nu} \qquad (\text{Beisp. } \lim \sqrt[\nu]{\nu} = 1, \quad \lim \sqrt[\nu]{\nu!} = \infty),$$

vorausgesetzt, dass die *rechts* stehenden Grenzwerte (im weiteren Sinne) *existieren*[133]) (aber nicht umgekehrt).

Den ersten dieser Sätze hat *Stolz* folgendermassen verallgemeinert[134]):

Ist (m_ν) *monoton* und: $\lim m_\nu = \pm \infty$ oder: $\lim m_\nu = 0$, so wird:

$$(10) \qquad\qquad \lim \frac{a_\nu}{m_\nu} = \lim \frac{a_{\nu+1} - a_\nu}{m_{\nu+1} - m_\nu},$$

falls der *rechts* stehende Grenzwert (im weiteren Sinne) existiert.

---

kann aber auch die Existenz des Grenzwertes $\lim \left(1 + \frac{a}{\nu}\right)^\nu$ zur *Definition* der Potenz mit bel. reellen Exponenten benützen: vgl. *Th. Wulf*, Wiener Monatsh. 8, p. 43 ff. — Diese Methode lässt sich übrigens auch auf complexe Werte von a übertragen; vgl. *J. A. Serret*, Calcul diff. 1 (oder *Serret-A. Harnack* 1), Art. 366.

130) Bei *Cauchy*: Valeurs singulières (Anal. algébr. p. 45).

131) Vgl. II A 1.

132) Anal. algébr. p. 59. (Die betr. Sätze sind daselbst zunächst in der allgemeineren Form, wo $f(x)$ an die Stelle von a_ν tritt, bewiesen und durch Specialisierung $x = \nu$ abgeleitet.)

133) D. h. endlich oder mit best. Vorzeichen unendlich sind.

134) Math. Ann. 14 (1879), p. 232. Allg. Arithm. 1, p. 173.

19. Graduierung des Unendlich- und Nullwerdens. Auf der Untersuchung von Quotienten der Form $\frac{\infty}{\infty}$ (d. h. von $\lim \frac{a_\nu}{b_\nu}$, wo $\lim a_\nu = \infty$, $\lim b_\nu = \infty$) beruht die *Graduierung* des Unendlichwerdens von Zahlenfolgen (bezw. von Funktionen). Ist $\lim a_\nu = +\infty$, $\lim b_\nu = +\infty$, so sind, *falls* $\lim \frac{a_\nu}{b_\nu}$ *überhaupt existiert* [135]), folgende drei Fälle zu unterscheiden:

$$(11) \qquad \lim \frac{a_\nu}{b_\nu} = 0, \quad \lim \frac{a_\nu}{b_\nu} = g > 0, \quad \lim \frac{a_\nu}{b_\nu} = \infty,$$

für welche *Du Bois-Reymond* die Bezeichnungen eingeführt hat [136]):

$$(12) \qquad a_\nu \prec b_\nu, \qquad a_\nu \sim b_\nu, \qquad a_\nu \succ b_\nu,$$

in Worten:

a_ν wird von niederer Ordnung (schwächer, langsamer) ∞, als b_ν
„ „ „ derselben „ (ebenso) „ „ „
„ „ „ höherer „ (stärker, schneller) „ „ „

oder kürzer:

a_ν ist *infinitär* kleiner, als b_ν
„ „ „ gleich „
„ „ „ grösser, als „

Ich pflege die Bezeichnung $a_\nu \sim b_\nu$ und den ihr entsprechenden Ausdruck auch anzuwenden, wenn nur feststeht, dass $\underline{\lim} \frac{a_\nu}{b_\nu}$ und $\overline{\lim} \frac{a_\nu}{b_\nu}$ *beide* endlich und von Null verschieden sind (also:

$$0 < g \leqq \overline{\underline{\lim}} \frac{a_\nu}{b_\nu} \leqq G < \infty),$$

und habe den obigen Bezeichnungen noch die folgende hinzugefügt [137]):

$$(13) \qquad a_\nu \underset{\sim}{\sim} g \cdot b_\nu, \quad \text{falls:} \quad \lim \frac{a_\nu}{b_\nu} = g.$$

Ist (M_ν) monoton zunehmend, $\lim M_\nu = \infty$ [138]), so hat man:

$$(14) \qquad \cdots \prec (\lg_2 M_\nu)^{p''} \prec (\lg M_\nu)^{p'} \prec M_\nu^p \prec (e^{M_\nu})^{p_1} \prec (e^{e^{M_\nu}})^{p_2} \prec \cdots,$$

---

135) Dies braucht nicht einmal der Fall zu sein, wenn a_ν, b_ν *beide monoton* sind, s. z. B. *Stolz*, Math. Ann. 14, p. 232 und vgl. Nr. **29. 30** dieses Artikels.

136) Ann. di Mat. Ser. II 4 (1870), p. 339. Die Ausbildung und Verwertung des in (11) (12) definierten Algorithmus bildet den Inhalt des *Du Bois-Reymond'schen Infinitärkalküls*.

137) Math. Ann. 35 (1890), p. 302.

138) Im Folgenden soll das Zeichen (M_ν) ein für allemal eine Zahlenfolge dieser Art vorstellen.

wenn $p^{(\varkappa)}$, p, $p_\varkappa$ ganz beliebige (z. B. auch *wachsende*) positive Zahlen bedeuten und $\lg_\varkappa M_\nu$ den $\varkappa$-fach iterierten Logarithmus[139]) vorstellt. Man kann also, von einem beliebig gewählten „*Unendlich*" $\lim M_\nu$ ausgehend, eine nach beiden Seiten unbegrenzte Skala von immer *schwächeren*, bezw. immer *stärkeren* „*Unendlich*", sog. *Ordnungstypen* des Unendlichen aufstellen. Diese Skala lässt sich auf unendlich viele Arten beliebig *verdichten*[140]). Man ist auch bei ihrer Bildung nicht auf die Logarithmen und Exponentialfunktionen angewiesen; doch sind sie die *analytisch-einfachsten* Funktionen dieser Art. Man kann aber auch Zahlenfolgen bezw. Funktionen konstruieren, die schwächer (stärker) unendlich werden nicht nur als jeder bestimmte *einzelne*, sondern als *alle möglichen* iterierten Logarithmen[141]) (Exponentialfunktionen). Das analoge gilt auch für *jede beliebige* Skala solcher Ordnungstypen[142]).

Im Anschluss an Nr. **14** sei noch bemerkt, dass es sich bei diesen „*verschiedenen Typen*" des *Unendlich* keineswegs um *eigentliche* Unendlich in dem dort näher bezeichneten Sinne handelt. Die sog. infinitären Relationen von der Form (12) sind lediglich Zusammenfassungen einer unbegrenzten Anzahl von Beziehungen zwischen *endlichen* Zahlen, die an keine obere Grenze gebunden sind[143]).

Die analogen Betrachtungen lassen sich bezüglich des Null- oder Unendlichkleinwerdens anstellen. Nur hat naturgemäss im Falle $\lim a_\nu = 0$, $\lim b_\nu = 0$ die Beziehung $a_\nu < b_\nu$ die Bedeutung: a_ν wird von *höherer* Ordnung (stärker, schneller) unendlichklein, als b_ν u. s. f.[144]).

20. Grenzwerte zweifach unendlicher Zahlenfolgen. Die *Grenzwerte zweifach unendlicher* Zahlenfolgen sind meines Wissens in der Litteratur bisher nicht ausdrücklich behandelt worden; man hat nur *specielle* Formen solcher Grenzwerte (Doppelreihen) und Grenzwerte von *Funktionen zweier Variablen* untersucht, von denen *mindestens eine*

---

139) Auf die Betrachtung solcher iterierten Logarithmen (und, als naturgemässe Ergänzung, auf diejenige iterierter Exponentialgrössen) ist man durch Untersuchungen über Reihenkonvergenz geführt worden; vgl. Nr. **26** dieses Artikels. — *Abel* war, soweit ich feststellen konnte, der erste, der von den iterierten Logarithmen in diesem Sinne Gebrauch machte: Oeuvres compl. Éd. Sylow-Lie 1, p. 400; 2, p. 200. — Skalen von ähnlicher Form wie (14) finden sich zuerst bei *A. de Morgan*, Diff. and integr. calculus (London 1839) p. 323.

140) *Du Bois-Reymond* a. a. O. p. 341.

141) *Du Bois-Reymond*, J. f. Math. 76 (1873), p. 88.

142) *Du Bois-Reymond*, Math. Ann. 8, p. 365, Fussnote. *Pincherle*, Mem. Acad. Bologn. (4), 5 (1884), p. 739. *J. Hadamard*, Acta math. 18 (1894), p. 331.

143) Vgl. meine Bem. in den Münch. Sitzber. 27 (1897), p. 307.

144) Weiteres über „*Unendlichkeitstypen*" s. I A 5, Nr. **17**.

(bei den unendlichen Reihen $\sum f_\nu(x)$) als *stetig* veränderlich erscheint. Da das charakteristische der hierbei in Frage kommenden Möglichkeiten am einfachsten an Zahlenfolgen der Form $a_{\mu\nu}$ ($\mu = 0, 1, 2, \ldots$; $\nu = 0, 1, 2, \ldots$) hervortritt[145]), so habe ich neuerdings die wichtigsten Sätze über solche Grenzwerte kurz zusammengestellt[146]). Als *Kriterium* für die Existenz eines endlichen bezw. positiv unendlichen $\lim\limits_{\mu,\,\nu=\infty} a_{\mu\nu}$ erscheint dabei eine Bedingung von der Form: $|a_{\mu+\varrho,\,\nu+\sigma} - a_{\mu\nu}| \leqq \varepsilon$ bezw. $a_{\mu\nu} > G$ für $\mu \geqq m$, $\nu \geqq n$. Hierdurch wird also die Existenz von $\lim\limits_{\nu=\infty} a_{\mu\nu}$ für irgend ein bestimmtes μ und $\lim\limits_{\mu=\infty} a_{\mu\nu}$ für irgend ein bestimmtes ν in keiner Weise präjudiziert. Dagegen existieren offenbar unter allen Umständen: $\varliminf\limits_{\nu=\infty} a_{\mu\nu}$, $\varlimsup\limits_{\nu=\infty} a_{\mu\nu}$ ($\mu = 0, 1, 2, \ldots$), $\varliminf\limits_{\mu=\infty} a_{\mu\nu}$, $\varlimsup\limits_{\mu=\infty} a_{\mu\nu}$ ($\nu = 0, 1, 2, \ldots$), und es gilt der Hauptsatz:

$$(15) \qquad \lim_{\mu,\,\nu=\infty} a_{\mu\nu} = \lim_{\mu=\infty} \left(\varlimsup_{\nu=\infty} a_{\mu\nu}\right) = \lim_{\nu=\infty} \left(\varlimsup_{\mu=\infty} a_{\mu\nu}\right),$$

falls der *erste* dieser Grenzwerte (im weiteren Sinne) *existiert*.

Zweiter Teil. Unendliche Reihen, Produkte, Kettenbrüche und Determinanten.

III. Unendliche Reihen.

21. Konvergenz und Divergenz. Den einfachsten Typus von gesetzmässig definierten Zahlenfolgen bilden die *unendlichen Reihen* (s_ν), bei welchen jeder Term s_ν aus dem vorangehenden durch eine einfache *Addition* erzeugt wird, so dass also:

$$s_\nu = s_{\nu-1} + a_\nu = a_0 + a_1 + \cdots + a_\nu.$$

Man sagt alsdann, die *unendliche Reihe* $\sum\limits_0^\infty a_\nu$ sei *konvergent*, eigentlich oder uneigentlich *divergent*, je nachdem die Zahlenfolge (s_ν) konvergiert bezw. eigentlich oder uneigentlich *divergiert*. Ist $\lim s_\nu = s$ (s eine bestimmte Zahl incl. 0), so heisst s die *Summe* der Reihe[148]).

---

145) Dies gilt z. B. auch bezüglich des fundamentalen Begriffs der gleichmässigen Konvergenz. Vgl. II A 1.

146) Münch. Ber. 27 (1897), p. 103 ff.

147) A. a. O. p. 105.

148) Einige Autoren bezeichnen s zunächst nur als den *Grenzwert* der Reihe und benützen den Ausdruck *Summe* nur dann, wenn $\lim s_\nu$ kommutativ ist, also die Reihe *unbedingt* (vgl. Nr. **31**) konvergiert. — Über die Bedeutung des Zeichens $\sum\limits_{-\infty}^{+\infty} a_\nu$ vgl. Nr. **59**, Fussn. 448.

Man bedient sich auch vielfach des Ausdrucks, die *Summe* der Reihe sei *unendlich gross* oder *unbestimmt* (sie *oscilliere*), wenn (s_v) *eigentlich* oder *uneigentlich* divergiert. Als *notwendige und hinreichende* Bedingung für die *Konvergenz* der Reihe ergiebt sich nach Nr. **13**:

Es muss $|s_{n+\varrho} - s_n| \equiv |a_{n+1} + a_{n+2} + \cdots + a_{n+\varrho}|$ lediglich durch Wahl von n für *jedes ϱ beliebig klein* werden.

Obschon die Einführung unendlicher Reihen bis ins 17. Jahrhundert zurückreicht[149]) und ihre Behandlung in der mathematischen Litteratur des 18. einen überaus breiten Raum einnimmt, so wird man darin vergeblich nach einem derartigen *Kennzeichen* der Konvergenz suchen[150]). Wenn man *überhaupt* nach der *Konvergenz* einer durch irgendwelche formale Operationen gewonnenen Reihenentwickelung fragte (was schon an und für sich zu den Ausnahmen gehörte), so hielt man die Feststellung, dass $\lim a_v = 0$ sei, schon für ausreichend, obschon doch bereits *Jac. Bernoulli* die *Divergenz* der harmonischen Reihe $\sum \dfrac{1}{v}$ nachgewiesen hatte[151]). Selbst *J. L. Lagrange* steht in seiner Abhandlung über die Auflösung der litteralen Gleichungen durch Reihen noch vollständig auf diesem Standpunkte[152]).

---

149) Über die ältere Entwickelungsgeschichte der Lehre von den unendl. Reihen vgl. *Reiff* a. a. O.

150) *Reiff* (p. 119) scheint mir zu irren, wenn er eine Stelle bei *Euler* (Comm. Petrop. 7, 1734, p. 150) dahin auffasst, dass letzterer die *Konvergenz*bedingung in der (*Cauchy*'schen) Form: $\lim\limits_{n=\infty} (s_{n+\varrho} - s_n) = 0$ eigentlich schon gekannt habe. Die betreffende Stelle bei *Euler* besagt nämlich nur, dass eine Reihe *divergiert*, wenn: $\lim\limits_{n=\infty} |s_{kn} - s_n| > 0$.

151) Pos. arithm. de seriebus 1689. Prop. XVI (Opera omnia 1, p. 392). *B.* giebt daselbst *zwei* Beweise, und bezeichnet seinen Bruder *Johann* als Urheber des *ersten* (auf dem sog. *Bernoulli*'schen *Paradoxon* $\sum\limits_{2}^{\infty} {}_v \dfrac{1}{v} = \sum\limits_{1}^{\infty} {}_v \dfrac{1}{v}$ beruhenden). Der *zweite* (mit Hülfe der Ungleichung

$$\frac{1}{a} + \frac{1}{a+1} + \cdots + \frac{1}{a^2} < \frac{1}{a} + \frac{a^2 - a}{a^2} = 1)$$

ist der im Prinzip heute noch übliche.

152) Berl. Mém. 24 (1770). Oeuvres 3, p. 61. „... pour qu'une série puisse être regardée comme représentant réellement la valeur d'une quantité cherchée, il faut qu'elle soit convergente a son extrémité, c'est à dire que ses derniers termes soient infiniment petits, de sorte que l'erreur puisse devenir moindre qu'aucune quantité donnée". Die nun folgende Konvergenzuntersuchung beschränkt sich auf den Nachweis, dass die einzelnen Reihenglieder schliesslich gegen Null konvergieren. — Hiernach kann es kaum verwunderlich erscheinen, dass sich z. B. in dem 1803 gedruckten 1. Bande des *Klügel*'schen W. B. p. 555 noch die

Und die Einführung des *Restgliedes* der *Taylor*'schen Reihe geschieht bei *Lagrange* keineswegs in der Absicht, deren *Konvergenz* zu beweisen (diese wird überhaupt als etwas selbstverständliches mit keinem Worte berührt), sondern lediglich, um die *Fehlergrenze* bei endlichem Abbrechen der Reihe abschätzen zu können[153]).

Die erste im wesentlichen strenge Formulierung der notwendigen und hinreichenden Bedingung für die Konvergenz einer Reihe wird gewöhnlich *Cauchy*[154]) zugeschrieben. *Herm. Hankel*[155]) und *O. Stolz*[156]) haben indessen hervorgehoben, dass sich dieselbe schon einige Jahre vor *Cauchy* bei *Bolzano*[157]) findet. Des letzteren Fassung, die (abgesehen von der Bezeichnung) genau mit der oben gegebenen übereinstimmt, erscheint sogar präciser als die von *Cauchy* gegebene, welche die Möglichkeit eines Missverständnisses nicht ausschliesst[158]). Da *Bolzano*'s Schriften bis in die neueste Zeit wenig Beachtung fanden, so muss immerhin gesagt werden, dass *Cauchy* als der eigentliche Begründer einer exakten allgemeinen Reihenlehre anzusehen ist[159]).

22. Die Konvergenzkriterien von Gauss und Cauchy. Das oben angegebene *wahre Kriterium* für die Konvergenz und Divergenz einer Reihe ist nur in wenigen Fällen (z. B. bei der geometrischen Progression, bei Reihen von der Form $\sum(a_\nu - a_{\nu+1})$, bei der harmonischen Reihe) für die Feststellung der Konvergenz oder Divergenz verwendbar. Dieser Umstand führte zur Aufstellung von bequemer zu

---

folgende Definition vorfindet: „Eine Reihe ist konvergierend, wenn ihre Glieder in ihrer Folge nacheinander immerfort kleiner werden. Die Summe der Glieder nähert sich alsdann immer mehr dem Werte der Grösse, welche die Summe der ins Unendliche fortgesetzten Reihe ist."

153) Théorie des fonctions (1797). Oeuvres 9, p. 85.

154) Anal. algébr. (also 1821), p. 125.

155) *Ersch* u. *Gruber*, Art. Grenze, p. 209.

156) Math. Ann. 18 (1881), p. 259.

157) Beweis des Lehrsatzes etc. 1817.

158) Dies gilt in noch höherem Masse von einer späteren, in den Anc. exerc. 2 (1827), p. 221 auftretenden Fassung: $\lim\limits_{n=\infty} (s_{n+\varrho} - s_n) = 0$ — die in der That auch missverstanden und infolgedessen angefochten worden ist. Vgl. meine Note in den Münch. Sitzber. 27 (1897), p. 327. — *N. H. Abel,* der sich in seiner Abh. über die binomische Reihe (J. f. Math. 1, 1826, p. 313) fast wörtlich ebenso ausdrückt, giebt in einer aus dem J 1827 stammenden, aber erst in seinem Nachlasse vorgefundenen Note (Oeuvres 2, p. 197) eine mit der unsrigen übereinstimmende, einwandfreie Formulierung.

159) *K. F. Gauss* geht in seiner Untersuchung über die hypergeometrische Reihe (1812), welche freilich das *erste Beispiel* exakter Konvergenzuntersuchung liefert, auf *allgemeine* Konvergenzfragen nicht ein.

handhabenden *Konvergenz-* und *Divergenzkriterien*, d. h. Bedingungen, welche sich für die Konvergenz bezw. .Divergenz zwar *nicht* als *notwendig*, wohl aber als *hinreichend* erweisen. Die ersten Kriterien dieser Art rühren von *Gauss* her[160]) und beziehen sich auf Reihen mit lauter positiven Gliedern a_ν, für welche:

$$\frac{a_{\nu+1}}{a_\nu} = \frac{v^m + A\,v^{m-1} + B\,v^{m-2} + \cdots}{v^m + a\,v^{m-1} + b\,v^{m-2} + \cdots}.$$

Die Reihe *divergiert*, wenn $A - a \geq -1$, sie *konvergiert*, wenn $A - a < -1$.[161]) Dabei wird die *Divergenz* im Falle $A - a > 0$ bezw. $A - a = 0$ unmittelbar daraus erschlossen, dass die Glieder der Reihe ins Unendliche wachsen bezw. einer endlichen, von Null verschiedenen Grenze zustreben. Dagegen ergiebt sich im Falle $A - a < 0$ die *Divergenz* bezw. *Konvergenz* mit Hülfe des für alle weiteren Konvergenzuntersuchungen als *fundamental* anzusehenden Prinzipes der *Reihenvergleichung* (d. h. der gliedweisen Vergleichung der zu untersuchenden Reihe mit einer anderweitig, z. B. durch direkte Summation, bereits als *divergent oder konvergent erkannten Reihe*).

23. Fortsetzung. Nachdem *Cauchy* festgestellt hatte, dass die *Konvergenz* einer Reihe mit *positiven* und *negativen* Gliedern gesichert ist, falls die Reihe der *absoluten Beträge* konvergiert[162]), handelte es sich vor allem um die Ausbildung der Konvergenzkriterien für Reihen mit lauter *positiven Gliedern*. Durch Vergleichung mit der geometrischen Progression gewann er zunächst die beiden *Fundamentalkriterien erster und zweiter Art*[163]), nämlich:

(I) $\sum a_\nu$ *divergiert*, wenn $\overline{\lim}\,\sqrt[\nu]{a_\nu} > 1$; *konvergiert*, wenn $\overline{\lim}\,\sqrt[\nu]{a_\nu} < 1$,

(II)   „   „   „ $\lim \dfrac{a_{\nu+1}}{a_\nu} > 1$;   „   „ $\lim \dfrac{a_{\nu+1}}{a_\nu} < 1$.

Hervorzuheben ist die scharfe Unterscheidung in der Fassung dieser beiden Kriterien; bei (I) genügt schon die Beschaffenheit des *oberen* Limes von $\sqrt[\nu]{a_\nu}$, um — mit Ausschluss des *einzigen* Falles $\overline{\lim}\,\sqrt[\nu]{a_\nu} = 1$

---

160) S. die eben zitierte Abhandlung: Opera 3, p. 139.

161) Eine Ausdehnung dieser Kriterien auf den Fall *complexer* a_ν hat *Weierstrass* angegeben: J. f. Math. 51 (1856), p. 22 ff.

162) Anal. algébr. p. 142. — Die Fassung des Beweises ist freilich unzulänglich. Strenger: Résum. analyt. p. 39.

163) A. a. O. p. 133. 134. — Wir bezeichnen ein Kriterium nach dem Vorgange von *Du Bois-Reymond* (J. f. Math. 76, p. 61) als ein solches *erster* bezw.

zweiter Art, je nachdem es ausschliesslich von a_ν oder von $\dfrac{a_{\nu+1}}{a_\nu}$ abhängt.

— die Divergenz oder Konvergenz zu entscheiden; bei (II) wird ausdrücklich nur der Fall betrachtet, dass *ein bestimmter* $\lim \dfrac{a_{\nu+1}}{a_\nu}$ *existiert*, d. h. es bleiben ausser dem Falle $\lim \dfrac{a_{\nu+1}}{a_\nu} = 1$ auch noch alle diejenigen unerledigt, wo *kein bestimmter Limes* vorhanden ist[164]). Diese Überlegenheit des Kriteriums (I) über (II) ist von *Cauchy* noch speziell hervorgehoben worden[165]), und er hat ferner gezeigt, wie dasselbe dazu dienen kann, *das Konvergenzintervall*[166]) (den *Konvergenzradius*[167])) einer Potenzreihe $\sum a_\nu x^\nu$ in *jedem* Falle *genau zu fixieren*[168]). Zur eventuellen Erledigung desjenigen Falles, welchen die Anwendung des Kriteriums (I) unentschieden lässt, beweist *Cauchy* einen Hülfssatz über die *gleichzeitige* Divergenz und Konvergenz der Reihen $\sum a_\nu$ und $\sum 2^\nu \cdot a_{2^\nu - 1}$ (falls $a_{\nu+1} \leqq a_\nu$), erschliesst aus ihm die Divergenz der Reihe $\sum \dfrac{1}{\nu^{1+\varrho}}$ für $\varrho \leqq 0$, die Konvergenz für $\varrho > 0$ und leitet daraus ein *verschärftes Kriterium erster Art* ab:

---

164) Etwas vollständiger kann man (II) folgendermassen fassen: $\sum a_\nu$ *divergiert*, wenn $\underline{\lim} \dfrac{a_{\nu+1}}{a_\nu} > 1$, *konvergiert*, wenn $\overline{\lim} \dfrac{a_{\nu+1}}{a_\nu} < 1$. Unentschieden bleibt die Frage, wenn gleichzeitig:

$$\underline{\lim} \frac{a_{\nu+1}}{a_\nu} \leqq 1, \qquad \overline{\lim} \frac{a_{\nu+1}}{a_\nu} \geqq 1.$$

165) A. a. O. p. 135 „le *premier* de ces théorèmes etc."

166) A. a. O. p. 151. — Résumés analyt. (1833), p. 46.

167) A. a. O. p. 286. — Rés. analyt. p. 113. — Exerc. d'Anal. 3 (1844), p. 390.

168) Es ist eigentümlich, dass dieses für die Funktionentheorie äusserst wichtige Resultat (auf das auch *Cauchy* selbst sichtlich grossen Wert legte) vielfach vollständig übersehen worden oder in Vergessenheit geraten zu sein scheint. Erst vor einigen Jahren ist es von *J. Hadamard* (J. de Math. (4) 8 [1892], p. 107) von neuem entdeckt worden und wird seitdem öfters als „*Hadamard'scher Satz*" zitiert. — Auf der anderen Seite hat sich, trotz der tadellos korrekten Fassung des Kriteriums (I) und der ausdrücklichen Betonung seines *spezielleren* Charakters, zum Teil die Meinung gebildet, dass durch die drei Annahmen $\lim \dfrac{a_{\nu+1}}{a_\nu} \underset{>}{\overset{\leqq}{=}} 1$ *alle* in Betracht kommenden Möglichkeiten erschöpft seien, oder dass zum mindesten die *Konvergenz* von $\sum a_\nu$ im Falle der *Nicht-Existenz* eines bestimmten $\lim \dfrac{a_{\nu+1}}{a_\nu}$ als eine *besondere Merkwürdigkeit* erscheine (vgl. meine Bemerkungen Math. Ann. 35 [1890], p. 308). Und man findet darnach in manchen (sogar der neuesten Zeit angehörigen) Lehrbüchern *die ganze Lehre von den Potenzreihen* auf die viel zu spezielle Annahme begründet, dass $\lim \left| \dfrac{a_{\nu+1}}{a_\nu} \right|$ *existiere*.

$$(16) \qquad \lim \frac{\lg \frac{1}{a_\nu}}{\lg \nu} \begin{cases} < 0 : \textit{Divergenz,} \\ > 0 : \textit{Konvergenz.} \end{cases}$$

An anderer Stelle[169]) zeigt *Cauchy*, dass die Div. oder Konv. der

Reihe $\sum\limits_{m}^{\infty} f(\nu)$ unter gewissen Bedingungen mit derjenigen des Integrals

$\int\limits_{m}^{\infty} f(x)\,dx$ zusammenfällt, und gewinnt hieraus das *Kriterienpaar:*

$$(17) \qquad \begin{cases} \lim \nu \cdot a_\nu \quad\; > 0 : \textit{Divergenz,} \\ \lim \nu^{1+\varrho} \cdot a_\nu = 0 : \textit{Konvergenz,} \quad (\varrho > 0), \end{cases}$$

welches, beiläufig bemerkt, leicht als im wesentlichen *gleichwertig* mit dem *disjunktiven Doppelkriterium* (16) erkannt wird und einfacher direkt aus dem Verhalten der Reihe $\sum \frac{1}{\nu^{1+\varrho}}$ ($\varrho \geqq 0$) hätte abgeleitet werden können. Wichtiger dünkt mir, dass *C.* hier zum ersten Male die *Divergenz* von $\sum \frac{1}{\nu \lg \nu}$, die *Konvergenz* von $\sum \frac{1}{\nu (\lg \nu)^{1+\varrho}}$ für $\varrho > 0$ beweist, womit der Weg für die weitere Verschärfung der Kriterien (16) und (17) unmittelbar vorgezeichnet erscheint.

24. Kummer's allgemeine Kriterien. Die Kriterien von *J. L. Raabe, J. M. C. Duhamel, de Morgan, Bertrand, P. O. Bonnet, M. G. v. Paucker* (deren Veröffentlichung in den Zeitraum von 1832—1851 fällt und von denen später noch die Rede sein wird) liefern lediglich derartige *Verschärfungen* der *Cauchy*'schen Kriterien, an welche sie auch nach Form und Herleitungsweise sich im wesentlichen anschliessen.

Während alle die bisher genannten Kriterien einen *speziellen* Charakter tragen, insofern sie durchweg auf der Vergleichung von a_ν mit einer der *speziellen* Zahlenfolgen $a^\nu, \nu^p, \nu \cdot (\lg \nu)^p$ etc. beruhen, so hat *E. E. Kummer*[170]) das folgende *Konvergenz*-Kriterium von überraschend *allgemeinem* Charakter abgeleitet: $\sum a_\nu$ *konvergiert*, wenn irgend eine positive Zahlenfolge (P_ν)[171]) existiert, so dass:

$$(18) \qquad \lim \lambda_\nu \equiv \lim \left(P_\nu \cdot \frac{a_\nu}{a_{\nu+1}} - P_{\nu+1} \right) > 0.$$

---

169) Anc. Exerc. 2 (1827), p. 221 ff. — Der Satz über den Zusammenhang des Integrals mit der Reihe findet sich in geometrischer Form schon bei *Colin Mac Laurin* (Treatise of fluxions 1742, p. 289). — Über die Umformung dieses Krit. durch *B. Riemann*, vgl. Nr. 86.

170) J. f. Math. 13 (1835), p. 171 ff.

171) *Kummer* fügt noch die Nebenbedingung hinzu: $\lim P_\nu \cdot a_\nu = 0$, welche jedoch in Wahrheit überflüssig ist, wie *Dini* in einer sogleich zu erwähnenden Arbeit zuerst gezeigt hat.

Zugleich zeigt $K.$, dass $\sum a_\nu$ *divergiert*, wenn:

$$(19) \qquad \lim P_\nu \cdot a_\nu = 0^{172}), \qquad \lim \lambda_\nu = 0, \qquad \lim \frac{P_\nu \cdot a_\nu}{\lambda_\nu} > 0,$$

und weist nach, dass allemal wirklich (unendlich viele) Zahlenfolgen (P_ν) *existieren*, welche eins der Kriterien (18) ·(19) befriedigen; um sie aber in jedem Falle *bestimmen* zu können, müsste man von vornherein über die *Konvergenz* und *Divergenz* von $\sum a_\nu$ orientiert sein.

25. Die Theorien von Dini, du Bois-Reymond und Pringsheim. Erhebliche Verallgemeinerungen der ganzen Lehre von den Konvergenzkriterien bringt sodann *Dini*'s umfangreiche, zunächst unmittelbar an *Kummer's* Untersuchung anknüpfende Abhandlung: *Sulle serie a termini positivi*[173]), welche indessen nicht die verdiente Verbreitung gefunden zu haben scheint.

Du Bois-Reymond's „Neue Theorie der Konvergenz und Divergenz von Reihen mit positiven Gliedern"[174]) scheint ganz unabhängig von *Dini*'s Arbeit entstanden zu sein. Sind auch seine Untersuchungsmethoden und Hauptresultate von denjenigen *Dini*'s nicht wesentlich verschieden, so geht er doch *prinzipiell* über *Dini* hinaus durch die ausgesprochene Tendenz, der Lehre von der Konvergenz und Divergenz „durch strengere Begründung und durch sachgemässe Verknüpfung ihrer Theoreme den bis jetzt ihr fehlenden Charakter einer mathematischen Theorie zu verleihen". Da mir indessen *Du Bois-Reymond* dieses Ziel keineswegs erreicht zu haben scheint[175]), so habe ich das von ihm gestellte Problem von neuem aufgenommen und in folgendem Sinne erledigt[176]): Es werden aus dem völlig einheitlich durchgeführten, nächstliegenden Prinzipe der Reihenvergleichung Regeln von möglichster Allgemeinheit abgeleitet, welche nicht nur alle bisher bekannten Kriterien als spezielle Fälle umfassen[177]), sondern auch ihre Tragweite

---

172) Hier ist diese Bedingung *wesentlich*.

173) Pisa 1867 (Tipogr. Nistri). Auch: Ann. dell' Univ. Tosc. 9 (1867), p. 41—76.

174) J. f. Math. 76 (1873), p. 61—91.

175) Vgl. meine krit. Bemerk. Math. Ann. 35 (1890), p. 298.

176) Math. Ann. 35 (1890), p. 297—394. — Nachtrag dazu: Math. Ann. 39 (1891), p. 125. — Ein Auszug dieser Theorie findet sich: Math. Pap. Congr. Chicago [1896] 1898, p. 305—329.

177) Eine Ausnahme bildet das *Kummer'*sche *Divergenz*-Kriterium, weil es nicht, wie alle anderen Kriterien von *einer,* sondern von *drei* Bedingungen abhängt. Dasselbe wird aber durch die allgemeineren Div.-Kriterien 2ter Art vollkommen entbehrlich. Vgl. meine Abh. a. a. O. p. 365, Fussn.

und ihren mehr oder weniger verborgenen Zusammenhang deutlich erkennen lassen. Insbesondere erscheint das in seiner Allgemeinheit bisher vollständig abseits stehende Konvergenzkriterium *zweiter Art* von *Kummer* als ein natürliches Glied dieser Theorie und findet sein vollständiges Analogon unter den Kriterien *erster Art*.

26. Die Kriterien erster und zweiter Art. Ich bezeichne mit $d_\nu \equiv D_\nu^{-1}$ bezw. $c_\nu \equiv C_\nu^{-1}$ das allgemeine Glied einer als *divergent* bezw. *konvergent* erkannten, mit a_ν dasjenige einer zu beurteilenden Reihe. Dann ergiebt sich als *Hauptform* der Kriterien *erster und zweiter Art:*

$$(20) \quad \begin{cases} \lim D_\nu \cdot a_\nu > 0 : \quad \textit{Divergenz,} \\ \lim C_\nu \cdot a_\nu < \infty : \quad \textit{Konvergenz}^{178}). \end{cases}$$

$$(21) \quad \begin{cases} \lim \left(D_\nu \cdot \dfrac{a_\nu}{a_{\nu+1}} - D_{\nu+1}\right) < 0 : \quad \textit{Divergenz,} \\ \lim \left(C_\nu \cdot \dfrac{a_\nu}{a_{\nu+1}} - C_{\nu+1}\right) > 0 : \quad \textit{Konvergenz.} \end{cases}$$

Man kann diesen Kriterien mannigfaltige *andere Formen* geben, wenn man nicht a_ν direkt mit d_ν, c_ν, sondern $F(a_\nu)$ mit $F(d_\nu)$, $F(c_\nu)$ vergleicht, unter F eine *monotone* Funktion verstanden. Hierauf beruht insbesondere die Umformung der *Kriterienpaare* (20) in *disjunktive Doppelkriterien,* bei denen ein *einziger* Ausdruck über Divergenz und Konvergenz entscheidet.

Versagt für irgend eine bestimmte Wahl von D_ν, C_ν eins jener Kriterien in der Weise, dass an Stelle der Zeichen $\lessgtr$ das Gleichheitszeichen auftritt, so ergiebt sich die *Möglichkeit, wirksamere* Kriterien zu erhalten, wenn man statt D_ν, C_ν solche $\overline{D_\nu}$, $\overline{C_\nu}$ einführt, welche der Bedingung: $\overline{D_\nu} < D_\nu$ bezw. $\overline{C_\nu} > C_\nu$ genügen, in welchem Falle die Reihe $\sum \overline{D_\nu}^{-1}$ bezw. $\sum \overline{C_\nu}^{-1}$ *schwächer* divergent bezw. konvergent heissen soll, als $\sum D_\nu^{-1}$ bezw. $\sum C_\nu^{-1}$.[179]) Man kann aber solche D_ν, C_ν nicht nur in unbegrenzter Anzahl, sondern *alle überhaupt möglichen* mit Hülfe der folgenden Sätze herstellen:

Ist $0 < M_\nu < M_{\nu+1}$, $\lim M_\nu = \infty$, so stellt jeder der drei Ausdrücke

---

178) Die Bezeichnung: $< \infty$ bedeutet: *nicht* ∞, also *unter einer endlichen Schranke.* Ferner bemerke man, dass lim hier im Sinne von $\overline{\lim}$ steht, d. h. es braucht keineswegs *ein bestimmter Limes* von der fraglichen Beschaffenheit zu existieren.

179) Der Begriff der „*schwächeren*" Divergenz und Konvergenz lässt sich allgemeiner fassen. Vgl. a. a. O. p. 319. 327.

$$(22) \quad \text{(a)} \quad M_{\nu+1} - M_\nu, \quad \text{(b)} \quad \frac{M_{\nu+1} - M_\nu}{M_\nu}, \quad \text{(c)} \quad \frac{M_{\nu+1} - M_\nu}{M_{\nu+1}}$$

ein d_ν dar, und umgekehrt lässt sich jedes d_ν in der Form (a), (b) und im Falle $d_\nu < 1$ auch in der Form (c) darstellen[180]).

Ferner stellt der Ausdruck:

$$(23) \qquad \frac{M_{\nu+1} - M_\nu}{M_{\nu+1} \cdot M_\nu}$$

ein c_ν dar — *vice versa*.

Dabei divergieren bezw. konvergieren die betreffenden Reihen um so *schwächer*, je *langsamer* M_ν mit ν zunimmt[181]).

Durch Einführung von M_ν^ϱ $(0 < \varrho < 1)$ an Stelle von M_ν erkennt man mit Hülfe der Beziehung:

$$(24) \qquad \frac{M_{\nu+1}^\varrho - M_\nu^\varrho}{M_{\nu+1}^\varrho \cdot M_\nu^\varrho} \sim \frac{M_{\nu+1} - M_\nu}{M_{\nu+1} \cdot M_\nu^\varrho} \lessgtr \frac{M_{\nu+1} - M_\nu}{M_{\nu+1}^{1+\varrho}}$$

jeden dieser Terme als allgemeines Glied einer *konvergenten* Reihe[182]). Sodann liefert die Substitution von $\lg_\varkappa M_\nu$ $(\varkappa = 1, 2, 3, \ldots)$ und (24), wenn man setzt:

$$(25) \qquad x \cdot \lg_1 x \cdot \lg_2 x \cdots \lg_\varkappa x = L_\varkappa(x),$$

mit Hülfe elementarer infinitärer Relationen die beiden unbegrenzt fortsetzbaren Folgen:

$$(26) \quad \text{(a)} \quad \frac{M_{\nu+1} - M_\nu}{L_\varkappa(M_\nu)}, \quad \text{(b)} \quad \frac{\cdot\, M_{\nu+1} - M_\nu}{L_\varkappa(M_{\nu+1}) \cdot (\lg_\varkappa M_{\nu+1})^\varrho} \quad \left(\begin{matrix} \varrho > 0 \\ \varkappa = 1, 2, 3, \ldots \end{matrix} \right)$$

als allgemeine Glieder von beständig *schwächer* divergierenden bezw. konvergierenden Reihen. Diese Ausdrücke enthalten für $\varkappa = 0$ die

---

180) Die Vergleichung der Ausdrücke (22) (b) und (c) mit (a) zeigt unmittelbar, dass es zu *jeder divergenten* Reihe *schwächer* divergierende giebt. Setzt man $M_{\nu+1} - M_\nu = d_\nu$, $M_0 = 0$, also: $M_{\nu+1} = d_0 + d_1 + \cdots + d_\nu = s_\nu$, so folgt: Mit der Reihe $\sum d_\nu$ *divergiert* auch $\sum \dfrac{d_\nu}{s_{\nu+1}}$ (Satz von *Abel*: J. f. Math. 3 [1828], p. 81) und $\sum \dfrac{d_\nu}{s_\nu}$ (*Dini* a. a. O. p. 8).

181) Man kann geradezu M_ν als das *Mass* der Divergenz bezw. Konvergenz von $\sum (M_{\nu+1} - M_\nu)$ bezw. $\sum \dfrac{M_{\nu+1} - M_\nu}{M_{\nu+1} \cdot M_\nu}$ bezeichnen. Vgl. *Du Bois-Reymond* a. a. O. p. 64.

182) Daraus folgt mit Anwendung der unmittelbar zuvor gebrauchten Bezeichnungen, dass $\sum \dfrac{d_\nu}{s_\nu^{1+\varrho}}$ konvergiert. Auch dieser Satz findet sich schon bei *Abel* (in der oben erwähnten nachgelassenen Note: 2, p. 198), ausserdem bei *Dini* (a. a. O. p. 8).

entsprechenden Anfangsterme in (22), (24), wenn noch $L_0(x) = \lg_0 x = x$ gesetzt wird. Auch kann man in dem Nenner des Ausdruckes (26b) $M_{\nu+1}$ ohne weiteres durch M_ν ersetzen, wenn man die für die Bildung von Kriterien sich zweckmässig erweisende Beschränkung $M_{\nu+1} \sim M_\nu$ einführt.

27. Fortsetzung. Hiernach ist die *Hauptform aller überhaupt möglichen Kriterien erster Art* in den beiden Beziehungen enthalten:

$$(27) \quad \begin{cases} \lim \dfrac{M_\nu}{M_{\nu+1} - M_\nu} \cdot a_\nu > 0: \textit{Divergenz}, \\[3mm] \lim \dfrac{M_{\nu+1} \cdot M_\nu}{M_{\nu+1} - M_\nu} \cdot a_\nu < \infty: \textit{Konvergenz}, \end{cases}$$

und es stellen die Beziehungen:

$$(28) \quad \begin{cases} \lim \dfrac{L_\varkappa(M_\nu)}{M_{\nu+1} - M_\nu} \cdot a_\nu > 0: \textit{Divergenz}, \\[3mm] \lim \dfrac{L_\varkappa(M_\nu) \cdot \lg_\varkappa^\varrho M_\nu}{M_{\nu+1} - M_\nu} \cdot a_\nu < \infty: \textit{Konvergenz} \end{cases} \quad \begin{pmatrix} M_{\nu+1} \sim M_\nu \\ \varrho > 0 \end{pmatrix}$$

für $\varkappa = 0, 1, 2, \ldots$ eine *Skala* von immer *wirksameren* Kriterien dar. Die spezielle Wahl $M_\nu = \nu$ liefert alsdann für $\varkappa = 0$ das *Cauchy*'sche Kriterium (17), für $\varkappa = 1, 2, \ldots$ jene Serie, welche zuerst von *dē Morgan*[183], später von *Bonnet*[184] aufgestellt wurde.

Die Kriterien (28) lassen sich auch durch die folgende Skala von *disjunktiven* Kriterien[185] ersetzen:

$$(29) \quad \begin{cases} \text{(a)} \ \lim \dfrac{\lg \dfrac{M_{\nu+1} - M_\nu}{a_\nu}}{M_\nu} \begin{cases} < 0 \ \textit{Divergenz}, \\ > 0 \ \textit{Konvergenz}, \end{cases} \\[6mm] \text{(b)} \ \lim \dfrac{\lg \dfrac{M_{\nu+1} - M_\nu}{L_\varkappa(M_\nu) \cdot a_\nu}}{L_{\varkappa+1}(M_\nu)} \begin{cases} < 0 \ \textit{Divergenz}, \\ > 0 \ \textit{Konvergenz}. \end{cases} \end{cases} \quad (\varkappa = 0, 1, 2, \ldots).$$

Spezialisiert man wiederum $M_\nu = \nu$, so liefert (a) das *Cauchy*'sche Fundam.-Kriterium (I), (b) für $\varkappa = 0$ das *Cauchy*'sche Kriterium (16), für $\varkappa = 1, 2, \ldots$ eine zuerst von *Bertrand*[186] abgeleitete Serie.

---

183) Diff. and Integr. Calc. (1839), p. 326. *De Morgan* leitet daraus noch eine andere scheinbar allgemeinere Kriterienform ab, deren Tragweite indessen genau dieselbe ist, wie *Bertrand* und *Bonnet* (J. de Math. 7, p. 48; 8, p. 86) gezeigt haben.

184) J. de Math. 8 (1843), p. 78.

185) In etwas anderer Form abgeleitet von *Dini* a. a. O. p. 14.

186) J. de Math. 7 (1842), p. 37. — Eine elementarere Ableitung giebt *Paucker* (J. f. Math. 42 [1851], p. 139) und *Cauchy* (C. R. 1856, 2me sém., p. 638),

Schliesslich gestattet das in (a) enthaltene *Konvergenz*-Kriterium noch die folgende Verallgemeinerung:

$$(30) \qquad \lim \frac{\lg P_\nu \cdot a_\nu}{s_\nu} < 0: \textit{Konvergenz}\,^{187}),$$

wo (P_ν) *jede beliebige positive* Zahlenfolge bedeuten kann und

$$s_\nu = P_0 + P_1 + \cdots + P_\nu.$$

Dieses *allgemeinste Konvergenzkriterium erster Art* bildet dann das Analogon zum *Kummer'schen Konvergenzkriterium zweiter Art.*

Durch Einsetzen des allgemeinen Ausdrucks (23) für C_ν^{-1} in das *Konvergenz*-Kriterium *zweiter* Art (21) ergiebt sich das merkwürdige Resultat, dass dasselbe auch auf die Form gebracht werden kann:

$$(31) \qquad \lim \left(D_\nu \cdot \frac{a_\nu}{a_{\nu+1}} - D_{\nu+1}\right) > 0: \textit{Konvergenz}.$$

Da *jede beliebige* positive Zahlenfolge (P_ν) entweder der Gattung (D_ν) oder der Gattung (C_ν) angehören muss, so findet man durch Kombination von (31) mit dem *Konvergenz*-Kriterium (21) unmittelbar das *Kummer'*sche Konvergenz-Krit. (18), mit dem *Divergenz*-Krit. (21) das *disjunktive Krit. zweiter Art:*

$$(32) \qquad \lim \left(D_\nu \cdot \frac{a_\nu}{a_{\nu+1}} - D_{\nu+1}\right) \begin{cases} < 0: \textit{Divergenz}, \\ > 0: \textit{Konvergenz}, \end{cases}$$

in welches man nur aus (22a), (26a):

$$(33) \quad D_\nu = \frac{1}{M_{\nu+1} - M_\nu} \quad \text{bezw.} \quad D_\nu = \frac{L_\varkappa(M_\nu)}{M_{\nu+1} - M_\nu} \quad (\varkappa = 0, 1, 2, \ldots)$$

einzusetzen hat, um *Skalen* von immer wirksameren[188]) Kriterien zu erhalten. Für $M_\nu = \nu$ resultiert daraus der Reihe nach das *Cauchy'sche Fund.-Krit.* (II), das *Raabe'sche*[189]) und (abgesehen von einem un-

---

welcher bei dieser Gelegenheit mit Recht den Grundgedanken und die benützten Methoden für sich reklamiert.

187) Anders geschrieben:

$$\lim \left(P_\nu \cdot a_\nu\right)^{\frac{1}{s_\nu}} < 1.$$

188) Über den (hier nicht so unmittelbar wie bei den Kriterien erster Art ersichtlichen) Charakter der successive zu erzielenden *Verschärfung* s. meine Abhandl. a. a. O. p. 364.

189) Z. f. Phys. u. Math. von *Baumgartner* u. *Ettingshausen* 10 (1832), p. 63. Wieder entdeckt von *Duhamel,* J. de Math. 4 (1839), p. 214. Vgl. auch 6 (1841), p. 85. — Das fragliche Kriterium lässt sich auf die Form bringen:

$$\lim \nu \left(\frac{a_\nu}{a_{\nu+1}} - 1\right) \begin{cases} < 1: \textit{Divergenz}, \\ > 1: \textit{Konvergenz}. \end{cases}$$

wesentlichen Unterschied in der Form) eine gleichfalls von *Bertrand*[190]) aufgestellte Kriterienfolge.

Neben der *Hauptform* (32) des *disjunkt. Krit. zweiter Art* habe ich als besonders einfach und von gleicher Tragweite noch die folgende hervorgehoben:

$$(34) \qquad \lim D_{\nu+1} \lg \frac{D_\nu a_\nu}{D_{\nu+1} a_{\nu+1}} \begin{cases} < 0:\ Divergenz, \\ > 0:\ Konvergenz. \end{cases}$$

Auch hier erweist es sich als zulässig, in dem *Konv.-Krit.* die D_ν durch die Terme einer ganz *beliebigen* positiven Zahlenfolge (P_ν) zu ersetzen, so dass ein Kriterium von gleicher Allgemeinheit wie das *Kummer'sche* resultiert.

28. Andere Kriterienformen. Die Lehre von den *Kriterien erster und zweiter Art* darf als vollkommen abgeschlossen gelten. Wenn nichtsdestoweniger von Zeit zu Zeit immer wieder „neue“ solche Kriterien auftauchen, so handelt es sich dabei entweder um die Wiederentdeckung längst bekannter Kriterien oder um Spezialbildungen von untergeordneter Bedeutung.

Andererseits ergiebt sich die unbegrenzte Möglichkeit weiterer allgemeiner Kriterienbildungen, wenn man statt der a_ν oder $\dfrac{a_\nu}{a_{\nu+1}}$ irgendwelche andere, passend gewählte Verbindungen $F(a_\nu, a_{\nu+1}, \ldots)$ mit den entsprechenden der d_ν bezw. c_ν vergleicht. Auf diesem Prinzipe beruhen die von mir aufgestellten Kriterien *dritter Art* (Differenzenkrit.)[191]), sowie die „*erweiterten Kriterien zweiter Art*“, bei denen statt der Quotienten zweier *consecutiver* diejenigen zweier *beliebig entfernter* Glieder oder auch diejenigen zweier *Gliedergruppen* in Betracht gezogen werden. Ich gelange auf dem letzteren Wege zu dem folgenden *erweiterten Hauptkriterium zweiter Art*:

$$(35) \begin{cases} \displaystyle\lim_{x=\infty} \frac{(M_{x+h} - M_x) \cdot f(M_{x+h})}{(m_{x+h} - m_x) \cdot f(m_x)} > 1:\ Divergenz \quad \text{der Reihe } \sum f(\nu), \\[3mm] \displaystyle\lim_{x=\infty} \frac{(M_{x+h} - M_x) \cdot f(M_x)}{(m_{x+h} - m_x) \cdot f(m_{x+h})} < 1:\ Konvergenz \quad „ \qquad „ \qquad „ \end{cases}$$

---

190) J. de Math. 7, p. 43. Vgl. auch: *Bonnet*, J. de Math. 8, p. 89 und *Paucker*, J. f. Math. 42, p. 143. — Die *Gauss*'schen Kriterien lassen sich mit Hülfe des *Raabe*'schen und des *ersten Bertrand*'schen Kriteriums ableiten, wie *B.* a. a. O. p. 52 gezeigt hat; übrigens auch mit Hülfe der *Kummer*'schen Kriterien (*Kummer* a. a. O. p. 178). — Das analoge gilt für den etwas allgemeineren Fall: $\dfrac{a_{\nu+1}}{a_\nu} = 1 + \dfrac{c_1}{\nu} + \dfrac{c_2}{\nu^2} \cdots$, nach *O. Schlömilch*, Z. f. Math. 10 (1865), p. 74.

191) A. a. O. p. 379.

wenn $M_x > m_x$ und M_x, m_x monoton zunehmende, $f(x)$ eine monoton abnehmende Funktion der positiven Veränderlichen x bedeuten. Aus demselben ergeben sich für $h = 1$ die von *G. Kohn*[192]) abgeleiteten Kriterien, für $\lim h = 0$ die durch formale Einfachheit und grosse Tragweite ausgezeichneten Kriterien von *Ermakoff*[193]):

$$(36) \qquad \lim_{x=\infty} \frac{M_x' \cdot f(M_x)}{m_x' \cdot f(m_x)} \begin{cases} > 1: \textit{Divergenz,} \\ < 1: \textit{Konvergenz.} \end{cases}$$

Die letzteren habe ich neuerdings in der Weise verallgemeinert, dass $f(x)$ nicht mehr als *monoton* vorausgesetzt zu werden braucht[194]).

29. Tragweite der Kriterien erster und zweiter Art. Das Anwendungsgebiet irgend eines Kriteriums *zweiter Art* ist naturgemäss ein merklich *engeres*, als dasjenige des entsprechenden (d. h. mit demselben D_ν, C_ν gebildeten) Kriteriums *erster Art*[195]). *Cauchy* hat auf Grund des in Nr. 18 Gl. (9) erwähnten Grenzwertsatzes den Zusammenhang zwischen seinen Fundam.-Krit. erster und zweiter Art genauer festgestellt. Das betreffende Resultat lässt sich in folgender Weise verallgemeinern: Liefert das disjunktive Kriterium *zweiter Art* (32) für $D_\nu^{-1} = M_{\nu+1} - M_\nu$ eine *Entscheidung* oder *versagt* es durch Auftreten des *Grenzwertes Null*, so gilt das gleiche von dem Kriterium *erster Art* (29a). Dagegen *kann* das *letztere* noch eine Entscheidung liefern, wenn das *erstere* durch das Auftreten von *Unbest.-Grenzen versagt*[196]).

Die Grenzen für die Tragweite der gewöhnlichen *Kriterienpaare erster Art* (20) ergeben sich aus der Bemerkung, dass dieselben nicht nur versagen, wenn geradezu:

$$(A) \qquad \lim D_\nu \cdot a_\nu = 0, \quad \lim C_\nu \cdot a_\nu = \infty,$$

sondern auch dann, wenn jene Grenzwerte überhaupt *nicht existieren* und *gleichzeitig:*

$$(B) \qquad \underline{\lim} \, D_\nu a_\nu = 0, \quad \overline{\lim} \, C_\nu \cdot a_\nu = \infty.$$

---

192) Archiv f. Math. 67 (1882), p. 82. 84.

193) *Darboux* Bulletin 2 (1871), p. 250; 18 (1883), p. 142. — Das für $M_x = e^x$, $m_x = 1$ resultierende Kriterium: $\lim \dfrac{e^x f(e^x)}{f(x)} \gtrless 1$ besitzt z. B. dieselbe Tragweite, wie die *ganze Skala* der logarithmischen Kriterien.

194) Chicago Papers p. 328. Daselbst auch ein kürzerer, auf der Theorie der bestimmten Integrale beruhender Beweis (Verbesserung des ursprünglich von *W. Ermakoff* gegebenen) und genauere Feststellung der Beziehung zwischen $\sum\limits_{m}^{\infty} f(\nu)$ und $\int\limits_{m}^{\infty} f(x)\, dx.$

195) Vgl. a. a. O. p. 308.

196) *Pringsheim* a. a. O. p. 376.

Wählt man, wie bei den in der Praxis ausschliesslich angewendeten Kriterien geschieht, die D_ν, C_ν *monoton* zunehmend[197]), so erstreckt sich ihre Anwendbarkeit offenbar nur auf solche a_ν, die entweder geradezu *monoton* oder doch *„im wesentlichen"* *monoton* abnehmen, d. h. *so*, dass die etwaigen Schwankungen innerhalb gewisser Grenzen bleiben.

30. Die Grenzgebiete der Divergenz und Konvergenz. Das erste Beispiel einer *konvergenten* Reihe, für welche die gewöhnliche logarithmische (*Bonnei*'sche) Skala nach dem Modus von Gl. (A) *versagt*, hat *Du Bois-Reymond* konstruiert[198]). Ich habe sodann einen etwas allgemeineren Reihentypus von durchsichtigerem Bildungsgesetz angegeben, welcher zugleich auch *divergente* Reihen von der fraglichen Beschaffenheit liefert[199]). Die hierbei benützte Methode lässt sich, wie *Hadamard* gezeigt hat[200]), leicht auf jede *beliebige* Kriterienskala übertragen.

Es giebt aber auch unendlich viele *monotone* a_ν, für welche eine beliebig gewählte Kriterienskala im Sinne der Gleichungen (B) vollkommen versagen muss. Die von mir in dieser Richtung angestellten Untersuchungen[201]) führen zu dem folgenden allgemeinen Satze: „Wie *stark* auch $\sum C_\nu^{-1}$ *konvergieren* möge, so giebt es stets monotone *divergente* Reihen $\sum a_\nu$, für welche: $\underline{\lim}\, C_\nu\, a_\nu = 0$. Wie *langsam* auch m_ν mit ν ins Unendliche wachsen möge, so existieren stets monotone *konvergente* Reihen $\sum a_\nu$, für welche: $\overline{\lim}\, \nu \cdot m_\nu \cdot a_\nu = \infty$; dagegen hat man stets: $\lim \nu \cdot a_\nu = 0$." Es giebt also überhaupt kein M_ν von *beliebig hohem Unendlich*, so dass $\lim M_\nu \cdot a_\nu > 0$ eine *notwendige* Bedingung für die *Divergenz* von $\sum a_\nu$ bildet. Andererseits bildet zwar die Beziehung $\lim \nu \cdot a_\nu = 0$ eine *notwendige*[202]) Bedingung für die

---

197) Z. B. $\qquad\qquad D_\nu = \nu,\ \ \nu \lg \nu,\ \ldots$

$\qquad\qquad C_\nu = \nu^{1+\varrho},\ \ \nu \cdot (\lg \nu)^{1+\varrho},\ \ldots$

(*Bonnet*'sche Kriterien: s. Nr. 27).

198) J. f. Math. 76 (1873), p. 88.

199) A. a. O. p. 353 ff.

200) Acta Math. 18 (1894), p. 325.

201) A. a. O. p. 347. 356. Math. Ann. 37 (1890), p. 600. Münch. Ber. 26 (1896), p. 609 ff.

202) Dass dieselbe für die Konvergenz stets auch *hinreiche*, ist von *Th. Olivier* (J. f. Math. 2, 1827, p. 34) behauptet, von *Abel* (a. a. O. 3, p. 79. Oeuvres 1, p. 399) durch den Hinweis auf die Reihe $\sum \dfrac{1}{\nu \lg \nu}$ widerlegt worden. *Kummer* hat dagegen gezeigt, dass jene Bedingung für die Konvergenz allemal dann hin-

Konvergenz von $\sum a_\nu$, dagegen *keine*[203]) Beziehung von der Form: $\lim \nu \cdot m_\nu \cdot a_\nu = 0$ bei *beliebig schwachem Unendlich* von $\lim m_\nu$. Mit anderen Worten: Es existiert, auch wenn man sich auf die Betrachtung *monotoner*[204]) a_ν beschränkt, überhaupt *keine Schranke* der *Divergenz*, d. h. *keine* Zahlenfolge (c_ν), sodass von irgend einem bestimmten ν an *beständig $a_\nu > c_\nu$* sein müsste, wenn $\sum a_\nu$ *divergiert*. Und es bildet zwar jede Zahlenfolge von der Form $\left(\dfrac{\varepsilon}{\nu}\right)$, wo $\varepsilon > 0$, eine *Schranke der Konvergenz* (d. h. es muss von irgend einem bestimmten ν an *beständig $a_\nu < \dfrac{\varepsilon}{\nu}$* sein, wenn $\sum a_\nu$ *konvergieren* soll), dagegen *keine* Zahlenfolge von der Form $\left(\dfrac{\varepsilon_\nu}{\nu}\right)$, wie *langsam* auch ε_ν mit $\dfrac{1}{\nu}$ der *Null* zustreben möge.

Hiernach beruht die von *Du Bois-Reymond* eingeführte[205]) Fiktion einer „*Grenze zwischen Konvergenz und Divergenz*" von vornherein auf einer falschen Grundanschauung. Aber auch wenn man dieselbe in wesentlich engerem Sinne auffasst, nämlich als präsumtive Grenze zwischen irgend zwei *bestimmten* divergenten und konvergenten Skalen, wie: $\dfrac{1}{L_\varkappa(\nu)}$ und $\dfrac{1}{L_\varkappa(\nu) \cdot (\lg_\varkappa^\nu)^\varrho}$ $(\varkappa = 1, 2, 3, \ldots; \varrho < 0)$, erscheint sie unhaltbar, wie ich des näheren nachzuweisen versucht habe[206]).

31. Bedingte und unbedingte Konvergenz. Eine Reihe mit *positiven* und *negativen* Gliedern u_ν heisst *absolut* konvergent, wenn $\sum |u_\nu|$ *konvergiert*; dass sie unter dieser Voraussetzung wirklich auch *selbst* allemal *konvergiert*, ist, wie schon in Nr. **23** bemerkt wurde, von *Cauchy* bewiesen worden. Dass es aber auch *konvergente* Reihen $\sum u_\nu$ giebt, für welche $\sum |u_\nu|$ *divergiert*, hatte bereits das Beispiel

---

reicht, wenn $\dfrac{a_\nu}{a_{\nu+1}}$ sich nach steigenden Potenzen von $\dfrac{1}{\nu}$ entwickeln lässt (J. f. Math. 13, 1835, p. 178).

203) Man findet vielfach den *falschen* Satz (vgl. meine Conv.-Theorie a. a. O. p. 343), dass *allgemein*: $\lim D_\nu \cdot a_\nu = 0$ eine *notwendige* Bedingung für die *Konvergenz* bilde, während für $D_\nu > \nu$ in Wahrheit nur: $\underline{\lim} D_\nu \cdot a_\nu = 0$ zu sein braucht. Diese einzig richtige Formulierung giebt schon *Abel* in der oben zitierten nachgelassenen Note: Oeuvres 2, p. 198.

204) Für *nicht-monotone* a_ν erscheint die Existenz derartiger Konvergenz- und Divergenzschranken *a priori* ausgeschlossen; s. meine Conv.-Theorie a. a. O. p. 344. 357.

205) Münch. Abh. 12 (1876), p. XV. Math. Ann. 11 (1877), p. 158 ff.

206) Münch. Ber. 27 (1897), p. 203 ff.

der *Leibniz*'schen Reihe[207]): $\frac{\pi}{4} = 1 - \frac{1}{3} + \frac{1}{5} - \frac{1}{7} + \cdots$ gelehrt. Auch hat *Leibniz* allgemein die *Konvergenz* jeder Reihe von der Form $\sum(-1)^{\nu} \cdot a_{\nu}$ (wo $a_{\nu} \geqq a_{\nu+1} > 0$, $\lim a_{\nu} = 0$) erwiesen[208]). An derartige Reihen, speziell an $\sum(-1)^{\nu} \cdot \frac{1}{\nu+1}$, hat *Cauchy* die wichtige Bemerkung geknüpft[209]), dass *ihre Konvergenz wesentlich von der Anordnung der Glieder* abhängt, derart, dass sie bei gewissen Umordnungen *divergent* werden. Hiermit hat er diejenige Eigenschaft aufgedeckt, welche man heute als *bedingte* Konvergenz zu bezeichnen pflegt. *Lej.-Dirichlet* hat hinzugefügt[210]), dass bei gewissen Umordnungen die *Konvergenz* zwar erhalten bleibt, die *Summe* dagegen eine Veränderung erleidet; und er hat insbesondere scharf hervorgehoben, dass eine *absolut* konvergente Reihe stets *unbedingt*, d. h. unabhängig von der Anordnung der Glieder gegen dieselbe Summe konvergiert[211]). Durch *Cauchy* und *Dirichlet* war immerhin nur so viel erwiesen worden, dass *gewisse* nicht-absolut konvergierende Reihen nur *bedingt* konvergieren; dass dies in Wahrheit bei *jeder* nicht-absolut konvergierenden Reihe der Fall sein muss, lehrte erst ein von *Riemann* bewiesener Satz[212]), wonach sich zwei *beliebige divergente* Reihen von der Form $\sum a_{\nu}$, $\sum(-b_{\nu})$ $(a_{\nu} > 0,\ b_{\nu} > 0,\ \lim a_{\nu} = \lim b_{\nu} = 0)$ zu einer *konvergenten* Reihe mit *beliebig vorzuschreibender Summe* vereinigen lassen[213]). Damit erscheint die vollkommene Äquivalenz von

---

207) De vera proportione circuli ad quadratum circumscriptum. Acta erud. Lips. 1682. (Opera, Ed. Dutens 3, p. 140.) Die Reihe findet sich schon bei *James Gregory*. Vgl. *Reiff* a. a. O. p. 45. *M. Cantor* 3, p. 72.

208) Brief an *Joh. Bernoulli*, 1. Jan. 1714. (Commerc. epist. 2, p. 329.)

209) Résum. anal. p. 57.

210) Berl. Abh. 1837, p. 48. (Ges. W. 1, p. 318.)

211) Ausdrücklich bewiesen wurde dies wohl zum ersten Male von *W. Scheibner*: Über unendliche Reihen und deren Konvergenz. Gratulationsschrift, Lpzg. 1860, p. 11. — Der Ausdruck „*unbedingte*" Konvergenz dürfte von *Weierstrass* stammen (J. f. Math. 51 [1856], p. 41). — Einzelne deutsche und fast alle französischen und englischen Autoren bezeichnen die *bedingt* konvergenten Reihen als *semikonvergent*. Dieser Ausdruck ist an sich wenig passend (denn der Zusatz „*semi*" bezeichnet nicht sowohl einen besonderen *Modus*, als vielmehr die partielle *Negation* der Konvergenz) und erscheint auch schon aus dem Grunde wenig empfehlenswert, weil er (bezw. der damit synonyme *halbkonvergente* Reihe, série *demi-convergente*) nach dem Vorgange von *Legendre* (Exerc. de calc. intégr. 1, p. 267) bereits eine völlig andere Bedeutung erlangt hat. Vgl. Nr. 88.

212) Gött. Abh. 13 (1867). (Ges. W. p. 221.)

213) *Dini* hat bemerkt, dass man in analoger Weise auch eigentliche oder uneigentliche *Divergenz* erzeugen kann; Ann. di Mat. (2) 2 (1868), p. 31.

absoluter und *unbedingter, nicht-absoluter* und *bedingter* Reihenkonvergenz endgültig festgestellt.

32. Wertveränderungen bedingt konvergenter Reihen. Für die *Veränderung*, welche die harmonische Reihe

$$\sum_0^\infty{}_{\!\nu}\, (-1)^\nu \cdot \frac{1}{\nu+1} = \lg 2$$

erleidet, falls man auf je p positive Glieder je q negative folgen lässt, wurde von *Mart. Ohm* (mit Hülfe der Integralrechnung) der Wert $\frac{1}{2} \lg \frac{p}{q}$ gefunden[214]). Eine unmittelbare Verallgemeinerung dieses Resultates bildet der von *Schlömilch* bewiesene[215]) Satz, dass der Reihe $\sum (-1)^\nu \cdot a_{\nu+1}$ bei analoger Umstellung die Wertveränderung $(\lim \nu \cdot a_\nu) \cdot \frac{1}{2} \lg \frac{p}{q}$ zukommt. Ich habe in ganz allgemeiner Weise untersucht[216]), welche Wertveränderungen eine aus den beiden divergenten Bestandteilen $\sum a_\nu$, $\sum (-b_\nu)$ zusammengesetzte konvergente Reihe erleidet, wenn die *relative Häufigkeit* der a_ν und $(-b_\nu)$ (mit Festhaltung der ursprünglichen Reihenfolge innerhalb der beiden einzelnen Gruppen (a_ν) und (b_ν)) in beliebig vorgeschriebener Weise abgeändert wird, und umgekehrt, welche derartige Umordnung erforderlich ist, um eine beliebig vorgeschriebene Wertveränderung zu erzeugen. Die hierzu erforderliche und für den Fall $\lim \dfrac{a_{\nu+1}}{a_\nu} = 1$ vollständig durchführbare Untersuchung *„singulärer Reihenreste“* von der Form: $\lim\limits_{n=\infty} \sum\limits_{n+1}^{n+\varphi(n)}{}_{\!\nu}\, a_\nu$ lehrt, dass die fraglichen Wertveränderungen nicht von dem speziellen Bildungsgesetze der a_ν, sondern lediglich von deren Verhalten für $\lim \nu = \infty$ abhängen: Ist $\lim\limits \sum\limits_{n+1}^{n+\varphi(n)}{}_{\!\nu}\, a_\nu = a$ (endlich), so wird auch $\lim \sum\limits_{n+1}^{n+\varphi(n)}{}_{\!\nu}\, a'_\nu = a$, falls $a'_\nu \backsim a_\nu$; dagegen $\lim \sum\limits_{n+1}^{n+\varphi(n)}{}_{\!\nu}\, a'_\nu = 0$ bezw. $= \infty$, falls $a'_\nu < a_\nu$ bezw. $> a_\nu$. Das zur Erzeugung eines gewissen Restwertes (incl. 0 und ∞) erforderliche $\varphi(n)$ (d. h. schliesslich das zu einer gewissen *Wertveränderung* führende *Umordnungsgesetz*)

214) De nonnullis seriebus summandis. Antr.-Programm, Berlin 1839. — Eine elementare Herleitung bei *H. Simon*, Die harm. Reihe. Dissert. Halle 1886.
215) Z. f. Math. 18 (1873), p. 520.
216) Math. Ann. 22 (1883), p. 455 ff.

hängt dann in genau angebbarer Weise von der infinitären Beschaffenheit der a_ν ab. Ist $a_\nu > \dfrac{1}{\nu}$, so erleidet die Reihensumme die Änderung 0, a, ∞, je nachdem $\lim \varphi(n) \cdot a_n = 0, a, \infty$. Das analoge findet im Falle: $a_\nu \frown \dfrac{g}{\nu}$ statt, mit dem einzigen Unterschiede, dass die Änderung, falls $\lim \varphi(n) \cdot a_n = a$, hier den Wert: $\dfrac{1}{g} \lg(1 + ag)$ annimmt. Ist endlich $a_\nu < \dfrac{1}{\nu}$, so liefern die *beiden* Annahmen $\lim \varphi(n) \cdot a_n = 0$ und $= a$ *keine* Wertveränderung; im Falle: $\lim \varphi(n) \cdot a_n = \infty$ resultiert dann eine bestimmte endliche oder unendlich grosse Änderung, je nach der besonderen Art des Unendlichwerdens von $\lim \varphi(n) \cdot a_n$.[217]

Einen etwas allgemeineren Typus von Umordnungen, welche die Summe einer bedingt konvergierenden Reihe *unverändert* lassen, hat *E. Borel* betrachtet[218].

33. Kriterien für eventuell nur bed¹ngte Konvergenz. Für die Feststellung der *einfachen*, d. h. eventuell nur *bedingten* Konvergenz einer Reihe mit positiven und negativen Gliedern besitzt man keine allgemeinen Kriterien. Das *Mass der Gliederabnahme* ist hier für die Beurteilung der Konvergenz ganz ohne Belang, wie das *Leibniz*'sche Kriterium für alternierende Reihen (Nr. **31**) erkennen lässt: $\sum(-1)^\nu \cdot a_\nu$ konvergiert, auch wenn die a_ν *beliebig langsam* monoton der Null zustreben. Ein in vielen Fällen brauchbares Hülfsmittel giebt die von *Abel*[219] herrührende Transformation („partielle Summation"):

$$(37) \qquad \sum_0^n {}^\nu u_\nu v_\nu = \sum_0^{n-1} {}^\nu (u_\nu - u_{\nu+1}) \cdot V_\nu + u_n V_n$$

$$(\text{wo:} \quad V_\nu = v_0 + v_1 + \cdots + v_\nu),$$

welche für $\lim n = \infty$ den folgenden Konvergenzsatz liefert: „Ist $\sum(u_\nu - u_{\nu+1})$ absolut und $\sum v_\nu$ überhaupt konvergent, so konvergiert $\sum u_\nu v_\nu$ zum mindesten in der vorgeschriebenen Anordnung. Dies gilt auch, wenn $\sum v_\nu$ innerhalb endlicher Grenzen oscilliert, sofern noch $\lim u_\nu = 0$ ist." Die Anwendung der *Abel*'schen Transformation für derartige Konvergenzbetrachtungen rührt von *Dirichlet* her[220], der obige Satz in etwas speziellerer Fassung von *Dedekind*[221]; die hier

---

217) Näheres a. a. O. p. 496 ff.

218) Bull. d. Sc. (2) 14 (1890), p. 97.

219) J. f. Math. 1 (1826), p. 314. Oeuvres 1, p. 222.

220) Vorl. über Zahlentheorie, herausgeg. von *R. Dedekind*, 3. Aufl. (1879), § 101.

221) Ebenda, Supplem. 9, § 143.

gegebene findet sich nebst einigen einfachen Modifikationen bei *Du Bois-Reymond* [222]).

Aus diesem Satze folgt z. B. unmittelbar die zuerst von *Malmsten* [223]) anderweitig bewiesene Konvergenz von $\sum a_\nu \cdot \cos \nu x$ (excl. $x = \pm 2k\pi$) und $\sum a_\nu \cdot \sin \nu x$, wenn die a_ν *monoton* der Null zustreben [224]), sowie diejenige einiger anderer trigonometrischer Reihen [225]). Auch lässt sich unter gewissen vereinfachenden Voraussetzungen der Konvergenzbeweis für die *Fourier*'sche Reihe auf ihn zurückführen [226]).

Die *Abel*'sche Transformation in Verbindung mit der in Nr. **26** hervorgehobenen Konvergenz der Reihe $\sum \dfrac{M_{\nu+1} - M_\nu}{M_{\nu+1} \cdot M_\nu^\varrho}$ ist von mir benützt worden [227]), um ein sehr allgemeines Kriterium für die Beurteilung der sog. *Dirichlet*'schen Reihen: $\sum k_\nu \cdot M_\nu^{-\varrho}$ (k_ν beliebig, $\varrho > 0$) zu gewinnen. Spezielle Fälle desselben sind bereits früher von *Dedekind* [228]) und *O. Hölder* [229]) auf anderen Wegen gefunden worden.

Eine nützliche Verallgemeinerung des gewöhnlichen Konvergenzsatzes über alternierende Reihen ergiebt sich aus den *Weierstrass*'schen Konvergenzuntersuchungen [230]). Darnach konvergiert $\sum (-1)^\nu \cdot a_\nu$ noch *bedingt*, wenn $\dfrac{a_\nu}{a_{\nu+1}} = 1 + \dfrac{\varkappa}{\nu} + \dfrac{\lambda}{\nu^2} + \cdots$ und $0 < \varkappa \leq 1$. [231])

Die wichtigste Kategorie von Reihen, welche generell nur *bedingt* zu konvergieren brauchen, bilden die *Fourier*'schen *Reihen* [232]). Die allgemeinen Untersuchungen über ihre Konvergenz und Divergenz be-

---

222) Antr.-Programm, p. 10.

223) Mit der unnötigen Einschränkung $\lim \dfrac{a_{\nu+1}}{a_\nu} = 1$. Nova acta Upsal. 12 (1844), p. 255. Ohne jede Einschr. und einfacher: *Hj. Holmgren*, J. d. Math. 16 (1851), p. 186.

224) *G. Björling* (J. de Math. 17 (1852), p. 470) hält fälschlicher Weise die Bedingungen: $a_\nu > 0$, $\lim a_\nu = 0$ schon für ausreichend.

225) *Du Bois-Reymond* a. a. O. p. 12. 17.

226) Desgl. p. 13.

227) Math. Ann. 37 (1886), p. 41.

228) Vorl. über Zahlentheorie, Suppl. 9, § 144.

229) Math. Ann. 20 (1882), p. 545.

230) J. f. Math. 51 (1856), p. 29; Werke 1, p. 185.

231) Dies gilt auch für *komplexe* a_ν, falls der reelle Teil von $\varkappa$ der im Text angegebenen Bedingung genügt. — Für $\varkappa > 1$ *konvergiert* $\sum a_\nu$ *absolut* (am einfachsten nach dem *Raabe*'schen Kriterium), für $\varkappa \leq 0$ *divergiert* sie. — Vgl. auch *Stolz*, Allg. Arithm. 1, p. 268.

232) Vgl. II A 8.

ruhen auf der Darstellung von s_n durch ein bestimmtes Integral und dessen Discussion für $\lim n = \infty$.

34. Addition und Multiplikation unendlicher Reihen. Für die *Addition* bezw. *Subtraktion* zweier konvergenter Reihen ergiebt sich unmittelbar aus der Beziehung: $\lim a_\nu \pm \lim b_\nu = \lim (a_\nu \pm b_\nu)$ (Nr. 17, Gl. (15)) die Regel:

$$(38) \qquad \sum_0^\infty u_\nu \pm \sum_0^\infty v_\nu = \sum_0^\infty (u_\nu \pm v_\nu).$$

Für die *Multiplikation* hat *Cauchy* den Satz aufgestellt:

$$(39)\ \left(\sum_0^\infty u_\nu\right) \cdot \left(\sum_0^\infty v_\nu\right) = \sum_0^\infty w_\nu \quad (w_\nu = u_0 v_\nu + u_1 v_{\nu-1} + \cdots + u_\nu v_0),$$

unter der Voraussetzung, dass $\sum u_\nu$, $\sum v_\nu$ *absolut konvergieren*[233]), und mit dem ausdrücklichen Hinweise, dass die Formel für *nicht-absolut* konvergierende Reihen *versagen* kann[234]). *Abel* hat gezeigt, dass dieselbe *gültig* ist, sobald (ausser den selbstverständlich als *konvergent* vorausgesetzten Reihen $\sum u_\nu$, $\sum v_\nu$) die Reihe $\sum w_\nu$ überhaupt *konvergiert*[235]). Da dieser Konvergenzbeweis (abgesehen von dem durch *Cauchy* erledigten Falle der *absoluten* Konvergenz von $\sum u_\nu$, $\sum v_\nu$) jedesmal besonders erbracht werden muss, so erscheint es keineswegs überflüssig, dass *F. Mertens* die Gültigkeit des Multiplikationstheorems (39) auf den Fall ausgedehnt hat, dass nur *eine* der beiden Reihen $\sum u_\nu$, $\sum v_\nu$ *absolut* konvergiert[236]). Der Fall, dass *beide* Reihen nur *bedingt* konvergieren, ist von mir des näheren betrachtet worden[237]). Besitzt die eine der beiden Reihen, etwa $\sum u_\nu$, die Eigenschaft, dass $\sum |u_\nu + u_{\nu+1}|$ konvergiert, so erscheint die Bedingung $\lim w_\nu = 0$ als *notwendig und hinreichend* für die Gültigkeit der Formel (39); daraus ergeben sich insbesondere einfache Kriterien für den Fall

<hr>

233) Anal. algébr. p. 147.

234) Ebenda p. 149 — wohl die erste Stelle, an welcher das *verschiedene* Verhalten *absolut* und *nicht-absolut* konvergierender Reihen hervorgehoben wird.

235) J. f. Math. 1 (1826), p. 318. (Oeuvres 1, p. 226.) *Abel*'s Beweis beruht auf der Betrachtung der Reihen $\sum u_\nu x^\nu$, $\sum v_\nu x^\nu$ für $\lim x = 1$, also auf einem *stetigen* Grenzübergange. Einen Beweis *ohne* Benützung dieses der Funktionenlehre angehörigen Hülfsmittels hat *E. Cesaro* gegeben: Bull. d. Sc. (2) 14 (1890), p. 114. — Ähnlich *Jordan*, Cours d'Anal. 1, p. 282.

236) J. f. Math. 79 (1875), p. 182. Anderer Beweis von *W. V. Jensen*, Nouv. Corresp. math. 1879, p. 430.

237) Math. Ann. 21 (1883), p. 327.

zweier *alternierender* Reihen mit *monotonen* Gliedern[238]). Unter der allgemeinen Annahme, dass $\sum u_\nu$ absolut konvergent wird, wenn man die u_ν in Gruppen von p_ν Gliedern (p_ν constant oder veränderlich, aber endlich bleibend) zusammenfasst, habe ich eine *hinreichende* Bedingung angegeben, welche den *Cauchy*'schen und *Mertens*'schen Satz als speziellen Fall umfasst. Für den Fall $p_\nu = 2$ hat sodann A. *Voss*[239]), für beliebige *constante*[240]) und *endlich-veränderliche*[241]) p_ν F. *Cajori* die *notwendigen und hinreichenden* Bedingungen aufgestellt.

35. Doppelreihen. Die Additionsformel (38) ist zwar ohne weiteres auf eine beliebige *endliche* Anzahl von Reihen:

$$\sum_{0}^{\infty} u_\nu^{(\mu)} \quad (\mu = 0, 1, \ldots m),$$

aber nicht auf den Fall $m = \infty$ übertragbar, d. h. für die Gültigkeit der Beziehung:

$$(40) \qquad \sum_{0}^{\infty}{}_{\mu}\left(\sum_{0}^{\infty}{}_{\nu} u_\nu^{(\mu)}\right) = \sum_{0}^{\infty}{}_{\nu}\left(\sum_{0}^{\infty}{}_{\mu} u_\nu^{(\mu)}\right)$$

erscheint es keineswegs als *hinreichend*, dass die *linke* Seite einen bestimmten Sinn hat, also schlechthin *konvergiert*. *Cauchy* hat gezeigt, dass Gl. (40) gilt, wenn auch $\sum_{0}^{\infty}{}_{\mu}\left(\sum_{0}^{\infty}{}_{\nu} |u_\nu^{(\mu)}|\right)$ konvergiert[242]); das Multiplikationstheorem (39) für zwei *absolut* konvergente Reihen erweist sich als spezieller Fall dieses Satzes[243]). Zugleich hat *Cauchy* an die Betrachtung eines *zweifach-unendlichen Schemas* von Termen $u_\nu^{(\mu)}$ (wobei etwa der Index μ die *Zeilen*, der Index ν die *Kolonnen* charakterisieren mag) den Begriff der *Doppelreihe* geknüpft. Setzt man

$$\sum_{0}^{m}{}_{\mu} \sum_{0}^{n}{}_{\nu} u_\nu^{(\mu)} = s_n^{(m)},$$

so heisst die aus den Gliedern $u_\nu^{(\mu)}$ gebildete

Doppelreihe $\sum_{0}^{\infty}{}_{\mu,\,\nu} u_\nu^{(\mu)}$ *konvergent* und s ihre *Summe*, wenn in dem

---

238) Eine Anwendung auf die Multiplikation zweier *trigonometrischen* Reihen s. Math. Ann. 26 (1886), p. 157.

239) Math. Ann. 24 (1884), p. 42.

240) Am. J. of Math. 15 (1893), p. 339.

241) N. Y. Bull. (2), 1 (1895), p. 180. — *Cajori* giebt eine kurze Analyse der von mir und *Voss* gefundenen Resultate: N. Y. Bull. 1 (1892), p. 184.

242) Anal. algébr. p. 541. — Eine allgemeinere, für *Potenzreihen* geltende Form einer hinreichenden Bedingung, die von *Weierstrass* herrührt (Werke 2, p. 205), ist wesentlich *funktionentheoretischer* Natur. Vgl. II B 1.

243) *Cauchy* a. a. O. p. 542.

Nr. 20 dieses Artikels angegebenen Sinne: $\lim\limits_{m,\,n=\infty} s_n^{(m)} = s$ ist[244]); (in jedem anderen Falle heisst sie *divergent* und zwar *eigentlich* divergent, wenn: $\lim\limits_{m,\,n=\infty} s_n^{(m)} = +\infty$ bezw. $-\infty$). Auf Grundlage dieser Definition ist die Lehre von den Doppelreihen späterhin von *Stolz*[245]) und neuerdings von mir[246]) ausführlicher behandelt worden. *Stolz* hebt vor allem mit Recht hervor, dass jene Konvergenzdefinition in keiner Weise die *Konvergenz* irgend einer einzelnen *Zeile* oder *Kolonne* involviere; es braucht nicht einmal für irgend einen einzigen bestimmten Wert μ (bezw. ν): $\lim\limits_{\nu=\infty} u_\nu^{(\mu)} = 0$ (bezw. $\lim\limits_{\mu=\infty} u_\nu^{(\mu)} = 0$) zu sein, während allerdings bei einer konvergenten Doppelreihe stets: $\lim\limits_{\mu,\,\nu=\infty} u_\nu^{(\mu)} = 0$ sein muss. Ebensowenig kann aus der Konvergenz der einzelnen Zeilen (Kolonnen) und der von ihren Summen gebildeten Reihe, ja nicht einmal aus der Existenz der Gleichung (40)[247]) die *Konvergenz der Doppelreihe* gefolgert werden. Dagegen gilt der Satz: „Konvergiert ausser der Doppelreihe auch jede einzelne Zeile (Kolonne), so hat man:

$$\sum_{0}^{\infty}{}_{\mu,\,\nu}\, u_\nu^{(\mu)} = \sum_{0}^{\infty}{}_{\mu} \sum_{0}^{\infty}{}_{\nu}\, u_\nu^{(\mu)} \quad \left(\text{bezw.} = \sum_{0}^{\infty}{}_{\nu} \sum_{0}^{\infty}{}_{\mu}\, u_\nu^{(\mu)}\right).\text{``}$$

Man kann die Terme einer Doppelreihe auch als einfach-unendliche Reihe $\sum\limits_{0}^{\infty}{}_{\nu}\, w_\nu$ ordnen, am bequemsten nach „*Diagonalen*", d. h. wenn man setzt: $w_\nu = u_0^{(\nu)} + u_1^{(\nu-1)} + \cdots + u_\nu^{(0)}$. Ist dann $\sum\limits_{0}^{\infty}{}_{\mu,\,\nu}\, u_\nu^{(\mu)} = s$

---

244) Dies *scheint* wenigstens der Sinn der ihrem Wortlaute nach nicht ganz klaren *Cauchy*'schen Definition (a. a O. p. 538). Freilich ist alsdann die von *Cauchy* daraus gezogene Folgerung, dass jede *Zeile* und jede *Kolonne* eine *konvergente* Reihe bilde, *unrichtig*. *Cauchy* dürfte dies später selbst bemerkt haben, da er in den Résum. anal. p. 56 eine *andere* Definition zu Grunde legt; dieselbe erscheint mir jedoch teils zu eng (da sie in Wahrheit nur den Fall der *unbedingten* Konvergenz umfasst), teils zu kompliziert und wenig prägnant (wegen der grossen Unbestimmtheit des a. a O. mit s_n bezeichneten Ausdrucks)

245) Math. Ann. 24 (1884), p 157 ff.

246) Münch. Ber. 27 (1897), p. 101 ff.

247) Auch wenn $\sum\limits_{0}^{\infty}{}_{\mu} \sum\limits_{0}^{\infty}{}_{\nu}\, u_\nu^{(\mu)}$, $\sum\limits_{0}^{\infty}{}_{\nu} \sum\limits_{0}^{\infty}{}_{\mu}\, u_\nu^{(\mu)}$ *beide* konvergieren, brauchen sie *nicht* einander *gleich* zu sein. (Vgl. *F. Arndt*, Arch. f Math 11 [1848], p. 319. *Pringsheim* a. a. O. p. 119). In diesem Falle ist die betreffende *Doppelreihe* allemal *divergent*

und $u_\nu^{(\mu)} \geqq 0$, so hat man allemal auch $\sum_0^\infty \nu\, w_\nu = s$. Sind die $u_\nu^{(\mu)}$ beliebig, aber so beschaffen, dass die einzelnen Zeilen und Kolonnen konvergieren oder innerhalb *endlicher* Grenzen oscillieren, so kann $\sum w_\nu$ nur *oscillieren* oder *konvergieren*, und im letzteren Falle ist wiederum $\sum_0^\infty \nu\, w_\nu = s^{248})$.

Konvergiert die Doppelreihe $\sum^{\mu,\,\nu} |u_\nu^{(\mu)}|$, so konvergiert auch stets $\sum^{\mu,\,\nu} u_\nu^{(\mu)}$ und heisst dann wiederum *absolut* konvergent. Zugleich konvergiert jede Zeile (Kolonne), und es konvergiert die Reihe der Zeilen- (Kolonnen-) Summen, desgleichen diejenigen der Diagonalen. Dieses Resultat lässt sich noch folgendermassen verallgemeinern: „Von den vier Gleichungen

$$(41) \quad \sum_0^\infty{}^{\mu,\,\nu} u_\nu^{(\mu)} = s, \quad \sum_0^\infty{}^{\mu} \sum_0^\infty{}^{\nu} u_\nu^{(\mu)} = s, \quad \sum_0^\infty{}^{\nu} \sum_0^\infty{}^{\mu} u_\nu^{(\mu)} = s, \quad \sum_0^\infty{}^{\nu} w_\nu = s$$

zieht *jede* die drei anderen nach sich, wenn die betreffende Reihe bei Vertauschung der $u_\nu^{(\mu)}$ mit $|u_\nu^{(\mu)}|$ konvergent bleibt"$^{249})$.

Jede *absolut* konvergente Doppelreihe ist auch *unbedingt* konvergent — *vice versa*$^{250})$.

Für die Feststellung der *absoluten* Konvergenz lassen sich analog wie bei den einfachen Reihen mit Hülfe des Prinzipes der Reihenvergleichung allgemeine Kriterien aufstellen. Als wesentlich ist hierbei hervorzuheben, dass für die *Divergenz* der Doppelreihe $\sum^{\mu,\,\nu} a_\nu^{(\mu)}$ (wo: $a_\nu^{(\mu)} \geqq 0$) schon die *Divergenz einer einzigen Zeile* (Kolonne) *ausreicht*, aber *keineswegs notwendig* ist, während umgekehrt für die *Konvergenz* der Doppelreihe die *Konvergenz aller möglichen Zeilen* (Kolonnen) *notwendig* ist, aber *nicht ausreicht*. Infolgedessen erscheint es zweckmässig, die *Konvergenz-* und *Divergenz*kriterien *wesentlich von*

---

248) Münch. Ber. a. a. O. p. 124. — Sind unter den Zeilen oder Kolonnen der *konvergenten* Doppelreihe solche, deren Summen *nicht endlich* bleiben, so kann $\sum w_\nu$ gegen einen von *s verschiedenen* Wert konvergieren oder *eigentlich* divergieren. (A. a. O. p. 130.)

249) A. a. O. p. 133. — In diesem Satze ist der zu Anfang erwähnte *Cauchy*'sche als Teil enthalten.

250) A. a. O. p. 138. — Beispiele *bedingt* konvergierender Doppelreihen s. *Stolz* a. a. O. p. 161. — Die von *Eisenstein* (J. f. Math. 35 (1847), p. 172 ff.) behandelten „*Doppelreihen*" fallen überhaupt nicht unter den hier gegebenen *Konvergenz*-Begriff, sie können nur in einem *erweiterten* Sinne *bedingt konvergent* genannt werden. Vgl. meine Bem. a. a. O. p. 140.

einander verschieden zu formulieren und auch die erforderlichen *Vergleichsreihen* entsprechend verschieden auszuwählen. Von diesem Gesichtspunkte ausgehend habe ich die folgenden allgemeinen Kriterien aufgestellt[251]):

$$(42) \quad \begin{cases} \textit{Konvergenz, wenn:} \\ \quad \lim_{\mu=\infty} C_\mu \cdot a_\nu^{(\mu)} < \infty, \quad \lim_{\nu=\infty} C_\nu \cdot a_\nu^{(\mu)} < \infty, \quad \lim_{\mu,\nu=\infty} C_\mu \cdot C_\nu \cdot a_\nu^{(\mu)} < \infty, \\ \textit{Divergenz, wenn:} \quad \lim_{\mu,\nu=\infty} (\mu + \nu) \cdot D_{\mu+\nu} a_\nu^{(\mu)} > 0. ^{252)} \end{cases}$$

36. Vielfache Reihen. Die oben für Doppelreihen aufgestellte Konvergenzdefinition lässt sich ohne weiteres auf *beliebig-vielfache* Reihen übertragen[253]). Dass eine solche allemal *überhaupt* und zwar *unbedingt* konvergiert, wenn die entsprechende Reihe der absoluten Beträge konvergiert, ist wiederum schon von *Cauchy* hervorgehoben worden[254]). Für einen speziellen Typus von p-fachen Reihen, nämlich: $\sum (\nu_1{}^2 + \nu_2{}^2 + \cdots + \nu_p{}^2)^{-\sigma}$ ($\nu_1, \nu_2, \ldots$ ganze Zahlen) hat *Eisenstein* die *Konvergenz* erwiesen, falls $\sigma > \frac{p}{2}$, und daraus die Konvergenz einer wesentlich allgemeineren Gattung erschlossen[255]). Behufs Untersuchung der p-fachen Thetareihen[256]) hat *Riemann* durch einfache Umformung des in Nr. **23** erwähnten *Cauchy*'schen Satzes über den Zusammenhang von $\sum\limits_m^\infty f(\nu)$ und $\int\limits_m^\infty f(x)\,dx$ ein zur Beurteilung einfacher, wie beliebig-vielfacher Reihen brauchbares Konvergenzkriterium gewonnen[257]). *A. Hurwitz* hat dasselbe neuerdings mit einem durchsichtigeren Beweise versehen, durch ein entsprechendes Divergenzkriterium ergänzt und auf p-fache Reihen von sehr allgemeinem Charakter angewendet, welche die *Eisenstein*'schen Reihen und p-fachen Thetareihen als spezielle Fälle enthalten[258]).

---

251) A. a. O. p. 146. 150.

252) Diese Kriterien lassen sich wiederum durch passende Wahl der C_ν, D_ν (vgl. Nr. **26**) beliebig verschärfen. — Einige Kriterien von geringerer Tragweite, darunter auch ein solches 2ter Art, welches dem *Cauchy*'schen Fundamentalkriterium entspricht, hat *O. Biermann* angegeben: Monatsh. f. Math. u. Phys. 8 (1896), p. 121 ff.

253) Eine *engere* Definition wiederum bei *Cauchy*, Résum. anal. p. 56. — Vgl. Nr. **35**, Fussn. 9.

254) Par. C. R. 19 (1844), p. 1434.

255) J. f. Math. 35 (1847), p. 157 ff.

256) Vgl. II B 7.

257) Ges. W. (1876), p. 452.

258) Math. Ann. 44 (1894), p. 83.

37. Transformation von Reihen. Wie wenig sich auch die Analysten des vorigen Jahrhunderts um die Frage nach der Konvergenz der Reihen kümmerten, so haben sie sich doch vielfach mit der *Transformation* konvergierender Reihen in *schneller* konvergierende beschäftigt[259]). Als *arithmetisch-elementare* hierher gehörige Methoden sind diejenigen von *J. Stirling*[260]) und *Euler*[261]) zu nennen. Beide beruhen im Grunde auf dem gleichen Prinzipe, nämlich auf der Umwandelung der einzelnen Reihenglieder in unendliche Reihen und der Summation des aus jenen Reihen als *Zeilen* zu bildenden zweifach-unendlichen Schemas nach *Kolonnen*. *Euler* gelangt so zu der Transformationsformel:

$$(43) \qquad \sum_0^\infty a_\nu x^\nu = a_0 + a_1 \frac{x}{1-x} + \Delta a_1 \left(\frac{x}{1-x}\right)^2 + \cdots$$
$$+ \Delta^\nu a_1 \left(\frac{x}{1-x}\right)^{\nu+1} + \cdots$$

(wo: $\Delta a_1 = a_2 - a_1$, $\Delta^2 a_1 = \Delta a_2 - \Delta a_1$, u. s. f.), welche für $x = -1$ die zur Berechnung gewisser numerischer Reihen nützliche Form annimmt:

$$(44) \qquad \sum_0^\infty (-1)^\nu \cdot a_\nu = a_0 - \frac{1}{2} a_1 + \frac{1}{2^2} \Delta a_1 - \cdots$$
$$+ (-1)^{\nu+1} \cdot \frac{1}{2^{\nu+1}} \Delta^\nu a_1 + \cdots.$$

Die bei *Euler* selbstverständlich fehlende *Konvergenz*-Untersuchung ist später von *J. V. Poncelet* durch Aufstellung des die Entwickelungen (43), (44) vervollständigenden *Restgliedes* nachgeholt worden[262]).

Die Anwendbarkeit der *Euler*'schen Transformation ist eine verhältnismässig beschränkte. Grössere Allgemeinheit besitzt eine von *Kummer* herrührende Methode[263]), welche zugleich gestattet, durch

---

259) Über die sog. Transformation von *divergenten* Reihen in *konvergente* vgl. Nr. **40**, Fussn. 6.

260) Methodus differentialis sive tractatus de summatione et interpolatione serierum infinitarum. Lond. 1730, p. 6. — Näheres über *Stirling*'s Methode s. *Klügel* 5, Art. „Umformung der Reihen", p. 350 ff. — Ein Beispiel derselben giebt auch *Bertrand*, Calc. diff. p. 260.

261) Instit. calc. different. 1755, p. 281.

262) J. f. Math. 13 (1835), p. 1 ff. — Die bemerkenswertesten, übrigens auch schon von *Euler* (a. a. O. p. 294) angeführten, von *Poncelet* genauer diskutierten (a. a. O. p. 17—20) Beispiele für die Anwendung der Formel (44) sind:

$$\lg 2 = \sum_1^\infty (-1)^{\nu-1} \cdot \frac{1}{\nu} = \sum_1^\infty \frac{1}{\nu \cdot 2^\nu},$$
$$\frac{\pi}{4} = \sum_0^\infty (-1)^\nu \cdot \frac{1}{2\nu+1} = \frac{1}{2} + \frac{1}{2} \sum_1^\infty \frac{1 \cdot 2 \cdots \nu}{3 \cdot 5 \cdots (2\nu+1)}.$$

263) J. f. Math. 16 (1837), p. 206 ff.

iterierte Anwendung die *Konvergenz* der betreffenden Reihe immer weiter zu *verstärken*. Dieselbe bezieht sich zunächst auf Reihen mit lauter *positiven* Gliedern und knüpft unmittelbar an den beim *Kummer*schen Konvergenzkriterium (Nr. **24**, (18)) auftretenden Ausdruck an:

$$(45) \qquad P_\nu \cdot \frac{a_\nu}{a_{\nu+1}} - P_{\nu+1} = \lambda_\nu,$$

aus welchem ja für: $\lim \lambda_\nu = \lambda > 0$ die *Konvergenz* von $\sum a_\nu$ resultierte. Aus (45) folgt nämlich:

$$(46) \qquad \sum_1^\infty {}^\nu a_\nu = \frac{1}{\lambda} \left(P_0 a_0 - \lim_{n=\infty} P_n a_n\right) + \sum_1^\infty {}^\nu \left(1 - \frac{\lambda_{\nu-1}}{\lambda}\right) \cdot a_\nu,$$

wobei die rechts auftretende Reihe wegen $\lim (\lambda - \lambda_{\nu-1}) = 0$ wesentlich *stärker* konvergiert, als $\sum a_\nu$.[264]) *Leclert* hat in einer von *E. Catalan* publizierten[265]) Mitteilung gezeigt, dass die Formel (46) ebenfalls auf Reihen mit *positiven* und *negativen* Gliedern, insbesondere auch nur *bedingt* konvergierende anwendbar ist[266]) und hat noch eine zweite, der obigen verwandte Transformationsformel angegeben.

In neuester Zeit hat sich *A. Markoff* mehrfach mit Reihentransformation beschäftigt[267]) und ist zu einer allgemeinen Transformationsformel gelangt[268]), welche, wiederum auf der Umformung der gegebenen Reihe in eine *zweifach-unendliche* beruhend, eine erhebliche Verallgemeinerung der von *Stirling* und *Euler* entwickelten Methoden darstellt und diese letzteren als spezielle Fälle umfasst.

38. Euler-Mac Laurin'sche Summenformel. Halbkonvergente Reihen. Von durchgreifenderer Bedeutung als die genannten *rein elementaren* Transformationen ist die als *Euler-Mac Laurin'sche Summenformel* bekannte Beziehung:

---

264) Bei *Kummer* werden die P_ν noch der Beschränkung unterworfen, dass $\lim P_n a_n = 0$; dieselbe ist indessen unnötig, vgl. Nr. **24**, Fussn. 1.

265) Mém. Belg. cour. et sav. étr. **33** (1865). — Vgl. auch: *G. Darboux*, Bullet. d. Sc. (2), **1** (1877), p. 356.

266) Durch dreimalige Anwendung der Formel (46) auf die überaus langsam konvergierende *Leibniz*'sche Reihe $\frac{\pi}{4} = \sum_{}^\infty {}^\nu (-1)^{\nu-1} \frac{1}{2\nu-1}$ ergiebt sich z. B.:

$$\frac{\pi}{4} = \frac{4}{3} + 24 \sum_1^\infty {}^\nu \frac{(-1)^{\nu-1}}{(4\nu^2-1)^2 (4\nu^2-9)};$$

eine Reihe, welche so *stark* konvergiert, dass die Summation von *nur vier* Gliedern schon π auf **4** Dezimalstellen richtig liefert.

267) S. z. B. Par. C. R. **109** (1889), p. 934.

268) Pétersb. Mém. (7), **37** (1890). Auch: Differenzenrechnung, deutsch von *Th. Friesendorff* und *E. Prümm*, Leipzig 1896, p. 178.

$$(47) \quad h \cdot \sum_{0}^{p-1}{}_{\nu} f(a + \nu h) = \int_{a}^{a+ph} f(x)\,dx - \frac{h}{2}\{f(a + ph) - f(a)\}$$

$$+ \sum_{1}^{n}{}_{\nu} (-1)^{\nu-1} \cdot \frac{B_{2\nu-1} \cdot h^{2\nu}}{(2\nu)!}\{f^{2\nu-1}(a + ph) - f^{2\nu-1}(a)\} + R_{2n+1}$$

(wo R_{2n+1} ein *Restglied* bedeutet, dem man verschiedene Formen geben kann). Dieselbe gehört indessen nach Form und Herleitung der *Integralrechnung* an[269]) und findet hier nur Erwähnung, weil sich daran die Entstehung des allgemeinen Begriffs der sogenannten *Halbkonvergenz* von Reihen knüpft. Wenn in der für jedes n geltenden Gl. (47): $\lim_{n=\infty} R_{2n+1} = 0$ wird, so geht die rechte Seite für $\lim n = \infty$ in eine *konvergente* Reihenentwickelung über, deren Summe genau mit dem Werte der linken Seite übereinstimmt. Dies ist aber in der Regel *nicht* der Fall. Dagegen besitzt R_{2n+1} die Eigenschaft, mit wachsenden Werten von n *zunächst* abzunehmen und für einen gewissen Wert $n = N$ einen *verhältnismässig sehr kleinen* Minimalwert zu erlangen, so dass also die Reihe $\sum_{1}^{n}{}_{\nu}$ bei wachsendem $n \leq N$ den Wert der linken Seite mit *wachsender*, für $n = N$ mit *relativ grosser*, bei weiterer Vergrösserung von n nur zu *verringernder* Annäherung darstellt. Solche Reihen heissen dann nach dem Vorgange von *Legendre*[270]) *halbkonvergent*. *Halbkonvergente* Reihenentwickelungen sind also *divergente* Reihen von der Beschaffenheit, dass die Summe einer *passenden endlichen* Anzahl von Gliedern einen gegebenen arithmetischen Ausdruck mit *verhältnismässig grosser* (aber immerhin durch den Charakter der Reihe *definitiv begrenzter, nicht,* wie bei einer *konvergenten* Reihe mit *beliebig* grosser) Annäherung darstellt[271]). Die für die Analysis wichtigsten halbkonvergenten Reihen entspringen der Formel (47), z. B. die als *Stirling*'sche Formel[272]) bekannte Darstel-

---

269) Näheres darüber s. II A 2 u. 3; auch I E.

270) Vgl. Nr. **31**, Fussn. 5. Die Erscheinung der Halbkonvergenz wurde zuerst von *Euler* bemerkt; s. *Reiff* p. 100.

271) Für wirkliche numerische Berechnung erweist sich diese nur „*verhältnismässig*" grosse Annäherung häufig wertvoller, als die *theoretisch* zwar „*beliebig*" gross zu machende, in der *Praxis* aber im Verhältnis zu der aufzuwendenden Rechnung oft *geringe* Annäherung, welche durch Summation eines *konvergenten* s_n erzielt wird.

272) Dieselbe wurde schon vor Auffindung der allgemeinen Formel (47), aus welcher sie für $f(x) = \lg x$ hervorgeht, im wesentlichen von *Stirling* angegeben: a. a. O. p. 135. Übrigens bezeichnet man häufig als *Stirling*'sche Formel

lung von $\sum_{0}^{p-1}{}_{\nu}\lg(x+\nu h)$. Einen andern Typus, der sich unmittelbar durch fortgesetzte partielle Integration ergiebt, hat *Laplace* gelegentlich der angenäherten Darstellung des für die Wahrscheinlichkeitsrechnung fundamentalen Integrals $\int_{0}^{x} e^{-x^2} \cdot dx$ hervorgehoben [273]) und auch darauf hingewiesen, dass die gewöhnliche *Taylor*'sche Formel möglicherweise zu *halbkonvergenten* Entwickelungen führen kann [274]). *Cauchy* hat in ganz *elementarer* Weise gezeigt [275]), dass gewisse *divergente* Potenzreihen allemal zu den *halbkonvergenten* gehören, und einige auf Grund dieser Bemerkung ohne weiteres als *halbkonvergent* charakterisierte Entwickelungen abgeleitet, welche sonst durch die Formel (47) oder andere transcendente Hülfsmittel gewonnen zu werden pflegen [276]).

Gewisse halbkonvergente Reihen (z. B. die oben erwähnte *Stirling*'sche) haben die Eigenschaft, dass die *Annäherung* zwischen der *darzustellenden Funktion* $F(x)$ und der *Summe* $S_n(x)$ einer endlichen Gliederzahl mit *wachsendem* x in dem Grade *zunimmt*, dass

$$\lim_{x=\infty} x^n \cdot (F(x) - S_n(x)) = 0.$$

Man sagt alsdann, $S_n(x)$ liefere eine *asymptotische* Darstellung von $F(x)$. *H. Poincaré* bezeichnet deshalb solche Reihen schlechthin als *asymptotische* und hat verschiedene allgemeine Typen dieser Art an-

---

teils den speziellen Fall: $\sum_{1}^{p}{}_{\nu}\lg \nu$, teils aber auch den *allgemeineren* (von *Stirling* noch keineswegs behandelten): $\lg \Gamma(x+1)$, welcher für $x = p$ in den obigen Spezialfall übergeht. — Vgl. auch II A 3.

273) Théorie anal. des probab. Livre I, Art. 27. (Oeuvres 7, p. 104.) — Derselben Methode entspringt die von *Ch. Hermite* angegebene halbkonvergente Entwickelung von $\int_{-\infty}^{x} \Phi(x) \cdot e^{n\,x} \cdot dx$ (Tor. Atti 14 [1879], p. 107), desgl. die von *Edm. Laguerre* zum Ausgangspunkte einer konvergenten Kettenbruchentwickelung benützte von $\int_{x}^{\infty} \frac{e^{-x}}{x} dx$ (Bull. S. M. d. F. T. 7 [1879], p. 72).

274) A. a. O. Art. 44, p. 179.

275) Par. C. R. 17 (1843), p. 372.

276) Weitere Untersuchungen über halbkonv. Reihen, insbesondere über zweckmässige Wahl von n, bei *T. J. Stieltjes*: Recherches sur quelques séries sémiconv. Thèse, Paris 1886.

gegeben [277]) [278]). Auch hat er gezeigt, dass man auf dieselben gewisse Rechnungsoperationen (z. B. Multiplikation, Integration, dagegen *nicht* Differentiation) ganz wie bei *konvergenten* Reihen anwenden kann [277]).

39. Divergente Reihen. Dass eine *divergente* Reihe *nicht* nach Art einer *konvergenten* eine *bestimmte Zahl* vorstellt, folgt schon unmittelbar aus ihrer Definition. Nichtsdestoweniger bleibt zunächst die Frage offen, ob es zweckmässig und ohne Widersprüche durchführbar erscheint, einer *divergenten* Reihe eine *bestimmte Zahl als Summe zuzuordnen*, und ob (bezw. in wieweit) eine Verwendung *divergenter* Reihen als *formales Darstellungs- und Beweismittel* für zulässig gelten kann. In der Periode bis zu *Cauchy* und *Abel* ist diese Frage von der übergrossen Mehrzahl der bedeutendsten Mathematiker fast rückhaltslos bejaht worden [279]). Namentlich hat *Euler* in einer grossen Reihe von Arbeiten *divergente* Reihen prinzipiell als völlig gleichberechtigt mit *konvergenten* benützt. Als *Summe* einer *divergenten* Reihe betrachtet er den endlichen Zahlenwert *des arithmetischen Ausdruckes*, durch dessen *Entwickelung* die Reihe entstanden ist [280]). Also: Besteht für irgend welche Werte von x die *konvergente* Entwickelung:

$$(\text{I}) \qquad F(x) = \sum_{0}^{\infty}{}^{\nu} f_{\nu}(x),$$

so setzt er auch:

$$(\text{II}) \qquad \sum_{0}^{\infty}{}^{\nu} f_{\nu}(\alpha) = F(\alpha),$$

---

277) Acta math. 8 (1886), p. 295 ff.

278) Méth. nouvelles de la mécanique céleste 2 (Paris 1893), p. 2.

279) *Gegen* die Benützung *divergenter* Reihen erklärten sich: *Pierre Varignon* (*Reiff* p. 68), *Nic. Bernoulli* (ibid. p. 121) und mit vollkommener Klarheit *Jean Lerond d'Alembert* (p. 135): „Pour moi j'avoue que tous les raisonnements fondés sur les séries qui ne sont pas convergentes . . . me paraîtront très suspects, même quand les résultats s'accorderaient avec des vérités connues d'ailleurs" (Opusc. math. 5, 1768, p. 183). — Am schärfsten hat sich wohl *Abel* in ähnlichem Sinne ausgesprochen: „Les séries divergentes sont en général quelque chose de bien fatal, et c'est une honte qu'on ose y fonder aucune démonstration" (Brief an Holmboe vom 16. Januar 1826; Oeuvres 2, p. 256). Doch will er allenfalls *divergente* Reihen als *symbolische Ausdrücke* zur abgekürzten Darstellung mancher Sätze gelten lassen. (In der gleichfalls von 1826 stammenden Abhandlung über die binomische Reihe: Oeuvres 1, p. 220). — *Cauchy* versteht in dem Fussn. 275 zitierten Aufsatze unter der „legitimen Anwendung *divergenter* Reihen" lediglich die Benützung als *halbkonvergent* erkannter Reihen zur angenäherten Berechnung. In einer anderen Arbeit (Par. C. R. 20, 1845, p. 329) handelt es sich um *divergente Doppelreihen*, die immerhin in *bestimmten Anordnungen* noch *konvergieren*, also um einen besonderen Fall von *bedingter* Konvergenz (ähnlich wie bei den *Eisenstein*'schen Reihen, Nr. **35**, Fussn. 250).

280) Inst. calc. diff. Pars II, Cap. I, 9 (p. 289).

wenn $\sum f_\nu(\alpha)$ *divergiert* und $F(\alpha)$ eine bestimmte Zahl vorstellt. Dass diese Definition in der von *Euler* ausgesprochenen *Allgemeinheit* auf unlösbare Widersprüche führt und somit in *dieser* Form unhaltbar ist, steht heute ausser Zweifel; weiss man doch, dass Gl. (II) *selbst dann nicht* allemal aus Gl. (I) zu folgen braucht, wenn $\sum f_\nu(\alpha)$ *konvergiert* — nämlich dann nicht, wenn $\sum f_\nu(x)$ in der Nähe der Stelle $x = \alpha$ *ungleichmässig* [281]) konvergiert, oder wenn $\sum f_\nu(x)$ in *verschiedenen Teilen* des Konvergenzgebietes *verschiedene* arithmetische Ausdrücke zur Summe hat. Und zwar kann diese Eventualität, die man zuerst an dem verhältnismässig *komplizierten* (und in diesem Falle wesentlich auf *reelle x* beschränkten) Typus der *Fourier'schen Reihen* [282]) beobachtet hat, schon eintreten, wenn die $f_\nu(x)$ *rationale Funktionen allereinfachster Art* bedeuten [283]).

Wenn nun aber $\sum f_\nu(x)$ für $x = \alpha$ *divergiert*, so liegt zunächst überhaupt kein stichhaltiger Grund vor, gerade den Wert $F(\alpha)$ als *Summe* der Reihe für *jenen einzelnen Wert* $x = \alpha$ anzusehen. Denn es giebt *unendlich viele* Entwickelungen: $\Phi(x) = \sum_{0}^{\infty}{}^{\nu}\, \varphi_\nu(x)$, für welche $\varphi_\nu(\alpha) = f_\nu(\alpha)$ wird, während die $\Phi(\alpha)$ unter sich und von $F(\alpha)$ durchaus *verschieden* sein können; der Reihe $\sum_{0}^{\infty}{}^{\nu} f_\nu(\alpha)$ würden dann also in Wahrheit *unendlich viele verschiedene Summen* zukommen. *Beispiel: Euler* folgert aus der für $|x| < 1$ geltenden Beziehung:

$$\frac{1}{1+x} = \sum_{0}^{\infty}{}^{\nu} (-1)^\nu \cdot x^\nu, \text{ indem er } x = 1 \text{ setzt: } \sum_{0}^{\infty}{}^{\nu} (-1)^\nu = \frac{1}{2} \cdot {}^{284})$$

---

281) Vgl. II A 1.

282) Vgl. II A 8.

283) Beispiele solcher Reihen sind zuerst von *L. Seidel* (J. f. Math. 73 [1871], S. 297) und *E. Schroeder* (Z. f. Math. 22 [1877], p. 184) angegeben worden. Unabhängig von diesen beiden hat *Weierstrass* die grosse Tragweite der fraglichen Erscheinung für die Funktionentheorie festgestellt: Berl. Ber. 1880, p. 728 ff.; 1881, p. 228 (Werke 2, p. 210. 231). Vgl. auch meine Note: Math. Ann. 22 (1883), p. 109.

284) Novi Comment. Petrop. 5 (ad ann. 1754. 1755), p. 206. — Die Gleichung:

$$\sum_{0}^{\infty}{}^{\nu} (-1)^\nu = \frac{1}{2} \left(\text{bezw. die damit gleichwertige: } \sum_{0}^{\infty}{}^{\nu} (-1)^\nu \cdot \frac{l}{m} = \frac{l}{2m} \right) \text{ war}$$

schon von *Jac. Bernoulli* als ein „paradoxon non inelegans" auf die gleiche Art abgeleitet worden (Pos. de ser. inf. P. III (1696); Opera 2, p. 751) und hatte zu einer umfangreichen Diskussion (*Reiff* p. 65—70) geführt, in deren Verlauf

Man hat aber andererseits für $|x| < 1$ (wenn $[\lambda]$ die grösste in λ enthaltene ganze Zahl bedeutet):

$$(48) \quad \begin{cases} \sum_\nu^\infty{}_0 (-1)^\nu \cdot x^{\left[\frac{\nu}{2}\right]} = 1 - 1 + x - x + x^2 - x^2 + \cdots = 0, \\[2ex] \sum_\nu^\infty{}_0 (-2)^\nu \cdot x^{\nu + (-1)^\nu} = x - 1 + x^3 - x^2 + x^5 - x^4 + \cdots = -\frac{1}{1+x} \end{cases}$$

u. s. f.

Da jede dieser Reihen für $x = 1$ gleichfalls die Form $\sum_\nu^\infty{}_0 (-1)^\nu$ annimmt, so könnte man nach *Euler* der letzteren Reihe eben so gut die Summe 0 oder $-\frac{1}{2}$ (oder auch unendlich viele andere Summenwerte) beilegen[285]). Wenn also *Euler* an jene angeblich zu Recht bestehende Gleichung: $\sum_\nu^\infty{}_0 (-1)^\nu = \frac{1}{2}$ die unzweideutige Bemerkung knüpft[286]): man könne, wenn man *durch irgendwelche Rechnung* auf die Reihe $\sum_\nu^\infty{}_0 (-1)^\nu$ geführt werde, dieselbe ohne weiteres durch die Zahl $\frac{1}{2}$ ersetzen — so enthält dieselbe eine *prinzipiell irrtümliche*, durch keinerlei analytische Hülfsmittel irgendwie annehmbar zu machende Behauptung, während allerdings der Gleichung $\sum_\nu^\infty{}_0 (-1)^\nu = \frac{1}{2}$

insbesondere *Leibniz* für die Richtigkeit der Gleichung $\sum_\nu^\infty{}_0 (-1)^\nu = \frac{1}{2}$ bedingungslos eintrat und deren wahre Natur mit Hülfe der Wahrscheinlichkeitsrechnung metaphysisch zu erklären suchte: der Wert $\frac{1}{2}$ erscheine als das *arithmetische Mittel* aus den für $\sum_\nu^n{}_0 (-1)^\nu$ mit *vollkommen gleicher Wahrscheinlichkeit* resultierenden Summenwerten 1 und 0. Die Reihe $\sum_\nu^\infty{}_0 (-1)^\nu$ wird seitdem gewöhnlich (auch von *Euler*) schlechthin als die *Leibniz'sche* bezeichnet (neben der Nr. **31** erwähnten Reihe: $\frac{\pi}{4} = \sum_\nu^\infty{}_0 (-1)^\nu \cdot \frac{1}{2\nu + 1}$).

285) Der umgekehrte, schon von *Nic. Bernoulli* (*Reiff* p. 112) gemachte Einwurf, dass man für ein und dieselbe Zahl *verschiedene* divergente Entwickelungen finden könne, entbehrt offenbar der nötigen Beweiskraft.

286) L. c. p. 211. — Noch *Fourier* (Théorie analyt. de la chaleur 1822) bedient sich ohne Bedenken dieser Substitution (Oeuvres 2, p. 206).

als einer durch *eine ganz bestimmte Rechnung* abgeleiteten *cum grano salis* eine ganz vernünftige analytische Bedeutung beigelegt werden

kann, nämlich: $\lim\limits_{x=1} \sum\limits_{0}^{\infty} {}_\nu (-1)^\nu \cdot x = \frac{1}{2} \cdot {}^{287})$

40. Divergente Potenzreihen. Auch wenn man die *Euler*'sche Definition der divergenten Reihensummen nicht im Sinne der eben zitierten Bemerkung[288]), sondern in dem offenbar vorteilhafteren[289]) Sinne auffasst, dass statt *einzelner numerischer Werte* α allemal ein *zusammenhängendes Divergenzgebiet* von Werten x' in Betracht kommt, so liefert dieselbe kein brauchbares Resultat, falls man nicht die $f_\nu(x)$ *sehr wesentlichen* Einschränkungen unterwirft; andernfalls kann ja, wie

oben bemerkt, $\sum\limits_{0}^{\infty} {}_\nu f_\nu(x)$ in *verschiedenen Teilen* des *Konvergenz*-Ge-

bietes ganz *verschiedene* $F(x)$ vorstellen, sodass hieraus eine *bestimmte*

Definition von $\sum\limits_{0}^{\infty} {}_\nu f_\nu(x)$ für das *Divergenz*-Gebiet nicht entnommen

werden kann. Als passendste Spezialisierung der $f_\nu(x)$ erweist sich aber die Annahme: $f_\nu(x) = a_\nu x^\nu$, und thatsächlich hat *Euler* seine obige *viel zu allgemeine* Definition fast ausschliesslich in diesem

------

287) Die von *Leibniz* hervorgehobene Eigentümlichkeit, dass hierbei gerade

das *arithmetische Mittel* aus den Summen $s_n = \sum\limits_{0}^{n} {}_\nu (-1)^\nu$ zum Vorschein kommt,

haben *Raabe* (J. f. Math. 15 [1836], p. 355) und *Jeppe Prehn* (ibid. 41 [1851], p. 8) in freilich unzulänglicher Weise zu verallgemeinern gesucht. Eine präcise Fassung und Begründung hat diese Verallgemeinerung erst durch *G. Frobenius* (ibid. 89

[1880], p. 262) erhalten, nämlich: „Ist $\sum\limits_{0}^{n} {}_\nu a_\nu = s_n$, so hat man:

$$\lim\limits_{x=1} \sum\limits_{0}^{\infty} {}_\nu a_\nu x^\nu = \lim\limits_{n=\infty} \frac{s_0 + s_1 + \cdots + s_{n-1}}{n},$$

falls der letztere Grenzwert *existiert*." Dieser Satz bildet das Anfangsglied einer ganzen Kette ähnlicher Sätze: *O. Hölder,* Math. Ann. 20 [1882], p. 535 ff.

288) Darnach würde schon jeder einzelnen *numerischen* divergenten Reihe eine *eindeutig bestimmte* Summe zukommen.

289) Hierbei treten nämlich an die Stelle der blossen *Zahlen* $f_\nu(\alpha)$ gesetzmässig gebildete *analytische Ausdrücke* $f_\nu(x')$, so dass also auch bei *numerischer Gleichheit* von $f_\nu(x')$ und $\varphi_\nu(x')$ für irgend einen bestimmten Wert $x' = \alpha$ die Reihen $\sum f_\nu(\alpha)$, $\sum \varphi_\nu(\alpha)$ immer noch als *merklich verschieden* charakterisiert erscheinen und ihnen ohne direkten Widerspruch auch *verschiedene* „Summen" zugeordnet werden könnten.

sehr speziellen Sinne gebraucht [290]): und wenn fast alle Endresultate, bei denen ihm rein formale, nach heutigen Begriffen an sich unzulässige Operationen mit *divergenten* Reihen als Durchgangspunkt gedient haben, sich als *richtig* erweisen, so rührt das einfach davon her, dass diese Operationen (sog. Summation, Transformation, Integration) infolge *der ganz besonderen Qualitäten* der „*Potenzreihen*" $\sum a_\nu x^\nu$ sich durch *Grenzübergänge* [291]) oder durch das *Prinzip der analytischen Fortsetzung* [292]) a posteriori rechtfertigen lassen.

Hieraus ergiebt sich aber die Berechtigung, die am Anfang von Nr. **39** angedeutete Frage nunmehr in folgender Weise spezieller zu formulieren: In wieweit kann eine *Potenzreihe* $\sum a_\nu x^\nu$ auch dort, wo sie *divergiert*, zur *Definition* einer bestimmten von x abhängigen Zahl („Funktion") $F(x)$ dienen? Und dürfen gewisse zunächst für *konvergente* Reihen definierte *Rechnungsoperationen* auf solche *rein formale Äquivalenzen*: $F(x) = \sum a_\nu x^\nu$ (welche nur im Falle der *Konvergenz* von $\sum a_\nu x^\nu$ den Sinn wirklicher *Gleichungen* annehmen) ohne Widerspruch angewendet werden?

H. Padé und *E. Borel* haben neuerdings in ganz verschiedener Weise versucht, diese Frage zu beantworten. Der erstere [293]) stützt sich auf die Bemerkung, dass einer *Potenzreihe* nach einem genau definierten Gesetze unendlich viele, aus *rationalen Funktionen* zusammengesetzte unendliche *Kettenbrüche* zugeordnet werden können, von denen *jeder einzelne* umgekehrt auch die *Gesamtheit* aller übrigen und die Koefficienten der ursprünglichen *Potenzreihe vollständig bestimmt*. Sind unter diesen Kettenbrüchen solche, welche gleichzeitig mit $\sum a_\nu x^\nu$ *konvergieren*, so stimmt ihr Grenzwert mit der Summe $\sum a_\nu x^\nu$ überein. Es kann aber auch solche geben, welche *konvergieren*, wo die

---

290) Dies erklärt sich ganz naturgemäss aus dem Umstande, dass man zu jener Zeit unter „*Reihenentwickelungen*" schlechthin zunächst immer nur *Potenzreihen* verstand. Andererseits war man gerade deshalb auch sehr geneigt, jeder *anderen* Reihe ohne weiteres die Eigenschaften einer *Potenzreihe* beizulegen.

291) Vgl. Fussn. 287. — Gewisse, aus Umformungen der divergenten *harmonischen* Reihe von E. abgeleitete Resultate lassen sich einfacher mit Hülfe des Grenzüberganges: $\lim\limits_{\varrho=0} \sum \dfrac{1}{\nu^{1+\varrho}}$ rechtfertigen.

292) Dies gilt insbesondere bezüglich der *Transformation* und *Summation divergenter Reihen* mit Hülfe der in Nr. **37** erwähnten *Euler*'schen Methode, da die rechte Seite der Gl. (43) dort, wo sie überhaupt konvergiert, bezw. falls sie sich auf eine *endliche* Gliederzahl reduziert, die „*analytische Fortsetzung*" (II B 1) von $\sum a_\nu x^\nu$ liefert. Vgl. Math. Ann. 50 (1898), p. 458. — Par. C. R. 126 (1898), p. 632.

293) Acta math. 18 (1894), p. 97.

Reihe *divergiert*[294]); diese letzteren können dann als *Ersatz* für die *divergente* Reihe, also gewissermassen als *Definition* für die *Summe der divergenten Reihe* dienen. Auf Grund dieser Definition lässt sich dann zeigen, dass die Regeln der Addition und Multiplikation auch für *divergente* Potenzreihen gültig bleiben[295]).

Den Ausgangspunkt der *Borel*'schen Untersuchung[296]) bildet eine direkte Verallgemeinerung des *Grenzbegriffs* mit Hülfe der Gleichung:

$$(49) \qquad \lim_{t=+\infty} e^{-t} \sum_{0}^{\infty} {}_n s_n \cdot \frac{t^n}{n!} = \lim_{n=\infty} s_n,$$

deren Richtigkeit zunächst für den Fall erweisbar ist, dass $\lim_{n=\infty} s_n$ (als endlich oder unendlich) *existiert*. Sind nun aber $\varliminf_{n=\infty} s_n$ und $\varlimsup_{n=\infty} s_n$ *verschieden*, so *kann* immerhin der in Gl. (49) *links* stehende Grenzwert *existieren* und alsdann zur *Definition* einer *Verallgemeinerung von* $\lim s_n$ („*limite généralisée*") dienen, in Zeichen etwa:

$$(50) \qquad \lim_{n=\infty} \operatorname{gen} s_n = \lim_{t=+\infty} e^{-t} \cdot \sum_{0}^{\infty} {}_n s_n \cdot \frac{t^n}{n!}.$$

---

294) Dies gilt sogar, wenn $\sum a_\nu x^\nu$ *beständig divergiert*. Auf die Existenz solcher Kettenbruchentwickelungen ist man durch diejenige des Ausdrucks $e^{x^2} \cdot \int_x^\infty e^{-x^2} \cdot dx$ aufmerksam geworden, welcher andererseits eine *beständig divergente* Potenzreihe liefert. Die gewöhnlich *P. S. Laplace* zugeschriebene (Mécan. cél. 2, Livre X. Oeuvres 4, p. 254) *formale Umwandelung* dieser letzteren in jenen *konvergenten* Kettenbruch findet sich übrigens (abgesehen von einem unwesentlichen Unterschiede in der Bezeichnung) schon vollständig bei *Euler*: De ser. diverg. a. a. O. p. 236 (nebst einer konvergenten Kettenbruchentwickelung des neuerdings von *Laguerre* — vgl. Nr. **38**, Fussn. 273 — behandelten Integrals $\int_x^\infty \frac{e^{-x}}{x} \cdot dx$). Und während *Laplace* mit der an sich ungerechtfertigten formalen Umwandelung der *divergenten* Potenzreihe in den *konvergenten* Kettenbruch sich begnügt, lehrt *Euler* (a. a. O. p. 232 ff.) schon diejenige Methode, welche späterhin von *K. G. J. Jacobi* (J. f. Math. 12 [1834], p. 346) zur Legitimierung der *Laplace*'schen Entwickelung angegeben wurde: die Integration einer Differenzialgleichung, welche durch das betreffende bestimmte Integral (und auch *rein formal* durch die *divergente* Potenzreihe) befriedigt wird, mit Hülfe eines unendlichen Kettenbruches.

295) Im übrigen ist diese Theorie noch in vieler Beziehung unvollständig. Verschiedene lehrreiche Ergänzungen kann man den Abhandlungen von *T. J. Stieltjes* (Ann. Toul. 8 [1894], p. 1—122; 9 [1895], p. 1—47) entnehmen.

296) J. de Math. 4, 12 (1896), p. 103. Vgl. auch: Par. C. R. 122 (1896), p. 73. 805. Auch diese Theorie bedarf noch der Vervollständigung und zum Teil sogar der Berichtigung.

Substituiert man speziell: $s_n = s_n(x) = \sum_0^n {}^\nu a_\nu x^\nu$, so wird überall da,

wo $\sum_0^\infty {}^\nu a_\nu x^\nu$ *konvergiert*, $\lim \mathrm{gen}\, s_n(x) = \sum_0^\infty {}^\nu a_\nu x^\nu$, und die Umkeh-

rung dieser Beziehung bietet dann wiederum die *Möglichkeit* $\sum_0^\infty {}^\nu a_\nu x^\nu$

dort zu *definieren*, wo die Reihe (*uneigentlich*) *divergiert*. Die logische Zweckmässigkeit dieser an sich zunächst ziemlich willkürlich erscheinenden Definition ergiebt sich dann aus der Thatsache, dass (unter gewissen noch erforderlichen Einschränkungen) $\lim \mathrm{gen}\, s_n(x)$ wirklich

die *analytische Fortsetzung* $f(x)$ von $\sum_0^\infty {}^\nu a_\nu x^\nu$ liefert. Wie Gl. (50)

zeigt, kann in diesem Falle $\lim \mathrm{gen}\, s_n(x)$ für irgend eine Divergenzstelle x' sogar dann zur *numerischen* Berechnung von $f(x')$ dienen, wenn nur der *numerische* Wert der einzelnen $s_n(x')$ $(n = 0, 1, 2, \ldots)$, d. h. schliesslich der *numerische* Wert der einzelnen *Reihenglieder*, nicht deren *analytisches* Bildungsgesetz bekannt ist.

[In diesem Artikel wurde wesentlich nur die *allgemeine* Theorie der Reihen mit *constanten* Gliedern behandelt. Über *spezielle* Reihen dieser Art, sowie *Funktional*-Reihen sind insbesondere zu vergleichen: *Arithmetische Reihen* (I D 3, I E). — *Recurrente Reihen* (I E und Entwickelung rationaler Funktionen in Potenzreihen). — *Harmonische und Dirichlet'sche Reihen* (I C 3). — *Gleichmässig und ungleichmässig konvergente Reihen* (II A 1). — *Potenzreihen* (II B 1). — *Hypergeometrische Reihen* (II B 1). — *Fourier'sche Reihen* (II A 8). — *Summation von Reihen* (II A 2, 3, 4).]

IV. Unendliche Produkte, Kettenbrüche und Determinanten.

41. Unendliche Produkte. Historisches. Auch die Einführung *unendlicher Produkte* knüpft sich unmittelbar an das für die gesamte Grenzwertlehre als grundlegend erkannte *Quadratur*-Problem, speziell an die Quadratur des Kreises. Schon *Vieta* stellte das Verhältnis des Quadrates mit der Diagonale 2 zur Fläche des umschriebenen Kreises, also die Zahl $\dfrac{2}{\pi}$, durch das unendliche Produkt dar[297]:

$$(51) \qquad \sqrt{\tfrac{1}{2}} \cdot \sqrt{\tfrac{1}{2} + \tfrac{1}{2}\sqrt{\tfrac{1}{2}}} \cdot \sqrt{\tfrac{1}{2} + \tfrac{1}{2}\sqrt{\tfrac{1}{2} + \tfrac{1}{2}\sqrt{\tfrac{1}{2}}}} \cdots$$

297) Francisci Vietae opera math. Ed. Schooten, Lugd. Bat. 1646, p. 400. — Konv.-Beweis von *Rudio*, Ztschr. f. Math. 36 (1891), Hist. Abt. p. 139. — Verallgemeinerungen dieser Formel bei *Euler*, Opusc. analyt. 1 (1785), p. 346 — und *L. Seidel*, J. f. Math. 73 (1871), p. 273 ff.

Und kurze Zeit darauf gab *Wallis* die nach ihm benannte Formel[298]):

$$(52) \qquad \frac{\pi}{2} = \frac{1}{2} \cdot \frac{3}{2} \cdot \frac{3}{4} \cdot \frac{5}{4} \cdot \frac{5}{6} \cdot \frac{7}{6} \cdots$$

Durch ein Problem der *Wahrscheinlichkeitsrechnung*[299]) wurde *Dan. Bernoulli* auf das folgende unendliche Produkt geführt[300]):

$$(53) \qquad \sqrt[2]{\alpha + 1} \cdot \sqrt[4]{\alpha + 2} \cdot \sqrt[8]{\alpha + 4} \cdot \sqrt[16]{\alpha + 8} \cdots$$

Die prinzipielle Wichtigkeit dieses Darstellungsmittels hat indessen erst *Euler* genügend erkannt und dasselbe vielfach mit glänzendem Erfolge verwertet. Das von ihm behufs *Interpolation*[301]) von $n!$ aufgestellte unendliche Produkt[302]):

$$(54) \qquad \frac{1^{1-\omega} \cdot 2^{\omega}}{1 + \omega} \cdot \frac{2^{1-\omega} \cdot 3^{\omega}}{2 + \omega} \cdot \frac{3^{1-\omega} \cdot 4^{\omega}}{3 + \omega} \cdots,$$

in Verbindung mit der gleichfalls zuerst von ihm gegebenen Darstellung der *trigonometrischen Funktionen* durch *unendliche Produkte*[303]), darf geradezu als *fundamental* für die Theorie der *eindeutigen analytischen Funktionen*[304]) gelten. Kaum minder wichtig für die *analytische Zahlentheorie*[305]) erweist sich die gleichfalls von ihm herrührende Produktdarstellung[306]):

$$(55) \qquad \sum_{1}^{\infty} \frac{1}{\nu^n} = \left(\prod_{1}^{\infty} \left(1 - \frac{1}{p_\nu^n} \right) \right)$$

(wo (p_ν) die Reihe der Primzahlen), und eine Anzahl anderer (s. Gl. (64) — (66)).

Allgemeine Regeln über die *Konvergenz* und *Divergenz* unend-

---

298) Arithm. infin. (1659): Opera 1, p. 468. Näheres darüber bei *Reiff* p. 6 ff.

299) Vgl. I D 1.

300) De mensura sortis. Comment. Petrop. T. V. (ad ann. 1730. 31), p. 188. — Konv.-Beweis in der von mir besorgten deutschen Ausgabe (Leipzig 1896), p. 53, Fussn. 12.

301) Vgl. I D 3.

302) Brief an *Chr. F. Goldbach* 13. Oct. 1729 (Corresp. math. et phys. 6d. P. H. Fuss, Pétersb. 1843, p. 3). Inst. calc. diff. P. II. Cap. XVII, p. 834.

303) Introd. 1, Cap. 19, p. 120.

304) Vgl. II B 1. — Das obige Produkt stimmt *genau* überein mit demjenigen von *Gauss* (Werke 3, p. 146) für $\omega \cdot \Pi(\omega - 1) = \Pi(\omega)$, welches *Weierstrass* (Werke 2, p. 91) ausdrücklich als Vorbild der von ihm ersonnenen Produkte von *Primfunktionen* zitiert. Jenes erste *typische Beispiel* einer solchen Produktdarstellung findet sich also in Wahrheit schon bei *Euler*.

305) Vgl. I C 3.

306) Introd. 1, Cap. XV, p. 225.

licher Produkte[307]) hat zuerst *Cauchy* angegeben[308]); dieselben beruhen auf der Beziehung:

$$\lg \prod_{0}^{\infty}{}^{\!\nu} (1 + u_\nu) = \sum_{0}^{\infty}{}^{\!\nu} \log (1 + u_\nu)$$

mit der Entwickelung von $\lg (1 + u_\nu)$ in eine Potenzreihe. *Weierstrass* hat gezeigt[309]), dass man die Fundamentalsätze über die Konvergenz und Divergenz unendlicher Produkte auch ganz direkt, *ohne* Benützung dieses transcendenten Hülfsmittels herleiten kann. Mit Festhaltung dieses Grundgedankens habe ich späterhin eine zusammenhängende elementare Theorie der unendlichen Produkte entwickelt[310]).

42. Konvergenz und Divergenz. Setzt man: $\prod\limits_{0}^{n}{}^{\!\nu} (1 + u_\nu) = U_n$, so heisst das *unendliche Produkt*: $\prod\limits_{0}^{\infty}{}^{\!\nu} (1 + u_\nu)$, wo durchweg $|\,1 + u_\nu\,| > a > 0$ angenommen wird, *konvergent* und U der *Wert* desselben, wenn $\lim U_n = U$ *endlich und von Null verschieden* ist. In jedem anderen Falle heisst das Produkt *divergent*, insbesondere also auch dann, wenn $\lim U_n = 0$. Der Ausschluss der Produkte mit dem Grenzwerte 0 aus der Klasse der als *konvergent* zu bezeichnenden erweist sich als unbedingt notwendig, wenn ein *konvergentes* Produkt die *fundamentale* Eigenschaft eines *endlichen* Produktes behalten soll, *nicht* zu verschwinden, so lange *kein* einzelner Faktor verschwindet[311]). Die *zwei* für die *Konvergenz* von $\Pi(1 + u_\nu)$ hiernach *notwendigen und hinreichenden* Bedingungen, nämlich:

$$(56) \qquad |\,U_\varrho\,| > g > 0, \qquad |\,U_{n+\varrho} - U_n\,| < \varepsilon \qquad (\varrho = 0, 1, 2, \ldots),$$

lassen sich vollständig durch die folgende *einzige* ersetzen:

$$(57) \qquad \left|\,\frac{U_{n+\varrho}}{U_n} - 1\,\right| < \varepsilon \qquad (\varrho = 0, 1, 2, \ldots),$$

welche aussagt, dass das „*Restprodukt*": $\prod\limits_{n+1}^{n+\varrho}{}^{\!\nu} (1 + u_\nu)$ bei passender Wahl von n und für jedes ϱ der 1 beliebig nahe kommen muss, also den bis dahin erzielten Produktwert U_n nicht mehr wesentlich ändert.

---

307) Ein spezielles Kriterium für die Beurteilung unendlicher Produkte, welches im wesentlichen dem Reihenkriterium von *Gauss* (Nr. **22**) entspricht, hat, wie *G. Eneström* (Jahrb. Fortschr. d. Math. 11 [1879], p. 38) bemerkte, schon *Stirling* (Method. diff. 1730, p. 37) angegeben.

308) Anal. algébr. Note 9, p. 561.

309) J. f. Math. 51 (1856), p. 18 ff. — Werke 1, p. 173 ff.

310) Math. Ann. 33 (1889), p. 119. Vgl. auch 42 (1893), p. 183.

311) Vgl. meine Bemerk. a. a. O. p. 125 Fussn., p. 140 Fussn.

Mit dem Produkte $\prod(1+|u_\nu|)$ *konvergiert* auch allemal das Produkt $\prod(1+u_\nu)$ und heisst dann *absolut* konvergent; dasselbe konvergiert in diesem Falle unabhängig von der Anordnung der Faktoren, also *unbedingt*. Umgekehrt lässt sich aber auch zeigen, dass ein *unbedingt* konvergentes Produkt auch *absolut* konvergieren muss[312]). Als *notwendig und hinreichend* für die *absolute und unbedingte Konvergenz* von $\prod(1+u_\nu)$ erweist sich die *Konvergenz* der Reihe $\sum|u_\nu|$.[313])

Ist $\sum u_\nu$ nur *bedingt* konvergent, so *konvergiert* $\prod(1+u_\nu)$ oder *divergiert nach Null*, je nachdem $\sum u_\nu^2$ *konvergiert* oder *divergiert*[314]). Im ersteren Fall *konvergiert* $\prod(1+u_\nu)$ nur *bedingt*, lässt sich in zwei Produkte von der Form $\prod(1+a_\nu)$, $\prod(1+b_\nu)$ $(a_\nu>0,\ b_\nu>0)$ zerfällen, von denen das erste nach $+\infty$, das zweite nach 0 *divergiert*, und die sich wiederum ganz nach Analogie des in Nr. **31** erwähnten *Riemann*'schen Reihensatzes zu *konvergenten* Produkten von *beliebig vorzuschreibendem* Werte vereinigen lassen. Die von mir bezüglich der Wertveränderungen bedingt konvergenter *Reihen* gefundenen Resultate lassen sich auch auf solche *Produkte* übertragen[315]).

43. Umformung von unendlichen Produkten in Reihen. Vermöge der Identität:

$$(58)\qquad s_n = s_0 + \sum_{1}^{n}\hspace{-0.3em}^\nu (s_\nu - s_{\nu-1})$$

lässt sich *jeder* Grenzwert $s = \lim s_n$ durch die unendliche *Reihe*:

$$(59)\qquad s = s_0 + \sum_{1}^{\infty}\hspace{-0.3em}^\nu (s_\nu - s_{\nu-1})$$

---

312) A. a. O. p. 135 ff.

313) Man kann also aus der etwa anderweitig erkannten Konvergenz oder Divergenz von $\prod(1+|u_\nu|)$ auch diejenige von $\sum|u_\nu|$ erschliessen. Vgl. *Weierstrass*, Werke 1, p. 175.

314) Die vorangehenden Sätze gelten auch für *komplexe* u_ν, der letzte in dieser Fassung nur für *reelle*. (Von *Cauchy* mit Hülfe der logarithm. Reihe bewiesen: a. a. O. p. 563; rein elementar von mir: a. a. O. p. 150, einfacher: 44, p. 413.) Eine Verallgemeinerung des Satzes für *komplexe* u_ν habe ich Math. Ann. 22 (1883), p. 480 angegeben. — Auch wenn $\sum u_\nu$ *divergiert*, lassen sich noch bestimmte Aussagen über verschiedenartiges Verhalten des Produktes $\prod(1+u_\nu)$ machen, welches selbst in diesem Falle noch *konvergieren* kann (a. a. O. 33, p. 152 ff.).

315) Math. Ann. 22, p. 481.

darstellen[316]). Die Anwendung dieser Methode auf $U_n = \prod\limits_{0}^{n} {}_\nu (1 + u_\nu)$

giebt die für *jedes konvergente* (oder auch nach 0 bezw. $+\infty$ *divergierende*) Produkt gültige Reihendarstellung:

$$(60) \qquad \prod\limits_{0}^{\infty} {}_\nu \cdot (1 + u_\nu) = 1 + u_0 + \sum\limits_{1}^{\infty} {}_\nu U_{\nu-1} \cdot u_\nu .$$

Konvergiert das Produkt und somit auch $\sum u_\nu$ *absolut*, so gestattet diese Reihe *jede beliebige Anordnung*[317]), insbesondere die folgende:

$$(61) \qquad \prod\limits_{0}^{\infty} {}_\nu (1 + u_\nu) = 1 + \sum\limits_{\varkappa} u_\varkappa + \sum\limits_{\varkappa, \lambda} u_\varkappa u_\lambda + \sum\limits_{\varkappa, \lambda, \mu} u_\varkappa u_\lambda u_\mu + \cdots ,$$

wobei die Summen $\sum\limits_{\varkappa}, \sum\limits_{\varkappa, \lambda}, \sum\limits_{\varkappa, \lambda, \mu}, \ldots$ über alle möglichen Kombinationen der u_ν zur 1ten, 2ten, $3^{\text{ten}}, \ldots$ Klasse zu erstrecken sind. Ist also $u_\nu = a_\nu x$, $\sum |a_\nu|$ konvergent, so hat man für jedes endliche x:[318])

$$(62) \qquad \prod\limits_{0}^{\infty} {}_\nu (1 + a_\nu x) = 1 + \sum\limits_{1}^{\infty} {}_\nu A_\nu x^\nu \quad (A_1 = \sum a_\varkappa, \ A_2 = \sum a_\varkappa a_\lambda, \ \text{etc.})$$

und allgemeiner:

---

316) Vermöge der (lediglich an die Beschränkung: $|s_\nu| \geqq \alpha > 0$ gebundenen) analogen Identität:

$$(58\,\text{a}) \qquad s_n = s_0 \prod\limits_{1}^{n} {}_\nu \frac{s_\nu}{s_{\nu-1}}$$

lässt sich auch jeder Grenzwert $s = \lim s_n$ durch das unendliche Produkt:

$$(59\,\text{a}) \qquad s = s_0 \prod\limits_{0}^{\infty} {}_\nu \frac{s_\nu}{s_{\nu-1}}$$

darstellen. Ist also speziell: $s_n = \sum\limits_{0}^{n} {}_\nu u_\nu = s_{n-1} + u_n$, so wird

$$(60\,\text{a}) \qquad \sum\limits_{0}^{\infty} {}_\nu u_\nu = u_0 \cdot \prod\limits_{0}^{\infty} {}_\nu \left(1 + \frac{u_\nu}{s_{\nu-1}}\right) .$$

Hieraus ergiebt sich z. B. der Nr. **26**, Fussn. 2 erwähnte *Abel'*sche Satz, dass gleichzeitig mit der Reihe $\sum u_\nu$ (wo $u_\nu > 0$) stets auch $\sum \dfrac{u_\nu}{s_{\nu-1}}$ *divergiert*. Im übrigen ist aber die Transformation (60 a) von wesentlich geringerer Bedeutung als die umgekehrte (60). Beispiele für ihre Anwendung giebt *Stern*, Journ. f. Math. (1834), p. 353.

317) Vgl. z. B. die *Euler'*sche Formel (55).

318) Ein solches Produkt stellt dann nach *Weierstrass'* Bezeichnung eine

$$(63) \qquad \prod_{0}^{\infty}{}_{\nu}\left(1 + \sum_{1}^{\infty}{}_{\mu} a_{\nu}^{(\mu)} x^{\mu}\right) = 1 + \sum_{1}^{\infty}{}_{\nu} A_{\nu} x^{\nu},$$

so lange $\displaystyle\sum_{0}^{\infty}{}_{\nu} \sum_{1}^{\infty}{}_{\mu} \left| a_{\nu}^{(\mu)} x^{\mu} \right|$ konvergiert.

Bei geeigneter Spezialisierung der a_{ν}, $a_{\nu}^{(\mu)}$ lassen sich die unendlichen Reihen, welche zunächst zur Darstellung der A_{ν} sich ergeben, mit Hülfe von Rekursionsformeln summieren. Schon *Euler* fand durch die Substitutionen $a_{\nu} = q^{\nu+1}$, $a_{\nu}^{(\mu)} = q^{\mu(\nu+1)}$ ($|q| < 1$) die Beziehungen[319]:

$$(64) \qquad \prod_{1}^{\infty}{}_{\nu}\left(1 + q^{\nu} x\right) = 1 + \sum_{1}^{\infty}{}_{\nu} \frac{q^{\frac{1}{2}\nu(\nu+1)}}{(1-q)\cdots(1-q^{\nu})} \cdot x^{\nu},$$

$$(65) \qquad \prod_{1}^{\infty}{}_{\nu}\left(1 - q^{\nu} x\right)^{-1} = 1 + \sum_{1}^{\infty}{}_{\nu} \frac{q^{\nu}}{(1-q)\cdots(1-q^{\nu})} \cdot x^{\nu},$$

und aus der ersten derselben für $x = -1$ und durch Entwickelung nach Potenzen von q die folgende[320]):

$$(66) \qquad \prod_{1}^{\infty}{}_{\nu}\left(1 - q^{\nu}\right) = 1 + \sum_{1}^{\infty}{}_{\nu} (-1)^{\nu} \cdot \left(q^{\frac{1}{2}\nu(3\nu-1)} + q^{\frac{1}{2}\nu(3\nu+1)}\right).$$

Durch *Jacobi*'s Untersuchungen ist der enge Zusammenhang dieser von *Euler* für *zahlentheoretische*[321]) Zwecke aufgestellten Formeln und ähnlicher auf analoge Weise zu gewinnender mit der Theorie der *elliptischen Funktionen*[322]) festgestellt worden. Derselbe beruht auf dem Umstande, dass die zur Darstellung der elliptischen Funktionen

---

ganze transcendente Funktion mit den Nullstellen $x = -\dfrac{1}{a_{\nu}}$ dar. Über die *Weierstrass*'sche Verallgemeinerung dieser Formel (Nr. 41, Fussn. 404) für den Fall, dass $\sum |a_{\nu}|$ *divergiert*, vgl. II B 1.

319) Introd. T. I, Cap. XVI: De partitione numerorum, p. 259. 263.

320) L. c. p. 270. Dort zunächst nur durch Induktion gefunden, bald darauf von *E.* analytisch bewiesen; Petrop. Novi Comment. 5 (ad. ann. 1754. 55), p. 75. — Einfacherer Beweis von *Legendre*: Théorie des nombres (1830), T. 2, p. 128. — *Jacobi* ist mehrmals auf diese Formel zurückgekommen und hat ausser zwei *elementaren* Beweisen (J. f. Math. 21 [1840], p. 13; 32 [1846], p. 164 = Werke 6, p. 281. 303), deren zweiter eine Modifikation des *Euler*'schen ist, noch drei weitere mit Hülfe der *elliptischen Funktionen* gegeben (Fundam. nova, § 62. 63 u. 64—66 = Werke 1, p. 228 ff.; 2, p. 153. J. f. Math. 36 [1848], p. 75).

321) Über die zahlentheoretische Verwertung der Formeln (64) bis (66) vgl. I C 3.

dienlichen *Jacobi'schen Thetafunktionen*[322]) sich aus Produkten von der Form:

$$(67) \qquad \prod_{1}^{\infty} {}^{\nu} \left(1 \pm q^{\nu} \cdot x^{\pm 1}\right), \qquad \prod_{1}^{\infty} {}^{\nu} \left(1 \pm q^{2\nu+1} \cdot x^{\pm 1}\right)$$

zusammensetzen lassen[323]). Von den weiteren in dem genannten Zusammenhange von *Jacobi* abgeleiteten Reihendarstellungen unendlicher Produkte will ich als besonders merkwürdig noch die folgenden hervorheben[324]):

$$(68) \qquad \prod_{1}^{\infty} {}^{\nu} \frac{1-q^{\nu}}{1+q^{\nu}} = 1 - 2 \sum_{1}^{\infty} {}^{\nu} (-1)^{\nu} \cdot q^{\nu^2},$$

$$(69) \qquad \prod_{1}^{\infty} {}^{\nu} \frac{1-q^{2\nu}}{1-q^{2\nu-1}} = 1 + \sum_{1}^{\infty} {}^{\nu} q^{\frac{1}{2}\nu(\nu+1)},$$

$$(70) \qquad \prod_{1}^{\infty} {}^{\nu} \left(1-q^{\nu}\right)^3 = 1 + \sum_{1}^{\infty} {}^{\nu} (-1)^{\nu} \cdot (2\nu+1) \cdot q^{\frac{1}{2}\nu(\nu+1)}.$$

44. Faktoriellen und Fakultäten. *Cauchy* hat Produkte von der Form $\prod(1 + a_\nu x)$, bei welchen die a_ν wie in (67) eine *geometrische* Progression bilden, als *geometrische Faktoriellen* bezeichnet[325]) und eine allgemeine elementare Theorie derselben entwickelt[326]). Dieselbe liefert insbesondere Transformationen in unendliche Reihen, welche die *Euler*'schen Formeln und die Entwickelungen der elliptischen Funktionen als spezielle Fälle umfassen.

Als *arithmetische Faktoriellen* hätte man nach *Cauchy* solche $\prod(1 + a_\nu x)$ oder etwas allgemeiner $\prod(u + a_\nu x)$ zu bezeichnen, bei denen die a_ν eine *arithmetische* Progression bilden und die sonst zumeist numerische und analytische *Fakultäten* oder auch *Faktoriellen* schlechthin genannt werden[327]). Setzt man etwa $a_\nu = a + \nu b$ und schreibt man wiederum u statt $u + a$, x statt bx, so folgt, dass man $\prod(u + a_\nu x)$ stets auf die Form $\prod(u + \nu x)$ bringen kann. Da nun solche *unendliche* Produkte offenbar stets *divergieren* müssen, so handelt es sich hierbei zunächst um *endliche* Produkte von der Form:

---

322) Vgl. II B 6a, 7.

323) *Jacobi*, Fundamenta, § 64 (Werke 1, p. 232). Vgl. auch *Gauss'* Nachlass (Werke 3, p. 434). — *Ch. Biehler*, J. f. Math. 88 (1880), p. 186.

324) Fundam. § 66 (Werke 1, p. 237). Die Formel (69) auch bei *Gauss*, Werke 2, p. 20.

325) Par. C. R. 17 (1843), p. 641.

326) Par. C. R. 17, p. 523. 640. 693. 921. 1159.

327) Die Terminologie ist sehr schwankend.

$$f(u, x, n) = \prod_{\nu\,0}^{n-1} (u + \nu x)$$ und sodann um deren *Interpolation* für den
Fall, dass eine *beliebige* Zahl y an die Stelle der *natürlichen* Zahl n
tritt; diese führt auf gewisse *unendliche Produkte* (zur Darstellung von
$f(u, x, y)$, welche als *analytische Fakultäten* bezeichnet zu werden pflegen.

Das fragliche Problem ist zuerst von *Euler*[328], in speziellerer
Form von *Vandermonde*[329] behandelt worden. Die erste ausführliche
Theorie der *Fakultäten* hat sodann *Kramp* geliefert[330], an welche
sich weitere Arbeiten von *Bessel*[331], *Crelle*[332], *Ohm*[333] und *Öttinger*[334]
anschliessen. *Weierstrass* hat gezeigt, dass alle die auf *rein formale*
Behandlungsweise gegründeten Theorien auf mannigfache Widersprüche
führen[335], und hat eine völlig neue, wesentlich auf *funktionentheoretischer* Grundlage ruhende Theorie der *analytischen Fakultäten* entwickelt. Die letzteren werden dabei auf das von *W.* speziell als *Fak-
torielle* bezeichnete, für jedes endliche (reelle oder complexe) u konvergierende Produkt:

$$(71) \qquad \mathrm{Fc}\,(u) = u \prod_{\nu\,1}^{\infty} \left(\frac{\nu}{\nu + 1}\right)^{u} \cdot \left(1 - \frac{u}{\nu}\right)$$

zurückgeführt, welches sich als identisch mit dem *Legendre*'schen $\frac{1}{\Gamma(u)}$
oder dem *Gauss*'schen $\frac{1}{\Pi(u-1)}$ erweist[336]) und dessen prinzipielle
Bedeutung vor allem darin besteht, dass es den Ausgangspunkt für
die Nr. **41**, **42**, Fussn. 304. 318 erwähnten Untersuchungen gebildet hat.

45. Allgemeine formale Eigenschaften der Kettenbrüche. Als
n-gliedrigen *Kettenbruch*[337] bezeichnet man einen Ausdruck von der
Form:

---

328) Inst. calc. diff. 2, p. 832. Vgl. Nr. **41**, Formel (54).

329) Vgl. Nr. **10**, Fussn. 70. V. behandelt nur den Fall: $f(u, -1, y)$ und
bezeichnet die f als *Potenzen zweiter Ordnung*.

330) Analyse des réfractions astronomiques et terrestres, Chap. III, Nr. 142
bis 203. — *Gergonne*, Ann. 3 (1812), p. 1.

331) Königsb. Archiv f. Naturw. u. Math. 1812. Abh. 2, p. 343.

332) Theorie der analyt. Facultäten, Berlin 1824. J. f. Math. 7 (1831), p. 356.

333) J. f. Math. 39 (1850), p. 23.

334) Ibid. 38 (1846), p. 1 (hier eine übersichtliche Zusammenstellung der
bis dahin gebrauchten verschiedenen Definitionen und Bezeichnungsweisen). p. 117.
226. 329; 35 (1847), p. 13; 38 (1849), p. 162. 216; 44 (1852), p. 26. 147.

335) J. f. Math. 51 (1856), p. 1 ff. Der kritische Teil ausführlicher in dem
Wiederabdruck dieser Abh.: Werke 1, p. 153 ff.

336) Vgl. II A 3.

337) Über die ältere Geschichte der Kettenbrüche vgl. ausser der im Ein-

$$(72) \quad \begin{cases} b_0 \pm \cfrac{a_1}{b_1 \pm \cfrac{a_2}{b_2 \pm \cdots \pm \cfrac{a_{n-1}}{b_{n-1} \pm \dfrac{a_n}{b_n}}}} \end{cases} \quad \text{d. h. eigentlich: } \quad b_0 \pm \cfrac{a_1}{b_1 \pm \cfrac{a_2}{b_2 \pm \cdots \cdots \cdots \atop \pm \cfrac{a_{n-1}}{b_{n-1} \pm \dfrac{a_n}{b_n}}}}$$

Derselbe soll hier stets in der gedrängteren Form[338]):

$$(73) \qquad b_0 \pm \frac{a_1}{|\,b_1} \pm \frac{a_2}{|\,b_2} \pm \cdots \pm \frac{a_n}{|\,b_n}$$

geschrieben oder durch das Symbol:

$$(74) \qquad \left[b_0; \pm \frac{a_\nu}{b_\nu} \right]_1^n$$

bezeichnet werden[339]). Die a_ν, b_ν stellen dabei ganz beliebige Zahlen

---

gange zitierten Schrift von *S. Günther* deren erweiterte italienische Bearbeitung: *Boncompagni*, Bulletino di Bibl. 7 (1874), p. 213. Ibid. p. 451: *Ant. Favaro,* Notizie storiche sulle frazioni continue. Auch: *Klügel*, T. 3, p. 88. *M. Cantor*, a. a. O. 2, p. 631. 694; 3, p. 92. 669. — Zusammenhängende Theorien der allgemeinen Kettenbrüche haben ausser *Euler* (Petrop. Comment. 9 [1737], p. 98; 11 [1739], p. 22. Introductio 1, p. 295) noch *F. A. Möbius* (J. f. Math. 6 [1830], p. 216. Werke 4, p. 505) und sehr ausführlich *M. A. Stern* (J. f. Math. 10 [1833], p. 1. 154. 241. 364; 11 [1834], p. 33. 142. 277. 311) entwickelt. *Lagrange* (Add. aux Éléments d'Algèbre d'Euler: Oeuvres 7, p. 8) und *Legendre* (Théorie des nombres [1830], 1, p. 17) haben nur aus *ganzen* Zahlen zusammengesetzte, insbesondere sog. *regelmässige* Kettenbrüche behandelt. Im übrigen vgl. die zitierten Lehrbücher von *Stern, Schlömilch, Hattendorff* und *Stolz*; auch: *J. A. Serret,* Cours d'Algèbre supérieure (Paris 1885), I, p. 7.

338) Diese Schreibweise scheint mir charakteristischer, als die zumeist verbreitete: $b_0 \pm \dfrac{a_1}{b_1} \pm \dfrac{a_2}{b_2} \pm \cdots \pm \dfrac{a_n}{b_n}$, welche nach *Baltzer*'s Angabe (El. der Math 1, p. 189, Fussn.) von *J. H. T. Müller* (Allg. Arithm., Halle 1838) herrührt (vgl. übrigens Nr. 9, Fussn. 52).

339) Allgemein bezeichne ich also durch das Symbol $\left[b_m; + \dfrac{a_\nu}{.\,b_\nu} \right]_{m+1}^n$ den Kettenbruch $b_m \pm \dfrac{a_{m+1}}{|\,b_{m+1}} \pm \cdots \pm \dfrac{a_n}{|\,b_n}$. Dabei schreibe ich statt $\left[0; \pm \dfrac{a_\nu}{b_\nu} \right]_{m+1}^n$ kürzer: $\left[\pm \dfrac{a_\nu}{b_\nu} \right]_{m+1}^n$, so dass also: $\left[b_m; \pm \dfrac{a_\nu}{b_\nu} \right]_{m+1}^n = b_m + \left[\pm \dfrac{a_\nu}{b_\nu} \right]_{m+1}^n$. — *Stern* bedient sich a. a. O. des allzu undeutlichen Symboles: $F(b_0, b_n)$ oder auch des wenig übersichtlichen: $F(b_0 \pm a_1 : b_1 \pm a_2 : b_2 \pm \cdots)$. *E. Heine* (Handb. der Kugelf. 1 [1878], p. 261) schreibt dafür: $\begin{vmatrix} & \mp a_1 & \mp a_2 & \cdots \mp & a_n \\ b_0 & b_1 & b_2 & & b_n \end{vmatrix}$. Ist durchweg $\pm a_\nu = 1$, so pflegt man den betreffenden Kettenbruch nach *Dirichlet* (Werke 2,

vor, nur wird man naturgemäss die $|a_v| > 0$ voraussetzen, während von den b_v beliebig viele, *mit einziger Ausnahme*[340]) von b_n, auch $= 0$ sein können; im übrigen unterliegen die letzteren noch gewissen Beschränkungen, sofern der Kettenbruch überhaupt einen *bestimmten Sinn* haben, d. h. eine bestimmte *Zahl* vorstellen soll.

Man nennt a_0 das *Anfangsglied*, $\pm \dfrac{a_v}{b_v}$ das v^{te} *Glied* oder den v^{ten} *Teilbruch*, $\pm a_v$ bezw. b_v den v^{ten} *Teilzähler* bezw. *Teilnenner* des Kettenbruches. Verwandelt man den Kettenbruch $\left[b_0; \dfrac{a_v}{b_v} \right]_1^{\varkappa}$ [341]) durch successives Fortschaffen der Teilnenner in einen gewöhnlichen Bruch $\dfrac{A_\varkappa}{B_\varkappa}$ und zwar *rein formal* (d. h. insbesondere ohne Anwendung von *Reduktionen*, falls im Laufe der Rechnung infolge *besonderer* Beschaffenheit der a_v, b_v *reduktible* Brüche auftreten sollten[342])), so ergiebt sich zunächst:

(75a)
$$A_0 = b_0 \qquad\qquad B_0 = 1$$
$$A_1 = b_1 \cdot A_0 + a_1 \qquad B_1 = b_1 \cdot B_0$$

und sodann (durch vollständige Induktion) für $v \geq 2$ die Rekursionsformel[343]):

(75b) $\quad A_v = b_v \cdot A_{v-1} + a_v \cdot A_{v-2}, \quad B_v = b_v \cdot B_{v-1} + a_v \cdot B_{v-2}.$

Fällt hierbei B_v *von Null verschieden* aus, so heisst $\dfrac{A_v}{B_v}$ der v^{te} *Näherungsbruch* und im Falle $v = n$ der *Wert* des Kettenbruches:

(76)
$$K_n = b_0 + \frac{a_1 \mid}{\mid b_1} + \frac{a_2 \mid}{\mid b_2} + \cdots + \frac{a_n \mid}{\mid b_n}.$$

p. 141) mit $(b_0, b_1, \ldots b_n)$ zu bezeichnen, während dieses nämliche Symbol bei *Möbius* a. a. O. den Kettenbruch $\dfrac{1 \mid}{\mid b_0} - \dfrac{1 \mid}{\mid b_1} - \cdots - \dfrac{1 \mid}{\mid b_n}$ bedeutet.

340) Indessen darf immerhin $\lim b_n = 0$ werden, wenn man die b_v als Funktionen einer Veränderlichen auffasst; in diesem Falle geht der Kettenbruch (73) in den folgenden über: $b_0 \pm \dfrac{a_1 \mid}{\mid b_1} \pm \cdots \pm \dfrac{a_{n-2} \mid}{\mid b_{n-2}}$. (Nur auf diese Art können z. B. diejenigen Schlüsse legalisiert werden, die *Möbius* — Werke, 4, p. 507 — zieht, indem er einfach $b_n = 0$ setzt.)

341) Es ist keine Beschränkung der Allgemeinheit, wenn ich von jetzt ab nur a_v statt $\pm a_v$ schreibe, da ja die a_v an sich beliebiges Vorzeichen besitzen dürfen.

342) Über diese Möglichkeit vgl. *Stern* a. a. O. 2, p. 13.

343) Dem Sinne nach schon bei *Wallis*, Arithm. infinit. p. 191 (Opera 1, p. 475). — Verallgemeinerung der Rekursionsformel (75b) bei *Stolz* a. a. O. 2, p. 268.

Aus (75) ergiebt sich die für die gesamte Lehre von den Kettenbrüchen fundamentale Relation[344]):

$$(77) \qquad \frac{A_\nu}{B_\nu} - \frac{A_{\nu-1}}{B_{\nu-1}} = (-1)^{\nu-1} \cdot \frac{a_1 \cdot a_2 \cdots a_\nu}{B_{\nu-1} \cdot B_\nu} \qquad (1 \leq \nu \leq n)$$

und in ähnlicher Weise die allgemeinere:

$$(78) \qquad \frac{A_\nu}{B_\nu} - \frac{A_\mu}{B_\mu} = (-1)^\mu \cdot \frac{a_1 \cdot a_2 \cdots a_{\mu+1} \cdot B_{\mu+1,\nu}}{B_\mu \cdot B_\nu} \qquad (\mu \leq \nu - 1),$$

wenn noch gesetzt wird:

$$(79) \qquad a_\varkappa + \frac{a_{\varkappa+1}|}{|b_{\varkappa+1}} + \cdots + \frac{a_\nu|}{|b_\nu} = \frac{A_{\varkappa,\nu}}{B_{\varkappa,\nu}} \qquad (\varkappa \leq \nu).$$

Vermöge der Identität $\dfrac{a}{b+r} = \dfrac{ca}{cb+cr}$ lässt sich jeder Kettenbruch K_n durch unendlich viele ihm völlig *äquivalente* (d. h. durchweg *gleichwertige Näherungsbrüche* liefernde) ersetzen, nämlich:

$$(80) \qquad K_n = b_0 + \frac{c_1 a_1|}{|c_1 b_1} + \frac{c_1 c_2 a_2|}{|c_2 b_2} + \cdots + \frac{c_{n-1} c_n a_n|}{|c_n b_n}.$$

Durch passende Wahl der c_ν kann man allemal erzielen, dass sich ergiebt:

$$(81) \qquad K_n = b_0 + \frac{\alpha_1|}{|\beta_1} + \frac{\alpha_2|}{|\beta_2} + \cdots + \frac{\alpha_n|}{|\beta_n},$$

wo die α_ν *oder* die β_ν *beliebig vorgeschriebene* Zahlen sind (mit angemessenem Ausschluss von 0). Wählt man durchweg[345]) $\alpha_\nu = +1$, so mag der resultierende Kettenbruch als die *Hauptform*[346]) von K_n bezeichnet werden. Für $\alpha_\nu = -1$ kommt diejenige Form zum Vorschein, deren reciproken Wert *Möbius* als Normalform benützt hat und die von *Seidel*[347]) die *reduzierte* Form[348]) von K_n genannt worden ist.

46. Rekursorische und independente Berechnung der Näherungsbrüche. Die Rekursionsformeln (75)[349]) liefern zugleich auch die Hülfsmittel zur *independenten* Berechnung der A_ν, B_ν.

---

344) *Euler,* Petr. Comment. 9, p. 104.

345) Ibid. p. 108.

346) *Heine* (a. a. O. p. 264) gebraucht diesen Ausdruck, falls die β_ν natürliche Zahlen sind.

347) Münch. Abh. 2. Kl. 7 (1855), p. 267.

348) Hiervon wohl zu unterscheiden ist der Ausdruck „*reduzierter Kettenbruch*“, mit welchem man nach *Stern* (a. a. O. p. 4) den *Wert* des betr. Kettenbruchs, also den Näherungsbruch $\dfrac{A_n}{B_n}$ zu bezeichnen pflegt.

349) Bei dem entsprechenden Rekursionsverfahren wird mit dem Einrichten

Euler hat für den Fall, dass K_ν auf die Hauptform gebracht ist, einen eigenen *Algorithmus* zur Darstellung der A_ν, B_ν ersonnen[350]), der sich zwar zur Herleitung gewisser Kettenbruchrelationen als sehr nützlich erweist, dagegen für die A_ν, B_ν im Grunde genommen nur eine *symbolische*, zur effektiven Berechnung nicht genügend durchsichtige[351]) Darstellung liefert, nämlich:

$$(82) \qquad \frac{A_\nu}{B_\nu} = \frac{(b_0, b_1, b_2, \ldots b_\nu)}{(b_1, b_2, \ldots b_\nu)},$$

wobei das Symbol $(b_m, b_{m+1}, \ldots b_\nu)$ durch die Rekursionsformel definiert ist:

$$(83) \quad (b_m, b_{m+1}, \ldots b_\nu) = b_\nu \cdot (b_m, b_{m+1}, \ldots b_{\nu-1}) + (b_m, b_{m+1}, \ldots b_{\nu-2}).$$

Mit diesen *Euler*'schen Symbolen im wesentlichen identisch erweisen sich trotz der zunächst gänzlich verschiedenen Definition die von *Möbius*[352]) eingeführten Symbole $[b_0, b_1, \ldots b_\nu]$ — abgesehen davon, dass sich dieselben auf Kettenbrüche von der Form:

$$(84) \quad K_n = b_0 - \frac{1|}{|\,b_1} - \frac{1|}{|\,b_2} - \cdots - \frac{1|}{|\,b_n} \quad \left(\text{genauer gesagt: } k_n = \frac{1}{K_n}\right)$$

beziehen. Setzt man nämlich für $m \leq \nu$:

$$(85) \qquad K_{m,\nu} = b_m - \frac{1|}{|\,b_{m+1}} - \frac{1|}{|\,b_{m+2}} - \cdots - \frac{1|}{|\,b_\nu}$$

$$(\text{also: } K_{0,\nu} = K_\nu, \quad K_{\nu,\nu} = b_\nu)$$

und definiert nach *Möbius* das fragliche Symbol durch die Gleichung:

$$(86) \qquad [b_0, b_1, b_2, \ldots b_\nu] = K_{0,\nu} \cdot K_{1,\nu} \cdot K_{2,\nu} \cdots K_{\nu,\nu},$$

so lässt sich zeigen, dass diese Ausdrücke *ganze rationale* Funktionen ihrer Elemente sind, und man erkennt im übrigen unmittelbar, dass

$$K_{0,\nu} = \frac{A_\nu}{B_\nu} = \frac{[b_0, b_1, b_2, \ldots b_\nu]}{[b_1, b_2, \ldots b_\nu]}$$

in voller Analogie mit der *Euler*'schen Formel (82).

---

der Brüche *von vorn* begonnen. Man findet $\dfrac{A_2}{B_2}$ aus: $\dfrac{A_1}{B_1} = \dfrac{b_1 A_0 + A_1}{b_1 B_0}$ durch Substitution von $b_1 + \dfrac{a_2}{b_2}$ an Stelle von b_1 u. s. f. *Stern* hat a. a. O. p. 5 auch ein mit dem Bruche $\dfrac{A'_n}{B'_n} = \dfrac{b_n a_{n-1} + a_n}{b_n}$ beginnendes und *rückwärts* laufendes Rekursionsverfahren entwickelt. (Vgl. auch *Stolz* a. a. O. p. 266.)

350) Petrop. Novi Comment. 9 (1764). Vgl. auch *Gauss*, Disquis. arithm. Art. 27 (Werke 1, p. 20). *Dirichlet-Dedekind*, Vorl. über Zahlentheorie § 23.

351) D. h. etwa nach Art einer Determinante. — Eine brauchbare Regel zur Berechnung der *Euler*'schen Symbole hat übrigens *V. Schlegel* angegeben: Z. f. Math. 22 (1877), p. 402.

352) Werke 4, p. 511.

Da die A_ν, B_ν durch je ein *System linearer Gleichungen* (und zwar, abgesehen von den beiden Anfangsgleichungen (75a) durch das *nämliche* System) definiert sind, so ergiebt sich als nächstliegendes Darstellungsmittel[353]) der *Quotient zweier Determinanten*, der sich aber wegen der besonderen Form jener Gleichungen auf *eine einzige Determinante* reduzieren lässt. Für den Fall $a_\nu = +1$ bezw. $a_\nu = -1$ wurde dies von *Sylvester* und *Spottiswoode* zuerst hervorgehoben[354]). Die allgemeine Auflösung der in Frage kommenden *rekurrenten dreigliedrigen Linearsysteme* mit Hülfe von Determinanten wurde aus anderweitiger Veranlassung von *Painvin*[355]) gegeben und zuerst von *S. Günther*[356]) für die Darstellung der A_ν, B_ν prinzipiell verwertet[357]). Unabhängig davon und ungefähr gleichzeitig wurde die Determinantendarstellung der A_ν, B_ν von *G. Bauer*[358]) angegeben und auch von *K. Hattendorff*[359]) in sehr einfacher Weise abgeleitet.

Während hiernach das Problem, die Näherungsbrüche eines vorgelegten Kettenbruches zu berechnen, auf die Auflösung eines rekurrenten dreigliedrigen Linearsystems führt, so kann umgekehrt jedes solche System zur *Definition* eines bestimmten *Kettenbruches* dienen. Diese schon von *Euler*[360]) gemachte Bemerkung ist von *G. Bauer*[361]), *Heine*[362]) und *Scheibner*[363]) mit Vorteil zur Herleitung von Kettenbruchrelationen benützt worden. Durch entsprechende Betrachtung

---

353) Ich übergehe hier die auf kombinatorischen Betrachtungen beruhenden Berechnungsmethoden von *Hindenburg, Eytelwein, Stern* (a. a. O. p. 5) und anderen; näheres darüber (nebst zahlreichen einschlägigen litterarischen Notizen) in *S. Günther*'s Habilitationsschrift: „Darstellung der Näherungswerte von Kettenbrüchen in independenter Form". Erlangen 1872.

354) Philos. Mag. (4) 5 (1853), p. 453; 6 (1853), p. 297. — J. f. Math. 51 (1856), p. 374.

355) J. de math. (2) 3 (1858), p. 41.

356) Hieran wird durch die Bemerkung *Heine*'s (Kugelf. 1, p. 262, Fussn.), dass ihm der Zusammenhang des gelegentlich (J. f. Math. 56 [1859], p. 80) von ihm benützten *Painvin*'schen Resultates mit der *Kettenbruch*-Theorie keineswegs entgangen sei, nichts geändert.

357) In der oben zitierten Schrift, deren zweiter Teil eine Anzahl verschiedenartiger Anwendungen jener „Kettenbruchdeterminanten" (Continuanten), vgl. I A 2 Nr. **31**, enthält.

358) Münch. Abh., 2. Kl., 11 (1872), Abt. II, p. 103.

359) Einl. in die Lehre von den Determinanten. Hannover 1872, p. 20. Auch: Algebr. Anal. p. 264.

360) Acta Petrop. 1779, 1, p. 3.

361) J. f. Math. 56 (1859), p. 105.

362) Ibid. 57 (1860), p. 235.

363) Leipz. Ber. 1864, p. 44. Vgl. auch: *Baltzer*, El. der Math. 1, p. 189.

analoger *viergliedriger* Systeme gelangte *Jacobi*[364]) zu einer Verallgemeinerung des Kettenbruchalgorithmus, die sich auch auf beliebig-
vielgliedrige Systeme ausdehnen lässt[365]).

Schliesslich sei hier noch auf den Zusammenhang solcher rekur-
renter Systeme mit der Theorie der *Differenzengleichungen*[366]) hingewiesen. Insbesondere genügen die A_ν, B_ν, also auch die *Euler*'schen
und *Möbius*'schen Symbole einer linearen Differenzengleichung zweiter
Ordnung[367]).

47. Näherungsbrucheigenschaften besonderer Kettenbrüche.
Die bisher betrachteten Eigenschaften der Kettenbrüche sind *rein for-
maler* Natur; sie bestehen völlig unabhängig von der besonderen Natur
der a_ν, b_ν (unter denen man sich also statt beliebiger *reeller Zahlen*
eventuell auch *complexe Zahlen* bezw. beliebige *Funktionen* denken
kann). Eigenschaften anderer Art kommen zum Vorschein, wenn man
die a_ν, b_ν spezialisiert. Insbesondere tritt der eigentümliche Charakter
der Näherungsbrüche, welchem dieselben ihren Namen verdanken, erst
hervor, wenn die a_ν unter sich, desgl. die b_ν unter sich (abgesehen
von dem allemal irrelevanten b_0) *gleichbezeichnet* sind. Nimmt man
durchweg $b_\nu > 0$ (was vermöge Gl. (80) keine Beschränkung der Allgemeinheit bedeutet), so bleiben folgende zwei Möglichkeiten:

I. $a_\nu > 0$. Aus Gl. (75), (77), (78) folgt dann unmittelbar, dass
die A_ν, B_ν mit ν *monoton zunehmen*, die $\dfrac{A_{2\nu-1}}{B_{2\nu-1}}$ eine *zunehmende*, die
$\dfrac{A_{2\nu}}{B_{2\nu}}$ eine *abnehmende* Folge bilden, so dass also:

$$(87)\quad \frac{A_{2\nu-1}}{B_{2\nu-1}} < \frac{A_{2\nu+1}}{B_{2\nu+1}} < K_n < \frac{A_{2\nu+2}}{B_{2\nu+2}} < \frac{A_{2\nu}}{B_{2\nu}}\quad \left(1 \leqq \nu < \frac{n}{2} - 1\right).[368])$$

II. $a_\nu < 0$ — wobei es wegen der Formulierung des folgenden

---

364) J. f. Math. 69 (1868), p. 29. Werke 6, p. 385. (Aus *J.*'s Nachlasse
von *Heine* herausgegeben.) Vgl. *E. Fürstenau*, Wiesbaden Gymn.-Progr. 1874.
— Die fragliche Untersuchung ist neuerdings von *W. Fr. Meyer* erheblich vereinfacht und vervollständigt worden: Königsb. Ber. 1898, p. 1. Züricher Verh.
(1898), p. 168.

365) S. die Schlussbem. einer anderen, der eben zitierten unmittelbar vorangehenden Abh. von *Jacobi*: a. a. O. p. 28, bezw. 384.

366) Vgl. I E.

367) *Heine*, Kugelf. 1, p. 261.

368) Eine geometrische Deutung dieser Relation s. *Schlömilch*, Algebr. Anal.
p. 268. Weitere Ausführung dieses Gedankens bei *Lieblein*, Z. f. Math. 12 (1887),
p. 189; *F. Klein*, Gött. Nachr. 1895, p. 257. Andere geometrische Darstellung
bei *M. Koppe*, Math. Ann. 29 (1887), p. 187. (Weiterbildung einer von *Poinsot*,
J. de Math. 10 [1845], p. 50 herrührenden Methode.)

zweckmässig erscheint, $a_1 > 0$, $b_0 \geq 0$ anzunehmen[369]). Genügen sodann die b_ν noch der Bedingung:

$$(88) \qquad b_\nu \geq |a_\nu| + 1 \qquad (\nu \geq 1),$$

so sind die A_ν, B_ν und *alle* $\dfrac{A_\nu}{B_\nu}$ *positiv und mit ν monoton zunehmend.*

Definiert man ferner als ν^{ten} *Nebennäherungsbruch*[370]) den Wert des Kettenbruches:

$$(89) \quad \frac{A'_\nu}{B'_\nu} = b_0 + \frac{a_1|}{|\,b_1} + \cdots + \frac{a_{\nu-1}|}{|\,b_{\nu-1}} + \frac{a_\nu|}{|\,b_\nu - 1} \quad \left(= \frac{A_\nu - A_{\nu-1}}{B_\nu - B_{\nu-1}} \right),$$

so hat man stets $\dfrac{A'_\nu}{B'_\nu} > K_n$, und es bilden die $\dfrac{A'_\nu}{B'_\nu}$ eine im allgemeinen *monoton abnehmende* (nur an Stellen, wo gerade $b_\nu = |a_\nu| + 1$, *konstante*) Folge, so dass also statt Ungl. (87) hier die folgende erscheint:

$$(90) \qquad \frac{A_\nu}{B_\nu} < \frac{A_{\nu+1}}{B_{\nu+1}} \leq K_n < \frac{A'_{\nu+1}}{B'_{\nu+1}} \leq \frac{A'_\nu}{B'_\nu} \qquad (1 \leq \nu \leq n - 1).$$

Charakteristische Beziehungen von ähnlicher Einfachheit finden bei den Näherungsbrüchen sonstiger allgemeiner Kettenbruchtypen nicht statt. Dagegen ergeben sich noch *spezifisch-arithmetische* Eigenschaften[371]), wenn die a_ν, b_ν *ganze* Zahlen sind[372]), namentlich wenn noch durchweg $a_\nu = \pm 1$.

Dem Typus I gehören die für $a_\nu = 1$ und positiv ganzzahlige b_ν resultierenden *regelmässigen* (auch: *einfachen* oder *gewöhnlichen*) Kettenbrüche an, deren spezielle Näherungsbrucheigenschaften den eigentlichen Anstoss zur Ausbildung der Lehre von den Kettenbrüchen ge-

---

369) Der Fall $a_1 < 0$, b_0 beliebig, ist ohne weiteres auf den im Text behandelten zurückzuführen.

370) *Stern,* von dem diese für die Beurteilung analoger *unendlicher* Kettenbrüche nützliche Bemerkung herrührt, bezeichnet die $\dfrac{A'_\nu}{B'_\nu}$ als *mittelbare Näherungsbrüche* (a. a. O. p. 168). Der Ausdruck *Nebennäherungsbrüche* wird sonst gewöhnlich in etwas weiterem Sinne gebraucht, nämlich für alle Brüche, welche aus $\dfrac{A_\nu}{B_\nu}$ entstehen, wenn man den letzten Teilnenner b_ν durch $b_\nu - k$ ($k = 1, 2, \ldots,$ soweit als $b_\nu - k > 0$) ersetzt. Dieselben spielen namentlich bei gewissen arithmetischen Betrachtungen über *regelmässige* Kettenbrüche eine Rolle und werden von *Stern* (a. a. O. p. 18) als *eingeschaltete Näherungsbrüche* bezeichnet. (Bei *Lagrange,* Oeuvres 2, p. 567: fractions secondaires; 7, p. 29: fractions intermédiaires.) Vgl. auch *Stern,* Algebr. Anal. p. 292. 305.

371) Vgl. I C 1.

372) Sind die a_ν, b_ν beliebige *rationale* Zahlen, so kann man den Kettenbr. mit Hülfe von Gl. (80) stets in einen äquivalenten *ganzzahligen* transformieren.

geben haben[373]). Für $a_\nu = -1$, $b_\nu \geq |a_\nu| + 1$, d. h. ≥ 2 ergeben sich dem Typus II (der „*reduzierten* Form") angehörige, kaum minder einfach charakterisierte Kettenbrüche, die etwa als *reduziert-regelmässig* bezeichnet werden mögen[374]). Jede rationale (bezw. irrationale) Zahl A lässt sich *auf eine einzige Weise*[375]) durch einen begrenzten (bezw. unbegrenzt fortsetzbaren) *regelmässigen* oder auch *reduziert-regelmässigen* Kettenbruch darstellen. Setzt man: $A = b_0 + \dfrac{1}{r_1}$, $r_1 = b_1 + \dfrac{1}{r_2}$, u. s. f., so erscheint die *regelmässige*, bezw. *reduziert-regelmässige* Entwickelung, je nachdem man $\dfrac{1}{r_\nu}$ allemal dem Intervalle $(0, 1)$ oder $(0, -1)$ entnimmt[376]).

48. Konvergenz und Divergenz unendlicher Kettenbrüche. Allgemeines Divergenzkriterium. Aus zwei unbegrenzten Zahlenfolgen (a_ν), (b_ν) kann man, zunächst rein formal, einen „*unendlichen*" (d. h. unbegrenzt fortsetzbaren) *Kettenbruch*[377]) bilden, der mit:

$$(91) \qquad b_0 + \frac{a_1|}{|\,b_1} + \frac{a_2|}{|\,b_2} + \cdots \qquad \text{oder:} \qquad \left[b_0; \frac{a_\nu}{b_\nu} \right]_1^\infty$$

---

373) Die Näherungsbrüche regelmässiger Kettenbrüche wurden zuerst von *Daniel Schwenter* zur angenäherten Darstellung von Verhältnissen grosser Zahlen benützt (Geometria practica 1625 bezw. 1641). Der durch Ungl. (87) dargestellte Charakter der Näherungsbrüche und ihre *Irreduktibilität* bei *Huygens* (Descriptio automati planetarii — Datierung unbestimmt, erst mit seinem Nachlass 1698 veröffentlicht).

374) Eine besondere Benennung scheint sich bisher nicht eingebürgert zu haben.

375) Mit der Nebenbedingung, dass bei einem begrenzten *regelmässigen* Kettenbruche das *letzte* Glied stets < 1, bei einem *reduziert-regelmässigen* nicht $= -\dfrac{1}{2}$ zu nehmen ist.

376) Eine andere Art der Entwickelung, bei welcher $\dfrac{1}{r_\nu}$ stets dem Intervalle $\left(-\dfrac{1}{2}, +\dfrac{1}{2} \right)$ entnommen wird, also eine solche „*nach nächsten Ganzen*", hat für einen besonderen Fall *C. Minnigerode* (Gött. Nachr. 1873, p. 160) und allgemein *A. Hurwitz* untersucht (Acta math. 12 [1889], p. 367). Vgl. auch *Hurwitz*, Math. Ann. 39 (1891), p. 281; 44 (1894), p. 429.

377) Als erstes Beispiel eines unendlichen Kettenbruches erscheint nächst der von *Cataldi* gegebenen Entwickelung von Quadratwurzeln (s. Nr. **9**) die Beziehung: $\dfrac{4}{\pi} = \left[1, \dfrac{(2\nu-1)^2}{2} \right]_1^\infty$, welche Lord *Brouncker* (um 1659) auf unbekannte Weise aus der *Wallis*'schen Formel abgeleitet hat. (Einfachster Beweis von *Euler* durch Transform. der *Leibniz*'schen Reihe für $\dfrac{\pi}{4}$: Opusc. analyt. 2, p. 449. Im übrigen vgl. *G. Bauer*, Münch. Abh. Cl. II 11² [1872], p. 100.)

bezeichnet werden mag. Nennt man wiederum $K_n = \dfrac{A_n}{B_n}$ den Wert des betr. *n-gliedrigen* Kettenbruches, so heisst der *unendliche* Kettenbruch *konvergent* und K sein Wert, wenn $\lim K_n = K$; dagegen *eigentlich* oder *uneigentlich divergent* (im letzteren Falle auch *oscillierend*), wenn das entsprechende von der Zahlenfolge (K_ν) gilt[378]. Mit Hülfe von Gl. (77) hat man:

$$(92) \quad K_n = K_0 + \sum_1^n {}^\nu (K_\nu - K_{\nu-1}) = b_0 + \sum_1^n {}^\nu (-1)^{\nu-1} \cdot \frac{a_1 \cdots a_\nu}{B_{\nu-1} \cdot B_\nu},[379])$$

und daher:

$$(93) \quad \left[b_0; \frac{a_\nu}{b_\nu}\right]_1^\infty = b_0 + \sum_1^\infty {}^\nu (-1)^{\nu-1} \cdot \frac{a_1 \cdots a_\nu}{B_{\nu-1} \cdot B_\nu},[380])$$

falls die betreffende Reihe *konvergiert*, während andererseits die *Divergenz* dieser Reihe stets diejenige des Kettenbruches nach sich zieht. Im Gegensatz zu unendlichen *Reihen* oder *Produkten* können *konvergente Kettenbrüche* lediglich *durch Weglassung einer endlichen Anzahl von Anfangsgliedern* auch *divergent* werden *und umgekehrt*. Ich nenne Kettenbrüche, deren Verhalten durch solche Weglassungen *nicht* alteriert wird, *unbedingt* konvergent bezw. divergent. Darnach ist jeder *eigentlich divergente* Kettenbruch nur *bedingt divergent*; beginnt man ihn erst mit dem Gliede $\dfrac{a_2}{b_2}$, so muss er gegen den Wert $-a_1$ *konvergieren*.

Die Beziehung (92) bezw. (93) liefert ein einfaches und sehr allgemeines *Divergenz*-Kriterium. Ist nämlich der Kettenbruch in der *Hauptform* vorgelegt, etwa: $\left[q_0; \dfrac{1}{q_\nu}\right]_1^\infty$, so lautet die gleichgeltende Reihe: $q_0 + \sum_1^\infty {}^\nu (-1)^{\nu-1} \cdot (Q_{\nu-1} \cdot Q_\nu)^{-1}$, wenn Q_ν den Nenner des ν^{ten} Näherungsbruches bezeichnet. Da aber offenbar

$$|Q_n| < \prod_1^n {}^\nu (1 + |q_\nu|),$$

so folgt, dass jene Reihe und somit auch der *Kettenbruch* allemal di-

---

378) Der Begriff der *Konvergenz* und *Divergenz* von *Kettenbrüchen* scheint erst von *Seidel* („Unters. über die Konv. und Div. der Kettenbr.", Habil.-Schr., München 1846) hinlänglich präzisiert worden zu sein. *Stern* (a. a. O. 10, p. 364) rechnet die innerhalb endl. Grenzen *oscillierenden* Kettenbr. zu den *konvergenten* und hat diese Anschauung erst später modifiziert (a. a. O. 37 [1848], p. 255).

379) Mit angemessener Abänderung, wenn einzelne B_ν verschwinden sollten.

380) Diese Beziehung schon bei *Euler,* Petrop. Comm. 9, p. 104.

vergiert, wenn $\sum |q^\nu|$ *konvergiert*[381]). Andererseits lässt sich der ursprünglich betrachtete Kettenbruch mit Hülfe von Gl. (80) stets auf die obige Hauptform bringen, wobei sich ergiebt: $q_0 = b_0$, $q_1 = \dfrac{b_1}{a_1}$ und für $\nu \geq 2$, $\mu \geq 1$:

$$(94) \quad q_\nu = c_\nu \cdot b_\nu, \quad c_{2\mu} = \frac{a_1 \cdot a_3 \cdots a_{2\mu-1}}{a_2 \cdot a_4 \cdots a_{2\mu}}, \quad c_{2\mu+1} = \frac{a_2 \cdot a_4 \cdots a_{2\mu}}{a_1 \cdot a_3 \cdots a_{2\mu+1}},$$

und somit *divergiert* der Kettenbruch, falls die *beiden* Reihen:

$$(95) \quad \sum \left| \frac{a_1 \cdot a_3 \cdots a_{2\mu-1}}{a_2 \cdot a_4 \cdots a_{2\mu}} \cdot b_{2\mu} \right|, \quad \sum \left| \frac{a_2 \cdot a_4 \cdots a_{2\mu}}{a_1 \cdot a_3 \cdots a_{2\mu-1}} \cdot \frac{b_{2\mu+1}}{a_{2\mu+1}} \right|$$

konvergieren. Die Untersuchung der letzteren kann dann mit Hülfe der Kriterien zweiter Art auf diejenige des Quotienten $\left| \dfrac{a_{\nu+2} \cdot b_\nu}{a_{\nu+1} \cdot b_{\nu+2}} \right|$ zurückgeführt werden.

49. Kettenbrüche mit positiven Gliedern. Ein Kettenbruch mit lauter *positiven* Gliedern: $\left[\dfrac{1}{q_\nu}\right]_1^\infty$ bezw. $\left[\dfrac{a_\nu}{b_\nu}\right]_1^\infty$ (wo: $q_\nu > 0$, $a_\nu > 0$, $b_\nu > 0$) kann vermöge der besonderen Eigenschaften seiner Näherungsbrüche (s. Ungl. (87)) nur *konvergieren* (in welchem Falle stets: $\left[\dfrac{1}{q_\nu}\right]_1^\infty < 1$, $\left[\dfrac{a_\nu}{b_\nu}\right]_1^\infty < \dfrac{a_1}{b_1}$), oder innerhalb *endlicher* Grenzen *oscillieren*. Die soeben angegebene *hinreichende Divergenz*-Bedingung erweist sich hier zugleich als *notwendig*; d. h. der Kettenbruch *konvergiert* und zwar stets *unbedingt*, wenn $\sum q_\nu$ bezw. *mindestens* eine der beiden Reihen (95) *divergiert*[382]). Da aber die *Divergenz* von $\sum q_\nu$ feststeht, wenn $\sum q_\nu \cdot q_{\nu+1}$ *divergiert* (jedoch *nicht* umgekehrt!), so liefert die *Divergenz* von $\sum q_\nu \cdot q_{\nu+1}$ bezw. diejenige von $\sum \dfrac{b_\nu b_{\nu+1}}{a_{\nu+1}}$ eine merklich einfachere *hinreichende* (aber *nicht notwendige*) Bedingung für die *Konvergenz* des Kettenbruches[383]). Bleibt dabei $\dfrac{b_\nu}{a_\nu}$ über, also $\dfrac{a_\nu}{b_\nu}$ unter

---

381) Für positive q_ν bei *Seidel* a. a. O.; für beliebige q_ν bei *Stolz* a. a. O. p. 279.

382) Zuerst von *Seidel* (a. a. O.) bewiesen; unabhängig auch von *Stern*, J. f. Math. 37 (1848), p. 269.

383) *Schlömilch* (Algebr. Anal. p. 290) giebt die von ihm aufgefundene allzu enge Bedingung: $\lim \dfrac{b_\nu b_{\nu+1}}{a_{\nu+1}} > 0$ — mit dem unrichtigen Zusatze, dass man im Falle: $\lim \dfrac{b_\nu b_{\nu+1}}{a_{\nu+1}} = 0$ über die Beschaffenheit des Kettenbruches nichts aussagen könne. Andere Lehrbücher geben für diesen Fall die gleichfalls un-

einer endlichen Grenze, so genügt schon die *Divergenz* der noch einfacheren Reihe $\sum b_\nu$. Daraus folgt insbesondere, dass jeder *ganzzahlige* Kettenbruch $\left[\dfrac{a_\nu}{b_\nu}\right]_1^\infty$, falls $0 < a_\nu \leq b_\nu$, insbesondere also jeder *regelmässige konvergiert*. Sein Wert ist stets *irrational* [384]) und < 1. Über den mit Hülfe der Näherungsbrüche zu erzielenden Grad der Annäherung [384a]) geben die Formeln (77), (78), (87) Aufschluss.

Ist dagegen $a_\nu > b_\nu$ und der Kettenbruch *konvergent* (was mit Hülfe der oben angegebenen Regeln in unendlich vielen Fällen wirklich festgestellt werden kann), so kann sein Wert auch *rational* sein [385]), und man besitzt keine allgemeinen Kriterien, um seine etwaige *Irrationalität* zu beurteilen. Schon *Euler* hat bemerkt [386]), dass der Kettenbruch $\left[\dfrac{m+\nu}{1+\nu}\right]_1^\infty$, welcher nach dem gesagten *irrational* ausfällt für $m = 0$ und $m = 1$, [387]) einen *rationalen* Wert besitzt, wenn die ganze Zahl $m \geq 2$ ist. Analoges Verhalten zeigt der allgemeinere Kettenbruch $\left[\dfrac{m+\nu}{n+\nu}\right]_1^\infty$, dessen Wert nur für $m \leq n$ *irrational*, dagegen für $m \geq n + 1$ *rational* ist [388]).

50. Konvergente Kettenbrüche mit Gliedern beliebigen Vorzeichens. Ein Kettenbruch, dessen Teilzähler und Teilnenner beliebige Vorzeichen besitzen, kann mit Hülfe von Gl. (80) stets auf die Form gebracht werden: $\varepsilon_0 b_0 + \left[\dfrac{\varepsilon_\nu a_\nu}{b_\nu}\right]_1^\infty$, wo: $\varepsilon_\nu = \pm 1$, $a_\nu > 0$, $b_\nu > 0$. Ein Kettenbruch dieser letzteren Art ist *unbedingt konvergent*, wenn durchweg oder zum mindesten für $\nu \geq n$:

$$(96) \qquad\qquad b_\nu \geq a_\nu + 1. \qquad \text{(Vgl. Ungl. (88)).} [389]$$

___

nötig eingeengte Ergänzungsbedingung: $\displaystyle\sum \frac{b_\nu b_{\nu+1}}{a_{\nu+1} + b_\nu b_{\nu+1}}$ *divergent* (herrührend von *F. Arndt*, Disqu. de fractionibus continuis, Sundiae 1845).

384) Nach *Legendre*; vgl. Nr. **9**, Fussn. 59; Nr. **50**, Fussn. 391.

384a) Vgl. *Koppe* a. a. O., p. 199. *Hurwitz*, Math. Ann. 39 (1891), p. 279.

385) Einen besonderen Fall dieser Art s. Fussn. 390.

366) Opusc. anal. 1, p. 85.

387) Er hat für $m = 0$ bezw. $m = 1$ die Werte: $\dfrac{1}{e-2} - 1$ bezw. $e - 2$.

388) *Euler* a. a. O. p. 103. *Stern* a. a. O. 11, p. 43 ff. Vgl. anch 18, p. 74. *G. Bauer*, Münch. Abh. 11², p. 109.

389) In dieser allgemeinen Form (auch für complexe ε_ν, wo $|\varepsilon_\nu| = 1$) habe ich den Satz neuerdings bewiesen: Münch. Ber. 28 (1898), p. 321 (daselbst auch einige weitere Kriterienformen p. 319 ff.). — Für den besonderen Fall: $\varepsilon_\nu a_\nu = -1$ (die „reduzierte" Form der Kettenbrüche) findet er sich bei *Seidel*, Münch. Abh. 2. Kl., 7² (1855), p. 582; für den etwas allgemeineren: $\varepsilon_\nu = -1$, $a_\nu > 0$ — bei *Stern*, Algebr. Anal. p. 301.

Dabei ist stets: $0 < \varepsilon_1 \cdot \left[\dfrac{\varepsilon_\nu a_\nu}{b_\nu}\right]_1^\infty < 1$, ausser wenn durchweg: $b_\nu = a_\nu + 1$,

$\varepsilon_\nu = -1$ und $\sum a_1 a_2 \cdots a_\nu$ *divergiert*, in welchem Falle der Wert 1 resultiert[390]). Sind die a_ν, b_ν ganze Zahlen, so ist der Wert dieses Kettenbruches *irrational*[391]), sofern nicht die eben genannten Spezialbedingungen für $\nu \geq 1$ bezw. $\nu \geq n$ bestehen, in welchem Falle er $= 1$, bezw. ein rationaler ächter Bruch ist. In der durch Ungl. (96) charakterisierten Klasse *konvergenter* Kettenbrüche sind insbesondere die *reduziert-regelmässigen* (Nr. 47) und die von *A. Hurwitz* betrachteten Kettenbruchentwickelungen[392]) *nach „nächstgelegenen Ganzen"* enthalten. Der Konvergenzgrad der ersteren kann mit Hinzuziehung der Nebennäherungsbrüche (Ungl. (90)) genauer beurteilt werden.

Im übrigen ist die Konvergenzbedingung (96) weit davon entfernt, eine *notwendige* zu sein. *Seidel* hat gezeigt, dass es unter den Kettenbrüchen von der Form $\left[-\dfrac{1}{q_\nu}\right]_1^\infty$ (welche nur für $q_\nu \geq 2$ als *reduziert-regelmässig* zu gelten haben) sowohl *konvergente*, als *divergente* giebt, falls $q_\nu < 2$, $\lim q_\nu = 2$;[393]) ja es giebt sogar *konvergente*, für welche $\lim q_\nu < 2$, z. B. $= \sqrt{2}$.[394]) *Allgemeine Kriterien* zur Beurteilung von Kettenbrüchen, welche *nicht* der Bedingung (96) genügen (abgesehen von solchen mit lauter positiven Gliedern) scheinen bisher nicht entdeckt worden zu sein.

51. Periodische Kettenbrüche. Bestimmtere Aussagen lassen sich noch bezüglich der speziellen Klasse der periodischen Kettenbrüche machen. Der Kettenbruch $\left[\dfrac{a_\nu}{b_\nu}\right]_1^\infty$ heisst *rein periodisch* mit der *m-gliedrigen Periode* $\left[\dfrac{a_\nu}{b_\nu}\right]_1^m$, wenn für jedes λ und für $\mu = 1, 2, \ldots m$:

---

390) Man hat also in diesem Falle: $-\left[\dfrac{-a_\nu}{a_\nu + 1}\right]_1^\infty = 1$, dagegen $= 1 - \dfrac{1}{s}$,

wenn $1 + \sum\limits_{1}^{\infty}{}_\nu\, a_1 a_2 \cdots a_\nu = s$. Analog ist für $a_\nu > 1$: $\left[\dfrac{a_\nu}{a_\nu - 1}\right]_1^\infty = 1$ (*Stern*,

Journ. f. Math. 11, p. 41).

391) Schon in dieser Allgemeinheit von *Legendre* (a. a. O.) ausgesprochen, aber nur insoweit bewiesen, als der Kettenbruch ohne weiteres als *konvergent* angesehen wird. Vgl. *Pringsheim*, Münch. Ber. 28 (1898), p. 326.

392) Nr. 47, Fussn. 376.

393) A. a. O. p. 585 ff. Der fragliche Kettenbruch ist z. B. *divergent* für

$q_\nu = 2 - \dfrac{1}{\nu}$, *konvergent* für $q_\nu = 2 - \dfrac{1}{\nu^{1+\varrho}}$ $(\varrho > 0)$.

394) A. a. O. p. 595.

(97) $$a_{m\lambda+\mu} = a_\mu, \qquad b_{m\lambda+\mu} = b_\mu$$

(mit der selbstverständlichen Nebenbedingung, dass die Periode $\left[\dfrac{a_\nu}{b_\nu}\right]_1^m$ nicht schon in mehrere kleinere Perioden zerfällt). Ist nur der Kettenbruch $\left[\dfrac{a_\nu}{b_\nu}\right]_n^\infty$ $(n > 1)$ *periodisch*, so heisst $\left[\dfrac{a_\nu}{b_\nu}\right]_1^\infty$ *gemischt-periodisch*. Für die Konvergenzuntersuchung genügt die Betrachtung eines *rein-periodischen* Kettenbruches. Falls nun der Kettenbruch $\left[\dfrac{a_\nu}{b_\nu}\right]_1^\infty$ mit der Periode $\left[\dfrac{a_\nu}{b_\nu}\right]_1^m$ überhaupt *konvergiert*, so bestimmt sich sein Wert x aus der Beziehung: $x = \dfrac{A_m + x \cdot A_{m-1}}{B_m + x \cdot B_{m-1}}$, also, wenn $|B_{m-1}| > 0$, aus der quadratischen Gleichung:

(98) $$B_{m-1} \cdot x^2 + (B_m - A_{m-1})x - A_m = 0,$$

aus deren Natur dann umgekehrt die *Konvergenz* oder *Divergenz* des Kettenbruches erschlossen werden kann, soweit dieselbe nicht schon aus den früher angegebenen Kriterien hervorgeht. Als *notwendige* Bedingung für die *Konvergenz* des Kettenbruches ergiebt sich bei *reellen* a_ν, b_ν ohne weiteres die *Realität* der Wurzeln x_1, x_2 von Gl. (98). Dieselbe ist auch *hinreichend* (und zwar hat man $x = x_1$), *wenn entweder* $x_1 = x_2$ *oder* x_1, x_2 verschieden und zugleich:

$$|B_m + x_1 B_{m-1}| > |B_m + x_2 B_{m-1}|, \qquad |A_\nu - x_2 B_\nu| > 0$$
$$(\nu = 0, 1, \ldots (m-2), \ A_0 = 0, \ B_0 = 1).$$

In jedem anderen Falle *divergiert* der Kettenbruch; dies gilt insbesondere auch, wenn $B_{m-1} = 0$.[395] Sind bei verschiedenen x_1, x_2 die obigen *Konvergenz*-Bedingungen in soweit erfüllt, dass nur für einen oder mehrere *bestimmte* Werte $\nu = p$: $A_n - x_2 B_n = 0$, so *oscilliert* der Kettenbruch in der Weise, dass: $\lim\limits_{\lambda=\infty} K_{m\lambda+p} = x_2$, im übrigen aber $\lim\limits_{\nu=\infty} K_\nu = x_1$ wird[396].

Unter den periodischen Kettenbrüchen nehmen wiederum die *regelmässigen*, deren *Konvergenz* nach Nr. **49** *a priori* feststeht, eine bevorzugte Stellung ein[397]. Im Gegensatz zu der (im wesentlichen

---

395) Die vorstehenden Bedingungen rühren von *Stolz* her (Innsbr. Ber. 1886, p. 1. Allg. Arithm. 2, p. 302). Dieselben gelten auch für complexe a_ν, b_ν (in welchem Falle natürlich die *Realität* von x_1, x_2 als *notwendige* Konvergenzbedingung wegfällt. Ein weiteres *Divergenz*-Kriterium giebt *Stolz*: Innsbr. Ber. 1887/88, p. 1. Vgl. auch: *Mansion*, Mathesis 6 (1886), p. 80.

396) *T. N. Thiele*, Tidskr. (4) 3 (1881), p. 70.

397) Eine etwas allgemeinere Gattung, bei welcher an Stelle des Zählers 1 immer eine *beliebige* konstante ganze Zahl steht, ist von *E. de Jonquières* aus-

schon bei *Cataldi* vorhandenen) *Euler*'schen Entwickelungsform[398]):

$$(99) \qquad x = b + \frac{a\,|}{|\,b} + \frac{a\,|}{|\,b} + \cdots, \quad \text{wo:} \quad x^2 - bx - a = 0,$$

hat *Lagrange* die *regelmässige* Entwickelung[399]):

$$(100) \qquad x = b_0 + \frac{1\,|}{|\,b_1} + \frac{1\,|}{|\,b_0} + \frac{1\,|}{|\,b_1} + \cdots, \quad \text{wo:} \quad b_1 x^2 - b_0 b_1 x - b_0 = 0,$$

und (wegen der zuweilen damit verbundenen Abkürzung der Rechnung[400]) allenfalls eine solche von der Form: $\left[b_0; \pm \frac{1}{b_\nu} \right]_1^\infty$ als einzig wertvolle hingestellt[401]). Von ihm rührt der Fundamentalsatz, dass sich jede reelle Wurzel einer quadratischen Gleichung mit reellen ganzzahligen Koeffizienten durch einen allemal *periodischen regelmässigen* Kettenbruch darstellen lässt[402]). Den einfachen Zusammenhang zwischen den Entwickelungen *der beiden verschiedenen Wurzeln* hat *Galois* zuerst festgestellt[403]); die eine Periode ist genau die inverse der anderen[404]).

---

führlich betrachtet worden: Par. C. R. 96 (1883), p. 568. 694. 832. 1020. 1129. 1210. 1297. 1351. 1420. 1490. 1571. 1721. Insbesondere werden die Periodengesetze solcher allgemeinerer Kettenbruchentwickelungen für bestimmt klassifizierte quadratische Irrationalitäten untersucht und der Gang der Näherungsbrüche mit demjenigen der entsprechenden *regelmässigen* Entwickelungen verglichen.

398) Introductio P. I, p. 315. Der Kettenbruch wird nur dann *regelmässig*, wenn gerade $a = 1$. — Petrop. Novi Comment. 11 (1765) giebt *Euler* die Entwickelung von $\sqrt{g}$ (g eine beliebige natürliche Zahl) in einen *regelmässigen* Kettenbruch. — Die Übertragung der eingliedrig-periodischen *Euler*'schen Entwickelungsform (99) auf den Fall einer *beliebigen* quadratischen Gleichung mit ganzzahligen Koefficienten und reellen Wurzeln findet sich (anonym): Gergonne Ann. 14 (1823), p. 329.

399) Oeuvres 2, p. 594.

400) Ibid. p. 622.

401) In den Zusätzen zu *Euler*'s Algebra sagt er geradezu folgendes (Oeuvres 7, p. 8): „Nous ne considérons ici que les fractions continues où les numérateurs sont égaux à l'unité . . . car celles-ci sont, à proprement parler, les seules qui soient d'un grand usage dans l'Analyse, *les autres n'étant presque que de pure curiosité.*"

402) Oeuvres 2, p. 609. — Einfachere Beweise geben: *M. Chavres*, Darboux (2) 1 (1877), p. 41, *Hermite*, ibid. 9 (1885), p. 11, *W. Veltmann*, Z. f. Math. 32 (1887), p. 210). — Eine zusammenhängende Darstellung der Lehre von den *regelmässigen* Kettenbruchentwickelungen quadratischer Irrationalitäten: *Serret*, Cours d'Algèbre, Paris 1885, 1, Chap. II.

403) Gergonne Ann. 19 (1828), p. 294. Vgl. auch *Hermite, Veltmann* a. a. O. — Der entsprechende Satz für *reduziert-regelmässige* Entwickelungen bei *Möbius*, Werke 4, p. 526.

404) Eine ähnliche Art des Zusammenhanges ergiebt sich auch bei der *Hurwitz*'schen Entwickelung nach nächsten Ganzen: Acta math. 12, p. 399.

52. Transformation unendlicher Kettenbrüche. Neben der in Nr. 45 erwähnten Transformation eines Kettenbruches in einen *äquivalenten*, bei welcher der Wert *sämtlicher Näherungsbrüche ungeändert* bleibt, giebt es noch unendlich viele andere[405]), bei denen dies *nur teilweise* zutrifft; letzteres ist eo ipso allemal dann der Fall, wenn der transformierte Kettenbruch eine *grössere* oder *geringere Gliederzahl* enthält, als der ursprüngliche. Es liegt auf der Hand, dass bei Transformationen der gedachten Art ein *konvergenter* Kettenbruch sehr wohl *divergent* werden kann *und umgekehrt*[406]) (analog wie bei entsprechenden Umformungen unendlicher Reihen[407])). Immerhin können dieselben mit der nötigen Vorsicht bisweilen zur Verwandlung *konvergenter* Kettenbrüche in *schneller* konvergierende[408]) und sogar zur wirklichen *Wertbestimmung*[409]) („*Reduktion*“, „*Darstellung in geschlossener Form*“, häufig auch — nicht recht passend — als „*Summation*“ bezeichnet) oder zur Ableitung von Relationen zwischen den Werten *verschiedener* konvergenter Kettenbrüche dienlich sein[410]).

53. Umformung einer unendlichen Reihe in einen äquivalenten Kettenbruch. Die Umkehrung der Gleichung (93) liefert die Verwandlung einer *unendlichen Reihe* $\sum\limits_{1}^{\infty} (-1)^{\nu-1} \cdot c_\nu$ in einen *äquivalenten Kettenbruch* $\left[\dfrac{a_\nu}{b_\nu}\right]_1^{\infty}$; dabei stimmt nicht nur der Wert des *unendlichen Kettenbruches* mit der *Summe der Reihe*, sondern auch der

---

405) *Euler,* Comment. Petrop. 9, p. 127; Opusc. analyt. 1, p. 101. *Stern* a. a. O. 10 p. 157. *Seidel* a. a. O. p. 567. *Möbius* a. a. O. p. 518. *O. Heilermann,* Z. f. Math. 5 (1860), p. 362. — Die Transformation des Kettenbruches $\left[\dfrac{a_\nu}{b_\nu}\right]_1^{\infty}$, wo $b_\nu \geqq |a_\nu| + 1$, in einen positiv-gliedrigen bei *Heine,* Kugelf. 1, p. 265; diejenige eines *regelmässigen* in einen solchen *nach nächsten Ganzen* bei *Hurwitz,* Zürich. Naturf. Ges. 41 (1896), p. 62.

406) Vgl. *Seidel* a. a. O. p. 569.

407) Ist z. B. $\sum c_\nu$ konvergent und $a_\nu = c_\nu + (-1)^\nu$, so *divergiert* $\sum a_\nu$, während $\sum (a_{2\nu-1} + a_{2\nu})$ konvergiert.

408) Vgl. *Möbius* a. a. O.

409) *Stern* a. a. O. 11, p. 43.

410) Dahin gehört z. B. die schon von *Wallis* (Arithm. inf. Prop. 191: Opera 1, p. 470) behufs Ableitung des *Brouncker*'schen Kettenbruches für $\dfrac{4}{\pi}$ (Nr. 48, Fussn. 377) aufgestellte, aber nicht ausreichend bewiesene Formel:
$$\left[a - 1, \ \frac{(2\nu - 1)^2}{2(a - 1)}\right]_1^{\infty} \cdot \left[a + 1, \ \frac{2\nu - 1}{2(a + 1)}\right]_1^{\infty} = a^2$$
und deren Verallgemeinerungen; vgl. *G. Bauer* a. a. O. p. 113.

Wert jedes einzelnen *Näherungsbruches* $\dfrac{A_n}{B_n}$ mit demjenigen der entsprechenden *Partialsumme* $\sum\limits_{1}^{n}{}^{\nu}\,(-1)^{\nu}\cdot c_\nu$ überein, so dass also durch die *Konvergenz* der *Reihe* auch diejenige des *Kettenbruches* von vornherein gesichert ist. Die zur Bestimmung der a_ν, b_ν lediglich erforderliche Auflösung der Gleichungen:

$$\left[\frac{a_\nu}{b_\nu}\right]_1^n = \sum\limits_{1}^{n}{}^{\nu}\,(-1)^{\nu-1}\cdot c_\nu \qquad (n = 1, 2, 3, \ldots)$$

gestattet entweder die a_ν oder die b_ν völlig *willkürlich* anzunehmen (mit angemessenem Ausschluss von 0 — cf. Gl. (80), (81)). Lässt man etwa die b_ν *beliebig*, so ergiebt sich, wie schon *Euler gefunden* hat[411]):

$$(101) \quad \begin{cases} a_1 = c_1 b_1, \quad a_2 = \dfrac{c_2\, b_1\, b_2}{c_1 - c_2} \\[2mm] \text{und für } \nu \geq 3: \quad a_\nu = \dfrac{c_{\nu-2}\cdot c_\nu \cdot b_{\nu-1}\cdot b_\nu}{(c_{\nu-2} - c_{\nu-1})\,(c_{\nu-1} - c_\nu)}. \end{cases}$$

Werden die b_ν speziell so gewählt, dass die Brüche in den Teilzählern wegfallen, d. h. setzt man: $b_1 = 1$ und für $\nu \geq 2$: $b_\nu = c_{\nu-1} - c_\nu$, so ergiebt sich die *Euler*'sche Hauptformel[412]):

$$(102) \quad \sum\limits_{1}^{\infty}{}^{\nu}\,(-1)^{\nu-1}\cdot c_\nu = \frac{c_1}{1} + \frac{c_2}{\big|\,c_1 - c_2} + \cdots + \frac{c_{\nu-2}\cdot c_\nu}{\big|\,c_{\nu-1} - c_\nu} + \cdots,$$

aus der unmittelbar noch die folgenden beiden resultieren[412]):

$$(103) \quad \sum\limits_{1}^{\infty}{}^{\nu}\,(-1)^{\nu-1}\frac{p_\nu}{q_\nu}\cdot\left(\frac{x}{y}\right)^{\nu} = \frac{p_1 x}{\big|\,q_1 y} + \frac{p_2\, q_1{}^2\, xy}{\big|\,p_1 q_2 y - p_2 q_1 x} + \cdots$$
$$+ \frac{p_{\nu-2}\,p_\nu\, q_{\nu-1}^2\, xy}{\big|\,p_{\nu-1}q_\nu y - p_\nu q_{\nu-1} x} + \cdots,$$

$$(104) \quad \sum\limits_{1}^{\infty}{}^{\nu}\,(-1)^{\nu-1}\frac{p_1\cdots p_\nu}{q_1\cdots q_\nu}\cdot\left(\frac{x}{y}\right)^{\nu} = \frac{p_1 x}{\big|\,q_1 y} + \frac{p_2\, q_1\, xy}{\big|\,q_2 y - p_2 x} + \cdots$$
$$+ \frac{p_\nu\, q_{\nu-1}\, xy}{\big|\,q_\nu y - p_\nu x} + \cdots.$$

Die letzteren[413]) liefern insbesondere für $y = 1$ bezw. $x = 1$ die Entwickelung von *steigenden* bezw. *fallenden Potenzreihen* in *äquivalente*

---

411) Introductio 1, p. 302.

412) L. c. p. 303, 309, 310.

413) Dieselben enthalten u. a. alle jene Spezialentwickelungen, welche *Euler*, ohne auf diese allgemeinen Formeln zu rekurrieren, in einer eigenen Arbeit über die Verwandelung von Reihen in Kettenbrüche umständlich abgeleitet hat (Opusc. anal. 2, p. 138—177).

Kettenbrüche, deren Teilzähler und Teilnenner durchweg *ganze lineare* Funktionen von x bezw. y sind.

54. Anderweitige Kettenbruchentwickelungen unendlicher Reihen. Bei der eben betrachteten, auf der für *jedes n* geforderten Beziehung: $s_n - \dfrac{A_n}{B_n} = 0$ beruhenden Kettenbruchtransformation der Reihe $s = \lim s_n$, erscheint der resultierende Kettenbruch nur in soweit willkürlich, als er nach Massgabe von Gl. (80) auch durch jeden ihm *äquivalenten* ersetzt werden kann. Daneben sind aber noch unendlich viele andere Kettenbruchentwickelungen denkbar, bei denen lediglich $\lim\limits_{n=\infty}\left(s_n - \dfrac{A_n}{B_n}\right) = 0$. Setzt man nämlich:

$$(105) \qquad s = b_0 + \frac{a_1}{r_1}, \quad r_1 = b_1 + \frac{a_2}{r_2}, \quad \dots \quad r_n = b_n + \frac{a_{n+1}}{r_{n+1}},$$

so kann man offenbar bei willkürlicher Annahme der a_ν, b_ν die r_ν, insbesondere schliesslich r_{n+1} passend bestimmen und erhält auf diese Weise[414]:

$$(106) \qquad s = b_0 + \frac{a_1\,|}{|\,b_1} + \frac{a_2\,|}{|\,b_2} + \cdots + \frac{a_n\,|}{|\,b_n} + \frac{a_{n+1}\,|}{|\,r_{n+1}}.$$

Bei unbegrenzter Fortsetzung dieses Verfahrens ergiebt sich eine Kettenbruchentwickelung von der Form $s = \left[b_0;\ \dfrac{a_\nu}{b_\nu}\right]_1^\infty$, sobald der letztere Kettenbruch *konvergiert* und ausserdem $\lim\left(s - \dfrac{A_n}{B_n}\right) = 0$ wird[415]. Erscheint hiernach die Willkürlichkeit bezüglich der Auswahl der a_ν, b_ν von vornherein erheblich eingeschränkt, so ergeben sich weitere Einschränkungen aus der Bemerkung, dass Kettenbruchentwickelungen mit ausgeprägten arithmetischen oder analytischen Eigenschaften auf dem gedachten Wege offenbar nur zu stande kommen werden, wenn die Art der successiven *Annäherung* der $\dfrac{A_\nu}{B_\nu}$ an

---

414) Dabei könnte offenbar s *jede beliebige Zahl* oder *Funktion* bedeuten d. h. man kann jedes beliebige s durch einen Kettenbruch darstellen, dessen erste n Glieder willkürlich vorgeschrieben sind.

415) Die blosse *Konvergenz* des Kettenbruches würde zur Erschliessung der Beziehung $s = \left[b_0;\ \dfrac{a_\nu}{b_\nu}\right]$ *nicht* genügen (ähnlich wie bei der *Taylor*'schen Reihe). Dagegen involviert umgekehrt die zweite Bedingung (die sich folgendermassen schreiben lässt: $\lim\left\{\dfrac{r_{n+1}A_n + a_{n+1}A_{n-1}}{r_{n+1}B_n + a_{n+1}B_{n-1}} - \dfrac{A_n}{B_n}\right\} = 0$) offenbar die *Konvergenz* des Kettenbruches.

den Grenzwert s in irgend welcher gesetzmässigen Weise genauer präzisiert wird. Im übrigen ist die angedeutete Methode bisher lediglich zur Ableitung gewisser *spezieller* Kettenbruchtypen für *Potenzreihen* oder *Quotienten zweier Potenzreihen* verwertet worden[416]).

55. Kettenbrüche für Potenzreihen und Potenzreihenquotienten. *Lambert*[417]) hat das durch Gl. (105) charakterisierte Entwickelungsverfahren (d. h. ein successives Divisionsverfahren nach Art der *Euklidischen* Methode zur Aufsuchung des grössten Gemeinteilers) auf den Quotienten $\tan x = \dfrac{s}{s'}$

$$\left(\text{wo: } \quad s = \sum_{\nu}^{\infty} (-1)^{\nu} \cdot \frac{x^{2\nu+1}}{(2\nu+1)!}, \quad s' = \sum_{\nu}^{\infty} (-1)^{\nu} \cdot \frac{x^{2\nu}}{(2\nu)!}\right)$$

in der Weise angewendet, dass er setzt: $b_0 = 0$, $a_1 = 1$, im übrigen: $a_\nu = -1$, $b_\nu = (2\nu-1) \cdot x^{-1}$, so dass sich ergiebt:

$$(107) \qquad \tan x = -\left[-\frac{1}{(2\nu-1) \cdot x^{-1}}\right]_1^{\infty} = -\frac{1}{x} \cdot \left[-\frac{x^2}{2\nu-1}\right]_1^{\infty}$$

und analog[418]):

$$(108) \qquad \frac{e^x-1}{e^x+1} = \left[\frac{1}{(4\nu-2) \cdot x^{-1}}\right]_1^{\infty} = \frac{1}{x} \cdot \left[\frac{x^2}{4\nu-2}\right]_1^{\infty}.$$

Als eine für die damalige Zeit ausserordentlich bemerkenswerte Leistung ist hervorzuheben, dass *Lambert* sich keineswegs mit der *formalen Ableitung* der obigen Entwickelungen begnügt hat, sondern durch eine zwar etwas umständliche, aber durchaus strenge Unter-

---

416) Ein brauchbares *allgemeines* Prinzip für die genauere Präzisierung der unendlich vielen einer *Potenzreihe* zuzuordnenden Kettenbruchentwickelungen hat *R. Padé* angegeben (Sur la réprésentation approchée d'une fonction par des fractions rationelles. Thèse de Doctorat. Paris 1892). Vgl. Nr. **40**.

417) Hist. Acad. de Berlin, Année 1761 (1768), p. 268.

418) A. a. O. p. 307. — Der Kettenbruch (108) findet sich im wesentlichen auch bei *Euler* und zwar schon in der Kettenbruchabhandlung von 1737 (Petrop. Comment. 9, p. 132); späterhin (z. B. Opusc. anal. 2, p. 216) auch der Kettenbruch (107). *Euler* gewinnt aber die fraglichen Beziehungen nicht durch *Entwickelung* jener Quotienten in Kettenbrüche, sondern gerade umgekehrt durch *Reduktion* einer bestimmten Klasse von Kettenbrüchen mit Hülfe eines Integrationsverfahrens (vgl. Nr. 9 und Münch. Sitzber. 1898, p. 327). Die arithmetischen Eigenschaften jener Klasse von Kettenbrüchen (bei denen nämlich die Teilnenner *arithmetische Reihen* bilden) sind neuerdings von *A. Hurwitz* untersucht worden, Zürich. Naturf. Ges. 41 (1896), p. 34. — Auch *Lagrange* hat die *Lambert*'schen Kettenbrüche und einige ähnliche durch Integration von Differentialgleichungen abgeleitet, Berl. Mém. 1776, p. 236 (Oeuvres 4, p. 320).

suchung von $\lim \dfrac{A_n}{B_n}$ wirklich deren *Gültigkeit* beweist[419]). Bei *Legendre*[420]), welcher das *Lambert*'sche *Divisions*-Verfahren durch ein kürzeres *rekursorisches* ersetzt, findet sich von einem derartigen Beweise keine Spur; auch nicht einmal bei *Gauss*[421]), der die *Legendre*'sche Methode auf Quotienten von der Form: $\dfrac{F(\alpha,\,\beta+1,\,\gamma+1,\,x)}{F(\alpha,\,\beta,\,\gamma,\,x)}$ und ähnliche übertragen hat; dabei bezeichnet das Symbol F die sog. *hypergeometrische Reihe:*

$$(109)\quad F(\alpha, \beta, \gamma, x) = 1 + \frac{\alpha \cdot \beta}{1 \cdot \gamma}x + \frac{\alpha(\alpha+1) \cdot \beta(\beta+1)}{1 \cdot 2 \cdot \gamma(\gamma+1)}\,x^2 \cdots$$

Durch die Annahme $\beta = 0$ ergiebt sich sodann, wegen $F(\alpha, 0, \gamma, x) = 1$, für die Reihe:

$$(110)\qquad F(\alpha, 1, \gamma, x) = 1 + \frac{\alpha}{\gamma}x + \frac{\alpha(\alpha+1)}{\gamma(\gamma+1)} \cdot x^2 + \cdots$$

eine Kettenbruchentwickelung von der Form[422]):

$$(111)\quad 1 - \frac{a_1 x}{\,|\,1\,} - \frac{a_2 x}{\,|\,1\,} - \cdots, \quad \text{wo:}\quad a_1 = \frac{\alpha}{\gamma},\quad a_2 = \frac{\gamma - \alpha}{\gamma(\gamma+1)},$$

$$a_{2\nu+1} = \frac{(\alpha+\nu)(\gamma+\nu-\alpha)}{(\gamma+2\nu-1)(\gamma+2\nu)},\qquad a_{2\nu+2} = \frac{(\nu+1)(\gamma+\nu-\alpha)}{(\gamma+2\nu)(\gamma+2\nu+1)}.$$

Ein allgemeiner Konvergenz- und Gültigkeitsbeweis dieser Entwickelungen ist durch *Heine*'s Untersuchungen über das Bildungsgesetz der betreffenden *Näherungsbrüche*[423]) vorbereitet und von

---

419) Vgl. Münch. Ber. 28 (1898), p. 331. Auf dem *Lambert*'schen Divisionsverfahren beruhen auch die Kettenbruchentwickelungen von *Bret* (Gergonne Ann. 9 [1818], p. 45) und *Gergonne* (ibid. p. 263). Letzterer behandelt die der *Gauss*schen Reihe (110) verwandte *Stainville*'sche (ibid. p. 229):

$$f(\alpha, \gamma) = 1 + \frac{\alpha}{1} \cdot x + \frac{\alpha \cdot (\alpha+\gamma)}{1 \cdot 2} \cdot x^2 + \frac{\alpha(\alpha+\gamma)(\alpha+2\gamma)}{1 \cdot 2 \cdot 3} \cdot x^3 + \cdots$$

und gewinnt u. a. vermöge der Relation: $f(\alpha, \gamma) \cdot f(\beta, \gamma) = f(\alpha+\beta, \gamma)$ verschiedene merkwürdige Beziehungen für Produkte, Potenzen und Quotienten von Kettenbrüchen.

420) Élém. de Géom. Note IV.

421) Disquis. gen. circa seriem inf. 1812 (Werke 3, p. 134).

422) Dieselbe enthält die Kettenbruchentwickelungen für $(1+x)^m$, $\lg(1+x)$, e^x u. a. als spezielle Fälle, während der allgemeinere Fall $\dfrac{F(\alpha,\,\beta+1,\,\gamma+1,\,x)}{F(\alpha,\,\beta,\,\gamma,\,x)}$ u. a. die *Lambert*'schen Kettenbrüche liefert.

423) J. f. Math. 34 (1847), p. 301; 57 (1860), p. 231. *Heine* dehnt zugleich die Untersuchung auf die von ihm eingeführte (a. a. O. 32 [1846], p. 210) *verallgemeinerte hypergeometrische Reihe* aus:

$$\varphi(\alpha, \beta, \gamma, q, x) = 1 + \frac{(q^\alpha - 1)(q^\beta - 1)}{(q-1)(q^\gamma - 1)}x + \frac{(q^\alpha - 1)(q^{\alpha+1} - 1)(q^\beta - 1)(q^{\beta+1} - 1)}{(q-1)(q^2 - 1)(q^\gamma - 1)(q^{\gamma+1} - 1)}x^2 + \cdots,$$

W. Thomé durch direkte Bestimmung von $\lim \dfrac{A_n}{B_n}$ wirklich geliefert worden[424]). Die Skizze eines anderen durchaus funktionentheoretischen Beweises hat sich in *Riemann*'s Nachlasse vorgefunden[425]). Elementare Beweise für besondere Fälle geben *Stern*[426]) und (besser) *Schlömilch*[427]) in ihren Lehrbüchern.

Die allgemeinere Aufgabe, eine *beliebige* Potenzreihe $\displaystyle\sum_0^\infty c_\nu x^\nu$, deren reziproken Wert oder den Quotienten zweier solcher Potenzreihen in einen Kettenbruch von der Form: $\left[b_0; \dfrac{x}{b_\nu}\right]_1^\infty$ (wo b_0, b_ν von x unabhängig) zu entwickeln, ist von *Stern*[428]) und mit besserem Erfolg von *O. Heilermann*[429]) behandelt worden. Letzterer giebt auch für den Quotienten von $\displaystyle\sum_0^\infty c_\nu x^{-\nu}$, $\displaystyle\sum_0^\infty d_\nu x^{-\nu}$ eine Darstellung von der Form: $\left[b_0; -\dfrac{a_\nu}{x+b_\nu}\right]_1^\infty$.[430]) Beide Arten von Entwickelungen sind (ähnlich wie die regelmässige einer Irrationalzahl) nur auf eine einzige Weise möglich. Ihren allgemeinen Charakter und gegenseitigen Zusammenhang hat *Heine* genauer festgestellt[431]).

(NB. Im vorstehenden wurden fast ausschliesslich solche Arbeiten

---

welche für $\lim q = 1$ in die *Gauss*'sche übergeht. — Vgl. auch: Kugelf. 1, p. 280. *J. Thomae*, J. f. Math. 70 (1869), p. 278.

424) Für den besonderen Fall (110), (111): J. f. Math. 66 (1866), p. 322; für den allgemeineren des Reihenquotienten: ibid. 67 (1867), p. 299. Die Kettenbrüche konvergieren für alle x mit Ausnahme des reellen Intervalles $(1, \infty)$ und stellen die durch die Reihen definierte Funktion bezw. deren analytische Fortsetzung dar.

425) Werke p. 400. Der auf complexer Integration beruhende Beweis ist vom Bearbeiter dieses Fragments *H. A. Schwarz* einigermassen ergänzt worden.

426) Algebr. Anal. p. 467.

427) Algebr. Anal. p. 321. Vgl. auch *Stolz* 2, p. 310.

428) A. a. O. 10, p. 245.

429) Ibid. 33 (1846), p. 174. *Stern* giebt nur eine *Rekursionsformel*, *Heilermann* dagegen eine *independente* Darstellung der b_ν. Beide haben auch das umgekehrte Problem (Umformung von $\left[b_0; \dfrac{x}{b_\nu}\right]_1^\infty$ in $\displaystyle\sum_0^\infty c_\nu x^\nu$) behandelt: a. a. O. 18 (1838), p. 69; 46 (1853), p. 88.

430) Der Fall einer einzigen Reihe $\displaystyle\sum_0^\infty c_\nu x^{-\nu}$ bei *Herm. Hankel*, Z. f. Math. 7 (1862), p. 338; und *T. J. Stieltjes*, Toul. Ann. 3 (1889), p. 1.

431) Kugelf. 1, p. 268.

berücksichtigt, welche im wesentlichen mit *formalen* Methoden operieren. Die weitere Ausbildung der Beziehungen zwischen Reihen und Kettenbrüchen, sowie der entsprechenden Konvergenzbetrachtungen gehört, wie schon gelegentlich der *Gauss*'schen Reihe hervortrat, der Funktionentheorie an.)

56. Beziehungen zwischen unendlichen Kettenbrüchen und Produkten. Die Verwandelung eines unendlichen *Produktes* in einen äquivalenten Kettenbruch — und umgekehrt — kann entweder mittelst Durchganges durch die entsprechende *Reihe* oder auch *direkt* bewerkstelligt werden. Beide Methoden sind von *Stern* diskutiert worden[432]). Setzt man:

$$(112) \qquad \prod_{1}^{n} \frac{p_\nu}{q_\nu} = \left[\frac{a_\nu}{b_\nu}\right]_{1}^{n} = \frac{A_n}{B_n} \qquad (n = 1, 2, 3, \ldots),$$

so ergiebt sich:

$$(113) \qquad \frac{a_1}{b_1} = 1, \quad \frac{a_2}{b_2} = -\frac{p_1 - q_1}{p_1}, \quad \frac{a_3}{b_3} = -\frac{(p_2 - q_2) p_1 q_1}{p_1 p_2 - q_1 q_2},$$

$$\frac{a_{\nu+2}}{b_{\nu+2}} = -\frac{(p_{\nu-1} - q_{\nu-1})(p_{\nu+1} - q_{\nu+1}) \cdot p_\nu q_\nu}{p_\nu p_{\nu+1} - q_\nu q_{\nu+1}} \qquad (\nu \geqq 2),$$

und hieraus die Entwickelung von $\prod_{1}^{\infty} \frac{p_\nu}{q_\nu}$ in einen konvergenten Kettenbruch, falls das Produkt selbst *konvergiert*. Da

$$\left(\prod \frac{p_\nu}{q_\nu}\right)^m = \prod \frac{p_\nu^m}{q_\nu^m},$$

so besitzt diese Gattung von Kettenbrüchen die merkwürdige Eigenschaft, dass deren m^{te} Potenz wiederum als Kettenbruch von der gleichen Form dargestellt werden kann[433]).

Umgekehrt ergiebt sich aus der Identität:

$$(114) \qquad \frac{A_n}{B_n} = \frac{A_1}{B_1} \cdot \prod_{1}^{n-1} \frac{A_{\nu+1} \cdot B_\nu}{A_\nu \cdot B_{\nu+1}}$$

die konvergente Produktentwickelung:

$$(115) \qquad \left[\frac{a_\nu}{b_\nu}\right]_{1}^{\infty} = \prod_{1}^{\infty} \frac{A_{\nu+1} \cdot B_\nu}{A_\nu \cdot B_{\nu+1}},$$

---

432) A. a. O. 10, p. 266. Algebr. Anal. p. 321.

433) Man kennt keinen allgemeinen Satz über die Darstellung von Kettenbruchsummen, -produkten oder -potenzen. Über einige besondere Fälle vgl. Nr. **52**, Fussn. 410; Nr. **55**, Fussn. 419.

falls der betreffende Kettenbruch *konvergiert*. Mit Hülfe dieser Formel findet *Stern* u. a. aus Kettenbruchentwickelungen für e, $\dfrac{e}{e-1}$ eigentümliche Produktdarstellungen (nach Art der *Wallis*'schen Formel)[434].

57. Aufsteigende Kettenbrüche.

Setzt man:

$$(116) \qquad K^{(n)} = \frac{a_1 + r_1}{b_1}, \qquad r_1 = \frac{a_2 + r_2}{b_2}, \ \ldots$$

$$r_{n-2} = \frac{a_{n-1} + r_{n-1}}{b_{n-1}}, \qquad r_{n-1} = \frac{a_n}{b_n},$$

so entsteht durch Elimination der r_ν ein sog. n-gliedriger *aufsteigender Kettenbruch*:

$$(117) \qquad K^{(n)} = \left\{ \frac{a_\nu}{b_\nu} \right\}_1^n = \cfrac{a_1 + \cfrac{a_2 + \cdots + \cfrac{a_n}{b_n}}{b_2}}{b_1}$$

Da andererseits, wie unmittelbar erkannt wird:

$$(118) \qquad \left\{ \frac{a_\nu}{b_\nu} \right\}_1^n = \frac{a_1}{b_1} + \frac{a_2}{b_1 b_2} + \cdots + \frac{a_n}{b_1 b_2 \cdots b_n},$$

so kann man einen solchen aufsteigenden Kettenbruch von vornherein durch dieses einfache Aggregat bezw., im Falle $\lim n = \infty$, durch die betreffende unendliche Reihe ersetzen[435]. Von bedeutenderen Mathematikern haben sich nur *Lambert*[436] und *Lagrange*[437] gelegentlich mit dieser Gattung von Ausdrücken beschäftigt. Letzterer hat insbesondere auf deren Zusammenhang mit den gewöhnlichen Kettenbrüchen aufmerksam gemacht, wobei es ihm (wie auch den späteren Bearbeitern dieser Theorie) entgangen zu sein scheint, dass dieser Zusammenhang schon vollständig durch die *Euler*'sche Formel (104) festgestellt erscheint. Die letztere (welche ja auch gilt, wenn man n statt ∞ setzt) liefert unmittelbar die Beziehung:

$$(119) \quad \left\{ \frac{a_\nu}{b_\nu} \right\}_1^n = \frac{a_1}{\,|\,b_1} - \frac{a_2 b_1}{\,|\,a_1 b_2 + a_2} - \cdots - \frac{a_{\nu-2}\, a_\nu\, b_{\nu-1}}{\,|\,a_{\nu-1} b_\nu + a_\nu} - \cdots - \frac{a_{n-2}\, a_n\, b_{n-1}}{\,|\,a_{n-1} b_n + a_n},$$

---

434) Vgl. auch Nr. **44**, Fussn. **316**.

435) Darnach können umgekehrt die endlichen oder unendlichen systematischen Brüche, die Potenzreihen für e^a, $\cos a$, $\sin a$, ferner die in Nr. **10** erwähnten Reihendarstellungen der rationalen und irrationalen Zahlen auch als aufsteigende Kettenbrüche betrachtet werden.

436) Beyträge zum Gebr. der Math. Teil II, Berlin 1770, p. 104.

437) Zur Lösung der Aufgabe: einen gegebenen Bruch mit möglichster Annäherung durch einen solchen mit vorgeschriebenem Zähler oder Nenner darzustellen (J. Polyt. Cah. 5 [1798], p. 93. Oeuvres 7, p. 291).

aus welcher sich mit Leichtigkeit alle weiteren Eigenschaften der aufsteigenden Kettenbrüche und ihrer Näherungsbrüche ergeben[438]).

58. Unendliche Determinanten: Historisches. Das Problem, ein System von *unendlich vielen* Lineargleichungen mit unendlich vielen Unbekannten aufzulösen[439]) und die bekannte Auflösungsmethode für ein *begrenztes* System dieser Art mit Hülfe von *Determinanten* haben naturgemäss auf die Betrachtung „*unendlicher*" *Determinanten* geführt. Der Versuch, diese Lösungsform *endlicher* Linearsysteme auf *unendliche* zu übertragen, ist wohl zuerst von *Th. Kötteritzsch* gemacht worden[440]). Das Wesen seiner Methode besteht darin, dass er ein beliebig vorgelegtes Linearsystem von der Form:

$$(120) \qquad \sum_{1}^{\infty} {}_{\nu} a_{\mu}^{(\nu)} x_{\mu} = y_{\mu} \qquad (\nu = 1, 2, 3, \ldots \text{ in inf.})$$

in ein anderes:

$$(121) \qquad \sum_{1}^{\infty} {}_{\nu} b_{\mu}^{(\nu)} x_{\mu} = z_{\mu} \qquad (\nu = 1, 2, 3, \ldots)$$

transformiert, wo $b_{\mu}^{(\nu)} = 0$, so lange: $\mu < \nu$ (d. h. wo alle Koefficienten links von der Hauptdiagonale verschwinden). Dieses letztere, dessen Determinante sich auf den einfachen Ausdruck $\prod_{1}^{\infty}{}_{\nu} b_{\nu}^{(\nu)}$ reduziert, kann (unter geeigneten, a. a. O. ganz unzureichend erörterten Konvergenzbedingungen) unmittelbar aufgelöst werden; und aus dem Umstande, dass diese Lösungen x_{μ} auch dem ursprünglichen Systeme (120) genügen müssen, lassen sich bestimmte Schlüsse auf den Wert (welches

---

438) Im übrigen vgl. *S. Günther*, Verm. Unters. zur Gesch. der math. Wissenschaften. Leipzig 1876. (Kap. II. Die Lehre von den aufsteig. Kettenbrüchen in ihrer geschichtl. Entw. p. 93 ff.)

439) Dieses Problem kommt, allgemein zu reden, überall da zum Vorschein, wo es sich um Reihenentwickelungen nach der *Methode der unbestimmten Koefficienten* handelt. Dabei wird es in dem vorliegenden Zusammenhange so aufgefasst, dass die für ein System von n Gleichungen geltende Lösung durch einen (allemal noch speziell zu legitimierenden) *Grenzübergang* auf den Fall $n = \infty$ übertragen wird. Ein erstes Beispiel dieser Art liefert die Bestimmung der *Fourier*'schen Reihenkoeffizienten auf dem von *Lagrange* vorgezeichneten (Oeuvres 1, p. 80), aber (trotz der scheinbar widersprechenden Stelle l. c. p. 553 — vgl. *Riemann*'s Bemerkungen, Werke p. 219) nicht bis zum Grenzübergange durchgeführten Wege (s. *Riemann-Hattendorff*, Part. Diff.-Gleichungen § 22). Ein anderes einfaches Beispiel ähnlicher Art (Reihenentwickelung der elliptischen Funktionen) giebt *P. Appell:* Bullet. Soc. Math. d. Fr. 13 (1885), p. 13. Vgl. auch die sich unmittelbar daran anschliessende Note von *Poincaré*.

440) Z. f. Math. 15 (1870), p. 1—15. 229—268.

$= \prod\limits_{1}^{\infty} b_\nu^{(\nu)}$ gefunden wird) und die Eigenschaften der aus den $a_\mu^{(\nu)}$ gebildeten unendlichen Determinante und ihrer Unterdeterminanten
ziehen. Obschon die fraglichen Arbeiten an mancherlei Unzuläng-
lichkeiten und sogar wirklichen Unrichtigkeiten leiden, so haben sie
schwerlich die völlige Nichtbeachtung verdient, die ihnen von allen
späteren Bearbeitern dieses Gegenstandes zu teil geworden ist. Gewöhnlich wird die Einführung der unendlichen Determinanten dem
amerikanischen Astronomen *G. W. Hill* zugeschrieben, der dieselben
in einer Arbeit über Mondbewegung[441]) rein formal (d. h. ohne genügende analytische Begründung und die nötige Konvergenzuntersuchung,
aber mit grossem praktischen Erfolge) dazu benützt hat, eine lineare
Differentialgleichung durch Auflösung eines unendlichen Linearsystems
zu integrieren. Die fragliche Lücke ist übrigens bald darauf durch
Poincaré ausgefüllt worden[442]). Letzterer giebt insbesondere den
Konvergenzbeweis für die in Betracht kommende Klasse unendlicher
Determinanten, welche dadurch charakterisiert ist, dass die Glieder $a_\nu^{(\nu)}$
der Hauptdiagonale (mit eventuellem Ausschlusse einer endlichen Anzahl) durchweg den Wert 1 haben, während die Gesamtheit der übrigen Glieder (mit eventuellem Ausschlusse einer endlichen Anzahl von
Zeilen oder Kolonnen) eine absolut konvergente Doppelreihe bilden.
Dieser nämlichen Klasse von Determinanten hat sich sodann auch *Helge
von Koch* zur Koefficientendarstellung der Integrale linearer Differentialgleichungen bedient[443]) und ist im weiteren Verlaufe dieser Untersuchungen auf die Betrachtung einer etwas allgemeineren, von ihm
als *Normalform* bezeichneten Klasse näher eingegangen[444]); an die
Stelle der Bedingung $a_\nu^{(\nu)} = 1$ tritt hier die absolute Konvergenz von
$\prod\limits_{-\infty}^{+\infty} a_\nu^{(\nu)}$. Ausser der Entwickelung ihrer Haupteigenschaften giebt er
auch Anwendungen auf unendliche homogene Linearsysteme und
lineare Differentialgleichungen[445]). Schliesslich hat *T. Cazzaniga*[446])

441) Acta math. 8 (1886), p. 26. (Im wesentlichen, Abdruck einer Monogr.
Cambridge Mass. [U. S. A.], 1877).

442) Bullet. S. M. d. F. 14 (1886), p. 87.

443) Acta math. 15 (1891), p. 56.

444) Ibid. 16 (1892—93), p. 219.

445) Anwendungen auf nicht-homogene Linearsysteme ibid. 18 (1894), p. 377;
desgl. auf Kettenbrüche (im Anschlusse an die Nr. **46** erwähnte Determinantendarstellung der A_ν, B_ν) C. R. 120 (1895), p. 144. — Einige Bemerkungen über
eine etwas allgemeinere Form konvergenter Determinanten nebst Anwendungen
auf die Konvergenzbestimmung gewisser Potenzreihen giebt *G. Vivanti*, Ann. di
Mat. (2), 21 (1893), p. 27.

in einer umfangreichen Arbeit eine zusammenhängende Theorie der unendlichen Determinanten entwickelt, die ausser den *Koch*'schen Resultaten noch mannigfache Ergänzungen und Verallgemeinerungen enthält. Insbesondere wird hier der von *Koch* anfangs ausschliesslich betrachtete Typus (den ich Nr. **59** als „vierseitig-unendlichen" bezeichne) auf einen etwas einfacheren („zweiseitig-unendlichen"), übrigens späterhin gleichfalls von *Koch*[446a]) untersuchten zurückgeführt.

59. Haupteigenschaften unendlicher Determinanten. Es sei eine zweifach-unendliche Zahlenfolge $\left(a_\mu^{(\nu)}\right)_\nu^\mu\Big| = -\infty \cdots + \infty$ vorgelegt und in Form eines vierseitig unbegrenzten Schemas angeordnet, derart, dass der obere Index eine bestimmte *Zeile*, der untere eine bestimmte *Kolonne* charakterisiert. Bildet man sodann die Determinante $(m + n + 1)^{\text{ten}}$ Grades:

$$(122) \quad D^{m,n} = \begin{vmatrix} a_{-m}^{(-m)} & \cdots & a_0^{(-m)} & \cdots & a_n^{(-m)} \\ \cdot & \cdot\cdot\cdot\cdot\cdot\cdot\cdot\cdot & \cdot \\ a_{-m}^{(0)} & \cdots & a_0^{(0)} & \cdots & a_n^{(0)} \\ \cdot & \cdot\cdot\cdot\cdot\cdot\cdot\cdot\cdot & \cdot \\ a_{-m}^{(n)} & \cdots & a_0^{(n)} & \cdots & a_n^{(n)} \end{vmatrix} = \left[a_\mu^{(\nu)} \right]_{(\mu,\nu)\,-m}^{+n}$$

(d. h. diejenige, deren *Hauptdiagonale* aus den Termen $a_\nu^{(\nu)}$ von $\nu = -m$ bis $\nu = n$ besteht), so heisst die *vierseitig-unendliche*[447]) *Determinante der* $\left(a_\mu^{(\nu)}\right)$ *konvergent* und D ihr *Wert*, wenn (im Sinne von Nr. **20**)

$$\lim_{m=\infty,\, n=\infty} D_{m,n} = D \text{ (d. h. endlich oder Null) ist}[448]),\text{ in Zeichen:}$$

---

446) Ann. di Mat. (2), 26 (1897), p. 143. Vgl. auch: *E. H. Roberts,* Ann. of Math. 10 (1896), p. 35.

446a) Stockh. Acad. Bih. 22, No. 4, 1896.

447) Das Beiwort „vierseitig" wurde in Rücksicht auf das folgende von mir hinzugefügt.

448) Diese von *Cazzaniga* (a. a. O. p. 146) gegebene Konvergenzdefinition erscheint mir konsequenter und zweckmässiger, als die ursprünglich von *Poincaré* eingeführte (a. a. O. p. 85) und auch von *Koch* acceptierte, wonach die Determinante schon *konvergent* genannt wird, wenn nur $\lim_{n=\infty} D_{n,n} = D$. Man pflegt ja auch eine Reihe von der Form $\sum\limits_{-\infty}^{+\infty}{}_\nu a_\nu$ erst *konvergent* zu nennen, wenn $\lim\limits_{m=\infty,\, n=\infty} \sum\limits_{-m}^{n}{}_\nu a_\nu = s$, nicht aber, wenn nur: $\lim\limits_{n=\infty} \sum\limits_{-n}^{+n}{}_\nu = s$. In der That wird auf diese Weise (ganz analog wie bei einer unendlichen Reihe der genannten Art) die Unabhängigkeit der Konvergenz und des Grenzwertes *von der Wahl des Anfangsgliedes* (vgl. *Cazzaniga* a. a. O. p. 151) erzielt, und es treten überhaupt erst die nötigen Analogien mit den *endlichen* Determinanten hervor. Im übrigen genügen die von *Poincaré* betrachteten, sowie die *Koch*'schen Normaldeterminanten *eo ipso* dieser engeren Definition (vgl. *Koch,* Acta math. 16, p. 221).

$$(123) \qquad \left[a_\mu^{(\nu)}\right]_{-\infty}^{+\infty}{}_{(\mu,\nu)} = D.$$

Eine solche *konvergente unendliche* Determinante besitzt dann ganz ähnliche Fundamentaleigenschaften, wie eine *endliche*; insbesondere:

Sie bleibt ungeändert, wenn man mit Festhaltung der Hauptdiagonale die Zeilen zu Kolonnen macht.

Bei Vertauschung zweier Zeilen oder Kolonnen geht lediglich D in $-D$ über[449]), bleibt also ungeändert, wenn man gleichzeitig zwei Zeilen und zwei Kolonnen vertauscht. Infolge dessen lässt sich die *vierseitig*-unendliche Determinante durch successives Transponieren der Zeilen und Kolonnen in eine *zweiseitig*-unendliche verwandeln, z. B. in eine solche mit der Hauptdiagonale: $a_0^{(0)} a_1^{(1)} a_{-1}^{(-1)} \cdots a_\nu^{(\nu)} a_{-\nu}^{(-\nu)} \cdots$, wenn man jede Zeile und Kolonne mit *negativem* Index *unter* bezw. *hinter* die entsprechende mit *positivem* Index setzt[450]). Umgekehrt kann eine *zweiseitig*-unendliche Determinante von der Form[451]):

$$(124) \qquad D = \lim_{n=\infty} D_n = \left[a_\mu^{(\nu)}\right]_1^\infty{}_{(\mu,\nu)}, \quad \text{wo:} \quad D_n = \left[a_\mu^{(\nu)}\right]_1^n{}_{(\mu,\nu)},$$

in eine konvergente *vierseitig*-unendliche transformiert werden, falls sie selbst *unbedingt*, d. h. in *dem* Sinne konvergiert, dass ihre Konvergenz durch Vertauschung von Zeilen oder von Kolonnen nicht alteriert wird[452]). Es genügt also, für alles weitere lediglich Determinanten dieser letzteren Form in Betracht zu ziehen. Multipliziert man alle Glieder einer Zeile oder Kolonne mit einem Faktor p, so geht D in $p \cdot D$ über. Allgemeiner findet man:

$$(125) \qquad \left[p_\mu q_\nu \cdot a_\mu^{(\nu)}\right]_1^{(\mu,\nu)} = \prod_1^\infty{}_\mu \prod_1^\infty{}_\nu p_\mu \cdot q_\nu^n \cdot D,$$

falls das betreffende Produkt absolut konvergiert[453]).

Als *hinreichende* Bedingung für die unbedingte Konvergenz ergiebt sich die *absolute* Konvergenz von $\sum_1^\infty{}_\nu \sum_1^\infty{}_\mu a_\mu^{(\nu)}$ $(\mu \lessgtr \nu)$ und $\prod_1^\infty{}_\nu a_\nu^{(\nu)}$;[454])

---

449) Man hat also, gerade wie bei endlichen Determinanten, $D = 0$, wenn zwei Zeilen oder Kolonnen einander gleich sind.

450) *Cazzaniga* a. a. O. p. 153, Nr. 5.

451) Dieser etwas einfachere Typus bildet den Ausgangspunkt der *Poincaré*'schen Betrachtungen; a. a. O. p. 83.

452) *Koch* bezeichnet diese Eigenschaft als *absolute* Konvergenz (Acta math. 16, p. 229). Später (Stockh. Acad. Bih. 22) definiert er die *unbedingte* Konvergenz in etwas anderer Weise und giebt sowohl die *notwendigen und hinreichenden*, als auch lediglich *hinreichende* Bedingungen dafür an.

453) *Cazzaniga*, a. a. O. p. 155, Nr. 7.

die Determinante heisst alsdann (nach dem Vorgange von *Koch*) eine *normale*. Eine *Normal*-Determinante heisst *konvergent*, wenn man die Glieder einer *endlichen* Anzahl von *Zeilen* bezw. Kolonnen durch *beliebige endlich bleibende* Zahlen ersetzt[454]. Bezeichnet man als *Unterdeterminante* r^{ter} Ordnung diejenige Determinante, welche entsteht, wenn man sämtliche Glieder von r willkürlich gewählten Zeilen und ebensoviel Kolonnen durch 0, nur das der ϱ^{ten} Zeile und ϱ^{ten} Kolonne $(\varrho = 1, 2, \ldots r)$ gemeinsame Glied jedesmal durch 1 ersetzt, so folgt unmittelbar, dass *jede Unterdeterminante* einer *Normaldeterminante* wiederum eine *normale* ist. Ihr Wert stimmt, abgesehen von dem in jedem Falle bestimmbaren Vorzeichen, mit dem Werte derjenigen Determinante überein, welche aus der ursprünglichen durch blosse *Weglassung* der betreffenden Zeilen und Kolonnen entsteht. Bezeichnet man mit $A_\mu^{(\nu)}$ die Unterdeterminante *erster* Ordnung, welche durch die angegebene Modifikation der ν^{ten} Zeile und μ^{ten} Kolonne entsteht, so hat man:

$$(126) \qquad D = \sum_{1}^{\infty}{}_\mu A_\mu^{(\nu)} \cdot a_\mu^{(\nu)} = \sum_{1}^{\infty}{}_\nu A_\mu^{(\nu)} \cdot a_\mu^{(\nu)}$$

$$(\nu = 1, 2, 3, \ldots \quad \text{bezw.} \quad \mu = 1, 2, 3, \ldots).^{455})$$

Dies Entwickelung, wie auch verschiedene andere Formen ergeben sich aus der unmittelbar Gl. (124) entspringenden Bedingung:

$$(127) \qquad D = D_1 + \sum_{1}^{\infty}{}_\nu (D_{\nu+1} - D_\nu).$$

Alle betreffenden Entwickelungen sind *absolut* konvergent. Der Wert einer Normaldeterminante wird nicht geändert, wenn man die Glieder $a_\mu^{(n)}$ der n^{ten} Zeile durch $a_\mu^{(n)} + \sum_\nu c_\nu a_\mu^{(n_\nu)}$ ersetzt (dabei darf die Summation auch über *unendlich* viele ganze Zahlen n_ν — excl. $n_\nu = n$ — erstreckt werden, sofern nur die $|c_\nu|$ unter einer endlichen Zahl bleiben). Das *Produkt* zweier Normaldeterminanten lässt sich wiederum durch eine *Normal*-Determinante darstellen, nämlich:

$$(128) \qquad \left[a_\mu^{(\nu)}\right]_1^{\infty} \cdot \left[b_\mu^{(\nu)}\right]_1^{\infty} = \left[c_\mu^{(\nu)}\right]_1^{\infty}, \quad \text{wo:} \quad c_\mu^{(\nu)} = \sum_{1}^{\infty}{}_\varkappa a_\mu^{(\varkappa)} b_\nu^{(\varkappa)} .$$

Die in allen diesen Sätzen hervortretende Analogie mit der Lehre von den *endlichen* Determinanten erstreckt sich *mutatis mutandis* auch auf

---

454) Diese Hauptsätze (nur mit der unwesentlichen Einschränkung $a_\nu^{(\nu)} = 1$) schon bei *Poincaré*.

455) Dagegen: $\displaystyle\sum_{1}^{\infty}{}_\mu A_\mu^{(\nu)} a_\mu^{(\varrho)} = 0, \quad \sum_{1}^{\infty}{}_\nu A_\lambda^{(\nu)} a_\mu^{(\nu)} = 0.$

die Beziehung von $\left[a_\mu^{(\nu)}\right]_1^\infty$ zu der sog. *reziproken* Determinante[456]): $\left[A_\mu^{(\nu)}\right]_1^\infty$.[457])

Von *konvergenten* Determinanten, welche *nicht* der Normalform angehören oder durch Abänderung einer endlichen Anzahl von Zeilen (Kolonnen) in dieselbe übergeführt werden können, hat *Koch* eine dazu in naher Beziehung stehende etwas allgemeinere Klasse hervorgehoben[458]), *Cazzaniga* eine andere mit dem speziellen Grenzwerte 0 genauer untersucht[459]).

---

456) Bei *Baltzer* (Determinanten § 6) als: Determinante des adjungierten Systems bezeichnet.

457) Näheres: *Cazzaniga* p. 187.

458) A. a. O. p. 235. Vgl. auch *Cazzaniga* p. 200. Die fraglichen Determinanten sind von der Form $\left[a_\mu^{(\nu)}\right]_1^\infty$, wo (bei geeigneter Wahl der Zahlen x_μ) für

$$\mu \lessgtr \nu : \sum\sum \frac{x_\mu}{x_\nu} \cdot a_\mu^{(\nu)} \quad \text{und} \quad \prod a_\nu^{(\nu)}$$

als absolut konvergent vorausgesetzt werden. *Vivanti* bezeichnet a. a. O. diese Klasse von Determinanten als „*normaloide*".

459) A. a. O. p. 205. Auf diesen nämlichen Typus, welcher mit gewissen Untersuchungen von *S. Pincherle* (Ann. di Mat. (2), 12 [1884], p. 29) im Zusammenhange steht, bezieht sich eine neuere Arbeit desselben Verfassers: Ann. di Mat. (3), 1 (1898), p. 84.

Nachträge.

Zu p. 74 Fussn. 134. Weitere Verallgemeinerungen des fraglichen Grenzwertsatzes s. *J. L. W. Jensen*, Par. C. R. 106 (1888), p. 833. 1520; *Stolz*, Math. Ann. 33 (1889), p. 237; *E. Schimpf*, Bochum, Gymn.-Progr. 1845, p. 6.

Zu p. 79, Nr. 21. Eine genügende Definition der Reihenkonvergenz hat schon *J. Fourier* in einer Abhandlung von 1811 (also vor *Bolzano* und *Cauchy*) gegeben: s. Par. Mém. 1819—20 [24], p. 326 (auch in die Théorie analytique de la chaleur übergegangen: Oeuvres 1, p. 156. 221). Freilich rechnet *Fourier* mit divergenten (ib. p. 149) und oscillierenden (p. 206. 234) Reihen ohne Skrupel.

Zu p. 105, Fussn. 277. Über asymptotische Darstellung von Integralen linearer Diff.-Gleichungen durch halbkonvergente Reihen vgl. *A. Kneser*, Math. Ann. 49 (1897), p. 389.

Zu p. 141, Fussn. 440. Vgl. *Fürstenau* a. a. O. p. 67. *Günther*, Determ. Cap. IV, § 6.

IA 4. THEORIE DER GEMEINEN UND HÖHEREN COMPLEXEN GRÖSSEN

VON

E. STUDY

IN GREIFSWALD.

Inhaltsübersicht.

Vorbemerkung.

Die Theorie der *gemeinen* complexen Grössen bildet die Grundlage mehrerer der wichtigsten Zweige der Analysis, namentlich der Algebra und der Funktionentheorie. Sie wird daher in allen Lehrbüchern dieser Disciplinen, wie auch in den besseren Lehrbüchern der Infinitesimalrechnung abgehandelt. Wegen der grossen Zahl dieser Werke müssen wir auf eine Zusammenstellung ihrer Titel verzichten. In der Darstellung der Theorie selbst beschränken wir uns auf die ersten Elemente, und verweisen wegen weiterer Entwickelungen auf die Abschnitte I B und II B der Encyklopädie, ferner wegen specieller geometrischer und anderer Anwendungen auf die Artikel III A 7, III B 3 und III D 5, endlich auf die Bände IV und V. —

In der Theorie der Systeme von sogenannten *höheren* complexen Grössen bleiben die eigentlichen geometrischen und physikalischen Anwendungen im Geiste von *W. R. Hamilton* und seinen Nachfolgern ebenfalls ausgeschlossen, da für die einen ein besonderer Artikel (III B 3) in Aussicht genommen ist, die anderen aber ebenfalls in den Bänden IV und V zur Sprache kommen werden. Hier werden nur die allgemeinen Sätze dargelegt, auf denen diese Anwendungen im letzten Grunde beruhen. Von Lehrbuchlitteratur dieses noch ziemlich neuen Zweiges der Algebra und Gruppentheorie wird daher nur zu nennen sein:

H. Hankel, Theorie der complexen Zahlen, Leipzig 1867. *S. Lie*, Vorlesungen über endliche continuierliche Gruppen, bearbeitet von *G. Scheffers*, Leipzig 1893 (Kap. 21). Nur auf einen sehr beschränkten Abschnitt dieser Theorie (§ 11 gegenwärtigen Artikels) bezieht sich eine Monographie von *B. Berloty*, Théorie des quantités complexes à n unités principales (Thèse. Paris 1886). Einiges darüber findet man auch bei *O. Stolz*, Vorlesungen über allgemeine Arithmetik, Bd. II, Leipzig 1886.

---

1. Imaginäre Grössen im 17. und 18. Jahrhundert. Der ursprüngliche Begriff der Zahl ist der der positiven ganzen Zahl. Wie nun das Bedürfnis nach einer einfacheren Darstellung und allgemeineren Ausführbarkeit gewisser Operationen schon in der elementaren Arithmetik mehrere Erweiterungen dieses einfachsten Zahlbegriffs veranlasst hat, indem zu den ganzen Zahlen die gebrochenen, zu den positiven die negativen, zu den rationalen die irrationalen „Zahlen“ oder „Grössen“ hinzugefügt wurden (I A 1 und I A 3), so hat dasselbe Bedürfnis zu einer ferneren Ausdehnung des Zahlbegriffs, zur Einführung der (gemeinen) „complexen“ Zahlen oder Grössen geführt: Man postulierte, um zunächst alle quadratischen Gleichungen wenigstens der Form nach auflösen zu können, die Quadratwurzel aus der negativen Einheit, die thatsächlich nicht vorhandene „Grösse“ $\sqrt{-1}$, als ein blosses Gedankending, ein Rechnungssymbol, eine „imaginäre“, „unmögliche“ Zahl. Mit diesem Symbol arbeitete man, mit allmählich wachsender Sicherheit, wie man es mit wirklichen Zahlgrössen zu thun gewohnt war. Dabei ergab sich ein doppelter Vorteil: Erstens zeigte es sich, dass nicht nur die Auflösung der quadratischen, sondern auch die der kubischen und biquadratischen Gleichungen mit Hülfe dieses Zeichens allgemein (formal) ausführbar wurde. Zweitens gelang es, durch Vermittelung des Symbols $\sqrt{-1}$ mehrere wichtige Funktionen der Analysis miteinander in Verbindung zu bringen. Das grösste Verdienst in dieser Periode der Theorie des Imaginären hat *L. Euler*, durch seine Entdeckung des Zusammenhanges der Exponentialfunktion mit den goniometrischen Funktionen, und durch seine daraus hervorgegangene Entscheidung der (ehemals) berühmten Streitfrage „Ob auch negative Zahlen Logarithmen haben?"[1])

Die Einführung der „imaginären" Grössen begegnete anfänglich vielen Bedenken. Diese bezogen sich indessen nicht eigentlich auf die Sache selbst, sondern auf die Art ihrer Herleitung und auf die unklaren Vorstellungen, die von Vielen damit verknüpft wurden, und die namentlich in dem von *K. F. Gauss* gerügten Gebrauch des Wortes „unmöglich" ihren Ausdruck gefunden haben. *Gauss* drückt sich über den Wert der imaginären Grössen anfangs nicht sehr bestimmt aus[2]); er hat sich aber jedenfalls sehr bald von ihrer Zulässigkeit und praktischen Unentbehrlichkeit überzeugt. Seine Autorität und die von ihm selbst gemachten Anwendungen auf Algebra und Zahlentheorie[3]), ferner die Arbeiten von *N. H. Abel* und *C. G. J. Jacobi* über elliptische Funktionen [II B 6 a] haben die erhobenen Zweifel endgültig zerstreut. Leider hat *Gauss* die von ihm versprochene Rechtfertigung der Einführung der „imaginären" oder, wie er später lieber sagte, „*complexen*"[3]) Grössen niemals geliefert; und das ist wohl der Grund dafür, dass man auch heute noch in verbreiteten Lehrbüchern eine Art der Darstellung antrifft, der man schwer entnehmen kann, was nach Ansicht der Verfasser Definition und was Folgerung sein soll.

2. Rechnen mit Grössenpaaren. Bei Einführung der complexen oder imaginären Grössen verfährt man am besten nach dem Vorgang von *W. R. Hamilton*[4])[5]) in rein arithmetischer Weise, da so die Einmischung ungehöriger Vorstellungen mit Sicherheit vermieden werden kann.

Wir betrachten eine einzelne — positive oder negative, rationale oder irrationale — Grösse a als besonderen Fall eines geordneten, d. h. in bestimmter Reihenfolge gesetzten *Grössenpaares* (a, α); wir

---

1) Wegen der Geschichte der Theorie des Imaginären s. *H. Hankel*, Theorie der complexen Zahlensysteme (Lpz. 1867), Abschnitt V. *E. Kossak*, Elemente der Arithmetik (Progr. Berl. Friedr. Werd. Gymn. 1872). *R. Baltzer*, J. f. Math. 94 (1883), p. 87. *L. Janssen van Raay*, Arch. Teyler 4 (1894), p. 53. *A. Ramorino*, Giorn. di mat. 35 (1895), p. 233.

2) S. *Gauss'* Dissertation (Demonstratio nova etc.) Helmstedt 1799 = Werke 3, p. 3; deutsch von *E. Netto*, in *Ostwald's* Klassikern Nr. 14 (Lpz. 1890). Insbesondere kommt in Betracht die Anmerkung zu Nr. 3.

3) Theoria residuorum biquadraticorum II und die Selbstanzeige zu dieser Abhandlung (1831). Werke 2, p. 169. — Wegen des Vorkommens des Zeichens i für $\sqrt{-1}$ bei *L. Euler* s. die Abh. „De formulis differentialibus . . .", Petrop. Acta (5. Mai) 1777, abgedruckt in Instit. Calculi Integralis, ed. tertia, Petrop. 1845, vol. 4, p. 183, bes. p. 184; vgl. *W. Beman*, Am. Bull. 4 (1898), p. 274.

4) Dubl. Trans. 17 (1837), p. 393.

5) Lectures on Quaternions (Dublin, 1853). Vorrede.

betrachten sie nämlich als ein Grössenpaar, dessen zweite Grösse α den Wert Null hat. Wir schreiben demgemäss $a = (a, 0)$. Die Regeln des gewöhnlichen Rechnens lassen sich dann in folgender Weise auf beliebige Grössenpaare (a, α), (b, β) u. s. w. ausdehnen:

Zwei Grössenpaare (a, α) und (a', α') werden dann und nur dann einander gleich gesetzt, $(a, \alpha) = (a', \alpha')$, wenn $a = a'$ und $\alpha = \alpha'$ ist. Es wird ferner die „Summe" zweier Grössenpaare (a, α) und (b, β) definiert durch die Formel:

$$(1) \qquad (a, \alpha) + (b, \beta) = (a + b, \alpha + \beta).$$

Weiter wird das „Produkt" eines Grössenpaares (a, α) und einer einzelnen Grösse $m = (m, 0)$ (s. oben) erklärt durch die Formel

$$(2) \qquad m \cdot (a, \alpha) = (a, \alpha) \cdot m = (ma, m\alpha).$$

Aus diesen naheliegenden Festsetzungen folgt sofort, dass ein jedes Grössenpaar sich aus zwei „unabhängigen" Grössenpaaren — sogenannten *Einheiten* — durch Multiplikation dieser Grössenpaare mit einfachen Grössen und nachfolgende Addition zusammensetzen lässt. Man hat zufolge (1) und (2):

$$(3) \qquad (a, \alpha) = a \cdot (1, 0) + \alpha(0, 1);$$

oder, da nach obiger Definition $(1, 0) = 1$ ist, bei Einführung des neuen Zeichens i für die zweite Einheit $(0, 1)$

$$(3^*) \qquad (a, \alpha) = a + i\alpha.$$

Alles dieses lässt sich offenbar ohne weiteres auf Grössentripel, Grössenquadrupel u. s. f. ausdehnen.

Man kann nun aber neben die gelehrte Addition der Zahlenpaare noch eine andere Art der Verknüpfung stellen, die die gewöhnliche Multiplikation zweier einfacher Grössen, sowie die durch (2) gegebene „Multiplikation" einer einfachen Grösse und eines Grössenpaares umfasst, und wegen ihrer sonstigen Analogie mit der gewöhnlichen Multiplikation ebenfalls noch als „Multiplikation" der Grössenpaare bezeichnet wird[6]): *Das „Produkt" zweier Grössenpaare (a, α) und (b, β) wird erklärt durch die Formel*

$$(4) \qquad (a, \alpha) \cdot (b, \beta) = (ab - \alpha\beta, \, a\beta + b\alpha),$$

oder, bei Verwendung des eben angeführten Zeichens i, durch die äquivalente Formel

$$(4^*) \qquad (a + i\alpha)(b + i\beta) = ab - \alpha\beta + (a\beta + b\alpha)i. \, -$$

---

6) In allgemeinerem Sinne noch als in der Theorie der Systeme complexer Grössen werden die Worte Produkt und Multiplikation von *H. Grassmann* und anderen verwendet. Wir verweisen auf *Grassmann*'s Ges. Werke und insbesondere auf den Aufsatz „Sur les divers genres de multiplication", J. f. Math. **49** (1855), p. 123.

Die Definition der Multiplikation der Grössenpaare durch die Formel (4) hat zunächst den Anschein der Willkür. Man sieht nicht sogleich, warum unter einer Menge verschiedener scheinbar gleichwertiger Bestimmungen gerade diese herausgegriffen wird. Dieser Anschein verschwindet indessen bei näherer Untersuchung, wobei sich zeigt, dass obige Festsetzung in der That vor anderen ausgezeichnet ist. (S. Nr. **11**.)

Die Multiplikation der Grössenpaare genügt denselben formalen Regeln wie die Multiplikation der einfachen Zahlgrössen. Stellt man zur Abkürzung das Grössenpaar (a, α) oder $a + i\alpha$ durch ein einfaches Zeichen A dar, so sind, ganz wie bei einfachen Grössen a, b, $c, \ldots$, die (durch die Formeln (1) und (4) erklärten) Gleichungen

$$(5) \qquad (A \cdot B) \cdot C = A \cdot (B \cdot C)$$

$$(6) \qquad A \cdot (B + C) = A \cdot B + A \cdot C$$

$$(7) \qquad A \cdot B = B \cdot A$$

erfüllt, die man heute allgemein als das *associative*, das *distributive* und das *commutative Gesetz der Multiplikation* bezeichnet [7]) (vgl. I A 1, Nr. 7). Insbesondere folgt aus (4)

$$(8) \qquad (1, 0) \cdot (0, 1) = (0, 1), \quad (0, 1) \cdot (0,1) = (- 1, 0)$$

oder

$$(8^*) \qquad 1 \cdot i = i, \quad i \cdot i = i^2 = - 1;$$

und es ist deutlich, dass diese Formeln (8), zusammen mit den aus dem gewöhnlichen Zahlenrechnen herübergenommenen Regeln (5), (6), (7), die Formel (4) vollständig ersetzen können. Es gilt endlich für die erklärte „Multiplikation" der Grössenpaare ganz wie für die Multiplikation der einfachen Grössen der Satz, dass ein Produkt nicht verschwinden kann, ohne dass einer der Faktoren verschwindet.

Gleicht somit das Rechnen mit Grössenpaaren dem Rechnen mit einfachen Grössen in wichtigen Beziehungen, so unterscheidet es sich doch von diesem in einem wesentlichen Punkte: Die Formel (8) oder (8^*) zeigt, dass im Bereiche der Grössenpaare die Gleichung $X \cdot X = (- 1, 0)$ oder $X^2 = - 1$ lösbar ist, während eine einfache Grösse $X = (X, 0)$, die dieser Gleichung genügte, nicht existiert. Die angeführte Gleichung wird nämlich erfüllt durch das Grössenpaar $X = (0, 1) = i$, wie auch durch das Grössenpaar $X = (0, - 1) = - i$, aber durch kein weiteres Grössenpaar. Die durch die Gleichung $x^2 = a$ ausgedrückte Forderung pflegt man in der elementaren Algebra

---

7) Wegen des mutmasslichen Ursprungs dieses Namens s. *Hankel*, Theorie der complexen Zahlensysteme (Leipzig 1867), Anmerkung auf p. 3.

auch durch das Zeichen $x = \sqrt{a}$ darzustellen. Es steht nichts im Wege, diese Bezeichnung auf das Rechnen mit Grössenpaaren auszudehnen. Man kann daher das bisher mit i bezeichnete Grössenpaar $(0, 1)$ auch mit $\sqrt{(-1, 0)}$ oder kürzer mit $\sqrt{-1}$ bezeichnen. Das Grössenpaar $-i$ oder $(0, -1)$ muss dann das Zeichen $-\sqrt{(-1, 0)}$ oder $-\sqrt{-1}$ erhalten, wobei natürlich das Vorzeichen der Wurzel in allen Rechnungen festzuhalten ist, so dass das einmal mit $\sqrt{-1}$ bezeichnete Grössenpaar nicht mit $-\sqrt{-1}$ verwechselt werden kann. Es ist aber seit *Gauss*[3]) üblich geworden, die genannten beiden speciellen Grössenpaare durch die von *Euler* eingeführten Zeichen i und $-i$ darzustellen, wie wir es bereits gethan hatten.

3. Gemeine complexe Grössen. Der heute in der Analysis allgemein gebräuchliche Begriff der (gewöhnlichen) *„complexen"* oder *„imaginären"* Grösse unterscheidet sich von dem in Nr. 2 erklärten Begriff des Grössenpaares gar nicht; nur die *Terminologie* ist eine andere. Man hat es zweckmässig gefunden, dem Singularis „Grösse" einen erweiterten Sinn beizulegen, und, was wir bisher „Grössenpaar" nannten, ebenfalls noch als „Grösse" zu bezeichnen. Der Begriff des Dualis wird dann in das Beiwort „complex" verlegt: Die einfache Grösse $a = (a, 0)$, die einzige Zahlgrösse, die die elementare Arithmetik kennt, heisst nunmehr zum Unterschiede von der complexen oder imaginären „Grösse" eine *„reelle"* Grösse. Die Nützlichkeit dieser auf den ersten Blick jedenfalls befremdlichen Redeweise kann im Grunde nur durch den Aufbau der gesamten Analysis dargethan werden; wir begnügen uns hier mit dem Hinweise auf die Umgestaltung und Erweiterung, die der Fundamentalsatz der Algebra [I B 1, 3] bei Einführung dieser Terminologie erfährt. Während man im Gebiete der gewöhnlichen (sog. reellen) Grössen nur sagen kann, dass eine ganze Funktion n^{ten} Grades einer Veränderlichen x als Produkt von ganzen Funktionen ersten oder zweiten Grades dargestellt werden kann, gilt im Gebiete der complexen Grössen der einfachere Satz, dass jede solche Funktion ein Produkt von Funktionen ersten Grades ist; und zwar gilt dieser Satz auch für ganze Funktionen mit complexen Coefficienten. —

Gänzlich verschieden von der hier vorgetragenen Exposition ist der Vorschlag *A. Cauchy*'s, i als eine reelle *veränderliche* Grösse aufzufassen, und an Stelle von Gleichungen Congruenzen nach dem Modul $i^2 + 1$ zu betrachten[8]). Zwei ganze rationale Funktionen der (reellen) Veränderlichen i heissen nach dem allgemeinen Congruenzbegriff dann

---

8) *Cauchy*, Exercises d'analyse et de physique math. 4 (1847), p. 84.

congruent nach dem Modul $i^2 + 1$ („äquivalent" nach *Cauchy*), wenn sie, durch $i^2 + 1$ geteilt, denselben Rest lassen. An Stelle der Gleichung (4*) z. B. tritt dann die Congruenz

$$(a + i\alpha)(b + i\beta) \equiv (ab - \alpha\beta) + i(a\beta + b\alpha) \quad \text{mod. } (i^2 + 1).$$

Dieser Gedanke ist neuerdings noch von *L. Kronecker* verallgemeinert worden[9]). [Vgl. B 1, 3; C 5.] Ob und wie weit er sich ausserhalb des Bereiches der Algebra als brauchbar erweist, darüber liegen Untersuchungen zur Zeit nicht vor.

4. Absoluter Betrag, Amplitude, Logarithmus. Die Zahl Eins wird die reelle, i die *imaginäre*, auch wohl „laterale" Einheit genannt. Ist $z = x + iy$ irgend eine complexe Grösse, so heisst x *der reelle, iy der imaginäre Bestandteil von z*. Der reelle Bestandteil wird nach *K. Weierstrass* (Vorlesungen) vielfach mit $\Re(z)$ bezeichnet. Ist $y = 0$, so heisst die Grösse z, wie gesagt, reell, ist $x = 0$, so heisst sie „rein imaginär". Der positive Wert der Quadratwurzel $\sqrt{x^2 + y^2}$ wird „Modul" (*Cauchy*, An. alg. 1821, cap. 7, § 2), besser — wegen der Vieldeutigkeit dieses Wortes — nach *Weierstrass* „*absoluter Betrag*" der Zahl z genannt, und durch mod. z, abs. z, meist aber (nach *Weierstrass*) durch das Zeichen $|z|$ dargestellt. Das Quadrat dieser reellen Grösse — also die Summe $x^2 + y^2$ — wird nach *Gauss* die „*Norm*" von z genannt[3]) und vielfach mit $N(z)$ bezeichnet.

Je zwei complexe Grössen von der Form $x + iy$ und $x - iy$ heissen „*conjugiert-complex*" oder „*conjugiert-imaginär*". (*Cauchy*, An. alg. cap. 7, § 1.) Wird die erste z genannt, so wird die zweite vielfach mit $\bar{z}$ bezeichnet. Das Produkt zweier conjugiert-complexer Grössen ist reell und gleich der Norm einer jeden von ihnen, $z \cdot \bar{z} = x^2 + y^2$. Die eindeutig bestimmte complexe Grösse, die mit z multipliziert die Zahl Eins liefert, wird der „*reciproke Wert*" von z genannt, und mit $\frac{1}{z}$ oder z^{-1} bezeichnet; es ist

$$\frac{1}{z} = \frac{\bar{z}}{|z|^2} = \frac{x - iy}{x^2 + y^2} \quad (|z| \neq 0).$$

Jede complexe Grösse $z = x + iy$ kann auf die Form

$$z = r(\cos\varphi + i\sin\varphi)$$

gebracht werden, wo $r = |z| = \sqrt{x^2 + y^2}$ den absoluten Betrag, und φ einen reellen, bis auf Vielfache von 2π bestimmten Winkel bedeutet. (*Euler, Jean le Rond d'Alembert.* S. Anm. 1.) Der zweite Faktor des Ausdruckes wird zuweilen „Richtungscoefficient" genannt (expres-

---

9) J. f. Math. 100 (1887), p. 490, vgl. 101, p. 337. *J. Molk*, Acta Math. 6 (1884), p. 8. Vgl. ferner unsere Anmerkung 33, sowie I A 3 Anm. 42.

sion reduite n. Cauchy); der Winkel φ selbst heisst „*Amplitude*", auch „Argument", „Abweichung", „Anomalie", „Azimuth", „Arcus" der complexen Grösse z. „*Hauptwert*" der Amplitude heisst der Wert von φ, der den Ungleichungen $-\pi < \varphi \leq +\pi$ genügt. Ist

$$(9) \qquad \begin{aligned} z &= r(\cos\varphi + i\sin\varphi), \quad \text{so ist} \\ \frac{1}{z} &= \frac{1}{r}(\cos\varphi - i\sin\varphi). \end{aligned}$$

Für Grössen von der besonderen Form $\cos\varphi + i\sin\varphi$ gilt die sogenannte *Moivre'sche Formel*:

$$(\cos\varphi + i\sin\varphi)(\cos\psi + i\sin\psi) = \cos(\varphi + \psi) + i\sin(\varphi + \psi).$$

Mit Ausnahme der Null lässt sich ferner jede complexe Grösse z durch eine andere complexe Grösse ζ in der Gestalt

$$(10) \qquad z = e^{\zeta} = 1 + \zeta + \frac{1}{1\cdot 2}\cdot\zeta^2 + \frac{1}{1\cdot 2\cdot 3}\cdot\zeta^3 + \cdots$$

darstellen (II B 1). Wegen der durch die Formeln $e^{\zeta_1}\cdot e^{\zeta_2} = e^{\zeta_1 + \zeta_2}$ und $e^{2\pi i} = 1$ ausgedrückten Eigenschaften der Exponentialfunktion ist dabei die complexe Grösse ζ nur bis auf Vielfache von $2\pi i$ bestimmt. Diese unendlich vieldeutige Grösse wird der *Logarithmus* von z genannt, und durch das Zeichen $\zeta = \log z$ oder $\zeta = \lg z$ oder endlich $\zeta = \mathrm{l}z$ dargestellt. „*Hauptwert*" des Logarithmus heisst der Wert von ζ, dessen imaginärer Bestandteil, geteilt durch i, grösser als $-\pi$ und kleiner als oder gleich $+\pi$ ist $\left(-\pi < \Re\left(\frac{\zeta}{i}\right) \leq \pi\right)$. Der Hauptwert des Logarithmus einer reellen positiven Grösse ist reell und identisch mit dem *natürlichen* (Neper'schen) Logarithmus (I A 1, 3); der Hauptwert des Logarithmus einer negativen reellen Grösse hat den imaginären Bestandteil $i\pi$. Eine imaginäre Grösse, deren absoluter Betrag den Wert Eins hat, hat rein imaginäre Logarithmen und umgekehrt. Allgemeiner ist, sobald wir unter $\lg r$ irgend einen Wert des Logarithmus der positiven Grösse r verstehen,

$$(11) \qquad \begin{aligned} \zeta &\equiv \lg r + i\varphi \qquad (\text{mod. } 2i\pi), \qquad \text{wenn} \\ z &= r(\cos\varphi + i\sin\varphi) \qquad (r = |z|). \end{aligned}$$

An Stelle der Congruenz tritt hier die Gleichung $\zeta = \lg r + i\varphi$, wenn man für die Amplitude φ, wie auch für den Logarithmus ζ deren Hauptwerte setzt. Für $r = 1$ ergiebt sich aus (11) die *Euler'sche* Gleichung

$$(12) \qquad e^{i\varphi} = \cos\varphi + i\sin\varphi,$$

die übrigens auch für complexe Werte des Argumentes φ Gültigkeit hat. (*Introductio in anal. infin.*; vgl. Anm. 1.)

Durch die zusammengehörigen Formeln

$$(13) \qquad z_1\cdot z_2 = z_3, \quad \zeta_1 + \zeta_2 \equiv \zeta_3 \quad (\text{mod. } 2i\pi)$$

wird vermöge der Logarithmen die Multiplikation der complexen Grössen auf eine Addition zurückgeführt.

5. Darstellung der complexen Grössen durch Punkte einer Ebene. Das Rechnen mit den complexen Grössen lässt sich anschaulich auffassen, wenn man sich einer geometrischen Vorstellungsweise bedient [10]). Diese besteht einfach darin, dass man die complexe Grösse $z = x + iy$ durch den Punkt einer Ebene darstellt, der die rechtwinkligen Cartesischen Coordinaten x und y hat. Die in § 4 eingeführten Grössen r und φ sind dann Polarcoordinaten (III B 2) desselben Punktes. (S. Fig. 1.) Die Summe zweier complexer Grössen, d. h. der Punkt, der dieser Summe entspricht, wird dann durch die aus der elementaren Mechanik bekannte Parallelogrammconstruction (Fig. 2) gefunden; eine Regel, die man als (geometrische) *Addition der Strecken* (*Vectoren* der englischen Mathematiker) bezeichnet (III B 3). Um das Produkt zweier complexer Grössen

$$z = r\,(\cos \varphi + i \sin \varphi)$$

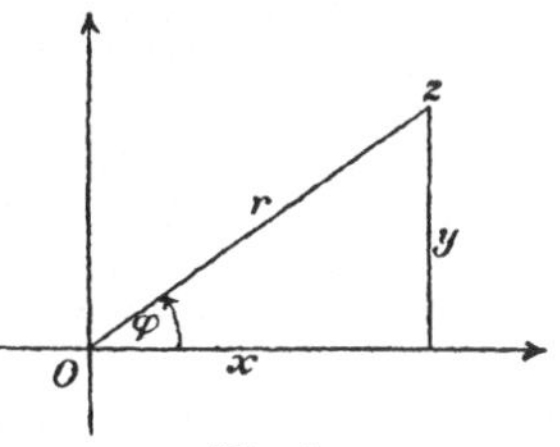

Fig. 1.

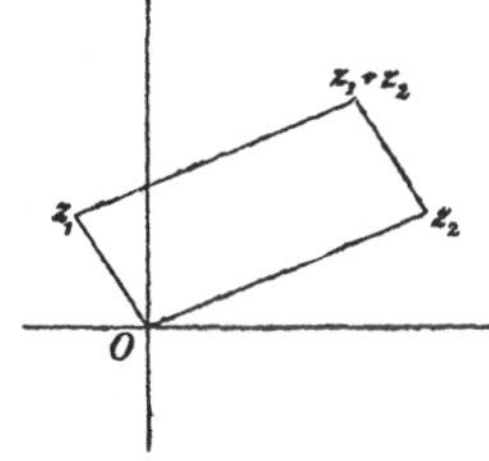

Fig. 2.

---

[10]) Diese wurde bis vor kurzem *J. R. Argand* und *Gauss* zugeschrieben. Sie findet sich aber zuvor schon und zwar vollständig in einer 1797 der Dänischen Akademie eingereichten, 1798 gedruckten und 1799 erschienenen, aber erst neuerdings bekannt gewordenen Arbeit von *Caspar Wessel* (Om Directionens analytiske Betegning; reproduciert Arch. for Math. ok Nat. 18, 1896, sowie unter dem Titel: Essai sur la représentation de la direction, Copenhague 1897).

Gauss hat in seiner Dissertation (1799) die Darstellung der complexen Grössen durch Punkte einer Ebene benutzt, um daran gewisse Betrachtungen zu knüpfen, die dem heute als *Analysis situs* (III A 4) bezeichneten Gebiet angehören. Die geometrische Bedeutung der einfachsten Rechnungsoperationen wurde alsdann von *Argand* dargelegt (Essai sur une manière de représenter les quantités imaginaires dans les constructions géométriques, Paris 1806), und nach *Wessel* und *Argand* auch von einer Reihe anderer Geometer (s. die zweite Ausgabe von *Argand*'s Schrift von *J. Hoüel*, Paris 1874). *Gauss* benutzt sie im Druck nicht vor 1825 (Abhandlung über Kartenprojektionen, Astron. Abh. von *Schumacher*, Heft 3, Altona 1825; Werke 4, p. 189; *Ostwald*'s Klassiker Nr. 55, Leipzig 1874). Vgl. indessen *Gauss*' Brief an *Bessel* vom 18. Dez. 1811.

Andere Darstellungsweisen des Imaginären, hierhergehörige Betrachtungen über Doppelverhältnisse, die sogenannte geometrische Theorie des Imaginären, ferner Anwendungen auf Funktionentheorie, reelle Geometrie, Zahlentheorie und Mechanik werden in den diese Gegenstände behandelnden Artikeln der Encyklopädie zu besprechen sein.

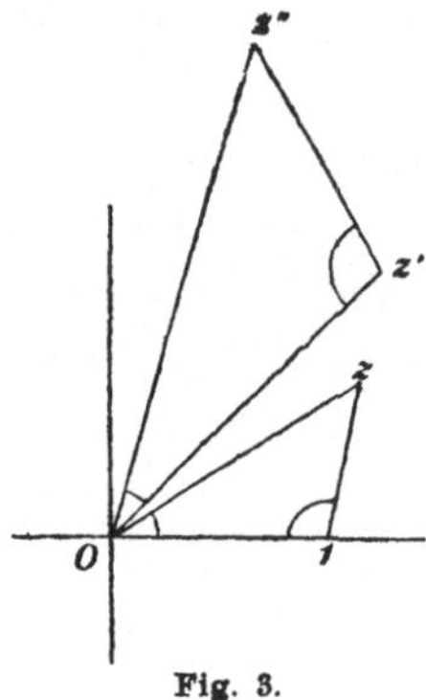

Fig. 3.

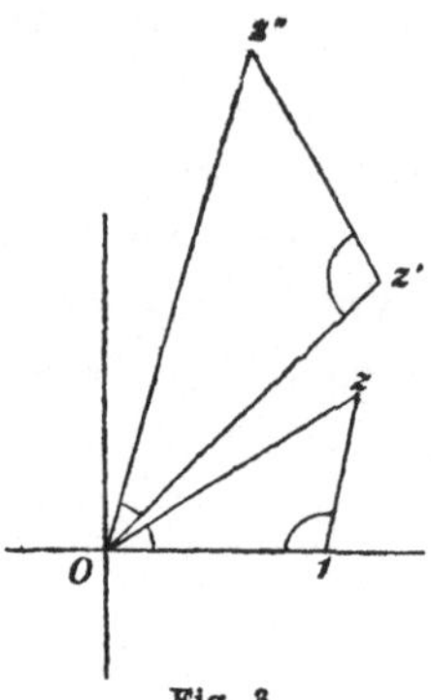

Fig 4.

und

$$z' = r'(\cos \varphi' + i \sin \varphi')$$

darzustellen, drehe man die Strecke (r', φ') um den Winkel φ im positiven Sinn der Winkel, und vergrössere hierauf den Radius r' im Verhältnis $r : 1$. Der so, mit Hülfe zweier ähnlicher Dreiecke, gefundene Punkt ist der, der das Produkt $z'' = zz'$ repräsentiert (Fig. 3).

Endlich wird der reciproke Wert von z in folgender Weise geometrisch bestimmt: Man unterwirft den Punkt z einer Transformation durch reciproke Radien (Inversion, III A 7) in Bezug auf den Kreis, der mit dem Radius Eins um den Anfangspunkt der Coordinaten beschrieben ist, und sucht hierauf das Spiegelbild des gefundenen Punktes in Bezug auf die x-Achse: der so ermittelte Punkt ist der, der die complexe Grösse $z' = \dfrac{1}{z}$ repräsentiert (Fig. 4).

Hiernach kann man durch Construction das Bild einer jeden complexen Grösse ermitteln, die aus einer endlichen Anzahl von solchen durch die Operationen der Addition, Multiplikation und Division in endlicher Wiederholung entsteht.

6. Darstellung gewisser Transformationsgruppen mit Hülfe gewöhnlicher complexer Grössen. Die in Nr. 5 besprochene Deutung des Rechnens mit complexen Grössen durch geometrische, in einer Ebene auszuführende Operationen ist von Bedeutung geworden durch ihre zahlreichen Anwendungen in der Algebra, Funktionentheorie, Geometrie und mathematischen Physik. Wir bringen hier nur die Verwendung der gewöhnlichen complexen Grössen zur analytischen Darstellung gewisser *Transformationsgruppen* [s. durchweg Art. II A 6] einer zweifach ausgedehnten Mannigfaltigkeit zur Sprache.

Eine jede der Formeln

$$(14) \qquad x' = x + a,$$

$$(15) \qquad x' = ax,$$

$$(16) \qquad x' = ax + b,$$

$$(17) \qquad x' = \frac{ax + b}{cx + d} \qquad (ad - bc \neq 0),$$

stellt, wenn man die Grössen $a, b, \ldots$ als Parameter, x als unabhängige, x' als abhängige Veränderliche auffasst, die sämtlichen Transformationen einer nach der Terminologie von *S. Lie* endlichen continuierlichen *Gruppe* [II A 6] vor. Deutet man x etwa als Abscisse eines Punktes in einer geraden Linie, so stellt die Formel (17) die reellen Transformationen der dreigliedrigen sog. allgemeinen projectiven Gruppe dieser einfach ausgedehnten Mannigfaltigkeit dar, und die Formeln (14) bis (16) liefern alle „Typen" continuierlicher Untergruppen dieser Gruppe: (16) die zweigliedrige Gruppe aller der Transformationen von (17), die einen bestimmten Punkt — den Punkt ∞ — in Ruhe lassen; (15) die eingliedrige Untergruppe, bei der zwei Punkte — 0 und ∞ — in Ruhe bleiben; (14) endlich die Ausartung der letzten Gruppe, alle Transformationen der Gruppe (17) enthaltend, die einzeln einen bestimmten Punkt — den Punkt ∞ — und keinen weiteren in Ruhe lassen. Entsprechendes gilt, wenn man den Grössen x und x', wie auch den Parametern $a, b, \ldots$ complexe Werte beilegt, und, wie es gebräuchlich ist, von *„imaginären"* Punkten der Geraden spricht [III A 1, 5; B 1]: die Formeln umfassen, in dieser allgemeineren Bedeutung, alle reellen und „imaginären" Transformationen der genannten Gruppen.

Lässt man $x, x', a, b, \ldots$ wieder complexe Grössen bedeuten, bedient man sich aber der unter (5) besprochenen Darstellung dieser Grössen durch die reellen Punkte einer Ebene, so dienen dieselben Formeln zur analytischen Darstellung anderer Gruppen, und zwar zunächst zur Darstellung der *reellen* Transformationen gewisser continuierlicher Gruppen einer zweifach ausgedehnten Mannigfaltigkeit. Offenbar umfasst (14) jetzt die Gesamtheit aller reellen sogenannten „Schiebungen", die Transformationen einer zweigliedrigen reellen Gruppe, bei denen ein jeder Punkt um eine Strecke von constanter Länge und Richtung fortgerückt wird; (15) stellt eine reelle zweigliedrige Gruppe von Ähnlichkeitstransformationen dar, die Gesamtheit aller „eigentlichen" Ähnlichkeitstransformationen (Transformationen ohne Umlegung der Winkel) umfassend, bei denen der Anfangspunkt — der Punkt 0 — in Ruhe bleibt; (16) bedeutet die reellen Transformationen der viergliedrigen Gruppe *aller* eigentlichen Ähnlichkeitstransformationen, die entsteht, wenn man die Transformationen (14) und (15) zusammensetzt; (17) endlich umfasst die Gesamtheit aller reellen Punkttransformationen der Ebene, die Kreise in Kreise überführen und den Sinn der Winkel ungeändert lassen [11]).

---

11) Art. über Inversionsgeometrie, III A 7. — Es ist mir nicht bekannt, wer den letzten Satz gerade in dieser Form zuerst ausgesprochen hat. In der

Zu diesen als den einfachsten geometrischen Anwendungen complexer Grössen kommen noch andere ähnlicher Art. So stellen die Formeln (17) zusammen mit den Formeln

$$(17\,\mathrm{b}) \qquad \bar{x}' = \frac{a\,x+b}{c\,x+d} \quad (a\,d - b\,c \neq 0),$$

(worin $\bar{x}$ die zu x' conjugiert-complexe Grösse bedeutet) die Gesamtheit *aller* reellen Punkttransformationen einer Ebene vor, die Kreise in Kreise überführen, die sechsgliedrige (sog. gemischte) Gruppe der *Möbius*'schen Kreisverwandtschaften; bei Beschränkung der Parameter a, b, c, d in (17) auf reelle Werte entstehen die reellen Transformationen einer dreigliedrigen Untergruppe, die bei Beschränkung von x auf Werte mit positivem imaginärem Bestandteil aufgefasst werden kann als die Gruppe der Bewegungen in einer Nicht-Euclidischen, sog. *Lobatschewsky*'schen Ebene [III A 1; B 1]. Lässt man für a, b, c, d nur ganzzahlige Werte zu, die in der Beziehung $a\,d - b\,c = 1$ stehen, so geht aus (17) eine Gruppe von unendlich vielen discreten Transformationen hervor, die in der Theorie der elliptischen Funktionen, insbesondere der sog. Modulfunktionen auftritt [II B 6 a und c]. Versteht man ferner unter $f(x)$ irgend eine analytische Funktion der complexen Veränderlichen x [II B 1], so vermitteln die Formeln $x' = f(x)$ und $\bar{x}' = f(x)$ die allgemeinste conforme Abbildung einer Ebene auf sie selbst oder auf eine andere Ebene [II B 1 und III D 6]. Ferner steht nichts im Wege, z. B. in den Formeln (14) bis (17), nachdem beiderseits die reellen und imaginären Bestandteile gesondert sind, den nunmehr reellen Parametern und Veränderlichen nachträglich von neuem complexe Werte beizulegen: die Formeln (14) bis (17) können dann aufgefasst werden als eine symbolische Darstellung sämtlicher, nämlich aller reellen und „imaginären" Transformationen der zuvor besprochenen Gruppen.

Das Feld dieser Anwendungen erweitert sich noch, wenn man an Stelle der hier zu Grunde gelegten Deutung von ξ, η als Cartesischen Coordinaten irgend eine andere zulässige geometrische Deutung dieser Grössen setzt. Unter diesen wird vielfach verwendet eine Darstellung der complexen Grössen $x = \xi + i\eta$ durch Punkte einer Kugel, eine Abbildungsart, die aus der *Wessel-Argand*'schen durch stereographische Projektion hervorgeht [II B 1, 2b, c; III A 7, B 2, 3]. Wir erwähnen den hierdurch vermittelten Zusammenhang der Eigenschaften der regulären Körper mit gewissen Problemen der Algebra und Funk-

---

Hauptsache rührt sein Inhalt wohl von *Möbius* her (Abhandlungen aus den Jahren 1853—58, Ges. Werke 2).

tionentheorie, und neuere Anwendungen auf ein Problem der Mechanik [12]).

Alle diese Anwendungen complexer Grössen und viele andere, wie z. B. die in der Theorie der Wärmeleitung und der Minimalflächen [III D 5, 6] haben das Gemeinsame, dass bei ihnen die Eigenschaft des Rechnens mit complexen Grössen als einer Erweiterung des gewöhnlichen Zahlenrechnens in den Hintergrund tritt, und dass diese Grössen als ein sogenannter *Algorithmus* oder *geometrischer Calcul* zur Zusammenfassung und formalen Vereinfachung mehrerer Formeln der analytischen Geometrie dienen. Es ist das eben der Gesichtspunkt, von dem aus die Einführung der nunmehr von uns zu betrachtenden sogenannten höheren complexen Grössen sich als fruchtbringend erwiesen hat.

7. Allgemeiner Begriff eines Systems complexer Grössen. An das geschilderte Rechnen mit Grössenpaaren schliesst sich naturgemäss ein solches mit Tripeln, Quadrupeln u. s. w. von Grössen; und zwar kann man, nachdem das Rechnen mit den gewöhnlichen complexen Grössen einmal begründet ist, einmal reelle, sodann aber auch gewöhnliche complexe Grössen zu Paaren, Tripeln u. s. w. zusammenstellen. Je nachdem man das Eine oder das Andere thut, ergeben sich zwei verschiedene Begriffe eines *„Systems complexer Grössen"* oder *„complexer Zahlen"* [13]).

Seien also $\varrho, a_1, a_2, \ldots a_n$ je nach der getroffenen Festsetzung entweder reelle oder gewöhnliche complexe Grössen, so wird man

---

12) *H. A. Schwarz*, J. f. Math. 75, p. 292 = Werke 2, p. 211. *F. Klein*, Vorlesungen über das Ikosaeder. Leipzig 1884. *H. Weber*, Algebra II. Braunschw. 1896. *F. Klein* u. *A. Sommerfeld*, Theorie des Kreisels. Leipzig 1897.

13) Die zweite Ausdrucksweise ist die üblichere. Wir ziehen die erste vor, da diesen Gebilden auch eine der gewöhnlichen Theorie der ganzen Zahlen analoge *Zahlentheorie* zukommt. (Vgl. Anmerk. 52.) — Beide Begriffe gehen im wesentlichen zurück auf *Hamilton,* der in seinen Quaternionen und Biquaternionen bereits 1843 das nach den gemeinen complexen Grössen interessanteste Beispiel geliefert hat. Doch macht *H.* (Lectures, Préface) bei der Multiplikation eine Unterscheidung zwischen Operator und Operandus, die für die Anwendungen nicht nötig ist und die Klarheit der Darstellung beeinträchtigt. Diese Unterscheidung scheint zuerst von *H. Hankel* (a. a. O.) aufgehoben worden zu sein. Mathematiker englischer Zunge gebrauchen nach dem Vorgange von *B. Peirce* (vgl. Anm. 17) den Ausdruck *„Linear Associative Algebra"* für unseren Gegenstand, Einige verwenden auch das Wort Algebra im Pluralis. — Bei den verwandten Begriffsbildungen *Grassmann's* (s. Anm. 6) fehlt ein wesentliches Moment, nämlich die Zurückleitung der Produkte auf die Grössen des Systems selbst. — Wegen der vor *Hamilton* unternommenen Versuche, complexe Grössen mit mehr als zwei Einheiten einzuführen, s. *Hankel* a. a. O., § 28 Anm.

zunächst zwei n-tupel $(a_1, a_2, \ldots a_n)$ und $(b_1, b_2, \ldots b_n)$ nur dann als „gleich" gelten lassen, wenn $a_1 = b_1, \ldots a_n = b_n$ ist. Es wird sodann die Addition zweier Grössen-n-tupel definiert durch die Formel

$$(a_1, a_2, \ldots a_n) + (b_1, b_2, \ldots b_n) = (a_1 + b_1, a_2 + b_2, \ldots a_n + b_n),$$

ferner die Multiplikation eines n-tupels mit irgend einer Grösse ϱ durch

$$\varrho(a_1, a_2, \ldots a_n) = (\varrho a_1, \varrho a_2, \ldots \varrho a_n).$$

Aus diesen beiden Definitionen folgt, dass jedes System von n Grössen sich additiv mit numerischen Coefficienten aus n passend gewählten zusammensetzen lässt, z. B.

$$(a_1, a_2, \ldots a_n) = a_1 (1, 0, 0, \ldots 0) + a_2 (0, 1, 0, \ldots 0) + \cdots$$

Solche in *in mannigfacher Weise auswählbare* n-tupel werden „*Einheiten*" genannt[14]), und (wie überhaupt beliebige n-tupel) durch einfache Zeichen, etwa durch $e_1, e_2, \ldots$ dargestellt, so dass

$$(a_1, a_2, \ldots a_n) = a = a_1 e_1 + a_2 e_2 + \cdots + a_n e_n$$

geschrieben werden kann. Die Einheiten $e_1, \ldots e_n$ bilden zusammen eine sogenannte *Basis* (*Dedekind, Molien,* vgl. Anm. 31, 45), ihre reellen oder gewöhnlichen complexen Coefficienten $a_1, \ldots a_n$ heissen *Coordinaten* oder auch *Componenten* des n-tupels.

Der specifische Begriff eines (geschlossenen) „Systems complexer Grössen" ergiebt sich hieraus erst, wenn man neben die angeführten Operationen noch eine weitere, die sogenannte *Multiplikation* zweier n-tupel stellt. Diese kann an und für sich in verschiedener Weise erklärt werden[6]), man pflegt aber an sie, wofern man von einem „System complexer Grössen" spricht, heute ziemlich allgemein die folgenden Forderungen zu stellen:

I. Das „Produkt" oder „symbolische Produkt" ab zweier n-tupel a, b, oder, was nun dasselbe bedeuten soll, zweier aus den Einheiten $e_1, \ldots e_n$ ableitbarer „complexer Grössen" a, b (s. oben) soll wieder ein n-tupel derselben Art, also eine aus denselben Einheiten ableitbare complexe Grösse sein.

II. Diese („symbolische") Multiplikation soll mit der Addition durch das „distributive Gesetz" verbunden sein:

$$(18) \qquad a(b + c) = ab + ac, \quad (b + c)a = ba + ca.$$

III. Die Multiplikation soll das „associative Gesetz" erfüllen:

$$(19) \qquad (ab)c = a(bc).$$

Nicht allgemein verlangt wird das Bestehen des „commutativen Ge-

---

14) *Weierstrass* und andere gebrauchen den Ausdruck *Haupt*einheiten.

setzes" $ab = ba$ für die als Multiplikation bezeichnete Verknüpfung, weshalb auch von den beiden Forderungen (18) keine eine Folge der anderen ist. Dagegen pflegt man als weitere Forderung hinzuzufügen:

IV. Die Multiplikation soll eine im allgemeinen umkehrbare Operation sein, es soll also im allgemeinen möglich sein, aus einer Gleichung der Form $ab = c$ die Grösse a sowohl als auch die Grösse b zu bestimmen, wenn im einen Fall b und c, im anderen a und c gegeben sind. Diese Forderung der Möglichkeit beider Arten von „*Division*" ist äquivalent mit der anderen, dass eine complexe Grösse $e^0 = \varepsilon_1 e_1 + \cdots + \varepsilon_n e_n$ vorhanden sein soll, die den beiden Gleichungen

$$(20) \qquad e^0 a = a, \quad a e^0 = a$$

identisch (für alle Wertsysteme der Coordinaten $a_1, \ldots a_n$) genügt. —

Nach dem üblichen Sprachgebrauch ist also ein „*System complexer Grössen*" erst dann vollkommen definiert, wenn die bei der Multiplikation zweier n-tupel oder Grössen $a = \sum a_i e_i$, $b = \sum b_i e_i$ anzuwendenden Rechnungsregeln bekannt sind. Die Bedingungen I und II werden in allgemeinster Weise erfüllt, wenn man setzt

$$(21) \qquad e_i e_{\varkappa} = \sum_{1}^{n}{}_{\!s} \gamma_{i\varkappa s} e_s \qquad (i, \varkappa = 1 \cdots n)$$

und unter $\gamma_{i\varkappa s}$ reelle oder gewöhnliche complexe Grössen versteht. Die Bedingung III wird sodann erfüllt, wenn allgemein $(e_i e_{\varkappa}) e_l = e_i (e_{\varkappa} e_l)$ ist, wenn man also die n^3 Grössen $\gamma_{i\varkappa s}$ derart wählt, dass

$$(22) \qquad \sum_{1}^{n}{}_{\!s} \gamma_{i\varkappa s} \gamma_{sjt} = \sum_{1}^{n}{}_{\!s} \gamma_{\varkappa js} \gamma_{ist}$$

wird $(i, \varkappa, j, t = 1, 2, \ldots n)$. Die letzte Forderung IV endlich deckt sich mit der anderen, dass keine der Determinanten [I B 1]

$$(23) \qquad \left| \sum{}^{i} \gamma_{i\varkappa s} a_i \right|, \quad \left| \sum{}^{\varkappa} \gamma_{i\varkappa s} a_{\varkappa} \right|$$

identisch (für jede Wahl der Grössen a_i) verschwinden soll.

Sind diese beiden letzten Forderungen erfüllt, so haben die beiden Determinanten (23), als Funktionen der Grössen a_i, dieselben (im analytischen Sinne, II B 1) irreducibelen Teiler; sie verschwinden also für dieselben Wertsysteme dieser Grössen. Sind sie für ein bestimmtes Grössensystem $a_1, \ldots a_n$ von Null verschieden, so haben die beiden Gleichungen

$$(24) \qquad ax = b, \quad ya = b$$

jede eine und nur eine Lösung x, y; und es wird insbesondere $x = y = e^0$, wenn $b = a$ (s. Gl. 20); sind jene Determinanten dagegen gleich Null, so giebt es immer von Null verschiedene Lösungen x, y der beiden Gleichungen

$$(25) \qquad ax = 0, \quad ya = 0.$$

a, x und y heissen dann „*Teiler der Null*", nach *K. Weierstrass*, der übrigens auch die Null $(0, 0, \ldots 0)$ selbst noch unter diesen Begriff fasst. (Vgl. Anm. 30.)

Die Grösse e^0 nimmt innerhalb des betrachteten Systems complexer Grössen eine ähnliche Stellung ein, wie die Einheit unter den reellen Grössen. Sie ist deshalb die „Zahl Eins" des Systems genannt worden, auch hat man den auf alles Mögliche angewendeten Ausdruck „Modul" für sie ebenfalls vorgeschlagen. Wir werden sie *Haupteinheit* des Systems nennen. Unter dem *reciproken Wert* der Grösse a, dargestellt durch das Zeichen a^{-1}, verstehen wir sodann, sofern a kein Teiler der Null ist, die gemeinsame Lösung der Gleichungen

$$(26) \qquad az = e^0, \quad za = e^0.$$

Die Lösungen der Gleichungen (24) werden nunmehr dargestellt durch

$$(27) \qquad x = a^{-1}b, \quad y = ba^{-1}.$$

Sind die Grössen a und b „*vertauschbar*", d. h. besteht die Gleichung $ab = ba$, so sind diese Grössen x, y einander gleich. —

Der auseinandergesetzte Begriff eines Systemes complexer Grössen kann in der Weise erweitert werden, dass man die Forderungen I—III aufrecht erhält, die Forderung IV aber fallen lässt. Zu den besprochenen treten dann neue „*Systeme ohne Haupteinheit*", auch mit einem die Vorstellung eines Grenzüberganges hervorrufenden und daher nicht ganz angemessenen Ausdruck „ausgeartete" Systeme complexer Grössen genannt. In einem jeden solchen System ist bei jeder Wahl des Divisors immer mindestens eine Art der „Division" eine unmögliche oder unbestimmte Operation.

8. Typen, Gestalten, Reducibilität. Aus den Darlegungen der vorigen Nummer geht hervor, dass alle Eigenschaften irgend eines besonderen Systems complexer Grössen völlig bestimmt sind durch das System der n^3 Constanten $\gamma_{ix\varsigma}$. Je nachdem man nun von vorn herein gewöhnliche complexe oder nur reelle Grössen zu n-tupeln vereinigt hat, wird man nun auch für die Constanten $\gamma_{ix\varsigma}$ gewöhnliche complexe oder aber nur reelle Werte zulassen. Es ergiebt sich hieraus das eine oder andere der beiden Probleme: „Man soll alle Systeme von gewöhnlichen complexen [reellen] Grössen $\gamma_{ix\varsigma}$ finden, die den

Gleichungen (22) Genüge leisten, und ausserdem so beschaffen sind, dass keine der Determinanten (23) identisch verschwindet". — Diese Aufgaben lassen eine noch präcisere Fassung zu. Es sind nämlich zugleich mit irgend einem System complexer Grössen in gewissem Sinn bekannt alle die, die aus ihm durch eine Änderung der Basis $(e_1 \ldots e_n)$, also durch andere Auswahl der Einheiten hervorgehen. Eine solche Änderung wird analytisch ausgedrückt durch eine lineare Transformation von nicht verschwindender Determinante,

$$(26) \qquad e_i' = \sum{}^n c_{i\varkappa} e_\varkappa \qquad (i, \varkappa = 1, \ldots n),$$

wobei die $c_{i\varkappa}$ im übrigen beliebige gewöhnliche complexe [reelle] Werte haben dürfen. Ferner ist mit einem gegebenen System zugleich bekannt das sogenannte *reciproke System* des ersten, ein System, das man erhält, wenn man je zwei Grössen $\gamma_{i\varkappa s}$ und $\gamma_{\varkappa i s}$ vertauscht. Man wird also alle diese durch einfache Transformationen auseinander hervorgehenden Systeme durch irgend eines unter ihnen repräsentieren können.

Wir rechnen zwei Systeme complexer Grössen zu demselben *„Typus"*, wenn sie durch Vertauschung der Constanten $\gamma_{i\varkappa s}$ und $\gamma_{\varkappa i s}$, und ebenso, wenn sie durch eine lineare Transformation (26) mit *gewöhnlichen complexen* Coefficienten $c_{i\varkappa}$ aus einander hervorgehen. Wir sagen ferner, ein System mit reellen Constanten $\gamma_{i\varkappa s}$, kürzer ein *reelles System complexer Grössen*, sei eine *reelle Gestalt* des Typus, dem es angehört; und wir betrachten zwei reelle Gestalten desselben Typus nur dann als verschieden, wenn sie *nicht* durch eine lineare Transformation (26) mit *reellen* Coefficienten $c_{i\varkappa}$ und etwanige Vertauschung von $\gamma_{i\varkappa s}$ mit $\gamma_{\varkappa i s}$ aus einander hervorgehen. Die obigen Aufgaben können nunmehr so formuliert werden:

„Von jedem Typus von Systemen complexer Grössen mit n Einheiten einen Repräsentanten anzugeben."

„Bei den Typen, die reelle Gestalten haben, von jeder Gestalt einen Repräsentanten anzugeben."

Hat ein Typus nur eine einzige reelle Gestalt, so wird man natürlich diese auch als Repräsentanten des Typus selbst wählen.

Das so gestellte Problem lässt eine weitere Vereinfachung zu. Hat man nämlich zwei Systeme complexer Grössen mit n und m Einheiten $(e_1 \ldots e_n)$, $(\eta_1 \ldots \eta_m)$, so geht aus ihnen ein neues mit $n + m$ Einheiten $e_1 \ldots e_n, \eta_1 \ldots \eta_m$ hervor, wenn man zu den Multiplikationsregeln $e_i e_\varkappa = \sum \gamma_{i\varkappa s} e_s$, $\eta_i \eta_\varkappa = \sum \delta_{i\varkappa s} \eta_s$ der einzelnen Systeme noch die weiteren $e_i \eta_\varkappa = \eta_\varkappa e_i = 0$ $(i = 1 \ldots n, \varkappa = 1 \ldots m)$ hinzufügt. Hieraus ergiebt sich ein Begriff der *Reducibilität* von Systemen complexer Zahlen, oder vielmehr, es ergeben sich zwei solcher Begriffe. Wir sagen, ein System complexer Grössen sei „*reducibel*" schlechthin, wenn vermöge einer linearen Transformation (26) mit *gewöhnlichen complexen* Coefficienten $c_{i\varkappa}$ die Einheiten einer Basis auf mehrere Schichten derart verteilt werden können, dass alle Produkte von Einheiten der einen Schicht mit denen aller übrigen Schichten gleich Null sind; wir nennen das System *irreducibel* im entgegengesetzten Falle. Wir nennen ferner ein System mit *reellen* Constanten $\gamma_{i\varkappa s}$ „*reell-reducibel*" oder „*reell-irreducibel*", je nachdem sich eine solche in Schichten zerlegte Basis durch eine lineare Transformation (26) mit *reellen* Coefficienten $c_{i\varkappa}$ einführen lässt oder nicht. Ein jedes System complexer Grössen (mit Haupteinheit) kann nur auf eine Weise in irreducibele Systeme zerlegt werden, wenn man von der bei der Wahl der Basis eines jeden Teilsystemes noch vorhandenen Willkür absieht, und ebenso jedes reelle System nur auf eine Weise in reell-irreducibele Systeme. Die Eigenschaften der Reducibilität oder Irreducibilität kommen allen Systemen eines Typus, und soweit reelle Systeme in Frage kommen, allen Systemen derselben Gestalt eines Typus in gleicher Weise zu. Um die obigen beiden Aufgaben für einen bestimmten Wert der Zahl n vollständig zu lösen, hat man daher nur aufzuzählen:

I. *Alle Typen irreducibeler Systeme, bei denen die Zahl der Einheiten $\leq n$ ist.*

II. *Alle verschiedenen reellen Gestalten dieser Systeme.*

III. *Alle reell-irreducibelen Gestalten von Typen reducibeler Systeme, bei denen die Zahl der Einheiten $\leq n$ ist.*

Die Lösung der dritten unter diesen Aufgaben lässt sich auf die der ersten zurückführen. Ist $(\eta_1 \ldots \eta_m)$ die Basis eines irreducibelen Systemes mit den Multiplikationsregeln $\eta_i \eta_\varkappa = \sum \delta_{i\varkappa s} \eta_s$, so erhält man ein zweites System mit den m Einheiten $\vartheta_1 \ldots \vartheta_m$, wenn man setzt $\vartheta_i \vartheta_\varkappa = \sum \bar{\delta}_{i\varkappa s} \vartheta_s$, und unter $\bar{\delta}_{i\varkappa s}$ den conjugiert-complexen Wert von $\delta_{i\varkappa s}$ versteht. Setzt man sodann $\eta_i \vartheta_\varkappa = 0$, und führt man die neuen Einheiten

$$(27) \qquad e_\varkappa = \eta_\varkappa + \vartheta_\varkappa, \qquad e_\varkappa{}^* = i(\eta_\varkappa - \vartheta_\varkappa)$$

ein, so ist das so entstehende reducibele System mit der Basis $(e_1 \ldots e_m, e_1{}^* \ldots e_m{}^*)$ reell und reell-irreducibel; und man findet alle unter III verlangten Gestalten, wenn man für $(\eta_1 \ldots \eta_m)$ der Reihe nach je einen Repräsentanten eines jeden irreducibelen Typus setzt, dessen Basis $\frac{n}{2}$ oder weniger Einheiten enthält.

Es bleiben also zu lösen die Probleme I und II.

Es giebt ein einfaches *Kriterium der Reducibilität* eines vorgelegten Systemes complexer Grössen mit gewöhnlichen complexen oder auch reellen Constanten γ_{ixs}: Bei jedem reducibelen [reellen und reellreducibelen] System sind die Haupteinheiten der irreducibelen Teilsysteme solche Grössen, deren Quadrate ihnen selbst gleich sind, und die überdies mit allen Grössen des Systems vertauschbar sind. Ist umgekehrt in einem System mit n Einheiten $e_1 \ldots e_n$ eine von e^0 verschiedene Grösse [reelle Grösse] ε vorhanden, für die

$$(28) \qquad \varepsilon^2 = \varepsilon, \quad \varepsilon e_x = e_x \varepsilon \qquad (x = 1 \ldots n),$$

so sind ε und $\eta = e^0 - \varepsilon$ die Haupteinheiten zweier (möglicher Weise wieder reducibeler) Teilsysteme; und diese Teilsysteme werden dadurch gefunden, dass man unter den Produkten εe_x und den Produkten ηe_x je ein System von linear-unabhängigen auswählt, und diese Grössen (deren Gesamtzahl gerade n beträgt) als neue Einheiten einführt [14]).

Ausser der eben geschilderten Operation des Nebeneinandersetzens der Einheiten zweier Systeme complexer Grössen giebt es noch ein anderes als „*Multiplikation zweier Systeme miteinander*" bezeichnetes Verfahren, aus zwei solchen ein drittes herzuleiten [15]). Dieses besteht darin, dass man die formal gebildeten Produkte der Einheiten e_i, e_j' zweier Systeme als Einheiten $\eta_{ij} = e_i e_j' = e_j' e_i$ eines neuen Systems auffasst, und, wenn $e_i e_x = \sum \gamma_{ixs} e_s$, $e_i' e_x' = \sum \gamma_{ixs}' e_s'$ angenommen wird, die Produkte von zweien der neuen Einheiten gemäss der Formel

$$(29) \qquad \eta_{ix} \cdot \eta_{lm} = \sum_{s,\,t} \gamma_{ixs}\, \gamma_{lmt}' \cdot \eta_{st}$$

auf diese Einheiten zurückführt.

Das Verfahren kommt darauf hinaus, dass man als Coordinaten $a_1 \ldots a_n$ einer Grösse eines vorgelegten Systems statt reeller oder *gewöhnlicher* complexer Grössen überhaupt Grössen *irgend* eines be-

---

14) Vgl. hierzu *E. Study*, Gött. Nachr. 1889, p. 237; die obigen Begriffsbildungen und Probleme zu Grunde liegende Anschauungsweise rührt von *S. Lie* her [II A 6]; das Kriterium der Reducibilität von *G. Scheffers*, Math. Ann. 39 (1891), p. 293. Dort wird der Begriff des Typus etwas anders gefasst, als im Texte, aber ebenso wie hier bei *S. Lie* u. *Scheffers*, Cont. Gruppen, Leipzig 1893.

15) Obige Ausdrucksweise braucht *Scheffers* a. a. O. Die Operation selbst ist schon von *W. K. Clifford* in ausgedehntem Masse verwendet worden: Am. J. of Math. 1 (1878), p. 350 = Math. Papers (London 1883) Nr. 30. Vgl. dazu *H. Taber*, Am. J. of Math. 12 (1890), p. 337, insbesondere § 25. Die zuletzt genannte Abhandlung ist besonders geeignet zur Orientierung über die eigentümliche Anschauungsweise und Terminologie der englisch-amerikanischen Mathematiker.

stimmten zweiten Systems nimmt. Der Zusammenhang zwischen den Eigenschaften des als „Produkt" (Compound) bezeichneten, abgeleiteten Systems und den Eigenschaften der beiden gegebenen Systeme ist nicht einfach. Doch ergeben sich mehrere für Anwendungen besonders geeignete Systeme complexer Grössen gerade auf diese Weise.

9. Systeme mit zwei, drei und vier Einheiten. Wir erläutern die Begriffsbildungen der vorigen Nummer durch Aufzählung aller möglichen Systeme complexer Grössen mit zwei, drei oder vier Einheiten.

Systeme mit zwei Einheiten.

Es giebt nur drei reelle Systeme mit zwei Einheiten, die sämtlich das commutative Gesetz der Multiplikation befolgen. Die zugehörigen Multiplikationsregeln sind, nach geeigneter Wahl der Basis, diese:

$$(30) \qquad e_0^2 = e_0, \quad e_0 e_1 = e_1 e_0 = e_1, \quad e_1^2 = e_0,$$

$$(31) \qquad e_0^2 = e_0, \quad e_0 e_1 = e_1 e_0 = e_1, \quad e_1^2 = - e_0,$$

$$(32) \qquad e_0^2 = e_0, \quad e_0 e_1 = e_1 e_0 = e_1, \quad e_1^2 = 0. \quad \text{[16]})$$

Von diesen ist nur das letzte, das aus den beiden ersten durch einen Grenzübergang hergeleitet werden kann, irreducibel. Das zweite System (31) ist das der gewöhnlichen complexen Grössen; es ist *reducibel, aber reell-irreducibel* nach der Definition der Nr. 8. Es geht in das erste System (30) über durch die imaginäre Substitution $e_0' = e_0,\ e_1' = i e_1$. Die Systeme (30) und (31) sind also zwei verschiedene reelle Gestalten eines und desselben Typus (während (32) einen anderen Typus repräsentiert). Die erste dieser Gestalten, (30), ist reell-reducibel; denn führt man die neuen Einheiten $e_1' = \frac{1}{2}(e_0 + e_1)$,

$e_2' = \frac{1}{2}(e_0 - e_1)$ ein, so erhält man die Multiplikationsregeln:

$$(30\,\mathrm{b}) \qquad e_1'^2 = e_1', \quad e_1' e_2' = e_2' e_1' = 0, \quad e_2'^2 = e_2'.$$

Das System der gewöhnlichen complexen Grössen tritt hiernach in der allgemeinen Theorie der complexen Grössen an zwei verschiedenen Stellen auf. Bei Aufzählung der Typen irreducibeler Systeme erscheint es als das einzige System mit *einer* Einheit ($e_0^2 = e_0$); bei Aufzählung der reellen und reell-irreducibelen Systeme erscheint es unter den Systemen mit *zwei* Einheiten.

Von Systemen mit drei und vier Einheiten zählen wir nur die

---

16) *S. Pincherle* nach Vorlesungen von *Weierstrass*, Giorn. di mat. 18 (1880), p. 205, wo allerdings das dritte System nicht ausdrücklich aufgeführt wird, und *A. Cayley*, Lond. Math. Proc. 15 (1883—84), p. 185.

irreducibelen und reell-irreducibelen auf[17]). Wir stellen ihre Multiplikationsregeln in Gestalt quadratischer Tafeln zusammen. e_0 bedeutet in jedem Falle die Haupteinheit; der Wert des Produktes $e_i e_\varkappa$ ist in der Horizontalreihe enthalten, die links e_i, und in der Vertikalreihe, die oben $e_\varkappa$ enthält.

(33)   *Irreducibele Systeme mit drei Einheiten.*

I.

e_0	e_1	e_2
e_1	e_2	0
e_2	0	0

II.

e_0	e_1	e_2
e_1	e_0	e_2
e_2	$-e_2$	0

III.

e_0	e_1	e_2
e_1	0	0
e_2	0	0

(34)   *Irreducibele Systeme mit vier Einheiten.*

I.

e_0	e_1	e_2	e_3
e_1	e_2	e_3	0
e_2	e_3	0	0
e_3	0	0	0

II.

e_0	e_1	e_2	e_3
e_1	e_0	e_2	e_3
e_2	$-e_2$	0	0
e_3	e_3	0	0

III.

e_0	e_1	e_2	e_3
e_1	e_3	e_3	0
e_2	$-e_3$	ce_3	0
e_3	0	0	0

IVa.

e_0	e_1	e_2	e_3
e_1	e_3	0	0
e_2	0	e_3	0
e_3	0	0	0

IVb.

e_0	e_1	e_2	e_3
e_1	e_3	0	0
e_2	0	$-e_3$	0
e_3	0	0	0

V.

e_0	e_1	e_2	e_3
e_1	e_2	0	0
e_2	0	0	0
e_3	0	0	0

VIa.

e_0	e_1	e_2	e_3
e_1	$-e_0$	e_3	$-e_2$
e_2	$-e_3$	$-e_0$	e_1
e_3	e_2	$-e_1$	$-e_0$

VIb.

e_0	e_1	e_2	e_3
e_1	e_0	e_3	e_2
e_2	$-e_3$	e_0	$-e_1$
e_3	$-e_2$	e_1	$-e_0$

VIIa.

e_0	e_1	e_2	e_3
e_1	$-e_0$	e_3	$-e_2$
e_2	$-e_3$	0	0
e_3	e_2	0	0

VIIb.

e_0	e_1	e_2	e_3
e_1	e_0	e_3	e_2
e_2	$-e_3$	0	0
e_3	$-e_2$	0	0

VIII.

e_0	e_1	e_2	e_3
e_1	0	e_3	0
e_2	$-e_3$	0	0
e_3	0	0	0

IX.

e_0	e_1	e_2	e_3
e_1	e_0	e_2	e_3
e_2	$-e_2$	0	0
e_3	$-e_3$	0	0

X.

e_0	e_1	e_2	e_3
e_1	0	0	0
e_2	0	0	0
e_3	0	0	0

e_0	e_1	e_2	e_3
e_1	$-e_0$	e_3	$-e_2$
e_2	e_3	0	0
e_3	$-e_2$	0	0

$$\begin{aligned}
2e_0' &= e_0 + ie_1,\\
2e_1' &= e_2 + ie_3,\\
2e_2' &= e_0 - ie_1,\\
2e_3' &= e_2 - ie_3.
\end{aligned}$$

17) *E. Study*, Gött. Nachr. 1889, p. 237. Monatsh. f. Math. 1 (1890), p. 283. Verwandte Untersuchungen hatte bereits 1870 *B. Peirce* angestellt: Am. J. of Math. 4 (1881), p. 97. Indessen ist dieser Autor nicht zu einer erschöpfenden Aufzählung der Systeme mit drei und vier Einheiten gelangt.

Die Typen sind durch römische Ziffern unterschieden, die verschiedenen Gestalten eines und desselben Typus durch diesen angehängte Indices a, b. Das zuletzt (ohne Nummer) angeführte System repräsentiert die einzige reell-irreducibele Gestalt eines reducibelen Typus, die bei vier Einheiten vorkommt. Es wird zerlegt durch Einführung der neuen Einheiten e_i'. Jedes dieser Systeme, mit Ausnahme von II, kann durch Einführung neuer Einheiten in sein reciprokes System übergeführt werden. I, IV, V und X haben das commutative Gesetz der Multiplikation. Die Tafel III stellt unendlich viele verschiedene Typen dar, entsprechend den verschiedenen Werten des Parameters c, darunter alle bei vier Einheiten vorhandenen Typen ohne reelle Gestalt, entsprechend den imaginären Werten von c. VIa ist das von *Hamilton* 1843 entdeckte System der *Quaternionen*. VIa und VIIa gehen in die Gestalten VIb und VIIb über durch die imaginäre Substitution

$$e_0' = e_0, \quad e_1' = ie_1, \quad e_2' = ie_2, \quad e_3' = -e_3,$$

ebenso IVa in IVb durch Einführung von $e_2' = ie_2$ an Stelle von e_2.

10. Specielle Systeme mit n^2 Einheiten. Bilineare Formen. Besonders untersucht worden ist eine Klasse von Systemen complexer Grössen mit einer quadratischen Zahl von Einheiten, die aus der Theorie der linearen Transformationen entspringt. Durch jedes System von n^2 reellen oder gewöhnlichen complexen Grössen $a_{i\varkappa}$ ($i, \varkappa = 1 \ldots n$) — also durch eine (quadratische) sogenannte *Matrix* $\| a_{i\varkappa} \|$ [Art. I B 1 b] — ist eine *lineare Transformation*

$$(35) \qquad y_\varkappa = \sum_{1}^{n}{}^i\, a_{i\varkappa}\, x_i \qquad (\varkappa = 1 \ldots n)$$

bestimmt (deren Determinante $| a_{i\varkappa} |$ hier nicht notwendig als von Null verschieden vorausgesetzt wird), und ebenso eine *bilineare Form* [I B 1 b]

$$(36) \qquad A = \sum_{1}^{n}{}^i \sum_{1}^{n}{}^\varkappa a_{i\varkappa}\, x_i\, u_\varkappa.$$

Führt man nun die zu einer zweiten Matrix von n^2 Elementen $\| b_{i\varkappa} \|$ oder einer bilinearen Form B gehörige lineare Transformation nach der ersten aus, so entsteht eine neue lineare Transformation, zugehörig zu der Matrix $\| c_{i\varkappa} \|$ und der bilinearen Form C, wobei

$$(37) \qquad c_{ij} = \sum_{1}^{n}{}^\varkappa a_{i\varkappa} b_{\varkappa j},$$

$$(38) \qquad C = \sum \sum c_{ij}\, x_i\, u_j = \sum_\varkappa{}' \frac{\partial A}{\partial u_\varkappa} \frac{\partial B}{\partial x_\varkappa}.$$

Die Regel, wonach hier aus zwei Matrices oder bilinearen Formen eine dritte hergeleitet wird, nennt man *„Zusammensetzung“*, *„Composition“* oder auch *„Multiplikation“* der Matrices oder bilinearen Formen. Man drückt den Inhalt der Formel (38) durch die symbolische Gleichung

$$(39) \qquad\qquad A \cdot B = C$$

aus, und nennt die Form C das — in der Reihenfolge A, B genommene und von $B \cdot A$ zu unterscheidende — (sog. symbolische) *Produkt* von A und B. Offenbar ist diese Regel ganz identisch mit der Multiplikationsregel eines Systems complexer Grössen mit n^2 Einheiten $e_{i\varkappa}$. Setzt man

$$(40) \qquad e_{i\varkappa}e_{lm} = 0 \quad (\varkappa \neq l), \qquad e_{i\varkappa}e_{\varkappa l} = e_{il},$$

so sagen die obigen Formeln dasselbe aus, wie die Gleichung

$$(41) \qquad \left(\sum a_{i\varkappa}e_{i\varkappa}\right)\left(\sum b_{i\varkappa}e_{i\varkappa}\right) = \sum c_{i\varkappa}e_{i\varkappa}. \text{[18])}$$

Es gelten daher auch alle bei dem Rechnen mit einem System complexer Grössen überhaupt anzuwendenden Regeln insbesondere für das Rechnen mit bilinearen Formen, soweit man auf solche keine anderen Operationen als die Addition, die Multiplikation mit numerischen (reellen oder gewöhnlichen complexen) Grössen, und die oben definierte Multiplikation zweier bilinearer Formen miteinander anwendet[19]). Aber auch umgekehrt lassen sich die in der Theorie der

---

18) Für den Fall $n = 3$ wird das obige System komplexer Grössen von Mathematikern englischer Zunge als System der *Nonionen* bezeichnet. S. darüber *C. S. Peirce*, Johns Hopkins Circular, Baltimore 1882, Nr. 22; *J. J. Sylvester* ebenda Nr. 27. Vgl. auch Anm. 15. — Im allgemeinen Falle brauchen *Sylvester* u. A. für den besonderen Zweig der Algebra, der von der Zusammensetzung bilinearer Formen handelt, den Ausdruck *Universal Algebra*.

19) Die Zusammensetzung der Matrices ist so alt, als die Theorie der linearen Transformationen selbst; das obige specielle System complexer Grössen tritt auf, wo immer man es mit linearen Transformationen zu thun hat. Das Wesentliche in der im Text dargelegten Auffassung liegt aber darin, dass der ganze Complex von n^2 Grössen $a_{i\varkappa}$ als etwas Einheitliches angesehen und durch ein solches *Zeichen* dargestellt wird, das dem distributiven und associativen Gesetz der „Multiplikation“ einen formal einfachen und leicht zu handhabenden Ausdruck verleiht. Diese Auffassung findet sich angedeutet schon bei *Hamilton* (Lectures), klar und deutlich bei *Cayley* (Lond. Trans. v. 148 [1858], 1859, p. 17 = Coll. Math. Papers 2, p. 475); *Cayley* muss daher wohl als Begründer dieser Theorie angesehen werden. Nach *Cayley* haben viele Mathematiker sich derselben Begriffsbildungen bedient. Für uns kommen insbesondere in Betracht Arbeiten von *Edm. Laguerre* (Ec. Polyt. t. 25, 1867, p. 215), *G. Frobenius* (J. f. Math. 84, 1878, p. 1 — die gründlichste Untersuchung über diesen Gegenstand —), *Sylvester* (Johns Hopkins Circular, Baltimore 1883, Nr 27, 1884, Nr. 28; Am.

bilinearen Formen gewonnenen Sätze auf beliebige Systeme complexer Grössen anwenden. Die Multiplikationsregeln eines solchen Systems sind nämlich selbst nichts anderes als der Ausdruck für die Regeln der Zusammensetzung gewisser *specieller* bilinearer Formen: setzt man, von irgend einem vorgelegten System mit n Einheiten und mit den Multiplikationsregeln $e_i e_\varkappa = \sum \gamma_{i\varkappa s} e_s$ ausgehend

$$(42) \qquad A_i = \sum_{s,t} x_s \gamma_{sit} u_t \qquad (i = 1 \ldots n),$$

so folgt $A_i A_\varkappa = \sum \gamma_{i\varkappa s} A_s$.[20]) Die oben betrachteten speciellen Systeme mit n^2 Einheiten enthalten also, wenn man die Zahl n unbestimmt lässt, alle anderen. Offenbar kann man in derselben Weise aus jeder linearen Schar bilinearer Formen, sofern die Produkte von je zwei Formen der Schar selbst angehören, ein System complexer Grössen mit oder ohne Haupteinheit herleiten. So stimmt das System (40) selbst im Falle $n = 2$ mit den *Quaternionen* in ihrer zweiten reellen Gestalt VIb überein, wie man erkennt, wenn man statt der Produkte $x_i u_\varkappa$ die vier ebenfalls linear-unabhängigen Formen

$$(43) \quad \begin{aligned} A_0 &= x_1 u_1 + x_2 u_2, & A_1 &= - x_1 u_2 - x_2 u_1 \\ A_2 &= - x_1 u_1 + x_2 u_2, & A_3 &= x_2 u_1 - x_1 u_2 \end{aligned}$$

als „Einheiten" einführt[21]); dieselbe Multiplikationstafel VIb ergiebt sich aber nach Obigem u. a. auch, wenn man das folgende System von vier bilinearen Formen

$$(44) \quad \begin{aligned} B_0 &= x_0 u_0 + x_1 u_1 + x_2 u_2 + x_3 u_3, & B_1 &= x_0 u_1 + x_1 u_0 - x_2 u_3 - x_3 u_2, \\ B_2 &= x_0 u_2 + x_1 u_3 + x_2 u_0 + x_3 u_1, & B_3 &= x_0 u_3 + x_1 u_2 - x_2 u_1 - x_3 u_0 \end{aligned}$$

zu Grunde legt. —

Unter den (symbolischen) *Potenzen* $A,\ A^2 = AA,\ A^3 = AAA$ u. s. w. einer bilinearen Form

$$A = \sum_{1}^{n}{}_{i,\varkappa}\, a_{i\varkappa} x_i u_\varkappa$$

J. of Math. 6, 1884, p. 270), *Ed. Weyr*, (Monatsh. f. Math. 1889, p. 187) und *H. Taber* (Am. J. of Math. 12, 1890, p. 337; 13, 1891, p. 159). Da die genannten Autoren zum Teil unabhängig von einander gearbeitet haben, so haben die Hauptsätze in dieser Theorie mehrere Entdecker.

20) *Ed. Weyr*, Prag. Ber. v. 25. Nov. 1887. In anderer Form ist der Satz zuvor schon von *C. S. Peirce* ausgesprochen worden (Mem. of the Am. Acad. of Arts and Sciences 9, 1870. Am. J. of Math. 4, 1881, p. 221). Vgl. dazu Johns Hopkins Circular Nr. 13 (1882), Nr. 22 (1883).

21) *Laguerre* a. a. O. p. 230. *Cayley*, Math. Ann. 15 (1879), p. 238. *B* u. *C. S. Peirce*, Am. J. of Math. 4 (1881); Johns Hopkins Circ. Nr. 22 (1883). *Cyp. Stéphanos*, Math. Ann. 22 (1883), p. 299.

befinden sich höchstens n linear-unabhängige, d. h. solche, zwischen denen keine für alle Wertsysteme der Grössen x_i, u_i gültige lineare Gleichung mit numerischen (reellen oder gewöhnlichen complexen) Coefficienten (Funktionen der a_{ix}) stattfindet. Rechnet man, wie gebräuchlich, zu diesen Potenzen als nullte die sogenannte „*Einheitsform*"

$$(45) \qquad E = x_1 u_1 + x_2 u_2 + \cdots + x_n u_n, [22])$$

so kann man immer die n^{te} Potenz von A durch die vorausgehenden Potenzen $(A^0 = E,\ A^1 = A,\ A^2,\ A^3,\ \ldots A^{n-1})$ ausdrücken. Man bildet zu diesem Zweck, unter r einen unbestimmten Parameter verstehend, die Determinante der bilinearen Form $r \cdot E - A$,

$$(46) \qquad \varphi(r) = |rE - A| =$$
$$= r^n + a_1 r^{n-1} + \cdots + a_n r^0 = (r - r_1)(r - r_2) \cdots (r - r_n),$$

eine ganze Funktion n^{ten} Grades von r mit reellen oder gewöhnlichen complexen Coefficienten. Ersetzt man nun in dem Ausdruck von $\varphi(r)$ r durch A, d. h. r^0 durch $E = A^0$, r^1 durch A, r^2 durch das (symbolische) Quadrat von A, u. s. w., so findet sich $\varphi(A) = 0$.[23]) Der Ausdruck $\varphi(r)$ wird, unter Entlehnung eines Ausdruckes von *Cauchy*, nach *Frobenius* die „*charakteristische Funktion*" der Form A genannt; die Gleichung $\varphi(r) = 0$ heisst entsprechend die „*charakteristische Gleichung*"[24]). Diese Gleichung ist die Gleichung niedrigsten Grades, der die Form A genügt, so lange die Grössen a_{ix} unbestimmt sind. Die Gleichung niedrigsten Grades, der eine Form A mit irgendwie specialisierten Coefficienten a_{ix} genügt,

$$(47) \qquad \psi(A) = A^p + \mathfrak{a}_1 A^{p-1} + \cdots + \mathfrak{a}_p A^0 = 0 \qquad (p \le n),$$

wird von *Weyr* die „*Grundgleichung*", von anderen die „*reducierte charakteristische Gleichung*" der Form A (oder der Matrix $\| a_{ix} \|$) genannt. Um die zugehörige ganze Funktion $\psi(r)$ zu bilden, bestimme man den grössten gemeinsamen Teiler $\vartheta(r)$ aller Unterdeterminanten $(n - 1)^{\text{ten}}$ Grades der Determinante $|rE - A|$. Es ist dann

---

22) Diese Bezeichnung nach *Frobenius*. Die entsprechende Matrix wird *Einheitsmatrix* oder *Scalarmatrix* genannt. Die entsprechende complexe Grösse des Systems (40) ist die Haupteinheit dieses Systems.

23) Dieser Hauptsatz der Theorie ist von *Cayley* (a. a. O.) behauptet und an einem Beispiel ($n = 3$) verificiert worden. Bewiesen haben ihn *Laguerre, Frobenius, Ed. Weyr* u. *H. Taber* (s. Anmerk. 19), ausserdem *M. Pasch* (Math. Ann. 38, 1891, p. 48), *A. Buchheim* (Lond. M. S. Proc. 16, 1885, p. 63), *Th. Molien* (Math. Ann. 41, 1893, p. 83), endlich *Frobenius*, Berl. Ber. 1896, p. 601. Der principiell einfachste Beweis ist der zweite von *Frobenius*.

24) Bei *Sylvester* u. a. heisst die Gleichung (46) „*latent equation*", ihre Wurzeln $r_1 \ldots r_n$ heissen „*latent roots*" (der Matrix $\| a_{ix} \|$).

$$(48) \qquad \psi(r) = \frac{\varphi(r)}{\vartheta(r)} \,{}^{25}) \, .$$

Bei beliebigen Systemen complexer Grössen bilden Grad und Beschaffenheit der niedrigsten algebraischen Gleichung, der eine allgemein gewählte Zahl a eines bestimmten Systems genügt, eines der Hülfsmittel, deren man sich zur Klassifikation dieser Gebilde bedient[17]). Der bei jedem vorgelegten System völlig bestimmte Grad p dieser Gleichung wird nach *Scheffers* „*Grad*", nach *Molien* „*Rang*" des Systems genannt; die Gleichung $\psi(a) = 0$ selbst heisst bei *Scheffers* die „*charakteristische Gleichung*", bei *Molien* die „*Ranggleichung*" des Systems[26]). So hat bei dem System (40) mit n^2 Einheiten der Rang den Wert n, und die Gleichung $\varphi(r) = 0$ (46) ist die Ranggleichung dieses Systems. Von den irreducibelen Systemen mit drei Einheiten (33) hat I den Rang 3, II und III haben den Rang 2; von denen mit vier Einheiten (34) hat I den Rang 4, II—V haben den Rang 3, VI—X den Rang 2. Die Ranggleichung der Quaternionen (34, VIa) z. B. lautet, wenn $a = a_0 e_0 + a_1 e_1 + a_2 e_2 + a_3 e_3$ gesetzt wird,

$$r^2 - 2 a_0 \cdot r + (a_0{}^2 + a_1{}^2 + a_2{}^2 + a_3{}^2) = 0. \; -$$

Die linke Seite der Ranggleichung eines reducibelen Systems ist gleich dem Produkt aus den linken Seiten der Ranggleichung seiner einzelnen irreducibelen Bestandteile. Es lassen sich daher alle Systeme complexer Grössen mit n Einheiten angeben, deren Rang den grössten möglichen Wert n erreicht. Ihre irreducibelen Bestandteile haben einzeln wiederum die genannte Eigenschaft, und alle, die aus der gleichen Zahl m $(\leq n)$ von Einheiten gebildet sind, gehören einem einzigen Typus an; die Multiplikationsregeln eines solchen irreducibelen Systems mit den Einheiten $e_0 \ldots e_{m-1}$ lassen sich auf die Form bringen:

$$(49) \quad e_i e_\varkappa = e_{i+\varkappa} \quad (i + \varkappa < m - 1), \qquad e_i e_\varkappa = 0 \quad (i + \varkappa > m - 1).{}^{27})$$

11. Specielle Systeme mit commutativer Multiplikation. Die zuletzt betrachteten Systeme complexer Grössen mit n Einheiten bilden

---

25) *Frobenius*, J. f. Math. 84; andere Beweise sind gegeben worden von *Ed. Weyr* (a. a. O.) und von *Frobenius*, Berl. Ber. 1896, p. 601.

26) *Scheffers*, Math. Ann. 39 (1891), p. 293, *Molien*, ebenda 41 (1893), p. 83. — Die „charakteristische Gleichung eines Systems" ist nicht zu verwechseln mit der „charakteristischen Gleichung" einer Grösse a des Systems, der Gleichung $\varphi(r) = 0$, die zu der entsprechenden bilinearen Form gehört.

27) *Study*, Gött. Nachr. 1889, p. 62 und Monatsh. f. Math. 2 (1890), p. 23. Andere Beweise bei *Scheffers*, Math. Ann. 39, p. 293, und bei *G. Sforza*, Giorn. di mat. 32—34 (1894—96), pp. 293, 80, 252.

eine sehr specielle Klasse unter denen, die das commutative Gesetz der Multiplikation befolgen. Unter ihnen sind die einfachsten die Systeme, deren irreducibele Bestandteile nur je eine Einheit enthalten; also die zu dem Typus

$$(50) \qquad e_i^2 = e_i, \quad e_i e_\varkappa = 0 \qquad (i \neq \varkappa, \; i, \varkappa = 1, 2 \ldots n)$$

gehörigen Systeme. Auf diese Systeme, und ihre verschiedenen nach dem Satz in Nr. 8 ohne weiteres anzugebenden reellen Gestalten ist man gekommen durch eine Untersuchung über den inneren Grund der ausgezeichneten Stellung, die wir dem System der gemeinen complexen Grössen zuschreiben. Man hat dabei angeknüpft an eine Stelle bei *Gauss* [3]), der in Aussicht gestellt hatte, die Frage zu beantworten: „*Warum die Relationen zwischen Dingen, die eine Mannigfaltigkeit von mehr als zwei Dimensionen darbieten, nicht noch andere in der allgemeinen Arithmetik zulässige Arten von Grössen liefern können*". Bedenkt man, dass die heute auf vielfältige Weise verwendeten gewöhnlichen complexen Grössen doch hauptsächlich und ursprünglich *nur* deshalb in die Analysis eingeführt worden sind, weil man mit ihrer Hülfe gewissen Sätzen allgemeine Gültigkeit und anderen eine einfachere Ausdrucksweise geben konnte, so entsteht die Frage, ob der Erweiterungsprocess, der von dem Gebiete der reellen Grössen in das Gebiet der gemeinen complexen Grössen führt, hiermit abgeschlossen ist, oder ob nicht das genannte Bedürfnis zu ferneren in gleichem Sinne berechtigten Erweiterungen des Gebietes der „allgemeinen Arithmetik" Anlass giebt.

Um die Zeit 1863 hat *Weierstrass* in einer an der Universität Berlin gehaltenen öffentlichen Vorlesung „über complexe Zahlgrössen" den Satz bewiesen, dass bei einem jeden (nach unserer Terminologie) reellen System complexer Grössen mit commutativer Multiplikation ein Produkt $a \cdot b$ verschwinden kann, ohne dass einer der Faktoren verschwindet, es sei denn, dass das betrachtete System nur eine Einheit $(e_0^2 = e_0)$ enthält, oder mit dem aus zwei Einheiten gebildeten System der gemeinen complexen Grössen zusammenfällt [28]). Ein ähnlicher Satz gilt, nach *Frobenius* und *C. S. Peirce*, auch dann, wenn man das commutative Gesetz der Multiplikation nicht fordert: zu den genannten beiden Systemen kommen dann noch die reellen Quaternionen (VIa) [29]). Wenn man es also für unzulässig erklärt, dass eine

---

28) Nach mündlicher Mitteilung von *H. A. Schwarz.* Vgl. auch *E. Kossak,* Elemente der Arithmetik (Berl. 1882, Friedr. Werd. Gymn. Progr.). Ein von *H. Hankel* veröffentlichter Satz (a. a. O.) ist in dem oben angeführten enthalten.

29) *Frobenius,* J. f. Math. 84 (1878), p. 59. *C. S. Peirce,* Am. J. of Math. 4 (1881), p. 225.

algebraische Gleichung (z. B. $ax + b = 0$) mit von Null verschiedenen Coefficienten unendlich viele Wurzeln haben kann, und wenn man auch das commutative Gesetz der Multiplikation nicht verletzen will, so bleiben zulässig nur die gewöhnlichen complexen Grössen. —

Etwas geringere Anforderungen an die in der „allgemeinen Arithmetik" zulässigen Grössen hat *Weierstrass* in einer Veröffentlichung aus dem Jahre 1884 gestellt[30]). Er betrachtet auch hier nur Systeme mit commutativer Multiplikation, ohne dabei von vornherein die Existenz einer Haupteinheit (nach unserer Terminologie) anzunehmen. Da in jedem solchen System eine algebraische Gleichung n^{ten} Grades, deren Coefficienten alle aus einem und demselben Teiler der Null durch Multiplikation mit irgend welchen Grössen des Systems hervorgehen, unendlich viele Wurzeln haben kann, so stellt er die Frage nach allen den Systemen, bei denen *nur* solche besondere Gleichungen unendlich viele Wurzeln zulassen. Diese Frage wurde von ihm unter Zuziehung mehrerer weiterer Voraussetzungen, und von *R. Dedekind*[31]) allgemein dahin beantwortet, dass nur die verschiedenen reellen Gestalten des Typus (50) diese Eigenschaft besitzen. *Dedekind* zeigte ausserdem, dass diese Systeme vor allen anderen durch das Nicht-Verschwinden der aus den Constanten γ_{ixs} gebildeten Determinante

$$(51) \qquad \left| \sum_{r,s} \gamma_{ixs}\gamma_{rsr} \right|$$

ausgezeichnet sind. Bei dieser Art der Fragestellung ergeben sich also ausser dem System der gemeinen complexen Grössen noch andere, aber nur triviale Systeme, nämlich solche, deren Rechnungsregeln lediglich Wiederholungen der Rechnungsregeln sind, die schon bei den reellen und den gewöhnlichen complexen Grössen vorkommen. Aus diesem Grunde erklärt *Weierstrass* die genannten Systeme zwar nicht für unzulässig, aber für überflüssig. Anderer Ansicht ist *Dedekind*. Er zeigt, dass die innerhalb der Theorie der gewöhnlichen complexen Grössen auftretenden und längst eingebürgerten algebraischen Zahlen (I C 4) bei geeigneter Auffassung genau dieselben Eigenschaften darbieten, wie die Grössen der Systeme (50). Nach ihm sind also diese Systeme weder unzulässig, noch überflüssig, sie entbehren aber des Charakters der Neuheit. — Dasselbe lässt sich übrigens noch

---

30) Gött. Nachr. 1884, p. 396 u. ff. Dazu *H. A. Schwarz*, ebenda p. 516, *O. Hölder* 1886, p. 241, *J. Petersen* 1887, p. 489. Vgl. Anm. 14.

31) Gött. Nachr. 1885, p. 141, u. 1887, S. 1. Dazu *Frobenius*, Berl. Ber. 1896, p. 601. *D. Hilbert*, Gött. Nachr. 1896, p. 179. *Study*, ebenda 1898, p. 1.

in einem anderen Sinne behaupten. Auch gewisse längst untersuchte Systeme bilinearer Formen unterscheiden sich nur in der Bezeichnung von den Systemen (50), und namentlich ist die von *Weierstrass* und seinen Nachfolgern behandelte Reduktion eines „zulässigen" Systems auf die Basis $(e_1 \dots e_n)$ (Reduktion auf die „Teilgebiete" nach *Weierstrass*) eine aus der Theorie der bilinearen Formen wohlbekannte Operation[32]).

Eingehendere Untersuchungen über die möglichen Typen von Systemen mit commutativer Multiplikation liegen zur Zeit noch nicht vor. Eine gewisse Einsicht in die Struktur dieser Systeme wird eröffnet durch mehrere Sätze von *G. Scheffers* und *Th. Molien* (a. a. O.), sowie durch einen von *G. Frobenius*[32]) aufgestellten Satz: „Sind A und B zwei miteinander vertauschbare bilineare Formen (oder auch vertauschbare Grössen irgend eines Systems), so sind die Wurzeln der charakteristischen Gleichung der Form $\lambda A + \mu B$ lineare Funktionen der Parameter λ und μ." —

L. Kronecker hat umfangreiche, sehr abstrakt gehaltene Untersuchungen angestellt über den Zusammenhang der Systeme mit commutativer Multiplikation mit der von ihm begründeten Theorie der Modulsysteme [I B 1 c]. Er geht von der Bemerkung aus, dass die linken Seiten der Definitionsgleichungen

$$e_i e_\varkappa - \sum \gamma_{i \varkappa s} e_s = 0 \qquad (\gamma_{i \varkappa s} = \gamma_{\varkappa i s})$$

nach Ersetzung der Einheiten e_i durch unbestimmte Grössen y_i ein Modulsystem bilden, und er zeigt, dass umgekehrt jedes Modulsystem von bestimmter besonderer Beschaffenheit zur Entstehung eines Systems complexer Grössen Anlass giebt[33]).

12. Complexe Grössen und Transformationsgruppen. Wir wenden uns nun zur Betrachtung des Zusammenhangs der Systeme complexer Grössen mit gewissen *Transformationsgruppen* (vgl. Nr. 6). Fasst man in den durch die Multiplikationsregeln (21) irgend eines Systems complexer Grössen näher erklärten Gleichungen

$$(52) \qquad\qquad x' = ax, \quad x' = xb$$

die Coordinaten x_i der complexen Grösse x als unabhängige Veränderliche auf, die Coordinaten x_i' von x' als abhängige Veränderliche, endlich die Coordinaten a_i und b_i der Grössen a und b als Parameter, so stellt jede der beiden Gleichungen (52) eine continuierliche und zwar

---

32) *Study*, Gött. Nachr. 1889, p. 265. Vgl. *Frobenius*, Berl. Ber. 1896, p. 601.

33) Berl. Ber. 1888, I. p. 429, 447, 557, 595; II. p. 983.

n-gliedrige Gruppe von linearen Transformationen vor[34]), eine Untergruppe der von *S. Lie* so genannten linearen homogenen Gruppe [II A 6]; andere Gruppen — Untergruppen der sog. allgemeinen linearen Gruppe — werden in entsprechender Weise dargestellt durch die Gleichungen:

$$(53) \quad x' = x + c, \quad x' = ax + c, \quad x' = xb + c, \quad x' = axb + c.$$

Führt man in die Gleichungen der letzten und umfassendsten unter diesen Gruppen (durch eine nicht-lineare Transformation) neue Veränderliche ein, so erhält man neue Gruppen, bei denen an Stelle des commutativen Gesetzes der Addition und des distributiven und associativen Gesetzes der Multiplikation gewisse Funktionalgleichungen treten. *Fr. Schur* hat gezeigt, dass auch umgekehrt jede Gruppe, deren Transformationen diesen Funktionalgleichungen genügen, durch Einführung von geeigneten Veränderlichen und Parametern in die Form $x' = axb + c$ gesetzt werden kann[35]).

Die beiden projektiven n-gliedrigen Gruppen (52) bilden, nach der Terminologie von *S. Lie*, ein Paar von einfach-transitiven, sogenannten reciproken Gruppen [II A 6]. Sie sind aber nur *specielle* Gruppen dieser Art, da sie (mindestens) eine eingliedrige Untergruppe ($a = \lambda e^0$, $b = \lambda e^0$) mit einander gemein haben. Fasst man jedoch, abweichend von der oben gemachten Annahme, die Veränderlichen x_i, x_i' wie auch die Parameter $a_\varkappa$, $b_\varkappa$ als Verhältnisgrössen (sogenannte *homogene* Grössen) auf, so verschwindet dieser specielle Charakter: Man erhält *jeden* „Typus" von Paaren reciproker projektiver Gruppen eines Raumes von $n - 1$ Dimensionen, und jeden Typus nur einmal, wenn man an Stelle des oben unbestimmt gelassenen Systems complexer Grössen der Reihe nach Repräsentanten eines jeden Typus von Systemen mit n Einheiten setzt[36]). Es ist also zugleich mit den unter Nr. 7 und Nr. 8 besprochenen Problemen ein bestimmtes Problem aus der Theorie der Transformationsgruppen gelöst.

Umfassendere Anwendungen der Systeme complexer Grössen auf die Theorie der Transformationsgruppen ergeben sich aus der besonderen analytischen Darstellung der — zufolge der getroffenen Festsetzung — $(n-1)$-gliedrigen reciproken Gruppen $x' = ax$, $x' = xb$.

---

34) Zuerst bemerkt von *H. Poincaré*: Par. C. R. 99 (1884), p. 740. Vgl. zu dieser Arbeit *Lie* u. *Scheffers* a. a. O. p. 621.

35) Math. Ann. 33 (1888) p. 49.

36) *Study*, Leipz. Ber. 1889, p. 177 = Monatsh. f. Math. 1 (1890), p. 283. *Lie* und *Scheffers*, Cont. Gruppen (Leipzig 1893) Kap. 21; siehe wegen der allgemeinen Theorie der reciproken Gruppen *Lie* und *Engel*, Theorie der Transformationsgruppen I (Leipzig 1888), Kap. 21. Vergleiche überall Art. II A 6.

Diese Gruppen sind nämlich zugleich ihre eigenen Parametergruppen. Führt man nach den obigen Transformationen die folgenden aus: $x'' = a'x'$, $x'' = x'b'$, so folgt $x'' = a''x$, $x'' = xb''$, wo

$$(54) \qquad\qquad a'' = a'a, \quad b'' = bb';$$

diese Gleichungen haben aber wiederum die Form (52). Sagen wir (mit *Study*) allgemein, dass bei einer bestimmten Darstellung einer r-gliedrigen continuierlichen (oder auch sog. gemischten) Gruppe durch $r + 1$ homogene Parameter *bilineare Zusammensetzung der Parameter* stattfindet, wenn die Parameter der aus zwei Transformationen S_1 und S_2 der Gruppe zusammengesetzten Transformation $S_1 S_2$ ganze homogene lineare Funktionen der Parameter von S_1 sowohl als von S_2 sind, so folgt: „Jede $(n-1)$-gliedrige continuierliche Gruppe, die gleichzusammengesetzt ist mit einer — oder mit mehreren — der aus Systemen complexer Grössen hergeleiteten $(n-1)$-gliedrigen Gruppen (52), ist einer Darstellung durch n homogene Parameter mit bilinearer Zusammensetzung — oder mehrerer solcher Darstellungen — fähig." Da unter den Gruppen (52), sobald $n > 3$ ist, nicht alle möglichen Zusammensetzungen $(n-1)$-gliedriger Gruppen auftreten, so erfreuen sich nur verhältnismässig wenige continuierliche Gruppen dieser besonders einfachen Art der Parameterdarstellung; der Kreis dieser Gruppen erweitert sich aber bedeutend, wenn man auch überzählige Parameter zulässt[37]).

Zu den zuletzt betrachteten Kategorieen von continuierlichen Gruppen gehören insbesondere auch mehrere Gruppen, die — auf andere Weise als oben geschehen — aus Systemen complexer Grössen selbst hergeleitet sind[36]). Wir heben hervor die von je $2n - m - 1$ und $n - m$ wesentlichen (nicht homogenen) Parametern abhängigen Gruppen

$$(55) \qquad\qquad x' = axb, \quad x' = b^{-1}xb,$$

wobei m die Zahl der linear-unabhängigen Grössen des betrachteten Systems ist, die mit allen übrigen vertauschbar sind. Die zweite dieser Gruppen ist die *adjungierte Gruppe* der $(n-1)$-gliedrigen Gruppen $x' = ax$, $x' = xb$. Bilineare Zusammensetzung der Parameter besteht ferner für die sog. gemischten Gruppen, die aus den Gruppen (55) durch Hinzufügung der Transformation $x' = x^{-1}$ hervorgehen, sobald der Rang des betrachteten Systems complexer Grössen gleich zwei ist. Endlich gehören hierher auch die unter (53) aufgeführten Gruppen,

---

37) Ob *jede* continuierliche Gruppe auf diese Weise dargestellt werden kann, hängt von der Entscheidung der noch offenen Frage ab, ob es projektive Gruppen von jeder beliebigen Zusammensetzung giebt.

wie man erkennt, wenn man die letzte $(3n-m)$-gliedrige Gruppe in einer der beiden Formen

$$(56) \qquad x' = \alpha^{-1}(x\beta + \gamma), \qquad x' = (\alpha x + \beta)\gamma^{-1}$$

schreibt, ferner die aus einem System mit commutativer Multiplikation abgeleitete $3n$-gliedrige Gruppe

$$(57) \qquad x' = \frac{\alpha x + \beta}{\gamma x + \delta}. \ —$$

Unter die zuletzt angestellten Betrachtungen subsumieren sich eine Reihe von Anwendungen, die man von speciellen Systemen complexer Grössen gemacht hat.

Identificiert man das zu Grunde gelegte System complexer Grössen mit dem System der *Hamilton'schen Quaternionen* (34, VIa), so sind die beiden Gruppen $x' = ax$ und $x' = xb$ dreigliedrig, und können gedeutet werden als die beiden Gruppen collinearer Transformationen des Raumes, die die eine oder andere Schaar von Erzeugenden der imaginären, aber zu einem reellen Polarsystem gehörigen Fläche 2. Grades

$$x_0{}^2 + x_1{}^2 + x_2{}^2 + x_3{}^2 = 0$$

in Ruhe lassen [III C 4], oder auch als die beiden Gruppen sogenannter *Schiebungen* eines Nicht-Euklidischen („elliptischen") Raumes [III A 1]; die sechsgliedrige gemischte Gruppe $x' = axb$, $x' = ax^{-1}b$ umfasst alle eigentlichen und uneigentlichen collinearen Transformationen, die die genannte Fläche in sich selbst überführen, oder die Gesamtheit der *Bewegungen* und sog. *Umlegungen* (Transformationen mit symmetrischer Gleichheit aller Figuren) des genannten Raumes. Die dreigliedrige gemischte Gruppe $x' = a^{-1}xa$, $x' = a^{-1}x^{-1}a$ endlich besteht aus allen den collinearen Transformationen der genannten Fläche, die den Punkt allgemeiner Lage $x = e_0$ in Ruhe lassen; $x' = a^{-1}xa$ ist also bei der zweiten Auffassung die Gruppe aller *Drehungen* um einen festen Punkt des Nicht-Euklidischen Raumes[38]). Dieselben Transformationsformeln $x' = a^{-1}xa$ und $x' = a^{-1}x^{-1}a$ lassen sich aber, bei Deutung der Quotienten $\frac{x_1}{x_0}, \frac{x_2}{x_0}, \frac{x_3}{x_0}$ als rechtwinkliger Cartesischer Coordinaten, auch auffassen als analytische Darstellung der Drehungen und Umlegungen um einen festen Punkt des gewöhnlichen (Euklidischen) Raumes; sie decken sich vollständig mit den von *Euler* angegebenen Formeln zur Transformation rechtwinkliger Coordinatensysteme, während die zur Zusammensetzung der

---

38) Z. T. nach *Cayley*, J. f. Math. 50 (1855), p. 312 = Coll. Math. Papers 2, p. 214. Vgl. auch *F. Klein*, Math. Ann. 37 (1890), p. 544.

Parameter der Gruppe $x' = a^{-1}xa$ dienende Gleichung $a'' = aa'$ — das sogenannte Multiplikationstheorem der Quaternionen — mit den von *O. Rodrigues* angegebenen Formeln zur Zusammensetzung der *Euler*'schen Parameter identisch ist[39]).

In den verschiedenen Lehrbüchern der Quaternionentheorie kommen die besprochenen gruppentheoretischen Thatsachen gar nicht oder nur in unvollkommener Weise zum Ausdruck. Es muss daher hervorgehoben werden, dass die Brauchbarkeit der Quaternionen für Zwecke der Geometrie und mathematischen Physik auf eben diesen Thatsachen und auf der Bedeutung beruht, die namentlich der Gruppe die (Euklidischen) Drehungen um einen festen Punkt bei vielen Untersuchungen zukommt[40]). Wo die genannten Gruppen, oder mit ihnen isomorphe Gruppen nicht auftreten, da können auch die Quaternionen nur geringen Nutzen bringen; und hierin liegt der Grund dafür, warum gewisse Anwendungen des Quaternionencalcüls (z. B. die auf die Geometrie der Kegelschnitte) einen etwas gekünstelten Eindruck machen und zu wenig befriedigenden Ergebnissen geführt haben. Allgemein lässt sich sagen, dass das Anwendungsgebiet der Systeme höherer complexer Grössen ziemlich beschränkt ist.

Von ferneren geometrischen Anwendungen von Systemen complexer Grössen erwähnen wir eine Darstellung der elfgliedrigen continuierlichen Gruppe der eigentlichen Ähnlichkeitstransformationen in einem vierfach ausgedehnten Raume durch die Formeln (56) mit Hülfe der Quaternionen[41]), die Darstellung der sog. gemischten Gruppe der Bewegungen und Umlegungen in der Euklidischen Ebene wie auch im Raume durch Parameter mit bilinearer Zusammensetzung[41]), endlich eine Untersuchung von *R. Lipschitz* über die lineare Transformation einer Summe von n Quadraten in ein Vielfaches ihrer selbst[42]). Die zuletzt genannten Transformationen bilden eine bei ungeraden Werten von n continuierliche, bei geraden Werten von n aus zwei continuierlichen Schaaren bestehende (also „gemischte") Gruppe, deren allgemeine Transformation von $\frac{n(n-1)}{2} + 1$ homogen auftretenden Parametern abhängt [III C 7]. *Lipschitz* gelangt, unter Verwendung über-

---

39) *Euler*, Novi Comm. Petrop. 20, p. 217. *O. Rodrigues*, Journ. de Math. 5 (1840), p. 380. *Cayley*, Phil. Mag. 26 (1845), p. 141 = Coll. Math. Pap. 1, p. 123.

40) S. die genauere Formulierung bei *Study*, Math. Papers from the Chicago Congress, New York 1896, p. 376. Vgl. auch *H. Burkhardt*, „Über Vectoranalysis", Deutsche Math.-Vrg. 5 (1896), p. 43, sowie *Klein* und *Sommerfeld*, Theorie des Kreisels, Leipzig 1897, I § 7.

41) Chicago Papers a. a. O. *Study*, Math. Ann. 39 (1891), p. 514.

42) Untersuchungen über die Summen von Quadraten, Bonn 1886. Vgl. Nr. 14.

12*

zähliger Parameter, zu einer Darstellung sämtlicher Transformationen der genannten Gruppe durch Parameter mit bilinearer Zusammensetzung, indem er von gewissen Systemen complexer Grössen ausgeht, die, als Verallgemeinerung der Quaternionen, bereits von *Clifford* aufgestellt worden waren[43]). Das erste dieser Systeme wird von 2^n Einheiten ι_α, $\iota_{\alpha\beta}$, $\iota_{\alpha\beta\gamma}\ldots$ gebildet; es ist, wenn die Haupteinheit mit ι_0 bezeichnet wird, definiert durch die Multiplikationsregeln

$$\iota_1{}^2 = \iota_2{}^2 = \cdots = \iota_n{}^2 = -\iota_0, \quad \iota_\alpha\iota_\beta = -\iota_\beta\iota_\alpha = \iota_{\alpha\beta},$$

(58)
$$\iota_{\alpha\beta}\iota_\gamma = \iota_\alpha\iota_{\beta\gamma} = \iota_{\alpha\beta\gamma}, \quad \ldots, \quad \iota_1\iota_2\iota_3 \ldots \iota_n = \iota_{123\ldots n}$$

$$(\alpha \neq \beta \neq \gamma \neq \cdots);$$

das zweite, in der genannten Untersuchung verwendete (von dem ersten übrigens nur durch die Zahl der Einheiten und die Wahl der Basis unterschiedene) System mit einer 2^{n-1} Einheiten umfassenden Basis besteht aus ι_0 und den eine gerade Anzahl von Indices $(\alpha\beta, \ \alpha\beta\gamma\delta, \ \ldots)$ tragenden Einheiten des ersten Systems.

Die zur linearen Transformation einer Summe von n Quadraten in ein Vielfaches ihrer selbst dienenden Formeln sind, abgesehen von einer wie es scheint unvermeidlichen Unsymmetrie, vollkommen analog der von uns schon besprochenen Lösung des Problems in den Fällen $n = 3$ und $n = 4$; sie zeigen überdies, wie man alle solchen Transformationen mit rationalen Zahlencoefficienten finden kann.

13. Klassifikation der Systeme complexer Grössen. Den Zusammenhang der Systeme complexer Grössen mit der Theorie der Transformationsgruppen haben *G. Scheffers*[44]) und *Th. Molien*[45]) zur Klassifikation der genannten Systeme benutzt. *Scheffers* teilt, an Sätze von *Lie* und *Engel* anknüpfend, die Systeme complexer Grössen in „*Nicht-Quaternionsysteme*" und „*Quaternionsysteme*". Bei den Systemen der ersten Klasse lassen sich die n Einheiten einer geeigneten Basis auf zwei Gruppen $e_1 \ldots e_r$, $\eta_1 \ldots \eta_s$ $(r + s = n)$ verteilen, derart, dass $e_i{}^2 = e_i$, $e_i e_\varkappa = 0$ ist, dass das Produkt von irgend zweien

---

43) Am. J. of Math. 1 (1878), p. 350 = Coll. Papers (London 1882) Nr. 30, wo bereits die Entstehung der obigen Systeme durch den in ·Nr. 8 besprochenen Multiplikationsprocess angegeben wird. S. auch Coll. Papers Nr. 43. Neuerdings ist auch *R. Beez* auf diese Systeme gekommen in einer leider verschiedenes Irrtümliche enthaltenden Arbeit: Z. f. Math. u. Phys., Jahrg. 41 (1896), p. 35, 65.

44) Math. Ann. 39 (1891), p. 293; 41 (1893), p. 601.

45) Über Systeme höherer complexer Zahlen. Diss. Dorpat. = Math. Ann. 41 (1893), p. 83; ebenda 42 (1893), p. 308. Vgl. ferner Dorp. Ber. 1897, p. 259. Der letzte Aufsatz enthält eine Anwendung der Systeme complexer Grössen auf die Theorie gewisser Gruppen von *discreten* linearen Transformationen.

der Einheiten η nur von den Einheiten η mit höherem Index abhängt, und dass alle Produkte der Einheiten e_i mit einer Einheit η_j Null sind, mit Ausnahme von zweien, für die man $e_\varkappa \eta_j = \eta_j e_\varkappa = \eta_j$ hat. Bei allen diesen Systemen, und bei ihnen allein, sind die Wurzeln der Ranggleichung lineare Funktionen der Coordinaten einer Grösse des Systems[46]). Die Quaternionsysteme lassen sich, wie indessen erst durch *Molien* klar gestellt worden ist, so schreiben, dass das System der *Hamilton*'schen Quaternionen (34, VIa oder VIb) unter den Einheiten der Basis vorkommt. Zu ihnen gehören fast alle die Systeme, die in den unter Nr. **12** besprochenen Anwendungen hervorgetreten sind. Alle Quaternionsysteme, die die Quaternionen so enthalten, dass die Haupteinheit der Quaternionen zugleich Haupteinheit des Gesamtsystems ist, gehen nach *Scheffers* aus den *Hamilton*'schen Quaternionen durch „Multiplikation" (s. oben unter Nr. **8**) mit irgend einem anderen System complexer Grössen hervor. Anwendungen dieser Theorie bilden die Bestimmung aller Typen von Systemen complexer Grössen mit n Einheiten, deren Rang gleich zwei oder gleich $n - 1$ ist, und im wesentlichen auch derer, deren Rang gleich $n - 2$ ist, und insbesondere die Bestimmung aller *Typen von Systemen mit fünf Einheiten*[47]), ferner die Bestimmung aller Quaternionsysteme bis zu *acht* Einheiten. Es giebt bei vier und sieben Einheiten je ein irreducibeles System dieser Art, und bei acht Einheiten drei, darunter ein schon von *Clifford* angegebenes System[48]), eine von dessen verschiedenen Arten von *Biquaternionen*, dasselbe System, das zur Parameterdarstellung der Bewegungen im Euklidischen Raume dient[41]).

Molien führt eine Reihe neuer Begriffe ein, von denen wir nur einige der wichtigsten anführen können, darunter den des *begleitenden Systems* eines gegebenen. Ein solches wird von den Einheiten $e_1 \ldots e_r$ einer geeignet gewählten Basis $(e_1 \ldots e_r \ldots e_n)$ gebildet, wenn die Produkte $e_i e_\varkappa$ für $i, \varkappa \leqq r$ sich durch $e_1 \ldots e_r$ selbst ausdrücken lassen, alle anderen Produkte zweier Einheiten aber durch $e_{r+1} \ldots e_n$. Hat ein System complexer Grössen kein kleineres begleitendes System, so heisst es *„ursprünglich"*. *Alle ursprünglichen Systeme werden durch die unter*

---

46) Der Satz umfasst den unter Nr. **11** angeführten Satz von *Frobenius* (s. Anm. 31). *Scheffers* benutzt jedoch nicht ausschliesslich algebraische Hülfsmittel.

47) Die vom Range zwei und vier sind auch von *H. Rohr* angegeben worden: Über die aus 5 Haupteinheiten gebildeten complexen Zahlensysteme. Diss. Marburg 1890.

48) Lond. Math. Proc. 4 (1873), p. 381 = Coll. Papers, London 1882 Nr. 20; ebenda Nr. 42.

Nr. **10** *betrachteten Systeme mit n^2 Einheiten erschöpft.* Darin liegt zugleich der gruppentheoretische Satz, dass diese Systeme die einzigen sind, deren entsprechende (im vorliegenden Falle $(n^2 - 1)$-gliedrige) Gruppen $x' = ax$, $x' = xb$ *einfach* sind [II A 6]. Allgemein lässt sich die Basis so wählen, dass als begleitende Systeme μ von einander unabhängige ursprüngliche Systeme auftreten, die zusammengenommen ein μ irreducibele Bestandteile enthaltendes (also, wenn $\mu > 1$, reducibeles) begleitendes System bilden.

Verwandten und zum Teil desselben Inhalts ist eine Untersuchung von *E. Cartan*, über die zur Zeit nur vorläufige Mitteilungen (ohne Beweise) vorliegen[49]). Wir heben daraus hervor die Bestimmung aller *Gestalten* ursprünglicher Systeme. Nur die mit $4m^2$ Einheiten haben — so lässt sich *Cartan's* Behauptung ausdrücken — mehrere reelle Gestalten, und zwar zwei verschiedene. Die eine ist die uns schon bekannte (40), die andere wird erhalten, wenn man das System (40) mit m^2 Einheiten bildet, und es mit den *Hamilton*'schen Quaternionen (VI a) „multipliciert" (s. Nr. 8). Zu den „ursprünglichen" Systemen *Molien's* kommen bei Beschränkung auf reelle Systeme noch andere, die man als reell-ursprüngliche Systeme bezeichnen könnte, Systeme ohne *reelle* begleitende Systeme. Diese werden nach *Cartan* von $2n^2$ Einheiten gebildet; sie werden erhalten, wenn man die Systeme (40) mit dem reellen System der gewöhnlichen complexen Grössen multipliciert. Die Gesamtheit aller reell-ursprünglichen Systeme entsteht also, nach *Cartan*, wenn man die Reihe der Systeme (40) erstens mit dem aus einer Einheit bestehenden System, zweitens mit dem System der gemeinen complexen Grössen, drittens mit den Quaternionen „multipliciert".

14. Ansätze zu einer Funktionentheorie und Zahlentheorie der Systeme höherer complexer Grössen. Nur ein sehr bescheidener Anfang liegt vor von Untersuchungen, die eine Ausdehnung von Sätzen der gewöhnlichen Funktionentheorie [II B 1; vgl. II A 7b] auf beliebige Systeme complexer Grössen zum Ziel haben. *Ed. Weyr* hat die Bedingung dafür angegeben, dass eine Potenzreihe $\sum a_\nu x^\nu$ convergiert, in der die Coefficienten a_ν gewöhnliche complexe Grössen sind, x aber eine Grösse eines beliebigen Systems bedeutet. Er findet, dass die Wurzeln $r_\varkappa$ der charakteristischen Gleichung (46) dem Convergenzgebiete der gewöhnlichen Potenzreihe $\sum a_\nu x^\nu$ angehören müssen[50]). *G. Scheffers* hat einige hierher gehörige Betrachtungen über Systeme mit commuta-

---

49) Par. C. R. vom 31. Mai und 8. Juni 1897.
50) Bull. des Sciences Math. 2me sér. 11 (1887), p. 205.

tiver Multiplikation angestellt[51]). Er gelangt zu einer Definition der „analytischen" Funktionen im Gebiete eines solchen Systems und zur Darstellung dieser Funktionen durch Potenzreihen $f(x) = \sum c_\nu x^\nu$; die Operationen des Differentiierens und Integrierens gestalten sich im wesentlichen wie in der gewöhnlichen Funktionentheorie.

Die Gleichung $x' = f(x)$ definiert eine continuierliche *unendliche Gruppe,* und zwar erhält man auf diese Weise alle solche Gruppen, bei denen die Fortschreitungsrichtungen um einen Punkt „allgemeiner Lage" herum durch eine einfach-transitive (also $(n-1)$-gliedrige) Gruppe von vertauschbaren projektiven Transformationen transformiert werden. Die grössten endlichen continuierlichen Untergruppen einer solchen Gruppe sind die $3n$-gliedrigen Gruppen (57) und die mit ihnen gleichberechtigten.

Auch zu einer *Zahlentheorie* der Systeme complexer Grössen ist erst ein Anfang gemacht. Nur die gerade in dieser Hinsicht einen Ausnahmefall darstellenden Hamilton'schen Quaternionen sind bis jetzt untersucht worden, von *Lipschitz*[42]), und — eingehender und auf anderer Grundlage — von *Hurwitz*[52]) (I C).

Nachtrag. Aus Aufzeichnungen, die sich im Nachlass von *Gauss* vorgefunden haben, geht hervor, dass er im Jahre 1819 oder 1820 schon im Besitz der *Hamilton*'schen Quaternionen und ihrer Anwendung zur Darstellung und Zusammensetzung der Drehungen (und Ähnlichkeitstransformationen) um einen festen Punkt gewesen ist, und dass er auch das Multiplikationstheorem der Quaternionen schon in Gestalt eines Produkts

$$(abcd)(\alpha\beta\gamma\delta) = (ABCD)$$

geschrieben hat. S. Gött. Nachr. 1898, p. 8, uud ebenda *F. Klein:* Geschäftliche Mitteilungen p. 3.

---

51) Leipz. Ber. 1893, p. 828; 1894, p. 120.
52) Gött. Nachr. 1896, p. 314.

I A 5. MENGENLEHRE.

VON

A. SCHÖNFLIES

IN GÖTTINGEN.

Inhaltsübersicht.

Monographieen.

B. *Bolzano,* Paradoxieen des Unendlichen, 1850; 2. Auflage, Berlin 1889.

P. *du Bois-Reymond*, Die allgemeine Funktionenlehre, Tübingen 1882.

G. *Cantor*, Grundlagen einer allgemeinen Mannigfaltigkeitslehre, Leipzig 1883, zugleich in Math. Ann. 21, p. 545 erschienen.

R. *Bettazzi*, Teoria delle grandezze, Pisa 1891. Zugleich in Bd. 19 der Annali delle università toscane, 1893, erschienen.

G. Veronese, Fondamenti di geometria, Padova 1891, deutsch übersetzt von *A. Schepp* unter dem Titel: Grundlagen der Geometrie, Leipzig 1894.

E. Borel, Leçons sur la théorie des fonctions, Paris 1898.

Eine Zusammenstellung der Hauptresultate der Mengenlehre gab *G. Vivanti* (Bibliotheca mathem., Neue Folge 6. p. 9 [1892]). Ein grosser Teil der *Cantor*'schen Arbeiten ist in Acta mat. 2 abgedruckt.

Bezeichnungen.

$\mathfrak{C}_n$ bedeutet das n-dimensionale *Continuum.* Die erste Zahlklasse (vgl. Nr. 7) wird durch $Z(\mathrm{I})$, die zweite Zahlklasse (vgl. Nr. 7) durch $Z(\mathrm{II})$ oder $Z(\aleph_0)$ bezeichnet; $\aleph_0$ stellt die Mächtigkeit der Reihe der ganzen Zahlen dar, d. h. der Klasse $Z(\mathrm{I})$. — $\mathfrak{U}$ bedeutet das „Unendlich".

---

1. Häufungsstellen von Punktmengen und deren Ableitungen. Während *K. Fr. Gauss* gegen den Gebrauch „einer unendlichen Grösse als einer vollendeten" ausdrücklich protestiert hat[1]), ist es *G. Cantor* gelungen, die Einführung solcher Grössen in die Arithmetik zu begründen und damit die Fortsetzung der Reihe der ganzen positiven Zahlen über das Unendliche hinaus zu definieren[2]). Die Notwendigkeit hierzu ergab sich einerseits bei den Untersuchungen über den Inhalt und die Häufungsstellen von Punktmengen (Nr. 1), andrerseits bei der Vergleichung der Mengen arithmetisch definierter Zahlgrössen (Nr. 2). (Vgl. besonders II A 1 und II B 1.)

Für eine aus unbegrenzt vielen Punkten bestehende Menge P giebt es nach einem Satz von *Bolzano-K. Weierstrass*[3]) mindestens eine Häufungsstelle (Grenzpunkt, Verdichtungspunkt). Alle Grenzpunkte einer Menge P bilden eine Punktmenge P', die *Cantor* die *Ableitung* von P nennt[4]). Enthält die Menge P' unendlich viele Punkte[5]), so besitzt sie eine Ableitung P'', die auch zweite Ableitung von P heisst u. s. w. Jeder Punkt einer Ableitung $P^{(\nu)}$ ist in allen vorhergehenden Ableitungen enthalten. Ein Punkt p, der noch in $P^{(\nu)}$, aber nicht mehr in $P^{(\nu+1)}$ vorhanden ist, heisst Häufungsstelle νter Ordnung. *Cantor* nennt die den Mengen $P, Q, R \ldots$ gemeinsamen Punkte auch

---

1) Briefwechsel zwischen *K. Fr. Gauss* und *H. Chr. Schumacher* 2, p. 269.

2) *Cantor* bemerkt in Math. Ann. 17, p. 358, dass er schon 1870 zu dieser Überzeugung gelangt sei.

3) Über den Ursprung des bezüglichen Schlussverfahrens vgl. *Cantor* in Math. Ann. 23, p. 455.

4) Math. Ann. 5 (1872), p. 129.

5) Eine Menge dieser Art erhält man z. B., indem man für $n = 1, 2, 3 \ldots$ in jedes Intervall $\dfrac{1}{n} \cdots \dfrac{1}{n+1}$ eine Punktmenge setzt, für die $\dfrac{1}{n+1}$ eine Häufungsstelle ist. Vgl. auch *P. du Bois-Reymond* in J. f. Math. 79, p. 36.

ihren grössten gemeinsamen Divisor $\mathfrak{D}(P, Q, R \ldots)$[6]), und hat daher $P^{(v)} = \mathfrak{D}(P' P'' \ldots P^{(v)})$.

Es kann der Fall eintreten, dass der Ableitungsprocess für kein endliches v ein Ende nimmt; alsdann existiert eine Menge $R = \mathfrak{D}(P', P'' \ldots)$, für die *Cantor* das Zeichen $P^{(\infty)}$ (später $P^{(\omega)}$) eingeführt hat[7]). Die Existenz von Punktmengen, für die $P^{(\infty)}$ selbst aus unendlich vielen Punkten besteht, führte dazu, den Ableitungen dieser Menge in konsequenter Fortbildung der Bezeichnungsweise die Symbole $P^{(\infty+1)}$, $P^{(\infty+2)} \ldots P^{(2\infty)} \ldots P^{(\infty^2)} \ldots$ zu geben.

2. Der Abzählbarkeitsbegriff und das Continuum. Bereits im Jahre 1873[8]) war *Cantor* zu dem wichtigen Fundamentalbegriff der *Abzählbarkeit* gelangt. Er bewies[8]), dass man die Gesamtheit der algebraischen Zahlen eineindeutig den positiven ganzen Zahlen zuordnen kann, d. h. dass man sie in eine Reihe bringen kann, die ein erstes Glied besitzt und in der jede bestimmte algebraische Zahl eine angebbare Stelle einnimmt. *Cantor* nennt sie deshalb *abzählbar*[9]). Alle abzählbaren Mengen heissen von gleicher *Mächtigkeit*. Es gilt der Satz, dass jede endliche oder abzählbar unendliche Menge solcher Mengen selbst wieder abzählbar ist[10]). Dagegen ist die Gesamtheit aller Zahlen (das arithmetische Zahlencontinuum $\mathfrak{C}$) resp. die Gesamtheit aller Zahlen eines bestimmten Intervalls *nicht* abzählbar, und besitzt insofern eine höhere Mächtigkeit[11]). Der Beweis beruht auf folgendem, für die Abzählbarkeitsfragen principiellen Schlussverfahren: dass eine Menge, welche ein durch einen unendlichen Process (z. B. Fundamentalreihe) definierbares Element in sich enthält, nicht abzählbar

---

6) Math. Ann. 17, p. 355.

7) Eine Menge, deren $P^{(\infty)}$ den Nullpunkt liefert, konstruiert *Cantor* so, dass er in jedes der in Anm. 5 genannten Intervalle eine Menge setzt, für die $\dfrac{1}{n+1}$ eine Häufungsstelle $n$ter Ordnung ist, Math. Ann. 17 (1880), p. 358. Eine Menge dieser Art giebt auch *du Bois-Reymond*, Fktl. p. 187. Vgl. auch *G. Mittag-Leffler* in Acta Math. 4, p. 58.

8) J. f. Math. 77, p. 258. Die Art, wie man die rationalen Zahlen am einfachsten in eine solche Reihe bringt, findet sich in J. f. Math. 84 (1877), p. 250.

9) Vgl. jedoch die spätere Erweiterung dieses Begriffs in Nr. 8.

10) Zuerst von *Cantor* ausgesprochen in J. f. Math. 84 (1877), p. 24. Der Satz folgt daraus, dass man eine Doppelreihe als einfache Reihe anordnen kann (ein geom. Beweis bei *Fr. Meyer*, Böklen's math. naturw. Abhdlgn. 1 [1886], p. 80) und umgekehrt, ein Gedanke, der vielen Sätzen der Mengenlehre zu Grunde liegt.

11) J. f. Math. 77, p. 259. *Bettazzi* hat gezeigt, dass man die Zahlengesamtheit nicht ausdrücken kann, wenn man eine abzählbare Menge von Zeichen verwendet, aber für jede Zahl nur eine endliche Anzahl dieser Zeichen benutzt. Per. di mat. 6 (1891), p. 14.

sein kann, wenn dies Element in der nach Annahme abzählbaren Menge nicht mit endlicher Stellenzahl erscheint[12]).

Ebenfalls 1873 fand *Cantor* den Satz, dass das n-dimensionale $\mathfrak{C}_n$ die gleiche Mächtigkeit besitzt, wie das lineare, und zwar in dem Sinne, dass jeder Zahl von $\mathfrak{C}_1$ eine bestimmte Zahlgruppe von $\mathfrak{C}_n$ zugeordnet werden kann und umgekehrt[13]). Das Gleiche gilt für das $\mathfrak{C}$ von unendlich vielen Dimensionen. Hiernach glaubte *Cantor* die Vermutung aussprechen zu sollen, dass es für alle unendlichen Punktmengen eines Raumes R_n nur zwei verschiedene Mächtigkeitsklassen giebt, nämlich entweder die Mächtigkeit der abzählbaren Zahlenreihe oder die Mächtigkeit des Continuums[14]). Diese Vermutung harrt jedoch noch des Beweises. Der von *P. Tannery*[15]) gegebene Beweisversuch ist nicht bindend.

Die eineindeutige Abbildung eines $\mathfrak{C}_n$ und $\mathfrak{C}_m$ ist niemals stetig[16]).

3. Cantor's erste Einführung der transfiniten Zahlen. Den letzten wichtigen Schritt in der Grundlegung der Mengenlehre that *Cantor* im Jahre 1882[17]). Er wurzelt in der Erkenntnis, dass man die für die Ableitungen der Punktmengen eingeführten Symbole („Unendlichkeitssymbole" in erster Bezeichnung) arithmetisch definieren und den Rechnungsgesetzen unterwerfen kann. Es beruht darauf, dass man diese Symbole als verschiedene Anordnungen der abzählbaren Zahlenmenge auffassen kann. Ist ω das Symbol für die Gesamtheit der ganzen positiven Zahlen in ihrer natürlichen Folge, resp. für die Elemente $f_1 f_2 f_3 \ldots$, so lassen sich die Mengen

---

12) *Cantor* in J. f. Math. 77 (1873), p. 260. Für dieses Schlussverfahren vgl. auch den Beweis von *du Bois,* dass man jede Ordnung des Unendlichwerdens einer Funktion übertreffen kann; J. f. Math. 76 (1873), p. 89.

13) J. f. Math. 84, p. 246. Der Beweis gründet sich auf die bezügliche Zuordnung der Irrationalzahlen des $\mathfrak{C}_1$ und $\mathfrak{C}_n$ und benutzt dazu deren Darstellung durch einen unendlichen Kettenbruch, dessen unendlich viele Teilnenner sich in n ebenfalls unendliche Gruppen spalten lassen und so n neue Irrationalzahlen bestimmen und umgekehrt. Die analoge Spaltung ist auf Dezimalbrüche anwendbar und bildet den Beweisgrund analoger Sätze. Einen auf der Theorie der Punktmengen beruhenden Beweis gab später *J. Bendixson* in Stockh. Hndl. Bih. 9, Nr. 6 (1885).

14) J. f. Math. 84, p. 258.

15) Bull. de la Soc. de Fr. 12 (1884), p. 90.

16) Einen Beweis dieses Satzes gab 1878 *E. Netto* (J. f. Math. 86, p. 263), sodann *Cantor* in Gött. Nachr. 1879, p. 127. Aus dem Satz folgt, dass die von *B. Riemann* und *H. Helmholtz* gegebene arithmetische Definition des R_n durch n unabhängige Coordinaten dahin zu ergänzen ist, dass die Zuordnung umkehrbar eindeutig und stetig ist.

17) Math. Ann. 21, p. 535, sowie Grundlagen etc.

$$f_1 f_2 f_3 \cdots g_1, \quad f_1 f_2 f_3 \cdots g_1 g_2, \quad f_1 f_2 f_3 \cdots g_1 g_2 g_3 \cdots$$

ihrer *Anordnung* nach durch die Symbole $\omega + 1$, $\omega + 2$, $\omega + \omega$ bezeichnen (Nr. 6 und 7). Dies sind *Cantor's transfinite Zahlen*. Ihre allgemeine Konstruktion gründet er auf zwei „Erzeugungsprincipien". Das erste besteht in der Hinzufügung einer Einheit zu einer schon vorhandenen Zahl, das zweite verlangt, dass zu jeder unbegrenzten Zahlenreihe stets wachsender Zahlen eine neue *nächst* grössere Zahl existiert; es lässt z. B. auf $\omega + 1$, $\omega + 2 \ldots \omega + n \ldots$ die Zahl $\omega + \omega = \omega \cdot 2$ [18]) folgen, auf ω, $\omega \cdot 2$, $\omega \cdot 3 \ldots \omega \cdot n \ldots$ die Zahl $\omega \cdot \omega = \omega^2$, auf ω, ω^2, $\omega^3 \ldots \omega^n \ldots$ die Zahl ω^ω u. s. w., u. s. w.

4. Die Mächtigkeit oder Kardinalzahl. Die genaue logische und arithmetische Analyse der vorstehenden Ideen führte *Cantor* schliesslich zu folgenden 1895 veröffentlichten Formulierungen [19]). Die Grundbegriffe sind *Menge, Mächtigkeit, Ordnungstypus, wohlgeordnete Menge*. Menge oder Mannigfaltigkeit heisst jede Zusammenfassung von bestimmten wohldefinierten und wohlunterschiedenen Objekten [20]) m zu einem Ganzen; $M = \{m\}$. Mengen heissen *äquivalent* oder von gleicher Mächtigkeit [21]), wenn sie einander eineindeutig zugeordnet werden können ($M \sim N$). Die Mächtigkeit M einer Menge heisst auch ihre *Kardinalzahl* $\mathfrak{a}$; für endliche Mengen fällt sie mit dem Anzahlbegriff zusammen.

Bei dieser Begriffsbestimmung besteht der wesentliche Unterschied zwischen einer endlichen und unendlichen (transfiniten) Menge [22]) darin, dass eine unendliche Menge einer ihrer Teilmengen äquivalent sein kann, während dies für endliche Mengen nicht der Fall ist [23]).

---

18) Ursprünglich von *Cantor* durch 2ω bezeichnet.

19) Math. Ann. 46, p. 481; teilweise schon vorher in der Z. f. Philos. 91, p. 95 und 92, p. 240 dargestellt (1887).

20) Die genaue Begriffsbestimmung dieser Worte findet sich Math. Ann. 20, p. 114. Sie steht Im Gegensatz zu *L. Kronecker's* Forderung in den Grundzügen einer arithm. Theorie p. 11 (*M. Pasch* in Math. Ann. 40 (1892), p. 150). Vgl. auch *Borel* a. a. O. p. 3. Aber erst die Überwindung dieser Forderungen hat die Mengenlehre möglich gemacht. Vgl. auch *du Bois*, Funktionenlehre, p. 184 u. 204 ff.

21) Diesen Ausdruck hat *Cantor* von *J. Steiner* übernommen; Math. Ann. 20, p. 116.

22) *Bolzano* (Paradoxieen des Unendl. § 13) und *R. Dedekind* (Was sind und was sollen die Zahlen, Braunschw. 1888, § 1) haben sogar einen Beweis gegeben, dass es Mengen giebt, die nicht endlich sind.

23) Hierfür vgl. *Dedekind* a. a. O. p. 17, sowie *Cantor*, J. f. Math. 84, p. 242 und *Bolzano* a. a. O. § 20 u. 21. Im Anschluss an obige Definition der unendlichen Zahl wird sogar in neuerer Zeit die endliche Zahl als eine solche defi-

Dies hindert jedoch nicht, dass sich, ausser dem Gleichheitsbegriff, auch die Beziehung des „grösser und kleiner" auf beliebige transfinite Mengen, resp. ihre Kardinalzahlen $\mathfrak{a} = \overline{\overline{M}}$, $\mathfrak{b} = \overline{\overline{N}}$ übertragen lässt. Die Definition lautet so, dass $\mathfrak{a} > \mathfrak{b}$ heisst, falls keine Teilmenge von N mit M äquivalent ist, aber eine Teilmenge M_1 von M existiert, die mit N äquivalent ist. Diese Definition genügt der logischen Forderung, dass von den drei Möglichkeiten $\mathfrak{a} = \mathfrak{b}$, $\mathfrak{a} > \mathfrak{b}$, $\mathfrak{a} < \mathfrak{b}$ jede die beiden andern ausschliesst. Der Beweis jedoch, dass von diesen drei Möglichkeiten stets eine erfüllt ist, dass also die transfiniten Kardinalzahlen im Sinne *H. Grassmann*'s den allgemeinsten *Grössencharakter* besitzen, hat sich bisher nicht vollständig führen lassen. Dagegen ist es in letzter Zeit gelungen, zu erweisen, dass zwei transfinite Kardinalzahlen gleich sind, wenn jede der beiden Mengen einem Teil der andern äquivalent ist[24]), was praktisch ausreicht.

Da der Mächtigkeitsbegriff von der Ordnung und Beschaffenheit der Elemente abstrahiert, so lassen sich die Definitionen und Gesetze der Addition und Multiplikation ohne Ausnahme auf die Kardinalzahlen übertragen. Die Summe der Kardinalzahlen $\mathfrak{a} = \overline{\overline{M}}$, $\mathfrak{b} = \overline{\overline{N}}$ ist als die Mächtigkeit der Vereinigungsmenge $\{M, N\}$, das Produkt als die Mächtigkeit aller Elementenpaare (m, n) zu definieren, woraus sich die Geltung des commutativen, associativen und distributiven Gesetzes ergiebt. Um zur Potenz zu gelangen, wird der Begriff der *Belegung* von N mit M benutzt[25]). Die Belegung ist ein Gesetz, das jedem Element n ein Element $m = f(n)$ zuordnet; Belegungen sind danach immer und nur dann gleich, wenn sie mit jedem n je das nämliche m verbinden. Die Gesamtheit aller Belegungen von N mit M (die Belegungsmenge) liefert die Potenz $\mathfrak{a}^{\mathfrak{b}}$ und folgt den Potenzgesetzen.

Die kleinste transfinite Kardinalzahl $\aleph_0$ ist die Mächtigkeit der Reihe der positiven ganzen Zahlen; jede transfinite Menge besitzt nämlich Teilmengen von der Mächtigkeit $\aleph_0$. Da jede endliche sowie

---

niert, die nicht unendlich ist. Überhaupt haben die obigen Begriffe „Menge" und „Zuordnung" auch für die Erörterung der Grundlagen der elementaren Zahlenlehre eine grosse Bedeutung erlangt. Vgl. z. B. *Bettazzi*, Fondamenti per una teoria generale dei gruppi, Rom 1896, sowie Artikel desselben Verfassers und von *C. Burali-Forti* in den Atti di Torino 31 u. 32 (1896).

24) *Borel* a. a. O. p. 103. Der Beweis stammt von *F. Bernstein*. Zuerst bewiesen wurde der Satz 1896 von *E. Schröder*. Vgl. dazu Jahresb. d. deutsch. Math.-V. 5, p. 81, sowie Nova Acta Leop. 71 (1898), p. 303.

25) Im Keim ist diese Idee schon bei *P. Tannery* vorhanden; vgl. Anm. 15. Eine Funktion einer reellen Variabeln stellt danach eine Belegung des $\mathfrak{C}$ mit sich selbst dar, ihre Gesamtheit die Belegungsmenge von $\mathfrak{C}$ mit sich selbst.

auch jede abzählbare Menge abzählbarer Mengen selbst abzählbar ist, so bestehen für jedes endliche ν die Gleichungen

$$\nu \aleph_0 = \aleph_0, \quad \aleph_0 \cdot \aleph_0 = \aleph_0, \quad \aleph_0{}^\nu = \aleph_0.$$

5. Die Ordnungstypen. Besteht für die Elemente der Menge M eine *Rangordnung*, die für je zwei Elemente m_1 und m_2 bestimmt, welches dem andern vorangeht $(m_1 < m_2)$, so heisst die Menge geordnet resp. *einfach* geordnet. Wenn $M \sim N$ ist und je zwei Elemente m_1 und m_2 die gleiche Rangordnung besitzen, wie die entsprechenden Elemente n_1 und n_2, so heissen die Mengen *ähnlich* geordnet $(M \simeq N)$ oder von *gleichem Ordnungstypus*. Der Ordnungstypus von M $(\alpha = \overline{M})$ wird also durch die Art der Rangordnung bestimmt[26]). Während eine endliche Menge nur einen Ordnungstypus besitzt $(M = f_1 f_2 \dots f_m)$, ist deren Zahl bei einer transfiniten Menge selbst transfinit und bildet die zur Menge gehörige *Typenklasse*.

Der einfachste Typus ω ist derjenige der Reihe der ganzen Zahlen (Nr. 3). Teilmengen vom Typus ω resp. vom inversen Typus $^*\omega$ sind in jeder transfiniten geordneten Menge enthalten und heissen Fundamentalreihen. Mit ihnen lassen sich analog zur Theorie der Irrationalzahl Grenzelemente definieren; man hat nur die Grössenbeziehung durch eine Beziehung dem Range nach zu ersetzen (Nr. 7). Die Beziehung zwischen Fundamentalreihe und Grenzelement bleibt für alle ähnlichen Mengen erhalten.

Der Begriff des Ordnungstypus lässt sich auf *mehrfach* geordnete Mengen übertragen, d. h. auf solche, bei denen für m_1 und m_2 das Rangverhältnis in mehr als einer Hinsicht in Frage kommt. Ist die Zahl der Elemente endlich, so ist auch die Zahl der Ordnungstypen endlich. Die Anzahl aller Ordnungstypen von m Elementen, die n-fach geordnet sind, ist von *Cantor* bestimmt worden[27]). Analoge Sätze und Reduktionsformeln gaben auch *H. Schwarz* und *Vivanti*[28]).

Auf die Ordnungstypen lassen sich die Definitionen der Summe und des Produkts übertragen. Die Summe $\alpha + \beta$ von $\alpha = \overline{M}$ (Augendus) und $\beta = \overline{N}$ (Addendus) ist der Ordnungstypus der Vereinigungsmenge $\{M, N\}$, in der die Rangbeziehungen für M und N bestehen

---

26) Die rationalen Zahlen zwischen 0 und 1 kann man z. B. auf folgende Arten ordnen: 1) $\frac{1}{2}$, $\frac{1}{3}$, $\frac{2}{3}$, $\frac{1}{4}$, $\frac{3}{4}$, $\frac{1}{5} \dots$, 2) $\frac{1}{2}$, $\frac{1}{3}$, $\frac{1}{4} \dots$, $\frac{2}{3}$, $\frac{2}{5}, \dots$, $\frac{3}{4}$, $\frac{3}{8} \dots$ 3) der Grösse nach. Bei 1) hat *jede* Zahl (ausser $\frac{1}{2}$) eine nächstfolgende und nächstvorhergehende, bei 2) nur eine nächstfolgende, bei 3) weder das eine noch das andere. Für 1) ist ω der Ordnungstypus, für 2) $\omega + \omega + \omega + \dots = \omega \cdot \omega$ (vgl. Anm. 30).

27) Z. f. Philos. 92 (1887), p. 240.

28) Dissertation, Halle 1888, sowie Ann. di mat. (2) 17 (1889), p. 1.

bleiben und jedes Element von M niederen Rang hat, als jedes Element von N. Zum Produkt $\alpha \cdot \beta$ gelangt man so, dass in die Menge N an Stelle jedes Elementes n_ν eine der Menge M ähnliche Menge M_ν gesetzt wird und die Rangbeziehungen demgemäss definiert werden[29]); β heisst Multiplikator, α Multiplikandus; $\alpha \cdot \beta$ bedeutet also so viel als α angewandt auf oder eingesetzt in β.[30])

Da sich der Begriff des Ordnungstypus auf die Anordnung der Elemente stützt, so bleiben von den Rechnungsgesetzen nur die associativen, nicht aber die commutativen in Kraft. Im Gegensatz zu den endlichen Zahlen stellen aber Summe und Produkt unendlich vieler Ordnungstypen immer einen Ordnungstypus dar (Nr. 7).

6. Die wohlgeordneten Mengen und ihre Abschnitte. In dem Ordnungstypus und seinen Gesetzen besteht die logisch geklärte Grundlage, die *Cantor* zur Konstruktion der transfiniten Zahlen benutzt hat[31]). Diese Zahlen sind nichts andres als die Ordnungstypen wohlgeordneter Mengen. Eine geordnete Menge heisst *wohlgeordnet*, wenn sie selbst, sowie jede ihrer Teilmengen, ein dem Range nach niederstes Element besitzt. Die wichtigste Folge dieser Definition ist, dass in einer wohlgeordneten Menge F auf jedes bestimmte Element, falls es nicht das letzte ist, ein Element folgt, und dass es in ihr keine Reihe von Elementen $f \succ f' \succ f'' \succ \cdots$ giebt, die nicht abbricht. In dieser Thatsache liegt der Hauptbeweisgrund der folgenden Sätze.

Die wohlgeordneten Mengen F besitzen Grössencharakter (**4**). Um dies zu erweisen, bedarf man des Hülfsmittels der *Abschnitte*. Ein Abschnitt A von F ist die wohlgeordnete Menge aller Elemente von F, die niederen Rang haben als ein bestimmtes Element f; man sagt, dass A zum Element f gehört. Man beweist zunächst, dass die Abschnitte derselben Menge Grössencharakter besitzen, falls man $A < A'$ definiert, wenn A zu f, A' zu f' gehört und $f < f'$ ist. Sind nun F und G irgend zwei wohlgeordnete Mengen, so sind sie entweder einander ähnlich, oder es hat jeder Abschnitt A von F einen ihm ähnlichen Abschnitt B in G und es giebt einen Abschnitt B_1 von G, der F äquivalent ist, oder endlich es findet zwischen F und G das umgekehrte Verhältnis statt. Daraus folgt, dass für F und G stets eine der drei Beziehungen $\overline{F} = \overline{G}$, $\overline{F} < \overline{G}$, $\overline{F} > \overline{G}$ statthat.

---

29) Ursprünglich durch $\beta \cdot \alpha$ bezeichnet; Math. Ann. 21, p. 551.

30) So ist unter durchsichtiger Anwendung von Indices
$$2 \cdot \omega = 1_1\, 1_2\, 2_1\, 2_2 \ldots = \omega, \quad \omega \cdot 2 = 1_1\, 2_1\, 3_1 \ldots 1_2\, 2_2\, 3_2 \ldots = \omega + \omega,$$
endlich $\qquad \omega \cdot \omega = 1_1\, 2_1\, 3_1 \ldots 1_2\, 2_2\, 3_2 \ldots 1_3\, 2_3\, 3_3 \ldots 1_n\, 2_n\, 3_n \ldots$

31) Für den Inhalt von Nr. 6 vgl. Math. Ann. 49 (1897), p. 207.

7. Die Ordnungszahlen und die Zahlklasse $Z(\aleph_0)$. Das vorstehende besagt, dass es einen und nur einen Typus W giebt, so dass *jede* wohlgeordnete Menge einem Abschnitt dieses Typus ähnlich ist. Diese Abschnitte, resp. ihre Ordnungstypen sind *Cantor's Ordnungszahlen*[32]); nach der Grösse geordnet bilden sie selbst wieder die Menge W. Die Abschnitte von W, die eine endliche Menge darstellen, die also durch das *erste* Erzeugungsprincip (Nr. 3) entstehen, liefern die erste Zahlklasse $Z(\mathrm{I})$[33]). Von den dann folgenden Abschnitten resp. Ordnungszahlen enthält die zweite Zahlklasse $Z(\mathrm{II}) = Z(\aleph_0)$ diejenigen, die auf Grund des *ersten und zweiten* Erzeugungsprincips entstehen.

Das zweite Erzeugungsprincip fordert, dass zu jeder Reihe wachsender Ordnungszahlen $\alpha_1 < \alpha_2 < \cdots < \alpha_\nu < \cdots$ („Fundamentalreihe") eine *erste* nächstgrössere Zahl β existiert. Seine genauere Analyse führt zum Begriff der Limeszahlen, der der Irrationalzahl formal analog ist. Sind nämlich β_1, $\beta_2 \ldots \beta_\nu$ irgend welche Ordnungszahlen von $Z(\aleph_0)$, setzt man

$$\alpha_\nu = \beta_1 + \beta_2 + \cdots + \beta_\nu,$$

so dass $\alpha_1 < \alpha_2 < \cdots < \alpha_\nu$, und definiert

$$\mathrm{Lim}\ \alpha_\nu = \beta_1 + \beta_2 + \cdots + \beta_\nu + \cdots = \beta = \{\alpha_\nu\},$$

so ist 1) $\beta > \alpha_\nu$ für jedes ν, 2) falls $\beta' < \beta$, so giebt es stets Zahlen μ, so dass $\alpha_\mu > \beta'$. Diese Zahl β ist daher die auf alle α_ν der Grösse nach zunächst folgende Ordnungszahl. Wie für die Irrationalzahl gilt auch hier der Satz, dass zwei „Fundamentalreihen" $\{\alpha_\nu\}$ und $\{\alpha'_\nu\}$ unter den bekannten Bedingungen dieselbe Zahl β darstellen.

Da jede abzählbare Menge abzählbarer Mengen selbst abzählbar ist, so stellt jede Zahl von $Z(\aleph_0)$ eine Menge der Mächtigkeit $\aleph_0$ dar; umgekehrt lässt sich $Z(\aleph_0)$ auch als Gesamtheit der Ordnungstypen wohlgeordneter abzählbarer Mengen definieren.

Zu jeder Zahl giebt es entweder eine unmittelbar vorhergehende (Zahl erster Art) oder sie ist eine Limeszahl β, für die es eine solche Zahl nicht giebt (Zahl zweiter Art).

8. Mengen höherer Mächtigkeit. Aus dem in Nr. 2 erwähnten Schlussverfahren folgt, dass die Menge $Z(\aleph_0)$ höhere Mächtigkeit als $\aleph_0$ hat. Überdies ist jede ihrer Teilmengen entweder einem Abschnitt der Menge oder der Menge selbst ähnlich und hat daher entweder die Mächtigkeit $\aleph_0$ oder die Mächtigkeit von $Z(\aleph_0)$ selbst. Daher stellt $Z(\aleph_0)$ eine Menge nächst höherer Mächtigkeit $\aleph_1$ dar[34]).

---

32) Für den Inhalt von Nr. 7 vgl. Math. Ann. 49, p. 211 ff.

33) Vgl. Math. Ann. 21, p. 547.

34) *Cantor* in Math. Ann. 49, p. 226 (vgl. auch Grundlagen p. 39).

Um zu Mengen beliebig hoher Mächtigkeit zu gelangen, kann man eine Methode benutzen, mit der *Cantor* neuerlich bewiesen hat, dass das Continuum höhere Mächtigkeit besitzt, als die natürliche Zahlenreihe[35]. Sie beruht darin, die Darstellung einer Zahl durch einen dyadischen Decimalbruch als Zuordnung der Ziffern 0 und 1 zur abzählbaren Zahlenmenge aufzufassen und zu zeigen, dass die Gesamtheit dieser Zuordnungen nicht abzählbar ist. Ebenso folgt, dass die Belegungsmenge jeder Menge M mit sich selbst höhere Mächtigkeit als M besitzt. Insbesondere hat die Gesamtheit aller Funktionen als Gesamtheit aller Zuordnungen der Zahlen des Continuums zu einander höhere Mächtigkeit als das Continuum. Dagegen ist die Gesamtheit aller analytischen sowie aller stetigen Funktionen nur die des Continuums[36].

Die Thatsache, dass sich alle Ordnungszahlen ihrer Grösse nach in eine Reihe bringen lassen, hat *Cantor* zur Erweiterung des Abzählbarkeitsbegriffs geführt; er nennt die Mengen der Mächtigkeit $\aleph_0$ abzählbar durch Zahlen der zweiten Klasse[37]. Der hieran anschliessende Ausblick auf eine wohlgeordnete•Menge von Zahlklassen resp. Mächtigkeiten $\aleph_0, \aleph_1, \aleph_2 \ldots \aleph_\omega \ldots$, so dass auf jede Mächtigkeit die *nächsthöhere* folgt, und jede höhere Klasse der Inbegriff der Ordnungstypen der vorhergehenden Klasse ist, entbehrt noch der Ausführung.

9[38]**. Die allgemeinen Rechnungsgesetze der Ordnungszahlen.** Bedeuten $\alpha, \beta, \varphi, \psi \ldots$ Zahlen von $Z(\aleph_0)$, ferner $\varkappa, \lambda, \mu, \nu, \varrho, \sigma, \tau \ldots$ Zahlen von $Z(\mathrm{I})$, so ergeben sich, wesentlich auf Grund dessen, dass 1) jeder Inbegriff von Zahlen von $Z(\aleph_0)$ eine kleinste besitzt und 2) jede Limeszahl die nächstgrössere zu allen Zahlen ihrer Fundamentalreihe ist (Nr. 7), die folgenden Gleichungen

$$\nu_0 + \alpha = \alpha, \quad \nu_0 \alpha = \alpha, \quad (\alpha + \nu_0)\omega = \alpha\omega$$

$$\omega^{\mu'}\nu' + \omega^\mu\nu = \omega^\mu\nu, \quad \text{falls} \ \mu' < \mu, \quad \nu > 0, \quad \nu' > 0.$$

Aus ihnen fliessen folgende zwei Hauptsätze: 1) Jede ganze algebraische Funktion endlichen Grades von ω lässt sich und dies nur auf eine Weise in die Form

$$\varphi = \omega^\mu\nu_0 + \omega^{\mu-1}\nu_1 + \cdots + \nu_\mu; \quad \mu > 0, \quad \nu_0 > 0$$

bringen. 2) Ist

$$\varphi = \omega^\mu\varkappa_0 + \omega^{\mu_1}\varkappa_1 + \cdots + \omega^{\mu_\tau}\varkappa_\tau$$

---

35) Jahresber. d. deutsch. Math.-Ver. 1 (1891), p. 75.

36) *Cantor* in Math. Ann. 21 (1883), p. 590.

37) Math. Ann. 21, p. 549.

38) Die zu diesem Paragraphen aus Math. Ann. 49, p. 229 ff. citierten Sätze hat *Cantor* teilweise schon in Math. Ann. 21 (1883), p. 584 ff. ausgesprochen.

für $\mu > \mu_1 > \mu_2 \cdots > \mu_\tau \geqq 0$, und jedes $\varkappa_\lambda > 0$, so lässt sich φ und zwar nur auf eine Art in Faktoren zerlegen,

$$\varphi = \omega^{\mu_\tau}\varkappa_\tau(\omega^{\mu_\tau - 1 - \mu_\tau} + 1)\varkappa_{\tau-1} \cdots (\omega^{\mu - \mu_1} + 1)\varkappa_0. \; {}^{39})$$

Für Exponenten, die der Klasse $Z(\aleph_0)$ angehören, lässt sich die Potenz durch folgenden Satz definieren. Sind ξ, γ, δ Zahlen von (I) oder (II) und ist $\delta > 0$, $\gamma > 1$, so giebt es eine und nur eine Funktion $f(\xi)$, die folgenden Bedingungen genügt: 1) $f(0) = \delta$, 2) $f(\xi') < f(\xi'')$, wenn $\xi' < \xi''$, 3) $f(\xi+1) = f(\xi)\gamma$, 4) $f(\xi) = \mathrm{Lim}\, f(\xi_\nu)$, wenn $\xi = \mathrm{Lim}\, \xi_\nu$. Die einfachste Funktion dieser Art ergiebt sich für $\delta = 1$; wird sie durch γ^ξ bezeichnet, so gelten folgende Regeln:

$$\gamma_0 = 1, \quad \gamma^{\alpha+\beta} = \gamma^\alpha \gamma^\beta, \quad \gamma^{\alpha\beta} = (\gamma^\alpha)^\beta, \;\; . \; \gamma^\xi \geqq \xi,$$

und es hat die oben definierte allgemeine Funktion $f(\xi)$ den Wert

$$f(\xi) = \delta\gamma^\xi.$$

10 ${}^{40})$**. Die Normalform der Ordnungszahlen und die ε-Zahlen.** Die Einführung des Potenzbegriffs führt zur Existenz einer Normalform der Zahlen von $Z(\aleph_0)$. Sie beruht auf dem Satze, dass sich jede Zahl α und dies nur auf eine Weise in die Form

$$\alpha = \omega^{\alpha_0}\varkappa_0 + \alpha', \quad 0 \leqq \alpha' < \omega^{\alpha_0}, \quad \alpha' < \alpha, \quad \alpha_0 \leqq \alpha, \quad \varkappa_0 > 0$$

bringen lässt. Die wiederholte Anwendung dieses Satzes liefert für μ die *Normalform*

$$\alpha = \omega^{\alpha_0}\varkappa_0 + \omega^{\alpha_1}\varkappa_1 + \cdots + \omega^{\alpha_\tau}\varkappa_\tau, \quad \alpha_0 > \alpha_1 > \cdots > \alpha_\tau \geqq 0, \text{ alle } \varkappa_\lambda > 0.$$

α_0 heisst Grad, α_τ Exponent von α. Je nachdem $\alpha_\tau \gtreqless 0$, ist α eine Zahl erster oder zweiter Art (**Nr. 7**). Die oben (**Nr. 9**) erwähnte Zerlegung einer Zahl φ gilt auf Grund der Normalform auch für beliebiges α:

$$\alpha = \omega^{\alpha_\tau}\varkappa_\tau(\omega^{\alpha_\tau - 1 - \alpha_\tau} + 1)\varkappa_{\tau-1} \cdots (\omega^{\alpha_0 - \alpha_1} + 1)\varkappa_0;$$

die Zahlen $\omega^\gamma + 1$ sind unzerlegbar und heissen *Primzahlen*. Insbesondere ist jede Limeszahl von der Form $\alpha = \omega^{\gamma_0}\alpha'$, wo $\gamma_0 > 0$.

Während im allgemeinen der Grad $\alpha_0 < \alpha$, so giebt es Zahlen, für die $\alpha_0 = \alpha$ und daher α Wurzel der Gleichung $\omega^\xi = \xi$ ist. Ihre Existenz ergiebt sich aus folgendem Satz: Ist γ eine Zahl, die dieser Gleichung nicht genügt, so bestimmen die Zahlen

---

39) *Cantor* benutzt a. a. O. diese Sätze, um aus ihnen Formeln für Produkt und Summe von zwei Ordnungszahlen abzuleiten.

40) Für den Inhalt dieses Paragraphen vgl. Math. Ann. 49, p. 235 ff. *Cantor* knüpft dort wieder Formeln für Summe und Produkt an, und giebt die notwendige und hinreichende Bedingung, dass $\alpha + \beta = \beta + \alpha$, resp. $\alpha\beta = \beta\alpha$ ist. Im ersten Fall ist $\alpha = \gamma\mu$, $\beta = \gamma\nu$, im zweiten $\alpha = \gamma^\mu$, $\beta = \gamma^\nu$.

$$\gamma, \ \gamma_1 = \omega^\gamma, \ \gamma_2 = \omega^{\gamma_1} \cdots, \ \gamma_\nu = \omega^{\gamma_{\nu-1}} \cdots$$

eine Fundamentalreihe $\{\gamma_\nu\}$ und es ist $\mathrm{Lim}\,\gamma_\nu$ eine derartige Zahl und heisst eine ε-Zahl; $E(\gamma) = \mathrm{Lim}\,\gamma_\nu$. Von ihnen gilt: 1) die kleinste ε-Zahl ist $E(1) = \mathrm{Lim}\,\omega_\nu$, wo $\omega_1 = \omega$, $\omega_2 = \omega^{\omega_1}$, $\omega_\nu = \omega^{\omega_{\nu-1}}\cdots$; 2) ist ε' eine ε-Zahl, so ist $E(\varepsilon' + 1)$ die nächstgrössere; 3) ist ε'' die zu ε' nächstgrössere Zahl und ist $\varepsilon' < \gamma < \varepsilon''$, so ist $E(\gamma) = \varepsilon''$; 4) sind $\varepsilon' < \varepsilon'' < \cdots \varepsilon^{(\nu)} \ldots$ sämtlich ε-Zahlen, so ist auch $\mathrm{Lim}\,\varepsilon^{(\nu)}$ eine ε-Zahl und zwar diejenige, die auf alle $\varepsilon^{(\nu)}$ als nächstgrössere folgt. Die Gesamtheit der ε-Zahlen bildet daher eine wohlgeordnete Menge, die der Menge $Z(\aleph_0)$ ähnlich ist.

Die Gleichung $\alpha^\xi = \xi$ hat keine andern Wurzeln als die ε-Zahlen, die grösser sind als α; jede von ihnen genügt den drei Gleichungen:

$$a + \varepsilon = \varepsilon, \quad \alpha\varepsilon = \varepsilon, \quad \alpha^\varepsilon = \varepsilon.$$

11. Allgemeine Definitionen und Formeln für Punktmengen.

Für die Unterscheidung der Punktmengen kommen in arithmetischer Hinsicht ihre Ableitungen, in geometrischer ihre Lage in einem als *stetig* vorausgesetzten Raume in Betracht. Geometrischer Natur sind folgende Definitionen[41]). Ein Punkt p heisst isolierter[41]) Punkt von P, wenn man um ihn einen Bereich abgrenzen kann, der keinen weiteren Punkt von P enthält. Sind alle Punkte der Menge P isolierte Punkte, so heisst sie selbst isoliert[41]). Ist im Intervall $a \ldots b$ kein von Punkten freies Intervall vorhanden, so heisst P in diesem Intervall *überall dicht*[42]) (pantachisch[43])); alsdann enthält P' alle Punkte des Intervalls.

Das Verhältnis der Menge P zu ihren Ableitungen[44]) (Nr. 1) hat *Cantor* zu folgenden Festsetzungen geführt[45]). Die Menge heisst *abgeschlossen*, wenn sie jeden Grenzpunkt enthält; sie heisst *in sich dicht*, wenn jeder ihrer Punkte ein Grenzpunkt ist; sie heisst *separiert*, wenn kein Bestandteil in sich dicht ist; zu den separierten Mengen gehören z. B. die isolierten Mengen und die abgeschlossenen Mengen der ersten Mächtigkeit[46]). Die Menge P heisst endlich *perfekt*[47]), wenn $P = P'$ ist, sie ist dann zugleich abgeschlossen und in sich dicht. Ferner

---

41) Math. Ann. 21, p. 51.

42) Nach *Cantor*, Math. Ann. 15, p. 2.

43) Diese Bezeichnung stammt von *du Bois*; Math. Ann. 15 (1879), p. 287.

44) *G. Peano* hat für lineare Punktmengen links genommene, resp. rechts genommene Ableitungen eingeführt. Riv. di mat. 4 (1894), p. 34.

45) Math. Ann. 23, p. 470 ff.

46) Math. Ann. 23, p. 472.

47) Math. Ann. 21 (1883), p. 575.

heisst P erster Art und νter Gattung[48]), falls $P^{(\nu)}$ die letzte vorhandene Ableitung ist; sie heisst dagegen zweiter Art[48]), wenn Ableitungen transfiniter Ordnungszahlen existieren, wie z. B. bei perfekten Mengen.

Da die Punkte von $P^{(\nu)}$ sämtlich in $P^{(\nu-1)}$ enthalten sind, so kann man folgende Identität aufstellen[49]):

$$P' = (P' - P'') + (P'' - P''') + \cdots + (P^{(\nu-1)} - P^{(\nu)}) + P^{(\nu)}.$$

Diese Identität kann bis zu Zahlen von $Z(\mathrm{II})$ fortgesetzt werden, und wenn man die allen $P^{(\alpha)}$ gemeinsame Menge, falls sie. existiert, durch $P^{(\Omega)}$ bezeichnet[50]), so dass $P^{(\Omega)} = \mathfrak{D}(P', P'', \ldots P^{(\alpha)} \ldots)$ ist, so folgt

$$P' = \sum \{ P^{(\gamma)} - P^{(\gamma-1)} \} + P^{(\Omega)}, \quad \gamma = 0, 1 \cdots \omega \cdots \alpha \cdots.$$

Wesentlich ist, dass jede Klammer eine *isolierte* Menge darstellt.

12. Allgemeine Lehrsätze über Punktmengen. Die Einteilung der Punktmengen nach der Mächtigkeit, insbesondere die Entscheidung der Frage, ob sie abzählbar sind oder nicht, hat *Cantor* bereits früh in Angriff genommen. Die Untersuchung beruht auf folgenden Hülfssätzen: 1) Jede im unbegrenzten R_n enthaltene Menge von getrennten oder nur an den Begrenzungen zusammenstossenden stetigen Teilgebieten ist abzählbar[51]). 2) Ist für die Mengen Q und R sowohl $\mathfrak{D}(Q, R) = 0$ als $\mathfrak{D}(Q', R) = 0$ und liegt in jedem Teilgebiet H eines R_n, das weder Punkte von Q noch von Q' enthält, eine endliche oder abzählbare Menge von Punkten von R, so ist R selbst endlich oder abzählbar[52]). 3) Sind $d_1, d_2 \ldots$ der Grösse nach geordnete Intervalle im Intervall $0 \ldots 1$, so kann jede Punktmenge $\{\psi\}$ des Intervalls $0 \ldots 1$, die überall dicht ist und die erste Mächtigkeit besitzt, in eine solche Reihe gebracht werden, dass je zwei Punkte ψ_μ und ψ_ν die gleiche Lage zu einander haben, wie die Intervalle d_μ und d_ν[53]).

Mittelst der Sätze 1) und 2) und auf Grund davon, dass jede abzählbare Menge abzählbarer Punktmengen selbst abzählbar ist, er-

---

48) Math. Ann. 15, p. 2. Beispiele von Mengen erster Art und νter Gattung, in denen $P^{(\nu)}$ gegebene Punkte enthält, finden sich z. B. bei *G. Ascoli*, Linc. Mem. (3) 2 (1878), p. 584, sowie *U. Dini*, Fondamenti p. 17. Vgl. auch *G. Mittag-Leffler* in C. R. 94 (1882), p. 939, sowie *du Bois*, Functionenlehre p. 186.

49) Math. Ann. 21, p. 51 ff. und 23, p. 463 ff.

50) Ω ist der Ordnungstypus aller Zahlen der Klasse $Z(\aleph_0)$ in ihrer natürlichen Reihenfolge, und wird gemäss Nr. 8 von *Cantor* auch als erste Zahl der dritten Zahlklasse bezeichnet; Math. Ann. 21, p. 582.

51) Math. Ann. 20, p. 117.

52) Math. Ann. 23, p. 457.

53) Math. Ann. 23, p. 482.

geben sich folgende Theoreme[54]): 1) Jede separierte Punktmenge ist abzählbar. 2) Ist P' abzählbar, so ist auch P abzählbar. 3) Ist für eine Zahl α von $Z(I)$ oder $Z(II)$ $P^{(\alpha)} = 0$, so ist P' und P abzählbar oder endlich, umgekehrt, ist P' abzählbar, so giebt es eine erste Zahl α, so dass $P^{(\alpha)} = 0$ ist. Punktmengen dieser Art sind daher durch ihre Ableitungen im wesentlichen charakterisiert. 4) Ist P' von höherer als der ersten Mächtigkeit, so giebt es stets Punkte, die allen $P^{(\alpha)}$ angehören und ihr Inbegriff $S = P^{(\Omega)}$ ist perfekt; zugleich ist $P' = P^{(\Omega)} + R$, wo R eine separierte Menge ist. Ferner giebt es dann bereits eine kleinste transfinite Zahl α erster Art (Nr. **7**), so dass $P^{(\alpha)} = P^{(\alpha+1)} = P^{(\Omega)}$. Die Menge R hat überdies die Eigenschaft, dass $\mathfrak{D}(R, R^{(\alpha)}) = 0$ ist[55]).

Eine Menge, für die es ein α giebt, so dass $P^{(\alpha)} = 0$ ist, heisst *reductibel*; sie lässt sich (Nr. **11**) durch successive Abtrennung isolierter Mengen erschöpfen. Ist dagegen P' von höherer Mächtigkeit, so führt diese Abtrennung schliesslich zu einer Restmenge, die perfekt ist. Für diese Charakteristik der Punktmengen bilden also die Zahlen von $Z(II)$ das notwendige und hinreichende Beweismittel.

13. Die abgeschlossenen und perfekten Mengen. Wie die erste Ableitung einer Punktmenge eine abgeschlossene Menge ist, so lässt sich auch umgekehrt jede abgeschlossene Menge auf unendlich viele Arten als Ableitung einer andern Menge darstellen[56]). Die Sätze des vorigen Paragraphen, die bei beliebigen Mengen an die Ableitung P' anknüpfen, gelten daher, falls P abgeschlossen ist, für P selbst. Ferner gilt, dass eine abgeschlossene Menge entweder von der ersten Mächtigkeit und also reductibel ist oder die Mächtigkeit des Linearcontinuums besitzt. (Da $P = R + S$, wo S perfekt; vgl. unten.)

Da die perfekten Mengen jeden Grenzpunkt enthalten, so folgt aus dem Hauptschlussverfahren (Nr. **2**), dass sie von höherer als der ersten Mächtigkeit sind[57]). Unter ihnen haben diejenigen besonderes

---

54) Vgl. Math. Ann. 21 (1883), p. 51, und 23 (1884), p. 401; ferner *Bendixson* in Acta mat. 2 (1883), p. 415.

55) Dieser Zusatz stammt von *Bendixson* (vgl. Anm. 54); zugleich findet sich a. a. O. ein lehrreiches Beispiel. Einen Beweis des Satzes 4) für Punktmengen im R_n gab *E. Phragmèn* in Acta mat. 5 (1885), p. 47.

56) Math. Ann. 23, p. 470. Ist $Q = (q_1\, q_2 \ldots)$ die Adhärenz (vgl. Nr. **14**) von P, und setzt man in eine um q_ν gelegte Kugel, die ausser q_ν keinen Punkt von Q enthält, eine Menge P_ν so, dass $P'_\nu = q_\nu$ ist, so ist P die Ableitung von $P' + \Sigma P_\nu$.

57) Math. Ann. 23, p. 459.

Interesse, die nirgends überall dicht (apantachisch) sind[58]). Mit ihrer Hülfe hat *Cantor* auf Grund des Theorems 3 von Nr. 12 gezeigt, dass alle perfekten Mengen die Mächtigkeit des $\mathfrak{C}$ besitzen[59]). *Harnack* hat zuerst bemerkt, dass man das $\mathfrak{C}_1$ auf eine nirgends überall dichte Menge P so eineindeutig abbilden kann, dass sogar die Grössenordnung in beiden Mengen dieselbe ist[60]). Die von ihm aufgestellte Bedingung ist von *Bettazzi*[61]) genauer gefasst geworden. Eine perfekte Menge ist demzufolge notwendig stetig, wenn sie überall dicht ist.

Eine nirgends überall dichte perfekte lineare Menge ist stets Ableitung einer isolierten Menge, die aus Endpunkten gewisser Intervalle besteht[62]). *L. Scheeffer* hat den allgemeineren Satz[63]), dass, wenn eine Reihe von Intervallen vorliegt, die einander ausschliessen, alle Punkte, die nicht im Innern eines solchen Intervalles liegen, eine perfekte Menge bilden; umgekehrt ist auch jede perfekte Menge so darstellbar. Nach einem andern Satz von *L. Scheeffer*[63]) kann man, falls P eine nirgends überall dichte perfekte Menge und R eine abzählbare Menge ist, alle Punkte von P um geeignete Strecken so verschieben, dass keiner mit einem Punkt von R zusammenfällt. Es giebt also perfekte Mengen, die nur aus irrationalen Punkten bestehen.

14. Zerlegung einer Menge in separierte und homogene Bestandteile. Die Theorie der Punktmengen hat *Cantor*[64]) neuerlich durch Einführung der Begriffe der Adhärenz, Cohärenz und der homogenen Menge weiter gefördert. Diese Begriffe tragen dem Umstand Rechnung, dass die Mächtigkeit des $\mathfrak{C}$ noch nicht geklärt ist und man daher Punktmengen beliebiger Mächtigkeit zulassen muss. Die *Cohärenz Pc* einer Menge P ist die Gesamtheit der ihr angehörigen Grenz-

---

58) Diese Mengen treten in den verschiedensten Gebieten auf. Beispiele gab zuerst 1882 *A. Harnack* in Math. Ann. 19, p. 239 u. 23 (1884), p. 285, ferner *Cantor* daselbst 21, p. 590, *Bendixson* in Acta mat. 2 (1883), p. 427 u. a. Vgl. auch *R. Fricke*, Math. Ann. 44 (1894), p. 565. Vgl. auch Anm. 60 und 62.

59) Math. Ann. 23, p. 488. Vgl. *Bendixson* Bih. Sv. Vet. Handl. 9, Nr. 6.

60) Math. Ann. 23 (1884), p. 285. Diese Mengen erhält man am einfachsten, indem man von der Dezimalbruchdarstellung jeder Zahl ausgeht, und deren Ziffern Gesetze oder Beschränkungen auferlegt; vgl. *Cantor* in Math. Ann. 21, p. 590, *Peano* in Riv. di mat. 2 (1892), p. 43, *Schönflies* in Gött. Nachr. 1896, p. 255.

61) Ann. di mat. (2), 16 (1888), p. 49.

62) Dementsprechend kann man die oben genannten nirgends überall dichten perfekten Mengen auch so erhalten, dass man in ein Intervall eine Strecke einträgt, die von Punkten frei bleiben soll, in jedes der beiden übrigen Teilintervalle neue Strecken dieser Art u. s. w., und die Ableitung der so bestimmten Punktmenge bildet. Vgl. Anm. 58.

63) Acta mat. 5 (1885), p. 288 ff.

64) Für den Inhalt dieses Paragraphen vgl. Acta mat. 7 (1885), p. 105 ff.

punkte und enthält jede in sich dichte Teilmenge von P. Die übrigen, notwendig isolierten Punkte bilden die *Adhärenz* Pa. Da die Cohärenz Pc selbst wieder in eine Adhärenz Pca und eine Cohärenz Pc^2 gespalten werden kann, so dass $Pc = Pca + Pc^2$ ist, so ergiebt sich bei fortgesetzter Spaltung (analog Nr. **11**)

$$P = Pa + Pca + Pc^2a + \cdots + Pc^{\nu-1}a + Pc^{\nu},$$

resp. bei Fortsetzung bis zu transfiniten Zahlen

$$P = \sum_{\alpha} Pc^{\alpha}a + Pc^{\gamma} \qquad (\alpha = 0, 1, \ldots \omega \ldots < \gamma),$$

wo für γ auch Ω eintreten kann. Jeder in sich dichte Bestandteil von P gehört allen Cohärenzen gemeinsam an, während jede Adhärenz $Pc^{\gamma}a$ isoliert und $\sum Pc^{\gamma}a$ eine separierte Menge ist. Die in sich dichten Mengen heissen *homogen*, falls ihre Bestandteile in der Umgebung jedes Punktes gleiche Mächtigkeit haben.

Aus den obigen Formeln folgt: 1) Jede Menge erster Mächtigkeit zerfällt in zwei ihrer Natur nach verschiedene Bestandteile, von denen einer 0 sein kann, nämlich $P = R + U$, wo R separiert, U dagegen in sich dicht und homogen ist, und es giebt eine kleinste Zahl α so, dass $U = Pc^{\alpha} = Pc^{\Omega}$ ist. 2) Ist P von höherer als der ersten Mächtigkeit, so hat man im allgemeinen drei Bestandteile, $P = R + U + V$, zu unterscheiden, wo R und U die vorige Bedeutung haben, V eine Menge höherer Mächtigkeit darstellt und wiederum $U + V = Pc^{\alpha} = Pc^{\Omega}$ ist. Lässt man Mengen beliebiger Mächtigkeit zu, so hat V die Form $V = \sum Pi_{\beta}$, wo Pi_{β} eine homogene Menge βter Mächtigkeit ist. Die Menge Pi_{β} heisst auch die βte *Inhärenz* von P,[65] $U + V = \sum Pi_{\beta}$ $(\beta = 1, 2 \ldots)$ heisst die totale Inhärenz. R heisst Rest oder Residuum von P.

15. Der Inhalt von Punktmengen. Die Erörterungen über den *Inhalt* von Punktmengen haben sich zuerst an die Theorie der Integrale und Fourier'schen Reihen, resp. an die mögliche Verteilung ihrer Unstetigkeiten angeschlossen (II A 1, 3, 8). *H. Hankel*[66] hat zuerst die von Punkten einer Menge freie Intervallmenge zu bestimmen gesucht, freilich nicht fehlerfrei. Er meinte irrtümlich, dass sie stets gleich dem Gesamtintervall ist, falls die Menge nirgends überall dicht ist. *St. Smith*[67]

---

65) *Cantor* nennt die Punkte von Pi_{β} Punkte βter Ordnung, diejenigen von $Pc^{\alpha}a$ Punkte αter Art. Aus der Existenz von Punkten αter Art folgt diejenige der niederen Art; für die Inhärenzen besteht ein solches Verhältnis nicht.

66) Univ.-Progr. Tübingen 1873, p. 25 (Über die unendlich oft unstetigen und oscillirenden Funktionen), sowie Math. Ann. 20, p. 87.

67) Lond. Math. Soc. Proc. 6 (1875), p. 148.

und nach ihm *du Bois, Harnack*[68]) und *W. Veltmann*[69]) haben wohl zuerst erkannt, dass es Mengen giebt, die nirgends überall dicht sind und deren freie Intervallsumme jedem Wert $\lambda < d$ beliebig nahe gebracht werden kann, wenn d das sie enthaltende Intervall ist[70]). Für $\lambda = d$ heisst die Punktmenge nach *du Bois integrierbar*[71]). *U. Dini*[72]) und *Ascoli*[73]) zeigten 1878, dass jede Menge P integrierbar ist, wenn für endliches ν $P^{(\nu)} = 0$ ist.

Die Existenz eines festen Grenzwertes für die Summe der Intervalle, in denen Punkte einer Menge P liegen, wurde für beliebige Mengen zuerst von *O. Stolz*[74]) und später von *Harnack*[75]) nachgewiesen. Bald darauf gab *Cantor*[76]) seine den Inhaltsbegriff im R_n betreffenden allgemeinen Definitionen· Wesentlich für sie ist, dass man zur Menge P die ihr nicht angehörigen Grenzpunkte hinzufügt. Legt man alsdann um jeden Punkt der so erweiterten Menge P eine Kugel $K(\varrho)$, so hat das kleinste von allen diesen Kugeln zugleich erfüllte Volumen für $\varrho = 0$ einen bestimmten, nicht negativen Grenzwert; ihn bezeichnet *Cantor* als Inhalt $I(P)$ von P. Es ist $I(P) = I(P') = I(P^\gamma)$, wo γ irgend eine transfinite Zahl ist.

Aus vorstehender Definition folgt, dass wenn P' abzählbar ist, $I(P) = 0$ ist[77]); ebenso ist $I(R) = 0$, wenn R reductibel ist. Da eine beliebige Menge P' sich in die Mengen $R + S$ spalten lässt, wo $\mathfrak{D}(RR^\alpha) = 0$ (Nr. 12) reductibel und S perfekt ist, so ist $I(P) = I(S)$, so dass die Inhaltsbestimmung nur für perfekte Mengen in Frage steht. Auch perfekte Mengen können den Inhalt 0 haben[78]).

Nachdem bereits *Harnack*[79]) auf den Einfluss hingewiesen, den die Grenzpunkte für den Inhalt haben können, haben *Peano*[80]) und *C.*

---

68) Math. Ann. 16 (1880), p. 128 und 19 (1882), p. 239.

69) Zeitschr. f. Math. 27 (1882), p. 178, 193, 313. Vgl. auch *V. Volterra*, Giorn. di Mat. 19 (1881), p. 76.

70) Das Konstruktionsprincip dieser Mengen ist bei allen Autoren das gleiche und identisch mit dem in Anm. 62 genannten.

71) Allgem. Fktlehre, p. 189. *Harnack* sagt in wenig guter Bezeichnung *diskret* und nennt Mengen, für die $\lambda < d$ ist, *linear*. (Math. Ann. 19, p. 238.)

72) Fondamenti p. 18.

73) Atti Linc. (3) 2, p. 586.

74) Math. Ann. 23 (1884), p. 152.

75) Math. Ann. 25 (1885), p. 241; vgl. auch *Pasch* in Math. Ann. 30 (1887), p. 132.

76) Math. Ann. 23 (1884), p. 473.

77) Diesen Satz gab *Cantor* bereits 1883 in Math. Ann. 21, p. 54.

78) Solche Mengen sind z. B. die oben erwähnten für $\lambda = d$.

79) Math. Ann. 25, p. 243.

80) Applicazioni geom. del calc. etc. (1887), p. 152.

Jordan[81]) dem Inhaltsbegriff eine präcisere Formulierung gegeben, die für ebene Punktmengen so lautet: Zerlegt man die Ebene in Quadrate mit der Seite r und ist S die Summe aller Quadrate, deren sämtliche Punkte P angehören, ist ferner $S + S'$ die Summe der Quadrate, die überhaupt Punkte oder Grenzpunkte von P enthalten, so convergieren S und $S + S'$ gegen feste, von der Teilung unabhängige Grenzen I und A. Für $I = A$ heisst P messbar und $I = A$ ihr Inhalt. Ist $I < A$, so unterscheiden *Peano* und *Jordan* einen innern und äussern Inhalt.

Ist P' abzählbar, so ist P messbar und hat den Inhalt 0, insbesondere also auch jede *reductible* Menge. Ist P abzählbar, aber P' von höherer Mächtigkeit, so ist jedenfalls die innere Fläche Null[82]).

16. Das Continuum. Den Ordnungstypus des $\mathfrak{C}_1$ hat *Cantor* dahin bestimmt, dass es eine perfekte Menge M ist, die eine Menge S der Mächtigkeit $\aleph_0$ (die rationalen Zahlen) so enthält, dass zwischen zwei Elementen von M unzählig viele Elemente von S liegen[83]). Als diejenige Eigenschaft, welche eine perfekte Menge zum Continuum macht, hat *Cantor* die auf dem geometrischen Stetigkeitsbegriff ruhende Eigenschaft des Zusammenhangs aufgestellt[84]); d. h. sind p und q zwei Punkte der Menge, so giebt es eine endliche Zahl von Zwischenpunkten $p_1, p_2, \ldots p_n$, so dass die Entfernung zweier benachbarter beliebig klein ausfällt; er definiert daher das Continuum als perfekt zusammenhängende Menge[85]).

Für den Satz, dass die Mächtigkeit des $\mathfrak{C}_n$ und sogar des $\mathfrak{C}_{\aleph_0}$ dieselbe ist, wie die des $\mathfrak{C}_1$, hat *Cantor* einen neuen einfachen Beweis gegeben, der sich auf das Rechnen mit Mächtigkeiten stützt[86]). Der Satz, dass das $\mathfrak{C}$ von der zweiten Mächtigkeit ist, harrt noch immer des Beweises; trifft er zu, so müssen sich alle Zahlen zwischen 0

---

81) Cours d'analyse (2), Paris 1893, 1, p. 28, sowie J. de Math. (4) 8 (1892), p. 79.

82) *C. Garibaldi* in Palermo Rend. 8 (1894), p. 157.

83) Math. Ann. 46, p. 510.

84) Math. Ann. 21, p. 575. *Bolzano* (Paradoxieen § 38) nahm an, dass diese Eigenschaft allein ausreiche. *Dedekind*'s im Schnittprincip enthaltene Definition kommt, auf die Gesamtheit der rationalen Zahlen angewandt, auf das gleiche hinaus, wie diejenige *Cantor*'s. Vgl. jedoch Nr. **17.**

85) Eine zusammenhängende nicht perfekte Menge nennt *Cantor* ein *Semicontinuum* (Math. Ann. 21, p. 590).

86) Math. Ann. 46, p. 488. Eine merkwürdige Folge der Thatsache, dass das Continuum seine Mächtigkeit behält, wenn man daraus abzählbare Mengen entfernt, ist die, dass man aus dem stetigen R_n abzählbare Punktmengen entfernen kann, ohne dass dadurch eine stetige Bewegung unmöglich wird (*Cantor* in Math. Ann. 20, p. 121).

und 1 auf die Ordnungszahlen der Klasse $Z(\aleph_0)$ eindeutig beziehen lassen. Die Fragen über Abbildung der Continua haben in neuerer Zeit weitere Fortschritte gemacht. *Peano* hat 1890 gezeigt, dass man die Abbildung des $\mathfrak{C}_2$ auf das $\mathfrak{C}_1$ auch stetig herstellen kann, falls man die Eineindeutigkeit opfert[87]). Bald darauf hat *D. Hilbert* für den gleichen Satz eine geometrische Methode gegeben[88]).

Auch für die Geometrie ist die Mengenlehre massgebend geworden[89]); *M. Maccaferri* hat jedoch auf einen merkwürdigen Unterschied hingewiesen, der zwischen dem *Cantor*'schen Begriff des Continuums und den durch Gleichungen gegebenen continuierlichen Gebilden statthat. Sind im R_n die Coordinaten $x_1 \ldots x_n$ stetige Funktionen von t, so stellt zwar der Inbegriff aller zugehörigen Punkte eine continuierliche Menge im *Cantor*'schen Sinne dar, aber umgekehrt kann, sobald $n > 2$ ist, ein *Cantor*'sches Continuum nicht immer durch derartige Gleichungen dargestellt werden; die bei *Cantor* der Menge notwendig angehörenden Grenzpunkte brauchen nämlich durch das Funktionensystem nicht dargestellt zu werden[90]).

Bendixson[91]) und *Phragmèn*[92]) haben sich mit Eigenschaften von Punktmengen beschäftigt, welche die volle Grenze eines ebenen $\mathfrak{C}_2$ bilden können und zwar besonders mit Rücksicht auf *Mittag-Leffler*'s Untersuchungen über die Theorie der eindeutigen Funktionen[93]).

G. Ascoli und *C. Arzelà* haben begonnen, die Begriffe der Mengenlehre auf Mannigfaltigkeiten von Kurven zu übertragen[94]).

17. Die Unendlich (U) der Funktionen. Die Erörterungen über die arithmetische Natur des $\mathfrak{C}$ haben zu einer Erweiterung des

---

87) Math. Ann. 36, p. 157. *Peano* drückt sich so aus, dass die abbildenden Gleichungen $x = f(s)$, $y = f(s)$ eine Curve bestimmen, die eine Fläche erfüllt. Die Methode entspricht der in Anm. 60 erwähnten.

88) Math. Ann. 38 (1891), p. 459 ff. Ein einfaches Princip der Abbildung findet sich bei *Schönflies*, Gött. Nachr. 1896, p. 255.

89) Vgl. besonders den Cours d'analyse von *C. Jordan*, Bd. 1, sowie *W. Killing*, Grundlagen der Geometrie 2, 1898 (Paderborn).

90) Ein einfaches Beispiel liefert die Gleichung $y = \sin \dfrac{1}{x}$ für $0 < x \leqq M$.

Die durch sie definierten Punkte stellen ein *Cantor*'sches Continuum nur dann dar, wenn die Punkte der y-Axe zwischen $+1$ und -1 hinzugefügt werden. Diese Punktmenge lässt sich aber nicht so darstellen, dass x und y stetige Funktionen von t werden. Vgl. Riv. di mat. 6 (1896), p. 97.

91) Stockh. Handl. Bih. 9 (1885), Nr. 7.

92) Acta mat. 7 (1885), p. 43.

93) Vgl. Acta mat. 4 (1884), p. 10.

94) *Ascoli* in Linc. Mem. (3) 18 (1884), p. 251 und *Arzelà* in Linc. Rend. (4) 5 (1889), p. 342.

Grössenbegriffs geführt. Ausser den (reellen) Zahlen giebt es noch andere, mächtigere Systeme von Individuen, die den allgemeinen Grössengesetzen (Nr. **4**) gehorchen. Das Kennzeichen der gewöhnlichen Zahlenlehre ist, wie *Stolz*[95]) bemerkt hat, die von *Archimedes* als Postulat aufgestellte Forderung, dass, falls $A < B$ ist, immer eine ganze Zahl $\mathfrak{m}$ existiert, so dass $\mathfrak{m}A > B$ ist. Die bezüglichen allgemeineren Grössensysteme genügen dieser Forderung nicht. Nachdem bereits *Is. Newton*[96]) sich mit Grössensystemen dieser Art beschäftigt hat, sind solche in neuerer Zeit besonders von *Stolz* und *P. du Bois* betrachtet worden. Die *Momente* von *Stolz*[97]) knüpfen sich an Funktionen $f(x)$, deren jede, für $\lim x = + a$ beständig positiv bleibend, den Grenzwert 0 hat; auch soll jede rationale Funktion beliebig vieler von ihnen einen bestimmten Grenzwert besitzen. Ein einfaches System dieser Art bilden die reciproken Werte der Funktionen

$$x_1, \quad E_1(x) = e^x, \quad E_2(x) = e^{E_1(x)} \ldots, \quad L_1(x) = \lg(x), \quad L_2(x) = \lg L_1(x) \ldots$$

für $\lim x = \infty$. Jeder Funktion $f(x)$ lässt sich ein „Moment" $\mathfrak{u}(f)$ so zuordnen, dass $\mathfrak{u}(f) \gtreqless \mathfrak{u}(g)$ ist, je nachdem für $\lim x = + a$

$\lim (f:g) \gtreqless 1$ ist. Diese Momente genügen den Grössenbeziehungen und gestatten Addition und Multiplikation, bei gehöriger Erweiterung sogar auch die Division, jedoch nicht durchgehends die Subtraktion.

Ein zweites Grössensystem dieser Art bilden *du Bois'* „Unendlich[98]) (𝔘) der Funktionen". Wenn $f(x)$ und $\varphi(x)$ mit x monoton ins Unbegrenzte wachsen und für $\lim x = + \infty$ der Quotient $f(x) : \varphi(x)$ den Grenzwert ∞ oder 0 hat, so hat nach *du Bois* $f(x)$ ein grösseres oder kleineres 𝔘 als $\varphi(x)$ ($f > \varphi$ resp. $f < \varphi$); wenn dieser Grenzwert von 0 und ∞ verschieden ist, so haben f und φ gleiches 𝔘 ($f \sim \varphi$). Der Gegensatz dieses Grössensystems zu den Zahlen drückt sich in folgenden zwei Sätzen aus: 1) Es giebt weder ein oberstes noch ein niederstes 𝔘, d. h. wie auch eine Reihe von wachsenden (resp. abnehmenden) Unendlich gegeben sein mag, so kann man immer Funktionen konstruieren, deren 𝔘 höher resp. niederer ausfällt, als die gegebenen (analog zur zweiten Zahlklasse, resp.

---

95) Math. Ann. 18 (1881), p. 269, Anm.

96) Philos. natur. princ. lib. I sect. I, lemma XI, Anm. Vgl. auch *Vivanti* in Bibl. mat. 5 (1891), p. 97.

97) *Stolz*, Vorlesungen über Arithmetik 1 (Leipzig 1885), p. 205. Eine andere ebenfalls mögliche Definition findet sich p. 213.

98) Math. Ann. 8 (1875), p. 363 ff. sowie 11 (1877), p. 149. In der ersten Abhandlung werden zugleich die Unendlich für einzelne Funktionen bestimmt, die mit andern durch Funktionalgleichungen verbunden sind.

zum zweiten Erzeugungsprincip). 2) Es ist (im Gegensatz zur Theorie der Irrationalzahl) unmöglich, sich einem gegebenen $\mathfrak{U}\lambda(x)$ durch eine abzählbare Funktionenfolge $\varphi_p(x)$ so anzunähern, dass man nicht stets beliebig viele Funktionen $\psi(x)$ angeben könnte, deren $\mathfrak{U}$ für beliebiges p zwischen $\lambda(x)$ und $\varphi_p(x)$ fällt.

Die Thatsache, dass man sich jedes gegebene $\mathfrak{U}\lambda(x)$ unter dem Bilde eines Punktes der unendlich fernen Geraden (nämlich des Punktes der Curve $y = \lambda(x)$ für $x = \infty$) vorstellen kann, hat *du Bois* zu dem *Postulat* der *infinitären Pantachie* [99]) geführt, die aus der Gesamtheit der $\mathfrak{U}$ aller Funktionen so entstehen soll, dass jeder *Dedekind*'schen Zweiteilung (I A 3) der Unendlich ein neues $\mathfrak{U}$ entspricht. Doch ist zu bemerken, dass es nicht möglich ist, die $\mathfrak{U}$ aller Funktionen als ein Grössensystem (im Sinn von Nr. 4) aufzufassen [100]).

Auf Grund davon, dass mit den Funktionen $f(x)$ auch die Funktionen $\lg f(x)$ für $\lim x = \infty$ ein System ins Unbegrenzte wachsender Funktionen bilden, hat *S. Pincherle* [101]) die Definition der Unendlich folgendermassen verallgemeinert. Ist $F(x)$ eine Funktion wie $f(x)$, so soll, falls die Differenz $\delta(x) = F(f(x)) - F(\varphi(x))$ für $\lim x = \infty$ positiv unendlich wird, $f > \varphi$ sein, falls sie endlich bleibt, $f \sim \varphi$, falls sie negativ unendlich wird, $f < \varphi$ sein. Für dieses Grössensystem gelten die allgemeinen und die beiden besonderen *du Bois*'schen Sätze. Die Grössenbeziehung zweier $\mathfrak{U}$ hängt aber von der benutzten Funktion $F(x)$ ab und kann für verschiedene Funktionen verschieden ausfallen, woraus noch folgt, dass im System von *du Bois'* Unendlich, falls $f \sim \varphi$ ist, keineswegs $F(f) \sim F(\varphi)$ sein muss.

J. Thomae [102]) hat zuerst versucht, die $\mathfrak{U}$ als „Zahlen" aus unendlich vielen Einheiten zu betrachten („Ordnungsmasszahlen"). Werden die $\mathfrak{U}$ von $E_n(x)$, x, $L_n(x)$ durch η_n, 1, λ_n bezeichnet, so kann das Unendlich der Funktionsklasse, die durch

$$E_n(x)^{a_n} \ldots E_1(x)^{a_1} x^a L_1(x)^{a'} \ldots L_\nu(x)^{a^{(\nu)}}$$

gegeben ist, durch

$$a_n\eta_n + \cdots + a_1\eta_1 + a + a'\lambda_1 + \cdots + a^{(\nu)}\lambda_\nu$$

dargestellt werden, wo die Grössenbestimmung sich durch die Beziehung $\eta_n > \mathfrak{m}\eta_{n-1}$, $\lambda_\nu > \mathfrak{m}\lambda_{n+1}$ ausdrückt, für $\mathfrak{m}$ als ganze Zahl [103]).

---

99) Funktionenlehre p. 282.

100) Es giebt monoton ins unbegrenzte wachsende Funktionen, deren Quotient für $\lim x = +\infty$ unbestimmt wird; vgl. *Stolz* in Math. Ann. 14 (1878), p. 232.

101) Bologna Mem. (4) 5 (1885), p. 739.

102) Elementare Funktionentheorie, Halle 1880, § 143.

103) Die Bezeichnung der Einheiten η und λ als „actual unendlich grosser

Umfassender ist das Funktionssystem, dessen $\mathfrak{U}$ *Pincherle* (a. a. O.) durch Zahlsymbole mit unendlich vielen Einheiten darstellt; ihre Reihe ist analog zu den Ordnungszahlen von $Z(\aleph_0)$. Er zeigt zugleich, dass es unmöglich ist, die $\mathfrak{U}$ aller Funktionen durch Zahlsymbole dieser Art auszudrücken.

18. Das Axiom des Archimedes und die Stetigkeit. *G. Veronese*[104]) hat zuerst bemerkt, dass die *Dedekind*'sche Definition der Stetigkeit[105]), nach der jede Zweiteilung der Klasse Π der rationalen Zahlen *eine und nur eine* Zahl definiert, das Axiom des *Archimedes* einschliesst und dass das so konstruierte arithmetische Continuum nicht die allgemeinste Erweiterung Γ von Π darstellt. Man gelangt zu ihr dann und nur dann, wenn für jede *Dedekind*'sche Teilung des erweiterten Grössengebiets Γ in zwei Klassen von Grössen p_2 resp. p_1 die Differenzen $p_2 - p_1$ kleiner als jede Grösse von Γ werden, so dass diese Bedingung mit dem Axiom des *Archimedes* gleichwertig ist. Verlangt man jedoch nur, dass für das erweiterte System die Differenz $p_2 - p_1$ kleiner als jede Grösse des zu Grunde gelegten Systems Π wird, so kann man Grössenklassen konstruieren, die dem Axiom des *Archimedes* nicht gehorchen und bei denen nicht mehr jeder Teilung *eine* Grösse entspricht, sondern sogar *unendlich viele* (Nr. **19**).

Auf diesen allgemeinen Grössenbegriff hat *P. Veronese* die Konstruktion des (*absoluten*) Continuums aufgebaut[106]). *Veronese*'s Versuch, die Individuen dieses Continuums („transfinite Zahlen") als Grundelemente der projektiven Geometrie zu benutzen, ist von *Schönflies* bestritten worden[107]).

---

resp. kleiner Zahlen" hat eine lebhafte Polemik über die Existenz ihnen entsprechender linearer Segmente hervorgerufen, an der besonders *Cantor, Peano, Veronese* und *Vivanti* teilgenommen haben und die meist in den ersten Bänden von *Peano*'s *Rivista* erschienen ist. Vgl. auch den Anhang zu *Veronese*'s Fondamenti, sowie Zeitschr. f. Philos. 91 u. 92.

104) Linc. Mem. (4) 6 (1890), p. 603. Vgl. hierzu auch *Stolz*, Math. Ann. 39 (1891), p. 107.

105) Stetigkeit und irrationale Zahlen, Braunschw. 1872, p. 21. Vgl. I A 3.

106) Fondamenti di geometria p. 165; vgl. auch Anmerkung 109.

107) Vgl. über diese Polemik Jahresber. d. deutsch. Math.-Ver. 5 (1896), p. 75, sowie Linc. Rend. (5) 6 (1897), p. 161 u. 362; 7 (1898), p. 79.

Für Grössen, bei denen die Zahl der Einheiten unendlich von der Mächtigkeit $\aleph_0$ ist und die entweder eine höchste oder tiefste Einheit besitzen, hat *T. Levi-Cività* ausser Addition und Subtraktion auch Multiplikation und Division in Übereinstimmung mit den Rechnungsgesetzen normal definiert (vgl. Atti Ist. Ven. [7], 4 (1893), p. 1765, sowie eine Erweiterung in Linc. Rend. (5) 7 (1898), p. 91).

19. Die allgemeinsten Grössenklassen. Eine allgemeine Untersuchung der bezüglichen Grössenklassen stammt von *Bettazzi*[108]), insbesondere derjenigen, die aus lauter positiven Grössen bestehen. Die Elemente seiner Klassen genügen ausser dem allgemeinen Grössencharakter (Nr. 4) der Forderung, dass neben A und B stets auch $A + B$ und, falls $A > B$, auch $A - B$ definiert werden kann und in der Klasse vorhanden ist. Er teilt die Grössenklassen zunächst in begrenzte resp. unbegrenzte, je nachdem in ihnen eine von 0 verschiedene Minimalgrösse M existiert oder nicht. Die Anwendung der *Dedekind*schen Zweiteilung in zwei Gruppen P_1 und P_2 führt *Bettazzi* zu folgenden Formulierungen. Ergiebt die Teilung für P_2 ein Minimum und für P_1 ein Maximum, so liegt an der Teilungsstelle eine *Folge* vor. Führt jede Teilung zu einer Folge, so ist die Klasse begrenzt und besteht, falls M ihr Minimum ist, aus den sämtlichen Vielfachen von M. Hat P_2 ein Minimum und P_1 kein Maximum oder umgekehrt, so liegt eine *Bindung* vor und die Klasse ist notwendig unbegrenzt. Hat endlich weder P_2 ein Minimum, noch P_1 ein Maximum, so ist zu unterscheiden, ob die Differenz $p_2 - p_1$ kleiner als jede Grösse der Klasse wird oder nicht. Im ersten Fall liegt ein *Schnitt*, im zweiten ein *Sprung* vor. Alsdann kann die Klasse sowohl begrenzt als unbegrenzt sein.

Über das Verhältnis einer Klasse Γ zu jeder ihrer unbegrenzten Unterklassen Π bestehen folgende Sätze. Ist die Klasse Γ begrenzt, so enthält sie unendlich viele Sprünge und es entspricht einem Schnitt von Π entweder *keine* Grösse von Γ, die ihn ausfüllt, oder *unendlich viele*. Ferner enthält jede Unterklasse Π von Γ, die selbst unbegrenzt ist, Grössen, kleiner als jede Grösse von Γ selbst. Ist jedoch Γ selbst unbegrenzt, so kann einem Schnitt von Π entweder *keine* Grösse von Γ oder *eine* oder *unendlich viele* entsprechen. Im letzten Fall enthält Γ ebenfalls unendlich viele Sprünge.

Bettazzi nennt eine Klasse, in der jede Zweiteilung einen Schnitt

---

Sein Verfahren kommt darauf hinaus, die Grössen als Potenzreihen aufzufassen, deren Convergenz nicht in Frage steht. Ebenso muss man, wenn für *Veronese*'s Transfiniten die Rechnungsoperationen gelten sollen, Zahlen zulassen der Form

$$a_0 + \frac{a_1}{\eta_1} + \frac{a_2}{\eta_2} + \cdots,$$

wo die η_i die Bedeutung von Nr. 17 haben, aber die a_n *über alle Grenzen wachsen*, und die Zahlen einzig auf Grund der vorstehenden *formalen* Definition existieren.

108) Teoria delle grandezze, Pisa 1891 (sowie Univ. Toscane 19), insbesondere § 37 ff.

oder eine Bindung liefert, zusammenhängend. Diese Klassen genügen dem Axiom des *Archimedes*. Wenn es für jede Zweiteilung von Γ oder einer ihrer Unterklassen Π, die einen Schnitt verursacht, eine ihn ausfüllende Grösse giebt, so heisst die Klasse geschlossen; sie kann also, falls sie nur geschlossen ist, noch Sprünge enthalten[109]). Auf Grund hiervon definiert *Bettazzi* das Continuum als Grössenklasse, die geschlossen und zusammenhängend ist und damit Zahlencharakter besitzt.

---

109) Von *Veronese* (a. a. O.) und *Stolz* werden auch diese Klassen im allgemeinen Sinn stetig genannt (Math. Ann. 39, p. 107). Dieser Art ist z. B. *Veronese*'s absolutes Continuum (Nr. **18**).

I A 6. ENDLICHE DISCRETE GRUPPEN

VON

HEINRICH BURKHARDT
IN ZÜRICH.

Inhaltsübersicht.

Lehrbücher.

C. Jordan, Traité des substitutions et des équations algébriques, Paris 1870.

E. Netto, Substitutionentheorie und ihre Anwendung auf die Algebra, Leipzig 1882; ital. von *G. Battaglini*, Torino 1885; engl. von *F. N. Cole*, Ann. Arbor 1892.

H. Vogt, Leçons sur la résolution algébrique des équations, Paris 1895.

W. Burnside, Theory of groups of finite order, Cambridge 1897.

L. Bianchi, Teoria dei gruppi di sostituzioni e delle equazioni algebriche, Pisa 1897 (lit.).

Übrigens vergleiche man auch die einschlägigen Kapitel in den Lehrbüchern der Algebra von *Borel et Drach, Capelli e Barbieri, Chrystal, Comberousse, Petersen, Pincherle, Serret* (Bd. 2, 4. Buch; seit der 3. Aufl., 1866), *Weber* (Bd. 1, 3; Bd. 2, 1—3).

---

1. Permutationen und Substitutionen. Bereits im vorigen Jahrhundert hatte sich die Aufmerksamkeit der Mathematiker wiederholt auf die Gesamtheit derjenigen Vertauschungen von n Grössen gelenkt, bei welchen eine rationale Funktion von ihnen ihren Wert nicht ändert; bei *P. Ruffini*[1]) finden sich schon eine ziemliche Anzahl von Sätzen darüber. Seine Resultate sind dann von *A. Cauchy*[2]) geordnet und ergänzt worden.

Seien die zu vertauschenden Grössen einfach mit

$$1, 2, 3, \ldots n$$

bezeichnet; irgend eine andere Anordnung[3]) von ihnen mit

$$a_1, a_2, \ldots a_n.$$

Der Übergang von der ersten Anordnung zur zweiten heisst *Substitution*[4]) und wird mit[5]):

$$\begin{pmatrix} 1, & 2, & 3, & \ldots n \\ a_1, & a_2, & a_3, & .., & a_n \end{pmatrix}$$

bezeichnet, in geeigneten Fällen auch durch einen einzelnen Buchstaben[6]). *Dieselbe* Substitution auf eine andere Anordnung $b_1, b_2, \ldots b_n$ ausüben heisst: diese Anordnung durch

$$a_{(b_1)}, a_{(b_2)}, \ldots a_{(b_n)}$$

ersetzen. Dadurch ist auch die Bedeutung des Ausdrucks definiert: „man übe auf eine Anordnung A erst die Substitution S und dann

---

1) Vgl. *H. Burkhardt,* Abh. z. Gesch. d. M. 6, 1892, p. 119 = Ann. di mat. (2) 22, 1894, p. 175.

2) J. éc. polyt. cah. 17, 1815, p. 1; exerc. d'analyse et de phys. math. 3, Paris 1844 [45/46]; Par. C. R. 21, 1845; 22, 1846.

3) „arrangement" bei *Cauchy,* exerc. d'anal. 3, p. 151. — Sonst wird „permutation" in diesem Sinne gebraucht, so bei *Cauchy,* J. éc. polyt. cah. 17, p. 3; *E. Galois,* oeuvr. p. 35 (J. de math. [1] 11, 1846 [31]). Vgl. I A 2, 2.

4) *Cauchy,* J. éc. polyt. cah. 17, p. 4; später (exerc. d'anal. 3, p. 152; Par. C. R. 21, p. 594) gebraucht er permutation als Synonym von substitution. Seitdem schwankt der Sprachgebrauch.

5) *Cauchy,* J. éc. polyt. cah. 17, p. 10; in den exerc. d'anal. und in den C. R. setzt er die erste Anordnung in die untere Zeile.

6) *Cauchy,* J. éc. polyt. cah. 17, p. 4.

auf die resultierende Anordnung B die Substitution T aus"; man erhält eine Anordnung C,[7]) die aus A auch direkt durch eine bestimmte Substitution U erhalten wird. Die damit gegebene Beziehung zwischen S, T, U ist von A unabhängig; sie wird durch die Gleichung:

$$ST = U$$

ausgedrückt[8]). Man nennt U das *Produkt*[9]) von S und T; diese Produktbildung ist associativ, aber im allgemeinen nicht commutativ. Ist $ST = TS$, so heissen S und T *vertauschbar*[10]).

Diejenige Substitution, welche kein Element versetzt, heisst die *identische*[11]) und wird mit 1 bezeichnet[12]).

2. Ordnung einer Substitution. Für SS schreibt man S^2, für SSS: S^3 u. s. f.[13]). Es giebt Zahlen n, für welche $S^n = 1$ ist; die kleinste ν unter ihnen heisst die *Ordnung*[14]) von S. Sind k, l beliebige ganze Zahlen, so ist $S^{k\nu+l} = S^l$; für nicht positive Werte von l ist das Zeichen S^l durch diese Gleichung definiert[15]). S^{-1} heisst die zu S *inverse* Substitution[16]).

3. Cykeln. Eine Substitution der Form:

$$\begin{pmatrix} x\,y\,z\,\ldots\,v\,w \\ y\,z\,u\,\ldots\,w\,x \end{pmatrix}$$

heisst *cyklisch*[17]) und wird kürzer mit $(xyzu \ldots vw)$ bezeichnet[18]). Jede Substitution kann als Produkt cyklischer Substitutionen ohne gemeinsame Elemente dargestellt werden[19]); ihre Ordnung ist dann das

---

7) *H. Wiener* (Lpz. Ber. 1889, p. 249) schreibt solche Beziehungen:
$$A\{S\}\ B\{T\}\ C.$$

8) *Cauchy*, J. éc. polyt. cah. 17, 1815, p. 10 (noch ohne die Bezeichnung der Subst. durch einzelne Buchstaben); ebenso *Jordan, Netto, Weber, Burnside*. Dagegen in den exerc. d'anal. die umgekehrte Schreibweise, ebenso bei *Serret*. Für die analytische Darstellung (Nr. 4) ist das letztere bequemer.

9) *Cauchy*, J. éc. polyt. cah. 17, p. 10.

10) *permutable* bei *Cauchy*, exerc. d'anal. t. 3, 1844, p. 154; *échangeable* bei *C. Jordan*, J. de math. (2) 12, 1867, p. 117. — Ist $ST = TSF$, so heisst F der *Commutator* von A und B (*R. Dedekind* bei *G. Frobenius*, Berl. Ber. 1896, p. 1348).

11) *Cauchy*, J. éc. polyt. cah. 17, p. 10.

12) *Cauchy*, exerc. d'anal. 3, p. 155.

13) *Cauchy*, J. éc. polyt. cah. 17, p. 11.

14) *Cauchy*, ib. p. 13 degré; *N. H. Abel*, oeuvr. t. 1, p. 76 (J. f. Math. 1, 1826) ordre; *Cauchy*, exerc. d'anal. 3, p. 157; Par. C. R. 21, p. 599 degré ou ordre.

15) *Cauchy*, exerc. d'anal. 3, p. 164; Par. C. R. 21, p. 780.

16) ib. p. 163; Par. C. R. 21, p. 780.

17) circulaire bei *Cauchy*, J. éc. polyt. cah. 17, p. 17.

18) *Cauchy*, Par. C. R. 21, p. 600; exerc. d'anal. 3, p. 157.

19) Par. C. R. 21, p. 601; exerc. d'anal. 3, p. 159.

kleinste gemeinschaftliche Vielfache der Ordnungen ihrer Cykeln[20]). Haben alle Cykeln gleiche Ordnungszahl, so heisst die Substitution *regulär*[21]). Zwei Substitutionen P, Q, die dieselbe Anzahl von Cykeln und in entsprechenden Cykeln gleich viele Elemente enthalten, heissen zu einander *ähnlich*[22]); es giebt dann[23]) eine Substitution R von der Art, dass $Q = R^{-1}PR$ ist. Man sagt: Q entsteht aus P durch Transformation vermittelst R.[24])

4. Analytische Darstellung von Substitutionen. Ist die Anzahl n der Elemente eine Primzahl p, so kann man sie mit a_z ($z = 1, 2, \ldots p$) bezeichnen und dann jede Substitution durch eine Congruenz der Form $z' \equiv \varphi(z)$ (mod p) darstellen, wo φ eine ganze Funktion $(n-2)^{\text{ten}}$ Grades vorstellt, die (für $n > 2$) noch gewissen Bedingungen zu genügen hat[25]). Ist n Primzahlpotenz $p^\varkappa$, so kann man die $p^\varkappa$ reellen und imaginären Wurzeln der Congruenz $x^n \equiv x$ (mod n) zu Indices nehmen[26]) oder jedes Element durch einen Buchstaben mit $\varkappa$ reellen, mod. p zu nehmenden Indices bezeichnen[27]).

5. Substitutionsgruppen. Hat eine Gesamtheit von Substitutionen die Eigenschaft, dass jedes Produkt von irgend zweien derselben selbst in ihr enthalten ist, so heisst sie eine *Gruppe*[28]). Die Anzahl

---

20) Par. C. R. 21, p. 601; exerc. d'anal. 3, (1845), p. 162.

21) Par. C. R. 21, p. 835; exerc. d'anal. 3, p. 202.

22) Par. C. R. 21, p. 840; exerc. d'anal. 3, p. 165.

23) Par. C. R. 21, p. 841; exerc. d'anal. 3, p. 168. Q entsteht dadurch, dass man R in den Cykeln von P ausführt.

24) derivata bei *E. Betti*, Ann. fis. mat. 3, 1852, p. 55; transformée bei *C. Jordan*, J. de math. (2) 12, 1867, p. 110.

25) *Ch. Hermite* bei *A. Cauchy*, Par. C. R. 21, 1845, p. 1247; *E. Betti*, Ann. fis. mat. 2, 1851, p. 17; *Ch. Hermite*, Par. C. R. 57, 1863, p. 750; *Fr. Brioschi*, Lomb. Rend. (2) 12, 1879, p. 483; *A. Grandi*, Linc. Rend. (2) 16, 1883, p. 101; *Fr. Rinecker*, Diss. Erl. 1886; *L. J. Rogers*, Lond. Math. Proc. 22, p. 37 und Mess. (2) 21, p. 44, 1891; *L. E. Dickson*, Am. J. 18, 1896, p. 210.

26) *E. Galois*, oeuvr. p. 21 (Bull. Fér. 13, 1830).

27) *E. Galois*, oeuvr. p. 27 (revue encyclop., sept. 1832); p. 53 (J. de math. 11, 1846 [31]).

28) Dass die Gesamtheit der Vertauschungen, bei denen eine rationale Funktion von n Veränderlichen ihren Wert nicht ändert, die genannte Eigenschaft hat, hat *P. Ruffini* bemerkt (teoria delle equazioni, Bol. 1799, Bd. 2, cap. 13); er nennt die Gesamtheit eine Permutation. *E. Galois* oeuvr. p. 25 (rev. enc. 1832); p. 35 (J. de math. 15, 1846 [31]) definiert: eine Gesamtheit von Permutationen (d. h. arrangements) heisst dann eine Gruppe, wenn jede Substitution, die *eine* Permutation der Gesamtheit in eine andere der Gesamtheit überführt, *jede* Permutation der Gesamtheit in eine andere der Gesamtheit überführt (Erläuterungen zu *Galois* haben *E. Betti*, Ann. fis. mat. 2—6, 1851—55, *Th. Schönemann* (auf Veranlassung von *C. G. J. Jacobi*), Wien. Denkschr. 52, 1853, p. 143, *J. A. Serret* in seinem Lehrbuch seit 1866, *C. Jordan*, Par. C. R. 60, 1865, p. 770,

N der Substitutionen, die sie enthält, heisst ihre *Ordnung*[29]); der Quotient $n!/N$, der stets eine ganze Zahl ist[30]), ihr *Index*[31]), die Anzahl der Buchstaben, auf die sie sich bezieht, ihr *Grad*[32]). Gehören alle Substitutionen einer Gruppe g zugleich einer andern Gruppe G an, so heisst g *Teiler*[33]) oder *Untergruppe*[34]) von G. Die Ordnung von g ist dann ein Teiler der Ordnung von G,[35]) der Quotient beider Ordnungszahlen *Index* von g innerhalb G.[36])

6. Transitivität, Primitivität. Gestatten die Substitutionen einer Gruppe, jedes Element an jede Stelle zu bringen, so heisst sie *transitiv*[37]), sonst *intransitiv*[38]). Lassen sich die Elemente in Systeme von gleich vielen so einteilen, dass die Elemente jedes Systems bei allen Substitutionen der Gruppe immer wieder nur durch Elemente eines Systems ersetzt werden, so heisst sie *imprimitiv*[39]), sonst *primitiv*[40]).

Math. Ann. 1, 1869, p. 141, *J. König,* ib. 14, 1879 [78], p. 212, *P. Bachmann,* ib. 18, 1881, p. 449 gegeben). *A. Cauchy* sagte: *System conjugierter Substitutionen* (Par. C. R. 21, 1845, p. 605; exerc. d'anal. 3, p. 183); ebenso *Serret.* Die Ausdrucksweise des Textes hat *C. Jordan* eingeführt J. de math. (2) 12, 1867, p. 109; daneben gebraucht er auch *faisceau* (traité p. 22).

29) *diviseur indicatif* bei *A. Cauchy,* J. éc. polyt. cah. 17, 1815, p. 7; *grado* bei *E. Betti,* ann. fis. mat. 3, 1852, p. 59; *ordre* bei *A. Cauchy,* Par. C. R. 21, 1845, p. 605 und exerc. d'anal. 3, p. 183; *grado di uguaglianza* (der entspr. Funktion) bei *P. Ruffini* a. a. O.

30) Den entsprechenden Satz für die zu der Gruppe gehörenden rationalen Funktionen von n Veränderlichen hat *J. Lagrange,* oeuvr. 3, p. 373 (Berl. Mém. 1771 [73]) ausgesprochen und *P. Abbati,* soc. It. mem. 10, II, 1803 [1802], p. 38 bewiesen.

31) *A. Cauchy,* J. éc. polyt. cah. 17, p. 6.

32) *C. Jordan,* Math. Ann. 1, 1869, p. 141.

33) *E. Galois,* oeuvr. p. 58 (J. de math. 11, 1846 [31]); *G. Frobenius* und *L. Stickelberger,* J. f. Math. 86, 1879 [78], p. 220.

34) *S. Lie,* Gött. Nachr. 1874, p. 536.

35) *J. A. Serret,* cours art. 424; ein specieller Fall bei *A. Cauchy,* exerc. d'anal. 3, p. 185.

36) *F. Klein* u. *R. Fricke,* Modulfunktionen 1, Leipz. 1890, p. 310. *R. Dedekind* (Dirichlet's Zahlentheorie, 4. Aufl., Braunschw. 1894, p. 475) bezeichnet diesen Quotienten mit (G, g).

37) *A. Cauchy,* Par. C. R. 21, 1845, p. 669.

38) Bei *P. Ruffini: permutazione composta di prima specie.*

39) *permutazione composta di 2^a sp.* bei *P. Ruffini; fonction transitive complexe* bei *A. Cauchy,* Par. C. R. 21, 1845, p. 731; *gruppo a lettere congiunte* bei *E. Betti,* ann. fis. mat. 3, 1852; *gruppo complesso* bei dems. 6, 1855, p. 8; *grouped group* bei *T. P. Kirkman,* Manch. Mem. (3) 1, 1862 [61], p. 305; *système secondaire* bei *C. Jordan,* J. éc. polyt. cah. 38, 1861, p. 190. — Das Wort *imprimitiv* scheint nicht vor *E. Netto,* Subst.-Theorie p. 77 vorzukommen. Einen von *C. Jordan,* traité p. 34 aufgestellten Satz über „Faktoren der Imprimitivität" hat er Giorn. di mat. 10, 1872, p. 116 selbst berichtigt.

40) *permutazione composta di 3^a sp.* bei *P. Ruffini; groupe primitif* bei *E. Ga-*

7. Symmetrische und alternierende Gruppe. Die Gesamtheit aller $n!$ Substitutionen von n Elementen bildet die *symmetrische* Gruppe[41]). — Eine Substitution, die nur zwei Elemente untereinander vertauscht, heisst eine *Transposition*[42]). Jede Substitution lässt sich auf verschiedene Arten als Produkt von Transpositionen darstellen, die Anzahl derselben ist aber dabei entweder stets gerade oder stets ungerade; darnach werden die Substitutionen selbst als *gerade* und *ungerade* unterschieden[43]). Die ersteren bilden die *alternierende* Gruppe[44]); ihre Ordnung ist $\frac{1}{2}n!$

8. Mögliche Ordnungszahlen von Gruppen. Nicht jeder Teiler von $n!$ kann Ordnungszahl einer Gruppe des Grades n sein. So giebt es für $n > 4$ keine Gruppe, deren Index zugleich > 2 und $< n$ wäre[45]). Auch giebt es keine andere Gruppe vom Index 2, als·die alternierende[46]), und, ausser für $n = 6$, keine anderen Gruppen vom Index n, als diejenigen, die ein Element fest lassen[47]). Ist der Index $> n$, und $n > 6$, so ist er[48]) mindestens $= 2n$; ist er grösser als $2n$, so

---

lois, oeuvr. p. 58 (J. de math. 15, 1846 [31]); *équation primitive* schon p. 11 (Bull. Fér. 13, 1830).

41) *E. Netto*, Substitutionentheorie p. 33.

42) *Cauchy*, J. éc. polyt. cah. 17, p. 18.

43) Vgl. den Abschnitt I A 2, Nr. 3.

44) *groupe alterné* bei *C. Jordan*, traité p. 63.

45) *P. Ruffini* hatte bewiesen, dass es für $n = 5$ keine Gruppe giebt, deren Index zugleich > 2 und < 5 wäre (teoria delle equazioni, Bol. 1799, cap. 13); vereinfacht und auf $n > 5$ erweitert von *P. Abbati*, soc. It. mem. 10, 1803 [02]. *A. Cauchy* zeigte, dass es für $n > 5$ keine Gruppe giebt, deren Index zugleich > 2 und kleiner als die grösste Primzahl p wäre, die nicht $> n$ ist (J. éc. polyt. cah. 17, 1815, p. 9); auch für $n = 6$ keine vom Index 5 (ib. p. 20). Der Satz des Textes ist zuerst von *J. Bertrand* mittelst eines zahlentheoretischen Postulats bewiesen, J. éc. polyt. cah. 30, 1845, p. 123 (eine Ergänzung bei *J. A. Serret*, J. de math. 14, 1849, p. 135); ohne ein solches von *A. Cauchy*, Par. C. R. 21, 1845, p. 1101; *J. A. Serret*, J. éc. polyt. cah. 32, 1848, p. 147; aus der Einfachheit (Nr. 16) der alternierenden Gruppe von *J. König*, Math. Ann. 14, 1879 [1878], p. 215 und *L. Kronecker*, Berl. Ber. 1879, p. 211.

46) Für $n = 6$ *Cauchy*, J. éc. polyt. cah. 17, p. 26; allgemein (bezw. der entsprechende Satz für rationale Funktionen) *N. H. Abel*, oeuvr. 1, p. 80 (J. f. Math. 1, 1826).

47) Für $n = 5$ *N. H. Abel*, oeuvr. 1, p. 31 (1824, ohne Beweis) und p. 83 (J. f. Math. 1, 1826); allgemein auf Grund seines Postulats *J. Bertrand*, J. éc. polyt. cah. 30, 1845, p. 133; ohne ein solches *J. A. Serret*, J. de math. 15, 1850, p. 20. 23. — Die Ausnahme für $n = 6$ *Ch. Hermite* bei *Cauchy*, Par. C. R. 21, 1845, p. 1201; 22, 1846, p. 31.

48) *J. Bertrand*, J. éc. polyt. cah. 30, 1845, p. 133 (für $n > 9$); *A. Cauchy*, Par. C. R. 21, 1845, p. 1101 (ohne Bew.); *J. A. Serret*, J. de math. 15, 1850, p. 36 für $n > 8$; *E. Mathieu*, Par. thèse 1859, p. 4 für $n > 6$ (ohne Beweis).

ist er[49]) mindestens $= \frac{1}{2} n(n-1)$; ist er noch grösser und $n > 8$, so ist er[50]) mindestens $= n(n-1)$.

9. Mehrfach transitive Gruppen. Eine Gruppe heisst *k-fach transitiv*, wenn ihre Substitutionen k beliebige Elemente an k beliebige Stellen zu bringen gestatten[51]). Eine Gruppe heisst *von der Klasse c*, wenn keine ihrer Substitutionen, ausser 1, weniger als c Buchstaben versetzt[52]). Zwischen Grad, Transitivitätszahl und Klasse einer primitiven Gruppe bestehen gewisse Ungleichungen[53]).

10. Lineare homogene Gruppe. Die Potenzen einer Substitution bilden eine *cyklische* Gruppe[54]). Ist die Ordnung der Substitution gleich der Anzahl der Elemente, so lassen sich die Substitutionen einer solchen Gruppe darstellen durch[55]):

$$z' \equiv z + c \pmod{n}$$

(vgl. Nr. 4). Ebenso bilden die durch:

$$z_1' \equiv z_1 + c_1, \quad z_2' \equiv z_2 + c_2, \quad \ldots \quad z_\varkappa' \equiv z_\varkappa + c_\varkappa \pmod{p}$$

dargestellten Substitutionen der $p^\varkappa$ Elemente $a_{z_1 z_2 \ldots z_\varkappa}$ eine Gruppe[56]) der Ordnung $p^\varkappa$. Ferner bilden die durch:

---

49) *A. Cauchy*, Par. C. R. 21, p. 1101 (ohne Bew.); *J. A. Serret*, Par. C. R. 29, 1849, p. 11; J. de math. 15, 1850, p. 43.

50) *E. Mathieu*, Par. C. R. 46, 1858, p. 1048; Par. thèse 1859, p. 4 (ohne Beweis).

Weitere Sätze über mögliche Ordnungszahlen transitiver Gruppen geben *C. Jordan*, Par. C. R. 66, 1868, p. 836; 76, 1873, p. 953; J. de math. (2) 14, 1869, p. 146; 16, 1871, p. 383; 17, 1872, p. 351; traité p. 76, 664; *L. Sylow*, Math. Ann. 5, 1872, p. 592; Acta math. 11, 1888, p. 256; *E. Netto*, J. f. Math. 83, 1877 [76] p. 43; 85, 1878, p. 327; 102, 1888 [87], p. 322; *G. Frobenius*, J. f. Math. 101, 1887 [86], p. 290; *A. Bochert*, Malh. Ann. 33, 1889 [88], p. 584; 40, 1892, p. 57; 49, 1897, p. 112; *E. Maillet*, Par. C. R. 119, 1894, p. 362; *G. A. Miller*, N. Y. Bull. (2) 4, 1897, p. 144.

51) *E. Mathieu*, Par. thèse 1859, p. 16.

52) *C. Jordan*, Par. C. R. 72, 1871, p. 854; 73, 1871, p. 853.

53) *C. Jordan*, J. de math. (2), 16, 1871, p. 383; 17, 1872, p. 351; (5) 1, 1895, p. 35; Bull. soc. math. 1, 1873, p. 175; Par. C. R. 76, 1873, p. 952; 78, 1874, p. 1217; J. f. Math. 79, 1874, p. 248; *A. Bochert*, Diss. Breslau 1877; Math. Ann. 29, 1887 [86], p. 27; 33, 1889, p. 572; 40, 1892 [91], p. 176; 49, 1897 [96] p. 133; *E. Netto*, J. f. Math. 85, 1878, p. 334; *F. Rudio*, J. f. Math. 102, 1887, p. 1; *B. Marggraff*, Diss. Giessen 1889; Progr. Soph. Gymn. Berlin 1895; *E. Maillet*, Toul. Ann. 9, 1895, p. D 9. — Fünffach transitive Gruppen für $n = 12$ und $n = 24$ hat *E. Mathieu* angegeben, J. de math. (2) 6, 1861, p. 270; 18, 1873, p. 25; dazu *C. Jordan*, Par. C. R. 79, 1874, p. 1149.

54) *permutazione semplice* bei *P. Ruffini*.

55) *E. Galois*, oeuvr. p. 22 (Bull. Fér. 13, 1830), p. 47 (J. de math. 11, 1846 [31]; *A. Cauchy*, exerc. d'anal. 3, 1844 [45], p. 232 (arithmetische Substitutionen).

56) *E. Galois*, oeuvr. p. 54 (J. de math. 11, 1846 [31]).

$$z_1' \equiv c_{11}z_1 + c_{12}z_2 + \cdots + c_{1\varkappa}z_\varkappa$$
$$z_2' \equiv c_{21}z_1 + c_{22}z_2 + \cdots + c_{2\varkappa}z_\varkappa \qquad (\mathrm{mod}\ p)$$
$$\cdots\cdots\cdots\cdots\cdots$$
$$z_\varkappa' \equiv c_{\varkappa 1}z_1 + c_{\varkappa 2}z_2 + \cdots + c_{\varkappa\varkappa}z_\varkappa$$

dargestellten Substitutionen, deren Determinante von 0 verschieden ist, eine Gruppe, die *lineare* (homogene) Gruppe[57]); ihre Ordnung ist[58]), wenn p Primzahl:

$$(p^\varkappa - 1)(p^\varkappa - p)\cdots(p^\varkappa - p^{\varkappa-1});$$

diejenigen von ihnen, deren Determinante $\equiv 1\ (\mathrm{mod}\ p)$ ist, eine Untergruppe derselben[59]).

11. Gruppe der Modulargleichung. Die lineare homogene Gruppe lässt das Element $a_{00\ldots0}$ unversetzt und zerlegt die $p^\varkappa - 1$ übrigen in Systeme der Imprimitivität von je $p - 1$, die in den Werten der Verhältnisse $z_1 : z_2 : \cdots : z_\varkappa$ übereinstimmen[60]). Für $\varkappa = 2$ sind die $p + 1$ Systeme durch je einen Index $z_1 : z_2 = z$ zu bezeichnen, der $\mathrm{mod}\ p$ die Werte $0, 1, 2, \ldots p-1, \infty$ annimmt; die Gruppe der Systeme ist dann[61]):

$$z' \equiv \frac{\alpha z + \beta}{\gamma z + \delta}\ (\mathrm{mod}\ p).$$

Diejenigen von diesen Substitutionen, für die $\alpha\delta - \beta\gamma$ quadratischer Rest ist, bilden die „Gruppe der Modulargleichung" (vgl. II B 6 b)[62]).

---

57) *E. Galois*, oeuvr. p. 27 (revue encyclopéd., sept. 1832), p. 47 ($\varkappa = 1$), 55 ($\varkappa = 2$) (J. de math. 11, 1846 [31]). Für $\varkappa = 1$ auch *A. Cauchy* a. zuletzt a. O. (geometrische Substitutionen). *L. Kronecker*, Berl. Ber. 1879, p. 217 nennt die lineare Gruppe für die zu $\varkappa = 1$ gehörenden Funktionen „*metacyklisch*". — Ausführlich behandelt von *C. Jordan*, traité p. 91—249. — Ursprünglich hatte *Galois* imaginäre Indices (vgl. Nr 4, Note 3) eingeführt und Substitutionen betrachtet, die sich durch lineare Funktionen von diesen ausdrücken; vgl. dazu *E. Betti*, Ann. fis. mat. 3, 1852, p. 52; *E. Mathieu*, Par. C. R. 48, 1859, p. 841; J. de math. (2) 5, 1860, p. 38; 6, 1861, p. 261; Ann. di mat. 4, 1861, p. 113; *W. Burnside*, Lond. M. Proc. 25, 1894, p. 113; *E. H. Moore*, Chicago congress papers, 1896 [93] p. 208.

58) Satz bei *E. Galois*, oeuvr. p. 27 (rev. enc., sept. 1832); Bew. bei *E. Betti*, Ann. fis. mat. 3, 1852, p. 76. — Für nicht primzahlige Moduln *C. Jordan*, traité p. 96.

59) *C. Jordan*, traité p. 106.

60) Für $\varkappa = 2$ *E. Galois*, oeuvr. p. 27 (revue encyclop. sept. 1832, aus der Theorie der elliptischen Funktionen); p. 59 (J. de math. 11, 1846 [31]); für beliebige $\varkappa$ *E. Betti*, Ann. fis. mat. 3, 1852, p. 74.

61) *E. Galois*, oeuvr. p. 27; p. 59.

62) ib. p. 28; vgl. dazu *E. Betti* a. a. O. u. 4, 1853, p. 90; *J. A. Serret*, Par. C. R. 48, 1859, p. 112, 178, 237; *Ch. Hermite*, ib. p. 49, p. 110; der Sache, nicht der Bezeichnung nach auch *E. Mathieu*, Par. thèse 1859, p. 38 und *T. P. Kirkman*, Manch. Mem. (3) 1, 1862 [61], p. 365; 2, 1865 [62], p. 204.

Sie besitzt für $p = 5, 7, 11$ und nur für diese Primzahlen, Untergruppen vom Index p.[63]

12. Andere Untergruppen der homogenen linearen Gruppe werden gebildet von denjenigen Substitutionen, die je eine homogene Funktion der Indices in sich transformieren[64], z. B. die Summe ihrer Quadrate (orthogonale Gruppe)[65] oder, für $\varkappa = 2n$, die Bilinearform

$$\sum_{m=1}^{n} (z_m \zeta_{m+n} - \zeta_m z_{m+n}),$$

in der die ζ zu den z cogrediente Grössen (II B 2) bedeuten[66].

13. Aufzählungen von Gruppen der niedrigsten Grade. Alle, bezw. alle transitiven oder alle primitiven Gruppen von gegebenem Grad aufzuzählen ist vielfach unternommen worden[67]; fast jede der betr. Arbeiten stellt Versehen der vorhergehenden richtig.

---

63) *E. Galois,* oeuvr. p. 28 (rev. enc. 1832, p. 12; Bull. Fér. 1830, noch nicht richtig) ohne Beweis. Beweis der ersten Hälfte von *E. Betti,* Ann. fis. mat. 4, 1853, p. 90; von *Ch. Hermite,* J. f. Math. 40, 1850, p. 280 angekündigt, Par. C. R. 49, 1859, p. 110 ausgeführt; der zweiten Hälfte von *C. Jordan,* Par. C. R. 66, 1868, p. 308; von *L. Sylow,* Christ. Forh. 1870, p. 387; von *J. Gierster,* Diss. Leipz. = Math. Ann. 18, 1881, p. 368 auf Grund einer Aufzählung sämtlicher Untergruppen (Math. Ann. 26, 1885, p. 309 auch für eine ungerade Primzahlpotenz als Modul). Vgl. *F. Klein* u. *R. Fricke,* Modulfunktionen, Bd. 1, Leipz. 1890, p. 409—491. — Ein allgemeinerer Satz bei *L. Sylow,* Christ. Skrifter 1897, no. 9.

Lineare gebrochene Substitutionen unter Galois'schen Imaginären bei *E. Mathieu,* J. de math. (2) 5, 1860, p. 38; 6, 1861, p. 261; Ann. di math. 4, 1861, p. 113; *W. Burnside,* Lond. M. Proc. 25, 1894, p. 113; *E. H. Moore,* Chicago congress papers, 1896 [93], p. 226.

64) *C. Jordan,* traité p. 219.

65) ib. p. 155.

66) ib. p. 171; Par. C. R. 68, 1869, p. 656. Die Gruppe tritt in der Theorie der Transformation der mehrfach periodischen (Abelschen) Funktionen auf; *Jordan* nennt sie daher Abelsche Gruppe, in anderm Sinne, als **20.** Zwei Untergruppen (für $p = 2$), bei denen bezw. eine gerade und eine ungerade Thetacharakteristik in sich übergeht, nennt er „hypoabéliens" (traité p. 195). — Andere Untergruppen der linearen Gruppe traité p. 219, 319, 606.

67) Für $n = 2, 3, 4, 5, 6$ *A. Cauchy,* Par. C. R. 21, 1845, p. 1363, 1401; 22, 1846, p. 2;

$n = 7, 8.$ *E. Mathieu,* ib. 46, 1859, p. 1048, 1208; *E. H. Askwith,* Qu. J. 24, 1890, p. 111, 263; *A. Cayley,* philos. mag. 18, 1859, p. 34 = coll. pp. 4, p. 88; Qu. J. 26, 1891, p. 71, 137; *F. N. Cole,* N. Y. Bull. 2, 1893, p. 184; *G. A. Miller,* ib. 3, 1894, p. 169. Vgl. auch *O. Hölder,* Math. Ann. 40, 1892, p. 83.

$n = 9.$ *E. H. Askwith,* Qu. J. 26, 1892, p. 79; *F. N. Cole,* ib. p. 372; N. Y. Bull. 2, 1893, p. 250; *G. A. Miller,* ib. 3, 1894, p. 242 ($n = 8, 9$);

$n = 10.$ *T. P. Kirkman,* Manch. Proc. (3) 3, 1864 [63] p. 142; 4, 1815, p. 171;

14. Isomorphismus. Zwei Gruppen G, Γ heissen *homomorph* auf einander bezogen, wenn ihre Substitutionen einander so zugeordnet sind, dass, sobald A der A und B der B entspricht, auch AB der AB entspricht[68]; entsprechen dabei z. B. jeder Substitution von G 4 von Γ und jeder von Γ 2 von G, so heisst G zu Γ *ditetramorph*. Entspricht jeder von G nur eine von Γ und jeder von Γ nur eine von G, so heissen G und Γ holoedrisch *isomorph*[69].

15. Allgemeiner Gruppenbegriff. Sieht man von der Bedeutung der einzelnen Operationen ab und achtet nur auf die Gesetze der Zusammensetzung, so sind zwei isomorphe Gruppen überhaupt nicht verschieden[70]. Aus dieser Auffassung hat sich die *allgemeine Definition einer Gruppe*[71]) entwickelt als eines Systems von Elementen (resp. von Operationen), das folgenden Bedingungen genügt:

F. N. Cole, Qu. J. 27, 1893, p. 39; *G. B. Miller*, ib. p. 99; N. Y. Bull. (2) 1, 1894, p. 67.

$n = 11$. *F. N. Cole*, ib. p. 49;

$n = 12$. *G. A. Miller*, Par. C. R. 122, 1896, p. 372; Qu. J. 28, 1896, p. 193; N. Y. Bull. (2) 1, 1895, p. 255;

$n = 13, 14$. *G. A. Miller*, Quart. J. 29, 1897, p. 224.

$n = 32$. *R. Levavasseur*, Par. C. R. 122, 1896, p. 182;

$n = 8p$. *R. Levavasseur*, Par. C. R. 122, 1896, p. 516; *G. A. Miller*, ib. 123, p. 591. Eine Aufzählung der *primitiven* Gruppen bis $n = 17$ giebt *C. Jordan*, Par. C. R. 75, 1872, p. 1754.

Eine besondere Klasse von Substitutionsgruppen sind die *Tripelgruppen;* vgl. *M. Nöther*, Math. Ann. 15, 1879, p. 87; *E. Netto*, Subst.-Theorie p. 220; Math. Ann. 42, 1893 [92], p. 143; *E. H. Moore*, ib. 43, 1893, p. 271; 50, 1898 [97], p. 225; Pal. Rend. 9, 1895, p. 86; N. Y. Bull. (2), 4, 1897, p. 11; *J. de Vriess*, Pal. Rend. 8, 1894, p. 222; *G. A. Miller*, N. Y. Bull. (2) 2, p. 138; *L. Heffter*, Math. Ann. 49, 1897 [96], p. 101; *W. Burnside*, theory p. 213. Vgl. auch I A 2, 10.

68) *A. Capelli*, Giorn. di mat. 16, 1878, p. 32; der Name bei *F. Klein*, Math. Ann. 41, 1892, p. 22.

69) *C. Jordan*, traité (1870), p. 56. — Entspricht jeder Substitution von G nur eine von Γ, aber jeder von Γ mehrere von G, so nennt *C. Jordan* Γ zu G *meriedrisch* isomorph; *E. Netto*, Subst.-Th. p. 97 sagt: *mehrstufig* is., *W. Burnside*, theory p. 29: multiply isomorphic.

70) Vgl. *E. Galois*, oeuvr. p. 40, scolie II (J. de math. 11, 1846 [31]).

71) *A. Cayley*, coll. pp. 2, p. 123 (Phil. mag. 4, 1854); 10, p. 323 (Lond. Math. Proc. 9, 1878) (dazu vgl. man die Ausführungen von *W. Dyck*, Math. Ann. 20, 1881, p. 1); *L. Kronecker*, Berl. Ber. 1870, p. 883. Gruppen von Bewegungen hat *C. Jordan* untersucht, Par. C. R. 65, 1867, p. 229; Ann. di Mat. (2) 2, 1868, p. 167. Dann haben *F. Klein* u. *S. Lie* den Gruppenbegriff in den Mittelpunkt ihrer Untersuchungen gestellt, vgl. *S. Lie*, Christ. Forh. 1871, p. 243; Gött. Nachr. 1874, p. 329; *F. Klein*, Progr. Erlangen 1872. Vgl. auch *G. Frobenius* und *L. Stickelberger*, J. f. Math. 86, 1878, p. 217; *H. Weber*, Math. Ann. 20, 1882,

1. Es ist eine Vorschrift gegeben, nach der je zwei Elemente a, b des Systems ein drittes $ab = c$ eindeutig bestimmen.

2. Diese Komposition (Multiplikation) der Elemente ist associativ.

3. Aus $ab = ac$ folgt $b = c$, ebenso aus $ba = ca$.

Umfasst die Gruppe nur eine endliche Anzahl Elemente, so heisst sie eine *endliche*, genauer mit Rücksicht auf II A 6 eine *endliche discrete oder discontinuierliche*[72]). Für eine solche folgt aus (1)—(3): zu zweien ihrer Elemente a, b kann stets auf eine und nur auf eine Weise ein Element c so bestimmt werden, dass $ac = b$ ist; die Gruppe enthält ein Element e, die *Einheit*[73]), das mit jedem andern a $ae = a$ und $ea = a$ ergiebt; zu jedem Elemente a giebt es ein zu ihm inverses $b = a^{-1}$, für das $ab = e$ ist[74]).

Jede Gruppe G der Ordnung N lässt sich als Substitutionsgruppe des Grades N darstellen[75]); diese Darstellung ist imprimitiv in Bezug auf jede Untergruppe von G.[76]) Enthält G einen Teiler H vom Index k, so ist G auch zu einer transitiven Substitutionsgruppe des Grades k $(l, 1)$-stufig homomorph, wenn l die Ordnung des grössten in H enthaltenen Normalteilers von G ist[77]).

16. Normalteiler. Kann ein Element P' einer Gruppe G aus einem andern P durch Transformation (Nr. 3) vermittelst eines Elementes Q von G abgeleitet werden, so heissen P und P' innerhalb G *conjugiert*[78]) oder *gleichberechtigt*[79]). Durchläuft dann P einen Teiler H von G, so durchläuft P' einen zu H conjugierten oder mit H *gleichberechtigten Teiler H'*.[80]) Eine nur mit sich selbst gleichberechtigte Operation heisst *ausgezeichnet*. Ein nur mit sich selbst gleichberechtigter Teiler heisst

<hr>

p. 302, sowie die Definition von *G. Frobenius*, Berl. Ber. 1895, p. 164: ein Complex G heisst eine Gruppe, wenn G durch G^2 teilbar ist; endlich auch *R. Dedekind* in *P. G. Lejeune-Dirichlet's* Zahlentheorie, 4. Aufl. (Braunschw. 1894), p. 484.

72) Übertragung des aus der Theorie der continuierlichen Gruppen stammenden Begriffs *Parametergruppe* auf discontinuierliche bei *E. Maillet*, Ann. di Mat. (2) 23, 1895, p. 199.

73) *Hauptgruppe* nach *G. Frobenius* u. *E. Stickelberger*, J. f. Math. 86, 1879 [78], p. 219.

74) Diese Eigenschaften können auch an Stelle von (3) in die Definition aufgenommen werden; so bei *Burnside*, theory p. 11.

75) *C. Jordan*, traité p. 57; *W. Dyck*, Math. Ann. 22, 1882, p. 84 („*reguläre Form der Gruppe*"); *groupe normal* bei *Borel* et *Drach* p. 261.

76) *W. Dyck*, a. a. O. p. 89.

77) *A. Capelli*, Giorn. di mat. 1878, p. 48; *Dyck* a. a. O. p. 91.

78) „conjugierte Gattungen rationaler Funktionen" bei *L. Kronecker*, Berl. Ber. 1879, p. 212.

79) *F. Klein*, Math. Ann. 14, p. 430.

80) *equivalent groups* bei *T. P. Kirkman*, Manch. Mem. 2, 1862 [61] p. 78.

eigentlicher[81]) oder *Normalteiler*[82]), ausgezeichnete[83]), invariante[84]) oder monotypische[85]) Untergruppe. Die mn Arrangements, die von einer Gruppe G mn^{ter} Ordnung unter sich vertauscht werden, zerfallen einem Normalteiler H vom Index m und der Ordnung n gegenüber in m Systeme zu je n; die Operationen von H vertauschen die Arrangements in jedem einzelnen System, die übrigen von G die Systeme als ganze[86]). Die verschiedenen Vertauschungen der Systeme bilden eine Gruppe[87]) der Ordnung m, die mit G/H bezeichnet wird[88]). — Hat G keinen von G und H verschiedenen Normalteiler, der H enthält, so heisst H ein *grösster Normalteiler* von G.[89])

Eine Gruppe heisst *einfach*[90]), wenn sie keinen von ihr selbst und von der Einheit verschiedenen Normalteiler hat; sonst *zusammengesetzt*.

Hat eine Gruppe G zwei verschiedene Normalteiler G_1, G_2, die nur die 1 gemein haben, und ist jede Operation von G_1 mit jeder von G_2 vertauschbar, so heisst G das *direkte* Produkt[91]) von G_1 und G_2.

Die *alternierende* Gruppe ist einfach, ausser für $n = 4$.[92])

---

81) *E. Galois*, der die Bedeutung dieser speciellen Art Teiler für die Theorie der algebraischen Gleichungen zuerst erkannt hat, spricht von „*décomposition propre*" einer Gruppe von Permutationen (d. h. arrangements), oeuvr. p. 25 (revue encyclop. 1832).

82) *H. Weber*, Algebra, 2, p. 11.

83) *S. Lie*, Gött. Nachr. 1874, p. 535; *F. Klein*, Math. Ann. 9, 1876 [75], p. 186.

84) *J. König*, Math. Ann. 21, 1883, p. 431.

85) *G. Frobenius*, J. f. Math. 101, 1887 [86], p. 285.

86) *E. Galois* a. a. O.; vgl. auch oeuvr. p. 45 (J. de math. 11, 1846 [31]).

87) Vgl. *E. Betti*, Ann. fis. mat. 3, 1852, p. 61 („gruppo delle permutazioni sopra i derivati"), wo aber nicht alles klar ist.

88) *C. Jordan*, Bull. soc. math. 1, 1873, p. 40; *O. Hölder*, Math. Ann. 34, 1889 [88], p. 33.

89) vgl. *C. Jordan*.

90) *indécomposable* bei *E. Galois*, oeuvr. p. 26 (revue encyclop., 1832); *primo* bei *E. Betti*, Ann. fis. mat. 3, 1852, p. 62; *groupe de permutations inséparables* bei *M. Despeyrous*, J. de math. (2) 6, 1861, p. 433; *non-modular* bei *T. P. Kirkman*, Manch. Mem. (3) 1, 1862 [61], p. 283; *équation simple* bei *C. Jordan*, J. de math. 14, 1869, p. 139; *grouple simple* bei dems., traité p. 41.

91) *O. Hölder*, Math. Ann. 43, 1893, p. 330; *zerlegbar* bei *G. Frobenius* u. *L. Stickelberger*, J. f. Math. 86, 1879 [78], p. 221; *eigentlich zerfallend* bei *W. Dyck*, Math. Ann. 17, 1880, p. 482. *O. Hölder*, Math. Ann. 43, p. 355 lässt „eigentlich" weg.

92) *C. Jordan*, traité p. 66; *L. Kronecker*, Berl. Ber. 1879, p. 208; *F. Klein*, Ikosaeder, Leipz. 1884, p. 18; *W. Burnside*, theory p. 153; *L. Bianchi*, teoria p. 61; *E. Beke*, Math. Ann. 49, 1897, p. 581.

Ein Normalteiler einer primitiven Gruppe ist notwendig transitiv[93]).

17. Kompositionsreihe. Eine Reihe von Gruppen:
$$G,\ H,\ J,\ \ldots,\ L,\ M = 1,$$
von denen jede grösster Normalteiler der vorhergehenden ist, heisst[94]) *Kompositionsreihe* von G. Die Gruppen G/H, $H/J, \ldots L/M = L$ sind in allen Kompositionsreihen von G bis auf ihre Reihenfolge dieselben (im Sinne von Nr. 15)[95]). Eine Reihe:
$$G_1 G_2 \cdots G_{\varkappa-1} G_\varkappa \cdots G_{n-1} G_n = 1,$$
in der jedes $G_\varkappa$ Normalteiler von $G_{\varkappa-1}$ und G_1 ist und in die nicht noch weitere Glieder eingeschoben werden können, ohne dass die Reihe diese Eigenschaft verliert, heisst[96]) *Hauptreihe der Zusammensetzung* von G. Auch die Gruppen G_1/G_2, $G_2/G_3, \ldots G_{n-1}/G_n = 1$ sind in allen solchen Reihen bis auf die Reihenfolge dieselben[97]). Kann man zwischen zwei Gliedern $G_{\varkappa-1}$, $G_\varkappa$ einer Hauptreihe zur Bildung einer Kompositionsreihe noch Glieder H_1, $H_2, \ldots H_n$ einschieben, so sind die Gruppen $G_{\varkappa-1}/H_1$, $H_1/H_2, \ldots H_n/G_\varkappa$ einander gleich und die Gruppe $G_{\varkappa-1}/G_\varkappa$ ist ihr direktes Produkt[98]).

18. Isomorphismen einer Gruppe mit sich selbst. Eine Gruppe G kann isomorph auf sich selbst bezogen werden, jedenfalls dadurch, dass man jeder ihrer Operationen A die transformierte $BA^{-1}B$ zuordnet, unter B eine bestimmte Operation von G selbst verstanden. Solche *Isomorphismen einer Gruppe in sich* heissen *cogredient*; giebt es noch andere, so heissen diese *contragredient*[99]). Die cogredienten Isomorphismen bilden eine zu G homomorphe Gruppe, speciell eine isomorphe, wenn G keine ausgezeichnete Ope-

---

93) Der Sache nach bei *P. Ruffini*, soc. It. mem. 9, 1802 [01], art. 29.

94) *C. Jordan*, J. de math. (2) 14, 1869, p. 139; der *Name* bei *E. Netto*, Subst.-Theorie p. 86.

95) *O. Hölder*, Math. Ann. 34, 1889 [88], p. 37; *G. Frobenius*, Berl. Ber. 1895, p. 169. Den Satz, dass die Ordnungszahlen der genannten Gruppen („Faktoren der Zusammensetzung") constant sind, hatte schon *C. Jordan* bewiesen, J. de math. (2) 14, 1869, p. 139; einfacher *E. Netto*, J. f. Math. 78, 1874, p. 84.

96) *E. Netto*, Subst.-Th. p. 92; J. f. Math. 78, 1874, p. 82: „Grundreihe". Vgl. *Burnside*, theory p. 123.

97) *O. Hölder*, Math. Ann. 34, 1889 (88), p. 38; die Constanz der Zahlenfaktoren schon bei *C. Jordan*, traité p. 663.

98) *O. Hölder* a. a. O.; vgl. auch *C. Jordan*, traité p. 48 und *E. Netto*, Subst.-Th. p. 95.

99) In einem speciellen Falle *F. Klein*, Ikosaeder, Leipzig 1882, p. 232; allgemein *O. Hölder*, Math. Ann. 43, 1893, p. 314.

ration ausser der 1 enthält[100]). Die sämtlichen Isomorphismen bilden eine Gruppe, von der die der cogredienten Normalteiler ist[101]). Eine Gruppe G, die keine contragredienten Isomorphismen in sich zulässt und keine ausgezeichnete Operation ausser der 1 enthält, heisst *vollkommen*[102]); ist eine solche Normalteiler einer andern Gruppe H, so ist H direktes Produkt von G und H/G.[103]) Ein Teiler von G heisst *charakteristischer Teiler*[104]), wenn er bei jedem Isomorphismus von G in sich übergeht.

19. Erzeugende Operationen. Geometrische Bilder von Gruppen. Können alle Operationen einer Gruppe aus q unter ihnen: $S_1, S_2, \ldots S_q$ durch successive Produktbildung abgeleitet werden, so sagt man, diese Operationen *erzeugen*[105]) die Gruppe. q Operationen, die durch keine andere Relation als:

$$S_1 S_2 \ldots S_q = 1$$

verbunden sind, erzeugen eine unendliche discontinuierliche Gruppe. Man kann sie als Gruppe linearer Substitutionen einer complexen Variabeln darstellen (II B 1); z. B. indem man mit T_x die Spiegelung am x^{ten} von $n+1$ Kreisen mit gemeinsamem Orthogonalkreis bezeichnet und $S_x = T_{x-1} T_x$ setzt; man erhält so eine Einteilung des Orthogonalkreisinnern in Gebiete, deren gegenseitige Lage die Beziehungen zwischen den Operationen der Gruppe veranschaulicht[106]). Zu ihr ist die (unendliche oder endliche) Gruppe G homomorph, die von q Operationen erzeugt wird, die ausser (1) noch andern Relationen der Form

$$S_a^\alpha S_b^\beta S_c^\gamma \ldots = 1$$

---

100) *W. Burnside*, theory p. 225.

101) *O. Hölder* a. a. O.

102) *O. Hölder*, Math. Ann. 46, 1895 [94], p. 325.

103) ib. — Die symmetrische Gruppe ist für jedes n vollkommen, ausser für $n = 6$ (ib. p. 345); ebenso die lineare Gruppe für einen Primzahlmodul (für $x = 1$ ib. p. 348, allg. *W. Burnside*, theory p. 239. 245). — Ist G als reguläre Substitutionsgruppe von N Elementen dargestellt, so besteht die Gruppe H der Isomorphismen aus denjenigen Substitutionen derselben Elemente, die mit G vertauschbar sind (*G. Frobenius*, Berl. Ber. 1895, p. 185). Die Gruppe $GH = HG$ nennt *W. Burnside* „the holomorph of G" (ib. p. 228).

104) *G. Frobenius*, Berl. Ber. 1895, p. 184. — Von einer „*lückenlosen Reihe charakteristischer Teiler*" gelten analoge Sätze, wie die der Nr. 17 (*G. Frobenius*, ib. p. 1027).

105) *dérivé* bei *A. Cauchy*, exerc. d'anal. 3, 1844 [45], p. 183; Par. C. R. 21, 1845, p. 605. — Beispiele von nicht zerfallenden Gruppen, die nicht aus zwei Operationen erzeugt werden können, giebt *O. Hölder*, Math. Ann. 43, 1893, p. 341. 398.

106) *W. Dyck*, Math. Ann. 20, 1881, p. 7. — Vgl. übrigen II A 6 c.

genügen[107]). Der Identität von Γ entspricht dabei ein Normalteiler H von G und es ist $\Gamma = G/H$. Die zuerst abgegrenzten Gebiete lassen sich dann zu grösseren Bereichen so zusammenfassen, dass die Einteilung des Orthogonalkreises in diese Bereiche ein Bild von H, die Einteilung eines solchen Bereiches in die kleineren Gebiete ein Bild von Γ giebt[107a]). Die Kanten eines Bereiches sind dabei paarweise einander zugeordnet; fügt man je zwei zugeordnete aneinander, so entsteht eine Fläche von bestimmtem Geschlecht (III A 4). Die kleinste dabei mögliche Geschlechtszahl p heisst *Geschlecht der Gruppe*[108]); ist $p > 1$, so ist[109]) die Ordnung der Gruppe $\leq 84\,(p - 1)$.

20. Abel'sche Gruppen. Ist die Composition der Elemente einer Gruppe commutativ, so heisst die Gruppe eine *Abel*'sche[110]). In jeder solchen lassen sich q Erzeugende A, B, C der Ordnungen $a, b, c \ldots$ so auswählen, dass die Formel:

$$\Theta = A^\alpha B^\beta C^\gamma \ldots$$

jedes Element der Gruppe gerade einmal darstellt, wenn $\alpha, \beta, \gamma \ldots$ bezw. volle Restsysteme nach den Moduln a, b, c durchlaufen[111]). Ein solches System von Erzeugenden heisst eine *Basis*[112]) der Gruppe, der kleinste mögliche Wert von q ihr *Rang*[113]). Man kann die Basis stets so wählen, dass $a, b, c \ldots$ Primzahlpotenzen werden; für alle solchen Basen sind diese Werte abgesehen von der Reihenfolge die-

<hr>

107) ib. p. 16.

107a) ib. p. 11.

108) ib. p. 31; vgl. *F. Klein*, ib. 14, 1878, p. 171.

109) *A. Hurwitz*, Math. Ann. 41, 1893, p. 424. — Eine andere geometrische Versinnlichung von Gruppen giebt *A. Cayley*, coll. pp. 10, p. 324 (Lond. Math. Proc. 9, 1878); (Amer. J. Math. 1, 1878, p. 574; 11, 1888, p. 139); vgl. auch *A. B. Kempe*, Lond. Trans. 177 I, 1886, p. 37. Über den Zusammenhang zwischen dieser und der des Textes vgl. *H. Maschke*, Amer. J. Math. 18, 1896 [95], p. 155; *W. Burnside*, theory p. 306. — Noch 'eine andere Darstellung, für metacyklische Gruppen, bei *L. Heffter*, Math. Ann. 50, 1898 [97], p. 261.

110) Abel'sche Gleichungen bei *L. Kronecker*, Berl. Ber. 1870, p. 882; *J. Perott*, Amer. J. 11, 1889, p. 99; 13, 1891 [89], p. 235 sagt „groupes euleriens".

111) Der Satz ist implicite in *N. H. Abel*'s Untersuchungen über Gleichungen enthalten, ges. W. 1, p. 499 (J. f. Math. 4, 1839); andererseits in den Sätzen über die Composition der quadratischen Formen im Nachlasse von *C. F. Gauss*, ges. W. 2, p. 266 [a. d. J. 1801], und bei *E. Schering*, Gött. Abh. 14, 1868, p. 13; abstract bei *Kronecker*, Berl. Ber. 1870, p. 882. — *B. Levavasseur*, Par. C. R. 122, 1896, p. 180 benutzt auch Galoissche Imaginäre als Exponenten.

112) *G. Frobenius* und *L. Stickelberger*, J. f. Math. 86, 1879 [78], p. 219. *Kronecker* a. a. O. sagt „Fundamentalsystem".

113) *Frobenius* u. *Stickelberger* a. a. O.

ielben, also *Invarianten* der Gruppe[114]). Man kann jeder Operation iiner Abel'schen Gruppe einen Zahlwert (eine Einheitswurzel) $\chi(A)$ io zuordnen, dass stets $\chi(AB) = \chi(A)\chi(B)$ wird; jedes System solcher Zahlen heisst ein *Charakter* der Gruppe[115]). Die Charaktere bilden selbst eine zur gegebenen isomorphe Gruppe; diejenigen, die in dieser Gruppe Elemente der Ordnung 2 sind, heissen *zweiseitig* (ancipites)[116]). Alle Elemente, für die alle zweiseitigen Charaktere dieselben Werte haben, bilden ein *Geschlecht* (genus); diejenigen, für die sie alle $= 1$ sind, das *Hauptgeschlecht*[117]).

Eine Gruppe, deren sämtliche Teiler Normalteiler sind, lässt sich in der Form

$$R = PQ$$

darstellen, in der P eine Abel'sche Gruppe, Q eine bestimmte Gruppe 8. Ordnung ist[117a]).

21. Die Sylow'schen Sätze. Eine Gruppe G, deren Ordnung N durch eine Primzahlpotenz $p^\varkappa$ teilbar ist, hat[118]) mindestens einen Teiler der Ordnung $p^\varkappa$. Ist $p^\varkappa$ die höchste Potenz von p, die in N aufgeht, so hat die Gruppe Teiler der Ordnung $p^\varkappa$; ihre Anzahl ist $\equiv 1$ (mod. p), sie sind alle unter sich gleichberechtigt, und es ist $N = p^\varkappa r j$, wenn $p^\varkappa r$ die Ordnung des grössten Teilers von G ist, von dem ein solcher Teiler Normalteiler ist[119]). Auf diesen Sätzen

---

114) *H. Weber*, Algebra 2, p. 42; anders bei *Frobenius* und *Stickelberger* a. a. O. p. 236.

115) *H. Weber*, Math. Ann. 20, 1882, p. 307; vgl. übrigens *C. F. Gauss*, Disquis. arithm., 1801, art. 230 (ges. W. 1, p. 232); *R. Dedekind* in P. G. L. *Dirichlet*'s Vorl. ü. Zahlentheorie, 1. Aufl., Braunschw. 1863, p. 349. — Verallgemeinerung für beliebige Gruppen bei *G. Frobenius*, Berl. Ber. 1896, p. 985.

116) *H. Weber*, Algebra 2, p. 52.

117) ib. p. 23. — Auch diese Begriffe stammen aus den disqu. arithm. Den Abel'schen Gruppen nahe stehen die Gruppen, deren Ordnung eine Primzahlpotenz ist; vgl. *E. Mathieu*, Ann. di mat. 4, 1861, p. 119; *L. Sylow*, Math. Ann. 5, 1872, p. 588; *E. Capelli*, Giorn. di mat. 10, 1878, p. 69; *E. Netto*, J. f. Math. 103, 1888 [87], p. 331; *J. W. A. Young*, Amer. J. 15, 1893 [92], p. 124; *G. Frobenius*, Berl. Ber. 1895, p. 173; sowie *Burnside*, theory cap. V.

117a) *R. Dedekind*, Math. Ann. 48, 1897 [96], p. 548. Er nennt Q die „Quaterniongruppe", R eine „Hamilton'sche Gruppe".

118) Für $\varkappa = 1$ *A. Cauchy*, Par. C. R. 21, 1845, p. 850; exerc. d'anal. 3, p. 250; allg. *L. Sylow*, Math. Ann. 5, 1872, p. 584; dazu *E. Netto*, ib. 13, 1878 [77], p. 249; *G. Frobenius*, J. f. Math. 100, 1886 [84], p. 179; 101, 1887 [86], p. 282; Berl. Ber. 1895, p. 987.

119) *L. Sylow* a. a. O.; specielle Fälle bei *E. Mathieu*, J. de math. (2) 6, 1861, p. 308; *L. Sylow*, Christ. Forh. 1867, p. 109. 114. Noch nähere Angaben über j *L. Sylow*, Acta math. 11, 1888, p. 215; *G. Frobenius*, Berl. Ber. 1895, p. 174.

beruht die Diskussion der möglichen Typen von Gruppen gegebener Ordnungszahl.

22. Einfache Gruppen. Keine Primzahlpotenz kann Ordnung einer einfachen Gruppe sein[120]); ferner keine Zahl der Form $p_1^{\alpha_1} p_2^{\alpha_2} \cdots p_q^{\alpha_q}$, wenn für jedes $\varkappa$: $p_{\varkappa-1} > p_\varkappa^{\alpha_\varkappa} p_{\varkappa+1}^{\alpha_{\varkappa+1}} \cdots p_q^{\alpha_q}$ ist[121]); kein Produkt aus lauter verschiedenen Primfaktoren[122]); keine Zahl der Form $p^\alpha q^\beta$, wenn $p < q$ und β kleiner ist, als das Doppelte des Exponenten m, zu dem $q \pmod{p}$ gehört[123]); keine Zahl der Form $p^\alpha q^2$, wenn[124]) $p < q$; keine Zahl der Form $p^2 q^2 r^2$;[124a]) kein Produkt von weniger als sechs Primzahlen, ausser 60, 168, 600 und 1092;[125]) keine gerade Zahl, die weder durch 12, noch durch 16, noch durch 56 teilbar ist[126]).

Unter den zusammengesetzten Zahlen < 1092 sind nur die folgenden Ordnungszahlen einfacher Gruppen (und zwar nur von je einer[127]): 60, 168, 360, 504, 660, 1092.

Andererseits ergeben sich Typen von Ordnungszahlen einfacher Gruppen aus der Untersuchung der Zusammensetzung der in den Nrn. **10—12** besprochenen Gruppen[128]).

— Verallgemeinerung auf Teiler der Ordnung p^α, $\alpha < \varkappa$, bei *G. Frobenius,* ib. p. 988; *E. Maillet,* Par. thèse 1892, p. 114; Par. C. R. 118, 1894, p. 1187; Toul. Ann. 9, 1895, p. D 7; auf Teiler der Ordnung $p^\alpha q^\beta$, *G. A. Miller,* N. Y. Bull. (1) 4, 1898, p. 326.

120) *L. Sylow,* Math. Ann. 5, 1872, p. 589.

121) ib.

122) *Frobenius,* Berl. Ber. 1893, p. 337.

123) Für $\beta = 1$ der Satz bei *G. Frobenius,* Berl. Ber. 1893, p. 340, Beweis Berl. Ber. 1895, p. 185 (eine Verallgemeinerung p. 192); für $\beta = m$ ib. p. 190; für $\beta = 4$, $q > p$ ib. 1893, p. 344; allgemein *W. Burnside,* theory p. 345.

124) *W. Burnside,* theory p. 348.

124a) *E. Maillet,* Quart. J. 29, 1897, p. 263.

125) *W. Burnside,* Lond. Math. Proc. 26, 1895, p. 211; p. 207 auch noch einige andere Formen; *C. Frobenius,* Berl. Ber. 1895, p. 335, p. 1041 (als Vermutung ib. 1893, p. 338).

126) *W. Burnside,* Lond. Math. Proc. 26, 1895, p. 332. — Man kennt bis jetzt keine einfache Gruppe ungerader Ordnung (*W. Burnside,* theory p. 379).

127) Bis $N = 60$ *E. Galois,* oeuvr. p. 26 (revue encyclopédique, sept. 1832), ohne Bew.; bis 200 *O. Hölder,* Math. Ann. 40, 1892 [91], p. 55; bis 500, bezw. 660 *F. N. Cole,* Amer. J. 14, 1892, p. 388 und 15, 1893, p. 302 (über $N = 432$ vgl. auch *G. Frobenius,* Berl. Ber. 1893, p. 344); bis $N = 1092$ *W. Burnside,* Lond. Math. Proc. 26, 1895, p. 333. — Die Gruppen $N = 60$ und $N = 360$ sind die alternierenden Gruppen für $n = 5, 6$; die Gruppen $N = 60, 168, 660, 1092$ die der Modulargleichungen (Nr. 11) für $n = 5, 7, 11, 13$; nur die Einfachheit einer Gruppe $N = 504$ war neues Ergebnis dieser Untersuchungen. Die Gruppe selbst gehört zu einem von *E. Mathieu,* J. de math. (2) 6, 1861, p. 262 aufgestellten Typus.

128) Vgl. die Zusammenstellung von *E. H. Moore,* Chicago congress papers, 1896 [93], p. 208; dann *L. E. Dickson,* Quart. J. 29, 1897, p. 169.

23. Auflösbare Gruppen. Eine Gruppe, deren Faktoren der Zusammensetzung (Nr. 17) sämtlich Primzahlen sind, heisst *auflösbar*[129]). Bei der Untersuchung solcher Gruppen hat man nicht nach der Ordnung, sondern nach dem Grad geordnet, mit Rücksicht auf die Anwendung zur Auflösung von Gleichungen durch Radikale. Eine transitive Gruppe, deren Grad zwei verschiedene Primzahlen enthält, kann nur auflösbar sein, wenn sie imprimitiv ist[130]). Eine transitive Gruppe, deren Grad Primzahl ist, ist dann und nur dann auflösbar, wenn sie in der linearen Gruppe für $x = 1$ enthalten ist[131]). Eine primitive Gruppe, deren Grad Primzahlpotenz p^x ist, kann nur auflösbar sein, wenn sie in der linearen Gruppe enthalten ist[132]).

Über die Bildung zusammengesetzter Gruppen aus gegebenen einfachen vgl. man *O. Hölder*, Math. Ann. 46, 1895 [94], p. 321; *E. Maillet*, Par. thèse.

Aufzählung aller Gruppen bestimmter Ordnung geben:

für $N = 2$—12 *A. B. Kempe*, Lond. Trans. 177 I, 1886, p. 37; *A. Cayley*, Am. J. 11, 1889, p. 144 = coll. pp. 12, p. 639.

$N = 24$ *W. Burnside*, theory p. 101;

bis $N = 32$ *G. A. Miller*, Par. C. R. 122, 1896, p. 370;

bis $N = 48$ *G. A. Miller*, Qu. J. 28, 1896, p. 232;

für $N = p$, p^2, pq *E. Netto*, Subst.-Th. p. 133;

für $N = p^3$, $p^2 q$, pqr *F. N. Cole* und *G. W. Glover*, Amer. J. Math. 15, 1893 [92], p. 191; *O. Hölder*, Math. Ann. 43, 1893, p. 301; *R. Levavasseur*, Par. C. R. 120, 1895, p. 822;

für $N = p^4$ *O. Hölder* a. a. O.; *J. Young*, Amer. J. Math. 14, 1893 [92], p. 124;

für $N = 2^\omega$ *Levavasseur*, Par. C. R. 120, 1895, p. 899;

für quadratfreie Ordnungszahlen *O. Hölder*, Gött. Nachr. 1895, p. 211.

129) *résoluble* bei *C. Jordan*, J. de math. (2) 12, 1867, p. 111. *H. Weber*, Algebra 1, p. 598; 2, p. 27 gebraucht „metacyklisch" in diesem Sinne.

130) *E. Galois*, oeuvr. p. 11 (Bull. Fér. 13, 1830); p. 27 (rev. encycl. 1832); Bew. skizziert p. 51 (J. de math. 11, 1846 [31]; ausgeführt von *E. Betti*, Ann. mat. fis. 3, 1852, p. 71. 107, u. *C. Jordan*, J. éc. polyt. cah. 38, 1861, p. 190. Vgl. den entsprechenden Satz über Gleichungen bei *N. H. Abel*, oeuvr. 2, p. 222 (a. d. J. 1828, publ. 1839), p. 262 (a. d. J. 1826).

131) *E. Galois*, oeuvr. p. 11 (Bull. Fér. 13, 1830), p. 23 (ib.); Bew. p. 46 (J. de math. 11, 1846 [31]). Der Satz von *N. H. Abel*, oeuvr. 2, p. 222. 233 [a. d. J. 1828, publ. 1839]; vgl. auch p. 256. 260. 262. 266. 270. 279) sagt für die Gruppen aus: eine Gruppe von Primzahlgrad ist nur auflösbar, wenn ihre Klasse $\geq p - 1$ ist. Ableitung des Galois'schen Kriteriums aus dem Abel'schen bei *E. Betti*, Ann. mat. fis. 2, 1851, p. 9.

132) *E. Galois*, oeuvr. p. 27 (revue encyclop. 1832); Bew. für $x = 2$ p. 53 (J. de math. 11, 1846 [31], (vorher p. 11. 22 unrichtige Angaben). *C. Jordan* hat das Problem, alle auflösbaren Gruppen des Grades p^x zu finden, die nicht in noch umfassenderen solchen Gruppen enthalten sind, auf die Lösung desselben Problems für kleinere Gradzahlen zurückgeführt, Par. C. R. 64, 1867, p. 269. 586. 1179; 72, 1871, p. 283; J. de math. (2) 12, 1867, p. 105. 109; traité p. 383—662.

24. Gruppendeterminante. Ordnet man jeder Operation R einer Gruppe eine Variable x_R zu und bildet die Determinante:

$$| x_{PQ-1} | \qquad (P,\, Q = R_0,\, R_1,\, R_2,\, \ldots R_{N-1}),$$

so heisst sie *die Determinante der Gruppe*[133]. Ist die Gruppe eine Abel'sche, so ist die Determinante gleich einem Produkt von Linearfaktoren[134], die die Charaktere zu Coefficienten haben[135]. Im allgemeinen zerfällt sie in eine Reihe von Faktoren, deren Anzahl gleich ist der Anzahl nicht gleichberechtigter Operationen der Gruppe[136], jeder zu einer Potenz erhoben, deren Exponent seinem Grade f gleich ist[137]. Jedem solchen Factor entspricht eine „primitive" Darstellung der Gruppe durch lineare homogene Substitutionen zwischen f Variabeln[138].

Ausgeführte Aufzählung für $\varkappa = 2$ J. de math. (2) 13, 1868, p. 111; andererseits auch implicite bei *J. Gierster*, Math. Ann. 18, 1881, p. 319. Vgl. auch *E. Betti*, Par. C. R. 48, 1859, p. 182.

133) *R. Dedekind* bei *G. Frobenius*.

134) *W. Burnside*, Mess. (2) 23, 1894 [93], p. 112; specielle Fälle sind schon länger bekannt, vgl. die Zitate bei *G. Frobenius* a. a. O. p. 1008, sowie I A 2, Nr. **26**.

135) *G. Frobenius* a. a. O. p. 1363.

136) ib. p. 1368.

137) ib. p. 1375.

138) ib. 1897, p. 994. — Vgl. Abschnitt I B 3 f.

IB1a. RATIONALE FUNKTIONEN EINER VERÄNDERLICHEN; IHRE NULLSTELLEN

VON

E. NETTO

IN GIESSEN.

Inhaltsübersicht.

Litteratur.

Monographien grösseren Umfanges, welche das gesamte Gebiet der rationalen Funktionen und nur dieses umfassen, bestehen nicht. In den meisten Lehrbüchern der Algebra und in einigen der Analysis sind die dahingehörigen Kapitel zu suchen. Das ist bei den folgenden Angaben zu berücksichtigen.

R. Baltzer, Theorie und Anwendung der Determinanten. 5. Aufl. Leipzig 1881.

F. Faà di Bruno, Théorie des formes binaires. Turin 1876. Mit Unterstützung von *M. Noether* deutsch von *Th. Walter*. Leipzig 1881.

Sn. Burnside and *W. Panton*, Theory of equations. 3. ed. Dublin 1892. New-York 1893.

A. Capelli, Lezioni di Algebra complementare. 2. Aufl. Napoli 1898.

P. Gordan, Vorlesungen über Invariantentheorie, herausgeg. von *G. Kerschen-steiner*. I. Determinanten Leipzig 1885   II. Binäre Formen. Leipzig 1887.

H. Laurent, Traité d'Algèbre. 4. et 5. éd.   Paris 1887—1894.

E Netto, Vorlesungen über Algebra I. Leipzig 1896. II. Leipzig 1898/99.

S Pincherle, Algebra complementare   Milano 1893—1894.

G. Salmon, Modern higher Algebra. 4. ed   Dublin 1885   Deutsch von *W. Fiedler* 2 Aufl. Leipzig 1877.

J-A. Serret, Algèbre supérieure. 5. éd.   Paris 1885   Deutsch von *G. Wertheim* 2. Aufl. Leipzig 1878

O Stolz, Allgemeine Arithmetik. 2. 4 Abschn. Leipzig 1886.

C Chrystal, Algebra.   Edinburgh.   1 1886   2 1889.

E Cesàro, Corso di Analisi algebrica.   Torino 1894.

H. Weber, Lehrbuch der Algebra   2. Aufl   I. Braunschweig 1898.   II. ib. 1899.

N. Cor et *J. Riemann*, Traité d'algèbre élémentaire   Paris 1898.

---

1. Definitionen. Ein Ausdruck von der Form

$$f(z) = a_0 z^n + a_1 z^{n-1} + \cdots + a_{n-1} z + a_n,$$

in welchem die a Konstanten und z eine Veränderliche bedeuten, heisst eine *ganze Funktion* (gz. F.) *der Variablen z vom Grade n*; die $a_0, a_1, \ldots a_n$ heissen ihre *Koeffizienten* (Koeff.). Der Ausdruck Funktion rührt in diesem und in allgemeinerem Sinne von *G. W. Leibniz* her[1]; die symbolische Bezeichnung $f(z)$ hat nach *R. Baltzer*'s Angabe[2] zuerst *A. Cl. Clairaut* angewendet. Der Quotient zweier ganzer Funktionen heisst eine *gebrochene Funktion* (gbr. F.); gz. und gbr. F. werden als *rationale Funktionen* (rat. F.) zusammengefasst[3]. Haben die Koeff. a keinen gemeinsamen Teiler, dann heisst f eine *primitive* F.[4]. Das Produkt zweier primitiver F. ist eine ebensolche F.[5]. Setzt man $y^n f(x:y)$ an, so wird dies homogen und heisst eine *binäre Form* n^{ten} Grades (vgl. Nr. **24**).

2. Konstantenzählung. Interpolationsproblem. Partialbrüche. $f(x)$ enthält $(n + 1)$ Konstanten und ist daher bestimmt, wenn man

---

1) Acta Eruditorum Lips 1694, p. 306. Ganz modern definiert schon *Joh. Bernoulli I.* (Paris Mém 1718, p 100 = Oeuvres [Laus et Genève 1742] 2, p 241): „On appelle ici fonction d'une grandeur variable une quantité composée de quelque manière que ce soit de cette grandeur variable et de constantes." *Leibniz* schloss sich dem an: Commerc. epist. I, p. 386

2) Elemente d. Math 1, Leipzig 1872, p. 214 [7. Aufl. 1885, p 236].

3) *L. Euler*, Introductio in anal infin. Lausanne 1748. Lib. I Cap I § 1—9.

4) Eingeführt von *C F Gauss*, Disq arithm § 226. — *H. Weber*, Algebra 1, § 2 — *L Kronecker*, Grundzüge einer arithm. Theorie der algebr Grössen, J. f Math 92 (1882), p 49

5) Vgl Nr 9; (*Gauss'* Satz).

den Werten $z_0, z_1, \ldots z_n$ des Argumentes z $(n+1)$ Werte $u_0, u_1, \ldots u_n$ der F. zuordnet. Die Bestimmung kann durch die Lösung eines Systems linearer Gleichungen (Gl.) mit der Determinante $|z_\lambda^\varkappa|$ bei $(\varkappa, \lambda = 0, 1, \ldots n)$ geschehen und ist, da für verschiedene z_λ die Determinante $\neq 0$ wird, stets eindeutig möglich.

Dieses *Interpolationsproblem* findet seine Erledigung durch mancherlei Interpolationsformeln. Eine solche stammt von *J. Newton* her[6]); sie hat die Gestalt

$$f(z) = c_0 + c_1(z-z_0) + c_2(z-z_0)(z-z_1) + c_3(z-z_0)(z-z_1)(z-z_2) + \cdots,$$

$$c_0 = u_0; \quad c_1 = \frac{u_0}{z_0-z_1} + \frac{u_1}{z_1-z_0}; \quad c_2 = \frac{u_0}{(z_0-z_1)(z_0-z_2)} + \cdots + \frac{u_2}{(z_2-z_0)(z_2-z_1)}; \cdots$$

Eine andere Formel, die sich aus dieser leicht ableiten lässt (wie auch umgekehrt), hat *J. L. Lagrange* gegeben[7]). Setzen wir

$$g(z) = (z - z_0)(z - z_1) \cdots (z - z_n)$$

und bezeichnen mit $g'(z)$ die *Ableitung* (vgl. Nr. **6**) von $g(z)$, so ist

$$f(z) = \sum u_\lambda \frac{g(z)}{(z - z_\lambda)\, g'(z_\lambda)} \qquad (\lambda = 0, 1, \ldots n),$$

wobei die Bedeutung jedes einzelnen Gliedes klar ist. Aus ihr folgen, wenn man $u_\lambda = f(z_\lambda)$ setzt, die *Euler*'schen Formeln[8])

$$\sum_\lambda \frac{z_\lambda^\varkappa}{g'(z_\lambda)} = \begin{cases} 0 & (\varkappa < n) \\ 1 & (\varkappa = n) \end{cases} \qquad (\lambda = 0, 1, \ldots n),$$

aus denen man umgekehrt die *Lagrange*'sche Formel herleiten kann. In beiden müssen die z_λ ihrer Bedeutung nach von einander verschieden sein. *Jacobi* gab Ausdehnungen für den Fall gleicher Werte z_λ.[9]) Über den Fall $\varkappa > n$ vgl. *F. Brioschi*, J. f. Math. 50 (1855), p. 239.

Die Formeln reichen zur Zerlegung einer gebr. F. in *Partialbrüche* aus, d. h. in Brüche, deren Nenner nur für je einen einzigen Wert von z verschwinden, und deren Zähler zugleich konstant sind[10]). Vgl. Nr. **5**, sowie den Schluss von Nr. **14**.

---

6) Princip. Phil. Nat. ed. Amstelod. 1723, Lib. III, lemma 8; p. 446. Vgl. auch *J. Fr. Encke*, Berl. Astr. Jahrb. für 1830, p. 265 (1828).

7) J. Éc. polyt. cah. 2 (1812), p. 277 = Oeuvres 7, p. 285.

8) Instit. Calc. Integr. Petrop. 1768—1770, 2, § 1169.

9) Diss. Berol. 1825 = Werke 3, p. 1. — Auch *Ch. Hermite* hat (J. f. Math. 84 [1878], p. 70) eine Erweiterung in analytischer Behandlung geliefert, nämlich die, eine Funktion $F(x)$ des Grades $(n-1)$ herzustellen, welcher n Werte

$$F^{(\varkappa)}(z_\lambda) \quad \text{für} \quad \lambda = 1, 2, \ldots, l; \quad \varkappa = 1, 2, \ldots k_\lambda \quad \left(\sum k_\lambda = n\right)$$

vorgeschrieben sind, wenn dabei $F^{(\varkappa)}(z)$ die $\varkappa^{\text{te}}$ Ableitung von $F(z)$ bedeutet.

10) Diese Art der Zerlegung stammt von *Leibniz*, Acta Erud. Lips. 1702, p. 210; 1703, p. 19 = Op. 3, p. 65, 66. Weiter siehe *Euler*, Introd. Cap. 2 u. 12;

A. L. Cauchy lieferte eine Erweiterung der Interpolationsformel auf gebr. F.[11]), ohne einen Beweis für sie zu geben; *K. G. J. Jacobi* gab ihn[12]) und diskutierte eingehend verschiedene Darstellungsformen für Zähler und Nenner. *Kronecker* zeigte, dass die *Cauchy*'sche Aufgabe nicht stets lösbar sei, und stellte die Bedingungen fest, unter denen sie es ist[13]). An die *Cauchy*'sche Formel lassen sich, ähnlich wie an die *Lagrange*'sche andere vom Charakter der obigen *Euler*'schen anknüpfen[14]).

L. Stickelberger verallgemeinert die Interpolationsaufgabe in der Weise, dass er die Reste $\varphi_\lambda(z)$ vorschreibt, welche $f(z)$ bei der Division durch gegebene Funktionen $h_\lambda(z)$ haben soll[15]).

3. Interpolations- und Ausgleichungs-Rechnung. Die charakteristische Aufgabe für Interpolationsformeln liegt darin, an die Stelle einer F., deren analytischer Ausdruck unbekannt oder unbequem ist, eine bekannte oder bequemere aus gegebenen numerischen Werten gebildete zu setzen, die sich innerhalb gewisser Grenzen statt jener zu numerischen Zwecken benutzen lässt[16]). Das einfachste und zugleich wichtigste Problem tritt auf, wenn die z_λ äquidifferent sind, $z_1 - z_0 = h$, $z_2 - z_1 = h, \cdots$. Setzt man, wie in der *Differenzenrechnung* (vgl. Nr. **4**) als Symbole für Differenzen erster und höherer Ordnungen

$$\Delta u_\mu = u_{\mu+1} - u_\mu; \quad \Delta^2 u_\mu = \Delta u_{\mu+1} - \Delta u_\mu; \quad \Delta^3 u_\mu = \Delta^2 u_{\mu+1} - \Delta^2 u_\mu; \cdots$$

dann liefert die *Newton*'sche Formel aus Nr. **2** in der Gestalt

$$f(z) = u_0 + (z - z_0)\frac{\Delta u_0}{h} + \frac{(z - z_0)(z - z_1)}{1 \cdot 2}\frac{\Delta^2 u_0}{h^2} + \cdots$$

$$+ \frac{(z - z_0) \cdots (z - z_{n-1})}{n!}\frac{\Delta^n u_0}{h^n}$$

Inst. calc. diff. 2, Cap. 18. — Ausführliche Litteraturangaben liefert *A. L. Crelle,* J. f. Math. 9 (1832), p. 231; 10 (1833), p. 42. Ferner siehe *Jacobi* (Anm. 9) und *Gauss*, Werke 3; Nachlass p. 265, § 3. — *Jacobi* dehnt die Zerlegung auch auf den Fall aus, dass als die Nenner der einzelnen Partialbrüche die Produkte mehrerer Wurzelfaktoren $(z - z_\lambda)(z - z_\mu)$ auftreten.

11) Cours d'analye, Paris 1821, Note V.

12) J.f.Math.30(1846),p.127 = Werke 3,p.479. Vgl. auch Nr.**16**,*F. Rosenhain.*

13) Berl. Ber. 1881 Juni, p. 535, bes. § II. Vgl. auch *Netto*, Math. Ann. 42 (1898), p. 453.

14) *Netto*, Zeitschr. Math. Phys. 41 (1896), p. 107.

15) Math. Ann. 30 (1887), p. 405.

16) *S. F. Lacroix*, Traité des différences et des séries; Paris 1800. — *J. Stirling*, Tractatus de summatione et interpolatione serierum infinitarum, Lond. 1730; unvollst. schon Lond. Trans. 1718. — *Lagrange*, Leçons élémentaires (V leç.). Oeuvres 7. — *A. Markoff*, Differenzenrechnung, St. Petersb. 1891 (deutsch von *Th. Friesendorff* und *E. Prümm.* Leipzig 1896, Teil I), wo ausführliche Litteraturangaben zu finden sind.

die Lösung des Problems durch Angabe einer interpolierenden Funktion n^{ten} Grades[17]). *J. F. Encke*[18]) bearbeitete eine von *J. Stirling*[19]) gegebene Methode, von der Mitte der gegebenen Werte aus zu interpolieren; diese ist deshalb von Wichtigkeit, weil der Fehler der Interpolation am kleinsten wird, wenn man das z des gesuchten u möglichst nahe an die Mitte der gegebenen Werte legt. Man vgl. I D 3.

Auf Interpolation durch periodische Reihen und durch Exponentialfunktionen sei hingewiesen[20]). Die Interpolation des Integrals einer F. aus einzelnen Werten derselben heisst *„mechanische Quadratur"* und gehört in den Bereich der Integralrechnung[21]). [II A 2 Nr. 50 u. f.]

Mit der Interpolationsrechnung steht die *Ausgleichungsrechnung* insofern in Zusammenhang, als bei ihr zur Bestimmung einer Funktion n^{ten} Grades f *mehr* als $(n + 1)$ Werte u_α gegeben sind; dabei handelt es sich dann um Herstellung einer Funktion f, welche sich den gegebenen Werten „möglichst gut" anschmiegt. Siehe I D 2, wo auch darzulegen sein wird, in welcher Art diese unbestimmt gehaltene Forderung bei willkürlichen u_α zu präzisieren ist.

4. Differenzenrechnung. Die Differenzenrechnung untersucht den Zusammenhang zweier F. $F(x)$ und $f(x)$, die in der Beziehung stehen

$$f(x) = \Delta F(x) = F(x + h) - F(x),$$

wobei h eine gegebene Zahl bedeutet; und deshalb gehört, soweit F oder f ganze F. sind, ein Hinweis an diese Stelle[22]). Für eine willkürliche Reihe von Grössen $u_0, u_1, u_2, \ldots$ gelten die Einführungen $\Delta u, \Delta^2 u, \Delta^3 u, \ldots$ der vorigen Nummer. Man kann symbolisch setzen

$$\Delta^n u_\alpha = (u - 1)^{(n)} u^{(\alpha)}; \quad u_{n+\alpha} = (1 + \Delta)^{(n)} u_\alpha,$$

wobei nach Unterdrückung der Exponentenklammern und Ausführung des Potenzierens $u_\varkappa$ statt $u^\varkappa$ zu setzen und $\Delta^\varkappa u_\alpha$ als $\varkappa^{\text{te}}$ Differenz aufzufassen ist.

Die m^{te} Differenz $\Delta^m F$ einer gz. F. des Grades $n(\geq m)$ ist eine

<hr>

17) Brief an *H. Oldenburg*, Okt. 24. 1676; auf mehrere Variable ausgedehnt von *Lacroix*, 1. c. § 894; umgeformt von *P. S. Laplace*, Théorie anal. des probab. Paris 1812 = Oeuvres 3, p. 13.

18) Berl. astron. Jahrb. f. 1837 (1835), p. 251.

19) 1. c. Anm. 16, Propos. 20.

20) *Gauss*, Werke 3, p. 279 ff.; *F. W. Bessel*, Abhandl. 2, p. 364, 393; *Encke*, Berl. astron. Jahrb. für 1860 (1857), Abh. I. — *M. R. de Prony*, J. Éc. Polyt. cah. 2 (1795, an IV.), p. 24.

21) *Markoff*, 1. c. Anm. 16, Kap. V.

22) *J. Fr. W. Herschel*, Collect. of exampl. of the applic. of the calcul. of finite differences. Cambr. 1820.

gz. F. des Grades $(n-m)$. Ist $f(x)$ eine gz. F. von x des Grades n, so ist $F(x)$ eine solche des Grades $(n+1)$.

Eine allgemeine Differenzengleichung ist von der Form

$$\Phi(x, f(x),\; \varDelta f(x),\; \varDelta^2 f(x),\ldots \varDelta^m f(x)) = 0,$$

in der Φ eine gegebene und $f(x)$ die unbekannte F. bedeutet; man kann ihr die Form geben, in welcher h bekannt ist:

$$\Psi(x, f(x),\; f(x+h),\ldots f(x+mh)) = 0.$$

Das Problem, $f(x)$ zu finden, findet seine Besprechung in I E.[23]

5. Wurzeln und ihre Multiplizität. Nullstellen. Die Differenz $f(z) - f(z_1)$ ist durch $(z-z_1)$ teilbar und der Quotient $f_1(z)$ wird dabei eine gz. F. $(n-1)^{\text{ten}}$ Grades, deren höchster Koeff. wieder a_0 ist. Falls also $f(z_1) = 0$ wird, hat man $f(z) = (z-z_1)f_1(z)$. Wird ebenso für einen Wert z_2 wieder $f_1(z_2) = 0$, so folgt ebenso $f(z) = (z-z_1)(z-z_2)f_2(z)$, wo f_2 vom Grade $(n-2)$ ist, u. s. f. So kommt man möglicherweise zu einer Zerlegung in n Linearfactoren

$$f(z) = a_0(z-z_1)(z-z_2)\cdots(z-z_n).$$

Einen Wert z_1, der $f(z_1) = 0$ macht, nennt man eine *Wurzel* (W.) der Gl. $f(z_1) = 0$, häufig auch eine *Nullstelle* von $f(z)$. Mehr als n W. kann eine Gl. n^{ten} Grades nicht haben, ohne dass ihr Polynom identisch verschwindet. Dies war schon *Newton* bekannt[24]. Ob eine Zerlegung von n Linearfaktoren stets möglich ist, steht noch dahin (vgl. Nr. 7). Aus dem Satze über die Maximalanzahl der W. folgt, dass zwei gz. F. n^{ten} Grades gleiche Koeff. haben, wenn ihre numerischen Werte für $(n+1)$ Argumente übereinstimmen.

Findet obige Zerlegung statt, so können mehrere z_λ gleich werden. Ist $f(z)$ durch $(z-z_1)^{\mu_1}$ aber durch keine höhere Potenz von $(z-z_1)$ teilbar, dann heisst z_1 eine μ_1-*fache* W. oder eine W. *von der Multiplizität* μ_1. Ordnet man nach den von einander verschiedenen Wurzeln, so kann man mit Hervorhebung der Multiplizität schreiben

$$f(z) = a_0(z-z_1)^{\mu_1}(z-z_2)^{\mu_2}\cdots \qquad (\mu_1 + \mu_2 + \cdots = n).$$

Hat bei einer Partialbruch-Zerlegung der Nenner die μ-fache W. z_1, so treten μ Brüche auf, deren Nenner für $z = z_1$ Null ist,

$$\frac{c_0}{(z-z_1)^\mu} + \frac{c_1}{(z-z_1)^{\mu-1}} + \cdots + \frac{c_{\mu-1}}{z-z_1}.$$

23) Vgl. *Laplace*, Anm. 17. — *Lagrange*, Recherches sur les suites récurrentes. Berlin, Mém. 1775 = Oeuvres 4, p. 149. — *Lacroix*, Anm. 16. — *O. Schlömilch*, Theorie d. Differenzen u. der Summen. Halle 1848. — *G. Boole*, A treatise on the calculus of finite differences. Lond. 1872; 1880. — *Markoff*, Anm. 16. (Teil II.)

24) Arithm. univers. ed. s'Gravesande; Lugd. 1732, p. 181.

Sind alle Koeff. a_λ von $f(z)$ reell, und ist ein $z_\lambda = x_\lambda + iy_\lambda$ komplex, so folgt aus $f(x_\lambda + iy_\lambda) = 0$ auch $f(x_\lambda - iy_\lambda) = 0.$[25]) Daher gehört zu jeder μ_λ-fachen W. $(x_\lambda + iy_\lambda)$ von $f = 0$ eine μ_λ-fache W. $(x_\lambda - iy_\lambda)$; zu jedem Faktor $(z - x_\lambda - iy_\lambda)^{\mu_\lambda}$ von $f(z)$ der konjugiert komplexe $(z - x_\lambda + iy_\lambda)^{\mu_\lambda}$. — Jede gz. F. einer W. z_1 kann so umgeformt werden, dass sie höchstens bis zum Grade $(n - 1)$ aufsteigt.

6. Ableitung und Stetigkeit. Entwickelt man $f(z + h)$ nach Potenzen von h und schreibt

$$f(z + h) = f(z) + hf'(z) + \frac{h^2}{1 \cdot 2}f''(z) + \cdots + \frac{h^n}{n!}f^{(n)}(z),$$

dann heisst $f^{(\lambda)}(z)$ die λ^{te} *Ableitung* von $f(z)$ (vgl. II A 2). Die μ^{te} Ableitung der ν^{ten} Ableitung ist die $(\mu + \nu)^{\text{te}}$ Ableitung.

Aus dieser Darstellung fliesst der Satz, dass $f(z)$ eine *stetige* F. (II A 1, Nr. 9) von z ist, d. h. dass $|f(z + h) - f(z)|$ mit $|h|$ zur Null konvergiert. Dabei bedeutet nach *C. Weierstrass* $|a|$ den absoluten Betrag oder den Modul von a. Sowohl bei reellen wie bei komplexen Werten von h entscheidet das Verhalten von $f'(z)$ über den Sinn der Änderung von $f(z)$.[26])

Bei einer Anzahl algebraischer Beweise wird folgende Stetigkeitseigenschaft benutzt: Setzt man $z = x + yi$, $f(z) = u + vi$, dann lässt sich stets, wenn $|f(z)| = \sqrt{u^2 + v^2}$ von Null verschieden ist, ein Paar hinlänglich kleiner reeller Werte h, k so bestimmen, dass

$$|f(x + h + iy + ik)| < |f(x + iy)|$$

wird[27]).

7. Fundamentaltheorem der Algebra. Handelt es sich um die Frage, ob die allgemeine Gl. $f(z) = 0$ W. besitzt, so reicht es aus, die Koeff. reell anzunehmen; denn bei komplexen Koeff. braucht man nur $f(z)$ mit der konjugiert komplexen F. $f_1(z)$ zu multiplizieren und die Gl. mit reellen Koeff. $f(z)f_1(z) = 0$ zu betrachten.

Unter der Annahme reeller Koeff. folgt aus Stetigkeitsbetrachtungen (II A 1, Nr. 9), dass jede Gl. ungeraden Grades stets eine reelle W. besitzt; ebenso, dass jede Gl. geraden Grades, in welcher das Produkt $a_0 a_n$ negativ ist, eine positive und eine negative reelle W. hat[28]).

Besitzt jede Gl. eine W., dann folgt aus Nr. 3, dass eine jede

25) *Euler*, Introductio etc. Cap. 2.

26) Siehe z. B. *Serret-Wertheim*, Algebra, 2. Aufl. 1, § 51—52.

27) *A. M. Legendre*, Théorie des nombres, 2. éd. Paris 1808, p. 149.

28) *Euler*, Introduct. Cap. 2; ebenda finden sich weitere elementare Eigenschaften von Funktionen zusammengestellt.

Gl. n^{ten} Grades genau n W., reelle oder gewöhnliche komplexe Zahlen habe, wenn jede W. so oft gezählt wird, als ihre Multiplizität angiebt. Der Satz, dass dies wirklich der Fall ist, heisst nach *Gauss* das *algebraische Fundamentaltheorem*.

Die Existenz einer W. für jede algebraische Gl. schlossen die Mathematiker des vorigen Jahrhunderts zunächst aus der Betrachtung besonderer Gl., z. B. der binomischen, ferner derjenigen von ungeradem Grade und derjenigen von geradem Grade mit sgn $(a_0 a_n) = -1$. Der Nachweis im allgemeinen Falle kostete grosse Mühe; *J. d'Alembert, Euler, Daviet de Foncenex, Lagrange* versuchten vergeblich ihn zu liefern. Der erste, strengeren Anforderungen genügende Beweis des Fundamentaltheorems wurde im Jahre 1797 von *C. F. Gauss* gefunden und 1799 in seiner Dissertation[29] unter Vermeidung der Benutzung komplexer Grössen veröffentlicht. Ebenda (Werke 3, p. 7—20) befindet sich eine eingehende Besprechung der früheren ernsthaften Versuche einer Begründung des Fundamentaltheorems. *Gauss* hat in der Folge noch *drei* andere Beweise des Satzes gegeben[30]. Jetzt liegen so viele Beweise vor, dass eine Aufzählung nicht möglich ist; wir müssen uns darauf beschränken, die gelieferten zu gruppieren und die Gruppen zu charakterisieren. Dabei sehen wir von solchen Beweisen ab, welche sich auf Lehren der Integralrechnung oder der Funktionentheorie stützen[31].

Hat $f(z) = 0$ nicht zufällig eine rationale W. (vgl. Nr. **10,** *Newton*), dann ist es nicht möglich, eine W. der Gl. durch eine endliche Anzahl von rationalen Operationen darzustellen; ebensowenig gelingt es, die Existenz der W. ohne Benutzung von Stetigkeitsbetrachtungen (analytischer oder geometrischer Natur) oder von unendlich fortgesetzten Operationen nachzuweisen.

Die eine Gruppe von Beweisen wendet derartige Hülfsmittel an. Bei ihrer Beurteilung ist der Standpunkt, den man gegenüber der Auffassung der geometrischen Stetigkeit und des Irrationalen einnimmt, von entscheidender Bedeutung. Solange ohne Bedenken jeder Strecke

---

29) Helmstädt 1799 = Werke 3, p. 1: „Demonstratio nova theorematis omnem functionem algebraicam rationalem integram unius variabilis in factores reales primi vel secundi ordinis resolvi posse." Über die früheren Beweisversuche vgl. *G. Loria*, Riv. di mat 1 (1891), p. 185, Bibl. math. (2) 5 (1891) p. 99.

30) Comment. Götting. 3, 1816; (1815, 7. Dez. und 1816, 30. Jan.). — Götting. Abh. 4, 1850. Der vierte Beweis kann als eine Neuredaktion des ersten unter Benutzung der komplexen Grössen angesehen werden; er weist zugleich die Existenz aller n W. der Gl. gleichzeitig nach.

31) Hierher gehört der dritte *Gauss*'sche Beweis, einer der *Cauchy*'schen Beweise u. s. f.

eine entsprechende Zahl zugeordnet wurde (vgl. I A 3, Nr. 4), galten die geometrischen Beweise als bindend. Mit der Erkenntnis, dass solche Zuordnung ein geometrisches Axiom involviere, änderte sich diese Meinung. — Ebenso steht es bei den Beweisen, die sich auf eine explizit-ausführbare Annäherung an den „Wurzelwert" stützen, gegenüber der Auffassung des Irrationalen. Einen extremen Standpunkt nahm in dieser Hinsicht *Kronecker* (J. f. Math. 101 [1887], p. 337) ein, der die „sogenannte Existenz der reellen irrationalen Wurzeln algebraischer Gleichungen einzig und allein in der Existenz von Intervallen sieht", die beliebig geringe Ausdehnung haben, an deren Anfangs- und End-Punkt $f(z)$ entgegengesetzte Vorzeichen besitzt, und innerhalb deren $|f(z)|$ gewisse obere Grenzen nicht überschreitet. — Entsprechend definiert *F. Mertens*, Monatsh. f. Math. 3 (1892), p. 293: die W.-Existenz beweisen, heisse, eine Methode zur Bestimmung eines rationalen komplexen Wertes für z geben, durch den beide „Koordinaten" der F. $f(z)$ von gewünschter Kleinheit würden. — *D. Hilbert* dagegen nennt diese Definition geradezu inkorrekt, Fortschr. d. Math. 24 (1895), p. 87.

Die andere Gruppe bedient sich solcher Hülfsmittel nicht und reduziert daher das Problem nur so weit, als es bei dieser Einschränkung geschehen kann: es wird gezeigt, dass jede Gl. dann eine W. besitzt, wenn dies für jede Gl. ungeraden Grades der Fall ist. So wird der arithmetische Teil scharf vom „transcendenten" getrennt, wie *Gordan* sich treffend ausdrückt[32]).

Die Beweise der ersten Gruppe können in solche unterschieden werden, welche geometrische Stetigkeit benutzen und in solche, welche ein Verfahren angeben, durch das man sich einem W.-Werte asymptotisch nähert.

Zu den charakteristischen geometrischen Beweisen zählen vor allem der erste bezw. der vierte *Gauss*'sche. Ihr Prinzip beruht darauf, $f(x + iy) = u + iv$ zu setzen, (x, y) als Punkt der komplexen (*Gauss*'schen) Ebene zu deuten und dann zu zeigen, dass die Kurven $u(x, y) = 0$, $v(x, y) = 0$ Schnittpunkte haben. Dies folgt aus ihrer für grosse Moduln $\sqrt{x^2 + y^2}$ leicht zu überblickenden Konfiguration[33]). Andere Beweise stützen sich auf die Umschlingung des Nullpunktes durch die Kurve (u, v) in einer zweiten imaginären Ebene, wenn

---

32) Vorles. über Invariantentheorie 1, herausgeg. v. *Kerschensteiner*, Leipzig 1885, p. 166.

33) Vgl. dazu *Kronecker*, Berl. Ber. 1878, p. 151, 152, welcher als Kernpunkt den Übergang zu „reinen" oder „binomischen" Gl. heraushebt.

(x, y) in der seinigen eine passend gewählte geschlossene Kurve durchläuft [34]).

Der erste Beweis von *Cauchy* [35]), der sich im wesentlichen auf eine von *Legendre* [36]) herrührende Idee stützt, benutzt die Gestaltung der Fläche $w = u^2(x, y) + v^2(x, y)$, wobei x, y, w rechtwinklige Raumkoordinaten bedeuten, setzt die (als selbstverständliche Annahme angreifbare) Existenz eines Minimums für das niemals negative w voraus und weist mit Hülfe des Schlusssatzes in Nr. **6** nach, dass dieses Minimum nicht von 0 verschieden sein kann; so wird für das entsprechende (x, y) gefunden $u = 0$, $v = 0$, d. h. $f = u + iv = 0$.

Der zweite *Cauchy*'sche Beweis [37]) bringt ein eigenartiges Element in die Betrachtung, nämlich das Verhalten des Quotienten $u : v$ beim Umkreisen eines W.-Punktes: „Verfolgt man die Wertänderung des Quotienten $u : v$ beim Durchlaufen einer einfachen geschlossenen Kurve der xy-Ebene, indem man dabei ihr Inneres zur Linken lässt, dann geht der Quotient so oft vom Positiven durch Null zum Negativen, als die doppelte Anzahl der im Innern der Kurve liegenden W.-Stellen beträgt." Von diesem allgemeinen Satze kommt *Cauchy* dann auf das Fundamentaltheorem durch Betrachtung eines hinlänglich grossen (*Gauss*'schen) Kreises an Stelle der geschlossenen Kurve.

Die zweite Unterabteilung der Beweise erster Gruppe giebt analytische Vorschriften zur Annäherung an einen Wert z_1, für den $f(z)$ verschwindet. Eine Reihe von Beweisen der ersten Unterabteilung lässt sich bei geänderter Darstellung direkt in diese Form bringen.

Der *d'Alembert*'sche Beweis [38]), der erste, welcher für das Fundamentaltheorem versucht wurde, gehört hierher; er beruht auf der analytischen Umkehrung der F. $y = f(z)$. *Gauss*, der ihn in einigen Punkten als unzureichend nachweist, giebt zugleich an, wie er zu voller Strenge umgestaltet werden könne [39]).

---

34) Vgl. z. B. *C. Ullherr*, J. f. Math. 31 (1846), p. 231.

35) Exerc. de Math. 4, Paris 1829, p. 98. — Vgl. Cours d'Analyse, Chap. X. Siehe auch *J. R. Argand*, Gergonne Ann. 5 (1815), p. 201. Wegen der Existenz des Minimums vgl. z. B. *Weber* 1, § 41.

36) Théorie des nombres, Paris 1808, p. 149 ff.

37) J. Éc. polyt. Cah. 25 (1837), p. 176. — Vgl. *Ch. Sturm* u. *J. Liouville*, J. de Math. 1 (1836), p. 278 u. p. 290. *F. N. M. Moigno,* ibid. 5 (1840), p. 75. Auf eine Lücke in diesem Beweise hat *F. Rudio*, Naturf.-Ges. Zürich 38 (1894) aufmerksam gemacht; es wird nämlich die Zerlegbarkeit der Ebene in Teilgebiete von bestimmter Eigenschaft unbewiesen angenommen.

38) Berlin Hist. de l'Acad. 1746, p. 182.

39) l. c. Werke 3, p. 29. — Vgl. *Ch. v. Staudt*, J. f. Math. 29 (1845), p. 97.

In rein analytischer Form giebt *R. Lipschitz* einen Beweis[40]), der sich auf das Schlusstheorem von Nr. **6** stützt.

Zwei in ihrem Gedankengange ähnliche, aber in ihrer Durchführung von einander völlig verschiedene Beweise sind die von *F. Mertens*[41]) und von *C. Weierstrass*[42]); beide benutzen die *Newton*sche Näherungsformel als Algorithmus, vgl. I B 3 a.

Unter den Beweisen der zweiten Gruppe ist zunächst der zweite *Gauss*'sche Beweis zu nennen[43]). Hier wird ein systematisch wichtiges Hülfsmittel benutzt: Eine Reihe von Eigenschaften einer Gl. n^{ten} Grades mit n W. $g(z) = 0$ lässt sich durch Relationen ausdrücken, welche selbst in den W. symmetrisch und also durch die Koeff. von $g(z)$ rational darstellbar sind; diese Koeff. darf man nun durch die entsprechenden Koeff. einer Gl. $f(z) = 0$, über deren W.-Existenz nichts bekannt ist, ersetzen und kann aus dem Bestehen der Relationen auf die jener Eigenschaften auch bei f schliessen[44]). Eine Umgestaltung des Beweises rührt von *Kronecker* her[45]). Beide Beweise zeigen, wie unter der Voraussetzung von W. jeder Gl. des Grades $2^\mu \cdot \nu$ (ν ungerade) die Existenz von W. der Gl. des Gr. $2^{\mu+1} \cdot \nu_1$ (ν_1 ungerade) folgt. Nach *Gordan* (Anm. 32) heisst μ der „Grad der Auflösbarkeit".

Auf andere, einfachere Art führt *Gordan*[46]) den Existenzbeweis, indem er Resultanteneigenschaften benutzt (vgl. Nr. **18**).

Eine neue Darstellung giebt *E. Phragmen*[47]) dem Beweise dadurch, dass er eine algebraische Kongruenz (vgl. Nr. **15**) herleitet,

$$f(z) \equiv F(w, r)z + G(w, r) \quad \text{mod. } (z^2 - 2wz + r^2),$$

bei der $r = \varrho$ durch eine Gl. mit vermindertem Auflösbarkeitsgrade so bestimmt wird, dass $F(w, \varrho) = 0$, $G(w, \varrho) = 0$ eine gemeinsame W. $w = \omega$ besitzen; demnach ist $f(z)$ durch $z^2 - 2\omega z + \varrho^2$ teilbar.

Vgl. hierzu auch die von *Kronecker* aufgestellten Kongruenzen Nr. **15**), welche zur Zerlegung von $f(z)$ in Linearfaktoren führen.

---

40) Lehrbuch d. Analysis, Bonn 1877, 1, § 61. — Eine nach *Dedekind* und *J. Frobenius* vereinfachte Darstellung findet sich in *Weber*'s Algebra 1, § 42, p. 143.

41) Wien. Abh. 1888 Dez. Abt. II*. — Monatsh. f. Math. 3 (1892), p. 291.

42) Berl. Ber. 1891, p. 1085. — Vgl. auch *Ch. Méray*, Bull. d. scienc. math. 2) 15 (1891), p. 236.

43) Werke 3, p. 31.

44) Ausführlich dargestellt bei *J. Molk*, Acta math. 6 (1885), p. 1. — Zu dieser Gruppe gehört der Beweis von *Th. Vahlen*, Acta math. 21 (1897), p. 287.

45) Grundzüge einer arithm. Theorie u. s. w., J. f. Math. 92 (1882), § 13.

46) Math. Ann. 10 (1876), p. 572; Invariantentheorie 1, p. 166. — Vgl. auch *E. B. Elliott*, Lond. Math. Soc. Proc. 25 (1894), p. 173.

47) Stockholm Öfv. 16 (1891), p. 113. — Siehe ferner *D. Seliwanoff*, Bull. Soc. Math. de France 13 (1885), p. 119.

8. Zerlegung in Faktoren. Durch den Nachweis der W.-Existenz ist der Anschluss an Nr. 5 gewonnen; damit ist der Satz bewiesen, dass jede gz. F. n^{ten} Grades sich, abgesehen von a_0, in lineare Faktoren

$$f(z) = a_0(z - z_1)(z - z_2) \cdots (z - z_n)$$

$$= a_0(z - z_1)^{\mu_1}(z - z_2)^{\mu_2} \cdots (z - z_r)^{\mu_r} \quad (\mu_1 + \mu_2 + \cdots + \mu_r = n)$$

zerlegen lässt. Wir setzen $a_0 = 1$. Multipliziert man die erste Form aus und vergleicht die Koeff. gleicher Potenzen von z, so folgt

$$\sum z_\lambda = - a_1, \quad \sum z_\lambda z_\mu = + a_2, \quad \sum z_\lambda z_\mu z_\nu = - a_3, \cdots$$

d. h. es ergeben sich fundamentale Beziehungen zwischen den Koeff. und den symmetrischen F. der W. Auf diese wird in der Theorie der symmetrischen Funktionen I B 3 b eingegangen; wir brauchen hier nur den Satz, dass jede gz. symmetrische F. der W. eine gz. F. der a_λ ist. Er zeigt z. B. sofort, dass jede rat. F. aller W. z_λ als gz. F. derselben darstellbar ist, die in den a_λ gebr. Koeff. haben.

Setzt man $f_\lambda = (z - z_\lambda)(z - z_{\lambda+1}) \cdots (z - z_n)$ für $\lambda = 1, 2, \cdots$ $n - 1, n$, so folgt, dass jede W.-Potenz $z_\lambda^\varkappa$, in der $\varkappa > (n - \lambda)$ ist, eine gze. gz.-zahlige F. von $z_\lambda, \ldots z_n$ wird, die in z_λ nur bis zur Potenz $(n - \lambda)$ steigt. Das ergiebt weiter, dass gze. gz.-zahlige F. der W. sich gz. und gz.-zahlig als Aggregate der $n!$ Potenzprodukte

$$z_1^{h_1} z_2^{h_2} \cdots z_{n-1}^{h_{n-1}} \quad (h_k = 0, 1, \cdots n - k; \; k = 1, 2, \cdots n - 1)$$

darstellen lassen, wobei die Koeff. gze. gz.-zahlige F. von $a_1, a_2, \ldots a_n$ sind[48]). Ein solches System heisst ein *Fundamentalsystem*.

9. Rationalitätsbereich. Bei allen Fragen nach Zerlegbarkeit und Unzerlegbarkeit eines Ausdrucks ist zunächst festzustellen, was als rational bekannt gelten soll. Da mit jeder rational bekannten Grösse zugleich auch alle ihre rationalen F. rational bekannt sind, so genügt es, die Elemente $\mathfrak{R}'$, $\mathfrak{R}''$, $\mathfrak{R}'''$, ... anzugeben, deren rationale F. den *Rationalitätsbereich* ($\mathfrak{R}'$, $\mathfrak{R}''$, $\mathfrak{R}'''$, ...) ausmachen. Die rat. F. sind dabei stets mit gz. gz.-zahligen Koeff. zu bilden[49]).

Eine gz. F. kann in einem Rationalitätsbereiche (Rat.-Ber.) unzerlegbar, irreduktibel (irred.) sein, während sie in einem erweiterten zerlegbar, reduktibel (red.) ist. Im Bereiche der reellen Zahlen ist nach dem Fundamentaltheorem jede gz. gz.-zahlige F. $f(z)$ in Faktoren ersten oder zweiten Grades, im Bereiche der komplexen Zahlen in Faktoren

---

48) *Kronecker*, l. c. § 12.

49) *Abel* hat zuerst die Notwendigkeit dieser Festsetzungen erkannt: „Sur la résol. algébr. etc.", Oeuvres (éd. *Sylow* u. *Lie*) 2, p. 217. Die weitere Ausbildung stammt von *Kronecker*, Berl. Ber. 1853, p. 365; 1873, p. 117; 1879, p. 205; Grundzüge u. s. w. 1882, p. 3.

ersten Grades zerlegbar. *Gauss* hat gezeigt[50]), dass für Zerlegungen gz. gz.-zahliger F. $f(z)$ der Rat.-Ber. der rat. gebrochenen Zahlen sich durch den der rat. gz. Zahlen ersetzen lässt; mit anderen Worten, dass das Produkt zweier primitiver F. wieder eine primitive F. wird.

10. Reduktibilität. Irreduktibilität. Die Frage, ob eine gz. gz.-zahlige F. $f(z)$ im „natürlichen" Rat.-Ber. $(\Re') = (1)$ zerlegbar ist, kann so entschieden werden, dass man alle W.-Faktoren $(z - z_\lambda)$ bestimmt und einzeln betrachtet, oder zu je zwei, drei, ... multipliziert; Zerlegung findet dann und nur dann statt, wenn dabei eins der Produkte eine gz. gz.-zahlige F. wird. — Die direkte Behandlung der Frage führt auf Eliminationsprobleme und wandelt sie in die andere um, ob gewisse Gl. gz. gz.-zahlige W. haben[51]). Beide Methoden sind praktisch nicht verwendbar. — Nimmt man die W.-Existenz als bewiesen an, dann lässt sich eine Grenze für den absoluten Betrag der Moduln der Koeff. der Faktoren aus den absoluten Beträgen der Koeff. von $f(z)$ herleiten[52]). Damit kann man die Frage durch eine endliche Anzahl von Versuchen bequemer erledigen.

Ohne Voraussetzung des Fundamentaltheorems, welches er aus Gründen der Systematik an eine spätere Stelle setzt, gelangt *Kronecker* zur Lösung des Problems, indem er mit Hülfe der *Lagrange*'schen Interpolationsformel alle F. aufstellt, die überhaupt als Teiler von $f(z)$ in Frage kommen[53]). Diese Methode ist von *Runge* weiter durchgearbeitet und zu praktischem Gebrauche verwendbar gemacht worden[54]).

M. Mandl[55]) ersetzt das *Heine*'sche Eliminationsverfahren (Anm. 51) durch die Lösung einer Reihe diophantischer Gleichungen.

Schon *Newton* hat den Fall linearer Faktoren erledigt[56]), derart dass er für eine Reihe von Argumentwerten die Glieder einer arithmetischen Reihe annimmt; er hat auch die Erweiterung auf Faktoren höherer Ordnung angedeutet; hierbei tritt eine nahe Verwandtschaft der *Kronecker*'schen mit der *Newton*'schen Methode zu Tage.

G. Eisenstein hat einen Satz aufgestellt[57]), durch welchen aus der formalen Beschaffenheit der Koeff. einer F. ein Schluss auf ihre Irred.

---

50) Disq. arithm. Lip. 1801, § 42 = Werke 1, p. 34. Vgl. ibid. § 11.

51) *E. Heine*, J. f. Math. 48 (1854), p. 267.

52) *K. Runge*, J. f. Math. 99 (1886), p. 93, 94; vgl. I B 3 a, Nr. 2.

53) Grundzüge u. s. w. § 4, p. 11.

54) J. f. Math. 99 (1886), p. 89.

55) J. f. Math. 113 (1894), p. 252.

56) Arithmetica universalis, Lugd. 1732.

57) J. f. Math. 39 (1850), p. 160.

gezogen werden kann: sind bei $a_0 = 1$ alle Koeff. $a_1, a_2, \ldots a_n$ durch die Primzahl p, und ist a_n durch keine höhere Potenz von p als die erste teilbar, dann ist f irreduktibel. — *L. Königsberger*[58]) hat eine Verallgemeinerung dieses Theorems durch eine ganze Reihe von Sätzen gegeben; an diese schliessen sich andere in derselben Richtung an, die *Netto* fand[59]).

Der *Eisenstein*'sche Satz liefert einen unmittelbaren Beweis für die Irred. der „Kreisteilungsgl." $z^{p-1} + z^{p-2} + \cdots + z + 1 = 0$ für eine Primzahl p und ebenso für eine Primzahlpotenz (l. c.). Der erste Beweis für die Irreduktibilität der Kreisteilungsgl. stammt von *Gauss* (Disq. arith. Sect. VII, § 341); in der Folgezeit wurde eine ganze Anzahl weiterer Beweise gegeben[60]). — Ein einfacher Beweis für die Irreduktibilität von $z^p - a$, falls a keine p^{te} Potenz ist (*Abel:* Sür la résol. alg. § 2), stammt von *Mertens*, und ein rein arithmetischer Beweis von *A. Kneser*[61]).

Die Behandlung der Reduktibilität in einem willkürlichen Rat.-Ber. fordert genaues Eingehen auf die Theorie der Elimination und der algebraischen Grössen. Man findet eine grundlegende Untersuchung bei *Kronecker* („Grundzüge") und Erläuterungen dazu bei *Molk* (l. c.) und bei *A. Kneser*, Math. Ann. 30 (1887), p. 179, § 3. Die Irreduktibilität der Kreisteilungsgl. in allgemeineren Rat.-Gebieten findet sich in den Anm. 60 zitierten Arbeiten gleichfalls behandelt.

Über die Irreduktibilität von Funktionen $f(z) = \theta_1(\theta_2(z))$ hat *A. Capelli* Untersuchungen angestellt[62]). Dabei gehören die Koeffizienten der Funktionen $\theta_1(y)$, $\theta_2(z)$ einem beliebigen Rationalitätsgebiete $(\Re)$ an. Für die Irreduktibilität von f ist es charakteristisch, dass $\theta_1(y)$ in $(\Re)$ und $\theta_2(z) - y_1$ in $(\Re, y_1)$ irreduktibel ist; y_1 bedeutet hier eine Wurzel von $\theta_1(y) = 0$.

Mit Hülfe dieses allgemeinen Satzes erledigt *Capelli* die Frage nach der Irreduktibilität der binomischen Gleichung $z^n - a = 0$ für beliebige Rationalitätsbereiche. Die Potenzen von 2, für n genommen, treten bei den Resultaten in eine Ausnahmestellung.

---

58) J. f. Math. 115 (1895), p. 53 und weiter Berl. Ber. 1898, p. 735.

59) Algebra 1, p. 61.

60) *Kronecker*, J. f. Math. 29 (1845), p. 280; J. de Math. 19 (1845), p. 177; ibid. (2) 1 (1856), p. 399 [= Werke 1, p. 1, 75, 99]; J. f. Math. 100 (1887), p. 79. *Serret*, J. de Math. 15 (1850), p. 296. *Th. Schönemann*, J. f. Math. 32 (1846), p. 93. *Dedekind*, ibid. 54 (1857), p. 27. *F. Arndt*, ibid. 56 (1859), p. 178. *V.-A. Lebesgue*, J. de Math. (2) 4 (1859), p. 105.

61) *F. Mertens*, Monatsh. f. Math. 2 (1891), p. 291; *A. Kneser*, J. f. Math. 106 (1890), p. 48.

62) Napoli Rend. (1897, Dez.; 1898, Febr., Mai).

11. Teilbarkeitseigenschaften. Den Irreduktibilitäts- können *Teilbarkeits*-Eigenschaften gegenübergestellt werden, bei denen es sich darum handelt, dass gewisse F. durch andere geteilt werden können. Bei Umformungen in der Determinantentheorie begegnet man häufig solchen Formeln. Hervorzuheben ist eine Arbeit von *W. Fr. Meyer* [63]) über die Teilbarkeit ganzer Funktionen höherer Differentialquotienten $\varDelta_k$, wo $k!\varDelta_k$ den Zähler der k^{ten} Ableitung eines Bruches $g(z) : f(z)$ bedeutet. Es mag hier angemerkt werden, dass alle Determinanten $|\varDelta_{i+k}|$ sehr leicht als solche dargestellt werden können, deren Elemente Ableitungen der f, g sind, woraus allgemeinere Teilbarkeits-Eigenschaften entspringen. Ferner sei auf den Zusammenhang dieser Formeln mit den Entwickelungen der C_ϱ gegen Ende von Nr. **12** hingewiesen.

Teilbarkeits-Eigenschaften sind ferner für Resultanten und Diskriminanten (Nr. **19**) in grosser Anzahl entwickelt.

D. Hilbert giebt in eleganter Weise die charakteristischen Bedingungen dafür, dass eine binäre Form eine vollständige Potenz einer anderen binären Form sei; hier knüpft *C. Weltzien* an, leitet in den einfachsten Fällen diese Bedingungen elementar ab und erweitert die Untersuchung auf ternäre Formen [64]).

12. Grösster gemeinsamer Teiler. Sind $f(z)$ vom Grade n, und $f_1(z)$ vom Grade $(n - n_1)$ gz. gz.-zahlige Funktionen, dann liefert das *Euklid*'sche Schema des *grössten gemeinsamen Teilers* (gr. gm. T.) eine endliche Reihe von Gleichungen [I B 3 a]

$$f_{\lambda-1} = f_\lambda g_\lambda - f_{\lambda+1} \qquad (\lambda = 1, 2, \ldots r; \; f_0 = f),$$

in denen der Grad von $f_{\lambda+1}$ kleiner als der von f_λ ist, und $f_{r+1} = 0$ wird. Das Vorzeichen des Restes wird anderer Untersuchungen halber (*Sturm*'sche Reihe) negativ gewählt. Der Grad von f_λ sei $(n - n_\lambda)$, so dass $n_{\lambda+1} > n_\lambda$ und $n_1 \geqq 0$ wird. Jedes f_λ lässt sich in der Form

$$f_\lambda = f_1 \psi_{\lambda-1} - f \varphi_{\lambda-1}$$

darstellen, wobei ψ_λ und φ_λ bezw. die Grade n_λ und $(n_\lambda - n_1)$ besitzen. Die Koeff. in den f_λ brauchen nicht ganzzahlig zu sein; durch Benutzung von Konstanten, mit denen vor der Division multipliziert wird, kann man ganzzahlige F. $\bar{f}_\lambda$, $\bar{g}_\lambda$ erhalten, so dass

$$r_{\lambda-1}\bar{f}_{\lambda-1} = \bar{f}_\lambda \bar{g}_\lambda - s_{\lambda+1}\bar{f}_{\lambda+1}$$

gesetzt wird, wo alle $\bar{f}_{\lambda+1}$ primitive F. werden. Die fremden

---

63) Math. Ann. 36 (1890), p. 435.

64) *Hilbert*, Math. Ann. 27 (1886), p. 381; vgl. *F. Brioschi*, Pal. C. M. R. 10 (1896), p. 153; *C. Weltzien*, Progr. d. Friedr. Werd. Ober-Realsch., Berlin 1892.

durch $r_{\lambda-1}$ eingeführten Faktoren fallen durch $s_{\lambda+2}$ wieder heraus, indem $s_{\lambda+2}$ ein Multiplum von $r_{\lambda-1}$ wird[65]). Wir wollen aber bei der ersten Darstellung mit gebrochenen Koeff. bleiben.

Das *Euklid*'sche Schema liefert die Kettenbruchentwickelung

$$\frac{f_1}{f} = 1/g_1 - 1/g_2 - \cdots - 1/g_r$$

und ferner die Darstellung desselben Bruches als Summe von Primbrüchen

$$\frac{f_1}{f} = \frac{1}{\psi_0 \psi_1} + \frac{1}{\psi_1 \psi_2} + \cdots + \frac{1}{\psi_{r-1} \psi_r};$$

das wichtigste Ergebnis des Verfahrens aber ist die Herstellung des gr. gm. T., der freilich mit gebrochenen Koeff. behaftet auftritt,

$$f_r = f_1 \psi_{r-1} - f \varphi_{r-1}.$$

Die Reihe der für die f_λ oben aufgestellten Gl. führt zu der Aufgabe, zwei gz. F. Ψ und Φ so zu bestimmen, dass wenn $f_1 \Psi - f \Phi = F$, und die Grade von Ψ, Φ, F gleich ν, $\nu - n_1$, ϱ werden, dann $\nu + \varrho < n$ ist, wie dies bei $\psi_{\lambda-1}$, $\varphi_{\lambda-1}$, f_λ der Fall war. Diese Aufgabe kann man durch Reihenentwickelung

$$\frac{f_1}{f} = c_0 z^{-1} + c_1 z^{-2} + c_2 z^{-2} + \cdots$$

lösen; bezeichnen wir $|c_{p+q}|$ mit C_σ ($p, q = 0, 1, \cdots \sigma - 1$), so können eindeutige Lösungen nur für solche Gradzahlen von Ψ auftreten, welche gleichzeitig Ordnungszahlen nicht verschwindender C_σ sind. Durch das Verschwinden derartiger Determinanten wird zugleich der Grad des gr. gm. T. der Funktionen f, f_1 bestimmt. Die f_λ, ψ_λ, φ_λ lassen sich durch ähnlich gebildete, mit den C_ϱ verwandte Determinanten darstellen. Die Umwandlung in Determinanten, deren Elemente die Koeff. von f und f_1 statt der c_λ sind, lässt sich auf verschiedene Weise durchführen[66]).

Über die Darstellung des gr. gm. T. vgl. auch den Schlusssatz von Nr. 18.

13. Irreduktible Funktionen. Haben f und f_1 keinen gem. T. ausser einer Konstanten, dann heissen sie *relativ prim* zu einander oder *teilerfremd*. Für solche kann

$$f \cdot F_1 + f_1 \cdot F = 1$$

gesetzt werden, wo F und F_1 passend gewählte gz. F. höchstens von den Graden $(n - n_1 - 1)$ und $(n - 1)$ mit gebrochenen Koeff. sind.

---

65) *Netto*, J. f. Math. 116 (1896), p. 45.

66) Vgl. zu dieser Nummer: *Kronecker*, Berl. Ber. 1881, p. 535. — *Netto*, Algebra 1, Vorles. 6 und 7.

Aus diesem fundamentalen Satze folgt[67]): Hat f mit einer irred. F. φ einen gem. T., so ist f selbst durch φ teilbar. — Wenn weder f_1 noch f_2 durch die irred. F. φ teilbar ist, dann wird auch $f_1 f_2$ nicht durch φ teilbar. — Ist $f_1 f_2$ durch ein f teilbar, welches keinen gem. T. mit f_2 hat, dann ist f_1 durch f teilbar. — Ist f ein Vielfaches von f_1 und von f_2, und haben f_1 und f_2 keinen gem. T., dann ist f auch ein Vielfaches von $f_1 f_2$. — Jede F. lässt sich auf wesentlich nur eine Art, d. h. abgesehen von konstanten Faktoren, in ein Produkt von irred. Faktoren zerlegen. Hier treten Analogien zur Zahlentheorie heraus; die irredukt. Faktoren übernehmen die Rolle von Primzahlen und die Konstanten diejenige von Einheiten.

14. Trennung vielfacher Wurzeln. Aus der in Nr. 8 gegebenen Form von $f(z)$ folgt, wenn z_λ die Multiplizität μ_λ hat,

$$f'(z) = \sum \frac{\mu_\lambda f(z)}{z - z_\lambda} \qquad (\lambda = 1, 2, \ldots r),$$

und daraus ergiebt sich, dass f und f' als gr. gm. T. das Produkt

$$f_1(z) = (z - z_1)^{\mu_1 - 1}(z - z_2)^{\mu_2 - 1} \cdots (z - z_r)^{\mu_r - 1}$$

haben, d. h. das Produkt aller Wurzelfaktoren, jeden in einer um 1 verminderten Multiplizität gegenüber $f(z)$.

Verfahren wir ebenso mit f_1 und f_1', so wird deren gr. gm. T.:

$$f_2(z) = (z - z_1)^{\mu_1 - 2}(z - z_2)^{\mu_2 - 2} \cdots (z - z_r)^{\mu_r - 2},$$

wo alle Faktoren mit negativen Exponenten zu unterdrücken sind; u. s. f. Es enthält $f(z) : f_1(z) = 0$ alle W. von $f = 0$, und zwar eine jede einfach; $f_1(z) : f_2(z) = 0$ alle W. von $f = 0$, die mindestens die Multiplizität 2 haben, und zwar eine jede einfach; u. s. w. Ferner liefern

$$\frac{f(z) f_2(z)}{f_1{}^2(z)} = 0, \qquad \frac{f_1(z) f_3(z)}{f_2{}^2(z)} = 0, \cdots$$

alle einfachen, alle Doppel-W., ... und zwar jede in der Multiplizität 1.[68])

Jede μ-fache W. von $f(z) = 0$ ist zugleich W. von $f'(z) = 0$, $\ldots f^{(\mu - 1)}(z) = 0$ und umgekehrt[69]).

Setzen wir unter Wahrung der Bedeutung von f, f' und f_1

$$f(z) = f_1(z) \cdot g(z), \qquad f'(z) = f_1(z) \cdot h(z),$$

---

67) Diese Analoga zu Sätzen der Zahlentheorie sind in jedem Lehrbuche der Algebra zu finden; vgl. auch *Molk* l. c.

68) Vgl. z. B. *Serret-Wertheim*, Algebra, 2. Aufl., 1, § 50.

69) *J. Hudde*, Brief an *F. van Schooten* (Epist. II) in dessen Ausgabe von Descartes Geometrie, Amstelod. 1658. — *Euler*, Inst. Calc. Diff. 2, § 249.

so folgt, dass $g(z) = 0$ keine vielfachen W. habe, aus dem Fundamentaltheorem. *Fr. Engel*[70]) hat ohne Voraussetzung desselben den gleichen Satz bewiesen, indem er von einer Bemerkung von *Gauss* ausging[71]).

Ist eine gz. F. $f(z)$ so in Faktoren zerlegt, $f = M^m P^p \ldots S^s$, dass die Gl. $M \cdot P \cdots S = 0$ nur einfache W. besitzt, dann giebt es, wie *Ch. Hermite* gezeigt hat[72]), eine Zerlegung jedes Bruches

$$\frac{g(z)}{f(z)} = \frac{\mathfrak{M}}{M^m} + \frac{\mathfrak{P}}{P^p} + \cdots + \frac{\mathfrak{S}}{S^s},$$

wobei die Zähler $\mathfrak{M}$, $\mathfrak{P}$, $\ldots$ $\mathfrak{S}$ rat. gz. Funktionen sind. Diese Darstellung, welche auf rationalem Wege durchgeführt werden kann, ist für die Integration des Bruches von Wichtigkeit. [II A 2.]

Bestehen unter den W. einer Gl. μ Relationen $z_\alpha = z_\beta$, dann nennt *J. J. Sylvester* (Phil. Mag. [4] 3 [1852], p. 375 u. 460) μ die *Multiplizität der Gl.*; diese kann je nach dem Zusammenhange der W. sehr verschiedenen Charakter haben. Für alle bestehen gewisse nur von μ abhängige (Evectanten-) Eigenschaften. (Über die Definition der Evectanten vgl. *G. Salmon*, Higher Algebra § 134, sowie I B 2.) Vgl. weiter Nr. 22.

15. Algebraische Kongruenzen. Ist

$$F(z) = f(z) + g(z) \cdot \varphi(z),$$

dann heissen $F(z)$ und $f(z)$, in Analogie zu Bezeichnungen der Zahlentheorie, einander kongruent nach dem Modul $g(z)$. Dies liefert die „*algebraische Kongruenz*"

$$F(z) \equiv f(z) \quad (\text{mod. } g(z)),$$

deren erste Behandlung von *Cauchy* stammt[73]), und deren weitere Erforschung durch Arbeiten von *J.-A. Serret*[74]), von *Th. Schönemann*[75]) und von *R. Dedekind*[76]) gegeben wurde. Sind alle auftretenden Zahlenkoeff. in F und g gz. Zahlen, dann kann man sie nach einem Zahlenmodul k betrachten. Demnach lassen sich auch alle ganzen, ganzzahligen Funktionen sowohl mod. $g(z)$ als auch mod. k, also nach dem *Doppelmodul* $(g(z); k)$ betrachten. $g(z)$ heisst dabei nach *Serret* die *Modularfunktion*. Man kann die Anzahl der Modularfunktionen eines vor-

70) Leipz. Ber. 49 (1897), p. 603.

71) Demonstr. nova altera, § 10; Werke 3, p. 44.

72) Cours d'Analyse 1 (1873), p. 265.

73) Exerc. d'anal. 3 (1844), p. 87.

74) *Serret*, Paris Mém. 35 (1866), p. 617 und Algèbre 2, Section 3.

75) J. f. Math. 31 (1846), p. 269.

76) J. f. Math. 54 (1857), p. 1.

geschriebenen Grades bei gegebenem Modul k bestimmen; ebenso die Anzahl der Reste $f(z)$, bei denen weder Grad noch Betrag der Koeff. mod. $(g(z); k)$ erniedrigt werden kann.

Die Fassung der Begriffe Irreduktibilität und Teilbarkeit, von Kongruenzwurzeln, u. s. w. ist klar. Bei den binomischen Kongruenzen

$$x^n - 1 \equiv 0 \qquad \text{mod. } (g(z); k)$$

treten die Wurzeln, die zu gewissen Exponenten „*gehören*", zusammen; dieser Begriff sowie derjenige der *primitiven* W. entspricht dem in der Zahlentheorie gebräuchlichen.

Auch in diesem Gebiete ist das Problem der Zerlegung einer gegebenen F. $F(z)$ in irred. Faktoren zu lösen[77]. —

Hier seien ferner die *Kronecker*'schen[78] Untersuchungen erwähnt, durch welche zu jeder gz. F. von z ein Modul gefunden wird, für welchen sie in lineare Faktoren von z zerfällt werden kann. So ist z. B.

$$4 \cdot (9c)^3 (z^3 - c) \equiv (9cz - t^4)(18cz + 9ct + t^4)(18cz - 9ct + t^4)$$
$$\text{mod. } (t^6 + 27c^2).$$

16. Resultantendarstellung. Sind zwei Gl., $f(z) = 0$ vom Grade m mit den Koeff. $a_0, \ldots a_m$ und den W. $\alpha_1, \ldots \alpha_m$, und $g(z) = 0$ vom Grade n mit den Koeff. $b_0, \ldots b_n$ und den W. $\beta_1, \ldots \beta_n$ gegeben, (wo $m \geq n$ sei), dann schliesst bei unbestimmten a, b die Kette des *Euklid*'schen Algorithmus mit einem konstanten aus den a, b gebildeten Bruche. Das Verschwinden seines Zählers giebt die Bedingungen für einen gm. T. von f und g. Nach *Brill-Noether*, Deutsche Math. Ver. 3 (1892—93), p. 134 stammt diese Methode von *J. P. de Gua*.

Die Frage nach diesem gm. T. wird auch durch die Betrachtung des Produkts (erste *Euler*'sche Methode)

$$R(f, g) = a_0^n b_0^m \prod (\alpha_\varkappa - \beta_\lambda) \qquad (\varkappa = 1, 2, \ldots m; \ \lambda = 1, 2, \ldots n)$$

erledigt; der Faktor vor dem $\prod$ bewirkt, dass die symmetrische F. R sich als gz. F. der a, b ausdrücken lässt[79]. Es ist

$$R(f, g) = a_0^n g(\alpha_1) \ldots g(\alpha_m) = (-1)^{mn} b_0^m f(\beta_1) \ldots f(\beta_n) = (-1)^{mn} R(g, f).$$

$R = 0$ liefert die charakteristische Bedingung für einen gm. T.

R heisst die *Resultante* (R.) von f und g.[80] *Euler* gab eine Me-

---

77) In engem Zusammenhange hiermit steht die Theorie der *Galois*'schen imaginären Wurzeln. Vgl. Bull. Férussac 13 (1830), p. 428 = J. de math. 11 (1846), p. 399 = Oeuvres publ. p. *É. Picard*, Paris 1897, p. 15. [I C 1.]

78) Mathesis, Mai 1885, p. 102; J. f. Math. 100 (1887), p. 490.

79) *Euler*, Berl. Hist. 1748, p. 243. — *G. Cramer*, Introduct. à l'Analyse des lignes courbes etc. Genf 1750.

80) *Newton*, Arithm. univers 1. Über d. Elimination; *Bézout*, Paris Mém. 1764, p. 286. — Von englischen Mathematikern wird auch die Bezeichnung Eliminante gebraucht. Vgl. über diese Nomenklatur I B 1 b, Nr. **13** u. **14**.

thode[81]), die Berechnung von R bei $n = m$ auf das gleiche Problem für $(m - 1)$ zu reduzieren; *Bézout* erweiterte sie[82]) und führte die Aufgabe auf ein Eliminationsproblem für lineare Gleichungen zurück, indem er (*Bézout*'sche Methode)

$$\varphi_\alpha = a_0 z^\alpha + a_1 z^{\alpha-1} + \cdots + a_\alpha, \quad \psi_\alpha = b_0 z^\alpha + b_1 z^{\alpha-1} + \cdots + b_\alpha,$$
$$\psi_\alpha f - \varphi_\alpha g = d_{\alpha 1} z^{m-1} + d_{\alpha 2} z^{m-2} + \cdots + d_{\alpha m} = 0 \quad (\alpha = 0, 1, \cdots m - 1)$$

setzte und aus dem letzten Gl.-Systeme die Potenzen $1, z, z^2, \cdots z^{m-1}$ eliminierte[83]). *Jacobi* hat diese Methode durchgearbeitet[84]) und zuerst das Verschwinden der Determinante $S = |d_{\mu\nu}|$ als die Bedingung eines gm. T. angegeben[85]). *Rosenhain*[86]) erweitert die Methode auf den Fall $m > n$; *Cayley*[87]) kommt durch die Betrachtung der Koeff. von $\zeta^{m-1}, \zeta^{m-2}, \cdots 1$ in

$$[f(z) g(\zeta) - f(\zeta) g(z)] : (z - \zeta)$$

zu denselben $\psi_\alpha f - \varphi_\alpha g$ wie *Bézout*.

Die Elemente der Determinante $S = |d_{\mu\nu}|$ sind noch F. der Koeff. *O. Hesse*[88]) hat zuerst die Bedingung in die Form einer verschwindenden Det. gebracht, deren Elemente die Koeff. selbst sind. Die einfachste Herleitung dieses Resultates wurde von *Sylvester*[89]) mittels seiner „dialytischen" Methode geliefert: Multipliziert man $f = 0$ und $g = 0$ mit $1, z, z^2, \cdots z^{n-1}$ bezw. $1, z, z^2, \cdots z^{m-1}$, so entstehen $(n + m)$ lineare Gl. mit den $(n + m - 1)$ Unbekannten $z, z^2, \cdots z^{m+n-1}$; ihre Elimination aus diesen Gl. ergiebt die Determinante

$$T = \begin{vmatrix} a_\varkappa\, a_{\varkappa+1} \cdots a_{\varkappa+m+n-1} \\ b_\lambda\, b_{\lambda+1} \cdots b_{\lambda+m+n-1} \end{vmatrix} \quad \begin{pmatrix} \varkappa = 0, -1, \cdots, -n+1 \\ \lambda = 0, -1, \cdots, -m+1 \end{pmatrix}$$

(alle $a_\varkappa, b_\lambda$, deren Indices negativ oder grösser als m bez. n werden, sind 0). Es lässt sich zeigen, dass $T = 0$ auch hinreichende Bedingung für einen gm. T. ist. *Hesse* hat[90]) die Übereinstimmung von

---

81) Introd. in Anal. Inf. 2; § 474 ff. — Berlin Hist. 1764, p. 96.

82) *Bézout*, l. c. Anm. 80.

83) *Euler* benutzt zu seiner Reduktion nur die Gl. mit $\alpha = 0$ und $\alpha = m - 1$ (sogen.: „Zweite *Euler*'sche Methode"); diese findet sich übrigens bereits in der Arithm. univers. von *Newton* dargelegt.

84) J. f. Math. 15 (1836), p. 101 = Werke 3, p. 295.

85) Von *Sylvester*, Phil. Trans. 143 (1853), p. 407 als *Bézoutiante* bezeichnet.

86) J. f. Math. 28 (1844), p. 268.

87) J. f. Math. 53 (1857), p. 366 = Pap. 4, p. 38; dazu Zeichenerläuterungen v. *Borchardt* ib. p. 367. Vgl. auch *Borchardt*, J. f. Math. 57 (1860), p. 111, 183 = Werke p. 391.

88) J. f. Math. 27 (1844), p. 1 = Werke, p. 83.

89) Phil. Mag. 1840, Nr. 101; wesentlich nur eine andere Darstellung der Methode von *F. J. Richelot*, J. f. Math. 21 (1840), p. 226 und *Hesse*, l. c. Anm. 88.

90) Kritische Zeitschr. f. Math. (1858), p. 483 = Werke, p. 475; auf andere Weise *Borchardt*, J. f. Math. 57 (1860), p. 183 = Werke, p. 145.

$R(f, g)$ und T direkt nachgewiesen; ferner *Baltzer*[91]) die Gleichung

$$S = (-1)^{\frac{1}{2} n(n-1)} T \ \text{(bei } m = n).$$

W. Stahl liefert für $n = m$ eine Determinante, welche nur von der Ordnung $(m-1)$ ist[92]).

Die erste *Euler*'sche Darstellung benutzt die Werte α und β, für welche die F. f bez. g verschwinden; *G. Rosenhain* löst das allgemeinere Problem, die Resultante aus den Werten $f(\gamma_1), \ldots f(\gamma_{m+n}); g(\gamma_1), \ldots g(\gamma_{m+n})$ darzustellen, welche beide F. für willkürliche Argumente $\gamma_1, \ldots \gamma_{m+n}$ annehmen[93]). Mit Hülfe seines Resultats kann man die *Cauchy*-sche Interpolationsformel herleiten. Diese „interpolatorische" Darstellung wurde von *Borchardt* folgendermassen modifiziert[94]): bei *Rosenhain* sind die Werte $f(\gamma_1), \ldots f(\gamma_{m+n})$ und ebenso $g(\gamma_1), \ldots g(\gamma_{m+n})$ nicht von einander unabhängig (vgl. Nr. 2); *Borchardt* nimmt bei $m = n$ die von einander unabhängigen Werte von f und g für willkürliche $\gamma_1, \gamma_2, \ldots \gamma_{n+1}$ und bestimmt daraus die R.

Hervorzuheben ist hier noch eine Arbeit von *P. Gordan* (Math. Ann. 7 [1874], p. 433), in der eine Determinantenformel von *A. Brill* (Math. Ann. 4 [1871], p. 530) zur Aufstellung von Relationen zwischen Wurzel-Potenz-Determinanten und Koeffizienten einer Gleichung benutzt wird; diese liefern dann nicht nur die R. in ihrer Determinantenform, sondern auch eine Erweiterung derselben, bei welcher eine Determinante aus den Koeffizienten dreier Gleichungen gebildet wird, deren Verschwinden gleichfalls von der Existenz gemeinsamer Wurzeln abhängt. In derselben Abhandlung wird eine explicite Darstellung für den gr. gm. T. zweier F. geliefert.

17. Bedingungen für gemeinsame Teiler. Weiter noch trägt die Frage nach den Bedingungen dafür, dass f und g einen Faktor von vorgeschriebenem Grade k gemeinsam haben. Sie lässt sich nach der zweiten *Euler*'schen Methode behandeln und führt dabei auf die Bedingungen, dass ausser R auch $(k-1)$ einfach gebildete Subdeterminanten von R verschwinden müssen. Sehr übersichtlich sind diese Ergebnisse von *W. Scheibner*[95]) hergeleitet.

---

91) Determinanten § 11. Konziser dargestellt von *Gordan-Kerschensteiner* 1, p. 153. Ein anderer Beweis von *Netto* (Algebra 1, § 144) erstreckt sich auch auf die Umformung entsprechender Subdeterminanten der Res.

92) Math. Ann. 35 (1890), p. 395.

93) J. f. Math. 30 (1846), p. 157.

94) J. f. Math. 57 (1860), p. 111 = Berl. Ber. 1859, p. 876 = Werke p. 131. Erweitert wurden diese Formeln durch *Kronecker*, Berl. Ber. 1865 Dez., p. 686.

95) Leipz. Ber. 40 (1888), p. 1. Vgl. auch *Faà di Bruno* l. c. § 5 ff., besonders § 11. — *Gordan-Kerschensteiner*, l. c. Nr. 129 ff. Weitere Untersuchungen

Nach derselben Richtung gehen die in Nr. 12 erwähnten *Kronecker*-schen Untersuchungen, welche an die Entwickelung von $f : g$ nach fallenden Potenzen von z anknüpfen[96]). Setzt man, wie dort, $|c_{p+q}|$ $= C_\varrho$ $(p, q = 0, 1, \ldots \varrho - 1)$, dann folgen für $n = m - 1$ als charakteristische Bedingungen für die Existenz eines gr. gm. T. k^{ten} Grades von f und g und keines höheren Grades:

$$C_n = 0, \quad C_{n-1} = 0, \ldots C_{n-k+1} = 0, \quad C_{n-k} \neq 0.$$

Netto hat die direkte Umwandlung dieser Determinanten in S und in die entsprechenden Subdeterminanten gegeben[97]).

18. Eigenschaften der Resultanten. Aus den Darstellungen der R. lässt sich eine Reihe von Eigenschaften ablesen (I B 2): die R. ist homogen in den a vom n^{ten} und in den b vom m^{ten} Grade; sie ist *isobarisch* in den a und b vom Gewichte $m \cdot n$. Es ist $R(f, g_1 g_2) =$ $R(f, g_1) \cdot R(f, g_2)$; und $R(f, g + \varkappa f) = R(f, g)$, wenn $\varkappa$ eine Konstante bedeutet; ferner ist für $m = n$, wenn $\varkappa$, λ, $\varkappa'$, λ' Konstanten bedeuten, $R(\varkappa f + \lambda g, \varkappa' f + \lambda' g) = (\varkappa \lambda' - \varkappa' \lambda)^m \cdot R(f, g)$, (Invariantencharakter).[98]) Für die Resultanten bestehen Differentialgleichungen[99]), z. B. die beiden folgenden:

$$m a_0 \frac{\partial R}{\partial a_1} + (m-1) a_1 \frac{\partial R}{\partial a_2} + \cdots + n b_0 \frac{\partial R}{\partial b_1} + (n-1) b_1 \frac{\partial R}{\partial b_2} + \cdots = 0,$$

$$b_0 \frac{\partial R}{\partial a_0} + b_1 \frac{\partial R}{\partial a_1} + \cdots + b_m \frac{\partial R}{\partial a_m} = 0,$$

die zur numerischen Berechnung der in R eintretenden Konstanten benutzt werden können. *M. Noether* hat bewiesen (*Faà di Bruno-Walter*, l. c. p. 281), dass alle hier möglichen Differentialgleichungen Folgen der einen charakteristischen sind:

$$\sum (a_{\varkappa+1} b_0 - a_0 b_{\varkappa+1}) \frac{\partial R}{\partial a_\varkappa} + b_1 R = 0.$$

Sind die a, b allgemeine Grössen, dann ist R. irreduktibel[100]); sind dieselben aber Funktionen anderer Variablen u, v, $\ldots$, so kann R in Faktoren zerfallen, deren einige von u, v, $\ldots$ frei sind; *Sylvester*

sind von *V. Hioux*, Ann. Éc. Norm. (2) 10 (1881), p. 389; von *B. Igel*, Wien. Ber. 75 (1877), p. 145; *G. Darboux*, Bull. scienc. math. 10 (1876), p. 56 u. (2) 1 (1877), p. 54, ohne wesentlich Neues zu fördern, angestellt worden.

96) Berl. Ber. 1881, p. 535. *N. v. Szütz*, Monatsh. Math. Phys. 9 (1898), p. 34.

97) J. f. Math. 116 (1896), p. 33.

98) *Jacobi*, J. f. Math. 45 (1836), p. 101 = Werke 3, p. 295.

99) Von *F. Brioschi* aufgestellt J. f. Math. 53 (1857), p. 372; Ann. di mat. 2 (1859). Weiter behandelt von *Faà di Bruno*, J. f. Math. 54 (1857), p. 283; später von *Noether* genauer untersucht in der Übersetzung von *Faà di Bruno*.

100) *Netto*, Algebra 1, § 153.

nennt sie (Anm. 85) „spezielle Faktoren" und den zurückbleibenden Teil, welcher ihm aus geometrischen Gründen wichtig ist, die *reduzierte* R.[101]). — Haben $f = 0$, $g = 0$ nur eine W. ζ gemeinsam, dann ist für beliebige λ, μ, $\varkappa$ und σ[102])

$$\zeta^\lambda : \zeta^\mu = \frac{\partial R}{\partial a_{m-\lambda-\varkappa}} : \frac{\partial R}{\partial a_{m-\mu-\varkappa}} = \frac{\partial R}{\partial b_{n-\lambda-\sigma}} : \frac{\partial R}{\partial b_{n-\lambda-\sigma}}.$$

Dieser Satz lässt sich auf mehrere gemeinsame Wurzeln ausdehnen.

Setzt man mit einem Parameter ϱ

$$f = a_0\varrho^k + a_1\varrho^{k-1}z + \cdots + a_{k-1}\varrho z^{k-1} + a_k z^k + a_{k+1}z^{k+1} + \cdots + a_m z^m,$$
$$g = b_0\varrho^l + b_1\varrho^{l-1}z + \cdots + b_{l-1}\varrho z^{l-1} + b_l z^l + b_{l+1}z^{l+1} + \cdots + b_n z^n,$$
$$\varphi = a_0 + a_1 z + \cdots + a_k z^k; \qquad \varphi' = b_0 + b_1 z + \cdots + b_l z^l,$$
$$\psi = a_k + a_{k+1}z + \cdots + a_m z^{m-k}; \qquad \psi' = b_l + b_{l+1}z + \cdots + b_n z^{n-l},$$

so wird $R(f, g)$, nach steigenden Potenzen von ϱ entwickelt, mit dem Gliede $R(\varphi, \varphi') \cdot R(\psi, \psi') \cdot \varrho^{kl}$ beginnen[103]). —

Mit Hülfe der *Kronecker*'schen Entwickelungen von $f : g$ (Nr. 12) kann die Theorie der R. ohne Voraussetzung des Fundamentaltheorems durchgeführt, und dann darauf der Beweis dieses Theorems gestützt werden. Das ist der *Gordan*'sche Gang (vgl. Nr. 5) des W.-Existenzbeweises. — *Gordan* fasst[104]) die R. auch als bilineare Form $\sum \pm A_\varkappa B_\varkappa$ auf, wobei nach dem *Laplace*'schen Zerlegungssatze die $A_\varkappa$ Determinanten der a, und die $B_\varkappa$ Determinanten der b bedeuten. Die Determinante dieser bilinearen Form hat dann den Wert $+ 1$.

J. Lüroth[105]) leitet die Hauptsätze über R. mittels des Begriffes des kleinsten gemeinsamen Vielfachen, statt, wie es gewöhnlich geschieht, des grössten gemeinsamen Teilers her.

19. Berechnung der Resultanten. Die Berechnung der Resultanten ist umständlich. *Cayley*[106]) bedient sich einer Art geometrischer Darstellung der R., um ihre Koeff. übersichtlich anzuordnen. Die erste von ihm benutzte Berechnungsmethode hatte schon *Cramer* (Anm. 79) angewendet; sie stützt sich auf die *Cramer-Poisson*'sche Produkt-

---

101) *Cayley*, J. f. Math. 34 (1847), p. 30 = Coll. Pap. 1, p. 143. Über eine andere Bedeutung dieses Ausdrucks siehe I B 1 b, Nr. **15**.

102) *Richelot*, J. f. Math. 21 (1840), p. 226.

103) *W. Fr. Meyer*, Gött. Nachr. 1895, p. 119 u. 135; Acta math. 19 (1895), p. 385. (Analog für $D(f)$, vgl. Nr. **20** u. f.) *Netto*, Gött. Nachr. 1895, p. 209. Andere Bemerkungen über die Struktur der R. liefert *A. Brill*, Math. Ann. 16 (1880), p. 348.

104) Math. Ann. 45 (1894), p. 405. Die Bedeutung des Satzes erhellt erst aus einer Arbeit von *A. Hurwitz*, ibid. 45 (1894), p. 401.

105) Zeitschr. Math. Phys. 40 (1895), p. 247.

106) Lond. Trans. 147 (1857), p. 703 = Coll. Pap. 2, p. 440.

darstellung und auf die Benutzung symmetrischer F.; *Cayley's* zweite Methode knüpft an die Determinanten-Form an und benutzt die Nr. 18 gegen Ende erwähnte Darstellung $\sum \pm A_x B_x$. Dieselbe Form wertet *E. Dr. Roe* jr. [107]) aus, indem er die R. als vierfache Summe darstellt; die Glieder der R. zerfallen in „Normalformen" und in „reducible Formen". — Schon *Newton* giebt in der „Arithmetica universalis" die einfachsten Resultate an. In *Salmon's* „Higher algebra" finden sich die R. für $(m, n) = (2, 2)$, $(3, 2)$, $(4, 2)$, $(5, 2)$; $(3, 3)$, $(4, 3)$; $(4, 4)$. Bei $(4, 4)$ giebt es bereits 217 Terme. Eine ähnliche Tabelle giebt *Faà di Bruno* in seinen „Binären Formen". *Gordan* [108]) liefert die Untersuchungen zur allgemeinen invariantentheoretischen Berechnung, sowie die fertigen Formeln für $(m, n) = (6, 2)$; $(5, 3)$; $(5, 4)$; *Clebsch* [109]) für $(m, 2)$ mittels symbolischer Produkte; *Roe* (l. c.) wieder für $(m, 2)$ und $(5, 4)$; *E. Pascal* [110]) für $(m, 3)$.

Bei manchen geometrischen Untersuchungen handelt es sich lediglich darum, den Grad einer Resultante oder Diskriminante (siehe folgende Nummer) abzuzählen. Solche Bestimmungen finden sich bei *W. Fr. Meyer* [111]), wo die Grade bei einer Anzahl von speziellen, geometrisch wichtigen Gleichungen angegeben werden.

Ebenda wird auf *Reduktibilitätsfragen* bei R. und Diskriminanten (Nr. 20) eingegangen; aus der Natur der Singularitäten von ebenen wie räumlichen Kurven schliesst man, dass das Zusammenrücken zweier singulärer Elemente meistens noch dasjenige eines weiteren singulären Elementes zur Folge hat. Daher haben die Diskriminanten und R. der Gl., von denen die einfachsten Singularitäten abhängen, Faktoren miteinander gemeinsam. Die Zerlegung solcher R. und Diskriminanten wird in den beiden Arbeiten geliefert. (Vgl. noch *Brill*, Math. Ann. 16, 1880, p. 348.)

Die R. gewisser, aus einer Stammform abgeleiteter Formen sind durch die Diskriminante der Form (Nr. 20) teilbar [112]). Ebenso werden in einer ausgedehnten Reihe von Fällen die Invarianten und Kovarianten binärer Formen durch gewisse Potenzen der R. oder der Diskriminante der Stammform teilbar [113]).

<hr>

107) „Die Entwickelung der Sylvester'schen Determinante nach Normalformen". Leipz., Teubner (1898).

108) Math. Ann. 3 (1871), p. 389.

109) J. f. Math. 58 (1861), p. 273.

110) Gi. di mat. 25 (1887), p. 257; Nap Rend. (2) 2 (1888), p. 67.

111) Math. Ann. 38 (1891), p. 369 und ibid. 43 (1893), p. 286.

112) *P. Gordan*, Math. Ann. 4 (1871), p. 169.

113) *G. Kohn*, Wien. Ber. 100 (1891), p. 865 u. 1013; ib. 102 (1893), p. 801. — *E. Waelsch*, ibid. 100 (1891), p. 574.

20. Diskriminante. Nimmt man $g(z) = f'(z)$ und setzt $R(f, f')$ $= a_0 D(f)$, so heisst D die *Diskriminante* (D.) von f.[114] Es wird

$$D = a_0^{m-2} f'(\alpha_1) \ldots f'(\alpha_m) = (-1)^{\frac{1}{2}m(m-1)} a_0^{2m-2} \Pi(\alpha_\lambda - \alpha_\mu)^2.$$

$D = 0$ ist charakteristisch dafür, dass f und f' einen gm. T. haben, dass also $f = 0$ mehrfache Wurzeln besitzt (Nr. **14**). Aus der Determinantenform von R folgt hier

$$D = \frac{1}{a_0} \begin{vmatrix} a_\varkappa & a_{\varkappa+1} & \cdots a_{2m-2+\varkappa} \\ (m-\lambda)a_\lambda & (m-\lambda-1)a_{\lambda+1} \cdots (-m+2-\lambda)a_{2m-2+\lambda} \end{vmatrix}$$
$$\begin{pmatrix} \varkappa = 0, -1, \cdots -m+1 \\ \lambda = 0, -1, \cdots -m \end{pmatrix}$$

($a_\varkappa$ ist 0, wenn $\varkappa$ negativ oder grösser als n genommen wird).

Man kann die D. in Gestalt einer Determinante $(m-1)^{\text{ter}}$ Ordnung darstellen. Macht man bei $z = \frac{x}{y}$ durch Multiplikation mit y^m die F. $f\left(\frac{x}{y}\right)$ ganz und homogen, so ist

$$D = \frac{1}{m^{m-2}} R\left(\frac{\partial f}{\partial y}, \frac{\partial f}{\partial x}\right).$$

Führt man die Koeffizienten der Entwickelung von $f'(z) : f(z)$ ein (vgl. die C_ϱ in Nr. **17**), welche hier (vgl. die erste Formel in Nr. **14**) Summen der Wurzelpotenzen werden $c_0 = s_0$, $c_1 = s_1$, $\ldots$, so folgt die *Cayley*'sche Darstellungsform, J. de Math. 11 (1846), p. 298 $=$ Coll. Pap. 1, p. 306

$$D = (-1)^{\frac{1}{2}m(m-1)} a_0^{2m-2} \cdot |s_{\varkappa+\lambda}| \quad (\varkappa, \lambda = 0, 1, \cdots m-1).$$

21. Eigenschaften der Diskriminante. Die D. ist in den Koeff. von $f(z)$ homogen vom Grade $(2m-2)$ auch isobarisch vom Grade $m(m-1)$. — Ist ζ eine Doppelw. von $f = 0$, so gilt die Gl.

$$1 : \zeta : \zeta^2 : \cdots = \frac{\partial D}{\partial a_m} : \frac{\partial D}{\partial a_{m-1}} : \frac{\partial D}{\partial a_{m-2}} : \cdots;$$

dieser Satz lässt sich auf Wurzeln von höherer Multiplizität, entsprechend modifiziert, ausdehnen[115]. — Es ist ferner

$$D(f_1 f_2) = (-1)^{m_1 m_2} D(f_1) \cdot D(f_2) \cdot R^2(f_1, f_2),$$

wenn m_1, m_2 die Ordnungen von f_1 und von f_2 bedeuten. — Für die D. gelten partielle Differentialgl., wie z. B.

---

114) *Sylvester*, Phil. Mag. (4) 2 (1851) II, p. 406; Cambr. a. Dubl. M. J. 6 (1847), p. 52. — *Gauss* gebraucht dafür die Bezeichnung „Determinante", Disq. arithm. Sect. V, § 154 $=$ Werke 1, p. 122.

115) Vgl. *Jacobi*, J. f. Math. 15 (1836), p. 106; *Richelot*, J. f. Math. 21 (1840), p. 228. — *C. Brioschi*, Teor. dei Determinanti, Pavia 1854.

$$m a_0 \frac{\partial D}{\partial a_1} + (m-1)a_1 \frac{\partial D}{\partial a_2} + \cdots + a_{m-1} \frac{\partial D}{\partial a_m} = 0;$$

auch hier hat *Noether* (l. c. Nr. **18**) nachgewiesen, dass alle möglichen Differentialgl. aus einer einzigen abgeleitet werden können. — *Serret*[116]) benutzt solche Differentialgl. zur Berechnung der Zahlenfaktoren der D.

Hilbert[117]) löst die Aufgabe, zwei binäre Formen f_1, f_2 des Grades n so zu bestimmen, dass $D(\varkappa f_1 + \lambda f_2)$ eine gegebene Form des Grades $(2n-2)$ von $\varkappa$ und λ wird.

Für die Gleichungen niederer Grade ist es gelungen, D durch „fundamentale" Invarianten (niedrigeren Grades) auszudrücken (I B 2). *G. Boole*[118]) hat D von $az^4 + 4bz^3 + 6cz^2 + 4dz + e = 0$ auf die Form $D = 16(I^3 - 27J^2)$ gebracht, wobei für I und J die Invarianten

$$I = ae - 4bd + 3c^2, \quad J = ace + 2bcd - ad^2 - eb^2 - c^3$$

zu setzen sind. Für Gl. 5ten, 6ten, 7ten Grades ist ähnliches durch *G. Salmon*[119]), *F. Brioschi*[120]), *G. Maisano*[121]), *Gordan*[122]) geleistet. Ein systematisches Verfahren hierfür hat *Gordan* angegeben[123]).

G. Bauer knüpft im Anschluss an *A. Cayley* die Berechnung der D. binärer Formen an die Gestalt $D = a_1^2 V + a_0 U$ an[124]).

22. Diskriminantenfläche. Deutet man bei $a_0 = 1$ die unbestimmt gedachten Koeff. $a_1, a_2, \ldots a_n$ von $f(z)$ als Koordinaten eines Punktes P im Raume von n Dimensionen, dann liefert $D(a_1, \ldots a_n) = 0$ die *Diskriminantenfläche*. Ändern sich bei der Bewegung des Punktes P die Realitätsverhältnisse der Gl.-W., so ist dies nur möglich, wenn P, auch den Multiplizitäts-Charakter ändernd (Nr. **14**), $D = 0$ passiert[125]). $D = 0$ teilt den Raum in Gebiete von invariantem Realitäts-Charakter. Hierauf hat *Kronecker* im Anschluss an seine Charakteristiken-theorie aufmerksam gemacht (vgl. I B 1b, Nr. **25**). Er untersucht

116) *Serret*, Alg. supér. 1, Nr. 202.

117) Math. Ann. 31 (1887), p. 482.

118) Cambr. M. J. 2 (1841), p. 70. Siehe ferner *Cayley*, Cambr. M. J. 4 (1845), p. 193 = Coll. Pap. 1, p. 94; weiter Lond. Trans. 148 (1858), p. 429, § 129 = Coll. Pap. 2, p. 527; vgl. auch *Clebsch*, J. f. Math. 64 (1865), p. 95.

119) Cambr. a. Dubl. M. J. 9 (1854), p. 32.

120) Ann. di Mat. (2) 1 (1867), p. 159.

121) Math. Ann. 30 (1885), p. 442.

122) Math. Ann. 31 (1888), p. 566.

123) *Gordan-Kerschensteiner*, Vorlesungen 2, p. 108.

124) *G. Bauer*, Münch. Ber. (1886), p. 189; *Cayley*, J. f. Math. 47 (1854), p. 109 = Coll. Pap. 2, p. 164. Vgl. noch Anm. 103.

125) *Brill*, Math. Ann. 12 (1877), p. 87; *Kerschensteiner*, Diss. Erl. 1888.

nach dieser Methode die Gl. vierten Grades[126]). *Hilbert* zeigt, dass die Bestimmung der mannigfaltigen Ausartungen einer f durch die D. und ihre Polaren allein schon möglich sei[127]). Seine Arbeit steht mit früheren von *Cayley*[128]) und *Sylvester*[129]) im Zusammenhange, wo „Evektanten" (vgl. Nr. **14** Schluss) und deren Struktur zu gleichem Zwecke verwendet werden.

23. Funktionen mit reellen Nullstellen. Realitätsverhältnisse.

Die Frage nach den Gebieten, in welche die $D(a_1, \ldots) = 0$ den Raum teilt, führt zu der Frage nach dem Gebiete, welches die Funktionen mit nur reellen Nullstellen bestimmt. Von den hierüber bekannten Theoremen führen wir an: Das *Legendre*'sche Polynom, d. h. die n^{te} Ableitung von $(z(z-1))^n$ hat lauter getrennte reelle, zwischen 0 und 1 liegende Nullstellen; die „Säkulargleichung" (vgl. I A 2, Nr. **26**, Anm. 100) hat reelle Wurzeln; das Gleiche gilt für die *Biehler*'schen Gleichungen $U = 0$, $V = 0$, wobei $U + iV = \prod(z - a_\lambda - ib_\lambda^2)$ ist. Es giebt nach dieser Richtung hin eine Fülle von Spezialuntersuchungen[130]), auf die wir nur hindeuten können.

Die Theorien über die Realitätsverhältnisse der W. einer Gl. fallen in die Behandlung der Gl. (vgl. I B 3a). — Hier seien noch die Arbeiten von *Fr. Meyer* erwähnt[131]), welche folgendes Problem erledigen: Welchen Änderungen sind die Anzahlen der reellen Singularitäten von Kurven unterworfen, wenn bei Variation der Kurven ein Zusammenfallen zweier Singularitäten durch das Verschwinden gewisser Faktoren der D. oder der R. stattfindet, welche den Singularitätsgleichungen angehören. Wenn man ferner jedesmal noch die D. der quadratischen Gl., deren W. näherungsweise die beiden koincidierenden W. sind, auf ihr Vorzeichen untersucht, kann man daraus wesentliche Schlüsse auf gewisse bei jener Variation invariante Zahlen ziehen. Die Methode geht offenbar über die besprochene Aufgabe hinaus.

24. Hinweise auf angrenzende Gebiete.

Die Theorie der binären Formen ist lediglich wegen der Verschiedenheit der verwendeten Hülfs-

---

126) Berl. Ber. 1878, Febr. p. 119; siehe auch *C. Faerber*, Dissert. Berl. 1889; *R. E. Hoppe*, Arch. f. Math. u. Phys. 14 (1896), p. 398; *Brill*, Math. Ann. 20 (1882), p. 330.

127) Math. Ann. 30 (1887), p. 437.

128) Lond. Trans. 147 (1857), p. 727 = Coll. Pap. 2, p. 465.

129) Phil. Mag. (4) 3 (1852), p. 375 u. 460.

130) Ausführliche Angaben finden sich in *Netto*, Algebra I, Abschnitt 2.

131) *A. Brill*, Math. Ann. 16 (1880), p. 345 u. 348; *W. Fr. Meyer*, ibid. 38 (1891), p. 369; 43 (1893), p. 286; Gött. Nachr. 1888, p. 74; 1890, p. 366 u. 493; 1891, p. 14 u. 88; Monatsh. f. Math. Phys. 4 (1893), p. 229 u. 331.

mittel der Forschung an anderer Stelle untergebracht (I B 2). — Die Fragen nach der Umwandlung rationaler F. durch lineare Substitutionen gehören gleichfalls zum Gebiete der Invariantentheorie I B 2. — Die Ketten von F., welche in Nr. 12 als $f, f_1, f_2, \ldots f_r$ aufgeführt sind, werden als *Sturm*'sche Reihen in I B 3 a besprochen werden. — Erwähnt seien die Untersuchungen von *P. L. Tschebyscheff* über gz. rat. F., die sich innerhalb eines bestimmten Intervalles gegebenen F. möglichst genau anschmiegen, also z. B. die gz. F., welche dem Wert des Bruches $\dfrac{1}{a-z}$ in einem Intervalle möglichst nahe bleibt; diese Aufgabe ist für die Integration gewisser F. von Wichtigkeit [II A 2]. Damit im Zusammenhange stehen seine Arbeiten über gz. F. $g(z)$, deren grösste absolute Werte in gegebenen Intervallen möglichst klein werden [132] [I D 2, 3; I E]; wenn nämlich $\varphi(z)$ die gegebene F. und $F(z)$ das annähernde Polynom ist, dann wird dieses durch die Bedingung bestimmt, dass $\varphi(z) - F(z)$ für alle Wurzeln von $g(z)$ verschwindet.

---

132) St. Petersb. Denkschr. 61 (1889); 64 (1891), p. 1; St. Petersb. Abh. 72 (1893), p. 1; St. Pétersb. Mém. 22 (1873); Moscou Soc. Philom. 4 (1870). Acta math. 18 (1894), p. 113; *E. Vallier*, C. R. 116 (1893), p. 712.

Verzeichnis der Abkürzungen.

D = Diskriminante
F = Funktion
gebr = gebrochen
Gl = Gleichung
gm = gemeinsam
gr = grösster
gz = ganz
irred = irreduktibel
Koeff = Koeffizient
R = Resultante
rat = rational
Rat.-Br = Rationalitäts-Bereich
red = reduktibel
T = Teiler
W = Wurzel

IB1b. RATIONALE FUNKTIONEN MEHRERER VERÄNDERLICHEN

VON

E. NETTO

IN GIESSEN.

Inhaltsübersicht.

Hinsichtlich der Litteratur muss auf die beim vorigen Abschnitte aufgeführten Werke verwiesen werden; speziell für rationale Funktionen mehrerer Variablen giebt es keine Monographien.

---

1. Definitionen. Ein Ausdruck

$$f(z_1, z_2, z_3, \ldots z_m) = \sum_{\alpha, \beta, \gamma \ldots} c_{\alpha\beta\gamma\ldots} z_1^\alpha z_2^\beta z_3^\gamma \ldots z_m^\delta,$$

in welchen die m *Veränderlichen*, *Variablen* z_1, z_2, $\ldots z_m$ und die Konstanten $c_{\alpha\beta\gamma}$ eintreten, und in dem die Summe $(a + \beta + \cdots + \delta)$ alle Werte $0, 1, 2, \ldots n$ durchläuft, während die $\alpha, \beta, \ldots$ ganze nicht negative Zahlen sind, heisst eine *ganze Funktion* n^{ter} *Dimension* (gz. F.) der m Variablen z_λ. Sie hat[1] im allgemeinen Falle

$$N(n, m) = \binom{n + m}{m} = N(m, n)$$

Terme (Potenzprodukte). Die Anzahl derjenigen Terme unter ihnen, die durch keins der Monome $z_1^{a_1}, z_2^{a_2}, \ldots z_m^{a_m}$ teilbar sind, beträgt in der Bezeichnung der Differenzenrechnung $\varDelta_{a_1, \ldots a_m}^{(m)} N(n, m)$.

Man kann vermittelst der Auflösung linearer Gleichungen für die c durch $N(n, m)$ vorgeschriebene Werte $f^{(\varrho)}$ von (1) für eben so viele Wertsysteme $(z_1, z_2, \ldots z_m) = (\zeta_{1\varrho}, \zeta_{2\varrho}, \ldots \zeta_{m\varrho})$ „im allgemeinen" die F. (1) bestimmen, d. h. dann und nur dann, wenn das System $(\zeta_{1\varrho}, \ldots)$ eine gewisse Determinante nicht zu Null macht[2]. Das naturgemäss hierher gehörige Interpolationsproblem kann erst in Angriff genommen werden, wenn weitere Vorbereitungen erfolgt sind (vgl. Nr. **24**).

Kommen in (1) nur Terme vor, bei denen $(\alpha + \beta + \gamma + \cdots)$ denselben Wert n besitzt, dann heisst f eine *homogene* gz. F. der n^{ten} Dimension (*Euler*, Introductio 1, cap. 5).

2. Wurzeln. Identisches Verschwinden. Einen Wertcomplex $(\zeta_1, \zeta_2, \ldots \zeta_m)$, welcher (1) zu Null macht, nennen wir eine *Wurzel* (W.) (Auflösung, solutio) von $f = 0$ oder eine Nullstelle von f; $\zeta_1, \zeta_2, \ldots \zeta_m$ heissen nach gebräuchlicher geometrischer Bezeichnung die *Koordinaten*. Die in Nr. **1** besprochenen Eigenschaften zeigen, dass

---

1) Derartige Abzählungen zum Zwecke der Elimination von *E. Bézout* angestellt, Théorie générale des équations, Paris 1779. Weitere Ausführungen stammen von *J. A. Serret*: Algèbre supérieure 1 (troisième édit. Paris 1866), p. 142 ff. und von *Netto*, Algebra 2, 1 (Leipzig 1898).

2) Aus der Nichtberücksichtigung dieses Umstandes folgt das *Euler*'sche Paradoxon. *L. Euler*, Berl. Mém. 1748, p. 219 schliesst z. B., dass durch 9 Punkte einer Ebene *stets eine* und *nur eine* Kurve dritter Ordnung gelegt werden könne; dies stehe dann im Widerspruch zu dem Umstande, dass zwei Kurven dritter Ordnung sich in 9 Punkten schneiden (Nr. **6**). Vgl. auch *G. Cramer*, Analyse etc. § 48, p. 78; *C. G. J. Jacobi*, J. f. Math. 15 (1836), p. 285 = Werke 3, p. 329. Das Paradoxon löst sich sofort, wenn man das Verschwinden jener Determinante aus Potenzprodukten der Koordinaten beachtet.

zwischen je $N(n, m)$ W. von (1) Relationen bestehen, so dass also (anders als für $m = 1$) die Gesamtheit der W. einer Gl. $f(z_1, z_2, \ldots) = 0$ nicht willkürlich gewählt werden kann (vgl. Nr. **24**).

Ist jedes beliebige Wertsystem $(\xi_1, \ldots \xi_m)$ eine W. von (1), dann sind alle c gleich Null, d. h. es ist $f \equiv 0$. — Wenn ein Produkt mehrerer gz. F. für jedes Wertsystem $(\xi_1, \ldots \xi_m)$ verschwindet, dann ist mindestens einer der Faktoren identisch gleich Null.

3. Potenzentwickelung gewisser rationaler Funktionen. Über die Entwickelung gewisser rationaler F. mehrerer Var. nach steigenden und fallenden Potenzen derselben stellt *C. G. J. Jacobi* [3]) Untersuchungen an, deren Wesen aus dem folgenden, für zwei Var. gegebenen Resultate klar wird. Der erste (zweite) Bruch des Produktes

$$R(x, y) = \frac{1}{ax + by - t} \cdot \frac{1}{b_1 y + a_1 x - t_1}$$

wird nach fallenden Potenzen von x (von y) entwickelt; dann liefert $R(x, y)$ dreierlei Arten von Gliedern: α) solche, in denen x und y; β) solche, in denen nur x; endlich γ) solche, in denen nur y in negativen Potenzen auftreten. Man kann $R = L_\alpha + L_\beta + L_\gamma$ derart bestimmen, dass die Entwickelung der einzelnen L_α, L_β, L_γ alle und nur die einzelnen Glieder α) bezw. β) und γ) liefert. — Ferner werden Theoreme abgeleitet, wie das folgende: Die Koeffizienten von $x^{-\mu} y^{-\nu}$ und von bezw. $t^m t_1^n$ in

$$\frac{1}{(ax + by)^{m+1}} \cdot \frac{1}{(b_1 y + a_1 x)^{n+1}} \quad \text{und in} \quad \frac{(b_1 t - b t_1)^{\mu-1}(a t_1 - a_1 t)^{\nu-1}}{(a b_1 - a_1 b)^{\mu+\nu-1}}$$

stimmen überein. — Weitergeführt sind diese Untersuchungen nicht.

4. Mehrfache Wurzeln. — Unendlich grosse Wurzeln. Man kann durch eine lineare, umkehrbare Transformation eine gegebene F. f so zubereiten, dass dadurch jede der neuen Var. zu einem Grade aufsteigt, die der Dimension der F. gleich wird. Dadurch werden Besonderheiten der Gl.-Form vermieden, z. B. die, dass Wurzeln von $f = 0$ vorkommen, bei denen nur einzelne Koordinaten unendlich gross werden. Vgl. Nr. **11**.

Ist nämlich, nach fallenden Potenzen von z_1 geordnet,

$$f = \varphi_0(z_2, \ldots z_m)z_1^\nu + \varphi_1(z_2, \ldots z_m)z_1^{\nu-1} + \cdots + \varphi_\nu(z_2, \ldots z_m),$$

und bedeutet $(\xi_2, \ldots \xi_m)$ eine W. von $\varphi_0 = 0$, so nennt man auf Grund einer Grenzbetrachtung oder der Einführung von $y = 1 : z_1$ auch $(\infty, \xi_2, \ldots \xi_m)$ eine W. von $f = 0$. Durch die erwähnte Substitution kann man es erreichen, dass keine W. existiert, welche gleichzeitig endliche und unendliche Koordinaten hat.

---

3) J. f. Math. 5 (1830), p. 344 = Werke 3, p. 67.

Ist f homogen und $(\zeta_1, \zeta_2, \ldots \zeta_m)$ eine W. von $f = 0$, so ist für jedes ϱ auch $(\zeta_1\varrho, \zeta_2\varrho, \ldots \zeta_m\varrho)$ eine W. von $f = 0$.

Ist f nicht homogen, und ordnet man es nach homogenen Komplexen von Gliedern fallender Dimensionen:

$$f = g_n(z_1, z_2, \ldots z_m) + g_{n-1}(z_1, z_2, \ldots z_m) + \cdots + g_0,$$

ist ferner $(\zeta_1, \zeta_2, \ldots \zeta_m)$ eine W. der homogenen Gl. $g_n = 0$, dann ist für $\varrho = \infty$ auch $(\zeta_1\varrho, \zeta_2\varrho, \ldots \zeta_m\varrho)$ eine W. von $f = 0$; oder auch, $\zeta_1 : \zeta_2 : \cdots : \zeta_m$ giebt das Verhältnis der Koordinaten einer unendlich grossen W. von $f = 0$. Ist g_n eine „definite Form“, d. h. hat es ausser $(0, 0, \ldots)$ keine reellen Nullstellen, dann liegt $f = 0$ ganz im Endlichen.

Der Teilbarkeit von $f(z)$ durch $(z - \zeta)$, wenn ζ eine W. von $f(z) = 0$ ist, stellt sich hier als Analogon zur Seite, dass wenn $(\zeta_1, \ldots \zeta_m)$ eine W. von (1) ist, dann Gleichungen der Form

$$f(z_1, \ldots z_m) = (z_1 - \zeta_1)\chi_1 + (z_2 - \zeta_2)\chi_2 + \cdots + (z_m - \zeta_m)\chi_m$$

bestehen[4]). Hat jedes $\chi_1 = 0, \ldots \chi_m = 0$ wieder dieselbe W. $(\zeta_1, \ldots \zeta_m)$, dann kann ähnlich weiter auf verschiedene Weise

$$f = \sum_{(\alpha,\beta)} (z_\alpha - \zeta_\alpha)(z_\beta - \zeta_\beta)\psi_{\alpha,\beta}$$

gesetzt werden. In diesem Falle heisst $(\zeta_1, \ldots \zeta_m)$ eine *Doppelwurzel*. In gleicher Weise kann man Wurzeln *höherer Multiplizitäten* definieren. Für eine ϱ-fache W. verschwinden mit f zugleich alle Ableitungen bis inclusive der $(\varrho - 1)^{\text{ten}}$. Vgl. Nr. **11** und Nr. **17**.

5. Reduktibilität und Irreduktibilität. f heisst *reduktibel* (red.) oder *irreduktibel* (irred.), je nachdem es als ein Produkt ähnlicher Faktoren wie f dargestellt werden kann oder nicht. Anders als bei einer einzigen Var. gilt hier der Satz, dass auch bei beliebig erweitertem Rationalitätsbereiche allgemeine F. nicht in (lineare) Faktoren zerlegbar sind[5]). Ob eine gegebene F. red. ist oder nicht, kann prak-

---

4) *L. Kronecker*, Berl. Ber. 1865, p. 687 hat diese Form seinen Untersuchungen über Interpolation zu Grunde gelegt.

5) Über die Zerlegbarkeit bei $m = 2$ vgl. *S. H. Aronhold*, J. f. Math. 55 (1858), p. 97; *F. Brioschi*, Ann. di mat. (2) 7 (1875/76), p. 189; *A. Thaer*, Math. Ann. 14 (1879), p. 545. Die Frage nach den Bedingungen des Zerfallens, sowie nach den Faktoren der zerfällbaren Formeln wird mit Hülfe der Theorie der symmetrischen Funktionen mehrerer Grössenreihen von *Fr. Junker* behandelt, Math. Ann. 45 (1894), p. 1, der an Untersuchungen von *A. Brill*, Gött. Nachr. Dez. 1893, p. 757 anknüpft. Das gleiche Problem behendelt *P. Gordan*, Math. Ann. 45 (1894), p. 410, unter Verwendung gewisser Differentialprozesse, besonders für ternäre Formen. Vgl. weiter *Brill*, Math. Ann. 50 (1898), p. 157; ferner *J. Hadamard*, Bull. soc. math. 27 (1899), p. 34.

tisch entweder so untersucht werden, dass man substituiert: $z_1 = t$, $z_2 = t^q$, $z_3 = t^{q^2}$, ... und dabei q so hoch nimmt, dass alle Potenzprodukte in f als Potenzen von t verschiedene Exponenten erhalten; dann die neue F. der einen Var. t auf ihre Reduktibilität untersucht, und von den etwa gefundenen Faktoren in t auf solche in den z zurück zu gehen sucht[6]); oder man kann das *Kronecker*'sche Verfahren bei einer Var., welches sich auf die *Lagrange*'sche Interpolationsformel stützt[7]), direkt auf den Fall mehrerer Var. erweitern.

Die Ableitung des grössten gemeinsamen Teilers (gr. gem. T.) ist auch für $m > 1$ mit Hülfe des *Euklid*'schen Algorithmus möglich (vgl. I B 1 a Nr. 12). Bei den hier nötigen Divisionen wird eine der Var. etwa z_1 bevorzugt; dadurch treten gebrochene F. der anderen z_2, z_3, ... auf, deren sonst störender Einfluss durch eine vorläufige Transformation (Nr. 4) beseitigt werden kann (vgl. auch Nr. 10 das *Labatie*'sche Theorem). Über die bei dem Algorithmus der fortgesetzten Division auftretenden Hülfsfunktionen gelten ähnliche Sätze wie bei einer Var. (I B 1 a Nr. 12). Dasselbe gilt für die Darstellung des gr. gm. T. als einer homogenen linearen F. der gegebenen F.

Durch Erweiterung kommt man zu dem Satze, dass wenn T der gr. gm. T. von f_1, f_2, f_3, ... ist, dann Polynome P_1, P_2, ... gefunden werden können, welche eine Gl.

$$f_1 P_1 + f_2 P_2 + f_3 P_3 + \cdots = T \cdot \Phi$$

befriedigen, in der Φ *nicht mehr alle* Var. z enthält.

Jetzt ist die Ableitung der Hauptsätze über irred. F. möglich; sie gestaltet sich in diesem Gebiete viel umständlicher als bei einer Var. und sie wird im allgemeinen auf den Schluss von n auf $(n+1)$ aufgebaut[8]).

Es zeigt sich, dass die Zerlegung in irred. Faktoren eindeutig ist. — Eine irred. F. g teilt entweder die beliebige F. f oder ist zu ihr teilerfremd. — Ist $(f_1 \cdot f_2)$ durch eine irred. F. g teilbar, so ist mindestens einer der Faktoren f_1, f_2 durch g teilbar. — Ist f in zwei Faktoren zerlegbar, die in z_1 ganz und in z_2, z_3, ... rational aber gebrochen sind, dann giebt es auch eine Zerlegung von f, in welcher beide Faktoren gz. F. aller z sind; *Gauss*'scher Satz (vgl. I B 1 a Nr. 13). — Verschwindet $f(z_1, \ldots)$ für alle W. von $g(z_1, \ldots) = 0$, dann ist f durch jeden einzelnen irred. Faktor von g teilbar[9]), und also

<hr>

6) *L. Kronecker*, Grundlagen einer arithm. Theorie u. s. w. § 4.

7) *Netto*, Algebra 2, 1. Vgl. I B 1 a Nr. **8** und Nr. **10**.

8) *J. Molk*, Acta math. 6 (1885), p. 1; *H. Weber*, Algebra 1; *Netto*, Algebra 2, 1.

9) *J. J. Sylvester*'s „logic of characteristics", Cambr. Dubl. Math. J. 6 (1851), p. 186; bewiesen von *O. Hölder*, Böklen math. nat. Mitt. 1 (1884), p. 60; von

wird eine Potenz von f durch g selbst teilbar werden. Dieser Satz hat eine wesentliche Erweiterung durch *D. Hilbert* erfahren[10]); wir heben hier den für geometrische Anwendungen wichtigsten Fall seines allgemeinen Theorems heraus: Wenn f für alle Wertsysteme $z_1, z_2, \ldots z_n$ verschwindet, welche $g_1 = 0$, $g_2 = 0$, $\ldots g_m = 0$ machen, dann giebt es einen Exponenten r derart, dass die Potenz f^r linear und homogen durch $g_1, g_2, \ldots g_m$ darstellbar wird.

Ein anderer wichtiger, auf die Irreduktibilität bezüglicher Satz stammt gleichfalls von *Hilbert*[11]): Wenn $f(z_1, z_2, \ldots; p, q, \ldots)$ eine irred. gz. ganzzahlige F. der Veränderlichen $z_1, z_2, \ldots$ und der Parameter $p, q, \ldots$ bezeichnet, so ist es stets auf unendlich viele Weisen möglich, für die Parameter $p, q, \ldots$ gz. rationale Zahlen einzusetzen, so dass dadurch die Funktion in eine irred. F. der Veränderlichen $z_1, z_2, \ldots$ übergeht. Dieses Theorem ist z. B. für die *Galois*'sche Theorie der Gleichungen von grundlegender Bedeutung.

Hier muss ferner ein Satz von *E. Bertini*, Lomb. Rend. (2) 15, p. 24 (1882, Jan.) angeführt werden, mit dem sich auch *J. Lüroth*, Math. Ann. 42 (1893), p. 457; 44 (1894), p. 539 beschäftigt: Zerfällt $f(z_1, \ldots; \varkappa_1, \varkappa_2, \ldots)$ in Bezug auf die z bei unbestimmten Parametern $\varkappa$, so lässt sich von f ein Faktor abspalten, der nur die z enthält, oder f kann mit Hülfe einer Gl., deren Koeffizienten linear in den $\varkappa$ sind, in ein Produkt von gz. F. zerlegt werden, die einem und demselben Büschel angehören.

6. Elimination. Bézout'sche Methode. Sind allgemein m Gl. $f_1 = 0, \ldots f_m = 0$ von den Dimensionen $n_1, n_2, \ldots n_m$ mit m Unbekannten $z_1, \ldots z_m$ vorgelegt, so heisst $(\zeta_1, \ldots \zeta_m)$ eine *Wurzel dieses Gleichungssystems*, wenn die Substitution $(z_1, \ldots z_m) = (\zeta_1, \ldots \zeta_m)$ alle Gl. $f_\lambda = 0$ befriedigt. Es fragt sich, ob jedes System W. besitzt, wie viele, und wie sie bestimmt werden können.

Der *Bézout*'sche Satz besagt, dass im allgemeinen Falle W. existieren, und dass die Zahl dieser W. gleich dem Produkte $(n_1 \cdot n_2 \cdots n_m)$

Weber, Netto. — Über die Reduktibilität vgl. den eingehenden Aufsatz von *W. Fr. Meyer*, Math. Ann. 30 (1887), p. 30, in welchem es sich um die Lösung folgenden Problems handelt: Sind $f_0(\lambda), \ldots f_d(\lambda)$ linear unabhängige, ganze F. von λ, so sollen die Grössen $u_0, \ldots u_d$ als gz. F. von n Variabeln $\mu_1, \mu_2, \ldots \mu_n$ so bestimmt werden, dass $u_0 f_0 + u_1 f_1 + \cdots + u_d f_d$ reduktibel in λ wird. Siehe auch *W. Fr. Meyer*, Münch. Ber. 1885, p. 415.

10) Vgl. *M. Noether*, Math. Ann. 6 (1872), p. 351; *E. Bertini*, ib. 34 (1889), p. 450; *E. Netto*, Acta math. 7 (1885), p. 101; *D. Hilbert*, Math. Ann. 42 (1892), p. 320.

11) J. f. Matth. 110 (1892), p. 104. Der Beweis stützt sich auf Reihenentwickelungen der Wurzeln; vgl. Nr. **10**.

der Dimensionen n_1, n_2, ... der gegebenen Gl. sei. Für den Fall $m = 2$ wurde das Theorem zuerst von *C. Mac Laurin* ausgesprochen[12]); *G. Cramer*[13]) und *Euler*[14]) versuchten, Beweise für diesen Fall zu geben. Der erste, wenigstens seinem Prinzipe nach ausreichende Beweis für den allgemeinen Satz wurde von *Bézout* geliefert[15]); dieser erkannte zuerst und sprach es aus, „dass nicht eine allmälige, sondern nur eine gleichzeitige Elimination von $(m-1)$ der m Variablen zum richtigen Grade der *Endgleichung* oder der *Eliminante* führen könne". Bei allmäliger Elimination treten nämlich stets fremde Lösungen auf[16]). *Bézout* zeigt durch eine Konstantenabzählung (vgl. Nr. **1**) die Möglichkeit, m gz. F. φ_1, φ_2, ... φ_m der Var. so zu bestimmen, dass die Summe

$$f_1 \varphi_1 + f_2 \varphi_2 + \cdots + f_m \varphi_m = R(z_1)$$

von z_2, z_3, ... z_m frei wird. Die W. von $R(z_1) = 0$ geben dann die z_1-Koordinaten der W. des Gleichungssystems. Die Bestimmung der φ_λ hängt von linearen Gl. ab, deren Anzahl diejenige der Unbekannten übertrifft. Aus einem besonderen, einfachen Falle wird dann die Auflösbarkeit des Systems der linearen Gl. erschlossen[17]). *J. Liouville*[18]) bemerkte zuerst, dass noch zur Vervollständigung der Methode zu beweisen bleibt, dass zu jeder einfachen W. ζ_1 von $R(z_1) = 0$ auch eine einzige W. $(\zeta_1, \zeta_2, ... \zeta_m)$ des Systems gehöre, und füllte diese Lücke aus. *Bézout* wendet (l. c.) seine Methode gleichfalls auf unvollständige Gl. und auf Gl. von besonderer Form an. Es ist dabei der Satz unerlässlich, dass jede gz. F. der W. so reduziert werden kann, dass ζ_1 höchstens bis zum Grade $(n_1 - 1)$, ferner ζ_2 höchstens bis zum Grade $(n_2 - 1)$, ... aufsteigt[19]).

Das obige $R(z_1)$ wird passend als *Eliminante* bezeichnet; natürlich kann sich die Bildung der Eliminante auf jede der Var. beziehen.

---

12) Geometria organica (Lond. 1720), Sect. V. Lemm. 3. Cor. 1.

13) Introduction à l'analyse etc. (Génève 1750.) Append. V.

14) Berl. Hist. 1748, p. 234—248.

15) Cours de math. à l'usage des Gardes du Pavillon, an. 1764/69, p. 209. — Théorie générale des équat. algébr. (Paris 1779.)

16) Vgl. *Netto*, Algebra 2, 1, p. 98.

17) Vgl. *C. Schmidt*, Zeitschr. f. Math. 31 (1886), p. 214, wo nachgewiesen wird, dass dieser Schluss nicht ohne weiteres richtig ist, und wo eine Ergänzung desselben geliefert wird.

18) J. de Math. 6 (1841), p. 359. Auch die *Liouville*'schen Schlüsse bedürfen einer Präzisierung, die *C. Schmidt* ebenfalls (l. c.) giebt.

19) *Serret-Wertheim*, Algebra 1, § 69. Dieses Theorem lässt sich nicht, wie z. B. *H. Laurent* es unternimmt (Traité d'Algèbre, Paris 1894), durch allmälige Elimination erledigen, und tritt in dieser Beziehung dem *Bézout*'schen Satze zur Seite.

7. Poisson'sche Methode. — Eliminante. *S. D. Poisson*[20]) veröffentlichte 1804 eine andere Methode, die er selbst in der Einleitung seiner Abhandlung für eine Erweiterung der von *Cramer* (l. c.) bei $m = 2$ benutzten erklärt. Er stützt sich bei der Durchführung der Eliminante auf die Theorie der von *Ch. A. Vandermonde*[21]) untersuchten symmetrischen F. mehrerer Reihen von Grössen (vgl. Nr. **25**) und verwendet gleichzeitig den von *Cramer* (l. c.) eingeführten Begriff des Gewichtes (I B 2) einer F. — *Poisson* denkt sich die $(m - 1)$ ersten Gl. $f_\lambda = 0$ nach z_2, z_3, ... z_m aufgelöst. Ihre W. ($\zeta_{2\varkappa}$, $\zeta_{3\varkappa}$, ... $\zeta_{m\varkappa}$) werden sämtlich in f_m eingetragen, und da sie algebraische F. von z_1 sind, so wird das über alle W. erstreckte symmetrische Produkt

$$\Pi f_m(z_1, \zeta_{2\varkappa}, \zeta_{3\varkappa}, \ldots \zeta_{m\varkappa})$$

rational durch die Koeffizienten von f_1, ... f_m und durch z_1 darstellbar. Es ist dies die *Eliminante*. Schwierigkeiten treten bei der Ableitung dadurch auf, dass die ganzen symmetrischen F. der ($\zeta_{2\varkappa}$, ... $\zeta_{m\varkappa}$) gebrochene Ausdrücke der Koeffizienten von f_1, ... f_{m-1} werden, bei denen Potenzen einer nur von den Konstanten abhängigen gz. F. ϱ_0 in den Nenner treten können.

8. Cayley'sche und Sylvester'sche Methode. *A. Cayley*[22]) hat die zweite *Euler*'sche Methode der Elimination bei einer Gl. einer Var. auf Systeme von Gl. mit mehreren Unbekannten auszudehnen versucht (vgl. I B 1a Nr. **16**). Er multipliziert in Erweiterung jener Methode sämtliche gegebenen F. f_λ der Reihe nach mit allen Potenzprodukten aller Unbekannten von 0ter, 1ter, ... Dimensionen, bis er Gl. in solcher Anzahl erhält, dass sie die Anzahl der Potenzprodukte in denselben übertrifft, was nach den Abzählungen in Nr. **1** stets möglich ist. Betrachtet man die einzelnen Potenzprodukte als unabhängige Var., so entsteht ein System linearer Gleichungen; eliminiert man alle Potenzprodukte aus einer passenden Zahl dieser Gl., dann erhält man ein *Vielfaches der Eliminante*. Es kommt aber darauf an, sie selbst frei von fremden Faktoren darzustellen. Dies wird von *Cayley* auf folgende Frage der Theorie homogener, linearer Gl. hinausgespielt: „Zwischen n Unbekannten bestehen n_1 homogene lineare Gl; zwischen deren Polynomen bestehen n_2 homogene lineare Relationen; zwischen deren Polynomen wiederum n_3 Relationen u. s. f.

---

20) J. Éc. Polyt. 4, Cah. 11 (an X), p. 199.

21) Par. Mém. 1772, II prt., p. 516 = Abhandlungen, deutsch von *C. Itzigsohn*, Berl. 1888, p. 85.

22) Cambr. Dubl. Math. J. 2 (1847), p. 52; ibid. 3 (1848), p. 116 = Coll. Pap. 1, p. 259, 370.

bis n_r. Dabei ist $n < n_1$; $n > n_1 - n_2$; $n < n_1 - n_2 + n_3$, $\cdots$ $n = n_1 - n_2 + n_3 - \cdots \pm n_r$. Es sollen die charakteristischen Bedingungen dafür aufgesucht werden, dass das System durch n von 0 verschiedene Werte der Unbekannten befriedigt werden kann." *G. Salmon* giebt[23]) eine ungenügende Herleitung für das *Cayley*'sche Resultat; dies ist wahrscheinlich richtig, aber noch unbewiesen. Das Kriterium besteht in dem Verschwinden eines Quotienten aus zwei Determinantenprodukten. In dieser Gestalt tritt dann auch die reine Eliminante des Gl.-Systems bei *Cayley* auf.

J. Sylvester[24]) hat in anderer Art, aber gleichfalls nicht bindend, die Eliminations-Aufgabe für $m = 3$; $n_1 = n_2 = n_3$ und $m = 4$; $n_1 = \cdots = n_4 = 2$ gelöst. Er ordnet die Terme in verschiedener Weise an, bildet lineare, homogene Gl. aus ihnen und zieht die Determinanten der Aggregate zu Hülfe. Es fehlt hierbei jedoch der notwendige Nachweis dafür, dass die erhaltenen Relationen von einander unabhängig seien[25]).

9. Kronecker'sche Methode. — Stufenzahl. *Kronecker*[26]) hat das Eliminations-Problem so aufgefasst, dass er über die Zahl der Gl. und die der Unbekannten keine Voraussetzungen macht, sondern die allgemeine Frage formuliert: Welche Einschränkungen üben die vorgelegten Gl. auf die sonst unbeschränkte Mannigfaltigkeit $(z_1, z_2, \ldots z_m)$ aus? Dazu tritt die zweite Frage: Wie viele Gl. sind höchstens notwendig, um jede durch Gl. definierte Mannigfaltigkeit *rein*, d. h. ohne fremde Punkte $(\zeta_1, \zeta_2, \ldots \zeta_m)$ darzustellen.

Die *Kronecker*'sche Methode geht so vor: Es wird $f_1 = R_1 F_1$, $f_2 = R_1 F_2, \cdots f_m = R_1 F_m$ gesetzt, wobei R_1 der gr. gm. T. der f sein mag; von vielfachen Faktoren soll stets abgesehen werden. Dann liefern die $F = 0$ nebst $R_1 = 0$ das Gleiche wie die $f_\lambda = 0$, abgesehen von der Multiplizität der W. Mit Hülfe unbestimmter Parameter werden die beiden Gl. $u_1 F_1 + u_2 F_2 + \cdots + u_m F_m = 0$ und $v_1 F_1 + v_2 F_2 + \cdots + v_m F_m = 0$ gebildet, und aus beiden wird z. B. z_m eliminiert. Man

---

23) Lessons introd. to the modern higher Algebra (4. ed.). Dublin 1885, § 93.

24) Cambr. Dublin Math. J. 7 (1852), p. 68.

25) „Über e. Eliminations-Problem nach *Sylvester*'scher Methode behandelt" siehe *Sylvester*, Cambr. Math. J. 2 (1841), p. 232. *Th. Muir*, Edinb. Proc. 20 (1895), p. 300. *Cayley*, ibid. 306 = Pap. 13, p. 545. Es handelt sich dabei um die Elimination aus den Gl. $ay^2 - 2c_1 xy + bx^2 = 0$, $bz^2 - 2a_1 yz + cy^2 = 0$, $cx^2 - 2b_1 zx + az^2 = 0$; und die Eliminante tritt als Diskriminante von $\alpha \xi^2 + b\eta^2 + c\zeta^2 + 2a_1 \eta\zeta + 2b_1 \zeta\xi + 2c_1 \xi\eta = 0$ auf.

26) Grundzüge einer arithm. Theorie u. s. f. J. f. Math. 92 (1882), p. 1. Vgl. auch die ausführlichen Erläuterungen von *J. Molk* (l. c.).

ordnet die Eliminante nach Potenzprodukten der u und v und bezeichnet die dabei auftretenden Koeffizienten mit $g_1, g_2, \ldots$. Dann geben die so erhaltenen Gl. $g_\lambda = 0$ dasselbe wie die Gl. $F_\lambda = 0$. Es wird nun wieder $g_1 = R_2 G_1$, $g_2 = R_2 G_2$, $g_3 = R_2 G_3$, $\cdots$ gesetzt; auch hier wird von vielfachen Faktoren abgesehen. Dann sind die $f_\lambda = 0$ durch $R_1 \cdot R_2 = 0$ nebst $G_1 = 0$, $G_2 = 0$, $\cdots$ ersetzt, u. s. f. Hierdurch entsteht schliesslich die *Gesamteliminante* in der Form $R_1 \cdot R_2 \cdots R_m = 0$, wobei $R_\alpha(z_1, \cdots z_{m-\alpha+1}) = 0$ eine Mannigfaltigkeit der α^{ten} Dimension liefert; diese einzelnen R_α sind die *Teileliminanten*. Die Gesamteliminante zerfällt also hierbei nach den Dimensionen aller verschiedenen durch die $f_\lambda = 0$ gleichzeitig dargestellten Gebilde.

So kommt der Begriff der *Stufe des Modulsystems* $f_1, f_2, \ldots f_n$ zu stande[27]). Es heisst ein System $f_1 = 0$, $f_2 = 0, \ldots$ *von der m^{ten} Stufe*, wenn sämtliche Wurzeln feste Koordinaten haben, d. h. eine Mannigfaltigkeit 0ter Dimension bilden. Das System heisst *von der* $(m-1)^{\text{ten}}$ *Stufe*, wenn die Wurzeln eine Mannigfaltigkeit erster Dimension ausmachen; kommen ausser dieser Mannigfaltigkeit, mit ihr verbunden noch einzelne W. mit festen Koordinaten vor, dann heisst das System *gemischt*, andernfalls ist es ein *reines* System. In gleicher Weise kann man weiter gehen. Vgl. Nr. **11**.

Wie schon angedeutet wurde, leidet die *Kronecker*'sche Behandlung an dem Mangel, dass die Multiplizität der Lösungen nicht genügend berücksichtigt wird.

Auf die zweite der oben aufgeworfenen Fragen erhält man die Antwort, dass vermittelst $(m + 1)$ Gl. jedes durch eine beliebige Anzahl von Gl. definierte Gebilde von m Var· *rein* dargestellt werden könne; es tritt natürlich $(m + 1)$ nur als Maximalzahl auf. Ein Beispiel hierzu giebt für $m = 3$ *K. Th. Vahlen*, J. f. Math. 103 (1891), p. 346.

10. Minding'sche Regel. — Labatie's Theorem. Nach diesen allgemeinen Erörterungen über Elimination wollen wir zwei für zwei Gl. $f_1 = 0$, $f_2 = 0$ mit zwei Var. wichtige Untersuchungen hervorheben. Zunächst gehen wir auf die *Minding*'sche Regel ein[28]). Diese Regel stellt den Grad der Eliminante bei gegebenen Gl. fest; sie stützt sich auf die Entwickelung aller einzelnen W. z_1 einer der Gl. etwa $f_1(z_1, z_2) = 0$, nämlich $\zeta_{11}, \zeta_{12}, \ldots$ *nach fallenden Potenzen von z_2*. Eine solche Entwickelung geschieht am einfachsten nach dem Schema,

---

27) *Kronecker*, Grundzüge § 20 u. § 21; J. f. Math. 99 (1886), p. 336. *J. Molk* Acta math. 6 (1885), Chap. III.

28) J. f. Math. 22 (1841), p. 178; ibid. 31 (1846), p. 1; *L. J. Magnus*, ibid. 26 (1843), p. 365; *E. F. A. Minding*, ibid. 27 (1844), p. 379.

welches durch das *Newton'sche Polygon* gegeben wird[29]). Meist reicht für den angegebenen Zweck die Kenntnis der Ordnung des Anfangsgliedes jeder Entwickelung aus. Hat man die ersten Glieder der Entwickelungen berechnet, dann liefert nach Substitution derselben in das *Poisson*'sche Produkt $f_2(\zeta_{11}, z_2)f_2(\zeta_{12}, z_2)\ldots$ eine Abzählung den Grad der Eliminante nach z_2. Man kann die Eliminante selbst berechnen, wenn man die Entwickelungen soweit benutzt, als in das Produkt positive Potenzen von z_2 eintreten. Die Bestimmung ist hier bequemer als bei den übrigen Methoden, welche sämtlich kompliziertere Rechnungen erfordern.

Eine andere Regel, welche *Minding* giebt (J. f. Math. 31), zeichnet sich dadurch vor der ersten aus, dass sie eine Formel liefert, welche die Koeffizienten von f_1 und f_2 symmetrisch enthält.

Das *Labatie*'sche Theorem[30]) ist wichtig für die Elimination, weil es die Methode des gr. gm. T. benutzt, dabei aber die fremden Faktoren, welche bei den fortgesetzten Divisionen auftreten, wieder zu entfernen weiss (vgl. Nr. 5). Es tritt zugleich die Zerlegung der Eliminante in Faktoren ein. Die Methode gilt auch noch, wenn die beiden Gl. vielfache W. besitzen. Sie beruht auf folgendem: Sind $f_0(z_1, z_2)$, $f_1(z_1, z_2)$ die gegebenen F., so führt das Schema des gr. gm. T. nach z_1 auf eine Reihe von Gl. der Form:

$$f_\lambda \psi_\lambda = f_{\lambda+1} q_{\lambda+1} - f_{\lambda+2} \varphi_{\lambda+2} \qquad (\lambda = 0, 1, 2, \ldots),$$

in denen die f und die q gz. in z_1, z_2; die φ und die ψ gz. in z_2 und gebrochen in z_1 sind. Bezeichnet man den gr. gm. T. von

$$\psi_1, \varphi_3 \text{ mit } d_1; \text{ von } \frac{\psi_1 \psi_2}{d_1}, \varphi_4 \text{ mit } d_2; \text{ von } \frac{\psi_1 \psi_2 \psi_3}{d_1 d_2}, \varphi_5 \text{ mit } d_3; \ldots$$

dann gilt der Satz, dass jede W. von $f_0 = 0$, $f_1 = 0$ auch eines der Systeme $f_\lambda = 0$, $\dfrac{\varphi_{\lambda+1}}{d_{\lambda+1}} = 0$ befriedigt, und dass umgekehrt die W. aller dieser Systeme auch sämtliche W. von $f_0 = 0$, $f_1 = 0$ geben.

---

29) Opuscula ed. Castillon 1, p. 12 u. 39; Method of fluxions, ed. *J. Colson*, London 1736, § 29. Vgl. *Br. Taylor*, Method. incrementorum, Lond. 1715. — *J. P. de Gua* ersetzte das Parallelogramm durch ein Dreieck „le triangle algébrique", Usage de l'Analyse, Paris 1740, p. 24 ff.; *G. Cramer*, Introduct. à l'Analyse, Genève 1750, benutzt dasselbe als „triangle analytique" (Chap. VII) und bezieht sich dabei (§ 92) auf *Newton* und *Stirling*, Lineae 3^i ordinis, Oxon. 1717. — Vgl. die Darstellung von *C. Jordan* in seinem „Cours d'analyse" 1, Paris 1882, p. 89; 2. Aufl. 1893, p. 90; von *R. Baltzer*, „Analyt. Geometrie", Leipzig 1882, § 39, von *F. Lindemann-A. Clebsch*, Geometrie, Leipzig 1876, p. 331 und von *E. Netto*, Algebra 2, § 369.

30) Méthode d'élimination par le plus grand commun diviseur. Paris 1835.

11. Vielfache und unendliche Wurzeln eines Gleichungssystems.
In die Behandlung des Eliminations-Problems führte gelegentlich *S. D.
Poisson*[31]) und später bei seinen Untersuchungen systematisch *J. Liouville*[32]) eine wesentliche Vereinfachung ein durch die Substitution
einer Grösse x vermittelst der Gl.

$$x = \varkappa_1 z_1 + \varkappa_2 z_2 + \cdots + \varkappa_m z_m,$$

in welcher die $\varkappa$ unbestimmte Parameter bedeuten. Substituiert man
nämlich x an Stelle einer der Var., z. B. an Stelle von z_1 in die vorgelegten Gl., und eliminiert aus ihnen $z_2, \ldots z_m$, so bleibt eine Eliminante
R in x zurück. $R(x) = 0$ hängt in den Koeffizienten von $\varkappa_1, \ldots \varkappa_m$ ab;
setzt man $\varkappa_\alpha = 1$ und die übrigen $\varkappa$ gleich Null, so entsteht die
Eliminante für z_α. Ist $R(x) = 0$ gelöst, wobei sich zeigt, dass $R(x)$
in lineare Faktoren nach $\varkappa_1, \varkappa_2, \ldots \varkappa_m$ zerfällt, dann liefert dieselbe
Substitution aus den W. $x_1, x_2, \ldots$ die W.-Koordinaten der z_α. Die Dar-
stellung der $\zeta_{1\alpha}, \zeta_{2\alpha}, \ldots \zeta_{m\alpha}$ aus x_α ist auch in der Form $\zeta_{\varrho\alpha} = H_\alpha(x_\alpha)$
möglich. Damit ist auch das dritte Problem aus Nr. 6 erledigt.

Die Einführung des x ist ausserdem dadurch von Wichtigkeit,
dass $R(x)$ in relativ einfacher Weise die symmetrischen Funktionen der
Grössen $\zeta_{1\alpha}, \zeta_{2\alpha}, \ldots \zeta_{m\alpha}$, $(\alpha = 1, 2, \ldots k)$ giebt, sobald man die
Koeffizienten von $R(x)$ als Formen der $\varkappa_1, \varkappa_2, \ldots \varkappa_m$ auffasst.

Ferner bietet sich bei der Einführung von $R(x)$ die Definition
der Multiplizität einer W. des Systems von selbst dar. Hat $R(x) = 0$
eine q-fache W. $x = \xi$, so ist das zugehörige $(\zeta_1, \zeta_2, \ldots \zeta_m)$ *eine q-fache
Wurzel der Gl.* $f_1 = 0, f_2 = 0, \ldots f_m = 0$; vgl. Nr. **17**. — Ist
$(\zeta_1, \zeta_2, \ldots \zeta_m)$ eine q_1-fache W. von $f_1 = 0$, eine q_2-fache W. von
$f_2 = 0$, u. s. f., dann ist es eine mindestens $(q_1 \cdot q_2 \cdots q_m)$-fache W.
des gesamten Gl.-Systems[33]). Dieser Satz ist für die Theorie der
Schnittpunkte bei geometrischen Gebilden von Wichtigkeit.

Über die verschiedenen Arten der „Multiplizität" und ihre Unter-
scheidungen ist auf I B 1 a, Nr. 14 zu verweisen; die erwähnten Untersuchungen *J. J. Sylvester*'s[34]) beziehen sich auch auf mehrere Var.,
zumal die Sätze über Evektanten (*Salmon*, Higher Algebra § 134, u. I B 2).

Die Anzahl der W. kann für besondere Systeme von Gl. nur
dann unter die nach dem *Bézout*'schen Theorem vorhandene Anzahl

---

31) J. Éc. Polyt. Cah. 11 (an X), p. 199.

32) J. de Math. 12 (1847), p. 68.

33) Vgl. *P. Gordan - G. Kerschensteiner* 1, § 142, p. 148, wo die Forderung
nach einer rein algebraischen Begründung dieses allgemeinen Satzes ausgesprochen
ist. Dieser wird genügt bei *Netto*, Algebra 2, § 400 durch Einführung einer
Erweiterung des Begriffes „Gewicht eines Terms".

34) Phil. Mag. (4) 3 (1852), p. 375 u. p. 460.

$(n_1 \cdot n_2 \cdots n_m)$ sinken, wenn der erste Koeffizient von $R(x)$ oder mehrere der ersten verschwinden. In diesem Falle können und müssen wir wieder den Begriff von unendlich grossen W. einführen. Die Existenz solcher unendlich grossen W. fordert, dass die homogenen Gl., welche entstehen, wenn man bei allen $f = 0$ nur die Glieder höchster Dimension beibehält, von $(0, \ldots 0)$ verschiedene W. haben, vgl. Nr. 4. Erst *L. Euler*[35]) nimmt bei der Abzählung von W. sowohl auf die vielfachen als auch auf die unendlichen W. gebührende Rücksicht. Frühere Mathematiker wurden durch das Auftreten solcher Wurzeln vom Aussprechen des *Bézout*'schen Satzes zurückgehalten.

Es ist ferner möglich, dass die $f_\lambda = 0$ überhaupt keine W. haben; dies tritt ein, wenn sich $R(x)$ auf eine Konstante reduziert, und ist demnach so aufzufassen, als ob alle $(n_1 \cdot n_2 \cdots n_m)$ W. des allgemeinen Systems in diesem besonderen Falle unendlich gross geworden wären. Beispiele hierzu lassen sich leicht konstruieren, wie $f_1(z_1, z_2) = 0$, $f_2(z_1, z_2) = f_1(z_1, z_2) + \text{const.} = 0$ zeigt.

Endlich ist die Möglichkeit vorhanden, dass die Gl. $f_\lambda = 0$ unendlich viele W. miteinander gemein haben. Charakteristisch ist dafür der Umstand, dass die Eliminante $R(x)$ identisch verschwindet. Es ist zu beachten, dass aus dem identischen Verschwinden von $R(x)$ nicht der scheinbar plausible Schluss gezogen werden kann, dass alle Koordinaten $z_1, z_2, \ldots z_m$ unendlich viele Werte annehmen können. Die einschlägigen Verhältnisse klärt die *Kronecker*'sche Eliminations-Methode (Nr. 9) durch die Einführung der *Stufenzahl*, durch welche bei den Lösungen eines Systems, geometrisch gesprochen, die gemeinsamen Punkte, Kurven, Flächen u. s. w. getrennt werden. Entscheidend ist dabei folgendes: Das Gl.-System $f_\lambda = 0$ von m Unbekannten ist von der m^{ten} Stufe, wenn $R(x)$ nicht identisch verschwindet. — Das System wird von der $(m-1)^{\text{ten}}$ Stufe, wenn zwar $R(x) \equiv 0$ ist, aber bei unbestimmten z_m und bei der Elimination von $z_2, z_3, \ldots z_{m-1}$ aus $(m-1)$ passend gewählten Gl. des Systems wenigstens ein $R(x, z_m)$ nicht identisch Null wird. Hierbei kann man dann die Unbekannte z_m beliebig wählen, x durch Lösung von $R_1 = 0$ bestimmen und dadurch die übrigen Koordinaten festlegen, so dass die W. eine Mannigfaltigkeit *erster Dimension* bilden; kommen ausser diesen keine anderen vor, so heisst das System der f_λ ein *reines System* der $(m-1)^{\text{ten}}$ Stufe; kommen noch andere mit festen Koordinaten vor, dann heisst es ein *gemischtes* System dieser Stufe. In derselben Weise kann man fortgehen, wenn auch alle $R_1 \equiv 0$ sind. Man lässt

---

35) Berl. Hist. 1748, p. 234.

dann nämlich z_{m-1} und z_m unbestimmt und eliminiert $z_2, z_3, \ldots z_{m-2}$ aus je $(m-2)$ der Gl. $f_\lambda = 0$; u. s. f. — Bei diesem Verfahren ist eine vorläufige Transformation (vgl. Nr. 4) nötig, durch welche vermieden wird, dass etwa zu festen $\zeta_1, \zeta_2, \ldots \zeta_{m-1}$ unendlich viele Werte ζ_m gehören[36]).

R. Perrin untersucht mit Hülfe seiner Eliminantendarstellung (vgl. Nr. **14**, Anm. 60) die Kriterien der verschiedenen Arten gemeinsamer, vielfacher Lösungen zweier Gleichungen mit einer, sowie dreier Gleichungen mit zwei Unbekannten[37]); er bestimmt also z. B., wann die Polynome $f_1(z)$ und $f_2(z)$ die Gestalten $f_1 = \alpha^2 \beta^2 \varphi_1$, $f_2 = \alpha^3 \beta \varphi_2$ annehmen, wobei α, β lineare Faktoren sind, und φ_1, φ_2 keinen gemeinsamen Teiler besitzen. In gleicher Weise wird eine ganze Reihe von Kriterien abgeleitet, und gleichzeitig wird die allgemeine Methode der Behandlung des Problems für m Var. gegeben.

W. End beschäftigt sich[38]) bei der Erweiterung eines *Jacobi*'schen Satzes (vgl. Nr. **22**) mit dem Falle, dass die $f_i(z_1, z_2, z_3)$ $(i = 1, 2, 3)$ ausser für eine endliche Anzahl einzelner Werte noch für ein einfach unendliches Wertsystem verschwinden; geometrisch also mit dem Falle, dass drei Flächen ausser einer endlichen Anzahl diskreter Punkte noch eine Kurve gemeinsam haben.

12. Auflösung linearer Gleichungen. — Spezielle Eliminationsprobleme. Das einfachste Eliminations-Problem liefert die Aufgabe, m lineare Gl. für m Unbekannte aufzulösen; dies war der Ausgangspunkt für die Einführung und das Studium der Determinanten [I A 2]. *Leibniz*[39]) war der erste, welcher sich mit dieser Frage beschäftigte; ihm folgten *Cramer*[40]), *Vandermonde*[41]) und *Laplace*[42]). *C. G. J. Jacobi* bespricht den allgemeinen Fall[43]), ohne auf alle möglichen Besonderheiten einzugehen; er erklärt dies (l. c. Ende von § 7) für ein „paullo prolixum negotium". Weiter sind *Cauchy*[44]) und *H. Grassmann*[45]) zu erwähnen. Man überwindet alle Schwierigkeiten durch

36) „Grundzüge" u. s. w. § 10. Ferner: J. f. Math. 99 (1886), p. 336. — Vgl. auch *Molk* l. c.

37) Par. C. R. 106 (1888), p. 1789; ibid. 107 (1888), p. 22 u. p. 219.

38) Math. Ann. 35 (1890), p. 82; Auszug aus e. Tübinger Dissertation (1887).

39) Brief an *G. F. de l'Hôpital* (1693); Acta Erudit. 1700, p. 200.

40) Introduction etc., Append. 1750.

41) Paris Mém. 1772, II part., p. 516.

42) Ibid. p. 294.

43) J. f. Math. 22 (1841), p. 285.

44) „Analyse algébrique", Paris 1821, Chap. 3, § 2. — J. Éc. Polyt. Cah. 17 (1812), p. 69. — Résumés analytiques, Paris 1833, § 4, p. 19.

45) „Lineale Ausdehn.-Lehre", Leipz. [1844] 1878, p. 71 u. 72.

die Einführung des Begriffes vom *Range*[46]) eines Systems aus $p \cdot q$ Grössen. *Baltzer*[47]) giebt *Kronecker*'s erste Resultate in der vollständigen Behandlung des Problems; die späteren sind aus anderen Darstellungen[48]) zu entnehmen. Vielfach findet sich hierbei die Zurückführung des allgemeinen Problems auf homogene Gl. Das erscheint nicht zweckmässig, weil dadurch die Erkenntnis der Bedingungen für die Existenz *endlicher* Lösungen gehindert wird. Deshalb haben auch z. B. *P. Gordan*[49]) und *H. Weber*[50]) diese Fälle getrennt behandelt. Wir wollen eine Übersicht über die Lösung derart geben, dass umgekehrt die Behandlung homogener Gl. als besonderer Fall des allgemeinen erledigt wird[51]).

Liegen die pq Grössen a_{ik} $(i = 1, 2, \cdots p; \; k = 1, 2, \cdots q)$ vor, so heisst das System der a_{ik} vom *Range r*, wenn r die grösste Zahl ist, für welche nicht alle aus r Zeilen und r Spalten der a_{ik} gebildeten Determinanten verschwinden. In diesem Falle kann man die Grössen a_{ik} so angeordnet denken, dass die Determinante $D = |a_{ik}|$ $(i, k = 1, 2, \cdots r)$ von Null verschieden ist. Sind nun p homogene lineare F. in den Unbekannten $z_1, z_2, \ldots z_q$ mit jenen Koeffizienten a_{ik} gegeben:

$$f_\alpha = a_{\alpha 1} z_1 + a_{\alpha 2} z_2 + \cdots + a_{\alpha q} z_q \quad (\alpha = 1, 2, \cdots p),$$

dann ist jedes f_α durch $f_1, f_2, \cdots f_r$ linear und homogen darstellbar, wie die leicht ersichtliche Relation

$$|f_k \quad a_{k1} \quad a_{k2} \cdots a_{kr}| = 0 \quad (k = 1, 2, \cdots r; \; \alpha)$$

zeigt; denn der Koeffizient von f_α ist D, also $\neq 0$. Sollen nun

---

46) Diesen Begriff hat der Sache wie dem bezeichnenden Worte nacl *G. Frobenius* eingeführt. Er hat seine Bedeutung bereits J. f. Math. 82 (1877), p. 290, § 3 „über lineare Gleichungen u. alternierende bilineare Formen" ins rechte Licht gerückt. Die Bezeichnung „Rang" ist von ihm zum ersten Male ib. 86 (1879), p. 1 benutzt: „Wenn in einer Determinante alle Unterdeterminanten $(m + 1)^{\text{ten}}$ Grades verschwinden, die m^{ten} Grades aber nicht sämtlich Null sind, so nenne ich m den *Rang* der Determinante." — *Kronecker* hat (Berl. Ber. 1884, p. 1071, 1179) diesen von *Frobenius* bereits mehrfach durchgearbeiteten Begriff übernommen. Hiernach ist die Bemerkung I A 2, Nr. **24** nebst Anm. 91 richtig zu stellen. — *J. J. Sylvester* nennt Amer. J. of Math. 6 (1884), p. 271, Lect. 1 eine Determinante n^{ter} Ordnung, bei der alle Subdeterminanten $(n - i + 1)^{\text{ter}}$ Ordnung verschwinden, aber nicht alle der $(n - i)^{\text{ten}}$ Ordnung, eine Determinante von der „Nullität" (nullity) i.

47) *Baltzer*, Determin, 2. Aufl.. Leipz. 1864, p. 60.

48) J. f. Math. 99 (1886), p. 342.

49) *Gordan-Kerschensteiner* l. c., p. 101.

50) *Weber*, Algebra 1 (2. Aufl.), p. 97 u. p. 104.

51) *Kronecker* behandelt die linearen Kongruenzen ähnlich, J. f. Math. 99 (1886), p. 340.

die nicht homogenen Gl. $f_\alpha + a_{\alpha 0} = 0$ $(\alpha = 1, 2, \ldots p)$ erfüllbar sein, so muss auch das System a_{ik} $(i = 1, 2, \cdots p;\ k = 0, 1, 2, \cdots q)$ vom Range r werden. Dann ergiebt sich aus der Erfüllung der geforderten Gl. für $\alpha = 1, 2, \cdots r$ die Erfüllung aller vorgelegten p Gleichungen.

Die Betrachtung der Determinante

$$|a_{\varrho 1}z_1 + a_{\varrho, r+1}z_{r+1} + \cdots + a_{\varrho, q}z_q + a_{\varrho 0}, a_{\varrho 2}, \cdots a_{\varrho r}| = 0 \qquad (\varrho = 1, 2, \cdots r)$$

zeigt, dass $(z_1 \cdot D)$ durch die willkürlich bleibenden $z_{r+1}, \cdots z_q$ bestimmt wird. Das gleiche gilt für $(z_2 \cdot D), \cdots (z_r \cdot D)$. Also hat das System *eine Mannigfaltigkeit* $(q - r)^{\text{ter}}$ *Dimension von Lösungen.* Man erkennt die enge Beziehung zwischen Rang und Stufenzahl.

Das gleiche gilt, wenn die $a_{\alpha 0} = 0$, also die Gl. homogen sind, nur dass die auf den Rang bezügliche Lösbarkeitsbedingung fortfällt. Wird dabei $q = r$, so müssen sämtliche z verschwinden. Ist $q = r + 1$, dann folgt die Proportionalität der $z_1, z_2, \cdots z_q$ zu den entsprechenden ersten Subdeterminanten des Koeffizienten-Systems. —

Von weiteren Spezialuntersuchungen, die sich auf Elimination bei Gleichungen höherer Grade beziehen, mögen die folgenden erwähnt werden: Die Behandlung von drei Gleichungen zweiten Grades mit drei Unbekannten, welche *O. Hesse*[52]) durchgeführt und zum grossen Nutzen für die Geometrie auf das Studium der Kurven dritter Ordnung angewendet hat, ferner die von *Serret*[53]) ohne wesentlich neue Resultate gelieferte Diskussion der gleichen Aufgabe; endlich das von *A. Clebsch*[54]) wieder zu geometrischen Zwecken gelöste Problem der Elimination bei m homogenen Gleich., von denen $(m - 2)$ linear, eine quadratisch und die letzte von beliebigem Grade ist. Andere weitere Untersuchungen bietet die Geometrie reichlich dar; vgl. für darauf bezügliche Litteratur auch Anmerkung 57.

13. Eigenschaften der Eliminante. Bei der *Poisson*'schen, wie bei der *Bézout*'schen Methode zeigt sich, dass für allgemeine Gl.-Systeme mit unbestimmten Koeffizienten der Grad der Eliminante gleich dem Produkte der Dimensionen der Gl. des Systems wird (*Bézout*'scher Satz). Weiter bemerkt man, dass die Eliminations-Gl. $R(x) = 0$ für $x = \varkappa_1 z_1 + \varkappa_2 z_2 + \cdots$ in den Koeffizienten der Funkt. f_λ homogen von einem Grade wird, welcher dem Produkte der Dimensionen der übrigen f gleichkommt. — Ferner ist R „*isobarisch*" von einem Gewichte gleich dem Produkte der Dimensionen der m Funk-

---

52) J. f. Math. 28 (1844), p. 68 = Werke p. 89.
53) Algèbre supérieure 1, § 70 ff.
54) J. f. Math. 58 (1861), p. 273.

tionen f_λ (I B 2). — Der Grad von R kann nur durch das Verschwinden der ersten Koeffizienten in R verringert werden.   Sind nun $\varrho_0, \varrho_1, \cdots$ diese Koeffizienten der höchsten Potenzen von x in R, so sagt $\varrho_0 = 0$ aus, dass die m homogenen Gl., welche entstehen, wenn man in jedem $f_\lambda = 0$ die Glieder höchster Dimension beibehält, eine von $(0, \ldots 0)$ verschiedene W. haben, oder mit anderen Worten, dass das System $f_\lambda = 0$ unendlich grosse W. besitzt. — Bei allgemeinen Gl. $f_\lambda = 0$ ist R irreduktibel[55]), und bei ihnen ist $\varrho_0 \neq 0$. Werden bei einer besonderen Gl. $\varrho_0 = 0$, $\varrho_1 = 0$, $\cdots \varrho_{\mu-1} = 0$, so ist jeder von $\varkappa_1, \varkappa_2, \ldots$ abhängige Faktor des ϱ_μ in $\varrho_{\mu+1}$, $\varrho_{\mu+2}$, $\ldots$ als Teiler enthalten[56]). — Die Eliminante von

$$f_1 = 0; \; f_2 + q_{2,1} f_1 = 0; \; f_3 + q_{3,2} f_2 + q_{3,1} f_1 = 0; \ldots$$

stimmt mit derjenigen von $\dot{f_1} = 0$, $f_2 = 0$, $f_3 = 0$, $\ldots$ überein für beliebige gz. F. $q_{\alpha\beta}$; gleichwohl besitzt das erste System gegenüber dem zweiten im allgemeinen noch unendliche Wurzeln. — Bei der *Poisson*'schen Methode ergiebt sich stets das gleiche R, welche der Gleichungen man auch an das Ende setzen und bei der Produktbildung benutzen mag.

Ein Theorem von *Liouville* ist von Bedeutung für die Geometrie geworden; ihm zufolge sind die ersten Koeffizienten der Eliminante nur von gewissen ersten Koeffizienten der einzelnen F. abhängig; es bleibt bei Änderung der übrigen Gl.-Koeffizienten eine von jenen abhängige Reihe von Eliminations-Eigenschaften ungeändert, deren geometrische Bedeutung verwertet werden kann[57]).

14. Resultante und ihre Eigenschaften.   Sind $(m + 1)$ Gleichungen $f_\alpha = 0$ $(\alpha = 0, 1, \ldots m)$ zwischen den m Unbekannten $z_1, z_2, \ldots z_m$ gegeben; bestimmt man sämtliche W. $(\zeta_{1\varkappa}, \zeta_{2\varkappa}, \ldots \zeta_{m\varkappa})$ der letzten m von diesen Gl.; setzt man diese W. in f_0 ein und nimmt das Produkt aller $f_0(\zeta_{1\varkappa}, \ldots \zeta_{m\varkappa})$; multipliziert man endlich dieses Produkt mit der einfachsten Konstanten, welche es zu einer gz. F. der Koeffizienten macht, so erhält man eine ganze F. der Gleichungskoeffizienten, deren Verschwinden charakteristisch für das Bestehen

---

55) *Laurent*, Traité d'Algèbre 4 (Compléments) Paris 1894, und *Netto*, Algebra 2, 1, p. 79.

56) *Netto* l. c., 2, p. 86.

57) *Liouville*, J. de Math. (1), 6 (1841), p. 359. Weitere Arbeiten hierüber lieferten: *E. Laguerre*, Par. C. R. 60 (1865), p. 71; Bull. soc. math. 8 (1879), p. 52; *G. Humbert*, J. de math. (4), 3 (1887), p. 327; 5 (1889), p. 81 u. 129; 6 (1890), p. 233; *G. Fouret*, Nouv. Ann. (3), 9 (1890), p. 258; *J. Hadamard*, Acta math. 20 (1896), p. 201.

gemeinsamer W. der $(m + 1)$ Gl. $f_\alpha = 0$ ist. Diese Funkt. heisst *„die Resultante* (Res.) *der* $(m + 1)$ *Gleichungen“*[58]. — Macht man die Gl. $f_\alpha = 0$ durch Einführung einer $(m + 1)^{\text{ten}}$ Var. u homogen, dann ist die Eliminante derselben nach u gleich jener Res., abgesehen von einer Potenz von u als Faktor. — Fasst man in den $f_\alpha = 0$ die Koeffizienten als gz. F. einer neuen Var. z_0 auf, dann ist die Res., wie sie für die m Var. definiert wurde, die Eliminante nach z_0; der Unterschied von Res. und Eliminante liegt in der Auffassung der Koeffizienten als Konstante oder als gz. F. einer weiteren Var. Daher finden viele Eigenschaften der Eliminante (aus Nr. 13) hier ihre Analoga.

Mertens[59] giebt in Parallele zu der *Bézout'*schen Formel eine Ableitung der Result., welche von der Verwendung des Eliminationsprozesses absieht, indem er, falls die $f_\alpha = 0$ keine gem. W. haben, die Existenz eines bestimmten linearen, homogenen Aggregates der Polynome $f_0, f_1, \ldots$ von gewissen Gradeigenschaften nachweist, welches die Var. nicht mehr enthält.

Hinsichtlich dieser Form $R = \sum f_\lambda \varphi_\lambda$ weist *R. Perrin*[60] nach, dass die Multiplikatoren φ_λ als gz. F. der gegebenen F. f_α gewählt werden können. Er benutzt den Umstand, dass, wenn $g_0, g_1, \ldots$ die Werte sind, die $f_0, f_1, \ldots$ für ein willkürliches Var.-System annehmen, dann die Gl. $f_\alpha - g_\alpha = 0$ gemeinsame W. und also eine verschwindende Res. haben; da diese in den Koeffizienten der $(f_\alpha - g_\alpha)$ ganz ist, so folgt daraus der Satz.

Bei der obigen *Poisson'*schen Produktform der Res. nimmt f_0 eine Ausnahmestellung ein; es giebt demgemäss, je nach der Wahl der ersten Gl. $(m + 1)$ verschiedene Formen der Res., deren Übereinstimmung nicht so einfach zu erkennen ist, wie bei $m = 1$. Mit diesen verschiedenen Formen beschäftigt sich *O. Biermann*[61] und eingehender *J. Hadamard*[62].

Eine ausführliche Theorie der Res. findet man in einer umfangreichen Abhandlung von *L. Schläfli*[62], der zu früher bekannten Eigenschaften neue hinzufügt. Er zeigt z. B., dass wenn $f_1, f_2, \ldots$ nume-

---

58) Es erscheint nicht unpassend, im Anschluss an englische Autoren die sonst unterschiedlos gebrauchten Bezeichnungen „Eliminante“ und „Resultante“ begrifflich so zu trennen, wie hier geschehen ist.

59) Wien. Ber. 93 (1886), p. 527.

60) Par. C. R. 106 (1888), p. 1789.

61) Monatsh. f. Math. u. Phys. 5 (1894), p. 17.

62) Acta math. 20 (1896), p. 201.

63) Wien. Denkschr. 1852, Abt. 2, p. 1.

rische Koeffizienten haben, R in lineare Faktoren zerfällt, die in den Koeffizienten von f_0 ganz sind; er fasst die z als rationale F. anderer Var. $y_1, y_2, \ldots y_m$ auf; er untersucht die Struktur der Res.; er stellt gewisse partielle Differential-Gl. her, denen die Res. genügen, u. s. f. — Eine in dem oben, Anm. 52, zitierten Aufsatze von *Hesse* angedeutete allgemeine Eliminationsmethode wird von *Schläfli* [p. 9] als unzureichend nachgewiesen.

$K.\ Th.\ Vahlen$ [64]) setzt die Koeffizienten der f_α gleich gz. F. einer zweiten Variablenreihe und untersucht die Dimension der Res. in diesen; es ist das erlangte Resultat für die Theorie der algebraischen Korrespondenzen wichtig.

Die Berechnung von Resultanten nach den angegebenen Methoden ist sehr umständlich. Einige Erleichterung gewährt die Benutzung der eben erwähnten Differentialgleichungen für die Herstellung der numerischen Koeffizienten. — $P.\ Gordan$ hat [65]) die Resultanten ternärer Formen allgemein invariantiv, d. h. durch Überschiebungen dargestellt (I B 2).

Über die Teilbarkeit von Result. verweisen wir auf die in I B 1 a Nr. 19 gegebenen Auseinandersetzungen. Ebendort findet man die Litteraturangaben.

15. Reduzierte Resultante. Die in I B 1 a Nr. 14 gemachte Bemerkung über die *Cayley*'sche „*reduzierte Resultante*" gehört auch hierher. — Ferner sind hier (und auch dort) noch andere von $A.\ Brill$ gemachte Untersuchungen [66]) zu erwähnen. Haben m Gleichungen von $(m-1)$ Var. eine bestimmte Anzahl von W. gemeinsam, dann kann man nach den Bedingungen fragen, unter denen die Gl. noch eine weitere gemeinsame W. besitzen. Diese Bedingungen werden durch das Verschwinden der sogenannten „*Brill'schen reduzierten Resultante*" gegeben. Die Existenz eines solchen Gebildes wird begründet; seine Konstitution wird untersucht; dasselbe wird als gm. T. gewisser Glieder einer Entwickelung erkannt, die durch einen einfachen Algorithmus hergestellt werden kann; seine Wichtigkeit für Fragen der Geometrie wird nachgewiesen.

16. Reduktibilität und Teilbarkeit von Gleichungssystemen. In der *Kronecker*'schen Eliminations-Theorie heisst ein F.- oder ein Gl.-System irreduktibel oder reduktibel, wenn die Gesammteliminante

---

64) J. f. Math. 113 (1894), p. 348.

65) Math. Ann. 50 (1898), p. 113; J. d. math. (3), 5 (1897), p. 195; Züricher Kongress (1898), p. 143.

66) Math. Ann. 4 (1871), p. 510; Münch. Abhandl. 17 (1892), p. 89.

(Nr. 9) es ist. Es folgt die Zerlegung eines reduktiblen Systems in irreduktible; ebenso die Begriffe des Teilers eines Gl.-Systems, der teilerfremden Systeme und des gr. gm. T. zweier Systeme. Es ist zu bemerken, dass Analogieschlüsse gegenüber den F. einer Var. nur mit Vorsicht zu verwenden sind. *J. Molk*[67]) hat analytisch diese Ideen behandelt, die in der Raumgeometrie bereits geläufig waren.

17. Diskriminante eines Gleichungssystems. Eine Erweiterung des Begriffes der *Diskriminante* (Diskr.) einer Gl. $f(z) = 0$ mit einer Var. kann auf verschiedene Arten für mehrere Var. durchgeführt werden, je nachdem man für eine solche Verallgemeinerung diese oder jene Eigenschaft der Diskr. einer Gl. mit einer Unbekannten benutzt. Für $f(z) = 0$ drückt das Verschwinden der Diskr. die Bedingung aus, dass die Gl. vielfache W. besitze. Ist ein Gl.-System $f_\alpha = 0$ ($\alpha = 1$, $2, \ldots m$) mit den Unbekannten $z_1, \ldots z_m$ gegeben, so kann man ebenso fragen, wann eine W. ($\zeta_1, \ldots \zeta_m$) als vielfache W. der Gl. gilt. Eine solche Bedingung ist Nr. **11** im Anschluss an die Eliminante $R(x)$ angeführt: $R(x) = 0$ muss eine vielfache W. haben. Eine andere folgt daraus, dass die *Funktionaldeterminante*[68]) (Funkt.-Det.)

$$J(z_1, \cdots z_m) = \frac{\partial (f_1, \ldots f_m)}{\partial (z_1, \ldots z_m)} = \begin{pmatrix} f_1 \cdots f_m \\ z_1 \cdots z_m \end{pmatrix} = \left| \frac{\partial f_\alpha}{\partial z_\beta} \right| \quad (\alpha, \beta = 1, 2, \cdots m)$$

für ($\zeta_1, \ldots \zeta_m$) verschwindet. Bildet man nämlich das über alle W. des Systems erstreckte Produkt $\prod J(\zeta_{1\varkappa}, \zeta_{2\varkappa}, \ldots \zeta_{m\varkappa})$, so wird dies eine rationale F. der Koeffizienten, welche nur verschwindet, wenn das System $f_\alpha = 0$ mindestens eine mehrfache W. besitzt. In dem sogenannten allgemeinen Falle, in dem die Zahl der W. gleich dem Produkte der Gl.-Dimensionen ist, kann jenes Produkt bis auf einen konstanten Faktor in das Quadrat einer Determinante umgewandelt werden, deren Elemente Potenzprodukte der W. sind. Es tritt also eine Analogie mit den Gl. $f(x) = 0$ einer einzigen Unbekannten auf[69]), wo die Ableitung der F. an der Stelle der hier auftretenden Funkt.-Det. erscheint; vgl. I B 1a Nr. **20**.

18. Diskriminante einer Gleichung. Dieser Erweiterung steht eine zweite zur Seite, welche an eine andere Diskr.-Eigenschaft bei

---

67) *Molk* (l. c.) Chap. 5, § 4, p. 155. Vgl. auch *Netto*, Algebra 2, 1 § 435.

68) Eingeführt von *Jacobi*, J. f. Math. 22 (1841), p. 319 = Werke 3, p. 193; vgl. Nr. **19** u. **20**. Die Engländer bezeichnen sie nach *Cayley*, J. f. Math. 52 (1856), p. 276 = Coll. Pap. 4, p. 30 als „Jacobian". Die zweite Schreibweise im Text stammt von *W. F. Donkin*, Phil. Trans. 1854, 1, p. 72; die dritte von *Gordan-Kerschensteiner* 1, p. 12; *Hesse* gebraucht gelegentlich eine noch kürzere, nämlich: $(f_1, \ldots f_m)$.

69) *H. Laurent*, Traité d'analyse, Paris 1885, 1, p. 305.

Gl. mit einer Var. anknüpft. Man legt am einfachsten eine homogene F. $\varphi(z_1, z_2, \ldots z_m)$ zu grunde und bezeichnet die Res. der n ersten Ableitungen $\dfrac{\partial \varphi}{\partial z_1}, \dfrac{\partial \varphi}{\partial z_2}, \ldots \dfrac{\partial \varphi}{\partial z_m}$ als *Diskriminante*[70]) von φ (Diskr.). Verschwindet die Diskr. für irgend einen Punkt des Gebildes $\varphi = 0$, so ist dies ein *singulärer Punkt;* ein solcher lässt, geometrisch gesprochen, mehr als eine Tangentialebene zu. Hierin liegt gleichfalls eine Verallgemeinerung der Diskr.-Eigenschaft der F. mit einer Var. Hat φ die Dimension n, so ist die Diskr. in den Koeffizienten von φ homogen von der Dimension $m(n-1)^{m-1}$ und hat das Gewicht $n(n-1)^{m-1}$.[71]) Ferner besitzt sie Invarianteneigenschaft [I B 2].

Ist φ eine homogene, nicht lineare F. anderer F. $g_1, g_2, \ldots$ der Var., und sind die F. derart, dass das System $g_\alpha = 0$ unendlich viele W. besitzt, dann verschwindet die Diskr. von φ identisch. — Hat φ nur einen einzigen singulären Punkt, so kann dieser durch Differentiation der Diskr. gefunden werden[72]), vgl. I B 1 a, Nr. 21.

19. Unabhängigkeit von Funktionen. Sind q F. von m Var. z gegeben $f_\alpha(z_1, \ldots)$, so heissen sie *von einander unabhängig*[73]), wenn keine rationale Gl. $F(f_1, \ldots f_q) = 0$ besteht, deren Koeffizienten von den Var. unabhängig sind, und die nicht für beliebige Werte von $f_1, \ldots f_q$, also nicht identisch erfüllt ist. Ist $q > m$, dann giebt es stets solche Gl. $F = 0$, d. h. $q > m$ F. f_α sind nie von einander unabhängig. Ist $q \leq m$, dann bestimme man alle Eliminanten für je $(q-1)$ Var. aus den q Gl. $f_\alpha(z_1, \ldots) - \varphi_\alpha = 0$, in denen die φ_α Symbole für die f_α sind; wird eine dieser Eliminanten von den übrigen Var. unabhängig, dann und nur dann bilden die f_α ein abhängiges F.-System; diese Eliminante geht für $\varphi_\alpha = f_\alpha$ in eine Relation $F = 0$ über[74]). *Jacobi* hat (1. c.) folgendes Kriterium anderer Art für die Unabhängigkeit eines F.-Systems in dem Falle $m = q$ aufgestellt: Die charakteristische Bedingung für die Abhängigkeit besteht in dem identischen Verschwinden von $J = \dfrac{\partial(f_1, \ldots f_m)}{\partial(z_1, \ldots z_m)}$. Dieses Kriterium beschränkt sich nicht auf den Fall, dass die f_λ gz. F. der Var. sind.

---

70) Von *Hesse* (1. c.) und *Schläfli* (1. c.) als Determinante der F. φ bezeichnet.

71) Diese und die folgenden nebst weiteren Eigenschaften hat *Schläfli* (1. c.) angegeben.

72) Offenbar sind beide in den Nrn. 17 und 18 gegebenen Erweiterungen nur die Grenzfälle einer allgemeinen, die sich auf willkürliche Gl.-Systeme bezieht. Ihre Behandlung steht noch aus.

73) *Jacobi,* J. f. Math. 22 (1841), p. 319 = Werke 3, p. 393.

74) *Netto,* Algebra 2, 1.

20. Unabhängigkeit von Gleichungen. *Jacobi* definiert (l. c.) Gleichungen $f_1 = 0, \ldots f_q = 0$ als unabhängig oder als abhängig von einander, je nachdem es möglich oder unmöglich ist, aus ihnen q der Unbekannten ($m \geq q$) durch die übrigen auszudrücken. Statt dessen kann man sagen: $f_q = 0$ heisst dann und nur dann abhängig von $f_1 = 0, \ldots f_{q-1} = 0$, wenn jede W. dieses letzten Systems auch $f_q = 0$ befriedigt (vgl. dazu Nr. 5).

21. Funktionaldeterminante. Die F. J spielt in der Theorie der F. mehrerer Var. eine ähnliche bedeutende Rolle, wie die Ableitung $f'(z)$ bei einer F. $f(z)$ einer Var. *Jacobi* hat sie eingeführt und analytisch erforscht[75]). *Bertrand*[76]) giebt von ihr folgende Definition, deren Charakter als Erweiterung der Ableitung klar ist: er setzt statt eines Differential-Quotienten den Quotienten von zwei mit m Differentialen gebildeten Determinanten m^{ter} Ordnung $J = \mid d_\varkappa f_\lambda \mid : \mid d_\varkappa z_\lambda \mid$, wobei die f Funktionen, ferner die z Variable und $d_1, \ldots d_m$ von einander unabhängige Inkremente bedeuten. — *Jacobi* leitet die Bildung von J bei explicit und implicit gegebenen F., sowie bei F. von F. ab; er untersucht den Einfluss linearer Substitutionen; er zeigt ihre Bedeutung bei der Transformation mehrfacher Integrale [II A 2, Nr. **41**]. — Die Funkt.-Det. J von m homogenen Gl. $\varphi_\alpha = 0$ mit $m \cdot$ Unbekannten verschwindet für jede W. des Gl.-Systems. — Sind die homogenen F. φ_α dabei von gleichen Dimensionen, dann verschwinden auch die Ableitungen von J für jede W.[77]). — Stets dann und nur dann, wenn J als homogene lineare F. der homogenen φ_α dargestellt werden kann, haben die Gl. eine von $(0, 0, \ldots 0)$ verschiedene W. gemein[78]). — Ist eine solche Darstellung bei beliebigen Gl. $f_\alpha = 0$ für die Funkt.-Det. derjenigen homogenen Gl. $\varphi_\alpha = 0$ möglich, welche durch Nullsetzen der Terme höchster Dimension der f_α entstehen, so haben die $f_\alpha = 0$ weniger als $n_1 n_2 \cdots n_m$ endliche W. — Sind $(m + 1)$ homogene Gl. $\varphi_\alpha = 0$ gleicher Dimension mit m Unbekannten gegeben, bildet man aus je m unter ihnen die Funkt.-Det. $J_1, J_2, \ldots J_{m+1}$; ferner aus je m der F. J_λ die Funkt.-Det. $I_1, I_2, \ldots I_{m+1}$, dann ist $I_\alpha = M \varphi_\alpha$, wo M einen von α unabhängigen Wert besitzt[79]).

Zu erwähnen ist die Behandlung der Funkt.-Det. von *Gordan-*

75) J. f. Math. 22 (1841), p. 319 = Werke 3, p. 393.

76) *J. L. F. Bertrand*, J. de math. 16 (1851), p. 213. [Der Satz wird von „Genocchi-Peano“, dtsch. Ausg. (s. II A 2), Anm. zu Nr. 122, p. 329 angefochten.]

77) *Hesse*, J. f. Math. 28 (1844), p. 68 = Werke, p. 87.

78) *Kronecker*, Berl. Ber. 1859, Dez.-Heft, p. 687.

79) *Clebsch*, J. f. Math. 69 (1868), p. 355; ibid. 70 (1869), p. 175 wird auf Grund einer Mitteilung von *Gordan* die Grösse M bestimmt.

Kerschensteiner (l. c. p. 120 ff.), bei der besonders gewisse Ähnlichkeiten mit Brüchen hervorgehoben werden. So ist (vgl. die Bezeichnung der vorigen Nummer)

$$\begin{pmatrix} y_1 y_2 \cdots y_m \\ x_1 x_2 \cdots x_m \end{pmatrix} \begin{pmatrix} z_1 z_2 \cdots z_m \\ y_1 y_2 \cdots y_m \end{pmatrix} = \begin{pmatrix} z_1 z_2 \cdots z_m \\ x_1 x_2 \cdots x_m \end{pmatrix}.$$

Ebenda werden die Subdeterminanten der Funkt.-Det. wieder als Funkt.-Det. dargestellt; die Funkt.-Det. wird als Produkt partieller Differentialquotienten gegeben u. s. w.

Auch in der Theorie der Charakteristiken (vgl. Nr. **25**) nimmt die Funkt.-Det. eine wichtige Stellung ein, indem sie die Ausdehnung gewisser Sätze über Wurzeln einer Gl. auf Systeme von Gl. ermöglicht. (Vgl. I B 3 a, Nr. **7**, sowie III A 4.)

22. Hesse'sche Determinante. Ist jedes $f_\alpha = \dfrac{\partial F}{\partial z_\alpha}$, wobei F eine homogene gz. F. der Var. z_1, $z_2, \ldots$ bedeutet, dann wird J zur symmetrischen Determinante der zweiten Ableitungen von F, nämlich gleich $H = \left| \dfrac{\partial^2 F}{\partial z_\varkappa \partial z_\lambda} \right|$; sie heisst die *Hesse'sche Determinante*[80]). $O.$ *Hesse* hat sie eingeführt und ihre Bedeutung für verschiedene Fragen der Geometrie erkannt. Führt man in eine homogene Funkt. F statt der z_1, $z_2, \ldots z_m$ durch lineare homogene Substitutionen andere Variable y_1, $y_2, \ldots y_m$ ein, und ist eine solche Wahl der y möglich, dass F von höchstens $(m-1)$ der neuen Variabeln abhängig wird, dann ist $H \equiv 0$. *Hesse* versuchte die Umkehrung dieses Satzes zu beweisen[81]), *M. Pasch* begründete ihre Gültigkeit für kubische Formen von drei und vier Var.[82]), *Gordan* allgemein für ternäre, *Noether* für quaternäre Formen[83]). Endlich wurde von *Gordan* und *Noether* gezeigt[84]), dass im allgemeinen Falle die Umkehrung des Satzes nicht richtig sei [I B 2, Nr. **27**].

Die *Hesse*'sche Grundform H steht in engen Beziehungen zur F, deren ausgezeichneten und singulären Punkten. Ist etwa $(\xi_1, \xi_2, \ldots)$ eine k-fache Nullstelle für F, so ist sie zugleich eine $(3k-4)$-fache für H, und $F = 0$, $H = 0$ haben k „Tangenten" in $(\xi_1, \xi_2, \ldots)$ gemeinsam. Bei $k = 2$ z. B. fallen (geometrisch gesprochen) in diesem

---

80) *Hesse*, J. f. Math. 29 (1844), p. 68; die Engländer bezeichnen sie nach *Cayley* (Phil. Transact. 146 [1856], p. 627 = Coll. Pap. 2, p. 627) als *Hessian.* Vgl. auch *J. J. Sylvester*, Cambr. Dubl. M. J. 6, 1851, p. 194.

81) J. f. Math. 42 (1851), p. 117 u. ibid. 56 (1859), p. 263 = Werke p. 289, 481.

82) ibid. 80 (1875), p. 169.

83) Erlang. Ber. 1875, 13. Dez.

84) Math. Ann. 10 (1876), p. 547.

Punkte die Tangenten von $F = 0$ mit denen von $H = 0$ zusammen, so dass dieser Punkt als Lösung von $F = 0$, $H = 0$ sechsfach zählt[85]).

23. Jacobi's Erweiterung einer Euler'schen Formel. Die Analogie zwischen der Funkt.-Det. J und der Ableitung bewährt sich auch bei einem von *Jacobi* gefundenen Satze[86]), welcher als eine Erweiterung der *Euler*'schen Formeln (vgl. I B 1a, Nr. 2) zu bezeichnen ist. Bedeutet $g(z_1, \ldots z_m)$ eine gz. F. der Var. z_α von einer Dimension $\mu < (\sum n_\alpha - m)$, dann gilt für die über alle W. $(\zeta_{1k}, \ldots \zeta_{mk})$ des Systems $f_\alpha = 0$ $(\alpha = 1, 2, \ldots m)$ erstreckte Summe

$$\sum_k \frac{g(\zeta_{1k}, \ldots \zeta_{mk})}{J(\zeta_{1k}, \ldots \zeta_{mk})} = 0,$$

vorausgesetzt, dass $k = n_1 \cdot n_2 \cdots n_m$ wird, d. h. dass die Gl. $f_\alpha = 0$ überhaupt nur endliche (und von einander verschiedene) W. besitzen[87]).

Dieses Theorem ist auf mancherlei Arten bewiesen worden. *Jacobi* und nach ihm *E. Betti*[88]) leiten es (für ein beliebiges m) aus der Theorie der symmetrischen Funktionen mehrerer Variablenreihen her; *Kronecker* (l. c.) schliesst es aus seiner Verallgemeinerung der *Lagrange*'schen Interpolationsformel; *J. Liouville*[89]) folgert es aus der Bemerkung, dass die Eliminante sich nicht ändert, wenn die Folge der F. bei dem *Poisson*'schen Verfahren geändert wird. — *Liouville* erhält in seiner Arbeit eine scheinbar allgemeinere Formel; doch lässt sich diese aus der *Jacobi*'schen einfach dadurch herleiten, dass für eine der F. f_α ein Produkt zweier F. eingesetzt wird[90]).

---

85) Von der reichhaltigen, hierher gehörigen Litteratur führen wir an: *Hesse*, J. f. Math. 28 (1844), p. 68 u. 97 = Werke p. 89, 123; ibid. 38 (1849), p. 257 = Werke p. 211; ibid. 40 (1850), p. 316 = Werke p. 257 (Brief an *Jacobi* nebst Antwort); ibid. 41 (1851), p. 272 = Werke p. 263; *Clebsch*, J. f. Math. 58 (1861), p. 229; *Cayley*, J. f. Math. 34 (1847), p. 30 = Coll. Pap. 1, p. 337; *Clebsch-Lindemann*, Geometrie 1, p. 176, 191, 206 u. s. w.

86) J. f. Math. 14 (1835), p. 281 = Werke 3, p. 285, wo zunächst $m = 2$ angenommen ist. Die Erweiterung auf beliebige m giebt dann *Jacobi*, J. f. Math. 15 (1836), p. 285, § 6—10 = Werke 3, p. 329; ferner *E. Betti*, Ann. di mat. 1 (1853), p. 1 und *Clebsch*, J. f. Math. 63 (1863), p. 189.

87) *Kronecker*, Berl. Ber. 1865, Dez., p. 687 = Werke 1, p. 133 hat diese Einschränkung betont; übrigens hat *Jacobi* selbst ihre Notwendigkeit erkannt, wie sich sowohl aus der Arbeit J. f. Math. 15 (1836), p. 285 indirekt, als auch direkt aus einer Bemerkung in *Jacobi*'s Nachlass, abgedruckt: Werke 3, p. 610, ergiebt.

88) Ann. di mat. 1, 158 [I B 3 b, Nr. 24].

89) J. de math. 6 (1841), p. 345 und Par. C. R. 13 (1841), p. 467.

90) *A. Harnack,* Math. Ann. 9 (1876), p. 371; vgl. *Clebsch-Lindemann*, Vorles. üb. Geom. 1, p. 826.

24. Wurzelrelationen eines Gleichungssystems. — Interpolation.

An anderer Stelle zeigt *Jacobi*[91]), dass die eben erhaltenen Summenrelationen, wenn in ihnen für g der Reihe nach alle Potenzprodukte $(z_1^{\alpha} z_2^{\beta} \ldots z_m^{\delta})$ eingesetzt werden $(\alpha + \beta + \cdots + \delta < \sum n_{\alpha} - m)$, nicht sämtlich von einander unabhängig sein können. Die hierbei auftretenden Relationen werden von ihm für $m = 2$, $n_1 = n_2$ genauer untersucht. Die sich anschliessenden allgemeinen Fragen hängen mit dem schon von *Euler*[92]) und *Cramer*[93]) bemerkten Umstande zusammen, dass die $n_1 \cdot n_2 \cdots n_m$ Schnittpunkte von $f_1 = 0, \cdots f_m = 0$ nicht willkürlich gewählt werden dürfen, da ihre Anzahl grösser ist, als die zur Bestimmung eines f_{α} verfügbaren Konstanten, d. h. als die Koeffizientenanzahl (vgl. Nr. 1 Anm. 2). Es knüpften *J. Plücker*[94]) und *Jacobi* (l. c.) an dieses Problem an, welches dadurch zum Ausgangspunkte für umfassende Arbeiten algebraisch-geometrischer Natur wurde[95]), auf die hier nur hingewiesen werden kann.

Erst nach der Feststellung dieser Beziehungen zwischen den W. eines Gl.-Systems ist es möglich, der Frage nach dem Interpolationsprobleme näher zu treten. Stellt man die F. f_{α}, $(\alpha = 1, 2, \ldots m)$, deren Nullstellen wir wieder durch $(\zeta_{1\varkappa}, \ldots \zeta_{m\varkappa})$ bezeichnen, gemäss Nr. 4 in der Form

$$f_{\alpha} = \sum_{\varrho=1}^{m} (z_{\varrho} - \zeta_{\varrho\varkappa}) \chi_{\alpha\varkappa\varrho}$$

dar, dann stehen die Determinanten aus den χ in enger Beziehung zu der Funkt.-Det. Sie treten bei der *Kronecker*'schen Behandlung des Interpolationsproblems (l. c.) an die Stelle der Nenner in der *Lagrange*schen Formel. Die Interpolationsformel selbst ist von ähnlicher Konstitution wie die für eine einzige Variable. (Vgl. auch *H. Laurent*, Algèbre.)

25. Charakteristik eines Funktionensystems.

Wir haben in Nr. 14 auf die Analogie zwischen der Ableitung $f'(z)$ einer Funktion $f(z)$ einer Var. und zwischen der Funkt.-Determ. J für m Funkt. von m Var. aufmerksam gemacht. Nun ist I B 1 a Nr. 4 darauf hingewiesen worden, dass das Verhalten der Ableitung $f'(z)$ in engster Beziehung zu der Art der Änderung der $f(z)$ selbst steht. Ähnliches war also bei einem Systeme von F. hinsichtlich der Funkt.-Det.

91) J. f. Math. 15 (1836), p. 285 = Werke 3, p. 329.

92) Berl. Mém. 1748, p. 219.

93) Introd. à l'analyse p. 78.

94) J. f. Math. 16 (1837), p. 47.

95) Vgl. D. M.-V. 3 (1892—93), p. 347 ff.

zu vermuten. Darauf hindeutende Bemerkungen finden sich bereits bei *J. J. Sylvester*[96]); später hat *Kronecker* in seiner *Charakteristiken-theorie* gezeigt[97]), dass diese Analogien in umfassender Weise platz greifen. Auch hier dient das Verschwinden von *J* dazu, die Gebiete von einander abzugrenzen, in denen die Realitätsverhältnisse der W. des Gl.-Systems verschieden sind. Wir verweisen auf I B 1 a, Nr. 22; I B 3 a, Nr. 7 und auf III 4.

26. Modul- oder Divisorensysteme. Eine Erweiterung des von *Gauss* in die Zahlentheorie eingeführten Begriffs eines *Modul* ist von *Kronecker* für das Gebiet beliebig vieler ganzer F. mit beliebig vielen Var. gegeben worden. Diese Erweiterung führt zu dem Begriffe des *Modulsystems* oder *Divisorensystems*, auf welchen *Kronecker* die arithmetische Behandlung der ganzen rationalen F. eines Rationalitäts-bereiches gründet[98]) [I B 1 c, Nr. 13, 14]. Das Modulsystem $(f_1, f_2, \ldots f_m)$ ist der Inbegriff aller F. von der Gestalt $\sum \varphi_\lambda \cdot f_\lambda$ $(\lambda = 1, 2, \ldots m)$, wobei die φ gze. ganzzahlige Funktionen bedeuten. Dieses Modul-system umfasst gewissermassen alles, was seinen einzelnen Elementen an Eigenschaften gemeinsam ist. Daher ist es auch als Verallgemeine-rung des Divisionsbegriffes aufzufassen, indem das bei einer Funktion auftretende Produkt $\varphi \cdot f$ hier durch $\sum \varphi_\lambda \cdot f_\lambda$ ersetzt wird. — Unab-hängig von *Kronecker* und nicht so tief eindringend wie dieser, kam *H. Laurent* zu ähnlichen Entwickelungen[99]).

27. Weitere Hinweise. Gewisse Untersuchungen über gz. F. mehrerer Var. werden an anderen Stellen besprochen. So ist z. B. hier nicht behandelt worden die Theorie der *Anzahl der Werte*, welche eine gz. F. bei allen möglichen Permutationen der Var. untereinander annimmt [I A 6]. Die hierzu gehörigen einwertigen oder symmetrischen F. (von einer oder von mehreren Var.-Reihen) haben wir mehrfach streifen müssen. Diese Theorie hängt eng mit der *Galois*'schen Glei-chungstheorie zusammen; wir verweisen auf I B 3 b. — Eine beson-

---

96) Lond. Trans. 143 (1853), part. III, p. 407.

97) Berl. Ber. 1869, p. 159 u. 688; ibid. 1878, p. 145. Über die weitere analytische Ausbildung der Theorie vgl. *E. Picard*, J. de math. (4), 8 (1892), p. 5; Par. C. R. 113 (1891), p. 356, 669, 1012; *W. Dyck*, Par. C. R. 119 (1894), p. 1254; ibid. 120 (1895), p. 34; Münch. Ber. 1898, p. 203. Vgl. I B 3 a.

98) Grundzüge u. s. w. II. Abschn. — Die oben citierte *Molk*'sche Abhand-lung kann als eine Art von Monographie für die Theorie der Divisorensysteme gelten. — Siehe ferner eine ganze Reihe von Arbeiten von *K. Hensel* im J. f. Math. und die Arbeit von *G. Landsberg*, Gött. Nachr. 1897, Heft 3 [I B 1 c, Nr. 21].

99) Nouv. Ann. (3) 2 (1883), p. 145; ibid. 5 (1886), pp. 432 u. 456.

dere Art der zweiwertigen F. von n Variablenreihen aus je n Grössen sind die Determinanten n^{ter} Ordnung; ihre Behandlung findet sich I A 2.

In diesen und in den vorigen Artikel gehört weiter auch dem Begriffe nach die gesamte Theorie der Formen, welche aber hauptsächlich wegen der verschiedenartigen Betrachtungsweise und mancher nicht algebraischen Hülfsmittel hier losgetrennt und in I B 2 untergebracht worden ist. Wir müssen jedoch hier wenigstens den sogenannten „*Euler*'schen Satz über homogene Funktionen" hervorheben[100]), da derselbe für viele der oben angedeuteten Beweise unentbehrlich ist. Ist $\varphi(z_1, \ldots z_m)$ eine homogene F. der n^{ten} Dimension, so hat man

$$\sum_{\lambda=1}^{m} z_\lambda \frac{\partial \varphi}{\partial z_\lambda} = m\varphi.$$

Mit der Formentheorie im Zusammenhange steht die der *linearen Substitutionen*, auf welche hier nur verwiesen werden kann.

Auf den polynomischen Satz ist schon I A 1 Nr. **13** in der Theorie der Kombinatorik hingewiesen worden.

An Einzelheiten seien noch zwei Arbeiten von *F. Mertens*[101]) über gewisse Arten von Funktionen mehrerer Variablen erwähnt.

Ferner gehört hierher ein Hinweis auf die Differenzenrechnung bei mehreren Variablen (vgl. I B 1 a Nr. 4).

Ebenso treten Beziehungen zur Theorie der Funktionalgleichungen auf, sobald diese in unserem Gebiete ihre Lösung finden, so z. B. das Problem der „algebraischen Reversibilität"[102]), bei dem es sich um die Bestimmung einer F. $f(x_1, x_2, \ldots x_n)$ handelt, für welche aus den für $y_1, \ldots y_n$ angenommenen Gleichungen

$$\frac{f(x_1, x_2, \ldots x_n)}{y_1} = \frac{f(x_2, x_3, \ldots x_n, x_1)}{y_2} = \cdots = \frac{f(x_n, x_1, \ldots x_{n-1})}{y_n}$$

auch umgekehrt folgen soll

$$\frac{f(y_1, y_2, \ldots y_n)}{x_1} = \frac{f(y_2, y_3, \ldots y_n, y_1)}{x_2} = \cdots = \frac{f(y_n, y_1, \ldots y_{n-1})}{x_n}.$$

---

100) Calc. diff. 1, § 225, p. 154. Ticini 1787. [Nach *M. Cantor*, Gesch. d. Math. 3, p. 733/734 schon in der 1. Aufl., Berol. 1755.]

101) Krakauer Abhandl. 2, I (1891), p. 333; Krakauer Denkschr. 17 (1891), p. 143.

102) *D. André*, Bull. soc. math. 24 (1896), p. 135.

Verzeichnis der Abkürzungen.

$$
\begin{aligned}
\text{Diskr.} &= \text{Diskriminante} \\
\text{F.} &= \text{Funktion} \\
\text{Funkt.-Det.} &= \text{Funktional-Determinante} \\
\text{Gl.} &= \text{Gleichung} \\
\text{gz.} &= \text{ganz} \\
\text{gr. gm. T.} &= \text{grösster gemeinsamer Teiler} \\
\text{irred.} &= \text{irreduktibel} \\
\text{red.} &= \text{reduktibel} \\
\text{Res.} &= \text{Resultante} \\
\text{Var.} &= \text{Variable} \\
\text{W.} &= \text{Wurzel.}
\end{aligned}
$$

I B 1c. ALGEBRAISCHE GEBILDE.
I C 5. ARITHMETISCHE THEORIE ALGEBRAISCHER GRÖSSEN

VON

G. LANDSBERG

IN HEIDELBERG.

Inhaltsübersicht.

1. Aufgabe der arithmetischen Theorie der algebraischen Grössen.
2. Körper oder Rationalitätsbereiche.
3. Ganze Grössen eines Rationalitätsbereiches; Irreduktibilität.
4. Konjugierte Körper; Diskriminanten.
5. Beziehungen zur *Galois*'schen Theorie der Gleichungen.
6. Fundamentalsysteme.
7. Arten oder Species.
8. Zerlegung der ganzen Grössen in Primdivisoren oder Primideale.
9. Darstellung der Primdivisoren durch Association enthaltender Gattungen oder durch Association transcendenter Funktionen.
10. Die Fundamentalgleichung.
11. Ausführung der arithmetischen Theorie im Einzelnen.
12. Zusammenhang mit der Theorie der Modulsysteme und algebraischen Gebilde.
13. Elementare Eigenschaften der Modulsysteme.
14. Der Stufenbegriff. Primmodulsysteme.
15. Zerlegung in Primmodulsysteme. Diskriminante eines Modulsystemes.
16. Anwendungen der Modulsysteme. Komplexe Zahlen mit mehreren Einheiten.
17. *Dedekind*'s Theorie der Moduln.
18. Sätze von *Hilbert*.
19. Verallgemeinerung des Teilbarkeits- und Äquivalenzbegriffes.
20. Fundamentalsatz von *Noether*.
21. Modulsysteme zweiter Stufe; ihre Normalformen.
22. Darstellung algebraischer Gebilde durch rationale Parameter; Satz von *Lüroth*.
23. Transformation algebraischer Gebilde.

Vorbemerkung.

Die Artikel I B 1 c und I C 5 sind, um Wiederholungen zu vermeiden, unter I B 1 c vereinigt worden. Da die Untersuchung der algebraischen

Gebilde bis zu einem gewissen Grade die arithmetische Theorie der algebraischen Grössen voraussetzt, so ist die letztere (in den Nr. **1—11**) vorangestellt und die erstere (in den Nr. **12—23**) an sie angeschlossen worden. Die allgemeine Theorie der algebraischen Gebilde und Modulsysteme erscheint hiernach als der im rationalen Gebiete zu erledigende Teil der arithmetischen Theorie algebraischer Grössen.

Da dieser Zweig der Algebra in allen wesentlichen Teilen modernen Ursprungs ist, so kann nur im allgemeinen auf die Lehrbücher der *Algebra* von *H. Weber*, Braunschweig, Bd. I u. II, 1. Aufl. 1895/96, 2. Aufl. 1898/99 (bes. drittes Buch), *E. Netto* (bisher erschienen Bd. I u. II, Lief. 1, Leipzig 1896/98), *E. Borel* und *J. Drach*, Paris 1894, und auf die *Vorlesungen über Zahlentheorie* von *Lej. Dirichlet-R. Dedekind*, Braunschweig, 2. Aufl. 1871, 3. Aufl. 1879, 4. Aufl. 1894; bes. Supplement XI von *Dedekind*, hingewiesen werden.

---

1. Aufgabe der arithmetischen Theorie der algebraischen Grössen. Die Zahlentheorie im engsten Sinne des Wortes (I C 1) stellt dem umfassenderen Gebiete $\mathfrak{R}$ der rationalen Zahlen das engere und ursprünglichere Gebiet $\mathfrak{G}$ der ganzen Zahlen gegenüber und untersucht in erster Linie die Teilbarkeitseigenschaften der ganzen Zahlen. In zahlreichen algebraischen Untersuchungen findet sich der Gegensatz zwischen „rational" und „ganz" in verallgemeinerter Form wieder, und es sind die „ganzen" Grössen vor den „rationalen" durch „Teilbarkeitseigenschaften" ausgezeichnet. Die Wissenschaft, welche die höchste Verallgemeinerung der Begriffe „rationale Grösse", „ganze Grösse", „Teilbarkeit" aufsucht und die daraus entspringende Bearbeitung algebraischer Probleme nach zahlentheoretischen Methoden anstrebt, ist von *L. Kronecker* „arithmetische Theorie der algebraischen Grössen" genannt worden[1]).

2. Körper oder Rationalitätsbereiche. Unter Grösse verstehen wir im folgenden ebensowohl irgend welche *Zahlen* als auch irgend welche *Funktionen* einer oder mehrerer unabhängiger Veränderlichen. Ein System von Grössen, welches in der Weise abgeschlossen ist, dass die Anwendung der vier rationalen Rechenoperationen, Addition, Subtraktion, Multiplikation und Division (wobei man von der Division

---

1) Grundzüge einer arithmetischen Theorie der algebraischen Grössen; Festschrift zu Herrn Ernst Eduard Kummer's fünfzigjährigem Doctor-Jubiläum. Berlin 1882 (J. f. Math. 92, p. 1 = Werke 2, p. 237, weiterhin als „Festschrift" citiert).

durch Null abzusehen hat) nie über das System hinausführt, heisst nach
R. Dedekind[2]) ein *Körper* (*Zahlkörper* oder *Funktionenkörper*), nach
Kronecker ein *Rationalitätsbereich* (früher auch *Rationalitätsbezirk*). Wenn
alle Grössen eines Körpers D auch einem Körper M angehören, so heisst
D ein Divisor, Teiler[3]), Unterkörper[4]) von M, M ein Vielfaches,
Multiplum[3]), Oberkörper[4]) von D.

Unter den *Zahl*körpern ist der einfachste der Körper $\Re$ der
rationalen Zahlen, der in jedem anderen Körper enthalten ist; der
umfassendste der Körper $\mathfrak{Z}$ *aller* Zahlen, der jeden anderen Zahlkörper enthält. Das Hauptinteresse nehmen die *algebraischen* Zahlkörper[5]) in Anspruch, welche durch eine oder mehrere algebraische
Zahlen (Wurzeln ganzzahliger Gleichungen) und deren rationale Verbindungen gebildet werden (I C 4). Jeder algebraische Zahlkörper
kann schon durch eine einzige Zahl konstituiert werden[6]).

Unter den Funktionenkörpern ist der einfachste der Körper R
der rationalen Funktionen von n Veränderlichen $x_1, x_2, \ldots, x_n$, wobei
die Koeffizienten dieser Funktionen einem beliebigen Zahlkörper zugewiesen werden dürfen; der umfassendste Funktionenkörper ist der
Körper *aller* Funktionen von n Veränderlichen. Von besonderem
Interesse sind die *algebraischen* Funktionenkörper, welche durch eine
oder mehrere algebraische Funktionen (Wurzeln von Gleichungen,
deren Koeffizienten dem Körper R angehören) und deren rationale
Verbindungen gebildet werden (II B 2). Jeder algebraische Funktionenkörper kann schon durch eine einzige algebraische Funktion
konstituiert werden[6]). Auch aus transcendenten Funktionen können
Körper gebildet werden, z. B. der Körper aller elliptischen Funktionen
mit gleichen Perioden oder der Körper aller elliptischen Modulfunktionen u. s. w.

Kronecker fasst die Körper $\Re$ und R unter der Bezeichnung
„*natürliche*" Rationalitätsbereiche zusammen und stellt ihnen die algebraischen Zahl- und Funktionenkörper als „*Gattungsbereiche*" gegenüber[7]). Der Bereich, aus welchem der Gattungsbereich hervorgeht,

---

2) *Dirichlet - Dedekind*, Vorlesungen über Zahlentheorie, 2. 3. 4. Auflage,
Braunschweig 1871, 1879, 1894, Supplement XI von *Dedekind* über die Theorie
der algebraischen Zahlen, § 160. (Die Citate beziehen sich durchweg auf die
4. Auflage.)

3) *Dedekind* l. c. § 160, *Kronecker* (l. c. § 2) sagt dafür: M enthält D.

4) *D. Hilbert,* Bericht über die Theorie der algebraischen Zahlkörper 1897,
im Jahresbericht der Deutschen Mathematiker-Vereinigung 4, § 14.

5) Auch *endliche* Körper genannt, bei *Dedekind* l. c. § 164, VII.

6) Nach *Kronecker*; Beweis z. B. bei *Weber*, Algebra 1, § 143.

7) Festschrift §§ 2 und 3.

heisst *Stammbereich*. — Steigt man von einem Körper D zu einem Oberkörper M dadurch auf, dass man zu D eine oder mehrere ursprünglich nicht in D enthaltene Grössen hinzunimmt, so heisst dieser Prozess der Körpererweiterung *Adjunktion*[8]).

Die frühesten Spuren des Körperbegriffs finden sich in *N. H. Abel*'s Untersuchungen über algebraische Gleichungen[9]), die Erkenntnis der Bedeutung der Adjunktion für die Theorie der Gleichungen gebührt *E. Galois*[10]).

Der Körperbegriff ist nach *H. Weber* noch weitergehender Verallgemeinerung fähig, wenn man ihn dem allgemeinsten Gruppenbegriff (I A 6, Nr. **15**; II A 6) unterordnet und definiert: ein Körper ist eine Gruppe mit einer zweifachen Art kommutativer Komposition. Hierdurch werden z. B. auch „*Kongruenzkörper*" der gleichen Methode zugänglich, bei welchen alle Relationen zwischen Elementen des Körpers nur im Sinne einer Kongruenz modulo einer Primzahl statthaben[11]).

3. Ganze Grössen eines Rationalitätsbereiches; Irreduktibilität. In den natürlichen Rationalitätsbereichen $\mathfrak{R}$ und R kann man das Gebiet der *ganzen* Grössen aussondern, wobei in $\mathfrak{R}$ die ganzen Zahlen, in R die ganzen Funktionen als ganze Grössen den blos rationalen Grössen gegenübergestellt werden. Die ganzen Grössen bilden den in $\mathfrak{R}$, resp. R enthaltenen *Integritätsbereich*; sie reproduzieren sich durch die Operationen der Addition, der Subtraktion und der Multiplikation.

Eine ganze Zahl heisst eine Primzahl, wenn sie nicht in zwei von der Einheit verschiedene ganzzahlige Faktoren zerlegbar ist; ebenso heisst eine ganze Funktion von n Variabeln eine *Primfunktion* oder *irreduktibele* Funktion, wenn sie nicht in zwei von der Einheit verschiedene Faktoren, welche ganze Grössen des Bereiches sind, zerlegt werden kann[12]). Diese Definition ist wesentlich davon

---

8) In dieser Allgemeinheit fasst den Begriff *Weber*, Algebra 1, § 140.

9) Oeuvres ed. *Sylow-Lie*, 1, p. 479 = J. f. Math. 2, p. 220 (1828); 4, p. 132 (1829).

10) Journ. de math. 11, p. 418 (1830, publiziert 1846).

11) *Weber*, Math. Ann. 43, p. 521 (1893). Algebra 2, § 64. Die Bedingungen, unter welchen endliche Gruppen mit einer zweifachen Art commutativer Komposition auf Kongruenzkörper zurückgeführt werden können (d. h. ihnen holoedrisch isomorph sind), untersucht *E. H. Moore* (Chicago Papers, p. 210 ff.) (1896 [1893]).

12) *Kronecker* fordert hier wie bei allen Definitionen (l. c. § 4 und anderwärts), dass eine Methode angegeben werde, durch welche im einzelnen Falle mit Hilfe einer endlichen Anzahl von Operationen entschieden werden könne, ob eine vorgelegte Grösse unter den Begriff zu subsumieren ist oder nicht, eine

abhängig, welchem Zahlkörper die Koeffizienten der ganzen Funktionen angehören. Ist dies der Körper $\mathfrak{R}$, so gilt der Satz: Jede ganze Grösse kann auf eine und nur eine Weise in Primfunktionen zerlegt werden[13]). Bei Zulassung anderer Zahlkörper für die Zahlkoeffizienten ist der Satz im allgemeinen nur dann richtig, wenn Funktionen, die sich nur um *Zahl*faktoren unterscheiden, nicht als wesentlich verschieden betrachtet werden.

D. Hilbert hat bewiesen, dass man in einer irreduktibelen ganzen ganzzahligen Funktion von n Variabelen stets und auf unendlich viele Arten die m letzten Variabelen so gleich ganzen Zahlen setzen kann, dass eine *irreduktibele* Funktion der ersten $n - m$ Variabelen entsteht; dieser Satz bleibt auch noch richtig, wenn der Bereich der Koeffizienten der ganzen Funktion ein beliebiger algebraischer Zahlkörper ist[14]).

Setzt man eine irreduktibele Funktion gleich Null, so entsteht eine irreduktibele Gleichung, durch welche, wenn nur eine Variabele auftritt, eine algebraische Zahl, wenn mehrere Variabele auftreten, eine der Variabelen (x) als algebraische Funktion der übrigen bestimmt wird; wenn in dieser Gleichung überdies der Koeffizient der höchsten Potenz von x gleich 1 ist, so ist x eine *ganze* algebraische Grösse (Zahl oder Funktion)[15]). Ganze algebraische Funktionen sind

---

Forderung, deren prinzipieller Berechtigung *Dedekind* entgegengetreten ist. (Was sind und was sollen die Zahlen? Braunschweig, 2. Aufl. 1893, Anm. auf p. 2.) Methoden zur Entscheidung [I B 1 a, Nr. **18**, I B 1 b, Nr. 5], haben für ganzzahlige Funktionen einer Veränderlichen *K. Runge* (J. f. Math. 99, 1886, p. 89) und *M. Mandl* (J. f. Math. 113, 1894, p. 252), für Funktionen mehrerer Veränderlichen *W. Fr. Meyer* (Math. Ann. 30, 1887, p. 30) angegeben. Specielle Irreduktibilitätskriterien bei *Th. Schönemann* (J. f. Math. 31, 1846, § 6), *G. Eisenstein* (ib. 39, 1850, p. 166), *L. Königsberger* (ib. 115, 1895, p. 53), *Netto* (Algebra 1, § 52—60; Math. Ann. 48, 1896, p. 82).

13) *Kronecker*, J. f. Math. 94, p. 344 = Werke 2, p. 408. *J. Molk*, Acta math. 6, p. 1 (1885), chap. 2, § 1.

14) J. f. Math. 110, p. 104 (1892). Gewissermassen ein Gegenstück zu diesem Satze bildet der ebenfalls von *Hilbert* geführte Nachweis, dass es ganze ganzzahlige irreduktibele Funktionen einer Veränderlichen giebt, welche modulo jeder Primzahl und modulo jeder Primzahlpotenz zerlegt werden können. Gött. Nachr., Febr. 1897.

15) *Kronecker*, J. f. Math. 91, p. 301 (1862, veröffentlicht 1881), *Dedekind* seit 1871, s. Zahlentheorie § 173. Infolge der Sätze über die eindeutige Zerlegbarkeit ist eine algebraische Grösse auch dann ganz, wenn *irgend eine* der Gleichungen, denen sie genügt, zum höchsten Koeffizienten die 1 und im übrigen ganze rationale oder ganze algebraische Grössen zu Koeffizienten hat. Diese Definition der ganzen algebraischen Grösse bezeichnet den eigentlichen Fortschritt der modernen Theorieen und steht im Gegensatze zu der formalen Defini-

auch dadurch zu charakterisieren, dass sie nirgends im Endlichen unendlich werden. Ist eine ganze algebraische Grösse zugleich rational, so ist sie eine ganze rationale Grösse im früher bestimmten Sinne des Wortes.

Eine irreduktibele Gleichung hat mit einer anderen Gleichung endlichen Grades entweder alle Wurzeln oder keine gemein; mit einer Gleichung unendlich hohen Grades aber (einer gleich Null gesetzten Potenzreihe) kann eine irreduktibele Gleichung sehr wohl eine einzige Wurzel gemein haben [16]). Die Definition der Irreduktibilität lässt sich auch auf *Systeme* übertragen: ein System von Gleichungen mit mehreren Variabelen, dessen Koeffizienten einem bestimmten Rationalitätsbereiche angehören und dessen sämtliche Lösungen eine k-fache Mannigfaltigkeit bilden, heisst irreduktibel, wenn jedes andere Gleichungssystem, das mit ihm eine k-fache Mannigfaltigkeit von Lösungen gemein hat und dessen Koeffizienten dem gleichen Rationalitätsbereiche angehören, durch *alle* seine Lösungen befriedigt wird und wenn überdies alle mehrfachen Lösungen des Systemes eine weniger als k-fache Mannigfaltigkeit bilden [17]).

4. Konjugierte Körper; Diskriminanten. Ist $F(x) = 0$ eine Gleichung n^{ten} Grades, deren Koeffizienten einem Körper Ω angehören und welche in eben diesem Körper irreduktibel ist, und ξ eine Wurzel dieser Gleichung, so bildet die Gesamtheit aller rationalen Funktionen von ξ, welche mit Koeffizienten aus Ω gebildet sind, einen dem Bereiche Ω entstammenden Gattungsbereich (*Kronecker*), einen Körper über Ω (*Weber*). Jedes Element dieses Körpers K kann in eindeutig bestimmter Weise als ganze Funktion $(n - 1)^{\text{ten}}$ Grades von ξ mit in Ω rationalen Koeffizienten dargestellt werden. Sind ξ', ξ'', ... $\xi^{(n-1)}$ die übrigen Wurzeln jener Gleichungen und ersetzt man überall die Wurzel ξ bezüglich durch ξ', ξ'', ... $\xi^{(n-1)}$, so gelangt man zu den *konjugierten Körpern* K', K'', ... $K^{(n-1)}$, von jeder Grösse $\varphi(\xi)$ zu den $(n - 1)$ *konjugierten Grössen* $\varphi(\xi')$, ... $\varphi(\xi^{(n-1)})$. Der Übergang von einem Körper zu einem der konjugierten kann nach *Dedekind*

---

tion der älteren (*Kummer* etc.), bei welchen durchweg mit ganzen ganzzahligen Funktionen einer willkürlich gewählten Ausgangsgrösse operiert, die Untersuchung also von vornherein auf eine gewisse Species von Zahlen oder Funktionen (s. Nr. 7) beschränkt wird.

16) *Königsberger*, J. f. Math. 95, p. 193 (1883); *A. Hurwitz*, Acta math. 14, p. 211 (1890); *Dedekind* im Jahresbericht d. deutschen Math.-Ver. 1, p. 23 (1892).

17) In dieser Weise ist eine von *G. Frobenius* mitgeteilte Definition (J. f. Math. 84, 1878, p. 46) zu vervollständigen. Eine einfachere Definition erfolgt später (Nr. 14).

als ein Abbildungsprozess aufgefasst werden, bei welchem alle rationalen Beziehungen erhalten bleiben[18]); als rational ist hier (und im folgenden) jede Grösse des Stammbereichs Ω anzusehen.

Symmetrische Funktionen der Konjugierten sind Grössen des Stammbereiches Ω; insbesondere heisst die Summe der Konjugierten einer Grösse η des Körpers K die *Spur* $(S(\eta))$, das Produkt der Konjugierten die *Norm* $(N(\eta))$ von η.[19]) Sind $\eta_1, \eta_2, \ldots \eta_n$ Grössen des Körpers K, so ist auch das Determinantenquadrat

$$\Delta(\eta_1, \eta_2, \ldots \eta_n) = \left| \eta_\nu^{(g)} \right|^2 \qquad \left(\begin{matrix} \nu = 1, 2, \cdots n \\ g = 0, 1, \cdots n-1 \end{matrix} \right)$$

eine Grösse in Ω, welche die *Diskriminante* des Systemes $\eta_1, \eta_2, \ldots \eta_n$ genannt wird; je nachdem die Diskriminante verschwindet oder nicht verschwindet, je nachdem ist eine homogene lineare Relation mit Koeffizienten des Körpers Ω zwischen $\eta_1, \eta_2, \ldots \eta_n$ vorhanden oder ausgeschlossen. Sind $\eta_1, \eta_2, \ldots \eta_n$ die n ersten Potenzen der Grösse η, so heisst die Diskriminante $\Delta(1, \eta, \eta^2, \ldots \eta^{n-1})$ die *Diskriminante* von η; dieselbe ist bis aufs Vorzeichen gleich der Norm der dem Körper K angehörigen Grösse

$$(\eta - \eta')(\eta - \eta'') \cdots (\eta - \eta^{(n-1)}),$$

welche nach *Hilbert* die *Differente* von η heisst[20]).

Jede Grösse $\eta = \varphi(\xi)$ des Körpers K genügt einer bestimmten Gleichung n^{ten} Grades

$$N(x - \varphi(\xi)) = (x - \varphi(\xi))(x - \varphi(\xi')) \cdots (x - \varphi(\xi^{(n-1)})) = 0;$$

die linke Seite der Gleichung ist entweder irreduktibel, wenn nämlich die Diskriminante von η von Null verschieden ist, oder aber die e^{te} Potenz einer ganzen Funktion f^{ten} Grades von x ($n = ef$), wenn die Diskriminante von η gleich Null ist[21]). Wenn die Gleichungen aller Grössen, die zu K, aber nicht zu Ω gehören, irreduktibel sind, so heisst der Körper K *primitiv*, andernfalls *imprimitiv*[22]). Im letzteren Falle bilden die rationalen Funktionen von η einen Körper $\overline{K}$ über Ω vom f^{ten} Grade und es ist K ein Körper über $\overline{K}$ vom e^{ten} Grade.

---

18) Zahlentheorie § 161.

19) „Spur" zuerst bei *Dedekind-Weber* (J. f. Math. 92, 1882, p. 188) u. *Dedekind*, Gött. Abhandlgn. 1882. Der Ausdruck „Norm" geht auf *K. F. Gauss* (1831), (Werke 2, p. 108) und *E. E. Kummer* (1844) (J. de math. 12, p. 187) zurück.

20) Bericht üb. d. Th. d. alg. Z. § 3.

21) *Th. Schönemann*, J. f. Math. 31, p. 273 (1845) scheint zuerst diesen später oftmals bewiesenen Satz im Gebiete der algebraischen Zahlkörper aufgestellt zu haben.

22) *Weber*, Algebra § 144. Die Bezeichnung ist von der entsprechenden Eigenschaft der Gruppe hergenommen.

Nimmt man insbesondere als Stammbereich Ω den Körper aller symmetrischen rationalen Funktionen der ν Variabelen $x_1, x_2, \ldots x_\nu$, welcher identisch ist mit dem Körper aller rationalen Funktionen der elementaren symmetrischen Verbindungen $f_1, f_2, \ldots f_\nu$ dieser ν Variabelen (I B 3 b, Nr. 1), und als Oberkörper K den Körper *aller* rationalen Funktionen von $x_1, x_2, \ldots x_\nu$, so genügt jede Grösse φ von K einer Gleichung des Grades $n = \nu!$ mit Koeffizienten des Körpers Ω:

$$(x - \varphi)(x - \varphi') \cdots (x - \varphi^{(n-1)}) = \Theta(x, f_1, f_2, \ldots f_\nu) = 0,$$

worin $\varphi, \varphi', \varphi'', \ldots \varphi^{(n-1)}$ die aus φ durch die $\nu!$ Permutationen der Variabeln x hervorgehenden Funktionen bedeuten. Wenn aber φ bei einer Gruppe von e Permutationen ungeändert bleibt und somit bei allen Permutationen der Variabelen nur $f = \dfrac{\nu!}{e}$ Werte annimmt, so wird $\Theta(x)$ die e^{te} Potenz einer im Körper Ω irreduktibelen Funktion f^{ten} Grades $\Theta_1(x, f_1, \ldots f_\nu)$, ein Satz, welcher bereits von *J. L. Lagrange* aufgestellt worden ist[23]) (I B 3 c, d, Nr. 1).

5. Beziehungen zur Galois'schen Theorie der Gleichungen. Die Körpertheorie ist nach heutiger Auffassung die eigentliche Grundlage der *Galois*'schen Theorie der algebraischen Gleichungen (I B 3 c, d). Zu einer vorgelegten Gleichung n^{ten} Grades $F(x) = 0$, die auch in Ω reduktibel sein, aber keine gleichen Wurzeln enthalten darf, gehören n konjugierte Körper $K, K', \ldots K^{(n-1)}$, und es ist stets möglich, denjenigen Körper L von möglichst niedrigem Grade zu bestimmen, welcher alle n Körper $K, K', \ldots K^{(n-1)}$ enthält. Es geschieht dies durch Aufstellung der irreduktibelen Gleichung ϱ^{ten} Grades, welcher die mit den Unbestimmten $u, u', \ldots u^{(n-1)}$ gebildete Grösse

$$\Theta = u\xi + u'\xi' + \cdots + u^{(n-1)}\xi^{(n-1)}$$

genügt; diese Gleichung heisst die *Galois'sche Resolvente*. Den Unbestimmten $u, u', \ldots u^{(n-1)}$ dürfen auch solche individuelle Werte des Körpers Ω beigelegt werden, dass die Wurzeln der Gleichung ϱ^{ten} Grades von Θ von einander verschieden ausfallen. Der Körper L ist alsdann ein *Normalkörper* oder *Galois'scher* Körper, d. h. er ist mit allen seinen konjugierten Körpern identisch; jede rationale Funktion von $\xi, \xi', \ldots \xi^{(n-1)}$ ist eine Grösse in L und umgekehrt. Der Körper L gestattet ϱ Abbildungen in sich selbst, bei welchen die Wurzel Θ der Galois'schen Resolvente in irgend eine

<hr>

23) Berlin Mém. 1770 p. 134, 1771 p. 138 (= Oeuvres t. 3, p. 204, § 86 ff.). *Ev. Galois*, J. de math. t. XI, p. 420 (1846); *C. Jordan*, Traité des substitutions, Paris 1870, Art. 352; *Netto*, Substitutionentheorie, Leipzig 1882, § 51 und etwas allgemeiner § 100.

zweite Wurzel dieser Gleichung übergeführt wird. Die Wurzeln $\xi, \xi', \ldots \xi^{(n-1)}$ der Gleichung $F(x) = 0$ erleiden bei diesen ϱ Abbildungen ϱ Vertauschungen, die in ihrer Gesamtheit eine Gruppe $\mathfrak{G}$ bilden. Diese Gruppe $\mathfrak{G}$ heisst die *Gruppe der Gleichung;* jede rationale Funktion der Grössen $\xi, \xi', \ldots \xi^{(n-1)}$, welche bei Anwendung der ϱ Substitutionen der Gruppe ihren Wert ungeändert erhält, ist eine Grösse in Ω, und jede rationale Funktion von $\xi, \xi', \ldots \xi^{(n-1)}$, welche eine Grösse in Ω ist, gestattet die Substitutionen der Gruppe. Die algebraische Theorie der Gleichungen gründet sich auf die Kenntnis der Eigenschaften des Normalkörpers L.[24]) Die Gruppe der allgemeinen Gleichungen n^{ten} Grades mit unbestimmten Koeffizienten ist die symmetrische Gruppe aller $n!$ Substitutionen; besondere Gleichungen sind dadurch charakterisiert, dass eine unter der Gattung der symmetrischen Funktionen enthaltene Gattung von Funktionen der Wurzeln zum Rationalitätsbereiche (zum Körper Ω) gehört, nämlich diejenige Gattung, welche bei den ϱ Substitutionen der Gruppe der Gleichung ungeändert bleibt. Diesen besonderen Gleichungen spricht man nach *Kronecker* einen *Affekt*[25]) zu und nennt eine bei den ϱ Substitutionen invariante Funktion φ der Wurzeln, welche den Affekt charakterisirt, eine *Affektfunktion.* Die Affektfunktion φ geht aus dem Körper der symmetrischen Funktionen durch eine Gleichung des Grades $\dfrac{n!}{\varrho}$ hervor, welche bei einer allgemeinen Gleichung n^{ten} Grades irreduktibel ist (Nr. 4), für die spezielle Gleichung $F(x) = 0$ aber eine· rationale Wurzel hat; die Zahl $\dfrac{n!}{\varrho}$ heisst die *Ordnung des Affektes.* Diese Thatsache kann man nach *Kronecker* auch unter folgendem Gesichtspunkte erfassen: ist $F(x) = x^n - c_1 x^{n-1} + \cdots \pm c_n = 0$ die vorgelegte Gleichung und bedeuten $f_1, f_2, \ldots f_n$ die elementaren symmetrischen Funktionen der Wurzeln, so kann das Gleichungs*system* $f_1 = c_1, f_2 = c_2, \cdots f_n = c_n$ reduktibel sein, selbst wenn $F(x)$ irreduktibel ist (s. Nr. 3); durch Hinzufügung einer Gleichung $\varphi = c$, die den (rationalen) Wert c der Affektfunktion φ angiebt, wird das System irreduktibel, und eine Affektfunktion ist eine solche, durch deren Hinzufügung das Gleichungssystem irreduktibel wird[26]).

---

24) *Dedekind,* Zahlentheorie § 166; *Weber,* Algebra 1, Abschn. 13.

25) *Kronecker* gebraucht den Terminus „*Affekt*" zum ersten Male Berl. Monatsber. 1858, p. 288. [I B 3b, Nr. **15, 20**].

26) Festschrift § 11 u. 12; J. f. Math. 100, p. 490 (1886). Die Definition „Ordnung des Affektes" ist im Anschluss an *Weber,* Algebra 1, § 149 gegeben, während *Kronecker* in § 12 der Festschrift die Zahl ϱ als O. d. A. bezeichnet.

Aus dem in Nr. 3 angegebenen Satze von *Hilbert* folgt, dass man unbegrenzt viele Gleichungen mit ganzzahligen Koeffizienten konstruieren kann, deren Gruppe im Bereiche der rationalen Zahlen die symmetrische oder die alternierende Gruppe ist[27]). Dieser Satz bleibt bestehen, wenn der Stammbereich Ω nicht der Körper $\Re$, sondern ein beliebig vorgegebener Zahlkörper sein soll.

6. Fundamentalsysteme. In einem dem Bereiche Ω entstammenden Gattungsbereiche K von der n^{ten} Ordnung (einem Körper über Ω) lassen sich die *ganzen* algebraischen Grössen von den gebrochenen aussondern. In jedem solchen Gattungsbereiche kann man m ganze Grössen $y_1, y_2, \ldots y_m$ so bestimmen, dass man *alle* ganzen Grössen des Bereiches erhält, wenn man in der Linearform

$$y = u_1 y_1 + u_2 y_2 + \cdots + u_m y_m$$

für $u_1, u_2, \ldots u_m$ alle möglichen ganzen Grössen des Stammbereiches Ω nimmt[28]); ein solches System von m Grössen heisst ein *Fundamentalsystem* (*Kronecker*) oder eine *Basis* (*Dedekind*); die Linearform y heisst die *Fundamentalform*. Die Zahl m ist, allgemein zu reden, grösser als n, indess kann man drei Fälle angeben, in welchen $m = n$ ist und in welchen also die Koeffizienten $u_1, u_2, \ldots u_m$ für ein gegebenes Fundamentalsystem durch Angabe der ganzen Grösse y *eindeutig* bestimmt sind. Es tritt dies ein:

1) wenn der Körper K ein algebraischer Zahlkörper und Ω der Körper der rationalen Zahlen ist[29]). (Hingegen trifft es im allgemeinen nicht mehr zu, wenn K ein Zahlkörper und Ω ein beliebiger in K enthaltener algebraischer Zahlkörper, d. h. wenn K nach *Hilbert*'scher Bezeichnung ein *Relativkörper*[30]) ist.)

2) wenn der Körper K ein algebraischer Funktionenkörper und Ω der Körper der rationalen Funktionen *einer* Veränderlichen ist[31]) (bei algebraischen Funktionen mehrerer Veränderlichen ist im allgemeinen $m > n$).

3) wenn der Körper Ω der Körper aller symmetrischen Funktionen von ν Variabelen $x_1, x_2, \ldots x_\nu$ mit rationalen Zahlkoeffizienten und der Körper K aller derjenigen rationalen Funktionen von $x_1, \ldots x_\nu$

---

27) J. f. Math. 110, p. 123 ff. (1892). Einen Teil des Satzes beweist auf ganz elementarem Wege *H. Weber* (Chicago Congr. Papers [1896 (1893)], p. 401).

28) Festschrift § 6.

29) *Dirichlet-Dedekind*, Zahlentheorie § 175.

30) Bericht über d. Theorie der alg. Zahlkörper § 14.

31) *Kronecker*, J. f. Math. 91, p. 308 ff.; *Dedekind-Weber*, J. f. Math. 92, p. 193 f.

mit rationalen Zahlkoeffizienten ist, welche eine bestimmte Gruppe von $\frac{\nu!}{n}$ Substitutionen gestatten (s. Nr. **4** Ende); hierbei werden also für eine ganze Grösse des Bereiches die Koeffizienten $u_1, u_2, \ldots u_n$ ganze Funktionen der elementaren symmetrischen Funktionen $f_1, f_2, \ldots f_\nu$ mit rationalen Zahlkoeffizienten[32]).

Wenn $m = n$ ist, so ist die Diskriminante des Fundamentalsystemes

$$D = \left| y_g^{(h)} \right|^2 \qquad (g, h = 1, 2, \cdots n)$$

eine ganze Grösse in Ω, welche bei Transformation des Fundamentalsystemes ungeändert bleibt und der grösste gemeinschaftliche Teiler aller Diskriminanten von irgend n ganzen Grössen des Körpers ist; D heisst die *Diskriminante der Gattung* oder *des Körpers*.

Die Diskriminante eines Körpers ist ein Vielfaches der Diskriminante jedes Unterkörpers[33]).

Wenn $m > n$ ist, so hat man in der Matrix

$$\left\| y_1^{(h)}, \; y_2^{(h)}, \; \ldots y_m^{(h)} \right\| \qquad (h = 1, 2, \cdots n)$$

noch $m - n$ Zeilen unbestimmter Elemente hinzuzufügen, das Quadrat der so entstehenden Determinante heisst alsdann die *Diskriminantenform* der *Gattung*. Unter der *Diskriminante der Gattung* hat man alsdann den grössten gemeinsamen Teiler der Koeffizienten der Diskriminantenform zu verstehen; dieser grösste Teiler braucht aber alsdann keine Grösse des Körpers Ω zu sein, sondern er ist im allgemeinen nur durch das aus allen Koeffizienten gebildete Divisorensystem (s. Nr. **8**) darzustellen.

Betrachtet man die Diskriminanten der Gattungen rationaler Funktionen von ν Variablen, welche bei einer Gruppe von $\frac{\nu!}{n}$ Substitutionen ungeändert bleiben, so ergiebt sich zunächst die Diskriminante der *Galois*'schen Gattung, welche aus allen rationalen Funktionen von $x_1, x_2, \ldots x_\nu$ besteht, gleich $\vartheta^{\frac{1}{2}\nu!}$, worin

$$\vartheta = \Pi(x_g - x_h) \qquad \left(\begin{matrix} g, \, h = 1, 2, \cdots \nu \\ g \neq h \end{matrix} \right)$$

ist. Da jede andere Funktionsgattung $\mathfrak{G}$ unter der Galois'schen Gattung enthalten ist, so ist ihre Diskriminante ebenfalls eine Potenz von ϑ. Der Potenzexponent einer Gattung n-wertiger Funktionen ist

---

32) Festschrift § 12.

33) ibid. § 9.

von *E. Netto* gleich $\frac{1}{2}\,n - \frac{n\,q}{\nu(\nu-1)}$ bestimmt worden, worin q die Anzahl der Transpositionen der Gruppe von $\mathfrak{G}$ bedeutet [34]).

7. Arten oder Species. Aus den ganzen Grössen des Körpers K lassen sich engere Gebiete aussondern, welche ebenfalls die Eigenschaft haben, dass man bei Anwendung der Operationen der Addition, Subtraktion und Multiplikation das Gebiet nicht überschreitet. Man erhält solche, wenn man dem Körper K irgend k ganze Grössen $\Theta_1, \Theta_2, \ldots \Theta_k$ entnimmt und alle ganzen Funktionen von $\Theta_1, \Theta_2, \ldots \Theta_k$ bildet, deren Koeffizienten ganze Grössen des Stammbereiches Ω sind. Ein solches Grössengebiet heisst nach *Kronecker* eine *Species* oder *Art*, nach *Dedekind* eine *Ordnung*, nach *Hilbert* ein *Ring* algebraischer Grössen [35]). Für diese Arten gelten ähnliche Gesetze wie für die „Hauptart", welche aus allen ganzen Grössen des Körpers K besteht, es giebt Fundamentalsysteme etc.

8. Zerlegung der ganzen Grössen in Primdivisoren oder Primideale. Die ganzen algebraischen Grössen des Gattungsbereiches K gestatten eine Zerlegung in Primfaktoren in ähnlicher Weise, wie die ganzen Grössen eines natürlichen Rationalitätsbereiches; indess ist es, um diese Analogie zu einer vollkommenen zu machen, erforderlich, dem Körper K neue Elemente zu associieren. Es sei der Stammbereich Ω ein natürlicher und es sei ferner der Körper K in Bezug auf Ω vom n^{ten} Grade, so heisst eine mit irgend welchen neuen Unbestimmten $u_1, u_2, \ldots$ gebildete ganze rationale Funktion, deren Koeffizienten ganze Grössen des Körpers K sind, nach *Kronecker* eine *Form des Körpers K*. Dabei ist abweichend von der gewöhnlichen Terminologie auch eine nicht homogene Funktion als Form bezeichnet, damit die ganzen Grössen des Körpers K ebenfalls mit darunter begriffen sind. Eine Form ist als analytisches Äquivalent für die Darstellung des grössten gemeinschaftlichen Teiler ihrer Koeffizienten anzusehen; die Berechtigung dieser Auffassung ergiebt sich aus den folgenden Sätzen. Eine Form, deren Koeffizienten dem Stammbereiche Ω angehören, heisst eine *rationale Form*. Multipliziert man eine Form F des Körpers K mit den konjugierten Formen $F', F'', \ldots F^{(n-1)}$, so ist das Produkt $F, F', \ldots F^{(n-1)}$ (die *Norm* von F) eine rationale Form, und ihre Koeffizienten besitzen also einen bestimmten, dem Stammbereiche Ω angehörigen grössten gemeinsamen Teiler [36]). Wenn

---

34) J. f. Math. 90, p. 164 (1881); Acta math. 1, p. 371 ff. (1882).
35) Festschrift p. 15; *Dedekind's* Zahlentheorie § 170; *Hilbert's* Bericht § 31.
36) *Hilbert* bezeichnet (Bericht § 6) diesen Teiler als Norm von F.

dieser Teiler gleich 1 ist, so heisst die Form F eine *primitive* oder *Einheitsform*. Wenn zwei Formen des Körpers K sich zu einander wie zwei Einheitsformen verhalten, so heissen sie *absolut äquivalent;* zwei solche Formen sind im Sinne einer Zerlegung als nicht wesentlich von einander verschieden zu betrachten. Formen, deren Koeffizientensysteme übereinstimmen und welche sich nur durch die Potenzprodukte der Unbestimmten unterscheiden, mit welchen die gleichen Koeffizienten multipliziert sind, sind äquivalent. Eine Form heisst *irreduktibel* oder eine *Primform (Primdivisor)*, wenn sie nicht einem Produkte zweier Formen, von denen keine eine Einheitsform sein darf, äquivalent ist. Dann gilt der Satz: *Jede Form des Körpers K lässt sich auf eine und im wesentlichen nur auf eine Weise als Produkt von Primdivisoren darstellen, wenn äquivalente Divisoren als nicht verschieden betrachtet werden* [37]).

·An Stelle der Formen betrachtet *Dedekind* unendliche Systeme von ganzen Grössen des Körpers K. Sind $\alpha, \beta, \gamma, \ldots$ ganze Grössen des Körpers K, so heisst der Inbegriff aller Grössen, welche durch die Linearform $\xi\alpha + \eta\beta + \zeta\gamma + \cdots$ dargestellt werden können, wenn $\xi, \eta, \zeta, \ldots$ ganze Grössen des Körpers K sein sollen, ein *Ideal* des Körpers K. Falls dieses Ideal durch eine einzige Grösse α festgelegt werden kann, heisst es ein *Hauptideal* (α). Unter dem Produkte zweier Ideale

$$\mathfrak{a} = (\alpha_1, \alpha_2, \cdots \alpha_r), \qquad \mathfrak{b} = (\beta_1, \beta_2, \cdots \beta_s)$$

ist das Ideal

$$\mathfrak{c} = \mathfrak{a}\mathfrak{b} = (\alpha_1\beta_1, \cdots \alpha_1\beta_s, \ \alpha_2\beta_1, \cdots \alpha_2\beta_s, \cdots \alpha_r\beta_s)$$

zu verstehen. Ein Ideal, welches nicht als Produkt zweier Ideale dargestellt werden kann, von denen keines das Hauptideal (1) sein darf, heisst ein *Primideal*. Dann lautet der Zerlegungssatz: *Jedes Ideal ist auf eine und nur eine Weise in Primideale zerlegbar* [38]). Der Vergleich mit der Kronecker'schen Formentheorie wird durch folgende Erwägungen gegeben: Jeder Form des Körpers K entspricht dasjenige

---

37) Festschrift §§ 14—18. Die *Kronecker*'sche Formentheorie ist mit einigen Modifikationen in *Weber*'s Algebra (Bd. 2, Abschn. 16) aufgenommen. *Weber* betrachtet auch *gebrochene* rationale Funktionen der Unbestimmten mit Koeffizienten des Körpers K und nennt dieselben *Funktionale*. Wenn ein Funktional durch Multiplikation mit einer Einheitsform in eine (*Kronecker*'sche) Form des Körpers K verwandelt werden kann, heisst es ein *ganzes* Funktional. Dann lautet der Zerlegungssatz: ein ganzes Funktional kann auf eine und nur eine Weise in Primfunktionale zerlegt werden, wenn associierte (äquivalente) Funktionale als nicht verschieden betrachtet werden.

38) Zahlentheorie §§ 177—179, *Dedekind-Weber*, J. f. Math. 92, §§ 7—9.

Ideal, welches durch die Koeffizienten der Form bestimmt wird. Äquivalenten Formen entspricht dasselbe Ideal, und Formen, welche einer Grösse des Körpers K äquivalent sind, entspricht ein Hauptideal. Dem Produkte zweier Formen entspricht das Produkt der zugehörigen Ideale, den Primdivisoren entspricht ein Primideal. Hieraus geht die Identität beider Zerlegungssätze hervor. Das Ideal $\mathfrak{a}$ erscheint hierbei als grösster gemeinschaftlicher Teiler der Grössen $\alpha_1, \alpha_2, \ldots \alpha_r$, die es bestimmen; der grösste gemeinschaftliche Teiler der Ideale $\mathfrak{a}$ und $\mathfrak{b}$ ist das Ideal $(\alpha_1, \ldots \alpha_r, \beta_1, \ldots \beta_s)$, welches durch Zusammenstellung beider Ideale entsteht.

9. Darstellung der Primdivisoren durch Association enthaltender Gattungen oder durch Association transcendenter Funktionen. Wenn das Ideal $\mathfrak{a}$ kein Hauptideal ist, so ist der grösste gemeinschaftliche Teiler der Zahlen $\alpha_1, \ldots \alpha_r$ keine Grösse des Körpers K, sondern eben nur durch eine dem Körper K associierte Form darstellbar. Man kann aber in gewissen Fällen durch eine andere Art der Association die Ideale auch als *Grössen* darstellen, die aber alsdann nicht dem Körper K, sondern einem erweiterten Bereiche angehören. Diese Art der Darstellung idealer Elemente ist bisher vorzugsweise in folgenden beiden Fällen durchgeführt worden.

Ist K ein imaginärer quadratischer Zahlkörper, so liefern die Transformationsgleichungen [II B 4 a, 6] der Theorie der elliptischen Funktionen einen Zahlkörper $\Re$, der K enthält und dessen Ordnung in Bezug auf K gleich der Klassenzahl des Körpers K ist. In dem Körper $\Re$ werden alle Ideale des Körpers K zu Hauptidealen; jedes Ideal von K kann also durch eine *Zahl* von $\Re$ dargestellt werden. Der Körper $\Re$ heisst der *Klassenkörper* von K.[39]). Die allgemeine Theorie der Klassenkörper ist neuerdings von *H. Weber* und *D. Hilbert* in Angriff genommen worden[40]).

Ist K ein Körper algebraischer Funktionen [II B 2] einer Veränderlichen, welche über einer Riemann'schen Fläche $\Re$ ausgebreitet sind, so liefert die Theorie der Abel'schen Integrale das Mittel, um die sämtlichen Ideale von K zu Hauptidealen zu machen. Ist das Geschlecht von $\Re$ gleich p, so giebt es auf $\Re$ p linear unabhängige Integrale erster Gattung $u_1, u_2, \ldots u_p$; ist ferner $\mathfrak{a}$ ein willkürlicher aber fester Punkt auf $\Re$, so giebt es p linear unabhängige Normalintegrale zweiter

---

39) *Kronecker*, Berl. Monatsberichte 1857, p. 455; *Weber*, Elliptische Funktionen und algebraische Zahlen, Braunschweig 1891, Teil III, bes. § 110; *Weber*, Math. Ann. 48 (1897), p. 433; 49 (1897), p. 83; 50 (1898), p. 1.

40) *Weber*, ibid.; *Hilbert*, Jahresber. d. Deutsch. Math.-Ver. 6, p. 88 u. Mat. Ann. 51 (1898), p. 1.

Gattung $v_1, v_2, \ldots v_p$, welche nur in $\mathfrak{a}$ unendlich werden und nicht auf algebraische Funktion reduziert werden können. Ist nun Π ein Elementarintegral dritter Gattung, welches in $\mathfrak{a}$ und einem zweiten Punkte $\mathfrak{p}$ mit den Residuen -1 und $+1$ logarithmisch unendlich wird, so kann man zu Π eine lineare homogene Funktion von $u_1, \ldots u_p, v_1, \ldots v_p$ so hinzufügen, dass das entstehende Integral $\overline{\Pi}$ nur noch die von den logarithmischen Unstetigkeiten herrührende Periode $2\pi i$, aber keine cyklische Periode hat, und es ist also $e^{\overline{\Pi}} = P$ eine *einwertige* Funktion auf $\mathfrak{R}$, welche in $\mathfrak{p}$ in erster Ordnung verschwindet und in $\mathfrak{a}$ eine wesentlich singuläre Stelle hat. Eine solche Funktion heisst nach *Weierstrass* eine *Primfunktion*; dieselbe entspricht genau einem Primideale des Körpers K, d. i. der Gesamtheit der Funktionen des Körpers, welche in $\mathfrak{p}$ Null und in vorgeschriebener Weise unendlich werden. Jede Funktion φ des Körpers K von der Ordnung r kann auf eine und nur eine Weise in die Form gesetzt werden:

$$\varphi = c \cdot \frac{P_1 P_2 \ldots P_r}{P_1' P_2' \ldots P_r'},$$

wo c eine Konstante und $P_1, P_2, \ldots P_r$ die zu den Nullpunkten, $P_1', P_2', \ldots P_r'$ die zu den Unendlichkeitspunkten der Funktion φ gehörigen Primfunktionen bedeutet. Umgekehrt stellt jeder derartige Quotient eine Funktion des Körpers dar, falls die Null- und die Unendlichkeitsstellen so gewählt werden, dass der Punkt $\mathfrak{a}$ nicht mehr wesentliche Singularität der Funktion ist; die hierzu erforderlichen Bedingungen werden durch die Gleichungen des Abel'schen Theoremes gegeben[41]).

An Stelle der Weierstrass'schen Prim*funktion* führt *F. Klein* Prim*formen* ein, indem die unabhängige Variabele $x = \dfrac{x_1}{x_2}$ in einen Zähler und einen Nenner gespalten wird und homogene transcendente Funktionen von x_1, x_2 gebildet werden. Ist $P_{xy}^{\xi\eta} = P_{\xi\eta}^{xy}$ ein Integral dritter Gattung mit den Parametern ξ, η und den Argumenten x, y, welches Vertauschung von Parameter und Argument gestattet, setzt man ferner die Riemann'sche Fläche als eine „kanonische" voraus, auf welcher eine nur in den Verzweigungspunkten verschwindende ganze algebraische Form $G(x_1, x_2)$ existiert, und wird $\dfrac{x_1 \, dx_2 - x_2 \, dx_1}{G(x_1, x_2)} = d\zeta_x$ gesetzt, so ist die Klein'sche Primform

<hr>

41) *K. Weierstrass*, Werke, 2, p. 235; vgl. auch *F. Schottky*, J. f. Math. 101 (1887), p. 227; *A. Brill* u. *M. Noether*, Die Entwickelung d. Theorie der algebraischen Funktionen, deutsche Math.-Ver. 3 (1894), p. 428. Eine Veröffentlichung der bisher nur in Vorlesungen bekannt gegebenen Theorie von *Weierstrass* ist in nahe Aussicht gestellt worden; bei der gegebenen Darstellung benutzte ich eine mündliche Mitteilung von *A. Hurwitz*.

$$P(x,\, y) = \lim \sqrt{- d\xi_x\, d\xi_y\, e^{-P_{xy}^{x+dx,\, y+dy}}} \qquad (\lim dx = 0,\ \lim dy = 0).$$

Dieselbe ist eine von x_1, x_2, y_1, y_2 abhängende Form, welche in jeder der beiden Variabelenreihen die Dimension 1 hat und für $x = y$ in erster Ordnung verschwindet. Dieselbe hat im Unterschiede von der Weierstrass'schen Primfunktion keine Singularität, erhält aber bei geschlossenen Umläufen der Variabelen transcendente Exponentialfaktoren. Durch Einführung von „Mittelformen" können die letzteren kompensiert werden[42]).

10. Die Fundamentalgleichung. Die Zerlegung der Grössen des Stammbereiches Ω in Primdivisoren des Körpers K wird durch die Untersuchung der *Fundamentalgleichung* geliefert; die Fundamentalgleichung ist diejenige Gleichung n^{ten} Grades, welcher die Fundamentalform

$$(1) \qquad\qquad y = u_1 y_1 + u_2 y_2 + \cdots + u_m y_m$$

und ihre Konjugierten genügen, also die Gleichung:

$$\mathfrak{F}\,(x;\, u_1,\, u_2,\, \cdots u_m) = (x - y')\,(x - y'') \cdots (x - y^{(n)}) = 0.$$

Ist P ein Primelement des Stammbereiches, so ist es zu diesem Zwecke erforderlich, die Funktion $\mathfrak{F}$, welche eine mit den Unbestimmten $x;\, u_1,\, \ldots u_n$ gebildete ganze rationale Form des Stammbereiches ist, nach dem Modul P in Primfaktoren zu zerlegen. Dabei heisst eine Funktion $\mathfrak{F}$ nach dem Modul P zerlegbar, wenn eine Kongruenz

$$\mathfrak{F} \equiv X Y \,(\text{mod. } P)$$

aufgestellt werden kann, d. h. wenn $\mathfrak{F} - X Y$ durch P teilbar ist; X und Y sind ebensolche Funktionen wie $\mathfrak{F}$. Ist nämlich bei der Zerlegung in Primideale $P = \mathfrak{p}_1^{e_1} \mathfrak{p}_2^{e_2} \cdots \mathfrak{p}_r^{e_r}$, so gilt die Kongruenz

$$\mathfrak{F} \equiv P_1^{e_1} P_2^{e_2} \cdots P_r^{e_r} \,(\text{mod. } P),$$

wo $P_1 \ldots P_r$ nach dem Modul P nicht weiter zerlegbar sind und die Funktion P_h dem Primideal $\mathfrak{p}_h$ in der Weise entspricht, dass sie durch Einsetzen des Wertes (1) von y in eine durch $\mathfrak{p}_h$ teilbare Form des Körpers K übergeht[43]).

---

42) *F. Klein*, Math. Ann. 36 (1890), p. 1; *Klein-Fricke*, Vorlesungen über die Theorie der Modulfunktionen, Leipzig 1892, 2, Abschn. 6, Kap. 1, § 9; *E. Ritter*, Math. Ann. 44 (1894), p. 261.

43) *Kronecker*, Festschrift § 25 für *unbestimmt* bleibende $u_1 \ldots u_m$. *Dedekind*, Gött. Abh. 1878; *Dedekind-Weber*, J. f. Math. 92, § 11 für individuelle Werte von u_1, u_2, $\ldots u_m$, wo dann der Satz gewisse Einschränkungen erfordert.

Die Diskriminante der Fundamentalgleichung ist eine rationale Form mit den Unbestimmten $u_1, \ldots u_m$, für welche der grösste gemeinschaftliche Teiler der Koeffizienten gleich der Diskriminante der Gattung ist. Hieraus, in Verbindung mit der Gleichung (2), folgt, dass die Gattungsdiscriminante alle und nur diejenigen Primelemente des Stammbereiches als Faktoren enthält, welche durch das Quadrat eines Primdivisors teilbar sind. Wenn in Gleichung (2) die zu dem Divisor $P_1 P_2 \ldots P_r$ gehörige algebraische Form des Körpers K eine Norm besitzt, welche mit P^k äquivalent ist, so ist die in der Gattungsdiskriminante aufgehende Potenz von P im allgemeinen gleich P^{n-k}; doch lässt der letzte Satz gewisse Ausnahmen zu, wenn P gleichzeitig ein Teiler eines der Exponenten $e_1, e_2, \ldots e_r$ ist[44]).

11. Ausführung der arithmetischen Theorie im Einzelnen. Die dargelegten Grundzüge der arithmetischen Theorie algebraischer Grössen ist in ihren Prinzipien aus der Theorie der algebraischen Zahlen abstrahiert und hat hier in erster Linie ihre Kraft bewährt (s. I C 4). Eine Ausführung im einzelnen ist sodann denjenigen Körpern algebraischer Funktionen zu Teil geworden, welche von *einer* Veränderlichen abhängen[45]), wodurch diese Theorie mit der der Riemann'schen Flächen in Wechselbeziehung tritt (s. II B 2). Ist $\overset{n\ m}{f}(s, z) = 0$ die irreduktibele Gleichung, durch welche eine über der z-Ebene ausgebreitete n-blättrige Riemann'sche Fläche bestimmt wird, so gehört zu jedem im Endlichen gelegenen Punkte $\mathfrak{P}$ der Riemannschen Fläche ein Primideal $\mathfrak{p}$ des Körpers der rationalen Funktionen von s und z; die Norm dieses Primideals ist der zugehörige Primdivisor $z - c$ des Stammbereiches der rationalen Funktionen von z. Hängen in $\mathfrak{P}$ α Blätter der R. Fl. zusammen, so ist $z - c$ durch die α^{te} Potenz von $\mathfrak{p}$ teilbar, und die Gattungsdiskriminante D erhält also (nach Nr. 10) die Potenz $(z - c)^{\alpha-1}$ als Faktor; die Gattungsdiskriminante D enthält hiernach die Normen aller im Endlichen gelegenen Verzweigungspunkte, jede in einer bestimmten durch die Ordnung der Verzweigung angegebenen Potenz. Diese Beziehung wird eine noch engere, wenn man mit *K. Hensel* die Elementarteiler der Determinante $\sqrt{D}$ in Betracht zieht, welche stets gewissen Wurzeln aus ganzen Funktionen von z äquivalent sind. Giebt es nämlich für $z = c$ je einen $\alpha, \beta, \gamma, \ldots$ -blättrigen Verzweigungspunkt, so enthalten die

---

44) Die in 43) genannten Abhandlungen und *Dedekind*, Gött. Abh. 1882; *K. Hensel*, J. f. Math. 113 (1894), p. 61, 128; Gött. Nachr. 1897, p. 247; J. f. Math. 117 (1898), p. 333.

45) *Dedekind-Weber* l. c.

Elementarteiler von $\sqrt{D}$ gebrochene Potenzen von $z-c$, deren Exponenten, abgesehen von der Reihenfolge, durch die Sequenzen

$$0, \frac{1}{\alpha}, \frac{2}{\alpha}, \ldots \frac{\alpha-1}{\alpha}, \; 0, \frac{1}{\beta}, \ldots \frac{\beta-1}{\beta}, \; 0, \frac{1}{\gamma}, \ldots \frac{\gamma-1}{\gamma}, \ldots$$

angegeben werden[46]). Die unendlich fernen Punkte der Riemann'schen Fläche können entweder durch lineare Transformation von z oder indem man $z = \frac{z_1}{z_2}$ in zwei homogene Variable spaltet, in die Untersuchung einbezogen werden. Die weitere Verfolgung dieser Gesichtspunkte in der Theorie der algebraischen Funktionen führt zur Aufstellung der überall endlichen Integrale des Körpers[47]), sowie zur Beherrschung des Riemann-Roch'schen Satzes[48]) und seiner Konsequenzen, und zur Auflösung der dem algebraischen Gebilde $f(s, z) = 0$ eigenen Singularitäten[49]).

Auf die Theorie der zu einem Systeme von Grundformen gehörigen Invarianten hat die Körpertheorie *D. Hilbert* angewandt [II B 2, Nr. 6]. Die Gesamtheit dieser Invarianten bildet einen Körper, aus welchem man $\varkappa$ ganze rationale Invarianten $J_1, J_2, \ldots J_\varkappa$ so auswählen kann, dass jede weitere ganze rationale Invariante eine ganze algebraische Funktion eines durch $J_1, J_2, \ldots J_\varkappa$ und eine weitere Invariante J bestimmten Funktionenkörpers ist. Die Zahl $\varkappa$ ist dabei gleich dem Überschuss der Anzahl der Koeffizienten der Grundform über die Anzahl der Parameter der kontinuierlichen Gruppe der linearen Transformationen; der Grad k des Invariantenkörpers lässt sich mit Hilfe der später zu erwähnenden charakteristischen Funktion eines Formensystems in den einfachsten Fällen bestimmen. Da die Invarianten $J_1, J_2, \ldots J_\varkappa$ hiernach die Eigenschaft haben, dass ihr Verschwinden das Verschwinden aller Invarianten zur Folge hat, so kann die Aufgabe der Bestimmung eines vollständigen Systems der Invarianten der Grundform zurückgeführt werden auf die Aufstellung gewisser „kanonischer Nullformen", welche dadurch charakterisiert sind, dass ihre sämtlichen Invarianten verschwinden und dass umgekehrt jede

---

46) J. f. Math. 115, p. 254 (1895). Analoge Sätze gelten nach noch nicht vollständig publicierten Untersuchungen *K. Hensel's* auch in dem Falle, dass der Stammbereich Ω der Körper der rationalen Funktionen *mehrerer* Veränderlicher oder ein Gattungsbereich ist. J. f. Math. 117, p. 333, 346; 118, p. 173 (1897, 98).

47) *Hensel*, J. f. Math. 117, p. 29 (1896).

48) *G. Landsberg*, Math. Ann. 50, p. 333, 577 (1897).

49) *Kronecker*, J. f. Math. 91, p. 301 (1881) $=$ Werke 2, p. 193; vgl. *F. Klein's* autographierte Vorlesung über Riemann'sche Flächen 1891—92, Gött., I. Teil, Abschnitt 4 u. 5.

Form mit verschwindenden Invarianten in eine von ihnen transformiert werden kann[50]).

12. Zusammenhang mit der Theorie der Modulsysteme und algebraischen Gebilde. Die Sätze von Nr. 10 lehren, dass die Zerlegung eines Primdivisors P des Stammbereiches Ω in algebraische Primdivisoren des Körpers K zurückgeführt werden kann auf die Zerlegung ganzer *rationaler* Funktionen nach dem Primmodul P. Die Theorie der algebraischen Körper tritt hierdurch in Beziehung mit der ganz im rationalen Gebiete operierenden *Theorie der Modulsysteme*, von welcher auch die weitere Ausgestaltung der Körpertheorie abhängig erscheint.

13. Elementare Eigenschaften der Modulsysteme. Sind M, M_1, M_2, .., M_k ganze Funktionen der unabhängigen Veränderlichen x_1, x_2, ... x_n, so heisst M durch das *Modulsystem*

$$\mathfrak{M} = (M_1, M_2, \ldots M_k)$$

teilbar, falls eine Gleichung besteht:

$$(1) \qquad M = X_1 M_1 + X_2 M_2 + \cdots + X_k M_k,$$

in welcher X_1, X_2, ... X_k ebenfalls ganze Funktionen von x_1, x_2, ... x_n sind[51]). Dabei können die Koeffizienten von X_1, X_2, ... X_k entweder einem bestimmten Rationalitätsbereiche oder einem bestimmten Integritätsbereiche zugewiesen werden, welchem auch die Koeffizienten von M_1, ... M_k angehören müssen. Diesen beiden Fällen entsprechend unterscheiden wir gelegentlich zwischen einer *Teilbarkeit erster Art* und *zweiter Art*[52]). Wenn die Differenz zweier Funktionen $M - M'$ durch $\mathfrak{M}$ teilbar ist, so heissen M und M' einander kongruent nach dem Modulsystem $\mathfrak{M}$: $M \equiv M'$ (mod. $\mathfrak{M}$).

Das Modulsystem $\mathfrak{N} = (N_1, N_2, \ldots N_h)$ heisst *durch $\mathfrak{M}$ teilbar*, falls jede seiner Funktionen durch $\mathfrak{M}$ teilbar ist. Sind zwei Modulsysteme durch einander teilbar, so heissen sie (absolut) *äquivalent*, weil die Gesamtheit der durch das eine und der durch das andere Modulsystem teilbaren Funktionen dieselbe ist. Sind $\mathfrak{M}$ und $\mathfrak{N}$ beliebige Modulsysteme, so hat man hiernach unter dem *grössten gemeinsamen Teiler* der beiden Modulsysteme das Modulsystem

$$\mathfrak{D} = (\mathfrak{M}, \mathfrak{N}) = (M_1, M_2, \ldots M_k, N_1, \ldots N_h)$$

---

50) Math. Ann. 42, p. 313 (1892).

51) Festschrift § 20.

52) Diese Unterscheidung, welche von Kronecker nicht ausdrücklich gemacht wird, wird notwendig, sobald es sich um die strenge Einführung des Stufenbegriffes handelt.

zu verstehen. Andererseits hat man unter dem kleinsten gemeinschaftlichen Vielfachen von $\mathfrak{M}$ und $\mathfrak{N}$ dasjenige Modulsystem zu verstehen, welches der grösste gemeinsame Teiler aller sowohl durch $\mathfrak{M}$ als durch $\mathfrak{N}$ teilbaren Modulsysteme ist.

Aus zwei Modulsystemen $\mathfrak{M}$ und $\mathfrak{N}$ kann man ein *Produkt* bilden:

$$\mathfrak{P} = \mathfrak{M} \cdot \mathfrak{N} = (M_1 N_1, \cdots M_k N_1, \; M_1 N_2, \cdots M_k N_2, \cdots, \; M_k N_h),$$

durch welches jedes Produkt einer durch $\mathfrak{M}$ und einer durch $\mathfrak{N}$ teilbaren Funktion und jede Summe solcher Produkte teilbar ist. Das Produkt zweier Modulsysteme ist durch jeden seiner Faktoren teilbar; aber wenn ein Modulsystem $\mathfrak{P}$ durch $\mathfrak{M}$ teilbar ist, braucht es nicht als Produkt von $\mathfrak{M}$ und einem zweiten Modulsystem $\mathfrak{N}$ darstellbar zu sein[53]).

14. Der Stufenbegriff. Primmodulsysteme. Für die weitere Untersuchung ist die Einführung des Begriffes der *Stufe* oder des *Ranges* fundamental. Mit jedem Modulsystem $\mathfrak{M}$ ist ein System von Gleichungen $M_1 = 0,\; M_2 = 0, \cdots M_k = 0$ gegeben, durch welches ein *algebraisches Gebilde* aus der Mannigfaltigkeit der Variabelen $x_1, \ldots x_n$ ausgeschieden wird. Werden durch diese Gleichungen ν Variabele als algebraische Funktionen der frei bleibenden $n - \nu$ übrigen Variabelen bestimmt, so heisst das Gleichungssystem von der ν^{ten} Stufe, und es definiert alsdann eine $(n - \nu)$-fache Mannigfaltigkeit. Das Gleichungssystem kann aber auch Mannigfaltigkeiten verschiedener Dimension nebeneinander definieren, in welchem Falle das Modulsystem ein gemischtes heisst und mehrere Stufenzahlen enthält. Wenn insbesondere die Funktionen $M_\varkappa$ *lineare homogene* Funktionen der Variabelen $x_1, \ldots x_n$ sind, so ist die Stufenzahl des Gleichungssystemes identisch mit der in der Determinantentheorie angewendeten Stufen- oder Rangzahl der Matrix der Koeffizienten: $\left| \dfrac{\partial M_\varkappa}{\partial x_\nu} \right|$ $\begin{pmatrix} \varkappa = 1, 2, \ldots k \\ \nu = 1, 2, \ldots n \end{pmatrix}$,

(dem höchsten Grade nicht verschwindender Unterdeterminanten, vgl. I A 2, Nr. **24**; I B 1 b, Nr. **9, 26**).

Die Bestimmung der Stufenzahl geschieht durch die allgemeine Theorie der Elimination [s. I B 1b, Nr. 6—9][54]). Kronecker führt, um die

---

53) Festschrift §§ 20 u. 21.

54) *Kronecker* legt im wesentlichen die allgemeine Eliminationstheorie *Et. Bezout*'s (Théorie générale des équations algébriques, Paris 1779) zu Grunde, welche in den Lehrbüchern von *J. A. Serret* (Algebra, deutsch v. Wertheim 1868, 1, Kap. 4) und *Faà di Bruno* (Théorie générale de l'élimination, Paris 1859) in moderner Weise durchgeführt ist. Ausführungen zur allgemeinen Theorie der Elimination, welche in neuerer Zeit wenig bearbeitet zu sein scheint, geben

Gleichungssysteme verschiedener Stufe von einander zu sondern, eine mit n Unbestimmten $u_1, \ldots u_n$ gebildete Hilfsgrösse $x = u_1 x_1 + \cdots + u_n x_n$ ein, eine Operation, welche der Einführung der „Gleichung" eines Punktes in der analytischen Geometrie analog ist[55]), und verfährt dann folgendermassen. Es wird mit Hilfe der Grösse x aus den Gleichungen $M_1 = 0, \cdots M_k = 0$ die Variabele x_n eliminiert und aus den entstehenden Gleichungen ihr grösster gemeinschaftlicher Teiler $F_1(x; x_1, \ldots x_{n-1})$ herausgehoben; derselbe giebt, gleich Null gesetzt, die *Resolvente erster Stufe*, da x als algebraische Funktion von $x_1, \ldots x_{n-1}$ dargestellt wird. Aus dem von dem gemeinsamen Faktor befreiten Gleichungssystem werden mit Hilfe neuer Unbestimmter $U_1, \ldots U_k, V_1, \ldots V_k$ zwei lineare homogene Verbindungen gebildet; sodann wird x_{n-1} eliminiert und aus den Koeffizienten der als Eliminationsresultat entstehenden Funktion der U und V wieder der grösste gemeinsame Teiler $F_2(x; x_1, \ldots x_{n-2})$ herausgehoben; derselbe giebt, gleich Null gesetzt, die *Resolvente zweiter Stufe*, da x_{n-1} und x_n als algebraische Funktionen der übrigen Variabelen bestimmt werden. So fortfahrend, erhält man die Resolventen erster, zweiter, $\ldots v^{\text{ter}}$ Stufe

$$F_1(x; x_1, \cdots x_{n-1}) = 0, \; F_2(x; x_1, \cdots x_{n-2}) = 0, \cdots F_v(x; x_1, \cdots x_{n-v}) = 0$$

und ihr Produkt $F_1, F_2 \ldots F_v$, die *Gesamtresolvente* des Systemes. Setzt man in einer Resolvente für x seinen Wert $\sum u_h x_h$, so erhält man durch die Koeffizienten der so erscheinenden Funktion von $u_1, \ldots u_n$ ein jener Resolvente äquivalentes Gleichungssystem. Da man in der Gesamtresolvente für die Unbestimmten $u_1, \ldots u_n$ stets $n + 1$ Wertsysteme $u_1 = a_1^{(h)} \cdots u_n = a_n^{(h)}$ $(h = 1, 2, \cdots n + 1)$ so einsetzen kann, dass die entstehenden $n + 1$ Gleichungen nur durch das Verschwinden aller Koeffizienten befriedigt sein können, so folgt: Jedes Gleichungssystem mit n Variabelen ist stets durch ein System von höchstens $(n + 1)$ Gleichungen ersetzbar[56]).

J. Molk, Acta math. 6, p. 1 (1885) und *'J. Hadamard*, Acta math. 20, p. 261 (1896); vgl. auch *Borel* et *Drach*, Introduction à l'étude de la théorie des nombres et de l'algèbre supérieure, Paris 1895, p. 205 ff. Eine vollständige Übersicht über alle bisherigen Ergebnisse der Eliminationstheorie giebt neuerdings *Netto* in der 1. Lief. des 2. Bandes seiner Algebra.

55) Die Einführung dieser Hilfsgrösse geht bereits auf *S. D. Poisson* (Éc. polyt. J. cah. XI, p. 199 [1811]) und *J. Liouville* (J. de math. t. XII, p. 68 [1847]) zurück.

56) Festschrift § 10. *K. Th. Vahlen* hat an dem Beispiele einer rationalen Raumkurve 5. Ordnung mit einer Quadrisekante ($n = 3$), welche erst als Schnitt von vier Flächen isoliert werden kann [III C 7], gezeigt, dass die Maximalzahl $n + 1$ unter Umständen wirklich erreicht wird (J. f. Math. 108, p. 346, 1891).

Das Modulsystem $\mathfrak{M} = (M_1, M_2, \ldots M_k)$ erhält dieselbe Stufenzahl, wie das zugehörige Gleichungssystem, falls es sich um die Teilbarkeit erster Art handelt.   Sind aber $M_1, \ldots M_k$ ganze *ganzzahlige* Funktionen und sollen auch die Koeffizienten $X_1, \ldots X_k$ in Gleichung (1) der Nr. **13** als ganze ganzzahlige Funktionen bestimmt werden, so erhält man die Stufenzahl des Modulsystems, indem man die des Gleichungssystemes um eine Einheit erhöht.   Während also im ersten Falle die höchste Stufenzahl n ist, ist sie im Falle der Teilbarkeit zweiter Art $n + 1$.[57])

Der Stufenbegriff ist für die Definition des *Primmodulsystemes* massgebend.   Betrachtet man die Modulsysteme mit einer bestimmten Anzahl von Veränderlichen und von bestimmter Stufe, so heisst ein solches ein *Primmodulsystem* oder ein *irreduktibeles System*, falls alle Modulsysteme, die in ihm enthalten sind, entweder mit ihm äquivalent oder von höherer Stufe sind[58]).   Wenn ein Produkt zweier Faktoren durch ein Primmodulsystem teilbar ist, so ist einer der beiden Faktoren durch das Primmodulsystem teilbar.

Ein Gleichungssystem heisst irreduktibel, falls das zugehörige Modulsystem irreduktibel ist, eine Definition, welche die früher gegebene ersetzen kann (s. Nr. **3**).

Der Fall, dass ein Gebilde ν^{ter} Stufe zu seiner Darstellung mehr als ν Gleichungen erfordert, tritt besonders häufig dann auf, wenn das Gebilde durch das Verschwinden sämtlicher Determinanten r^{ter} Ordnung einer gegebenen Matrix bestimmt wird.   Die Theorie derartiger „beschränkter Gleichungssysteme" ist vorzugsweise von *A. Cayley, G. Salmon, S. Roberts, A. Brill* ausgebildet worden[59]).   Das Hauptinteresse war hierbei der Bestimmung der „Ordnung" eines derartigen Gleichungssystemes zugewendet; Ordnung eines Gleichungssystemes ν^{ter} Stufe ist die Anzahl der Punkte, welche das zugehörige algebraische Gebilde mit einem linearen Gleichungssystem $(n - \nu)^{\text{ter}}$ Stufe gemein hat.   Dasselbe Ziel verfolgt mit abzählenden Methoden

---

Für $n = 2$ steht der Satz in Übereinstimmung mit dem *Dedekind-Weber*'schen Satze, dass jedes Ideal des Funktionenkörpers als grösster gemeinsamer Teiler zweier Hauptideale dargestellt werden kann (J. f. Math. 92, § 9, 2).

57) Festschrift § 21 (Ende), § 22 VII.   J. f. Math. 99 (1886), p. 336.

58) So ist die inkorrekte Begriffsbestimmung der Festschrift (§ 21, VI) im J. f. Math. 99, p. 337 (1885) modifiziert worden.

59) *A. Cayley*, Math. Papers 1, p. 457 = Camb. and Dubl. math. J. 4, p. 132 (1849); *G. Salmon*, Lessons introductory to the modern higher Algebra, 2. ed. l. XXII u. XXIII (deutsch v. *W. Fiedler*, 2. Aufl. 1877); *S. Roberts*, J. f. Math. 67 (1867), p. 266; *A. Brill*, Math. Ann. 5, p. 378 (1872); 36, p. 321 (1890). S. noch *W. Fr. Meyer*, Bremer Naturf.vers. Verh. 1890.

in seiner Geometrie der Anzahl *H. Schubert*, dessen Resultate aber genauerer Nachprüfung bedürfen[60]).

15. Zerlegung in Primmodulsysteme. Diskriminante eines Modulsystemes. Es entsteht die Frage, ob ein gegebenes Modulsystem als ein Produkt von Primmodulsystemen darstellbar ist. Dies ist im allgemeinen nicht möglich, gelingt aber unter gewissen Bedingungen, deren wichtigste die folgende ist. Bildet man zu einem reinen Modulsystem[61]) $\mathfrak{M} = (M_1, \ldots M_k)$ ν^{ter} Stufe die Resolvente $\mathfrak{F}(x; x_1, \ldots x_{n-\nu})$ und ermittelt die Diskriminante der Resolvente (in Bezug auf x), so ist dies eine Funktion von $x_1, \ldots x_{n-\nu}$, welche die *Diskriminante des Modulsystemes* heisst[62]) und deren identisches Verschwinden charakteristisch dafür ist, dass die mehrfachen Punkte der Mannigfaltigkeit $M_1 = \cdots = M_k = 0$ eine Mannigfaltigkeit gleich hoher Stufe bilden. Verschwindet die Diskriminante· des Modulsystemes nicht, so kann man dasselbe als Produkt von Primmodulsystemen darstellen, eine Zerlegung, welche der Zerlegung der Resolvente in Primfaktoren genau parallel verläuft[63]).

Wenn der Rang des Modulsystemes $\mathfrak{M}$ gleich n ist, so hat *E. H. Moore* gezeigt, dass man dasselbe stets — einerlei ob seine Diskriminante von Null verschieden ist oder nicht — als ein Produkt von „einfachen" Modulsystemen darstellen kann; ein einfaches Modulsystem· ist hierbei ein solches, dessen Funktionen nur für einen einzigen Punkt $(\xi_1, \ldots \xi_n)$ Null werden[64]) (vgl. Nr. **21**).

Verschwindet die Diskriminante eines Modulsystemes $\mathfrak{M}$, so giebt es stets eine ganze Funktion X, die selbst nicht durch $\mathfrak{M}$ teilbar ist, von welcher aber eine Potenz durch $\mathfrak{M}$ teilbar wird — und umgekehrt. Charakteristische Eigenschaft der Nicht-Primmodulsysteme

---

60) Kalkül der abzählenden Geometrie, Leipzig 1879. Das Prinzip der „Erhaltung der Anzahl", welches den Schubert'schen Abzählungen zu Grunde liegt, ist nach einer Bemerkung *F. Klein*'s algebraisch formulierbar; s. *Weber*, Algebra 1, § 51.

61) Es handelt sich von jetzt ab bis auf weiteres um Teilbarkeit erster Art.

62) *J. Molk*, Acta math. 6, chap. IV.

63) Die Diskriminante eines Modulsystemes kann auch als Eliminationsresultante besonderer Gleichungssysteme definiert werden; *Kronecker*, Berl. Sitzungsber. 1888, p. 451 X. Der hier definierte Begriff der Diskriminante ist übrigens genau zu scheiden von dem, was man in der analytischen Geometrie die Diskriminante einer Kurve, Fläche (allgemein einer Mannigfaltigkeit erster Stufe) nennt; dies ist diejenige irreduktible Funktion der Koeffizienten, deren Verschwinden das Auftreten von Singularitäten, d. i. die Existenz einer Mannigfaltigkeit mehrfacher Punkte von *höherer* Stufe anzeigt.

64) N. Y. Bull. (2) 3 (1897); 10, p. 372.

ist es hiernach, dass stets zwei ganze Funktionen existieren, die nicht durch das Modulsystem teilbar sind, in deren Produkt aber das Modulsystem aufgeht[65]).

Verschwindet die Diskriminante des Modulsystemes $\mathfrak{M}$ nicht, so giebt sie, gleich Null gesetzt, diejenigen Werte von $x_1, \ldots x_{n-\nu}$, zu welchen mehrfache Punkte der Mannigfaltigkeit $\mathfrak{M}$ gehören. Diese, die *Diskriminantenmannigfaltigkeit (Diskriminantenfläche)* ist alsdann eine unter $\mathfrak{M}$ enthaltene Mannigfaltigkeit höherer Stufe. In dem besonderen Falle einer Gleichung n^{ten} Grades mit einer Unbekannten und $n + 1$ homogenen unbestimmten Koeffizienten (wobei die n Wurzeln als Funktionen der $n + 1$ Gleichungskoeffizienten zu betrachten sind) hat *Hilbert*[66]) die Diskriminantenmannigfaltigkeit auf Ordnung und Beschaffenheit ihrer Singularitäten untersucht; die Bedeutung der Diskriminantenmannigfaltigkeit für die Realität der Wurzeln hat *Kronecker* in Betracht gezogen[67]).

16. Anwendungen der Modulsysteme. Komplexe Zahlen mit mehreren Einheiten. Wenn zwei Modulsysteme $\mathfrak{M} = (M_1, M_2, \ldots M_k)$ und $\mathfrak{M}' = (M_1', \ldots M_{k'}')$ äquivalent sind, so sind auch die zugehörigen Gleichungssysteme äquivalent, d. h. jede Lösung des einen Systemes ist auch eine solche des anderen. Umgekehrt führen oftmals Gleichungssysteme, deren Äquivalenz von vornherein bekannt ist, auf äquivalente Modulsysteme. Z. B. lässt sich die Bedingung dafür, dass zwei quadratische Systeme von je n^2 Elementen reciprok sind, in zweifacher Weise durch n^2 Gleichungen ausdrücken und die entsprechenden Modulsysteme von je n^2 Funktionen lassen sich als äquivalent erweisen[68]). Ebenso führt die Annahme, dass ein quadratisches System von n^2 Elementen orthogonal ist, auf zwei verschiedene Modulsysteme von je $\frac{1}{2} n (n + 1)$ Elementen, deren Äquivalenz erwiesen werden kann[69]). In ähnlicher Weise lässt sich die Bedingung dafür, dass zwei ganze Funktionen n^{ten} Grades $\mathfrak{B}(x)$ und $V(x)$ von x einen grössten gemeinsamen Teiler m^{ten} Grades $W^{(m)}(x)$ haben, so umsetzen, dass bei unbestimmten Koeffizienten $W^{(m)}(x)$ als grösster gemeinschaftlicher Teiler von $\mathfrak{B}(x)$ und $V(x)$ nach einem gewissen Modul-

---

65) *Kronecker*, Berl. Sitzungsber. 1888, p. 453 ff., XII—XV.

66) Math. Ann. 30 (1887), p. 437 (I B 1 b, Nr. 18).

67) Berl. Monatsberichte 1878, p. 95 = Werke 2, p. 37 (Ende). Vgl. *Weber*, Algebra 1, § 78.

68) *Kronecker*, J. f. Math. 107 (1890), p. 254; *Netto*, J. f. Math. 108, p. 144f. (1891).

69) *Kronecker*, Berl. Sitzungsber. 1890, IX u. X; J. f. Math. 107 l. c.

systeme $\mathfrak{M}$ dargestellt werden kann, dessen Elemente aus ganzen Funktionen der Koeffizienten von $\mathfrak{B}(x)$ und $V(x)$ bestehen, welche, gleich Null gesetzt, eben jene Bedingung für die Existenz des Teilers m^{ter} Ordnung ergeben[70]). Der Gewinn dieser Betrachtungsweise besteht darin, dass man die für den grössten gemeinsamen Teiler zweier ganzer Funktionen geltenden Sätze ohne weiteres auf Kongruenzen nach irgend welchem Primmodulsysteme übertragen, also z. B. die Bedingung dafür aufstellen kann, dass zwei ganze ganzzahlige Funktionen von x modulo einer Primzahl p einen grössten gemeinsamen Teiler m^{ten} Grades haben. —

Eine andere Anwendung der Modulsysteme besteht in der Aufstellung aller Systeme komplexer Zahlen mit mehreren Einheiten, in welchen kommutative Multiplikation stattfindet (s. I A 4). Jedes reine Modulsystem $\mathfrak{M}$ n^{ter} Stufe mit n Variabelen besitzt ein endliches Restsystem, d. h. es giebt ν ganze Funktionen $f_1, f_2, \ldots f_\nu$, sodass jede ganze Funktion f der n Variabelen auf eine und nur eine Weise in die Form gesetzt werden kann:

$$f \equiv c_0 + c_1 f_1 + c_2 f_2 + \cdots + c_\nu f_\nu \ (\text{mod. } \mathfrak{M}),$$

wo $c_0, c_1, \ldots c_\nu$ Konstanten bedeuten. Da hiernach auch jedes Produkt $f_g f_h$ einer linearen Funktion von $f_1, \ldots f_\nu$ kongruent ist, so erhält man, wenn man $f_1, \ldots f_\nu$ durch ν komplexe Einheiten $e_1, \ldots e_\nu$ und die Kongruenz durch eine Gleichung ersetzt, ein komplexes Zahlsystem mit $(\nu + 1)$ Einheiten $1, e_1, \ldots e_\nu$ und vertauschbarer Multiplikation. Umgekehrt hat *Kronecker* gezeigt, dass jedes derartige Zahlsystem auf ein Modulsystem ν^{ter} Stufe mit ν Variabelen führt[71]). Die von *K. Weierstrass*[72]), *R. Dedekind*[73]), *J. Petersen*[74]) vorher betrachteten Fälle komplexer Zahlsysteme beziehen sich auf solche Modulsysteme, deren Diskriminante von Null verschieden ist.

17. Dedekind's Theorie der Moduln. An die Stelle der Modulsysteme tritt in der *Dedekind*'schen Theorie die Theorie der Moduln, welche jedoch nicht in gleicher Allgemeinheit ausgearbeitet vorliegt, sondern dem jeweiligen Zwecke der Untersuchung angepasst ist.

---

70) *Kronecker*, J. f. Math. 99, p. 328 (1886), für die Methode der rekurrenten Reihen; *Netto*, J. f. Math. 104, p. 321; 106, p. 81 (1889/90); Hamburger Festschrift 1890, p. 36 für die *Euler*'sche Eliminationsmethode (I B 1 b, Nr. 9).

71) *Kronecker*, Berl. Sitzungsber. 1888: zur Theorie der allgemeinen komplexen Zahlen und der Modulsysteme (p. 429. 447. 557. 595. 983).

72) Gött. Nachr. 1884, p. 395 = Werke 2, p. 311.

73) Gött. Nachr. 1885, p. 141; 1887, p. 1.

74) ibid. 1887, p. 489.

Ein System von unendlich vielen Zahlen heisst ein (*Zahlen-*) *Modul*, falls mit irgend zwei Zahlen auch ihre Summe und ihre Differenz dem Systeme angehört[75]). Von besonderer Wichtigkeit sind die *endlichen Moduln* $[\alpha_1, \alpha_2, \ldots \alpha_n]$, welche aus allen Summen ganzzahliger Vielfacher von $\alpha_1, \alpha_2, \ldots \alpha_n$ bestehen. Zwei Zahlen ϱ und σ heissen einander kongruent nach dem Modul $\mathfrak{a}$ ($\varrho \equiv \sigma$ (mod. $\mathfrak{a}$)), falls die Differenz $\varrho - \sigma$ dem Modul $\mathfrak{a}$ angehört; alle Zahlen, welche einander kongruent sind, werden in eine Zahl*klasse* mod. $\mathfrak{a}$ zusammengefasst. Ein Modul $\mathfrak{a}$ heisst durch einen Modul $\mathfrak{b}$ teilbar, wenn jede Zahl von $\mathfrak{a}$ auch dem Modul $\mathfrak{b}$ angehört. Zu irgend zwei Moduln $\mathfrak{a}$ und $\mathfrak{b}$ giebt es einen grössten gemeinsamen Teiler $\mathfrak{d}$ und ein kleinstes gemeinsames Vielfaches $\mathfrak{m}$; der erste Modul ($\mathfrak{d}$) besteht aus allen Zahlen, welche als Summe einer Zahl aus $\mathfrak{a}$ und einer Zahl aus $\mathfrak{b}$ dargestellt werden können (in Zeichen $\mathfrak{d} = \mathfrak{a} + \mathfrak{b}$), der zweite ($\mathfrak{m}$) aus allen Zahlen, welche sowohl dem Modul $\mathfrak{a}$ als dem Modul $\mathfrak{b}$ angehören (i. Z. $\mathfrak{m} = \mathfrak{a} - \mathfrak{b}$). Aus irgend zwei Moduln $\mathfrak{a}$ und $\mathfrak{b}$ kann man ein Produkt $\mathfrak{ab}$ und einen Quotienten $\dfrac{\mathfrak{a}}{\mathfrak{b}}$ bilden; das Produkt besteht aus allen Produkten einer Zahl aus $\mathfrak{a}$ und einer Zahl aus $\mathfrak{b}$ und allen Summen derartiger Produkte, der Quotient besteht aus allen Zahlen μ, für welche der Modul $\mu\mathfrak{b}$ durch $\mathfrak{a}$ teilbar wird. Von besonderer Wichtigkeit ist der Fall, wenn zwei Moduln $\mathfrak{a}$ und $\mathfrak{b}$ zu einander in einer solchen Beziehung stehen, dass der Modul $\mathfrak{a}$ in eine endliche Anzahl von s Zahlklassen aufgelöst werden kann, deren jede lauter einander nach dem Modul $\mathfrak{b}$ kongruente Zahlen enthält; die Zahl s wird dann durch $(\mathfrak{a}, \mathfrak{b})$ bezeichnet[76]). Auf diesen grundlegenden Begriffen und den daraus folgenden Gesetzen beruht die Dedekind'sche Theorie der in einem Zahlkörper enthaltenen Ideale.

In der Theorie der Zahlkörper treten während der ganzen Dauer einer Untersuchung überhaupt nur solche endliche Moduln auf, welche Vielfache eines als fest anzunehmenden Moduls $\mathfrak{o} = [\omega_1, \omega_2, \ldots \omega_n]$ sind. Jedem derartigen Modul $[\alpha_1, \alpha_2, \ldots \alpha_r] = \mathfrak{a}$ entspricht eine bestimmte Matrix A der zu den Zahlen α gehörigen ganzzahligen Koeffizienten und wenn $\mathfrak{a}$ teilbar durch $\mathfrak{b}$ ist, so stehen auch die ent-

---

75) Zahlentheorie §§ 168—172.

76) Eine Verallgemeinerung des Modulbegriffes und des Symboles $(\mathfrak{a}, \mathfrak{b})$ in dem Sinne, dass in der Linearform $x_1 \alpha_1 + x_2 \alpha_2 + \cdots + x_n \alpha_n$, die zu dem Modul $[\alpha_1, \ldots \alpha_n]$ gehört, die Koeffizienten $x_1, \ldots x_n$ beliebige ganze Zahlen eines Zahlkörpers sein dürfen, giebt *Dedekind* in den Gött. Nachrichten v. 1895 (p. 183).

sprechenden Matrices A und B in einer Teilbarkeitsbeziehung. Die Theorie der Moduln tritt hierdurch in Zusammenhang mit der von *G. Frobenius* ausgebildeten Theorie der linearen Formen mit ganzzahligen Koeffizienten [I C 1]; die hieraus für die Theorie der Moduln zu gewinnenden Resultate hat *E. Steinitz* einer Bearbeitung unterzogen[77]).

Analoge Sätze gelten auch für *Funktionenmoduln*. Hier haben *Dedekind* und *Weber* den Fall behandelt, dass die Basis des Moduls $[\alpha_1, \alpha_2, \ldots \alpha_n]$ aus algebraischen Funktionen einer Veränderlichen x besteht, und dass die Koeffizienten $x_1, \ldots x_n$ der Linearform $x_1\alpha_1 + \cdots + x_n\alpha_n$ irgend welche ganze rationale Funktionen von x sind[78]).

18. Sätze von Hilbert. Einen wesentlichen Fortschritt hat die Theorie der Modulsysteme durch einige Sätze von *D. Hilbert* erfahren, welche die Bedingungen feststellen, unter denen ein vorgelegtes System von unendlich vielen Funktionen auf ein Modulsystem zurückführbar ist. Die Sätze von Hilbert beziehen sich, ihren invariantentheoretischen Zwecken gemäss, zunächst auf ganze rationale *homogene* Funktionen von n Variabeln, und es ist also der Ausdruck „Form" im folgenden wieder in der üblichen Bedeutung der Invariantentheorie zu verstehen. Ein System von Formen wird ein Modul genannt, wenn jedes Produkt einer Form des Systemes mit einer beliebigen anderen, nicht notwendig zum Systeme gehörigen Form, sowie jede in den Veränderlichen $x_1, \ldots x_n$ homogene Summe solcher Produkte wiederum dem Systeme angehört. Nun gelten folgende drei Hauptsätze[79]):

I. Aus jedem beliebigen Formensysteme (also auch aus jedem Modul) lassen sich stets m Formen $F_1, F_2, \ldots F_m$ so auswählen, dass jede andere Form F des Systemes durch lineare Kombination jener ausgewählten Formen erhalten werden kann:

$$F = A_1 F_1 + A_2 F_2 + \cdots + A_m F_m.$$

Dieser Satz gilt auch noch, wenn das Formensystem aus *ganzzahligen* Formen besteht und wenn die Koeffizienten $A_1, \ldots A_m$ der gleichen Forderung unterworfen werden[80]).

---

77) *G. Frobenius*, J. f. Math. 86, p. 174; 88, p. 96 (1878/79); *E. Steinitz*, Math. Ann. 52, p. 1 (1899).

78) J. f. Math. 92, p. 194—206 (§§ 4—6).

79) Satz I und II und seine Konsequenzen in Math. Ann. 36, p. 473 (1890); Satz III und seine Anwendungen Math. Ann. 42, p. 313 (1892) [I B 2, Nr. 6].

80) Weitere Ausführungen zu diesem Satze geben *P. Gordan*, Math. Ann. 42, p. 132 (1892); *A. Capelli*, Nap. R. (3) 2 (1896), p. 198, 231 (Erweiterung auf Potenzreihen).

Jeder Modul ist hiernach auf ein Modulsystem zurückführbar; z. B. ist das System der durch eine algebraische Raumkurve hindurchgelegten Flächen von der Art, dass die zugehörigen algebraischen Formen einen Modul bilden und also durch lineare Kombination einer endlichen Anzahl unter ihnen erhalten werden können. Eine weitere Konsequenz ist der auf lineare Gleichungen bezügliche Satz:

Die sämtlichen ganzen Lösungen eines vorgelegten Gleichungssystemes:

$$(1) \quad F_{t1}X_1 + F_{t2}X_2 + \cdots + F_{tm^{(1)}}X_{m^{(1)}} = 0 \qquad (t = 1, 2, \ldots m),$$

in welchem die Koeffizienten $F_{t1}, \ldots F_{tm^{(1)}}$ gegebene Formen von $x_1, x_2, \ldots x_n$ sind, lassen sich aus einer endlichen Anzahl von Lösungen

$$(2) \quad X_1 = X_{1s}, \; X_2 = X_{2s}, \ldots X_{m^{(1)}} = X_{m^{(1)},s} \qquad (s = 1, 2, \ldots m^{(2)})$$

linear und homogen in der Gestalt

$$(3) \quad X_h = A_1 X_{h1} + A_2 X_{h2} + \cdots + A_{m^{(2)}} X_{h,m^{(2)}} \qquad (h = 1, 2, \ldots m^{(1)})$$

zusammensetzen. Dabei erscheint jedes Lösungssystem im allgemeinen in mehreren Arten in der Gestalt (3), indess lässt sich die Mannigfaltigkeit der verschiedenen Darstellungen eines und desselben Lösungssystemes vermöge des folgenden zweiten Hauptsatzes übersehen.

II. Ist ein Gleichungssystem der Gestalt (1) vorgelegt, so führt die Aufstellung der Bedingungen, unter welcher eine Lösung von (1) einer mehrfachen Darstellung (3) fähig ist, zu einem zweiten Systeme von $m^{(1)}$ Gleichungen der nämlichen Gestalt

$$(4) \quad X_{h1}U_1 + X_{h2}U_2 + \cdots + X_{h,m^{(2)}}U_{m^{(2)}} = 0 \qquad (h = 1, 2, \ldots m^{(1)});$$

aus diesem zweiten Gleichungssysteme entspringt in gleicher Weise ein drittes abgeleitetes Gleichungssystem u. s. f. Das so begonnene Verfahren erreicht bei weiterer Fortsetzung *stets ein Ende* und zwar ist spätestens das n^{te} abgeleitete Gleichungssystem ein solches, welches keine Lösung mehr besitzt. Durch diesen Satz wird es möglich, die Gesamtheit der durch ein gegebenes Modulsystem $[F_1, F_2, \ldots F_m]$ teilbaren Formen in der Weise zu übersehen, dass man entscheiden kann, welche Formen *in mehrfacher Weise* als lineare homogene Funktionen von $F_1, \ldots F_m$ dargestellt werden können. Es gelingt infolge dessen auch, die Anzahl der *von einander unabhängigen* Bedingungen zu bestimmen, welchen die Koeffizienten einer Form der Ordnung R genügen müssen, damit sie in dem Modul $[F_1, \ldots F_m]$ gelegen sei. Diese Zahl ist für genügend grosse Werte der Zahl R eine ganze Funktion von R mit rationalen Zahlkoeffizienten; sie wird *charakteristische Funktion* des Moduls genannt und mit $\chi(\text{R})$ bezeichnet. Ist d

die Dimension des durch die Gleichungen $F_1 = 0, \ldots F_m = 0$ bestimmten algebraischen Gebildes, so ist

$$\chi(\mathrm{R}) = \chi_0 + \chi_1 \binom{\mathrm{R}}{1} + \chi_2 \binom{\mathrm{R}}{2} + \cdots + \chi_d \binom{\mathrm{R}}{d};$$

hierbei bedeutet $\binom{\mathrm{R}}{s}$ die Binomialfunktion $\dfrac{\mathrm{R} \cdot (\mathrm{R} - 1) \cdots (\mathrm{R} - s + 1)}{1 \cdot 2 \cdots s}$, $\chi_0, \chi_1, \ldots \chi_d$ sind ganze, dem Modul $[F_1, F_2, \ldots F_m]$ eigentümliche Zahlen, und zwar ist χ_d die Ordnung des algebraischen Gebildes, d. i. die Anzahl der Wertsysteme, welche das algebraische Gebilde mit einer linearen Mannigfaltigkeit der Dimension $n - 1 - d$ gemein hat, während $\chi_0, \chi_1, \ldots \chi_{d-1}$ mit den Geschlechtszahlen des algebraischen Gebildes in Zusammenhang stehen.

Die charakteristische Funktion steht in Wechselbeziehung zu den fundamentalen Anzahlbestimmungen der analytischen Geometrie, z. B. ist für eine doppelpunktslose Raumkurve C von der Ordnung m und dem Geschlechte p $\chi(\mathrm{R}) = -p + 1 + m\mathrm{R}$ die Anzahl der Bedingungen, welche einer Fläche R^{ter} Ordnung auferlegt werden müssen, damit sie durch C gehe [III C 5, 7]. Bildet man aus zwei Moduln $\mathfrak{M}$ und $\mathfrak{N}$ den grössten gemeinsamen Teiler $\mathfrak{D}$ und das kleinste gemeinsame Vielfache $\mathfrak{K}$, so ist $\chi_{\mathfrak{M}}(\mathrm{R}) + \chi_{\mathfrak{N}}(\mathrm{R}) = \chi_{\mathfrak{D}}(\mathrm{R}) + \chi_{\mathfrak{K}}(\mathrm{R})$. Gehören $\mathfrak{M}$ und $\mathfrak{N}$ zu zwei doppelpunktslosen Raumkurven C_m^p und $C_{m'}^{p'}$, welche zusammengenommen den vollständigen Schnitt zweier Flächen F_μ und $F'_{\mu'}$ bilden, so ist der Modul $\mathfrak{D} = [F, F']$ das System aller Flächen durch C und C', der Modul $\mathfrak{K}$ das System aller Flächen durch die Schnittpunkte von C und C' und die zuletzt angegebene Relation liefert die Bestimmung der Anzahl dieser Schnittpunkte aus den Ordnungszahlen μ und μ' und den Geschlechtszahlen p und p' (III C 7). Bringt man ein zu dem Modul $[F_1, F_2, \ldots F_m]$ gehöriges algebraisches Gebilde zum Schnitt mit q *allgemeinen* Formen $\Phi_1, \Phi_2, \ldots \Phi_q$ der Ordnungen $n_1, n_2, \ldots n_q$, so ist die charakteristische Funktion $\chi_q(\mathrm{R})$ des Schnittgebildes ausdrückbar durch die charakteristische Funktion $\chi(\mathrm{R})$ des Moduls $[F_1, \ldots F_m]$:[81]

---

81) *W. Wirtinger*, Untersuchungen über Thetafunktionen, Leipzig 1895. *W.* bestimmt daselbst die charakteristische Funktion $\chi(\mathrm{R})$ des durch Verallgemeinerung der Kummer'schen Fläche ($p = 2$) entstehenden algebraischen Gebildes, welches man erhält, wenn man 2^p linear unabhängige Thetafunktionen 2. Ordnung von $v_1 \ldots v_p$ mit der Charakteristik $\begin{vmatrix} 0 \\ 0 \end{vmatrix}$ als homogene Punktkoordinaten eines linearen Raumes von $2^p - 1$ Dimensionen betrachtet:

$$\chi(\mathrm{R}) = 2^{p-1}(\mathrm{R}^p + 1).$$

$$\chi_2(\mathrm{R}) = \chi(\mathrm{R}) - \sum_{i=1}^{q} \chi(\mathrm{R} - n_i) + \sum_{\substack{i,k \\ (i<k)}} \chi(\mathrm{R} - n_i - n_k)$$
$$- \sum_{\substack{i,h,l \\ (i<k<l)}} \chi(\mathrm{R} - n_i - n_k - n_l) + \cdots$$

III. Zu diesen Sätzen tritt nun noch ein dritter, durch welchen *allgemein* die Frage entschieden wird, welcher Zusammenhang zwischen zwei Modulsystemen aufgestellt werden kann, falls die entsprechenden Gleichungssysteme äquivalent sind. Dieser Satz lautet: Sind $G, G', G'', \ldots$ irgend welche ganze rationale homogene Funktionen von $x_1, x_2, \ldots x_n$, die für alle diejenigen Wertsysteme dieser Veränderlichen verschwinden, welche die Funktionen des Modulsystemes $(F_1, F_2, \ldots F_m)$ zu Null machen, so ist es stets möglich, eine ganze Zahl r so zu bestimmen, dass jedes Produkt $\Pi^{(r)}$ von r beliebigen Funktionen der Reihe $G, G', G'', \ldots$ durch das Modulsystem teilbar ist:

$$\Pi^{(r)} = A_1 F_1 + A_2 F_2 + \cdots + A_m F_m. \,^{82})$$

Auf diese drei Hauptsätze hat Hilbert den Beweis der Endlichkeit des zu einem System ganzer rationaler Formen gehörigen Invariantensystemes, den Beweis der Endlichkeit der zwischen den Invarianten bestehenden irreduktibelen Syzygien, den Satz von der Syzygienkette, welche im Endlichen abbricht, und die Untersuchung des Invariantenkörpers gegründet (vgl. Nr. **11** und I B 2, Nr. **6, 7**).

19. Verallgemeinerung des Teilbarkeits- und Äquivalenzbegriffes. Der Satz III von Hilbert zeigt, dass aus der Äquivalenz zweier Gleichungssysteme nicht unbedingt die Aquivalenz der entsprechenden Modulsysteme gefolgert werden darf. Diese Thatsache ward bereits von *Kronecker* an folgendem Beispiele bemerkt: Sind $A_0, A_1, \ldots A_r, B_0, B_1, \ldots B_s$ irgend welche (auch nicht homogene) ganze Funktionen mehrerer Veränderlichen $x_1, \ldots x_n$ und setzt man mit Einführung einer Unbestimmten X

$$(1) \quad (A_0 X^r + A_1 X^{r-1} + \cdots + A_{r-1} X + A_r)(B_0 X^s + B_1 X^{s-1} + \cdots + B_s)$$
$$= C_0 X^{r+s} + C_1 X^{r+s-1} + \cdots + C_{r+s},$$

so stellen die $(r+1)(s+1)$ Gleichungen

$$A_0 B_0 = A_0 B_1 = \cdots = A_0 B_{s-1} = A_1 B_0 = \cdots = A_r B_s = 0$$

an die Veränderlichen $x_1, \ldots x_n$ dieselben Anforderungen, wie die

---

82) Ein spezieller Fall dieses Satzes ($n = 3$) wurde bereits früher von *Netto* erwiesen (Acta math. 7, p. 101 [1886]). *Netto* bestimmt in diesem Falle die Zahl r als die höchste bei den Schnittpunkten der Kurven auftretende Multiplizität; vgl. auch *Netto*, Algebra 2, §§ 427 ff.

$(r + s + 1)$ Gleichungen: $C_0 = C_1 = \cdots = C_{r+s} = 0$. Betrachtet man aber die zugehörigen Modulsysteme

$$\mathfrak{A}\mathfrak{B} = (A_0, A_1, \ldots A_r)(B_0, B_1, \ldots B_s) = (A_\varrho B_\sigma) \qquad \left(\begin{matrix} \varrho = 0, 1, \ldots r \\ \sigma = 0, 1, \ldots s \end{matrix}\right)$$

und

$$\mathfrak{C} = (C_0, C_1, \ldots C_{r+s}),$$

so ist zunächst nur ersichtlich, dass $\mathfrak{C}$ durch $\mathfrak{A}\mathfrak{B}$ teilbar ist. Zur Erklärung der Äquivalenz stellt Kronecker den Satz auf: Unter Voraussetzung der Geltung der Gleichung (1) ist jedes Element $A_\varrho B_\sigma$ des Modulsystemes $\mathfrak{A}\mathfrak{B}$ Wurzel einer Gleichung:

$$(2) \qquad V^m + G_1 V^{m-1} + G_2 V^{m-2} + \cdots + G_m = 0,$$

deren Koeffizienten $G_1, \ldots G_m$ der Reihe nach durch $\mathfrak{C}, \mathfrak{C}^2, \ldots \mathfrak{C}^m$ teilbar sind[83]). Der gleiche Satz ward, unabhängig von Kronecker, von Dedekind in der Form aufgestellt: Sind unter Voraussetzung der Geltung der Gleichung (1) $\mathfrak{a}, \mathfrak{b}, \mathfrak{c}$ die drei Moduln

$$\mathfrak{a} = [A_0, A_1, \ldots A_r], \quad \mathfrak{b} = [B_0, B_1, \ldots B_s], \quad \mathfrak{c} = [C_0, C_1, \ldots C_{r+s}],$$

so ist

$$\mathfrak{a}^{s+1}\mathfrak{b} = \mathfrak{a}^s\mathfrak{c}, \quad \mathfrak{a}\mathfrak{b}^{r+1} = \mathfrak{b}^r\mathfrak{c}.\text{[84])}$$

Man kann eine Funktion V, welche einer Gleichung der Form (2) genügt, ebenfalls durch $\mathfrak{C}$ teilbar nennen, wenn man den Teilbarkeitsbegriff erweitert, und dann sagt der Satz von Kronecker einfach wieder die Äquivalenz der beiden Modulsysteme $\mathfrak{C}$ und $\mathfrak{A}\mathfrak{B}$ aus. Bei dieser Verallgemeinerung des Teilbarkeits- und Äquivalenzbegriffes bleiben die früheren Fundamentalsätze im wesentlichen bestehen. *A. Hurwitz* hat aus dem Satze von Kronecker den Satz abgeleitet: Bedeuten in der Gleichung (1) $A_0, \ldots A_r, B_0, \ldots B_s$ ganze algebraische Zahlen und sind die Zahlen $C_0, \ldots C_{r+s}$ durch eine ganze algebraische Zahl ω teilbar, so ist auch jedes Produkt $A_\varrho B_\sigma$ durch ω teilbar. Auf diesem Satze lässt sich in sehr einfacher Weise die Theorie der Ideale eines Zahlkörpers (oder Funktionenkörpers) aufbauen[85]).

20. Fundamentalsatz von Noether. Wenn eine ganze Funktion $f(x, y)$ zweier Veränderlichen für alle Wertsysteme verschwindet, welche die beiden ganzen Funktionen $\varphi(x, y)$ und $\psi(x, y)$ zu Null machen, so folgt aus dem III. Satze von Hilbert nur, dass $f^r \equiv 0$

---

83) Berl. Ber. 1883, p. 957 = Werke 2, p. 417; *Molk*, Acta math. 6 (1885), p. 71 ff.

84) Prag Deutsche Math. G. M., 1892, p. 1; Gött. Nachr. 1895, p. 106.

85) Gött. Nachr. 1894, p. 291, 1895, p. 230.

(modd. φ, ψ) ist; es entsteht die Frage, unter welchen Bedingungen der Exponent $r = 1$ angenommen werden darf. *M. Noether* hat als notwendige und hinreichende Bedingung für das Bestehen der Gleichung

$$f = A\varphi + B\psi$$

die folgende erwiesen: Denkt man sich für irgend einen gemeinsamen Punkt $(x = a, y = b)$ der beiden Kurven $\varphi = 0$, $\psi = 0$ die Funktionen f, φ, ψ, A, B nach Potenzen von $x - a$ und $y - b$ entwickelt, so müssen die linearen Gleichungen, welche sich für die noch unbestimmten Koeffizienten von A und B einstellen, *für jeden einzelnen der Schnittpunkte* erfüllbar sein. Wenn insbesondere φ einen i-fachen, ψ einen k-fachen Punkt mit getrennten Tangenten in $x = a$, $y = b$ besitzt, so ist das Vorhandensein eines $(i + k - 1)$-fachen Punktes für f eine hinreichende Bedingung[86]. Da dieser Satz für die *Brill-Noether'sche* Theorie der algebraischen Funktionen grundlegend ist, so wird er als „Fundamentalsatz" bezeichnet. Spätere Untersuchungen haben sich mit Vereinfachung des Beweises[87] und mit Bestimmung derjenigen Dimensionenzahl beschäftigt, bis zu welcher die Vergleichung der Koeffizienten erfolgen muss; *E. Bertini* findet diese Zahl $\alpha' = (\alpha - ik) + (i + k - 2)$, wenn φ einen i-fachen, ψ einen k-fachen Punkt besitzt und die Multiplizität der Schnittstelle $= \alpha \ (\geqq ik)$ ist[88].

21. Modulsysteme zweiter Stufe; ihre Normalformen. Soll der Fundamentalsatz von Noether und die analogen Sätze im Raume von mehr als zwei Dimensionen mit Hilfe der rein arithmetischen Theorie der Modulsysteme gewonnen werden, so ist hierzu eine eingehendere Untersuchung der Modulsysteme zweiter Stufe notwendig. Die hier vorliegenden Untersuchungen knüpfen an diejenigen Modulsysteme zweiter Stufe

$$\mathfrak{M} = (A_1(x), \ldots A_n(x), m)$$

an, welche aus n ganzen ganzzahligen Funktionen von x und einer Zahl m, die mit jenen keinen gemeinsamen Teiler hat, bestehen und bei welchen es sich um Teilbarkeit zweiter Art handelt (s. Nr. **13**). Die Hauptresultate sind von hier auf beliebige Modulsysteme zweiter Stufe leicht zu übertragen. Der einfachste Fall ist der, dass die Zahl m eine Primzahl p ist. Dann können die Funktionen $A_1, \ldots A_n$ stets durch eine einzige Funktion $M(x)$ (den grössten gemeinsamen

<hr>

86) Math. Ann. 6, p. 351 (1873).

87) *A. Voss*, Math. Ann. 27 (1886), p. 527; *Noether*, Math. Ann. 30 (1887), p. 410; *L. Stickelberger*, ibid. p. 401; *A. Brill*, Math. Ann. 39 (1891), p. 129.

88) Math. Ann. 34 (1889), p. 447 und Lomb. Ist. R. (2), 24 (1891), p. 1095; *Noether*, Math. Ann. 40 (1892), p. 140.

Teiler nach dem Modul p) ersetzt werden und es genügt, die Gesetze der gewöhnlichen Zahlentheorie auf diese Modulsysteme zu übertragen, was von *C. F. Gauss, J. A. Serret, Schönemann, Dedekind*[89]) in verschiedenen Richtungen durchgeführt worden ist. Unter diesen Modulsystemen sind die von der Form (P, p), in welcher die Funktion P nach dem Modul p nicht mehr in Faktoren zerlegt werden kann, von besonderer Wichtigkeit, weil diese Modulsysteme und diese allein *Primmodulsysteme* sind.

Wenn die Zahl m keine Primzahl ist, so handelt es sich in erster Linie darum, das Modulsystem auf eine Normalform zu bringen, vermöge deren es *durch einfache Divisionen* entschieden werden kann, ob eine vorgelegte ganze ganzzahlige Funktion X durch das Modulsystem $\mathfrak{M}$ teilbar ist oder nicht. Nach *K. Hensel* und *G. Landsberg*[90]) kann jedes Modulsystem zweiter Stufe in ein äquivalentes Modulsystem in der Normalform:

$$\mathfrak{N} = (F_1, \; e_1 F_2, \; e_2 F_3, \cdots e_{r-1} F_r, \; e_r)$$

umgewandelt werden, dessen Elemente die folgenden vier charakteristischen Eigenschaften haben:

1) Die höchsten Koeffizienten der Funktionen $F_1, \ldots F_r$ sind gleich 1.

2) Ihre Grade $\gamma_1, \ldots \gamma_r$ bilden eine aufsteigende Reihe.

3) Jede der Zahlen e_ϱ ist ein eigentlicher Teiler der nächstfolgenden $e_{\varrho+1}$.

4) Wenn $r > 1$, so ist die Funktion F_ϱ (für $\varrho = 1, 2, \cdots r - 1$) durch das Modulsystem teilbar:

$$\mathfrak{N}_\varrho = \left(F_{\varrho+1}, \; \frac{e_{\varrho+1}}{e_\varrho} F_{\varrho+2}, \; \cdots \frac{e_{r-1}}{e_\varrho} F_r, \; \frac{e_r}{e_\varrho} \right),$$

welches ebenfalls die Normalform hat. Soll eine Funktion X durch das Modulsystem $\mathfrak{N}$ teilbar sein, so muss der Rest, den X bei der Division durch F_1 ergiebt, den Faktor e_1 haben und nach Weglassung dieses Faktors muss die so entstehende Funktion X_1 durch $\mathfrak{N}_1$ teilbar sein; die Entscheidung, ob X_1 durch $\mathfrak{N}_1$ teilbar ist, wird dann in gleicher Weise auf die Frage der Teilbarkeit einer Restfunktion X_2 durch das Modulsystem $\mathfrak{N}_2$ zurückgeschoben u. s. f. Alle einfachen auf das Modulsystem bezüglichen Fragen (z. B. welche Modulsysteme

---

89) *Gauss*, Werke 2, p. 197 (Nachlass); *Serret*, Algebra 2³; *Schönemann*, J. f. Math. 31, p. 269; 32, p. 92 (1846); *Dedekind*, J. f. Math. 51, p. 1 (1856).

90) *Hensel*, J. f. Math. 118, p. 234; 119, p. 114, 175 (1897/98); *Landsberg*, Gött. Nachr. 1897, p. 277 [I B 1 b, Nr. **26**].

in $\mathfrak{M}$ enthalten sind, wieviel inkongruente Funktionen es giebt) finden durch Aufstellung einer solchen Normalform ihre Beantwortung.

Jedes Modulsystem kann auf eine und nur eine Weise in eine Reihe „einfacher" Modulsysteme zerlegt werden. Ein einfaches Modulsystem ist dadurch charakterisiert, dass nur ein einziges Primmodulsystem (P, p) in ihm aufgeht. Wenn eine Funktion X durch alle in dem Modulsysteme $\mathfrak{M}$ aufgehenden einfachen Modulsysteme teilbar ist, so ist sie auch durch das Modulsystem $\mathfrak{M}$ teilbar.

Stellt man die analogen Sätze für diejenigen Modulsysteme zweiter Stufe auf, welche aus ganzen Funktionen zweier Veränderlichen bestehen und bei welchen es sich um Teilbarkeit erster Art handelt, so ergiebt der letzte Satz den *Noether*'schen Fundamentalsatz.

22. Darstellung algebraischer Gebilde durch rationale Parameter; Satz von Lüroth. Unter den algebraischen Gebilden beherrscht man am vollständigsten die von *einer* Dimension (Kurven im Raume von $2, 3, \ldots n$ Dimensionen), weil hier die wohlausgebildete Theorie der algebraischen Funktionen einer Veränderlichen das Mittel abgiebt, alle Eigentümlichkeiten des Gebildes vollständig zu untersuchen[91]). Unter diesen Kurven sind diejenigen ausgezeichnet, deren Koordinaten sich als *rationale* Funktionen eines Parameters darstellen und welche sich also umkehrbar eindeutig auf eine gerade Linie beziehen lassen. Solche Kurven heissen *rationale* oder (nach *A. Cayley*)[92]) *Unikursalkurven*. Ist die Kurve eben und von der n^{ten} Ordnung, so besitzt sie $\frac{1}{2}(n-1)(n-2)$ Doppelpunkte oder eine Anzahl von Singularitäten, welche jenen äquivalent sind, und umgekehrt ist eine Kurve n^{ter} Ordnung mit $\frac{1}{2}(n-1)(n-2)$ Doppelpunkten stets eine rationale Kurve. Diese charakteristische Eigenschaft kann auch dahin ausgesprochen werden, dass es kein auf die Kurve bezügliches Abel'sches Integral erster Gattung giebt oder dass das Geschlecht Null ist, und diese Begriffsbestimmung hat den Vorzug, dass sie für Kurven mit beliebigen Singularitäten gilt, und ohne weiteres auf Kurven im Raume von mehr als zwei Dimensionen übertragen werden kann (s. II B 2).

R. F. A. Clebsch hat sich nächst den rationalen Kurven auch mit den Flächen beschäftigt, welche umkehrbar eindeutig auf eine Ebene

---

91) Grundlegend für die Untersuchung der Raumkurven mit Hilfe d. Th. d. alg. F. sind die Arbeiten von *Noether*, Berl. Abh. 1883, Auszug in J. f. Math. 93, p. 271 (1882) u. *G. Halphen*, J. Éc. polyt. vol. 33, cah. 52, p. 1 (1882).

92) London Math. Soc. 1, p. 1, Oct. 1865 = Coll. Pap. 6, p. 1. Vgl. *W. Fr. Meyer*, Apolarität und rationale Kurven, Tüb. 1888 [III C 3].

abbildbar sind und deren Koordinaten hiernach als rationale Funktionen zweier Parameter dargestellt werden können[93]). Die allgemeinen Bedingungen, welche eine Fläche erfüllen muss, damit ihre Koordinaten eine derartige Darstellung zulassen, hat *M. Noether* angegeben[94]). Es muss erstens auf der Fläche eine Schar rationaler Kurven existieren; unter dieser Voraussetzung ist das sogenannte *Flächengeschlecht* gleich Null[95]) und es lassen sich die Koordinaten x_1, x_2, x_3 eines Punktes der Fläche als rationale Funktionen dreier Parameter u, v, w so darstellen, dass zwischen den beiden ersten Parametern u, v eine algebraische Gleichung $\varphi(u, v) = 0$ besteht[96]). Das Geschlecht dieser Gleichung wird dann als das *Kurvengeschlecht* der Fläche bezeichnet, und wenn dieses Kurvengeschlecht ebenfalls Null ist, so lässt sich an Stelle der beiden algebraischen Parameter u, v ein rationaler Parameter einführen und die Fläche ist rational.

Mannigfaltigkeiten, deren Koordinaten als rationale Funktionen mehrerer Parameter dargestellt werden können, treten mehrfach in der Algebra auf. Insbesondere sind nach *L. Euler* und *A. Cayley* die n^2 Elemente eines quadratischen orthogonalen Systemes als rationale Funktionen von $\frac{1}{2} n (n - 1)$ Parametern darstellbar[97]). Ebenso können nach *Frobenius* und *A. Voss*[98]) die Elemente einer Substitution, welche eine bilineare Form von nicht verschwindender Determinante kogredient in sich überführt, im allgemeinen durch rationale Parameter dargestellt werden. Gewisse hierbei auftretende Ausnahmefälle sind von *Frobenius*, *Kronecker*, *A. Loewg*[99]) untersucht worden [I B 2, Nr. 3].

---

93) J. f. Math. 64 (1865), p. 43; Math. Ann. 1 (1869), p. 253.

94) Gött. Nachrichten 1869, p. 298; Math. Ann. 2 (1870), p. 293 u. 8 (1875), p. 495.

95) Das Flächengeschlecht kann ebenfalls ganz allgemein als die Anzahl der von einander linear unabhängigen, auf die Fläche bezüglichen Doppelintegrale erster Gattung definiert werden; s. *É. Picard* et *G. Simart*, Théorie des fonctions algébriques de deux variables indépendantes, 1, Paris 1897, p. 191 ff.

96) *Picard* beweist (J. f. Math. 100 [1887], p. 71) den hieher gehörigen Satz: Wenn alle ebenen Schnitte einer algebraischen Fläche Unikursalkurven sind, so ist die Fläche entweder eine unikursale Regelfläche oder eine Steiner'sche Fläche. Über die bez. Untersuchungen italienischer Geometer s. III C 6.

97) *Euler*, Nov. Comm. Petrop. 15 (1770), p. 75; 20, p. 217; *Cayley*, J. f. Math. 32, p. 119 (1846) = Coll. Pap. 1, p. 332; *Baltzer*, Determinantentheorie, 5. Aufl., Leipzig 1881, § 14, 6 [I B 2, Nr. 3].

98) *Frobenius*, J. f. Math. 84, p. 1 (1878) für symmetrische und alternierende, *Voss*, Münch. Abh. II. Kl., 17 (1890) für beliebige Bilinearformen.

99) *Frobenius*, J. f. Math. 84, p. 1 (1878); *Kronecker*, Berl. Sitzungsber. 1890, p. 525. 602. 692. 873. 1068; *Loewy*, Math. Ann. 48 (1897), p. 97.

Ist im Raume von n Dimensionen eine rationale Kurve in der Parameterdarstellung gegeben: $x_1 = \varphi_1(t)$, $x_2 = \varphi_2(t)$, $\cdots x_n = \varphi_n(t)$, so hat sich *J. Lüroth* die Frage nach der algebraischen Beziehung gestellt, welche zwischen dem Parameter t und den Koordinaten $x_1, \ldots x_n$ besteht. Es ergiebt sich, dass stets eine rationale Funktion von t: $\tau = r(t)$ als rationale Funktion von $x_1, \ldots x_n$ dargestellt werden kann. Ist $\tau = t$ oder eine lineare Funktion von t, so ist die Kurve direkt *umkehrbar* eindeutig auf eine Gerade bezogen; ist τ eine Funktion höheren Grades von t, so kann man $x_1, \ldots x_n$ auch als rationale Funktion von τ darstellen, wodurch der zweite Fall auf den ersten zurückgeführt wird [100]).

23. Transformation algebraischer Gebilde. Die in voriger Nr. behandelten Sätze über die rationale Darstellung algebraischer Gebilde behandeln nur ein spezielles Problem der allgemeinen Theorie der Transformation algebraischer Gebilde. Werden die Koordinaten $x_1, \ldots x_n$ eines algebraischen Gebildes einer Transformation $x_1 = \Theta_1(y_1, \ldots y_n), \ldots x_n = \Theta_n(y_1, \ldots y_n)$ unterworfen, in welcher $\Theta_1, \Theta_2, \ldots \Theta_n$ rationale Funktionen von $y_1, \ldots y_n$ sind, so lassen sich vermöge der zwischen den Koordinaten $x_1, \ldots x_n$ bestehenden Gleichungen im allgemeinen auch $y_1, \ldots y_n$ als rationale Funktionen von $x_1, \ldots x_n$ darstellen, und die beiden Gebilde, deren Punkte die Koordinaten $y_1, \ldots y_n$ und $x_1, \ldots x_n$ besitzen, entsprechen einander umkehrbar eindeutig. Alle algebraischen Gebilde, welche sich in einander umkehrbar eindeutig transformieren lassen, werden in eine *Klasse* gerechnet, und es entsteht die Aufgabe, diejenigen Eigenschaften eines algebraischen Gebildes zu ermitteln, welche jeder umkehrbar eindeutigen Transformation gegenüber invariant sind und also der ganzen Klasse algebraischer Gebilde zukommen.

Das vorstehend dargelegte Prinzip ist im Falle $n = 2$ von *B. Riemann* [101]) aufgestellt und in umfassender Weise zur Geltung gebracht worden. Das Hilfsmittel der Untersuchung bilden in erster Linie die auf das Gebilde bezüglichen, von einander linear unabhängigen Integrale erster Gattung, deren Anzahl gleich dem Geschlechte p des algebraischen Gebildes ist [102]); die Zahl p ist selbst eine Invariante bei birationaler Transformation. Die Übertragung des Prinzipes auf den Fall $n = 3$ (und höheres n) ist Gegenstand der Untersuchung von

<hr>

100) *Lüroth*, Math. Ann. 9 (1875), p. 163, für $n = 2$; *Weber*, Algebra 2, § 107 für beliebiges n.

101) Theorie der Abel'schen Funktionen § 12 (1857), (J. f. Math. 54 = Werke, p. 88).

102) *Noether*, Math. Ann. 17 (1880), p. 263.

Noether, H. Poincaré, Picard[103]) geworden. Die im einzelnen gewonnenen Resultate fallen in das Gebiet der Theorie der algebraischen Funktionen (II B 2) und der Theorie der algebraischen Transformationen und Korrespondenzen (III C 8).

Eine ganz analoge Entwickelung wie die allgemeine Theorie der algebraischen Funktionen hat seit *Clebsch* (s. o.) die algebraische *Geometrie* genommen. Die Resultate dieser Theorie stellen für die Algebra in erster Linie das Hilfsmittel der *Cremona*transformationen zur Verfügung. Eine ebene *Cremona*transformation n^{ter} Ordnung ist eine umkehrbar eindeutige Beziehung zweier Ebenen auf einander, bei welcher den Geraden der einen Ebene eine lineare Schar von ∞^2 rationalen Kurven mit festen Singularitäten entspricht[104]). Bei jeder solchen Transformation giebt es, ebenso wie bei den Abbildungen rationaler Flächen auf eine Ebene, „Fundamentalpunkte", denen in der Bildebene nicht Punkte, sondern Kurven („Fundamentalkurven") entsprechen. Jede ebene Cremonatransformation n^{ter} Ordnung kann durch eine Folge von Transformationen 2ter Ordnung ersetzt werden[105]). Die Cremonatransformationen können auf den Raum übertragen und können in dem Sinne verallgemeinert werden, dass man überhaupt irgend welche Abbildung zweier Flächen (zweier Gebilde) auf einander nach gleicher Methode untersucht[106]). Durch derartige algebraische Transformation kann jedes algebraisches Gebilde mit Singularitäten umkehrbar eindeutig auf ein singularitätenfreies Gebilde bezogen werden, wenn man nämlich nötigenfalls die Dimension des linearen Raumes, in welchem das zweite Gebilde gelegen ist, hinreichend gross wählt[107]). Die weitere Verfolgung dieser analytisch geometrischen Methoden hat in neuester Zeit bei den italienischen Geometern zu dem Versuche einer allgemeinen Theorie der algebraischen Gebilde zweiter Dimension geführt[108]) [III C 5, 9]. Ein Überblick über die für die Algebra hieraus abfliessenden gesicherten Resultate ist zur Zeit noch nicht angängig.

103) *Noether*, die in 94) citierten Abhandlungen. *Poincaré*, Acta Math. 2, p. 97 (1883) u. 9, p. 321 (1887); *Picard* et *Simart*, Fonctions algébriques.

104) *L. Cremona*, G. di mat. 1, p. 305 (1863) u. 3, p. 269 (1865), od. Bol. Mem. (2), 2 u. 5.

105) *Noether*, Math. Ann. 3 (1870), p. 167; *Cayley*, Lond. Math. Soc. Pr. 3, p. 161 (1870) = Coll. Pap. 7, p. 253; *J. Rosanes*, J. f. M. 73, p. 97 (1870).

106) *Noether*, Math. Ann. 2 (1870), p. 293; 3 (1871), p. 547; Ann. di mat. (2) 5, p. 163 (1872); *Cremona*, Ann. di mat. (2) 5, p. 131 (1871); Lomb. Istit. R. (2) 4, p. 269, 315 (1871).

107) *Picard* et *Simart*, Fonctions algébriques, chap. 4, 1.

108) Eine Übersicht über den gegenwärtigen Stand der Untersuchung und die bisherige Litteratur giebt die Abhandlung von *F. Enriques* und *G. Castelnuovo*, Math. Ann. 48 (1897), p. 241; vgl. *Enriques*, Zürich Congr. Verh. 1898, p. 145.

IB2. INVARIANTENTHEORIE

VON

W. FR. MEYER

IN KÖNIGSBERG I./PR.

———

Inhaltsübersicht.

25. Resultanten und Diskriminanten.
26. Realitätsfragen.
27. Weitere spezielle Formen und Gruppen.

Monographien.

J. J. Sylvester, On the Principles of the Calculus of Forms. Cambr. Dubl. math. J. 7 (1852), p. 52, 179; 8 (1853), p. 62, 256; 9 (1854), p. 85. Dazu als Einleitung ib. 6 (1851), p. 186, 289.

A. Cayley, Memoirs upon Quantics, Lond. Tr.: I, 144 (1854), p. 244; II, III, 146, (1856), p. 101, 627; IV, V, 148 (1858), p. 415, 429; VI, 149 (1859), p. 61; VII, 151 (1861), p. 277; VIII, 157 (1867), p. 513; IX, 161 (1871), p. 17; X 169 (1878), p. 603. Abgedruckt (mit Zusätzen des Verf.) in Coll. Papers 2: I, p. 221; II, p. 250; III, p. 310; IV, p. 513; V, p. 527; VI, p. 561; 4: VII, p. 325; 6: VIII, p. 147; 7: IX, p. 334; 10: X, p. 339. Dazu die numerischen Tafeln zu II in Pap. 2 (1889), p. 276, und die Tafeln für Formen der f_5 ib. p. 282.

G. Salmon, Lessons introductory to the modern higher algebra, Dublin 1. ed. 1859, 4. ed. 1885 (hauptsächlich binäre Formen; citiert unter „Salmon"). Deutsch bearb. von *W. Fiedler*: Vorlesungen über die Algebra der linearen Transformationen, Leipzig, 1. Aufl. 1863; 2. Aufl. 1877 („Salmon-Fiedler").

F. Brioschi, Teorica dei Covarianti, Roma 1861 (Binäre Formen).

W. Fiedler, Die Elemente der neueren Geometrie und der Algebra der binären Formen, Leipzig 1862.

G. Battaglini, Gi. di mat. 9 (1871), p. 1, 76; 14 (1876), p. 54 (Binäre Formen). Ib. 8 (1870), p. 33, 129; 10 (1872), p. 152, 193 (Ternäre Formen); ib. 21 (1883), p. 50, 293; 25 (1887), p. 281 (Bilineare Formen).

A. Clebsch, Theorie der binären algebraischen Formen) Leipzig 1872 („Clebsch").

Faà di Bruno, Théorie des formes binaires, Turin 1876. Deutsch bearb. von *Th. Walter* mit Unterst. von *M. Noether*, Einleitung in die Theorie der binären Formen, Leipzig 1881 („Bruno").

P. Gordan, Über das Formensystem der binären Formen, Univ.-Progr. Erlangen, Leipzig 1875 („Programm"). Vorlesungen über Invariantentheorie, herausg. von *G. Kerschensteiner*, 1. Determinanten, 2. Binäre Formen, Leipzig 1885, 1887 („Gordan").

A. Capelli, Fondamenti di una teoria generale delle forme algebriche, Rom. Linc. Mem. 12 (1882), p. 1.

G. Rubini, Teorica delle forme in generale, especialmente delle binarie. I. Esposizione dell' algoritmo fondamentale di questa teoria, Lecce 1886.

E. Study, Methoden zur Theorie der binären Formen, Leipzig 1889 („Study").

J. Deruyts, Essai d'une théorie générale des formes algébriques, Bruxelles 1891 (Seminvarianten) („Deruyts").

W. Fr. Meyer, Bericht über die Fortschritte der proj. Invariantentheorie, deutsche Math.-Vereinigg., 1, 1892 („Inv. Ber."); französ. Ausgabe von *H. Fehr*, Paris 1897; ital. Ausgabe von *G. Vivanti*, Napoli 1899.

E. B. Elliott, An Introduction to the algebra of Quantics, Oxford 1895 („Elliott").

P. Muth, Grundlagen für die geom. Anwendung der Invariantenth., Leipzig 1895.

— Theorie der Elementarteiler, Leipzig 1899 („Muth"). (Äquivalenz der bilinearen und quadratischen Formen).

H. Andoyer, Théorie des Formes, Paris 1898.

Vgl. noch die einschlägigen Kap. in *A. Clebsch* u. *F. Lindemann*, Vorlesungen über Geometrie 1, Leipzig 1875/76, franz. v. *A. Benoist*, Paris 1879/83; 2^1, Leipzig 1891; *W. S. Burnside* u. *A. W. Panton*, Theory of Equations, 3. ed., Dublin 1892, New.-York 1893; *H. Weber*, Höhere Algebra, Braunschweig 1895/96, 1, 2; 1, 2. Aufl. 1898 („Weber“); franz. v. *J. Gries*, Paris 1898; *A. Capelli*, Algebra complementare, 2. ed., Napoli 1898.

Bezeichnungen.

Eine binäre Form n^{ter} Ordnung wird mit f_n, g_n, $\ldots$ bezeichnet, eine ternäre mit C_n, eine quaternäre und höhere mit F_n; die dualistischen Formen entspr. mit griechischen Buchstaben. Sind x_1, x_2, $\ldots x_m$ die Variabeln, a die Koeffizienten, so ist die genauere Bezeichnung $F_n = F_n(x_1, \ldots x_m \mid a) = F_n(x \mid a)$, dualistisch $\Phi_\nu(u \mid \alpha)$. Analog bei mehreren Variabelnreihen; so z. B. ist $F_{11} = F_{11}(x; y, a)$ eine bilineare Form. Das Wort „Ordnung“ bezieht sich stets auf die Variabeln, „Grad“ auf die Koeffizienten. Die i^{te} Überschiebung (Nr. **14**) von f über g hat das Zeichen $(f, g)_i$, entspr. allgemein von $F(x)$ über $\Phi(u)$: $(F, \Phi)_i$; eine lineare Substitution hat das Zeichen S.

---

1. Keime der Theorie. *J. Lagrange*[1]) konstatiert, aus Anlass der Darstellung einer ganzen Zahl (I C 2) durch eine quadratische Form $f_1(x, y) = a_0 x^2 + 2 a_1 xy + a_2 y^2$, dass sich die „Diskriminante“[2]) („Determinante“)[3]) $a_0 a_2 - a_1^2$ von f_2 beim Übergange von x zu $x + \lambda y$ nicht ändert. — Bei *K. F. Gauss*[3]) bildet bereits die allgemeine lineare „Substitution“ („Transformation“) S der homogenen Variabeln die Grundlage für die Zahlentheorie der f_2 und C_2, deren Diskriminanten (Nr. **25**) als „Invarianten“[4]) nachgewiesen werden, d. i. als Ausdrücke in den Koeffizienten der f_2 resp. C_2, die sich nach Ausübung von S nur um eine (die zweite) Potenz der Substitutionsdeterminante (I B 1 b, Nr. **12**) oder des „Moduls“[5]) Δ ändern.

---

1) Berl. Mém. 1773, p. 265 bes. p. 268 = Oeuvr. 3, p. 699, 701.

2) Der Ausdruck von *J. J. Sylvester*, Cambr. Dubl. m. J. 7 (1852), p. 52.

3) Disquis. arithmeticae, Braunschweig, 1801 = Werke 1; deutsch von *H. Maser*, Berlin 1889; frz. v. *A. C. M. Poullet-Delisle*, Par. 1807. *G.* nennt eine ganze, rationale, homogene Funktion von 2, 3, $\ldots$ Variabeln eine „binäre, ternäre, $\ldots$ Form“, art. 266. Die Determinante der f_2: art. 157, der C_2: art. 267. Zwei Formen, die durch (ganzzahlige) S wechselseitig in einander überführbar sind, heissen „äquivalent“: art. 157, 270. Als einfachste weitere Invarianten treten auf bei *G. Boole*, Cambr. math. J. 3 (1841), p. 7 die Diskr. der f_3; bei *G. Eisenstein* die quadratische Invariante i und die kubische j der f_4: J. f. Math. 27 (1844), p. 81; die Ausdrücke (ohne Erkenntnis der Invarianz) schon bei *A. Cauchy*, J. Éc. pol. 16 (1815), p. 457.

4) Der Ausdruck von *J. J. Sylvester*, Cambr. Dubl. m. J. 6 (1851), p. 290.

5) Der Ausdruck von *J. J. Sylvester*, Cambr. Dubl. m. J. 6 (1851), p. 188; für $\Delta = 1$ heisst die S „unimodular“, ib. 7 (1852), p. 52.

Der von *A. Cauchy*[6]) und *J. Binet*[6]) allgemein bewiesene Satz über die Multiplikation zweier Determinanten (I A 2, Nr. 21) sagt aus, dass sich eine Determinante „invariant verhält“, d. h. sich nur um eine (die erste) Potenz von Δ ändert, wenn die Elemente je einer Reihe (oder Kolonne) der nämlichen S unterworfen werden.

Andere Keime unserer Theorie finden sich in den Entwickelungen[7]) französischer und englischer Mathematiker und Physiker über orthogonale (Nr. **3**) Transformation der F_2 in Aggregate von Quadraten. Ferner in der durch *V. Poncelet* und *J. T. Gergonne* ins Leben gerufenen, durch *M. Chasles, F. Möbius, J. Plücker, J. Steiner* und *Ch. v. Staudt* weiter ausgebildeten projektiven Geometrie[8]); das Doppelverhältnis und die Polarreziprozität lehrten, dass gewisse Ausdrücke resp. gewisse Eigenschaften von Figuren bei linearen Transformationen der Koordinaten erhalten bleiben.

2. Entwickelung des Invariantenbegriffes. *G. Boole*[9]) wies nach, dass die Diskriminante D einer Urform $F_n(x \mid a)$ eine „Invariante“ $J = J(F)$ von F ist, d. h. wenn vermöge einer S vom Modul Δ sich

---

6) *Cauchy* in J. Éc. pol. 9, cah. 16 (1815) (lu Nov. 1812), p. 286; *Binet*, ib. 10 (1815), cah. 17 (lu Nov. 1812), p. 29 bes. p. 81, 107.   Eine unmittelbare Anwendung des Satzes ist die Multipl. zweier Funktionaldeterminanten (vgl. I B 1 b, Nr. 21) bei *C. G. J. Jacobi*, J. f. Math. 22 (1841), p. 319 = Werke 3, p. 393, deutsch von *P. Stäckel*, Ostwalds Klassiker, Leipzig, Nr. 78.   Die Funktionaldet. erscheint invariant gegenüber beliebigen Transformationen der Variabeln [Anm. 271, 369 a].   Wegen der Anwendung auf die Transf. vielfacher Integrale s. II A 2, Nr. **41**, Anm. 253.

7) Vgl. die Litteraturangaben in *R. Baltzer*'s Determinanten, 5. Aufl., Leipzig 1881; auch bei *G. Boole*, Cambr. Math. J. 1 (1843), p. 1.

8) Vgl. *A. Clebsch*, Gött. Abh. 15 (1872), p. 1. = *J. Plücker*'s Ges. Math. Abh. 1, Leipzig 1875, p. 1; sowie bes. *E. Kötter*, Bericht über die Entw. der synth. Geom., Deutsche Math.-Vereinig. 5^2 (1898), p. 1; *A. Schönflies* in *J. Plücker*'s Math. Abh. (Anhang).   Wegen anderer Vorstufen der Theorie vgl. *P. Gordan*, Math. Ann. 7 (1873), p. 38; sowie, auch bez. des indirekten Eingreifens von *E. Galois* und *H. Grassmann* „Inv. Ber.“ p. 81, 84. — Über die symbol. Bezeichnung bei der Taylor'schen Reihe s. II A 2, Nr. **12**.

9) Cambr. math. J. 3 (1841) (dat. 28. April), p. 1.   *B.* studiert die Äquivalenz zweier Formenpaare F_n, G_n; F_n', G_n'; die Gleichungen $D(F + \lambda G) = 0$, $D(F' + \lambda G') = 0$ müssen dann übereinstimmen.   Im Falle von Paaren ungleicher Ordnung reduziert *B.* in Cambr. math. J. 3 (1841), p. 106 die Aufgabe durch totale Differentiation (vgl. noch ib. 2 [1841], p. 61) auf die Äquiv. von Differentialformen gleicher Ordnung.

10) w wird von *B'* auf Grund eines Satzes von *Sylvester* genauer bestimmt, Cambr. math. J. 4 (1844), p. 167, als $n(n-1)^{m-1}$, wenn m die Anzahl der Variabeln. w heisst nach *Cayley*, II. Mem., das „Gewicht“ der Invariante

$F(x\,|\,a)$ ändert in $F'(x'\,|\,a')$, so ist $J(a') = \Delta^w J(a)$, wo w [10]) eine gewisse natürliche Zahl ist. *B.* bedient sich des „*Aronhold*'schen Prozesses"[11]) $\sum b_i \dfrac{\partial J}{\partial a_i}$ (Nr. **13**), um aus J eine Simultaninvariante von $F_n(x\,|\,a)$, $G_n(x\,|\,b)$ herzuleiten. Es lässt sich[12]) die Definition einer (in den $a, b, \ldots$ ganz-rationalen) Invariante dahin einschränken, dass sie sich nach Ausübung von S um einen Faktor ändert, der nur von den S-Koeffizienten σ abhängen soll.

G. Boole[13]), *G. Eisenstein*[13]) und *O. Hesse*[14]) zogen schon „Kovarianten" C von $F_n(x\,|\,a)$ in Betracht, d. s. Formen der x und der a, die der Forderung $C(x'\,|\,a') = \Delta^w C(x\,|\,a)$ genügen, *Gauss*[15]) schon analoge „Kontravarianten" $\Gamma(u\,|\,a)$, die statt der x die u (s. unten) enthalten, zu denen u. a. *Ch. Hermite's*[16]) „adjungierte Formen" (Nr. **12**, **13**, **18**) gehören. — *A. Cayley*[17]) giebt Prozesse an, um beliebig viele

---

(Nr. **9, 18, 23**). J heisst gerade, resp. ungerade (schief), je nachdem w gerade oder ungerade ist.

11) J. f. Math. 62 (1863), p. 281.

12) *A. Clebsch*, Bin. Formen, p. 306; *P. Gram*, Math. Ann. 7 (1874), p. 234; *E. d'Ovidio*, Gi. d. mat. 15 (1877), p. 187; *A. Capelli*, Rom. Linc. Mem. 1882, p. 582; *O. Hölder*, Böklen Mitt. 1 (1884), p. 59; *E. B. Elliott*, Mess. 16 (1885), p. 5; *P. Mansion*, ib. p. 127; „Study" p. 32; „Deruyts" p. 49; *Kronecker*, Berl. Ber. (1889), p. 609. — Dass für gewisse Untergruppen von S die Definition des Textes zu eng ist, betont wohl zuerst *Klein* im „Erlanger Programm" (1872); man vgl. die Ausführungen von *Study* für die „Inversionsgruppe" Math. Ann. 49 (1897), p. 497 [Nr. **23, 27**].

13) Die quadratische Kov. H der f_3 bei *G. Boole*, Cambr. math. J. 3 (1842), p. 115; bei *G. Eisenstein*, J. f. Math. 27 (1844), p. 75, 89. *F. Boole* betrachtet auch schon (l. c.) (binäre) Polaren (Nr. **13**) und simultane Kovarianten.

14) *H.* studiert die nach ihm benannte Determ. der zweiten Ableitungen einer C_n und deckt ihre Rolle in der geom. Theorie der C_n, bes. der C_3, auf: J. f. Math. 28 (1844), p. 68 = Werke, p. 123 [I B 1b, Nr. **22**]. Bez. der Leistungen von *H.* vgl. *M. Noether*, Zeitschr. Math. Phys. 20 (1875), p. 77; *Klein*, Progr. Münch. Polyt. 1875; *G. Bauer*, Münch. Abh. 1882.

15) In den Disquis. arithm. artt. 267, 268 (vgl. Anm. 1) zeigt *G.*, dass sich die „Adjungierte" einer C_2 (d. i. ihr dualistisches Äquivalent) bei der „transponierten S. invariant verhält. Vgl. *P. Bachmann*, Arithmetik der quadratischen Formen, 1, Leipzig 1898, Abschn. 2, Kap. 5.

16) J. f. Math. 40 (1850), p. 272, 292; s. Anm. 18.

17) Cambr. math. J. 4 (1845), p. 193 = Coll. Pap. 1, p. 80. Ist F_n multilinear (vgl. *Sylvester*, Cambr. Dubl. math. J. 7 [1852], p. 93), so werden vermöge einer Subst. S_i $(i = 1, 2, \cdots n)$ einer Variabelnreihe die Koeff. von F_n nur linear geändert, sodass man auf Grund des Determ.-Mult.-Satzes sofort Bildungen (darunter „Höhere Determinanten" [I A 2, Nr. **32**], vgl. *Sylvester*, Cambr. Dubl. math. J. 7 [1852], sect. 3, p. 75) angeben kann, die sich gegenüber S_i, weiterhin aber auch solche, die sich geg. allen S invariant verhalten. Speziell hat jede f_{2n} eine quadratische Invariante. In Cambr. Dubl. math. J. 1 (1846), p. 104 = Coll. Pap. 1,

Invarianten J („Hyperdeterminanten", Nr. 12) von $F_n(x\,|\,a)$ zu bilden, und erweitert den Begriff von J auf multilineare („n-partite") Urformen F_n, die linear sind in n Variabelnreihen, die auch verschiedenen („unabhängigen") S unterworfen werden. — *Sylvester* ordnet die Begriffe systematisch. Er beschränkt sich, was oft zweckmässig ist, auf „unimodulare" S i. e. vom Modul $\Delta = 1$. Die „universale" Form $u_x = u_1 x_1 + \cdots + u_n x_n$ ändert sich nicht[18]), wenn man die Variabeln x einer S, und zugleich die „kontragredienten"[19]) Variabeln u der „inversen" („reziproken") Substitution unterwirft. „Kogredient"[19]) heissen Variabelnreihen, die der nämlichen S unterliegen.

Die Kovarianten, Kontravarianten und Zwischenformen[20]) (die die x und u zugleich enthalten) lassen sich[21]) als Simultaninvarianten auffassen, wenn man den Urformen eine oder mehrere Formen vom Typus u_x hinzufügt. Alle invarianten Bildungen umfasst *Sylvester* als „Konkomitanten"[22a]), (wir sagen mit *K. Reuschle*[22b]) „Komitanten"); er giebt eine Reihe von Prozessen an (Nr. 16), wie man aus Bildungen des einen Typus solche des andern erzeugt. Allgemein ist eine Komi-

---

p. 95 wird zur Erzeugung von inv. Bildungen der Prozess $\Omega = \left|\dfrac{\partial}{\partial x_i^{(k)}}\right|\ (i,k=1,2,\cdots n)$ eingeführt (wo nach Ausmultiplikation je die bez. n^{te}, bei Ω^l die ln^{te} Ableitung zu substituieren ist); die Funktionaldet. von n Funktionen $f_1(x)$, $f_2(x),\ldots f_n(x)$ der x_1, $x_2,\ldots x_n$ entsteht, wenn das Produkt $f_1(x^{(1)}) \cdot f_2(x^{(2)}) \cdots f_n(x^{(n)})$ dem Prozesse Ω unterworfen wird. Hinterher kann man die Variabelnreihen wieder gleichsetzen. So liefert für $f_2(x) = a_0 x_1{}^2 + 2 a_2 x_1 x_2 + a_1 x_2{}^2$, $g_2(x) = b_0 x_1{}^2 + 2 b_1 x_1 x_2 + b_2 x_2{}^2$ $\Omega^2 f_2(x)\, g_2(y)$ die Inv. $a_0 b_2 - 2 a_1 b_1 + a_2 b_0$ resp. $2(a_0 a_2 - a_1{}^2)$. Bez. der Leistungen *Cayley*'s vgl. *M. Noether*, Math. Ann. 46 (1895), p. 462; *A. R. Forsyth* in *Cayley*'s Pap. 8 (1895), p. IX $=$ Lond. Roy. Pr. 58 (1895).

18) Cambr. Dubl. math. J. 7 (1852), p. 56. Ist also F_n eine Urform (oder die Kovariante einer solchen), J eine Invariante von F, so ist $J\big(F + \lambda u_x^n\big)$ für jeden Wert von λ eine Kontravariante von F. Der Faktor von λ heisst die erste „Evektante" (ib. p. 57) von J [Nr. 18]; der erzeugende Prozess hat z. B. für eine

$$C_3 = a_{111} x_1{}^3 + 3 a_{112} x_1{}^2 x_2 + \cdots \quad \text{die Gestalt:} \quad u_1{}^3 \frac{\partial}{\partial a_{111}} + 3 u_1{}^2 u_2 \frac{\partial}{\partial a_{112}} + \cdots.$$

Ist J die Diskriminante von F, so entstehen die „adjungierten Formen" von *Hermite* (vgl. Anm. 16), z. B. aus f_3 die kubische Kovariante.

19) Der Ausdruck ib. 7 (1852), p. 53.

20) Der Ausdruck von *S. Aronhold*, J. f. Math. 62 (1863), p. 281.

21) Cambr. Dubl. Math. J. 8 (1853) p. 64, 259. Bez. der Leistungen *Sylvester*'s vgl. *M. Noether*, Math. Ann. 50 (1898), p. 133. Die Auffassung von *Sylv.* bringt für besondere Gruppen auch Nachteile mit sich: *H. Burkhardt*, Math. Ann. 43 (1893), p. 199.

22a) Der Ausdruck eingeführt ib. 6] (1851), p. 290. b) Zürich Kongr. Verh. 1898, p. 123.

tante einer Komitante wieder eine solche[23]). *Sylv.* charakterisiert auch den Typus der „Kombinanten"[24]) (Nr. **24**), d. s. Formen, die in Bezug auf zwei Reihen von m resp. n Variabeln zugleich invariant sind.

Bei *Cayley* erscheinen[25]) die J resp. C als ganz-rationale Lösungen ihrer Differentialgleichungen (Nr. **18**).

S. Aronhold[26]) erschliesst aus den Differentialgleichungen (Nr. **18**) die Existenz gewisser Brüche φ als der „absoluten Invarianten", die sich bei einer S vom Modul Δ gar nicht ändern, denen die früheren, die Zähler und Nenner der φ, als „relative" gegenüberstehen.

Bei *A. Clebsch*[27]) erscheinen die J als Aggregate symbolischer Produkte (Nr. **12**). *Clebsch* erweitert den Begriff von J, indem er die „Zwischenvariabeln"[28]) (Nr. **12**) einführt, die den linearen Stufen des n-ären Gebietes entsprechen.

P. Gordan[29]) und *A. Capelli*[30]) ziehen, wie schon *Cayley* für multilineare Urformen, unabhängige S mehrerer Variabelnreihen in Betracht.

„Irrationale" Invarianten, d. s. Wurzeln irreducibler Gleichungen [I B 1 b, Nr. **5**] mit rationalen J als Koeffizienten, drängen sich auf, wenn sich Urformen in irrational-kanonischer Gestalt (Nr. **11**) darbieten, wenn also der „Rationalitätsbereich" (I B 1 a, Nr. **9**) der Koeffizienten passend erweitert wird.

E. Study[31]) hat die Stufen des Invariantenbegriffes in Parallele gesetzt zu *L. Kronecker's*[32]) arithmetischer Begründung der Arten algebraischer Grössen. Bei *S. Lie*[33]) (II A 6 und Nr. **12**) liegt eine allgemeine Auffassung anderer Art vor. Unterwirft man die Variabelnreihen

---

23) Cambr. Dubl. math. J. 6 (1851), p. 291; 7 (1852), p. 57.

24) ib. 8 (1853), p. 256; 9 (1854), p. 85. *S.* betrachtet auch Kombinanten von Formen ungleicher Ordnung, die später von *H. S. White* genauer untersuchten „Semikombinanten", Am. J. 17 (1895), p. 235 [Nr. **24**].

25) I. u. II. Mem. = Pap. 2, p. 221, 250.

26) J. f. Math. 82 (1863), p. 281.

27) J. f. Math. 59 (1860), p. 1. Bez. der invariantentheor. Leistungen von *Clebsch*, bes. auch der geometrischen Anwendungen vgl. *Gordan* in Math. Ann. 7 (1874), p. 37.

28) Gött. Abh. 17 (1872), p. 1.

29) Math. Ann. 13 (1878), p. 379 (bei Auflösung der $f_5 = 0$); bei *F. Klein* u. *R. Fricke*, Modulfunktionen 2, Leipzig 1892, p. 127 finden sich Anwendungen zur Aufstellung von Modulargleichungen, ib. p. 690 von Modularkorrespondenzen [II B 4 a; c].

30) Gi. di mat. 17 (1879), p. 69 ($f_2(x \mid y)$ s. Anm. 218, 237). — *C. le Paige* behandelt die multilinearen Formen bei unabh. S systematisch, s. Anm. 195 und bez. der Seminvarianten [Nr. **23**] Belg. Bull. (3) 2 (1881), p. 40.

31) Leipz. Ber. 1886, p. 137; „Study" p. 1.

32) Festschrift, Berlin 1881 = J. f. Math. 92, p. 1.

33) „Vorl. über endl. kont. Transf.gruppen", v. *S. Lie* und *F. Engel*, Leipzig

(x), (y), $\cdots$ von Urformen $F^{(i)}(x; y; \cdots \mid a^{(i)})$ einer gewissen „Gruppe" G von S, so induzieren die S eine holoedrisch isomorphe Gruppe G' von S' der $a^{(i)}$: der Zusammenhang zwischen G und G' stellt sich symbolisch am einfachsten dar (Nr. 12). Eine analytische und in den $a^{(i)}$ je homogene Funktion, die G' gegenüber unveränderlich ist, ist eine „absolute" Invariante der F. Ist G die allgemeine projektive Gruppe, und sind auch die a allgemein, so sind die rationalen absoluten J von G' die *Aronhold*'schen Brüche φ. Die relativen J erscheinen als absolute, wenn man G durch die Untergruppe vom Modul 1 ersetzt.

E. B. Christoffel[34]) und *L. Maurer*[35]) haben Gruppen G von rationalen Substitutionen berücksichtigt, während die G' projektiv bleiben; die charakteristische Gestalt der Differentialgleichungen für die J bleibt erhalten. Die „Seminvarianten" (Nr. 23) i. e. „Leitglieder"[36]) der Komitanten sind Invarianten einer gewissen Untergruppe von G'.

Unter den ganz-rationalen Invarianten gegebener Urformen ragen hervor die „Grundformen" (Nr. 6) und die „assoziierten Formen" (Nr. 7), aus denen sich alle übrigen ganz-rational resp. rational ableiten lassen.

3. Äquivalenz von quadratischen und bilinearen Formen und Formenscharen. Als Ausgang dient das wegen seiner Anwendungen auf Mechanik und Geometrie vielfach behandelte Problem, eine (allgemeine) $F_2(x_1, \cdots x_n) = \sum a_{ik} x_i x_k = a_x^2 \, (\mid a_{ik} \mid = D(F) \neq 0)$ durch eine S der x auf eine Summe (Aggregat) von (n) Quadraten

$$y_1^2 + \cdots + y_k^2 - y_{k+1}^2 - \cdots - y_n^2$$

zu bringen[37]). Für ein und dieselbe F_2 ist nach *Sylvester* die Anzahl

<hr>

1893; eingehender: „Vorl. über endl. kont. Transf.gruppen mit geom. Anwendungen", von *S. Lie* und *G. Scheffers*, Leipzig 1893, Kap. 23.

34) Math. Ann. 19 (1881), p. 280.

35) Münch. Ber. 1888, p. 103; J. f. Math. 107 (1890), p. 89; Münch. Ber. 1894, p. 297.

36) *Cayley*, I. Mem. $=$ Pap. 2, p. 221.

37) *J. L. Lagrange*, Misc. Taur. 1 (1759), p. 18 $=$ Oeuvr. 1, p. 3, bes. p. 7 $[F_2(dx_1, dx_2, dx_3)]$; Mécan. anal., Paris 1788 (deutsch v. *H. Servus*, Berlin 1887), 1, III [II A 2, Nr. 18, Anm. 126]. *K. F. Gauss*, Disq. ar. art. 271; Comm. Gott. 5, § 31 $=$ Werke 4, p. 29 bes. p. 37; Theoria motus, Hamburg 1801. *G. Boole*, Cambr. math. J. 2 (1840), p. 64. *J. Plücker*, J. f. Math. 24 (1842), p. 283 $=$ Ges. Abh. 1, p. 399. *O. Hesse*, J. f. Math. 57 (1860), p. 175 $=$ Werke p. 489; *Hesse*, Anal. Raumgeom., Leipzig 1861, 1869, 1876 (3. Aufl. mit Zusätzen von *S. Gundelfinger*). Bes. eingehend bei *S. Gundelfinger* (nach *Plücker*) J. f. Math. 91 (1881), p. 221. Die kanonischen Koeff. in Det.form bei *J. Studnička*, Prag. Ber. 1888, p. 256. Kriterien der Darstellbarkeit von F als Summe von $m \, (<n)$ Quadraten: *Benoît*, Par. C. R. 101 (1885), p. 869; Nouv. Ann. (3) 5 (1886), p. 30; *de Presle*, Par. Soc. math. Bull.

k konstant („Trägheitsgesetz[38]") der F_2"). Insbesondere hat man eine Quadratsumme $x_1^2 + x_2^2 + \cdots + x_n^2$ durch „orthogonale"[39]) S in sich („automorph"[40])) transformiert.

Cayley[41]) stellt die Koeffizienten einer (eigentlichen) orthogonalen S rational durch $\frac{n(n-1)}{2}$ unabhängige Parameter λ_{ik}, die Elemente einer „halb- oder schiefsymmetrischen" Determinante $(\lambda_{ik} + \lambda_{ki} = 0)$ dar (I A 2, Nr. 28). *Ch. Hermite* erweitert das Verfahren auf die automorphe Transformation einer allgemeinen C_2,[42]) sodann einer allge-

---

14 (1886), p. 98. *D. André*, ib. 15 (1887), p. 188. *J. Valyi*, Arch. f. Math. (2) 6 (1888), p. 445. Im übrigen vgl. *R. Baltzer*, Determinanten, 5. Aufl., Leipzig 1881, sowie I C 2. — Für $k = 0$ (oder n) heisst nach *Gauss* (l. c.) die F_2 definit, sonst indefinit (Kriterium: II A 2, Nr. 23). — Wegen der arithmetischen Äquivalenzmethoden sei bez. der ganzen Nr. auf I C 2, auf *P. Bachmann*, Die Arithmetik der quadratischen Formen, 1, Leipzig 1898, sowie auf „Muth" verwiesen.

38) *J. J. Sylvester*, Phil. Mag. (4) 4 (1852), bes. p. 104; Lond. Tr. 143 (1853) bes. p. 481, 484. Nach *C. W. Borchardt* (J. f. Math. 53 [1857], p. 281 = Werke p. 469) schon 1847 im Besitze von *K. G. J. Jacobi* vgl. *J.* (Nachlass) ib. p. 275 = Werke 3, p. 591; *Ch. Hermite*, ib. p. 271; *Brioschi*, Nouv. Ann. 15 (1856), p. 264; *de Presle*, Par. Soc. math. Bull. 15 (1857), p. 179. Geom. Deutung u. arithm. Beweis bei *E. Netto*, J. f. Math. 110 (1892), p. 184. — Auf Grund des Gesetzes haben *Hermite*, Par. C. R. 1853, p. 294; J. f. Math. 52 (1856), p. 39 bes. p. 43, *Jacobi* (l. c.) und *Sylvester*, Lond. Trans. 143 (1853), p. 407 bes. p. 484 mittels der „Bezoutiante" (I B 3 a, Nr. 8) die Zahl der reellen Wurzeln einer algebr. Gleichung zwischen geg. Grenzen ermittelt. Vgl. noch *K. Hattendorff*, Die Sturm'schen Funktionen, Gött. 1862; *L. Kronecker*, Berl. Ber. 1873, p. 117 = Werke 1, p. 303; *Weber*, 1 Abschn. 5, 6, 7, und bes. die historische Darstellung bei *M. Noether*, Math. Ann. 50 (1898), p. 139. — Wes. mit Hülfe des Trägheitsgesetzes hat *K. Hensel* die $F_2(x_1, x_2, \ldots, x_n = 1)$ in reelle Typen eingeteilt, J. f. Math. 113 1894), p. 113.

39) *L. Euler*, Petr. Nov. Comm. 15 (1770) = (Comm. Arithm. Coll. 1, p. 427), bes. p. 75, 101 ($n = 3$, ohne Beweis für $n = 4$); *A. Cauchy*, Exerc. de math. Paris 1829, bes. p. 140; *Jacobi*, J. f. Math. 12 (1834), p. 7 = Werke 3, p. 199, Werke (Nachlass) 3, p. 599; *O. Hesse* ($n = 4$), J. f. Math. 45 (1853), p. 93 = Werke, p. 307; ib. 99, p. 110 (Nachlass) = Werke p. 663. Vgl. weiter Anm. 41 und I B 1 c, Nr. 22. Der Fall $k > 0$ kommt auf $k = 0$ zurück.

40) Der Ausdruck von *A. Cayley*, Lond. Tr. 148 (1858), p. 69 = Papers 2, p. 497.

41) J. f. Math. 32 (1846), p. 119 = Papers 1, p. 332. Für $n = 3$ schon im wes. bei *Euler* (Anm. 39), bei *O. Rodrigues*, J. de math. 5 (1840), p. 380 bes. p. 405. *C.'s* Darstellung versagt, wenn — 1 eine Wurzel der char. Gleichung ist; vgl. die Ergänzungen bei *J. Rosanes*, J. f. Math. 80 (1875), p. 52; *G. Frobenius*, ib. 84 (1878), p. 1 (Grenzprozess); *L. Kronecker*, Berl. Ber. 1890, p. 525, 602, 691, 873, 1063, 1375; 1891, p. 9, 33; *H. Taber*, Chic. Congr. 1896, p. 895, s. noch Anm. 70. Das Analoge gilt von Anm. 42, 43.

42) J. f. Math. 47 (1853), p. 307. Eine Weiterführung und Ergänzung bei *P. Bachmann*, ib. 76 (1873), p. 331 und *J. Tannery*, Bull. sci. math. 11 (1876),

meinen F_2,[43]) durch Vermittelung der $\dfrac{x_i + y_i}{2}$, wenn $F_2(x) \equiv F_2(y)$.

A. Cayley[44]) stellt *Hermite's* Ergebnis in „Matrices[45])-Gestalt" dar; die fragliche S ist $D^{-1}(D - Y)(D + Y)^{-1}D$, wenn D die Matrix der a_{ik}, Y eine willkürliche schiefsymmetrische Matrix ist. *Cayley*[46]) überträgt auch schon das Ergebnis auf eine allgemeine $F_{1,1}(x_1 \ldots x_n;$ $y_1 \ldots y_n \,|\, a_{ik})$ bei unabhängigen S der x und y, und charakterisiert die Stellung der symmetrischen $(a_{ik} = a_{ki})$ und alternierenden $(a_{ik} = - a_{ki})$ $F_{1,1}$.

Die Transformation der ϑ-Funktionen (II B 7) führte auf die Aufgabe, eine $F_{1,1}$ auf die „normale" Gestalt einer gewissen Summe von Produkten zu bringen. Falls $D(F) = |\,a_{ik}\,| \neq 0$, zeigt *L. Kronecker*[47]) mittels der „beigeordneten" Form, dass die Lösung einer „Resolvente" n. Ordnung (I B 3 c, d, Nr. **10**) ausreicht, und erledigt damit auch die „automorphe" Transformation von F für identische („kongruente") S der x und y. *L. Christoffel*[48]) führt den Beweis mit *Aronhold's* Methoden (Nr. **18**) und zeigt, dass die Zahl der in den Koeffizienten von S enthaltenen Parameter gleich der der absoluten Invarianten von F ist.

A. Cauchy und *K. G. J. Jacobi* haben[49]) simultan zwei (allgemeine) F_2: a_x^2, b_x^2 (speziell *eine* F_2 durch orthogonale S) in Aggregate von Quadraten übergeführt. Die Lösung hängt von der „charakteristischen" Gleichung (*Cauchy*) $|\,a_{ik} + \lambda b_{ik}\,| = 0$ ab. Bei *Boole*[50]) ordnet sich die

------

p. 221; vgl. das Grenzverfahren von *Hermite*, ib. 83 (1877), p. 325. Eine allgemeingültige Ableitung giebt (vermöge einer Normalform der C_2) zuerst *G. Cantor*, Hab.schr. Halle 1869, s. das Buch von *Bachmann* l. c. — Die Cayley'sche Darstellung hat *F. Prym*, Gött. Abh. 38 (1892) auf die involutorischen S ausgedehnt, vgl. *A. Cornely*, Diss. Würzburg 1892.

43) Cambr. Dubl. math. J. 9 (1854), p. 63. *Cayley* wendet die Methode auf der F_2 ($n = 4$) umschriebene Polygone an, Phil. mag. 96 (1853), p. 326 = Pap. 2, p. 105; ib. 4 (7) (1854), p. 208 = Pap. 2, p. 133; cf. *A. Voss*, Math. Ann. 25 (1885), p. 39; 26 (1885), p. 231; *R. Sturm*, ib. 26 (1886), p. 465 [III C 4].

44) *Cayley*, J. f. Math. 50 (1855), p. 288, 299 = Pap. 2, p. 192, 202.

45) *Cayley*, Lond. Tr. 148 (1858), p. 17 = Pap. 2, p. 475.

46) Lond. Tr. 148 (1858), p. 39 = Pap. 2, p. 497. Einfacher bei *Th. Muir*, Am. J. 20 (1898), p. 215.

47) Berl. Ber. 1866, p. 597 = J. f. Math. 68, p. 273 = Werke 1, p. 143.

48) J. f. Math. 68 (1867), p. 253. Vgl. *Clebsch-Gordan*, Abel'sche Funktionen, Leipzig 1866, Abschn. 12. Die absol. Inv. einer $F_{11}(x; u)$ schon bei *C. W. Borchardt*, J. f. Math. 30 (1846), p. 38 = Werke p. 3.

49) *A. Cauchy*, Exerc. de math. 1829, 4, bes. p. 140; *Jacobi*, J. f. Math. 12, p. 1 = Werke 3, p. 191; *Brioschi*, Ann. di mat. 1 (1868), p. 158.

50) *G. Boole*, Cambr. Dubl. math. J. 3 (1841), p. 1, 106.

Aufgabe der simultanen Transformation von zwei F_n unter, *Cayley*[51]) vereinfacht seine Methode.

K. Weierstrass[52]) untersucht die Änderungen, die die *Cauchy-Jacoby*'schen Formeln für die Reduktion zweier F_2 auf Quadratsummen erleiden, wenn die Wurzeln von $|a_{ik} + \lambda b_{ik}| = 0$ nicht mehr alle ungleich sind, insbesondere für reelle S reeller F.

Weierstrass[53]) begründet das Kriterium für die Äquivalenz zweier

---

51) *Cayley*, Cambr. Dubl. math. J. 4 (1849), p. 47 = Pap. 1, p. 428; Quart. J. 2 (1858), p. 192 = Pap. 3, p. 129.

52) Berl. Ber. 1858, p. 207 = Werke 1, p. 233. W. präzisiert hier den Begriff des „allgemeinen" Falles. Dazu die Erweiterungen von *E. B. Christoffel*, J. f. Math. 63 (1864), p. 255.

53) Berl. Ber. 1868, p. 310 = Werke 2, p. 19 (mit Zusätzen). Über eine „Lücke" im Beweise und deren allmähliche arithmetisch-algebraische Ausfüllung durch *Stickelberger, Frobenius* u. A. s. „Muth", Einleitung. [Die Elementarteiler und ihre Invarianz im wes. schon bei *Sylvester*, Phil. Mag. (4) 1 (1851), p. 119, 295, 415, vgl. die historische Darstellung bei *M. Noether*, Math. Ann. 50 (1898), p. 137. Die Theorie bei *S. Gundelfinger*, in *Hesse*'s Raumgeom. 3. Aufl. 1876; *L. Sauvage*, Ann. éc. norm. (3) 8 (1891), p. 285; 10 (1893), p. 9; „Muth"; Verallgemeinerungen bei *H. Hensel*, J. f. Math. 115 (1895), p. 254; 117 (1897), p. 129, 333, 346.] Vgl. die geometrischen Anwendungen bei *F. Klein*, Diss. Bonn, 1868 = Math. Ann. 23, p. 539 auf die Einteilung der Linienkomplexe 2. Ordg. bei *W. Killing* auf den Schnitt von $2F_2$, Diss. Berlin 1872 (s. auch *Sylvester* l. c. und Cambr. Dubl. math. J. 5 [1850], p. 262). — Bez. modifizierter Darstellungen des Äquivalenzkriteriums vgl. *L. Stickelberger*, Diss. Berlin 1874; J. f. Math. 86 (1879), p. 20; *L. Maurer*, Diss. Strassburg 1887; *Ed. Weyr*, Böhm. Ges. d. W. 1889, Jubelb.; Auszug in Monatsh. f. Math. 1 (1890), p. 163 (mittels der Matrices); *B. Calò*, Ann. di mat. (2) 23 (1895), p. 159 (rational durch Det.-Umformungen); *G. Landsberg*, J. f. Math. 116 (1896), p. 331 (rat. Überführung der Scharen in ein. mittels *Kronecker*'s Fundamentalsysteme [I B 1 c, Nr. 6]. — Nach *Frobenius* ist eine Schar von $F_{1,1}$ noch durch eine S mit $\geq n$ arbiträren Parametern in sich überführbar, Zürich. Nat. G. 41 (1896), p. 20. Äquivalenz von ∞^λ Scharen bei *S. Cantor*, Münch. Ber. 27 (1897), p. 367. Alternierende Scharen bei kongruenten S: *E. v. Weber*, Münch. Ber. 28 (1898), p. 469. „Ähnliche" $F_{1,1}$: *G. Sforza*, Giorn. di mat. 32 (1894), p. 293; 33 (1895), p. 80; 34 (1896), p. 252. Eine spezifische Äquivalenz beim Hauptaxenproblem der C_2: *S. Gundelfinger*, Anal. Geom. der C_2, hrsg. von *F. Dingeldey*, Leipzig 1895, Abschn. 1, §§ 8—10, danach ausführlicher *Ph. Brückel*, J. f. Math. 119 (1898), p. 210, 313. Die Äquivalenz zweier F_{11} mit ihren „reziproken" bei *C. Segre*, Giorn. di mat. 22 (1884), p. 29; die zweier f_4 bei *Frobenius*, J. f. Math. 106 (1890), p. 125; *Klein-Fricke*, Modulfunktionen, Leipzig 1890, § 4; die zweier $f_2(x; y)$ bei *Frobenius* l. c. *Study* untersucht den Zusammenhang der F_{11} mit den rekurrierenden Reihen, Monatsh. f. Math. 2 (1891), p. 1. — Die Äquivalenz einer F_{11} ($n = 3$) für konjugierte Koeffizienten und Variable studieren *H. Poincaré*, Par. C. R. 98 (1884), p. 344; *É. Picard*, ib. p. 416; allgemein *A. Loewy*, Nova Acta Leop. 71 (1898), p. 1 (Auszug in Math. Ann. 50, p. 557). — Anwendungen der Äquivalenz

Scharen $F_2 + \lambda G_2$, $F_2' + \lambda G_2'$: „dass deren Determinanten D, D' in ihren Elementarteilern (I C 2) ε, ε' übereinstimmen müssen". Dabei geben die ε an, ob und wie oft ein mehrfacher Teiler von D in allen Minoren $(n-1)^{\text{ten}}$, $(n-2)^{\text{ten}} \ldots$ Grades aufgeht. Die Koeffizienten von $|a_{ik} + \lambda b_{ik}| = 0$ sind rationale[54]), die ε irrationale Invarianten der Schar $F_2 + \lambda G_2$.

Behufs Entscheidung über die Äquivalenz von zwei gegebenen Scharen reduziert sie *Weierstrass* auf sachgemässe kanonische[55]) Gestalten, deren Variabeln von den ε resp. ε' abhängen. Sollen die ε, ε' existieren, darf D resp. D' nicht (in λ) $= 0$ sein. *L. Kronecker*[56]) erledigt auch diesen Fall durch geeignete Teilung der Variabeln in zwei Gruppen. Für Scharen, die wenigstens eine „definite" Form (d. i. von konstantem Vorzeichen [I C 2]) enthalten, führt *Kronecker* die Reduktion direkt durch, und leitet erst daraus die Äquivalenzeigenschaft der ε, ε' ab. Die ε ersetzt *Kronecker*, für F_2, wie für $F_{1,1}$, durch rationale Invarianten, die grössten gemeinsamen Teiler τ_i aller Minoren von $D(F_2 + \lambda G_2)$ je derselben Ordnung i.

Die Gleichheit der τ_i und τ_i'[57]) reicht nicht immer als Äquivalenzkriterium hin; ein solches leisten aber stets die „elementaren" Scharen,

----

auf „Schwingungen" finden sich bei *F. Pockels*, Über die part. Diffgl. $\Delta u + k^2 u = 0$, Leipzig 1891, p. 44; *E. B. Christoffel*, J. f. Math. 63 (1864), p. 273; *Weierstrass* l. c. *E. J. Routh*, Dynamics ... 5. ed., London 1891, Part. VII (deutsch v. *A. Schepp*, Leipzig 1898). — Diesen Anwendungen auf Schwingungen entsprechen rein mathematisch solche auf lineare Differentialgleichungen, vgl. dazu noch *Weierstrass* (Berl. Ber. 1875 = Werke 2, p. 75), sowie *L. Heffter*'s „Lineare Differentialgleichungen", Leipzig 1894, Kap. 9 [II B 3 c].

54) *Weierstrass*, 1868 l. c.; vgl. *J. Rosanes*, J. f. Math. 80 (1875), bes. p. 54. Für $G_2 \equiv \sum x^2$ schon bei *L. Fuchs*, J. f. Math. 66 (1866), bes. p. 132; *Christoffel*, ib. 68 (1867), bes. p. 270; *M. Hamburger*, ib. 76 (1873), bes. p. 115; *F. Siacci*, Ann. di mat. (2) 4 (1873), p. 296.

55) Über den Begriff des Kanonischen vgl. *Kronecker*, Berl. Ber. 1874, p. 72. — *W.* gelangt dazu, für beliebiges n F_2-Scharen hinzuschreiben, deren D vorgeschriebene ε haben.

56) Berl. Ber. 1868, p. 339 = Werke 1, p. 163. *Kronecker* folgend bringt *A. Kneser* ausnahmslos eine F_2 durch orthog. S auf eine Quadratsumme: Arch. f. Math. (2) 15 (1897), p. 225. — Wegen der Reduktion einer $F_{1,1}$ durch biorthogonale S s. *E. Beltrami*, Gi. di mat. 11 (1873), p. 89; *E. Cosserat*, Toul. Ann. 3 (1889), p. 1; *Sylvester*, Par. C. R. 108 (1889), p. 651; Mess. (2) 19, p. 1,42.

57) Berl. Ber. 1874, p. 59, 149, 206 = Werke 1, p. 349. Weitere Ausführung ib. 1890, p. 1225, 1375; 1891, p. 9, 33. Einfacher mittels Partialbruchzerlegung bei *Frobenius*, Berl. Ber. 1896, p. 7; hier deckt *F.* auch den inneren Grund des Weierstrass-Kronecker'schen Satzes auf, dass 2 äquivalente F_2-Scharen auch kongruent sind.

für die $D = 0$ oder die Potenz einer Linearform ist. Eine Schar von $F_{1,1}$ ist stets, und im wesentlichen nur auf eine Art, als Aggregat von elementaren darstellbar; diese, nebst ihrer Anzahl, sind die „wahren"[58]) Invarianten der Äquivalenz.

Kronecker bedarf dabei der Ausdehnung der von ihm (s. oben) für besondere Scharen gegebenen Reduktion auf beliebige, indem jetzt ganze Gruppen[59]) von Variabeln zugleich entfernt und durch „kanonische" ersetzt werden. Bei geeigneter Anordnung bleibt die *Weierstrass*'sche Reduktion selbst für $D = 0$ gültig[60]). *Kronecker* nimmt nunmehr die automorphe Transformation einer $F_{1,1}$ bei identischen S (vgl. oben) wieder auf[61]). Für $D = 0$ hängt $F_{1,1}$ von einer geringeren Zahl von Variabeln ab und kann als Form mit $D \neq 0$ geschrieben werden. Es ordnen sich die kanonischen Gestalten der $F_{1,1}$ unter vier „reduzierte" Typen[62]) ein. Wie oben, wird mit rationalen, „arithmetischen" Invarianten operiert[63]). Die arithmetische und formentheoretische Behandlung hat *H. Rosenow*[64]) für eine $F_{1,1} (x_1, x_2, x_3; y_1, y_2, y_3)$ gegenübergestellt. — Die *Weierstrass-Kronecker*'schen Sätze von 1868 leitet *G. Darboux*[65]) auf der Grundlage der geränderten Schardeterminanten $D, D_1, D_2, \ldots$ ab, die sich analog verhalten, wie die *Sturm*'schen Funktionen (I B 3 a, Nr. 5); die Formenschar wird als Quotient $D_{i+1} | D_i$ dargestellt und durch Partialbruchzerlegung auf die kanonische Gestalt gebracht.

Umgekehrt hat man nach der Untergruppe Γ von S gefragt, die überhaupt irgend eine F_2 resp. $F_{1,1}$ automorph transformiert; die Formen werden nachträglich ermittelt.

Die „Fundamentalgleichung"[66]) einer solchen S: $|\sigma_{11} - \varrho,\ \sigma_{12}, \cdots| = 0$

---

58) l. c. (1874), p. 60.

59) Vgl. die (für *J.* erfolglose) Polemik zwischen *Jordan* und *Kronecker*: *J.* in Par. C R. 77 (1873), p. 1487, *Kr.* ib p. 71; *J.* (1874) in J. de math. (2) 19, p. 35; Par. C. R. 78 (1874), p. 614, 1763; J. de math. (2) 19, p. 397 (korrekt); *Kr.* 1874, l. c., p. 206.

60) Die Methode von *Jacobi* (J. f. Math. 53, p. 265 = Werke 3, p. 585) galt nur für symm. u. altern. $F_{1,1}$.

61) Berl. Ber. 1874, p. 397 = Werke 1, p. 421.

62) l. c. p. 430.

63) Vgl. die unter Anm. 59 citierten Ergänzungen von *Kr.* 1890, 1891.

64) J. f. Math 108 (1890), p 1; Progr. Berlin. 4. höh. Bürgersch. 1891, 1892.

65) J de math (2) 19, p. 347. Für $n = 3$ vereinfacht bei *H. Vogt*, Nouv. Ann. (3) 15 (1896), p. 441.

66) *Kronecker*, J. f. Math. 68 (1866), bes. p. 276 = Werke 1, p. 143; *E. B. Christoffel*, ib. 68 (1867), p. 253. Für orthog. S schon bei *F. Brioschi*, Ann. sc. mat. fis. 5 (1854), p. 201; *L. Schläfli*, J. f. Math. 65 (1866), p. 185.

ist nach *Kronecker*[67]) „reziprok". *J. Rosanes*[67]) zeigt, dass zu jeder reziproken Fundamentalgleichung im allgemeinen eine S und damit eine F_2 gehört.

In diesem Sinne hat *G. Frobenius*[68]) die Γ der F_2, und darüber hinaus der „symmetrischen" und „alternierenden" $F_{1,1}$, mit allen Ausnahmen untersucht. Die a_{ik} repräsentieren[69]) eine S einer Variabelnreihe; die Transformationen einer $F_{1,1}$ erscheinen so als „Multiplikationen" von S; der Algorithmus beherrscht auch gewisse Multiplikationen von höheren komplexen Zahlen[70]) (I A 4, Nr. 10). Solange $D \gtreqqless 0$, befolgen die ε der „charakteristischen Funktion" ein einfaches Gesetz; bei $D = 0$ hat die Funktion einer Teilbarkeitsbedingung zu genügen. Die *Cayley-Hermite*'schen Formeln (s. oben) werden durch ein theoretisches Grenzverfahren auf die Ausnahmefälle ausgedehnt[71]). — Von *Frobenius*[72]) rührt auch ein formentheoretisches Kriterium des „*Pfaff*schen Problems" (II A 5) her, i. e. der Äquivalenz von zwei n-gliedrigen linearen Differentialformen bei allgemeinen Punkttransformationen. *L. Stickelberger*[73]) untersucht die Γ der eine definite F_2 invariant

---

67) J. f. Math. 80 (1875), p. 52. *R.* bringt die bez. S auf die „antisymmetrische" Gestalt: $\sum \sigma_{ik} x_i = \varepsilon \sum \sigma_{ki} x_k \; (\varepsilon = \pm 1)$.

68) J. f. Math. 85 (1877), p. 1. Vgl. dazu noch: ib. 86 (1879), p. 44, 146; 88 (1880), p. 96. Die autom. Transf. der F_2 ($n = 4$) hat *F. Lindemann* [Vorl. über Geom. von *A. Clebsch*, Leipzig 1891, Abschn. II, 17] durch lineare Zuordnung eines linearen Komplexes incl. der Ausnahmen durchgeführt; *A. Loewy* danach (im Umriss) für n Var.: Nova Acta Leop. 65 (1895), p. 1, mit Anwendungen auf Linien- u. Kugelgeometrie. *A. Voss* legt den algebraischen Kern des Verfahrens bloss Münch. Ber. 26 (1896), p. 1, 211; *Lindemann,* ib. p. 31 geht auf die Ausnahmefälle ein, und führt die verschiedenen Äqu.bedingungen in ein. über.

69) Vgl. *Cayley*, Anm. 45.

70) Vgl. darüber *R. Lipschitz*, „Untersuchungen über die Summe von Quadraten", Bonn 1886; J. de math. (1) 2 (1886), p. 373; Berl. Ber. 1890, p. 485; *Kronecker* s. Anm. 41; *E. Study*, Chicago Congr. Pap. 1896 (1893), p. 367, wo weitere Litteratur, und vor allem noch *A. Hurwitz*, Gött. Nachr. 1896, p. 314; *E. Cartan*, Toul. Ann. 12 B (1898), p. 1 [I A 4, Nr. 14]. Die komplexen Zahlsysteme formentheor. bei *Cyp. Stéphanos*, Athen, Jubil.-Band, 1888.

71) Wie das Grenzverfahren bei den orthog. S zu umgehen sei, hat *H. Taber* eingehend verfolgt Lond. M. S. Proc. 24 (1893), p. 290; 26 (1895), p. 364; N. Y. B. 3 (1894), p. 251; Math. Ann. 46 (1895), p. 561; Am. Ac. P. 31 (1896), p. 181, 336; Chic. Congr. P. 1896 (1893), p. 395. *T.* stützt sich dabei auf einen Satz von *Sylvester* (Par. C. R. 94 [1882], p. 55), und teilt die orth. S in 2 Klassen, je nachdem sie durch Wiederholung einer infin. orth. S erzeugbar sind oder nicht, vgl. Anm. 77.

72) J. f. Math. 82 (1877), p. 230; *R. Forsyth*, Diff. equations 1, Cambridge 1890, Chap. 11 (deutsch v. *H. Maser*, Leipzig 1892); *G. Morera*, Tor. A. 18 (1883), p. 383. Für $n = 2$ schon bei *Christoffel*, J. f. Math. 70 (1870), p. 46, 241.

73) Progr. Zürich Polyt. 1877, p. 1. Die einfachen ε verwendet implicite schon *Cauchy* l. c. (1829).

lassenden S, die auf eine trigonometrische Normalform gebracht werden; die charakteristische Funktion hat nur einfache ε.

Die Methode von *Frobenius* hat *A. Voss*[74]) auf beliebige $F_{1,1}$ ausgedehnt, so, dass die Hülfsprozesse *rational* durchführbar werden. Das System der in den a_{ik} quadratischen Transformationsrelationen lässt sich durch ein lineares ersetzen; die symmetrischen und alternierenden $F_{1,1}$ sind dabei ausgezeichnet. Löst eine S das Problem, so hat man nur noch alle mit S „vertauschbaren" Substitutionen $T(ST{=}TS)$ zu suchen[75]). Die Endformeln werden den *Cayley-Hermite'*schen analog.

Auch *C. Jordan*[76]) überträgt die durch die ε bedingte Einteilung der F_2 in kanonische Klassen und Unterklassen auf die S selbst.

Der Charakter der Gruppe der eine $F_{1,1}$ invariant lassenden S, sowie von deren Untergruppen, ist noch wenig[77]) für die Äquivalenz nutzbar gemacht. In *S. Lie*'s Theorie der kontinuierlichen Transformationsgruppen (II A 6) ist die dreigliedrige Gruppe Γ von Bedeutung, die eine $F_2(x_1, x_2, x_3)$ invariant lässt. Die Transformationsgruppen zerfallen[78]) in „integrable" und „nicht integrable", je nachdem in ihnen Γ als Untergruppe enthalten ist oder nicht[79]).

4. Äquivalenz von Formen höherer als der zweiten Ordnung. *G. Boole*[80]) erweitert die orthogonale Transformation der F_2 (Nr. **1, 3**),

---

74) Math. Ann. 13 (1878), p. 320; Gött. Nachr. 1887, p. 425; Münch. Abh. 17 (1890), p. 3. [Insbes. die „konjugierten" S: Münch. Ber. 19 (1889), p. 175; 26 (1896), p. 273; *A. Loewy* ibid. 26 (1896), p. 25.] Wegen gewisser „singulärer" Fälle vgl. *Frobenius*, J. f. Math. 84 (1870), p. 1; *Kronecker*, Berl. Ber. 1890, p. 525. 602. 692. 873. 1063; *A. Loewy*, Math. Ann. 48 (1876), p. 97; 49 (1897), p. 448 [I B 1 c, Nr. **22**].

75) Auf anderem Wege bei *Voss*, Münch. Ber. 19 (1889), p. 283.

76) J. de math. (4) 4 (1888), p. 349.

77) *S. Lie*, Christ. Abh. 1885; *H. Werner*, Math. Ann. 35 (1889), p. 113; *W. Killing*, ib. 36 (1890), p. 239. *F. Engel* hat betont, dass nicht jede S der, eine gewisse F_2 invariant lassenden proj. Gruppe, durch Wiederholung der infin. S der Gruppe erzeugbar ist, Leipz. Ber. 44 (1892), p. 279; 45 (1893) [mit *E. Study*] p. 659 [Nr. **6**, Anm. 145, Schluss]. Für $F_2 = \sum x^2$ bei *Taber* s. Anm. 71.

78) *S. Lie*, Norw. Arch. 3 (1874), p. 112; *F. Engel*, Leipz. Ber. 1887, p. 95; *W. Killing*, Math. Ann. 36 (1890), p. 161.

79) Geometrisches über bil. resp. tril. Formen noch bei *M. Pasch*, Math. Ann. 38 (1891), p. 24; *P. Muth*, ib. 40 (1892), p. 89; 42 (1893), p. 257; *A. del Ré*, Rom. Linc. R. (4) 6 (1890), p. 237; 7 (1891), p. 88; *Battaglini* (s. Monographien) [III C 9]. — Die $f_{1,1}$ eingehend, mit Anwendungen auf die Drehungen des Raumes um einen festen Punkt, bei *Cyp. Stéphanos*, Math. Ann. 25 (1883), p. 299. — Von besonderem Interesse sind die Untersuchungen von *Rosanes* über „abhängige Punktsysteme", J. f. Math. 88 (1880), p. 241; 90 (1881), p. 303; 95 (1883), p. 247; 100 (1887), p. 311.

80) Vgl. Anm. 9.

indem er frägt, wann zwei Formenpaare F_n, G_n; F_n', G_n' äquivalent
sind. Einmalige totale Differentiation der Äquivalenzen liefert die
Bedingung, dass die gleich Null gesetzten Diskriminanten von $F + \lambda G$,
$F' + \lambda G'$ zu den nämlichen Gleichungen in λ führen (Nr. **25**).
Hierauf wird der Fall von mehr als zwei Urformen, auch ungleicher
Ordnung, zurückgeführt. *S. Aronhold* [81]) macht das „Äquivalenzproblem"
erst für C_3, dann überhaupt für zwei allgemeine [82]) Formen $F_p(x \mid a)$,
$F_p'(x' \mid a')$ zum Kern der ganzen Theorie. Eine Abzählung ergiebt,
dass, abgesehen von $p = 2$; $p = 3$, $n = 2$ Transformierbarkeits-
bedingungen existieren; sie lassen sich im Verlauf der Elimination
der S-Koeffizienten σ so anordnen, dass ihre rechten Seiten von den σ
unabhängig werden. Das führt zu n^2 Differentialgleichungen [83])
(Nr. **13, 18**), die wiederum so umgestaltet werden, dass die σ in
ihnen nicht mehr auftreten. Daraus lässt sich rückwärts schliessen,
dass die Bedingungen als Gleichheiten von Brüchen $\varphi(a) = \varphi(a')$
(Nr. **2**) geschrieben werden können, wo die φ die rationalen Lösungen
der n^2 Differentialgleichungen sind, aus deren linearer Unabhängigkeit [84]) auch entnommen wird, wieviel unter den φ rational unabhängig sind.

Der „Aronhold'sche Prozess" $\sum b_i \frac{\partial}{\partial a_i}$ (Nr. **2, 13**) erlaubt die
Ausdehnung auf eine Reihe von Urformen F und führt zu den Zu-
sammenhängen zwischen den Arten von Komitanten. Das Operieren
mit den Differentialprozessen wird durchsichtiger, wenn man die F
symbolisch (Nr. **12**) als volle Potenzen von Linearformen ansetzt.

Wenn F_p, G_p auf die nämliche „typische" Gestalt (Nr. **7**) gebracht werden können, so existiert auch eine S, die F in G überführt. Daraus leitet *Clebsch* [85]) als Kriterium für die Äquivalenz von
zwei f_p her, dass ausser gleichen absoluten Invarianten ein paar über-

---

81) J. f. Math. 62 (1863), p. 281; für C_3 schon ib. 55 (1858), p. 97.

82) l. c. 1855, bes. p. 160. Modifikationen für nicht allgemeine F_n bei
W. Veltmann, Zeitschr. f. Math. 22 (1877), p. 277; ib. 34 (1889), p. 321.

83) Umg. geht *L. Maurer* von den Differentialgleichungen aus: Münch.
Ber. 18 (1888), p. 103; 24 (1894), p. 297; 29 (1899), p. 147.

84) Einfachere Beweise bei *Aronhold*, J. f. Math. 69 (1868), p. 185; *Christoffel,*
Math. Ann. 19 (1881), p. 280. Höhere Abhängigkeiten zwischen den Differentialgleichungen bei „Study" p. 167.

85) Math. Ann. 2 (1870), p. 373; Beispiele (f_5, f_6) bei *Clebsch-Gordan*, Ann.
di mat. (2) 1 (1867), p. 23. *Cayley* nahm irrtümlicherweise das Gegenteil an,
Math. Ann. 3 (1870), p. 268. Für f_6, deren Ausartung die einer dreifachen
Wurzel nicht erreicht, genügt die Gleichheit der abs. Invarianten: *O. Bolza*,
Math. Ann. 30 (1887), p. 546, ausführlicher in Amer. J. 10 (1887), p. 47.

einstimmender, in x_1, x_2 linearer bezw. quadratischer Kovarianten existiert; die Typik wird dann ermöglicht. *P. Gram*[86]) knüpft an *Aronhold* an. Um bei der Herleitung der Gleichheit der absoluten Invarianten die Differentialgleichungen zu vermeiden, werden, in Anlehnung an *Gauss*[87]), die Resultanten aus den Transformationsrelationen für ein Paar F_p, G_p, dann für ein zweites F_p, H_p aufgestellt, und die Koeffizienten von F eliminiert. Jede Komitante von F wird aus Polarenbildungen bezüglich der σ (Nr. **13**) ganz-rational komponiert; hieraus fliesst als Äquivalenzkriterium ausser der Gleichheit der absoluten Invarianten das identische Verschwinden derselben Kovarianten. Wann aber reicht das erstere hin? Indem *E. B. Christoffel*[88]) *alle* zu einer gegebenen Form F äquivalenten sucht, „normiert" er den Gang der Elimination der σ; die Anzahl der in den Schlussgleichungen verbleibenden σ wird von der Folge der Eliminationen unabhängig. Der Maximalwert dieser Anzahl ist n^2; die Äquivalenz von F_p, G_p hängt dann nur von der Übereinstimmung der n^2 absoluten Invarianten ab. Die ausgeschlossenen Fälle gehören ausgearteten[89]) Grundformen an, deren allgemeine invariantentheoretische Beherrschung noch offen steht (Nr. **6, 11, 15**).

5. Automorphe Formen. Invarianten endlicher Gruppen. Bei der Frage nach den algebraischen Integralen der hypergeometrischen Differentialgleichung $D_2(x, y) = 0$ (II B 4 c) stiess *H. A. Schwarz*[90]) auf automorphe Gleichungen $f_n = 0$. Der Quotient η zweier Partikularlösungen y_1, y_2 genügt einer Differentialgleichung 3. Ordnung: die positive „x-Halbebene" bildet sich konform ab auf ein Kreisbogendreieck Δ auf der Kugel, das durch „symmetrische Wiederholung" über die Seiten hinaus „fortsetzbar" ist. Die Anzahl der Δ ist endlich, wenn η algebraisch von x abhängt, und umgekehrt.

Es giebt für die Typen von Δ eine begrenzte Anzahl; die zu-

---

86) Math. Ann. 7 (1874), p. 230. Vgl. *Gundelfinger* bei „Salmon-Fiedler" (1877), p. 452; „Study" p. 104.

87) Disquis. arithm., Abschn. 5.

88) Math. Ann. 19 (1881), p. 280, vgl. *Study* l. c.

89) Für solche Formen verschwinden alle Invarianten. Welche Rolle diese „Nullformen" für die ganze Theorie spielen, zeigt *Hilbert*, Math. Ann. 42 (1893), p. 313 [Nr. **6**, Schluss].

90) Zürich. Naturf. G. 1871, p. 74; J. f. Math. 75 (1873), p. 292 = Ges. Abh. p. 172, 211 (dort frühere Cit. in Abschn. 6). Vgl. für die ganze Nr. *L. Schlesinger*, Lineare Differentialgleichungen, Leipzig 1895/97; ferner I B 3 f, wo die Frage nach den Normalgleichungen massgebend ist.

gehörigen automorphen f_n[91]) werden nebst der jeweils herrschenden Syzygie entwickelt.

F. Klein[92]) gelangt direkt zu allen automorphen f_n, oder, was auf dasselbe hinauskommt, zu allen endlichen Gruppen binärer S, und führt die formentheoretischen Gesichtspunkte ein.

Die S einer (komplexen) Variabeln x werden vermöge ihrer Deutung auf der „Riemann'schen Kugel"[93]) (II B 1) den nichteuklidischen „Bewegungen"[94]) des Raumes (mit der Kugel als Fundamentalfläche) (III A 1) eindeutig zugeordnet, deren endliche Gruppen G der Anschauung zugänglich sind; bei den endlichen Gruppen bleibt ein Punkt des Kugelinnern fest (s. die Verallg. Anm. 115), den man in den Mittelpunkt der Kugel werfen kann. Exclusive zwei triviale Fälle, sind es die G_{12}, G_{24}, G_{60} der Drehungen, die die regulären Körper (Tetraeder, Oktaeder resp. Würfel, Ikosaeder resp. Dodekaeder) mit sich zur Deckung bringen.

Wendet man die S, etwa der G_{60}, auf zwei Werte x, x' an, so entstehen je 60 Werte als Wurzeln zweier Gleichungen $\pi_{60} = 0$, $\pi'_{60} = 0$; in der Schar $\pi + k\pi'$ befinden sich gerade drei volle Potenzen von Formen f_{12}, h_{20}, t_{30} [wo $h = (f, f)_2$, $t = (f, h)_1$], die nebst einer Invariante i das „volle System" (Nr. 6) von G_{60} bilden. Zwischen f, h, t besteht eine Syzygie.

Die drei Formen f, sc. f_4, f_6, f_{12} sind durch $(f, f)_4 \equiv 0$ nebst Angabe ihrer bez. Ordnung charakterisiert[95]). Die „Ikosaedergleichung"

---

91) Insbes. tritt l. c. p. 330 die „Ikosaederform" in der kanon. Gestalt $s(1 - 11s^5 - s^{10})$ auf.

92) Erlang. Ber. 1874 Juli (unabh. v. *Schw.*), Dez. Die Syzygie erscheint als ein bekannter Satz über Funktionaldet. Ib. 1875 (Juli) die Resolventen der Ikosaedergl. Die zusammenfassende Arbeit in Math. Ann. 9 (1875), p. 183. Modifizierte Darst. (ohne die nicht-euklidischen Bewegungen) bei *G. Fano*, Monatsh. f. Math. 7 (1896), p. 297. Erweiterungen auf höhere Räume bei *O. Biermann*, Wien. Ber. 95 (1887), p. 523; *E. Goursat*, Par. C. R. 106 (1888), p. 1786. Vgl. „Clebsch-Lindemann" 2^1, Abt. 3, IX, X.

93) Das Doppelverhältnis von 4 Kugelpunkten studiert *L. Wedekind*, Diss. Erlangen 1874; Math. Ann. 9 (1875), p. 209. Für die ganze Auffassung vgl. *Klein*, Progr. Erlangen 1872. f_n (bes. f_3) mit komplexen Koeff. werden systematisch zuerst von *E. Beltrami*, Bol. Mem. 10 (1870) untersucht.

94) Vgl. z. B. *F. Lindemann*, Math. Ann. 7 (1874), p. 56. Für gewöhnliche Massbestimmung waren die bez. Gruppen von *C. Jordan* bestimmt, Ann. di mat. (2) 2 (1868), p. 168, 320. Vgl. *A. Schoenflies*, Math. Ann. 28 (1887), p. 319; 29 (1887), p. 50; 34 (1889), p. 172.

95) *L. Wedekind*, Habilitationsschrift, Karlsruhe 1876; *Brioschi*, Ann. di mat. (2) 8 (1877), p. 24; *G. Halphen*, Par. Sav. Ét. (2) 28 (1880/83). Vgl. „Gordan" 2, § 19. Die f_n mit $(n - 1)$-fachem Linearfaktor sind uneigentliche Lösungen. [Die Beziehung $(f, f)_4 \equiv 0$ schon bei Klein l. c.] *Hilbert* untersucht allgemeiner

$f_{12} = 0$ ist eine Resolvente der allgemeinen Gleichung 5. Ordnung, und bildet den Kern von deren „Auflösungstheorie"[96]).

Ein anderer Weg zu diesen Formen ist folgender. Das allgemeine Integral y einer linearen Differentialgleichung $D_n(x, y) = 0$, mit rationalen Koeffizienten, ist eine Linearform von n partikulären $y_1, y_2, \ldots y_n$ (II B 4). Umkreist x eine „singuläre" Stelle von $D_n = 0$, so erleiden die y_i nach *L. Fuchs*[97]) eine S mit konstanten Koeffizienten. Der Inbegriff der S bildet die „Gruppe" G von $D_n = 0$; die Endlichkeit von G ist das Kriterium, dass $D_n = 0$ lauter algebraische Integrale besitzt. Das Kriterium sei für eine $D_2 = 0$ erfüllt, so existieren, wie *L. Fuchs*[98]) nachweist, gegenüber G automorphe Formen von y_1, y_2, als Wurzeln aus rationalen Funktionen von x; diese „Primformen" decken sich mit den obigen $\pi + k\pi'$. Für die Primformen niederster Ordnung n verschwinden alle Kovarianten[99]) von einer Ordnung $< n$; n ist daher nur einer endlichen Anzahl von Werten fähig[100]), nämlich $n = 2, 4, 6, 8, 10, 12$.

Klein[101]) stellt alle derartigen Typen von $D_2 = 0$ auf, ausgehend von den (5) möglichen Integralgleichungen für $s = y_1/y_2$; die bez. Differentialgleichungen 3. Ordnung für s entstehen durch beliebige rationale Substitution aus den von *Schwarz* (s. oben) erhaltenen.

Math. Ann. 30 (1887), p. 561 *Büschel* $\varphi_n + \lambda\psi_n$, für die $(\varphi, \psi)_8 \equiv 0$. Bei „Gordan" 2, § 13 resultieren die reg. Körper, wenn von einer Reihe von $\varphi_2^{(i)}$ $(i = 1, 2, \ldots)$ verlangt wird, dass $\left(\varphi_2^{(i)}, \varphi_2^{(k)}\right)_1 = \pm$ const. (incl. • 0) ist. Bei *Brioschi* der analoge Fall einer f_8, wo $(f, f)_4 \equiv cf$: Chelini, Coll. M. 1881, p. 213; Par. C. R. 96 (1883), p. 1689.

96) Vgl. die zusammenfassende Darst. bei *F. Klein,* Ikosaeder, Leipzig 1884, sowie *Gordan,* Math. Ann. 28, p. 152; 29, p. 318 (1887), sowie I B 3 f und Nr. 11, Anm. 219.

97) J. f. Math. 66 (1866), p. 121; 68 (1868), p. 354 [der Grundgedanke schon bei *Riemann*]. S. das Handbuch von *L. Schlesinger.*

98) Gött. Nachr. 1875 (Aug.), p. 568, 612; J. f. Math. 81 (1876), p. 97. Die Primformen systematisch ib. 85 (1878), p. 1; eine Weiterentwickelung des Begriffes bei *C. Jordan,* J. f. Math. 84 (1877), p. 85; *L. Schlesinger,* ib. 110 (1892), p. 130.

99) Die Umkehrung bei *Gordan,* Math. Ann. 12 (1877), p. 147.

100) l. c. (1876), p. 126. Einige der Fälle können nicht eintreten: *Klein,* Math. Ann. 11 (1876), p. 118, sodass nur die der regulären Körper $n = 2, 4, 6, 12$ verbleiben.

101) Erlang. Ber. 1876; Math. Ann. 11 (1876), p. 115; 12 (1877), p. 167. *Jordan*'s Typen (Par. C. R. 82, p. 605; 83, p. 1033 (1876), waren unvollständig, s. *Klein,* Math. Ann. 11 (1876), p. 118. In der *Schwarz*'schen Gleichung ersetzt *Klein* x durch eine rat. Funktion $R(x)$. Umgekehrt wird $R(x)$ bei gegebener Differentialgl. für η bestimmt. Weiteres s. „Inv.-Ber." p. 127.

Mit *Hermite*'s associierter Darstellung (Nr. 7) hat *F. Brioschi* [102]) die vollen Systeme der Primformen hergeleitet.

Rein algebraisch hat die automorphen f_n *Gordan* [103]) untersucht. Ist S auf die Gestalt $\dfrac{y-\alpha}{y-\beta} = e^{2i\varphi}\dfrac{x-\alpha}{x-\beta}$ gebracht, so resultiert S^n für $n\varphi$ statt φ; soll S einer endlichen Gruppe angehören, muss $n\varphi$ ein Multiplum von π sein und umgekehrt. Auf Grund einer einfachen Relation zwischen den φ der Substitutionen S, T, ST, $S^{-1}T$ wird die Aufgabe dahin reduziert, die Gleichung $1 + \cos\varphi_1 + \cos\varphi_2 + \cos\varphi_3 = 0$ durch rationale Winkel φ_1, φ_2, φ_3 zu befriedigen. Die 5 resultierenden Gruppen von S werden auf eine kanonische Gestalt gebracht.

Die endlichen Gruppen G von $S(y_1, y_2, \ldots y_n)$ hat *C. Jordan* [104]) substitutionentheoretisch erforscht und die Methode auf $n = 3$ angewandt. Unter den S sind s, die die y_i nur um multiplikative Einheitswurzeln ändern. Die mit einer s vertauschbaren Untergruppen G' von G werden „durch G transformiert" (I A 6, Nr. **3**, **16**); zwischen den Ordnungen der G' und von G besteht eine diophantische Gleichung. Deren umständliche und undurchsichtige Diskussion führt für $n = 3$ zu 11 Typen, von denen aber nur einer wesentlich über den Fall $n = 2$ hinausgeht: d. i. die „*Hesse*'sche" G_{216}, [105]) die die Figur der 4 Wendedreiseite einer C_3 (III C 3) invariant lässt.

Rechenfehler liessen *Jordan* dabei 2 neue ternäre G übersehen. Einmal eine G_{168}, [106]) die *Klein* von der Transformation 7. Ordnung der elliptischen Funktionen her entdeckte (II B 6 a). Durch eine isomorphe (I A 6, Nr. **14**) ternäre G_{168} geht die $C_4 \equiv x_1{}^3 x_2 + x_2{}^3 x_3 + x_3{}^3 x_1 = 0$

---

102) Math. Ann. 11 (1876), p. 401.

103) Math. Ann. 12 (1877), p. 23. Die *Fuchs*'sche Eigenschaft der Primformen niederster Ordnung benutzt *Gordan* zu deren unabhängiger Aufstellung.

104) Par. C. R. 84 (1877), p. 1446; J. f. Math. 84 (1877), p. 85; Preisschrift Nap. Atti 8 (1888).

105) Das volle System bei *H. Maschke*, Math. Ann. 33 (1889), p. 324. Die vier fund. Inv. der Gruppe berechnet *A. Boulanger*, Par. C. R. 122 (1896), p. 178 auf Grund eines allgem. Satzes von *P. Painlevé* über tern. endliche Gruppen, ib. 104, p. 1829; 105, p. 58 (1887). — Die „monomiale" ternäre Gruppe, die ein Dreieck invariant lässt, studiert *Maschke*, Amer. J. 17 (1895), p. 168. Eine wichtige „uneigentliche" quat. Gruppe ist die der „*Kummer*'schen Konfiguration" (III C 6), vgl. *E. Study*, Leipz. Ber. 1892, p. 122; die Untersuchung ist typisch wegen der Methode der „Reihenentwickelungen" (Nr. **17**) und der „Apolarität" (Nr. **24**).

106) Math. Ann. 14 (1879), p. 428 bes. 438; ib. 17 (1881) (mit Berücksichtigung der *u*). Ausführlich in *Klein-Fricke*'s „Modulfunktionen", Leipzig 1890, 1, Abschn. 3, Kap. 6. Die *Klein-Riemann*'sche Fläche [II B 2, III A 4, III C 2] von $f = 0$ genauer bei *W. Haskell*, Am. J. 13 (1890), p. 1.

in sich über. Das volle System der C_4 (oder auch der Gruppe) besteht aus C_4 und 3 durch eine Syzygie verknüpften Kovarianten. Die „Galois'sche Resolvente" (I B 3 c, d, Nr. **10, 23**) besitzt eine Resolvente 7. und 8. Ordnung, und umgekehrt hat *Gordan* jede[107]) $f_7 = 0$ mit einer G_{168} explicite darauf zurückgebracht (II B 6 a). Sodann hat *G. Valentiner* bei Vereinfachung und Revision der *Jordan*'schen Untersuchung eine neue ternäre G_{360}[108]) aufgefunden. *A. Wiman*[109]) hat deren Natur erforscht; sie ist einfach und holoedrisch isomorph mit der G_{360} der geraden Vertauschungen von 6 Dingen. *R. Fricke*[110]) hat einen funktionentheoretischen Zugang zu der Gruppe eröffnet. —

Einzelne endliche quaternäre Gruppen fand *Klein*: bei der „Auflösung" (I B 3 f) der allgemeinen $f_6 = 0$ resp. $f_7 = 0$ mit liniengeometrischen Hülfsmitteln eine G_{61} resp. $G_{\frac{1}{2}71}$;[111]) liniengeometrisch eine $G_{32.61}$,[112]) eine „Erweiterung" der G_{61}; endlich, von den „Jacobi'schen Funktionen 3. Ordnung" aus (II B 6 a) eine G_{25920},[113]) die nach *H. Maschke*[114]) in einer $G_{2.25920}$ enthalten ist. *Klein*[114a]) leitet aus

---

107) Math. Ann. 17 (1880), p. 217, 359; 19 (1882), p. 529; 20 (1882), p. 487, 515; 25 (1885), p. 459. Die Koeffizienten der beiden Gleich. 7. Ord. bilden ein volles System von „Affektfunktionen" [I B 3 b, Nr. **15, 23**]. Über den Zusammenhang mit den 28 Doppeltangenten der C_4 s. *M. Noether*, Math. Ann. 15 (1879), p. 89.

108) Kjöb. Skrift. (6) 5 (1889), p. 64. Die Methode beruht auf Wiederholung von S (vgl. *Sylvester*, Par. C. R. 94 (1882), p. 55 (Anm. 71); *R. Lipschitz*, Acta math. 10 (1887), p. 137; *W. Bermbach*, Diss. Bonn 1887).

109) Math. Ann. 47 (1896), p. 531. Die Gruppe ist weiter verfolgt von *F. Gerbaldi*, Pal. Rend. 12 (1898), p. 23; Zürich. Kongr.-Verh. 1898, p. 242; Math. Ann. 50 (1898), p. 473; *L. Lachtin*, Math. Ann. 51 (1898), p. 463. Auch die G_{60} und G_{168} des Textes sind einfache Gruppen, vgl. I A 6, Nr. **22**.

110) Gött. Nachr. 1896, p. 199; Deutsche Math.-Ver. 5¹ (1896), p. 55.

111) Math. Ann. 28 (1887), p. 499; vgl. *F. N. Cole*, Am. J. 8 (1886), p. 265. Die $G_{\frac{1}{2}71}$ liniengeom. bei *Maschke*, Math. Ann. 36 (1890), p. 190, eine Untergruppe $G_{2.168}$ formentheor. bei dems., Chic. Congr. P. 1896 (1893), p. 175.

112) Math. Ann. 4 (1871), p. 346. Das volle System bei *Maschke*, Math. Ann. 30 (1887), p. 496. Eine Untergruppe ist die der „*Borchardt*'schen Moduln" [II B 4 b], vgl. *W. Reichardt*, Math. Ann. 28 (1887), p. 84; das volle System bei *Maschke* l. c.

113) Math. Ann. 29 (1887), p. 157; vgl. *Reichardt* l. c. Die Gr. ist isomorph mit der der Dreiteilung der hyperell. Funktionen 1. Ordnung [II B 4 b] und mit der Gr. der Gleichung 27. Ordnung, von der die 27 Geraden einer F_3 abhängen; *C. Jordan*, Traité des substitutions, Paris 1871. Wegen des Zusammenhangs beider Probleme s. *Klein*, J. de math. (4) 4 (1888), p. 169, ausgeführt von *H. Burkhardt*, Gött. Nachr. 1892, p. 1; Math. Ann. 41 (1892), p. 313 (II B 4 b, III C 6).

114) *Maschke* stellt für beide Gruppen das volle System auf, Math. Ann. 33 (1889), p. 317.

114ª) Leipz. Abh. 1885, Nr. 4, sowie anschl. Arbeiten in den Math. Ann.

der Theorie der elliptischen Normalkurven endliche Gruppen in $\frac{p-1}{2}$ und $\frac{p+1}{2}$ Variabeln her (p Primzahl).

Nach *Fuchs*[115]), *A. Loewy*[115]) und *E. H. Moore*[115]) gehört zu jeder endlichen Gruppe von S eine „Hermite'sche" F_2 (mit konjugierten Koeffizienten und Variabeln).

Maschke[116a]) und *Moore*[116b]) haben endliche Gruppen arithmetisch charakterisiert.

Automorphe F_n mit willkürlichen Parametern hat *S. Maurer*[117]) im Anschluss an *Aronhold* (Nr. 18) untersucht, indem er *Lie's* Behandlung „vollständiger Systeme" (II A 6) zu den Elementarteilern in Beziehung setzt. F_n hat gewissen unabhängigen Differentialgleichungen

$$\sum_{\lambda,\,\mu} c_{\lambda\mu} \frac{\partial F}{\partial x_\lambda} x_\mu = 0$$

zu genügen, wo die c ausgezeichnete Zahlensysteme sind. Wegen der Untersuchungen über endliche resp. endliche kontinuierliche Gruppen höherer eindeutiger Transformationen, sowie über automorphe Kurven und Flächen s. III C 2, 5, 9; II A 6.

6. Endlichkeit. *Cayley*[118]) formuliert (Nr. 9) das von ihm bis $n = 4$ incl.[119]) erledigte Problem allgemein, die (ganz-rationalen) Komitanten c einer f_n durch eine endliche Anzahl von „Grundformen"[3]) g unter ihnen ganz-rational darzustellen.

Eigenschaften des Gewichtes (Nr. 18, 23) von c führen ihn zu einem Systeme linearer diophantischer Gleichungen; unter der irrtümlichen Annahme von deren Unabhängigkeit (Nr. 8, 9) erschliesst er die Unlösbarkeit des Problems.

Gordan[120]) beweist auf einem beschwerlichen kombinatorischen

---

115) *Fuchs,* Berl. Ber. 1896, p. 753; Par. C. R. 113 (1896), p. 289; *Loewy,* ib. p. 168; Nova Acta Leop. 71 (1898), p. 379. Wegen des einfachen Beweises von *Moore* vgl. *Klein,* Deutsche Math.-Ver. 5¹ (1896), p. 67 [der Fall $n = 2$ schon bei *Klein* s. oben bei Anm. 94]. Wegen der Datierung s. *Moore,* Math. Ann. 50 (1898), p. 214.

116ᵃ) Math. Ann. 50 (1898), p. 220, 492; 51 (1898), p. 253 ($n = 3, 4$). ᵇ) Math. Ann. 50 (1898), p. 213.

117) Münch. Ber. 1888, p. 103; auf rationale Transformationen ausgedehnt J. f. Math. 107 (1890), p. 89 [Nr. 2].

118) II. und IX. Mem., sowie wegen des fehlerhaften Schlusses VIII. Mem. und Nr. 9 Anm. 184.

119) Wegen der Formensysteme selbst vgl. etwa „Clebsch-Lindemann" 1¹, p. 210, 228, sowie Nr. 8, Anm. 169.

120) J. f. Math. 69 (1868), p. 343. Nach *Kronecker* bilden die c einen „Integritätsbereich", „Festschrift" p. 14.

Wege, dass einer f_n im obigen Sinne ein „volles System"[121]) von g zukommt; dies „Endlichkeitsproblem", zugleich für höhere Formen, ist ein Kernpunkt der Theorie geworden. Jedes symbolische Produkt (**Nr. 12**) vom Grade m ist eine (numerisch) ganze lineare Kombination von Formen, die mittels Überschiebung (**Nr. 14**) von Formen f_{m-1} mit f gebildet sind. Greift man von diesen, für $m = 1, 2, 3, \ldots$ gebildeten Überschiebungen die linear unabhängigen „T" heraus, durch die jede weitere Form *eindeutig* darstellbar ist, so hat man ein volles System der T nachzuweisen. Ein solches existiere für eine Urform f_{n-1}, so entspricht jeder Komitante von f_{n-1} eine solche von $f = f_n$; indem man diese, aus f_{n-1} „herübergenommenen" Formen genügend oft über die $(f, f)_k$ überschiebt, entstehen die übrigen Komitanten von f_n, die nach dem Werte von k in Klassen zerfallen. Für jede Klasse wird die Endlichkeit bewiesen.

Der Beweis liefert aber zugleich die Mittel, die vollen Systeme zu bilden, oder wenigstens zu begrenzen. Für eine f_5 und f_6 gelingt die Reduktion auf ein „kleinstes" System von 23 resp. 26 Grundformen g (**Nr. 9**).

Gordan giebt die Ausdehnung auf mehrere f,[121]) insbesondere im Fall der Kombinanten[122]) (**Nr. 24**); auf eine C_3,[123]) und auf zwei C_2.[124]) Besitzen zwei Formenreihen je ein volles System, so auch das „kombinierte"[125]), das durch Überschiebung der Formen und Formenprodukte beider Systeme entsteht. Im „Programm"[126]) ersetzt *Gordan* die Überschiebungen durch die allgemeineren „Faltungen"[127]) (**Nr. 14**), er führt die unsymbolischen „Reihenentwickelungen" (**Nr. 17**) ein, aus deren Vergleichung Relationen zwischen symbolischen Produkten fliessen.

Der Beweis für Urformen f stützt sich jetzt auf den „Hülfssatz"[128]), dass die positiven, ganzzahligen Lösungen eines gewissen

<hr>

121) Math. Ann. 2 (1870), p. 227; ib. 5 (1872), p. 595.

122) Math. Ann. 5 (1872), p. 95.

123) Math. Ann. 1 (1869), p. 90.

124) Bei „Clebsch-Lindemann" 1^1, p. 291, ausgeführt in Math. Ann. 19 (1882), p. 529 (Anm. 145).

125) Math. Ann. 9 (1872), p. 595; „Programm" (s. Anm. 9) bes. p. 50. Weitere Anwendungen auf höhere Formen bei *F. Mertens,* Wien. Ber. 95 (1887), p. 942; 97 (1888), p. 437, 519; 98 (1889), p. 691; 99 (1890), p. 367; Monatsh. f. Math. 1 (1890), p. 13, sowie bei *J. Kleiber,* Zeitschr. Math. Phys. 37 (1892), p. 79.

126) S. die Monographien.

127) Vgl. auch die Hülfsbegriffe „Stufe, Rang, Dimension", „Programm" p. 3—6.

128) Die Bezeichnung des Textes ist der Kürze halber eingeführt. Wegen des Beweises § 15 und s. „Gordan" 1 *J. Petersen* Nr. **12**, Anm. **243**.

Systems linearer diophantischer Gleichungen aus einer endlichen Anzahl von ihnen linear komponiert werden. Die für eine f_7 und f_8 angegebenen vollen Systeme hat *A. v. Gall* [129]) reduziert.

Der Beweis bei *Gordan* [130]) wird durch neue Begriffe vereinfacht. Ein „relativ vollständiges" System geht durch Faltung in sich über mod. $(ab)^k$, d. h. bis auf Glieder, die mit $(ab)^k$ (Nr. **12**) multipliziert sind. Ein „Reduzent" ist ein symbolisches Produkt, dessen Reduzierbarkeit auf Bildungen niedrigeren Charakters abgelesen werden kann. Da sich eine Komitante c von $f = f_n$ so schreiben lässt, dass die höchste Potenz von (ab) eine gerade ist, so ordne man alle Formen von f in $g + 1 \left(g = \dfrac{n}{2} \text{ resp. } \dfrac{n-1}{2} \right)$ Klassen $A_0 = f$, A_1, $A_2, \ldots A_g$ ein, so, dass A_k mod. $(ab)^{2k+2}$ relativ vollständig ist.

Man konstruiere mittels der $(f, f)_{2k+2}$ endliche Systeme B_0, $B_1, \ldots B_{g-1}$, sodass B_k relativ vollständig mod. $(ab)^{2k+4}$ ist, und A_{k+1} durch Überschiebung von A_k mit B_k entsteht. So ergiebt sich successive die Endlichkeit von A_1, $A_2, \ldots A_g$, wo A_g alle Komitanten von f umfasst [131]).

Der Beweis ist vermöge der „Reihenentwickelung" (Nr. **17**) auf Urformen mit kongredienten Variabelnreihen übertragbar.

F. Peano [132]) beweist durch vollständige Induktion, auf Grund der Reihenentwickelung nach Polaren (Nr. **14**), die Endlichkeit für Urformen $f, g, \ldots$ von m Reihen von Variabeln x_1, x_2; y_1, y_2; etc., die unabhängigen S unterworfen werden. Insbesondere gilt der Satz von den „Korrespondenzen" [133]) $f(x_1, x_2; y_1, y_2)$.

Gordan [134]) führt den Beweis auf Grund des „erweiterten" Formensystems, das man erhält, etwa im Falle *einer* f_n, wenn man das volle

---

129) Math. Ann. 17 (1880), p. 31, 139, 456; 31 (1888), p. 318.

130) „Gordan" 2, § 20, 21. Eine Ausdehnung des Beweises auf höhere Formen (C_n, F_n, $\ldots$) scheitert daran, dass die symbolischen Ausdrücke der Komitanten unübersehbar werden. Vgl. *Study*, Leipz. Ber. 1890, p. 172. *E. Waelsch* hat mit Erfolg *Grassmann*'sche Symbole (Math. Ann. 7 [1874], p. 538) [Nr. **12**] eingeführt: Math. Ann. 37 (1890), p. 141.

131) Excl. $n = 4$ besteht A_1 stets aus den 3 Formen f, $(f, f)_2$, $\{f, (f, f)_2\}$. Für $(f, f)_4 \equiv 0$, i. e. für die Formen der regulären Körper (Nr. **5**) stellt A_1, nebst noch einer Invariante, das volle System von f dar. So ist für $n = 5$ $A_0 = f$, $B_0 = (f, f)_2$, $A_1 = f$, $(f, f)_2$, $\{f, (f, f)_2\}$, während B_1 aus $(f, f)_4 = \varphi_2 = \varphi_x^2$ und $(\varphi \varphi')^2$ besteht. Die Überschiebungen von A_1 über B_1 liefern das volle System der f_5.

132) Tor. Atti 17 (1881), p. 73.

133) Gi. di mat. 20 (1882), p. 79.

134) Erlang. Ber. 1887, p. 389; Math. Ann. 33 (1888), p. 372. Für Reihen von f_2 bereits bei *Study*, Erl. Ber. 1887, p. 385.

System einer beliebigen Anzahl von Formen $f_n^{(i)}$ als Überschiebungen bildet, und die Indices i, k, ... weglässt.

Peano[135]) zeigt die Endlichkeit der „Typen" einer beliebigen Anzahl von $f_n^{(i)}$; die Formen eines Typus erwachsen aus einander vermöge des *Aronhold*'schen Prozesses. Der Beweis beruht auf dem „Entwickelungssatze" von *A. Capelli* (Nr. 17).

F. Mertens[136]) beweist die Endlichkeit für eine Reihe von Urformen $(f_n, g_p, h_r, \ldots)$ auf unsymbolischem Wege. Linearformen kommt ein volles System zu; ist also der Satz richtig für die Urformen f_{n-1}, g_p, h_r, ...), so darf man sie um eine Linearform l_1 vermehren. Von den nunmehrigen Komitanten besitzen die, die in den Koeffizienten von l_1 und f_{n-1} je von gleichem Grade sind, nach *Gordan*'s „Hülfssatz" (s. oben) ein volles System. Für l_1 nehme man successive die Linearfaktoren von f_n; durch symmetrische Kombinierung der vollen Systeme entsteht das der Ur-Reihe $(f_n, g_p, h_r, \ldots)$. — Ähnlich verfährt *D. Hilbert*[137]). Sei etwa $f_n = \prod_i (\alpha_i x + \beta_i y)$ die Urform, und $\alpha_i \beta_k - \alpha_k \beta_i = \varepsilon_{ik}$, dann ist eine Invariante i von f ein Aggregat von Bildungen $\omega = \prod_{i,k} \varepsilon_{ik}^{e_{ik}}$ (e_{ik} positiv-ganz), wo $e_{i1} + \cdots + e_{i,i-1} + e_{i,i+1} + \cdots + e_{in}$ für $i = 1, 2, \ldots n$ den nämlichen Wert hat. Nach dem „Hülfssatz" ist jede brauchbare Lösung e_{ik} von der Form $e_{ik} = \prod_{r=1}^{r=m} p_r e_{ik}^{(r)}$, wo die p wiederum natürliche Zahlen sind. Setzt man $e_{ik}^{(r)}$ für e_{ik}, so geht ω in eine (irrationale) Invariante ω_r über, die einer (rationalen) Gleichung von der Ordnung $n!$ genügt. $\omega_r^{p_r}$ ist darstellbar (I C 4) als lineare Form von $\omega_r^0, \omega_r^1, \ldots \omega_r^{n!-1}$; i wird eine symmetrische Summe $\sum \omega_1^{p_1} \omega_2^{p_2}, \ldots \omega_m^{p_m}$, und damit eine ganze Funktion einer endlichen Anzahl analoger Bildungen, für die kein $p > n!$ ist.

Hilbert[138]) dehnt den Endlichkeitssatz auf Reihen von Urformen

---

135) Tor. Atti 17 (1882), p. 580. Die „Typen" hat *Clebsch* für f_1 und f_2 eingeführt, „Binäre Formen" § 58 Die Endlichkeit der Typen der orthog. Gruppe von 3 Var. zeigt *Burkhardt*, Math. Ann. 43 (1893), p. 204.

136) J. f. Math. 100 (1886), p. 223; Wien. Ber 98 (1889), p 1. Wegen der abzählenden Beweise von *C. Jordan* und *Sylvester* s. Nr 9, Anm 191.

137) Math. Ann. 33 (1888), p 223.

138) Math. Ann. 36 (1890), p. 473. Vgl. die Darstellung bei *H. Weber* 2, Abschn 6; die arithmetischen Beweise bei *Gordan*, Math. Ann. 42 (1893), p. 132 und *Capelli*, Nap. R. (3) 2 (1896), p. 198 (nebst Erweiterung auf Potenzreihen ib. p. 231), sowie die symbolische Fassung bei *H. S. White*, Amer. J. 14 (1892), p 283. Eine Anwendung auf höhere komplexe Zahlen giebt *Hilbert*, Gött. N.

mit n Variabeln aus, vermöge Zurückführung auf einen allgemeineren Satz über unendliche Formensysteme[138] [I B 1 c, Nr. **18**].

Sei ein System $F_r^1(x_1, \ldots x_n \,|\, a^{(1)})$, $F_{r_2}^{(2)}$, $F_{r_3}^{(3)}$, $\ldots$ in inf. vorgelegt, wo die a einem Rationalitätsbereiche R (I B 1 a, Nr. 9; I B 1 c, Nr. 2) angehören. Es soll jedes F aus einer endlichen Anzahl unter ihnen linear komponiert werden, mittels Faktoren, die Formen der x sind. Ist F_r eine bestimmt ausgewählte der Formen F, so lässt sich (wie beim Aufsuchen des grössten gemeinsamen Teilers [I B 1 a, Nr. **12**]), eine Hülfsform B so finden, dass in $F - BF_r$ x_n^r herausfällt, also $F = BF_r + g^{(1)} x_n^{r-1} + g^{(2)} x_n^{r-2} + \cdots + g^{(r)}$ wird, wo die g Formen der $x_1, x_2, \ldots x_{n-1}$ sind, für die unser Satz richtig sei. Wendet man ihn auf die Kolonne der $g^{(1)}$[139] an, indem F alle Systemformen durchläuft, so erscheint F als lineare Kombination von F_r, einer endlichen Anzahl weiterer $F^{(s)}$ und einer Form, die bez. x_n von einer Ordnung $\leqq r - 2$ ist. So gelangt man nach höchstens r Schritten zur Darstellung: $F + A^{(1)} F^{(1)} + A^{(2)} F^{(2)} + \cdots + A^{(m)} F^{(m)}$, wo die $F^{(i)}$ m geeignete Systemformen sind, und wo die Koeffizienten der $A^{(i)} (x_1, x_2, \ldots x_n)$ R angehören. Für $n = 1$ ist aber der Satz trivial. — Behufs Anwendung auf die Invarianten liege etwa eine ternäre Urform $C(x \,|\, a)$ vor. Die Invarianten J, als Formen der a, lassen sich in einer Reihe, wie die $F^{(i)}$, anordnen, sodass jedes J die Darstellung $J = \sum_1^m A^{(k)} J_k$ gewinnt. Die $A(a)$ sind noch durch Invarianten zu ersetzen. Seien J vom Grade g in den a, $J^{(k)}$ vom Grade g_k; die Gewichte p, p_k. Durch eine S mit dem Modul Δ gehe $C(x \,|\, a)$ über in $C'(x' \,|\, a')$, dann folgt

(Nr. 2) $\quad \Delta^g J = \sum_1^m \Delta^g A^{(k)}(a') J^{(k)}$. Nach *Gordan*[140] und *Mertens*[140]

unterwerfe man beide Seiten der Gleichung g-mal dem Ω-Prozess

$$\sum \pm \left| \frac{\partial}{\partial a_{11}} \; \frac{\partial}{\partial a_{22}} \; \frac{\partial}{\partial a_{33}} \right| \quad (\text{Nr. } \mathbf{14}),$$ so ändert sich J nur um einen

---

1896, p. 179. Aus *Hilbert*'s Satz folgt u. a., dass zu jeder endlichen Gruppe von S ein volles System von Invar. gehört (Nr. **5**). *Kronecker* hat einen analogen Satz, Festschrift p. 18, aber für associierte Systeme (Nr. **7**). — *L. Maurer* beweist, dass die charakt. linearen part. Diff.gleichungen (Nr. **5**, **18**) der J umgekehrt deren „Endlichkeit" involvieren: Münch. Ber. 29 (1899), p. **147**.

139) Der Prozess lässt sich auch in umgekehrter Richtung vornehmen, wodurch Nenner vermieden werden, sodass nur ganze ganzzahlige Verbindungen der Koeffizienten eingehen. In diesem Sinne hat *Weber* für die f_4 ein volles System aufgestellt, Gött. Nachr. 1893, p 108. Cf. „Weber" 1, Abschn. 5.

140) *Gordan* für $q = 0$ in „Gordan" 2, § 9; *Mertens* allg. in Wien Ber. 95 (1887), p. **942**. Für Urformen F_1 schon bei *Clebsch*, J. f Math. 59 (1861), p. 7 u. f. Derartige Differentiationsprozesse ausführlich bei *W. E. Story*, Lond. M. S. Pr 23 (1892), p. **267**; Math. Ann. 41 (1893), p. **469**.

positiv-ganzzahligen Faktor, während jeder Faktor von $J^{(k)}$ eine Invariante $J'^{(k)}$ von C wird, mithin ist (von Zahlenfaktoren abgesehen) $J = \sum_1^m J'^{(k)} J^{(k)}$, wo die Grade und Gewichte der J' unter denen von J liegen. Durch analoge Darstellung der J' u. s. f. gelangt man nach einer endlichen Anzahl von Schritten zu einem vollen Systeme von Invarianten $J^{(1)}, J^{(2)}, \ldots J^{(n)}$.[141]) Der Beweis gilt ebenso für eine Reihe' von Urformen $F(x; y; \ldots | a)$ von Variabelnreihen, (x), $(y), \ldots$, mögen sie denselben, oder auch unabhängigen S unterliegen.

Die linken Seiten („Syzyganten") der in den a identisch erfüllten Relationen („Syzygien 1. Art" [Nr. 8]) zwischen den J sind (nicht homogene) Formen der Grundformen $J^{(1)}, J^{(k)}, \ldots J^{(n)}$; auch sie besitzen demnach ein volles System. Zwischen den Syzygien 1. Art herrschen in den $J^{(k)}$ identisch erfüllte Relationen („Syzygien 2. Art") u. s. f. Allen diesen „Syzyganten" kommt je ein volles System zu, der Prozess der Syzygienbildung bricht aber auch nach höchstens m Schritten ab[142]).

Behufs beliebiger Aufstellung voller Systeme beachte man[143]), dass sich aus den J einer Reihe von F eine endliche Anzahl σ algebraisch unabhängiger $J^{(1)}, J^{(2)}, \ldots J^{(\sigma)}$ so aussondern lässt, dass alle übrigen ganze algebraische Funktionen (I B 1c, Nr. 3) der σ Formen J werden, d. i. zugleich mit den J verschwinden. Durch die J wird ein „Körper" (I B 1 c, Nr. 2; I C 4) bestimmt, dessen „Basis" $i^{(1)}$, $i^{(2)}, \ldots i^{(k)}$ sich nach *Kronecker*[144]) auf arithmetischem Wege finden lässt; dann aber bilden die J mit den i ein volles System.

Für eine einzelne f_n kann man die J durch Resultantenbildung erhalten, und dann vermöge des *Aronhold*'schen Prozesses (Nr. 13) auf eine Reihe von f übergehen.

Aber auch für $F(x_1, x_2, \ldots x_n | a)$ lassen sich die J durch eine endliche Anzahl rationaler Prozesse gewinnen; das beruht darauf, dass eine $F(x | a)$ mit numerischen a, die vermöge einer S mit dem Modul Δ in $F'(x' | a')$ übergehe, dann und nur dann noch eine $J(\neq 0)$ besitzt, wenn Δ eine *ganze* algebraische Funktion der a' ist.

141) *Hurwitz* hat mit Erfolg einen Integrationsprozess eingeführt, Gött. Nachr. 1897, p. 71 und hat damit zuerst die Endlichkeit der orthogonalen Invarianten einer Reihe von Urformen allgemein nachgewiesen. Wegen der systematischen Stellung dieser „Integralinvarianten" vgl. *S. Lie*, Leipz. Ber. 49 (1897), p. 342, 367.

142) Ein Beispiel bei *A. Schönflies*, Gött. Nachr. 1891, p. 339.

143) Math. Ann. 42 (1893), p. 313. Einen Selbstbericht giebt *Hilbert*, Chic. Congr. P. 1896 (1893), p. 116; vgl. ferner den Bericht von *H. S. White*, N. York B. (2) 5 (1899), p. 161.

144) J. f. Math. 92 (= Festschrift 1881), § 6.

Daraufhin lassen sich auch nur von n abhängige obere Grenzen für Anzahl und Gewicht der Grundformen auf rationalem Wege ermitteln[145]).

7. Associierte Formen und typische Darstellung. *Hermite*[146]) hat die Komitanten einer f_n durch eine endliche Anzahl unter ihnen, die „associierten Formen", *rational* ausgedrückt. Führt man in $f(x) = f_n(x_1, x_2)$ die Kovarianten $\xi_1 = y_1 \frac{\partial f}{\partial x_1} + y_2 \frac{\partial f}{\partial x_2}$, $\xi_2 = x_1 y_2 - x_2 y_1$ — wo die y mit den x kogredient sind — als neue Variable ein, wodurch $f^{n-1}(x) f(y)$ übergeht in $\varphi(\xi) = (1, 0, \varphi^{(2)}, \varphi^{(3)}, \ldots \varphi^{(n)}) (\xi_1, \xi_2)^n$, so bilden die $\varphi^{(2)}, \varphi^{(3)}, \ldots \varphi^{(n)}$ nebst f nach Sätzen von *Boole* und *Sylvester* (Nr. 2, 16) ein associiertes System von f. Ersetzt man im Leitgliede (Nr. 23) einer Komitante c von f die Koeffizienten von $f(x)$ durch die von $\varphi(\xi)$, und macht mit f homogen, so hat man c durch f und die $\varphi^{(i)}$ rational dargestellt. Als Anwendung erscheint *Cayley*'s Syzygie (Nr. 8) zwischen den Formen einer f_4, die wiederum zu einer „typischen" (s. unten) Transformation des elliptischen Integrals einer Gattung verwandt wird.

Hermite[147]) setzt auch die „Tschirnhausentransformation" von $f = 0$

---

145) Wegen der vielen Einzeluntersuchungen über volle Systeme vgl. „Inv.-Bericht" II A 6, p. 150. Nachträge: Das System von $2\,C_2$ (Anm. 124) leitet einfach *K. Reuschle* ab, Zürich. Kongr.-Verh. 1898, p. 123; durch Eliminationen aus den *Euler*'schen Formeln [I B 1 a, Nr. 27] für die Diff.quotienten von Formen erhält er Komitanten incl. ihrer Syzygien. — Das System von $3 f_3$ bei *v. Gall*, Math. Ann. 45 (1894), p. 207. Die Systeme der f_5, f_6 übersichtlich bei *E. McClintock*, N. York B. 1 (1892), p. 85. Die f_5 mittels einer typischen Darstellung [Nr. 7] bei *J. Hammond*, Lond. M. S. P. 27 (1896), p. 392; vgl. *Cayley*, X. Mem. Das System von $3 C_2$ auch bei *H. F. Baker*, Cambr. Tr. 15¹ (1889), p. 62 und, nach der Methode von *Mertens*, bei *E. Fischer* und *K. Mumelter*, Monatsh. f. Math. u. Phys. 8 (1897), p. 97. — Bes. sei noch auf eine Arbeit von *Study*, Leipz. Ber. 49 (1897), p. 443 hingewiesen, der das System der ganzen Invarianten der Gruppe von S, die eine F_2 ($D \neq 0$) in ein Vielfaches von F_2 überführen [Nr. 3, Anm. 77], in den Grundzügen behandelt. *St.* präzisiert hier auch die Stellung derartiger „spezieller" Probleme zur allgemeinen Theorie von *Lie*.

146) J. f. Math. 52 (1856), p. 1; das Wort „associert" p. 23. Die φ sind die „Schwesterformen", vgl. „Gordan" 2, § 34, s. noch Anm. 148, 149, 151. Eine andere Begründung bei *B. Igel*, „Über die associierten Formen", Wien 1889. Ausdehnungen auf n Variable bei *Brioschi*, Ann. di mat. (1) 1 (1858), p. 158; *H. Grassmann*, Math. Ann. 7 (1874), p. 538, wo auch der Zusammenhang mit dem Satze der Nr. 15 hervortritt. Für $n = 3$ ausführlicher bei *W. E. Brunyate*, Quart. J. 25 (1891), p. 155. Die Subst. von *Hermite* dient bei *Brioschi* zur Kanonisierung des hyperelliptischen Integrals 1. Gattung, Rom. Linc. R. (5), 4¹ (1895), p. 363. S. die historische Darstellung bei *M. Noether*, Math. Ann. 50 (1878), p. 477. — *Deruyts* hat die vollen und associierten Systeme auf seine „primären Kovarianten" übertragen [Nr. 28].

147) Par. C. R. 46 (1858), p. 961; vgl. *Cayley*, J. f. Math. 58 (1861), p. 259

(I B 3 f) in invariante Gestalt um, sodass zugleich der invariante Charakter der transformierten Gleichung $\psi = 0$ — die überdies von möglichst wenigen Parametern abhängen soll — hervortritt. Ist $\varphi(\zeta) = \dfrac{f(\zeta)}{\zeta - \alpha}$, wo $f(\alpha) = 0$, so schreibt *Hermite* die α zugeordnete Wurzel von ψ symbolisch $\varphi(\zeta) - \dfrac{1}{n} f'(\zeta)$, wo ζ^0, ζ^1, ... ζ^{n-2} durch $n-1$ Parameter t zu ersetzen sind.

Die Koeffizienten ψ werden Polarenbildungen von Kovarianten von f; der zweite ist $= 0$, der dritte die „Bezoutiante" [I B 3 a, Nr. 8]. Die neuen Koeffizienten werden von möglichst geringem Grade in den alten. *Clebsch* [148]) führt die „Schwesterformen" $\varphi^{(\iota)}$ zurück auf die $\psi^{(k)} = (f, f)_k$ und $\chi^{(k)} = (f, \psi^{(k)})_1$; er zeigt in einfachen Fällen, *S. Gundelfinger* [149]) allgemein, dass die $\varphi^{(\iota)}$ in den ψ, χ und in f *ganz* sind, und dehnt die associierte Darstellung auf zwei, *Sylvester* [150]) auf beliebig viele f aus.

Gordan [151]) führt die gemeinte Darstellung der φ explicite aus; die ψ, χ treten in a priori angebbaren Produkten auf; deren numerische Koeffizienten C hängen von quadratischen Gleichungen ab, die aber in in den C lineare überführbar sind. *S. Kohn* [152]) operiert anstatt der $\varphi^{(\iota)}$ mit den Wurzeln von $\varphi(\xi, 1) = 0$ und findet so die Teilbarkeit (Nr. 25) der Resultanten und Diskriminanten von Kovarianten von f durch eine Potenz der Diskriminante von f, und entsprechend für mehrere Urformen.

R. Perrin [153]) hat für $F_n(x_1, x_2, \ldots x_p)$ ein associiertes System konstruiert. Sei $F = (a, F_1, F_2, \ldots F_n)(x_1, 1)^n = f(x_1, 1)$, so bilde man die $\psi^{(k)}$, $\chi^{(k)}$ für f, deren Leitglieder $\psi_0^{(k)}$, $\chi_0^{(k)}$ Formen der x_2, x_3, ... x_p sind. Ist in gleichem Sinne C_0 das Leitglied einer Kovariante C von F, so wird C_0, bis auf eine Potenz von a im Nenner, ganz-rational in Komitanten der ψ_0, χ_0. Von C_0 kann man zu C zurückkehren. Das Prinzip des Beweises reicht hin für die Kontravarianten von F, sowie für mehrere Urformen.

= Coll. Pap. 4, p. 259, sowie die Darstellung bei „Weber" 1, Abschn 6, 7 und Nr 19, Anm 321. Die Bezoutiante ist von *Sylvester* genauer untersucht, Lond. Tr. 143 (1853), p. 543 [1 B 3 a, Nr. 8].

148) Gött. Nachr. 1870, p. 405 = Math. Ann. 3, p. 265.

149) J. f Math. 74 (1871), p. 87; einfacher bei „Salmon-Fiedler" p. 87. Vgl. *B. Igel*, Monatsh. f. Math. u. Phys. 5 (1894), p. 287.

150) Par. C. R 86 (1878), p. 448; Amer. J. 1 (1878), p. 118.

151) Math. Ann. 41 (1892), p. 1.

152) Wien Ber 100 (1851), p. 865, 1013; vgl. *E. Waelsch*, ib. p. 574. Der Ausdruck für die Wurzeln von $\varphi = 0$ implicite schon bei *Hermite* (s. Anm. 147).

153) Par. C. R. 104 (1888), p. 108, 220, 280.

Weiter reicht die Methode von *R. Forsyth*[154]). Es liege etwa eine (ternäre) C_n vor, $= (a, f_1, f_2, \ldots f_n)\,(x_1, 1)^n$; $T_{m,p} = \overset{m\ \ p}{T}(x; u)$ $= T_{00} x_1^m u_1^p + \cdots$ sei eine Komitante („Ternariante") von C. Dann genügt das Leitglied T_{00} von T zwei charakteristischen linearen partiellen Differentialgleichungen [Nr. **18**], die aussagen, dass T_{00} zugleich das Leitglied einer Simultankovariante der f_i ist. Das associierte System von C besteht, incl. u_x, aus $\frac{1}{2}(n+4)(n-1)+1$ Individuen, für die allgemeinere Urform $\overset{n\ \ v}{C}(x; u)$ aus $\frac{1}{4}(n+1)(n+2)(v+1)(v+2)-2$.

Bei $F(x_1, x_2, x_3, x_4)$ sind noch die „Zwischenvariabeln" $p_{ik} = x_i y_k - x_k y_i$ zu berücksichtigen. Das Leitglied Q_{000} einer „Quaternariante" Q von F genügt jetzt sechs charakteristischen Gleichungen u. s. f.

Von Einzelfällen höherer Gebiete haben durchgeführt *Clebsch* und *Gordan*[155]) die C_3, *Gordan*[156]) die C_4 mit einer G_{168} in sich (Nr. **5**).

Der associierten „Kovariantentypik" gegenüber steht die Methode der „(Invarianten-)Typik", in $i^k f$ (wo i eine Invariante von f) vermöge einer kovarianten Tschirnhausentransformation die Koeffizienten zu Invarianten zu machen.

Zuerst bringt *Hermite*[157]) durch Einführung zweier linearer Kovarianten c_1, $c_1{}'$ von f_n als neuer Variablen f_n auf eine typische Gestalt f_n'. Ursprünglich sind bei *Hermite* c_1, $c_1{}'$ irrational, die Faktoren einer rationalen Kovariante c_2; f_n' nimmt eine „kanonische" Gestalt an, und erst jede ganze Funktion ihrer Koeffizienten, die bei den S unverändert bleibt, die c_2 in sich überführen, wird, bis auf eine Potenz der Diskriminante von c_2 im Nenner, eine ganz-rationale Invariante von f_n. Im weiteren Verlaufe werden zwei rationale c_1, $c_1{}'$ verwandt (n ungerade); f_n' wird zur „typischen Form". Der Fall $n = 5$ wird durchgeführt; die schiefe Invariante (Nr. **2**) von f_5 wird durch die drei andern ausgedrückt. *Hermite* gelangt so zu einer invariantentheoretischen „Auflösung" der $f_5 = 0$ und zu Kriterien für die Realitätsverhältnisse[158]) der Wurzeln. *Clebsch* und *Gordan*[159]) umgehen die

---

154) Amer. J. 12 (1889), p. 1, 115 („Ternarianten"), vgl. *W. E. Brunyate*, Quart. J. 25 (1891), p. 155; Cambr. Tr. 14 (1889), p. 409 („Quaternarianten") [Anm. 228]. Weitere Ausführungen, bes. für $F_3(x_1\,x_2\,x_3\,x_4)$, bei *D. B. Mair*, Cambr. Tr. 16 (1896), p. 1.

155) Math. Ann. 1 (1869), p. 57; vgl. *Forsyth*, Anm. 154.

156) Math. Ann. 17 (1880), p. 359; vgl. die Vorarbeit Anm. 155.

157) Cambr. Dubl. m. J. 9 (1854), p. 172.

158) Vgl. die Übersicht bei *Klein*, „Ikosaeder", Abschn. 2, sowie *J. McMahon* bei *R. A. Harris*, Ann. of math. 5 (1891), p. 217.

159) Ann. di mat. (2) 1 (1867), p. 23; vgl. „Gordan" 2, § 24, 29.

direkte Einführung der c_1, c_1' durch symbolische Rechnung (Nr. 12). Es liege etwa eine $f_5 = a_x^5$ vor, und seien α_x, β_x zunächst überhaupt zwei Linearformen, so ist $(\alpha\beta)a_x = (a\beta)\alpha_x - (b\alpha)\beta_x$. Erhebt man auf die 5te Potenz, so ist $(\alpha\beta)^5 f_5$ als Form der Variabeln α_x, β_x dargestellt; man hat noch die Koeffizienten als simultane Invarianten von f, α_x, β_x auszudrücken. Hinterher nehme man für α_x, β_x zwei geeignete Kovarianten von f_5. Es lassen sich so auch alle Ausnahmefälle der f_5 erledigen. — Für $f = f_6 = a_x^6 = (a_x^2)^3$ wird mit drei Quadratformen α_x^2, β_x^2, γ_x^2 entsprechend operiert; $(\alpha\beta\gamma)a_x^2$ wird linear in α_x^2, β_x^2, γ_x^2 und $(\alpha\beta\gamma)^3 f_6$ zu einer typischen $C_3(\alpha_x^2, \beta_x^2, \gamma_x^2)$ u. s. f. Analog wird eine f_{2n} eine $C_n(\alpha_x^2, \beta_x^2, \gamma_x^2)$. Die Form C_n lässt sich nach *F. Lindemann*[160]) durch das identische Verschwinden einer gewissen Kovariante charakterisieren; hier ist eine Quelle der Apolaritätstheorie (Nr. 24).

Einzelfälle: $2f_3$ als Ableitungen einer f_4 bei *Hermite*[161]), durch *Clebsch*[162]) und einfacher durch *Gundelfinger*[163]) ausgeführt; $3f_4$ als Ableitungen einer f_6 nach *Lindemann*[164]); $3C_2$ als Ableitungen einer C_3 bei *Hermite*[161]), von *Gundelfinger*[165]) durchgeführt und auf die Transformation eines längs einer C_3 erstreckten elliptischen Integrals 1. Gattung angewendet[166]); endlich die C_4 mit einer G_{168} in sich (Nr. 5), zusammen mit einer C_2 bei *Gordan*[167]).

Vermöge typischer Darstellung werden nach *E. Stroh*[168]) die Kombinanten (Nr. 24) von f_n, φ_n zu Komitanten einer $f_{2(n-1)}$.

8. Syzygien. Zwischen den Grundformen g von Urformen bestehen rationale Relationen, „Syzygien" (1. Art), [Nr. 6]. Seien etwa $g_1 = g_1(x_1, x_2)$, $g_2 = g_2(x_1, x_2)$, $g_3 = g_3(x_1, x_2)$ drei Grundformen einer f_n, so führt die Elimination der x_1, x_2 zu einer Syzygie zwischen g_1, g_2, g_3.

---

160) Par. Bull. S. M. 5 (1877), p. 113; 6 (1878), p. 195.

161) J. f. Math. 57 (1860), p. 371.

162) J. f. Math. 67 (1867), p. 371.

163) Math. Ann. 7 (1874), p. 452, s. die Verallgemeinerungen bei *F. de Astis*, Gi. di mat. 46 (1898), p. 161; $2f_n$ bei *Ph. Wiederhold*, ib. 8 (1875), p. 444.

164) „Clebsch-Lindemann" 1, p. 900.

165) J. f. Math. 80 (1875), p. 73. Allgemeiner hat *J. Rosanes* $3F_{1,1}$ $(n=3)$ durch eine S sogleich in geometrische Formen übergeführt, J. f. Math. 95 (1887), p. 247; vgl. *Igel*, Monatsh. f. Math. 5 (1894), p. 284, sowie die Ergänzungen bei *Ph. Maennchen*, Diss. Giessen 1898.

166) Math. Ann. 7 (1874), p. 449. Vgl. die Weiterführung bei *G. Pittarelli*, Rom. Linc. Rend. (4) 4 (1888), p. 509, 703.

167) Math. Ann. 20 (1882), p. 529.

168) Math. Ann. 34 (1889), p. 321.

Bei einer f_3 wie f_4 existiert nur eine Syzygie, vermöge deren *Cayley* [169]) die $f_3 = 0$ resp. $f_4 = 0$ „invariantentheoretisch auflöst". Die associierten Formen (Nr. 7) liefern eine theoretische Herstellung der Syzygien zwischen den Komitanten von Urformen; man drücke die Grundformen durch die associierten aus und eliminiere letztere.

So haben *Cayley* [170]) und *Brioschi* [171]) die f_5 behandelt. *Cyp. Stéphanos* [172]) legt einen Satz von *Clebsch* [173]) zu Grunde: von einer (endlichen) Reihe von Formen $f^{(1)}$, $f^{(2)}$,... bilde man die $(f^{(i)}, f^{(k)})_1 = g_{ik}$, dann sind die Produkte je zweier g, wie auch die $(f^{(i)}, g_{ik})_1$ zurückführbar auf die g und die $(f^{(i)}, f^{(k)})_2$. So bestehen die (26) Grundformen einer f_6 aus 5 Invarianten, 8 geraden Kovarianten c und 13 schiefen c'; die c' sind ersetzbar durch 13 von den 28 $(c^{(i)}, c^{(k)})_1$,

---

169) V. Mem. Vgl. etwa die Darstellung bei „Clebsch-Lindemann" 1, p. 210, 228; übersichtlicher, unter wesentlicher Zugrundelegung irrationaler Komitanten, mit Anwendungen auf elliptische Integrale, bei *Study,* Amer. J. 17 (1895), p. 185, 216. Über den prinzipiellen Wert derartiger Auflösungen s. „Invariantenber.", p. 92. — Bei der $f_3 = f$ giebt es 4 Grundformen: f, $h_2 = h = (f, f)_2$, $q_3 = q = (f, h)_1$, $\delta_0 = \delta = (h, h)_2$. Die Syzygie ist: $-\dfrac{h^3}{2} = q^2 + \dfrac{\delta}{2} f^2$.

Zerlegt man rechts in $\left(q + f\sqrt{-\dfrac{\delta}{2}}\right)\left(q - f\sqrt{-\dfrac{\delta}{2}}\right)$, sowie h in $2\,\xi\eta$, so folgt durch Vergleichung $2\,\xi^3 = q + f\sqrt{-\dfrac{\delta}{2}}$, $2\,\eta^3 = q - f\sqrt{-\dfrac{\delta}{2}}$, also $f\sqrt{-\dfrac{\delta}{2}} = \xi^3 - \eta^3$, und damit $f = \dfrac{1}{\sqrt{-\dfrac{\delta}{2}}}\,(\xi - \eta)\,(\xi - \varepsilon\eta)\,(\xi - \varepsilon^2\eta)$. — Im

Falle der $f_4 = f$ existieren 5 Grundformen: f, $h_4 = h = (f, f)_2$, $\vartheta_6 = \vartheta = (f, h)_1$, $i_0 = i = (f, f)_4$, $j_0 = j = (f, h)_4$. Die Syzygie lautet: $-2\vartheta^2 = h^3 - \dfrac{1}{2} i h f^2 + \dfrac{1}{3} j f^3$. Man zerlege rechts in $(h + m_1 f)(h + m_2 f)(h + m_3 f)$, links denke man sich ϑ gespalten in $-2\,\varphi_2\psi_2\chi_2$, so folgt durch Vergleichung $H + m_1 f = -2\varphi^2$, $H + m_2 f = -2\psi^2$, $H + m_3 f = -2\chi^2$, und hieraus $f = 2\dfrac{\chi^2 - \psi^2}{m_2 - m_3} = 2\dfrac{\psi^2 - \varphi^2}{m_1 - m_2} = 2\dfrac{\varphi^2 - \chi^2}{m_3 - m_1}$. Im Übrigen s. *Study* l. c., und für f_4 noch *S. White*, N. Y. B. (2) 3, p. 250.

170) II., III., V., VIII., X. Mem. Die Liste der Syzygien geht bis zum Grade 14 incl.; weitere Ergänzungen bei *Sylvester*, Amer. J. 4 (1881), p. 41; *J. Hammond*, ib. 8 (1885), p. 19.

171) Ann. di mat. (2) 11 (1883), p. 291, mit Anwendungen auf kanonische Gestalten der f_5 und f_6; auf C_n ib. 15 (1887), p. 235.

172) Par. C. R. 96 (1883), p. 232, 1564.

173) „Clebsch" p. 54, vgl. „Gordan" 2, § 4, mit Anwendung auf die Syzygien einer Reihe von f_2: § 11, 12. Erweiterungen des Satzes von *Clebsch* bei: *E. d'Ovidio*, Tor. A. 14 (1879), p. 963; *C. le Paige*, Belg. Bull. (2) 49 (1880), p. 113; (3) 1 (1881), p. 480; Par. C.R. 92 (1881), p. 688; *G. Torelli*, Nap. rend. 25 (1886), p. 125.

während die 15 übrigen durch die Grundformen darstellbar sind. Auf diese 15 Darstellungen wird das Verfahren von *Clebsch* angewandt. — *v. Gall*[174]) verknüpft diese Methode mit dem *Aronhold*'schen Prozesse (Nr. **13**), und vermag so auch die nicht auf einfachere zurückführbaren „irreducibeln" oder „Grundsyzygien" herauszuschälen. Die Fälle der f_6, zwei f_3, zwei f_4 werden eingehend verfolgt.

R. Perrin[175]) vereinfacht die Syzygien einer $f_n = (a_0, \ldots)(x_1, x_2)^n$. Man ersetze in jeder Syzygie jede Komitante c durch ihr Leitglied c_0 (Nr. **23**), und c_0 weiter durch das „Residuum" c_{00}, das aus c_0 für $a_0 = 0$ entsteht; diese verkürzte Darstellung der Syzygien ist immer noch eine eindeutige, da c_0 durch c_{00} bestimmt ist. — *E. Stroh*[176]) eröffnet eine systematische Einsicht in den Kreis der (binären) Syzygien. Für 4 Formen f, g, h, k gelten (Nr. **14**) die Überschiebungs-Identitäten $(i = 1, 2, 3, \ldots)$:

$$[f, g, h, k]_i = \sum_{\lambda=0}^{i} \binom{i}{\lambda} (f, g)_\lambda (h, k)_{i-\lambda} - \sum_{\lambda=0}^{i} \binom{i}{\lambda} (f, k)_\lambda (h, g)_{i-\lambda} = 0,$$

die sich bei den 24 Vertauschungen der Formen auf 3 allgemeine Typen reduzieren; einige weitere entstehen durch Spezialisierung. Man hat nur noch die Grundformen als Überschiebungen einer kleinsten Anzahl unter ihnen darzustellen. So fliessen für eine f_6 aus *einer* Quelle die den 20 associierten Formen parallel laufenden 20 „fundamentalen" Syzygien: die linke Seite jeder weiteren Syzygie — Syzygante — ist, bis auf eine Potenz von f_6, eine lineare Kombination jener, mit Grundformen als Faktoren. Alle bis dahin entdeckten (204) Syzygien der f_6 ordnen sich unter 11 Typen unter und lassen sich unabhängig von einander berechnen.

Ein „volles System" (Nr. **6**) von „Grundsyzyganten" ist freilich auch damit noch nicht gewonnen. Die experimentierenden, aber nicht allgemein gültigen Methoden, wie sie besonders die englische Schule ausbildete, dürfen wir übergehen[177]) (Nr. **9**). Für höhere als binäre

---

174) Math. Ann. 31 (1888), p. 424 ($2f_3$); 33 (1888), p. 197; 34 (1889), p. 332; 43 (1893), p. 550 ($2f_4$); 35 (1889), p. 63 (f_6). Für f_6 vgl. noch *E. d'Ovidio*, Pal. R. 7 (1893), p. 1; Tor. A. 28 (1893), p. 447. Bei $2f_4$ verwendet *Brioschi* eine Grundsyzygie zur Darst. der Resultante; Tor. A. 31 (1896), p. 441 [Nr. **25**]. Die f_8 behandelt ausführlich *R. Alagna*, Pal. R. 10 (1896), p. 41.

175) Par. S. M. Bull. 11 (1883), p. 88; Par. C. R. 96 (1883), p. 426, 479, 563, 1717, 1776, 1842. Wegen der Methode s. *Sylvester*, Am. J. 5 (1882), p. 79.

176) Math. Ann. 33 (1888), p. 61; vgl. noch 31 (1888), p. 444; 34 (1890), p. 306, 354; 36 (1890), p. 262.

177) Vgl. „Inv.-Ber." 2 A d, p. 163. Syzygien zwischen „Perpetuanten" bei *P. A. Mac Mahon*, Amer. J. 10 (1887), p. 149. — Über Syzygien in der Trigo-

Urformen sind erst Ansätze da (s. *Stroh*, Math. Ann. 36 l. c. Schluss).

9. Abzählende Richtung. *Cayley* [178]) behandelt das Problem, für eine Urform $f_i(x \,|\, a)$ die Anzahl der linear unabhängigen („asyzygetischen") Komitanten, deren Grad j und Ordnung g vorgegeben sind, zu ermitteln. Eine Kovariante c von f_i ist durch ihr Leitglied φ (Nr. **2, 23**) ersetzbar, während eine Invariante ihr eigenes Leitglied φ ist; φ genügt der charakteristischen Differentialgleichung [I B 3 b, Nr. 8]:

$$\delta \varphi \equiv \sum_{k=0}^{k=j} k \, a_{k-1} \frac{\partial \varphi}{\partial a_k} = 0 \quad (\text{Nr. } \mathbf{18}).$$

Führt man noch die „Gewichtszahl" $w = \frac{1}{2}(ij - g)$ (Nr. **2, 18, 23**) ein, und bezeichnet die Anzahl der Koeffizienten von φ mit $(w; i, j)$, so stellt sich die der Koeffizienten von $\delta \varphi$ als $(w - 1; i, j)$ heraus. Die Koeffizienten von $\delta \varphi$ sind, wie *Cayley* annahm, *Sylvester* [179]) später bewies, linear unabhängig. Dann existieren, bei gegebenen i, j, w, $\Delta(w; i, j) = (w; i, j) - (w - 1; i, j)$ asyzygetische Komitanten von f_i. — Ist const. $a_0^{\alpha_0} a_1^{\alpha_1} a_2^{\alpha_2} \ldots a_i^{\alpha_i}$ ein Term von φ, so sind j und w definiert durch: (Nr. **2, 18, 23**) $j = \alpha_0 + \alpha_1 + \cdots + \alpha_i$, $w = \alpha_1 + 2\alpha_2 + \cdots + i\alpha_i$; $(w; i, j)$ giebt danach an, wie oft w als Summe von j Zahlen der Reihe $0, 1, \ldots i$ mit Wiederholungen gebildet werden kann, und ist nach *L. Euler* [180]) der Koeffizient von $x^w z^j$ in der Entwickelung der „erzeugenden Funktion" $1/(1 - z)(1 - xz)(1 - x^2 z) \ldots (1 - x^i z)$ nach steigenden Potenzen von x und z. *Sylvester* [181]) führt

nometrie [III A 2] s. *G. Chisholm*, Gött. Diss. 1875; *Study*, Leipz. Ber. 47 (1895), p. 553; *W. Fr. Meyer*, J. f. Math. 115 (1895), p. 209; Deutsche Math.-Ver. 7¹ (1899), p. 147. — Die mit dem Pascal'schen Satze der C_2 [III C 1] verknüpften Syzygien behandelt *Study*, Leipz. Ber. 47 (1895), p. 532.

178) II. Mem., weitergeführt im IX. und X. Mem. Zu dieser Nr. vgl. den Bericht über kombin. Analysis von *P. A. Mac Mahon*, Lond. Math. S. Proc. 28 (1897), p. 5, sowie den Bericht über Invar. von *H. S. White*, N. York B. (2) 5 (1899), p. 161.

179) Phil. Mag. 1878, p. 1; J. f. Math. 85 (1878), p. 89; vgl. die Beweise von *Capelli*, Rom. Linc. M. 12 (1881), p. 1; *Hilbert*, Math. Ann. 30 (1887), p. 15; *Stroh*, ib. 31 (1888), p. 441 „Study" § 9 (p. 197); *E. B. Elliott*, Lond. Math. S. Proc. 23 (1892), p. 298; 24 (1893), p. 21. Wegen der Erweiterungen auf Reciprokanten s. Nr. **20**.

180) „Introd. in anal." 1, Laus. 1748, deutsch v. *H. Maser*, Berlin 1885, § 304 (I C 3).

181) 11 Noten in Par. C. R. 84, 85 (1877); J. f. Math. 95 (1878), p. 89; 7 Noten in Par. C. R. 86, 87 (1878); Amer. J. of Math. 1 (1878), p. 370; 2 (1879), p. 71, 98; Par. C. R. 87 (1879), p. 395; Amer. J. of Math. 5 (1883), p. 241. Vgl.

die Ordnung g statt w ein und ersetzt demgemäss $\Delta(w; i, j)$ durch $\Delta(i, j; g)$; dann rechnet sich *Euler*'s Funktion um in die „rohe" (crude) erzeugende Funktion:

$$\psi(x, a) = (1 - x^{-2})/(1 - ax^i)(1 - ax^{i-2})\cdots(1 - ax^{-(i-2)})(1 - ax^{-i}),$$

d. h. deren Entwickelung nach steigenden Potenzen von a liefert $\Delta(i, j; g)$ als Faktor von $a^j x^g$. — *Cayley* [178]) hatte *Euler*'s Funktion so umgeformt, dass man auch die Totalanzahl der „irreducibeln" Komitanten von f_i, d. i. der nicht durch solche von geringerem Grade ganz-rational ausdrückbaren, in gewissen Fällen abliest. So erhält er für $i = 3$ die Funktion $(1 - x^6)/(1 - x)(1 - x^2)(1 - x^3)(1 - x^4)$; somit existieren 4 irreducibele Bildungen von den Graden 1, 2, 3, 4, die durch eine Syzygie 6. Grades verknüpft sind. *Cayley* setzt irrtümlicherweise allgemein die lineare Unabhängigkeit eines gewissen Systems linearer Gleichungen voraus (Nr. 6 Anm. 118, und diese Nr. Anm. 184). — *Sylvester* [181]) geht weiter. Durch Zerlegung in Partialbrüche und Streichung irrelevanter Glieder wird die rohe erzeugende Funktion $\psi(x, a)$ auf eine „reduzierte" [182]) Gestalt gebracht, und dann in einer Reihe von Fällen durch eigentümliche Umformungen in die „repräsentierende" erzeugende Funktion $\varrho(x, a)$ übergeführt, deren Zähler eine endliche [183]) ganze Funktion $\zeta(x, a)$ ist, während der Nenner $\nu(x, a)$ das Produkt aus $1 - ax^i$ mit einer endlichen Anzahl von Faktoren des Typus $1 - a^k$ und $1 - a^2 x^l$ bildet. Z. B. für $i = 5$ resultiert:

$$\nu = (1 - a^4)(1 - a^8)(1 - a^{12})(1 - ax^5)(1 - a^2 x^2)(1 - a^2 x^6),$$

$$\begin{aligned}
\zeta = 1 &+ a^3(x^3 + x^5 + x^9) + a^4(x^4 + x^6) + a^5(x + x^3 + x^7 - x^{11}) \\
&+ a^6(x^2 + x^4) + \dot{x}^7(x - x^5 - x^9) + a^8(x^2 + x^4) + \cdots - a^{28} x^{11}.
\end{aligned}$$

Die repräsentierende erzeugende Funktion $\varrho(x, a)$ ist eine gemeinsame Quelle für die Anzahl (und den Typus) der Grundformen und Syzygien aller Arten. Die Nennerfaktoren repräsentieren die einfachsten, sicher irreducibeln Grundformen, für die $g = 0, 1, 2$ ist. Für eine gegebene „Gradordnung" („deg-order") stelle man vorab durch „Siebung" („tamisage") alle Potenzen und Produkte niedrigerer

---

die zusammenfassende Darstellung von *F. Franklin*, Amer. J. of Math. 8 (1880), p. 128, nebst Tabellen: Amer. J. of Math. 2 (1879), p. 223, 293; 3 (1880), p. 221; 4 (1881), p. 41; 5 (1882), p. 241. — Für erzeugende Funktionen im ternären Gebiete finden sich bei *Sylv.* Beispiele; die Grundzüge einer Theorie giebt *Forsyth*, Lond. Math. S. Proc. 29 (1898), p. 487.

182) Ein instruktives Beispiel bei *Cayley*, Amer. J. of Math. 2 (1879), p. 71 = Coll. Pap. 10, p. 408.

183) Wegen scheinbarer Ausnahmefälle vgl. *J. Hammond*, Math. Ann. 36 (1890), p. 255.

Grundformen — excl. der durch $v(x, a)$ repräsentierten — auf, und ziehe deren Anzahl vom Koeffizienten von $a^j x^g$ in $\zeta(x, a)$ ab. Das liefert die Zahl $[j, g]$ der Grundformen (j, g), vermehrt um die der Syzygien gerader, vermindert um die der Syzygien ungerader Art. Da der Zähler $\zeta(x, a)$ abbricht, erhält man eine untere Grenze für $[j, g]$. So erhält man für $i = 5$ mindestens je eine Grundform $(3, 3)$, $(3, 5)$, $(3, 9)$; $(4, 4)$, $(4, 6)$; etc. und damit eine Minimalzahl 23 von Grundformen der f_5; da diese mit *Gordan*'s oberer Grenze (Nr. **6**) koinzidiert, so ist das deren wahre Anzahl. Syzygien 1. Art existieren für $(5, 11)$, $(7, 9)$ etc. Im Falle $(6, 6)$ etwa verschwindet der Koeffizient von $a^j x^g$; da aber $(6, 6) = 2 \cdot (3, 3)$, und eine Grundform $(3, 3)$ existiert, so besteht eine Syzygie 1. Art. — Beachtenswert ist der Fall $(8, 14)$. Hier liest man die Zahl 5 von linear unabhängigen Formen ab, andererseits führt die Siebung zu 10 Produkten von Grundformen. Nun lassen sich 6 Syzygien 1. Art sofort hinschreiben; „mithin sind jene nur durch eine einzige Syzygie 2. Art[184] verknüpft". — *Cayley*[185] macht die repr. erz. Funktion $\varrho(x, a)$ durch wirkliche Einführung der Grundformen $a, b, c, \ldots$ zur „realen" erz. Funktion, die auch die Typen der Bildungen liefert. — Andererseits lässt sich $\varrho(x, a)$, bei Kenntnis der Grundformen, nach *J. Hammond*[186] zu einer direkten erz. Funktion für die Syzygien umgestalten, doch so, dass man jetzt für irgend eine Gradordnung eine obere Grenze für die Anzahl der Syzygien 1. Art abliest, die mit *Sylvester*'s unterer Grenze zu vergleichen ist.

Das „Fundamentalpostulat"[187] *Sylvester*'s, wonach für jede Gradordnung Grundformen und Syzygien sich ausschliessen sollten, hat *Hammond*[188] als nicht allgemeingültig erkannt. *P. A. Mac Mahon*[189] hat eine erz. Funktion für die Anzahl der irreducibeln „Perpetuanten" (Nr. **12, 23**) konstruiert und *E. Stroh*[190] den Beweis dafür geliefert.

Theoretische Formeln für obere Grenzen von Grad und Ordnung binärer Grundformen haben[191] *Jordan* und *Sylvester* aufgestellt. Die

---

184) Die Nichtberücksichtigung dieser Syzygie 2. Art hatte *Cayley* zu einem Irrtum veranlasst. Vgl. Nr. **6** Anm. 118.

185) X. Mem.

186) Amer. J. of Math. 8 (1885), p. 19.

187) Vgl. etwa *F. Franklin*, Amer. J. of Math. 3 (1880), p. 130.

188) Amer. J. of Math. 5 (1883), p. 218; vgl. „Inv.-Ber." p. 174.

189) Amer. J. of Math. 7 (1884), p. 26.

190) Math. Ann. 36 (1890), p. 262, § 10, 11. S. noch Anm. 249.

191) *Jordan*, J. de math. (3) 2 (1876), p. 177; 5 (1879), p. 345; *Sylvester*, Lond. Math. S. Proc. 27 (1878), p. 11; Par. C. R. 86 (1878), p. 1437, 1491, 1519. Beide leiten aus ihren Anzahlbestimmungen einen „Endlichkeitsbeweis" ab; vgl. Nr. **6** Anm. 136.

Anzahl von *Jordan* — der, nach *Gordan* (Nr. **6**) die kleinsten Lösungen diophantischer Gleichungen zahlentheoretisch diskutiert — für die Ordnung g der Kovarianten in den Fällen $i = 1$ bis 12 (excl. 11) werden thatsächlich erreicht. *Sylvester*'s ohne Beweis aufgestellte Formeln sind theoretisch einfacher, praktisch weniger brauchbar. Die Cayley-Sylvester'sche Formel $\Delta(w; i, j)$ für asyzygetische Formen ist auf Urformen $F, G, H, \ldots$ mit kogredienten Reihen von n Variabeln ausgedehnt worden. Eine Komitante φ lässt sich, wie *A. Capelli*[192]) auf Grund seines „Entwickelungssatzes" (Nr. **17**) darthut, darstellen als Aggregat von Produkten $\Omega \Phi$ von identischen Kovarianten Ω mit Formen Φ von $n - 1$ Variabelnreihen, die $n - 1$ charakteristischen linearen partiellen Differentialgleichungen $D_i = 0$ genügen. Die Aufgabe für die φ reduziert sich auf die für die Φ. Für die Anzahl der einer *einzelnen* Gleichung $D_i = 0$ genügenden asyzygetischen Bildungen Φ mit vorgegebenen Gradordnungszahlen ergiebt sich ein zu $\Delta(w; i, j)$ analoger Ausdruck; da aber zwischen den durch sämtliche $D_i = 0$ involvierten Bedingungen *lineare Abhängigkeiten* bestehen, begnügt sich *Capelli* mit unteren Grenzen. — *J. Deruyts*[193]) löst die Aufgabe allgemein. Die Φ von vorgegebenen „Gewichtszahlen" werden durch ihre Leitglieder Φ_0 ersetzt, und diese symbolisch geschrieben (Nr. **23**); dadurch gelangt man zu einem System linearer diophantischer Gleichungen mit einer Anzahl Π von *linear unabhängigen* Lösungen. Ein analoges System existiert für die Anzahl Π' der zu einer Form Φ gehörenden $\Omega \Phi$. Dann ist, entsprechend den verschiedenen Gewichtszahlen, die Summe der Produkte $\Pi \Pi'$ zu bilden, um die gewünschte Anzahl zu erhalten.

10. Kanonisierung. *Sylvester*[194]) begründet die Lehre von den „kanonischen" Formen, insofern sich eine f_{2n+1} auf nur eine Art in der Gestalt darstellen lässt: $f = \sum_{1}^{n+1} a_i (\lambda - \alpha_i \mu)^{2n+1}$, wobei der Fall

---

192) „Fondamenti"; Gi. di mat. 20 (1882), p. 293. Für unabhängige S: Rom. Linc. M. 15 (1884). Wegen einer verwandten Frage bei *Study* vgl. „Inv.-Ber." p. 177.

193) „Deruyts" Chap. 7; allgemein Brux. Belg. B. (3) 21 (1891), p. 437.

194) Cambr. Dubl. math. J. 6 (1851), p. 186; Phil. Mag. (2) 1 (1851), p. 408. *S.* zieht auch das Verschwinden d. Diskr. der Kanoniz. in Betracht. Das Wort „kanonisch" von *Hermite*, bei *Sylvester*, Cambr. Dubl. math. J. 6 (1851), p. 193; „Kanonizante" von *Sylvester*, ib. 7 (1852), p. 67, 195; desgl. „Katalektikante", ib. 7 (1852), p. 62. Eine gewisse (mehrdeutige) kanonische Darst. der f_6 [Anm. 392] und f_8 bei *Sylvester*, ib. (1852), p. 123, 293; 9 (1854), p. 93 (sect. 8). — Eine eigenartige Anwendung von *Sylvester*'s Darstellung der f_{2n+1} auf mechanische Quadratur durch *K. Heun* (*A. Hurwitz*) findet sich II A 2 Nr. **52**, Anm. 331.

$n = 2$ eingehend untersucht wird. Die α_i sind die Wurzeln der „Kanonizante" c, der Determinante der $(2n)^{\text{ten}}$ Differentialquotienten von f. Bei f_{2n} wird c eine Invariante, die „Katalektikante", deren Verschwinden das Kriterium der Darstellbarkeit von f als Summe von n Potenzen liefert.

Cayley [195]) geht hierauf näher ein, und weist nach, wenn $c \neq 0$, dass f_{2n} auf ∞^1, ∞^3, ... Arten in eine Summe von $(n+1)$, $(n+2)$, ... Potenzen linear transformiert werden kann. Erst *S. Gundelfinger* [197]) berücksichtigt alle Ausnahmefälle, indem er nach Umgestaltung des Differentialausdrucks für $(f_n, \varphi_m)_k$ (Nr. 14) die Theorie der linearen Differentialgleichungen (II B 3 c) heranzieht. Für $f_n = f(x \,|\, a)$ bilde man die Kovarianten $c, c', c'' \ldots$ mit den Leitgliedern

$$a_0, \quad \begin{vmatrix} a_0 & a_1 \\ a_1 & a_2 \end{vmatrix}, \quad \begin{vmatrix} a_0 & a_1 & a_2 \\ a_1 & a_2 & a_3 \\ a_2 & a_3 & a_4 \end{vmatrix}, \text{ etc.}$$

Das Kriterium für die Darstellbarkeit von f_n als $\displaystyle\sum_{i=1}^{i=k} b_i (\lambda - \alpha_i)_n$ ist einmal $c^{(k)} \equiv 0$, $c^{(k-1)} \not\equiv 0$, — dann existiert eine Form γ_k, so dass $(\gamma_k, f_n)_k \equiv 0$, — zudem darf γ_k nur ungleiche Wurzeln α_i besitzen. Koinzidieren dagegen Wurzeln von γ_k, so modifiziert sich die Darstellung von f zu $\displaystyle\sum_i (\lambda - \alpha_i')^{k_i} \varphi_{n-k_i}$. — Die Form γ_k hatte schon *J. Rosanes* [197]) als die „zu f konjugierte" eingeführt, und n Urformen f_n, wie Formen F untersucht. Die Potenzdarstellungen von F werden in Beziehung gesetzt zu den Polpolygonen, Polpolyedern etc. (Nr. 24). Hierzu ist auch *Th. Reye* [198]) von mechanischen Gesichtspunkten aus gelangt, und beweist [199]) (und erweitert) so den Satz *Sylvester's* [200]) über das

---

195) J. f. Math. 54 (1857), p. 48, 292 = Pap. 4, p. 43, 53. — Eine formentheoretische Ausführung im Sinne der Apolarität (Nr. 24) giebt *G. Bauer*, Münch. Ber. 22 (1892), p. 3. Die Darst. von *Sylvester* und *Cayley* dehnt *C. le Paige* auf multilineare Formen aus („Inv.-Ber." p. 179); Tor. A. 17 (1882), p. 299; Rom. Linc. Pont. 35 (1882), p. 54, 140.

196) Gött. Nachr. 1883, p. 115; ausgeführt in J. f. Math. 100 (1887), p. 413. Die nämlichen Leitglieder liegen einem Realitätssatze von *W. Fr. Meyer* zu Grunde, s. Nr. 26, Anm. 428.

197) J. f. Math. 75 (1873), p. 172; 76 (1873), p. 312; Math. Ann. 6, p. 264.

198) J. f. Math. 72 (1870), p. 293 [Nr. 24].

199) J. f. Math. 78 (1874), p. 114, 123. Die $F_4(x_1, x_2, x_3, x_4)$ wird als Summe von 10 vierten Potenzen dargestellt.

200) Cambr. Dubl. math. J. 6 (1851), p. 198, wo der Beweis skizziert wird [III C 6]. — Über die *Hesse*'sche Kanonisierung einer C_3 s. Nr. 11, Anm. 210, über die Potenzsummendarst. einer C_3 s. Nr. 24, Anm. 384.

„Pentaeder" der $F_3(x_1, x_2, x_3, x_4)$ (III C 6), wonach F_3 auf nur eine Art als Summe von fünf Kuben geschrieben werden kann. Eine Verbindung zwischen den Arbeiten von *Rosanes* und *Reye* hat *W. Fr. Meyer*[201]) hergestellt vermöge einer Reihe von kanonischen „Übertragungsprinzipien" (Nr. 24).

Von *D. Hilbert*[202]) stammt ein Invariantenkriterium für die Darstellung $f_{mn} = (\varphi_m)^n$. *Hilbert* hat ferner ein gemeinsames Prinzip[203]) für verschiedenartige kanonische Darstellungen, indem er alle φ_ν sucht, so dass $(\varphi_\nu, f_{2n})_i = \lambda f_{2n}$ wird, wo λ eine irrationale Invariante (Nr. 11) von f ist; es lassen sich so die Ausartungen von f verfolgen.

Eigenartige kanonische resp. typische Darstellungen der f_6 finden sich bei *A. Brill*[204]), *W. Fr. Meyer*[204]), *Brioschi*[205]), *Maschke*[205]), *E. Growe*[206a]), *H. B. Newson*[206b]). *Hilbert*[207]) stellt eine definite $F_4(x_1, x_2, x_3)$ als Summe von drei Quadraten dar; für eine definite $F_n(x_1, x_2, \ldots x_m)$ können indess — excl. $n = 2$, resp. $m = 2$ — stets Fälle eintreten, wo die gemeinte Darstellung versagt. Eine definite C_n lässt sich aber stets als ein Bruch von Quadratsummen darstellen[208]).

11. Umkehrfragen. Irrationale Formen. Hierher gehört das zahlentheoretische Problem von *Hermite*[209]), das ihn u. a. zu den

---

201) „Apolarität u. rationale Kurven", Tübg. 1883, wo weitere Litteratur.

202) Math. Ann. 27 (1886), p. 158; vgl. *Brioschi*, Pal. R. 10 (1896), p. 153. Für einfachere Fälle schon bei *G. Maisano*, Rom. Linc. A. (3) 7 (1888), p. 231. Elementar bei *C. Weltzien*, Progr. Berlin, Fr. Werder'sche Oberrealsch. [I B 1 a, Nr. 11].

203) Leipz. Ber. 1885, p. 427; Math. Ann. 28 (1887), p. 381; Beispiele für C_n und F_n in J. de math. (4) 4 (1888), p. 249.

204) Math. Ann. 20 (1882), p. 330. Die bez. $f_6 = x^6 + 2px^5 + 3qx^4 + 4rx^3 + 3x^2 + 2px + q$ und $x^6 + ax^4 + bx^3 + cx^2 + 1$ hängen mit den 3 Doppelpunkten und 4 Doppeltangenten einer rat. C_4 eng zus. Vgl. *W. Fr. Meyer*, Apolarität, p. 312 [Nr. 24]. *Brill* diskutiert die Realität der Wurzeln einer f_6.

205) $f_6 = x^6 + \alpha x^4 + \beta x^3 + \dfrac{\alpha^2}{4} x^2 + \gamma x + \delta$, wo α, β, γ, δ die 4 Inv. von f_6 sind. Die Wurzeln von f_6 werden ganze Funktionen von 4 ϑ-Funktionen: *Maschke*, Gött. Nachr. 1887, p. 421; Math. Ann. 30 (1887), p. 496; Rom. Linc. A. (4) 4 (1888), p. 181; *Brioschi*, Acta math. 12 (1888), p. 83. Eine andere typische Form der f_6 (ohne x^5 und x^3) bei *Brioschi* mittels Syzygien: Ann. di mat. (2) 11 (1883), p. 291. Eine $f_6 = H(f_5)$ ist der bez. „Multiplikatorgl." [II B 4 a] äquivalent: *Lindemann*, Math. Ann. 21 (1883), p. 71.

206a) Kans. Qu. J. 6 (1897), p. 201.   206b) Kans. Qu. J. 7 (1898), p. 125.

207) Math. Ann. 32 (1888), p. 342. — Speziell eine resp. zwei f_n als Quadratsumme bei *H. Laurent*, J. de math. spéc. (5) 21 (1897), p. 51.

208) Acta math. 17 (1893), p. 169.

209) J. f. Math. 40 (1850), p. 261, 279. Das Problem hat erst *C. Jordan*, erledigt: Par. C. R. 90 (1880), p. 598, 1422.

„Evektanten" (Nr. 18) führte, nachzuweisen, dass die Anzahl der „Klassen", in die die F_n mit vorgegebenen Werten für die Invarianten zerfallen, eine endliche ist.

Aus einer $C_3 = 0$ schneidet nach *Hesse*[210] $H(C_3) \equiv H_3 = 0$ die Wendepunkte aus; umgekehrt gehören zu gegebener H_3 drei C_3, die *Aronhold*[211] genauer untersucht hat. Später hat man alle nicht äquivalenten „Typen" von Büscheln $f_n + \varkappa\varphi_n$ gesucht, deren $(f, \varphi)_1$ eine gegebene $f_{2(n-1)}$ ist; *Brill*[212] bewies, dass es eine endliche Zahl von Typen gebe. Für $n = 4$ sind es fünf, die von einer f_5 abhängen, die *C. Stéphanos*[213] in invarianter Gestalt aufstellte; *Brill*[212] untersucht die Beziehungen der fünf Lösungen zur Theorie mehrerer f_2 und der f_6, *W. Fr. Meyer*[212] die zu den rationalen C_4 und C_6, und zu den kubischen Raumkurven. *M.* fand geometrisch die Anzahl ν der Typen bei beliebigem n, $= 2(2n-3)!/n!(n-2)!$, die algebraisch durch *Stéphanos*[214] und anzahlgeometrisch durch *H. Schubert*[215] bestätigt wurde. *Hilbert*[216] bildete auf Grund eines Überschiebungsprinzips (Nr. 10) die Gleichung für die ν Lösungen, und erledigte auch das analoge Problem der Büschel mit gegebener Diskriminante[217]. — Für zwei unabhängige Variable hat *H. Hurwitz*[218] funktionentheoretisch die Urformen bestimmt, wenn die Diskriminante oder vielmehr deren

---

210) J. f. Math. 28 (1844), p. 68 = Werke p. 123. Dem Büschel $\varkappa C_3 + \lambda H_3$ gehören 4 Dreiseite an, die „Wendedreiseite" [III C 3, 4]; eine C_3 kann daher auf 4 Arten in die „Hesse'sche Normalform" $x_1{}^3 + x_2{}^3 + x_3{}^3 + 6 k x_1 x_2 x_3$ gebracht werden [Anm. 392, 434]. Die bez. $f_4 = 0$ ist für die Formentheorie der C_3 nach *Aronhold* fundamental [Anm. 211, 434]. Vgl. „Clebsch-Lindemann" 1^2.

211) J. f. Math. 55 (1858), p. 97.

212) Math. Ann. 20 (1882), p. 330. Vgl. *W. Fr. Meyer*, Apolarität p. 320. Eine einfache Deutung der 5 Lösungen liefern nach *Brill* die 5 vollständigen Vierecke der *Desargues*'schen Konfiguration [III A 3] von 2 perspektiven Dreiecken, die in Bezug auf eine feste $C_2 = N_2$ zu sich selbst polar ist; die 5 bez. C_2-Büschel schneiden aus N_2 die f_4-Büschel des Textes aus. — Für $n = 3$ bei *H. Caporali*, Nap. R. 22 (1883), p. 95; vgl. *L. Berzolari*, Nap. R. (2) 5 (1891), p. 35, 71.

213) Preisschrift Par. Sav. Étr. 1883. Auszug: Par. C. R. 93 (1881), p. 994. Ist das f_4-Büschel das der Polaren einer f_5, giebt es nur eine Lösung: *Lindemann*, Math. Ann. 21 (1883), p. 72.

214) Thèse, Paris 1884.

215) Acta math. 8 (1886), p. 97.

216) Leipz. Ber. 1887, p. 112; Math. Ann. 33 (1888), p. 217.

217) Math. Ann. 31 (1888), p. 482 [I B 1 a, Nr. 21, Anm. 117].

218) Math. Ann. 39 (1891), p. 1 (wo weitere Litter.); vgl. *É. Picard*, Traité d'analyse 2 (1892), Chap. 6. — *Frobenius* bestimmt die ∞^2-Schar der $f_3(x \mid y)$, deren beide Diskriminanten (d. s. binäre Formen f_4) gegeben sind: J. f. Math. 106 (1890), p. 125.

„wesentliche" Teiler gegeben sind [I B 1 c, Nr. 6; I C 4]. Bei ihrer Behandlung der $f_5 = 0$, und auch gewisser $f_7 = 0$ (Nr. 5) hatten *Klein* [219]) und *Gordan* [219]) die Gleichungen für die Urformen aufzustellen, wenn man den bez. Grundformen feste (sc. erlaubte) Zahlenwerte beilegt.

Irrationalen Formen begegnet man bei den elliptischen und *Abel*schen Funktionen. Nach *Klein* [220]) ist das elliptische Integral J_1 1ter Gattung ∞ vieler „kanonischer" Gestalten fähig, je nach der bez. „Normalkurve"; der Modul von J_1 ist eine absolute irrationale Invariante der Kurve. Für $p = 3$ [221]) liegt eine C_4 zu Grunde; dem Rationalitätsbereich werden irrationale Teile der Systeme der „Berührungskurven" (III C 2, 3) „adjungiert, wodurch sich die Form der Integrale, ϑ-Funktionen und deren Differentialgleichungen reguliert; die eindeutig-rationale Transformation der bez. algebraischen Funktionen wird äquivalent mit der Kollineation der „φ" d. i. der Ebene. Insbesondere [222]) benötigt man dabei gewisser Kombinanten.

Wegen verwandter Untersuchungen vgl. Nr. **7, 14,** und II B 4a, b.

12. Symbolik und graphische Darstellung. *Cayley* [223]) erzeugt mittels eines symbolischen Prinzips („Hyperdeterminantenkalkül") beliebig viele Invarianten einer Urform F. Die Invarianz erscheint als

---

219) S. Anm. 96, 107. — Überhaupt ist die „Lösung" einer $f_n = 0$ mit beliebiger *Galois*'scher Gruppe nach *Klein* in dem „Formenproblem" enthalten: „Gegeben eine endliche Gruppe G von $S(x_1, x_2, \ldots x_n)$; die x aus den Invarianten von G zu berechnen". *Klein* „reduziert" so die $f_5 = 0$ auf das binäre „Ikosaederproblem", die allg. $f_6 = 0$ und $f_7 = 0$ auf quaternäre Formenprobleme [Nr. 5, Anm. 96, 111, 112]. Von $n > 7$ an ist eine entsprechende Reduktion (auf Formenprobleme von $< n - 2$ Dimensionen) nicht möglich: *A. Wieman*, Gött. Nachr. 1897, p. 55, 191 [I B 3 f, Nr. 15]; Math. Ann. 52 (1899), p. 243.

220) Matth. Ann. 17 (1880), p. 133; Leipz. Abh. 1885, p. 339; vgl. *G. Pick*, Math. Ann. 28 (1887), p. 309; 29 (1887), p. 259; 32 (1888), p. 443. Vgl. noch die verwandten Untersuchungen von *Bruno*, Amer. J. of Math. 5 (1882), p. 1; *Burkhardt*, Diss. München 1887, sowie die Darstellung bei *Halphen*, Fonctions elliptiques 2, Par. 1888 und die Formeltabelle bei *J. Stringham*, Chic. Pap. 1896 (93), p. 350 [II B 4a].

221) *Pick*, Math. Ann. 29 (1887), p. 259; *Klein* s. Anm. 222; *E. Wiltheiss*, Math. Ann. 38 (1890), p. 1; *E. Pascal*, Ann. di mat. (2) 17 (1889), p. 81, 197, 257; ib. 18 (1890), p. 1, 131; ib. 20 (1892), p. 163; ib. 24 (1896), p. 193. — Für *Abel*'sche Integrale s. etwa *H. S. White*, Nova Acta Leop. 62² (1887), p. 43 [II B 4 b].

222) *Klein*, Gött. Nachr. 1888, p. 191; Math. Ann. 36 (1890), p. 1; ausgeführt von *H. Wirtinger*, Math. Ann. 40 (1892), p. 361. Vgl. *Klein*, Lineare Diff.gleichungen d. 2. Ordn., Aut. Vorl., Gött. 1890/91, 1894; und „Inv.-Ber." II B 6, p. 185.

223) Cambr. math. J. 4 (1845), p. 193 = Pap. 1, p. 80. Vgl. Anm. 17.

Erweiterung des Determinantenmultiplikations-Theorems (Nr. **1**); einmal werden Determinanten „höheren Ranges"[224] („Kommutanten") aus $(k!)^n$ Gliedern gebildet, andererseits wird ein Aggregat von Determinanten unter der Form einer „Matrix"[223] zusammengefasst. Die Abkürzung in der Bezeichnung ist eine erste Art von Symbolik. Dabei wird eine Urform $F_n(x_1, x_2, \ldots x_m)$ ersetzt[225] durch eine allgemeinere („n-partite"), die in n Reihen von m Variabeln, die alle verschiedenen S unterworfen werden können, je linear ist; eine Invariante von F ändert sich dabei um eine Potenz des Produktes der Moduln (Nr. **2**). Nachträglich lassen sich einige oder alle n Variabelnreihen identifizieren. Bald darauf[226] formuliert *Cayley* sein Erzeugungsprinzip real. Er fasst die Funktionaldeterminante $\left|\dfrac{\partial \varphi_i}{\partial x_k}\right|$ von n Funktionen $\varphi(x_1, x_2, \ldots x_n)$ auf als das Resultat eines Prozesses Ω (Nr. **14**), ausgeübt auf das Produkt der φ, jede in einer andern Variabelnreihe geschrieben. Durch Iterierung entstehen invariantive Prozesse, die aus Urformen Komitanten erzeugen. Die zugehörige Symbolik ist eine Abkürzung in der Darstellung realer Prozesse. *Cayley* schreibt:

$$\Omega = \overline{1 \cdot 2 \cdots n} = \left|\frac{\partial}{\partial x_{i1}}, \frac{\partial}{\partial x_{i2}}, \cdots \frac{\partial}{\partial x_{in}}\right|_{(i=1,2,\ldots n)},$$

d. i. $\displaystyle\sum \pm \frac{\partial^n}{\partial x_{11}\partial x_{22}\ldots \partial x_{nn}}$, wo die ersten (zweiten) Indices wie bei einer Determinante permutiert werden.

Von dieser Symbolik weicht die von *Aronhold*[227] begründete, von *Clebsch, Gordan*[228] u. a. ausgebildete materiell nicht wesentlich

<hr>

224) Vgl. Anm. 17, 226.

225) Cambr. Trans. 8 (1843), p. 1 = Pap. 1, p. 63. S. auch *Sylvester*, Cambr. Dubl. m. J. 7 (1852), p. 75 (Sect. III). Vgl. Anm. 17.

226) Cambr. Dubl. m. J. 1 (1846), p. 104 = Pap. 1, p. 95.

227) J. f. Math. 62 (1863), p. 281. Das Prinzip schon bei *Sylvester*, Cambr. Dubl. m. J. 7 (1852), p. 94. Die symb. Bezeichnung dient *Hermite* ib. 9 (1854), p. 173 als Beweisgrund des „Reciprozitätsgesetzes" (cf. Anm. 233* und Nr. **16**).

228) Vgl. Anm. 27. Über den formalen Unterschied zwischen der englischen und deutschen Symbolik s. *Cayley*, Pap. 1 (1889), p. 585. — Über die Verwandtschaft von *Clebsch*'s binärer Symbolik mit der der Quaternionen s. etwa *J. B. Shaw*, N. Y. Bull. (2) 4 (1897), p. 6. — Im binären Gebiet lässt sich eine analoge „Wurzelsymbolik" aufbauen, die mit den wirklichen Linearfaktoren der Formen operiert, und somit für die explicite Berechnung der In- und Kovarianten besonders geeignet erscheint. Beide Arten von „Symbolik" sind in einander überführbar. Man vgl. bes. *A. L. Mackinnon*, Ann. of Math. 9 (1895), p. 95, dazu Tabellen ib. 12 (1898), p. 95, auch *Mertens*, Krak. Abh. 22 (1892), p. 141, sowie die Endlichkeitsbeweise von *Mertens* und *Hilbert* in Nr. **6**. Das ternäre, . . . Gebiet wird durch Entwickelung nach Potenzen

ab (Nr. **14**), wohl aber in der Auffassung und der allmählich erlangten bequemeren Handhabung. Nach Analogie der Kummerschen idealen Zahlen (I C 3), von denen erst ein gewisses Produkt wieder real ist, setzt man[229]), um die Invarianten J einer Urform $F_\nu(x_1, x_2, \ldots x_n\,|\,a) = F_\nu(x\,|\,a)$ auf die von Linearformen zurückzuführen, F_ν gleich einem Produkte von ν n-gliedrigen idealen oder „symbolischen" Linearformen $\alpha_x \beta_y \ldots \nu_w$, und ersetzt nach Ausrechnung die Produkte der Koeffizienten resp. Variabeln durch die entsprechenden Terme in F. Der Rückgang zur realen Urform F bleibt eindeutig, wenn man die Linearformen identifiziert, also mit *Aronhold*[227]) $F_\nu = \alpha_x^\nu = \beta_x^\nu = \cdots$ schreibt; zur Darstellung einer Form p^{ten} Grades in den a sind gerade p „Symbole" $\alpha, \beta, \ldots$ erforderlich. Dabei ist F eine „allgemeine" Form ihrer Ordnung, insofern lineare Relationen zwischen den a ausgeschlossen sind. — Geht durch eine S der x $F(x\,|\,a)$ über in $F'(x'\,|\,a')$, also symbolisch α_x^ν in $\alpha_{x'}^{'\nu}$, so *hängen die α' von den α, bis auf die Transposition der Substitutionskoeffizienten gerade so ab, wie die x von den x'* (Nr. **2**). Jedes aus den n-reihigen Determinanten $(\alpha, \beta, \ldots)$ der $\alpha, \beta \ldots$ derart gebildete Produkt, dass jede Symbolreihe ν-mal vorkommt, ist eine ganz-rationale Invariante J von F. *Clebsch*[230]) bewies die Umkehrung, dass jedes J als ein Aggregat solcher Produkte darstellbar ist, mit Ausdehnung auf mehrere Urformen F. Für $n > 3$ aber, wo noch die Zwischenvariabeln (Nr. **2, 18**) $p_{ik}, p_{ikl}, \ldots$ zu berücksichtigen sind, lässt sich, trotz mancher Einzeldarstellungen[231]), die Gesamtheit des Formen-

---

von x_1 resp. x_2 resp. $x_3 \ldots$ auf das binäre zurückgeführt; ternäre, $\ldots$ Komitanten erscheinen so als binäre Simultaninvarianten, woraus sich auch ihre Differentialgleichungen (Nr. **18**) ableiten lassen. S. *Brioschi* (für eine C_4) Ann. di mat. (2) 7 (1876), p. 202; *Brill*, Math. Ann. 13 (1878), p. 175; *Forsyth*, Amer. J. 12 (1889), p. 1, 115; Cambr. Trans. 14 (1889), p. 409 (vgl. Anm. 154); *R. Perrin*, Paris Soc. M. Bull. 18 (1890), p. 1 und „Elliott".

Allgemeiner führt *E. Wölffing* die Invarianten einer ganzen bezw. rationalen, bezw. irrationalen Funktion von Urformen auf Simultaninvarianten der letzteren zurück; Math. Ann. 43 (1893), p. 26, in besonderen Fällen schon in der Tübinger Diss. 1890 = Math. Ann. 36, p. 97. Der Formenkreis gliedert sich hierdurch nach Typen, Stämmen, Familien; die Theorie der Seminvarianten (Nr. **23**) wird so erweitert, u. s. f.

229) „Study" 1, § 5; 2, §§ 2, 5, 6.

230) J. f. Math. 59 (1861), p. 1. „Clebsch" § 12. Weitere Beweise bei „Gordan" 2, § 9; „Study" § 5.

231) *Clebsch*, Gött. Abh. 17 (1871), p. 1; insbes. für Linienkomplexe Math. Ann. 2 (1869), p. 1; weiter entwickelt mit Grassmann'schen Symbolen von *E. Waelsch*, ib. 37 (1890), p. 141, vgl. Anm. 244. Wegen der fragl. Schwierigkeiten vgl. *Gordan* „Programm", Anhang; *Study*, Leipz. Ber. 1890, p. 172.

kreises nicht mehr übersehen, sondern nur der Teil, der, wie auch die F selbst, nebst mehreren kogredienten Reihen von (x) noch kontragrediente Reihen (u) enthalten kann. — Die n-reihigen Determinanten der $\alpha, \beta, \ldots$ sind durch ein System von Relationen $R_1 = 0, R_2 = 0, \ldots$ verknüpft, die zu identischen Umformungen von Invarianten verwandt werden. Umgekehrt, wie *Gordan*[232]) für $n = 2$, *Study* für $n = 3$, *E. Pascal* allgemein[232]) bewiesen, lässt sich die linke Seite jeder, durch Einsetzen der $a, b, \ldots$ erfüllten Invariantenidentität als eine mit den R verschwindende Form darstellen. Die Zwischenvariabeln sind wiederum auszuschliessen.

Von *Hermite*[233a]) rührt das „Reziprocitätsgesetz" her, wonach jeder Kovariante einer f_n (von der Ordnung m und) vom Grade g eine Kovariante einer f_g (von der Ordnung m und) vom Grade n entspricht. — *Clebsch* stellte ein für die Geometrie fruchtbares „Übertragungsprinzip[233b]) auf, das an einem besondern Falle erklärt und in geometrischer Fassung lautet: „Sei i eine Invariante von $f_n = a_x^n = b_x^n = \cdots$, so ersetze man in i jeden „Klammerfaktor" (ab) durch (abu), so erhält man eine Kontravariante $\Gamma(u)$ von $C_n = a_x^n = b_x^n = \cdots$. Dann ist $\Gamma(u) = 0$ der Ort der Geraden (u), die aus $C_n = 0$ die Punkt-n-tupel mit der projektiven Eigenschaft $i = 0$ ausschneiden." Ein anderes Übertragungsprinzip hat *Gordan*[234]) zum Aufbau voller Systeme (Nr. **6**) benützt. „Sei etwa G eine Komitante von $C_n(x\,|\,a) = a_x^n = b_x^n = \cdots$, vom Grade $m - 1$ in den a, so ersetze man in G λ Faktoren $b_x, c_x, \ldots$ durch $(bau), (cau), \ldots$; $\varkappa$ Faktoren (bcu), $(bdu), \ldots$ durch $(bca), (bda), \ldots$ und multipliziere mit $a_x^{n-(\lambda+k)}$, so erscheint eine Reihe von Formen H vom Grade m in den a. Ist

---

232) „Gordan" 2, Nr. 117; *E. Study*, Math. Ann. 30 (1887), p. 120; „Study" § 6; *E. Pascal*, G. di mat. 26 (1888), p. 33, 102; Rom. Linc. R. (4) 4 (1888), p. 119; ib. Mem. (4) 5 (1888), p. 375. Im binären Gebiet giebt es nur die eine Identität $a_x b_y - a_y b_x - (ab)(xy) \equiv 0$. Es gilt die nämliche Einschränkung wie oben: „Study" p. 204.

233a) Cambr. Dubl. m. J. 9 (1854), p. 172 (Anm. 227). S. die Beweise bei „Gordan" 2, Nr. 93. *J. Deruyts* hat das Gesetz auf (in Linearformen) zerfallende F_n ausgedehnt: Brux. Bull. (3) 22 (1891), p. 11; s. den kurzen arithmetischen Beweis von *Gordan*, Gött. Nachr. 1897, p. 182. [Eine bemerkenswerte Anwendung des Satzes von *Deruyts* auf das Kriterium für das Zerfallen von C_n in Linearfaktoren macht *Gordan* s. I B 1 b, Nr. **5**, I B 3 b, Nr. **26**, desgl. auf die invariante Darst. der Resultante von $3\,C$ s. Nr. **25**, Anm. 405.] — Wegen einer weitergehenden Ausdehnung durch *Hurwitz* vgl. Nr. **16**, Anm. 294.

233b) Vgl. z. B. „Clebsch-Lindemann" 1^1, p. 274. Erweiterungen bei *Gundelfinger*, Math. Ann. 6 (1872), p. 16; „Study" 2, § 19 [Nr. **24**].

234) Math. Ann. 1 (1869), p. 90; 17 (1880), p. 217.

dann ein System von Formen G „linear vollständig", sodass jede Form vom Grade $m - 1$ linear durch die G ausdrückbar ist, so ist es auch das System der Formen H."

E. Stroh [235]) hat die Symbolik von *Aronhold-Clebsch* vereinfacht. Sei die Urform $f_n = (a_\lambda x_1 + a_\lambda x_2)^n$ $(\lambda = 1, 2, \ldots)$, so darf man die Symbole α gleich 1 setzen. Das Leitglied c_0 einer Kovariante c vom Grade i und vom Gewicht g (Nr. **18**) genügt der charakteristischen Gleichung $\sum\limits_{\lambda=1}^{i} \dfrac{\partial c_0}{\partial a_\lambda} = 0$. Deren allgemeinste ganz-rationale Lösung c_0 ist nach *Hesse* [236]) die allgemeinste Form der $a_2 - a_1$, $a_3 - a_1$, $\ldots$ $a_i - a_1$ von einer Ordnung $g \leqq n$, die auch ersetzbar sind durch ebensoviel „Grundsymbole" $A_\lambda = \lambda_1 a_1 + \cdots + \lambda_i a_i (\sum \lambda = 0)$. Nimmt man n hoch genug, so werden die c_0 zu „Seminvarianten" (Nr. **9, 23**); diese sind bei festen i, g durch Grundsymbole linear ausdrückbar; insbesondere lassen sich so alle irreducibeln (i. e. die „Perpetuanten") [vgl. unten Anm. 249 u. Nr. **23**] der Anzahl und Form nach ermitteln.

Eine erweiterte Symbolik tritt bei Formen mit mehreren unabhängigen Variabelnreihen z. B. bei Kombinanten [237]) auf (Nr. **24**), wo Urformen $a_x^n \alpha_\xi^\nu$ zu Grunde gelegt werden.

Die beiden Hauptsymbole der Lie'schen Theorie [II A 6], Xf und $(X_i X_k)$, hat *Study* [238]) als invariante Prozesse eingeführt.

Die atomistischen Strukturformeln der Chemie sind den symbolischen für die Formen c einer $f_n(x)$ nach *Sylvester* [239]) analog. Die Wertigkeit des Elements ist n, die Anzahl der gebundenen Wertigkeitseinheiten entspricht dem Gewicht von c; die gesättigten Verbindungen den Invarianten, die ungesättigten den Kovarianten etc.

Clifford [240]) hat eine mehr geometrische Graphik. Jede Wurzel x_i von f_n wird durch einen Punkt einer Ebene, jedes $x_i - x_k$ durch eine

<hr>

235) Math. Ann. 36 (1890), p. 262. Für die C_n l. c. § 12.

236) J. f. Math. 42 (1851), p. 117 = Werke p. 289. Der Satz vermittelt bei *Stroh* auch den Zusammenhang mit den Syzygien (Nr. **8**, Anm. 176).

237) *Stroh*, Math. Ann. 22 (1883), p. 393; *Gordan*, ib. 5 (1872), p. 95. Für Komb., die von den x und u abhängen, vgl. „Study" 2, § 13; *Stroh*, Progr. Münch. Realsch. 1894. Eine analoge Symbolik für $f_2(x\,|\,y)$ bei *A. Capelli*, Gi. di mat. 17 (1879), p. 69 [Anm. 30]; allg. für $f(\overset{m}{x}\,|\,\overset{n}{y})$ bei *Gordan*, Math. Ann. 33 (1889), p. 372. Für multilineare Formen bei *C. le Paige*, Brux. Bull. (3) 2 (1881), p. 40.

238) „Study" 2, § 15. „Lie-Scheffers, Kontin. Transf.-Gruppen" Kap. 23.

239) Amer. J. of Math. 1 (1878), p. 63 (Anwendungen in den Appendices). Die wirkliche Zuordnung bei *W. K. Clifford* ib. p. 126 = Pap. p. 255; vgl. *J. W. Mallet* ib. p. 277.

240) Lond. Math. S. Proc. 10 (1879), p. 121, 214 = Pap. p. 258, 277; vgl. *W. Spottiswoode* ib. p. 204.

Verbindungslinie dargestellt. Die Reducibilität[241]) von Formen zeigt sich als Überlagerung von Bildern[242]) („graphs"). *J. Petersen*[243]) beweist so den diophantischen Hülfssatz *Gordan's* (Nr. **6**, Anm. 128) anschaulich.

Die Formentheorie haben [244]) *H. Grassmann* und *Clifford*[245]) der extensiven Algebra untergeordnet. So erhält man aus $f_{1,1} = \sum a_{ik} x_i y_k$, $g_{1,1} = \sum b_{ik} x_i y_k$ $(i, h = 1, 2)$: $(f, \varphi)_2 = a_{11} b_{22} - a_{12} b_{21} - a_{21} b_{12} + a_{22} b_{11}$, wenn man im Produkte $f\varphi$ die „Einheitenprodukte" den Gesetzen unterwirft: $x_i^2 = y_i^2 = 0$, $x_1 x_2 = - x_2 x_1 = y_1 y_2 = - y_2 y_1 = 1$.

Mac Mahon[246]) und *Cayley*[247]) haben eine binäre Symbolik auf die symmetrischen Funktionen basiert. Sei $f_m(x \mid a)$ die Urform, c_0 irgend ein Leitglied (Nr. **23**), so bleibt c_0 ein solches für jede $f_n (n > m)$, die mit f_m die ersten $m + 1$ Koeffizienten gemein hat; c_0 heisst eine Sem-(Sub-)invariante (Nr. **23**) der $a_0, a_1, \ldots a_n, \ldots$ Man schreibe $f_n = 1 + \frac{b}{1} x + \frac{c}{1.2} x^2 + \cdots = (1 - \alpha x)(1 - \beta x)(1 - \gamma x) \cdots$ Dann ist nach *Mac Mahon* jede ganze Funktion der $\alpha, \beta, \gamma, \ldots$, die sie symmetrisch und vom Grade > 1 enthält („nicht-unitär" ist), eine Seminvariante der $a - 1, b, c, \ldots$ So ist z. B. $\sum \alpha^2 = - (c - b^2)$, $2 \sum \alpha^3 = - (d - 3bc + 2b^3)$. Schreibt man „partitionssymbolisch"[248]) $2 = \sum \alpha^2$, $3 = \sum \alpha^3$, $6552 = \sum \alpha^6 \beta^5 \gamma^5 \delta^2$ etc., so gelten die Verknüpfungsregeln der symmetrischen Funktionen [I B 3 b, Nr. **2**, **13**]: $lm = (l + m) + (lm)$ $(l \gtreqless m)$ etc. Jede Syzygie (Nr. **8**) erzeugt weitere, indem z. B. 552 geändert wird in resp. 5552, 6552, 7552 etc. *Cayley* leitet so die erzeugende Funktion (Nr. **9**) $\dfrac{x^j}{(1 - x^2)(1 - x^3) \cdots (1 - x^j)}$ ab, nach deren Entwickelung der Koeffizient von x^w die Zahl der asyzygetischen Seminvarianten vom Grade j und Gewichte w ist. *Mac Mahon*[249]) konstruiert induktiv die erz. Funktion $x^{2j-1} - 1 \mid 2.3.4 \ldots j$

---

241) Über den sog. „Zerlegungssatz" von *Clebsch* vgl. „Clebsch" p. 257.

242) *A. Buchheim*, Lond. Math. S. Proc. 17 (1886), p. 80; *A. B. Kempe* ib. p. 107; 24 (1893), p. 97 „rechnet" mit den Bildern der Invarianten.

243) Acta math. 15 (1891), p. 193.

244) Math. Ann. 7 (1874), p. 12, 538. Vgl. *R. Sturm* in Math. Ann. 14 (1879), p. 9.

245) Lond. M. S. Proc. 10 (1879), p. 124, 214; vgl. *W. Spottiswoode* ib. p. 204.

246) Amer. J. of Math. 7 (1884), p. 26. Bez. der daran sich anschliessenden „neuen" Theorie der symmetrischen Funktionen desselben Verf. s. I B 3 b, Nr. **10**.

247) Amer. J. of Math. 7 (1884), p. 1, 59; Quart. J. 20 (1884), p. 212.

248) Die Beziehung zur universellen Algebra *Sylvester's* bei *Sylv.*, Amer. J. of Math. 5 (1883), p. 79; ib. 6 (1883), p. 270; *B. Peirce*, ib. 4 (1881), p. 97.

249) l. c. Einen andern, mehr verifizierenden Beweis für *Stroh's* Formel (Anm. 235) giebt *P. Mac Mahon*, Lond. Math. S. Proc. 26 (1895), p. 262 (Anm. 336). Vgl. *Cayley*, Anm. 250.

für die „Perpetuanten" i. e. irreducibeln Seminvarianten, die von *Stroh*[249]) bewiesen wurde (diese Nr. oben). *Cayley*[250]) hat diese Richtung ausgebildet und ausgedehnte Tabellen hinzugefügt.

13. Aronhold's Prozess. Polaren. Der „Aronhold'sche Prozess" lautet: $D_{pq} = \sum q_i \frac{\partial}{\partial p_i}$, unter p_i, q_i 2 kogrediente Grössenreihen verstanden; sind die p_i, q_i Variable, so sagt man meist „Polarenprozess"[251]). — Sind b_i, a_i gleichstellige Koeffizienten von 2 Formen F_n, G_n, so vermittelt D_{ba}[251a]) nach *Aronhold* und *Clebsch* die symbolische Darstellung einer Invariante g^{ten} Grades einer Urform als Simultaninvariante von g Linearformen (Nr. **12**). — Solange die b von den a unabhängig sind, lässt sich D_{ba} direkt iterieren; besteht aber zwischen den b, a eine invariante Verknüpfung, so zieht man mit *Gordan*[252]) Rekursionsformeln resp. Reihenentwickelungen (**Nr. 17**) heran. — Wenn $D_{ba}J = 0$ ist, ist J eine Kombinante (Nr. **24**) von $F_n(x\,|\,a)$, $G_n(x\,|\,b)$; Abhängigkeiten zwischen den a und b sind hier schwer zugänglich[253]).

D_{ba} wird zum „Evektantenprozess"[254]), wenn $F(x\,|\,a)$ die reale μ^{te} Potenz von u_x, $G(b)$ eine Invariante μ^{ten} Grades von F ist. Sei f_n die Urform, Ei die erste Evektante der Invariante i, so ist $(f, Ei)_{n-1} \equiv 0$, $(f, Ei)_n = ci$, wo c ein Zahlenfaktor; diese beiden Eigenschaften sind nach *Gordan*[255]) den beiden Differentialgleichungen für i äquivalent.

Sind die p_i, q_i irgend 2 Kolonnen der S-Koeffizienten und geht $F(x\,|\,a)$ durch S über in $F'(x'\,|\,a')$, $J(a)$ in $J'(a')$, so sind $D_{pq}J' = 0$ nach *Aronhold*[256]) die Differentialgleichungen für eine

---

250) Amer. J. of Math. 15 (1893), p. 1.

251) Vgl. wegen der Bedeutung des Polarenprozesses für die Geometrie z. B. *H. Thieme*, Math. Ann. 28 (1887), p. 133, sowie die ausführlicheren Lehrbücher über neuere Geometrie z. B. „Clebsch-Lindemann".

251ª) Über eine bemerkenswerte Anwendung des Prozesses D_{ba} bei *Aronhold* auf die Umformung des Integrals $\int R(x, y)\,dx$, wo R eine rationale Funktion, und x, y an eine Relation $C_2(x, y, 1) = 0$ gebunden sind, s. II A 2, Nr. **29**, Anm. 175, 179.

252) „Gordan" 2, § 5.

253) l. c. § 6, bes. p. 74. Ein besonderer Fall bei *Gundelfinger*, Math. Ann. 4 (1871), p. 164.

254) „Gordan" 2, p. 128; „Study" p. 41.

255) „Gordan" 2, p. 129; für C_n: „Study" p. 170. Vgl. Nr. **18**, Anm. 316.

256) J. f. Math. 62 (1863), bes. p. 287, 293; weiter entwickelt bei *P. Gram*, Math. Ann. 7 (1874), p. 230.

Invariante J (Nr. 18). *F. di Bruno*[257]) hat die direkte Überführung in die übliche Form vollzogen.

Gordan[258]) entwickelt ein symbolisches Produkt mit 2 Variabelnreihen (x_1, x_2), (y_1, y_2) in eine Summe von Polaren, die nach Potenzen von (xy) fortschreitet. Man schreibe die Urform $f_{m+n}(x)$ symbolisch $= a_x^m b_x^n$; die k^{te} Polare P von f bez. der (y) wird eine Summe von $k + 1$ Gliedern $G_1, G_2, \ldots$, dann besitzt $G_i - G_k$, wie auch $G_i - P$ selbst, den Faktor $(xy)(ab)$; bei geeigneter Erweiterung stellt G jedes symbolische Produkt in (x), (y) dar. Der Satz ist ausdehnbar auf m Variabelnreihen, auf ternäre Formen etc.

A. Capelli[259]) hat den Polarenprozess zum Kern der Formentheorie gemacht; bei n Reihen von ν Variabeln (x), (y), $\ldots$ (v) frägt er nach den Verknüpfungen zwischen den $n^2 = N$ „elementaren" Operationen $D_{xx}, D_{xy}, \ldots, D_{yx}, D_{yy}, \ldots$ So ist der „Klammerausdruck" $D_{ik}D_{lm} - D_{lm}D_{ik}$ eine lineare Form der D u. s. f. Identitäten der Art führen zu den charakteristischen Differentialgleichungen für die Polaren[260]). — Allgemeiner, wenn $D_1, D_2, \ldots D_N$ die D in irgend einer festen Folge bezeichnen, lässt sich jede Form F der D — die von der Folge der D in jedem Gliede abhängt — in die Gestalt bringen $\sum c D_1^{\alpha_1} D_2^{\alpha_2} \ldots D_N^{\alpha_N}$. Soll F mit jeder analogen Operation i. e. mit allen D vertauschbar sein, so wird F in den n Variabelnreihen symmetrisch und eine beliebige Form von n einfachsten, linear unabhängigen Operationen. Damit werden andere invariantive Prozesse, vor allem „Ω (Nr. 2, 14) auf die D reduziert. Für Δ als Determinante der (x), (y), $\ldots$ (v) wird $\Omega\Delta$ die Determinante der $D_{xx}, D_{xy}, \ldots$, nur dass[261]) in der Diagonalreihe noch die Zahlen $0, 1, 2, \cdots n - 1$ additiv hinzutreten[262]).

14. Überschiebungs- und Ω-Prozess. Normierung einer linearen Differentialgleichung. *Sylvester*[263]) konstatiert (Nr. 16), dass, wenn

---

257) „Bruno" p. 152.

258) „Gordan" 2, § 2, bes. p. 26; vgl. *E. Pascal*, Nap. R. (2) 1 (1887), p. 200.

259) „Fondamenti". Vgl. Nr. 9, Anm. 192. Die späteren Untersuchungen hat *Capelli* zusammengefasst in Math. Ann. 37 (1891), p. 1. S. „Inv.-Ber." p. 200.

260) Math. Ann. 37, p. 4. Über eine Anwendung auf die Hesse'sche Form H s. Nr. 27.

261) Nap. Atti (2) 1 (1888); Nap. Rend. (2) 2 (1888), p. 45, 189; ib. (2) 7 (1893), p. 29, 155; Gi. di mat. 32 (1894), p. 376 = Chic. Congr. P. 1896 (1893), p. 85.

262) In den Arbeiten von 1893/94 (l. c.) geht *Capelli* auch näher ein auf die Syzygien (Nr. 8) zwischen vertauschbaren Polaroperationen, auf „volle Systeme" (Nr. 6) von solchen u. dgl.

263) Cambr. Dubl. m. J. 7 (1852), p. 179, 194 [vgl. *Boole* ib. 6 (1851), p. 96]. *Gordan*, s. Anm. 234.

in $F = F_m(x \mid a)$ jedes Potenzenprodukt $x_1^{e_1} x_2^{e_2} \cdots x_n^{e_n}$ ersetzt wird durch

$$\frac{\partial^{e_1 + e_2 + \cdots + e_n}}{\partial u_1^{e_1} \partial u_2^{e_2} \cdots \partial u_n^{e_n}} \, \Phi_\mu(u \mid \alpha),$$ wo $\mu \geq m$, eine Kontravariante von F

und Φ entsteht, die „m^{te} Überschiebung" (nach *Gordan*) $(F, \Phi)_m$. Speziell für $\mu = m$ resultiert die „bilineare Invariante"[264] $\sum p_i a_i \alpha_i$, wo die p_i die bez. Polynomialkoeffizienten sind. Sollen die p_i herausfallen, so hat man entweder eine der beiden Urformen F, Φ ohne p_i anzusetzen, oder aber[265] in beiden — dann „präpariert" genannten, — die $\sqrt{p_i}$ als numerische Koeffizienten einzuführen (Nr. **16**). Allgemeiner, wenn $F_{y^{(k)}}$, $\Phi_{v^{(k)}}$ die k^{ten} Polaren von $F = F_m(x \mid a)$, $\Phi = \Phi_\mu(u \mid \alpha)$ bez. (y) resp. (v) sind, und man sieht $F_{y^{(k)}}$, $\Phi_{v^{(k)}}$ als Urformen k^{ter} Ordnung resp. Klasse in (y) resp. (v) an, so ist nach *Sylvester*[266] $(F_{y^{(k)}}, \Phi_{v^{(k)}})_k$ eine Komitante von F, Φ, die *Gordan*[267] als „k^{te} Überschiebung von F und Φ" bezeichnet und zur Grundlage der Formentheorie gemacht hat. Schreibt man $F = a_x^m$, $\Phi = u_\alpha^\mu$, so wird $(F, \Phi)_k = a_x^{m-k} u_\alpha^{\mu-k} (a\alpha)^k$ i. e. „$(F, \Phi)_k$ entsteht aus dem Produkte $F\Phi = a_x^m u_\alpha^\mu$, indem man k-mal ein Faktorenpaar $a_x u_\alpha$ durch den „Klammerfaktor"[268] $(a\alpha)$ ersetzt, oder wie *Gordan* sagt, $F\Phi$ k-mal „faltet"."[268] Man kann sich auch auf kogrediente Variabelnreihen (x), (y), (z), $\ldots$ beschränken[269]; für 3 ternäre Urformen etwa $F_m = a_x^m$, $G_p = b_y^p$, $H_q = c_z^q$ wird $(F, G, H)_k = (abc)^k a_x^{m-k} b_y^{p-k} c_z^{q-k}$. Spezialisiert man, indem man $p = q$ und $b_y c_z$ als alternierende Form der y, z nimmt, so kehrt man zu $(F, \Phi)_k$ zurück. Andererseits liefert *Cayley*'s Prozess (Nr. **12**, Anm. 226) $\Omega = \left| \dfrac{\partial}{\partial x_1} \dfrac{\partial}{\partial y_2} \dfrac{\partial}{\partial z_3} \right|$, auf $a_x^m b_y^p c_z^q$ k-mal ausgeübt, bis auf einen Zahlenfaktor, gerade $(abc)^k a_x^{m-k} b_y^{p-k} c_z^{q-k}$ i. e.: „Der Prozess Ω^k, auf ein symbolisches (ternäres) Produkt $a_x^m b_y^p c_z^q$ ausgeübt, ist äquivalent der k-maligen Faltung des Produktes oder der k^{ten} Überschiebung der Formen a_x^m, b_y^p, c_z^q (und entspr. allgemein)". Überschiebt man 2 Produkte binärer symbolischer Faktoren, so ergeben sich bei *Gordan*[270] analoge Sätze, wie beim Polarenprozess

---

264) Das Verschwinden der bilinearen Invariante ist eine Hauptquelle der Apolarität [Nr. **24**].

265) *Clebsch*, Gött. Abh. 17 (1872), p. 14; *Sylvester*, J. f. Math. 85 (1878), p. 89 [Nr. **16**].

266) S. Anm. 263. Implicite schon bei *Cayley* (Nr. **2**, Anm. 17).

267) Für f_n im J. f. Math. 69 (1868), p. 323 (besondere Fälle in unsymbolischer Behandlung bei *Cayley*, IV. Mem.); für F_n: Math. Ann. 1 (1868), p. 90.

268) „Gordan" 2, p. 33. Das Wort „Faltung" im „Programm". Für C_n: *Gordan*, Math. Ann. 17 (1881), p. 217.

269) Nach *W. Fr. Meyer*, „Inv.-Ber." p. 206.

270) „Gordan" 2, § 3; Math. Ann. 17 (1881), p. 217.

(Nr. 13); speziell wird jedes symbolische Produkt eine Summe einfacher, nur noch 2 Symbole enthaltender Überschiebungen. Eine häufige Überschiebung ist die „Funktionaldeterminante"[271] $\left|\dfrac{\partial F^{(i)}}{\partial x_k}\right|$ von n Formen $F^{(i)}(x_1, x_2, x_n)$, die zur „Hesse'schen Determinante"[272]) von G für $F^{(i)} = \dfrac{\partial G}{\partial x_i}$ wird.

Bei festem φ stellt $(f, \varphi)_k = 0$ eine lineare Differentialgleichung k^{ter} Ordnung $D_k = 0$[273]) für $f = f(x) = f(x_1, x_2)$ dar. Umgekehrt lässt sich jedes (homogenisierte) D_k mit rationalen Koeffizienten als Aggregat von Überschiebungen einer Form f mit Formen φ schreiben. *E. Waelsch*[273]) weist das nach, indem er in $D_k \equiv \sum\limits_{r=0}^{r=k} \psi^{(r)} \dfrac{\partial^k y}{\partial x_1^r \, \partial x_2^{k-r}} = 0$ symbolisch $y = a_x^n$ setzt, und die Form $D_k(x_1, x_2; -a_2, a_1)$ nach Potenzen von a_x entwickelt (Nr. 17); für $n + \nu = m$ resultiert

$$D_k \equiv \nu_0(\varphi_m, f)_n + \nu_1(\varphi_{m-2}, f)_{n-1} + \nu_2(\varphi_{m-4}, f)_{n-2} + \cdots = 0,$$

wo die φ gewisse Formen sind und über die numerischen ν geeignet verfügt wird. Diese „Normierung" von $D_k = 0$ ist für das Aufsuchen der ganz-rationalen[274]) Lösungen spezieller Typen von $D_k = 0$ brauchbar. Vgl. Anm. 203. So haben *G. Pick*[275]) und *F. Klein*[276]) die „Lamé'sche Differentialgleichung" untersucht; *Pick* die „gewöhnliche" $(\varphi_4, f)_2 = \varphi_0 f$; *Klein* die „allgemeine" $(\varphi_m, f)_2 = \varphi_{m-4} f$, die bei einer gewissen Ausartung von φ_m zur allgemeinen $D_2 = 0$ wird[277]).

Deutet man mit *E. Waelsch*[278]) in der normierten $D_k = 0$ f als

---

271) Vgl. I B 1 b, Nr. 17, 19, 21.

272) Vgl. I B 1 b, Nr. 22.

273) Prag Deutsche Math. Ges. 1892, p. 78.

274) *Hilbert,* Diss. Königsb. 1885; Math. Ann. 28 (1887), p. 381; 30 (1887), p. 15; *R. Perrin,* Par. Soc. Math. Bull. 16 (1888), p. 82; *A. Hirsch,* Diss. Königsb. 1892.

275) Wien. Ber. 96 (1887), p. 872; Math. Ann. 38 (1891), p. 139.

276) Gött. Nachr. 1890, p. 85; Math. Ann. 38 (1891), p. 144; „Über lineare Differentialgleichungen 2. Ordnung". Autogr. Vorl., Göttingen 1890/91, 1894.

277) Wegen einer damit zusammenhängenden Verallgemeinerung des Überschiebungsbegriffes durch *Pick* s. Anm. 285. Zur Normierung der D_n vgl. noch *M. Bôcher,* Göttinger Preisarbeit 1891, ausführlicher in „Über die Reihen der Potentialtheorie", Leipzig 1893; *G. Fano,* Rom. Linc. R. (5) 4 (1895), p. 18, 51, 232, 292, 322.

278) Anschliessend hat *Waelsch,* bes. für den Fall der f_5, Zusammenhänge studiert zwischen den Lamé'schen Formen, den Schwesterformen (Nr. 7), den Raumkurven und Flächen 3. Ordnung, mit Ausblicken auf eine allgemeine „Binäranalyse höherer Räume" (Nr. 24, Anm. 388 u. Nr. 27, Anm. 440); Monatsh. f. Math. 6 (1895), p. 261, 375; Wien. Ber. 105 (1896), p. 741; Deutsche Math.-Ver. 4 (1897), p. 113.

eine *wirkliche* Form $f_\pi\,(\pi \geqq n)$, wodurch D_k in eine Form d_μ übergeht, so gewinnt man eine für die Geometrie nützliche projektive Zuordnung von Formen f_π und d_μ.

15. Substitution einseitiger Ableitungen. Die Normierung von $D_k = 0$ (Nr. **14**) ist auch durch einen — überhaupt für die Formentheorie grundlegenden — Satz erreichbar, den *Bruno*[279]) für Urformen f, *Hilbert*[280]) und *Perrin*[281]) allgemein für F aufgestellt haben. Man nehme in der Urform $f = f_n(x\,|\,a) = f^{(0)}(x)\,x_2 = 1$, setze $f^{(1)} = \dfrac{1}{n} f'(x)$, $f^{(2)} = \dfrac{1}{n(n-1)} f''(x)$ etc., „so ist, für $c_0(a_i)$ als Leitglied (Nr. **23**) einer Kovariante c von f, $c = c_0(f^{(i)})$", i. e. jede isobare (Nr. **18**) Form der $f^{(i)}$ vom Gewichte p und vom Grade g, die der Bedingung $D \equiv f^{(0)} \dfrac{\partial}{d f^{(1)}} + 2 f^{(1)} \dfrac{\partial}{\partial f^{(2)}} + \cdots = 0$ genügt, ist eine Kovariante von f der Ordnung $m = ng - 2p$. Der Satz ist plausibel, da c durch Überschiebungen aus f entsteht (Nr. **14**), also eine Form der $f^{(i)}$ wird, die für $x_2 = 0$ die nämliche Form c_0 der a_i wird. Der Satz macht ausgeartete[282]) Urformen zugänglich. *Hilbert*[282]) hat damit die endlichen hypergeometrischen Reihen $f(\alpha, \beta, \gamma, x)$ invariantiv fixiert; — α (resp. $-\beta$) ist die Ordnung von f. Die $D_2 = 0$ für f wird normiert in $(\varphi_3, f)_2 + (\varphi_1, f)_1 = 0$; hier sind φ_3, φ_1 einfache Hülfsformen, nach deren Elimination f durch $\gamma \equiv 0$, wo γ eine gewisse Kovariante, charakterisierbar ist. Für $\Delta = n f^{(1)} \dfrac{\partial}{\partial f^{(0)}} + (n-1) f^{(2)} \dfrac{\partial}{\partial f^{(1)}} + \cdots$ wird, wenn c_0 wieder eine isobare Form der $f^{(i)}$, $\Delta c_0 = \dfrac{d c_0}{d x}$. Zwischen

---

279) J. f. Math. 90 (1880), p. 186; Amer. J. of Math. 3 (1880), p. 154; Math. Ann. 18 (1881), p. 280. Vgl. *Sylvester*, Amer. J. of Math. 2 (1879), p. 357; *E. Stroh*, Math. Ann. 22 (1885), p. 402. Der Satz von *Bruno* erscheint bei *J. Wellstein*, Nova Acta Leop. 74 (1899), p. 281 (§ 2) [Auszug in Math. Ann. 52, p. 70] als Spezialfall eines Satzes über die (binären) Schwesterformen (Nr. **7**, Anm. 146). Eine andere Anwendung der f_i giebt *A. B. Kempe*, Lond. Math. S. Proc. 24 (1893), p. 97: eine Seminvariante (Nr. **23**) von f ist eine Simultaninvariante der f_i, vgl. noch *Elliott*, Mess. (2) 23 (1893), p. 91; Lond. Math. S. Proc. 26 (1895), p. 185.

280) Diss. Königsb. 1885; Math. Ann. 30 (1887), p. 15. In anderer Form erscheint die Verallgemeinerung schon bei *H. Grassmann*, Math. Ann. 7 (1874), p. 538 (Anm. 146). — Der Fall $f(x) = 0$ bei *Brioschi* behufs Transf. d. Gl.: Math. Ann. 29 (1887), p. 327.

281) Par. Soc. Math. Bull. 16 (1888), p. 82.

282) Math. Ann. 30 (1887), p. 21 (Nr. **14**, Anm. 274). — In allgemeinerer Gestalt tritt der Satz $\Delta c_0 = \dfrac{d c_0}{d x}$ bei den Differentialinvarianten auf, s. Nr. **20**, Anm. 326.

D, Δ und deren Iterationen herrschen einfache Rekursionsgesetze. Eine isobare Form ϱ der $f^{(i)}$ ist eine „Semikovariante"[283]) vom Range r, wenn in der Reihe $D\varrho$, $D\varrho^2$, $\ldots$ zuerst $D\varrho^{r+1} \equiv 0$ ist; für $r = 0$ resultiert die Kovariante. ϱ kann vermöge der D, Δ aus Kovarianten erzeugt werden; es führt das zu einer Verallgemeinerung[284]) des Überschiebungsprozesses[285]).

16. Substitution homogener Ableitungen. *G. Boole*[286]) bemerkt, dass die S vom Modul Δ, die x_1, x_2 überführt in $x_1{}'$, $x_2{}'$, auch $\dfrac{\partial}{\partial x_2}$, $-\dfrac{\partial}{\partial x_1}$, angewandt auf eine willkürliche Funktion χ, überführt in $\dfrac{1}{\Delta}\dfrac{\partial}{\partial x_2{}'}$, $-\dfrac{1}{\Delta}\dfrac{\partial}{\partial x_1{}'}$, i. e. dass die x_1, x_2 mit den $\dfrac{\partial}{\partial x_2}$, $-\dfrac{\partial}{\partial x_1}$ kogredient sind, was sich unschwer auf die höheren Ableitungen von χ ausdehnen lässt. Aus einer Identität $\varphi(x_1, x_2) \equiv \psi(x_1{}', x_2{}')$ folgt daher symbolisch $\varphi\left(\dfrac{\partial}{\partial x_2}, -\dfrac{\partial}{\partial x_1}\right) \equiv \psi\left(\dfrac{1}{\Delta}\dfrac{\partial}{\partial x_2{}'}, -\dfrac{1}{\Delta}\dfrac{\partial}{\partial x_1{}'}\right)$, so dass jedes Produkt $\left(\dfrac{\partial}{\partial x_1}\right)^{k_1}\left(\dfrac{\partial}{\partial x_2}\right)^{k_2}$ durch $\dfrac{\partial^{k_1+k_2}}{\partial x_1^{k_1}\,\partial x_2^{k_2}}$ zu ersetzen ist. Das ist bereits der Überschiebungsprozess (Nr. 14). Ist S eine orthogonale[287]) Substitution von x_1, x_2, x_3, so folgt aus $\varphi(x_1, x_2, x_3) \equiv \psi(x_1{}', x_2{}', x_3{}')$ symbolisch $\varphi\left(\dfrac{\partial}{\partial x_1}, \dfrac{\partial}{\partial x_2}, \dfrac{\partial}{\partial x_3}\right) \equiv \psi\left(\dfrac{\partial}{\partial x_1{}'}, \dfrac{\partial}{\partial x_2{}'}, \dfrac{\partial}{\partial x_3{}'}\right)$; Kogredienz und Kontragredienz fallen hier zusammen.

J. J. Sylvester[288]) dehnt das Prinzip „der gegenseitigen Differentiation" auf n Variable x_1, x_2, $\ldots x_n$ aus, die bequemer einer „unimodularen" S ($\Delta = 1$) unterworfen werden, während die n kontragredienten Variabeln u_1, u_2, $\ldots u_n$ invers (reciprok) transformiert

---

283) Vgl. die verwandten Begriffsbildungen von *J. Deruyts* in Nr. 23.

284) Bei *R. Perrin* finden sich Ausdehnungen der Hilbert'schen Sätze und Begriffe auf höhere Gebiete Par. S. M. Bull. 16 (1888), p. 82.

285) Vgl. Anm. 277. Eine andersartige Erweiterung des Überschiebungsprozesses, auf Gebilde $p > 0$, findet sich bei *Pick*, Gött. Nachr. 1894, p. 311; Math. Ann. 50 (1898), p. 381. Verwandte Untersuchungen stellt *J. Wellstein* an, s. Anm. 277.

286) Cambr. math. J. 3 (1842), p. 106; ausführlicher in Cambr. Dubl. m. J. 6 (1851), p. 87.

287) Anwendungen von diesen und analogen Sätzen auf Fragen der mathematischen Physik geben *W. J. M. Rankine* und *W. Thomson*, Lond. Trans. 146¹,², p. 261, 481 (1856); *C. Niven,* Edinb. Trans. 27 (1876), p. 423; *W. J. C. Sharp*, Lond. Math. S. Proc. 13 (1882), p. 216; *B. Élie*, Thèse Bordeaux 1892; *H. Burkhardt* (vgl. auch Nr. 6, 20), Gött. Nachr. 1893, p. 155; Math. Ann. 43 (1893), p. 197; Deutsche Math.-Ver. 5 (1897), p. 42; *C. Somigliana,* Rom. Linc. R. (5) 4¹ (1895), p. 25.

288) Cambr. Dubl. M. J. 7 (1872), p. 179.

werden, sodass u_x ungeändert bleibt (Nr. 2). Dann sind die x_i und $\dfrac{\partial}{\partial u_i}$, wie die u_i und $\dfrac{\partial}{\partial x_i}$ kogredient, und aus $\varphi(x_i) \equiv \psi(x_i')$ folgt symbolisch $\varphi\left(\dfrac{\partial}{\partial x_i}\right) \equiv \psi\left(\dfrac{\partial}{\partial u_i}\right)$ (Nr. 14). *Sylvester* betont[289]), dass diese Identität auch in *realem* Sinne gültig bleibt. In der Anwendung auf die Formentheorie lautet das Prinzip: „Sind $F(x_i)$, $\Phi(u_i)$ 2 Urformen, so sind, symbolisch und unsymbolisch, $F\left(\dfrac{\partial \Phi}{\partial u_i}\right)$, $\Phi\left(\dfrac{\partial F}{\partial x_i}\right)$ simultane Komitanten von F, Φ, und das bleibt richtig, wenn die Zeichen F, Φ vor den Klammern durch die von 2 beliebigen Komitanten von F, Φ ersetzt werden, wo F, Φ die x, u auch zugleich enthalten dürfen."

Zu einer andern Art von Differentiationsprinzip gelangt man nach *Sylvester*[290]), wenn man eine Invariante J von $F_m(x \,|\, a) + k u_x^m$ nach Potenzen von k entwickelt, deren Faktoren dann Kontravarianten von F sind. Es erzeugt also der „Evektantenprozess" $E = u_1^m \dfrac{\partial}{\partial a_1} + u_1^{m-1} u_2 \dfrac{\partial}{\partial a_2} + \cdots$, nebst seinen Iterationen, aus J Kontravarianten (allgemeiner Komitanten) von F, die successiven „Evektanten". Ist J speziell die Diskriminante von F, so gelangt man zu den vorher von *Hermite* entdeckten „adjungierten Formen" (Nr. 2, 3, 18). — $F(x \,|\, a)$ sei eine „präparierte" Urform (Anm. 265). Dann induciieren, wie *Sylvester*[291]) successive für $n = 2, 3, \ldots$ nachweist, 2 reciproke S der x 2 reciproke S der a. Ist also $C(x \,|\, a)$ eine Kovariante, $\Gamma(u \,|\, a)$ eine Kontravariante von F, so ist auch $C\left(u \,\Big|\, \dfrac{\partial \Gamma}{\partial a}\right)$ eine Kontravariante. Ähnlich geht aus 2 Kovarianten eine neue Kovariante hervor. Der Prozess ist auf die Leitglieder übertragbar (Nr. 23). *R. Lipschitz*[292]) beweist den Satz von *Sylvester* direkt, indem er ihn in Beziehung setzt zu dem analogen, dass auch 2 transponierte S der x 2 transponierte S der a nach sich ziehen.

Das letztere wird von *Study*[293]) auf Konnexe $F(\overset{n}{x}; \overset{v}{u}; \,|\, a)$, $\Phi(\overset{v}{x}; \overset{n}{u}; \,|\, b)$

---

289) l. c. p. 194.

290) l. c. p. 56, 181.

291) J. f. Math. 85 (1878), p. 89.

292) Amer. J. 1 (1878), p. 336; vgl. *Sylvester* ib., p. 341. Der Satz über die transpon. Subst.symb. bewiesen bei *C. le Paige*, Math. Ann. 15 (1879), p. 206. *F. Franklin* vergleicht die Wurzeln der charakteristischen Gleichung der inducierten S mit denen der char. Gl. der ursprünglichen S: Amer. J. of Math. 16 (1894), p. 205.

293) „Study" p. 36. S. Anm. **) auf p. 220 des „Inv.-Ber.".

ausgedehnt, wo man die Dualität als den inneren Grund erkennt; denn $\sum a_i b_i$ ist genau so als identische Komitante aufzufassen, wie $\sum x_i u_i$. Es sind also auch die $\frac{\partial}{\partial u}$ zu den b kogredient, was zum Evektantenprozess für Konnexe führt.

A. Hurwitz [294]) erweitert und vervollständigt die Boole-Sylvester-Cayley'schen Differentiationsprozesse unter dem Gesichtspunkt des Rechnens mit Substitutionen; eine bemerkenswerte Anwendung davon ist die Ausdehnung des Hermite'schen Reciprozitätsgesetzes (Anm. 233[a]) auf höhere Gebiete; es gelingt, aus den Invarianten eines beliebigen Formensystems Invarianten eines zweiten, aus ebensoviel beliebigen Formen bestehenden Systems abzuleiten, so, dass einem vollständigen System linear unabhängiger Invarianten dort stets ein ebensolches hier entspricht und umgekehrt.

17. Reihenentwickelungen. Ist $f(\overset{m}{x}; \overset{n}{y})$ eine doppelt binäre Form, und lässt man in die Prozesse $D_{xy} = \Delta$, $D_{yx} = D$, Ω (Nr. 13, 14) noch Zahlenfaktoren eingehen: $m\Delta = y_1 \frac{\partial}{\partial x_1} + y_2 \frac{\partial}{\partial x_2}$, $nD = x_1 \frac{\partial}{\partial y_1} + x_2 \frac{\partial}{\partial y_2}$, $mn\Omega = \frac{\partial^2}{\partial x_1 \partial y_2} - \frac{\partial^2}{\partial x_2 \partial y_1}$, so hat man sofort nach *Clebsch* [295]) und *Gordan* $f = \Delta D f + \frac{m}{m+1}(xy)\Omega f$, und durch Iteration die (endliche) „Reihenentwickelung"[296]) von f nach Potenzen von (xy)

I. $f \equiv \Delta^n D^n f + \alpha_1 (xy) \Delta^{n-1} D^{n-1} \Omega f + \alpha_2 (xy)^2 \Delta^{n-2} D^{n-2} \Omega^2 f + \cdots$,

wo die $D^n f$, $D^{n-1}\Omega f$, $D^{n-2}\Omega^2 f, \ldots$ nur noch von den (x) abhängen, und die α numerisch sind; umgekehrt giebt es keine zweite Entwickelung von f nach Potenzen von (xy) mit Koeffizienten, die Polaren von Formen der (x) sind. Schreibt man $f = r_x^m s_y^n$ (Nr. 12), und bildet die „Elementarkovarianten" $E_i = (rs)^i r_x^{m-i} s_x^{n-i}$ $(i = 0, 1, \ldots)$, so sind die Glieder der rechten Seite von I. die n^{te}, $(n-1)^{te}, \ldots$ Überschiebung von E_0, E_1, $\ldots$ mit $(xy)^n$. Mithin ist $f(x; y)$ hinsichtlich des Systems der invarianten Formen ersetzbar durch die E. — *Clebsch* [297]) leitet direkt aus I. eine analoge Formel ab für eine doppelt-

---

294) Math. Ann. 45 (1894), p. 381.

295) „Clebsch" § 7.

296) „Gordan" 2, § 7, bes. p. 23. Vgl. die Darstellung bei *H. S. Baker*, Mess. (2) 19 (1889), p. 91. Die Formel I. lässt sich in gewissem Sinne nach *Gordan* als Erweiterung der Taylor'schen Reihe ansehen.

297) Gött. Abh. 17, p. 22; *Gordan*, Math. Ann. 5 (1872), p. 95. Der Begriff der „reducierten" Urformen lässt Modifikationen zu (Beispiele bei *Forsyth*, Quart. J. 23 [1888], p. 102). Anwendung auf volle Systeme für F_n, unter Benützung des Ω-Prozesses, bei *F. Mertens*, Wien. Ber. 98 (1889), p. 691.

v-äre Form r_ξ; man spezialisiere f zu $x_1^m \cdot y_2^n$ und setze $x_1 = r_\xi$, $y_1 = r_\eta$, $x_2 = s_\xi$, $y_2 = s_\eta$, mithin $(xy) = r_\xi s_\eta - r_\eta s_\xi$. Hieraus folgert *Clebsch*, dass eine Reihe von Urformen $F(x_1, \ldots x_r, y_1, \ldots y_r$ etc.) hinsichtlich ihrer Komitanten ersetzbar ist durch eine einfachere Reihe von Urformen G, die von jeder Art von „Zwischenvariabeln"[298]) x_i, $p_{ik} = x_i y_k - x_k y_i$, $p_{ikl} = \sum \pm x_i y_k z_l$ etc. höchstens je eine Reihe enthält. Die G können noch „reduziert" werden, d. i. den Bedingungen

$$\sum \frac{\partial^2}{\partial p_{ikl}\ldots \partial p_{i'k'l'}} = 0$$

unterworfen werden, wo sich die $p_{ikl}\ldots$, $p_{i'k'l'}\ldots$ dualistisch gegenüberstehen. — Bei *Gordan*[299]) dient die Reihenentwickelung als Hauptmittel der symbolischen Rechnung (Nr. **13, 14**). *Capelli*[300]) verdankt man die Ausdehnung auf Formen F mit kogredienten Reihen von v Variabeln. Die Reihen gehören nicht sowohl der Formentheorie, als der spezifischen Theorie der Polarenprozesse D_{xy} an (Nr. **13**). — Der Unterfall der „Konnexe',

$$F(\overset{m}{x}; \overset{\mu}{u}) = a_x^m u_\alpha^\mu$$

erlaubt nach *Gordan*[301]) und *E. Study*[302]) eine direktere Behandlung. Ist $\Delta^\varkappa F = (a\alpha)^\varkappa a_x^{m-\varkappa} u_\alpha^{\mu-\varkappa}$ die $\varkappa^{\text{te}}$ Überschiebung von F mit sich (Nr. **14**), so ist $G_0(\overset{m}{x}; \overset{\mu}{u}) = F + \alpha_1 u_x \Delta F + \alpha_2 u_x^2 \Delta^2 F + \cdots$ bei numerischen α eine in den Koeffizienten von F lineare Komitante von F. Die α sind eindeutig so bestimmbar, dass $\Delta G_0 = \sum \dfrac{\partial^2 G_0}{\partial x_i \partial u_i} = 0$, i. e. G_0 ein „Normalkonnex" wird; successive auf F, ΔF, $\Delta^2 F$, $\ldots$ angewandt, liefert das Verfahren die „Elementarkonnexe" G_0, G_1, G_2, $\ldots$ Dann lassen sich die numerischen β eindeutig so bestimmen, dass

II. $$F = G_0 + \beta_1 u_x G_1 + \beta_2 u_x^2 G_2 + \cdots$$

wird. Die Koeffizienten der G_i sind — bis auf die Bedingungen $\Delta G_i = 0$ — von einander unabhängig. Nennt man mit *Rosanes*[303]) die Konnexe

---

298) l. c. § 12. *J. Derwyts* untersucht entsprechend Formen mit mehreren verschiedenen Reihen der p_i, p_{ik}, $p_{ikl} \cdots$; die Invarianten solcher Formen werden reduziert auf einfachere, die von jeder Art von Variabeln höchstens eine Reihe enthalten; Brux. Bull. (3) 25 (1893), p. 450 (Nr. **18, 23**).

299) Für C_n bei „Study" 2, § 3. Vgl. Nr. **5**, Anm. 105.

300) Für C_n: G. di mat. 18 (1880), p. 17. Allgemein „Fondamenti"; Pal. Rend. 1 (1886), p. 1; Math. Ann. 37 (1891), p. 1; Rom. Linc. R. 1 (1891), p. 161; 8 (1892), p. 3.

301) Math. Ann. 5 (1872), p. 94, bes. § 4, 5.

302) „Study" 2, §§ 3, 8, 12. *St.* bezeichnet die Formeln I., II., als „Erste", bezw. „Zweite Gordan'sche Reihenentwickelung".

303) J. f. Math. 75 (1873), p. 172; 76 (1873), p. 312; Math. Ann. 6 (1873), p. 264 [Nr. **24**, Anm. **378**].

$F = a_x^m u_\alpha^\mu$, $\Phi = b_x^\mu u_\beta^m$ „konjugiert", wenn $(F, \Phi) \equiv a_\beta^m b_\alpha^\mu = 0$, und entwickelt auch $\Phi = \Gamma_0 + b_1 u_x \Gamma_1 + \cdots$, so ist stets $u_x^i G_i$ konjugiert zu $u_x^k \Gamma_k$ $(i \gtrless k)$. Analoge Entwickelungen gelten für Formen $F = a_x^m b_x^n$. — *Study* [304]) hat den Reihenentwickelungen eine begriffliche Deutung gegeben, auf Grund der Eigenschaften, die die Mannigfaltigkeit der S-Koeffizienten besitzt [305]).

18. Differentialgleichungen der Komitanten. Als Ausfluss eines verallgemeinerten Satzes über Unterdeterminanten (Nr. **2**, Anm. 17; **12**, Anm. 224) erscheint bei *Cayley* [306]) die Existenz linearer partieller Differentialgleichungen für die Hyperdeterminanten. — *Sylvester, Cayley, Aronhold* haben fast gleichzeitig [307]) die charakteristischen linearen partiellen Differentialgleichungen für die einfacheren Komitanten — die noch die x und u enthalten können — von Urformen aufgestellt. — *Sylvester* [308]) bedient sich hierbei, als Vorgänger *Lie*'s, des allgemeinen Prinzips der „infinitesimalen Variation" der Variabeln. Ist etwa $i(a)$ eine Invariante von $f_n(x \,|\, a)$, so bediene man sich der S, $S_1 : x_1' = x_1 + \varepsilon x_2$ (ε unendlich klein), $x_2' = x_2$, resp. der andern, $S_2 : x_1' = x_1$, $x_2' = \varepsilon x_1 + x_2$. Setzt man in $i(a)$ die transformierten a' ein, und entwickelt nach Potenzen von ε, so liefert das Verschwinden des Faktors von ε die beiden Gleichungen für binäre Invarianten i:

$$\text{I.} \quad \begin{cases} Di \equiv a_0 \dfrac{\partial i}{\partial a_1} + 2 a_1 \dfrac{\partial i}{\partial a_2} + 3 a_2 \dfrac{\partial i}{\partial a_3} + \cdots = 0, \\[2ex] \Delta i \equiv a_n \dfrac{\partial i}{\partial a_{n-1}} + 2 a_{n-1} \dfrac{\partial i}{\partial a_{n-2}} + 3 a_{n-2} \dfrac{\partial i}{\partial a_{n-3}} + \cdots = 0. \end{cases}$$

Dass diese i als Invariante von f charakterisieren, erhellt aus der Zu-

---

304) l. c. § 12.

305) Vgl. dazu „Lie-Scheffers", Kont. Transformationsgruppen, Kap. 23.

306) Cambr. math. J. 4 (1845), p. 193 = Pap. 1, p. 80.

307) Vgl. die Bemerkungen von *Sylvester*, Cambr. Dubl. m. J. 7 (1852), p. 205 und von *Cayley*, Coll. Pap. 2 (1889), p. 600. Die systematischen Darstellungen finden sich bei *Sylvester*, Cambr. Dubl. m. J. 7 (1852) sect. 6, p. 204; bei *Cayley* im I. und II. memoir und J. f. Math. 47 (1854), p. 109 = Pap. 2, p. 164; vgl. *Brioschi*, Ann. di mat. 1 (1858), p. 160; Ann. fis. mat. 9 (1859), p. 82; bei *Aronhold*, J. f. Math. 62 (1863), p. 281. Letzterer stellt die Differentialgleichungen in allgemeinster Gestalt auf und beweist, dass sie die invarianten Bildungen charakterisieren. *Sylvester* giebt in Cambr. Dubl. m. J. 8 (1853), p. 256 die Differentialgleichungen für die Kombinanten (Nr. **24**); vgl. *E. Betti*, Ann. di mat. 1 (1858), p. 344. Bez. der Diff.gleichungen für die Seminvarianten s. Nr. **23**, für die Reciprokanten Nr. **20**.

308) Cambr. Dubl. m. J. 7 (1852), p. 96, 204 (sect. 6). Vgl. „Lie-Scheffers", Kap. 23.

sammensetzbarkeit einer beliebigen (unimodularen) S aus S_1 und S_2. Ist i eine Kovariante von f, so erleidet I eine leicht angebbare Modifikation. *Cayley*[309]), der die Differentialgleichungen zur Grundlage seiner „memoirs" macht, geht anders vor. Für eine Urform $f_n(x\,|\,a) = f$ lässt sich $x_2\,\dfrac{\partial f}{\partial x_1}$ auch durch Differentiation nach den a erhalten, nämlich durch den Prozess $\left\{x_2\,\dfrac{\partial f}{\partial x_1}\right\} = Df$. Mithin ist $\left\{x_2\,\dfrac{\partial}{\partial x_1}\right\} - x_2\,\dfrac{\partial}{\partial x_1}$ ein „Annihilator" von f, d. h. er macht f zu Null, und desgl. $\left\{x_1\,\dfrac{\partial}{\partial x_2}\right\} - x_1\,\dfrac{\partial}{\partial x_2} \equiv \Delta - x_1\,\dfrac{\partial}{\partial x_2}$. Bei $x_1, x_2, \ldots x_n$ hat man $\dfrac{n(n-1)}{2}$ analoge Operatoren $\left\{x_i\,\dfrac{\partial}{\partial x_k}\right\} - x_i\,\dfrac{\partial}{\partial x_k}$. Aber auch jede Kovariante genügt diesen Differentialgleichungen, und umgekehrt. — Die Ausdehnung auf eine Reihe von Urformen und mehrere Variabelnreihen (x) resp. (u) ist unschwer vorzunehmen.

Mittelst des Poisson'schen „Klammerausdrucks"[310]) zeigt *Cayley*, dass eine Invariante i von $f(x\,|\,a)$ „isobar" ist, d. h. wenn const. $a_0^{\alpha_0}\,a_1^{\alpha_1}\cdots a_n^{\alpha_n}$ ein Term von i ist, und g der Grad in den a, so ist das „Gewicht" $w = \sum i\,\alpha_i = \frac{1}{2}\,ng$ konstant; nach Ausübung von S mit dem Modul Δ ändert sich i um den Faktor Δ^w [Nr. 2]. In einer Kovariante c von der Ordnung μ und vom Grade g bilden die Gewichte der Koeffizienten eine arithmetische Reihe mit der Differenz 1, und $w = \frac{1}{2}\,(ng + \mu)$ wird das „Gewicht" von c.

S. Roberts[311]) hat in die Differentialgleichungen für i resp. c die Wurzeln von f als unabhängige Variable eingeführt. *Aronhold*[312]) leitet n^2 Differentialgleichungen für eine absolute, wie relative Invariante J einer Urform $F(x\,|\,a)$ aus seinem „Äquivalenzproblem" (Nr. 2, 4) vermöge Elimination her; von den n^2 Gleichungen sind $\dfrac{n(n-1)}{2}$ mit den früheren äquivalent, während die übrigen nur aussagen, dass J in den a homogen und isobar ist. Beide Gleichungssysteme sind

---

309) Vgl. die Bemerkungen von *Cayley*, Coll. Pap. 2 (1889), p. 600 (Anhang).

310) I. Mem. Vgl. „Lie-Scheffers", Kap. 23.

311) Ann. fis. mat. 5 (1854), p. 409; *Br.* stellt ib. p. 422 ein System von part. Differentialgleichungen für die symmetrischen Funktionen von n Grössen auf, das später von *E. Netto* eingehend diskutiert ist: Zeitschr. Math. Phys. 38 (1893), p. 357; 40 (1895), p. 375 [I B 3 b, Nr. 8]. Wegen der Leistungen *Brioschi's* s. *Noether*, Math. Ann. 50 (1898), p. 477.

312) J. f. Math. 62 (1863), p. 281.

je linear unabhängig, und bilden nach *Clebsch*[313] ein „vollständiges System", d. h. durch Differentiation und Elimination lassen sich keine neuen Gleichungen gewinnen. Im Sinne von *Lie*[314] sagt das aus, dass die „infinitesimalen" S der a, die J gestattet, eine Gruppe bilden.

A. R. Forsyth[315] stellt die Differentialgleichungen auf für eine Komitante C einer Urform $F(x_1, \ldots x_n \mid a)$, wo C von allen $p_{ikl\ldots}$ (Nr. **17**, Anm. 298) je eine Reihe enthalten darf. Indem er, wie *Sylvester*, „infinitesimale" S zu Grunde legt, gelangt er z. B. für $n = 4$ zu 6 Gleichungen des Typus:

$$\sum i a_{i-1,\,k+1,\,l,\,m}\frac{\partial C}{\partial a_{iklm}} = x_1\frac{\partial C}{\partial x_2} + p_{14}\frac{\partial C}{\partial p_{24}} - p_{31}\frac{\partial C}{\partial p_{23}} - u_2\frac{\partial C}{\partial u_1} = 0,$$

die einfache Modifikationen erleidet, wenn F die $p_{ikl\ldots}$ selbst noch enthält.

Study[316] hat an *Gordan* anknüpfend (Nr. **13**, Anm. 258) erkannt, dass gewissen Zusammenfassungen der Differentialgleichungen für J eine formentheoretische Bedeutung zukommt, dadurch, dass er jeder infinitesimalen S der x eine endliche S (mit $\Delta = 0$) eindeutig umkehrbar zuordnet. Eine gewisse Evektante (Nr. **16**, Anm. 290) von J unterscheidet sich dann von Fu_x nur um einen Zahlfaktor. Hierbei haben die ganz-rationalen J nichts mehr vor den rationalen resp. algebraischen resp. analytischen voraus. Die Anzahl der Differentialgleichungen lässt sich „reduzieren"[317], insofern aus zweien vermöge des „Klammerprozesses" (Nr. **12**, Anm. 238 und II A 6) die übrigen hervorgehen. *Kronecker*[318] reduziert anders; er setzt die allgemeine S von $x_1, \ldots x_n$ aus einfacheren, bei denen jeweils nur 2 x Teil nehmen, zusammen. *Kronecker* gelangt so zu $2n - 2$ „Dekompositionssystemen" $S^{(i)}$ mit numerischen Koeffizienten; die $2n - 2$ bez. Differentialgleichungen (für absolute J tritt noch eine weitere hinzu) sagen aus, dass J bei $S^{(i)}$ invariant bleibt und, indem sie

---

313) J. f. Math. 65 (1865), p. 257. Vgl. II A 5a, 6.

314) *Lie-Scheffers*, Kontin. Transformationsgruppen, Kap. 23 (Anm. 316).

315) Lond. Math. S. Proc. 19 (1888), p. 24. In besonderen Fällen schon bei *Capelli*, „Fondamenti". — Die Reduktion des allgemeineren Falles, wo C von jeder Art von p mehrere Reihen enthalten darf, auf den Fall des Textes führt *J. Deruyts* aus, Brux. Bull. (3) 25 (1893), p. 450 [Anm. 298].

316) „Study" 2, § 18 (Anm. 255, 314).

317) Nach „Study" § 15 ist für $n = 3$ die Minimalzahl unabhängiger Differentialgleichungen gleich 2. *Kronecker* behandelt den Gegenstand substitutionentheoretisch Berl. Ber. 1889, p. 504 $=$ Werke 3, p. 315.

318) Berl. Ber. 1889, p. 349, 479, 683 $=$ Werke 3, p. 293, 315. Wegen der verwandten Untersuchungen von *J. Deruyts* s. Nr. **23**.

das Kriterium für eine Invariante darstellen, geben sie Aufschluss über die inneren Beziehungen zwischen *Aronhold*'s Gleichungen. Die Differentialgleichungen sind praktisch[319]) für die Berechnung der J nützlich, theoretisch[320]) für unsymbolische Beweise wichtig.

19. Höhere Transformationen[321]). *Gordan*[322]) hat die Formentheorie der binären rationalen Transformation T auf die projektive Theorie zurückgeführt. Auf die Urform $f_n(x, 1)$ wird die T_m: $z_1 = \varphi_m(x, 1)$, $z_2 = \psi_m(x, 1)$ ausgeübt, indem man die Resultante $f^{(1)}$ (bez. x) von f und $z_1 \psi - z_2 \varphi$ bildet. Man hat die In- und Kovarianten der „transformierten" Urform $f^{(1)}$ durch simultane Formen der f, φ, ψ auszudrücken, oder auch von f und der Kombinante (Nr. 24) $\vartheta(x; y) = \varphi(x)\psi(y) - \varphi(y)\psi(x)$; umgekehrt ist eine solche Simultanform erst dann eine Komitante von $f^{(1)}$, wenn sie noch gewissen partiellen Differentialgleichungen genügt, die *Clebsch*[323]) aufgestellt und als vollständiges System (Nr. 18, Anm. 313) charakterisiert hat.

---

319) Wegen der Anwendungen s. d. Memoirs von *Cayley*; *Netto*, Zeitschr. Math. Phys. 38 (1893), p. 357; 40 (1895), p. 375, sowie die Lehrbücher, bes. „Elliott". — Analoge Eigenschaften kommen den Differentialgleichungen der symmetrischen Funktionen zu, s. I B 3b, Nr. **8, 9, 24, 25**.

320) Durch die Untersuchungen von *Hilbert* (Nr. **6**) ist dagegen der arithmetische Gesichtspunkt in den Vordergrund gerückt worden.

321) Wegen der invarianten Gestaltung der Tschirnhausen-Transformation durch *Hermite* s. Nr. **7**, Anm. 147. *Brioschi* hat für die Koeffizienten der transformierten Gleichung part. Differentialgleichungen aufgestellt, Lomb. Ist. A. 1 (1858), p. 231; die Potenzsummen der Wurzeln der transf. Gl. stellt er durch simult. Invarianten von f_n und gewissen f_{n-2} dar: Par. C. R. **124** (1897), p. 661. — *Klein* bezieht die Tschirnhausen-Transf. auf ein „typisches" Koordinatensystem, so z. B. „Ikosaeder" Abschn. 2, Kap. 2. — Im besondern setze man $z = g(x, 1)/f'(x, 1)$, so geht $f(x, 1) = f_n$ über in eine Form $F_n(z, 1)$, deren Koeffizienten Invarianten sind, falls g eine Kovariante der Ordnung $n - 2$ von f ist: *Hermite*, Par. C. R. 1865; *J. Rahts*, Math. Ann. 28 (1886), p. 34. Bei „Bruno" p. 191 ist f_n selbst eine Kovariante von f (Einschränkungen bei *J. Junker*, Diss. Freiburg 1887). *Brioschi* reduziert *Hermite*'s Ergebnisse auf den Fall, dass eine Wurzel von f substituiert wird (Nr. **15**, Anm. 280), Math. Ann. 29 (1887), p. 327; Ann. di mat. (2) 16 (1888), p. 181, 329; Lond. Math. S. Proc. 20 (1889), p. 127, und normiert so die hyperelliptischen Integrale: Rom. Linc. R. (5) 4^1 (1895), p. 363.

322) J. f. Math. 71 (1870), p. 164. $\vartheta(x; y)$ ist die erzeugende Funktion R der Kombination von φ und ψ. *Cayley* führt die quadratische Transf. einer f_4 durch Math. Ann. 3 (1871), p. 359 = Pap. 8, p. 398.

323) Gött. Abh. 15 (1870), p. 65. Die kubische Transf. einer f_3 (u. a.) lässt sich unmittelbar auf eine lineare zurückführen; vgl. noch *G. Torelli*, Nap. Acc. P. A. 11 (1888), p. 215; Pal. R. 2 (1888), p. 165.

Clebsch[324]) hat die T_m von f zu den S eines mehrfach ausgedehnten Raumes in Beziehung gesetzt. Seien z. B. λ_i die Wurzeln einer $f_5(\lambda, 1)$, die einer T_2: $\xi = y_0 + \lambda y_1 + \lambda^2 y_2 / x_0 + \lambda x_1 + \lambda^2 x_2 = \varphi_2 / \psi_2$ unterworfen wird. Fasst man die (y), (x) als 2 Punkte einer Ebene auf, so sind die Wurzeln ξ_i der transformierten Gleichung $f_5^{(1)}(\xi, 1) = 0$ die Schnittpunkte der Geraden $\bar{z} = \overline{(y)\,(x)} : z_k = y_k - \xi x_k\,(k = 0, 1, 2)$ mit den 5 Geraden $z_0 + \lambda_i z_1 + \lambda_i^2 z_2 = 0$, Tangenten der C_2: $z_1^2 - 4 z_0 z_2 = 0$. Das letztere zeigt, warum man für das Studium der $f_5 = 0$ noch mit T_2 ausreicht. Die (linearen) S, die $f_5^{(1)}$ noch zulässt, entsprechen der Verschiebung der Punkte (y), (x) auf der Geraden $\bar{z}$, i. e. die Formen von $f^{(1)}$ sind Kombinanten (Nr. 24) von φ, ψ. Die der T_2 spezifisch angehörigen Elemente erscheinen so gesondert von dem Einfluss einer nachträglichen S. Als Anwendung erscheint bei *Clebsch* eine Übersicht über die formalen Zusammenhänge zwischen einer f_5 und ihren Resolventen, besonders der „Jerrard'schen" Form (I B 3f) und der Modulargleichung (II B 4c). *L. Maurer*[325]) untersucht allgemein eindeutige rationale T von Urformen $F_m(x_1, x_2, \ldots x_n\,|\,a)$ einer bestimmten Ordnung m, mit Berücksichtigung der Ausartungen der F. Die F_m werden in Klassen Ω_i eingeteilt; Ω_0 umfasst alle F_m; Ω_1 die durch ein bestimmtes irreducibles System algebraischer Gleichungen zwischen den a ausgeschiedenen F_m; Ω_2 die durch ein weiteres solches System bedingten, u. s. f. Die Klasse Ω_i charakterisiert sich dadurch, dass die a (homogene) algebraische Funktionen von t arbiträren Grössen $\lambda_1, \lambda_2, \ldots \lambda_t$ werden, sodass F die Gestalt $F(x\,|\,\lambda)$ annimmt. Die x und λ werden einer Gruppe (II A 6) von (homogenen) Transformationen T: $x_i = X_i(x'\,|\,p)$, $\eta_k = L_k(\lambda'\,|\,p)$ unterworfen, wo die x' rational, die λ' und die „Parameter" p algebraisch eingehen. Die T sollen eindeutig umkehrbar sein: $x' = X'(x\,|\,p')$, $\lambda' = L'(\lambda\,|\,p')$, wo die p' algebraisch von den p abhängen.

Es existieren Gruppen G von T, sodass für alle Werte der p $F(x\,|\,\lambda)$ übergeht in $F^{(1)}(x'\,|\,\lambda')$; die Gesamtheit der G führt zu einer bestimmten Klasse Ω_i und zu deren Invarianten J. Der Beweis basiert, abgesehen von Sätzen der Lie'schen Theorie, auf einem Satze von

---

324) Gött. Nachr. 1871, p. 335; Math. Ann. 4 (1871), p. 284, cf. „Clebsch-Lindemann" 2^1, Abt. 3, Nr. 11. Wegen der inversen Transf. einer $f_5(\xi)$ in eine $g_{10}(\lambda)$ s. noch *Spottiswoode*, Rom. Linc. R. (3) 7 (1883), p. 218; Lond. Math. S. Proc. 16 (1885), p. 148; *G. Pittarelli*, Rom. Linc. R. (4) 1 (1885), p. 327, 374.

325) J. f. Math. 107 (1890), p. 89 (vgl. Anm. 35, 117). — Bez. der algebraisch-geometrischen Theorie der eindeutigen Transformationen von 2 und mehr Variabeln s. I B 1c Nr. 28, III C 9.

Christoffel (Nr. 4, Anm. 88). F und die X', L' genügen je einer Anzahl von d analogen charakteristischen linearen partiellen Differentialgleichungen; es lauten etwa die für F:

$$(F) \qquad \sum_1^n \Xi_i \frac{\partial F}{\partial x_i} + \sum_1^t \varLambda_k \frac{\partial F}{\partial \lambda_k} = 0,$$

wo die Ξ nur von den x, die $\varLambda$ nur von den λ abhängen. Die J von Ω_i sind bestimmt durch die d Gleichungen $\sum_1^t \varLambda_k \frac{\partial J}{\partial \lambda_k} = 0$; sind d' von ihnen „wesentlich“, so hat Ω_i $t - d'$ „unabhängige“ J. Jede von $F(x \,|\, \lambda)$ verschiedene Lösung von (F) ist als „Kovariante“ von F anzusehen. Demnach bleibt der wesentliche Charakter der n^2 Differentialgleichungen *Aronhold*'s (Nr. 18) für Ω_0 auch für die Ω_i erhalten.

20. Die erweiterte projektive Gruppe. Reciprokanten und Differentialinvarianten [326]). Bedeuten $y_1, y_2, y_3, \ldots$ die Ableitungen einer Funktion $y(x)$, so geht *Sylvester*[327]) aus von rationalen Funktionen $R(y_1, y_2, y_3, \ldots)$, die sich nach Vertauschung von y mit x der Form nach nur um einen, in den y_i rationalen Faktor ändern. Das ist der ursprüngliche Begriff der (binären) „Reciprokanten“ R. Ist R ganz

---

326) Die Untersuchungen dieser Nr. lassen sich auch auffassen als Spezialfälle der Lie'schen Theorie der erweiterten Gruppen oder der Differentialinvarianten kontinuierlicher endlicher (speziell projektiver) Gruppen (vgl. II A 6; „Lie-Scheffers“ 1893, Kap. 23, ausführlicher bei *A. Stöckert*, Progr. Chemnitz, Realgymn. 1895); ein Teilgebiet dieser Theorie bilden wiederum die Invarianten linearer Differentialgleichungen (II A 4), auf die am Schluss dieser Nr. hingewiesen wird. Auf der andern Seite beanspruchen die hier zu besprechenden Arbeiten vom formentheoretischen Gesichtspunkt aus ein selbständiges Interesse; sie erfordern spezifische, wesentlich algebraische Methoden und erscheinen ihrerseits als Verallgemeinerungen fundamentaler Sätze der Theorie der Invarianten und Seminvarianten (Nr. 23). Hier ist *G. Halphen* als Hauptvorläufer von *Sylvester* zu bezeichnen: J. de math. (3) 2 (1876), p. 257, 371; Thèse, Paris 1878; J. Éc. Pol. cah. 47 (1880); Par. Sav. [Étr.] (2) 28¹ (1880—83); Acta math. 3 (1884), p. 325. H. macht bes. von dem Satze Gebrauch, dass eine Differentialinvariante durch Differ. nach der unabh. Var. x wieder in eine solche übergeht [Anm. 282, 329]; cf. *Sylvester*, Amer. J. 9 (1887), p. 297; *Elliott*, Mess. (2) 19 (1889), p. 7. Die Anwendungen *Halphen*'s auf lineare Differentialgleichungen und Raumkurven hat *L. Berzolari* verallgemeinert: Ann. di mat. (2) 26 (1897), p. 1. — Im übrigen vgl. zur ganzen Nr. das Handbuch von *L. Schlesinger* über lineare Differentialgleichungen, Leipzig 1895/97.

327) 1885: Mess. 15, p. 74, 88; Par. C. R. 101, p. 1042, 1110, 1225, 1460. Bearb. von *J. Hammond*: Amer. J. of Math. 8 (1886), p. 196; 9, p. 1; ib. 9 (1887), p. 113, 297; 10 (1887), p. 1.

rational, $= G(y_1, y_2, y_3, \ldots)$, so ist der Faktor $= \pm\, y_1^\mu$ (μ ganz); je nach dem Vorzeichen ist der „Charakter" von G gerade oder un-gerade, für $\mu = 0$ heisst G „absolut". Ist G homogen, $= F(y_1, y_2, y_3, \ldots)$, so ist F auch isobar; legt man y_k das Gewicht $k-2$ bei, und ist i der Grad, w das Gewicht von F, so wird $\mu = 3i + w$. F ändert sich auch bei den S der „Translationsgruppe" $x' = x + a$, $y' = y + b$ nur um einen, in y_1 linearen Faktor, und heisst „Translationsreci-prokante". — Ist F absolut, so ist $\dfrac{dF}{dx}$ wieder eine Reciprokante; ist

F nicht absolut, so ist es doch $y_1^{-\frac{\mu}{2}} F$. Das führt zu einem linearen Differentialoperator ξ, der aus F unendlich viele solcher Formen er-zeugt. Ist F, wie $\dfrac{\partial F}{\partial y_1}$ eine Reciprokante, so wird F zu einer „ortho-gonalen",[327a] i. e. F bleibt der orthogonalen Gruppe (Nr. **3**) gegen-über invariant.

$\dfrac{\partial F}{\partial y_1} \equiv 0$ ist das Kriterium für eine „affine" oder „reine" Reci-prokante — im Gegensatz zu den „gemischten" — die bei der affinen Gruppe $x' = ax + by + c$, $y' = dx + ey + f$ invariant bleibt. Zwischen den reinen Reciprokanten und den (binären) Seminvarianten (Nr. **23**) bestehen Analogien. Beide genügen je einer charakteristi-schen linearen partiellen Differentialgleichung[328]); für beide existieren ähnliche „Generatoren", die Formen derselben Art erzeugen; der Cayley'schen Formel $(w : i, j) - (w - 1 : i, j)$ (Nr. **9**) entspricht hier $(w : i, j) - (w - 1 : i + 1, j)$, wo $j + 2$ der höchste Index eines y_k ist; für beide hat man ähnliche „associierte Systeme" (Nr. **7**) oder „Protomorphe", nur dass deren Grad bei den reinen Reciprokanten beliebig hoch steigt, während er bei den Seminvarianten nur 2 oder 3 zu sein braucht. — Während aber die rationalen Faktoren einer zerfallenden Seminvariante wieder Seminvarianten sind, trifft das bei den reinen Reciprokanten nicht zu. Bei gegebenem i, aber un-beschränktem j, giebt es nur eine endliche Anzahl reiner Reciprok-anten, bei Seminvarianten nicht, u. s. w. — Ist F zugleich reine Reciprokante und Seminvariante, so wird F zur „projektiven Reci-prokante" oder „Prinzipiante" — nach *G. Halphen*[329]) „Differential-

---

327a) Vgl. *H. Burkhardt*, Math. Ann. 43 (1893), p. 210 (§ 9).

328) Berechnungen bei *Cayley*, Quart. J. 26 (1892), p. 169; ib. 26 (1893), p. 195; Amer. J. of Math. 15, p. 75 = Pap. 13, p. 333, 366, 405; *E. B. Elliott*, Lond. Math. S. Proc. 23 (1892), p. 298; 24 (1894), p. 21.

329) Vgl. Anm. 326. *Halphen* untersucht auch (J. Éc. Pol. 47 (1880), p. 257, 371) ternäre Differentialinvarianten bez. zweier abhängiger Variablen.

invariante, bez. x —, ist also invariant bei der allgemeinen projektiven Gruppe in x, y. Es lässt sich eine Kette a_0, a_1, a_2, ... von reinen Reciprokanten bilden, derart, dass nach Bildung der Protomorphe für die Seminvarianten der Reihe a_0, a_1, a_2, ... (Nr. **23**) jede ganz-rationale Funktion der Protomorphe, durch eine passende Potenz von y_2 dividiert, eine Differentialinvariante wird, und umgekehrt. — *Sylvester* begründet so eine systematische Integration von gleich Null gesetzten Differentialinvarianten, wie sie die Geometrie[330]) oft darbietet.

P. A. Mac Mahon[331]) hat alle bei den binären Invarianten und Reciprokanten vorkommenden linear-partiellen Differentiationsprozesse in einem Symbol zusammengefasst, in das 4 arbiträre ganze Zahlen eingehen; alle diese Prozesse bilden ein „vollständiges System".

R. Perrin[332]) hat seine Residuentheorie (Nr. **8, 23**) auf die Reciprokanten übertragen.

E. B. Elliott[333]) hat die Reciprokanten ausgedehnt auf mehrere Funktionen y, z, ... von x, mit Beschränkung auf cyklische Vertauschung der $x, y, z, ...$, und hat allgemein die ternär-projektiven[334]) Reciprokanten untersucht, *Forsyth*[335]) die letzteren dagegen für den Fall, dass zwei abhängige Variable linear transformiert werden. *Mac Mahon*[336]) stellt für die ersten 6 Grade die „perpetuierenden" reinen Reciprokanten auf — die sich nicht als Linearformen anderer von geringerem Grad und Gewicht darstellen lassen. — *C. Leudesdorf*[337]) giebt ein Kriterium dafür an, dass eine vorgelegte Funktion von

---

330) Z. B. die Aufstellung der Differentialgleichung einer C_3 (C_n), die *Halphen* nur auf indirektem Wege gelingt.

331) Lond. Math. S. Proc. 18 (1887), p. 61; vgl. *Cayley*, Quart. J. 26 (1893), p. 195; ib. 19 (1888), p. 112 wird von *Mac Mahon* eine Verbindung mit den symmetrischen Funktionen hergestellt [I B 3 b, Nr. **10**]. Ternäre Analoga des Prozesses bes. bei *Elliott*, Lond. Trans. 181 (1890), p. 19. Eine allgemeine Transformationstheorie solcher Differentialoperatoren entwickelt *Elliott*, Lond. Math. S. Proc. 29 (1898), p. 439.

332) Par. C. R. 102 (1886), p. 351.

333) Lond. Math. S. Proc. 17 (1886), p. 172; 18 (1887), p. 142; 19 (1888), p. 6, 377; 20 (1889), p. 131. Für die reinen tern. Recipr. werden 6 charakt. Differentialgleichungen aufgestellt (1887), und deren Bedeutung klargelegt.

334) Lond. Math. S. Proc. 20 (1889), p. 131.

335) Lond. Trans. 180 (1889), p. 71; *Hammond*, Lond. Math. S. Proc. 17 (1886), p. 128 verwertet gewisse integrable Recipr. für die Geometrie.

336) Lond. Math. S. Proc. 17 (1886), p. 139 [Anm. 249].

337) Lond. Math. S. Proc. 17 (1886), p. 197, 329; 18 (1887), p. 235; cf. *J. Griffiths*, Ed. Times 51 (1889), p. 137.

$y_1, y_2, \ldots$ eine Reciprokante ist. — *A. Berry*[338]) zieht „simultane" Reciprokanten in Betracht, mit Berücksichtigung solcher, die die Variabeln selbst noch enthalten.

L. J. Rogers[339]) bildet „homographische" Reciprokanten i. e. Differentialinvarianten der quadratischen Transformation T_2: $x' = \dfrac{ax + b}{cx + d}$, $y' = \dfrac{ey + f}{gy + h}$, *A. R. Forsyth*[340]) stellt ein „volles System" für sie auf. — Ist $y u_1 = u_2$, wo u_1, u_2 2 Partikularlösungen einer $D_n(x, y) = 0$, und differenziert man $(2n - 1)$-mal nach x, und eliminiert die $u_2^{(i)}$, so resultieren n lineare homogene Relationen in den $u_1^{(k)}$. Die Resultante des Systems, eine „Quotientenableitung"[341]), ist eine homographische Reciprokante, denn sie ändert sich bei der bez. T_2 nur um den Faktor $\left(\dfrac{dy'}{dy}\right)^n \left(\dfrac{dx'}{dx}\right)^{-n^2}$. So entsteht aus $\dfrac{d^2 u}{dx^2} = 0$ der „Schwarz'sche Ausdruck" $3 y_2{}^2 - 2 y_1 y_3$. — Allgemeiner übt *Forsyth*[342]) auf eine $D_n(x, y \mid a) = 0$ die Transformationen aus, die deren Ordnung und linearen Charakter nicht ändern d. s. eine S der abhängigen y, und eine arbiträre T der unabhängigen Variabeln x. *Forsyth* frägt nach den algebraischen Funktionen der $y, y_1, y_2, \ldots$ und der a, die nach der Transformation von $D_n = 0$ nur einen Faktor, eine Potenz von $\dfrac{dx'}{dx}$, annehmen. Aus einer endlichen Anzahl solcher Funktionen gehen alle übrigen durch rein algebraische Prozesse hervor[343]).

21. Projektive Invarianten der Krümmungstheorie[344]). *Voss*[345]) geht davon aus, dass sich der Inhalt T eines Tetraeders bei Kollineation nur um einen einfachen Faktor ändert. Auf einer Fläche

---

338) Quart. J. 22 (1888), p. 260; 23 (1889), p. 289.

339) Lond. Math. S. Proc. 17 (1886), p. 220, 344; 18 (1887), p. 130; 20 (1889), p. 161.

340) Mess. (2) 17 (1888), p. 154.

341) Lond. Trans. 1888, p. 377. Der Name „Schwarz'scher Ausdruck" stammt von *Cayley*, Cambr. Trans. 13 (1883), p. 6 = Pap. 11, p. 149.

342) Lond. Trans. 1889, p. 71 (dort frühere Litt.). Vgl. die systematische Darst. in *Schlesinger*'s „Linearen Differentialgleichungen".

343) Vgl. *C. Platts*, Quart. J. 25 (1891), p. 300. Wegen besonderer Fälle bei früheren Autoren s. *Forsyth* l. c.

344) Man vgl. noch *G. Darboux* „Surfaces", Paris 1887/89, 1. 2, sowie die Anwendungen, die *Elliott* von den Reciprokanten im Sinne des Textes macht, Lond. Math. S. Proc. 17 (1886), p. 172. Die Grössen α, β des Textes sind die beiden Invarianten der „Laplace'schen" Differentialgleichung, s. *Darboux*, l. c. 2, § 23.

345) Math. Ann. 39 (1891), p. 179. *Voss* betrachtet auch analog beliebige Transformationen.

(III D 3) $x = x(u, v)$, $y = y(u, v)$, $z = z(u, v)$ schneiden sich je 2 benachbarte Linien u_0, $u_0 + h$; v_0, $v_0 + k$ in 4 Ecken $P = (u_0, v_0)$, P_1, P_2, $P_3 = (u_0 + h, v_0 + k)$ eines Tetraeders T, während P, P_1, P_2 ein Parallelogramm Π bestimmen. P_3 soll sich mit P längs einer analytischen Kurve (III D 1) $u = u_0 + h't + \cdots$, $v = v_0 + k't + \cdots$ nähern.

Dann tritt $\lim_{t=0} \mathsf{T}/\Pi^2$ bei ausgezeichneten Koordinatensystemen (u, v) zu den Krümmungsverhältnissen der Fläche in Beziehung; sind z. B. die $u = $ const. Haupttangentenkurven, so wird der Grenzwert $= \sqrt{-K}$, wo K das Krümmungsmass in P ist (III D 3, 6). — Es sei das Linienelement $\overline{PP_3} = ds = \sqrt{e\,du^2 + 2f\,du\,dv + g\,dv^2}$, ferner seien E, F, G die „Fundamentalgrössen 2. Ordnung", und $H = eg - f^2$ (III D 6). Nimmt man (u, v) als ein „konjugiertes" System an (für das $F \equiv 0$), so wird $\lim_{t=0} \dfrac{\mathsf{T}}{\Pi^2 ds^2} = \dfrac{1}{72\sqrt{H}} \dfrac{E\alpha h'^2 + G\beta k'^2}{eh'^2 + 2fh'k' + gk'^2}$, wo die α, β nur von e, f, g abhängen. — Übt man eine Kollineation aus mit dem Nenner $t(x, y, z)$ und dem Modul Δ, so sind α, β absolute Invarianten, während E, F, G übergehen in $E' = \dfrac{\lambda}{t} E$, $F' = \dfrac{\lambda}{t} F$, $G' = \dfrac{\lambda}{t} G$, wo λ ein nur von den ersten Differentialquotienten der Fläche algebraisch abhängender Ausdruck ist; endlich H in $H' = \dfrac{\Delta^2}{\lambda^2 t^6} H$, K' in $\dfrac{(\lambda t)^4}{\Delta^2} K$. Hieraus fliessen zahlreiche geometrische Anwendungen, u. a. der Satz von R. $Mehmke$[346]): „Berühren sich 2 Flächen in P, so ist der Quotient $\dfrac{K_1}{K_2}$ der Krümmungsmasse in P eine absolute (projektive) Invariante.

22. Differentialformen und Differentialparameter der Flächentheorie [III D 3]. Die Flächentheorie wird beherrscht von der Transformation[347]) der beiden Differentialformen (Nr. **21**).

---

346) Zeitschr. für Math. Phys. 36 (1891), p. 56; vgl. E. $Wölffing$, Zeitschr. Math. Phys. 40 (1895), p. 31; C. $Segre$, Rom. Linc. R. (5) 6^2 (1897), p. 168. Analoge Sätze für allgemeine Punkttransformationen resp. Berührungstransformationen (II A 6) stellt $Mehmke$ auf ib. 36 (1891), p. 206; 31 (1892), p. 186; 38 (1894), p. 7. $Mehmke$ bedient sich zur Ableitung seiner Sätze der Grassmann'schen Methoden. — Verallgemeinerungen solcher Sätze finden sich bei M. $Rabut$, Par. C. R. 115 (1892), p. 926; J. Éc. Pol. (2) 4 (1897), p. 137.

347) Wegen weiterer Ausführungen sei verwiesen auf J. $Knoblauch$, „Flächentheorie", Leipzig 1888; G. $Darboux$, „Surfaces", Paris, 3 (1894), 4 (1896); L. $Bianchi$, „Superficie", Pisa 1894 (deutsch v. M. $Lucat$, Leipzig 1896—99), sowie insbesondere auf G. $Ricci$, „Superficie", Padova 1898. — $Knoblauch$ untersucht analog kubische Differentialformen, J. f. Math. 103 (1888), p. 25; er trennt systematisch in der Theorie der Differentialparameter das Invariante von den

$$ds^2 = A = e\,du^2 + 2f\,du\,dv + g\,dv^2,$$

$$\frac{ds^2}{\varrho} = B = E\,du^2 + 2F\,du\,dv + G\,dv^2,$$

(wo ϱ der Krümmungsradius). Statt der u, v werden eindeutige und eindeutig umkehrbare, im übrigen arbiträre[348]) Funktionen u', v' der u, v eingeführt. Daher transformieren sich die du, dv linear:

$$du' = \frac{\partial u'}{\partial u}\,du + \frac{\partial u'}{\partial v}\,dv, \quad dv' = \frac{\partial v'}{\partial u}\,du + \frac{\partial v'}{\partial v}\,dv;$$

der Modul sei Δ. Geht hierdurch eine quadratische Form

$$\mathsf{A} = \alpha_{11}\,du^2 + 2\alpha_{12}\,du\,dv + \alpha_{22}\,dv^2$$

über in A', so geschieht das Analoge für die bilineare Form

$$\mathsf{A}_1 = \alpha_{11}\,du\,\delta u + \alpha_{12}(du\,\delta v + dv\,\delta u) + \alpha_{22}\,dv\,\delta v,$$

wo die du, dv; δu, δv auch durch zu den du, dv kogrediente Grössen ersetzt werden dürfen (Nr. 16). Für $\alpha = \alpha_{11}\alpha_{22} - \alpha_{12}^2$ ist $\alpha = \Delta^2\alpha'$, oder $\sqrt{\alpha} = \Delta\sqrt{\alpha'}$; ist also $\chi(u, v)$ irgend eine Funktion der u, v, so erkennt man mit *Boole* (l. c.) sofort, dass $\dfrac{1}{\sqrt{\alpha}}\dfrac{\partial \chi}{\partial v}$, $-\dfrac{1}{\sqrt{\alpha}}\dfrac{\partial \chi}{\partial u}$ mit du, dv kogredient sind, also in die Identität $\mathsf{A}_1 = \mathsf{A}_1'$ für die δu, δv substituiert werden können, wodurch sie die Gestalt $U\,du + V\,dv = U'\,du' + V'\,dv'$ annimmt, i. e. $U\,du + V\,dv$ ist eine lineare Kovariante von A. Differentiation führt zu der Invariante

$$\Delta_\alpha^2(\chi) = \frac{1}{\sqrt{\alpha}}\left(\frac{\partial U}{\partial v} - \frac{\partial V}{\partial u}\right),$$

und ebenso, wenn ω eine zweite Funktion der u, v und du, dv durch $\dfrac{1}{\sqrt{\alpha}}\dfrac{\partial \omega}{\partial v}$, $-\dfrac{1}{\sqrt{\alpha}}\dfrac{\partial \omega}{\partial u}$ ersetzt werden, zu der Invariante $\Delta_\alpha(\chi, \omega)$, die speziell für $\chi = \omega$ in $\Delta_\alpha^1(\chi)$ übergehe. Für $\mathsf{A} = A$ werden $\Delta^1(\chi)$, $\Delta^2(\chi)$, $\Delta(\chi, \omega)$ *E. Beltrami*'s[349]) „Differentialparameter 1. und 2. Ordnung von χ" und „Zwischenparameter von χ, ω".

Koordinatenbesonderheiten, ib. 111 (1893), p. 329; er untersucht im Sinne des Textes „Biegungskovarianten": das sind Ausdrücke, die sich aus den Ableitungen willkürlicher Funktionen von u, v und aus den e, f, g und deren Ableitungen zusammensetzen, und die bei Einführung neuer Variablen in die formell gleichgebildeten übergehen, ib. 111 (1893), p. 277; 113 (1894), p. 58; 115 (1895), p. 185; vgl. *P. Stäckel*, ib. 113 (1894), p. 58.

348) Die Gruppe ist nach *Lie* die „unendliche" (II A 6), s. Leipz. Ber. 1891, p. 316, 353.

349) Bologna Mem. (2) 8 (1868), p. 549; man vgl. die allgemeinere Auffassung bei *Lie-Scheffers*, Kont. Transformationsgruppen, Kap. 22. — Die Transformation derartiger Differentialausdrücke bei Einführung neuer Veränderlicher

Ist n der „Multiplikator" von A i. e. $nA = dp\,dq$, so berechnet sich K (Nr. **21**) zu $\frac{1}{2}\,\Delta\,\log n$. Die beiden absoluten Simultaninvarianten von A, B hängen direkt mit den „Hauptkrümmungen" ϱ_1, ϱ_2 zusammen, insofern

$$H = \frac{1}{\varrho_1} + \frac{1}{\varrho_2} = \frac{eG - 2fF + Eg}{eg - f^2}, \quad \frac{1}{\varrho_1\varrho_2} = K = \frac{EG - F^2}{eg - f^2}.$$

Die Funktionaldeterminante von A, B, dividiert durch $4\sqrt{eg - f^2}$ ist die „Krümmungslinienform" Γ; die Algebra liefert die Syzygie

$$\Gamma^2 = -KA^2 + HAB - B^2.$$

Das Quadrat des Linienelements $d\sigma$ auf der „*Gauss*'schen Kugel" ist eine Kovariante von A, B: $\quad d\sigma^2 = -KA + HB.$

23. Seminvarianten. Bei *Cayley* [350]) erscheint eine binäre Kovariante c durch ihren ersten (resp. letzten) Koeffizienten c_0 — leading term, source, Leitglied, Quelle — bestimmt, insofern aus c_0 durch Iteration eines Differentiationsprozesses die weiteren Koeffizienten von c hervorgehen. c_0 hat nur noch *einer* charakteristischen Differentialgleichung zu genügen (Nr. **2, 9, 15, 18**). *M. Roberts* [351]) hat hierauf eine ganze Theorie gegründet und im Besondern auf die f_5 angewendet; da das Leitglied eines Produktes von Kovarianten das Produkt der Leitglieder ist, so kann jede Syzygie zwischen Kovarianten (Nr. **8**) durch eine solche zwischen deren Leitgliedern unzweideutig ersetzt werden. — Analoges gilt vom Leitgliede C_0 einer Komitante C von Urformen F.

Eine allgemeinere Auffassung liegt bei *S. Lie* [352]) vor. Danach erscheint eine „Seminvariante" C_0 von Urformen F als relative Invariante einer Untergruppe der allgemeinen projektiven Gruppe (Nr. **2**). Es liege eine Reihe von binären Urformen $f_m(x\,|\,a)$, $g_n(x\,|\,b)$, ... vor, so beschränkt man sich von vornherein auf Formen c_0, •die in den Reihen

behandeln nach formentheoretischen Prinzipien *Christoffel*, J. f. Math. 70 (1869), p. 46 und bes. *Gundelfinger*, ib. 85 (1878), p. 295, s. II A 2, Nr. **47**.

350) I. Memoir = Pap. 2, p. 244.

351) Quart. J. 4 (1861), p. 168, 324; die f_5 in Ann. di mat. (1) 3 (1860), p. 340.

352) *Lie-Scheffers*, Kont. Transformationsgruppen, Leipzig 1893, Kap. 23; vgl. auch *Klein*, Erlanger Programm 1872. Zu jeder proj. Untergruppe gehört eine specifische Invariantentheorie (s. Anm. 12, Schluss; Anm. 353). Tabellen solcher Untergruppen in endlicher Form nach Tabellen von *Lie*, der die infin. Variationen der Gruppen aufstellt (s. „Lie-Engel" 3; „Lie-Scheffers") bei *W. Fr. Meyer*, Chic. Congr. P. 1896 (1893), p. 187; vgl. die geometrischen Ableitungen dort und bei *H. B. Newson*, Kans. U. Q. 7 (1898), p. 125. Ein Buch von *Newson* über diesen Gegenstand ist in nahe Aussicht gestellt worden.

der $a, b, \ldots$ je homogen und isobar sind (Nr. **18**), sich nämlich bei Ausübung einer S der Gruppe (A) $x_1 = \alpha x_1'$, $x_2 = \delta x_2'$ „invariant verhalten" i. e. nur um eine (ganzzahlige)[353] Potenz des Moduls $\alpha\delta$ ändern. c_0 wird zur Seminvariante, wenn es auch gegenüber der Gruppe (B) $x_1 = x_1' + \beta x_2'$, $x_2 = x_2'$ invariant bleibt, und genügt dann der charakteristischen Gleichung[354]

$$D = \sum_i i\, a_{i-1} \frac{\partial}{\partial a_i} + \sum_k k\, b_{k-1} \frac{\partial}{\partial b_k} + \cdots = 0.$$

Die Ausdehnung auf höhere Gebiete stösst auf keine prinzipiellen Schwierigkeiten (Nr. **18**). c_0 ist, wie *Sylvester*[355] bemerkt, zugleich Leitglied einer Kovariante von Urformen $f_{m'}, g_{n'}, \cdots (m' \geq m, n' \geq n, \cdots)$, die mit $f_m, g_n, \cdots$ die ersten $(m+1)$, $(n+1)$, $\cdots$ Koeffizienten gemein haben; c_0 erscheint so als Seminvariante der beliebig fortsetzbaren „Elementreihen" (a), (b), $\cdots$. Wie $D = 0$ zeigt, wird, wenn man $a_0 = b_0 \cdots = 0$ setzt, der „Rest" der Seminvariante eine solche der neuen Reihe $a_1, \frac{a_2}{2}, \frac{a_3}{3}, \cdots; b_1, \frac{b_2}{2}, \frac{b_3}{3}, \cdots$ etc.; das erleichtert die Aufstellung der Grundformen und ihrer Syzygien (Nr. **8, 9**).

So bilden nach *A. Perrin*[356] die Leitglieder der Grundformen einer $f_n(x\,|\,a)$, vermehrt um eine gewisse „Restform" der a, ein volles System (Nr. **6**) der Restform einer f_{n+1}. — *Sylvester*[357] begründet die Auffassung von c_0 als binärer Funktion von a_n: in diesem Sinne ist jede Kovariante von Leitgliedern wieder ein Leitglied. c_0 besitzt selbst ein Leitglied — germ, Keim —, den Koeffizienten der höchsten Potenz von a_n; *Sylvester* und *Perrin* wenden das auf die Struktur von vollen Systemen und Syzygien an (Nr. **6, 8**). *M. d'Ocagne*[358] denkt sich symbolisch a_0 als Funktion einer Variabeln ξ, und $a_1, a_2, \ldots$

<hr>

353) Bei komplizierteren Gruppen, z. B. bei der Gruppe der Inversionen, kann der Faktor auch von anderer Beschaffenheit sein: vgl. *Klein* l. c.; *E. Study*, Math. Ann. 49 (1897), p. 497, wo das „Apollonische" Problem formentheoretisch untersucht wird [Nr. **2**, Anm. 12].

354) *Cayley* l. c. vgl. Nr. **9**, Anm. 178; Nr. **18**.

355) Amer. J. of Math. 5 (1882), p. 79; (1883), p. 97. Insbesondere werden die Perpetuanten [Nr. **12**, Anm. 235, 249] untersucht. Tabellen bei *Cayley*, Quart. J. 19 (1883), p. 131 = Pap. 12, p. 22.

356) Par. Soc. math. B. 11 (1873), p. 88. *P.* sagt „péninvariant" für „seminvariant".

357) l. c. Weitere Ausbildung bei *J. Petersen*, Tidsskr. (4) 4 (1880), p. 177; 5 (1881), p. 33;. (5) 6 (1888), p. 152.

358) Par. C. R. 102 (1886), p. 916; Brux. S. sc. 10 B, p. 75; 11 (1887), p. 314. Verwandt sind die Untersuchungen von *Bruno* [Nr. **15**, Anm. 279] und *Mac Mahon* [Nr. **12**, Anm. 246].

als die succ. Ableitungen von a_0. Dann bilden die $\dfrac{d^i l a_0}{d\xi^i}$ $(i = 1, 2, \cdots n-1)$ ein associiertes (Nr. 7) System von Seminvarianten; der Zusammenhang mit *Hermite*'s System wird bei *M. d'Ocagne*[359] und *E. Cesàro*[360] klargelegt. $\dfrac{d}{d\xi}$, auf eine Funktion der a ausgeübt, ist nur eine symbolische Abkürzung für den Prozess $\sum a_{i+1} \dfrac{\partial}{\partial a_i}$; in diesem Sinne haben[361] *d'Ocagne*, *Perrin*, *J. Deruyts*, *S. Roberts* eine Reihe solcher „Differentialgeneratoren" konstruiert. *Deruyts*[361] hat die Verwandtschaft des Prozesses $\sum a_{i+1} \dfrac{\partial}{\partial a_i} + \sum b_{k+1} \dfrac{\partial}{\partial b_k} + \cdots$ mit *Cayley*'s D- und Δ-Prozess verfolgt.

Deruyts[362] hat aber weiter allgemein die Theorie der Seminvarianten von Urformen F mit (kogredienten) Reihen von n Variabeln begründet.

Er setzt die S von $x_1, x_2, \cdots x_n$ aus 2 Reihen einfacherer zusammen von den Typen

$$(S_h)\colon x_h = \varepsilon X_h,\ x_k = X_k \quad \text{und} \quad (S_{h,l})\colon x_l = X_l + \eta X_h,\ x_k = X_k,$$

und legt Formen Φ der Koeffizienten und Variabelnreihen zu Grunde, die sich gegenüber S_h, $S_{h,l}$ nur um eine Potenz des Moduls ε resp. 1 ändern. Die Forderung bez. der S_h sagt aus, dass Φ „hinsichtlich der einzelnen[363] Indices $1, 2, \cdots n$ isobar" — und damit auch homogen —

---

359) Par. Soc. math. B. 16 (1888), p. 183; Brux. S. sc. 12 B (1888), p. 185.

360) Nouv. Ann. (3) 7 (1888), p. 464.

361) *M. d'Ocagne*, Par. C. R. 104 (1887), p. 961, 1364; *Cayley*, Quart. J. 20 (1885), p. 212 = Pap. 12, p. 326; *Mac Mahon*, ib. p. 362; Amer. J. of Math. 8 (1885), p. 1; *R. Perrin*, Par. C. R. 104 (1887), p. 1097, 1258; *Deruyts*, Brux. Bull. 13 (1887), p. 226; *S. Roberts*, Lond. Math. S. Proc. 21 (1889), p. 219.

362) 1887—1891, zusammengefasst in der Théorie gén. des formes alg., Brux. 1891. Ergänzungen, in denen D. die Reduktion der invarianten Funktionen weiterführt, finden sich in Brux. Bull. (3) 26 (1893), p. 258; 28 (1894), p. 157; Brux. Mém. 51 (1893), 20 S.; Brux. Mém. Sav. Ét. 52 (1894), p. 1. *Kronecker* [Nr. **18**, Anm. 318] ersetzt auch die allgemeine S durch eine Reihe spezieller, deren jeder eine Differentialgleichung für die Invarianten entspricht; *Deruyts* verwendet nur einen Teil der speziellen S für die Differentialgleichungen, während der Rest durch arithmetische Gleichheiten zwischen den Gewichten ersetzt wird. — *C. le Paige* untersucht die Seminvarianten für Formen $f_1(x\,|\,y\,|\,z\,\ldots)$ bei unabhängigen S, Brux. Bull. (3) 2 (1881), p. 40 [Nr. **2**, Anm. 30].

363) So schreibt sich eine C_4:

$$x_0{}^4 a_{400} + x_1{}^4 a_{040} + x_2{}^4 a_{004} + 4 x_0{}^3 x_1 a_{310} + \cdots,$$

dagegen nach der üblichen Weise:

$$x_0{}^4 a_{0000} + x_1{}^4 a_{1111} + x_2{}^4 a_{2222} + 4 x_0{}^3 x_1 a_{0001} + \cdots,$$

wird. Sei etwa die Urform $C_n = \sum a_{ikl} x_1^i x_2^k x_3^l$, so heisst Φ, ein Aggregat von Produkten $\prod a_{ikl}^{\alpha_{ikl}}$, „bez. der Indices 1, 2, 3 isobar", wenn $\sum_i i\alpha_{ikl}$, $\sum_k k\alpha_{ikl}$, $\sum_l l\alpha_{ikl}$ je einen konstanten Wert — das „Gewicht" π_1, π_2, π_3 — besitzt; Φ ändert sich bei Anwendung von S_h um ε^{π_h}. Die $S_{h,l}$ lassen sich auf $n-1$ solche: $S_{i,i+1}$ $(i = 1, 2, \cdots n-1)$ beschränken; das Kriterium für die Invarianz von Φ gegenüber $S_{i,i+1}$ ist, dass Φ einer linearen partiellen Differentialgleichung[364] $[i, i+1] = 0$ genügt. „Seminvariante Funktion" ist Φ bei Erfülltsein von $[i, i+1] = 0$ $(i = 1, 2, \cdots n-1)$, speziell „Seminvariante", wenn sie von den Variabeln frei ist; für $\pi_1 = \pi_2 = \cdots = \pi_n$ wird Φ zur Komitante (Nr. 2). Die *Clebsch-Aronhold*'sche Symbolik (Nr. 12) wird auf seminvariante Funktionen Φ übertragen, wobei eine in den einzelnen Symbolen symmetrische — „kanonische" — Gestalt bevorzugt wird. Φ schreibt sich so als Summe von Produkten $\delta\delta' a_x$, wo die δ, δ' Determinanten sind, die aus den n ersten Kolonnen des Schemas der (symbolischen) Koeffizienten, resp. aus den n letzten Kolonnen des Variabelnschemas entnommen werden. Der *Aronhold*'sche Prozess (Nr. 13) wird zugleich auf die Koeffizientensymbole und die Variabelnreihen ausgeübt. Das „Leitglied" einer Komitante, die n Variabelnreihen zu den Ordnungen π_1, π_2, $\cdots \pi_n$ enthält, ist eine Seminvariante von den Gewichten π_1, π_2, $\cdots \pi_n$, und umgekehrt —. Die seminvariante Funktion Φ ist $\delta_n'^{\pi_n}\chi$, wo δ_n' die Determinante der Variabeln ist; diese „primären Kovarianten"[365] χ, der Kern der Theorie, sind allseitig isobare Formen von $n-1$ Variabelnreihen, die den $n-2$ Gleichungen $[i, i+1] = 0$ $(i = 1, 2, \cdots n-2)$ genügen. So ergiebt sich *Capelli*'s Hauptsatz über Reihenentwicklungen (Nr. 17); weiter, dass die χ ein volles System besitzen (Nr. 6); ferner Verallgemeinerungen von *Sylvester*'s „gegen-

---

Dieser Begriff des Isobarismus ist die ersichtliche Verallgemeinerung des gewöhnlichen, wenn die Gewichte einander gleich sind [Nr. 18].

364) Die $n-1$ Gleichungen $[i, i+1] = 0$ für eine isobare Form ziehen die übrigen $[h, l] = 0$ $(h < l)$ nach sich. Besondere Fälle dieser Gleichungen schon bei *J. B. Mathews*, Quart. J. 25 (1891), p. 127, der sich auf einen Hülfssatz von *Sylvester* stützt, Par. C. R. 98 (1884), p. 779, 858. Vgl. I B 3b, Nr. 8.

Eine rationale seminvariante Funktion ist, wie bei den gewöhnlichen Invarianten [Nr. 2] als Quotient zweier ganzer seminvarianter Funktionen darstellbar: *Hilbert*, Math. Ann. 36 (1890), p. 473; vgl. *G. Gallucci*, Gi. di mat. 35 (1897), p. 206.

365) Diese finden sich in spezieller Form schon bei *Capelli*, vgl. Nr. 17, Anm. 300. Wegen der Anwendung der χ auf abzählende Fragen s. Nr. 9 Anm. 192, 193.

seitiger Differentiation" (Nr. 16) u. a. Die χ bleiben auch anwendbar bei „partikulären"[366]) i. e. invariant ausgearteten Formen.

24. Kombinanten[367]) **und Apolarität.** Sind $F_m^{(1)}$, $F_m^{(2)}$, ... $F_m^{(k)}$ Urformen in n Variabeln x_1, x_2, ··· x_n, so wird eine Komitante nach *J. Sylvester*[368]) zur „Kombinante", wenn sie sich auch gegenüber einer S der F invariant verhält; sie hängt nur von den Determinanten gleichstelliger Koeffizienten der F ab und genügt daher noch spezifischen Differentialgleichungen[369]). So ist die Resultante[369 a]) (Nr. 25) von Formen gleicher Ordnung, allgemeiner die Funktionaldeterminante von n $F(x_1, x_2, ... x_n)$, eine Kombinante.

Der Begriff der Kombinante wird von *Sylvester*[370]) auf Urformen G ungleicher Ordnung ausgedehnt — sie heisst nach *H. S. White*[371]) dann besser „Semikombinante" —: man multipliziere die G mit Hülfsformen niedrigster Ordnung, bis man zu Urformen F gleicher Ordnung gelangt, und greife dann die Kombinanten der F heraus, die von den Koeffizienten der Hülfsformen unabhängig sind.

Bei *Gordan*[372]) und *E. Stroh*[373]) erscheinen die Kombinanten der $F_m^{(i)}$ als die Komitanten der einen Urform $F = \sum u_i F_m^{(i)}$ bei unabhängigen

---

366) Brux. Bull. (3) 23 (1892), p. 152. Vgl. *Maurer*, Nr. 19, Anm. 325. „Study" 2 § 10 ersetzt solche „invarianten Gleichungssysteme" beim Äquivalenzproblem durch eine Reihe verschwindender Invarianten und identisch verschwindender Kovarianten.

367) Vgl. für diese Nr., auch wegen weiterer Nomenklatur und früherer Litteratur, *W. Fr. Meyer*, Apolarität und rationale Kurven, Tübingen 1883 (Litteraturverzeichnis am Schluss), sowie „Inv.-Ber." II D 6. Zur Begründung der Theorie s. noch *Clifford*, Lond. Math. S. Proc. 2 (1868), p. 116 = Pap. p. 115; *Darboux*, Bull. sci. math. 1 (1870), p. 348.

368) Cambr. Dubl. math. J. 8 (1853), p. 63, 256.

369) *Sylvester*, l. c., p. 257; vgl. *E. Betti*, Ann. di mat. (1) 1 (1858), p. 344 [Nr. 18].

369 a) Die Kombinanteneigenschaft der Resultante, auch höheren Transformationen gegenüber, findet sich bei *Sylvester*, Cambr. Dubl. math. J. 6 (1851), p. 187; für spezielle Fälle schon bei *Jacobi*, J. f. Math. 22 (1841), p. 319 = Werke 3, p. 393. Vgl. die systematische Darstellung bei „Gordan" 1, § 11, der die Resultante als besondern Fall der Funktionaldeterminante [Anm. 6, 271] behandelt. — Die Funktionaldet. der Funktionaldet. von n $F(x_1, x_2, ... x_n)$, die im besondern Polaren einer Form f sind, sind den F proportional: *Clebsch*, J. f. Math. 69 (1868), p. 355; 70 (1869), p. 175; *Rosanes*, ib. 75 (1872), p. 166; *M. Pasch*, ib. 80 (1875), p. 177.

370) Cambr. Dubl. math. J. 9 (1854), p. 86.

371) Amer. J. of Math. 17 (1895), p. 235, wo die Semikombinanten zur Typik [Nr. 7, Anm. 160] und Apolarität in engere Beziehung gesetzt werden.

372) Math. Ann. 5 (1872), p. 95, bes. p. 116; vgl. *Voss*, Münch. Ber. 1888, p. 15.

373) Math. Ann. 22 (1883) p. 393.

S der u und x, die die u nicht enthalten. Fällt die letztere Beschränkung weg, so entstehen nach *A. Brill*[374] „Kombinanten der $F_m^{(i)}$ in weiterem Sinne". Den Kombinanten kommt nach *Hilbert* (Nr. 6) die Endlichkeit zu. Eine ausgezeichnete Kombinante R ist

$$\left| F_m^{(i)}\left(x^{(r)}\right) \right| \quad \begin{pmatrix} i = 1, 2, \cdots k \\ r = 1, 2, \cdots k \end{pmatrix},$$

wo die $x^{(r)}$ kogrediente Variabelnreihen sind; *Gordan*[375] beweist, dass jede Kombinante der $F_m^{(i)}(x)$ eine Komitante von R ist, indem er die *Clebsch-Aronhold*'sche Symbolik (Nr. 12) mit den Reihenentwicklungen (Nr. 17) kombiniert. *Stroh*[376] ersetzt im Sinne der Dualität R durch die Determinante Q, die entsteht durch Ergänzung der Koeffizientenreihen mittels entsprechender Potenzprodukte einer Anzahl zu den (x) kontragredienter Variabelnreihen (v), (w), $\cdots$. Q ist eine Kombinante der F, und R eine Komitante von Q. Die Anzahl der (v), (w), $\cdots$ ist $N - k$, wenn N die Anzahl der Koeffizienten von F_m ist. *Stroh* stellt den k „Ordnungsformen" $F_m^{(i)}(x \mid a)$ $N - k$ „Klassenformen" $\Phi_m^{(l)}(u \mid \alpha)$ — diese aber ohne Polynomialkoeffizienten geschrieben — gegenüber; die Komitanten der F gehen in die der Φ über, indem man an Stelle der Determinanten der a die adjungierten von denen der α setzt und umgekehrt. Hier greift durch Spezialisierung der Φ die Apolaritätstheorie[377] ein. $F_m(x)$ und $\Phi_m(u)$ heissen „apolar"[878] (Nr. 10), wenn $(F, \Phi)_m = 0$. Einem Systeme von k linear unabhängigen $F_m^{(i)}(x)$ „entspricht" gerade ein solches von $N - k$ $\Phi_m^{(l)}(u)$, sodass stets $(F_m^{(i)}, \Phi_m^{(l)})_m = 0$ ist: beide Systeme heissen dann „zu einander apolar"; die „Allgemeinheit" des einen Systems bedingt nach *A. Brill*[379] die des andern. *B.*[380] beweist, dass je zwei der

---

374) Math. Ann. 20 (1882), p. 335.

375) l. c. p. 116, für f_n in § 11.

376) l. c. Für f_n p. 403; eine zweite erzeugende Funktion stellt *S.* auf: München Progr. Ludw. Kreisrealsch. 1894.

377) S. Anm. 367. Für geometrische Zwecke, besonders für die projektive Untersuchung rationaler Raumkurven, hat *L. Bersolari* die Apolarität weiter ausgebaut: Ann. di mat. (2) 19 (1891), p. 269; 20 (1892), p. 101; 21 (1893), p. 1; 26 (1897), p. 1; Pal. Rend. 5 (1891), p. 9; 7 (1893), p. 5; Rom. Linc. Mem. (4) 7 (1898), p. 305. — Behufs Erzeugung und Konstruktion algebraischer Flächen hat *G. v. Escherich* den Begriff der Apolarität geeignet erweitert, Wien. Ber. 75 (1877), p. 523; 82 (1882), p. 526, 893; 90 (1884), p. 1036 [III C 5, 6].

378) Nr. 10, Anm. 197, 198. *Rosanes* sagt „konjugiert", „Clebsch-Lindemann" „vereinigt liegend"; *Reye* scheidet noch: „F stützt Φ, Φ ruht auf F".

379) Math. Ann. 20 (1882 dat. April), p. 335, wobei zugleich die Erweiterung auf n Variable gegeben wird.

380) Math. Ann. 4 (1871), p. 530 [1 B 1 a, Nr. 16]. Implicite steht der Satz schon bei *H. Grassmann*, Ausdehnungslehre, Leipzig 1862, Nr. 112. An-

adjungierten Determinanten der a, α proportional sind, woraus das „Kombinantenprinzip“[381]) fliesst, dass die Kombinanten von zwei apolaren Formensystemen der Anzahl und Form nach übereinstimmen.

Die F seien jetzt binär, $= f_m^{(i)}(x_1, x_2) = f_m^{(i)}(x, 1)$. *Brill*[382]) sondert aus R das Differentialprodukt der $x^{(r)}$ ab, und setzt dann alle $x^{(r)} = x$. So entsteht eine Kombinante $W_{k(m-k+1)}(x, 1)$ die R insofern ersetzt, als jede Kombinante der f eine irrationale Form (Nr. **11**) von W ist. Die Allgemeinheit der f zieht die von W nach sich; will man umgekehrt eine gegebene $f_{k(m-k+1)}$ in die Gestalt von W bringen, so bedarf es der Adjunktion einer irrationalen Funktion der Koeffizienten.

Die Quelle der Apolaritätstheorie entspringt der Ausdehnung von *Sylvester*'s Kanonisierung der f (Nr. **10**) auf Formensysteme. Bei *J. Rosanes*[383a]) liegt der symbolisch bewiesene Satz zu Grunde, dass $(f_m, \varphi_m)_m = 0$ das Kriterium bildet für die Darstellung von $f(\varphi)$ als Potenzsumme der Linearfaktoren von $\varphi(f)$. Speziell sind m f_m darstellbar als Aggregate m^{ter} Potenzen derselben m Linearformen. Das Prinzip lässt sich ausdehnen[383b]): $F_m(y_1, y_2, \cdots y_n) = 0$ sagt aus, dass $F_m(x_1, x_2, \cdots x_n)$ apolar ist zu u_y^m.

---

wendungen des Satzes bei *Clebsch*, Gött. Abh. 17 (1872), p. 1; *Gordan*, Math. Ann. 7 (1884), p. 433; *W. Fr. Meyer*, „Apolarität“; *W. Stahl* (Anm. 397). — Wegen Verwendung des Satzes in der Zahlentheorie s. *Bachmann*, Quadratische Formen 1, Leipzig 1898, Abschn. 6, Kap. 3.

381) *Cyp. Stéphanos*, Par. Sav. [Étr.] 1880—83 [dat. Dez. 1881]. Auszug Par. C. R. 93 (Dez. 1881, p. 994). Allgemein für n Variable bei *Brill*, Math. Ann. 20 (1882), bes. p. 335 [Anm. 379]; *W. Fr. Meyer*, Apolarität § 11. Vgl. die Dissertationen: *Ph. Friedrich*, Giessen 1886; *W. Gross*, Tüb. 1887 (= Math. Ann. 31, p. 136); *E. Meyer*, Königsb. 1888.

382) Math. Ann. 20 (1882), p. 330. Weiter untersucht von *B. Igel*, Wien. Denkschr. 46 (1883), p. 350; 49 (1885), p. 277; 53 (1887), p. 155; Wien. Ber. 89 (1884), p. 218; 92 (1885), p. 1153.

383a) J. f. Math. 75 (1872), p. 172. Geometrische Anwendungen auf „Normkurven“ (Kurven n^{ter} Ordnung im Linearraum von n Dimensionen) bei *W. Fr. Meyer*, Apolarität; auf abwickelbare Flächen bei *W. Stahl*, J. f. Math. 101 (1886), p. 75; ib. (1887), p. 300; 104 (1888), p. 38; ib. (1889), p. 302. Rein geometrisch ist die binäre Apolarität untersucht von *H. Wiener*, Habilitationsschrift, Darmstadt 1885; vgl. *W. Thieme*, Zeitschr. Math. Ph. 24 (1879), p. 221, 276; Math. Ann. 23 (1884), p. 597.

383b) J. f. Math. 75 (1873), p. 312. Vgl. *H. Grassmann*, Gött. Nachr. 1872, p. 567; J. f. Math. 84 (1878), p. 273. Lineare Relationen zwischen gleich hohen Potenzen von Linearformen untersucht schon *P. Serret* geometrisch, Géom. de direction, Paris 1869. — So z. B. bestimmen 3 Punkte P_1, P_2, P_3 in der Ebene eindeutig einen vierten P_4 so, dass das C_2-Büschel (P_1, P_2, P_3, P_4) apolar ist zu einem Klassenkegelschnitt N_2. Bezieht man die P auf N_2 als Normalkegelschnitt, so entsprechen ihnen 4 f_2; zwischen den f_2 und f_2^2 herrscht je eine

Hiermit wird der Polarenprozess kombiniert. Man bilde die successiven Polaren von $F = a_x^m$ i. e. $a_x^{m-1} a_y$, $a_x^{m-2} a_y a_z$, ..., $a_x a_y a_z ... a_w$; verschwindet die letzte, so bilden die m „Punkte" (x), (y), ... (w) ein „Pol-m-eck" (Nr. 10) von F, dessen Gleichung real lautet $u_x u_y u_z \cdots u_w = 0$. Das Kriterium für ein Pol-m-eck von F ist die Apolarität von F und $u_x u_y ... u_w$; ein „(volles) (Pol-m + 1)-eck" ist ein solches, von dem je m Ecken ein Pol-m-Eck bilden u. s. f.

Algebraisch sind das Sätze wie: eine C_m ist mittelst der „Seiten" eines Pol-$(m + 1)$-ecks als Summe von $\dfrac{m(m+1)}{2}$ Potenzen (von Linear-formen) darstellbar. — Zur Apolaritätstheorie irreduzibler Formen in höheren Gebieten hat *O. Hesse*[384] den Grund gelegt, insofern $(C_2, K_2)_2 = 0$ das Kriterium dafür ist, dass vermöge einer (und dann auch unend-lich vieler) S die eine Form nur die Quadrate, die andere nur die Produkte der Variabeln aufweist. *Rosanes*[385] und *Reye*[386] haben

---

lineare Relation [Anm. 204, 212]. Artet N_2 aus in das Kreispunktepaar, so ergiebt sich, dass alle gleichseitigen Hyperbeln durch P_1, P_2, P_3 noch durch einen vierten Punkt P_4 gehen [*Cayley*, Phil. Mag. 13 (1857), p. 423 = Pap. 3 p. 254]. Dieser Satz, verbunden mit der durch das C_2-Büschel festgelegten ein-eindeutigen quadratischen Verwandtschaft [III C 9], beherrscht einen wesentlichen Teil der elementaren Dreiecksgeometrie [III A 2]. — Analog bestimmt im Raume ein Tetraeder $(P_1, ... P_4)$ ein-eindeutig ein zweites $(P_5, ... P_8)$ so, dass die $P_1, ... P_8$ die Grundpunkte eines Netzes von F_2 bilden, das zu einer festen kubischen Raumkurve apolar ist. Algebraisch heisst das, dass vier gegebene f_3 ein-ein-deutig vier weitere f_3 derart bestimmen, dass zwischen allen f_3 und f_3^2 je 4 lineare Relationen herrschen.

384) J. f. Math. 45 (1853), p. 82. Eine Ausdehnung auf C_3 giebt *O. Schle-singer*, Math. Ann. 30 (1887), p. 453. Das Kriterium von $(C_3, K_3)_3 = 0$ lautet, dass die $C_3 \infty$ Polfünfecke der K_3 enthält (vgl. *R. de Paolis*, Rom. Linc. Mem. (4) 3 (1886), p. 265). Damit ist eine Übertragung der Apolarität auf (elliptische) C_3 verbunden, s. *O. Schlesinger*, Math. Ann. 30 (1887), p. 453; 31 (1888), p. 183; 33 (1889), p. 315. Im Anschluss hieran stellt *F. London*, Math. Ann. 26 (1890), p. 535 eine resp. mehrere C_3 als Summen von Kuben linearer Formen dar; s. die Er-gänzung bei *G. Scorza*, Math. Ann. 51 (1898), p. 154. Wegen entsprechender Untersuchungen über C_4 s. *G. Scorza*, Ann. di mat. (3) 2 (1899), p. 155.

385) Math. Ann. 6 (1873), p. 264. Anwendungen auf linear abhängige Punktsysteme: J. f. Math. 88 (1880), p. 241; 90 (1881), p. 303; 95 (1883), p. 247; 100 (1887), p. 311 [Nr. 8, Anm. 79].

386) J. f. Math. 72 (1870), p. 293; 77 (1874), p. 269; 78 (1874), p. 114, 345; 79 (1875), p. 159; 82 (1877), p. 1, 54, 173 (vgl. Anm. 198). Weiterhin hat *Reye* vom Gesichtspunkte der Apolarität aus eine systematische Theorie der linearen Mannigfaltigkeiten projektiver Büschel, Bündel u. s. f. aufgestellt: Berl. Ber. 1889, p. 833; J. f. Math. 104 (1889), p. 211; 106 (1890), p. 30, 315; 107 (1890), p. 162; 108 (1891), p. 89 [Anm. 440]. *E. Timerding* liefert eine Weiterbildung und zu-gleich Vereinfachung von *Reye*'s Theorie: Gött. Nachr. 1898, Heft 3.

daraus, mittels des Kombinantenprinzips, eine Apolaritätstheorie für Systeme von C_2 resp. im Raume von F_2 und Kurven 3. Ord. entwickelt. *W. Fr. Meyer*[387]) hat die Apolaritäts- und Kombinantentheorie höherer Gebiete der der binären Kombinanten untergeordnet, insbesondere vermöge einer Reihe von Übertragungsprinzipien[388]); auf Grund von kanonischen[389]) Koordinatensystemen werden die Polarenprozesse umgesetzt in Umwandlungen elementar-symmetrischer Funktionen. So nimmt die Bedingung, dass zwei Punkte bez. einer C_2 konjugiert sind (III C 1), eine in deren Koordinaten linear-symmetrische Gestalt an, die je nach Spaltung der Argumente verschiedene geometrische Deutungen liefert. *O. Schlesinger*[390]) und *W. Fr. Meyer*[390]) sehen dabei mit Vorteil die nämliche Form, etwa eine C_2, einmal als Ordnungs-, einmal als Klassengebilde an. Ist die Ordnung einer f_m zerlegbar $= m_1 m_2$, so greift ein anderes Hülfsprinzip ein: die Wurzeln von f_m werden gedeutet als „Punkte" einer „Normkurve"[391]) [Anm. 383ᵃ]:

$$x_0 : x_1 : x_2 : \cdots : x_{m_1} = 1 : \lambda : \lambda^2 : \cdots : \lambda^{m_1}$$

im m_1-fach ausgedehnten Linearraum.

Dies gestattet z. B. *Sylvester*'s Kanonisierung einer f_9 und einer $F_3(x_1, x_2, x_3, x_4)$ (Nr. **10**) als invariantiv äquivalent[392]) anzusehen. Bei zwei Scharen apolarer f_m wird die Kanonisierung der einen äquivalent mit dem Auftreten gemeinsamer[393]) Faktoren bei der andern. Für die erweiterten Kombinanten (s. oben) von k Urformen f_m ersetzt

---

387) „Apolarität"

388) „Apolarität" bes. Kap. 3 Vgl. noch Math. Ann. 21 (1883), p. 434, 441, 528. Eine weitere Ausbildung, auch für nicht apolare Gebilde, giebt *Study*, Leipz Ber. 1890, p. 172; s. auch *E. Waelsch*, Deutsche Math.-V. 4 (1897) [1895], p. 113; Wien Anz. 1895 [Anm. 278, 391].

389) Vgl. damit die symbolische Behandlung für allgemeine Urformen bei *O. Schlesinger* (Ebene), Diss Breslau, 1882 = Math. Ann. 22, p. 520; *F. Lindemann* (Raum), Math Ann. 23 (1884), p. 111 (s. Nr. **7**, Anm. 160).

390) l. c.

391) Hierbei wird ein systematischer Gebrauch vom „Prinzip des Projicierens" gemacht, vgl. dazu *G. Veronese*, Math Ann 19 (1882), p. 161, und *W. Fr. Meyer*, „Apolarität" [Anm. 423ᵃ]. Die Normkurven sind seitdem vielfach behufs binärer Behandlung höherer Räume benutzt worden, insbes. von *E. Waelsch*, Monatsh. f. Math 6 (1895), p. 261, 375; Wien Ber. 105 (1896), p. 741 (Nr. **14**, Anm. 278; oben Anm. 388)

392) „Apolarität" § 32. Analog ist die vierdeutige Hesse'sche Kanonisierung [Nr **11**, Anm 210; **27**, Anm. 434] der C_3: $x_1^3 + x_2^3 + x_3^3 + k x_1 x_2 x_3$, äquivalent mit *Sylvester*'s Kanonisierung der f_6: $l_1^6 + m_1^6 + n_1^6 + k l_1^2 m_1^2 n_1^2$ [Nr. **10**, Anm. 194].

393) l. c. § 34.

Brill[394]) *Gordan*'s erzeugende Kombinante R durch eine andere, die aus R entsteht, wenn man successive für $1, 2, \cdots k$ Reihen der f kogrediente Variabelnreihen substituiert. Geometrisch ist das die projektive[395]) Theorie der „rationalen Curven" R_n^d (III C 3, 4, 6, 7, 8) $x_0 : x_1 : x_2 : \cdots : x_d = f_m^{(1)} : f_m^{(2)} : \cdots : f_m^{(d)}$. Die „projektive Erzeugung" dieser Kurven durch solche niedrigerer Ordnung hat *W. Fr. Meyer*[396]) auf eine besondere Reduzibilität ternärer Formen zurückgeführt; *W. Stahl*[397]) giebt für eine Reihe von Fällen explizite Determinantenformeln.

25. Resultanten R und Diskriminanten[398]) D. In einer Reihe besonderer Fälle hat man R[399]) und D[400]) durch einfachere Invarianten (Grundformen) dargestellt [I B 1 a, Nr. **19, 21**].

---

394) Bei *W. Gross*, Diss. Tüb. 1887 (Auszug Math. Ann. 32, p. 136).

395) Math. Ann. 30 (1887), p. 30. Ein erst von *Hilbert* (Gött. Nachr. 1887, p. 30; Math. Ann. 36 (1890), p. 516 [Nr. **6**]) allgemein bewiesenes Postulat setzt die Erzeugung der R_n^d als möglich voraus, d. h. es sei möglich, für ein System von $d + 1$ Formen $f_n(\lambda)$ d Systeme von $d + 1$ Formen $\varphi_{\nu_i}(\mu)$ $(i = 1, 2, \ldots d)$ so zu bestimmen, dass jede Summe $\sum f(\lambda)\, \varphi(\mu)$ durch $\lambda - \mu$ teilbar wird und $\sum \nu = n$ ist. Ein besonderer Fall dieses „Teilungsprinzipes" [Anwendung auf Reduzibilitätskriterien: I B 1 b, Nr. **5**. Anm. 9] bei *Brill*, Math. Ann. 36 (1890), p. 230, Abdruck (mit Zusätzen) aus den Münch. Ber. 1885.

396) Für R_4^3 Math. Ann. 29 (1887), p. 447; für R_4^2 ib. 31 (1888), p. 96. Hierbei sind alle Ausnahmefälle berücksichtigt.

397) Math. Ann. 38 (1891), p. 561; 40 (1892), p. 1 (Anm. 380). Vgl. noch *R. Schumacher*, ib. 38 (1891), p. 298; *St. Jolles*, Habilitationsschrift, Aachen 1886.

398) Man vgl für diese Nr. I B 1 a, Nr. **11, 16** bis **23** und I B 1 b, Nr. **11, 12, 16** bis **21**, wo die R und D vom Standpunkt der Algebra überhaupt behandelt werden, während hier nur das Formentheoretische in Betracht kommt; einige Wiederholungen waren unvermeidlich. Wegen der Differentialgleichungen der R und D s. I B 1 a, Nr. **18, 21**, wegen der Kombinanteneigenschaften der R Nr. **24**, Anm. 369ᵃ. — Über die Struktur der R und D von f_n s. *W. Fr. Meyer*, Gött. Nachr. 1895, p. 119, 155 (bez. der R vgl. *Netto*, ib. p. 209) [I B 1 a, Nr. **18**, Anm. 103]; allgemeinere Ansätze für Invarianten von f_n bei *Elliott*, Mess. (2) 26 (1896), p. 105. — Über die verschiedenen Formen der R von F bei *J. Hadamard* und *O. Biermann* s I B 1 b, Nr **14**, Anm. 61, 63. — Über die R von $2f$ als bilineare Form mit $D = 1$ bei *Gordan* s I B 1 a, Nr. **18**, Anm. 104

399) $R(f_3, f_4)$: *Brioschi*, Chelini coll m. 1881, p. 221; $R(f_4, \varphi_4)$: *E. d'Ovidio*, Tor. A. 15 (1880), p 385; *Brioschi*, Tor. A 31 (1896), p. 441; $R(f_5, \varphi_{<5})$: *d'Ovidio*, Nap. Mem. 11 (1883); Rom. Linc. M. (4) 4 (1888), p. 607; $R\!\left(C_2^{(1)}, C_2^{(2)}, C_2^{(3)}\right)$ (als Kombinante): *Sylvester*, Cambr. Dubl. math. J. 8 (1853), p. 256, sect 7; *Cayley*, J f. Math. 57 (1860), p. 139 = Pap. 4, p. 349; *S. Gundelfinger*, J f. Math. 70 (1875), p. 73; *F. Mertens*, Wien. Ber. 93 (1886), p. 62; Inv-Kriterien für mehrere gem. Wurzeln von $2f_n$: *Pascal*, Nap. R. (2) 2 (1888), p. 402; Ann. di mat. (2) 16 (1888), p. 85; *R. Perrin*, Par. C. R. 107 (1888), p. 22.

Darüber hinaus suchte die Formentheorie allgemein vorab nach durchsichtigen symbolischen Ausdrücken für die R und D. *Clebsch*[401]) leistet das für die $R(f_n, f_2)$ so weit, dass die reale Zurückführung auf eine Reihe intermediärer In- und Kovarianten ausführbar wird: es finden sich bei ihm auch Ansätze für eine $R\big(F_n, F_2, F_1^{(1)}, F_1^{(2)} \cdots\big)$ bei m Variabeln.

Gordan[402]) bildet die Methode aus für die $R(f_m, f_n)$. Mit Hülfe der „Bezout-Cayley'schen" Resultantenform[403]) (I B 1 a, Nr. **16**) und der Reihenentwicklungen (Nr. **17**) wird R für $m = n$ durch blosse Überschiebungen (Nr. **14**) gewonnen; es werden Kovarianten aufgestellt, deren identisches Verschwinden das Kriterium für eine vielfache Wurzel von f_m liefert etc.

Im Falle $m \gtrless n$ erscheint R als Quotient von zwei symbolischen Ausdrücken; für $R(f_m, f_3)$ gelingt *E. Pascal*[404]) noch eine direkte Lösung. Neuerdings hat *Gordan*[405]) R ganz allgemein durch Überschiebungsprozesse ganz rational dargestellt.

Über die simultanen In- und Kovarianten von zwei f mit gemeinsamem Linearfaktor hat *Brioschi* einen einfachen Satz aufgestellt: Par. C. R. 121 (1895) p. 582; Erl. Ber. 1896, p. 116; vgl. *J. Lüroth*, Erl. Ber. 1896, p. 119; *Noether* 16, p. 110.

400) f_4: *G. Boole* bei *Cayley*, Cambr. math. J. 4 (1845), p. 209 = Pap. 1, p. 94; [$f_{1,1,1,1}$ bei *L. Schläfli*, Wien. Denkschr. 1852, Abt. 2, p. 1]; f_5: *Salmon*, Cambr. Dubl. math. J. 9 (1854), p. 32; f_6: *Brioschi*, Ann. di mat. (2) 1 (1867), p. 159, ausgeführt bei *G. Maisano*, Math. Ann. 30 (1887), p. 442 [Krit. f. mehrfache Wurzeln ib. 31 (1888), p. 493; *d'Ovidio*, Tor. A. 24 (1888), p. 164, allgemeiner bei *Perrin*, Par. C. R. 106 (1888), p. 1789; ib. 107 (1888), p. 22, 219 (I B 1 b, Nr. **11**, Anm. 27)]; f_7: *Gordan*, Math. Ann. 31 (1888), p. 566, vereinfacht von *Brioschi*, Ann. di mat. (2) 26 (1897), p. 255; f_8: *Maisano*, Pal. R. 3 (1889), p. 33; 4 (1890), p. 1; C_3: *S. Aronhold*, J. f. Math. 55 (1858), p. 97; vgl. *Sylvester*, Cambr. Dubl. math. J. 7 (1852), p. 75 (sect. 3; Analogie zwischen f_4 und C_3 [Nr. **27**, Anm. 434]); p. 179 (sect. 4; mittels höherer Determinanten); C_4: *Klein*, Math. Ann. 36 (1890), p. 1, § 19.

401) J. f. Math. 58 (1861), p. 273; vgl. *Gordan*, ib. 71 (1870), p. 164. Bei „Salmon-Fiedler" Nr. 309, 310 eine Hyperdeterminanten-Lösung. Kriterium der Teilbarkeit einer f_n durch eine f_2 „Clebsch" p. 91; durch eine f_m *B. Igel*, Wien. Ber. 1880 (mittels eines Eliminationsprinzips von *J. Koenig*, Math. Ann. 15 [1879], p. 168).

402) Math. Ann. 3 (1871), p. 355.

403) *Cayley*, J. f. Math. 53 (1857), p. 366 = Pap. 4, p. 38; Mess. 2 (1864), p. 88 = Pap. 5, p. 555.

404) Gi. di mat. 25 (1887), p. 257; Nap. R. (2) 2 (1888), p. 67.

405) Für $3\,C$: Math. Ann. 50 (1897), p. 113; Zürich Kongr. Verh. 1898, p. 143; explicite für $3\,C_2$: J. de math. (5) 3 (1897), p. 195. Die wesentlichsten Hülfsmittel sind das von *Deruyts* erweiterte Reciprozitätsgesetz [Nr. **12**, Anm. 233*] und

Für die $D(f_n)$ hat *Gordan*[406]) ein symbolisches Verfahren angegeben, D durch Grundformen auszudrücken: bis $n = 7$[407]) incl. liess sich die Rechnung noch durchführen. D wird $= 0$ gedacht, für den bez. Doppelfaktor α_x von f kommt man durch successive Überschiebungen und Divisionen zu Gleichungen zweiten Grades in den α, deren Resultante dann D ist. Die $D(C_n)$[407a]) stellt *Gordan* in invarianter Determinantenform dar.

F. Brioschi[408]) hat spezifische partielle Differentialgleichungen für die binären R resp. D aufgestellt; *M. Noether*[409]) wies nach, dass deren schon je eine einzige hinreicht. Als eine lineare Kombination von *Brioschi*'s D-Gleichungen erscheint bei *E. Wiltheiss*[410]) die Differentialgleichung der hyperelliptischen θ-Funktionen [II B 4 b]. Auf Beziehungen zwischen binären R und D ging *Gordan*[411]) ein, wonach die R gewisser Kovarianten von f_n den Faktor $D(f_n)$ enthalten. Führt man mit *S. Kohn*[412]) die Wurzeln von *Hermite*'s typischer Gestalt von f (Nr. 7) ein, so ergiebt sich, dass das Gewicht einer Kovariante c von f unter einer gewissen Grenze liegt, und daher $R(c, f)$, wie $D(c)$ je eine gewisse Potenz von $D(f)$ als Faktor enthalten. Entsprechendes gilt für Systeme von Urformen. Später weist *Kohn*[413]) nach, dass überhaupt den Invarianten von gewissen Kovarianten von f eine angebbare Potenz von $D(f)$ als Faktor zukommt.

Für einzelne partikuläre Systeme von f, wie sie die Geometrie liefert, ist der Konnex zwischen den R und D genauer untersucht. Es sind das solche f, von denen die Singularitäten einer alge-

---

invariante Kriterien des Zerfallens einer C_n in Gerade; derartige Kriterien hat mit Hülfe der symmetrischen Funktionen von Variabelnpaaren aufgestellt *Brill*, Gött. Nachr. 1893, p. 757; Deutsche Math.-Ver. 5 (1897), p. 52; Math. Ann. 50 (1898), p. 157; vgl. die systematische Ausführung bei *F. Junker*, Math. Ann. 43 (1893), p. 222; 45 (1894), p. 1. *Gordan* hat die bez. Prozesse formal vereinfacht: Math. Ann. 45 (1894), p. 410 [I B 1 b, Nr. 5; I B 3 b, Nr. 26].

406) „Gordan" 2, Nr. 99. — D ist der letzte Koeff. der Gl., deren Wurzeln die Differenzen der Wurzeln von f sind. Der vorletzte Koeff. ist das Leitglied einer Kov. von f, der von *Perrin* untersuchten „Subdiskriminante" von f: J. de math. (4) 20 (1894), p. 129.

407) Math. Ann. 31 (1888), p. 568 [Anm. 400].

407ª) Münch. Ber. 17 (1887).

408) J. f. Math. 53, p. 372; für $R(f_m, f_n)$ $(m \gtreqless n)$ erst bei *Gordan*, Gött. Nachr. 1870, p. 427. S. „Inv.-Ber." p. 94, Anm. ***).

409) „Bruno" § 25.

410) Math. Ann. 33 (1888), p. 279.

411) Math. Ann. 3 (1871), p. 169.

412) Wien. Ber. 100 (1891), p. 865, 1013, vgl. *Waelsch,* ib. 100 (1891), p. 574.

413) Wien. Ber. 102 (1893), p. 801.

braischen, insbesondere rationalen Kurve n^{ter} Ordnung R_n^2, R_n^3 der Ebene, resp. des Raumes (III C 2, 7) abhängen. Die R und D zerfallen je in eine Anzahl von Potenzen irreduzibler invarianter Faktoren, und haben letztere in verschiedener Vielfachheit gemein. Für eine kanonische Art von R_n^2 hat *A. Brill*[414]), für allgemeine R_n^2 und R_n^3 hat *W. Fr. Meyer*[415]) die Zerlegungen ausgeführt, deren Bedeutung für die Geometrie der Kurvensingularitäten überhaupt ersichtlich ist. — Insbesondere zerfällt die D der Funktionaldeterminante[416]) mehrerer f_m in zwei Faktoren; *Cayley*[417]) zeigte schon früher, dass die D der D eines Büschels $\varkappa f_m + \lambda g_m$ ein Produkt $A\,B^2\,C^3$ ist. Allgemeiner bildet *Brill*[418]) die R von n Formen $F(x_1, x_2, \ldots x_n, 1)$ bez. $x_1, x_2, \ldots x_{n-1}$, dann zeigt sich $D(R)$ durch die Resultante von den F und deren Funktionaldeterminante teilbar.

Hilbert[419]) hat alle Ausartungen einer $f_n(x \mid a)$ aus der Potenzreihenentwickelung von $D(f)$ erschlossen. Verschwindet D, als Form der a_i, nebst allen $(n-k-1)$ ersten Polaren identisch, so zerfällt die $(n-k)^{\text{te}}$ in $n-k$ Linearfaktoren. Koinzidieren von diesen je $\mu_i - 1$ $(i = 1, 2, \cdots k)$, so auch die Linearfaktoren von f zu je μ_i, und umgekehrt. Überdies lassen sich alle Singularitäten[420]) des Gebildes $D = 0$ diskutieren.

F. Mertens[421]) hat den Begriff der R vom Eliminationsprozess abgelöst; wenn die Urgleichungen $F(x \mid a) = 0$ keine Lösung gemein haben, so existiert R als lineare Kombination der F (mit Hülfsformen der x, a als Koeffizienten) von vorgegebenem Grade in den a, die von

---

414) Math. Ann. 16 (1880), p. 345 [vgl. noch ib. 12 (1877), p. 90].

415) $n = 2$: Gött. Nachr. 1888, p. 74; Math. Ann. 38 (1891), p. 369; $n = 3$: Gött. Nachr. 1890, p. 366, 493; 1891, p. 14; eingehender in Monatsh. f. Math. 4 (1893), p. 229, 331; Auszug in Math. Ann. 43 (1893), p. 286.

416) Math. Ann. 20 (1882), p. 336.

417) Phil. mag. 11 (1856), p. 425 = Pap. 3, p. 214, vgl. *R. Russel*, Quart. J. 21 (1886), p. 373; *Hilbert*, Math. Ann. 31 (1888), p. 482. Weitere Fälle, mit Anwendungen auf algebraische Kurven bei *J. Maddison*, Quart. J. 24 (1893), p. 307; auf singuläre Lösungen von Differentialgleichungen ib. 28 (1896), p. 311.

418) Gött. Nachr. 1892, p. 89.

419) Math. Ann. 30 (1887), p. 437 [Verallg. einer Identität zwischen Potenzen von f_n: *W. Fr. Meyer*, „Apolarität" p. 350; Math. Ann. 21 (1882), p. 441]. Für Evektanten schon bei *Sylvester*, Phil. mag. (4) 3 (1852), p. 375, 460; *Cayley*, Lond. Trans. 147 (1857), p. 727 = Pap. 2, p. 465 [I B 1a, Nr. **22**].

420) I B 1c, Nr. **15**.

421) Wien. Ber. 93 (1886), p. 527. Für f_n bei *Kronecker*, Berl. Ber. 1881, p. 535 = Werke 2, p. 113. Der Gedanke geht auf *Bezout* zurück [I B 1b, Nr. **6**].

den x frei ist. *R. Perrin*[422]) und *Brill*[423]) haben die „reduzierte" Resultante R' der F untersucht, deren Verschwinden besagt, dass die $F = 0$ ausser gewissen von vornherein gemeinsamen Lösungen noch eine weitere besitzen: R' erscheint bei *Brill* als gemeinsamer Faktor gewisser Entwicklungsglieder, für die ein Berechnungsalgorithmus gegeben wird[423a]).

26. Realitätsfragen[424]). Die Sturm'schen Funktionen (I B 3 a, Nr. 5), die durch ihre Zeichenwechsel und -Folgen die Anzahl der reellen Wurzeln einer f_n zwischen gegebenen Grenzen ablesen lassen, werden von *H. Schramm*[425]) ersetzt einmal durch eine Reihe von Kovarianten, sodann durch eine Reihe von Invarianten. Insbesondere sind, wenn alle Wurzeln von $f(x \mid a)$ reell sind, die von $H = (f, f)_2$ komplex und umgekehrt; *Sylvester*[426]) dehnt den Satz auf die Kovarianten 2. Grades in den a aus. — *Edm. Laguerre*[427]) hat die Prozesse behufs Separation und Approximation [I B 3 a, Nr. 4, Anm. 9] der reellen Wurzeln von f unter Benutzung von Kovarianten (H u. a.) verallgemeinert. — *W. Fr. Meyer*[428]) hat ein „Trägheitsgesetz" für

---

422) Par. C. R. 106 (1888), p. 1789; 107, p. 22, 219. Ein Beispiel bei *Cayley*, Quart. J. 11 (1871), p. 211 = Pap. 8, p. 46.

423) Math. Ann. 4 (1871), p. 510, 527; Münch. Ber. 17 (1889), p. 91.

423[a]) Die Theorie der Kombinanten [Nr. 24] hat *Cyp. Stéphanos* für die Bildung von R verwertet: Par. Thèse 1883; vgl. *W. Fr. Meyer*, Math. Ann. 38 (1891), p. 369 (§ 8); Bremer Naturf.-Vers. Verh. 1891, p. 9. Geometrisch sind das gewisse Projektionsmethoden [Anm. 391].

424) Wegen invarianter Realitätskriterien für die Wurzeln von $f = 0$, insbes. der $f_5 = 0$, durch *Hermite, Sylvester* und *Jacobi* s. Anm. 38, 147. Vgl. noch *Sylvester*, Lond. Trans. (1864), p. 579; *Cayley*, VIII. Mem.; *E. Laguerre*, Anm. 427 [I B 1 a, Nr. 23; I B 3 a, Nr. 8]. Vorher hatte schon *Cayley* im V. Mem. die $f_3 = 0$ und $f_4 = 0$ erledigt, s. die Ergänzung von *Noether* bei „Bruno" § 20, der die beiden Fälle von 4 komplexen und 4 reellen Wurzeln invariantiv trennt. *K. Rohn* hat Fadenmodelle konstruiert, die alle Realitätskriterien der $f_4 = 0$ veranschaulichen, s. Leipz. Ber. 43 (1891), p. 1 (Anm. 433). — Über die Untersuchung der „D-Mannigfaltigkeit" $D = 0$ durch *Kronecker, Brill, Gordan* u. a. s. I B 1 a, Nr 22, I B 1 c; Nr. 15, Anm. 67; s. noch Nr. 10, Anm. 204 ($f_6 = 0$), Nr. 25, Anm. 419 (Ausartungen der D-Mannigfaltigkeit). — Mit der reellen Transformation reeller F_2 resp. $F_{1,1}$ haben sich besonders *Weierstrass* (Anm. 52, 53), *Sylvester* (Anm. 56), *Lipschitz* (Anm. 70), *Stickelberger* (Anm. 73), *Voss* (Anm. 74), *Hensel* (Anm. 38, Ende), *Taber* (Anm. 71) beschäftigt.

425) Ann. di mat. (2) 1 (1867), p. 259; 3 (1869), p. 41. Bez. der H s. noch *F. Gerbaldi*, Pal. Rend. 3 (1889), p. 22; *P. H. Schoute*, ib. p. 160.

426) J. f. Math. 87 (1879), p. 217.

427) Par. C. R. 1879/82, zusammengefasst in J. de math. (3) 9 (1883), p. 99 = Oeuvres p. 3.

428) Gött. Nachr. 1891, p. 272 [Nr. 10, Anm. 196].

$f_{2n+1}(x \mid a)$ aufgestellt. Es existiert eine geschlossene Reihe von Kovarianten $f = f^{(0)}, f^{(1)}, f^{(2)} \ldots f^{(n)}$, deren D (Nr. 25), excl. die erste und letzte, in 2 Faktoren zerfallen, so, dass je 2 successive einen Faktor gemein haben. Die Reihe der $f^{(i)}$ hat, von singulären Übergängen abgesehen, eine von den a unabhängige Anzahl reeller Wurzeln. — Realitätsfragen drängen sich auf, wenn man den Bereich der Variabeln einer Form in das komplexe Gebiet verlegt. So hat *Klein*[429]) die Gruppe der einen regulären Körper (Nr. 5) mit sich zur Deckung bringenden S von $z = x + iy$ auf der Kugel verfolgt: ist z ein beliebiger, der Gruppe nnterworfener Kugelpunkt, so erhält man z. B. im Ikosaederfalle 4 reelle Werte. *Wedekind*[430]) konstatiert u. a., dass das Doppelverhältnis von vier z nur dann reell sein kann, wenn sie in einer Ebene liegen.

In der Theorie der Kurvensingularitäten spielt die Realität eine wesentliche Rolle. *Brill*[431]) lässt die in ihre Faktoren zerspaltenen D der bezüglichen Gleichungen (Nr. 25) durch Null hindurchgehen und beobachtet die Realitätsveränderungen der Wurzeln; so beweist er algebraisch eine von *Klein*[432]) anschaulich erhaltene Realitätsrelation zwischen Singularitätenanzahlen (III C 2, 3). *W. Fr. Meyer*[433]) hat derartige Realitätsänderungen für Raumkurven systematisch untersucht.

27. Weitere spezielle Formen[434]) **und Gruppen**[435]). 1. Die „Zu-

429) Erl. Progr. 1872; Math. Ann. 9 (1875), p. 183, s. Anm. 93. Über verwandte Untersuchungen von *J. Steiner* s. III A 3. — *C. Segre* und *C. Juel* haben die projektiven Eigenschaften der einfachsten ebenen und räumlichen Gebilde untersucht, wenn die Punktkoordinaten, wie die S-Koeffizienten komplex sind: *Segre*, Tor. A. 1890: 25, p. 276, 430; 26, p. 35, 592; Math. Ann. 40 (1892), p. 413; *Juel*, Acta math. 14 (1890), p. 1.

430) Math. Ann. 9 (1875), p. 209. Vgl. *G. Holzmüller*, Isogonale Verwandtschaften, Leipz. 1882, § 21 (wo auch frühere Litter.).

431) Math. Ann. 16 (1880), p. 345, bes. § 7; s. Anm. 414.

432) Math. Ann. 10 (1876), p. 199. *H. G. Zeuthen* hatte vorher die Realitätsverhältnisse der 28 Doppeltangenten und 24 Wendetangenten einer $C_4 = 0$ untersucht, Math. Ann. 7 (1874), p. 410. Die Maximalzahl der reellen Wendungen ist 8 (die auch existieren). Nach *A. Harnack*, Math. Ann. 10 (1876), p. 189 hat eine $C_n = 0$ höchstens $p + 1$ reelle Züge, die auch erreicht werden können. Vgl. *L. S. Hulburt*, N. Y. Bull. 1 (1892), p. 197; Amer. J. of Math. 14 (1892), p. 246. Die entsprechende Anzahl für Raumkurven (nebst Erweiterungen für ebene Kurven) hat *Hilbert* festgestellt, Math. Ann. 38 (1891), p. 115, das Maximum kann gleichfalls erreicht werden. — *Klein* untersucht Realitätsverhältnisse auf „Riemann'schen Flächen", Autogr. Vorl., Gött. 1891/92; Math. Ann. 42 (1893), p. 1, wo weitere Litteratur angegeben.

433) Gött. Nachr. 1891, p. 1, s. Anm. 415.

434) S. „Inv.-Ber." p. 275, 276. Wegen der algebraisch-geometrischen Theorie der C_2, F_2 und damit verknüpfter Gebilde s. „Clebsch-Lindemann" und

sammensetzung" einer „r-gliedrigen Gruppe" (II A 6) wird bei *Lie*[436]) definiert durch Relationen $(X_i X_k) = \sum\limits_{s=1}^{s=r} c_{iks} X_s$, wo die c quadratischen

---

III C 1, 4. — Bez. der geom. Deutung von invarianten Gebilden auf rationalen Kurven durch *Lindemann, Sturm, d'Ovidio, W. Fr. Meyer, Berzolari* u. a. s. die in den Anm. 367, 377 citierte Litteratur. — Bez. der C_3 [„Clebsch-Lindemann" 1 und III C 1, 3, 4] und $F_3(x_1, \ldots x_4) = F_3$ [III C 6] beschränken wir uns auf Folgendes. Das volle System der C_3 von 34 Komitanten zuerst bei *Gordan*, Math. Ann. 1 (1869), p. 90, vgl. *Clebsch* und *Gordan*, ib. 6 (1873), p. 436 [dort frühere Litt.]; einfacher bei *Gundelfinger*, Math. Ann. 4 (1871), p. 144. Eine explicite Tabelle des Systems für die C_3 in der Hesse'schen Normalform [Nr. **11**, Anm. 210] $ax^3 + by^3 + cz^3 + 6dxyz$ liefert *Cayley*, Amer. J. 4 (1881), p. 1 = Pap. 11, p. 342; für gewisse andere kanonische Formen *F. Dingeldey*, Math. Ann. 31 (1888), p. 157. — Über associierte Systeme der C_3 s. Nr. **7**, Anm. 155. — Über Apolaritätseigenschaften der C_3 s. Nr. **24**, Anm. 384. — *H. Poincaré* erledigt die algebraische (und daraufhin die arithmetische) Äquivalenz der C_4, wie F_3, J. éc. pol. 50, p. 199; 51, p. 45 (1883), insbes. für reelle Koeffizienten und S; die zerfallenden C_3 werden analog untersucht, ib. 56 (1886), p. 79. Die algebraischen Ausartungen der C_3 hatte schon *Gundelfinger* invariantiv fixiert, Math. Ann. 4 (1871), p. 561; Ann. di mat. (2) 5 (1872), p. 223, vgl. *Gordan*, Math. Ann. 3 (1871), p. 631. Wegen der Kriterien für das Zerfallen einer C_3 (allgemein C_n) in Linearfaktoren s. Anm. 405; I B 1 b, Nr. **5**; I B 3 b, Nr. **26**. — Parallelismus zwischen C_3 und f_4: *Sylvester*, Cambr. Dubl. math. J. 8 (1853), p. 256 (sect. 7); *Hesse* [Anm. 14, 210]; *Aronhold*, J. f. Math. 39 (1849), p. 140 [Anm. 211]; *Brioschi*, Ann. di mat. (2) 7 (1875), p. 52; *Hilbert*, J. de math. (4) 4 (1888), p. 249 [Anwendung auf die Transf. 3. Ordg. der zur f_4 resp. C_3 gehörigen ellipt. Funktionen bei *Brioschi* l. c., vgl. die geom. Behandlung bei *Cayley*, Quart. J. 13 (1875), p. 211 = Pap. 9, p. 522; Zurückführung auf die Theorie der kubischen Involution $\varkappa f_3 + \lambda g_3$ bei *O. Bolza*, Math. Ann. 50 (1898), p. 68]. — Eine C_3 mit $D = 0$ wird von *E. Dingeldey* auf eine kanon. Form gebracht, Math. Ann. 30 (1888), p. 177. — Das „syzygetische" Büschel $\varkappa C_3 + \lambda H_3$ bei *Battaglini*, Chelini Coll. Math. 1881, p. 27. — *A. Harnack* untersucht Diff.gleichungen, die nach *Clebsch* mit gewissen Zwischenformen der C_3 verknüpft sind, Math. Ann. 9 (1875), p. 218.

Über das Pentaeder der F_3 und damit verknüpfte Apolaritätseigenschaften s. Nr. **10**, Anm. 199; Nr. **14**, Anm. 278; Nr. **24**, Anm. 392 [III C 6]. Das Pentaeder als Komitantenform, nebst Beweis des Pentaedersatzes, bei *Gordan*, Math. Ann. 5 (1872), p. 376. — Die wichtigsten Komitanten der F_3 bei *Salmon*, Lond. Trans. 150 (1860), p. 229, und *Clebsch*, J. f. Math. 58 (1861), p. 93, 109; weiteres Formenmaterial bei *R. de Paolis*, Rom. Linc. M. (2) 10 (1880/81), p. 123. — Associierte Systeme der F_3: s. Nr. **7**, Anm. 154. — Die wichtigsten Invarianten der F_3 studiert geometrisch *K. Bobek*, Monatsh. f. Math. 8 (1897), p. 145. — Die Erzeugung der F_3 durch 3 trilinear reciprok verknüpfte Strahlenbündel führt *M. Pannelli* formentheoretisch aus, Ann. di mat. (2) 22 (1894), p. 237. — Das algebraische Kriterium dafür, dass ein F_2-Gebüsch Polarengebüsch einer F_3 wird, bei *E. Toeplitz*, Math. Ann. 11 (1877), p. 432; *W. Frahm*, ib. 7 (1874), p. 635. [Geometrisch bei *H. Thieme*, Math. Ann. 28 (1886), p. 133.]

435) Über die orthogonale Gruppe, allgemeiner die eine F_2, resp. $F_{1,1}$ invariant lassende Gruppe von S vgl. Nr. **3** und Nr. **6**, Anm. 145, Schluss. —

Bedingungen genügen, und die $X_s = X_s f$, die infinitesimalen Transformationen der Gruppe, linear geändert werden können, ohne die Zusammensetzung zu ändern. In diesem Sinne ist[437]) die trilineare Form $F(x, y; X) = (\sum x_i X_i, \sum y_k X_k) = \sum c_{iks} x_i y_k X_s$, gegenüber kogredienten S der x, y, kontragredienten der X, eine Invariante der Zusammensetzung. Die Bedingungen für die c sagen aus, dass 2 gewisse Kovarianten von F identisch verschwinden, und das bedeutet einmal, dass F bez. der $(x), (y)$ alternierend ist, dann, dass auch jede infinitesimale Transformation der „adjungierten" Gruppe F invariant lässt.

2. *Gordan* und *Noether*[438]) haben ein Kriterium dafür angegeben, wann eine $F(x_1, \ldots x_n)$ vermöge S in eine F von weniger Variabeln übergeführt werden kann, und, wenn das der Fall, die S ermittelt. Damit wird ein Satz von *Hesse*[439]) eingeschränkt, wonach das Kriterium durch $H(F) \equiv 0$ [Nr. **14**, Anm. 272] ausgedrückt sei: *Hesse*'s Satz gilt allgemein nur für $n = 2, 3, 4$ und für die $F_2(x_1, \ldots x_n)$, während für $n > 4$ ganze Klassen von Formen angegeben werden können, für die $H \equiv 0$ ist, ohne dass zwischen ihren Polaren lineare

---

Zu Nr. **3** und Nr. **5** seien noch folgende Ergänzungen gegeben. Anm. 42: Die Cayley'sche Darstellung durch Parameter hat *G. Rost,* Dissert. Würzburg 1892, auf S von beliebiger Periode ausgedehnt [I B 3 f, Nr. **1**]; Anm. 54: *F. Klein,* Vorl. über Gleichungen, Gött. 1891/92, bringt Df_n auf die typische Gestalt $|a_{ik} + \lambda b_{ik}|$; Anm. 79: Bez. der Leistungen von *Battaglini* s. *E. d'Ovidio,* Rom. Linc. M. (4) 1 (1895), p. 558; Anm. 116ᵃ: Math. Ann. 52 (1899), p. 363. — Ferner sei noch erwähnt, dass *H. S. White,* N. Y. Bull. (2) 4 (1897), p. 17 das Kriterium für eine S-Gruppe aufstellt, die eine $C_2 = 0$ resp. $C_3 = 0$ (und damit zugleich eine ganze Schar von $C_2 = 0$ resp. $C_3 = 0$) in sich überführt. — Über andere projektive Untergruppen s. Nr. **23**, Anm. 352. — Über ausgeartete Kollineationen und Korrelationen der Geometrie (*Hirst, Visalli*) s. III C 9. — Über die Inversionsgruppe (Gruppe der reciproken Radien in der Ebene) und ihre Anwendung auf das Apollonius'sche Problem bei *Study* s. Nr. **2**, Anm. 12; Nr. **23**, Anm. 353. — Die $f(x \overset{m}{\mid} \overset{n}{y})$ (Anm. 30) bei unabhängigen S untersucht geometrisch mittels Normkurven *Waelsch,* Deutsche Math.-V. 5¹ (1897), p. 58, eingehend den Fall $m = 3$, $n = 3$ (System von zwei kubischen Raumkurven) Math. Ann. 52 (1899), p. 293.

436) *Lie-Engel,* Kont. Transf.gruppen 1, Leipzig 1888.

437) *F. Engel,* Leipz. Ber. 1886, p. 83. Bez. der Invariantentheorie der trilinearen Formen s. *Le Paige,* Par. C. R. 92 (1881), p. 1099 und Anm. 30, 195.

438) *Gordan,* Erl. Ber. 1876, p. 89 ($n = 3$); *Noether,* ib. p. 51 ($n = 4$); *Gordan* und *Noether,* Math. Ann. 10 (1876), p. 547 bes. p. 561 [I B 1 b, Nr. **22**]. Für die C_3 und $F_3(x_1, \ldots x_4)$ hatte *Pasch* den Satz mittels Determ.-Relationen bewiesen, J. f. Math. 80 (1875), p. 169. — Es sei noch erwähnt, dass nach *Voss* für F_3 $H(H)$ eine lineare Kombination von F und H ist, Math. Ann. 27 (1886), p. 515 [für $n = 4$ schon bei *G. Bauer,* Münch. Abh. 1883, p. 1 (III C 6)].

439) J. f. Math. 42 (1851), p. 117 [vgl. *Sylvester,* Phil. Mag. (4) 5 (1853), p. 119]; 56 (1859), p. 263 [I B 1 b, Nr. **22**].

Relationen existieren. Die Untersuchung von *Gordan* und *Noether* beruht auf einer linearen partiellen Differentialgleichung, der F und ihre Polaren genügen [Nr. **13**, Anm. 260], und deren Koeffizienten selbst wieder von einem System partieller Differentialgleichungen abhängen. Aus der Zahl der Systemlösungen sind die auszuscheiden, die ganze Funktionen der Variabeln sind. Zu dem Behuf werden die Variabeln „uneigentlich" rational transformiert, d. h. so, dass die Determinante der Transformation nebst einer Reihe ihrer Minoren verschwindet[440]).

---

440) Uneigentliche S spielen bei *Hilbert*, Math. Ann. 42 (1893), p. 313 [Nr. **6**, Schluss] eine fundamentale Rolle in der Theorie der vollen Systeme; desgl. bei *Study*, Nr. **18**, Anm. 316, in der formentheoretischen Untersuchung der Differentialgleichungen der Invarianten; bei *Waelsch* [Nr. **14**, Anm. 278], der durch Nullsetzen eines Aggregates von binären Überschiebungen Mannigfaltigkeiten verschiedener Dim. in Beziehung setzt; endlich in der algebraischen und geometrischen Theorie der linearen Scharen von S [Nr. **3** und Nr. **24**, Anm. 336]. — Die Ausübung einer uneig. $S\,(x_1, x_2, \ldots x_n)$ vom „Range" r [I B 2, Nr. **24**] ist geom. äquivalent der Projektion eines Linearraumes R_n in einen R_{n-r} von einem R_r aus, verbunden mit einer Kollineation des R_{n-r}. Während im allg. Falle $r = 0$ [Nr. **2**] die transformierte Inv. durch die ursprüngliche teilbar wird, werden jetzt lineare Systeme von transformierten Inv. Modulsysteme [I B 1 b, Nr. **26**; I B 1 c, Nr. **13**] der ursprünglichen, wobei die Koeffizienten von den r^{ten} Minoren des S-Moduls ganz-rational abhängen. Im übrigen findet eine analoge Weiterentwicklung statt, wie in Nr. **2**.

I B 3. GLEICHUNGEN.

I B 3 a. SEPARATION UND APPROXIMATION DER WURZELN

VON

C. RUNGE

IN HANNOVER.

Inhaltsübersicht.

1. Einleitung.

Die Separation der Wurzeln.

2. Grenzen für die Wurzeln.
3. Die Differenzengleichung.
4. *Descartes'* Zeichenregel und *Budan-Fourier's* Satz.
5. Der *Sturm'sche* Satz.
6. *Cauchy's* Integral.
7. Charakteristiken-Theorie.
8. Die quadratischen Formen im Zusammenhange mit dem *Sturm'schen* Satz.
9. Numerisches Beispiel für die Separation.

Die Approximation der Wurzeln.

10. Das *Newton'sche* Verfahren.
11. Allgemeinere Verfahren.
12. *Horner's* Schema.
13. *Bernoulli's* Verfahren.
14. *Graeffe's* Verfahren.
15. Die Approximation für den Fall mehrerer Veränderlichen.

Litteratur.

Vergleiche die betreffenden Kapitel in den Lehrbüchern der Algebra, wie:

J. A. Serret, Cours d'algèbre supérieure. 4. Aufl. Paris 1877. Deutsch von *G. Wertheim,* Leipzig 1868. 2. Aufl. 1878.

J. Petersen, De algebraiske Ligningers theori. Kjöbnhavn 1877, deutsch 1878, franz. 1896.

E. Netto, Vorlesungen über Algebra. Leipzig, I, 1896; II, 1, 1898.

H. Weber, Lehrbuch der Algebra. Braunschweig, 1, 1895. 2. Aufl. 1898. 2, 1896; franz. von *J. Griess,* Paris 1898.

A. Capelli, Algebra complementare. Napoli, Pellerano 1895. 2. Aufl. 1898.

Die zahlreichen Monographien über numerische Auflösung behandeln immer nur besondere Methoden.

Einleitung.

1. In vielen praktischen Fällen, wo die Werte einer Veränderlichen gesucht werden, die einer gegebenen transcendenten oder algebraischen Gleichung genügen oder die Werte mehrerer Veränderlichen, die mehreren solchen Gleichungen genügen, sind uns durch die Natur der Sache Näherungswerte der gesuchten Grössen schon bekannt, und es handelt sich nur darum, genauere Annäherungen zu finden. Newton hat dafür eine Methode angegeben[1]), die ursprünglich für den Fall einer Veränderlichen erfunden, sich auch auf den Fall beliebig vieler Veränderlichen übertragen lässt. Der Gedanke besteht darin, dass, wenn a der erste Näherungswert einer Wurzel der Gleichung $f(x) = 0$ ist und p die Verbesserung bedeutet, die Funktion $f(a + p)$ nach Potenzen von p entwickelt wird. Vernachlässigt man dann die Glieder zweiter Ordnung, so ergiebt sich für p die Gleichung ersten Grades: $f(a) + f'(a)p = 0$, aus der p gefunden wird. Mit der auf diese Weise ermittelten zweiten Annäherung wiederholt man dieselbe Rechnung u. s. w. Dasselbe Verfahren lässt sich auf zwei oder mehr Veränderliche übertragen, die zwei oder mehr Gleichungen genügen sollen. Sind z. B. die beiden Gleichungen $f(xy) = 0$ und $g(xy) = 0$ zu erfüllen und ist $x = a$, $y = b$ ein Wertsystem, das den Gleichungen angenähert genügt, so setze man $x = a + h$, $y = b + k$ und entwickle die beiden Funktionen $f(xy)$ und $g(xy)$ nach Potenzen von h und k. Mit Vernachlässigung der Glieder zweiter Ordnung erhält man so zwei Gleichungen ersten Grades für h und k, die nach h und k aufgelöst ein verbessertes Wertsystem liefern, mit dem man dieselbe Rechnung wiederholen kann u. s. w.

Auf diese Weise berechnen z. B. die Seeleute aus den Höhenbeobachtungen zweier Gestirne die Verbesserungen ihrer Länge und Breite, deren Näherungswerte ihnen aus der Loggerechnung bekannt sind und zwar meistens genau genug, um nur ein System von Verbesserungen zu erfordern. Die Auflösung der beiden linearen Gleichungen kann dabei auch graphisch geschehen durch Zeichnung der beiden Graden (Sumner-Linien), deren Gleichungen sie darstellen.

Für viele praktische Zwecke werden diese Bemerkungen genügen, wenn wir noch hinzufügen, wie die Genauigkeit der Näherungen beurteilt werden kann. Es habe die als stetig vorausgesetzte Funktion $f(x)$ für $x = a$ das entgegengesetzte Zeichen wie für $x = b$, während

---

1) *J. Newton*, Analysis per aequationes numero terminorum infinitas, London 1711. Ferner Brief an Oldenburg v. 13. Juni 1676 und Methodus fluxionum, Lond. 1736, introductio.

die Ableitung $f'(x)$ für alle Werte $x = a$ bis $x = b$ zwischen zwei endlichen Grössen m und M gleichen Zeichens liegt. Dann liegt eine und nur eine Wurzel zwischen a und b. Sind nun x_1 und x zwei beliebige Werte, die dem Intervall a bis b angehören, so ist

$$f(x_1) - f(x) = \int_x^{x_1} f'(x)\,dx. \quad \text{Mithin liegt } f(x_1) - f(x) \text{ zwischen den}$$

Grenzen $m(x_1 - x)$ und $M(x_1 - x)$. Wenn also für x der Wert der zwischen a und b liegenden Wurzel eingesetzt wird, so ergiebt sich, dass $f(x_1)$ zwischen $m(x_1 - x)$ und $M(x_1 - x)$ liegt, und mithin, dass $x_1 - x$ zwischen $\frac{f(x_1)}{m}$ und $\frac{f(x_1)}{M}$ liegt. Ist m die dem absoluten Betrage nach kleinere der beiden Grössen m, M, so ist also der Fehler der Näherung x_1 absolut genommen nicht grösser als $\frac{f(x_1)}{m}$. Berechnet man mit x_1 die folgende Näherung $x_2 = x_1 - \frac{f(x_1)}{f'(x_1)}$, so liegt $x_1 - x_2 = \frac{f(x_1)}{f'(x_1)}$ ebenfalls zwischen den Grenzen $\frac{f(x_1)}{m}$ und $\frac{f(x_1)}{M}$; folglich ist der Fehler von x_2 absolut genommen nicht grösser als $f(x_1)\left(\frac{1}{m} - \frac{1}{M}\right)$.

Die Auffindung der Grössen m und M wird sehr erleichtert, wenn auch $f''(x)$ in dem Intervall a bis b nur Werte eines Zeichens hat. Denn dann erreicht $f'(x)$ seine äussersten Werte an den Grenzen a und b. Es sei z. B. $f(x) = \sin x - x \cos x$. In dem Intervall $4\pi + \frac{\pi}{4}$ bis $4\pi + \frac{\pi}{2}$ liegt eine und nur eine Wurzel. Denn $f(x)$ hat an den Grenzen des Intervalls entgegengesetzte Zeichen, und $f'(x) = x \sin x$ liegt zwischen $\left(4\pi + \frac{\pi}{4}\right)\frac{1}{\sqrt{2}}$ und $4\pi + \frac{\pi}{2}$. Nach dem Newton'schen Verfahren erhält man nun:

	$f(x)$	$f'(x)$	$\dfrac{f(x)}{f'(x)}$
1. Näherung: $4.5\,\pi$	1	14	$0.023\,\pi$
2. Näherung: $4.477\,\pi$	$-\ 0.018$	14.03	$-\ 0.00041\,\pi$
3. Näherung: $4.47741\,\pi$	0.00006		

Der Fehler des dritten Näherungswertes ist kleiner als $\frac{f(x)}{m}$. Für m können wir $\left(4\pi + \frac{\pi}{4}\right)\frac{1}{\sqrt{2}} = 9.4$ annehmen, wonach also der Fehler weniger als 7 Einheiten der 6ten Decimale beträgt. Ähnliche Betrachtungen können wir auch anstellen, wenn es sich um mehrere Gleichungen mit mehreren Unbekannten handelt, wovon unten weiter die Rede sein wird.

Die Separation der Wurzeln.

2. Grenzen für die Wurzeln. Wenn keine Näherungswerte der Wurzeln von vorne herein bekannt sind, so geht der eigentlichen Berechnung das Aufsuchen der rohen Näherungswerte voraus. Hat man Intervalle aufgefunden, in denen je eine Wurzel liegt, so sagt man, die Wurzeln seien *separiert*. Wenn es sich um die Nullstellen einer ganzen rationalen Funktion $f(x) = a_0 x^n + a_1 x^{n-1} + \cdots + a_n$ handelt, so kann man zunächst eine obere Grenze des absoluten Betrages der Wurzeln angeben. Ist M der grösste unter den absoluten Beträgen von $a_1, a_2, \ldots a_n$, so ist

$$\left|\frac{f(x)}{x^n}\right| > |a_0| - M(|x|^{-1} + |x|^{-2} + \cdots + |x|^{-n}) = |a_0| - M\frac{1 - |x|^{-n}}{|x| - 1}.$$

Sobald daher für einen Wert von $|x|$ die rechte Seite positiv ist, so ist dieser Wert eine obere Grenze für die absoluten Beträge der Wurzeln. So ist insbesondere $1 + \dfrac{M}{|a_0|}$ eine obere Grenze. In manchen Fällen wird man eine kleinere obere Grenzen finden können, wenn man diese Formel nicht auf x selbst anwendet, sondern $x = mu$ setzt, die obere Grenze für u ermittelt und diese mit m multipliziert. Bedeutet M' den grössten unter den absoluten Beträgen von $a_1, a_2 m^{-1}, a_3 m^{-2}, \ldots am^{-n+1}$, so ist $m + \dfrac{M'}{|a_0|}$ eine obere Grenze der Wurzeln. Setzt man $x = \dfrac{1}{z}$, so erhält man für z die Gleichung $a_n z^n + a_{n-1} z^{n-1} + \cdots + a_1 z + a_0 = 0$. Die obere Grenze für $|z|$ liefert den reciproken Wert einer unteren Grenze für $|x|$. — Für die positiven und negativen Wurzeln allein kann man im allgemeinen noch engere Grenzen finden. Ist a_q der erste negative Koeffizient in der Reihenfolge $a_0 a_1 \ldots a_n$ und a_r der grösste negative Koeffizient, so ist für positive Werte von x:

$$f(x)x^{-n+q-1} > a_0 x^{q-1} + a_2 x^{q-2} + \cdots + a_{q-1} + a_r(x^{-1} + \cdots + x^{-n+q-1})$$

$$= a_0 x^{q-1} + \cdots + a_{q-1} + a_r \frac{1 - x^{-n+q-1}}{x - 1}.$$

Da die rechte Seite mit wachsendem x wächst, so ist jeder positive Wert von x, für den sie positiv ist, eine obere Grenze der positiven Wurzeln, z. B. wenn $a_0 x^{q-1} > \dfrac{|a_r|}{x - 1}$ $(x > 1)$ und also a fortiori, wenn

$$a_0 (x-1)^{q-1} > \frac{|a_r|}{x-1} \ (x > 1) \text{ oder } x-1 > \sqrt[q]{\frac{|a_r|}{a_0}}.$$ Verwandelt man x in $-x$, so liefert derselbe Satz eine untere Grenze der negativen Wurzeln. Es ist indessen nicht lohnend, viel Zeit auf eine genauere Bestimmung der Grenzen zu verwenden, die besser den unten zu entwickelnden Methoden der Separation und Approximation geschenkt wird.

3. Die Differenzengleichung. Um nun innerhalb des so bestimmten endlichen Gebietes die Wurzeln zu trennen, hat *Waring*[2]) und nach ihm *Lagrange*[2]) die Gleichung betrachtet, der die Differenzen je zweier Wurzeln genügen. Für eine Gleichung n^{ten} Grades genügen die Differenzen einer Gleichung vom $(n^2 - n)^{\text{ten}}$ Grade, die aber nur gerade Potenzen der Unbekannten enthält und sich daher als Gleichung vom Grade $\frac{n \cdot n - 1}{2}$ für die Quadrate der Differenzen darstellen lässt. Denkt man sich diese Gleichung nach bekannten Methoden gebildet und bestimmt eine untere Grenze ihrer positiven Wurzeln, so giebt die Quadratwurzel aus dieser Zahl eine untere Grenze für den Abstand zweier reeller Wurzeln der Gleichung an. Sei die Quadratwurzel nicht kleiner als $\varDelta$, so kann also in einem Intervall von der Grösse $\varDelta$ nicht mehr als eine einzige Wurzel der Gleichung liegen. Man separiert daher die Wurzeln eines Intervalls a bis b, indem man die Werte von $f(a)$, $f(a + \varDelta)$, $f(a + 2\varDelta)$ etc. bis $a + n\varDelta \geq b$ ausrechnet. Da sich nun ein Intervall angeben lässt, in dem alle reellen Wurzeln liegen, so ist damit die Aufgabe, die reellen Wurzeln zu separieren, „auf eine endliche Anzahl von Operationen zurückgeführt". Dies Verfahren ist zwar ausführbar, und mit Hülfe der Differenzenrechnung [I E] lässt sich die Berechnung der Werte $f(a)$, $f(a + \varDelta)$, $f(a + 2\varDelta)$ etc. auf Additionen zurückführen; aber die Bildung der Gleichung, der die Quadrate der Wurzeldifferenzen genügen, wird für höhere Grade sehr umständlich. Nun hat *A. Cauchy* gelehrt, mit Hülfe der oberen Grenze für die absoluten Beträge der Wurzeln aus dem Differenzenprodukt allein eine untere Grenze des kleinsten Unterschiedes zweier Wurzeln zu finden[3]). Ist nämlich P das Produkt der $\frac{n \cdot n - 1}{2}$ Differenzen und ϱ die obere Grenze der Wurzeln, so ist jede Differenz absolut nicht grösser als

2) *E. Waring*, Medit. algebr. Cambr. 1770, Lond. Trans. 1779. *J. L. Lagrange*, de la résolution des équations numériques de tous les degrés. Paris 1798. Chap. 1.

3) *A. Cauchy*, Analyse algébrique [note III]; vgl. *A. Cauchy*, Exercises de mathématiques, 4. année, Paris 1829, p. 65.

2ϱ und daher, wenn $\varDelta$ der absolute Betrag der kleinsten Differenz ist, $|P| < \varDelta \cdot (2\varrho)^{\frac{n \cdot n - 1}{2} - 1}$ oder $\varDelta > |P| (2\varrho)^{-\frac{n \cdot n - 1}{2} + 1}$. Dieser Wert wird aber im allgemeinen sehr viel zu klein sein und verlangt viel unnötige Rechnung.

4. Descartes' Zeichenregel und Budan-Fourier's Satz. Die Berechnung einer ganzen rationalen Funktion $f(x) = a_0 x^n + a_1 x^{n-1} + \cdots + a_{n-1}x + a_x$ für irgend einen Wert p lässt sich folgendermassen ausführen. Man berechnet nacheinander die Grössen $b_1, b_2, \ldots b_n$ durch die Kette: $b_1 = a_1 + a_0 p$, $b_2 = a_2 + b_1 p$, $b_3 = a_3 + b_2 p, \ldots$, $b_n = a_n + b_{n-1}p$. Das geschieht am besten nach dem Schema[4]):

$$\begin{array}{cccccc} a_0 & a_1 & a_2 & a_3 \ldots & a_{n-1} & a_n \\ & a_0 p & b_1 p & b_2 p & b_{n-2}p & b_{n-1}p \\ \hline & b_1 & b_2 & b_3 \ldots & b_{n-1} & b_n \end{array}$$

Dann ist

$$f(x) = b_n + (x - p)(a_0 x^{n-1} + b_1 x^{n-2} + b_2 x^{n-3} + \cdots + b_{n-2}x + b_{n-1})$$

und daher $b_n = f(p)$. Die Grösse b_n ist der Rest, der bei der Division von $f(x)$ durch $x - p$ bleibt, und $a_0 b_1 b_2 \ldots b_{n-1}$ sind die Koeffizienten des Quotienten. Für genäherte Rechnungen, für welche die Genauigkeit des Rechenschiebers [IF] ausreicht, ist die Ausführung besonders bequem, da alle Multiplikationen bei derselben Stellung des Schiebers abgelesen werden. Wendet man auf den Quotienten dasselbe Verfahren noch einmal an:

$$\begin{array}{ccccc} a_0 & b_1 & b_2 \ldots & b_{n-1} & b_n \\ & a_0 p & c_1 p & c_{n-2}p & \\ \hline & c_1 & c_2 & c_{n-1} & \end{array}$$

so ist

$$f(x) = b_n + c_{n-1}(x-p) + (x-p)^2 (a_0(x-p)^{n-2} + c_1(x-p)^{n-1} + \cdots + c_{n-2}),$$

und man sieht, dass auf diese Weise nach und nach $f(x)$ nach Potenzen von $(x - p)$ entwickelt wird. Die Zahlen $b_n, c_{n-1}, d_{n-2}, \ldots$ sind gleich $f(p)$, $f'(p)$, $\dfrac{f''(p)}{2!}, \ldots$

Unter der *Anzahl der Zeichenwechsel* einer Zahlenreihe $a_0 a_1 \ldots a_n$ versteht man die Anzahl, welche angiebt, wievielmal zwei benachbarte Grössen der Reihe verschiedenes Zeichen haben. Wenn einige der Grössen Null sind, so sind sie dabei als nicht vorhanden anzusehen, so dass zwei von Null verschiedene Grössen auch dann als

---

4) *W. G. Horner*, Lond. Trans. Part I. 1819, p. 808.

benachbart gelten, wenn sie durch Nullen getrennt sind. Wenn nun eine der Grössen z. B. a_α durch $a_\alpha + p\,a_{\alpha-1}$ ersetzt wird, wo p eine positive Grösse bedeuten soll, so kann dadurch offenbar die Zahl der Zeichenwechsel niemals zunehmen. Denn eine Änderung kann nur so eintreten, dass $a_\alpha + p\,a_{\alpha-1}$ Null wird oder dasselbe Zeichen annimmt wie $a_{\alpha-1}$, während a_α das entgegengesetzte Zeichen hat. Der Zeichenwechsel $a_{\alpha-1}a_\alpha$ geht dabei verloren. Wenn auf a_α noch eine von Null verschiedene Grösse folgt, so bleibt die Anzahl der Zeichenwechsel entweder ungeändert oder nimmt um zwei Einheiten ab. Wenn dagegen a_α die letzte von Null verschiedene Zahl ist, so wird für den Fall, dass $a_\alpha + p\,a_{\alpha-1}$ Null ist oder ein anderes Zeichen hat wie a_α, ein Zeichenwechsel verloren gehen. Daraus folgt, dass beim Übergange von $a_0 a_1 a_2 \ldots a_{n-1} a_n$ zu $a_0 b_1 b_2 \ldots b_{n-1} a_n$, wo $b_1 b_2 \ldots b_{n-1}$ die oben definierten Werte haben, die Anzahl der Zeichenwechsel entweder unverändert bleibt oder sich um eine gerade Anzahl vermindert, wofern nur a_n von Null verschieden vorausgesetzt wird. Wenn ferner b_n entweder Null ist oder entgegengesetztes Vorzeichen hat wie a_n, so wird beim Übergang von $a_0 a_1 \ldots a_n$ zu $a_0 b_1 b_2 \ldots b_{n-1} b_n$ entweder ein Zeichenwechsel oder eine ungerade Anzahl von Zeichenwechseln verloren gehen. Betrachten wir zuerst den Fall $b_n = 0$. Hier ist p eine positive Wurzel der Gleichung $f(x) = 0$ und $a_0 b_1 b_2 \ldots b_{n-1}$ sind die Koeffizienten der ganzen Funktion $n - 1^{\text{ten}}$ Grades, die nach dem Wegheben des Faktors $x - p$ übrig bleibt. Sind noch mehr positive Wurzeln vorhanden und hebt man nach einander die ihnen entsprechenden Faktoren fort, so vermindert sich dabei die Anzahl der Zeichenwechsel in der Reihe der Koeffizienten mindestens um die Zahl der positiven Wurzeln. Daher ist *die Zahl der positiven Wurzeln einer Gleichung höchstens gleich der Anzahl der Zeichenwechsel in der Reihe der Koeffizienten.* Dieser Satz ist als *Descartes'*[5] *Zeichenregel* bekannt. Nach dem Wegheben der den positiven Wurzeln entsprechenden Faktoren sind nur noch negative oder komplexe Wurzeln übrig und daher keine Zeichenwechsel mehr in der Reihe der Koeffizienten vorhanden. Man kann daher Descartes' Zeichenregel dahin vervollständigen, dass die Zahl der positiven Wurzeln entweder gleich der Zahl der Zeichenwechsel oder um eine gerade Zahl geringer ist[6].

Wenn man $f(p + h)$ nach Potenzen von h entwickelt, so wird

<hr>

5) *R. Descartes*, Geometria, Lugd. Bat. 1649, liber III; deutsch von *L. Schlesinger*, Berlin 1894.

6) *K. F. Gauss*, Werke 3, p. 67.

die Reihe der Koeffizienten gleich: $\dfrac{f^n(p)}{n!}$, $\dfrac{f^{n-1}(p)}{(n-1)!}$, $\ldots$, $f'(p)$, $f(p)$.
Nach Descartes' Zeichenregel ist die Anzahl der positiven Wurzeln h
der Gleichung $f(p + h) = 0$ oder, was dasselbe ist, die Anzahl der
den Wert p übersteigenden Wurzeln der Gleichung $f(x) = 0$ höchstens
gleich der Anzahl der Zeichenwechsel in der Reihe jener Koeffizienten.
Jene Koeffizienten können, wie oben gezeigt wurde, aus der Reihe
der Koeffizienten $a_0 a_1 \ldots a_n$ berechnet werden, indem man wiederholt
zu einer der Grössen die mit p multiplizierte vorhergehende Grösse
hinzufügt. Daraus folgt, wenn p positiv ist, dass die Anzahl der
Zeichenwechsel beim Übergang von $a_0 a_1 \ldots a_n$ zu jenen Koeffizienten
d. i. von $\dfrac{f^n(0)}{n!}$, $\dfrac{f^{n-1}(0)}{(n-1)!}$, $\ldots$, $f'(0)$, $f(0)$ zu $\dfrac{f^n(p)}{n!}$, $\dfrac{f^{n-1}(p)}{(n-1)!}$, $\ldots$,
$f'(p)$, $f(p)$ nicht zunehmen kann und mindestens um eine Einheit
oder eine grössere ungerade Zahl abnimmt, wenn das Vorzeichen von
$f(p)$ dem von a_n entgegengesetzt ist. Setzt man in der Gleichung
$f(x) = 0$ das Binom $a + h$ an Stelle von x ein und wendet denselben
Satz auf h an, so ergiebt sich, dass die Anzahl der Zeichenwechsel
von $\dfrac{f^n(x)}{n!}$, $\dfrac{f^{n-1}(x)}{(n-1)!}$, $\ldots$, $f'(x)$, $f(x)$ beim Übergang von $x = a$ zu
$x = a + p$, sobald das Vorzeichen von $f(a + p)$ dem von $f(a)$ ent-
gegengesetzt ist, mindestens um eine Einheit abnimmt, oder mit andern Worten, dass mit wachsendem x die Anzahl der Zeichenwechsel
beim Passieren einer Wurzel der Gleichung um eine ungerade Zahl
abnimmt und sonst nur um eine gerade Zahl abnehmen kann. Mithin
ist die Zahl der Wurzeln der Gleichung $f(x) = 0$, die zwischen einer
beliebigen Zahl x_1 und einer grösseren Zahl x_2 liegen, entweder
gleich der Anzahl der beim Übergang von x_1 zu x_2 in der Reihe
$\dfrac{f^n(x)}{n!}$, $\dfrac{f^{n-1}(x)}{(n-1)!}$, $\ldots$, $f'(x)$, $f(x)$ verlorenen Zeichenwechsel oder um
eine gerade Anzahl geringer [7]). Für absolut grosse Werte von x über-
wiegt in jeder Funktion das Glied mit der höchsten Potenz. Für
grosse negative Werte sind daher n Zeichenwechsel vorhanden, die
beim Übergang zu grossen positiven Werten von x alle verloren gehen.
Es gehen also genau so viel Zeichenwechsel verloren, wie die Gleichung reelle und imaginäre Wurzeln hat. Da nun für jede reelle
Wurzel ein Zeichenwechsel verloren geht, so stimmt die Zahl der

---

7) *Dés. Budan*, Nouvelle méthode pour la résolution des équations numériques,
2. éd. Paris 1882. *J. B. J. Fourier*, Analyse des équations déterminées, Paris
1831, livre I. Über die Zeitfolge betr. *Budan* und *Fourier* vgl. *G. Darboux* in
Fourier's ges. W. 2, p. 311. *J. P. de Gua*, Par. Mém in 4°, 1741, p. 459 u. f.

übrigen verlorenen Zeichenwechsel, die immer paarweise verloren gehen, mit der Zahl der komplexen Wurzeln, die ebenfalls paarweise zusammengehören. Fourier lässt jedem dieser Paare verlorener Zeichenwechsel ein ganz bestimmtes Paar konjugierter Wurzeln entsprechen[8]). Er hat aber einen solchen Zusammenhang nicht nachgewiesen, wenn er auch vermutlich vorhanden ist.

Die Werte $\frac{f^n(p)}{n!}$, $\frac{f^{n-1}(p)}{(n-1)!}$, $\ldots$, $f'(p)$, $f(p)$ werden, wie oben gezeigt, auch aus der Reihe $a_0 b_1 b_2 \ldots b_{n-1} b_n$ durch fortgesetztes Addieren der mit p multiplizierten, jedesmal vorhergehenden Grösse abgeleitet. Da dabei, wie wir sahen, bei positivem p die Anzahl der Zeichenwechsel sich zwar vermindern aber nicht vergrössern kann, so folgt sofort, dass die Zahl der positiven Wurzeln, die den Wert p nicht übersteigen, höchstens gleich der Anzahl der Zeichenwechsel von $a_0 b_1 b_2 \ldots b_n$ oder um eine gerade Anzahl kleiner ist. Dasselbe gilt von der Reihe $a_0 c_1 c_2 \ldots c_{n-1} b_n$ u. s. w.[9]). — Descartes' Zeichenregel giebt auch über die negativen Wurzeln der Gleichung einen gewissen Aufschluss. Man ersetze x durch $-x$. Dann gehen die positiven Wurzeln in negative über und umgekehrt. Wenn alle Koeffizienten von Null verschieden sind, so ergänzen sich die Anzahlen, die man in beiden Fällen erhält, zu n. Wenn aber einzelne Glieder fehlen, so können die beiden Anzahlen zusammen kleiner sein als n. Es muss dann eine entsprechende Anzahl komplexer Wurzeln vorhanden sein. — Wenn man den reciproken Wert von x in die Gleichung einführt, so kehrt sich die Reihenfolge der Koeffizienten um: $t^n f(t^{-1}) = a_0 + a_1 t + a_2 t^2 + \cdots + a_n t^n$. Berechnet man mit dieser neuen Reihenfolge $a_0 a_1 \ldots a_n$ in derselben Weise wie oben durch Addieren der mit p multiplizierten vorhergehenden Grösse nach dem Schema:

$$
\begin{array}{cccc}
a_n & a_{n-1} & a_{n-2} \ldots & a_0 \\
0 & a_n p & B_1 p & B_{n-1} p \\
\hline
a_n & B_1 & B_2 & B_n
\end{array}
$$

die Grössen $a_n B_1 B_2 \ldots B_n$, so ist die Anzahl der Wurzeln von t, die den positiven Wert p übersteigen oder, was dasselbe ist, der positiven Wurzeln x, die nicht grösser sind als $\frac{1}{p}$, höchstens gleich der Anzahl der Zeichenwechsel dieser Reihe[10]). Auch die Koeffizienten der Ent-

---

8) *J. B. J. Fourier*, l. c. livre I, art. 43.

9) Vergl. für diese Sätze *E. Laguerre*, J. de Math. (3) 9 (1883), p. 99 = oeuv. p. 3. Acta math. 4 (1884), p. 97 = oeuvr. p. 184 [I B 2, Nr. 26, Anm. 424, 427].

10) *E. Laguerre*, J. de Math. (3) 9.

wicklung nach Potenzen von $(t-p)$ liefern ebenfalls eine obere Grenze, die, wie Nr. 2 gezeigt ist, zwar kleiner als jene sein kann, aber umständlicher zu berechnen ist. Wenn man erst $a+h$ statt x und dann $\frac{1}{t}$ statt h einführt, erhält man eine obere Grenze für die Wurzeln x zwischen a und $a+\frac{1}{p}$.[11]) *Laguerre*[12]) hat Descartes' Zeichenregel auf unendliche Reihen ausgedehnt. Es möge die Reihenentwicklung $f(x)=\sum\limits_{-\infty}^{+\infty} a_n x^n$ nur für $u<|x|<v$ konvergieren und es sei p ein Wert zwischen u und v, für den $f(x)$ verschwindet. Dann ist auch $\frac{f(x)}{x-p}$ für denselben Konvergenzbereich entwickelbar:

$$\frac{f(x)}{x-p}=\sum\limits_{-\infty}^{+\infty} b_n x^{n-1}, \quad \text{wo} \quad b_n = a_n + a_{n+1}p + \cdots$$
$$= -a_{n-1}p^{-1} - a_{n-2}p^{-2} - \cdots.$$

Für die Anwendung von Descartes' Zeichenregel kommt nur der Fall in Betracht, wo die Koeffizienten a eine endliche Anzahl von Zeichenwechseln darbieten, wo also von einem gewissen positiven Index r ab in der Reihe $a_r, a_{r+1}, a_{r+2}\ldots$ kein Zeichenwechsel mehr vorkommt und ebenso von einem negativen Index $-s$ ab in der Reihe $a_{-s}, a_{-s-1}, a_{-s-2}\ldots$ kein Zeichenwechsel mehr vorkommt. Dann haben auch alle Grössen der Reihe $b_r, b_{r+1}, b_{r+2}, \ldots$ dasselbe Zeichen wie $a_r, a_{r+1}, \ldots$, und alle Grössen der Reihe $b_{-s+1}, b_{-s}, b_{-s-1}, \ldots$ das entgegengesetzte Zeichen wie $a_{-s}, a_{-s-1}, a_{-s-2}, \ldots$ Die Zeichenwechsel in der Reihe der Koeffizienten a sind daher dieselben, wie die in der endlichen Reihe $b_r a_{r-1} a_{r-2} \ldots a_0 a_{-1} \ldots a_{-\lambda}$, wo λ nicht kleiner als s und so gewählt sein soll, dass $a_{-\lambda}$ nicht Null ist. Ebenso sind die Zeichenwechsel in der Reihe der Koeffizienten b dieselben, wie die in der endlichen Reihe $b_r b_{r-1} \ldots b_0 b_{-1} \ldots b_{-\lambda}$. Nun ist $b_n = a + p b_{n+1}$. Also ist der Übergang von der einen zur andern Reihe ein solcher, wie er oben betrachtet wurde. Da nun das Vorzeichen von $b_{-\lambda}$ dem von $a_{-\lambda}$ entgegengesetzt ist, so geht dabei eine ungerade Zahl von Zeichenwechseln verloren. Liegen zwischen u und v mehrere Wurzeln, und hebt man in derselben Weise die entsprechenden linearen Faktoren weg, so ergiebt sich demnach eine Entwicklung, bei der die Anzahl der Zeichenwechsel mindestens um die Anzahl der Wurzeln geringer ist. Die Funktion hat dann in dem

---

11) *K. G. J. Jacobi*, Werke 3, p. 279 (J. f. Math. 13 [1834], p. 340) spricht denselben Satz in etwas anderer Form aus.

12) *E. Laguerre* l. c.

Intervall u bis v überall das gleiche Zeichen, und da in der Nähe von $x = u$ die Glieder mit grossem negativen Index, in der Nähe von $x = v$ die mit grossem positiven Index überwiegen, so müssen beide Gruppen von Koeffizienten das gleiche Zeichen besitzen. Mithin kann die Entwicklung nur eine gerade Zahl von Zeichenwechseln besitzen. Die Zahl der positiven Nullstellen der ursprünglichen Entwicklung ist daher der Anzahl ihrer Zeichenwechsel gleich oder um eine gerade Zahl geringer.

Man kann in der Entwicklung von Potenzen von x auch gebrochene oder auch irrationale Exponenten zulassen. Auch für den Fall, wo die Glieder mit positiven Exponenten oder die mit negativen Exponenten nur in endlicher Anzahl vorhanden sind, bleibt der Beweis bestehen. Laguerre hat von dieser Erweiterung der Zeichenregel zahlreiche Anwendungen gemacht. Sei $f(x)$ eine ganze rationale Funktion von x, und u und v zwei positive Zahlen $(u < v)$, welche die Gleichung $f(x) = 0$ nicht befriedigen. Dann kann man $\dfrac{f(x)}{(x-u)(x-v)}$ in eine Reihe nach positiven und negativen Potenzen von x entwickeln, die für $u < |x| < v$ und nicht weiter konvergiert. Die Anzahl der Wurzeln zwischen u und v ist dann höchstens gleich der Anzahl der Zeichenwechsel in der Reihe der Koeffizienten.

Entwickelt man $\dfrac{f(x)}{x-u}$ nach fallenden Potenzen von x, so ergeben sich die Koeffizienten $a_0 b_1 b_2 b_3 \ldots b_n,\ b_{n+1}\ldots$, wo $b_{n+\lambda} = b_n u^\lambda$. Von b_n ab sind keine Zeichenwechsel mehr vorhanden, so dass wir den schon oben abgeleiteten Satz wieder erhalten, dass die Anzahl der positiven Wurzeln, die grösser sind als u, die Zahl der Zeichenwechsel in der Reihe $a_0 b_1 \ldots b_n$ nicht übersteigen kann. Nun kann man aber auch wiederholt durch $x - u$ dividieren und erhält z. B.

$$
\begin{array}{cccc}
a_0 & b_1 & b_2 & b_3 \ldots \\
 & +\,a_0 u, & +\,c_1 u, & +\,c_2 u \\
\hline
a_0 & c_1 & c_2 & c_3 \ldots
\end{array}
$$

Die Anzahl der Zeichenwechsel kann dabei nur abnehmen, bildet aber ebenfalls eine obere Grenze für die Anzahl der positiven Wurzeln, die den Wert u übersteigen. Bei irgend einem c z. B. c_α kann man auch schräg in die Reihe der b hinaufsteigen $\ldots c_\alpha b_{\alpha+1} b_{\alpha+2} \ldots$, wodurch wie oben gezeigt die Zahl der Zeichenwechsel nur zunehmen kann, also auch dann eine obere Grenze der Wurzeln darstellt. Denkt man sich durch immer höhere Potenzen von $(x-u)$ dividiert, zugleich aber den Wert von u immer kleiner angenommen dergestalt, dass in $\dfrac{x^r f(x)}{(x-u)^r}$ das Produkt ur einen konstanten Wert z behält, so nähert sich für sehr grosse Werte von r der Ausdruck dem Grenzwert $f(x) \cdot e^{\frac{z}{x}}$. Die Zahl der positiven Wurzeln kann also nicht grösser sein, als die Anzahl der Zeichenwechsel in der Entwicklung von $f(x) \cdot e^{\frac{z}{x}}$ nach fallenden Potenzen von x. Den Wert z vergrössern heisst bei gleichem u den Wert von r vergrössern. Dabei kann die Anzahl der Zeichenwechsel nur abnehmen. Laguerre zeigt, dass für einen hinreichend grossen Wert von z die Zahl der Zeichenwechsel gerade gleich der Anzahl der positiven Wurzeln wird. Statt nach fallenden Potenzen von x kann man auch nach steigenden entwickeln, was mit der Vertauschung von x mit seinem reciproken Wert gleichbedeutend ist.

Newton [13]) hat für die Gleichung $a_0 x^n + a_1 x^{n-1} + \cdots + a_n = 0$ den Satz aufgestellt, dass sie mindestens so viele komplexe Wurzeln besitzt, wie in der Reihe a_0^2, $\dfrac{1}{n} \cdot \dfrac{n-1}{2} a_1^2 - a_0 a_2$, $\dfrac{2}{n-1} \cdot \dfrac{n-2}{3} a_2^2 - a_1 a_3$, $\ldots$, $\dfrac{n-1}{2} \cdot \dfrac{1}{n} a_{n-1}^2 - a_{n-2} a_n$, a_n^2 Zeichenwechsel vorkommen. Sylvester [14]) fand den Beweis in einem allgemeineren Satze, der sich zu dem Newton'schen verhält wie das Theorem von Budan und Fourier zu Descartes' Zeichenwechsel.

Bei der Anwendung des Theorems von Budan und Fourier wird es häufig vorkommen, dass in einem Intervall zwei Zeichenwechsel verloren gehen und man nun nicht weiss, ob ihnen zwei reelle Wurzeln entsprechen oder nicht. Es mögen z. B. die letzten drei Zeichen der Reihe $f^{(n)}(x)$, $f^{(n-1)}(x)$, $\ldots f'(x)$, $f(x)$ für $x = a$: $+ - +$, für $x = b$: $+ + +$ sein, während alle vorhergehenden Zeichen in beiden Reihen dieselben sind. Dann weiss man nach dem Vorhergehenden, dass $f(x)$ in dem Intervall eine und nur eine reelle Wurzel hat; aber es ist nicht sicher, ob auch $f(x)$ in dem Intervall zwei reelle Wurzeln besitzt oder keine. $f''(x)$ kann in dem ganzen Intervall nur positiv sein; die Curve $y = f(x)$ ist mithin nach der Seite der wachsenden y konkav. Die beiden Ordinaten $f(a)$ und $f(b)$ sind positiv, und es fragt sich, ob nun die Kurve in dem Intervall ganz über der x-Achse liegt oder die x-Achse schneidet. Fourier [15]) denkt sich die Tangenten konstruiert, deren Berührungspunkte zu den Ab-

<hr>

13) *J. Newton*, Arithmetica universalis. Cambr. 1707. 2. ed. Lond. 1722. Cap. II.
14) *J. J. Sylvester*, Phil. Mag. (4) 31 (1866), p. 214.
15) *J. B. J. Fourier*, Analyse des équ. déterminées. Paris 1831. Liv. I, art. 25,

scissen a und b gehören, und sucht deren Schnittpunkte mit der x-Achse auf. Die Abscissen der Schnittpunkte sind $a - \dfrac{f(a)}{f'(a)}$ und $b - \dfrac{f(b)}{f'(b)}$ (zugleich die Näherungswerte von Newton's Verfahren). Wenn $b > a$, dagegen $a - \dfrac{f(a)}{f'(a)} > b - \dfrac{f(b)}{f'(b)}$, so kreuzen sich die Tangenten vor der x-Achse und die Gleichung hat keine reellen Wurzeln zwischen a und b. Wenn $a - \dfrac{f(a)}{f'(a)} < b - \dfrac{f(b)}{f'(b)}$, so können zwischen diesen beiden Werten immer noch zwei Schnittpunkte der Kurve mit der x-Achse liegen. Man kann dann diese neuen engeren Grenzen an Stelle von a und b nehmen und analog mit ihnen verfahren; es sei denn, dass $f'(x)$ für die beiden neuen Werte das gleiche Vorzeichen hätte, woraus sogleich erhellen würde, dass keine Wurzeln in dem Intervall liegen. Besser ist es noch, einen Näherungswert c für die Wurzel von $f'(x)$, die zwischen a und b liegt, zu benutzen. Ist $f'(c) > 0$, so kann man mit Vorteil gleich c an Stelle von b nehmen, für $f'(c) < 0$ dagegen an Stelle von a. Analog ist die Untersuchung, wenn $f(a)$ und $f(b)$ beide negativ und $f''(x)$ in dem Intervall negativ ist.

Wenn zwischen a und b das Zeichen von $f''(x)$ noch wechselt, so geht man in der Reihe der Ableitungen zurück und verengert das Intervall, das eine Wurzel von $f'(x)$ einschliesst, zuerst so, dass kein Zeichenwechsel mehr eintritt. Das kann man durch genäherte Berechnung der Wurzel von $f''(x)$ u. s. w.

Das Verfahren kann langwierig werden, wenn die x-Achse nahe mit einer zu ihr parallelen Tangente zusammenfällt, und es wird illusorisch, wenn die Kurve die x-Achse berührt. Wollte man sich vergewissern, dass dieser Fall nicht eintritt, so müsste man zunächst feststellen, dass $f(x)$ und $f'(x)$ nicht gleichzeitig verschwinden. Durch genäherte Berechnungen würde dies schwer zu machen sein, falls die Wurzeln von $f(x)$ und $f'(x)$ einander nahe rücken, und wenn sie übereinstimmen, so kann man dies durch Näherungsrechnungen überhaupt nicht beweisen.

5. Der Sturm'sche Satz. Für den Fall, dass $f(x)$ eine ganze rationale Funktion ist, lässt sich durch das Verfahren des gemeinsamen Teilers volle Sicherheit gewinnen. Zugleich führt dies, wie Sturm[16]) gezeigt hat, zu einem vollkommenen Mittel, die Zahl der reellen Wurzeln, die innerhalb eines Intervalls liegen, anzugeben und

---

16) *J. K. Fr. Sturm*, Bulletin de Férussac 11, 1829. — Par. Mém. Sav. [Étr.] 6 (1835).

sie dadurch auch zu trennen. Das Verfahren, den gemeinsamen Teiler zu finden, besteht darin, die folgende Kette von Gleichungen zu bilden:

$$f(x) = q_1(x)f'(x) - r_1(x)$$
$$f'(x) = q_2(x)r_1(x) - r_2(x)$$
$$r_1(x) = q_3(x)r_2(x) - r_3(x)$$
$$\text{etc.,} \qquad [\text{I B 1 a, Nr. 12}]$$

wo $q_1, q_2, \ldots$ die Quotienten und $-r_1, -r_2, \ldots$ die Reste der Division sind. Ist der letzte von Null verschiedene Rest r_ν eine Konstante, so haben $f(x)$ und $f'(x)$ keinen gemeinsamen Teiler. Im andern Fall stellt dieser Rest r_ν den grössten gemeinsamen Teiler dar. Im ersten Fall giebt es keinen Wert von x, für den zwei benachbarte Funktionen der Reihe $f(x), f'(x), r_1(x), r_2(x), \ldots r_\nu$ gleichzeitig verschwinden. Zugleich geht aus der Kette von Gleichungen hervor, dass beim Verschwinden einer der Funktionen $f', r_1, r_2, \ldots, r_{\nu-1}$ die beiden benachbarten Glieder der ganzen Reihe $f, f', r_1, \ldots r_\nu$ entgegengesetztes Zeichen haben. Daher wird die Anzahl der Zeichenwechsel nur beim Verschwinden von f geändert und zwar geht mit wachsendem x jedesmal ein Zeichenwechsel verloren. Ist daher $x_2 > x_1$, so ist die Anzahl der Zeichenwechsel in der Reihe $f(x_2)$, $f'(x_2), r_1(x_2), \ldots, r_\nu$ vermindert um die Anzahl in der Reihe $f(x_1)$, $f'(x_1), r_1(x_1), \ldots r_\nu$, gleich der Anzahl der Wurzeln zwischen x_1 und x_2. Wenn in dem Intervall x_1 bis x_2 schon r_α sein Zeichen nicht wechselt, so braucht man offenbar nur die Reihe $f, f', r_1, \ldots r_\alpha$ zu betrachten. Wenn r_ν nicht konstant ist, so ist die Anzahl der verlorenen Zeichenwechsel auch gleich der Zahl der Wurzeln zwischen x_1 und x_2, wobei aber jede mehrfache Wurzel nur einmal gerechnet ist. Der Sturm'sche Satz ist nicht auf das Verfahren des grössten gemeinsamen Teilers beschränkt. Er gilt für jede Funktionsreihe $ff_1f_2 \ldots f_n$, wenn 1) f_1 beim Verschwinden von f das Vorzeichen von f' hat, 2) beim Verschwinden einer der Funktionen $f_1 \ldots f_{n-1}$ die benachbarten entgegengesetzes Zeichen haben und 3) f_n in dem betrachteten Intervall sein Zeichen nicht ändert. So bilden z. B. für die Säkulargleichung (I A 2, Nr. 26)

$$\begin{vmatrix} a_{11} - x, & a_{12}, & \ldots a_{1n} \\ a_{21}, & a_{22} - x, & \ldots a_{2n} \\ \cdot \quad \cdot \quad \cdot & \cdot \quad \cdot \quad \cdot & \cdot \quad \cdot \\ a_{n1}, & a_{n2}, & \ldots a_{nn} - x \end{vmatrix} = 0 \qquad a_{ik} = a_{ki}$$

die Funktionen

$$f_\alpha = (-1)^\alpha \begin{vmatrix} a_{11} - x, & a_{12}, & \ldots a_{1\,n-\alpha} \\ a_{21}, & a_{22} - x, & \ldots a_{2\,n-\alpha} \\ \cdot \quad \cdot & \cdot \quad \cdot & \cdot \quad \cdot \quad \cdot \\ a_{n-\alpha,1}, & \ldots \ldots \ldots & a_{n-\alpha,\,n-\alpha} - x \end{vmatrix}, \qquad f_n = (-1)^n$$

eine Sturm'sche Reihe, wie aus der Theorie der Determinanten gefolgert werden kann. Daraus ergiebt sich sofort die Realität aller Wurzeln[17]). — Die praktische Ausführung des Verfahrens des grössten gemeinsamen Teilers ist nicht beschwerlich, wenn man die Koeffizienten nur genähert berechnet, was im allgemeinen genügt. Man bedient sich dabei mit Vorteil des Rechenschiebers[18]).

Betrachtet man die Koeffizienten einer Gleichung als veränderlich, so kann sich die Anzahl der reellen Wurzeln nur ändern, wenn zwei Wurzeln zusammenfallen, d. h. wenn die Diskriminante (I B 1 a, Nr. 20 —22; I B 2, Nr. 25, 26) verschwindet. Das Gebiet der Veränderlichen wird durch das Gebilde, auf dem die Discriminante verschwindet, in Teile geteilt, die den verschiedenen Anzahlen reeller Wurzeln entsprechen[19]).

6. Cauchy's Integral. Zieht man komplexe Werte mit in Betracht, so giebt Cauchy's Integral Aufschluss über die Zahl der in einem Gebiete liegenden Wurzeln. Nach Cauchy (II B 1) ist die Zahl N der Nullpunkte einer Funktion $f(x)$ in einem Gebiete, wo sie sich regulär verhält,

$$N = \frac{1}{2\pi} \int \frac{f'(x)}{f(x)} \frac{dx}{i};$$

dabei ist das Integral über den Rand des Gebietes im positiven Sinne zu erstrecken und die Funktion ist auch auf dem Rande regulär und von Null verschieden vorausgesetzt. Man braucht nur die reellen Teile des Integrals zu beachten und hat, wenn φ das Argument von $f(x)$ bedeutet, $f(x) = \varrho e^{\varphi i}$ und daher

$$\frac{f'(x)}{f(x)} \frac{dx}{i} = \frac{1}{i} d(\log f(x)) = \frac{1}{i} d(\log \varrho) + d\varphi.$$

Der reelle Teil des Integrals drückt also die Zunahme des Argumentes von $f(x)$ aus. Um den Wert des Integrals zu finden, hat man nur das Argument von $f(x)$ für eine hinreichende Anzahl von Punkten des Randes auszurechnen. Die Punkte sind so dicht zu wählen, dass über die Zunahme des Arguments keine Zweideutigkeit bestehen kann. Bezeichnet M die obere Grenze von $\frac{f'(x)}{f(x)}$ in irgend einem Teil des Randes von der Länge s, so kann der Beitrag jedes unendlich kleinen Randteilchens zum reellen Teil des Integrals nicht grösser sein als $M\,ds$, und der ganze Beitrag des Randteiles s kann daher nicht

---

17) Siehe den Beweis bei *H. Weber*, Algebra 1, 2. Aufl. p. 307.

18) Vergl. das Beispiel in Nr. 9.

19) Vergl. *L. Kronecker*, Berl. Ber. 1878, p. 145 und *L. Kronecker*, Journ. für Mathematik 92 (1882), pag. 121 = Werke 2, p. 71, 336. *C. Faerber*, Dissertation. Berlin 1889.

grösser sein als Ms. Wählt man nun die Punkte des Randes so dicht, dass von einem Punkt zum nächsten Ms kleiner als π ist, so kann über die Zunahme des Argumentes keine Zweideutigkeit mehr existieren. Ferner braucht die Genauigkeit, mit der man das Argument von $f(x)$ für die einzelnen Punkte ausrechnet, nur so gross zu sein, dass die Summe der Änderungen des Argumentes bis auf einen Fehler von weniger als π bekannt ist. — Man kann die Änderung von φ auch allein durch Betrachtung der Vorzeichen des reellen und imaginären Teiles von $f(x)$ beurteilen. Denn es ist, wenn $f(x) = U + Vi$, $U = \varrho \cos \varphi$ und $V = \varrho \sin \varphi$. Das Vorzeichen von U und V bestimmt den Quadranten, in dem sich φ befindet. Da $\cos \varphi$ der Differentialquotient von $\sin \varphi$ ist, so wird V mit wachsendem φ wachsen, wenn U positiv ist, und abnehmen, wenn U negativ ist. Beim Verschwinden von V wird mithin die Kombination der Vorzeichen von V und U mit wachsendem φ einen Zeichenwechsel verlieren, mit abnehmendem φ einen Zeichenwechsel gewinnen. Wenn daher beim Durchlaufen des Randes im positiven Sinne die Funktion V p-mal ihr Zeichen so wechselt, dass V, U einen Zeichenwechsel verliert und q-mal so, dass V, U einen Zeichenwechsel gewinnt, so ist die Gesamtänderung von φ gleich $(p - q)\pi$ und die Zahl der Wurzeln im Gebiete also gleich $\frac{p-q}{2}$. Denn φ geht alsdann p-mal im wachsenden Sinne durch 0^0 oder 180^0 und q-mal im abnehmenden Sinne. Man kann in diesem Lehrsatze auch V mit U und U mit $-V$ vertauschen, da $if(x) = -V + Ui$ dieselben Nullstellen hat wie $f(x)$. Für den Fall, dass $f(x)$ eine ganze Funktion n^{ten} Grades ist, kann man auch schreiben:

$$f(x) = x^n [a_0 + a_1 x^{-1} + a_2 x^{-2} + \cdots + a_n x^{-n}].$$

Für grosse Werte von $|x|$ wird der Klammerausdruck nahezu konstant. Die Änderung des Argumentes von $f(x)$ wird daher sehr nahe gleich der Änderung des Argumentes von x^n. Es folgt daraus, dass für ein Gebiet, auf dessen Rande $|x|$ hinreichend gross ist [Nr. **2**], die Anzahl der Wurzeln gleich der Änderung des Argumentes von x^n dividiert durch 2π, also gleich n sein muss. Wenn das Gebiet auf der einen Seite von einer Geraden, auf der andern Seite von einem Kreisbogen begrenzt wird, der mit einem sehr grossen Radius um den Nullpunkt beschrieben ist und zwei Punkte der Geraden verbindet, so ist die Änderung von φ auf dem Kreisbogen für einen hinreichend grossen Radius beliebig wenig von $n\pi$ verschieden. Lässt man den Radius unendlich werden, so erhält man also den Satz, dass die Zahl der auf der einen Seite der Geraden liegenden Wurzeln gleich $\frac{n}{2}$ plus der durch 2π dividierten Änderung des Argumentes von $f(x)$ längs der betrachteten Geraden ist. Die betreffende Seite der Geraden ist die zu dem Sinne, in dem sie durchlaufen wird, positive. Oder, wenn $f(x) = U + Vi$, so ist die Zahl der Wurzeln auf dieser Seite gleich $\frac{n}{2} + \frac{p-q}{2}$, wo p die Anzahl der Male angiebt, dass V sein Zeichen beim Durchlaufen der Geraden wechselt, während V, U einen Zeichenwechsel verliert, und q die Anzahl der Male, dass V sein Zeichen wechselt, während V, U einen Zeichenwechsel gewinnt. Die Zahl $p - q$ findet man durch das Verfahren des grössten gemeinsamen Teilers ähnlich wie beim Sturm'schen Satz. Man setzt auf der Geraden $x = a + bt$, wo a und b zwei im allgemeinen komplexe Zahlen sind und t von $-\infty$ bis $+\infty$ läuft. U und V werden dann ganze rationale Funktionen von t. Im allgemeinen werden U und V von gleichem Grade sein; dann kann man das Verfahren durch Division von V durch U beginnen oder auch durch Division von U durch $-V$. Wenn dagegen eine von ihnen von höherem Grade ist, so hat man nur eine Möglichkeit. Man bildet nun die Kette von Gleichungen z. B.

$$V = q_1 U - r_1$$
$$U = q_2 r_1 - r_2$$
$$\text{etc.}$$

Die Reihe $V, U, r_1, r_2 \ldots r_\alpha$ kann dann mit wachsendem t nur dann die Anzahl der Zeichenwechsel ändern, wenn V verschwindet. Dabei wird, je nachdem V, U einen Zeichenwechsel verliert oder gewinnt, auch die Reihe einen Zeichenwechsel verlieren oder gewinnen. Folglich ist $p - q$ der Unterschied in der Anzahl der Zeichenwechsel der Reihe für $t = -\infty$ vermindert um die Anzahl für $t = +\infty$. Das Analoge gilt, wenn $U, -V$ an die Stelle von V, U gesetzt wird. Besonders einfach wird das Verfahren für den Fall reeller Koeffizienten von $f(x)$, wenn es auf irgend eine Senkrechte zur reellen Achse angewendet wird. Man setzt $x = a + ti$, wo a eine reelle Zahl ist. Da nun $f(x) = f(a) + f'(a)\,ti + \frac{f''(a)}{2}\,t^2 i^2 + \cdots$, so wird U nur grade Potenzen von t enthalten und V nur ungrade. Dadurch wird das Teilverfahren wesentlich abgekürzt. Für $n = 4$ wird z. B.:

$$U = At^4 - A_1 t^2 + A_2, \quad -V = Bt^3 - B_1 t,$$
$$r = Ct^2 - C_1, \quad r_2 = Dt, \quad r_3 = E,$$

wo

$$C = A_1 - \frac{A B_1}{B}, \quad C_1 = A_2, \quad D = B_1 - \frac{B C_1}{C}, \quad E = A_2.$$

Dabei ist vorausgesetzt, dass von den Grössen B, C, D, E keine verschwindet. Andernfalls würde das Verfahren sich noch abkürzen. Die Anzahl der Wurzeln, deren reeller Teil kleiner ist als a, muss nun gleich $\frac{n}{2}$ vermehrt um die Hälfte der Zahl sein, die angiebt, wie viel Zeichenwechsel beim Übergang von $A, - B, C, - D, E$ zu A, B, C, D, E verloren gehen. Ist $\mathfrak{F}$ die Zahl der Zeichenfolgen, $\mathfrak{W}$ die der Zeichenwechsel in der Reihe A, B, C, D, E, so ist die Anzahl jener Wurzeln also gleich $\frac{n}{2} + \frac{\mathfrak{F} - \mathfrak{W}}{2}$ oder, da $n = \mathfrak{F} + \mathfrak{W}$, gleich $\mathfrak{F}$.

Es scheint zunächst, als wenn sich diese Betrachtungen bei einer reellen Funktion auf die reelle Achse selbst nicht anwenden liessen, weil hier der imaginäre Teil längs der ganzen Geraden verschwindet. Man kann aber eine Gerade annehmen, die der reellen Achse parallel ist, und kann sie ihr beliebig nahe rücken lassen. Setzt man $x = t - \varepsilon i$, wo ε eine sehr kleine positive Zahl sein soll, so wird mit Vernachlässigung der Glieder zweiter Ordnung $f(x) = f(t) - f'(t) \cdot \varepsilon \cdot i$ und daher $U = f(t), - V = f'(t) \cdot \varepsilon$. Das Verfahren wird also mit dem Sturm'schen Verfahren identisch. $\frac{n}{2} + \frac{p - q}{2}$ liefert die Anzahl der reellen Wurzeln vermehrt um die Anzahl der komplexen Wurzelpaare. $p - q$ ist die Anzahl der reellen Wurzeln und $\frac{n - (p - q)}{2}$ ist die Anzahl der komplexen Wurzelpaare.

Auch für irgend ein gradlinig begrenztes Gebiet kann man in ähnlicher Weise die Wurzeln feststellen. Nur muss man dann für jede Seite die Werte von t, die den beiden Endpunkten entsprechen, einsetzen und die Änderung in der Zahl der Zeichenwechsel feststellen.

Den Ausnahmefall, dass U und V einen gemeinsamen Teiler haben, kann man ebenfalls einschliessen. Beim Durchgang durch eine Wurzel des gemeinsamen Teilers werden dann alle Funktionen der Reihe verschwinden und die Zahl der Zeichenwechsel wird dadurch nicht geändert. Man denke sich nun diese Wurzeln auf der Geraden durch kleine Ausweichungen vermieden, welche die Wurzeln auf der positiven Seite lassen. Bei jeder Wurzel erfährt dann das Argument von $f(x)$ einen Zuwachs von π, bei einer m-fachen Wurzel einen Zuwachs von $m\pi$. Ist daher $p - q$ die Zahl der bei dem ganzen Umgang verlorenen Zeichenwechsel und λ die Zahl der Wurzeln auf dem Rande (mehrfache Wurzeln mehrfach gerechnet), so ist die Änderung des Argumentes von $f(x)$, wenn alle auf dem Rande liegenden Wurzeln mit in das Gebiet eingeschlossen werden, gleich $(p - q)\pi + \lambda\pi$. Die Zahl der Wurzeln im Gebiet ist mithin $\frac{p - q}{2} + \frac{\lambda}{2}$. Für eine unendliche Gerade würde zu dieser Zahl, wie oben gezeigt, noch $\frac{n}{2}$ hinzuzufügen sein, um die Anzahl der auf der positiven Seite der Geraden liegenden Wurzeln zu erhalten, und λ würde einfach gleich dem Grade des grössten gemeinsamen Teilers sein.

7. Charakteristiken-Theorie. Alle diese Sätze sind spezielle Fälle einer allgemeineren Theorie, die sich auf die gemeinsamen Wertsysteme von mehreren Gleichungen zwischen mehreren reellen Veränderlichen bezieht[20]) (I B 1 b, Nr. 6 u. fg.). Es seien drei Gleichungen zwischen zwei reellen Veränderlichen gegeben $f(xy)=0$, $g(xy)=0$, $h(xy)=0$. f, g, h seien stetige Funktionen von x und y, die nur längs gewisser Kurven verschwinden, welche die Teile der Ebene von einander trennen, in denen die Funktionen verschiedene Zeichen haben. Die Kurven sollen aus einem oder mehreren geschlossenen Zügen bestehen, und es soll keinen Punkt geben, in dem gleichzeitig f, g, h verschwinden. Es handle sich zunächst um die Schnittpunkte der Kurven $f=0$ und $g=0$. Wir gehen auf der Kurve $f=0$ entlang und betrachten die Schnittpunkte mit $g=0$. Die Richtung, in der wir auf der Kurve $f=0$ fortschreiten, möge so bestimmt sein, dass das Gebiet, wo $f(xy)$ negativ ist, auf der positiven Seite liegt, d. h. es soll, wenn die Bogenlänge s in der Richtung des Fortschreitens wachsend angenommen wird,

$$\frac{dx}{ds} = -\frac{f_2}{\sqrt{f_1{}^2+f_2{}^2}}, \qquad \frac{dy}{ds} = \frac{f_1}{\sqrt{f_1{}^2+f_2{}^2}}$$

sein (unter $f_1 f_2$ die partiellen Ableitungen nach x und y verstanden und die Wurzel positiv genommen). Dann ist

$$dg = g_1 dx + g_2 dy = (f_1 g_2 - f_2 g_1)\frac{ds}{\sqrt{f_1{}^2+f_2{}^2}}.$$

Es wird mithin g zu- oder abnehmen, je nachdem $f_1 g_2 - f_2 g_1$ positiv oder negativ ist. Versteht man unter sign $\{\}$ das Vorzeichen der zwischen den Klammern stehenden Grösse, so kann man schreiben

$$\text{sign}\,\{dg\} = \text{sign}\,\{f_1 g_2 - f_2 g_1\}.$$

Dabei ist zunächst angenommen, dass $f_1 g_2 - f_2 g_1$ in keinem der Schnittpunkte von $f=0$ und $g=0$ verschwindet. Durchläuft man nun die ganze Kurve $f=0$ einmal und achtet bei allen Schnittpunkten mit der Kurve $g=0$ darauf, ob g beim Durchgange zunimmt

---

20) *L. Kronecker*, Berl. Ber. 1869, p. 159, 668 und 1878, p. 145 = Werke 1, p. 175, 213; 2, p. 71. Der Fall mehrerer reeller Veränderlichen kann auch durch Elimination auf den einer Veränderlichen zurückgeführt werden. Die Bestimmung der Anzahl reeller Wurzelsysteme führt dabei auf den Sturm'schen Satz; vergl. *E. Phragmén*, Par. C. R. 114 (1892), p. 205; *E Picard*, ib. p. 208

oder abnimmt, so muss für alle Schnittpunkte $\sum \mathrm{sign}\ \{dg\} = 0$, also $\sum \mathrm{sign}\ \{f_1 g_2 - f_2 g_1\} = 0$ sein, weil g auf jedem geschlossenen Zug wieder zu seinem ursprünglichen Wert zurückkehrt. Werden an Stelle der Schnittpunkte mit der Kurve $g = 0$ zugleich die mit $g = 0$ und $h = 0$ betrachtet, so hat man nur gh an die Stelle von g zu setzen und hat

$$\sum \mathrm{sign}\ \{d(gh)\} = 0,$$
$$f = 0, \quad gh = 0,$$

oder, wenn man die Schnittpunkte $f = 0$, $g = 0$ von den Schnittpunkten $f = 0$, $h = 0$ trennt:

$$\sum_{f=0,\ g=0} \mathrm{sign}\ \{d(gh)\} + \sum_{f=0,\ h=0} \mathrm{sign}\ \{d(gh)\} = 0.$$

Oder, da $d(gh) = hdg + gdh$ und folglich für $g = 0$ $d(gh) = hdg$, für $h = 0$ $d(gh) = gdh$ ist,

$$\sum_{f=0,\ g=0} \mathrm{sign}\ \{hdg\} + \sum_{f=0,\ h=0} \mathrm{sign}\ \{gdh\} = 0,$$

oder

$$\sum_{f=0,\ g=0} \mathrm{sign}\ \{h(f_1 g_2 - f_2 g_1)\} = \sum_{f=0,\ h=0} \mathrm{sign}\ \{g(h_1 f_2 - h_2 f_1)\},$$

Betrachten wir ebenso die Durchschnittspunkte der Kurve $g = 0$ mit den Kurven $f = 0$ und $h = 0$, so finden wir auf dieselbe Weise:

$$\sum_{g=0,\ h=0} \mathrm{sign}\ \{f(g_1 h_2 - g_2 h_1)\} = \sum_{g=0,\ f=0} \mathrm{sign}\ \{h(f_1 g_2 - f_2 g_1)\},$$

oder beide Resultate vereinigend:

$$\sum_{g=0,\ h=0} \mathrm{sign} \left\{ \begin{vmatrix} f & g & h \\ f_1 & g_1 & h_1 \\ f_2 & g_2 & h_2 \end{vmatrix} \right\} = \sum_{h=0,\ f=0} \mathrm{sign} \left\{ \begin{vmatrix} f & g & h \\ f_1 & g_1 & h_1 \\ f_2 & g_2 & h_2 \end{vmatrix} \right\} = \sum_{f=0,\ g=0} \mathrm{sign} \left\{ \begin{vmatrix} f & g & h \\ f_1 & g_1 & h_1 \\ f_2 & g_2 & h_2 \end{vmatrix} \right\}.$$

Die Zahl, die in diesen drei Formen dargestellt ist, muss grade sein. Denn zerlegt man die Summe $\sum \mathrm{sign}\ \{h(f_1 g_2 - f_2 g_1)\}$ in die beiden Teile, für welche h einmal positiv und einmal negativ ist, so ist offenbar

$$\sum_{f=0,\ g=0} \mathrm{sign}\ \{h(f_1 g_2 - f_2 g_1)\} = \sum_{h>0,\ f=0,\ g=0} \mathrm{sign}\ \{f_1 g_2 - f_2 g_1\} - \sum_{h<0,\ f=0,\ g=0} \mathrm{sign}\ \{f_1 g_2 - f_2 g_1\}.$$

Oben fanden wir aber

$$0 = \sum_{h>0,\ f=0,\ g=0} \mathrm{sign}\ \{f_1 g_2 - f_2 g_1\} + \sum_{h<0,\ f=0,\ g=0} \mathrm{sign}\ \{f_1 g_2 - f_2 g_1\},$$

folglich ist:

$$\sum_{f=0,\ g=0} \operatorname{sign}\{h(f_1 g_2 - f_2 g_1)\} = -2 \sum_{h<0,\ f=0,\ g=0} \operatorname{sign}\{f_1 g_2 - f_2 g_1\} = -2K.$$

Die Zahl K nennt *Kronecker* die *Charakteristik des Funktionensystems* f, g, h. Wenn man die Schnittpunkte der Kurven $f = 0$ und $g = 0$, die in das Gebiet $h < 0$ fallen, betrachtet und jeden je nach dem Vorzeichen von $f_1 g_2 - f_2 g_1$ positiv oder negativ rechnet, so ist die Charakteristik gleich der algebraischen Summe. Die Charakteristik kann nun nach dem obigen in der Form

$$-\frac{1}{2} \sum_{h=0,\ f=0} \operatorname{sign}\{g(h_1 f_2 - h_2 f_1)\} = -\frac{1}{2} \sum_{h=0,\ f=0} \operatorname{sign}\{g\,df\}$$

dargestellt werden. D. h. mit andern Worten, die Charakteristik ist nicht nur durch die Durchschnittspunkte von $f = 0$ und $g = 0$ im Gebiete $h < 0$ bestimmt, sondern kann auch aus den Vorzeichen von f und g auf dem Rande des Gebietes $h < 0$ berechnet werden. Da $\operatorname{sign}\{g\,df\}$ gleich $+1$ oder -1 ist, je nachdem das Funktionenpaar f, g beim Passieren des Schnittpunktes $h = 0,\ f = 0$ einen Zeichenwechsel verliert oder gewinnt, so ist die Charakteristik gleich der halben Differenz der gewonnenen und der verlorenen Zeichenwechsel f, g, wenn man den Rand $h = 0$ in dem angegebenen Sinne durchläuft und die Schnittpunkte mit der Kurve $f = 0$ beachtet, oder auch gleich der halben Differenz der verlorenen und gewonnenen Zeichenwechsel f, g, wenn man die Schnittpunkte mit der Kurve $g = 0$ beachtet. Wenn f und g auf dem Rande $h = 0$ als ganze rationale Funktionen einer reellen Veränderlichen ausgedrückt werden können oder mit ganzen rationalen Funktionen auf dem ganzen Rande das gleiche Zeichen haben, so braucht man also nur auf diese ganzen Funktionen das Verfahren des gemeinsamen Teilers anzuwenden, um die Charakteristik zu finden. So ist es z. B., wenn f und g ganze Funktionen von x und y sind, für ein geradlinig begrenztes Gebiet möglich, den Wert der Charakteristik zu finden. Auf die analytische Darstellung der Funktion $h(xy)$ kommt dabei gar nichts an. Auch brauchen die Kurven $f = 0$ und $g = 0$ den Bedingungen der Kontinuität nur in dem Gebiet $h < 0$ unterworfen zu sein. — Von der Voraussetzung, dass die Determinanten, z. B. $f_1 g_2 - f_2 g_1$, in den Schnittpunkten $f = 0$ und $g = 0$ nicht verschwinden sollen, kann man sich befreien. Man setze $f - v_1 h$ und $g - v_2 h$ an die Stelle von f und g. Dadurch wird die Determinante

$$\begin{vmatrix} f & g & h \\ f_1 & g_1 & h_1 \\ f_2 & g_2 & h_2 \end{vmatrix}$$

nicht geändert. Die Schnittpunkte $f = 0$, $h = 0$ und die Schnittpunkte $g = 0$, $h = 0$ werden auch nicht geändert, wohl aber die Schnittpunkte $f = 0$, $g = 0$. Ihre Koordinatenänderungen $dx\,dy$, die den Änderungen $dv_1\,dv_2$ entsprechen, ergeben sich aus den Gleichungen:

$$(f_1 - v_1 h_1)dx + (f_2 - v_1 h_2)dy = h\,dv_1\,,$$
$$(g_1 - v_2 h_1)dx + (g_2 - v_2 h_2)dy = h\,dv_2\,.$$

Gesetzt nun, es bliebe die Determinante dieses Systems Null für alle Werte von v_1 und v_2, die als Funktionen von x und y durch die Gleichungen $f - v_1 h = 0$, $g - v_2 h = 0$ mit x und y zusammenhängen, so müssten die Werte von $\frac{f}{h}$ und $\frac{g}{h}$ von einander abhängig sein. Da man aber nun v_1 und v_2 beliebige Werte geben kann, so würde man dann die Wahl so treffen können, dass die Gleichungen $\frac{f}{h} = v_1$ und $\frac{g}{h} = v_2$ keine gemeinsamen Lösungen hätten. Mithin kann man durch passende Annahme von v_1 und v_2 bewirken, dass, wenn überhaupt Schnittpunkte der Kurven $f - v_1 h = 0$, $g - v_2 h = 0$ vorhanden sind, die Funktionaldeterminante [I B 1 b, Nr. 21] in ihnen von Null verschieden ist. Das kann offenbar auch durch beliebig kleine Werte von v_1 und v_2 erreicht werden, da ja nur die Befriedigung gewisser Gleichungen zu vermeiden ist. Die Kurven $f = 0$ und $g = 0$ brauchten also nur beliebig wenig geändert zu werden. Nun kann man definieren, wie ein gemeinsamer Punkt der Kurven $f = 0$, $g = 0$ für die Charakteristik gezählt werden soll, wenn $f_1 g_2 - f_2 g_1$ für ihn verschwindet. Wenn für kleine Werte von v_1 und v_2 die Kurven $f - v_1 h = 0$, $f - v_2 g = 0$ keinen Schnittpunkt gemein haben, so ist der Punkt nicht zu zählen. Wenn dagegen aus diesem Punkt einer oder mehrere Schnittpunkte der Kurven $f - v_1 h = 0$, $g - v_2 h = 0$ hervorgehen, so ist jeder von ihnen je nach dem Zeichen der Funktionaldeterminante mit $+1$ oder -1 zu rechnen, und ihre algebraische Summe giebt die Zahl, die dem Schnittpunkt von $f = 0$ und $g = 0$ zukommt. Analoges gilt von den Punkten $f = 0$, $h = 0$ und $g = 0$ $h = 0$. Wenn dies geschieht, bleibt der Satz erhalten:

$$-\frac{1}{2}\sum \operatorname{sign}\left\{\begin{vmatrix} f & g & h \\ f_1 & g_1 & h_1 \\ f_2 & g_2 & h_2 \end{vmatrix}\right\} = \sum_{h<0,\ f=g=0} \operatorname{sign}\{f_1 g_2 - f_2 g_1\} = \text{etc.}$$

$f = g = 0$ oder $g = h = 0$ oder $f = h = 0$

Bei kontinuierlichen Änderungen der drei Kurven kann sich die Charakteristik nicht ändern, wenn nicht alle drei Kurven sich in einem Punkte schneiden. Denn man kann, wie eben gezeigt, ohne Änderung der Charakteristik nötigenfalls die Kurven $f = 0$ und $g = 0$ so abändern, dass $f_1 g_2 - f_2 g_1$ von Null verschieden ist. Dann kann die Charakteristik sich nur dadurch ändern, dass bei der Änderung eines Schnittpunktes h sein Zeichen ändert. Je nachdem dabei $h(f_1 g_2 - f_2 g_1)$ abnimmt oder zunimmt oder, wie man auch sagen kann, je nachdem das Funktionenpaar $h,\, f_1 g_2 - f_2 g_1$ beim Übergang einen Zeichenwechsel gewinnt oder verliert, wird die Charakteristik um eine Einheit grösser oder kleiner. Denkt man sich die Koeffizienten von $f,\, g,\, h$ als rationale Funktionen eines Parameters t, durch dessen Änderung die Veränderung der Kurven sich vollzieht, so kann die Bedingung, dass $f,\, g,\, h$ gleichzeitig verschwinden, in der Form $R(t) = 0$ ausgedrückt werden, wo $R(t)$ eine ganze rationale Funktion von t ist (I B 1b, Nr. 14). Lässt man t sich verändern, so wird sich die Charakteristik nur beim Passieren einer Wurzel von $R(t) = 0$ ändern. Andrerseits kann man nun eine rationale Funktion bilden, die beim Passieren irgend einer der Wurzeln dasselbe Vorzeichen hat wie $h(f_1 g_2 - f_2 g_1)$. Man braucht nur die Summe

$$\sum \frac{1}{h(f_1 g_2 - f_2 g_1)}$$

über die sämtlichen reellen und komplexen Lösungen der Gleichungen $f = 0$ und $g = 0$ zu erstrecken. Diese rationale Funktion wird für $R(t) = 0$ unendlich, ist also in der Form $\frac{F(t)}{R(t)}$ darstellbar, wo $F(t)$ nicht mehr für $R(t) = 0$ unendlich wird. Ist $F(t)$ selbst keine ganze Funktion von t, so kann bekanntlich [I B 1a, Nr. 2] eine ganze Funktion $G(t)$ gebildet werden, die für $R(t) = 0$ mit $F(t)$ übereinstimmt:

$$G(t) = \sum \frac{F(t_\nu)}{R'(t_n)} \cdot \frac{R(t)}{t - t_\nu}.$$

Durch Anwendung des Teilerverfahrens auf $G(t)$ und $R(t)$ kann berechnet werden, um wieviel Einheiten die Charakteristik bei einer Änderung von t zugenommen hat. Die Änderung ist gleich der Änderung in der Anzahl der Zeichenwechsel der Sturm'schen Reihe. Alle diese Sätze lassen sich auf beliebig viele Veränderliche ohne wesentliche Änderung übertragen[21]). Kronecker hat die Charakteristik auch durch ein Integral dargestellt, das über die Grenzen des Gebietes erstreckt wird analog dem Cauchy'schen Integral. Mit einem zweiten

---

21) *L. Kronecker*, Berl. Ber. 1878, p. 145 = Werke 2, p. 71.

von Kronecker angegebenen Integral gelingt es, die algebraische Summe der Werte einer beliebigen Funktion in den Nullstellen des Funktionensystems, die in das betrachtete Gebiet fallen, darzustellen. Der Wert der Funktion ist dabei in jeder Nullstelle mit dem Zeichen der Funktionaldeterminante [I B 1 b, Nr. **21**] multipliziert. *Picard*[22]) hat zu dem von Kronecker betrachteten System noch eine weitere Veränderliche z und eine weitere Gleichung $zD = $ Const. hinzugezogen, wo D die Funktionaldeterminante bedeutet. Dadurch wird die Funktionaldeterminante des neuen Systems gleich D^2 und die Charakteristik wird gleich der absoluten Anzahl der Wertsysteme, die das von Kronecker betrachtete System zum Verschwinden bringen. Wie *Dyck*[23]) gezeigt hat, kann man sich bei der Kronecker'schen Verallgemeinerung des Cauchy'schen Integrals von dem Zeichen der Funktionaldeterminante frei machen, wenn man die Funktion mit einem Faktor versieht, welcher an den Nullstellen des Funktionensystems den Wert $+1$ oder -1 annimmt, je nachdem das Vorzeichen der Funktionaldeterminante positiv oder negativ ist. Als speziellen Fall erhält Dyck dann auch Picard's Formel für die absolute Anzahl der Wertsysteme.

8. Die quadratischen Formen im Zusammenhang mit dem Sturm'schen Satz. *Hermite*[24]) ersetzt das Sturm'sche Verfahren durch die Betrachtung gewisser quadratischer Formen. Sind $x_1 x_2 \ldots x_n$ die Wurzeln der Gleichung $a_0 x^n + a_1 x^{n-1} + \cdots + a_n = 0$, die von einander verschieden vorausgesetzt werden, so bildet er die quadratische Form

$$\varphi = \sum_\lambda \left(y_0 + x_\lambda y_1 + x_\lambda^2 y_2 + \cdots + x_\lambda^{n-1} y_{n-1} \right)^2.$$

Als symmetrische Funktionen der Wurzeln sind die Koeffizienten dieser quadratischen Form reell, wenn $a_0 a_1 \ldots a_n$ reell sind. Statt $y_0 y_1 \ldots y_{n-1}$ werden nun neue reelle Veränderliche $u_1 u_2 \ldots u_n$ eingeführt, indem für eine reelle Wurzel x_λ $u_\lambda = y_0 + x_\lambda y_1 + \cdots + x_\lambda^{n-1} y_{n-1}$, für ein Paar konjugierter komplexer Wurzeln x_μ, x_ν dagegen $u_\mu + u_\nu i = y_0 + x_\mu y_1 + \cdots + x_\mu^{n-1} y_{n-1}$ und $u_\mu - u_\nu i = y_0 + x_\nu y_1 + \cdots + x_\nu^{n-1} y_{n-1}$ gesetzt wird. Da $x_1 x_2 \ldots x_n$ von einander

---

22) *É. Picard*, Par. C. R. 113 (1891), p. 356, 669, 1012; *L. Kronecker*, ib. p. 1006; *É. Picard*, Journ. de Math. (4) 8 (1892), p. 5.

23) *W. Dyck*, Par. C. R. 119 (1894), p. 1254 u. ib. 120 (1895), p. 34; Münch. Ber. 25 (1895), p. 261, 447 u. ib. 28 (1898), p 203.

24) *Ch. Hermite*, Par. C. R. 36 (1853), p. 294; vergl. auch *K. G. J. Jacobi*'s nachgelassene Abhandlung Journ. f. Math. 53 (1857), p. 275 = Werke 3, p. 591. *Ch. Hermite*, ib. 52 (1856), p. 39 [I B 2, Nr. **3**, Anm. 38].

verschieden sind, so ist die Determinante der linearen Funktionen u_λ, $u_\mu \pm u_\nu i$ von Null verschieden, und es lassen sich $y_0, y_1, \ldots y_{n-1}$ auch als lineare Funktionen von $u_1 u_2 \ldots u_n$ ausdrücken. Nun ist $(u_\mu + u_\nu i)^2 + (u_\mu - u_\nu i)^2 = 2 u_\mu{}^2 - 2 u_\nu{}^2$. Die quadratische Form φ besteht also nach der Einführung der Veränderlichen $u_1, u_2 \ldots u_n$ aus einer Summe von Quadraten mit positiven oder negativen Vorzeichen. Jede reelle Wurzel führt zu einem positiven Vorzeichen, jedes Paar komplexer Wurzeln zu einem positiven und einem negativen Vorzeichen, so dass die Anzahl der komplexen Paare gleich der Anzahl der negativen Vorzeichen und die Anzahl der reellen Wurzeln gleich dem Überschuss der Zahl der positiven über die der negativen Vorzeichen ist. Die Substitution der Veränderlichen $u_1 u_2 \ldots u_n$ an Stelle von $y_0 y_1 \ldots y_{n-1}$ kann man nun freilich ohne Kenntnis der Wurzeln nicht machen; aber es genügt, irgend eine reelle lineare Transformation der Veränderlichen zu machen, bei der die quadratische Form auf n Quadrate reduziert wird. Denn es gilt der Satz, dass dabei die Anzahlen der positiven und negativen Vorzeichen immer erhalten bleiben [I B 2, Nr. 3]. Bezeichnet s_γ die Summe $x_1{}^\gamma + x_2{}^\gamma + \cdots + x_n{}^\gamma$, so ist

$$\varphi = \sum_{\alpha, \beta} s_{\alpha+\beta} y_\alpha y_\beta.$$

Nun kann man, wie in der Determinantentheorie [I A 2, I B 2, Nr. 3, I C 2] gezeigt wird, die quadratische Form z. B. auf die Form bringen

$$D_1 X_1{}^2 + \frac{D_2}{D_1} X_2{}^2 + \cdots + \frac{D_n}{D_{n-1}} X_n{}^2,$$

wo

$$D_\varkappa = |\, s_{\alpha+\beta} \,| \quad \begin{pmatrix} \alpha = 0, 1, & \varkappa - 1 \\ \beta = 0, 1, & \varkappa - 1 \end{pmatrix}.$$

Da nun $D_1 = n$ positiv ist, so ist die Anzahl der Paare komplexer Wurzeln gleich der Anzahl der Zeichenwechsel in der Reihe $D_1 D_2 \ldots D_n$. Dies gilt auch noch, wenn von den Grössen $D_2 \ldots D_{n-1}$ einige verschwinden, obgleich dann die Transformation in dieser Form nicht durchführbar ist. Die Grössen $D_\varkappa$ lassen sich auch durch die Wurzeln ausdrücken. Denn $D_\varkappa$ entsteht nach dem Multiplikationstheorem der Determinantentheorie [I A 2, Nr. 21] durch die Komposition der beiden rechteckigen Systeme:

$$
\begin{array}{cccc}
1 & 1 & 1 & \ldots 1 \\
x_1 & x_2 & x_3 & \ldots x_n \\
x_1{}^2 & x_2{}^2 & x_3{}^2 & \ldots x_n{}^2 \quad \text{und} \\
\vdots & \vdots & \vdots \\
x_1{}^{\varkappa-1} x_2{}^{\varkappa-1} x_3{}^{\varkappa-1} & \ldots x_n{}^{\varkappa-1}
\end{array}
\qquad
\begin{array}{cccc}
1 & x_1 & x_1{}^2 \ldots x_1{}^{\varkappa-1} \\
1 & x_2 & x_2{}^2 \ldots x_2{}^{\varkappa-1} \\
\vdots \\
1 & x_n & x_n{}^2 \ldots x_n{}^{\varkappa-1}.
\end{array}
$$

Folglich ist

$$D_\varkappa = \sum |x_\lambda{}^\alpha|^2 = \sum \Pi(x_{\lambda_\alpha} - x_{\lambda_\beta})^2.$$

Jedes Glied der Summe bezieht sich dabei auf je $\varkappa$ Wurzeln aus der Reihe $x_1 x_2 \ldots x_n$ und die Summe ist über alle Kombinationen von je $\varkappa$ von einander verschiedenen Wurzeln zu erstrecken[25]).

Für die quadratische Form

$$\varphi = \sum_\lambda \frac{1}{t - x_\lambda}(y_0 + x_\lambda y_1 + x_\lambda{}^2 y_2 + \cdots + x_\lambda{}^{n-1}y_{n-1})^2$$

können analoge Betrachtungen durchgeführt werden. Statt $y_0 y_1 \ldots y_{n-1}$ werden wieder die Veränderlichen $u_1, u_2, \ldots u_n$ eingeführt. Einem Paar konjugierter Wurzeln x_μ, x_ν entsprechen die beiden Glieder

$$(t - x_\mu)^{-1}(u_\mu + u_\nu i)^2 + (t - x_\nu)^{-1}(u_\mu - u_\nu i)^2 = [(t - x_\mu)^{-1}$$
$$+ (t - x_\nu)^{-1}](u_\mu{}^2 - u_\nu{}^2) + [i(t - x_\mu)^{-1} - i(t - x_\nu)^{-1}]2u_\mu u_\nu.$$

Transformiert man diese Glieder für sich auf zwei Quadrate, so tritt immer ein positiver und ein negativer Koeffizient auf. Denn es ist, wenn $A \gtrless 0$,

$$A(u_\mu{}^2 - u_\nu{}^2) + 2Bu_\mu u_\nu = A\left(u_\mu + \frac{B}{A}u_\nu\right)^2 - A\left(1 + \frac{B^2}{A^2}\right)u_\nu{}^2$$

und, wenn $A = 0$ ist:

$$2Bu_\mu u_\nu = \frac{B}{2}(u_\mu + u_\nu)^2 - \frac{B}{2}(u_\mu - u_\nu)^2.$$

Einer reellen Wurzel x_λ entspricht das Glied $(t - x_\lambda)^{-1}u_\lambda{}^2$. Das giebt ein positives Zeichen, wenn $t > x_\lambda$, ein negatives, wenn $t < x_\lambda$ ist. Folglich ist die Anzahl aller negativen Zeichen gleich der Anzahl der reellen Wurzeln, die grösser sind als t, vermehrt um die Anzahl der Paare konjugierter Wurzeln. Setzt man daher erst einen Wert t_1 ein, dann einen grösseren Wert t_2, so ist die Anzahl der negativen Vorzeichen für t_2 um die Zahl der zwischen t_1 und t_2 gelegenen reellen Wurzeln kleiner. Die Anzahl der negativen Vorzeichen erfährt man durch irgend eine reelle Transformation auf Quadrate. Diese kann z. B. wie oben geschehen. Setzt man

$$s_\alpha{}' = \sum_\lambda (t - x_\lambda)^{-1}x_\lambda{}^\alpha \quad \text{und} \quad D_\varkappa = |s'_{\alpha+\beta}| \quad (\alpha, \beta = 0, \ldots \varkappa-1),$$

so ergiebt sich die Anzahl der reellen Wurzeln zwischen t_1 und t_2 gleich der Anzahl der in der Reihe $1, D_1, D_2, \ldots D_n$ beim Übergang von t_1 zu t_2 verlorenen Zeichenwechsel. Statt $(t - x_\lambda)^{-1}$ kann man

---

25) Vergl. die Formen, die *Sylvester* den Sturm'schen Funktionen gegeben hat: *Sylvester*, Phil. Mag. 15 (1839), p. 428; Lond. Trans. 1853, p. 511, wo für φ der Name „Bezoutiante" eingeführt wird; *J. K. Fr. Sturm*, J. de Math. (1842), p. 356.

auch irgend eine andere ungerade positive oder negative Potenz von $(t - x_\lambda)$ einsetzen. Für die erste Potenz wird $s_\varkappa' = s_\varkappa t - s_{\varkappa+1}$ und daher

$$D_\varkappa = |s_{\alpha+\beta}t - s_{\alpha+\beta+1}| = \begin{vmatrix} s_0 & s_1 & \ldots s_{\varkappa-1} & 1 \\ s_1 & s_2 & \ldots s_\varkappa & t \\ \cdot & & & \\ \cdot & & & \\ s_\varkappa & s_{\varkappa+1} & \ldots s_{2\varkappa-1} & t^\varkappa \end{vmatrix} \quad 26).$$

Die Anwendung des Sturm'schen Verfahrens auf zwei beliebige ganze rationale Funktionen U und V kann ebenfalls durch die Betrachtung quadratischer Funktionen ersetzt werden. Man setzt

$$\varphi = \sum_\lambda \frac{U(x_\lambda)}{V'(x_\lambda)} (y_0 + x_\lambda y_1 + x_\lambda^2 y_2 + \cdots + x_\lambda^{n-1} y_{n-1})^2.$$

Bei Einführung der Veränderlichen $u_1 u_2 \ldots u_n$ entsprechen einem Paar konjugierter Wurzeln der Gleichung $V(x) = 0$ die Glieder

$$\frac{U(x_\mu)}{V'(x_\mu)} (u_\mu + u_\nu i)^2 + \frac{U(x_\nu)}{V'(x_\nu)} (u_\mu - u_\nu i)^2 = A(u_\mu^2 - u_\nu^2) + 2 B u_\mu u_\nu,$$

die wieder, wie oben gezeigt, bei der Transformation auf Quadrate ein positives und ein negatives Vorzeichen liefern. Einer reellen Wurzel x_λ entspricht das Glied

$$\frac{U(x_\lambda)}{V'(x_\lambda)} u_\lambda^2.$$

Da nun in der Nähe von x_λ die Funktion $V(x)$ das Zeichen von $V'(x_\lambda)(x - x_\lambda)$ hat, so verliert oder gewinnt bei x_λ das Funktionenpaar V, U einen Zeichenwechsel, je nachdem $\dfrac{U(x_\lambda)}{V'(x_\lambda)}$ positiv oder negativ ist. Mithin ist für die ganze quadratische Form der Überschuss der Anzahl der positiven über die der negativen Quadrate gleich dem Verlust der Zeichenwechsel, den die Sturm'schen Funktionen erleiden, wenn x von $-\infty$ zu $+\infty$ übergeht. Wenn man den Quotienten $U(x)$ durch $V(x)$ nach fallenden Potenzen von x entwickelt:

$$\frac{U(x)}{V(x)} = g(x) + c_0 x^{-1} + c_1 x^{-2} + c_2 x^{-3} + \cdots,$$

so ist

$$\varphi = \sum c_{\alpha+\beta} y_\alpha y_\beta.$$

26) Auch hier kann man ähnlich wie bei den oben aufgestellten Determinanten die Wurzeln einführen und alles durch Summen von Differenzenprodukten ausdrücken.

Denn es ist

$$\frac{U(x)}{V(x)} = g(x) + \sum \frac{U(x_\lambda)}{V'(x_\lambda)} \frac{1}{x - x_\lambda}$$

$$= g(x) + \sum \frac{U(x_\lambda)}{V'(x_\lambda)} x^{-1} + \sum \frac{U(x_\lambda) x_\lambda}{V'(x_\lambda)} x^{-2} + \cdots.$$

Die Zahl der verlorenen Zeichenwechsel ist dann gleich dem Überschuss der Zeichenfolgen über die Zeichenwechsel in der Reihe

$$1, D_1, D_2, \ldots D_n, \quad \text{wo} \quad D_\varkappa = |c_{\alpha+\beta}|^{27)} \qquad (\alpha, \beta = 0, 1, \ldots \varkappa-1).$$

9. Numerisches Beispiel für die Separation. Es soll nun ein Beispiel der Separation der reellen und komplexen Wurzeln einer Gleichung gegeben werden:

$$f(x) = 3.22 x^6 + 4.12 x^4 + 3.11 x^3 - 7.25 x^2 + 1\,88 x - 7.84 = 0,$$
$$f'(x) = 19.32 x^5 + 16.48 x^3 + 9.33 x^2 - 14.50 x + 1.88.$$

Das Sturm'sche Verfahren wird mit dem Rechenschieber ausgeführt, was die Multiplikation einer ganzen Reihe von Zahlen mit einem Quotienten sehr schnell ausführen lässt. Die letzte Stelle der hingeschriebenen Koeffizienten ist nicht mehr sicher; sie ist aber auch zur Entscheidung über die Lage der Wurzeln nicht nötig.

$$r_1 = -\ 1.37 x^4 - 1.55 x^3 + 4.84 x^2 - 1.57 x + 7.84$$
$$r_2 = -\ 109 x^3 + 89.9 x^2 - 121 x + 123$$
$$r_3 = -\ 4.16 x^2 + 0.15 x - 4.83 \quad .$$
$$r_4 = -\ 8.8 x - 23.3$$
$$r_5 = +\ 34.4.$$

Das ergiebt die Vorzeichen

$$x = -\infty : +\ -\ -\ +\ -\ +\ +$$
$$x = 0 : -\ +\ +\ +\ -\ -\ +$$
$$x = +\infty : +\ +\ -\ -\ -\ -\ +.$$

Es giebt daher nur zwei reelle Wurzeln, von denen die eine positiv, die andere negativ ist.

Um die komplexen Wurzeln zu trennen, werde zunächst $x = it$ eingesetzt und das Sturm'sche Verfahren auf den reellen und imaginären Teil angewendet:

$$U = -\ 3.22 t^6 + 4.12 t^4 + 7.25 t^2 - 7.84$$
$$-V = \ 3.11 t^3 - 1.88 t$$
$$r_1 = -\ 8.56 t^2 + 7.84$$
$$r_2 = -\ 0.97 t$$
$$r_3 = -\ 7.84.$$

---

27) *A. Hurwitz*, Math. Ann. 46 (1895), p. 273 u. f. zeigt, wie die Grössen $D_\varkappa$ direkt durch die Koeffizienten von U und V in Determinantenform ausgedrückt werden können.

Die Vorzeichen sind

$$t = -\infty : \quad - \; - \; - \; + \; -$$
$$t = +\infty : \quad - \; + \; - \; - \; -,$$

also $p - q = 0$, $\dfrac{n}{2} + \dfrac{p-q}{2} = 3$.

Es sind daher 3 Wurzeln mit negativem reellen Teil und folglich 3 Wurzeln mit positivem reellen Teil vorhanden. Je eine davon ist reell. Nun werde zunächst eine obere Grenze für den absoluten Betrag der Wurzeln bestimmt. Sobald

$$3.22\,|x|^6 > 7.84\,\frac{|x|^5 - 1}{|x| - 1},$$

sind keine Wurzeln mehr möglich. Wenn $|x| > 1$ ist, ist dies a fortiori für

$$3.22\,|x|^6 > 7.84\,\frac{|x|^5}{|x| - 1}$$

oder

$$3.22\,|x| > \frac{7.84}{|x| - 1}$$

der Fall. Das liefert die obere Grenze 2.2. Um die komplexen Wurzeln zu isolieren, lege man durch den um den Nullpunkt mit dem Radius 2.2 beschriebenen Kreis die geraden Linien $x = 1 + ti$ und $x = -1 + ti$ und bestimme für beide die Anzahlen der Wurzeln auf der positiven Seite. Für $f(1 + ti) = U + Vi$ wird

$$U = -3.22\,t^6 + 52.42\,t^4 - 75.10\,t^2 - 2.76$$
$$-V = -19.32\,t^5 + 83.99\,t^3 - 32.51\,t$$
$$r_1 = -38.44\,t^4 + 69.69\,t^2 + 2.76$$
$$r_2 = -49.0\,t^3 + 33.9\,t$$
$$r_3 = -43.2\,t^2 - 2.76$$
$$r_4 = -37.0\,t$$
$$r_5 = +2.76.$$

Die Vorzeichen sind:

$$t = -\infty : \quad - \; + \; - \; + \; - \; + \; +$$
$$t = +\infty : \quad - \; - \; - \; - \; - \; - \; +$$

$$p - q = 4, \quad \dfrac{n}{2} + \dfrac{p-q}{2} = 5.$$

Für $f(-1 + ti) = U + Vi$ wird:

$$U = -3.22\,t^6 + 52.42\,t^4 - 56.44\,t^2 - 12.74$$
$$-V = 19.32\,t^5 - 77.77\,t^3 + 10.09\,t$$
$$r_1 = -39.47\,t^4 + 54.7\,t^2 + 12.74$$
$$r_2 = 51.0\,t^3 - 16.3\,t$$
$$r_3 = -42.1\,t^2 - 12.74$$
$$r_4 = 31.7\,t$$
$$r_5 = +12.74.$$

Die Vorzeichen sind:

$$t = -\infty : \quad - \; - \; - \; - \; - \; - \; +$$
$$t = +\infty : \quad - \; + \; - \; + \; - \; + \; +$$
$$p - q = -4, \quad \frac{n}{2} + \frac{p-q}{2} = 1.$$

Die negative Wurzel ist daher algebraisch kleiner als -1, ein Paar konjugierter Wurzeln liegt zwischen den Geraden $x = -1 + ti$ und $x = ti$ und das zweite Paar zwischen den Geraden $x = ti$ und $x = 1 + ti$. Die positive Wurzel ist grösser als 1. Alle Wurzeln sind absolut kleiner als $2 \cdot 2$.

Die Approximation der Wurzeln.

10. Das Newton'sche Verfahren. Anstatt durch die bisher auseinandergesetzten Methoden die Isolation der Wurzeln vorzunehmen, kann man auch ohne weitere Vorbereitung durch eine überschlägige tabellarische Berechnung der zum Verschwinden zu bringenden Funktion oder auf graphischem Wege Näherungswerte gewinnen[28]). Für die reellen Wurzeln wird dies im allgemeinen vorzuziehen sein. Sobald die Wurzeln angenähert bekannt sind, lassen sich durch das Newton'sche Verfahren, wie oben bemerkt, genauere Werte finden. Die Annäherung ist eine rasche, sobald es sich nur noch um Intervalle handelt, in denen die Funktion sehr nahe linear ist. Auch für die Berechnung komplexer Wurzeln bleibt das Verfahren gültig, und der Überschlag der erreichten Genauigkeit ist ähnlich zu machen.

Statt wie beim Newton'schen Verfahren die Funktion durch eine lineare Funktion zu ersetzen[29]) und dadurch einen Näherungswert zu finden, könnte man auch eine ganze Funktion zweiten oder höheren Grades an Stelle von $f(x)$ nehmen und als Näherungswert eine der Wurzeln der Gleichung zweiten oder höheren Grades annehmen. Das würde z. B. mit Vorteil angewendet werden können, wenn zwei oder mehr Wurzeln nahezu einander gleich sind.

11. Allgemeinere Verfahren. Eine allgemeinere Art der successiven Annäherung, von der das Newton'sche Verfahren als spezieller

---

28) *R. Mehmke,* Civilingenieur (2) 35, p. 617 und Zeitschrift Math. Phys. 36 (1891), p. 158; vgl. ferner den Art. I F über graphisches Rechnen.

29) Geometrisch gesprochen ersetzt Newton die Kurve $y = f(x)$ durch ihre Tangente. Man kann sie auch durch eine Sehne ersetzen, z. B. indem man zwei Punkte der Kurve berechnet (Regula falsi). Vgl. die Darstellung bei *H. Weber.* Wegen des Ausdrucks „Regula falsi" s. *M. Cantor,* Gesch. d. Math. 1 (1. Aufl.), p. 524, 628.

Fall betrachtet werden kann, ist das folgende. Es habe die Gleichung die Form $x = \varphi(x)$, und es werde vorausgesetzt, dass die rechte Seite sich für Werte von x, die in der Umgebung einer der Wurzeln liegen, nur langsam ändern möge. Ist $|\varphi'(x)|$ für alle Werte von x, die der Wurzel näher liegen als ein Näherungswert a, kleiner als m, so liegt $\varphi(x)$ zwischen $\varphi(a) + m(x - a)$ und $\varphi(a) - m(x - a)$. Setzt man also $a_1 = \varphi(a)$, so ist für die Wurzel $|x - a_1| < m\,|x - a|$. *Wenn daher m ein echter Bruch ist*[30]*), so muss der Fehler von a_1 ein Bruchteil des Fehlers von a sein.* Wenn man mit a_1 ebenso verfährt, so erhält man für einen dritten Näherungswert $a_2 = \varphi(a_1)$:

$$|x - a_2| < m_1\,|x - a_1|,$$

wo $m_1 \leqq m$. Sei z. B. eine Wurzel der Gleichung $x = \operatorname{arctg} x$ zu berechnen. Der Differentialquotient der rechten Seite ist $(1 + x^2)^{-1}$. Kommen also z. B. nur Werte von x in Betracht, deren absoluter Betrag grösser ist als 10, so ist $m < 0.01$. Der Fehler wird sich dann bei jedem Schritt auf weniger als den hundertsten Teil des vorigen Fehlers vermindern. Wird $a = 10$ angenommen, so ist $a_1 = \operatorname{arctg} 10 = 3.46828\,\pi$ und $a_2 = \operatorname{arctg} a_2 = 3.47087\,\pi$. Die Wurzel liegt zwischen 3π und 4π, da die Tangente in diesem Intervall alle Werte durchläuft. Folglich ist der Fehler von a kleiner als π und mithin der von a_2 kleiner als $0.0001\,\pi$. Das erlaubt aber wieder den Schluss, dass der Fehler von a kleiner ist als $3.48\,\pi - 10$, also kleiner als $0.3\,\pi$ und daher der Fehler von a_2 kleiner als $0.00003\,\pi$, abgesehen von dem Fehler, der durch die Abkürzung der Rechnung auf 5 Dezimalen hinzutritt.

Die Methode wird in der Astronomie häufig angewendet. Wenn man z. B. aus einer Monddistanz die Greenwicher Zeit berechnet, so kommt in der Reduktion der Distanz selbst die Greenwicher Zeit vor. Aber das Resultat ändert sich nur wenig, wenn dabei eine etwas andere Greenwicher Zeit benutzt wird. Man rechnet daher mit einem Näherungswert, und wenn sich dann als Resultat eine Greenwicher Zeit ergiebt, die wesentlich von dem Näherungswert abweicht, so wiederholt man die Rechnung mit der gefundenen Greenwicher Zeit. Dabei ist der Wert von m in der Regel so klein, dass höchstens *eine* Wiederholung nötig ist.

Das Newton'sche Verfahren kann als spezieller Fall dieser Rech-

---

30) *W. Wagner*, Best. der Genauigkeit des Newton'schen Verfahrens. Berlin, lat. 1855, deutsch 1860. *E. Schroeder*, Math. Ann. 2 (1870), p. 317. Dieselben Resultate sind später von *C. Isenkrahe*, Math. Ann. 31 (1888), p. 309 gefunden; vgl. auch *E. Netto*, Math. Ann. 29 (1887), p. 141.

nungsweise angesehen werden, indem man statt der Gleichung $f(x) = 0$ die gleichwertige Gleichung setzt:

$$x = x - \frac{f(x)}{f'(x)}.$$

Der Differentialquotient der rechten Seite ist

$$\frac{f \cdot f''}{f'^2},$$

der, sobald eine hinreichende Annäherung an die Wurzel erreicht ist, beliebig klein wird. Liegt für die betrachteten Werte von x der absolute Betrag von $f'(x)$ zwischen zwei von Null verschiedenen Grenzen $\varkappa < |f'(x)| < K$ und ist $|f''x| < M$, so ist, wenn x eine Wurzel der Gleichung $f(x) = 0$ bedeutet, $|f(a)| < K|x - a|$ und daher

$$\left| \frac{f(a)\, f''(a)}{f'(a)^2} \right| < \frac{K \cdot M}{\varkappa^2} |x - a|.$$

Mithin ist für den nächsten Näherungswert a_1

$$|x - a_1| < \frac{K \cdot M}{\varkappa^2} |x - a|^2 \quad {}^{31})$$

oder

$$\frac{K \cdot M}{\varkappa^2} |x - a_1| < \left(\frac{K \cdot M}{\varkappa^2} |x - a| \right)^2$$

und daher für den $n + 1^{\text{ten}}$ Näherungswert a_n

$$\frac{K \cdot M}{\varkappa^2} |x - a_n| < \left(\frac{K \cdot M}{\varkappa^2} |x - a| \right)^{2^n}.$$

Der Exponent auf der rechten Seite wächst z. B. nach zehn Schritten auf 1024. Sobald also $\frac{KM}{\varkappa^2} |x - a|$ nur einigermassen kleiner ist als 1, so ist die Konvergenz rasch. Zugleich lässt diese Formel überschlagen, auf wie viel Dezimalen es sich bei jedem einzelnen Schritte lohnt die neue Annäherung auszurechnen. Dabei kommt es auf eine genaue Bestimmung von $\varkappa$, K und M nicht an. Sei z. B. die positive Wurzel der Gleichung

$$3.22 x^6 + 4.12 x^4 + 3.11 x^3 - 7.25 x^2 + 1.88 x - 7.84 = 0$$

zu berechnen. Die Wurzel liegt, wie wir oben fanden, zwischen 1 und 2.2. Der erste Näherungswert werde gleich 1 genommen. Dann

---

31) Vgl. *J. B. J. Fourier*, Analyse des équations déterminées, Paris 1831, livre II, art. 22. Bis auf Grössen höherer Ordnung ist sogar $x - a_1 = - \dfrac{(x - a)^2}{2} \cdot \dfrac{f''(x)}{f'(x)}$, was man bei grosser Annäherung statt $|x - a_1| < \dfrac{K \cdot M}{\varkappa^2} |x - a|^2$ nehmen kann.

ist $-\dfrac{f(1)}{f'(1)} = \dfrac{2.76}{32.51}$, und da $f'(x)$ mit wachsendem x zunimmt, so ist

der Fehler des Näherungswertes 1 kleiner als $\dfrac{2.76}{32.51}$, sagen wir kleiner

als 0.1. Nun kann für $\dfrac{KM}{\varkappa^2}$ etwa 5, also für $\dfrac{KM}{\varkappa^2}\,|x-a|$ etwa $\dfrac{1}{2}$

gesetzt werden. Der Fehler der Annäherungen nimmt also ungefähr
ab wie die Reihe: 2^{-1}, 2^{-3}, 2^{-7}, 2^{-15}, 2^{-31}. Man wird daher bei
den ersten beiden Annäherungen nur auf ein oder zwei Dezimalen
genau rechnen, bei der vierten auf 5 oder 6 Dezimalstellen und bei
der fünften würde es sich lohnen, auf 10 Stellen genau zu rechnen:

a	$f(a)$	$f'(a)$
$a_1 = 1.1$	$+\,1.32$	$+\,50.3$
$a_2 = 1.07$	$-\,0.086$	$+\,44.3$
$a_3 = 1.072$	$+\,0.0028$	$+\,44.7$
$a_4 = 1.07194$		

Die geringere Genauigkeit der ersten Annäherung erlaubt die Anwendung des Rechenschiebers.

12. Horner's Schema. Diese Betrachtungen galten für beliebige
Funktionen. Für den Fall einer ganzen rationalen Funktion hat
Horner[32]) ein bequemes Schema zur Ausführung des Newton'schen
Verfahrens gegeben. Schon oben Nr. **4** ist das Horner'sche Schema
gegeben, nach dem bei einer ganzen rationalen Funktion nach einander
die Koeffizienten $f(p)$, $f'(p)$, $\dfrac{f''(p)}{2!}$ etc. gefunden werden können. Sie
sind die Koeffizienten der Gleichung, der die Verbesserung $x-p$
der Annäherung p genügen muss. Enthält p nur eine von Null verschiedene Ziffer, so sind alle Multiplikationen einfach, und wenn nun
p der Wurzel hinreichend nahe ist, so liefert $-\dfrac{f'(p)}{f(p)}$ die nächste
Ziffer q, die nun für die Koeffizienten der neuen Gleichung dieselbe
Rolle spielt wie p für die Koeffizienten der ursprünglichen Gleichung.
So fortfahrend findet man Ziffer auf Ziffer.

---

32) *W. G. Horner*, Lond. Trans. 1819, part. I, p. 308, ferner Mathematical
Repository 5, 2. Teil (London 1830). *J. R. Young*, on the theory and solution
of algebraical equations. 1. Aufl. London 1835. 2. Aufl. London 1843.

Beispiel:

$$3.22\,x^6 + 4.12\,x^4 + 3.11\,x^3 - 7.25\,x^2 + 1.88\,x - 7.84 = 0,$$

$p = 1$

3.22	0	4.12	3.11	— 7.25	1.88	— 7.84
	3.22	3.22	7.34	10.45	3.20	5.08
	3.22	7.34	10.45	3.20	5.08	— 2.76
	3.22	6.44	13.78	24.23	27.43	
	6.44	13.78	24.23	27.43	32.51	
	3.22	9.66	23.44	47.67		
	9.66	23.44	47.67	75.10		
	3.22	12.88	36.32			
	12.88	36.32	83.99			
	3.22	16.10				
	16.10	52.42				
	3.22					
	19.32					

Es ist nicht nötig, die neuen Koeffizienten noch einmal hinzuschreiben.
Es geschieht hier nur der Auseinandersetzung wegen.

$$q = \frac{2.76}{32.51} = 0.08$$

3.22	19.32	52.42	83.99	75.10	32.51	— 2.76
	0.2576	1.5662	4.3189	7.0647	6.5732	3.1267
	19.5776	53.9862	88.3089	82.1647	39.0832	+

Das positive Zeichen beweist, dass die Verbesserung $q = 0.08$ zu
gross ist. Die Rechnung wird nun nach Horner mit 0.07 wiederholt.
In den ersten Koeffizienten führen wir nur 4 Dezimalen.

3.22	19.32	52.42	83.99	75.10	32.51	— 2.76
	0.2254	1.3682	3.7652	6.1429	5.68700	2.673790
	19.5454	53.7882	87.7552	81.2429	38.19700	— 0.086210
	0.2254	1.3840	3.8621	6.4132	6.13593	
	19.7708	55.1722	91.6173	87.6561	44.33293	
	0.2254	1.3997	3.9600	6.6904		
	19.9962	56.5719	95.5773	94.3465		
	0.2254	1.4155	4.0591			
	20.2216	57.9874	99.6364			
	0.2254	1.4313				
	20.4470	59.4187				
	0.2254					
	20.6724					

Beim weiteren Rechnen vermindert sich nun der Einfluss der vorhergehenden Koeffizienten auf die folgenden immer mehr, so dass man sich bei den ersten Koeffizienten auf immer weniger Stellen beschränken kann, ohne die Genauigkeit der letzten zu beeinträchtigen. Die nächste Verbesserung ist 0.001.

3.22	20.67	59.42	99.64	94.346	44.3329	— 0.086210
	0.00	0.02	0.06	0.100	0.0944	0.044427
	20.67	59.44	99.70	94.446	44.4273	— 0.041783
		0.02	0.06	0.100	0.0945	
		59.46	99.76	94.546	44.5218	
		0.02	0.06	0.100		
		59.48	99.82	94.646		
		0.02	0.06			
		59.50	99.88			
		0.02				
		59.52				Verbesserung: 0.0009

3.22	20.7	59.5	99.9	94.646	44.5218	— 0.041783
			0.05	0.090	0.0853	0.040146
			100	94.736	44.6071	— 0.001637
				0.090	0.0853	
				94.826	44.69	
				0.09		
				94.9		Verbesserung: 0.0000366

3.22	20.7	59.5	100	94.9	44.69	— 0.001637
					0.00	1341
						296
						268
						28

Die letzten Ziffern werden durch fortgesetzte Division gefunden, da jetzt der vorletzte Koeffizient 44.69 so weit, wie er hier in Betracht kommt, durch die vorhergehenden nicht geändert wird. Die Wurzel ist 1.0719366.

Horner's Verfahren lässt sich auch vortrefflich mit der Methode von *Lagrange* [33]) verbinden, wonach die Wurzel in einen Kettenbruch entwickelt wird. Man bestimmt jedesmal die nächst kleinere ganze Zahl a, setzt $x = a + \dfrac{1}{y}$ und betrachtet dann die Gleichung für y.

33) *J. L. Lagrange*, de la résol. des équations numériques de tous les degrés. Paris 1798. Chap. III.

Hier kommt es dann auf die grösste Wurzel an, für die wieder die nächst kleinere ganze Zahl bestimmt wird. Die Rechnung ist wie bei Horner, nur sind bei jedem Schritt die Koeffizienten in der umgekehrten Reihenfolge zu nehmen. Der zweite Koeffizient dividiert durch den ersten giebt einen Näherungswert für die grösste Wurzel.

13. Bernoulli's Verfahren. Für den Fall, dass $f(x)$ eine ganze rationale Funktion ist, hat D. Bernoulli[34]) eine Methode zur Berechnung der Wurzeln gegeben, welche die Separation nicht voraussetzt. Sind $x_1 x_2 \ldots x_n$ die Wurzeln der Gleichung $f(x) = 0$ und bedeutet s_λ die Summe $x_1^\lambda + x_2^\lambda + \cdots + x_n^\lambda$, so kann man schreiben:

$$\frac{s_\lambda}{s_{\lambda-1}} = x_1 \frac{1 + \left(\frac{x_2}{x_1}\right)^\lambda + \cdots + \left(\frac{x_n}{x_1}\right)^\lambda}{1 + \left(\frac{x_2}{x_1}\right)^{\lambda-1} + \cdots + \left(\frac{x_n}{x_1}\right)^{\lambda-1}}.$$

Ist nun x_1 dem absoluten Betrage nach grösser als $x_2 \ldots x_n$, so wird für grosse Werte von λ der Quotient $\dfrac{s_\lambda}{s_{\lambda-1}}$ sehr wenig von x_1 verschieden sein. Bedeutet andrerseits σ_λ die Summe $x_1^{-\lambda} + x_2^{-\lambda} + \cdots + x_n^{\lambda-1}$ und ist x_n die absolut kleinste Wurzel, so folgt ebenso, dass für grosse Werte von λ der Quotient $\dfrac{\sigma_{\lambda-1}}{\sigma_\lambda}$ sehr wenig von x_n verschieden ist. Die Werte der Grössen s_λ und σ_λ erhält man durch Entwicklung von $\dfrac{f'(x)}{f(x)}$ nach negativen und positiven Potenzen von x. Denn es ist [I B 3b, Nr. 4]:

$$\frac{f'(x)}{f(x)} = n x^{-1} + s_1 x^{-2} + s_2 x^{-3} + \cdots$$

$$\frac{f'(x)}{f(x)} = - \sigma_1 - \sigma_2 x - \sigma_3 x^2 - \cdots.$$

Entwickelt man $\dfrac{f'(p+h)}{f(p+h)}$ nach Potenzen von h, so liefert der Quotient der Koeffizienten von $h^{\lambda-1}$ und h^λ einen Näherungswert für den absolut kleinsten Wert von h, der der Gleichung $f(p+h) = 0$ genügt, und $p + h$ stellt die Wurzel der Gleichung $f(x) = 0$ dar, die dem Wert p am nächsten kommt.

Dem Bernoulli'schen Verfahren liegt ein allgemeiner Satz zu Grunde, der so ausgesprochen werden kann: Es sei $\varphi(x)$ eine Funktion einer komplexen Veränderlichen [II B 1a], die sich in der Nähe von $x = p$

---

34) *D. Bernoulli*, Petrop. Comm. 3, 1728 [32], p. 92. *Euler*, Introd. 1, Laus. 1748, cap. 17, deutsch v. *A. C. Michelson*, Berl. 1788, *F. Maser*, Berl. 1885.

regulär verhält. Es werde die Funktion nun nach Potenzen von $x - p$ entwickelt

$$\varphi(x) = c_0 + c_1(x - p) + c_2(x - p)^2 + \cdots.$$

Auf der Peripherie des Konvergenzkreises muss mindestens eine singuläre Stelle liegen. Giebt es nun auf dem Kreise *nur* eine singuläre Stelle a und ist diese *ausserordentlich* singulär, so ist für hinreichend grosse Werte von λ der Quotient $\dfrac{c_{\lambda-1}}{c_\lambda}$ sehr wenig von $a - p$ verschieden[35]). Die Bernoulli'sche Methode ist eine spezielle Anwendung dieses Satzes; denn die Wurzeln der Gleichung $f(x) = 0$ sind ausserwesentlich singuläre Stellen der Funktion $\dfrac{f'(x)}{f(x)}$. Man sieht, dass man die Wurzeln aber auch erhalten würde, wenn man statt $f'(x)$ irgend eine andere ganze Funktion, die für die Wurzeln von $f(x)$ nicht oder nicht von gleich hoher Ordnung wie $f(x)$ verschwindet, durch $f(x)$ dividierte[36]).

14. Graeffe's Verfahren. Die Bernoulli'sche Methode wird wohl kaum eine praktische Bedeutung erlangen, weil die Konvergenz nur dann beträchtlich ist, wenn die zu berechnende Wurzel dem Werte p wesentlich näher ist als die übrigen Wurzeln; dann lässt sich die Berechnung aber im allgemeinen besser mit der Newton'schen Methode machen. Dagegen hat Graeffe[37]) ein Verfahren angegeben, das auf einem ähnlichen Gedanken beruhend, wesentlich schneller zur Ermittelung *aller* Wurzeln einer ganzen rationalen Funktion führt, ohne die Separation der Wurzeln vorauszusetzen.

Es werde die ganze Funktion n^{ten} Grades $f(x)$ in der Form geschrieben:

$$f(x) = a_0 x^n - a_1 x^{n-1} + a_2 x^{n-2} - \cdots \pm a_n.$$

Das Produkt $f(x) f(-x)$ wird nur gerade Potenzen von x enthalten, da es beim Verwandeln von x in $-x$ sich nicht ändert. Es kann als Funktion n^{ten} Grades von x^2 dargestellt werden:

$$f(x) f(-x) = A_0 x^{2n} - A_1 x^{2n-2} + A_2 x^{2n-4} - \cdots \pm A_n.$$

<hr>

35) *J. König*, Math. Ann. 23 (1884), p. 447.

36) Die Bernoulli'sche Methode ist auch zu Reihenentwicklungen für die Wurzeln verwendet worden. Siehe *E. Schroeder*, Math. Ann. 2 (1870), p. 317; *C. Runge*, Acta Math. 6 (1885), p. 305; *W. F. Meyer*, Math. Ann. 33 (1889), p. 511; *F. Cohn*, Math. Ann. 44 (1894), p. 473.

37) *C. H. Graeffe*, Die Auflösung der höheren numerischen Gleichungen. Zürich 1837. Vergl. dazu *J. F. Encke*, Journ. f. Math. 22 (1841), p. 193. *E. Carvallo*, méthode pratique pour la résol. num. complète des équations algébr. ou transcendantes, Thèse, Paris 1890.

Die Koeffizienten A_0, A_1, A_2, ... sind die Summen der Kolonnen in dem Schema:

$+\,a_0{}^2$	$-\,2a_0a_2$	$+\,2a_0a_4$	$-\,2a_0a_6$	$\cdots$
	$+\,a_1{}^2$	$-\,2a_1a_3$	$+\,2a_1a_5$	$\cdots$
		$+\,a_2{}^2$	$-\,2a_2a_4$	$\cdots$
			$a_3{}^2$	$\cdots$
				$\cdots$
				$\cdots$
A_0	A_1	A_2	A_3	$\cdots$

Die Wurzeln der Gleichung $A_0 z^n - A_1 z^{n-1} + A_2 z^{n-2} - \cdots \pm A_n = 0$ sind die Quadrate der Wurzeln der ersten Gleichung $f(x) = 0$. Wenn man nun mit der neuen Gleichung ebenso verfährt u. s. f., so erhält man die Gleichungen, deren Wurzeln die 4ten, 8ten, 16ten etc. Potenzen der Wurzeln der ersten Gleichung sind. Es sei $B_0 u^n - B_1 u^{n-1} + \cdots \pm B_n = 0$ die Gleichung, der die $2^{r\,\text{ten}}$ Potenzen genügen. Dann ist, wenn $2^r = \lambda$ geschrieben wird:

$$\frac{B_1}{B_0} = \sum x_\alpha{}^\lambda, \quad \frac{B_2}{B_0} = \sum x_\alpha{}^\lambda x_\beta{}^\lambda, \quad \frac{B_3}{B_0} = \sum x_\alpha{}^\lambda x_\beta{}^\lambda x_\gamma{}^\lambda, \text{ etc.}$$

Nun sei $|x_1| > |x_2| > |x_3| > \cdots > |x_n|$. Dann kommen für grosse Werte von λ gegen $x_1{}^\lambda$ alle übrigen Grössen $x_\alpha{}^\lambda$ nicht in Betracht, gegen $x_1{}^\lambda x_2{}^\lambda$ kommen alle übrigen $x_\alpha{}^\lambda x_\beta{}^\lambda$ nicht in Betracht, gegen $x_1{}^\lambda x_2{}^\lambda x_3{}^\lambda$ alle übrigen $x_\alpha{}^\lambda x_\beta{}^\lambda x_\gamma{}^\lambda$ u. s. f. Es wird demnach bis auf einen kleinen Bruchteil seines Betrages $x_1{}^\lambda = \dfrac{B_1}{B_0}$ und ebenso $x_1{}^\lambda x_2{}^\lambda = \dfrac{B_2}{B_0}$, $x_1{}^\lambda x_2{}^\lambda x_3{}^\lambda = \dfrac{B_3}{B_0}$ u. s. f. Mithin bis auf einen kleinen Bruchteil seines Betrages $x_1{}^\lambda = \dfrac{B_1}{B_0}$, $x_2{}^\lambda = \dfrac{B_2}{B_1}$, $x_3{}^\lambda = \dfrac{B_3}{B_2}$ u. s. f., und die Wurzeln selbst sind λ^{te} Wurzeln aus den Quotienten $\dfrac{B_1}{B_0}$, $\dfrac{B_2}{B_1}$, $\dfrac{B_3}{B_2}$ u. s. f. Sind die Wurzeln reell, so können sie dadurch bis auf ihr Vorzeichen berechnet werden. Das Vorzeichen ergiebt sich dann daraus, dass für den mit dem richtigen Zeichen genommenen Wert $f(x)$ sehr klein werden muss. Der Wert von $f(x)$ giebt dann zugleich mit der Kenntnis eines genäherten Wertes von $f'(x)$ das Mass der erlangten Genauigkeit. Die Genauigkeit kann dann durch das Newton'sche Verfahren rasch gesteigert werden.

Es ist zweckmässig, die Erörterung etwas allgemeiner zu machen. Es werde nur vorausgesetzt, dass $x_1 x_2 \ldots x_p$ absolut grösser sind als $x_{p+1} x_{p+2} \ldots x_n$, während

$$|x_1| \geqq |x_2| \geqq \cdots \geqq |x_p| \quad \text{und} \quad |x_{p+1}| \geqq |x_{p+2}| \geqq \cdots \geqq |x_n|.$$

Die $2^{r\text{ten}}$ Potenzen von $x_1, x_2 \ldots x_n$ sollen der Kürze wegen mit $b_1 b_2 \ldots b_n$ bezeichnet werden, und wir wollen r so gross annehmen, dass b_{p+1} sehr klein gegen b_p ist. Dann sind $b_1 b_2 \ldots b_p$ nur um sehr kleine Bruchteile ihrer Beträge von den Wurzeln der Gleichung $B_0 u^p - B_1 u^{p-1} + B_2 u^{p-2} - \cdots \pm B_p = 0$ und $b_{p+1} \ldots b_n$ sind um sehr kleine Bruchteile ihrer Beträge von den Wurzeln der Gleichung $B_p u^{n-p} - B_{p+1} u^{n-p-1} + \cdots \pm B_n = 0$ verschieden. Denn es ist, wenn $\beta_1 \beta_2 \ldots \beta_n$ die absoluten Beträge von $b_1 \ldots b_n$ bezeichnen, $B_0 u^p - B_1 u^{p-1} + B_2 u^{p-2} - \cdots \pm B_p$ bis auf einen sehr kleinen Bruchteil von $B_0 \beta_p (|u| + \beta_1)(|u| + \beta_2) \ldots (|u| + \beta_{p-1})$ gleich $B_0 (u - b_1)(b - b_2) \ldots (u - b_p)$. Läge nun u z. B. dem Werte b_2 am nächsten und wäre nicht nur um einen sehr kleinen Bruchteil von b_2 verschieden, so wäre $u - b_1$ absolut genommen ein beträchtlicher Bruchteil von β_1 und $u - b_2 \ldots u - b_p$ wären beträchtliche Bruchteile von β_2. Dann könnte $B_0 (u - b_1)(u - b_2) \ldots (u - b_p)$ sich nicht gegen einen sehr kleinen Bruchteil von $B_0 \beta_p (|u| + \beta_1)(|u| + \beta_2) \ldots (|u| + \beta_{p-1})$ wegheben, d. h. u könnte keine Wurzel der Gleichung $B_0 u^p - B_1 u^{p-1} + \cdots \pm B_p = 0$ sein. Ferner ist bis auf einen sehr kleinen Bruchteil von $b_1 b_2 \ldots b_p$ die Grösse $B_p = b_1 \ldots b_p$,

$$B_{p+1} = b_1 b_2 \ldots b_p (b_{p+1} + \cdots + b_n),$$

$$B_{p+2} = b_1 b_2 \ldots b_p (b_{p+1} b_{p+2} + b_{p+2} b_{p+3} + \cdots + b_{n-1} b_n) \text{ etc.}$$

und mithin bis auf sehr kleine Beträge $\dfrac{B_{p+1}}{B_p} = b_{p+1} + \cdots + b_n$

$\dfrac{B_{p+2}}{B_p}$ gleich der Summe der Produkte von je zweien der Grössen $b_{p+1} b_{p+2} \ldots b_n$ u. s. f. und daher die Wurzeln der Gleichung $B_p u^{n-p} - B_{p+1} u^{n-p-1} + \cdots \pm B_n = 0$ bis auf kleine Beträge gleich $b_{p+1} \ldots b_n$.

Sobald also b_p gross gegen b_{p+1} ist, so zerfällt die Gleichung $B_0 u^n - B_1 u^{n-1} + \cdots \pm B_n = 0$ in zwei Gleichungen. Die Wurzeln $b_{p+1} \ldots b_n$ werden im Vergleich zu $b_1 \ldots b_p$ Null gesetzt, das giebt

$$B_0 u^n - B_1 u^{n-1} + \cdots \pm B_p u^{n-p} = 0$$

und die Wurzeln $b_1 \ldots b_p$ werden im Vergleich zu $b_{p+1} \ldots b_n$ unendlich gesetzt; das giebt:

$$B_p u^{n-p} - B_{p+1} u^{n-p-1} + \cdots \pm B_n = 0.$$

Beim praktischen Rechnen merkt man von selbst diesen Zerfall daran, dass die Koeffizienten der einen Gleichung aufhören, die der andern, so weit man ihre Beträge berechnet, zu beeinflussen, und dass B_p bei jedem Schritt nur zum Quadrat erhoben wird. Die Rechnung verläuft gerade so, als ob man es mit zwei getrennten Gleichungen zu thun hätte. Diese Gleichungen zerfallen von neuem, wenn wieder unter ihren Wurzeln die einen sehr klein gegen die andern werden. Schliesslich sind nur noch lineare Gleichungen übrig, es sei denn, dass gleiche Wurzeln oder gleiche absolute Beträge der Wurzeln vorkommen. Für ein Paar konjugierter Wurzeln z. B. wird im allgemeinen eine Gleichung zweiten Grades sich ergeben, der die $2^{r\,\text{ten}}$ Potenzen der beiden Wurzeln genügen. Hieraus können die $2^{r\,\text{ten}}$ Potenzen gefunden werden. Die Wurzeln selbst können aber nicht unmittelbar hieraus berechnet werden, weil die $2^{r\,\text{te}}$ Wurzel im Gebiete der komplexen Zahlen 2^r verschiedene Werte hat. Nur der absolute Betrag kann sogleich gefunden werden. Man kann nun zwar die Wurzeln eindeutig auf folgende Weise finden. Wenn man in $f(x)$ die geraden und ungeraden Potenzen von einander trennt, so kann man schreiben $f(x) = \varphi(x^2) + x\psi(x^2) = 0$, wo $\varphi(x^2)$ und $\psi(x^2)$ ganze Funktionen von x^2 sind. Ist nun der Wert von x^2 gefunden, so muss $x = -\dfrac{\varphi(x^2)}{\psi(x^2)}$ sein[38]). Ebenso folgt, dass aus dem Wert von x^4 der Wert von x^2, aus x^8 der von x^4 u. s. f. eindeutig berechnet werden kann. Aber diese Art der Berechnung von x aus x^{2^r} würde bei beträchtlichen Werten von r beschwerlich werden. Wenn nur ein Paar konjugierter Wurzeln vorhanden sind, während alle übrigen Wurzeln reelle Werte haben, so liefert, wenn diese bestimmt sind, die Summe

$$x_1 + x_2 + \cdots + x_n = \frac{a_0}{a_1}$$

den doppelten reellen Teil der konjugierten Wurzeln, der dann mit dem absoluten Betrage zusammen die Wurzeln bestimmt. Sind zwei Paare konjugierter Wurzeln vorhanden, so liefert die Summe der Wurzeln eine lineare Gleichung zwischen den reellen Teilen der Wurzelpaare. Aber die Summe der reziproken Werte der Wurzeln, die gleich $\dfrac{a_{n-1}}{a_n}$ ist, liefert eine zweite lineare Gleichung, da die absoluten Beträge ja bekannt sind.

Sind mehrere Paare konjugierter Wurzeln vorhanden, so kann man die Werte dadurch finden, dass man für irgend einen Wert p $f(p + h)$ nach Potenzen von h entwickelt und das Verfahren auch auf die Gleichung in h anwendet. Für die Paare konjugierter Wurzeln erhält man dann ihren Abstand vom Punkte $x = p$. Dann sind die Wurzeln als Durchschnittspunkte von Kreisen bestimmt. Oder man

---

38) *E. Carvallo*, l. c.

kann den folgenden von *Encke*[39]) vorgeschlagenen Weg betreten. Es sei der Grad n der Gleichung gerade vorausgesetzt. Wäre n nicht gerade, so kann man es gerade machen, indem man die Gleichung mit x multipliziert. Wir schreiben $n = 2m$ und bringen durch Division mit x^m die Gleichung auf die Form:

$$a_0 x^m - a_1 x^{m-1} + \cdots + a_{2m} x^{-m} = 0.$$

Indem man nun $x = r e^{\varphi i}$ setzt und den reellen und imaginären Teil für sich der Null gleich macht, ergeben sich die beiden Gleichungen:

$$(a_0 r^m + a_{2m} r^{-m}) \cos m\varphi - (a_1 r^{m-1} + a_{2m-1} r^{-m+1}) \cos(m-1)\varphi + \cdots$$
$$\pm a_m = 0,$$
$$(a_0 r^m - a_{2m} r^{-m}) \sin m\varphi - (a_1 r^{m-1} - a_{2m-1} r^{-m+1}) \sin(m-1)\varphi + \cdots$$
$$\pm (a_{m-1} r - a_{m+1} r^{-1}) \sin \varphi = 0.$$

Setzt man $\cos \varphi = t$, so lassen sich $\cos 2\varphi$, $\cos 3\varphi$, ... und $\dfrac{\sin 2\varphi}{\sin \varphi}$, $\dfrac{\sin 3\varphi}{\sin \varphi}$, ... als ganze Funktionen von t darstellen. So erhält man, wenn die zweite Gleichung durch $\sin \varphi$ dividiert wird, zwei Gleichungen für t, und durch das Verfahren des gemeinsamen Teilers wird dann t rational aus den Koeffizienten der Gleichungen bestimmt.

Was sonst zu bemerken ist, knüpft sich am besten an die Ausführung eines Beispiels an:

$$3.22 x^6 + 4.12 x^4 + 3.11 x^3 - 7.25 x^2 + 1.88 x - 7.84 = 0.$$

Es sind nun mit der Rechenmaschine [I F] die Koeffizienten der Gleichungen gebildet, denen die 2, 4, 8, 32, 64, 128ten Potenzen der Wurzeln genügen[40]). Dabei werden nur die Koeffizienten selbst zu Papier gebracht, nicht die Glieder, aus denen sie bestehen. Die Maschine liefert die Summen der Quadrate und Produkte, ohne dass man die einzelnen Quadrate oder Produkte hinzuschreiben braucht. So findet man z. B. die Grössen A_0, A_1 ... A_7

1	1	1	2	1	2
$+ 1.0368$,	$- 2.6533$,	$- 2.9716$,	$+ 1.1990$,	$- 2.3733$,	$- 1.1015$,

$$\begin{matrix} 1 \\ + 6.1466. \end{matrix}$$

Die darüber geschriebenen Zahlen geben die Potenz von 10 an, mit der man sich die Werte multipliziert denken muss. Das ist bei den

<hr>

39) *J. F. Encke*, Journ. f. Math. 22 (1841), p. 193.

40) Bei logarithmischer Rechnung wird man Tabellen der Additionslogarithmen benutzen und die Numeri werden überhaupt nicht aufgeschlagen. Über Additionslogarithmen für komplexe Grössen vergl. einen Vorschlag von *R. Mehmke*, Zeitschr. f. Math. u. Phys. 40 (1895), p. 15.

sehr grossen Zahlen, mit denen man es alsbald zu thun hat, eine notwendige Bezeichnung. Die Koeffizienten der Gleichung, der die Wurzelquadrate genügen, sind A_0, $-A_1$, A_2, $-A_3$, A_4, $-A_5$, A_6. Eine Zeichenfolge in der Reihe A_0 bis A_6 ist also ein Zeichenwechsel in der Reihe der Koeffizienten. Durch Descartes' Zeichenregel schliesst man daher aus den beiden Zeichenfolgen, dass die Gleichung der Wurzelquadrate nicht mehr als zwei positive Wurzeln, die erste Gleichung mithin nicht mehr als zwei reelle Wurzeln hat. Für die Gleichung der 128ten Potenzen findet man die Grössen $B_0 B_1 \ldots B_6$ gleich:

$$\begin{array}{ccccccc}
65 & 82 & 101 & 117 & 120 & 117 & 114 \\
1.013 & +\,3.051 & +\,2.081 & +\,1.125 & +\,8.179 & -\,2.912 & +\,2.968
\end{array}$$

Hier haben sich nun die Wurzeln, deren absolute Beträge verschieden sind, schon von einander getrennt. Der 1te, 3te, 4te, 5te, 7te Koeffizient werden beim nächsten Schritt beinahe gleich den Quadraten der hingeschriebenen Zahlen. Nur der 3te Koeffizient erfährt in den ersten 4 Ziffern noch eine kleine Änderung, weshalb es noch lohnt, für den ersten und dritten Koeffizienten allein einen Schritt weiter zu gehen,

$$\begin{array}{ccc}
30 & & 202 \\
1.026, & -, & 4.324.
\end{array}$$

Der 3te, 4te und 5te Koeffizient bestimmen die 128ten Potenzen der beiden reellen Wurzeln. Der 1te und 3te bestimmen den absoluten Betrag des einen konjugierten Paares, der 5te und 7te den des andern:

$$\sqrt[512]{\frac{4.324}{1.026}} \cdot 10^{72} = 1.38626, \qquad \frac{\sqrt[128]{1{,}125 \cdot 10^{117}}}{\sqrt[256]{4{,}324 \cdot 10^{202}}} = 1.32714,$$

$$\sqrt[128]{\frac{8.179}{1.125}}\, 10^3 = 1.07193, \qquad \sqrt[256]{\frac{2.968}{8.179}}\, 10^{-6} = 0.94372.$$

Die Substitution der Werte zeigt, dass die beiden reellen Wurzeln $-\,1.32714$ und $+\,1.07193$ sind. Die Summe der Wurzeln und die Summe der reziproken Werte liefern für die reellen Teile u_1, u_2 der beiden komplexen Paare die beiden Gleichungen

$$2 u_1 + 2 u_2 = 0.25521,$$

$$\frac{2 u_1}{r_1^2} + \frac{2 u_2}{r_2^2} = 0.06040,$$

aus denen $u_1 = +\,0.18769$, $u_2 = -\,0.06009$ gefunden werden. Aus u_1, u_2 und den bekannten absoluten Beträgen werden nur die imaginären Teile $v_1 = \sqrt{r_1^2 - u_1^2}$, $v_2 = \sqrt{r_2^2 - u_2^2}$ berechnet. So ergeben sich die beiden konjugierten Paare

$$0.18769 \pm 1.37350\, i, \qquad -\,0.06009 \pm 0.94181\, i.$$

Die Substitution der Wurzeln und die Berechnung der Ableitung (oder des Differenzenproduktes) zeigt, dass die Wurzeln bis auf etwa eine Einheit der 5ten Dezimale richtig sind[41]).

15. Die Approximation für den Fall mehrerer Veränderlichen. Das Newton'sche Verfahren kann, wie schon in der Einleitung bemerkt wurde, auf die Bestimmung mehrerer Unbekannten, die mehreren Gleichungen genügen, angewendet werden. Auch die Horner'sche Anordnung zur Berechnung der Koeffizienten lässt sich in dem Fall ganzer rationaler Funktionen der Veränderlichen verwerten[42]). Es möge hier noch über die Genauigkeit der Annäherung eine Bemerkung hinzugefügt werden.

Es seien zwei Gleichungen in der Form $x = \varphi(xy)$ und $y = \psi(xy)$ gegeben, und es seien die Funktionen φ und ψ nur langsam mit x und y veränderlich, so kann man ähnlich wie bei einer Veränderlichen successive Annäherungen finden, indem man rechts Näherungswerte für x und y einsetzt und damit neue Näherungswerte berechnet. Bedeuten a und b Näherungswerte von x und y und sind a_1 und b_1 die nächsten daraus berechneten Näherungswerte, so ist

$$x - a_1 = \varphi(xy) - \varphi(ab) = \varphi_1(x - a) + \varphi_2(y - b),$$
$$y - b_1 = \psi(xy) - \psi(ab) = \psi_1(x - a) + \psi_2(y - b),$$

wo wir uns in den partiellen Ableitungen φ_1, φ_2, ψ_1, ψ_2 Werte der Veränderlichen zu denken haben, die zwischen den Näherungswerten und den wahren Werten liegen. Daraus folgt

$$|x - a_1| \lesseqgtr |\varphi_1| \cdot |x - a| + |\varphi_2| \cdot |y - b|,$$
$$|y - b_1| \leqq |\psi_1| \cdot |x - a| + |\psi_2| \cdot |y - b|,$$

und durch Addition

$$|x - a_1| + |y - b_1| \leqq (|\varphi_1| + |\psi_1|) \cdot |x - a| + (|\varphi_2| + |\psi_2|) \cdot |y - b|.$$

---

41) Das *Graeffe*'sche Verfahren ist im allgemeinen wohl das schnellste, wenn alle Wurzeln berechnet werden sollen. Für besondere Formen von Gleichungen sind besondere Methoden der numerischen Auflösung entwickelt worden. Die Gleichungen 3ten Grades führt man auf die Gleichung zwischen $\cos\varphi$ und $\cos 3\varphi$ zurück oder auf die Gleichung zwischen dem hyperbolischen Cosinus oder Sinus von φ und 3φ. Für die trinomischen Gleichungen hat *K. F. Gauss*, Gött. Abh. 1850 = Werke 3, p. 85 ein Verfahren angegeben. Vergl. ferner *S. Gundelfinger*, Tafeln zur Ber. der reellen W. sämtl. trinomischer Gl. Leipzig (1896); die reellen Wurzeln viergliedriger Gl. behandelt *A. Wiener*, Zeitschr. f. Math. Phys. 31 (1886), p. 65, 192.

42) *H. Scheffler*, Auflösung der alg. Gleich. Braunschw. 1859. *W. Wagner*, Best. der Genauigkeit des Newton'schen Verfahrens. Berlin 1860. *R. Mehmke*, Zeitschr. f. Math. Phys. 35 (1890), p. 174.

Sind nun $|\varphi_1| + |\psi_1|$ und $|\varphi_2| + |\psi_2|$ nicht grösser als ein echter Bruch m, so ist

$$|x - a_1| + |y - b_1| \leqq m(|x - a| + |y - b|),$$

und folglich wird man dem gesuchten Wertsystem xy bei fortgesetzter Rechnung beliebig nahe kommen.

Beim Newton'schen Verfahren nimmt man, für $f(xy) = 0$, $g(xy) = 0$, die Verbesserungen h, k eines Systems von Näherungswerten a, b so, dass

$$f(ab) + f_1(ab)h + f_2(ab)k = 0,$$
$$g(ab) + g_1(ab)h + g_2(ab)k = 0.$$

Das heisst, man setzt

$$h = \frac{gf_2 - fg_2}{f_1 g_2 - g_1 f_2}, \quad k = \frac{fg_1 - gf_1}{f_1 g_2 - g_1 f_2}.$$

Man kann diese Rechnung als speziellen Fall der eben betrachteten Rechnung auffassen, wenn man in den Gleichungen $x = \varphi(x, y)$ und $y = \psi(x, y)$ die rechten Seiten so definiert:

$$\varphi(xy) = x + \frac{g(xy)f_2(xy) - f(xy)g_2(xy)}{f_1(xy)g_2(xy) - g_1(xy)f_2(xy)},$$
$$\psi(xy) = y + \frac{f(xy)g_1(xy) - g(xy)f_1(xy)}{f_1(xy)g_2(xy) - g_1(xy)f_2(xy)}.$$

Man erhält dann, indem man Δ für die Funktionaldeterminante $f_1 g_2 - g_1 f_2$ schreibt:

$$\varphi_1 = \frac{gf_{21} - fg_{21}}{\Delta} - \frac{gf_2 - fg_2}{\Delta^2} \frac{\partial \Delta}{\partial x} = Af + Bg,$$

wo A und B Brüche sind, deren Nenner Δ^2 und deren Zähler aus den ersten und zweiten Ableitungen von f und g nur durch Addition, Subtraktion und Multiplikation gebildet sind. Ähnliche Ausdrücke ergeben sich für φ_2, ψ_1, ψ_2. Ist für alle in Betracht kommenden Werte von x und y die Funktionaldeterminante dem absoluten Betrage nach grösser als eine von Null verschiedene Zahl und sind zugleich alle ersten und zweiten Ableitungen von f und g absolut genommen nicht grösser als eine feste Zahl, so sind offenbar A und B absolut genommen nicht grösser als eine feste Zahl. $\varphi_1(ab)$ wird daher mindestens von derselben Ordnung klein wie $f(ab)$ und $g(ab)$, d. h. von der Ordnung $\varrho = |x - a| + |y - b|$. Daher ist auch m von der Ordnung ϱ und es lässt sich eine Zahl M finden der Art, dass $m < M \cdot \varrho$. Wird nun $|x - a_1| + |y - b_1|$ mit ϱ_1 bezeichnet, so ist, wie oben gezeigt, $\varrho_1 < M\varrho^2$ oder $M\varrho_1 < (M\varrho)^2$. Daraus folgt, dass nach n Schritten $M\varrho_n < (M\varrho)^{2^n}$ ist. Wenn $M\varrho$ ein echter Bruch ist, ergiebt sich daher eine rasche Konvergenz.

Bei der praktischen Berechnung wird man im allgemeinen sich des Beweises der Konvergenz entschlagen. Man wird eben darauf los rechnen und dann das Resultat dadurch verifizieren, dass man die Werte in f und g einsetzt und zusieht, wie klein f und g dadurch werden. Da

$$h = \frac{gf_2 - fg_2}{\varDelta}, \quad k = \frac{fg_1 - gf_1}{\varDelta}$$

die wirklichen Abweichungen liefern, wenn rechts in $f_1 f_2 g_1 g_2 \varDelta$ gewisse zwischen den Näherungswerten und den wahren Werten liegende Zahlen eingesetzt werden, so kann man durch die Kenntnis oberer Grenzen von $|f_1|$, $|f_2|$, $|g_1|$, $|g_2|$ und einer unteren Grenze von $|\varDelta|$ aus den Werten von f und g obere Grenzen für $|h|$ und $|k|$ ermitteln.

Auf mehrere Gleichungen mit mehreren Veränderlichen lassen sich dieselben Betrachtungen ohne weiteres übertragen. Lineare Gleichungen auf diese Weise durch successive Annäherungen zu lösen, ist zuerst von *Seidel*[43]) für den Fall einer grossen Zahl von Unbekannten vorgeschlagen worden. Seidel's Verfahren kann als spezieller Fall des hier erörterten aufgefasst werden, wenn man die linearen Gleichungen $\sum a_{ik} x_i = c_k$ in der Form schreibt:

$$x_k = \frac{1}{a_{kk}} \left(c_k - \sum{}' a_{ik} x_i \right). \text{[44])}$$

---

43) *Ph. L. Seidel*, Münchener Akad. Abhandl. 11 (1874), p. 81.

44) *R. Mehmke* und *P. A. Nekrassof*, Mosk. Math. Samml. 16 (1892) haben die Konvergenz des Seidel'schen Verfahrens und seiner Modifikationen untersucht.

IB3b. RATIONALE FUNKTIONEN DER WURZELN; SYMMETRISCHE UND AFFEKTFUNKTIONEN.

VON

K. TH. VAHLEN.

Inhaltsübersicht.

1. Symmetrische Funktionen einer Grössenreihe; Definition, Hauptsatz, Bezeichnung; Anzahlen. Eine rationale Funktion der n von einander unabhängigen Grössen $x_1, x_2, \ldots, x_n$, welche bei einer beliebigen Vertauschung ihrer Grössen ihre Form, also auch ihren Wert nicht ändert, heisst eine „symmetrische“ oder „einwertige“ Funktion $x_1, x_2, \ldots, x_n$. Insbesondere heissen die Funktionen

$$x_1 + x_2 + \cdots + x_n = -a_1, \quad x_1 x_2 + x_1 x_3 + \cdots + x_{n-1} x_n = a_2, \cdots,$$
$$x_1 x_2 \cdots x^n = (-1)^n a_n$$

die „elementaren“ symmetrischen Funktionen.

Die Gleichung

$$f(x) = x^n + a_1 x^{n-1} + a_2 x^{n-2} + \cdots + a_n = 0$$

hat die n Wurzeln $x_1, x_2, \ldots, x_n$.[1])

Jede symmetrische Funktion ist Quotient zweier ganzen symmetrischen Funktionen[2]).

Jede ganze symmetrische Funktion ist eine ganze Funktion von den elementaren symmetrischen Funktionen.

Um diesen Hauptsatz gruppiert sich die ganze Theorie.

Jede ganze symmetrische Funktion zerfällt in ein Aggregat von „Typen“, d. h. solcher Funktionen, welche aus einem Gliede $x_1^{i_1} x_2^{i_2} \ldots x_n^{i_n}$ durch Summation aller durch Vertauschung der Exponenten daraus hervorgehenden verschiedenen Glieder entstehen. Eine solche typische oder eintypige (*Netto*) Funktion wird mit $(i_1 i_2 i_3 \ldots)$ bezeichnet[3]), und zur Abkürzung z. B. $(i_1 i_1 i_1 i_2 i_2 i_3) = (i_1^3 i_2^2 i_3)$ gesetzt[4]).

Die Anzahlen aller möglichen typischen symmetrischen Funktionen bis zur Exponentensumme $\sum i = 30$ hat *Forsyth*[5]) berechnet.

2. Formeln und Verfahren von Cramer, Newton, Girard, Waring, Faà di Bruno. Das Produkt zweier typischen symmetrischen Funktionen zerfällt in eine Summe solcher; hierdurch kann man Typen höherer Ordnung als ganze Funktionen von Typen niedrigerer Ordnungen, schliesslich durch die Typen der niedrigsten Ordnungen in jeder Wurzel: (1), (1^2), (1^3), … d. h. durch die elementaren symmetrischen Funktionen darstellen[3]).

---

1) *Alb. Girard*, Invention nouvelle en l'algèbre, Amsterdam 1629.

2) *A. Th. Vandermonde*, Paris Mém. de l'ac. de sc. 1771; *Ch. Biehler*, Nouv. ann. d. math. (3) 3, 1884, p. 218 ff.; *Éd. Amigues*, Nouv. ann. (3) 14, 1895, p. 494 ff.

3) *G. Cramer*, Introduction à l'analyse des lignes courbes algébriques, Genf 1750.

4) *Meier Hirsch*, Aufgabensammlung zur Buchstabenrechnung und Algebra. Berlin 1809.

5) *A. R. Forsyth*, Messenger of math. (2) 10, 1881, p. 44.

Die symmetrische Funktion $(i_1 i_2 \ldots i_\nu)$ heisst „ν-förmig". Die einförmige Funktion (i) heisst die i^{te} Potenzsumme und wird mit s_i bezeichnet. Man drückt die Potenzsummen durch die elementaren symmetrischen Funktionen aus vermöge der „Newton'schen Formeln":

$$s_1 + a_1 = 0$$
$$s_2 + a_1 s_1 + 2 a_2 = 0$$
$$s_3 + a_1 s_2 + a_2 s_1 + 3 a_3 = 0$$
$$\vdots$$
$$s_n + a_1 s_{n-1} + a_2 s_{n-2} + \cdots + n a_n = 0$$
$$s_{n+1} + a_1 s_n + a_2 s_{n-1} + \cdots + s_1 a_n = 0 \,^{6)}$$
$$\cdots\cdots\cdots\cdots\cdots\cdots$$

oder explicite durch die „Girard'sche Formel":

$$s_i = i \sum_{\substack{n \\ \sum\limits_{x=1} x \lambda_x = i}} (-1)^{\sum\limits_{1}^{n} \lambda_x} \frac{\left(\sum\limits_{1}^{n} \lambda_x - 1 \right)!}{\prod\limits_{x=1}^{n} \lambda_x!} \prod_{x=1}^{n} a_x^{\lambda_x}; \,^{7)}$$

umgekehrt ist:

$$a_i = \sum (-1)^{\sum\limits_{1}^{n} \lambda_x} \prod_{x=1}^{n} \frac{\left(\dfrac{s_x}{x} \right)^{\lambda_x}}{\lambda_x!} .$$

Die mehrförmigen Funktionen werden auf die einförmigen zurückgeführt durch die „Waring'schen Formeln" [8]:

$$(i_1 i_2) = (i_1)(i_2) - (i_1 + i_2)$$
$$(i_1 i_2 i_3) = (i_1)(i_2)(i_3) - (i_1)(i_2 + i_3) - (i_2)(i_1 + i_3) - (i_3)(i_1 + i_2) + 2(i_1 + i_2 + i_3),$$

u. s. w.,

welche *Faà di Bruno* in die symbolische Determinante zusammenfasst:

---

6) *Girard* l. c.; *I. Newton*, Arithmetica universalis, edit. s'Gravesande, p. 192; vgl. ferner: *J. Petersen*, Tidsskr. f. Math. (3) 6, 1876, p. 9; *J. Farkas*, Archiv f. Math. u. Phys. 65, 1880, p. 433; *Adolph Steen*, Tidsskr. f. Math. (5) 3, 1885, p. 30; *V. Janni*, Gi. di mat. 23, 1885, p. 34; *M. d'Ocagne*, Journ. de sc. math. astr. 7, 1885, p. 133; *L. Schendel*, Zeitschr. f. M. u. Ph. 31, 1886, p. 316; *J. Duran Loriga*, Progsesso mat. 2, 1892, p. 221; *C. Tweedie*, Edinb. Math. Soc. Proc. 1893, p. 61.

7) *Girard* l. c.; s. ferner *Ed. Waring*, Miscellanea analytica de aequationibus algebraicis et curvarum proprietatibus, Cambridge 1762, p. 1 u. Meditationes algebraicae, Cambr. 1782, p. 1; *Claude Pellet*, Nouv. Ann. (2) 14, 1875, p. 259; *Schendel* 6); *F. Gomes Teixeira*, Nouv. ann. (3) 7, 1888, p. 382 ff.; *A. Cayley*, Mess. of Math. (2) 21, 1892, p. 133 = Coll. Pap. 13, p. 213; *Worontzoff*, Nouv. ann. (3) 12, 1893, p. 116.

8) *Waring*, Misc. anal. p. 6 u. Med. alg. p. 8.

$$(i_1\, i_2\, i_3 \cdots) = \begin{vmatrix} s_{i_1} & s^{i_2} & s^{i_3} & \cdot\,\cdot \\ s^{i_1} & s_{i_2} & s^{i_3} & \cdot\,\cdot \\ s^{i_1} & s^{i_2} & s_{i_3} & \cdot\,\cdot \\ \cdot & \cdot & \cdot & \cdot \\ \cdot & \cdot & \cdot & \cdot \end{vmatrix},$$

in welcher nach der Entwickelung die Exponenten von s in Indices zu verwandeln sind. Für je h gleiche Exponenten i ist die rechte Seite dieser Gleichungen durch $h!$ zu dividieren[9]).

3. Reduktion einer Funktion nach Waring und Gauss, nach Cauchy und Kronecker. Ordnet man eine beliebige ganze symmetrische Funktion so, dass das Glied $c_{i_1 i_2 i_3 \ldots}\, x_1^{i_1} x_2^{i_2} x_3^{i_3} \cdots$ dem Gliede $c_{i_1' i_2' i_3' \ldots}\, x_1^{i_1'} x_2^{i_2'} x_3^{i_3'} \ldots$ vorausgeht, wenn die erste der nicht verschwindenden Differenzen der Reihe $i_1 - i_1'$, $i_2 - i_2'$, $i_3 - i_3'$, $\cdots$ positiv ausfällt, und ist dann $c_{i_1 i_2 i_3 \ldots}\, x_1^{i_1} x_2^{i_2} x_3^{i_3} \cdots$ das höchste Glied der gegebenen Funktion, so erhält man eine Funktion mit einem höchsten Gliede niedrigerer Ordnung, wenn man von der gegebenen Funktion das Glied

$$(-1)^{i_1 + i_2 + \cdots}\, c_{i_1 i_2 i_3}\,.\, a_1^{i_1 - i_2} a_2^{i_2 - i_3} a_3^{i_3 - i_4} \cdots$$

subtrahiert. Durch Fortsetzung solcher Subtraktionen wird die gegebene Funktion schliesslich als ganze Funktion der elementar-symmetrischen Funktionen dargestellt. Dieses von *Waring* und *Gauss* angegebene Reduktionsverfahren lässt die Eindeutigkeit dieser Darstellung erkennen, sowie, dass in den Koeffizienten keine Brüche eingeführt werden[10]).

Setzt man:

$$f_{h+1}(x) = \frac{f(x)}{(x - x_n)(x - x_{n-1}) \cdots (x - x_{n-h})}, \qquad (h = 0, 1, \ldots, n-2),$$

so sind die Koeffizienten in $f_{h+1}(x)$ ganze Funktionen von $x_n, x_{n-1}, \ldots, x_{n-h}$. Eine beliebige ganze Funktion von $x_1, x_2, \ldots, x_n$ lässt sich jetzt successive vermittelst der Gleichungen:

$$f_{n-1}(x_1) = 0, \quad f_{n-2}(x_2) = 0, \quad f_{n-3}(x_3) = 0, \ldots, f(x_n) = 0$$

reduzieren auf eine von x_1 freie, in x_2 lineare, in x_3 quadratische u. s. w. Funktion, also auf ein Aggregat von $n!$ Gliedern

---

9) *Faà di Bruno*, Einleitung in die Theorie der binären Formen, deutsch von Th. Walter, Leipzig 1881, p. 9; *M. Auric*, Nouv Ann. (3) 9, 1890, p. 561.

10) *Waring*, Meditationes algebraicae, ed. III, p. 13; *K. F. Gauss*, Demonstratio nova altera etc., Comment. Gotting. 3 (1816) 1815 = Werke 3, p. 31.

$$x_1^{i_1} x_2^{i_2} \ldots x_n^{i_n}, \qquad \left(\begin{matrix} i_1 = 0 \\ i_2 = 0, 1 \\ i_3 = 0, 1, 2, \\ \vdots \\ i_n = 0, 1, 2, \ldots, n-1 \end{matrix} \right)$$

und eine ganze symmetrische Funktion wird dadurch auf ein von $x_1, x_2, \ldots, x_n$ freies Glied zurückgeführt[11]).

4. Das Cauchy'sche Verfahren und seine Verallgemeinerung durch Transon. Die Girard'sche wie die Newton'schen Formeln ergeben sich aus der Identität:

$$\frac{f'(x)}{f(x)} = \sum_{i=1}^{n} \frac{1}{x - x_i} = \frac{s_0}{x} + \frac{s_1}{x^2} + \frac{s_2}{x^3} + \cdots,$$

die man auch dahin ausdrücken kann, dass s_h der Koeffizient von $\frac{1}{x}$ in der Entwickelung von $\frac{f'(x)}{f(x)} x^h$ nach fallenden Potenzen von x ist. Bedeutet also $\varphi(x)$ eine beliebige ganze Funktion, so ergiebt sich $\sum_{i=1}^{n} \varphi(x_i)$ als Entwickelungskoeffizient von $\frac{1}{x}$ in der Entwickelung von $\frac{f'(x)}{f(x)} \varphi(x)$ nach fallenden Potenzen von x.

Dieses von *Cauchy*[12]) aus seiner Residuenrechnung gefolgerte Verfahren ist von *Transon*[13]) verallgemeinert worden. Um den Wert von $\sum \varphi(x_i x_k)$ zu ermitteln, wo φ eine ganze Funktion ist und sich die Summation auf alle Wurzelpaare x_i, x_k ($i \gtrless k$) bezieht, nehme man den Koeffizienten $\psi(x_1)$ von $\frac{1}{x}$ in der Entwickelung von $\dfrac{\dfrac{d}{dx}\left(\dfrac{f(x)}{x - x_1} \right)}{\dfrac{f(x)}{x - x_1}} \varphi(x_1, x)$; dann ist $\sum \varphi(x_i x_k)$ der Koeffizient von $\frac{1}{x}$ in der Entwickelung von $\frac{f'(x)}{f(x)} \psi(x)$ u. s. w.

5. Erzeugende Funktionen von Borchardt und Kronecker. Wie sich aus der Entwickelung von

---

11) *A. Cauchy*, Exercices d. math. 4, Paris 1829, p. 103; *L. Kronecker*, Berl. Ber. 1873, p. 117 = Werke 1, p. 303; Grundzüge einer arithmetischen Theorie der algebraischen Grössen, Berlin 1882, p. 39 = Werke 2, p. 290; *E. Blutel*, Par. Soc. math. Bull. 20, 1892, p. 92.

12) *Cauchy*, Exercices d. math. 1, Par. 1826.

13) *Abel Transon*, Nouv. ann. 9, 1850, p. 75; *J. Dienger*, Arch. f. Math. u. Ph. 16, 1850, p. 471.

$$\sum_{i=1}^{n} \frac{1}{t - x_i} = \frac{f'(x)}{f(x)}$$

nach fallenden Potenzen von t durch Koeffizientenvergleichung die Werte der Potenzsummen als Funktionen der $a_1,\, a_2,\, \ldots a_n$ ergeben, so ergeben sich aus der Entwickelung der Borchardt'schen erzeugenden Funktion:

$$\sum \frac{1}{(t_1 - x_{i_1})\,(t_2 - x_{i_2}) \cdots (t_m - x_{i_m})}$$

$$= (-1)^m \frac{f(t_1)\,f(t_2) \cdots f(t_m)}{\varPi(t_i - t_k)}\; \frac{\partial}{\partial t_1}\, \frac{\partial}{\partial t_2} \cdots \frac{\partial}{\partial t_m} \left(\frac{\varPi(t_i - t_k)}{f(t_1)\,f(t_2) \cdots f(t_m)} \right)$$

die Werte aller m-förmigen Funktionen der $x_1, \ldots, x_n$. Die Summation bezieht sich auf alle Möglichkeiten, die verschiedenen Indices $i_1, i_2, \ldots, i_m$ aus $1, 2, \ldots, n$ auszuwählen, das Produkt $\varPi(t_i - t_k)$ auf alle Werte $i,\, k = 1, 2, \ldots, m$, für welche $i < k$ ist [14]).

Eine andere erzeugende Funktion hat *Kronecker* [15]) angegeben. Sind $-b_1,\, +b_2,\, -b_3,\, \ldots,\, \pm b_m$ die elementaren symmetrischen Funktionen von $y_1,\, y_2,\, \ldots, y_m$, so ist $\prod\limits_{i,\,k} (1 - x_i y_k)$ gleich

$$\prod_k (1 + a_1 y_k + a_2 y_k^2 + \cdots + a_n y_k^n) = \prod_i (1 + b_1 x_i + b_2 x_i^2 + \cdots + b_m x_i^m)$$

$$\begin{pmatrix} i = 1, 2, \ldots, n \\ k = 1, 2, \ldots, m \end{pmatrix}.$$

Nimmt man $m < n$ und setzt voraus, dass man die symmetrischen Funktionen von weniger als n Grössen durch die elementaren ausdrücken könne, so ergiebt die Entwickelung des linksstehenden Produktes, wenn man für die symmetrischen Funktionen der y ihre Werte als Funktionen der b einsetzt, als Koeffizienten von $b_1^{i_1} b_2^{i_2} \ldots b_m^{i_m}$ den Ausdruck der symmetrischen Funktion $(1^{i_1} 2^{i_2} \ldots m^{i_m})$ der x als Funktion der a. Für $m = n - 1$ erhält man alle symmetrischen Funktionen der x, in denen kein Exponent grösser als $n - 1$ ist. Hierin liegt keine Beschränkung, da jede beliebige symmetrische Funktion durch die Gleichungen:

$$f(x_i) = 0 \qquad (i = 1, 2, \ldots, n)$$

auf eine solche zurückgeführt wird, in welcher jeder Exponent kleiner als n ist.

---

14) *C. W. Borchardt*, Berl. Ber. 1855, p. 165 = J. f. Math. 53, 1857, p. 193 = Werke, p. 97; *Faà di Bruno*, J. f. Math. 81, 1875, p. 217; *C. Kostka*, J. f. Math. 82, 1875, p. 212; *W. Řehořovský*, Časopis 11, 1882, p. 111.

15) *Kronecker*, Berl. Ber. 1880, p. 936.

6. Fundamentalsysteme. Unter einem „Fundamentalsystem" für symmetrische Funktionen versteht man ein System rationaler symmetrischer Funktionen der Art, dass jede andere rationale symmetrische Funktion eine rationale Funktion der Funktionen des Systems ist. Ausser den elementaren symmetrischen Funktionen bilden, wie aus den Newton'schen Formeln hervorgeht, die Potenzsummen $s_1, s_2, \ldots, s_n$ ein Fundamentalsystem. *Borchardt*[16]) hat gezeigt, dass auch die Potenzsummen $s_1, s_3, s_5, \ldots, s_{2n-1}$ ein Fundamentalsystem bilden, und *Vahlen*[17]), dass überhaupt diejenigen n ersten Potenzsummen ein Fundamentalsystem bilden, deren Indices nicht Vielfache einer gegebenen ganzen Zahl sind.

7. Sätze über Grad und Gewicht; Klassifikationen. Das Glied $a_1^{k_1} a_2^{k_2} \ldots a_n^{k_n}$ hat das „Gewicht" $k_1 + 2k_2 + 3k_3 + \cdots + nk_n$. Haben alle Glieder der Funktion $\sum C_{k_1 k_2 \cdots k_n} a_1^{k_1} a_2^{k_2} \ldots a_n^{k_n}$ dasselbe Gewicht ϱ, so heisst die Funktion „isobar" vom Gewichte ϱ [I B 2, Nr. 18].

Eine typische symmetrische Funktion $(i_1 i_2 \ldots i_n)$ ist als Funktion der Koeffizienten isobar vom Gewichte $i_1 + i_2 + \cdots + i_n$. Ihr Grad in den Koeffizienten ist gleich dem höchsten der Exponenten $i_1, i_2, \ldots, i_n$.[18]) Umgekehrt, ersetzt man in einer ganzen Funktion der $a_1, a_2, \ldots, a_n$ diese durch die elementaren symmetrischen Funktionen, so ist in jedem Gliede der erhaltenen Funktion von $x_1, x_2, \ldots, x_n$ der höchste Exponent höchstens gleich dem Grade der Funktionen in den a, und die Anzahl der Wurzeln, die in einem Gliede vorkommen, höchstens gleich dem Gewichte der Funktion[19]).

Diese Sätze über Grad und Gewicht sind spezielle Fälle eines allgemeineren von *G. Kohn*[20]) aufgestellten Satzes. Bezeichnet man nämlich mit g_r den Grad der Funktion:

$$(i_1 i_2 \ldots i_n) = \sum C_{k_1 k_2 \cdots k_n} a_1^{k_1} a_2^{k_2} \ldots a_n^{k_n}$$

in r Wurzeln, so ist die Summe

$$k_1 + 2k_2 + 3k_3 + \cdots + (r-1)k_{r-1} + r(k_r + k_{r+1} + \cdots + k_n)$$

im allgemeinen grösser als g_r und für bestimmte stets vorhandene Glieder gleich g_r; und es ist die Summe

---

16) *Borchardt*, Berl. Ber. 1857, p. 301 = Werke, p. 107.

17) *Vahlen*, Acta math. 23, 1899 (erscheint demnächst).

18) *Sylvester*, Phil. Mag. (4) 5, 1853, p. 199; *Brioschi*, Ann. mat. fis. 5, 1854, p. 313; *Faà di Bruno*, Ann. mat. fis. 6, 1855, p. 338.

19) *Cayley*, Lond. Trans. 147, 1857, p. 490 = Coll. Pap. 2, p. 418.

20) Wien. Ber. 102, 2ᵃ, 1893, p. 199.

$$r k_n + (r-1) k_{n-1} + \cdots + 2 k_{n-r} + k_{n-r-1}$$

im allgemeinen kleiner als g_r und für bestimmte stets vorhandene Glieder gleich g_r.

Ausser nach Grad und Gewicht sind die symmetrischen Funktionen in verschiedener Weise klassifiziert worden. Die Funktion $(1^{i_1} 2^{i_2} 3^{i_3} ..)$ heisst „$(i_1 + i_2 + i_3 + \cdots)$-förmig“. Sie heisst „unitär“, wenn $i_1 > 0$, sonst „nonunitär“; sie heisst „binär“, wenn $i_1 = 0$, $i_2 > 0$, „ultrabinär“, wenn $i = 0$, $i_2 = 0$, u. s. w. *G. Mathews* empfiehlt in eine Klasse zusammenzufassen die $(2^i + k)$-nären Funktionen, für $k = 0, 1, 2, \ldots,$ $2^i - 1$, da es für diese gemeinsame Fundamentalsysteme giebt (s. Nr. 8).

Mit Hülfe der Sätze über Grad und Gewicht ist man im Stande, den Ausdruck einer symmetrischen Funktion als Funktion der elementaren symmetrischen Funktionen, abgesehen von den Werten der Zahlenkoeffizienten, aufzustellen. Die Zahlenkoeffizienten bestimmt man entweder durch eine hinreichende Anzahl spezieller Wertsysteme der Wurzeln, oder aus den namentlich von *Brioschi* [21]) aufgestellten partiellen Differentialgleichungen für eine symmetrische Funktion φ.

8. Partielle Differentialgleichungen und Differentialoperatoren.
Die Brioschi'schen Differentialgleichungen zerfallen in die beiden Serien:

$$\text{I.} \quad \sum_{\lambda=1}^{n} x_\lambda^i \frac{\partial \varphi}{\partial x_\lambda} = - \sum_{\lambda=1}^{n} (s_i a_{\lambda-1} + s_{i+1} a_{\lambda-2} + \cdots) \frac{\partial \varphi}{\partial a_\lambda} = \sum_{\lambda=1}^{\infty} \lambda s_{\lambda+i-1} \frac{\partial \varphi}{\partial s_\lambda},$$

$$\text{II.} \quad \sum_{\lambda=1}^{n} \frac{x_\lambda^i + a_1 x_\lambda^{i-1} + \cdots + a_i}{f'(x_\lambda)} \cdot \frac{\partial \varphi}{\partial x_\lambda} = - \sum_{k=n-i}^{n} a_{k-n+i} \frac{\partial \varphi}{\partial a_k} = (n-i) \frac{\partial \varphi}{\partial s_{n-i}} \;\; {}^{22});$$

der erste Ausdruck in II ist von *Netto* [23]) hinzugefügt worden. Netto hat ferner beide Serien aus einer gemeinsamen Quelle hergeleitet,

---

21) *F. Brioschi*, Ann. mat. fis. 5, 1854, p. 422 [Nr. 8].

22) Auf folgenden Unterschied ist aufmerksam zu machen: während es in

$$\sum_{\lambda=1}^{\infty} \lambda s_{\lambda+i-1} \frac{\partial \varphi}{\partial s_\lambda}$$

gleichgültig ist, durch welche und wie viele Potenzsummen φ ausgedrückt wird, bleibt II im allgemeinen nur richtig, wenn in $(n-i) \dfrac{\partial \varphi}{\partial s_{n-i}}$ die Funktion φ durch $s_1, s_2, \ldots, s_n$ dargestellt ist. Man erkennt dies z. B. an dem Falle $n = 3$, $i = 1$, $\varphi = s_4 = a_1^4 - 4 a_1^2 a_2 + 2 a_2^2 + 4 a_1 a_3 = \dfrac{1}{6} \{ s_1^4 - 6 s_1^2 s_2 + 8 s_1 s_3 + 3 s_2^2 \}$. Hier wird $- \left\{ \dfrac{\partial s_4}{\partial a_2} + a_1 \dfrac{\partial s_4}{\partial a_3} \right\} = - 4 a_2$ und $2 \dfrac{\partial s_4}{\partial s_2} = 0$, aber $2 \dfrac{\partial}{\partial s_2} \dfrac{1}{6} \{ s_1^4 - 6 s_1^2 s_2 + 8 s_1 s_3 + 3 s_2^2 \} = 2 (s_2 - s_1^2) = - 4 a_2$.

23) *E. Netto*, Zeitschr. f. Math. u. Phys. 38, 1893, p. 357; 40, 1895, p. 375.

durch Substitution von $x_k + \dfrac{x_k^i}{f'(x_k)}\, t$ für x_k $(k = 1, 2, \ldots, n)$ in die Funktion φ, diese als Funktion einmal der x, zweitens der a, drittens der s genommen; die Vergleichung der Koeffizienten von t liefert eine Formelserie, aus der sich beide Serien I und II folgern lassen. Diese beiden Serien sind also nur der Form, nicht dem Inhalte nach von einander verschieden. Vermöge der Newton'schen Formeln und der Identitäten

$$x_\lambda^{n+k} + a_1 x_\lambda^{n+k-1} + \cdots + a_n x_\lambda^k = 0 \qquad \binom{\lambda = 1, 2, \ldots, n}{k = 0, 1, \ldots, \infty}$$

lassen sich alle Formeln von I aus den n ersten (für $i = 0, 1, \ldots, n-1$) zusammensetzen, sodass es im wesentlichen nur n verschiedene solcher Formeln giebt. Die n Differentialgleichungen

$$-\sum_{k=n-i}^{n} a_{k-n+i}\, \frac{\partial \varphi}{\partial a_k} = (n-i)\, \frac{\partial \varphi}{\partial s_{n-i}} \qquad (i = 0, 1, \ldots, n-1)$$

werden benutzt, um die Zahlenkoeffizienten symmetrischer Funktionen zu berechnen, deren litteraler Teil in den $a_1, a_2, \ldots, a_n$ und vermöge der Newton'schen Formeln in den $s_1, s_2, \ldots, s_n$ vorliegt. Dass die Anzahl der erhaltenen Gleichungen zur Bestimmung der Koeffizienten ausreicht, hat *Netto* gezeigt (l. c.).

Die aus I für $\varphi = s_k$ und $\varphi = a_k$ folgenden Gleichungen

$$\sum_{\lambda=1}^{n} x_\lambda^i\, \frac{\partial s_k}{\partial x_\lambda} = k s_{k+i-1}$$

$$-\sum_{\lambda=1}^{n} x_\lambda^i\, \frac{\partial a_k}{\partial x_\lambda} = s_i a_{k-1} + s_{i+1} a_{k-2} + \cdots$$

nebst den Newton'schen Identitäten sind nur dann charakteristisch für die Potenzsummen und für die elementaren symmetrischen Funktionen, wenn die Bedingungen $a_{n+1} = 0$, $a_{n+2} = 0, \ldots$, hinzugenommen werden (*Netto* l. c.).

Die Differentialgleichungen gelten auch für nichtsymmetrische Funktionen. Z. B. erhält man aus I für $\varphi = x_k$ die Raabe'sche Differentialgleichung [II A 5a, 7c]:

$$-x_k^i = \sum_{\lambda=1}^{n} (s_i a_{\lambda-1} + s_{i+1} a_{\lambda-2} + \cdots)\, \frac{\partial x_k}{\partial a_\lambda}. \quad [24]$$

---

24) *J. L. Raabe*, J. f. Math. 48, 1854, p. 167.

Aus I erhält man für $i = 0, 1, 2$:

$$\sum_{\lambda=1}^{n} \frac{\partial \varphi}{\partial x_\lambda} = -\sum_{\lambda=1}^{n} (n - \lambda + 1) a_{\lambda-1} \frac{\partial \varphi}{\partial a_\lambda} = \sum_{\lambda=1}^{\varrho} \lambda s_{\lambda-1} \frac{\partial \varphi}{\partial s_\lambda}$$

$$\varrho\, \varphi = \sum_{\lambda=1}^{n} x_\lambda \frac{\partial \varphi}{\partial x_\lambda} = \sum_{\lambda=1}^{n} \lambda a_\lambda \frac{\partial \varphi}{\partial a_\lambda} = \sum_{\lambda=1}^{\varrho} \lambda s_\lambda \frac{\partial \varphi}{\partial s_\lambda}$$

$$\sum_{\lambda=1}^{n} x_\lambda^2 \frac{\partial \varphi}{\partial x_\lambda} = \sum_{\lambda=1}^{n} (- a_\lambda a_1 + (\lambda + 1) a_{\lambda+1}) \frac{\partial \varphi}{\partial a_\lambda} = \sum_{\lambda=1}^{\varrho} \lambda s_{\lambda+1} \frac{\partial \varphi}{\partial s_\lambda},$$

wenn ϱ das Gewicht der Funktion φ ist. Aus der letzten Gleichung folgt für $\varphi = s_p$ und $\varphi = a_p$:

$$s_{p+1} = \frac{1}{p} \sum (- a_\lambda a_1 + (\lambda + 1) a_{\lambda+1}) \frac{\partial s_p}{\partial a_\lambda}$$

$$a_{p+1} = \frac{1}{p+1} \left\{ s_1 a_p - s_2 \frac{\partial a_p}{\partial s_1} - 2 s_3 \frac{\partial a_p}{\partial s_2} - 3 s_4 \frac{\partial a_p}{\partial s_3} - \cdots \right\}.$$

Hieraus erhält man, von $s_1 = - a_1$ ausgehend, successive die Potenzsummen als Funktionen der elementaren symmetrischen Funktionen und umgekehrt [25]).

Aus der Differentialgleichung:

$$\frac{\partial \varphi}{\partial a_1} + a_1 \frac{\partial \varphi}{\partial a_2} + \cdots + a_{n-1} \frac{\partial \varphi}{\partial a_n} + \frac{\partial \varphi}{\partial s_1} = 0$$

folgt, dass das Integral der Gleichung:

$$\left(\frac{\partial}{\partial a_1} + a_1 \frac{\partial}{\partial a_2} + a_2 \frac{\partial}{\partial a_3} + \cdots + a_{n-1} \frac{\partial}{\partial a_n} \right) \varphi = 0$$

eine blosse Funktion von $s_2, s_3, \ldots, s_n$ ist. Allgemein hat *Sylvester* [26]) gezeigt, dass das Integral von

$$\left(\frac{\partial}{\partial a_1} + a_1 \frac{\partial}{\partial a_2} + a_2 \frac{\partial}{\partial a_3} + \cdots + a_{n-1} \frac{\partial}{\partial a_n} \right)^i \varphi = 0$$

eine Funktion von der Form:

$$\varphi = F(s_{i+1}, \cdots, s_n) + F_1(s_{i+1}, \cdots, s_n) \cdot s_1 + \cdots + F_{i-1}(s_{i+1}, \cdots, s_n) \cdot s_1^{i-1} \text{ ist.}$$

Bezeichnet man den Operator

$$\frac{\partial}{\partial a_\lambda} + a_1 \frac{\partial}{\partial a_{\lambda+1}} + a_2 \frac{\partial}{\partial a_{\lambda+2}} + \cdots$$

mit d_λ, so ergiebt sich umgekehrt [27]):

25) *F. Junker*, Zeitschr. f. Math. u. Phys. 41, 1896, p. 199.

26) *Sylvester*, Par. C. R. 98, 1884, p. 858.

27) *P. A. Mac Mahon*, Brit. Ass. Rep. 1883; Lond. Math. Soc. Proc. 15, 1884, p. 20.

$$\frac{\partial}{\partial a_\lambda} = d_\lambda + \aleph_1 d_{\lambda+1} + \aleph_2 d_{\lambda+2} + \cdots,$$

wo $\aleph_i$ die Alephfunktion[28]) i^{ten} Grades ist.

Mit den Alephfunktionen stehen die symmetrischen Funktionen

$$s_{i+k}^{(i)} = \sum x_1^{1+g_1} x_2^{1+g_2} \cdots x_i^{1+g_i} \qquad \left(\sum_{h=1}^{i} g_h = k\right)$$

in Zusammenhang; es ist nämlich

$$(-1)^i s_{i+k}^{(i-i)} = \binom{i}{1} a_i \aleph_k + \binom{i}{2} a_{i+1} \aleph_{k-1} + \cdots,$$

und die Anwendung von Differentialoperatoren führt *Mac Mahon* zu der Verallgemeinerung der Newton'schen Formeln:

$$s_{i+k}^{(i)} + a_1 s_{i+k-1}^{(i)} + a_2 s_{i+k-2}^{(i)} + \cdots + (-1)^i a_{i+k} \frac{(i+k)!}{i!\,k!} = 0.\,[29])$$

Eine nichtunitäre Funktion ist eine blosse Funktion von s_2, s_3, .., s_n, genügt also der Differentialgleichung:

$$\left(\frac{\partial}{\partial a_1} + a_1 \frac{\partial}{\partial a_2} + \cdots\right) \varphi = 0,$$

und diese Differentialgleichung ist charakteristisch für eine nichtunitäre Funktion[30]).

Eine ultrabinäre Funktion ist eine blosse Funktion von $s_3, s_4, .., s_n$, genügt also den Differentialgleichungen:

$$\left(\frac{\partial}{\partial a_1} + a_1 \frac{\partial}{\partial a_2} + \cdots\right) \varphi = 0,$$

$$\left(\frac{\partial}{\partial a_2} + a_1 \frac{\partial}{\partial a_3} + \cdots\right) \varphi = 0$$

und diese Differentialgleichungen sind charakteristisch für eine ultrabinäre Funktion u. s. w.

Zu dem obigen Satz, betreffend nichtunitäre Funktionen, hat *J. Hammond*[30]) einen anderen über die Darstellbarkeit dieser Funktionen hinzugefügt: Eine nichtunitäre Funktion ist ganze Funktion von den Grössen

$$a'_{2h+i} = (-1)^h (2^{h-1},\, 2+i) \qquad \begin{pmatrix} i = 0,\, 1 \\ a_0' = 1 \\ a_1' = 0 \end{pmatrix}.$$

Diese beiden Sätze hat *Mathews*[31]) verallgemeinert:

---

28) Vgl. Nr. **12**.

29) *Mac Mahon* l. c.; *R. Lachlan*, Lond. Math. Soc. Proc. 18, 1887, p. 39; 19, 1888, p. 294.

30) *Hammond*, ebenda 1882, p. 79; Amer. J. of math. 5, 1882, p. 218.

31) *G. B. Mathews*, Quart. Journ. 25, 1891, p. 127.

Eine ultraternäre Funktion, als Funktion der a_k', genügt den beiden Differentialgleichungen:

$$\left(a_0' \frac{\partial}{\partial a_2'} + a_1' \frac{\partial}{\partial a_3'} + \cdots\right) \varphi = 0,$$

$$\left(a_0' \frac{\partial}{\partial a_3'} + a_1' \frac{\partial}{\partial a_4'} + \cdots\right) \varphi = 0;$$

und umgekehrt, eine ganze Funktion der a_k', welche diesen beiden Differentialgleichungen genügt, ist ultraternär. Ferner: Eine ultraternäre Funktion ist die ganze Funktion von den Grössen

$$a_{4h+i}'' = (-1)^h (4^{h-1},\ 4+i) \quad \begin{pmatrix} i = 0, 1, 2, 3 \\ a_0'' = 1 \\ a_1'' = a_2'' = a_3'' = 0 \end{pmatrix}.$$

Eine ultraseptenäre Funktion, als Funktion der a_k'', genügt den vier Differentialgleichungen:

$$\left(a_0'' \frac{\partial}{\partial a_4''} + a_1'' \frac{\partial}{\partial a_5''} + \cdots\right) \varphi = 0,$$

$$\left(a_0'' \frac{\partial}{\partial a_5''} + a_1'' \frac{\partial}{\partial a_6''} + \cdots\right) \varphi = 0,$$

$$\left(a_0'' \frac{\partial}{\partial a_6''} + a_1'' \frac{\partial}{\partial a_7''} + \cdots\right) \varphi = 0,$$

$$\left(a_0'' \frac{\partial}{\partial a_7''} + a_1'' \frac{\partial}{\partial a_8''} + \cdots\right) \varphi = 0;$$

und umgekehrt, eine ganze Funktion der a_k'', welche diesen vier Differentialgleichungen genügt, ist ultraseptenär. Ferner: Eine ultraseptenäre Funktion ist ganze Funktion von den Grössen

$$(a_{8h+i}''' = (-1)^h (8^{h-1},\ 8+i) \quad \begin{pmatrix} i = 0, 1, 2, 3, 4, 5, 6, 7 \\ a_0''' = 1 \\ a_1''' = a_2''' = \cdots = a_7''' = 0 \end{pmatrix},$$

u. s. w.

9. Tabellen; tabellarische Gesetze. Das Cayley-Betti'sche Symmetriegesetz und seine Verallgemeinerung durch MacMahon. Tabellen für symmetrische Funktionen sind zuerst von *Vandermonde*, (l. c.), später von *Meier Hirsch* (l. c.), *Bruno*, *Cayley*, *Řehořovský*, *Mac Mahon*, *Junker*, *Durfee*[32]) u. a. aufgestellt worden; vom letzt-

---

32) *Faà di Bruno*, Par. Compt. Rend. 76, 1873, p. 163; Gött. Nachr. 1875; *G. Metzler*, Die symm. Funkt., Darmstadt 1870; *W. Řehořovský*, Wien. Denkschr. 1882, math.-nat. Cl. 46, p. 51; *Cayley*, Amer. J. of math. 7, 1885, p. 47; *Mac Mahon*, Amer. J. of math. 6, 1884, p. 289; *W. P. Durfee*, Amer. J. of math. 5, 1882, p. 45; J. Hopk. Circ. 2, 1882, p. 23; ebenda 2, 1883, p. 72; Amer. J. of math. 5, 1882, p. 348; 9, 1887, p. 278; *Junker*, Wien. Denkschr. 64, 1896, p. 439.

genannten bis zum Gewichte 14. Die Anordnung solcher Tabellen ist aus dem Beispiel der Tafel vom Gewichte 3 ersichtlich:

$$
\begin{array}{c|ccc}
 & a_3 & a_1 a_2 & a_1{}^3 \\
\hline
\sum x_1{}^3 & -3 & +3 & -1 \\
\sum x_1{}^2 x_2 & +3 & -1 & \\
\sum x_1 x_2 x_3 & -1 & &
\end{array}
$$

Ist ϱ das Gewicht der Tafel, so sind die Elemente der Nebendiagonale gleich $(-1)^\varrho$, die Elemente rechts derselben gleich Null, und es ist die Tafel bezüglich der Hauptdiagonale symmetrisch. Damit dies stattfindet, müssen die „konjugierten" der Glieder der Kopfzeile, mit $a_0 = 1$ homogen gemacht und $a_0 = A$, $a_1 = B$, $a_2 = C$, $\cdot\cdot$ gesetzt, sich von rechts nach links in alphabetischer Ordnung befinden und die Glieder der Kopfkolonne der Reihe nach „associiert" denen der Kopfzeile sein [33]). Associiert zu $a_\lambda^{\lambda'} a_\mu^{\mu'} a_\nu^{\nu'} ..$ heisst die symmetrische Funktion $(\lambda'^\lambda \, \mu'^\mu \, \nu'^\nu \cdot\cdot)$; konjugiert zu $a_\lambda^{\lambda'} a_\mu^{\mu'} a_\nu^{\nu'} \cdot\cdot \ (\lambda > \mu > \nu \cdot\cdot)$ das Glied $a_{\lambda'}^{\lambda - \mu} a_{\lambda'+\mu'}^{\mu - \nu} a_{\lambda'+\mu'+\nu'}^{\nu - \varrho} \cdots$.

Ausser diesem Cayley'schen Symmetriegesetz giebt es einige andere Gesetze, welche die Aufstellung der Tafeln erleichtern. Z. B. ist die Summe der Koeffizienten der zu der symmetrischen Funktion $(i_1^{k_1} i_2^{k_2} ..)$ gehörigen Zeile gleich $(-1)^{\Sigma k} \dfrac{(\Sigma k)!}{k_1! \, k_2! ..}$. Ferner, wenn ϱ das Gewicht der Tafel ist, und man multipliziert die zu $a_{k_1} a_{k_2} ..$ gehörige Kolonne mit $\dfrac{\varrho!}{k_1! \, k_2! ..}$, so giebt jede Zeile die Summe Null, mit Ausnahme der letzten [34]).

Das Cayley'sche Symmetriegesetz ist von *Mac Mahon* verallgemeinert worden.

Setzt man

$$
\begin{aligned}
\chi_1 &= (1)\,\xi_1\,, \\
\chi_2 &= (2)\,\xi_2 + (1^2)\,\xi_1{}^2\,, \\
\chi_3 &= (3)\,\xi_3 + (21)\,\xi_2 \xi_1 + (1^3)\,\xi_1{}^3 \\
&\ \ \vdots
\end{aligned}
$$

und wird:

$$
\begin{aligned}
\xi_{p_1} \xi_{p_2} \cdot\cdot &= \sum \theta \cdot (q_1 q_2 ..) \, \chi_{s_1} \chi_{s_2} \cdot\cdot\,, \\
\chi_{q_1} \chi_{q_2} \cdot\cdot &= \sum \eta \cdot (p_1 p_2 ..) \, \xi_{s_1} \xi_{s_2} \cdot\cdot\,,
\end{aligned}
$$

so ist der Zahlenkoeffizient θ gleich dem Zahlenkoeffizienten η. Das

---

33) *Cayley*, Lond. Trans. 147, 1857, p. 489 = Coll. Pap. 2, p. 417; *Bruno*, Par. Compt. Rend. 76, 1873, p. 163; *Kohn*, Wien. Ber. 102, 1893, p. 199.

34) *Řehořovský*, l. c. 32); *J. Tzitzeica*, J. de math. spéc. (4) 4, 1895, p. 85.

Cayley'sche Gesetz ergiebt sich aus diesem, wenn man nur die Koeffizienten der Potenzen von ξ_1 betrachtet[34a]).

10. Mac Mahon's neue Theorie der symmetrischen Funktionen. Das Mac Mahon'sche Symmetriegesetz kommt in dessen „neuer Theorie" der symmetrischen Funktionen zur Geltung. Dieselbe beruht auf folgendem Theorem.

Man fasse das Symbol der monomen symmetrischen Funktion $(p_1 p_2 p_3 \ldots)$ als „Partition" der Zahl $p_1 + p_2 + p_3 + \cdots$ auf [I B 2, Nr. 12]. Die Symbole der zusammengesetzten symmetrischen Funktionen $(p_1 p_2)$ $(p_3 p_4) p_5 \ldots$, $(p_1 p_2 p_3) (p_4 p_5) \ldots$, u. s. w. repräsentieren dann zugleich „Separationen" jener Partition. Ferner gehört zu jeder Separation eine Spezialpartition, z. B. zu $(p_1 p_2) (p_3 p_4) p_5$ diese: $(p_1 + p_2, p_3 + p_4, p_5)$, und zu $(p_1 p_2 p_3) (p_4 p_5) p_6$ diese $(p_1 + p_2 + p_3, p_4 + p_5, p_6)$. Nunmehr besteht der Satz:

Die Funktion $(p_1 + p_2 + p_3 + \cdots, q_1 + q_2 + q_3 + \cdots, r_1 + r_2 + r_3 + \cdots, \cdots)$ ist als lineares Aggregat der Separationen von $(p_1 p_2 p_3 \cdots q_1 q_2 q_3 \cdots r_1 r_2 r_3 \cdots)$ darstellbar; und zwar treten diese Separationen nur in denjenigen Verbindungen und mit den Koeffizienten auf, die sie in den zugehörigen χ-Produkten haben. Z. B. hat $\xi_1^3 \xi_2$ in $\chi_2 \chi_3$ den Koeffizienten $(21)(1^2) + (1^3)(2)$, ferner $\xi_1^3 \xi_2$ in $\chi_2^2 \chi_1$ den Koeffizienten $2(2)(1^2)(1)$. Durch die Separationen (21^3), $(21^2)(1)$, $(21)(1^2) + (1^3)(2)$ $(21)(1)^2$, $(2) 2 (1^2)(1)$, $(2)(1)^3$ von (21^3) lassen sich also die zugehörigen Spezialpartitionen: (5), (41), (32), (31^2), $(2^2 1)$, (21^3) ausdrücken und umgekehrt. Beide Koeffiziententafeln werden bei geeigneter Anordnung symmetrisch, z. B.:

	(5)	(41)	(32)	(31²)	(2² 1)	(21³)
$(21)^3$						1
$(21^2) (1)$				1	2	3
$(21) (1^2) + (1^3) (2)$			1	3	2	4
$(21) (1)^2$		1	3	4	6	6
$2 (2) (1^2) (1)$		2	2	6	1	6
$(2) (1)^3$	1	3	4	6	6	6

Auf die gewöhnliche Theorie der symmetrischen Funktionen kommt man zurück, wenn man nur die Separationen von $(1\,1\,1\,1\,..)$ einführt. Jeder Formel der gewöhnlichen Theorie entspricht eine allgemeine Formel der neuen Theorie.

34a) *W. H. Metzler*, Lond. Math. S. Proc. 28, 1897, p. 390 stellt drei Gesetze auf, die gewisse symmetrische Funktionen durch schon bekannte ausdrücken.

An die Stelle der Newton'schen Formeln:

$$s_1 - (1) = 0,$$
$$s_2 - (1)s_1 + 2(1^2) = 0$$
$$\vdots$$

treten die allgemeineren:

$$s_\lambda - (\lambda) = 0,$$
$$s_{\lambda+1} - (1)\,s_\lambda + (\lambda\,1) = 0,$$
$$s_{\lambda+2} - (1)\,s_{\lambda+1} + (1^2)\,s_\lambda - (\lambda\,1^2) = 0,$$
$$\vdots$$

zusammenzufassen in die eine:

$$\sum_{i=1}^{n} \frac{x_i^\lambda x^\lambda}{1 - x_i x} = s_\lambda x^\lambda + s_{\lambda+1} x^{\lambda+1} + \cdots = \frac{(\lambda)x^\lambda - (\lambda\,1)x^{\lambda+1} + (\lambda\,1^2)x^{\lambda+2} - \cdots}{1 - (1)x + (1^2)x^2 - \cdots}.$$

Aus diesen Formeln ergiebt sich s_k, ausgedrückt durch Separationen von $(\lambda\,1^{k-\lambda})$.

Setzt man zur Abkürzung:

$$\sigma_\lambda^{(h)} = \sum_{i=1}^{n} \frac{x_i^\lambda x^\lambda}{(1 - x_i x)^h} = s_\lambda x^\lambda + \frac{h(h+1)}{1\cdot 2}\, s_{\lambda+1} x^{\lambda+1} + \cdots,$$

so ergiebt sich allgemeiner:

$$\sigma_\lambda' \sigma_\mu' - \sigma_{\lambda+\mu}'' = \frac{(\lambda\,\mu)x^{\lambda+\mu} - (\lambda\,\mu\,1)x^{\lambda+\mu+1} + \cdots}{1 - (1)x + \cdots}$$

$$\sigma_\lambda' \sigma_\mu' \sigma_\nu' - \sigma_\lambda' \sigma_{\mu+\nu}'' - \sigma_\mu' \sigma_{\lambda+\nu}'' - \sigma_\nu' \varrho_{\lambda+\mu}'' + 2\sigma_{\lambda+\mu+\nu}'''$$
$$= \frac{(\lambda\,\mu\,\nu)x^{\lambda+\mu+\nu} - (\lambda\,\mu\,\nu\,1)x^{\lambda+\mu+\nu+1} + \cdots}{1 - (1)x + \cdots}$$

u. s. w., analog den Waring'schen oder der Faà di Bruno'schen Formel. Aus diesen Formeln ergeben sich die Potenzsummen ansgedrückt durch Separationen von $(\lambda\,\mu\,1\,1\,1\,..)$, von $(\lambda\,\mu\,\nu\,1\,1\,1\,..)$, u. s. w. Für das Gleichwerden einiger von den Indices λ, μ, ν .. erleiden die Formeln dieselbe Modifikation wie die Waring'schen.

Durch die Separationen einer beliebigen Partition $(\lambda^l \mu^m ..)$ von h lässt sich s_h ausdrücken vermöge einer der Girard'schen analoge Formel:

$$(-1)^{l+m+\cdots} \frac{(l + m + \cdots - 1)!}{l!\,m!\cdots}\, s_h$$
$$= \sum (-1)^{j_1 + j_2 + \cdots} \frac{(j_1 + j_2 \cdots - 1)!}{j_1!\,j_2!\cdots} (J_1)^{j_1} (J_2)^{j_2} \cdots,$$

in welcher sich die Summation auf alle Separationen $(J_1)^{j_1} (J_2)^{j_2} ..$ von $(\lambda^l \mu^m ..)$ bezieht.

Auch die auf die Tabellen bezüglichen Gesetze haben ihre Analoga in der neuen Theorie. Z. B.: im Ausdruck der symmetrischen Funktion

$(p_1^{\pi_1} p_2^{\pi_2} ..)$ durch die Separationen von $(t_1^{\tau_1} t_2^{\tau_2} ..)$ ist die Koeffizientensumme in jeder Gruppe gleich Null, wenn die Partition $(p_1^{\pi_1} p_2^{\pi_2} ..)$ keine Separationen der Spezialpartition $(\tau_1 t_1,\ \tau_2 t_2, ..)$ besitzt. In eine Gruppe werden dabei z. B. die vier Separationen

$$(\lambda^2)\,(\lambda\mu)\,(\mu),\quad (\lambda^2)\,(\lambda)\,(\mu)^2,\quad (\lambda^2\mu)\,(\lambda)\,(\mu),\quad (\lambda^2\mu)\,(\lambda\mu)$$

gerechnet, weil aus jeder von ihnen nach Fortlassung von λ die Separation $(\mu)^2$, nach Fortlassung von μ die Separation $(\lambda^2)\,(\lambda)$ entsteht [35]).

11. Beziehungen zur Zahlentheorie. Bezeichnet man mit $f(x_1, x_2, .., x_n)$ eine für eine beliebige Elementenzahl definierte symmetrische Funktion, und setzt:

$$F(x_1, x_2, .., x_k) = f(x_1, x_2, ..., x_k) + \sum f(x_2, x_3, .., x_k) + \sum f(x_3, x_4, .., x_k)$$
$$+ \cdot\cdot + \sum f(x_k) + f(0),$$

wo die $\sum$ kombinatorische Summen bedeuten, so ist umgekehrt:

$$f(x_1, x_2, .., x_n) = F(x_1, x_2, .., x_n) - \sum F(x_2, .., x_n) + \sum F(x_3, .., x_n)$$
$$+ \cdot\cdot + (-1)^{n-1} \sum F(x_n) + (-1)^n F(0).$$

Dieser Satz von *Baker* [36]) ist eine Verallgemeinerung bekannter zahlentheoretischer Sätze. Sind z. B. die x die Primfaktoren einer durch kein Quadrat teilbaren Zahl n und $f(x_1, x_2, .., x_k) = f(x_1 x_2 .. x_k)$, so ergiebt sich $f(n) = \sum F\left(\dfrac{n}{d}\right) \mu(d)$ als Folge von $F(n) = \sum f(d)$, wo sich die Summationen auf alle Divisoren d von n beziehen und μ den Möbius'schen Faktor bezeichnet [I C 1].

Hieran anknüpfend zeigt *Gegenbauer* [37]) an mehreren Beispielen, dass überhaupt Theoreme der Zahlentheorie, welche in letzter Linie auf der Zerlegung ganzer Zahlen in Primfaktoren fussen, Analoga im Gebiete der Funktionen mehrerer Veränderlichen haben. *Gegenbauer* zeigt aber auch, dass diese Sätze nicht auf symmetrische Funktionen beschränkt sind.

12. Spezielle symmetrische Funktionen. Von speziellen symmetrischen Funktionen sind bemerkenswert die von *Jacobi, Johnson, Nägelsbach, Kostka, Wronski* u. a. betrachteten und von letztgenanntem

---

35) Über *Mac Mahon*'s neue Theorie vgl. namentlich: *Mac Mahon*, Amer. J. of math. 11, 1889, p. 1; 12, 1890, p. 61. Ferner: Amer. J. of math. 10, 1888, p. 42. 13, 1891, p. 193; 14, 1892, p. 15; Quart. J. 22, 1887, p. 74; 23, 1889, p. 139; Lond. Math. Soc. Proc. 19, 1888, p. 220; Lond. Trans. 181, 1890, p. 181.

36) *H. F. Baker*, Lond. Math. Soc. Proc. 21, 1890, p. 30.

37) *L. Gegenbauer*, Wien. Ber. 102, 2ᵃ, 1893, 951.

als „Alephfunktionen" bezeichneten Funktionen. Bezeichnet man mit $\aleph_m(x_1, x_2, .., x_n)$ die Summe aller Produkte m^{ter} Ordnung, die sich aus $x_1, x_2, .., x_n$ bilden lassen, so ist dies die Alephfunktion m^{ter} Ordnung. Dieselbe ist auch zu definieren durch:

$$\aleph_{r-n+1} = \frac{\left| x_i^h \right|}{\left| x_i^k \right|} = \sum_i \frac{x_i^r}{f'(x_i)} \qquad \left(\begin{array}{l} i = 1, 2, .., n \\ h = 0, 1, .., n-2, r \\ k = 0, 1, .., n-2, n-1 \end{array} \right),$$

woraus insbesondere für $r \leqq n-1$ die Euler'schen Formeln folgen.

Diese Funktionen sind in vielen Beziehungen analog den elementaren symmetrischen Funktionen; z. B. ist:

$$\aleph_m(x_1, .., x_n) = \aleph_m(x_1, .., x_k) + \aleph_{m-1}(x_1, .., x_k)\,\aleph_1(x_{k+1}, .., x_n) + \cdots$$
$$+ \aleph_m(x_{k+1}, .., x_n),$$

ferner, entsprechend der Newton'schen und der Girard'schen Formel:

$$\aleph_r + a_1 \aleph_{r-1} + \cdots + a_n \aleph_{r-n} = 0,$$

$$\aleph_r = \sum_{(i_1 + 2i_2 + \cdots + ni_n = r)} (-1)^{i_1 + i_2 + \cdots + i_n} \frac{(i_1 + i_2 + \cdots + i_n)!}{i_1!\, i_2! \cdots i_n!}\, a_1^{i_1} a_2^{i_2} \cdots a_n^{i_n}.$$

Ein anderes Analogon der Newton'schen Formel ist die von *Crocchi*:

$$\aleph_{r-1} s_1 + \aleph_{r-2} s_2 + \cdots + \aleph_1 s_{r-1} + s_r = r \aleph_r.$$

Die allgemeinere Funktion

$$\frac{\left| x_i^{m_k} \right|}{\left| x_i^k \right|} \qquad \left(\begin{array}{l} i = 1, 2, .., n \\ k = 0, 1, .., n-1 \end{array} \right)$$

lässt sich durch Alephfunktionen ausdrücken; sie ist gleich

$$\left| \aleph_{m_k - i} \right| \qquad (i, k = 0, 1, .., n-1),$$

dieselbe lässt sich auch als Determinante der Koeffizienten $a_1, .., a_n$ darstellen.

Man kann dies zur Darstellung einer beliebigen ganzen symmetrischen Funktion durch die Koeffizienten benutzen; denn eine solche zerfällt durch Multiplikation mit

$$\left| x_i^k \right| \qquad \left(\begin{array}{l} i = 1, 2, .., n \\ k = 0, 1, .., n-1 \end{array} \right)$$

in derartige Funktionen: $\left| x_i^{m_k} \right|$.[38]

----

38) *K. G. J. Jacobi*, J. f. Math. 22, p. 360 = Werke 3, p. 439; *H. Nägelsbach*, Üb. eine Klasse symm. Funkt., Zweibrücken 1872; J. f. Math. 81, 1875, p. 281; *N. Trudi*, Gi. di mat. 3, 1865; *L. Crocchi*, Gi. di mat. 17, 1879, p. 218; 18, 1880, p. 377; 20, 1882, p. 301; *Sylvester*, Johns Hopk. Circ. 2, 1882, p. 2; *F. Franklin*, ebenda 2, 1882, p. 24; *O. H. Mitchell*, ebenda 2, 1882, p. 242; Amer

13. Symmetrische Funktionen von Wurzeldifferenzen; Seminvarianten. Besondere Bedeutung haben diejenigen symmetrischen Funktionen erlangt, welche zugleich symmetrische Funktionen der Wurzeldifferenzen sind. Sind $\varphi_1, \varphi_2, \varphi_3, \ldots$ Produkte von Wurzeldifferenzen und ist $\Phi = \varphi_1 + \varphi_2 + \varphi_3 + \cdots$ eine derartige Funktion, so ist Φ eine Invariante [I B 2, Nr. 2], wenn jede Wurzel in jedem Gliede φ_i gleich oft, ϱ-mal, vorkommt; Φ ist dann offenbar vom Gewichte $\frac{n\varrho}{2}$. Andernfalls heisst Φ eine Seminvariante [I B 2, Nr. 23] (Semi-Invariante, Subinvariante, péninvariant). Eine Seminvariante Φ der Gleichung:

$$x^n + \binom{n}{1} a_1 x^{n-1} + \binom{n}{2} a_2 x^{n-2} + \cdots = 0$$

ändert sich der Definition zufolge nicht bei der Substitution

$$x_k \parallel x_k + \theta, \qquad (k = 1, 2, \ldots, n),$$

also, als Funktion der Koeffizienten betrachtet, nicht bei der Substitution

$$a_1 \parallel a_1 + \theta$$
$$a_2 \parallel a_2 + 2 a_1 \theta + \theta^2$$
$$a_3 \parallel a_3 + 2 a_2 \theta + 3 a_1 \theta^2 + \theta^3,$$

die man zusammenfassen kann in:

$$1 + \frac{a_1}{x} + \frac{a^2}{2! \, x^2} + \frac{a_3}{3! \, x^3} + \cdots \, \Big\| \, e^{\frac{\theta}{x}} \left(1 + \frac{a_1}{x} + \frac{a_2}{2! \, x^2} + \frac{a_3}{3! \, x^3} + \cdots \right).$$

Die Heranziehung der Identität:

$$1 + \frac{a_1}{x} + \frac{a_2}{2! \, x^2} + \cdots = e^{\frac{s_1}{x} + \frac{s_2}{2 \, x^2} + \frac{s_3}{3 \, x^3} + \cdots}$$

zeigt, dass sich bei jener Substitution von den Potenzsummen $s_1, s_2, s_3, \ldots$ der Gleichung:

$$x^n + a_1 x^{n-1} + \frac{a_2}{2!} x^{n-2} + \frac{a_3}{3!} x^{n-3} + \cdots = 0$$

nur s_1 ändert, sodass die Seminvariante Φ von s_1 unabhängig, eine nicht-unitäre Funktion der Gleichung

$$x^n + a_1 x^{n-1} + \frac{a^2}{2!} x^{n-2} + \cdots = 0$$

J. of math. 4, 1881, p. 341; *W. Kapteyn*, Archiv f. Math. u. Phys. 67, 1882, p. 102; *C. Kostka*, J. f. Math. 93, 1882, p. 89; *A. H. Anglin*, J. f. Math. 98, p. 175; *W. W. Johnson*, Quart. J. 21, 1886, p. 92; *S. Dickstein*, Krak. Denkschr. 12, 1886; *M. Martone*, La funzione alef di Hoëné Wronski, 1891, Catanzaro; *E. Sadun*, Per. di mat. 9, 1894, p. 1.

ist. Dieser Sylvester'sche Satz gilt allgemeiner auch für solche symmetrische Funktionen der Wurzeln, welche unsymmetrische Funktionen der Wurzeldifferenzen sind (*Netto*), wie aus der obigen Herleitung hervorgeht. Die Seminvariante Φ genügt den Differentialgleichungen:

$$\frac{\partial \Phi}{\partial a_1} + 2a_1 \frac{\partial \Phi}{\partial a_2} + 3a_2 \frac{\partial \Phi}{\partial a_3} + \cdots = 0,$$

$$\sum_{i=1}^{n} \frac{\partial \Phi}{\partial x_i} = \sum \lambda s_{\lambda-1} \frac{\partial \Phi}{\partial s_\lambda} = 0,$$

charakteristisch für symmetrische Funktionen, die unsymmetrisch in den Wurzeldifferenzen sind [39].

Über die hierhergehörigen Sturm'schen Funktionen vgl. I B 3 a, Nr. 5.

14. Zweiwertige und alternierende Funktionen. Eine rationale Funktion von $x_1, x_2, .., x_n$, welche bei allen $n!$ Permutationen der $x_1, x_2, .., x_n$ w Werte annimmt, heisst eine w-wertige Funktion.

Sind φ_1 und φ_2 die beiden Werte einer zweiwertigen Funktion, so ist auch $\varphi_1 - \varphi_2$ eine zweiwertige Funktion; die beiden Werte derselben $\varphi_1 - \varphi_2$ und $\varphi_2 - \varphi_1$ unterscheiden sich nur durch das Vorzeichen. Eine solche Funktion heisst „alternierend". Das Differenzenprodukt:

$$\Pi(x_i - x_k) \qquad \left(\begin{matrix} i, k = 1, 2, .., n \\ i < k \end{matrix} \right)$$

ist eine alternierende Funktion, sein Quadrat eine symmetrische Funktion:

$$\Delta(x_1, x_2, .., x_n).$$

Jede alternierende Funktion ist in der Form $B\sqrt{\Delta}$ enthalten, wo B eine symmetrische Funktion.

Jede zweiwertige Funktion ist in der Form $A + B\sqrt{\Delta}$ enthalten, wo A und B symmetrische Funktionen sind; und umgekehrt. Die beiden Werte einer zweiwertigen Funktion φ sind die Wurzeln einer quadratischen Gleichung

---

39) *Sylvester*, Amer. J. of math. 5, 1882, p. 79; *Cayley*, Quart. J. 19, 1883, p. 131 = Pap. 12, p. 22; *Mac Mahon*, Amer. J. of math. 6, 1884, p. 131; Quart. J. 19, p. 337; *Sylvester*, Par. C. R. 98, 1884, p. 779, 858; *J. Tannery*, Par. C. R. 98, 1884, p. 1420; *Sylvester* u. *W. S. Curran Sharp*, Educ. Times 42, 1885, p. 86; *Cayley*, Quart. J. 20, 1885, p. 212 = Pap. 12, p. 326; *Mac Mahon*, ebenda 20, 1885, p. 362; *Cayley*, ebenda 21, 1886, p. 92 = Pap. 12, p. 344; *D. F. Seliwanow*, Mosk. Math. Samml. 16, 1891; *Cayley*, Lond. Trans. 158, 1868 = Pap. 6, p. 292; Amer. J. of math. 15, 1893, p. 1. — Weitere Litteratur s. namentlich bei *W. F. Meyer*, Bericht über die Fortschritte der projektiven Invariantentheorie im letzten Vierteljahrhundert, Deutsche Math.-Ver. 1, 1892, p. 245 ff. [I B 2, Nr. 23].

$$\varphi^2 - P\varphi + Q = 0,$$

deren Koeffizienten P und Q symmetrische Funktionen sind; aber nicht umgekehrt [*Cauchy*, *Abel*, s. I A 6, Anm. 46].

15. Mehrwertige Affektfunktionen. Gruppe [I A 6, Nr. 5]. Die sämtlichen Permutationen der Wurzeln, bei denen eine w-wertige Funktion ungeändert bleibt, bilden eine Gruppe: die „Gruppe der Funktion". Umgekehrt heisst die Funktion eine „Funktion der Gruppe".

16. Allgemeine Sätze von Lagrange, Galois, Jordan [I A 6, Nr. 5]. Die w Werte einer w-wertigen Funktion sind die w Wurzeln einer Gleichung w^{ten} Grades, deren Koeffizienten rationale Funktionen von $a_1, a_2, .., a_n$ sind [40].

Ist die Gruppe der Funktion φ unter der von ψ enthalten, so ist ψ eine rationale Funktion von φ mit Koeffizienten, welche rationale Funktionen von $a_1, a_2, .., a_n$ sind [41].

Funktionen mit einer gemeinsamen Gruppe sind rationale Funktionen von einander, mit Koeffizienten, welche Funktionen der Gruppe sind [42].

17. Mögliche Wertezahlen [I A 6, Nr. 8]. Die Wertezahl w muss offenbar $\leqq n!$ sein; dass sie stets ein Teiler von $n!$ sein muss, hat *Lagrange* (a. a. O.) gezeigt. Aber nicht alle Teiler von $n!$ können Wertezahlen sein. Die ersten einschränkenden Sätze fanden *Ruffini*, *Abbati*, *Cauchy*: es giebt keine 3- oder 4-wertige Funktionen von 5 Elementen; es giebt keine 3- oder 4- oder 5-wertige Funktionen von 6 Elementen; eine weniger als 5-wertige Funktion ist 2- oder 1-wertig; eine weniger als p- (grösste Primzahl unter n) wertige Funktion ist 2- oder 1-wertig.

Diese Sätze sind besondere Fälle des Bertrand'schen Satzes: eine weniger als n-wertige Funktion von n Elementen ist 2- oder 1-wertig; ausgenommen $n = 4$, in welchem Fall es 3-wertige Funktionen giebt.

Bertrand bewies diesen Satz auf Grund des Postulates: zwischen $a + 1$ und $2a$ $(a > 2)$ liegt eine Primzahl, welches erst später von *L. Tschebicheff* bewiesen wurde [I C 3].

Ausser den Sätzen, welche die Wertezahl beschränken, giebt es Sätze, welche für gegebene Wertezahl die Form der Funktion bestimmen; z. B. eine n-wertige Funktion ist symmetrisch in $n - 1$ Elementen, ausgenommen $n = 6$ (*Bertrand*).

---

40) *L. Lagrange*, Paris. Ac. Hist. 1771; *Vandermonde*, ebenda [I A 6, Anm. 30].

41) *É. Galois*, J. de math. 1846, p. 381.

42) *C. Jordan*, Traité des substitutions, Paris 1870.

Weitere Sätze sind von *Serret, Mathieu, Jordan, Bochert* u. a. aufgestellt worden [43]).

18. Herstellung von Affektfunktionen, Kirkman's Problem. Die Summe aller derjenigen Glieder einer ganzen w-wertigen Funktion, welche durch die Permutationen der Gruppe aus einem derselben hervorgehen, bildet eine „Elementarfunktion" (*Kirkman* l. c.). Eine Elementarfunktion, welche einen Teil der symmetrischen Funktion $(i_1^{\mu_1} i_2^{\mu_2} \ldots)$ bildet, wird mit $[i_1^{\mu_1} i_2^{\mu_2} \ldots]$ bezeichnet. Alle aus einer Elementarfunktion durch Änderung der Exponenten i_1, i_2, $i_3 \ldots$ (wobei aber stets $i_h \neq i_k$) hervorgehenden Funktionen haben dieselbe Gruppe und bilden eine „Familie" (μ_1, μ_2, $\mu_3 \ldots$). Die Aufgabe: alle zu einem System μ_1, μ_2, $\mu_3 \ldots$ und alle zu einer Gruppe gehörenden Familien zu finden, bezeichnet *Jordan* (l. c.) als „Kirkman's Problem". Einige Beispiele hierzu hat *Kirkman* gegeben.

19. Aufzählungen. Aufzählungen aller möglichen Funktionen bzw. Gruppen sind von *Cayley, Askwith, Miller* u. a.[43]) bis zu $n = 14$ vorgenommen worden (vgl. I A 6, Nr. **13**).

20. Rationalwerden von Affektfunktionen; Affekt einer Gleichung. Wenn eine w-wertige Funktion einer Gleichung niedrigeren als w^{ten} Grades genügt, so giebt es w'-wertige Funktionen, welche linearen Gleichungen genügen. Alsdann sagt *Kronecker*[44]), in Anlehnung an *Jacobi*, die Gleichung $f(x) = 0$ habe einen „Affekt"; die Funktionen, deren Rationalwerden den Affekt bedingt, heissen „Affektfunktionen". Die Gruppe der Affektfunktionen ist die Gruppe der Gleichung.

21. Cyklische, cykloïdische, metacyklische Funktionen. Funktionen, welche sich nicht bei den Substitutionen

$$\binom{x_k}{x_{k+k'}} \qquad \binom{k,\, k' = 0, 1, \ldots, n-1)}{x_{k+n} = x_k}$$

<hr>

43) *Cauchy*, J. éc. pol. 10, 1815, cah. 17, p. 1, 29; *J. Bertrand*, J. éc. pol. 18, 1845, cah. 30, p. 123; *J. A. Serret*, J. d. Math. (1) 15, 1850, p. 1 u. 45; *E. Mathieu*, J. de Math. (2) 5, 1860, p. 9; Par. Compt. Rend. 1858, p. 46; *Jordan*, J. éc. pol. 22, 1861, cah. 38, p. 113; *E. Mathieu*, J. d. Math. (2) 6, 1861, p. 241; *Th. P. Kirkman*, Theory of groups and manyvalued functions, Manchester 1861; Memoirs of the lit. and phil. soc. of Manchester, Lond. u. Par. 1862; *Netto*, J. f. Math. 85, 1878, p. 327; *A. Bochert*, Math. Ann. 33, 1889, p. 584; *E. H. Askwith*, Quart. J. 24, 1890, p. 111 u. 263; *Cayley*, ebenda 25, 1891, p. 71 u. 137 = Pap. 13, p. 117; *G. B. Mathews*, ebenda 25, 1891, p. 127; *A. Bochert*, Math. Ann. 40, 1892, p. 157; *E. Cartan*, Paris Compt. Rend. 119, 1894; *Bochert*, Math. Ann. 49, 1897, p. 113.

44) *Kronecker*, Arithm. Theorie d. alg. Grössen, 1881, p. 34 = Werke 2, p. 284.

ändern, heissen „cyklische"; Funktionen von den $n_1 n_2 \ldots n_h$ Grössen

$$x_{k_1 k_2 \cdots k_h} \quad \begin{pmatrix} k_1 = 0, 1, \ldots, n_1 - 1 \\ k_2 = 0, 1, \ldots, n_2 - 1 \\ \vdots \\ x_{k_1 + n_1,\, k_2,\, \cdots} = x_{k_1,\, k_2 + n_2,} \\ = x_{k_1,\, k_2,\, \cdots} \end{pmatrix},$$

solche, welche sich nicht bei den Substitutionen

$$\begin{pmatrix} x_{k_1,\, k_2,\, \cdots,\, k_n} \\ x_{k_1 + k_1',\ k_2 + k_2',\ \cdots,\ k_h + k_h'} \end{pmatrix} \quad \begin{pmatrix} k_1,\ k_1' = 0, 1, \ldots, n_1 - 1 \\ k_2,\ k_2' = 0, 1, \ldots, n_2 - 1 \\ \vdots \end{pmatrix}$$

ändern, heissen „cykloidische"[45]).

Ist n prim, so heisst eine Funktion, welche sich nicht bei den Substitutionen

$$\begin{pmatrix} x_k \\ x_{rk+s} \end{pmatrix} \quad \begin{pmatrix} k = 0, 1, \ldots, n - 1 \\ s = 0, 1, \ldots, n - 1 \\ r = 1, 2, \ldots, n - 1 \\ x_{k+n} = x_k \end{pmatrix}$$

ändert, eine „metacyklische"[46]). Beschränkt man die Werte von r auf die quadratischen Reste von n, so heisst die zugehörige Funktion „hemimetacyklisch"[47]) [I A 6, Nr. 10].

22. Durch Wurzeln auflösbare Gleichungen. Durch Quadratwurzeln auflösbare Gleichungen [I B 3 c, d, Nr. 28]. Für die Auflösbarkeit einer Gleichung von Primzahlgrad durch Radikale ist das Rationalwerden der metacyklischen Funktionen notwendig und hinreichend.

Für die Auflösbarkeit einer Gleichung durch Quadratwurzeln ist das Rationalwerden derjenigen Affektfunktionen erforderlich und hinreichend, welche die grösstmögliche ungerade Wertezahl haben. Die Ordnung der Gruppe ist die grösste in $n!$ enthaltene Potenz von 2 [I B 3 c, d, Nr. 14].

23. Gleichungen 7ten Grades, deren 30-wertige Affektfunktionen rational sind [I B 3 f, Nr. 16]. Von Gleichungen höheren Grades, welche einen Affekt haben, sind insbesondere diejenigen 7ten Grades, deren 30-wertige Affektfunktionen rational sind, untersucht worden. Dieselben

---

45) Von *Kronecker* in seinen Vorlesungen gebraucht.

46) Zuerst von *Kronecker* im Sinne des Textes, später von *H. Weber* in allgemeinerem Sinne gebraucht; s. *Weber*, Algebra 1.

47) *Kronecker*.

sind die Resolventen der bei der Transformation 7ter Ordnung der elliptischen Funktionen auftretenden Modulargleichung 8ten Grades[48]).

24. Funktionen von mehreren Variabelreihen, Wurzeln von Gleichungssystemen. Berechnung symmetrischer Funktionen nach Poisson, v. Escherich. Eine Funktion von n Systemen von je k Grössen:

$$x_1, x_2, \ldots, x_n$$

$$y_1, y_2, \ldots, y_n$$

$$\vdots$$

heisst eine „symmetrische Funktion der n Systeme", wenn sie sich bei Vertauschung derselben nicht ändert.

Eine rationale symmetrische Funktion ist Quotient zweier ganzen symmetrischen Funktionen (*Mertens*).

Eine ganze symmetrische Funktion zerfällt in „typische" oder „eintypige" Funktionen, d. h. in solche, welche aus einem Gliede durch Summation aller daraus durch Vertauschung der Systeme hervorgehenden verschiedenen Glieder entstehen. Man beschränkt sich auf die Betrachtung solcher symmetrischen Funktionen im engeren Sinne.

Eine solche Funktion heisst „r-förmig", wenn in jedem Gliede Elemente aus r Systemen vorkommen. Sie heisst „elementar", wenn sie linear in den Elementen jedes Systems ist. Sie heisst „h-reihig", wenn in jedem Gliede Elemente aus h Reihen vorkommen. Sie heisst „primitiv", wenn sie linear in den Elementen jeder Reihe ist (*Junker*).

Bezüglich der Berechnung symmetrischer Funktionen von mehreren Grössenreihen tritt eine Zweiteilung des Problems ein, je nachdem die Grössen als Wurzelsysteme von Gleichungssystemen gegeben sind oder nicht.

In beiden Fällen werden zunächst die mehrförmigen Funktionen durch die Waring'schen Formeln auf einförmige zurückgeführt; setzt man

$$\sum x_i^{p_1} y_i^{q_1} \cdots x_k^{p_2} y_k^{q_2} \cdots = (\overline{p_1 q_1 \cdots}, \ \overline{p_2 q_2 \cdots})$$

u. s. w., so wird:

---

48) *Kronecker*, Berl. Ber. 1858, p. 287; *Hermite*, Annal. di mat. 1859; Par. C. R. 57, 1863, p. 750; *Brioschi*, Gött. Nachr. 1869; *Klein*, Math. Ann. 14, 1879, p. 428; 15, 1879, p. 251; *Noether*, ebenda 15, 1879, p. 89; *Brioschi*, ebenda 15, 1879, p. 241; Par. C. R. 95, 1882, p. 665, 814, 1254; *P. Gordan*, Math. Ann. 20, 1882, p. 515 (auch Bd. 17 u. 19), der p. 527 ein „volles System" von Affektfunktionen aufstellt [I B 2, Nr. 5, Anm. 107]; *Cayley*, J. f. Math. 113, 1894, p. 42 = Pap. 13, p. 473. (Des weiteren vgl. I B 3 c, d, Nr. 23.) — Der Fall des Textes ist als ein bes. charakteristisches Beispiel gewählt worden.

$$(\overline{p_1 q_1 \cdot\cdot}, \overline{p_2 q_2 \cdot\cdot}) = (\overline{p_1 q_1 \cdot\cdot})(\overline{p_2 q_2 \cdot\cdot}) - (\overline{p_1 + p_2,\ q_1 + q_2 \cdot\cdot})$$

u. s. w., analog den Formeln für Funktionen einer Grössenreihe.

Um ferner die einförmigen Funktionen:

$$\sum x_i^p\, y_i^q \cdot\cdot = s_{pq}..$$

durch die Koeffizienten des Gleichungssystems

$$f_i(x,\, y,\, \cdot\cdot) = 0 \qquad (i = 1, 2, .., k)$$

auszudrücken, berechne man die Potenzsummen der Wurzeln t der Gleichung, die sich durch Elimination von $x, y, ..$ aus den Gleichungen

$$t = ux + vy + \cdot\cdot$$
$$f_i(x,\, y,\, \cdot\cdot) = 0 \qquad (i = 1, 2, .. k)$$

ergiebt. Dann ist $s_{pq}..$ der Koeffizient von $\dfrac{(p + q + \cdot\cdot)!}{p!\, q!}\, u^p v^q..$ in der Entwickelung von $\sum\limits_i t_i{}^{p+q+\cdot\cdot}$ nach Potenzen von $u, v, ..$ (*Poisson, Schläfli, Hess*).

Anders verfährt *Waring* (l. c.): er bildet die Gleichung für $t = x^p y^q ..$ und sucht deren Wurzelsumme.

So kommt man zu dem Satze: Jede symmetrische Funktion der Wurzelsysteme eines Gleichungssystems ist rationale Funktion der Koeffizienten des Gleichungssystems (*Cayley, Schläfli*).

Die Methoden von *Cauchy, Transon, Borchardt* hat *G. v. Escherich* auf Gleichungssysteme ausgedehnt.

Es seien

$$F_1(x) = 0, \quad F_2(y) = 0,..$$

die Endgleichungen vom Grade n, die sich aus den Gleichungen

$$f_i(x, y,..) = 0 \qquad (i = 1, 2,.., k)$$

durch Elimination von je $k - 1$ der Grössen $x, y, ..$ ergeben. Ferner sei $D(x, y, ..)$ die Funktionaldeterminante [I B 1 b, Nr. 21] der Funktionen $f_i(x, y, ..)$. Die Funktion $\Phi(x, y, ..)$ werde durch die Gleichung definiert:

$$\frac{\Phi(x,\, y,\, ..)}{F_1(x)\, F_2(y)..} = \sum_{i=1}^{n} \frac{1}{D(x_i,\, y_i,\, ..)(x - x_i)(y - y_i)..}.$$

Dann ergiebt sich die „einförmige" Funktion $\sum\limits_i \Psi(x_i, y_i, ..)$ als Koeffizient von $\dfrac{1}{x\, y..}$ in der Entwickelung von

$$\frac{\Psi(x,\, y,\, ..)\, \Phi(x,\, y,\, ..)\, D(x,\, y,\, ..)}{F_1(x)\, F_2(y)..}.$$

Um den Wert der „zweiförmigen" Funktion

$$\sum_{i,h} \Psi(x_i, y_i, \ldots; x_h, y_h, \ldots) \qquad \begin{pmatrix} i, h = 1, 2, \ldots, n \\ i \lessgtr h \end{pmatrix}$$

zu finden, nehme man den Koeffizienten $\psi(x_i, y_i, \ldots)$ von $\dfrac{1}{xy \ldots}$ in der Entwickelung von

$$\Psi(x_i, y_i, \ldots; x, y, \ldots) \left\{ \frac{\Phi(x, y, \ldots)\, D(x, y, \ldots)}{F_1(x)\, F_2(y) \ldots} - \frac{1}{D(x_i, y_i, \ldots)(x - x_i)(y - y_i)\ldots} \right\};$$

derselbe ist gleich

$$\sum_{h} \Psi(x_i, y_i, \ldots, x_h, y_h, \ldots), \qquad \begin{pmatrix} h = 1, 2, \ldots, n \\ h \neq i \end{pmatrix}$$

und die gesuchte Funktion ist der Koeffizient von $\dfrac{1}{xy \ldots}$ in der Entwickelung von

$$\frac{\psi(x, y, \ldots)\, \Phi(x, y, \ldots)\, D(x, y, \ldots)}{F_1(x)\, F_2(y) \ldots}$$

u. s. w.

Eine erzeugende Funktion für die symmetrischen Funktionen der Grössensysteme

$$x_i, y_i, \ldots \qquad (i = 1, 2, \ldots, n)$$

ist offenbar:

$$\sum \frac{1}{(u_1 - x_i)(v_1 - y_i) \ldots (u_2 - x_k)(v_2 - y_k) \ldots},$$

zu summieren über alle Permutationen der Systeme

$$u_i, v_i, \ldots \qquad (i = 1, 2, \ldots, n).$$

Den Wert dieser erzeugenden Funktion findet *von Escherich* gleich:

$$\frac{D(u_1, v_1, \ldots)\, D(u_2, v_2, \ldots) \ldots \Phi(u_1, v_1, \ldots)\, \Phi(u_2, v_2, \ldots) \ldots D(u_1, u_2, \ldots)}{F_1(u_1)\, F_1(u_2) \ldots F_2(v_1)\, F_2(v_2) \ldots D(x_1, x_2, \ldots)}. \quad ^{49})$$

25. Symmetrische Funktionen von Reihen von Variabeln, die von einander unabhängig sind. Sätze, Formeln, Verfahren von Mertens Waring, Schläfli, Mac Mahon, Junker. Will man dagegen die einförmigen Funktionen durch die elementaren:

$$\sum x_1 x_2 \cdots x_p y_{p+1} \cdots y_{p+q} \cdots = c_{pq} \ldots$$

ausdrücken, so hat man nur die Newton'schen oder die Girard'schen Formeln auf die Potenzsummen und Koeffizienten der Gleichung für

$$t = ux + vy + \cdots$$

anzuwenden und die Koeffizienten der einzelnen Glieder $u^p v^q \ldots$ zu annullieren. So erhält man z. B.

$$s_{100} \cdot = c_{100} \cdot$$

$$s_{200} \cdot = c_{100}^{2} \cdot\cdot - 2\,c_{200} \cdot$$

$$s_{1100} \cdot\cdot = c_{100}\ c_{0100} \cdot - c_{1100}.$$

$$2\,s_{11100} \cdot = c_{11100} - c_{0010} \cdot\cdot\, c_{1100} \cdot\cdot - c_{0100} \cdot c_{10100} \cdot - c_{100} \cdot\cdot\, s_{01000} \cdot$$
$$+ 2\,c_{100}\ c_{0100} \cdot\cdot\, c_{00100} \cdot,$$

allgemein:

$$(-1)^{p+q+\cdot\ -1}\,\frac{(p+q+\cdot\cdot-1)!}{p!\,q!\,..}\,s_{pq}\,.$$

$$= \sum\,(-1)^{\Sigma \pi_i - 1}\,\frac{\left(\sum \pi_i - 1\right)!}{\pi_1!\,\pi_2!\,..}\,c_{\varkappa_1 \lambda_1}^{\pi_1} \cdot\ c_{\varkappa_2 \lambda_2}^{\pi_2} \cdot\cdot$$

und umgekehrt:

$$(-1)^{p+q+\cdots-1}\,c_{pq}\cdot\cdot$$

$$= \sum\,\left(\frac{(\varkappa_1 + \lambda_1 + \cdot\cdot - 1)!}{\varkappa_1!\,\lambda_1!\,..}\right)^{\pi_1} \left(\frac{(\varkappa_2 + \lambda_2 + \cdot\cdot - 1)!}{\varkappa_2!\,\lambda_2!\,..}\right)^{\pi_2} \cdot\cdot\, \frac{(-1)^{\overset{\Sigma \pi_i - 1}{i}}}{\pi_1!\,\pi_2!\,..}\,s_{\varkappa_1 \lambda_1}^{\pi_1} \cdot\cdot\, s_{\varkappa_2 \lambda_2}^{\pi_2} \cdot\cdot$$

(*Mac Mahon*). Die Summationen beziehen sich auf alle Glieder,
deren „Partialgewichte"

$$\pi_1 \varkappa_1 + \pi_2 \varkappa_2 + \cdot\cdot$$
$$\pi_1 \lambda_1 + \pi_2 \lambda_2 + \cdot\cdot$$

bzw. die Werte $p, q, ..$ haben. So erhält man den Satz: Jede symmetrische Funktion eines Grössensystems ist rationale Funktion der elementaren Funktionen des Systems.

Kürzer als der angegebene Weg ist die Methode der unbestimmten Koeffizienten. Da nämlich jede eintypige Funktion isobar in allen Partialgewichten ist (*L. Schäfli, E. Betti*), kann man die litterale Form einer eintypigen Funktion als Funktion der elementaren aufstellen. Die Koeffizienten bestimmt man dann aus einer hinreichenden Anzahl spezieller Wertsysteme oder durch Koeffizientenvergleichung der eintypigen Funktionen, nachdem man die elementaren Funktionen durch $x_1, y_1, .., x_2, y_2, ..$ ausgedrückt hat.

Mac Mahon hat seine „neue Theorie" [Nr. **10**] auch auf symmetrische Funktionen von Grössensystemen ausgedehnt. An die Stelle der Partitionen des Gewichts tritt ein System von Partitionen der Partialgewichte:

$$p = p_1 + p_2 + \cdot\cdot$$
$$q = q_1 + q_2 + \cdot\cdot$$
$$\vdots$$

welche man symbolisch zusammenfasse in

$$\overline{pq\,\cdot\cdot} = \overline{p_1 q_1}\,\cdot\cdot + \overline{p_2 q_2}\,\cdot\cdot + \cdots$$

Dann ist die symmetrische Funktion $\left(\sum_i \overline{p_{1i}\,q_{1i}\,..},\ \sum_i \overline{p_{2i}\,q_{2i}\,,..}\right)$ ausdrückbar als lineares Aggregat der Separationen von

$$\overline{(p_{11}\, q_{11} \cdots, \; p_{12}\, q_{12} \cdots, \; p_{21}\, q_{21} \cdots, \; p_{22}\, q_{22} \cdots, \; \cdots)}$$

und die Koeffizienten befolgen ein analoges Symmetriegesetz wie im Falle $k = 1$. Inbesondere ist:

$$(-1)^{\sum\limits_i \pi_i - 1} \frac{\left(\sum\limits_i \pi_i - 1\right)!}{\pi_1!\, \pi_2! \ldots}\, s_{\left(\overline{p_1 q_1 \ldots}^{\pi_1}\, \overline{p_2 q_2 \ldots}^{\pi_2} \ldots\right)}$$

$$= \sum (-1)^{\sum\limits_i j_i - 1} \frac{\left(\sum\limits_i j_i - 1\right)!}{j_1!\, j_2! \ldots}\, (J_1)^{j_1} (J_2)^{j_2} \ldots$$

und umgekehrt:

$$(-1)^{\sum\limits_i \pi_i - 1} \overline{\left(\overline{p_1 q_1 \ldots}^{\pi_1}\, \overline{p_2 q_2 \ldots}^{\pi_2}\right)}$$

$$= \sum (-1)^{\sum\limits_i j_i - 1} \frac{\left(\sum\limits_i \pi_{1i} - 1\right)! \left(\sum\limits_i \pi_{2i} - 1\right)! \ldots}{j_1!\, j_2! \ldots \pi_{11}!\, \pi_{12}! \ldots \pi_{21}!\, \pi_{22}! \ldots}\, s^{j_1}_{\left(\overline{p_{11} q_{11} \ldots}^{\pi_{11}}\, \overline{p_{12} q_{12} \ldots}^{\pi_{12}} \ldots\right)}\, s^{j_2}_{\left(\overline{p_{21} q_{21} \ldots}^{\pi_{21}}\, \overline{p_{22} q_{22} \ldots}^{\pi_{22}} \ldots\right)}.$$

Hier bedeutet $s_{\left(\overline{p_1 q_1 \ldots}^{\pi_1}\, \overline{p_2 q_2 \ldots}^{\pi_2} \ldots\right)}$ den Ausdruck von $s_{p\, q \ldots}$, wo

$$p = \pi_1 p_1 + \pi_2 p_2 + \cdots, \quad q = \pi_1 q_1 + \pi_2 q_2 + \cdots, \quad \cdots$$

durch die Separationen von $\left(\overline{p_1 q_1 \ldots}^{\pi_1}\, \overline{p_2 q_2 \ldots}^{\pi_2} \ldots\right)$ und die Summation bezieht sich in der ersten Formel auf alle Separationen $(J_1)^{j_1} (J_2)^{j_2} \ldots$ von $\left(\overline{p_1 q_1 \ldots}^{\pi_1}\, \overline{p_2 q_2 \ldots}^{\pi_2} \ldots\right)$, in der zweiten auf alle Separationen

$$\left(\overline{p_{11} q_{11} \ldots}^{\pi_{11}}\, \overline{p_{12} q_{12} \ldots}^{\pi_{12}} \ldots\right)^{j_1} \left(\overline{p_{21} q_{21} \ldots}^{\pi_{21}}\, \overline{p_{22} q_{22} \ldots}^{\pi_{22}} \ldots\right)^{j_2} \ldots$$

von $\left(\overline{p_1 q_1 \ldots}^{\pi_1}\, \overline{p_2 q_2 \ldots}^{\pi_2} \ldots\right)$. Die Separationen lassen sich analog wie im Falle $k = 1$ in Gruppen zusammenfassen und es besteht der Satz: Im Ausdruck der symmetrischen Funktion $\left(\overline{p_1 q_1 \ldots}^{\pi_1}\, \overline{p_2 q_2 \ldots}^{\pi_2} \ldots\right)$ durch Separationen von $\left(\overline{a_1 b_1 \ldots}^{\alpha_1}\, \overline{a_2 b_2 \ldots}^{\alpha_2} \ldots\right)$ ist die Koeffizientensumme in jeder Gruppe Null, wenn die Partition $\left(\overline{p_1 q_1 \ldots}^{\pi_1}\, \overline{p_2 q_2 \ldots}^{\pi_2} \ldots\right)$ keine Separation der Spezialpartition (Spezifikation) $\left(\alpha_1 a_1, \alpha_1 b_1, \ldots, \alpha_2 a_2, \alpha_2 b_2, \ldots\right)$ besitzt[49]).

26. Relationen zwischen den elementar-symmetrischen Funktionen: Brill und Junker. Auf einen wesentlichen Unterschied in

49) *F. Mertens*, Wien. Ber. 81², 1880, p. 988; Krak. Ak. 17, 1890, p. 143; (2) 1, 1891, p. 333; *S. D. Poisson*, J. éc. pol. 4, an X, cah. 11, p. 199; *E. Hess*, Zeitschr. f. Math. u. Phys. 15, 1870, p. 326; *Schläfli*, Wien. Ber., math.-nat. Kl. 4², 1852, p. 1; *Cayley*, Lond. Trans. 147, 1857, p. 717 = Pap. 2, p. 454; *Mac Mahon*, ebenda 181 A, 1890, p. 481; *E. Betti*, Ann. mat. fis. 4, 1853; *G. v. Escherich*, Wien. Ber., math.-nat. Kl. 36², 1876, p. 251; *A. Brill*, Gött. Nachr. 1893, p. 757; *Fr. Junker*, Über alg. Korrespondenzen, Diss. Tübingen 1889; Math. Ann. 38, 1891, p. 91; 43, 1893, p. 225; 45, 1894, p. 1.

der Theorie der symmetrischen Funktionen für $k = 1$ und $k > 1$ scheint zuerst *Schläfli* aufmerksam gemacht zu haben. Während im ersten Fall die Anzahl der elementaren Funktionen mit der der Variabeln übereinstimmt, sind im zweiten Fall weniger Variable als elementar-symmetrische Funktionen vorhanden, die letzteren also durch eine Anzahl identischer Relationen verbunden.

Unter den elementaren Funktionen bilden die folgenden kn:

$$c_{100..}, \quad c_{200..}, \quad c_{300..}, \quad .., \quad c_{n\,00..}$$
$$c_{010..}, \quad c_{110..}, \quad c_{210..}, \quad .., \quad c_{n-1,\,10..}$$
$$c_{0010..}, \quad c_{1010..}, \quad c_{2010..}, \quad .., \quad c_{n-1,\,010..}$$
$$c_{00010..}, \quad c_{10010..}, \quad c_{20010..}, \quad .., \quad c_{n-1,\,0010..}$$
$$\vdots \qquad\quad \vdots \qquad\quad \vdots \qquad\quad \vdots$$

ein Fundamentalsystem, da jede symmetrische Funktion durch die Gleichungen:

$$y f'(x) = \sum_i y_i \frac{f(x)}{x - x_i} = c_{010..}\, x^{n-1} - c_{110..}\, x^{n-2} + \cdot\cdot$$

$$z f'(x) = \sum_i z_i \frac{f(x)}{x - x_i} = c_{0010..}\, x^{n-1} - c_{1010..}\, x^{n-2} + \cdot\cdot$$

auf eine symmetrische Funktion von $x_1, x_2, \ldots, x_n$, und durch die Gleichung:

$$f(x) = x^n - c_{100..}\, x^{n-1} + c_{200..}\, x^{n-2} - \cdot\cdot = 0$$

auf einen von den x freien Ausdruck reduziert wird, der nur von den obigen kn Grössen abhängt. Insbesondere entstehen durch die Darstellung der übrigen c durch die angegebenen $\binom{n+k}{k} - kn - 1$ rationale Relationen unter den elementaren symmetrischen Funktionen. Diese sind von einander unabhängig und alle überhaupt vorhandenen Relationen sind durch sie rational darstellbar (*Netto*).

Auf anderem Wege hat *Brill* ein vollständiges Relationensystem aufgestellt. Es sei $k = 2$. Setzt man

$$t_i = u x_i + v y_i \qquad (i = 1, 2, .., n)$$

so wird

$$\sum t_i = c_{10} u + c_{01} v,$$
$$\sum t_{i_1} t_{i_2} = c_{20} u^2 + c_{11} u v + c_{02} v^2$$
$$\vdots \qquad\quad \vdots$$

und die Bedingungen dafür, dass die Grössen c_{ik} die elementaren symmetrischen Funktionen der n Grössenpaare $x_1, y_1, x_2, y_2, \ldots$ sind, müssen übereinstimmen mit den Bedingungen dafür, dass die Ternärform

$$\sum c_{ik}(-t)^{n-i-k}u^i v^k$$

in Linearfaktoren zerfällt [I B 1 b, Nr. 5]. Die Bedingungen hierfür bestehen in dem identischen Verschwinden der Formen:

$$\binom{p}{p}\left(\sum t_i^\alpha, \ \sum t_{i_1} t_{i_2} \ldots t_{i_p}\right)_p$$

$$-\binom{p+1}{p}\left(\sum t_i^{\alpha-1}, \ \sum t_{i_1} t_{i_2} \ldots t_{i_{p+1}}\right)_p \cdots (-1)^{n-p}\binom{n}{p}\left(\sum t_i^{\alpha-n+p}, \ t_1 t_2 \ldots t_n\right)_p$$

$(\alpha > p)$; hierin bedeutet $(P, Q)_p$ die p^{te} Überschiebung [I B 2, Nr. 14] der Formen P und Q, und die Funktionen der t sind durch die Koeffizienten der Form $\sum c_{ik}(-t)^{n-i-k}u^i v^k$, also der Formen von u und v auszudrücken. Setzt man zur Abkürzung

$$c_{10}u + c_{01}v = f_1,$$
$$c_{20}u^2 + c_{11}uv + c_{02}v^2 = f_2,$$
$$\vdots$$

so ergiebt sich für $n = 2$ als Bedingung das Verschwinden der Invariante:

$$(f_1^2 - 2f_2, \ f_2)_2;$$

für $n = 3$ das identische Verschwinden der Covarianten:

$$(f_1^3 - 3f_1 f_2 + 3f_3, \ f_2)_2 - 3(f_1^2 - 2f_2, \ f_3)_2 = 0,$$
$$(f_1^4 - 4f_1^3 f_2 + 2f_2^3 + 4f_1 f_3, \ f_2)_2 - 3(f_1^3 - 3f_1 f_2 + 3f_3, \ f_3)_2 = 0$$

u. s. w.

Am ausführlichsten hat diese Relationen *Junker* behandelt. Er erhält dieselben z. B. folgendermassen: Entwickelt man die symmetrische Funktion

$$\varphi(x, y, \ldots) = \sum (x - x_1)^{\alpha_1}(y - y_1)^{\beta_1} \cdots (x - x_2)^{\alpha_2}(y - y_2)^{\beta_2} \cdots$$

nach Potenzen der $x, y, \ldots$:

$$\varphi(x, y, \ldots) = \varphi(0, 0, \ldots) - \left(x \sum \frac{\partial \varphi}{\partial x_i} + y \sum \frac{\partial \varphi}{\partial y_i} + \cdots\right)$$
$$+ \frac{1}{2!}\left(x^2 \sum \frac{\partial^2 \varphi}{\partial x_i^2} + 2xy \frac{\partial^2 \varphi}{\partial x_i y_i} + y^2 \sum \frac{\partial^2 \varphi}{\partial y_i^2}\right),$$
$$\vdots \qquad \vdots \qquad \vdots$$

so ergiebt sich, wegen $\sum \varphi(x_i, y_i, \ldots) = 0$, die Relation:

$$0 = n\varphi(0, 0, \ldots) - \left(\sum x_i \cdot \sum \frac{\partial \varphi}{\partial x_i} + \sum y_i \sum \frac{\partial \varphi}{\partial y_i}\right) + \cdots,$$

in der man $\sum x_i = c_{100..}$, $\sum y_i = c_{010..}$, u. s. w. und

$$\sum \frac{\partial \varphi}{\partial x_i} = \sum \frac{\partial \varphi}{\partial c_{pq..}} \cdot (n - p + 1)c_{p-1, q,..} \quad \text{u. s. w.}$$

zu setzen hat.

Junker zeigt ferner, dass das niedrigste Gewicht für diese Relationen $n + 2$ ist. Daraus folgt insbesondere, dass es Relationen, die für jeden Wert von n gültig sind, nicht geben kann. Bei unbestimmtem n giebt es daher keine Relationen zwischen den elementaren symmetrischen Funktionen, sodass sich in diesem Falle jede symmetrische Funktion nur auf eine Art durch die elementaren darstellen lässt. Diese Darstellung braucht bei einer ganzzahligen Funktion nicht notwendig ganzzahlig zu sein, wie z. B. aus der verallgemeinerten Girard'schen Formel hervorgeht.

Aus jeder Relation zwischen symmetrischen Funktionen lassen sich nach *Junker* neue herleiten, indem man folgende Prozesse anwendet. Durch eine Substitution der Art:

$$x = x' x'' x''' \ . \ .$$
$$y = y' y'' y''' \ . \ .$$

wird eine Funktion in eine andere von mehr Reihen von Grössen verwandelt. Die elementaren Funktionen gehen dadurch in elementare Funktionen der neuen Grössen über.

Durch Koincidenz mehrerer Reihen, z. B.

$$x_i = y_i \qquad (i = 1, 2, .., n)$$

wird eine Funktion in eine andere von weniger Reihen von Grössen verwandelt. Die einförmigen Funktionen bleiben einförmig.

Beide Prozesse, nebst den Beziehungen zwischen den einförmigen und den elementaren Funktionen genügen offenbar, um aus den Ausdrücken der primitiven Elementarfunktionen:

$$\sum x_1 y_2 \ \ = s_{100..} \, s_{010..} - s_{110..}$$
$$\sum x_1 y_2 z_3 = s_{100.} \, s_{010..} \, s_{0010} \ . - \cdots + 2 s_{1110} \ .$$

successive die Ausdrücke aller eintypigen symmetrischen Funktionen zu erhalten.

Andere derartige Prozesse sind die Differentialoperatoren:

$$\sum_i \frac{\partial \varphi}{\partial x_i} = \sum_{p, q, ..} \frac{\partial \varphi}{\partial c_{pq..}} (n - p + 1) c_{p-1, q,.} = \sum_{p, q, .} \frac{\partial \varphi}{\partial s_{pq..}} p s_{p-1, q, ..} ,$$

$$\sum_i y_i \frac{\partial \varphi}{\partial x_i} = \sum_{p, q, ..} (1 + p) \frac{\partial \varphi}{\partial c_{pq..}} c_{p-1, q..} = \sum_{p, q, ..} p \frac{\partial \varphi}{\partial s_{p, q, ..}} s_{p-1, q, ..} .$$

Die letzteren können z. B. dazu dienen, aus dem Ausdruck einer eintypigen Funktion durch die elementaren oder die einförmigen Funktionen den Ausdruck jeder anderen eintypigen Funktion von demselben Totalgewicht abzuleiten.

Die Mehrdeutigkeit in der Darstellung einer eintypigen Funktion durch die elementaren macht die Einführung einer „kanonischen" Form erforderlich. *Junker* definiert als solche diejenige Form einer *h*-förmigen Funktion, in welcher die *h*-förmigen Elementarfunktionen im höchstmöglichen Grad homogen auftreten. Er lehrt die kanonische Form herzustellen und beweist, dass der Grad, in welchem die *h*-förmigen Elementarfunktionen auftreten, dem kleinsten Teilgewicht höchstens gleich sein kann. Unter Teilgewicht der Funktion $\sum x_1^{\alpha_1} y_1^{\beta_1} \ldots x_2^{\alpha_2} y_2^{\beta_2} \ldots$ versteht *Junker* die Summen

$$\alpha_1 + \beta_1 + \cdots$$
$$\alpha_2 + \beta_2 + \cdots$$
$$\vdots$$

während er die Partialgewichte als „Reihengewichte" bezeichnet [49]).

27. Allgemeinere Funktionen. *Junker* macht auf eine neue Art von Funktionen, doppeltsymmetrische Funktionen, aufmerksam; dieselben sind nicht nur symmetrisch in Bezug auf die Vertauschungen von Kolonnen, sondern auch in Bezug auf diejenige der Reihen [49]).

Ähnlich spricht *Muir* [50]) von symmetrisch-alternierenden Funktionen. Determinanten sind alternierend-alternierende Funktionen. Allgemeinere Funktionen dieser Art sind bisher nicht betrachtet worden. Auch ist die Untersuchung derselben in einer *erschöpfenden* Behandlung der Funktionen *einer* Grössenreihe mit enthalten.

---

50) *Th. Muir*, Edinb. Trans. **33**, 1887, p. 309.

I B 3 c, d. GALOIS'SCHE THEORIE MIT ANWENDUNGEN.

VON

O. HÖLDER

IN LEIPZIG.

Inhaltsübersicht.

Lehrbücher.

J. A. Serret, Cours d'algèbre supérieure, Paris, 3. éd. 1866, 4. éd. 1879, 5. éd. 1885 (t. 2, section 5, chap. 5); deutsch v. Wertheim, Leipzig 1868, 2. Aufl. 1878·

C. Jordan, Traité des substitutions et des équations algébriques, Paris 1870.

J. Petersen, de algebraiske ligningers theori, Kjöbenhavn 1877; deutsch 1878 (p. 299 ff.); ital. von *G. Rozzalino* u. *G. Sforza*, Napoli 1891; franz. 1896.

E. Netto, Substitutionentheorie und ihre Anwendung auf die Algebra, Leipzig 1882; ital. v. *G. Battaglini*, Torino 1885; engl. v. *F. N. Cole*, Ann Arbor 1892.

H. Vogt, Leçons sur la résolution algébrique des équations, Paris 1895.

H. Weber, Lehrbuch der Algebra, Braunschweig 1. Bd. 1895, 2. Bd. 1896 (besonders Bd. 1, drittes Buch); zweite Aufl. 1. Bd., 1898.

---

1. Einleitung. *Évariste Galois* hat eine Theorie der Gleichungen geschaffen[1]), die ein Kriterium für die Auflösbarkeit spezieller Gleichungen durch Wurzelzeichen ergiebt, aber zugleich weit über dieses Ziel hinausführt. Diese Theorie knüpft an den Begriff der Irreducibilität an.

Eine Gleichung $f(x) = 0$ wird *reducibel* genannt, wenn die ganze Funktion $f(x)$, welche die linke Seite bildet, so in Faktoren gespalten werden kann, dass die Koeffizienten der Faktoren „rational bekannt" sind; im andern Fall heisst die Gleichung *irreducibel* [I B 1 a, Nr. 10]. Die Eigenschaft der Irreducibilität kommt also einer Gleichung nur mit Rücksicht auf eine vorher zu machende Festsetzung zu. Man hat gewisse Grössen $R, R', \ldots$ zu bezeichnen, die als rational bekannt angesehen werden sollen. Zugleich sind auch diejenigen Grössen als rational bekannt zu betrachten, die sich aus $R, R', \ldots$ mit Hülfe der Operationen der Addition, Subtraktion, Multiplikation und Division ergeben. Alle diese Grössen bilden den Rationalitätsbereich $[R, R', \ldots]$.[2]) Die Grössen $R, R', \ldots$ können bis auf einen gewissen Grad willkür-

---

1) Oeuvres mathématiques *d'Évariste Galois*, Abdruck aus J. d. math. 11 (1846), p. 381; neu hsg. von *É. Picard*, Par. 1897; deutsche Ausg. von *Maser*, Berlin 1889. Die wichtigste Arbeit p. 33, die vor 1846 nicht gedruckt war, ist im Jahre 1831 niedergeschrieben. Einige Resultate waren von *Galois* im Bulletin des sciences mathém. von *Férussac* 13 (1830), p. 271 veröffentlicht worden. Besonders bemerkenswert ist auch p. 24 der oeuvres, der Brief an *Chevalier*, der nach *Galois'* Tod 1832 in der Revue encyclopédique erschien.

2) Vgl. *L. Kronecker*, Grundzüge einer arithmetischen Theorie der algebraischen Grössen, Berlin 1882, p. 3 (J. f. M. 92 [1882]) == Werke 2, p. 250. Vgl. auch *Galois*, mém. sur les cond. de resol., principes: „on pourra convenir de regarder" etc.; *N. H. Abel*, Bd. 1, p. 479 Fussn.; 2, p. 220, Z. 3 v. o.; p. 330, Z. 24 v. o. Andere Autoren nennen eine solche Gesamtheit von Grössen einen „Körper"; vgl. *R. Dedekind's* 11. Supplement zu den Vorlesungen von *P. G. Lejeune-Dirichlet* über Zahlentheorie, 3. Aufl. 1879 [I B 1 c, Nr. 2].

lich angenommen werden, es müssen nur die Koeffizienten von $f(x)$ selbst dem Rationalitätsbereich angehören. Der einfachste Rationalitätsbereich ist der „absolute", der nur aus den rationalen Zahlen besteht.

Wenn die Gleichung $g(x) = 0$ für eine Wurzel der irreducibeln Gleichung $f(x) = 0$ erfüllt ist, so ist $g = 0$ erfüllt für alle Wurzeln der irreducibeln Gleichung[3]). Voraussetzung ist dabei, dass ein Rationalitätsbereich zu Grunde liegt, dem die Koeffizienten der beiden Gleichungen angehören, und in dem die zweite Gleichung irreducibel ist. Der genannte Satz besagt, dass *in gewissem Sinn* von jeder Wurzel einer irreducibeln Gleichung ausgesagt werden kann, was von einer Wurzel gilt. Anders verhält sich die Sache, wenn man Paare von Wurzeln betrachtet. Es hat z. B. die im absoluten Rationalitätsbereich irreducible Gleichung $x^4 + x^3 + x^2 + x + 1 = 0$ die Wurzeln

$$x_1 = e^{\frac{2\pi i}{5}},\ x_2 = e^{\frac{4\pi i}{5}},\ x_3 = e^{\frac{8\pi i}{5}},\ x_4 = e^{\frac{6\pi i}{5}},$$

und es besteht die Relation $x_1{}^2 - x_2 = 0$. Diese Relation würde nicht bestehen bleiben, wenn wir für das Wurzelpaar x_1, x_2 das Paar x_3, x_1 setzen wollten, dagegen ist

$$(1) \qquad x_2{}^2 - x_3 = 0,\quad x_3{}^2 - x_4 = 0,\quad x_4{}^2 - x_1 = 0.$$

Es gilt also nicht für jedes Wurzelpaar, was für ein Wurzelpaar gilt. Ähnliches findet man, wenn man Relationen aus Wurzeltripeln bildet. So ist

$$(2)\quad x_1 - x_2 x_3 = 0,\quad x_2 - x_3 x_4 = 0,\quad x_3 - x_4 x_1 = 0,\quad x_4 - x_1 x_2 = 0,$$

während der Ausdruck $x_2 - x_1 x_3$ einen von Null verschiedenen Wert hat.

Die Relationen (1) gehen durch die cyklische Vertauschung $(x_1 x_2 x_3 x_4)$ [I A 6, Nr. 3] aus einander hervor, und es gilt dasselbe von den Relationen (2). Besteht nun *vermöge der speziellen Werte* der Grössen x_1, x_2, x_3, x_4 irgend eine Relation $\varphi(x_1, x_2, x_3, x_4) = 0$, in welche ausserdem nur noch Grössen des Rationalitätsbereichs als Koeffizienten eingehen, so lässt sich zeigen, dass auch in dieser Relation die Vertauschung (x_1, x_2, x_3, x_4) ausgeführt werden darf, ohne dass die Relation aufhört, zu bestehen; dagegen giebt es ausser den Wiederholungen (Potenzen) des genannten Cyklus keine Substitution, die in allen Relationen $\varphi = 0$ der genannten Art ausgeführt werden dürfte.

So ergiebt sich eine aus den Potenzen der Substitution $(x_1 x_2 x_3 x_4)$ gebildete Gruppe[4]), welche der vorgelegten Gleichung zugehört.

Galois hat nun die Entdeckung gemacht, dass in dieser Weise

---

3) *N. H. Abel*, J. f. M. 4 (1829), p. 131, oeuvr. nouv. 6d. publ. par *L. Sylow* et *S. Lie* (1881) 1, p. 480.

4) Vgl. Anm. 11.

jeder speziellen Gleichung, nachdem ein Rationalitätsbereich zu Grunde gelegt ist, eine völlig bestimmte Gruppe von Substitutionen zugehört[5]). Aus der „*Galois*'schen Gruppe einer Gleichung" kann man die wesentlichsten Eigenschaften der Gleichung erkennen. Von Gleichungen, welche dieselbe Gruppe besitzen, sagt man, dass sie den gleichen „Affekt" haben[6]) [I B 3b, Nr. 20].

Einen Keim der *Galois*'schen Theorie kann man bei *Lagrange* finden. Dieser knüpft an die Betrachtungen an, welche *Hudde* und *Waring* über solche Gleichungen angestellt hatten, in welchen zwischen den Wurzeln gewisse einfache Relationen bestehen[7]). *Lagrange* denkt sich an jener bemerkenswerten Stelle eine Relation, welche zwischen einem Teil der Wurzeln vermöge der numerischen Werte dieser Wurzeln besteht, und unterscheidet nun den Fall, in welchem diese Relation „nur für diese Wurzeln und nur auf eine Weise" statt hat, von dem andern, in welchem in der Relation gewisse Vertauschungen vorgenommen werden können. Die Wichtigkeit der zwischen den Wurzeln bestehenden Relationen trat später noch mehr durch die von *Gauss* über die Kreisteilung[8]) ausgeführten Untersuchungen hervor, auf welche *Galois* auch Bezug genommen hat[9]).

2. Definition der Gruppe einer Gleichung. Die Gleichung $f(x) = 0$ werde vom n^{ten} Grad und ohne Doppelwurzel, dagegen nicht notwendig als irreducibel angenommen. Die Wurzeln $x_1, x_2, \ldots x_n$ der Gleichung sind von einander verschieden. Nun wähle man eine Irrationalität w, in welcher jede der Grössen $x_1, x_2, \ldots x_n$ rational ausgedrückt, und die selbst in allen den Grössen $x_1, x_2, \ldots x_n$ zusammen rational dargestellt werden kann; eine solche Irrationalität lässt sich immer finden, z. B. indem man $w = m_1 x_1 + m_2 x_2 + \cdots + m_n x_n$ setzt und $m_1, m_2, \ldots m_n$ als ganze Zahlen so bestimmt, dass die $n!$ Ausdrücke, die aus $m_1 x_1 + m_2 x_2 + \cdots + m_n x_n$ durch die sämt-

---

5) Oeuvr. p. 37.

6) *L. Kronecker*, Berl. Ber. 1858, p. 288 und 1861, p. 615.

7) *J. L. Lagrange*, réflexions sur la résolution algébrique des équations (nouveaux mémoires de l'acad. roy. de Berlin 1770, p. 134 ff., 1771, p. 138 ff.), oeuvr. publ. par *J. A. Serret*, Paris 1869, 3, p. 403 ff. *Johannis Huddenii* epistola prima de reductione aequationum (1657). Dieser Brief ist der Geometria a *Renato Des-Cartes* op. atque stud. *F. a Schooten*, Amstelodami (1. Aufl. 1649, 2, Aufl. 1659, 3. Aufl. 1683) beigedruckt und findet sich in der 3. Aufl. dieser lat. Übersetzung der „Géométrie" auf S. 401. Man vgl. besonders p. 426. *Ed. Waring*, miscellanea analytica, Cantabrigiae 1762, p. 26.

8) Vgl. Nr. **22**.

9) Oeuvr. p. **25**.

lichen Vertauschungen der Grössen x entstehen, verschieden sind [10]).
Drückt man die Wurzeln x in w aus, so erhält man

$$(3) \qquad x_1 = \psi_1(w), \quad x_2 = \psi_2(w), \ldots x_n = \psi_n(w).$$

Jetzt bedeute $G(x) = 0$ die in dem zu Grunde gelegten Rationalitätsbereich $[R, R', \ldots]$ irreducible Gleichung, der die Grösse w genügt,
und seien $w, w', w'', \ldots w^{(r-1)}$ die sämtlichen Wurzeln der Gleichung
$G = 0$. Es gehen nun aus (3) im ganzen r Grössenreihen

$$(4) \qquad \psi_1(w^{(\alpha)}), \quad \psi_2(w^{(\alpha)}), \ldots \psi_n(w^{(\alpha)}), \quad (\alpha = 0, 1, 2, \ldots r-1)$$

hervor, die nichts anderes sind, als r verschiedene Anordnungen (Permutationen) jener selben Wurzeln $x_1, x_2, \ldots x_n$. Bedeutet wieder
$\varphi(x_1, x_2, \ldots x_n) = 0$ eine zwischen den Grössen x vermöge der speziellen Werte dieser Grössen bestehende Relation, deren Koeffizienten
dem Rationalitätsbereich $[R, R', \ldots]$ angehören, so kann in der Relation $\varphi = 0$ für $x_1, x_2, \ldots x_n$ jede der Anordnungen (4) eingesetzt
werden, ohne dass die Relation aufhörte, richtig zu sein. Das ist
eine Folge des in Nr. 1 erwähnten Satzes. Man darf also in der
Gleichung $\varphi(x_1, x_2, \ldots x_n) = 0$ alle die in der Formel

$$\begin{pmatrix} \psi_1(w) & \psi_2(w) & \ldots \psi_n(w) \\ \psi_1(w^{(\alpha)}) & \psi_2(w^{(\alpha)}) & \ldots \psi_n(w^{(\alpha)}) \end{pmatrix}$$

für $\alpha = 0, 1, 2, \ldots r-1$ enthaltenen r Substitutionen ausführen.
Es lässt sich beweisen, dass diese Substitutionen eine *Gruppe* bilden [11]),
und dass eine in dieser Gruppe nicht enthaltene Substitution jedenfalls nicht in *allen* Relationen $\varphi = 0$ ausgeführt werden darf. Die
so definierte Gruppe ist, wenn der Rationalitätsbereich $[R, R', \ldots]$ zu
Grunde gelegt wird, die „*Galois'sche Gruppe*" der Gleichung $f(x) = 0$.
Die hier angeführten Eigenschaften dieser Gruppe zeigen, dass sie
nur durch die Gleichung selbst und durch den Rationalitätsbereich
bestimmt und von der zu ihrer Konstruktion benutzten Grösse w
unabhängig ist [12]).

---

10) *Galois*, oeuvr. p. 36.

11) d. h. dass je zwei solche Substitutionen, wenn man sie auf die eine
oder die andere Art zusammensetzt, wieder eine solche Substitution ergeben.
Galois hat das nicht bewiesen; man vgl. den Beweis bei *E. Betti*, Ann. mat. fis.
3 (1852), p. 87, 88. Hinsichtlich aller gruppentheoretischen Begriffe vgl. man
auch I A 6.

12) Eine andere Auffassung der *Galois*'schen Gruppe einer Gleichung hat
L. Kronecker gegeben, Grundzüge einer arithmetischen Theorie der algebraischen
Grössen, Berlin 1882, p. 32—34 = Werke 2, p. 281—285. Diese Auffassung ist
von *A. Kneser*, J. f. Math. 102 (1888), p. 20 näher ausgeführt worden. Wieder
anders hat *H. Weber* die Gruppe einer Gleichung eingeführt, indem er für die

Die zur Definition der Gruppe benutzte Gleichung $G = 0$ wird als „*Galois*'sche Resolvente" der Gleichung $f = 0$ bezeichnet[13]). Der Grad r dieser Resolvente ist gleich der Anzahl der Substitutionen der *Galois*'schen Gruppe, d. h. gleich der „Ordnung" dieser Gruppe.

3. Weitere Eigenschaften der Gruppe. Man kann die Eigenschaften der *Galois*'schen Gruppe einer Gleichung auch etwas anders formulieren. Es sei $\chi(x_1, x_2, \ldots x_n)$ eine ganze Funktion der Wurzeln $x_1, x_2, \ldots x_n$ der Gleichung, und es soll χ für jede Substitution der Gleichungsgruppe seinen numerischen Wert behalten. Man kann dann den Wert von χ folgendermassen berechnen. Man drücke $x_1, x_2, \ldots x_n$ durch w aus, wodurch $\chi(x_1, x_2, \ldots x_n) = \omega(w)$ wird. Diejenigen Werte, die aus der Funktion $\chi(x_1, x_2, \ldots x_n)$ durch die Substitutionen der Gruppe hervorgehen, sind $\omega(w)$, $\omega(w')$, $\omega(w'')$, $\ldots$ $\omega(w^{(r-1)})$. Diese Werte müssen hier einander gleich sein, und es ist somit

$$\chi(x_1, x_2, \ldots x_n) = \frac{1}{r} \left\{ \omega(w) + \omega(w') + \omega(w'') + \cdots + \omega(w^{(r-1)}) \right\}.$$

Die rechte Seite der erhaltenen Gleichung stellt sich als Grösse des Rationalitätsbereichs dar [I B 3 b, Nr. 1]. Eine Funktion χ, welche bei den Substitutionen der Gruppe numerisch ungeändert bleibt, hat also einen rational bekannten Wert. Die Umkehrung dieses Satzes ist gleichfalls richtig, was im Grunde schon in Nr. 2 enthalten ist[14]).

Ausserdem lässt sich noch beweisen: wenn eine Gruppe Γ von Substitutionen der Wurzeln $x_1, x_2, \ldots x_n$ existiert von der Eigenschaft, dass jede ganze Funktion der Wurzeln, die bei den Substitutionen von Γ numerisch ungeändert bleibt, rational bekannt ist, und jede ganze Funktion der Wurzeln, deren Wert rational bekannt ist, bei den Substitutionen von Γ numerisch ungeändert bleibt, so ist Γ die *Galois*'sche Gruppe der Gleichung $f(x) = 0$, der die Wurzeln $x_1, x_2, \ldots x_n$ angehören[15]).

Die Koeffizienten der Funktionen sind hier stillschweigend als rational bekannt angenommen worden.

---

sämtlichen Grössen eines „Normalkörpers" Substitutionen definiert hat, Acta math. 8 (1886), p. 196 u. Lehrbuch der Algebra, 1. Aufl. 1, p. 467 ff., 476 ff.

    13) *Betti*, a. a. O. p. 86.

    14) *Galois*, oeuvr. p. 37.

    15) *J. A Serret*, Cours d'algèbre 3. éd., 2, p. 612. Man vgl. auch die Behandlung der *Galois*'schen Fundamentalsätze bei *C. Jordan*, Math. Ann. 1 (1869), p. 141; *J. König*, Math. Ann. 14 (1879), p. 212; *Th. Söderberg*, Acta math. 11 (1888), p. 297; *O. Hölder*, Math. Ann. 34 (1889), p. 26 u. 454; *O. Bolza*, Am. J. of math. 13 (1891), p. 1.

4. Wirkliche Herstellung der Gruppe. Will man in einem gegebenen Falle die *Galois*'sche Gruppe rechnerisch aufstellen, so kann man folgendermassen verfahren. Man bilde das Produkt

$$F(x) = \prod_{(i)} (x - u_1 x_{i_1} - u_2 x_{i_2} - \cdots - u_n x_{i_n})$$

über alle die $n!$ Permutationen $x_{i_1}, x_{i_2}, \ldots x_{i_n}$ der Wurzeln $x_1, x_2, \ldots x_n$. Die Gleichung $F(x) = 0$ hat eine Diskriminante [I B 1a, Nr. 20], die als Funktion von $u_1, u_2, \ldots u_n$ nicht identisch verschwindet. Setzt man jetzt für $u_1, u_2, \ldots u_n$ solche ganze Zahlen $m_1, m_2, \ldots m_n$, für welche die Diskriminante von Null verschieden ist[16]), so erfüllen $m_1, m_2, \ldots$ die in Nr. 2 ausgesprochene Bedingung. Das *Galois*'sche Verfahren[17]) kann dann so durchgeführt werden, dass die rationalen Ausdrücke

$$(5) \qquad\qquad \psi_1(w), \ \psi_2(w), \ldots \psi_n(w),$$

die $x_1, x_2, \ldots x_n$ in $w = m_1 x_1 + m_2 x_2 + \cdots + m_n x_n$ darstellen, wirklich fertig gerechnet werden. Man kann auch die linearen Ausdrücke $m_1 x_{i_1} + m_2 x_{i_2} + \cdots + m_n x_{i_n}$ in w berechnen, so dass also

$$m_1 x_{i_1} + m_2 x_{i_2} + \cdots + m_n x_{i_n} = \chi_i(w).$$

Die Funktion $F(x)$, deren Koeffizienten nach Einsetzung der Zahlen $m_1, m_2, \ldots m_n$ dem Rationalitätsbereich angehören, ist nun in ihre irreducibeln Faktoren zu zerlegen, was durch eine endliche Zahl von Operationen geschehen kann[18]). Die Rechnungen, die wir uns im vorhergehenden durchgeführt dachten, setzen, wie eine nähere Überlegung zeigt, noch nichts darüber voraus, welche der Wurzeln der vorliegenden speziellen Gleichungen $f(x) = 0$ mit x_1, welche mit x_2 u. s. f. bezeichnet sein soll. Man kann deshalb einen beliebigen irreducibeln Faktor $G(x)$ der Funktion $F(x)$ wählen und annehmen, dass w eine Wurzel der Gleichung $G = 0$ sein soll. Von den Ausdrücken $\chi_i(w)$ kann man dann diejenigen aussuchen, welche die Gleichung $G = 0$ befriedigen. Diese Ausdrücke $\chi_i(w)$ sind in (5) für w einzusetzen. Dadurch entstehen gewisse Permutationen, die man wirklich mit einander vergleichen kann und die deshalb die gewünschte *Galois*'sche Gruppe in völlig ausgerechneter Form ergeben.

---

16) Vgl. z. B, *Weber*, Algebra 1. Aufl. 1, p. 457. Vgl. den Satz von *D. Hilbert*, J. f. Math. 110 (1892), p. 104.

17) Oeuvr. p. 36.

18) Die oben genannte epistola *Huddenii* enthält schon eine Methode für die Zerlegung der Gleichungen. Für jeden beliebigen Rationalitätsbereich ist diese Zerlegung von *L. Kronecker* behandelt worden, Grundzüge einer arithmetischen Theorie der algebraischen Grössen, p. 10 ff. = Werke 2, p. 256 ff. Man vgl. auch *K. Runge*, J. f. Math. 99 (1886), p. 89 [I B 1a, Nr. 10].

19) Liegt eine Gleichung von 2., 3. oder 4. Grad gegeben vor, so kann man die Gruppe in besonders einfacher Weise finden, vgl. *F. Hack*, Diss. Tübingen 1895.

5. Monodromiegruppe. Sind die Koeffizienten einer Gleichung rationale Funktionen einer Variabeln ξ (oder auch mehrerer), etwa mit rationalen Zahlkoeffizienten, so sind unter den verschiedenen Arten, wie der Rationalitätsbereich angenommen werden kann, zwei besonders bemerkenswert. Entweder man rechnet zum Rationalitätsbereich nur rationale Funktionen von ξ mit rationalen Koefficienten, oder man rechnet dazu alle rationalen Funktionen von ξ, gleichviel wie die Koeffizienten dieser Funktionen beschaffen sein mögen; man „adjungiert" in diesem Fall gewissermassen alle numerischen Grössen. Die Gruppe, welche sich bei der zweiten Annahme ergiebt, kann man auch so definieren. Man suche für einen variabeln Wert ξ die sämtlichen Wurzeln der Gleichung und setze nun diese Funktionen von ξ gleichzeitig auf demselben Wege fort, indem ξ eine kontinuierliche Reihe komplexer Werte von einem festen Wert ξ_0 bis wieder nach ξ_0 zurück annimmt. Schliesslich werden sich die Wurzeln im allgemeinen vertauscht haben. Alle Vertauschungen, die man so durch Benutzung verschiedener Wege erhalten kann, bilden zusammen die Gruppe, um die es sich handelt. Diese Gruppe wird *„Monodromiegruppe"* genannt[20]) zum Unterschied von der *„algebraischen* Gruppe", die sich bei der ersten Annahme über den Rationalitätsbereich oder auch bei der Adjunktion von nur einigen bestimmten Irrationalitäten ergiebt.

Die aus dem Fortsetzungsprinzip sich ergebenden Substitutionen hat zuerst *V. Puiseux* studiert[21]). *Ch. Hermite* hat dann gezeigt, dass die Gesamtheit dieser Substitutionen nichts anderes ist, als — bei einer gewissen Annahme über den Rationalitätsbereich — die *Galois*'sche Gruppe der Gleichung[22]). *C. Jordan* hat bewiesen, dass die Monodromiegruppe eine ausgezeichnete [I A 6, Nr. 16] Untergruppe von der algebraischen Gruppe der Gleichung ist[23]).

6. Transitivität und Primitivität. Es wurde schon erwähnt, dass die Gleichung $f(x) = 0$ nicht irreducibel zu sein braucht. Wenn sie es ist, und nur dann, ist die Gruppe transitiv[24]), d. h. es erlauben die Substitutionen der Gruppe, von jedem x_h zu jedem x_i überzugehen; in diesem Falle ist auch die Ordnung der Gruppe durch den Grad der Gleichung teilbar[25]). Der äusserste Fall der Reducibilität der

---

20) *C. Jordan*, traité p. 277.

21) J. de math. 15 (1850), p. 365.

22) Par. C. R. 1851, 1. sém., p. 458.

23) Traité p. 278. Ausgezeichnete Untergruppe vgl. hier Nr. 11.

24) *C. Jordan*, J. de math. (2) 12 (1867), p. 111 [I A 6, Nr. 23]; Math. Ann. 1 (1869), p. 147 u. traité p. 259.

25) Begriff der Transitivität zuerst bei *P. Ruffini* [I A 6, Nr. 6], der Name

Gleichung ist derjenige, in welchem die Gleichung in lauter Linearfaktoren zerfällt, deren Koeffizienten dem Rationalitätsbereich angehören. In diesem Falle reduziert sich die Gruppe auf die „identische"
Substitution, die jedes x_h durch x_h selbst ersetzt.

Die Gruppen von Buchstabenvertauschungen, welche transitiv
sind, werden in primitive und imprimitive eingeteilt[26]). Eine solche
Gruppe heisst „imprimitiv", wenn man die Buchstaben $x_1, x_2, \ldots x_n$ in
Systeme so einteilen kann, dass jede Substitution die Buchstaben eines
und desselben Systems wieder in Buchstaben eines einzigen Systems
verwandelt. Im andern Falle heisst die Gruppe „primitiv". Die Gruppe Γ
unserer Gleichung n^{ten} Grades ist, wie $H.$ *Weber* gezeigt hat, imprimitiv
oder primitiv, je nachdem man aus x_1 und den Grössen des Rationalitätsbereichs eine Irrationalität rational zusammensetzen kann oder
nicht, für welche der Grad der im gegebenen Rationalitätsbereich
irreducibeln Gleichung >1 und $<n$ ist[27]).

7. Adjunktion einer natürlichen Irrationalität. Der Rationalitätsbereich, der bei der Betrachtung einer gegebenen Gleichung zu Grunde
gelegt wird, ist noch bis auf einen gewissen Grad willkürlich; er
unterliegt nur der einen Bedingung, dass ihm die Koeffizienten der
Gleichung angehören. Insbesondere kann also der Rationalitätsbereich
durch Zufügung von Irrationalitäten, d. h. durch „Adjunktion" erweitert werden[28]). Durch eine solche Adjunktion kann die Gruppe
der Gleichung sich ändern.

Zunächst ergiebt eine einfache Überlegung, dass jedenfalls alle
Substitutionen der neuen Gruppe auch der alten angehören müssen.
Tritt also überhaupt eine Änderung ein, so besteht die neue Gruppe
aus einem Teil der Substitutionen der alten Gruppe, d. h. die neue
Gruppe ist eine „Untergruppe" der alten [I A 6, Nr. 5].

Will man die neue Gruppe, die nach der Adjunktion der Gleichung zukommt, berechnen, so kann man wieder dieselbe Irrationalität
w wie früher benutzen, um die Wurzeln $x_1, x_2, \ldots x_n$ in ihr auszudrücken. Als *Galois*'sche Resolvente hat man nun die im neuen,
erweiterten Rationalitätsbereich irreducible Gleichung $G_1 = 0$ anzunehmen, der w genügt. Man hat also G_1 als einen der irreducibeln
Faktoren zu bestimmen, in die nach der Adjunktion $G(x)$ zerfällt.

---

bei *A. Cauchy*, Par. C. R. 1845, 2. sém., p. 668 (oeuvr. [1] 9, p. 294), hier auch
der Satz über die Ordnung der transitiven Gruppe.

26) *C. Jordan*, traité p. 34. Die Sache schon bei *Ruffini* [I A 6, Nr. 6].

27) Algebra 1, p. 483—487

28) *Galois*, oeuvr. p. 34.

Diese Zerfällung ist wieder durch eine endliche Zahl von Operationen ausführbar.

Die einfachste Adjunktion ist die einer „natürlichen“ Irrationalität. Dies ist eine solche Irrationalität, die sich als ganze Funktion $g(x_1, x_2, \ldots x_n)$ der Wurzeln ausdrücken lässt[29]), wobei die Koeffizienten der Funktion dem Rationalitätsbereich angehören. Nach einer solchen Adjunktion besteht die neue Gruppe Δ aus denjenigen Substitutionen der alten Gruppe Γ, die den Ausdruck $g(x_1, x_2, \ldots x_n)$ numerisch nicht ändern[30]). Dabei ist zu bemerken, dass diejenigen Substitutionen, welche einen gegebenen Ausdruck numerisch nicht ändern, eine Gruppe bilden unter der Voraussetzung, dass man sich auf Substitutionen der Gleichungsgruppe Γ beschränkt[31]). Ohne diese Voraussetzung bilden sie nicht immer eine Gruppe.

Nun seien zwei Funktionen der Wurzeln $g(x_1, x_2, \ldots x_n)$ und $g_1(x_1, x_2, \ldots x_n)$ gegeben, und es soll die Funktion $g_1(x_1, x_2, \ldots x_n)$ ihren numerischen Wert mindestens bei allen den Substitutionen der Gruppe Γ beibehalten, welche die Funktion $g(x_1, x_2, \ldots x_n)$ numerisch nicht ändern. In diesem Falle bleibt $g_1(x_1, x_2, \ldots x_n)$ numerisch ungeändert bei jeder Substitution der Gruppe Δ, die nach Adjunktion von g der Gleichung zugehört. g_1 ist also eine Grösse des neuen Rationalitätsbereichs, d. h. g_1 setzt sich aus den Grössen des alten Rationalitätsbereichs und aus g rational zusammen. Es gestatten auch hier die früher erwähnten Mittel, bis zur wirklichen Berechnung vorzuschreiten.

Bleibt eine Funktion $g_0(x_1, x_2, \ldots x_n)$ numerisch ungeändert bei allen Substitutionen der Gruppe Γ, die mehrere Funktionen $g(x_1, x_2, \ldots x_n)$, $g_1(x_1, x_3, \ldots x_n)$, $\ldots g_\varrho(x_1, x_2, \ldots x_n)$ gleichzeitig numerisch nicht ändern, so kann g_0 aus $g, g_1, \ldots g_\varrho$ und den Grössen des ursprünglichen Rationalitätsbereichs zusammengesetzt werden.

Diese Sätze sind mit gewissen Sätzen von *Lagrange*, die sich auf Funktionen von Veränderlichen beziehen, analog[32]); man kann die *Lagrange*'schen Sätze aus den eben genannten ableiten[33]).

---

29) *L. Kronecker* hat zuerst den Unterschied zwischen diesen Irrationalitäten und anderen betont, Berl. Mon.-Ber. 1861, p. 609; man vgl. dazu *F. Klein*, Vorlesungen über das Ikosaeder etc. Leipzig 1884, p. 157.

30) *Galois,* oeuvr. p. 41; der Beweis ist hier unvollständig, man vgl. dazu *Serret*, Cours d'algèbre 3. éd., 2, p. 625.

31) *C. Jordan*, Math. Ann. 1 (1869), p. 148; traité p. 261.

32) *Lagrange*, oeuvr. 3 (1869), p. 374 ff.; *Klein*, Ikosaeder p. 86.

33) Vgl. Nr. **16** Das Umgekehrte ist schwieriger, man vgl. *Söderberg*, Acta math. 11 (1888), p. 297. Dabei hat man die Ausführungen von *Lagrange,*

8. Cyklische Gleichungen. Wenn die Gruppe der Gleichung $f(x) = 0$ aus den Potenzen des Cyklus $(x_1, x_2, \ldots x_n) = S$ besteht[34], kann die Gleichung durch Wurzelzeichen aufgelöst werden. Der einfachste Fall ist der, in dem n eine Primzahl ist. Adjungiert man in diesem Falle $\alpha = e^{\frac{2\pi i}{n}}$, so ändert sich die Gruppe (Nr. **11**) nicht. Die Funktion

$$g_k(x_1, x_2, \cdots x_n) = x_1 + \alpha^k x_2 + \alpha^{2k} x_3 + \cdots + \alpha^{(n-1)k} x_n,$$

deren Koeffizienten dem so erweiterten Rationalitätsbereich angehören, wird durch die Substitution S in $\alpha^{-k} \cdot g_k$ übergeführt; es wird also $g_k{}^n$ für die Substitutionen der Gruppe numerisch unveränderlich sein und dem erweiterten Rationalitätsbereich angehören. Somit ergiebt sich g_k durch Radizieren. Falls nun k eine Zahl von 1 bis $n-1$ bedeutet und g_k nicht etwa gleich Null ist, wird g_k durch jede nichtidentische Substitution der Gruppe numerisch geändert. Somit müssen (Nr. **7**) $x_1, x_2, \ldots x_n$ sich in g_k, α und den Grössen des alten Rationalitätsbereich darstellen lassen. Dies geschieht genauer so. Es sei $kk' \equiv 1 \bmod p$ [I C 1], dann ist $g_l g_k^{(n-l)k'}$, was auch l bedeuten möge, für die Substitutionen der Gruppe unveränderlich, also in dem erweiterten Rationalitätsbereich enthalten. Man kann so g_l berechnen. Aus den Gleichungen:

$$
\begin{aligned}
x_1 + {} & x_2 + {} & x_3 + \cdots + {} & x_n &= g_0 \\
x_1 + {} & \alpha x_2 + {} & \alpha^2 x_3 + \cdots + {} & \alpha^{(n-1)} x_n &= g_1 \\
x_1 + {} & \alpha^2 x_2 + {} & \alpha^4 x_3 + \cdots + {} & \alpha^{2(n-1)} x_n &= g_2 \\
x_1 + {} & \alpha^3 x_2 + {} & \alpha^6 x_3 + \cdots + {} & \alpha^{3(n-1)} x_n &= g_3 \\
\cdot \quad & \cdot \quad \cdot \quad \cdot \quad & \cdot \quad \cdot \quad \cdot \quad \cdot \quad & \cdot \quad \cdot
\end{aligned}
$$

kann man dann $x_1, x_2, \ldots x_n$ finden. Die Forderung, dass g_k von Null verschieden sein soll, ist jedenfalls für einen der Indices $1, 2, \ldots n-1$ erfüllt.

9. Reine Gleichungen. Eine Gleichung von der Form $x^n - a = 0$ wird eine „reine Gleichung" genannt. Der Rationalitätsbereich muss hier a enthalten, es soll ihm aber auch $\alpha = e^{\frac{2\pi i}{n}}$ angehören. Die Wurzeln der reinen Gleichung sind

$$x_1 = x_1,\ x_2 = \alpha x_1,\ x_3 = \alpha^2 x_1,\ \ldots x_n = \alpha^{n-1} x_1.$$

Wenn n eine Primzahl ist, so sind entweder alle Wurzeln

---

oeuvr 3, p. 379 ff. zu benutzen; man vgl. auch *O. Hölder*, Math. Ann. 34 (1889), p 454

34) Diese Gleichungen decken sich mit den gewöhnlichen *Abel'*schen Gleichungen (Nr. **21**).

Grössen des Rationalitätsbereichs, oder es ist die Gleichung irreducibel[35]). Im ersten Falle besteht die Gruppe aus der identischen Substitution allein. Im zweiten Falle kann man die Gruppe bestimmen (Nr. **2**), indem man alle Wurzeln in x_1 ausdrückt, so dass also die Gleichung ihre eigene *Galois*'sche Resolvente ist. Die Gruppe besteht dann aus den Potenzen des Cyklus $(x_1 x_2 x_3 \ldots x_n)$.

10. Zerlegung des Gleichungsproblems durch Resolventenbildung. Die Bestimmung der Wurzeln der Gleichung $f(x) = 0$ wird oft dadurch vereinfacht, dass man zuerst einen aus den Wurzeln kombinierten Ausdruck bestimmt. Es sei wieder $g_1(x_1, x_2, \ldots x_n)$ eine ganze Funktion der Wurzeln, deren Koeffizienten dem Rationalitätsbereich angehören. Durch die Substitutionen der *Galois*'schen Gruppe Γ sollen aus g_1 die verschiedenen Werte $g_1, g_2, \ldots g_\nu$ entstehen, alsdann hat die Gleichung

$$(6) \qquad (x - g_1)(x - g_2) \ldots (x - g_\nu) = 0,$$

nachdem sie entwickelt ist, lauter dem Rationalitätsbereich angehörende Koeffizienten. Diese Gleichung wird als „rationale Resolvente" der Gleichung $f(x) = 0$ bezeichnet. Die *Galois*'sche Gruppe dieser Resolvente wird so bestimmt[36]): Man führe in der Reihe $g_1, g_2, \ldots g_\nu$ die Substitutionen der Gruppe Γ aus, wodurch gewisse Anordnungen der Grössen g entstehen. Die Gesamtheit der Substitutionen, welche den Übergang der ursprünglichen Reihenfolge $g_1, g_2, \ldots g_\nu$ in die neuen Anordnungen darstellen, konstruieren eine transitive Gruppe Γ'. Diese Gruppe gehört der Resolvente an[37]), und diese ist somit auch irreducibel (Nr. **6**).

Jetzt sollen die sämtlichen Substitutionen von Γ betrachtet werden, die $g_1(x_1, x_2, \ldots x_n)$ numerisch nicht ändern. Sie bilden eine Gruppe Δ; auf diese Gruppe Δ reduziert sich die Gleichungsgruppe, wenn man die Grösse g_1 adjungiert. Die Gruppe Δ enthält den ν^{ten} Teil der Substitutionen der Gruppe Γ, was man auch dadurch ausdrückt, dass man sagt, Δ besitze als Untergruppe von Γ den „Index" ν. Dieser Index ist also gleich der Zahl der numerisch verschiedenen Werte, die aus g_1 entstehen (I A 6, Nr. **5**).

Von besonderer Wichtigkeit ist der Fall, in dem Δ eine „aus-

---

35) *Abel*, oeuvr. 1, p. 73. *Kronecker*, Berl. Mon.-Ber. 1879, p. 206 nimmt einen allgemeineren Standpunkt ein, indem bei ihm α dem Rationalitätsbereich nicht anzugehören braucht; es ist dann im Falle der Reducibilität der reinen Gleichung eine Wurzel rational bekannt.

36) *Klein*, Ikosaeder p. 88.

37) Der Beweis ergiebt sich leicht aus Nr. **3**.

gezeichnete" oder „invariante" Untergruppe von Γ ist [38]), und dieser Fall soll allein weiter verfolgt werden. Es seien $T_1, T_2, \ldots T_\mu$ die Substitutionen von Δ, so lassen diese in dem nunmehr betrachteten Falle auch $g_2, g_3, \ldots g_\nu$ ungeändert.

Man wähle nun die Substitutionen $1, S_1, S_2, \ldots S_{\nu-1}$ so aus, dass in der Tabelle der Produkte [I A 6, Nr. 1]:

$$
\begin{array}{llll}
T_1 & T_2 & T_3 & \ldots T_\mu \\
T_1 S_1 & T_2 S_1 & T_3 S_1 & \ldots T_\mu S_1 \\
T_1 S_2 & T_2 S_2 & T_3 S_2 & \ldots T_\mu S_2 \\
\quad\cdot\quad\cdot\quad\cdot\quad\cdot\quad\cdot\quad\cdot\quad\cdot\quad\cdot\quad\cdot\quad\cdot \\
T_1 S_{\nu-1} & T_2 S_{\nu-1} & T_3 S_{\nu-1} & \ldots T_\mu S_{\nu-1}
\end{array}
$$

jede Substitution der Gruppe Γ genau einmal enthalten ist. Wenn nun Δ eine *ausgezeichnete* Untergruppe von Γ ist, so gilt folgendes. Wählt man aus der h^{ten} und aus der i^{ten} Horizontalreihe je eine Substitution beliebig aus und multipliziert die erste auf ihrer rechten Seite mit der zweiten, so entsteht eine Substitution einer nur durch h und i bestimmten Horizontalreihe. Man erhält dadurch ein Multiplikationsprinzip von Reihen, durch das eine neue Gruppe definiert wird [39]), die man mit Γ/Δ bezeichnet.

Die Substitutionen, die in derselben Horizontalreihe stehen, bewirken in dem betrachteten Falle dieselbe Substitution der Grössen $g_1, g_2, \ldots g_\nu$, und solche, die in verschiedenen Horizontalreihen stehen, bewirken verschiedene Substitutionen. Es ergiebt sich so, dass die Gruppe Γ/Δ mit der Gruppe Γ' holoedrisch isomorph ist [40]).

Ist der Index ν eine Primzahl, so tritt eine Vereinfachung ein [41]). Bedeutet nämlich jetzt S irgend eine Substitution von Γ, die nicht in Δ enthalten ist, so kann die obige Tabelle in die Form

$$
\begin{array}{llll}
T_1 & T_2 & T_3 & \ldots T_\mu \\
T_1 S & T_2 S & T_3 S & \ldots T_\mu S \\
T_1 S^2 & T_2 S^2 & T_3 S^2 & \ldots T_\mu S^2 \\
\quad\cdot\quad\cdot\quad\cdot\quad\cdot\quad\cdot\quad\cdot\quad\cdot\quad\cdot\quad\cdot\quad\cdot \\
T_1 S^{\nu-1} & T_2 S^{\nu-1} & T_3 S^{\nu-1} & \ldots T_\mu S^{\nu-1}
\end{array}
$$

gesetzt werden. Die Gruppe Γ/Δ ist nunmehr mit der aus

$$1, S, S^2, \ldots S^{\nu-1}$$

<hr>

38) Vgl. Nr. 11. Man vgl. auch I A 6, Nr. 16.

39) I A 6, Nr. 16; *C. Jordan*, Par. soc. math. Bull. 1 (1873), p. 48; *O. Hölder*, Math. Ann. 34 (1889), p. 31.

40) I A 6, Nr. 14, die Substitutionen der beiden Gruppen lassen sich eineindeutig aufeinander beziehen.

41) *Serret*, Cours d'algèbre, 3. éd. 2, p. 627.

bestehenden Gruppe holoedrisch isomorph und dasselbe muss somit von Γ' gelten. Es ergiebt sich in diesem Falle noch, dass Γ' eine cyklische Gruppe[42]) sein muss, und zwar kann man bei geeigneter Bezeichnung der Grössen g annehmen, dass Γ' aus den Potenzen des Cyklus $(g_1 g_2 \ldots g_\nu)$ besteht.

Die Auflösung der Resolvente geschieht also nach Nr. 8 durch Berechnung der ν^{ten} Einheitswurzeln und eines Radikals mit dem Exponenten ν. Durch Adjunktion einer Wurzel der Resolvente reduziert sich die Gruppe der ursprünglichen Gleichung auf die ausgezeichnete Untergruppe Δ vom Index ν. So oft eine ausgezeichnete Untergruppe vom Primzahlindex vorhanden ist, lässt sich die genannte Vereinfachung vornehmen, weil eine Funktion $g_1(x_1, x_2, \ldots x_n)$, die nur für die Substitution von Δ unverändert bleibt, sich bilden lässt[43]).

11. Adjunktion einer accessorischen Irrationalität. Eine Irrationalität, die nicht in der Form $g(x_1, x_2, \ldots x_n)$ ausgedrückt werden kann, wird „accessorisch" genannt[44]). Es sei $F(x) = 0$ die irreducible Gleichung, der die accessorische Irrationalität h genügt und $h, h', \ldots h^{(s-1)}$ die Wurzeln dieser Gleichung, d. h. es seien $h', h'', \ldots h^{(s-1)}$ die „Konjugierten" von h [I B 1c, Nr. 4). Ist nun Γ die ursprüngliche Gleichungsgruppe, Δ die Gleichungsgruppe nach Adjunktion der einzigen Irrationalität h, Δ' die Gleichungsgruppe nach Adjunktion der einzigen Irrationalität h' u. s. f., so besteht die Reihe $\Delta, \Delta', \ldots \Delta^{(s-1)}$ aus den sämtlichen Gruppen, die entstehen, wenn Δ mit den Substitutionen von Γ „transformiert" wird[45]). In der Reihe $\Delta, \Delta', \ldots \Delta^{(s-1)}$ kann eine und dieselbe Gruppe mehrmals auftreten.

Der Index (Nr. **10**), der der Gruppe Δ als einer Untergruppe der Gruppe Γ zukommt, ist ein Teiler von dem Grad s der Gleichung $F = 0$.

Ist die Gleichung $F = 0$ so beschaffen, dass von ihren Wurzeln $h, h', \ldots$ jede in jeder rational ist, so bedeutet z. B. die Adjunktion

---

42) Hier soll dies heissen, dass die Grössen g cyklisch vertauscht werden; bisweilen wird auch jede Gruppe irgend welcher Operation cyklisch genannt, wenn sie aus den Potenzen einer Operation besteht [I A 6, Nr. 8].

43) *J. A. Serret*, Cours d'algèbre supérieure, 3ème édit., 2, p. 629—630; *C. Jordan*, Math. Ann. 1 (1869), p. 143, traité p. 258.

44) *Klein*, Ikosaeder p. 187.

45) *Galois*, oeuvr. p. 39, 40; *J. A. Serret*, Cours d'algèbre, 3. Aufl., 2, p. 619. Man transformiert die Gruppe der Substitutionen $T_1, T_2, T_3, \ldots$ mit der Substitution S, indem man $S^{-1}T_1 S, S^{-1}T_2 S, S^{-1}T_3 S, \ldots$ bildet, wobei S^{-1} die Umkehrung der Substitution S bedeutet [I A 6, Nr. 8].

von h' dasselbe, wie die Adjunktion von h, und es müssen die Gruppen Δ, Δ', Δ'', $\ldots \Delta^{(s-1)}$ sämtlich miteinander identisch sein. Man nennt nun eine Gruppe in einer umfassenderen dann „ausgezeichnet" enthalten, wenn sie bei allen Transformationen, die man mit Substitutionen der umfassenderen Gruppe ausführen kann, in sich übergeht. Es ist also in dem eben angenommenen Fall Δ eine ausgezeichnete oder „invariante" Untergruppe von Γ, womit übrigens nicht gesagt sein soll, dass nicht Δ mit Γ zusammenfallen kann.

Adjungiert man einer Gleichung die *sämtlichen* Wurzeln irgend einer Gleichung $F = 0$, so kann man statt dessen eine Wurzel der *Galois*'schen Resolvente (Nr. 2) der Gleichung $F = 0$ adjungieren, und es liegt dann der eben angenommene besondere Fall vor.

Es sollen nun $f(x) = 0$ und $f_0(x) = 0$ zwei Gleichungen bedeuten, die beide ohne Doppelwurzeln sind; sie werden in demselben Rationalitätsbereich betrachtet und besitzen beziehungsweise die Gruppen Γ und Γ_0. Nach der Adjunktion aller Wurzeln der zweiten Gleichung soll die erste die Gruppe Δ, nach Adjunktion aller Wurzeln der ersten die zweite die Gruppe Δ_0 besitzen; es sind dann Δ und Δ_0 ausgezeichnete Untergruppen beziehungsweise von Γ und Γ_0. Es lässt sich nun folgendes beweisen:

I. Der Index (Nr. **10**), welcher Δ als einer Untergruppe von Γ zukommt, ist gleich demjenigen, der Δ_0 als einer Unter- von Γ_0 angehört; er sei gleich m.

II. Die Gruppen Γ/Δ und Γ_0/Δ_0 sind holoedrisch isomorph (Anm. 40)); ihre Ordnung ist m.

III. Es existiert eine Irrationalität σ, deren Adjunktion gleichzeitig die Gruppe der ersten Gleichung auf Δ und die der zweiten auf Δ_0 reduziert; die irreducible Gleichung, der σ genügt, hat lauter ineinander rationale Wurzeln und eine mit Γ/Δ und Γ_0/Δ_0 holoedrisch isomorphe Gruppe[46]); der Grad dieser Gleichung ist gleich m.

Ist die zweite Gleichung „einfach", d. h. Γ_0 eine „einfache Gruppe"[47]), so kann, falls überhaupt Reduktion eintritt, Δ_0 nur aus der identischen Substitution bestehen. Reduziert sich also die Gruppe einer Gleichung bei der Adjunktion der sämtlichen Wurzeln einer zweiten und zwar einfachen Gleichung, so sind alle Wurzeln dieser

---

46) *C. Jordan*, Math. Ann. 1 (1869), p. 155, traité p. 269; *P. Bachmann*, Math. Ann. 18 (1881), p. 460; *O. Hölder*, Math. Ann. 34 (1889), p. 47. Man vgl. auch die etwas anderen hierher gehörenden Sätze bei *H. Weber*, Algebra 1, p. 516.

47) d. h. eine solche, die ausser sich selbst und der Identität keine ausgezeichnete Untergruppe besitzt. Vgl. I A 6, Nr. **16**.

Gleichung in denen der ersten und den Grössen des ursprünglichen Rationalitätsbereichs rational (Nr. 6)[48]).

Die Gruppe Γ erscheint in gewissem Sinn in die Faktoren Γ/Δ und Δ gespalten, deren erster mit Γ_0/Δ_0 und somit in dem angenommenen besonderen Falle mit Γ_0 holoedrisch isomorph ist. Wird somit die Gruppe einer Gleichung durch die Adjunktion der sämtlichen Wurzeln einer zweiten Gleichung, die einfach ist, reduziert, so ist die Gruppe der zweiten Gleichung als „Faktorgruppe" in der Gruppe der ersten enthalten.

12. Adjunktion eines Radikals. Man adjungiere der Gleichung $f(x) = 0$ das Radikal $\sqrt[p]{a}$, worunter ein völlig bestimmter von den p Werten dieses Wurzelausdrucks zu verstehen ist. Die Grösse a muss schon vor der Adjunktion dem Rationalitätsbereich angehören, und dasselbe soll von $\alpha = e^{\frac{2\pi i}{p}}$ gelten. p sei eine Primzahl. Das Resultat des letzteren Paragraphen lässt sich nun anwenden, indem $f(x) = 0$ die erste und die reine Gleichung $x^p - a = 0$ die zweite Gleichung vorstellt. Wenn das Radikal $\sqrt[p]{a}$ die Gruppe Γ der Gleichung $f(x) = 0$ bei der Adjunktion wirklich reduziert, so kann $\sqrt[p]{a}$ nicht dem ursprünglichen Rationalitätsbereich angehören. Dann hat aber (Nr. 9) die reine Gleichung eine cyklische Gruppe p^{ter} Ordnung. Also muss (Nr. 11) Γ, wenn $\sqrt[p]{a}$ adjungiert wird, sich auf eine invariante Untergruppe vom Index p reduzieren. Zugleich ist ersichtlich, dass sich das Radikal in den Wurzeln der Gleichung $f(x) = 0$ ausdrücken lässt.

13. Begriff der Auflösung. Unter „Auflösung" einer Gleichung versteht man gewöhnlich[49]) die Darstellung der Wurzeln der Gleichung durch Radikale, wobei die Radikale beliebig zusammengesetzt und ineinander eingeschachtelt sein können. Nicht jede Gleichung ist auflösbar. Die Berechnung der Wurzeln einer auflösbaren Gleichung besteht, wenn wir nur die irrationalen Rechnungsoperationen hervorheben, darin, dass gewisse Radikale in einer gewissen Reihenfolge

$$\sqrt[p_1]{a_1}, \ \sqrt[p_2]{a_2}, \ \ldots \sqrt[p_m]{a_m}$$

---

48) *C. Jordan*, traité p. 270; dieser Satz entspricht demjenigen, den *Abel* für auflösbare Gleichungen bewiesen hat (Nr. 18).

49) „Auflösen" heisst also hier durch *Radikale* auflösen, oder, wie man auch sagt, „algebraisch" auflösen. In allgemeinerem Sinne kann man auch die Reduktion einer Gleichung auf irgend eine Normalform als Auflösung bezeichnen.

berechnet werden. Die Exponenten p_ν der Radikale kann man als Primzahlen annehmen; ferner hat man sich zu denken, dass die Grösse a_ν, die im ν^{ten} Radikal $\sqrt[p_\nu]{a_\nu}$ vorkommt, aus den Grössen des Rationalitätsbereichs und den $\nu - 1$ vorangehenden Radikalen durch die vier Spezies sich berechnen lässt. Aus den sämtlichen m Radikalen und den Grössen des Rationalitätsbereichs kann man dann die Wurzeln der Gleichung rational zusammensetzen.

Man kann die Reihe der Radikale so einrichten, dass für jedes ν die p_ν^{ten} Einheitswurzeln sich aus den ersten $\nu - 1$ Radikalen und den Grössen des Rationalitätsbereichs rational bilden lassen. Hat nämlich die Reihe der Radikale diese besondere Eigenschaft nicht, so hat man zu bedenken, dass nach den Resultaten von *Gauss*[50]) die Einheitswurzel $e^{\frac{2\pi i}{p_\nu}}$ sich durch Radikale ausdrücken lässt, deren Indices kleiner als p_ν sind; eine genauere Überlegung zeigt dann, dass man durch Einschiebung von Radikalen die erwähnte besondere Eigenschaft herstellen kann.

14. Kriterium der Auflösbarkeit. Es soll jetzt angenommen werden, dass die Reihe der Radikale

$$\sqrt[p_1]{a_1}, \ \sqrt[p_2]{a_2}, \ \ldots \ \sqrt[p_m]{a_m}$$

die besprochene besondere Eigenschaft schon besitzt. Man adjungiere nun der aufzulösenden Gleichung das Radikal $\sqrt[p_1]{a_1}$, nachher adjungiere man ausserdem noch $\sqrt[p_2]{a_2}$, dann adjungiere man ausser den beiden ersten Radikalen noch $\sqrt[p_3]{a_3}$ und fahre so fort. Bei jeder neuen Adjunktion kann möglicherweise die Gruppe der Gleichung sich ändern und zwar reduziert sie sich in diesem Falle nach dem Resultat von Nr. 12 auf eine invariänte Untergruppe von Primzahlindex. Nachdem das letzte Radikal adjungiert ist, sollen alle Wurzeln $x_1, x_2, \ldots x_n$ durch die vier Spezies berechnet werden können, man hat also dann eine Gruppe, die sich auf die identische Substitution reduziert und mit 1 bezeichnet werden kann (Nr. 6).

Ist Γ die ursprüngliche Gruppe der Gleichung und sind $\Gamma_1, \Gamma_2, \ldots$ die *verschiedenen* Gruppen, auf welche die successiven Adjunktionen führen, so kommt man zu einer Reihe

$$(7) \qquad \Gamma, \ \Gamma_1, \ \Gamma_2, \ \ldots \Gamma_{\varrho-1}, \ 1$$

---

50) Disquisitiones arithmeticae, Lipsiae 1801, sectio septima = Werke 1 (1870), p. 412 ff. Man vgl. auch hier Nr. 22.

von Gruppen. Diese Reihe ist eine „Reihe der Zusammensetzung" für die Gruppe Γ, womit gesagt ist, dass jedes Glied Γ_ν der Reihe im vorhergehenden $\Gamma_{\nu-1}$ ausgezeichnet enthalten ist, und dass keine Gruppe eingeschaltet werden kann, die umfassender wäre als Γ_ν und in $\Gamma_{\nu-1}$ ausgezeichnet enthalten und von dieser Gruppe verschieden wäre [51]). Der letzte Umstand folgt in unserem Falle daraus, dass der Quotient der Ordnungen von $\Gamma_{\nu-1}$ und Γ_ν eine Primzahl ist.

Die Quotienten der Ordnungen von aufeinanderfolgenden Gruppen einer Reihe der Zusammensetzung werden als „Faktoren der Zusammensetzung" bezeichnet [52]). Jede Gruppe hat ein — abgesehen von der Ordnung der Faktoren — völlig bestimmtes Aggregat von Faktoren der Zusammensetzung, das unabhängig ist von der zur Aufsuchung der Faktoren verwendeten Reihe der Zusammensetzung [53]) [I A 6, Nr. 17]. So ergiebt sich also der Satz, dass für die *Galois*'sche Gruppe einer auflösbaren Gleichung die Faktoren der Zusammensetzung Primzahlen sind. Diese Bedingung ist auch hinreichend, wie sich aus dem Resultat von Nr. **10** ergiebt [54]).

Man nennt eine Gruppe von der eben genannten Beschaffenheit auch selbst „auflösbar" [I A 6, Nr. 23], und es gilt der Satz, dass jede Untergruppe einer auflösbaren Gruppe auflösbar ist [55]). Liegt eine Gruppe vor, so kann über ihre Auflösbarkeit durch eine endliche Zahl von Operationen entschieden werden, es gilt also (Nr. **4**) dasselbe, wenn eine Gleichung vorliegt, deren Auflösbarkeit untersucht werden soll.

Die Bedingung der Auflösbarkeit lässt sich noch in verschiedenen Formen aussprechen. *C. Jordan* hat ein besonderes Verfahren angegeben, für einen gegebenen Grad die umfassendsten Gruppen zu berechnen, die auflösbaren Gleichungen zukommen; dabei ist dieselbe Aufgabe für die vorangehenden Grade zu lösen [56]).

15. Behandlung nicht auflösbarer Gleichungen. Ist die Gleichung $f(x) = 0$ nicht auflösbar, so stellt man wiederum für ihre

---

51) *C. Jordan*, traité p. 41 ff.; *E. Netto*, Substitutionentheorie p. 87.

52) Ebendaselbst.

53) *Jordan* a. a. O.; *Netto*, Substitutionentheorie p. 90.

54) Man kann auch eine Bedingung dafür aufstellen, dass *eine* Wurzel der Gleichung durch Radikale gefunden werden kann; ist die Gleichung irreducibel, so kann dann nachher jede Wurzel der Gleichung gefunden werden. Vgl. *Abel*, oeuvr. 2, p. 221; *O. Hölder*, Math. Ann. 38 (1891), p. 311 u. 312, wo ein spezieller Fall behandelt ist; *D. Selivanoff*, Acta math. 19 (1895), p. 73.

55) *C. Jordan*, traité p. 387. *H. Weber* nennt die auflösbaren Gleichungen metacyklisch; man vgl. dazu Nr. 25.

56) ebendaselbst p. 385 ff.

Gruppe Γ die Reihe Γ, Γ_1, Γ_2, ... $\Gamma_{\varrho-1}$, 1 der Zusammensetzung her. Diese Reihe ergiebt gewisse Gruppen Γ/Γ_1, Γ_1/Γ_2, Γ_2/Γ_3, ... $\Gamma_{\varrho-1}$, die „Faktorgruppen" der Gruppe Γ. Diese Faktorgruppen sind einfach, aber nicht alle von Primzahlordnung, denn sonst wäre die Gleichung auflösbar. Die Gruppe Γ der Gleichung kann (Nr. **10**) auf Γ_1 reduziert werden durch Adjunktion einer natürlichen Irrationalität. Diese genügt dabei einer Gleichung, deren Gruppe mit Γ/Γ_1 holoedrisch isomorph und einfach ist. Durch eine zweite Adjunktion reduziert man die Gruppe auf Γ_2; die dazu nötige Irrationalität genügt einer Gleichung, deren Gruppe mit Γ_1/Γ_2 holoedrisch isomorph und einfach ist. So fährt man fort. Man kann also die ursprüngliche Gleichung durch eine Kette von Gleichungen ersetzen. In dieser Kette besitzt jede Gleichung eine einfache Gruppe. Diese einfachen Gruppen, die Faktorgruppen der Gruppe Γ, lassen sich bei der Behandlung der vorliegenden Gleichung absolut nicht vermeiden, auch dann nicht, wenn man accessorische Irrationalitäten herbeizieht[57]). Die Faktorgruppen müssen immer wieder in den Gruppen auftreten, die den Gleichungen der zugezogenen Irrationalitäten zugehören. -

Die Gleichungen mit einfacher Gruppe können insofern noch weiter behandelt werden, als man sie auf Normalgleichungen mit derselben Gruppe zurückführen kann; man vergl. Nr. **24**[58]).

---

16. Allgemeine Gleichungen. Eine Gleichung n^{ten} Grades wird „allgemein" genannt, wenn die Koeffizienten als willkürliche Variable angesehen werden. Der Rationalitätsbereich besteht dabei aus den rationalen Funktionen dieser Variabeln. Man kann zugleich noch verschiedene Auffassungen annehmen, von denen die beiden extremsten am wichtigsten sind. Entweder nimmt man die Koeffizienten dieser rationalen Funktionen als rationale Zahlen an oder man lässt ganz beliebige Koeffizienten in den Funktionen zu, so dass man also gewissermassen alle numerischen Irrationalitäten adjungiert. Die letzte Auffassung ist die bequemste, weil alle die etwa notwendig werdenden Einheitswurzeln dadurch mit zum Rationalitätsbereich ge-

---

57) Dies hat im Grund schon *Galois* erkannt: man vgl. oeuvr. p. 25, wo es wenigstens für eine Gleichung mit einfacher Gruppe ausgesprochen ist. Der allgemeine Beweis beruht auf einem Satz von *C. Jordan*, Math. Ann. 1 (1869), p. 157, traité p. 271; vgl. auch oben den Schluss von Nr. **11**. Ausführlicher ist der Sachverhalt bei *O. Hölder*, Math. Ann. 34 (1889), p. 49 ff. dargestellt.

58) Hinsichtlich der Reduktion der Gleichungen auf Normalgleichungen und der sich darauf beziehenden Litteratur vgl. man allgemein I B 3 f.   •

hören. Es entspricht auch diese Auffassung dem schon von *Abel* eingenommenen Standpunkt[59]).

Unter der Auflösung der allgemeinen Gleichung n^{ten} Grades oder der „litteralen" Lösung der Gleichung n^{ten} Grades versteht man die Darstellung der Wurzeln durch „explicite algebraische Ausdrücke", d. h. durch Ausdrücke, die sich aus Radikalen zusammensetzen (Nr. **13**), wobei diese Ausdrücke die variabeln Koeffizienten der Gleichung enthalten und für willkürliche Werte der Variabeln die Gleichung befriedigen müssen. Die litterale Lösung der Gleichungen ist bis zum 4ten Grade möglich. Diese Lösung fügt sich vollständig der *Galois*schen Theorie an. Da die Koeffizienten der Gleichung jetzt unabhängige Variable sind, so gilt dasselbe von den Wurzeln. Die *Galois*'sche Gruppe besteht hier aus der Gesamtheit der $n!$ Substitutionen von $x_1, x_2, \ldots x_n$, fällt also mit der „symmetrischen Gruppe" [I A 6, Nr. **7**] zusammen. Das Resultat von Nr. **7** besagt jetzt, dass von zwei Funktionen der Variabeln x die zweite in der ersten ausgedrückt werden kann, wenn die zweite Funktion bei allen den Substitutionen *formal* ungeändert bleibt, bei denen die erste formal ungeändert bleibt. Jener für spezielle Gleichungen gültige Satz geht also hier in den *Lagrange*'schen Satz über[60]).

17. Gleichungen der ersten vier Grade. Die Auflösung der Gleichung 2ten Grades beruht darauf, dass für $n = 2$ die aus der Identität bestehende Gruppe eine invariante Untergruppe der symmetrischen Gruppe von Primzahlindex ist. Die Funktion $x_1 - x_2$ bleibt nur für die identische Substitution ungeändert und man kann deshalb mit ihrer Hülfe x_1 und x_2 ausdrücken, während sie selbst durch eine Quadratwurzelausziehung gefunden wird.

Auch für $n = 3$ hat die symmetrische Gruppe nur eine ausgezeichnete Untergruppe von Primzahlindex, die Gruppe der „geraden" Substitutionen[61]). Die Adjunktion von $P = (x_1 - x_2)(x_1 - x_3)(x_2 - x_3)$ reduziert die Gruppe der Gleichung auf die Gruppe der geraden Substitutionen, die hier aus den Potenzen des Cyklus $(x_1 x_2 x_3)$ bestehen. Die ursprüngliche Gleichung ist nach der Adjunktion cyklisch und die Methode von Nr. **8** führt zur Lösung. Man bildet mit Hilfe der dritten Einheitswurzel α die Funktionen

$$x_1 + \alpha x_2 + \alpha^2 x_3 \quad \text{und} \quad x_1 + \alpha^2 x_2 + \alpha^4 x_3,$$

---

59) Oeuvr. 2, p. 219, 220.
60) Vgl. Nr. 7.
61) I A 6, Nr. 7.

deren dritte Potenzen und deren Produkt dem durch die genannte Adjunktion erweiterten Rationalitätsbereich angehört. Ist die Gleichung $x^3 + px^2 + qx + r = 0$, so findet man

$$(8) \quad \begin{cases} x_1 + x_2 + x_3 = -p \\[2mm] x_1 + \alpha x_2 + \alpha^2 x_3 = \sqrt[3]{-p^3 + \dfrac{9}{2}pq - \dfrac{27}{2}r - \dfrac{3}{2}(\alpha^2 - \alpha)P} \\[2mm] x_1 + \alpha^2 x_2 + \alpha x_3 = \sqrt[3]{-p^3 + \dfrac{9}{2}pq - \dfrac{27}{2}r + \dfrac{3}{2}(\alpha^2 - \alpha)P} \end{cases}$$

$$(9) \qquad (x_1 + \alpha x_2 + \alpha^2 x_3)(x_1 + \alpha^2 x_2 + \alpha x_3) = p^2 - 3q.$$

Die Grössen x_1, x_2, x_3 bestimmen sich aus (8) und es wird

$$(10) \qquad 3x_1 = -p + \sqrt[3]{-p^3 + \frac{9}{2}pq - \frac{27}{2}r - \frac{3}{2}(\alpha^2 - \alpha)P}$$
$$+ \sqrt[3]{-p^3 + \frac{9}{2}pq - \frac{27}{2}r + \frac{3}{2}(\alpha^2 - \alpha)P},$$

wobei wegen (9) das Produkt der beiden dritten Wurzeln gleich $p^2 - 3q$ sein muss. Wählt man im übrigen auf der rechten Seite von (10) die dritten Wurzeln auf alle Arten, so erhält man ausser x_1 noch x_2 und x_3 aus derselben Formel. Es ist P^2 gleich der Diskriminante D der Gleichung und

$$D = -4p^3r + p^2q^2 + 18pqr - 4q^3 - 27r^2.$$

Bedenkt man noch, dass $\alpha^2 - \alpha = \pm i\sqrt{3}$, so erhält man für $p = 0$ die gewöhnliche *Cardanische* Formel[62])

$$x = \sqrt[3]{-\frac{r}{2} + \sqrt{\frac{r^2}{4} + \frac{q^3}{27}}} + \sqrt[3]{-\frac{r}{2} - \sqrt{\frac{r^2}{4} + \frac{q^3}{27}}}$$

als Lösung der Gleichung $x^3 + qx + r = 0$.

Der Fall, in welchem die Koeffizienten q und r reell sind und $\dfrac{r^2}{4} + \dfrac{q^3}{27}$ negativ ist, ist bemerkenswert. Es sind in diesem Falle die drei Wurzeln x_1, x_2, x_3 reell und ergeben sich aus der *Cardanischen* Formel auf imaginärem Wege[63]). Man kann diesen Fall, welcher der *casus irreducibilis* genannt wird, mit der Trisektion des Winkels [III A 2] in Verbindung bringen. Zu diesem Zweck hat man die Gleichung

---

62), Zuerst von *G. Cardano* wider den Willen des Entdeckers (p. 508) publiziert.

63) Dass die Formel auch in diesem Falle die Wurzeln liefert, hat *Rafaello Bombelli* bemerkt (l'algebra 1579), der hierdurch veranlasst wurde, die imaginären Grössen einzuführen. Man vgl. auch Nr. **27**.

$x^3 + px + q = 0$ auf diejenige, welche $\sin\frac{\varphi}{3}$ in Funktion von $\sin\varphi$ definiert, d. h. auf $x^3 - \frac{3}{4}x + \frac{1}{4}\sin\varphi = 0$ zurückzuführen[64]).

Für den Grad $n = 4$ hat man zunächst wieder die *Galois*'sche Gruppe der allgemeinen Gleichung auf die der geraden Substitutionen zu reduzieren, was durch Adjunktion von

$$P = (x_1 - x_2)(x_1 - x_3)(x_1 - x_4)(x_2 - x_3)(x_2 - x_4)(x_3 - x_4),$$

d. h. durch Adjunktion der Quadratwurzel aus der Diskriminante geschieht. Die Gruppe der geraden Vertauschungen hat auch nur eine invariante Untergruppe von Primzahlindex. Diese Untergruppe besteht aus den vier Substitutionen 1, $(x_1 x_2)(x_3 x_4)$, $(x_1 x_3)(x_2 x_4)$ und $(x_1 x_4)(x_2 x_3)$. Die Funktion $x_1 x_2 + x_3 x_4 = y_1$, welche bei diesen Substitutionen ungeändert bleibt und bei allen anderen *geraden* Substitutionen sich ändert, ist Wurzel der Resolvente

$$(y - x_1 x_2 - x_3 x_4)(y - x_1 x_3 - x_2 x_4)(y - x_1 x_4 - x_2 x_3) = 0.$$

Diese Resolvente ergiebt sich in der Form

$$(11) \qquad y^3 - qy^2 + (pr - 4s)y - [s(p^2 - 4q) + r^2] = 0,$$

wenn als Gleichung 4ten Grades

$$(12) \qquad\qquad x^4 + px^3 + qx^2 + rx + s = 0$$

angenommen worden ist. Die Koeffizienten dieser Resolvente sind also rational in den Koeffizienten der Gleichung 4ten Grades und erfordern die Quadratwurzel aus der Diskriminante zu ihrer Darstellung nicht. Durch die Adjunktion dieser Quadratwurzel erscheint die Resolvente als *cyklische* Gleichung dritten Grades.

Durch die Adjunktion der Grösse y_1, die noch zu der Adjunktion von P hinzukommt, wird die Gruppe der Gleichung (12) auf die Gruppe Δ jener vier Substitutionen reduziert. Die vier Substitutionen sind „vertauschbar", d. h. es geben zwei von ihnen T und S dasselbe Produkt, ob man die Produktbildung nach der Formel TS oder nach der Formel ST vornimmt. Es konstituieren deshalb die beiden Substitutionen 1 und $(x_1 x_2)(x_3 x_4)$ eine *invariante* Untergruppe Δ_1 der Gruppe Δ. Die Funktion $x_1 x_2$ bleibt für die Substitutionen von Δ_1 ungeändert und ändert sich bei jeder andern Substitution von Δ in $x_3 x_4$. Die Funktion $x_1 x_2$ genügt also einer Gleichung 2ten Grades, nämlich der Gleichung

---

64) Zuerst findet sich diese trigonometrische Lösung bei *Vieta*, man vgl. *F. Vieta*, Opera mathematica op. atque stud. *F. a Schooten*, Lugduni Batavorum 1646, p. 91, wozu noch die ebendaselbst sich befindende appendix ab *Alexandro Andersono* operi subnixa p. 159 beizuziehen ist.

$$(z - x_1 x_2)(z - x_3 x_4) = z^2 - (x_1 x_2 + x_3 x_4)z + x_1 x_2 x_3 x_4 = 0,$$

deren Koeffizienten dem zweimal erweiterten Rationalitätsbereich angehören. Wir erweitern den Rationalitätsbereich zum dritten Mal, indem wir zu den früher adjungierten Grössen noch $x_1 x_2$ hinzu adjungieren. Die Gruppe der Gleichung (12) ist nun die Gruppe Δ_1. Die Funktion $x_1 - x_2$ geht für die nichtidentische Substitution von Δ_1 in ihr Entgegengesetztes über, lässt sich also durch eine Quadratwurzelausziehung bestimmen. In $x_1 - x_2$ und den früher adjungierten Grössen und den Koeffizienten p, q, r, s kann man x_1, x_2, x_3 und x_4 selbst darstellen.

Statt der Funktion $y_1 = x_1 x_2 + x_3 x_4$ kann man auch die Funktion $\theta_1 = (x_1 + x_2 - x_3 - x_4)^2$ benutzen, die bei genau denselben Substitutionen ungeändert bleibt. Nach Nr. 7 und Nr. 16 kann man y_1 in θ_1 ausdrücken und umgekehrt. Es ergiebt sich

$$y_1 = \frac{\theta_1 - p^2 + 4q}{4},$$

und es geht durch diese Substitution die Resolvente (11) in

$$\theta^3 - (3p^2 - 8q)\theta^2 + (3p^4 - 16p^2 q + 16q^2 + 16pr - 64s)\theta$$
$$- (p^3 - 4pq + 8r)^2 = 0$$

über. Die drei Wurzeln θ_1, θ_2, θ_3 dieser neuen Resolvente sind Quadrate ganzer Funktionen der x, wodurch nahe gelegt wird, die Quadratwurzeln $\sqrt{\theta_1}$, $\sqrt{\theta_2}$, $\sqrt{\theta_3}$ einzuführen. Es ist dann

$$x_1 + x_2 + x_3 + x_4 = -p$$
$$x_1 + x_2 - x_3 - x_4 = \sqrt{\theta_1}$$
$$x_1 - x_2 + x_3 - x_4 = \sqrt{\theta_2}$$
$$x_1 - x_2 - x_3 + x_4 = \sqrt{\theta_3}.$$

Hierdurch ergeben sich x_1, x_2, x_2, x_4 gleich zusammen. Trotz dieser Veränderung in der Anordnung liegt *vom substitutionentheoretischen Standpunkt* keine wesentlich neue Lösung vor. Die Adjunktion von $x_1 + x_2 - x_3 - x_4$ bedeutet genau dasselbe wie die Adjunktion von $x_1 x_2$. Die gleichzeitige Adjunktion von $x_1 + x_2 - x_3 - x_4$ und $x_1 - x_2 + x_3 - x_4$ bedeutet dasselbe, was die gleichzeitige Adjunktion von P, $x_1 x_2$ und $x_1 - x_2$ besagt, denn in beiden Fällen ist die identische Substitution die einzige, die alle adjungierten Funktionen ungeändert lässt. So braucht nun auch $x_1 - x_2 - x_3 + x_4$ nicht mehr besonders eingeführt zu werden. Es ist

$$(x_1 + x_2 - x_3 - x_4)(x_1 - x_2 + x_3 - x_4)(x_1 - x_2 - x_3 + x_4)$$
$$= -p^3 + 4pq - 8r.$$

Hierdurch ist auch die Willkürlichkeit in jenen Quadratwurzeln beschränkt[65]).

Die Auflösung der Gleichung 2ten Grades war schon im Altertum bekannt. Die Gleichung vom 3ten Grad ist zuerst von *Scipione dal Ferro* (1496—1525) und 1535 durch *Nicolo Tartaglia*, die vom 4ten bald nachher von *Lodovico Ferrari* gelöst worden. Andere Lösungen sind später von *Réné Des-Cartes*, von *Walter von Tschirnhausen* und *L. Euler* gegeben worden. *Lagrange* [66]) hat, indem er die älteren Lösungsmethoden analysierte, bemerkt, dass die Radikale, vermittelst deren die Lösung erreicht wird, sich in den Wurzeln $x_1, x_2, \ldots$ der zu lösenden Gleichung rational ausdrücken lassen. Indem er die Resolvente bildete, der eine solche Funktion von $x_1, x_2, \ldots$ genügt und dabei die anderen Funktionen von $x_1, x_2, \ldots,$ welche dieselbe Resolvente befriedigen, aufstellte, wurde er zur Anwendung der Substitutionen geführt. Er konnte nun direkt Lösungen aufbauen; diese unterscheiden sich in der Form kaum von den soeben gegebenen. Da nun bei der Gleichung 3ten Grades der Ausdruck $x_1 + \alpha x_2 + \alpha^2 x_3$ und beim 4ten Grad der Ausdruck $x_1 - x_2 + x_3 - x_4$ auftrat, so kam *Lagrange* dazu, den Ausdruck $x_1 + \varrho x_2 + \varrho^2 x_3 + \cdots + \varrho^{n-1} x_n$ zu betrachten, in dem ϱ eine n^{te} Einheitswurzel bedeutet. Dieser Ausdruck führte auf die nach *Lagrange* benannte Resolvente[67]). Wenn nun auch die Auflösung der Gleichung n^{ten} Grades auf diesem Wege nicht gelingen konnte, so hat diese Betrachtung doch in hohem Masse die Entwicklung der Gleichungstheorie gefördert. Ausser *Lagrange* sind hier noch besonders *Waring* [68]) und *Aug. Vandermonde* [69]) zu nennen als solche, welche die Theorie der symmetrischen Funktionen [I B 3 b, Nr. 1—3] und der Resolventenbildung [I B 3 f] entwickelt haben.

---

65) Hinsichtlich der älteren Auflösungsmethoden für die Gleichungen 3ten und 4ten Grades vgl. man *L. Matthiessen*, Grundzüge der antiken und modernen Algebra der litteralen Gleichungen, Leipzig 1878. Hier finden sich auch die vielfachen modernen Formen der Lösungen, insbesondere auch diejenigen, die sich auf die Invariantentheorie [I B 2, Nr. 8, Anm. 169] gründen, und ein chronologisches Verzeichnis der Gesamtlitteratur.

66) Réflexions etc. oeuvr. 3, p. 205 ff. (nouv. mém. de l'Acad. de Berlin 1770, 1771).

67) Oeuvr. 3, p. 331 ff.; man vgl. auch die ausführliche Darstellung bei *J. A. Serret*, 1. Aufl. p. 229, 3. Aufl. 2, p. 454, 5. Aufl. 2, p. 488.

68) Miscellanea analytica, Cantabrigiae 1762, p. 34. Meditationes algebraicae, Cantabrigiae 1782, p. 1—30, wo die allgemeine Theorie der symmetrischen Funktionen behandelt ist; ausserdem beachte man noch besonders p. 36, 81, 84, wo verschiedene einfache Resolventen gebildet werden.

69) Histoire de l'Académie des sciences de Paris 1771, p. 365 ff.; diese Arbeit ist schon im Jahr 1770 gelesen worden.

18. Nichtauflösbarkeit der allgemeinen Gleichungen höherer Grade. Die Auflösung der allgemeinen Gleichung n^{ten} Grades ist für $n \geq 5$ nicht mehr durch Wurzelzeichen möglich. Die *Galois*'sche Gruppe der Gleichung ist zunächst die symmetrische Gruppe, und diese hat nur *eine* invariante Untergruppe von Primzahlindex, die Gruppe der geraden Substitutionen oder die „alternierende" Gruppe [I A 6, Nr. 7]. Diese aber besitzt keine ausgezeichnete Untergruppe mehr, die von ihr selbst und der Identität verschieden wäre[70]). Die Faktoren der Zusammensetzung sind also für die symmetrische Gruppe 2 und $\frac{1}{2}n!$, sobald $n \geq 5$ ist. Nach dem *Galois*'schen Kriterium ist also die Auflösung nicht möglich.

Den ersten wirklichen Beweis für die Nichtauflösbarkeit der allgemeinen Gleichungen, deren Grad den vierten übersteigt, hat 1826 *Abel* gegeben[71]). Sein Beweis besteht aus zwei Teilen. In dem ersten Teil wird gezeigt, dass die Lösung, wenn sie überhaupt möglich ist, so gestaltet werden kann, dass alle Radikale sich in den Wurzeln $x_1, x_2, \ldots x_n$ der zu lösenden Gleichung rational ausdrücken lassen. Damit war also die Allgemeingiltigkeit der Bemerkung bewiesen, die *Lagrange* an den bekannten Auflösungen der Gleichungen 3ten und 4ten Grades gemacht hatte. Der zweite Teil des *Abel*'schen Beweises ist substitutionentheoretischer Natur. Es wird hier gezeigt, dass das innerste Wurzelzeichen — von einer numerischen Konstanten abgesehen — mit dem Differenzenprodukt der Grössen $x_1, x_2, \ldots x_n$ übereinstimmen müsste; dasjenige Wurzelzeichen, welches nur das eine innerste Wurzelzeichen enthielte, führt dann für $n = 5$ auf eine Funktion von $x_1, x_2, \ldots x_5$ mit widersprechenden Eigenschaften. Nun wird noch auf die Nichtauflösbarkeit der allgemeinen Gleichungen von höherem als fünftem Grad geschlossen. Einen Vorläufer hat *Abel* an *P. Ruffini* gehabt[72]). *Ruffini* setzt ohne Beweis voraus, dass die in die Lösung eingehenden Radikale sich rational in $x_1, x_2, \ldots x_5$ ausdrücken lassen; dagegen führt er den substitutionentheoretischen Teil des Beweises einwandsfrei durch, zugleich in derjenigen ein-

---

70) *L. Kronecker*, Berl. Ber. 1879, p. 208—210; *C. Jordan*, traité p. 63, 64.

71) J. f. Math. 1 (1826), p. 65 = oeuvres, nouv. éd. 1, p. 66; einen nicht vollständig ausgeführten Beweis hatte *Abel* bereits im Jahr 1824 veröffentlicht, s. oeuvr. 1, p. 28.

72) Riflessioni intorno alla soluzione delle equazioni algebriche generali, Modena 1813. Hinsichtlich dieser und der früheren Arbeiten von *Ruffini* vgl. *H. Burkhardt*, „die Anfänge der Gruppentheorie und Paolo Ruffini", Zeitschr. Math. Phys. 37 (1892), Suppl. p. 119; ital. Ann. di Mat. (2) 22 (1894), p. 175 [I A 6, Nr. 1].

facheren Form, die meist als „*Wantzel*'sche Modifikation des *Abel*'schen Beweises" bezeichnet worden ist. *Kronecker* hat den ersten Teil des *Abel*'schen Beweises noch erheblich vereinfacht[73]).

19. Gleichungen mit regulärer Gruppe.

Ein irreducible Gleichung mit der Eigenschaft, dass von ihren Wurzeln jede in jeder rational ist, wird von *Kronecker* eine „*Galois*'sche Gleichung" genannt[74]); die *Galois*'schen Resolventen besitzen die Eigenschaft. Die Gruppe Γ einer solchen Gleichung muss (Nr. 6) transitiv sein, und da x_i in x_k ausgedrückt werden kann, so muss jede Substitution der Gruppe, die x_k ungeändert lässt, auch x_i ungeändert lassen. Eine genauere Überlegung ergiebt, dass die Zahl der Operationen von Γ, d. h. die Ordnung der Gruppe, mit der Zahl der Buchstaben $x_1, x_2, \ldots x_n$, d. h. mit dem Grad der Gleichung, also dem „Grad der Substitutionsgruppe", übereinstimmen muss. Es giebt dann genau *eine* Substitution, die einen gegebenen Buchstaben in einen gegebenen Buchstaben überführt. Eine solche Gruppe wird als „regulär" bezeichnet.

20. Gleichungen mit commutativer (permutabler) Gruppe.

Eine Gleichung $f(x) = 0$, deren Gruppe aus vertauschbaren[75]) Operationen besteht, ist auflösbar[76]). Es lassen sich nämlich aus einer solchen Gruppe gewisse Operationen $\theta_1, \theta_2, \theta_3, \ldots$ mit den Ordnungen $m_1, m_2, m_3, \ldots$ so aussuchen, dass $m_1 \geqq m_2 \geqq m_3 \geqq \cdots$, dass ferner m_1 ein Vielfaches von m_2, dieses ein Vielfaches von m_3 ist u. s. f., und dass in der Formel

$$\theta_1^{\mu_1} \theta_2^{\mu_2} \theta_3^{\mu_3} \cdots$$

für $\mu_1 = 0, 1, \ldots m_1 - 1$; $\mu_2 = 0, 1, \ldots m_2 - 1$; $\mu_3 = 0, 1, \ldots m_3 - 1, \ldots$ jede Operation der Gruppe einmal und nicht häufiger enthalten ist[77]). Ist nun p ein Primteiler von m, so bilden die Operationen

$$\theta_1^{\nu_1 p} \theta_2^{\mu_2} \theta_3^{\mu_3} \cdots \left(\begin{array}{l} \nu_1 = 0, 1, \cdots \dfrac{m_1}{p} - 1 \\ \mu_2 = 0, 1, \cdots m_2 - 1 \\ \mu_3 = 0, 1, \cdots m_3 - 1 \\ \cdots \cdots \cdots \cdots \end{array} \right)$$

eine ausgezeichnete Untergruppe vom Index p.

---

73) Berl. Ber. 1879, p. 205.

74) Andere Schriftsteller nennen so die Gleichungen von Nr. 25; *Weber* nennt die obigen Gleichungen „Normalgleichungen".

75) Die Operationen T und S sind vertauschbar, wenn $TS = ST$ ist.

76) *C. Jordan*, traité p. 287 ff.

77) *E. Schering*, Gött. Abh. 14 (1868), math. Cl. p. 3; *L. Kronecker*, Berl. Ber. 1870, p. 881 = Werke 1, p. 271; *G. Frobenius* u. *L. Stickelberger*, J. f. Math. 86

Nun bilde man eine Funktion $g(x_1, x_2, \ldots x_n)$ der Wurzeln der Gleichung, die sich bei den Substitutionen der Untergruppe nicht ändert und bei allen anderen Substitutionen der Gleichungsgruppe sich numerisch ändert. Die Grösse g genügt nach Nr. **10** einer cyklischen Gleichung und kann nach Nr. **8** durch Wurzelausziehungen gefunden werden. Durch die Adjunktion von g wird die Gruppe der Gleichung $f(x) = 0$ auf die genannte, ausgezeichnete Untergruppe reduziert. Durch Wiederholung des Verfahrens wird die Gleichung aufgelöst.

21. Abel'sche Gleichungen. In seinem „mémoire sur une classe particulière d'équations résolubles algébriquement" hat *Abel* im wesentlichen drei Sätze aufgestellt, die so formuliert werden können[78]):

Erster Satz: Wenn von zwei Wurzeln x_1 und x_2 einer irreducibeln Gleichung die zweite in der ersten rational ausgedrückt werden kann, so dass $x_2 = \theta(x_1)$ ist, wenn ferner unter den Grössen

$$x_1, \ \theta(x_1), \ \theta(\theta(x_1)), \ \theta\big(\theta(\theta(x_1))\big), \ldots$$

die n ersten von einander verschieden und die $n + 1^{\text{te}}$ gleich x_1 ist, so ist $m \cdot n$ der Grad der irreducibeln Gleichung, und diese lässt sich in m Gleichungen n^{ten} Grades zerlegen, deren Koeffizienten von je einer Wurzel einer Gleichung m^{ten} Grades abhängen.

Zweiter Satz: Wenn die n verschiedenen Wurzeln einer Gleichung n^{ten} Grades in der Form $x, \theta(x_1), \theta(\theta(x_1)). \ldots$ dargestellt werden können, wo θ eine rationale Funktion bedeutet, für deren n^{te} Iteration $\theta^{(n)}$ die Relation $\theta^{(n)}(x_1) = x_1$ besteht, so ist die Gleichung auflösbar.

Dritter Satz: Die Wurzeln einer Gleichung seien alle in einer von ihnen x_1 rational ausdrückbar. Falls irgend zwei Wurzeln durch $\theta(x_1)$ und $\theta_1(x_1)$ dargestellt sind, so sei immer $\theta_1(\theta(x_1)) = \theta(\theta_1(x_1))$. Die Gleichung ist dann auflösbar.

Von den im ersten Satz auftretenden Gleichungen n^{ten} Grades hat *Abel* ausserdem bewiesen, dass jede nach Adjunktion jener Wurzel der Gleichung m^{ten} Grades die Voraussetzungen des zweiten Satzes erfüllt, also lösbar ist. Die Gleichungen des dritten Satzes heissen „*Abel*'sche Gleichungen", die des zweiten Satzes bilden einen Spezialfall davon und heissen „*einfache Abel*'sche Gleichungen"[79]).

(1879), p. 217; *Netto*, Substitutionentheorie p. 143; *H. Weber*, Math. Ann. 20 (1882), p. 301, Algebra 2, p. 32 [I A 6, Nr. **20**].

78) J. f. Math. 4 (1829), p. 131 ff. u. *N. H. Abel*, oeuvr. nouv. éd. p. 487, 491, 499.

79) *L. Kronecker*, Berl. Ber. 1877, p. 846.

Die Sätze lassen sich mit der *Galois*'schen Theorie leicht in Verbindung setzen, was hier nur für den zweiten ausgeführt werden mag. Die Gleichung kann als irreducibel angesehen werden, da der andere Fall sich auf diesen zurückführen lässt. Nun können die Wurzeln so mit $x_1, x_2, \ldots x_n$ bezeichnet werden, dass

$$x_2 = \theta(x_1), \quad x_3 = \theta(x_2), \quad x_4 = \theta(x_3) \ldots$$

ist. Es giebt, wenn k beliebig vorgeschrieben wird, eine Substitution der Gleichungsgruppe, die x_1 in x_{1+k} überführt. Diese Substitution muss, wenn sie in den vorigen Relationen ausgeführt wird, wieder richtige Relationen ergeben, sie muss also x_2 in x_{2+k}, x_3 in x_{3+k} u. s. f. verwandeln. Die Gruppe besteht somit aus den Wiederholungen (Potenzen) der cyklischen Substitution $(x_1 x_2 x_3 \ldots x_n)$. Nun kann aus Nr. 8 oder Nr. 20 auf die Auflösbarkeit geschlossen werden.

Die Gleichungen des dritten Satzes ergeben sich als solche mit permutabler Gruppe und lassen sich also unter Nr. 20 subsumieren. Umgekehrt sind alle Gleichungen mit permutabler Gruppe, wenigstens dann, wenn sie irreducibel sind, *Abel*'sche Gleichungen[80]).

Den allgemeinen Ausdruck für die Wurzeln *Abel*'scher Gleichungen hat *Kronecker* gefunden[81]); zugleich ergab sich ihm das Resultat, dass alle Wurzeln *Abel*'scher Gleichungen mit ganzzahligen Koeffizienten gleich rationalen Funktionen von Einheitswurzeln sind mit rationalen Koeffizienten[82]).

22. Kreisteilungsgleichungen. Es sei p eine Primzahl. Die p^{ten} Einheitswurzeln genügen der Gleichung $x^p - 1 = 0$. Nimmt man aus der linken Seite den rationalen Faktor $x - 1$ heraus, so bleibt die Gleichung $x^{p-1} + x^{p-2} + \cdots + x^2 + x + 1 = 0$ übrig. Diese Gleichung ist irreducibel[83]); dabei ist angenommen, dass zum

---

80) *C. Jordan*, traité p. 286 ff.; *E. Netto*, Substitutionentheorie (1882), p. 206; *H. Weber*, Algebra 1, p. 534 ff.

81) Berl. Ber. 1853, p. 371 für einfache *Abel*'sche Gleichungen und 1877, p. 849 für „mehrfaltige". Man vgl. auch *G. P. Young*, Am. J. of math. 9 (1887), p. 225 u. p. 238; *H. Weber*, Marburger Ber. 1892, p. 58; *E. Netto*, Math. Ann. 42 (1893), p. 447; *H. Weber*, Algebra 2, p. 107.

82) Für einfache *Abel*'sche Gleichungen Berl. Ber. 1853; ausführliche Beweise bei *H. Weber*, Acta math. 8 (1886), p. 193 u. *D. Hilbert*, Gött. Nachr. 1896, p. 29. In den Berl. Ber. von 1877, p. 845 hat *Kronecker* gezeigt, wie dies Resultat auf die mehrfaltigen *Abel*'schen Gleichungen ausgedehnt wird, die durch Komposition aus den einfachen gebildet werden können. Hinsichtlich dieser Komposition vgl. man noch *Kronecker*, Berl. Ber. 1882, p. 1059.

83) *Gauss*, Werke 1, p. 317. Vgl. hierzu auch *Eisenstein*, J. f. Math. 39 (1850), p. 167 u. *L. Kronecker*, J. f. Math. 29 (1845), p. 280, J. de math. [1] 19 (1854), p. 177, [2] 1 (1856), p. 392 = Werke (1895) 1, p. 1, 75, 99.

Rationalitätsbereich nur die rationalen Zahlen gehören, dass also der „absolute" Rationalitätsbereich zu grunde gelegt ist [I B 1 c, Nr. 2]. Die genannten Gleichungen sind von *Gauss* ausführlich behandelt worden [I C 4]. Da die p^{ten} Einheitswurzeln durch p äquidistante Punkte eines Kreises geometrisch repräsentiert werden, so hängt von diesen Gleichungen die Teilung des Kreises in p gleiche Teile ab, man nennt sie deshalb Kreisteilungsgleichungen[84]).

Setzt man $\alpha = e^{\frac{2\pi i}{p}}$, so sind die sämtlichen Wurzeln der Gleichung

$$(13) \qquad x^{p-1} + x^{p-2} + \cdots + x + 1 = 0$$

durch $\alpha, \alpha^2, \alpha^3, \ldots \alpha^{p-1}$ dargestellt. Diese Grössen heissen die „primitiven p^{ten} Einheitswurzeln". Man kann eine ganze Zahl g auf mehrere Arten so bestimmen, dass die Potenzen $g, g^2, g^3, \ldots g^{p-1}$ mit p dividiert, abgesehen von der Ordnung, die Reste $1, 2, \ldots p-1$ ergeben[85]); dabei giebt g^{p-1} stets den Rest $1.$[86]) Man nennt g eine „Primitivwurzel" der Primzahl p [I C 1]. Die primitiven p^{ten} Einheitswurzeln können nun auch in der Form

$$\alpha^{g^\mu} \qquad (\mu = 0, 1, 2, \cdots p-2)$$

geschrieben werden.

Gauss hat für die Behandlung der Kreisteilungsgleichungen zwei Verfahren angegeben. Das eine dient dazu, die Gleichung (13) auf Gleichungen niedrigerer Grade zu reduzieren und beruht auf der Einführung der Perioden[87]). Unter einer „Periode" versteht *Gauss* im Grund eine Summe

$$(14) \qquad \alpha^\lambda + \alpha^{\lambda g^e} + \alpha^{\lambda g^{2e}} + \alpha^{\lambda g^{3e}} + \cdots + \alpha^{\lambda g^{(f-1)e}},$$

wo f ein Teiler von $p-1$ und $ef = p-1$ ist. Der Wert dieser Summe hängt von der Wahl von g nicht ab und wird daher von *Gauss* mit (f, λ) bezeichnet. *Gauss* beweist nun, dass die verschiedenen zu demselben f gehörigen, d. h. aus f „Gliedern" bestehenden Perioden (f, λ), (f, λ'), (f, λ''), … alle in einer von ihnen rational dargestellt werden können[88]). Die eine Periode, die zur Darstellung

<hr>

84) Ausführlich wird die Kreisteilung behandelt von *P. Bachmann*, die Lehre von der Kreisteilung und ihre Beziehungen zur Zahlentheorie, Leipzig 1872. Vgl. auch *E. Netto*, Vorlesungen über Algebra, Leipzig 1896, 1, p. 259 ff.

85) Existenz und Eigenschaften der Primitivwurzeln hat zuerst *Gauss* bewiesen in den Disqu. arithm. (1801), vgl. Werke 1, p. 45; die Eigenschaften waren *Lambert* und *Euler* schon bekannt.

86) Satz von *Fermat*, opera math. (Tolosae 1679), p. 163.

87) *Gauss*, Werke 1, p. 420. Man vgl. auch p. 421 Anm.

88) a. a. O. p. 424.

der übrigen benutzt wird, ergiebt sich als Wurzel einer Gleichung e^{ten} Grades, der die genannten Perioden genügen. Ist ferner $f = e'f'$, so reduziert sich die Berechnung der aus f' Gliedern bestehenden Perioden auf die Berechnung einer Wurzel einer Gleichung e'^{ten} Grades, deren Koeffizienten in jener früheren schon als berechnet gedachten f-gliedrigen Periode sich ausdrücken[89]). So wird dann fortgefahren.

Im Besitz der *Galois*'schen Theorie kann man dies Verfahren so auffassen. Falls $x_\mu = \alpha^{g^\mu}$ gesetzt wird, besteht die Gruppe der Gleichung (13) aus den Potenzen der Substitution $S = (x_1 x_2 \ldots x_{p-1})$. Die Potenzen $1, S^e, S^{2e}, \ldots S^{(f-1)e}$ bilden eine ausgezeichnete Untergruppe vom Index e. Die Periode (f, λ) ist eine Funktion der Wurzeln, die für die Substitutionen der Untergruppe ungeändert bleibt und bei allen anderen Substitutionen der Gruppe sich numerisch ändert; dies lässt sich auch direkt beweisen. So wird also (f, λ) einer Gleichung e^{ten} Grades genügen, und die Adjunktion der Periode wird die Gruppe auf die genannte Untergruppe reduzieren. Diese ist überdies intransitiv, und es zerfällt die Gleichung.

Das zweite *Gauss*'sche Verfahren[90]) dient dazu, die im vorigen genannten Gleichungen e^{ten}, e'^{ten} Grades auf reine Gleichungen zu reduzieren. Man kann auch mit Hilfe des Verfahrens gleich die ganze Gleichung (13) auf reine Gleichungen reduzieren. Sind $a, b, c, \ldots m$ die Wurzeln der Gleichung e^{ten} Grades und ist R eine e^{te} Einheitswurzel, so wird der Ausdruck

$$a + Rb + R^2c + \cdots + R^{e-1}m$$

gebildet. Die e^{te} Potenz dieses Ausdrucks berechnet sich in R rational. Es spielt also hier der Ausdruck eine Rolle, den *Lagrange* aus den Betrachtungen über Gleichungen 3ten und 4ten Grades gewonnen und seiner Resolvente der Gleichung n^{ten} Grades zu Grunde gelegt hatte.

Die Verallgemeinerung des zweiten *Gauss*'schen Verfahrens führte vermutlich *Abel* auf den in Nr. **21** genannten zweiten Satz. Als Verallgemeinerung des ersten *Gauss*'schen Verfahrens kann der erste *Abel*'sche Satz von Nr. **21** angesehen werden. Mit Hilfe dieser beiden Sätze hat dann *Abel* den dritten Satz entwickelt.

23. Teilungs- und Transformationsgleichungen der elliptischen Funktionen [II B 4 a]. In der Gleichung $x^p - a = 0$ kann man $a = e^u$ setzen, dann erscheint die Teilungsgleichung für die Exponentialfunktion,

----

89) p. 426—430.

90) a. a. O. p. 449.

indem die eine Wurzel $x_0 = e^{\frac{u}{p}}$ ist[91]). Die sämtlichen Wurzeln sind
$x_\nu = e^{\frac{u+2\nu\pi i}{p}}$, wo $\nu = 0, 1, 2, \ldots p - 1$. Hier fasst man u als variabel
auf und nimmt als Rationalitätsbereich die rationalen Funktionen der
Variabeln e^u mit rationalen Koeffizienten. Die Gleichung ist irreducibel. Adjungiert man noch die p^{ten} Einheitswurzeln, so besteht
(s. o. Nr. 9) die Gruppe der Gleichung aus den Potenzen derjenigen
Substitution, die x_ν in $x_{\nu+1}$ überführt. Nachdem man also die Grössen
$e^{\frac{2\nu\pi i}{p}}$, d. h. die Wurzeln der „Periodenteilungsgleichung" berechnet hat,
braucht man (Nr. 8), falls p eine Primzahl ist, nur noch eine p^{te}
Wurzel auszuziehen, um die allgemeine Teilungsgleichung zu lösen.
Die Gleichung für die Teilung der Perioden ist eben die in der
vorigen Nummer betrachtete Kreisteilungsgleichung.

Die Teilungsgleichungen für die elliptischen Funktionen ergeben
sich, indem man aus den elliptischen Funktionen mit dem Argument u
die Funktionen mit dem Argument $\dfrac{u}{p}$ bestimmt; dabei mag p wieder
als Primzahl angenommen sein. Die betrachteten Funktionen gehören
alle zu demselben Periodensystem, und dieses soll sich aus den beiden
„primitiven" Perioden 2ω und $2\omega'$ ableiten. Die genannte Bestimmung kann nun für ein gegebenes p von einer einzigen Gleichung
$G(w) = 0$ abhängig gemacht werden. In die Koeffizienten der Gleichung gehen noch gewisse, lediglich von den Perioden abhängige
Grössen, die „Invarianten" — beziehungsweise der „Modul" — ein[92]);
diese Grössen sind ebenso wie die Perioden als variabel anzusehen.
Die Gleichung, die für variable Invarianten irreducibel ist, hat p^2
Wurzeln $w_{\nu, \nu'}$ $(\nu, \nu' = 0, 1, 2, \ldots p - 1)$, die den Argumenten

---

91) Der Name „Teilungsgleichung" wird verständlicher, wenn man die
Integrale betrachtet, durch deren Umkehrung die Funktionen — sei es nun die
Exponentialfunktion oder die elliptischen Funktionen — entstehen. Sei $e^u = a$
und $e^{\frac{u}{p}} = x$, so bedeutet die Bestimmung von x die Bestimmung der oberen
Grenze in einem Integral $\displaystyle\int_1^x \frac{dx}{x}$, dessen Wert gleich dem p^{ten} Teil des Integrals
$\displaystyle\int_1^a \frac{dx}{x}$ werden soll.

92) Hinsichtlich der Begriffe aus der Theorie der elliptischen Funktionen
vgl. man *G. H. Halphen*, traité des fonctions elliptiques, Paris 1886, insbesondere
1, p. 3 ff. u. p. 25 ff.

$\dfrac{u + 2v\omega + 2v'\omega'}{p}$ entsprechen. Die Werte, die aus den Grössen $w_{\nu,\nu'}$ dadurch hervorgehen, dass $u = 0$ gesetzt wird, sollen $v_{\nu,\nu'}$ heissen; es sind diese Werte die Wurzeln der Periodenteilungsgleichung, wobei aber $v_{0,0}$ wegzulassen ist. *Abel* hat bereits gezeigt[93]), dass die allgemeine Teilungsgleichung durch Radikale gelöst werden kann, wenn man die Wurzeln der Periodenteilungsgleichung als bekannt ansieht. Vom Standpunkt der *Galois*'schen Theorie erklärt sich dies so. Nach Adjunktion der Grössen $v_{\nu\nu'}$, welche der Teilung der Perioden entsprechen, ergiebt sich die Gruppe der allgemeinen Teilungsgleichung dadurch, dass die Substitution $\begin{pmatrix} w_{\nu,\nu'} \\ w_{\nu+1,\nu'} \end{pmatrix}$ mit der Substitution $\begin{pmatrix} w_{\nu,\nu'} \\ w_{\nu,\nu'+1} \end{pmatrix}$ auf alle Arten kombiniert wird. Diese Gruppe ist kommutativ, weshalb die Auflösung der allgemeinen Teilungsgleichung nunmehr durch Radikale möglich ist (Nr. 20).

Die Wurzeln der Periodenteilungsgleichung bestimmen sich durch $p + 1$ Gleichungen vom Grade $p - 1$[94]); diese Gleichungen enthalten in ihren Koeffizienten je eine Wurzel einer und derselben Gleichung $p + 1^{\text{ten}}$ Grades[95]). Wenn man diese Gleichung $p + 1^{\text{ten}}$ Grades als gelöst annimmt, so sind die $p + 1$ Gleichungen $p - 1^{\text{ten}}$ Grades sämtlich durch Wurzelzeichen lösbar[96]). Von der Gleichung $p + 1^{\text{ten}}$ Grades hat *Abel* vermutet, dass sie für $p > 3$ nicht durch Wurzelzeichen gelöst werden kann. *Galois* hat dazu den Beweisgrund beigebracht; seine in dem Briefe an *Chevalier* nur angedeuteten Überlegungen sind von *Betti* ergänzt worden[97]). Die Wurzeln $v_{\nu,\nu'}$ der Periodenteilungsgleichung lassen sich in Systeme ordnen und zwar kommen allgemein die Wurzeln

$$(15) \qquad v_{\nu,\nu'} \quad v_{2\nu,2\nu'} \quad v_{3\nu,3\nu'} \cdots v_{(p-1)\nu,(p-1)\nu'}$$

in ein System. So entstehen $p + 1$ Systeme von je $p - 1$ Grössen v. Die Substitutionen der Gruppe der Periodenteilungsgleichungen führen die Wurzeln eines Systems in solche über, die gleichfalls zu einem

---

93) Oeuvr. 1, p. 294—305; man vgl. auch *K. G. J. Jacobi*, J. f. Math. 3 (1828), p. 86 (Werke 1 [1881], p. 243); *E. Betti*, Ann. mat. fis. 4 (1853), p. 81 u. *C. Jordan*, traité p. 337.

94) Dies ist im wesentlichen bei *Abel* a. a. O. bewiesen; bei ihm ist der Grad allerdings $\dfrac{p-1}{2}$, da er bei seiner Darstellung das Quadrat der Unbekannten als neue Unbekannte einführen kann.

95) *Abel*, oeuvr. 1, p. 305—310.

96) *Abel*, a. a. O. p. 310—314.

97) *Galois*, oeuvr. p. 26 ff.; *E. Betti*, Ann. mat. fis. 4 (1853), p. 81; man vgl. auch *C. Jordan*, traité p. 342 u. *L. Kronecker*, Berl. Ber. 1875, p. 498.

System zusammengehören; die Systeme werden dadurch unter einander vertauscht. Die Wurzeln $v_{1,0}$ und $v_{0,1}$ können in irgend zwei solche Wurzeln $v_{\mu,\mu'}$ und $v_{\nu,\nu'}$, die verschiedenen Systemen angehören, übergeführt werden, und es wird dann allgemeiner $v_{\alpha,\alpha'}$ durch $v_{\alpha\mu+\alpha'\nu,\,\alpha\mu'+\alpha'\nu'}$ ersetzt. Die Wurzeln eines Systems, z. B. die Grössen

$$(16) \qquad v_{0,1} \quad v_{0,2} \quad v_{0,3} \;\cdots\; v_{0,p-1}$$

genügen einer Gleichung $p-1^{\text{ten}}$ Grades, deren Koeffizienten sich in einer symmetrischen Funktion s derselben Grössen (16) ausdrücken; diese Gleichung ist cyklisch und daher durch Wurzelzeichen lösbar, wobei natürlich s als adjungiert zu denken ist. Die Grösse s bestimmt sich aus einer Gleichung $p+1^{\text{ten}}$ Grades. Die Gruppe Γ dieser Gleichung ergiebt sich aus der Art, wie die Systeme mit einander vertauscht wurden. Die zum Systeme (15) gehörende Grösse s werde mit s_{ν} bezeichnet, wo der mod p zu verstehende uneigentliche Bruch[98]) $\dfrac{\nu}{\nu'}$ die Werte $0, 1, 2, \ldots p-1, \infty$ erhält. Die oben genannte Substitution führt nun jedes $s_{\frac{\alpha}{\alpha'}}$ in $s_{\frac{\mu\frac{\alpha}{\alpha'}+\nu}{\mu'\frac{\alpha}{\alpha'}+\nu'}}$ über, wo μ, ν, μ', ν' vier

Reste des Moduls p bedeuten, für die $\mu\nu'-\mu'\nu$ nicht durch p teilbar ist. Alle Substitutionen von dieser Art in der Anzahl $(p-1)\,p\,(p+1)$ bilden die Gruppe Γ.[99]) Nach Adjunktion einer Quadratwurzel reduziert sich die Gruppe jener Gleichung $p+1^{\text{ten}}$ Grades auf $\dfrac{(p-1)\,p\,(p+1)}{2}$ Substitutionen [I A 6, Nr. 11] und diese Gruppe ist für $p \geqq 5$ einfach[100]), weshalb die Gleichung nicht durch Radikale gelöst werden kann.

Bei der Transformation p^{ter} Ordnung der elliptischen Funktionen lässt sich der neue Modul in dem alten Modul und den Grössen $v_{\nu,\nu'}$ ausdrücken, was schon von *Abel* und *Jacobi* erkannt worden ist[101]). Zwischen den vierten Wurzeln der beiden Moduln besteht eine Gleichung, die „Modulargleichung"[102]); diese stellt daher im wesentlichen

<hr>

98) *Gauss,* Werke 1, p. 23.

99) Diese Gruppe ist auch von *E. Mathieu,* J. de math. [2], 5 (1860), p. 24 behandelt worden.

100) *Galois,* oeuvr. p. 27 ohne Beweis; vgl. dazu *C. Jordan,* traité p. 105. Die sämtlichen Untergruppen dieser Gruppe hat *J. Gierster,* Math. Ann. 18 (1881), p. 319 bestimmt.

101) *Abel,* Werke 1, p. 363 (J. f. M. 3 [1828]); *K. G. J. Jacobi,* Werke 1, Berlin 1881, p. 102 (fundamenta nova 1829).

102) *Jacobi,* J. f. M. 3 (1828), p. 192 (Werke 1, p. 251); *Ad. Sohncke,* J. f. Math. 16 (1837), p. 97; *H. Schröter,* de aequationibus modularibus diss. Regiomonti Pr.

dasselbe Problem wie die betrachtete Teilungsgleichung vor. Für die Modulargleichung hat *Jacobi* eine andere, gleichwertige Gleichung eingeführt, die ebenfalls vom Grade $p + 1$ ist, die sogenannte „Multiplikatorgleichung"[103]). Durch die Eigenschaften dieser Gleichungen ist eine besondere Art algebraischer Gleichungen $p + 1^{\text{ten}}$ Grades definiert, die wir jetzt „*Jacobi*'sche Gleichungen" nennen und unabhängig von der Theorie der elliptischen Funktionen betrachten[104]).

24. Reduktion von Gleichungen auf Normalformen. *Galois* hat gefunden, dass für $p = 5, 7, 11$ und nur für diese Werte der Primzahl $p \geq 5$ die Modulargleichung durch eine Gleichung von nur p^{tem} Grade ersetzt werden kann; *Betti* hat den Beweis dafür ausgeführt[105]). Für $p = 5$ ist die Gruppe der Gleichungen, um die es sich hier handelt, mit der Gruppe der geraden Vertauschungen von fünf Dingen holoedrisch isomorph. So erscheinen spezielle Gleichungen 6. und 5. Grades, welche dieselbe Gruppe besitzen wie — nach Adjunktion einer Quadratwurzel — die allgemeine Gleichung 5. Grades. Durch Untersuchungen von *Kronecker, Hermite* und *Brioschi* ist bewiesen, dass die genannten speziellen Gleichungen als Normalgleichungen benutzt werden können, auf die man die allgemeine Gleichung 5. Grades zurückführt[106]). *Klein* hat dann die sogenannte Ikosaedergleichung als Normalgleichung eingeführt[107]).

1854; *Ch. Hermite*, sur la théorie des équations modulaires et la résolution de l'équation du cinquième degré, Paris 1859 (Par. C. R. 1859, 1. sém. p. 940, 1079, 1095 u. 2. sém. p. 15, 110, 141); *H. Schröter*, J. f. Math. 58 (1861), p. 378; *F. Müller*, de transformatione functionum ellipticarum diss. Berlin 1867; *L. Königsberger*, die Transformation, die Multiplikation u. die Modulargleichungen der elliptischen Funktionen, Leipzig 1868, vgl. insbesondere p. 141; *C. Jordan*, traité p. 344; *F. Müller*, über die Transformation vierten Grades der elliptischen Funktionen, Berlin, Jub.schrift der Realschule 1872; *F. Brioschi*, Par. C. R. 79 (1874), p. 1065 u. 80 (1875), p. 261; *R. Dedekind*, J. f. Math. 83 (1877), p. 265; *F. Klein*, Math. Ann. 14 (1879), p. 129, 15 (1879), p. 533, 17 (1880), p. 68, Vorlesungen über die Theorie der elliptischen Modulfunktionen, ausgearbeitet von *R. Fricke*, 2. Bd. (Leipzig 1892), p. 56. Vgl. II B 6 a und c.

103) *Jacobi*, J. f. M. 3 (1828), p. 308 (Werke 1, p. 261); *L. Kiepert*, J. f. M. 87 (1879), p. 199; *F. Klein*, Math. Ann. 14 (1879), p. 146, 15 (1879), p. 86; *A. Hurwitz*, Math. Ann. 18 (1881), p. 528; *W. Dyck*, ebendaselbst p. 507.

104) Man vgl. die nachher zu nennenden Arbeiten von *Kronecker* u. *Brioschi*, ferner *F. Klein*, Ikosaeder p. 147 ff.; *A. Cayley*, Math. Ann. 30 (1887), p. 78 = Pap. 12, p. 493.

105) *Galois*, oeuvr. p. 27, 28; *E. Betti* a. a. O.; *C. Jordan*, traité p. 347; *F. Klein*, Math. Ann. 14 (1879), p. 417. [Vgl. I A 6, Anm. 63.]

106) *Ch. Hermite*, Par. C. R. 46 (1858), p. 508; *L. Kronecker*, ebenda p. 1150; Berl. Mon.-Ber. 1861, p. 609 und 1879, p. 220. *Hermite* und *Brioschi* haben ihre zerstreuten Arbeiten nachher gesammelt: *Ch. Hermite*, Par. C. R. 1865, 2. sém. p. 877,

Für $p = 7$ ist die Gruppe der Modulargleichung — nach der Adjunktion einer Quadratwurzel — von der Ordnung 168. Es entstehen nun Gleichungen 8. und 7. Grades mit einer Gruppe der Ordnung 168.[108]) Jede Gleichung 7. und 8. Grades mit der betreffenden Gruppe lässt sich, wie *Klein* gezeigt hat, auf die Modulargleichung zurückführen[109]). Die Gleichungen 7. Grades, um die es sich hier handelt, besitzen diejenige Gruppe, welche die Funktion

$$x_0 x_1 x_3 + x_1 x_2 x_4 + x_2 x_3 x_5 + x_3 x_4 x_6 + x_4 x_5 x_0 + x_5 x_6 x_1 + x_6 x_0 x_2$$

der Wurzeln x_0, x_1, x_2, x_3, x_4, x_5, x_6 in sich überführt[110]), woraus sich zugleich ergiebt, dass diese Gruppe die hier auftretenden sieben Tripel von Wurzeln 0, 1, 3; 1, 2, 4 u. s. f. in einander überführt [I A 2, Nr. 10; I A 6, Note 67]. Auf diesen Tripelcharakter der betreffenden Gleichungen 7. Grades hat *M. Noether* zuerst aufmerksam gemacht[111]). Das rechnerische Detail, das erforderlich ist, um solche Gleichungen auf die von *Klein* eingeführten kanonischen Formen zu reduzieren, ist von *P. Gordan* entwickelt worden[112]).

Die Trisektion der hyperelliptischen Funktionen erster Ordnung führt auf eine Gleichung, deren Gruppe einfach ist und die Ordnung $(3^4 - 1) 3^3 (3^2 - 1) 3$ besitzt. Man kann dabei die Gleichung so wählen, dass sie vom 27. Grade ist[113]). *Klein* hat gezeigt, dass auf

---

965, 1073 u. 1866, 1. sém. p. 65, 157, 245, 715, 919, 959, 1054, 1161, 1213; *F. Brioschi*, Math. Ann. 13 (1878), p. 109. Man vgl. auch *C. Jordan*, traité p. 372 ff.; *H. Weber*, Algebra 2, p. 403 ff. Das Nähere s. I B 3 f, Nr. 9 ff.

107) Vgl. insbesondere Math. Ann. 12 (1877), p. 559 und die Vorlesungen über das Ikosaeder. Hier findet sich auch zur Gleichung 5. Grades weitere Litteratur. Im übrigen ist auf I B 3 f, Nr. 9 ff. zu verweisen.

108) *E. Betti* a. a. O.; *L. Kronecker*, Berl. Mon.-Ber. 1858, p. 287; hier hat Kronecker bereits die Vermutung ausgesprochen, dass alle Gleichungen 7. Grades mit der betreffenden Gruppe sich auf die Modulargleichung für die Transformation 7. Ordnung der elliptischen Funktionen reduzieren lassen; *Ch. Hermite*, a. a. O.; *E. Mathieu*, J. de math. [2], 5 (1860), p. 24; *F. Klein*, Math. Ann. 14 (1879), p. 428.

109) Math. Ann. 15 (1879), p. 251. Allgemeine Gleichungen 6. u. 7. Grades hat *Klein*, Math. Ann. 28 (1887), p. 499 betrachtet.

110) *P. Gordan*, Math. Ann. 25 (1885), p. 459.

111) Math. Ann. 15 (1879), p. 89. Über Tripelgleichungen vgl. man noch *E. Netto*, Substitutionentheorie p. 220 ff. und *H. Weber*, Algebra 2, p. 342 ff.

112) Math. Ann. 20 (1882), p. 515; 25 (1885), p. 459.

113) *C. Jordan*, Par. C. R. 68 (1869), p. 868, traité·p. 365; *A. Witting*, Math. Ann. 29 (1887), p. 157; *A. Maschke*, Math. Ann. 33 (1889), p. 317. Hinsichtlich der Transformation und der Modulargleichungen vgl. man *Ch. Hermite*, sur la théorie de la transformation des fonctions Abéliennes, Par. C. R. 1855, 1. sém. p. 249, 304, 365, 427, 485, 536, 704, 784; *L. Königsberger*, J. f. M. 64 (1865), p. 17; 67 (1867), p. 97 u. Math. Ann. 1 (1869), p. 161.

diese spezielle Gleichung 27. Grades jede andere Gleichung 27. Grades, welche dieselbe Gruppe besitzt, sich zurückführen lässt. Der Beweis wird auf eine andere Normalform des Trisektionsproblems gestützt[114]). Zu den Gleichungen, die sich auf das genannte Problem zurückführen lassen, gehört auch diejenige, durch welche die 27 Geraden einer Fläche dritter Ordnung bestimmt werden[115]).

25. Irreducible Gleichungen von Primzahlgrad. Für irreducible Gleichungen von Primzahlgrad, die auflösbar sind, hat *Galois* die Gruppen explicite aufgestellt[116]). Es seien x_1, x_2, x_3, $\ldots x_p$ die Wurzeln einer solchen Gleichung. Die Substitutionen der Form

$$\begin{pmatrix} x_1 & x_2 & x_3 & \ldots & x_p \\ x_{a+b} & x_{2a+b} & x_{3a+b} & \ldots & x_{pa+b} \end{pmatrix},$$

in der a eine Zahl von 1 bis $p-1$ und b eine Zahl von 0 bis $p-1$ bedeutet, und in der die Indices bloss hinsichtlich des Restes betrachtet werden sollen, den sie bei der Division mit p ergeben, sind in der Zahl $p(p-1)$. Diese Substitutionen bilden eine Gruppe, welche als „lineare" oder auch „metacyklische" Gruppe bezeichnet wird[117]). Diese Gruppe kann auch aus den beiden cyklischen Substitutionen $(x_1 x_2 x_3 \ldots x_p)$ und $(x_1 x_g x_{g^2} x_{g^3} \ldots x_{g^{p-2}})$ erzeugt werden, wobei g eine Primitivwurzel (Nr. **22**) der Primzahl p bedeutet. Die Faktoren der Zusammensetzung für diese Gruppe sind Primzahlen. Die Gleichung ist also auflösbar, wenn ihre *Galois*'sche Gruppe mit der metacyklischen Gruppe übereinstimmt oder (Nr. **14**) in ihr enthalten ist. Wenn andererseits eine irreducible Gleichung vom Primzahlgrad p auflösbar ist, so kann man ihre Wurzeln in einer solchen Ordnung mit x_1, x_2, $\ldots x_p$ bezeichnen, dass nachher die oben aufgestellte metacyklische Gruppe die Gruppe der Gleichung enthält.

Ein anderer Satz, der auch von *Galois* herrührt, ergiebt sich hieraus: Eine irreducible Gleichung von Primzahlgrad ist dann und nur dann auflösbar, wenn alle ihre Wurzeln sich in zwei bestimmten Wurzeln rational ausdrücken lassen[118]). Ferner folgt, dass für solche

---

114) J. de-math. [4], 4 (1888), p. 169; die Durchführung bei *H. Burkhardt,* Math. Ann. 41 (1892), p. 313, wo weitere Litteratur angegeben.

115) *C. Jordan* a. a. O. [Anm. 140].

116) *E. Galois,* oeuvr. p. 47.

117) *C. Jordan,* traité p. 92; der Name „metacyklisch" ist von *L. Kronecker* (Berl. Ber. 1879, p. 217) für diese Gruppen eingeführt, während *H. Weber* neuerdings mit dem Namen „metacyklisch" die auflösbaren Gruppen bezeichnet (man vgl. Anm. 55). *J. A. Serret* hat in Par. C. R. 1859, 1. sém. p. 112, 178, 237 die lineare Gruppe genauer studiert [I A 6, Nr. **10**].

118) Oeuvr. p. 48; vgl. auch *E. Betti,* Ann. fis, mat. 2 (1851), p. 5. Eine

Gleichungen die Resolvente von *Lagrange* eine rationale Wurzel besitzt, was schon *Abel* ausgesprochen hatte[119]).

Abel hat für die Wurzeln der betrachteten Gleichungen die Formel

$$x = A + \sqrt[p]{R_1} + \sqrt[p]{R_2} + \cdots + \sqrt[p]{R_{p-1}}$$

gefunden, wobei $R_1, R_2, \ldots R_{p-1}$ die Wurzeln einer Gleichung $p-1^{\text{ten}}$ Grades bedeuten[120]); *Kronecker* hat dazu bemerkt, dass diese Gleichung $p-1^{\text{ten}}$ Grades eine einfache *Abel*'sche Gleichung sein muss[121]). Explicite Ausdrücke für die Koeffizienten einer auflösbaren Gleichung fünften Grades, die in der *Bring*'schen Form[122]) $x^5 + ux + v = 0$ vorausgesetzt wird, haben *C. Runge*[123]) und *G. P. Young*[124]) gegeben. Fälle nichtauflösbarer Gleichungen fünften Grades sind von *C. Runge*[125]) und *D. Selivanoff*[126]) gegeben worden[127]).

26. Sylow'sche Gleichungen. Bisweilen kann die Auflösbarkeit einer Gleichung schon an der Ordnung ihrer *Galois*'schen Gruppe erkannt werden. So sind, wenn p eine Primzahl bedeutet, alle Gleichungen auflösbar, deren Gruppe Γ von der Ordnung p^n ist [I A 6, Nr. 22].

---

andere Form des Kriteriums hat *L. Kronecker*, Berl. Ber. 1853, p. 369 gegeben, die *P. Bachmann*, Math. Ann. 18 (1881), p. 468 hergeleitet hat; vgl. auch *G. P. Young*, Am. J. of math. 6 (1883), p. 103 u. 7 (1885), p. 270.

119) *Abel*, oeuvr. 2, p. 223 ohne Beweis. Für den 5. Grad vgl. man die Herleitung von *E. Luther*, J. f. Math. 34 (1847), p. 244. Bei der Bildung dieser Resolvente adjungiert man die p^{ten} Einheitswurzeln.

120) A. a. O. p. 222; Bew. bei *C. J. Malmsten*, J. f. Math. 34 (1847), p. 46 und für den 5. Grad bei *E. Luther*, a. a. O. p. 250.

121) A. a. O. p. 368; hier ist zugleich eine nähere Bestimmung der Grössen R gegeben, und damit die hinreichende Bestimmung für die Wurzeln einer auflösbaren Gleichung p^{ten} Grades. Für $p = 5$ ist die in Frage stehende Formel von *Abel* in einem Briefe an *Crelle* aufgestellt worden, oeuvr. 2, p. 266; diese Formel hat *H. Weber* in den Marburger Ber. 1892, p. 3 bewiesen und in etwas berichtigt. Man vgl. auch *Kronecker*, Berl. Ber. 1856, p. 203.

122) Meletemata quaedam mathematica etc., quae praeside *E. S. Bring* modeste subjicit *S. G. Sommelius*, Lund. 1786. Gewöhnlich wird diese Form nach *G. B. Jerrard* genannt. Man vgl. hierzu auch *C. J. Hill*, Stockholm Forh. 1861 u. *Klein*, Ikosaeder p. 143 [I B 3 f, Nr. 9].

123) Acta math. 7 (1885), p. 173. Vgl. auch *Weber*, Algebra 1, p. 624.

124) Am. J. of m. 7 (1885), p. 170; allgemeiner ebendaselbst 10 (1888), p. 99. Einzelne auflösbare Gleichungen höherer Grade sind schon früher von *R. Perrin*, S. M. F. Bull. 16 (1881/82), p. 139, 11 (1882/83), p. 11 gegeben worden.

125) Acta math. 7 (1885), p. 180.

126) S. M. F. Bull. 21 (1893), p. 97.

127) Mit auflösbaren primitiven Gleichungen beschäftigt sich ein Fragment von *Galois*, oeuvr. p. 50, wobei übrigens zu bemerken ist, dass *Galois* den Begriff der Primitivität etwas anders fasst, als jetzt üblich ist.

Dieses von *L. Sylow* gefundene Resultat[128]) ergiebt sich aus der Betrachtung der ausgezeichneten oder invarianten Operationen der Gruppe. Eine Operation S ist invariant, wenn für jede Operation T der Gruppe

$$T^{-1}ST = S$$

ist, und jede Gruppe von der Ordnung p^n enthält stets invariante Operationen, auch abgesehen von der Identität. Alle invarianten Operationen von Γ mit Einrechnung der Identität bilden eine invariante Untergruppe Δ von der Ordnung p^m. Man kann nun für die Gleichung eine Resolvente (Nr. **10**) bilden, deren Gruppe Γ/Δ von der Ordnung p^{n-m} ist, derart, dass die Adjunktion einer Wurzel der Resolvente die Gruppe der Gleichung auf Δ reduziert. Nach dieser Adjunktion besitzt also die Gleichung eine kommutative Gruppe und kann dann nach Nr. **20** durch Wurzelzeichen aufgelöst werden. Da man nun die Resolvente wieder ebenso behandeln kann wie die ursprüngliche Gleichung, wird schliesslich die Auflösung der Gleichung von Anfang an durch die Operationen der vier Spezies und durch Radizieren geleistet. Eine genauere Überlegung ergiebt, dass man dabei die p^{ten} Einheitswurzeln berechnen und nach einander n Wurzeln mit dem Exponenten p ausziehen muss. Ist $p = 2$, so wird die Gleichung durch blosse Quadratwurzeln aufgelöst. Umgekehrt muss eine Gleichung, die so gelöst werden kann, eine Gruppe von der Ordnung 2^n besitzen. Ist die Gleichung zugleich irreducibel, so ist die Gruppe transitiv und die Ordnung der Gruppe durch den Grad teilbar (Nr. **6**). Es muss also in diesem Falle der Grad eine Potenz von 2 sein[129]).

Eine irreducible Gleichung 3. Grades ist also nie durch Quadratwurzeln auflösbar. Eine Gleichung 4. Grades ist dann und nur dann durch Quadratwurzeln auflösbar, wenn ihre Resolvente 3. Grades eine rationale Wurzel hat[130]); dabei kann die eine oder die andere der in Nr. **17** genannten Resolventen genommen werden.

27. Casus irreducibilis der kubischen Gleichung. Sind die Wurzeln einer Gleichung alle reell, besteht der zu Grunde gelegte Rationalitätsbereich aus reellen Grössen, und kann die Gleichung bei dem angenommenen Rationalitätsbereich durch Quadratwurzeln aufgelöst werden, so könnten immer noch imaginäre Quadratwurzeln in

---

128) Math. Ann. 5 (1872), p. 588.

129) *J. Petersen*, om de Ligninger, der kunne löses ved Kvadratrod, Kjöbenhavn 1871. Hier findet sich für den genannten Satz ein elementarer Beweis, der nicht von gruppentheoretischen Hülfsmitteln Gebrauch macht.

130) Vgl. z. B. *K. Th. Vahlen*, Acta math. 21 (1897), p. 293.

die Lösung eingehen; man kann dann jedoch stets Darstellungen der Wurzeln durch reelle Quadratwurzeln finden. Liegt umgekehrt eine in einem reellen Rationalitätsbereich irreducible Gleichung vor mit lauter reellen Wurzeln, und kann eine der Wurzeln überhaupt durch reelle Radikale dargestellt werden, so ist die Gleichung durch *Quadratwurzeln* lösbar[131]). Insbesondere kann also dann die Gleichung nicht vom 3. Grade sein. Hieraus folgt auch, dass keine Lösung der allgemeinen Gleichung 3. Grades existiert, die im Falle reeller Koeffizienten und positiver Diskriminante die in diesem Falle reellen drei Wurzeln durch Radikale in reeller Form lieferte[132]). Dass die Cardanische Formel (Nr. 17) in diesem Falle die drei reellen Wurzeln in imaginärer Form giebt, war längst bekannt, weshalb der Fall als *casus irreducibilis* bezeichnet wurde.

28. Konstruktion mit Zirkel und Lineal. Bereits *Des-Cartes*[133]) hatte bemerkt, dass die Frage, ob eine geometrische Grösse mit Zirkel und Lineal konstruiert werden kann, hinauskommt auf die andere Frage, ob die Grösse sich durch Quadratwurzeln berechnen lässt. Die Konstruktion ist jedenfalls unmöglich, wenn die Grösse einer irreducibeln Gleichung genügt, deren Grad einen ungeraden Faktor enthält. Hierauf beruht der Beweis dafür, dass gewisse vom Altertum auf uns gekommene Konstruktionsaufgaben nicht mit Zirkel und Lineal gelöst werden können, die Trisektion eines beliebigen Winkels und das Delische Problem, d. h. die Verdoppelung des Würfels [III A 2]. Es ergiebt sich hieraus auch die Unmöglichkeit, den Kreis mit Zirkel und Lineal in n gleiche Teile zu teilen für andere Zahlen n als für diejenigen, welche *Gauss* behandelt hat, dass z. B. die Teilung in sieben Teile nicht möglich ist[134]).

29. Geometrische Gleichungen. Die allgemeine Kurve dritter Ordnung besitzt neun Wendepunkte; dabei liegt auf der Verbindungslinie von je zwei Wendepunkten immer ein dritter Wendepunkt[135]). Die Bestimmung der Wendepunkte hängt ab von einer Gleichung

---

131) *O. Holder*, Math Ann. 38 (1891), p. 312

132) *V. Mollame*, Nap. Rend (2) 4, 1890, p. 167; *O. Hölder*, a. a. O.; *A. Kneser*, Math. Ann 41 (1893), p. 344

133) La géométrie, Leyde 1638, livre premier; deutsch v. *L. Schlesinger*, Berlin 1894.

134) *Gauss*, Werke 1, p. 412 ff., besonders p 462; man vgl. über diese Probleme auch *F. Klein*, Vorträge über ausgewählte Fragen der Elementargeometrie, ausgearbeitet von *F. Tägert*, Leipzig 1895.

135) *J. V Poncelet*, J. f M. 8 (1832), p. 130; *O. Hesse*, J. f. M. 28 (1844), p. 68, 34 (1847), p. 193 = Werke p. 123, 137; *G. Salmon*, J. f. M. 39 (1850), p 365 [III C 3].

9. Grades $f(\lambda) = 0$, wobei man λ so wählen wird, dass sich λ in den beiden Koordinaten eines Wendepunktes rational ausdrücken lässt und dass umgekehrt diese Koordinaten sich beide in λ ausdrücken lassen. Den neun Wendepunkten entsprechen die neun Wurzeln $\lambda_1, \lambda_2, \lambda_3, \ldots \lambda_9$. Gehören nun λ_1, λ_2 und λ_3 zu drei Wendepunkten, die auf einer Geraden liegen, so ist jede der drei Grössen λ_1, λ_2, λ_3 in den beiden anderen rational. Entsprechend den Beziehungen zwischen den Wendepunkten lässt sich nun für die neun Wurzeln λ_1, λ_2, $\ldots \lambda_9$ ein System von Tripeln so bilden, dass jedes Wurzelpaar gerade in einem Tripel auftritt. Man kann aus neun Grössen, wenn man von einer Vertauschung unter diesen Grössen absieht, nur ein solches Tripelsystem bilden[136]). Dieses wird, indem nur Indices geschrieben werden, in der Form

$$123, \ 145, \ 167, \ 189, \ 246, \ 259, \ 278, \ 348, \ 357, \ 369, \ 479, \ 568$$

dargestellt. Die *Galois*'sche Gruppe der Gleichung $f(\lambda) = 0$ besteht aus solchen Substitutionen, welche die Tripel des obigen Systems unter einander vertauschen. Die Gesamtgruppe der Substitutionen von dieser Eigenschaft ist von der Ordnung 432 und hat zu Faktoren der Zusammensetzung lauter Primzahlen[137]). Die Gleichung $f(\lambda) = 0$, von der die neun Wendepunkte abhängen, ist also auflösbar. Dieses Resultat ist von *Hesse* auf etwas anderem Wege entdeckt worden[138]).

Von anderen geometrischen Gleichungen, deren Gruppen studiert worden sind, mögen nur genannt werden die Gleichungen:

1) der 28 Doppeltangenten einer ebenen Kurve 4. Ordnung[139]),

2) der 27 Geraden einer Fläche 3. Ordnung[140]),

3) der 16 Geraden einer Fläche 4. Ordnung mit Doppelkegelschnitt[141]),

4) der 16 Knotenpunkte der *Kummer*'schen Fläche[142]).

---

136) *E. Netto*, Substitutionentheorie p 220 ff.; *H. Weber*, Algebra 2, p. 342 ff.

137) *C. Jordan*, traité p. 304. Man vgl. auch *Netto*, Substitutionentheorie p. 232 ff.; *Weber*, Algebra 2, p. 322 ff.

138) A. a. O.

139) *M. Noether*, Math. Ann. 15 (1879), p. 89, hat das Problem mit den Gleichungen 7. Grades, die Tripeleigenschaft, und mit den Gleichungen 8. Grades, die Quadrupeleigenschaft besitzen, in Zusammenhang gebracht [III C 3].

140) *Salmon* und *Cayley*, Camb. Dubl. M. J. 4 (1849), p. 118; s. *Cayley*, Math. Pap. 1, p. 445, 456; *J. Steiner*, J. f. Math. 53 (1856), p. 133 = Werke 2, p. 651; *C. Jordan*, traité p. 316. Man vgl. auch Nr. **24** und III C 6.

141) *Clebsch*, J. f. Math. 69 (1861), p. 229; *C. Jordan*, traité p. 309 [III C 6].

142) *E. Kummer*, Berl. Ber. 1864, p. 246; *Jordan*, J. f. Math. 70 (1869), p. 182, traité p. 313 [III C 6].

Keine dieser Gleichungen kann direkt durch blosse Radikale gelöst werden; die dritte kann es, wenn die Wurzeln einer Gleichung 5., die vierte, wenn die Wurzeln einer Gleichung 6. Grades schon bekannt sind[143]). Das Studium der Gleichungsgruppen beruht hier auf den Eigenschaften geometrischer Konfigurationen, und es stellen sich zwischen den Gruppen der Gleichungen 1) 2) und 3) verschiedene Beziehungen heraus[144]).

---

143) *C. Jordan*, traité p. 309 u. 315. Die letztere Reduktion auf eine Gl. 6. Grades hängt mit *Klein*'s Theorie der sechs linearen Fundamentalkomplexe (Math. Ann. 2 [1870], p. 216) zusammen; adjungiert man einen dieser Komplexe, so bilden sich die ihm angehörigen Doppeltangenten der Kummer'schen Fläche auf eine F_4 mit Doppelkegelschnitt ab, und es entsteht aus dem vierten Problem des Textes das dritte; vgl. *Klein*, Math. Ann. 4 (1871), p. 357, zweite Anm. und die Citate bei *S. Lie*, Math. Ann. 5 (1872), p. 250, 251.

144) *E. Pascal*, Ann. di mat. (2) 20 (1892), p. 163, 269 u. 21 (1893), p. 85.

I B 3 e. GLEICHUNGSSYSTEME.

Der Inhalt dieses Artikels ist in die Artt. I B 1 b und I B 3 b mit aufgenommen worden.

I B 3 f. ENDLICHE GRUPPEN LINEARER SUBSTITUTIONEN

VON

A. WIMAN

IN LUND.

Inhaltsübersicht.

Litteratur.

Eine Reihe von Berührungspunkten mit dem folgenden Referat bietet *W. Franz Meyer*'s Bericht über die Fortschritte der projektiven Invariantentheorie, Jahresbericht der Deutschen Mathematiker-Vereinigung 1, Berlin 1892 [franz. Ausg. von *H. Fehr*, Par. 1897; ital. Ausg. von *G. Vivanti*, Napoli 1899], nämlich p. 121—132 dortselbst, wo es sich um „Formen mit linearen Transformationen in sich" handelt. Vgl. I B 2, Nr. 5.

Lehrbücher.

F. Klein, Vorlesungen über das Ikosaeder und die Auflösung der Gleichungen vom fünften Grade, Leipzig 1884.

H. Weber, Lehrbuch der Algebra 2, Braunschweig 1896, 2. Aufl. 1899.

1. Periodische Substitutionen. Die *endlichen Gruppen linearer Substitutionen* spielen jetzt für die *Algebra* und die Theorie der algebraisch integrierbaren *linearen Differentialgleichungen* sowie auch gerade bei den schönsten und merkwürdigsten *geometrischen Konfigurationen* eine besonders wichtige Rolle. Ehe noch eine eigentliche Theorie anfing, kannte man doch von den fraglichen Gruppen zwei ausgedehnte Arten: die *Gruppen von Buchstabenvertauschungen* und die *periodischen Substitutionen*. Über die letzteren hat *C. Jordan*[1]) den Satz ausgesprochen, dass sie, falls die Periode μ ist, auf die kanonische Form: $t_\nu = \omega_\nu u_\nu$ $(\nu = 1, \cdots n)$, wo die ω_ν μ^{te} Einheitswurzeln sind, gebracht werden können. Diese Bedingungen hat späterhin *R. Lipschitz*[2]) so formuliert, dass die zugehörige charakteristische Determinante nur μ^{te} Einheitswurzeln als Wurzeln besitzt, und dass ihre sämtlichen Elementarteiler von der ersten Ordnung sein sollen [I B 2, Nr. **3**]. Beweise für die Möglichkeit dieser Reduktion auf die kanonische Form haben *Lipschitz*[2]) und *Kronecker* gegeben, sodann aber auch betreffend involutorische Substitutionen *Prym* und *Cornely* und für beliebige Periode *Rost*[3]); die letzteren drei Verfasser haben dabei auch die zugehörigen Substitutionen durch eine geeignete Anzahl frei beweglicher Parameter rational dargestellt.

2. Endliche binäre Gruppen. Ohne noch sein Interesse dem Gruppenproblem zuzuwenden, gab *H. A. Schwarz* zuerst die zu den endlichen Gruppen einer Veränderlichen gehörigen fundamentalen Funktionen, sowie die zwischen diesen stattfindenden identischen Relationen [I B 2, Nr. 8]. Dies gelang ihm bei der Aufsuchung der algebraisch

---

1) J. f. Math. 84 (1878), p. 112.

2) Acta math 10 (1887), p. 137.

3) *L. Kronecker*, Berl. Ber. 1890, p. 1081; *F Prym*, Gött. Abh. 38³ (1892), p. 1; *A Cornely*, Diss. Würzb. (1892); *G. Rost*, Diss. Würzb. (1892). Vgl. *H. Maschke*, Math. Ann. 50 (1898), p. 220 und *E. H. Moore*, ebenda p. 215.

integrierbaren hypergeometrischen Differentialgleichungen[4]). Dabei betrachtete er die konforme Abbildung, welche der Quotient s zweier Integrale von der unabhängigen Variabeln Z entwirft. Er fand so die positive Z-Halbebene auf ein Kreisbogendreieck abgebildet, wobei die analytische Fortsetzung sich durch Spiegelung an den drei Seiten ergab. Für eine algebraische Abhängigkeit zwischen s und Z erwies es sich somit (nach *Riemann*'schen Prinzipien [II B a]) als erforderlich, dass man auf diese Weise nur eine endliche Zahl von Gebieten erhielt[5]).

Erst bei *F. Klein* findet man aber den Gesichtspunkt der endlichen Substitutionsgruppe, ebenso wie den Begriff und die Bildung des zugehörigen vollen Formensystems [I B 2, Nr. 6]. Ohne noch die besprochene Arbeit von *Schwarz* zu kennen, hat *Klein* direkt die *endlichen linearen Substitutionsgruppen einer Veränderlichen* und die zugehörigen invarianten Formen bestimmt[6]). Dabei betrachtete er nach *B. Riemann* die Kugel als Trägerin der komplexen Veränderlichen $z = x + iy$ und reduzierte in dieser Weise die Aufgabe auf die Bestimmung der endlichen Gruppen von Drehungen im gewöhnlichen Raume; diese sind aber keine anderen als diejenigen, welche die *regulären Körper* in sich überführen[7]). So erhielt er die folgenden 5 Lösungen: 1) die Wiederholung einer periodischen Substitution, die *cyklische Gruppe*; 2) die Erweiterung der vorigen durch Vertauschung der beiden bei ihr festen Punkte (Pole) oder die *Diedergruppe*; 3) die *Tetraedergruppe*; 4) die *Oktaedergruppe*; 5) die *Ikosaedergruppe*. Für die Gradzahlen der Gruppen ergab sich bez.: n, $2n$, 12, 24, 60; doch so, dass die Gruppen, mit Ausnahme der cyklischen und der Diedergruppen mit ungeradem n, sich *homogen*[8]) mit weniger als der doppelten

---

4) Zürich. Viertelj. (1871), p. 74; J. f. Math. 75 (1873), p. 292 = Ges. Abh. 1, p. 172, 211.

5) Die fraglichen Gebietseinteilungen werden (s. weiter unten) auf der Kugel durch die Symmetriebenen der regulären Körper begrenzt. Der Zusammenhang mit den binären Gruppen beruht natürlich darauf, dass die Integrale nach der Umkreisung der singulären Punkte sich nach irgend einer solchen linear substituieren müssen; dass dies aber hier nach allen vorkommenden endlichen Gruppen möglich ist, kann man in gewisser Weise als zufällig betrachten.

6) Erl. Ber. 1874; Math. Ann. 9 (1875), p. 183.

7) Wozu noch das ebene reguläre n-Eck, das „Dieder", hinzugerechnet wird. Über eine verwandte Untersuchung von *J. Steiner* s. III A 3. Wegen der Invarianz eines Punktes im Kugelinneren bei diesen endlichen Gruppen vgl. Nr. 8.

8) Durch das von *Klein* hier eingeführte Hülfsmittel der *homogenen Variabeln* entstehen (s. weiter unten) statt der invarianten Funktionen invariante Formen, und es werden die Prozesse der *Invariantentheorie* verfügbar, um aus einer solchen Form andere zu berechnen.

Zahl von Substitutionen nicht schreiben lassen. Die Tetraedergruppe ist mit der alternierenden [I A 6, Nr. 7] und die Oktaedergruppe mit der symmetrischen Gruppe von 4 Dingen holoedrisch isomorph, entsprechend den bezüglichen Vertauschungen der 4 Geraden (= Würfeldiagonalen), die je eine Ecke des Tetraeders mit der gegenüberliegenden des Gegentetraeders verbinden. Von den letzteren Operationen führen vier jede der drei Oktaederdiagonalen in sich über; ihnen entspricht die *Vierergruppe*. Von grösserer Bedeutung für die Algebra ist es aber, dass die Ikosaedergruppe, als 5 gleichberechtigte Tetraedergruppen enthaltend, mit der Gruppe der geraden Vertauschungen von 5 Dingen holoedrisch isomorph [I A 6, Nr. 14] ist.

Betreffend die Bestimmung der *Formen*, welche bei den einzelnen Substitutionsgruppen bis auf einen Faktor invariant bleiben, erwies *Klein*, dass das allgemeinste bei der Gruppe sich geschlossen permutierende Punktsystem sich durch eine Gleichung $\varkappa \Pi + \varkappa' \Pi' = 0$ darstellen lässt. Die Anzahl der Punkte eines solchen Systems ist im allgemeinen gleich dem Grade N der Gruppe; doch giebt es für besondere Werte des Parameters $\varkappa : \varkappa'$ Systeme von geringerer Punktezahl. Dieselben sind bei den cyklischen die beiden Fixpunkte, bei den übrigen giebt es aber immer drei derartige Systeme, so dass die definierenden Formen, wie schon *Schwarz* gefunden hatte, durch eine identische Relation mit einander verknüpft sein müssen. Solche Systeme sind bei den Diedergruppen: die n Ecken des Dieders, die n Kantenhalbierungspunkte und das Polepaar; bei der Tetraedergruppe: die Ecken des Tetraeders und des Gegentetraeders sowie die Kantenhalbierungspunkte, welche die Ecken eines Oktaeders darstellen[9]); bei der Oktaedergruppe: die Ecken des Oktaeders und des Polarwürfels und die 12 Kantenhalbierungspunkte; bei der Ikosaedergruppe: die Ecken des Ikosaeders und des reziproken Pentagondodekaeders sowie die 30 Kantenhalbierungspunkte. Für die Formen, welche die Ecken eines Tetraeders, Oktaeders oder Ikosaeders darstellen, fand *Klein*, dass die vierte Überschiebung $(f, f)_4$ identisch verschwindet. Diesen Satz vervollständigte *L. Wedekind*[10]) dahin, dass es, von trivialen Fällen abgesehen, keine anderen binären Formen mit dieser Eigenschaft giebt.

Ohne Hülfe geometrischer Anschauungen bestimmte zuerst *P. Gordan*

---

9) Die Tetraederform ist eine biquadratische Form mit äquianharmonischem Doppelverhältnis, die Gegentetraederform ihre Hesse'sche Kovariante und die Oktaederform die Jacobi'sche Kovariante dieser beiden [I B 2, Nr. 7, Anm. 169]; in gleicher Weise hängen auch die Formen bei der Oktaeder- und der Ikosaedergruppe zusammen.

10) Hab.-Schr. Karlsruhe (1876).

die endlichen binären Gruppen[11]). Er benutzte dabei als Ausgangspunkt eine besondere Normalform der linearen Substitution und reduzierte die Frage auf die Lösung der Gleichung $1 + \cos\varphi_1 + \cos\varphi_2$
$+ \cos\varphi_3 = 0$ durch Winkel, welche in rationalem Verhältnis zu π
stehen [12]).

3. Erweiterungen. Die linearen Substitutionsgruppen einer Veränderlichen können dadurch *erweitert* werden, dass man noch Opera-
tionen der folgenden Art: $z' = \dfrac{\alpha\,\bar{z} + \beta}{\gamma\,\bar{z} + \delta}$ hinzunimmt, wo $\bar{z}$ den konjugiert imaginären Wert $(x - iy)$ von z bezeichnet. Diese Substitu-
tionen „zweiter Art" sind geometrisch durch die Umlegung der Winkel
charakterisiert, die auf der Kugel die Vertauschung der beiden geraden Erzeugendensysteme involviert. In jeder erweiterten Gruppe
bildet selbstverständlich die ursprüngliche eine ausgezeichnete Untergruppe vom Index 2. Die Ikosaedergruppe, Oktaedergruppe, Tetraedergruppe und die Diedergruppen können stets durch *Spiegelungen an
den Symmetrieebenen* der betreffenden Konfiguration erweitert werden;
für die Tetraedergruppe und die Diedergruppen giebt es aber noch
eine *zweite Erweiterung*, bei welcher die Operationen 2. Art das
Tetraeder in das Gegentetraeder, bez. das reguläre n-Eck $(=$ Dieder$)$
in das durch die Seitenhalbierungspunkte gebildete Polygon überführen.
Die cyklischen Gruppen können auf *dreierlei Weisen* erweitert werden:
durch Spiegelungen an einer Meridianebene oder an einer Parallel-
ebene oder endlich durch eine Drehung um die Axe von der Grösse
$\dfrac{\pi}{n}$, kombiniert mit einer Spiegelung der letzteren Art. Von involutorischen Operationen der zweiten Art giebt es ausser der *Spiegelung*
noch eine, nämlich die *Inversion* [III A 7] vom Centrum aus [13]).

---

11) Math. Ann. 12 (1877), p. 28. Hier anknüpfend *A. Cayley*, Math. Ann. 16
(1880), p. 260, 439; Quart. J. 28 (1895), p 236 = Coll. Pap. 11, p. 237; 13, p. 552.

12) Übersichtliches über die Gegenstände der Nummern 2—4 bei *Klein*,
Vorl. üb. d. Ikosaeder I: Kap. 1, 2, 3, 5 (1884). In enger Beziehung zu *Klein*'s ursprünglichen Arbeiten sind die endl. Gruppen einer Veränderlichen aus den
endl. Bewegungsgruppen der elliptischen Ebene bei *A. Clebsch - F. Lindemann*,
Vorles. üb. Geometrie 2^1, Abt. 3: 9—13 (Leipzig 1891) abgeleitet.

13) Bemerkenswert sind die durch die Symmetrieebenen der jedesmaligen
Konfigurationen bewirkten Gebietseinteilungen (vgl. die Schwarz'schen Kreis-
bogendreiecke), wodurch man *Fundamentalbereiche* [II B 6 c] für die fraglichen
Gruppen erhält, sodass je zwei durch Operationen 2. Art aus einander her-
vorgehende Bereiche einen Fundamentalbereich für die ursprüngliche Gruppe
liefern (Figuren bei *Klein-Fricke*, Modulf. 1, I. Abschn. 3 [Leipzig 1890]). Diese
Gebietseinteilungen kommen von der geometrischen Seite her schon bei *F. Moebius*

4. Algebraisch integrierbare lineare Differentialgleichungen 2. Ordnung. Die Bestimmung der allgemeinsten *algebraisch integrierbaren linearen Differentialgleichungen* mit rationalen Koeffizienten wurde der Gegenstand mehrerer Arbeiten von *L. Fuchs*[15]); dabei wurde die Bedingung massgebend, dass die Integrale bei beliebiger Umkreisung der singulären Punkte sich nach irgend einer *endlichen Gruppe* substituieren müssen. Hieraus erschloss *Fuchs* die Existenz sog. *Primformen*, d. h. solcher Formen der Integrale $y_1, y_2, \ldots y_n$, welche in geeigneter Potenz rationale Funktionen der unabhängigen Veränderlichen x darstellen. Da die Kovarianten der Primformen auch Primformen sein müssen, fand er die merkwürdige Eigenschaft, dass für die niedrigsten Primformen alle Kovarianten noch niedrigerer Ordnung verschwinden müssen[14]). Für die Differentialgleichungen 2. Ordnung stellte nun *Fuchs* die Gradzahlen der möglichen niedrigsten Primformen auf[15]). Beim Vergleich mit den niedrigsten Kovarianten der endlichen binären Gruppen fand *Klein*, dass *Fuchs'* Tafel zwar alle in Betracht kommenden, daneben aber noch überflüssige Fälle enthielt. Es wurde weiter von *Klein* nachgewiesen, wie durch Vermittlung der Differentialgleichung 3. Ordnung[16]), welcher der Quotient $\eta = y_1 : y_2$ zweier Integrale genügt, aus den 5 Schwarz'schen hypergeometrischen Typen alle übrigen algebraisch integrierbaren linearen Differentialgleichungen 2. Ordnung durch einfache Transformation sich ableiten lassen[17]).

(Werke II, p. 653) vor. Man vergleiche, wegen der in Rede stehenden Symmetrieverhältnisse *A. Schoenflies*, Krystallsysteme und Krystallstruktur (Leip. 1891). Wir verweisen noch auf die arithm. Herleitung sowohl der ursp. als der erw. Gruppen (im Anschluss an die ternären eig. und uneig. orthog. Subst.) bei *H. Weber*, Algebr. 2: 7, 8 (1896).

14) Umgekehrt fand *Gordan*, Math. Ann. 12 (1877), p. 147, dass von triv. Fällen abgesehen, die einzigen binären Formen mit dieser Eigenschaft eben die Tetraeder-, Oktaeder- und Ikosaederform sind

15) *Fuchs*, Gött. Nachr. (1875), p. 568, 612; J. f. Math. 81 (1876), p. 97; 85 (1878), p. 1. Weiteres über die Primformen bei *F. Brioschi*, Lomb. Rend. (2) 10 (1877), p. 48 und Math. Ann. 11 (1877), p. 401. An die Fuchs'schen Arbeiten schliesst sich naturgemäss die Abh. über die alg. Int. der Diff.-Gl. 2. Ordn. von *Th. Pepin*, Rom. Acc. Pont. 34 (1882), p. 243.

16) Von der Gestalt: $\eta'''/\eta' - \dfrac{3}{2}\,\eta''^2/\eta'^2 = r(x)$ [rat. Funkt. von x]. *Cayley* nennt bei seiner Behandlung der Schwarz'schen Polyederfunktionen (Cambr. Trans. 13 [1880], p. 5 = Pap. 11, p. 149) das linke Glied den „Schwarz'schen Differentialausdruck".

17) *Klein*, Erl. Ber. 1876; Math. Ann. 11 (1876), p. 115; 12 (1877), p. 23; Diff.-Gl. 2. Ordn. (1894), p. 159 (Gött. autogr. Vorl.). Vgl. *E. Goursat*, Ann. Éc. norm. (3) 2 (1885), p. 37; J. d. math. (4) 3 (1887), p. 255.

5. Endliche ternäre Gruppen. Ein *allgemeiner Ansatz* zur Bestimmung der endlichen linearen Substitutionsgruppen bei beliebiger Variablenzahl rührt von *C. Jordan* her[18]). Er betrachtet die verschiedenen in einer Gruppe G enthaltenen Scharen von gleichberechtigten Substitutionen und die mit den letzteren vertauschbaren Gruppen F, F_1, ..., welche in G enthalten sind. Es ergiebt sich so eine Gleichung zwischen dem Grad von G und den Gradzahlen von F, F_1, ..., deren Diskussion auf eine endliche Zahl verschiedener möglicher Gruppen führt. Diese Methode hat *Jordan* für die binären und *ternären* Gruppen durchgeführt[18]); aber schon bei den quaternären erhielt er eine so komplizierte Fundamentalgleichung[19]), dass ihre Diskussion kaum möglich scheint. Um zu entscheiden, ob den in der obigen Weise erhaltenen „möglichen“ ternären Gruppen auch wirkliche Lösungen entsprechen, beschränkt sich *Jordan* zuerst auf die Bestimmung der wirklich vorkommenden *einfachen* [I A 6, Nr. 16] Gruppen und untersucht sodann, in welchen zusammengesetzten Gruppen solche einfache Gruppen als ausgezeichnete Untergruppen auftreten können, und steigt von diesen in ähnlicher Weise zu neuen zusammengesetzten Gruppen auf. Ausser solchen trivialen Gruppen, bei denen entweder *eine Gerade stets in sich übergeht* oder auch *drei Punkte sich geschlossen permutieren*[20]), erhielt *Jordan* nur *4 Lösungen*, und unter diesen nur eine einfache Gruppe, nämlich die *ternäre Ikosaedergruppe*. Nach derselben substituieren sich $A_0 = y_1 y_2$, $A_1 = y_1^2$, $A_2 = - y_2^2$, wenn y_1, y_2 die binäre Ikosaedergruppe erleiden; es bleibt also ein Kegelschnitt $A = A_0^2 + A_1 A_2 = 0$ invariant[21]). Von den anderen Gruppen war die wichtigste die von *Jordan* als „*Hesse'sche Gruppe*“ bezeichnete *vom Grade* 216, welche den syzygetischen durch eine C_3 und ihre Hesse'sche Kurve bestimmten Büschel $\lambda_1 F_3 + \lambda_2 H_3 = 0$ in sich überführt, und zwar in der Weise, dass F_3 und H_3 nach einer *Tetraedergruppe* substituiert werden, durch welche je 12 Kurven des Büschels mit derselben absoluten Invariante in einander übergeführt werden. Die Hesse'sche Gruppe besitzt eine *ausgezeichnete G_{72}*, welche der

---

18) J. f. Math. 84 (1878), p. 89.

19) Nap. Atti 1880.

20) Vgl. über endliche ternäre Gruppen, bei denen ein Dreieck unverändert bleibt, *Maschke*, Am. J. 17 (1895), p. 168.

21) Dieser Kegelschnitt ist das Bild des binären Gebietes. Für die 6 Paare gegenüberliegender Ikosaederecken bilden die Pole der Verbindungsgeraden ein zehnfach *Brianchon*'sches Sechseck. Vgl. *A. Clebsch*, Math. Ann. 4 (1871), p. 336 [I B 2, Nr. 19]. Das zehnfach *Brianchon*'sche Sechseck ist übrigens nur eine Zentralprojektion des Ikosaeders; vgl. *Klein*, Math. Ann. 12 (1877), p. 530.

innerhalb der Tetraedergruppe ausgezeichneten Vierergruppe zugeordnet ist; den 3 G_2 in der letzteren Gruppe entsprechen innerhalb der G_{216} 3 G_{36},[22]) und der Identität eine ausgezeichnete G_{18}, welche jede Kurve des Büschels invariant lässt. Gerade diese G_{72} und G_{36} liefern die übrigen von *Jordan* aufgezählten Gruppen[23]).

Indessen hatte *Jordan* bei dieser Diskussion *die beiden interessantesten einfachen Gruppen* von Kollineationen in der Ebene übersehen. Eine von diesen, *die* G_{168}, wurde alsbald von *Klein*[24]) durch Betrachtung der Transformation 7. Ordnung der elliptischen Funktionen abgeleitet [II B 6 a]. Die andere aber, *die* G_{360}, wurde erst von *H. Valentiner*[25]) aufgestellt. Die Methode von *Valentiner*, welcher die vorangehenden Arbeiten von *Jordan* und *Klein* nicht kannte, zielt ebenfalls auf die Aufstellung und Diskussion einer Fundamentalgleichung. Das Wesentliche in der Struktur der G_{360}, nämlich holoedrischer Isomorphismus mit der alternierenden Gruppe von 6 Dingen, wurde zuerst von *A. Wiman*[26]) erkannt. Auf Grund dieser Eigenschaft enthält die G_{360} als Untergruppen sowohl zwei Systeme von je 6 Ikosaedergruppen[27]) als auch

---

22) Jede von diesen G_{36} ist die Kollineationsgruppe zweier harmonischen C_3, welche von einander gegenseitig Hesse'sche Kurven sind.

23) Das vollständige Formensystem der G_{216} hat *Maschke* gegeben, Gött. Nachr. 1888, p. 78; Math. Ann. 33 (1890), p. 324. Dasselbe besteht aus 5 Formen, von denen drei die 4 Wendepunktsdreiseite, die 4 äquianharmonischen und die 6 harmonischen Kurven des Büschels darstellen; dieselben entsprechen den in Nr. 2, Anm. 9 aufgezählten Grundformen der binären Tetraedergruppe und sind auch durch eine ähnliche Identität mit einander verbunden. Die beiden übrigen definieren eine C_6 und die 9 harmonischen Polaren der Wendepunkte; das Quadrat der letzteren ist durch die C_6, die äquianharmonischen und harmonischen C_3 genau so ausdrückbar, wie das *Weierstrass*'sche p' durch p, g_2 und g_3 [II B 6 a].

24) Erl. Ber. (1878); Math. Ann. 14 (1878), p. 438.

25) Kjöb. Skr. (5) 5 (1889), p. 64. Die G_{216} fehlt bei *Valentiner*.

26) Math. Ann. 47 (1896), p. 531. Es ist dort auch nachgewiesen, dass man in gleicher Weise das vollständige Formensystem der G_{360} erhält, wie *Klein* dasjenige der G_{168} abgeleitet hat (Math. Ann. 14 [1878], p. 448). Man geht bei der G_{168} (bez. G_{360}) von einer Grundform f_4 (bez. f_6) aus, bestimmt dann die Hesse'sche Kovariante X_6 (bez. X_{12}), dann die durch die Derivierten von X geränderte Hesse'sche Determinante Φ_{12} (bez. Φ_{30}) und endlich die Funktionaldeterminante Ψ_{21} (bez. Ψ_{45}) dieser drei Formen, welche letztere die harmonischen Perspektivitäten der bez. Gruppe darstellt und sich als Quadratwurzel einer ganzen rationalen Funktion der drei übrigen Formen ausdrücken lässt. Weitere Ausführungen über die G_{360} bei *F. Gerbaldi*, Pal. Rend. (1898, 1899); Zürich Congr.-Verh. 1898, p. 242; Math. Ann. 50 (1898), p. 473.

27) Diesen G_{60} sind Kegelschnitte zugeordnet, so dass je zwei Kegelschnitte desselben Systems sich nach äquianharmonischen Doppelverhältnissen schneiden, je zwei Kegelschnitte verschiedener Systeme einander doppelt berühren. Von

10 G_{36}. Die G_{60} und die G_{168} lassen sich auch homogen in 60 bez. 168 Substitutionen schreiben; die *homogene Darstellung* der 4 übrigen Gruppen erfordert mindestens dreimal so viele Substitutionen, also bez. 648, 216, 108, 1080.

6. Algebraisch integrierbare lineare Differentialgleichungen höherer Ordnung. *Jordan* hatte sich als eigentliches Ziel seiner Arbeit über die endlichen ternären Gruppen die Bestimmung der algebraisch integrierbaren linearen Differentialgleichungen gesetzt. Später hat man insbesondere den allgemeineren Typus von linearen Differentialgleichungen höherer Ordnung behandelt, zwischen deren Integralen homogene algebraische Relationen existieren[28]). Die algebraische Integrierbarkeit ist hier wesentlich davon abhängig, ob die durch jene Relationen dargestellten Gebilde eine endliche oder unendliche Gruppe von Kollineationen in sich besitzen. Aber auch in dem letzteren Falle giebt es algebraisch integrable Gleichungen, nämlich wenn sich die Integrale als homogene Formen $(n-1)^{\text{ter}}$ Ordnung aus den Lösungen y_1, y_2 einer linearen Differentialgleichung 2. Ordnung darstellen[28]).

7. Gruppen aus den regulären Körpern in höheren Räumen. In gleicher Weise wie im dreidimensionalen Raume R_3 erhalten wir auch in höheren Räumen R_n aus den *endlichen Bewegungsgruppen* (mit oder ohne „Erweiterung"), welche die dort befindlichen *regulären Körper* in sich überführen, endliche lineare Substitutionsgruppen, und zwar auch in einem $R_{n'-1}$, nämlich als *endliche orthogonale Substitutionsgruppen*[29]), da ja die Bewegungen das Gebilde $x_{n+1} = 0$, $\sum_1^n x_i^2 = 0$ invariant lassen. Dieses Gebilde lässt sich ein-eindeutig auf einen R_{n-2} abbilden; die auf diesen R_{n-2} übertragene Gruppe ist aber im allgemeinen nicht, wie im Falle $n=3$, linear, sondern man muss für die Herstellung derselben auch quadratische Transformationen hinzu-

<hr>

einem solchen Kegelschnittsysteme war *Gerbaldi* ursprünglich ausgegangen, Tor. Atti 17 (1882), p. 566.

28) Vgl. *Fuchs*, Berl. Ber. 1882, p. 703; Acta math. 1 (1883), p. 321; Berl. Ber. 1890, p. 469; *Goursat*, Par. Soc. math. Bull. 11 (1883), p. 144; Par. C. R. 1889, p. 232; *G. Halphen*, Par. sav. [étr.] 28, 1 (1883); Acta math. 3 (1883), p. 348; *H. Poincaré*, Par. C. R. 97 (1883), p. 984, 1189; *P. Painlevé*, Par. C. R. 104 (1887), p. 1829; 105, p. 68; 106 (1888), p. 535; *Brioschi*, Ann. di mat. 13 (1885), p. 1; *Ludw. Schlesinger*, Diss. Berl. 1887; *Lipm. Schlesinger*, Diss. Kiel (1888); *S. Lie*, Leip. Ber. 43, p. 253 (1891); *G. Wallenberg*, J. f. Math. 111 (1893), p. 83; 113 (1894), p. 1; *Max Meyer*, Diss. Berl. 1893; *G. Fano*, Rom. Linc. Rend. (5), 4 (1895), p. 18, 51, 232, 292, 322.

29) Die „Erweiterung" im R_{n-1} geschieht durch uneigentlich orthogonale Substitutionen von der Determinante -1.

nehmen. Nun sind die regulären Körper in einem Raume von beliebiger Dimension n durch *J. Stringham* bestimmt worden[30]): *für* $n = 4$ *giebt es deren* 6, *für* $n < 4$ *aber nur* 3, welche letzteren sich in 3 Reihen einordnen, deren Anfangsglieder bez. das Tetraeder, Oktaeder und der Würfel sind. Der erste Körper $K_n(n+1)$ ist durch $n+1$ $K_{n-1}(n)$ begrenzt; als Bewegungsgruppe hat man hier die alternierende und als ihre Erweiterung die symmetrische Vertauschungsgruppe dieser $n+1$ Grenzkörper. Die beiden übrigen Körper, $K_n(2^n)$ und $K_n(2n)$ sind zu einander reziprok und haben als Grenzkörper bez. $2^n K_{n-1}(n)$ und $2n K_{n-1}(2n-2)$; die letzteren $2n$ Grenzkörper stehen einander paarweise gegenüber, und die Bewegungsgruppe lässt sich durch Kombination der Gruppe, wo jedes Paar in sich übergeht, aber die Glieder einer geraden Zahl von ihnen sich vertauschen, mit der symmetrischen Vertauschungsgruppe der n Paare erzeugen[31]), ist also vom Grade $n! 2^{n-1}$; die Erweiterung entsteht dadurch, dass die Glieder auch einer ungeraden Zahl von Paaren vertauscht werden.

Im R_4 existieren noch drei regelmässige Körper: $K_4(24)$, $K_4(600)$ und $K_4(120)$, von denen die beiden letzteren zu einander reziprok sind. Dieselben sind bez. durch 24 Oktaeder, 600 Tetraeder und 120 Dodekaeder begrenzt, und die zugehörigen Bewegungsgruppen sind bez. von den Gradzahlen 560 und 7200. Eine analytische Grundlage der Theorie der regelmässigen vierdimensionalen Körper hat *Goursat* durch seine Untersuchungen über endliche Gruppen orthogonaler Substitutionen von vier Veränderlichen gegeben[32]). Die letzteren Gruppen sind alle von ihm bestimmt[33]), und zwar giebt es deren 32, welche jedes der Erzeugendensysteme der Fläche $\sum_1^4 x_i^2 = 0$ in sich überführen; werden aber jene Systeme vertauscht, kommen noch 19 hinzu[33]).

Nach dem Vorgange von *Klein* bei den endlichen Gruppen einer Veränderlichen suchte *O. Biermann* die linearen Substitutionsgruppen

---

30) Am. J. of math. 3 (1880), p. 1.

31) Bei der Bewegungsgruppe müssen also die n Paare alle möglichen, die $2n$ Grenzkörper aber nur gerade Vertauschungen erleiden. Vgl. hierzu *A. Puchta*, Wien. Ber. 89 (1884), p. 806; 90 (1884), p. 168. Es mag bemerkt werden, dass diese Gruppen die endlichen Bewegungsgruppen in den betreffenden Räumen keineswegs erschöpfen.

32) Ann. éc. norm. (3) 6 (1889), p. 9.

33) Ebenda p. 50—79. Die Erzeugendensysteme werden natürlich nach binären Gruppen transformiert, und diese Gruppen müssen nach irgend einem Isomorphismus mit einander in Verbindung gesetzt werden.

von zwei komplexen Veränderlichen mit den Bewegungsgruppen der regelmässigen Körper im R_5 in Verbindung zu setzen, aber es zeigte sich dies nur für triviale Untergruppen möglich[34]).

Die Gruppen der regulären Körper (sowie überhaupt die endlichen linearen Substitutionsgruppen) können auch durch Hinzufügung dualistischer Transformationen erweitert werden, wie dies *E. Hess* für den dreidimensionalen Raum durchgeführt hat[35]).

8. Invariante definite Hermite'sche Formen. Bei der Übertragung einer komplexen Veränderlichen auf die *Riemann*'sche Kugelfläche werden den beiden Systemen geradliniger Erzeugenden die konjugiert imaginären Veränderlichen $z = x + iy$ und $\bar{z} = x - iy$ zugeordnet. Eine *definite Hermite'sche quadratische Form* von diesen Veränderlichen (mit konjugiert imaginären Koeffizienten) definiert dann nach bekannten Eigenschaften der Flächen 2. Grades, gleich Null gesetzt, eine reelle Ebene, welche mit der Kugel keine reellen Punkte gemein hat[36]). Aus der Invarianz der unendlich fernen Ebene bei den Gruppen der regulären Körper folgt also unmittelbar die Invarianz einer definiten Hermite'schen Form bei den endlichen Gruppen einer Veränderlichen. Für die *ternären Gruppen* haben *Picard* und *Valentiner* ähnliche invariante Formen hergestellt[37]). Den *allgemeinen Satz*, dass bei jeder endlichen linearen Substitutionsgruppe von beliebig vielen Veränderlichen mindestens eine definite Hermite'sche quadratische Form invariant bleibt, haben später fast gleichzeitig *Fuchs*, *Moore* und *Loewy*[38]) veröffentlicht. *Fuchs* gelangt zu dem Satze bei der Betrachtung der Fundamentalsubstitutionen der Integrale einer algebraisch integrierbaren linearen Differentialgleichung. *Moore* geht einfach von einer beliebigen definiten Hermite'schen Form aus und er-

---

34) Wien. Ber. 95 (1887), p. 523. Vom Gesichtspunkte der synthetischen Geometrie sind die regelmässigen Körper auch von anderen Verfassern (*Schlegel*, *Hoppe*, *Rudel*) untersucht worden [III A 3]. Vgl. die im Brill'schen Verlage (Darmstadt 1886) erschienenen Modelle von *V. Schlegel*.

35) Marb. Ber. 1894, p. 11.

36) Vgl. *J. Plücker*, J. f. Math. 34 (1847), p. 341 = Ges. Abh. 1, p. 417.

37) *É. Picard*, Par. Soc. math. Bull. 15 (1887), p. 152; *Valentiner*, Kjöb. Skr. (6) 5 (1889), p. 138, 218. Vgl. auch für einen Fall (die ternäre Ikosaedergruppe), wo *Picard* keine Form der gesuchten Art gefunden hatte, die sogleich zu citierenden Arbeiten von *Fuchs* und *Loewy*.

38) *Fuchs*, Berl. Ber. (9. Juli 1896), p. 753; *E. H. Moore*, Chic. Univ. Rec. (24. Juli 1896 vorgelegt der Chic. Math. Ges. 10. Juli); Math. Ann. 50 (1898), p. 213; *A. Loewy*, Par. C. R. (20. Juli 1896), p. 168. Wegen der gegenseitigen Beziehungen vergl. *Moore*, Math. Ann. 50, p. 214; *Loewy*, ebenda, p. 56; *Klein*, Deutsche M.-V. 5^1 (1896), p. 67.

hält dann in der Summe der aus ihr durch die Gruppe entstehenden Formen eine invariante Form der gesuchten Art.

9. Erste Auflösung der Gleichungen 5. Grades. Einen vollständigen Beweis für die Unmöglichkeit, die allgemeine Gleichung von höherem als dem 4. Grade durch Radikale aufzulösen, hat bekanntlich *N. H. Abel* gegeben[39]). Von *Ch. Hermite* wurde zuerst nachgewiesen, dass man die allgemeine Gleichung 5. Grades auf solche Normalgleichungen, welche bei der Transformation 5. Ordnung der elliptischen Funktionen auftreten, zurückführen kann. Dies gelang ihm durch Untersuchung der *Modulargleichungen* zwischen $\sqrt[4]{\varkappa} = u$ und $\sqrt[4]{\lambda} = v$, wobei $\varkappa$ den ursprünglichen *Legendre*'schen Modul und λ den aus ihm durch die Transformation hervorgehenden bezeichnen. Die Modulargleichungen bei der Transformation n^{ter}-Ordnung, wo n eine ungerade Primzahl bedeutet, sind nach *C. G. J. Jacobi* und *Ad. Sohncke*[40]) vom $(n+1)^{\text{ten}}$ Grade sowohl in u als in v. Durch Untersuchung der Gruppen dieser Gleichungen hatte aber schon *Ev. Galois* erschlossen, dass dieselben für $n = 5, 7, 11$ Resolventen n^{ten} Grades besitzen müssen[41]). Für $n = 5$ wurde nun eine solche Resolvente von *Hermite* wirklich gebildet[42]), und zwar erwies sich dieselbe von der Form $y^5 + ay + b = 0$, wobei a und b vom Parameter u abhängen. Anderseits hatte schon *E. S. Bring*[43]) (und später *Jerrard*) die allgemeine Gleichung 5. Grades durch Benutzung von *Tschirnhausen*-Transformation [I B 2, Nr. 19] auf die obige spezielle Form reduziert, doch zunächst mit völlig beliebigem a und b; es erwies sich aber, dass für die Reduktion der allgemeinen Bring'schen Gleichung auf die Hermite'sche Form und die Bestimmung des zugehörigen Parameters u nur aus Quadratwurzeln zusammengesetzte Irrationalitäten erforderlich sind. Hiernach geben also die Formeln von *Her-*

---

39) J. f. Math. 1 (1826), p. 65 = Oeuv. éd. *Sylow-Lie* p. 66 (I B 3 c, d, Nr. 18].

40) *Jacobi*, Fundamenta nova (1829) = Werke 1, p. 128; *Sohncke*, J. f. Math. 16 (1836), p. 97.

41) *Galois*, Brief an Chevalier (zuerst veröff. in Rev. enc. 1832). Der erste bekannte Beweis des Galois'schen Satzes ist wohl von *E. Betti*, Ann. mat. fis. 3 (1852), p. 74 [I A 6, Nr. 11; I B 3 c, d, Nr. 24].

42) Par. C. R. 46 (1858), p. 508. Vgl. *Ch. Briot-J. Cl. Bouquet*, Th. d. f. ell. (Par. 1875), p. 654; *H. Krey*, Ztschr. Math. Phys. 25 (1880), p. 129.

43) *Bring*'s Beweis, welcher in einer von Sommelius verteidigten Promotionsschrift (Lund 1786) erschien, wurde erst 1861 (durch *J. Hill*) beachtet. Das Resultat war inzwischen von *G. B. Jerrard* (Math. Researches, Bristol-London 1834) auf's neue gefunden worden. Vgl. *Hermite*, Par. C. R. 61, 62 (1865, 66) [I B 3 c, d, Nr. 24, Anm. 106]; *J. Rahts*, Math. Ann. 28 (1886), p. 34.

mite Ausdrücke für die Wurzeln der allgemeinen Gleichung 5. Grades durch die Wurzeln v der Modulargleichung. Die Rolle der elliptischen Funktionen bei dieser Lösung ist analog mit derjenigen der Logarithmen bei den binomischen Gleichungen, wie namentlich *Klein*[44]) hervorgehoben hat.

10. Lösung durch Vermittelung der Jacobi'schen Gleichungen 6. Grades. Die Transformationstheorie der elliptischen Funktionen liefert noch eine andere Art von Gleichungen, welche in der Theorie der Gleichungen 5. Grades eine Rolle spielen, nämlich die von *Jacobi* betrachteten *Multiplikatorgleichungen* [I B 3 c, d, Nr. 23; II B 6 a][45]). Für diese fand er die merkwürdige Eigenschaft, dass die Quadratwurzeln ihrer $n+1$ Wurzeln sich mit Hülfe blos numerischer Irrationalitäten aus $\frac{n+1}{2}$ Bestandteilen folgendermassen linear zusammensetzen lassen:

$$(1)\quad \sqrt{z_\infty} = \sqrt{(-1)^{\frac{n-1}{2}} n A_0},\quad \sqrt{z_\nu} = A_0 + \varepsilon^\nu A_1 + \cdots + \varepsilon^{\left(\frac{n-1}{2}\right)^2 \nu} A_{\frac{n-1}{2}}$$

$$\left(\nu = 0, 1, \cdots n-1,\quad \varepsilon = e^{\frac{2i\pi}{n}} \right).$$

Die allgemeine Jacobi'sche Gleichung 6. Grades wurde von *Brioschi* aufgestellt[46]) und erwies sich vón der Gestalt:

$$(2)\quad (z-A)^6 - 4A(z-A)^5 + 10B(z-A)^3 - C(z-A) + 5B^2 - AC = 0,$$

wobei A, B, C Funktionen in A_0, A_1, A_2 von den bezüglichen Gradzahlen 2, 6, 10 bedeuten. Um eine Resolvente 5. Grades herzustellen, ging *Brioschi* (dem Vorgange von *Hermite* bei den Modulargleichungen folgend) von der Substitution $y_\nu = (z_\infty - z_\nu)(z_{\nu+2} - z_{\nu+3})(z_{\nu+4} - z_{\nu+1})$ aus ($\nu + m$ nach dem Modul 5 genommen); er bemerkt aber, dass schon die $\sqrt{y_\nu}$ in den A rational sind und zu Gleichungen 5. Grades Anlass geben[47]), nämlich für $x_\nu = \dfrac{y_\nu^{\frac{1}{2}}}{\sqrt[4]{5}}$:

$$(3)\qquad x^5 + 10Bx^3 + 5(9B^2 - AC)x - D = 0,$$

wobei D die 4. Wurzel aus der durch 5^5 dividierten Diskriminante [I B 1 a, Nr. 20] der Jacobi'schen Gleichung darstellt. Die Multiplikatorgleichung, welche bei *Jacobi* den Ausgangspunkt der Theorie bildete, fand *Brioschi* durch die Bedingung $B = 0$ charakterisiert;

44) Man sehe etwa *Klein*, Ikos. (1884), p. 131.

45) J. f. Math. 3 (1829), p. 308 = Werke 1, p. 261.

46) Ann. di mat. (1) 1 (Juni 1858), p. 256.

47) Ann. di mat. (1) 1 (Sept. 1858), p. 326. Vgl. *Joubert*, Par. C. R. 64 (1867), p. 1025, 1081, 1237.

eine Resolvente (3) ist also eine *Bring*'sche Gleichung. Von noch grösserer Bedeutung wurde aber späterhin der von *Kronecker* zuerst betrachtete Fall $A = 0$.

Kronecker (und nach ihm *Brioschi*) haben das Problem in Angriff genommen[48]), aus einer beliebigen Jacobi'schen Gleichung durch Tschirnhausentransformation neue abzuleiten. Es ergaben sich hier zwei Möglichkeiten: der eine Fall erledigte sich für den Grad 6 in allgemeinster Weise durch die Substitution $\sqrt{z} = \lambda\sqrt{z} + \mu\dfrac{\partial\sqrt{z}}{\partial A} + \nu\dfrac{\partial\sqrt{z}}{\partial B}$; der andere Fall (durch die Ersetzung von ε durch ε^2 in den Formeln (1) charakterisiert) in entsprechender Weise, nachdem eine erste Lösung, etwa $Z = \dfrac{1}{z-A} + \dfrac{C}{5B^2 - AC}$, bekannt ist. Aus dem Umstande, dass der Ausdruck A eine quadratische Funktion von λ, μ, ν wird, zog man die Folgerung, dass letztere Grössen auf verschiedene Weisen ohne eine andere Irrationalität als eine Quadratwurzel so gewählt werden können, dass die Bedingung $A = 0$ erfüllt wird.

Von durchgreifender Bedeutung für die allgemeine Gleichung 5. Grades war die Entdeckung *Kronecker*'s[49]), dass man von der Gleichung nach Adjunktion der Quadratwurzel aus der Diskriminante als *rationale Resolventen Jacobi'sche Gleichungen 6. Grades* aufstellen kann. Dazu trat noch der Satz[50]), dass man mit Hülfe nur einer hinzutretenden Quadratwurzel eine solche Resolvente mit $A = 0$ erhalten kann, welche nur einen wesentlichen Parameter $B^5 : C^3$ enthält und durch elliptische Funktionen lösbar ist. Weitere Entwickelungen über diese Kronecker'sche Auflösungsmethode unternahm insbesondere *Brioschi*[51]); von ihm wurde ein allgemeines Bildungsgesetz für die Wurzeln der betreffenden Resolvente 6. Grades gegeben[52]).

------

48) *Kronecker*, Berl. Ber. 1861, p. 222; *Brioschi*, Ann. di mat. (2), 1 (1867), p. 222; Nap. Atti (1866).

49) Par. C. R. 46 (Juni 1858), p. 1150.

50) Letzterer Satz hängt natürlich mit dem entsprechenden betreffend die Transformation der Jacobi'schen Gleichungen in solche mit $A = 0$ eng zusammen.

51) Lomb. Atti (Nov. 1858). Die zu den betreffenden Jacobi'schen Gleichungen gehörigen A_0, A_1, A_2 erwiesen sich als rationale Ausdrücke der Wurzeln der Gl. 5. Grades. Hierdurch wurde die Möglichkeit erkannt, letztere Gleichung nach Adjunktion der Quadratwurzel aus der Diskriminante in eine Gl. (8) (also mit verschwindenden Koeffizienten von x^4 und x^3) rational überzuführen, insbesondere nach Adjunktion einer neuen Quadratwurzel in eine solche mit $A = 0$. Die betreffende Tschirnhausentransformation hat *Hermite* (Par. C. R. 62 [1866]) (I B 3 c, d, Nr. 24, Anm. 106] durchgeführt. Vgl. auch ver-

11. Satz betreffend die Möglichkeit von Resolventen mit nur einem Parameter. Später machte *Kronecker*[53]) auf eine wesentliche Unterscheidung bei den Irrationalitäten, welche behufs der Reduktion algebraischer Gleichungen eingeführt werden, aufmerksam: diejenigen der ersten Art, die *„natürlichen" Irrationalitäten* [I B 3 c, d, Nr. 7], hängen rational von den zu bestimmenden Wurzeln x ab, wie etwa die Quadratwurzel aus der Diskriminante; daneben stellen sich die *„accessorischen" Irrationalitäten* [I B 3 c, d, Nr. 11], die irrationale Funktionen der x sind[54]). Auf die Thatsache hinweisend, dass bei den durch Wurzelziehen lösbaren Gleichungen die accessorischen Irrationalitäten vermieden werden können, postuliert *Kronecker* das Gleiche für die Auflösung der höheren Gleichungen. Betreffend die allgemeinen Gleichungen 5. Grades stellte *Kronecker* jetzt die Behauptung auf, dass es *ohne Zuhülfenahme accessorischer Irrationalitäten unmöglich* sei, aus derselben *eine Resolvente mit nur einem wesentlichen Parameter* (wie die Jacobi'sche Gleichung mit $A = 0$) herzustellen. Nach *Kronecker* würde man sich also darauf zu beschränken haben, Resolventen mit zwei wesentlichen Parametern aufzustellen, wie etwa die allgemeinen Jacobi'schen Gleichungen mit den Parametern $B : A^3$ und $C : A^5$, und diese Resolventen der Auflösung der Gleichungen 5. Grades als Normalgleichungen zu Grunde zu legen.

Ein *Beweis des Kronecker'schen Satzes* über die Gleichungen 5. Grades wurde von *Klein* gegeben. Zuerst wurde nachgewiesen, dass, wenn eine Gleichung ohne Affekt [I B 3 b, Nr. 20; I B 3 c, d, Nr. 1] durch Adjunktion blos natürlicher Irrationalitäten auf eine solche mit nur einem Parameter reduziert wird, die Wurzeln der letzteren bei Variation des Parameters im Raume der x eine rationale Kurve [III C 3] im Raume der x durchlaufen müssen. Den Punkten dieser Kurve ist ein Parameter λ eindeutig zugeordnet, welcher sich nach einem

---

schiedene Arbeiten von *Brioschi*, Par. C.R. 63 (1866), p. 685, 785; 73 (1871), p. 1470; 80 (1875), p. 753, 815; Ann. di mat. (2) 16 (1888), p. 181. Die fraglichen Transformationen von *Hermite* und *Brioschi* stehen andererseits in enger Beziehung zur Invariantentheorie der binären Formen 5. Grades. Eine Zusammenfassung der Brioschi'schen Untersuchungen über die Auflösung der Gleichungen 5. Grades findet man in Math. Ann. 13 (1878), p. 109.

52) Vgl. weiter *Cayley*, Math. Ann. 30 (1887), p. 78 = Pap. 12, p. 498, über die Fundamentalrelationen zwischen den $\sqrt{z}$ der Jacobi'schen Gl. 6. Grades; J. f. Math. 113 (1894), p. 42 = Pap. 13, p. 473, über dieselben als Resolventen der Gleichungen 5. Grades.

53) Berl. Ber. 1861 = J. f. Math. 59 (1861), p. 306.

54) Die Bennungen „accessorisch" und „natürlich" sind von *Klein*. Vgl. „Ikos." p. 157.

Satze von *J. Lüroth*[55]) als rationale gebrochene Funktion $\varphi : \psi$ der Wurzeln der letzteren (und also auch der ursprünglichen) Gleichung ausdrücken lassen muss. Bei den Wurzelvertauschungen müssen also φ und ψ sich nach einer isomorphen binären Gruppe substituieren; aber es giebt (Nr. 2) *keine homogene binäre* (dagegen wohl eine homogene ternäre) *Gruppe*, welche *mit der alternierenden Gruppe von 5 Dingen holoedrisch isomorph* ist. Hiermit ist aber auch der Satz bewiesen[56]).

12. Lösung durch die Ikosaederirrationalität. Der Beweis des Kronecker'schen Satzes war nur ein Schlussresultat der Bestrebungen von *Klein* und *Gordan, die Gleichungen 5. Grades mit der Theorie des Ikosaeders in Verbindung* zu setzen. Zunächst griff *Klein* die Aufgabe an[57]): wenn die fundamentale Kovariante f_{12} und also auch H_{20} und T_{30} als Funktionen von z_1, z_2 gegeben sind (f_{12} nicht in kanonischer Form[58]), sondern nur der definierenden Identität $(ff)_4 = 0$ genügend), die Gleichung $f_{12} = 0$ in 6 quadratische Faktoren zu spalten, welche den 6 Paaren einander gegenüberliegender Ikosaederecken entsprechen. Es wurden sowohl die nötige Gleichung 6. Grades als ihre Resolvente 5. Grades aufgestellt. Hier trat nun eine Übereinstimmung mit den Formeln von *Kronecker* und *Brioschi* hervor, indem jene Gleichung 6. Grades im wesentlichen sich als eine Jacobi'sche Gleichung mit $A = 0$ erwies.

Später nahmen aber die Arbeiten von *Klein* und *Gordan* die umgekehrte Richtung. Die durch die Gleichung 60. Grades $H^3(z)$ $: 1728 f^5(z) = Z$[59]) definierte Ikosaederirrationalität $z = z_1 : z_2$ wurde neben den Radikalen als *neue selbständige algebraische Irrationalität* betrachtet, und zwar als die einfachste mögliche. Durch die Ikosaeder-

---

55) Math. Ann. 9 (1875), p. 163 [I B 1 c, Nr. 22].

56) *Klein*, Erl. Ber. (Jan. 1877); Math. Ann. 12 (1877), p. 558; Vorl. üb. d. Ikos. (1884), p. 254. Auf Grund der Eigenschaften der homogenen binären Gruppen gilt ein *ähnlicher Satz schon für die Gl. 4. Grades;* weil aber hier die alternierende Gruppe nicht einfach ist, reichen jetzt *Partialresolventen* mit nur einem Parameter (nämlich binomische Gleichungen) aus. Einen mehr elementar gehaltenen Beweis gab später *Gordan*, Math. Ann. 29 (1887), p. 318.

57) Erl. Ber. (Juli 1875); Math. Ann. 9 (1875), p. 183.

58) Die gewöhnlich angewandten kanonischen Formen sind:
$$f_{12} = z_1 z_2 (z_1^{10} + 11 z_1^5 z_2^5 - z_2^{10}); \quad H_{20} = -(z_1^{30} + z_2^{30}) + 228(z_1^{15} z_2^5 - z_1^5 z_2^{15})$$
$$-494 z_1^{10} z_2^{10}; \quad T_{30} = z_1^{30} + z_2^{30} + 522(z_1^{25} z_2^5 - z_1^5 z_2^{25}) - 10005(z_1^{20} z_2^{10} + z_1^{10} z_2^{20})$$
mit der Identität $T^2 + H^3 - 1728 f^5 = 0$.

59) Hier ist f in kanonischer Form vorausgesetzt. Neben der Ikosaedergleichung stellt sich *das Formenproblem*: z_1 und z_2 für gegebene numerische Werte von f, H und T, welche der Identität $T^2 + H^3 - 1728 f^5 = 0$ genügen, zu bestimmen [I B 2, Nr. 11, Anm. 219].

substitutionen werden nämlich die 60 Wurzeln jener Gleichung rational durch eine beliebige von ihnen ausgedrückt; die fragliche Gleichung ist also *ihre eigene Galois'sche Resolvente*, falls man nämlich die 5. Einheitswurzeln, welche ja bei den Ikosaedersubstitutionen auftreten, adjungiert [I B 1 c, Nr. 2; I B 3 c, d, Nr. 5], und nach unserer Aufzählung der binären Gruppen kann es keine andere neue Irrationalität geben, welche nur auf ein binäres Problem führt[60]). Das Prinzip, nach welchem die genannten Autoren jetzt die Theorie entwickelten, war dieses, dass *die Gleichungen 5. Grades durch die Ikosaederirrationalität ihre naturgemässe Lösung finden.*

Unter den verschiedenen Resolventen 5. Grades der Ikosaedergleichung zog *Klein* insbesondere die *Hauptresolvente* in Betracht, welche durch die Substitution $y_\nu = m v_\nu + n u_\nu v_\nu$, wo $u_\nu = 12 t_\nu f^2 : T$, $v_\nu = 12 W_\nu f : H$, und t_ν und W_ν die zu den Tetraederuntergruppen gehörigen Oktaeder- und Würfelformen darstellen. Hier wurde es besonders wichtig, dass einerseits in der Hauptresolvente die vierte und dritte Potenz der Unbekannten gleichzeitig fehlen, anderseits *jede Hauptgleichung 5. Grades,* $y^5 + a y^2 + b y + c = 0$, *direkt mit einer Hauptresolvente zu identifizieren* ist, wobei m, n und Z sich rational durch a, b, c und die Quadratwurzel aus der Diskriminante ausdrücken lassen[61]).

Hiernach ergiebt sich eine *erste Auflösungsmethode der allgemeinen Gleichung 5. Grades: zuerst* die Gleichung durch Tschirnhausentransformation *auf eine Hauptgleichung* zu reduzieren, wozu eine nach dem Kronecker'schen Satze nicht zu vermeidende accessorische Quadratwurzel erforderlich ist; *dann* nach Adjunktion der Quadratwurzel aus der Diskriminante *eine Ikosaedergleichung als Resolvente* aufzustellen, endlich durch die zugehörige Ikosaederirrationalität die Wurzeln der Gleichung 5. Grades auszudrücken. *Klein* stellt die ganze Sache in geometrischem Gewande dar[62]): die Wurzeln, für welche von vornherein

---

60) Nach den Untersucungen von *O. Hölder* (Math. Ann. 40 [1892], p. 55) und *F. N. Cole* (Amer. J 14 [1892], p. 378) sind auch (von cykl. Gr. abges.) die im bin und tern. Gebiete auftretenden G_{60}, G_{168} und G_{360} die einfachen Gruppen von den niedrigsten Gradzahlen [I A 6, Nr. 22].

61) Die Hauptresolvente wurde zuerst von *Klein*, Math. Ann. 12 (1877), p 525, mitgeteilt Direkter Vergleich der Hauptresolvente mit der Hauptgleichung zuerst bei *L. Kiepert*, Gött. Nachr. (Juli 1878, p. 424); Ann. di mat. (2), 9, p. 119; J. f. Math. 87 (1878), p. 114.

62) Die Deutung von Wurzelvertauschungen durch Kollineationen von *Klein* findet sich schon Math. Ann. 4 (1871), p. 346. Die Verbindung der Auflösung der Gl. 5. Grades mit der Ikosaedertheorie von *Klein* zuerst Erl. Ber. (Nov. 1876, Jan. und Juli 1877); Math. Ann. 12 (1877), p. 503. Vgl. dazu besonders *Klein*,

$\sum x = 0$, werden als überzählige homogene Koordinaten eines Punktes im R_3 betrachtet; die Tschirnhausentransformation, welche den Koeffizienten von x^3 wegschaffen soll, wird als die Aufsuchung eines kovarianten Punktes y auf der *Hauptfläche* $\sum x^2 = 0$ gedeutet, was nicht rational, sondern nur vermittelst einer (accessorischen) Quadratwurzel geschehen kann; die beiden Erzeugendensysteme der Hauptfläche gehen bei den geraden Vertauschungen der x jedes in sich über, werden aber bei den ungeraden vertauscht; durch die Adjunktion der Quadratwurzel aus der Diskriminante wird also ein erstes von diesen augsewählt, und eben die 60 Erzeugenden erster Art, welche durch die 60 bei den geraden Vertauschungen der x sich permutierenden Punkte y hindurchgehen, hängen nach geeigneter Fixierung eines Parameters λ von der aufzustellenden Ikosaedergleichung ab[62a]).

Gordan befriedigte die Hauptgleichung direkt durch $y_\nu = \varepsilon^{4\nu}\lambda_1\mu_1$
$+ \varepsilon^{3\nu}\lambda_2\mu_1 + \varepsilon^{2\nu}\lambda_1\mu_2 + \varepsilon^{\nu}\lambda_2\mu_2$, wo $\varepsilon = e^{\frac{2i\pi}{5}}$, $\nu = 0, 1, 2, 3, 4$. Sein Verfahren gestaltet sich übrigens vermöge der geometrischen Einkleidung von *Klein* folgendermassen[63]): für beide Arten von Erzeugenden [64]) werden geeignete homogene Parameter λ_1, λ_2; μ_1, μ_2 eingeführt; durch diese werden als doppelt binäre Formen zuerst die Koeffizienten a, b, c und die Quadratwurzel ∇ aus der Diskriminante der Hauptgleichung, dann aber auch die in der Hauptresolvente 5. Grades der Ikosaedergleichung auftretenden Konstanten m_1, n_1 und Z_1 [65]) ausgedrückt;

Vorl. üb. d. Ikos. und d. Aufl. d. Gl. 5. Grades (1884): Referat über die früheren Methoden (2) 1; Resolventenbildung für die Ikosaedergl. und ihre transcendente Auflösung (1) 3, 4, 5; Lösung der Gl. 5. Grades durch das Ikosaeder (2) 2, 3, 5. Ein Referat dieser Arbeit von *F. N. Cole*, Amer. J. of math. 9 (1886), p. 45; *F. Giudice*, Tor. Atti 28 (1893), p. 664. Für den Beweis des Kronecker'schen Satzes und die Lösung der Gl. 5. Grades durch die Hauptresolvente vgl. weiter *H. Weber*, Algebra (2) 13 (1896).

62[a]) Man setzt etwa:
$$\lambda = -\frac{p_1}{p_2} = \frac{p_3}{p_4}, \quad \mu = \frac{p_1}{p_3} = -\frac{p_2}{p_4}, \quad \text{wo } p_\nu = y_0 + \varepsilon^{4\nu}y_1 + \varepsilon^{3\nu}!y_2 + \varepsilon^{2\nu}y_3 + \varepsilon^{\nu}y_4.$$

63) *Gordan*, Erl. Ber. (Juli 1877); Math. Ann. 13 (1878), p. 375. Vgl. auch *Klein*, Vorl. über das Ikosaeder 2, Kap. 3 (1884). *Gordan* hat (Math. Ann. 13 l. c. § 3 ff.) *das volle System* einer gewissen invarianten doppelt-binären Form aufgestellt, wenn λ_1, λ_2; μ_1, μ_2 bei isomorpher kontragredienter Zuordnung eine Ikosaedergruppe erleiden [I B 2, Nr. **2**, Anm. 30].

64) Wie oben angedeutet, hatte *Klein* schon früher die Hauptgleichung mit Hülfe der Erzeugenden auf eine Ikosaedergleichung zurückgeführt; vgl. Erl. Ber. (Nov. 1876).

65) Statt Z_1, m_1, n_1 erhalten wir, wenn ∇ sein Vorzeichen ändert, Z_2, m_2, n_2; dadurch geht man von der Ikosaedergleichung für $\lambda = \lambda_1 : \lambda_2$ zu derjenigen für $\mu = \mu_1 : \mu_2$ über.

vermittelst zweckmässiger Rechnungen gelingt es nun, m_1, n_1 und Z_1 rational durch a, b, c und ∇ herzustellen[66]).

Nun wir nach Adjunktion von ∇ für die Hauptgleichung eine Ikosaedergleichung als Resolvente erhalten haben, ist es einleuchtend, dass wir die letztere ohne neue Irrationalität durch Tschirnhausentransformation in jede rationale Resolvente 5. Grades der bez. Ikosaedergleichung überführen können, also auch durch Variation von m und n in unendlich viele Hauptgleichungen. Um sie aber in eine *Bring'sche Gleichung* zu transformieren (falls man hierauf Wert legen sollte), ist die Lösung einer kubischen Hülfsgleichung für $m : n$ (also eine *neue accessorische Irrationalität*) *erforderlich*, welche geometrisch als die Aufsuchung eines Schnittpunktes einer Erzeugenden 1. Art mit der Diagonalfläche [III C 6] $\sum x^3 = 0$ gedeutet wird[67]).

13. Zurückführung der Gleichungen 5. Grades auf ein ternäres Formenproblem. *Klein* giebt noch eine *zweite Lösung der allgemeinen Gleichungen 5. Grades durch das Ikosaeder*[68]), die unmittelbar an die Theorie von *Kronecker* und *Brioschi* (Nr. **10**) anknüpft, nur dass statt der Jacobi'schen Gleichungen 6. Grades das „*Problem der* A“, d. h. das Formenproblem der ternären Ikosaedergruppe, als der Mittelpunkt der ganzen Theorie betrachtet wird; dies Problem besteht darin, für gegebene Werte der Kovarianten A, B, C, D, welche bez. von den Gradzahlen 2, 6, 10, 15 sind, und von denen D^2 eine gegebene ganze rationale Funktion der drei anderen darstellt, A_0, A_1, A_2 zu bestimmen. Die Jacobi'schen Gleichungen 6. Grades (und Analoges gilt für die höheren Jacobi'schen Gleichungen) sind in der That nichts anderes als Resolventen dieses Problems, vorausgesetzt nämlich, dass nicht nur die Quadratwurzel, was immer der Fall ist, sondern auch die vierte Wurzel D aus der Diskriminante rational bekannt ist[69]); letzteres trifft aber auch immer zu, wenn jene Gleichungen

---

66) Behandlung der Gleichungen 5. Grades unter Anlehnung an die *Klein-Gordan'sche* Theorie von *W. Heymann*, Ztschr. Math. Phys. 39 (1894), p. 162, 193, 257, 321; 42 (1897), p. 81, 113. Es treten hier in den Vordergrund zwei koordinierte „η-Resolventen“, d. h. zwei Hauptgleichungen, deren Wurzeln durch die Relation $\eta_1 \eta_2 = \eta_1 + \eta_2$ einander zugeordnet sind. Jede Hauptgleichung lässt sich dann nach Adjunktion von ∇ durch eine Substitution $y = p\eta_1 + q\eta_2$ in ein solches Paar zerfällen. Zweck ist hier die Lösung durch transcendente Funktionen.

67) Vgl. *Gordan*, Math. Ann. 13 (1878), p. 400; *Klein*, Vorl. Ikos. (1884), p. 207, 244.

68) Erl. Ber. (Nov. 1876); Math. Ann. 12 (1877), p. 503 (insbes. Abschn. 2); Vorl. Ikos. 2, Kap. 4, 5 (1884).

69) Die Transformation der Jacobi'schen Gleichungen in andere solche wird hier von der Ermittelung von Funktionen B_0, B_1, B_2 abhängig, welche

als Resolventen von Gleichungen 5. Grades erhalten sind[70]). Für die Punkte des Fundamentalkegelschnitts $A = \mathsf{A}_0{}^2 + \mathsf{A}_1 \mathsf{A}_2 = 0$ lässt sich nun durch die Substitutionen $\mathsf{A}_0 = \lambda_1 \lambda_2$, $\mathsf{A}_1 = \lambda_1{}^2$, $\mathsf{A}_2 = -\lambda_2{}^2$ ein Parameter $\lambda = \lambda_1 : \lambda_2$ einführen; die Formen B, C, D gehen dann in die binären Ikosaederformen f_{12}, H_{20}, T_{30} über. Wenn $A = 0$, löst sich also das Problem der A durch eine Ikosaedergleichung. Um aber zu einem beliebigen Punkte der A-Ebene einen kovarianten Punkt von $A = 0$ (etwa auf der Polargeraden des Punktes) aufzusuchen, ist immer die Lösung einer quadratischen Gleichung erforderlich. Hiernach ergiebt sich die folgende Lösungsmethode der Gleichungen 5. Grades: *zuerst* wird nach Adjunktion der Quadratwurzel aus der Diskriminante *ein Gleichungssystem der* A substituiert; *dann* aber wird nach Adjunktion einer accessorischen Quadratwurzel *eine Ikosaedergleichung* als Resolvente aufgestellt.

Doch sind die beiden Lösungsmethoden der Gleichungen 5. Grades durch das Ikosaeder *nicht wesentlich verschieden*. In der That lässt sich auch bei der ersten Lösung die Einführung der accessorischen Quadratwurzel verschieben. Es werden da etwa durch eine zu dem Punkte x kovariante Gerade zwei Punkte der Hauptfläche bestimmt. Wir brauchen jetzt nicht sogleich den einen von diesen auszuwählen, sondern können zuerst für die symmetrischen Funktionen

$$\left(-\lambda_1 \lambda_1{}', \; -\tfrac{1}{2}\left(\lambda_1 \lambda_2{}' + \lambda_2 \lambda_1{}' \right), \; \lambda_2 \lambda_2{}' \right)$$

der zugehörigen Erzeugenden erster Art λ, λ' ein Gleichungssystem der A aufstellen[71]).

14. Auflösung durch elliptische Transformationsgrössen und hypergeometrische Funktionen. Entwicklungen für die Wurzeln der

sich isomorph (kogredient oder kontragredient) mit den A substituieren. Vgl. *Klein*, Vorl. Ikos. (1884), p. 227.

70) Die Wurzelausdrücke der Jacobi'schen Gleichungen stellen zusammen ein zehnfach Brianchon'sches Sechsseit dar, und reziprok die Pole mit Bezug auf $A = 0$ ein eben solches Sechseck. Letztere Punkte bilden nach *Clebsch* [Math. Ann. 4 (1871), p. 331] die Fundamentalpunkte bei der ebenen Abbildung der Diagonalfläche $\sum_{1}^{5} x^3 = 0$, $\sum_{1}^{5} x = 0$. Vgl. weiter über diese Konfiguration und ihre Beziehung zu den Gl. 5. Grades *Clebsch-Lindemann*, Vorl. Geom. 2^1 (1891), p. 593.

71) *Klein*, Vorl. Ikos. p. 239. Wie man aus der Hauptgleichung unmittelbar durch Tschirnhausentransformation die Brioschi'sche Resolvente der Jacobischen Gleichungen mit $A = 0$ (Nr. **10**, Gl. 3) erhält, hat *Gordan* gezeigt, J. d. math. (4) 1 (1885), p. 455; Math. Ann. 28 (1886), p. 152.

allgemeinen Gleichung 5. Grades durch elliptische Funktionen bieten sich durch die von *Hermite* und *Kronecker* (Nr. **9, 10**) geleistete Zurückführung der Gleichung auf die elliptischen Transformationsgleichungen 5. Stufe. Wie *Klein* bemerkt, bewährt auch hier die Thatsache, dass die Herstellung der Hermite'schen Normalgleichung einen grösseren Aufwand von accessorischen Irrationalitäten erfordert, ihre Bedeutung, indem sich die *Kronecker'sche Resolvente*, wie *Kiepert* und *Klein* dargethan haben, schon als rationale Transformationsgleichung ergiebt, wenn man mit den *rationalen Invarianten* g_2, g_3 *und* Δ operiert, die *Hermite'sche* aber an die Anwendung des *Legendre'schen Moduls* $\varkappa^2$ gebunden ist; für die rationale Herstellung der Hermite'schen Resolvente ist die Adjunktion der Irrationalität erforderlich, durch die $\varkappa^2$ mittels $g_2^3 : \Delta$ ausgedrückt wird[72]). Die *Ikosaederirrationalität* ist aber die *Hauptfunktion*, durch welche alle zur 5. Stufe rational gehörigen Modulfunktionen rational dargestellt werden können; das bezügliche *Transformationsproblem* ist also auch *auf die Lösung einer Ikosaedergleichung* $H_{20}^3 : 1728 f_{12}^5 = Z = g_2^3 : \Delta$ zurückgeführt. In gleicher Beziehung zu den elliptischen Transformationsproblemen 2., 3. und 4. Stufe stehen bez. die Diedergruppe D_3, die Tetraedergruppe und die Oktaedergruppe[73]).

Weil andererseits nach *Schwarz'* grundlegender Abhandlung (Nr. **2**) die zu den endlichen Gruppen einer Veränderlichen gehörigen Irrationalitäten durch *hypergeometrische Funktionen* ausdrückbar sind[74]), vermittelt also die Ikosaederirrationalität auch von dieser Seite einen Zusammenhang zwischen den Wurzeln einer Gleichung 5. Grades und bekannten Reihenentwickelungen der Analysis. Es sind auch die von *Gordan* gegebenen bilinearen Ausdrücke für die *Wurzeln einer Hauptgleichung* (Nr. **12**) *aus Produkten der Integrale* λ_1, λ_2; μ_1, μ_2 zweier hypergeometrischen Differentialgleichungen zusammengesetzt[75]).

---

72) *Klein*, Math. Ann. 14 (1878), p. 147; 15 (1879), p. 86; Ikos. p. 209, 244; *Kiepert*, Gött. Nachr. (1878, p. 424); Ann. di mat. (2), 9 (1878), p. 119; J. f. Math. 87 (1878), p. 114. Betreffend die Lösung der Gl. 5. Grades durch elliptische Funktionen vgl. *Halphen*, Traité fonct. ell. Par. 3 (1891), p. 1.

73) Vgl. *Klein*, Math. Ann. 14 (1878), p. 157. Auf die betreffenden Fragen nehmen *Klein-Fricke's* „Modulfunktionen" mehrmals Bezug [insbes. 1 (1890) Abschn. 3, Kap. 4; 2 (1892) Abschn. 4].

74) Vgl. *Klein*, Ikos. (1) 3. Die Oktaederirrationalität und die Gl. 4. Grades behandelt *Puchta*, Wien. Denkschr. 41² (1879), p. 57. Vgl. die grosse Monographie über die durch hypergeometrische Funktionen auflösbaren algebraischen Gleichungen von *L. Lachtine*, Mosk. math. Samml. 16 (1893), p. 597; 17 (1894), p. 1.

75) Als „Differentialresolventen" bezeichnet man nach *J. Cockle* Differentialgleichungen, die für irgend welche Funktionen der Wurzeln einer vorgelegten

15. Die allgemeinen algebraischen Formenprobleme. Die Lösung durch transcendente Funktionen steht natürlich in keiner Beziehung zur algebraischen Theorie der Gleichungen, welche letztere sich mit ihrer Reduktion auf *möglichst einfache Normalgleichungen* zu beschäftigen hat. Das Problem der algebraischen Gleichungen ist aber von *Klein* verallgemeinert, indem er in allgemeinster Weise das Problem formulierte: *aus den Invarianten einer gegebenen endlichen Gruppe homogener linearer Substitutionen von n Veränderlichen die letzteren zu berechnen* [76]). Die algebraische Behandlung dieser Klasse von Aufgaben und also der algebraischen Lösung der algebraischen Gleichungen wird in der Reduktion der isomorphen Formenprobleme auf ein *Normalproblem* bestehen. Unter den Aufgaben mit isomorphen Gruppen darf man aber die von der *möglichst geringen Dimensionenzahl* als die einfachste, also als das *Normalproblem* betrachten [77]). Ein *typisches Beispiel* zu dieser allgemeinen Behandlungsweise liefert die *Zurückführung der Gleichungen 5. Grades auf das binäre Ikosaederproblem.*

Behufs dieser Zurückführung von isomorphen Formenproblemen auf einander wurde von *Klein* eine Methode angegeben, um solche homogene ganze Funktionen $Y_1, Y_2, \ldots Y_\mu$ von n Veränderlichen $x_1, x_2, \ldots x_n$ zu bilden, welche sich nach einer vorgegebenen Gruppe G_1 homogener linearer Substitutionen transformieren, wenn die x eine isomorphe Gruppe G solcher Substitutionen erfahren. Einen möglichen Einwand gegen diese Methode, dass nämlich die so erhaltenen Grössen vielleicht identisch verschwinden, beseitigte *H. Burkhardt* [78]).

Gleichung gelten. Für die Gl. 5. Grades liefern wohl die betreffenden hypergeometrischen Differentialgleichungen die einfachsten Differentialresolventen. Über Erweiterungen auf algebraische Gleichungen höheren Geschlechts s. *Lachtine,* Mosk. Math. Samml. 19 (1897), p. 211, 393.

76) Zwischen den Invarianten können natürlich fundamentale Identitäten bestehen. Einen Beweis für die *Endlichkeit des Invariantensystems* einer endlichen linearen Substitutionsgruppe gab *D. Hilbert,* Math. Ann. 36 (1890), p. 473. Vgl. *Weber,* Algebra 2 (1896), p. 165 [I B 2, Nr. 6, Anm. 138].

77) Die allgemeine Problemstellung von *Klein* zuerst Math. Ann. 15 (1879), p. 251. Vgl. die orientierende Übersicht von *Klein,* Evanston Coll. (1894), Lect. 9. Man sehe auch *H. Weber,* Algebra (2) 6 (1886) [I B 2, Nr. 11, Anm. 219].

78) *Klein,* Math. Ann. 15 (1879), p. 253; *Burkhardt,* Math. Ann. 41 (1892), p. 309. Wenn die *Galois'sche Gruppe* einer Gleichung (nach etwaiger Adjunktion geeigneter Irrationalitäten) mit einer *Kollineationsgruppe* holoedrisch isomorph ist, muss man also fragen, ob auch eine holoedrisch isomorphe *homogene Substitutionsgruppe* existiert oder nicht. Im ersten Falle lässt sich die Gleichung auf das Formenproblem nach dem im Texte besprochenen Verfahren rational zurückführen; im zweiten Falle muss man dagegen accessorische Irrationali-

Es werden hier $Y_1, Y_2, \ldots Y_\mu$ solche numerische Irrationalitäten
enthalten, welche in der Gruppe G_1 auftreten[79]).

16. Gleichungen 7. Grades mit einer Gruppe von 168 Substitutionen. Ein weiteres Beispiel von Gleichungen, welche sich auf
solche mit nur einem Parameter reduzieren lassen, bieten *Gleichungen
7. und 8. Grades mit einer Gruppe von 168 Substitutionen* dar; doch
ist hier die zugehörige Galois'sche Resolvente nicht rational, sondern
hat das Geschlecht [III C 2] $p = 3$. *Betti* und *Kronecker*[80]) hatten die
Existenz solcher Gleichungen 7. Grades erkannt; übrigens gehört hieher
das Transformationsproblem 7. Ordnung der elliptischen Funktionen, für
welches ja nach einem *Galois*'schen Satze[81]) Resolventen 7. Grades
existieren. Für das letztere Problem fand aber *Klein*, dass die zur
7. Stufe gehörenden Moduln sich rational durch drei Grössen x, y, z
ausdrücken lassen, welche einer Relation $f_4 = x^3 y + y^3 z + z^3 x = 0$
genügen, und zwar trat dabei *die* G_{168} *als eine Kollineationsgruppe* auf[82]).
Weil letztere Gruppe sich durch eine holoedrisch isomorphe homogene
Substitutionsgruppe darstellen lässt, müssen also (nach der vorigen Nr.)
alle *Gleichungen mit einer isomorphen Gruppe* sich auf das *ternäre
Formenproblem dieser* G_{168} zurückführen lassen. *Klein* führte aber
die Reduktion noch einen *Schritt weiter*, indem er nachwies, dass
man vermittelst einer Hülfsgleichung 4. Grades einem beliebigen Punkte
der Ebene einen *kovarianten Punkt auf* $f_4 = 0$ (etwa auf der Polargeraden des Punktes) zuordnen kann. *Die Gleichungen mit einer* G_{168}
*lassen sich also nach Adjunktion der durch die Gleichung 4. Grades ein-
geführten accessorischen Irrationalität auf das ternäre Formenproblem mit*
$f_4 = 0$,[83]) *d. h. das Transformationsproblem 7. Ordnung reduzieren;* diese
Gleichungen sind mithin *durch elliptische Funktionen lösbar.* Die obige
Lösungsmethode der Gleichungen 7. Grades mit einer G_{168} wurde von

---

täten zu Hülfe ziehen, wie bei der Reduktion der allgemeinen Gl. 5. Grades
auf das binäre Ikosaederproblem.

79) Dass die Substitutionskoeffizienten endlicher linearer Gruppen sich
immer als rationale Funktionen von Einheitswurzeln darstellen lassen, ist neuerdings von *Maschke* bewiesen, Math. Ann. 50 (1898), p. 492.

80) *Kronecker,* Berl. Ber. 1853, p. 287; *Betti,* Ann. mat. fis. 4 (1853), p. 81
[I B 3 c, d, Nr. **24**].

81) Über die Beweise dieses Satzes vgl. *Klein,* Math. Ann. 14 (1878), p. 417,
sowie I A 6, Nr. **11**; I B 3 c, d, Nr. **24**.

82) *Klein,* Math. Ann. 14 (1878), p. 428. Vgl. *Klein - Fricke,* Modulfunktionen 1 (1890), p. 692.

83) Für $f_4 = 0$ ist als Resolvente des Formenproblems eine lineare Differentialgleichung 3. Ordnung aufgestellt worden, nämlich von *Halphen,* Math.
Ann. 24 (1884), p. 461 und *A. Hurwitz,* Math. Ann. 26 (1885), p. 117.

Klein nur in allgemeinem Umrisse skizziert, später von *Gordan* durchgeführt [84]).

Die Gruppe der *Jacobi'schen Gleichungen 8. Grades* ist zwar auch eine G_{168}. Weil aber die entsprechende *homogene quaternäre Substitutionsgruppe der* A mindestens 2.168 Operationen enthält, können die allgemeinen Gleichungen mit einer G_{168} erst nach Adjunktion von accessorischen Irrationalitäten auf Jacobi'sche Gleichungen 8. Grades reduziert werden [85]).

17. Kollineationsgruppen der elliptischen Normalkurven. Eine *einfach unendliche Reihe* von endlichen Gruppen linearer Substitutionen liefern die *Kollineationsgruppen* der von *Klein* eingeführten *elliptischen Normalkurven*. Die homogenen Koordinaten einer Normalkurve in einem R_{n-1} sind n-gliedrigen σ-Produkten proportional mit, bis auf ganzzahlige Vielfache der Perioden ω_1, ω_2 konstanter Residuensumme [86]). Letztere bleibt nun bei den n^2 Transformationen $u' = u + \dfrac{\lambda\omega_1 + \mu\omega_2}{n}$ invariant, wo u das Integral 1. Gattung bezeichnet. Hierzu kommen noch, weil $\sigma(-u) = -\sigma(u)$, n^2 Operationen $u' = -u + \dfrac{\lambda\omega_1 + \mu\omega_2}{n}$, welche sich algebraisch in Kollineationen der Normalkurve in sich umsetzen lassen. Für den harmonischen und den äquianharmonischen Fall treten noch weitere Kollineationen hinzu, bei denen $\pm u$ durch $\pm iu$ bez. $\pm\varrho u$, $\pm\varrho^2 u \left(\varrho = e^{\frac{2\pi i}{3}}\right)$

---

84) *Klein*, Erl. Ber. 1878; Math. Ann. 15 (1879), p. 266; *Gordan*, Math. Ann. 17 (1880), p. 219, 359 (das volle Formensystem von f_4, auch Kontravarianten und Zwischenformen); 19 (1882), p. 529; 20 (1882), p. 487, 515; 25 (1885), p. 459. Vgl. auch *H. Weber*, Algebra (2) 14, 15 (1896), sowie *E. M. Radford*, Quart. J. 30 (1898), p. 263, und I B 2, Nr. 5, Anm. 107. Die beiden Resolventen 7. Grades des ternären Formenproblems finden ihre geometrische Repräsentation durch zwei Systeme von je 7 bei der G_{168} gleichberechtigten Kegelschnitten; diejenige 8. Grades durch 8 gleichberechtigte Wendepunktsdreiecke von $f_4 = 0$. Vgl. etwa *M. Noether*, Math. Ann. 15 (1879), p. 89 [III C 3].

85) Das volle Formensystem der quaternären Substitutionsgruppe $G_{2.168}$ hat *Maschke* gegeben, Chic. Congr. Pap. 1896 (1893), p. 175. Für $f_4 = 0$ erhält man aus den Wurzelausdrücken, welche zu einem bei der ternären G_{168} ausgezeichneten Systeme von Berührungskurven 3. Ordnung gehören, das quaternäre Modulsystem der A; vgl. *Klein*, Math. Ann. 15 (1879), p. 270; *Klein-Fricke*, Modulf. 1, p. 716. Über die Jacobi'schen Gleichungen 8. Grades vgl. *Brioschi*, Lomb. Rend. (2) 1 (1868), p. 68; Math. Ann. 15 (1879), p. 241.

86) Es ist hier ein von *Hermite*, J. f. Math. 32 (1844), p. 277 aufgestellter Satz von Bedeutung, nach welchem jedes n-gliedrige σ-Produkt von gegebener Residuensumme linear und homogen durch n solche linear-unabhängige σ-Produkte darstellbar ist.

ersetzt wird. *Die Kollineationsgruppe der allgemeinen elliptischen Normalkurve C_n in einem R_{n-1} ist also eine G_{2n^2}, der harmonischen bez. der äquianharmonischen aber eine G_{4n^2} bez. G_{6n^2}*.[87])

18. Gruppen aus der elliptischen Transformationstheorie. Jetzt betrachten wir die in der vorigen Nummer eingeführten σ-Produkte $X_1, \ldots X_n$ in ihrer Abhängigkeit von den Perioden ω_1, ω_2. Hier findet man zuerst, dass die X_α, *wenn man ω_1 und ω_2 einer beliebigen homogenen Modulsubstitution unterwirft, selbst eine homogene lineare Substitution erleiden. Für ungerade n erweisen sich die X_α als zur n^{ten} Stufe gehörend*[88]), d. h. sie bleiben bei allen modulo n mit der Identität kongruenten Modulsubstitutionen unverändert. Nun ist die *Zahl der modulo n verschiedenen Modulsubstitutionen* $n^3 \left(1 - \dfrac{1}{p^2}\right)\left(1 - \dfrac{1}{q^2}\right) \cdots$ (für $n = p^\alpha q^\beta \cdots$), welche sich paarweise nur durch das Vorzeichen unterscheiden. Diesen gegenüber stellt sich eine *endliche Gruppe* von eben so vielen X_α-Substitutionen. Kombinieren wir die letztere Gruppe mit der durch die Substitutionen der u erhaltenen, so ergiebt sich *im R_{n-1} eine endliche Gruppe von* $n^5 \left(1 - \dfrac{1}{p^2}\right)\left(1 - \dfrac{1}{q^2}\right) \cdots$ *Kollineationen*. Für $n = 3$ haben wir hier wieder *die Hesse'sche Gruppe;* wir sehen auch an diesem einfachen Beispiele, wie durch eine *ausgezeichnete G_{2n^2}* ein System von Normalkurven jede in sich übergeführt wird, und wie *durch die Gesamtgruppe je* $\dfrac{1}{2} n^3 \left(1 - \dfrac{1}{p^2}\right)\left(1 - \dfrac{1}{q^2}\right) \cdots$ *Normalkurven mit gleicher absoluter Invariante vertauscht* werden.

Bei der Entwicklung der X_α nach u müssen natürlich die zu derselben Potenz gehörigen Koeffizienten die Eigenschaft besitzen, dass sie sich bei der der Modulgruppe nach unendlich hoher Meriedrie [I A 6, Nr. **14**] isomorph zugeordneten $G_{n(n^2-1)}$ (n der Kürze wegen als eine ungerade Primzahl angenommen) homogen linear substituieren. Nun wies *Klein* nach, dass für gerade Potenzen jene Koeffizienten sich aus $\dfrac{n-1}{2}$, für ungerade aber aus $\dfrac{n+1}{2}$ linear zusammensetzen. Hieraus erhielt er mit der $G_{n(n^2-1)}$ isomorphe lineare *Substitutionsgruppen von* $\dfrac{n-1}{2}$ *Moduln z_α und* $\dfrac{n+1}{2}$ *Moduln y_α*.[89]) Der

---

87) Vgl. über die elliptischen Normalkurven *Klein*, Münchn. Ber. 1880, p. 533; Math. Ann. 17 (1880), p. 133; Leipz. Abh. 13 (1885), Nr. 4, p. 335; *Klein-Fricke*, Modulf. (2) 5, Kap. 1; für $n = 3$ und 5 *L. Bianchi*, Math. Ann. 17, p. 234.

88) Für gerade n zur $2n^{\text{ten}}$ bez., wenn n durch 4 nicht teilbar ist, $4n^{\text{ten}}$ Stufe. Man sehe *Hurwitz*, Math. Ann. 27 (1885), p. 198.

89) Math. Ann. 15 (1879), p. 275. Für die Gruppen der y_α liegen bereits

Isomorphismus ist holoedrisch oder, wenn die betreffenden Moduln von gerader Dimension in den ω_1, ω_2 sind, hemiedrisch; letzteres ist für die z_α, wenn $n \equiv 3$ mod. 4, für die y_α, wenn $n \equiv 1$ mod. 4, der Fall. *Für* $n = 5, 7$ *bilden die* z_α- *und die* y_α-*Substitutionen uns schon bekannte homogene Gruppen*, nämlich die binäre Ikosaedergruppe und die ternäre G_{168}, bez. die ternäre Ikosaedergruppe und die quaternäre $G_{2.168}$.

Für höhere Primzahlen n erhalten wir in gleicher Weise *einfache Gruppen* $G_{\frac{n(n^2-1)}{2}}$, welche *den Hauptkongruenzgruppen* n^{ter} *Stufe* [II B 6 c] *zugehörig* sind, und dieselben lassen sich durch die z_α- bez. y_α-Substitutionen im $R_{\frac{n-3}{2}}$ bez. $R_{\frac{n-1}{2}}$ als *Kollineationsgruppen* darstellen. So z. B. liefert der nächst höhere Fall $n = 11$ eine einfache G_{660}, und das zugehörige Transformationsproblem [90]), welches nach einem Galois'schen Satze (Nr. 9) Resolventen 11. Grades besitzt, lässt sich auf ein quinäres Formenproblem zurückführen, ebenso wie die allgemeinen Gleichungen mit einer G_{660}; doch hat man hier keine Methode, die letzteren mit Hülfe von Gleichungen niederen Grades auf die speziellen Gleichungen des elliptischen Transformationsproblems zu reduzieren, wie für $n = 5$ und $n = 7$.

19. Mit den Gleichungen 6. und 7. Grades isomorphe quaternäre Formenprobleme. Durch *Heranziehung der Liniengeometrie* hat *Klein* mehrere *quaternäre endliche Substitutionsgruppen* erhalten. Zuerst wurde nachgewiesen, dass nach Einführung der *Plücker*'schen homogenen Linienkoordinaten [III B 2] $x_i (i = 1, \cdots 6)$, zwischen denen eine quadratische Relation $F_2 = 0$ identisch erfüllt ist, *jede lineare Substitution der* x_i, *welche* $F_2 = 0$ *in sich überführt*, sich im Punktraume R_3 *entweder in eine Projektivität oder eine dualistische Transformation* umsetzt, je nachdem, bei Deutung der x_i als Punktkoordinaten im R_5, die beiden Scharen von $\infty^3 R_2$ auf $F_2 = 0$, welche bez. den Punkten und Ebenen im R_3 entsprechen, jede in sich übergehen oder vertauscht werden[91]). Bringt man nun $F_2 = 0$

---

alle Ansätze in *Jacobi*'s Entwicklungen über die $\dfrac{n+1}{2}$ Grössen A vor (vgl. Nr. **10**). Über entspr. Gruppen bei geradem n vgl. *Hurwitz* l. c.

90) Vgl. über das Transformationsproblem 11. Ordnung *Klein*, Math. Ann. 15 (1879), p. 533. Über dem Inhalte dieser Nummer naheliegende Fragen sowie auch zahlreiche weitere Litteraturnachweise vgl. *Klein-Fricke*, Modulfunktionen, besonders (1) 2 und (2) 5.

91) Vgl. *Klein*, Diss. (Bonn 1868) = Math. Ann. 2, p. 198.

auf die Normalform $\sum_1^6 x_i^2 = 0$, so liefern also die geraden Vertauschungen der x_i unmittelbar Kollineationen[92]) und auch die ungeraden, wenn man mit der linearen Substitution kombiniert, welche aus dem Übergange zu den mit Bezug auf den linearen Komplex $\sum_1^6 x_i = 0$ konjugierten Geraden resultiert[93]); auf diese Weise erhielt *Klein* im R_3 *eine mit der symmetrischen Gruppe von 6 Dingen holoedrisch isomorphe Kollineationsgruppe.* Dazu kam noch, dass nach Einführung überzähliger Linienkoordinaten $x_1, \ldots x_7$, welche jetzt den beiden Identitäten $\sum_1^7 x_i = 0$ und $\sum_1^7 x_i^2 = 0$ genügen, sich aus den geraden Vertauschungen der x_i eine *mit der alternierenden Gruppe von 7 Dingen holoedrisch isomorphe Gruppe von Kollineationen im R_3 ergab*[93]). Jedoch fand *Klein*, dass in beiden Fällen eine entsprechende *homogene* Gruppe mit weniger als der doppelten Zahl von Substitutionen nicht existiert[93]). Die durch die Existenz dieser Gruppen postulierte *Reduktion der allgemeinen Gleichungen 6. und 7. Grades auf quaternäre Formenprobleme* hat *Klein* mit Hülfe accessorischer Quadratwurzeln in Ansatz gebracht[94]).

20. Reduktion der allgemeinen Gleichungen 6. Grades auf ein ternäres Formenproblem. Nachdem inzwischen in der Ebene eine mit der alternierenden $G_{\frac{61}{2}}$ isomorphe Kollineationsgruppe G_{360} gefunden war (Nr. 5), konnte das obige quaternäre Formenproblem nicht länger als das mit den Gleichungen 6. Grades isomorphe *Normalproblem* betrachtet werden. Behufs der Reduktion der Gleichung 6. Grades auf das Formenproblem der ternären G_{360} schlägt *Klein* die Methode vor[94a]), dass man den Wurzeln $x_1, \ldots x_6$ zuerst eine Kurve 3. Ordnung — was, weil die ternären Formen 3. Grades sich mit der $G_{\frac{61}{2}}$ holoedrisch isomorph substituieren, ohne Aufwand von accessorischen Irrationalitäten gelingt — und dann einen von den 9 Wendepunkten dieser Kurve in kovarianter Weise zuordnen soll. Letzterer Schritt, d. h. die Bestimmung eines Wendepunktes einer C_3,

---

92) Man sehe noch *Klein*, Math. Ann. 4 (1871), p. 355. Vgl. die geometrischen Betrachtungen von *P. Veronese*, Ann. di mat. (2) 11 (1883), p. 284.

93) *Klein*, Math. Ann. 28 (1887), p. 50. Vgl. über die zur $G_{\frac{71}{2}}$ im R_3 gehörige geometrische Konfiguration *Maschke*, Math. Ann. 36 (1890), p. 190.

94) Ebenda p. 521.

94ᵃ) Rom Linc. Rend. (5) 8 (Apr. 1899). Umgekehrt sind Resolventen 6. Grades

erfordert blos die Einführung von quadratischen und kubischen Wurzeln, sodass also die nötigen accessorischen Irrationalitäten auch hier von elementarer Art sind.

21. Satz über die allgemeinen Gleichungen höheren Grades. Wenn $n > 7$, gilt der allgemeine Satz, dass eine mit der symmetrischen $G_{n!}$ oder mit der alternierenden $G_{\frac{n!}{2}}$ holoedrisch isomorphe Kollineationsgruppe in einem Raume von weniger als $(n-2)$ Dimensionen nicht konstruiert werden kann. Im R_{n-2} erhält man aber die Vertauschungsgruppe der x_i unmittelbar als Kollineationsgruppe dargestellt, indem man die x_i als überzählige homogene Koordinaten auffasst, welche der Identität $\sum_1^n x_i = 0$ unterworfen sind. Im Gegensatze zu den Fällen $n = 5, 6, 7$ bilden also *die allgemeinen Gleichungen höheren Grades ihre eigenen Normalprobleme* [95]).

22. Quaternäre Gruppe von 11520 Kollineationen. Noch *eine weitere quaternäre Gruppe* erhielt *Klein* aus dem *liniengeometrischen Ansatze* [96]), nämlich durch Kombination von Vertauschungen und Vor-

---

des fraglichen ternären Formenproblems von *Fricke* (Gött. Nachr. 1896, p. 199) für $f_6 = 0$ und von *F. Gerbaldi* (Math. Ann. 50 [1898], p. 473, Pal. Rend. 1900) für den allgemeinen Fall aufgestellt. Für die fragliche Normalgleichung von *Fricke* ist eine einfache Differentialresolvente 3. Grades von *L. Lachtin* berechnet worden, Math. Ann. 51 (1898), p. 463. Alle mit symmetrischen und alternierenden Buchstabenvertauschungsgruppen holoedrisch isomorphen ternären und quaternären Kollineationsgruppen hat *Maschke* gegeben, Math. Ann. 51 (1898), p. 253.

95) Eine nach dieser Richtung gehende Vermutung wurde von *Klein* [Ev. Coll. (1894), p. 74] ausgesprochen. Der Satz wurde von *Wiman* (Gött. Nachr., Febr. 1897, p. 55) für $n = 8$ bewiesen und später (ebenda, Juli 1897, p. 191) für beliebige höhere n ausgesprochen; den vollständigen Beweis des Satzes gab *W.* erst in Math. Ann. 52 (1899), p. 243 [I B 2, Nr. 11, Anm. 219]. Sieht man von der algebraischen Behandlung einer (beliebigen) Gleichung ab, so hat schon *C. Jordan* [Traité des subst. (1870), p. 380] darauf hingewiesen, dass dieselbe auf die spezielle Zweiteilung derjenigen hyperelliptischen Funktionen zurückgeführt werden kann, für die bei zu Grunde gelegter zweiblättriger Riemannscher Fläche die Gleichungswurzeln die im Endlichen belegenen Verzweigungspunkte liefern. Dass man aber hieraus ohne Zuhülfenahme höherer algebraischer Identitäten *transcendente Ausdrücke für die Wurzeln* wirklich berechnen kann, hat erst *F. Lindemann* (Gött. Nachr. 1884, p. 245; 1892, p. 292) nachgewiesen; dabei sind die betreffenden Periodicitätsmoduln als Integrale linearer Differentialgleichungen mit rationalen Koeffizienten und mit von Gleichungen niedrigeren Grades abhängenden singulären Punkten nach den Methoden von *Fuchs* aufzufinden. Vgl. hierzu betreffend die Gl. 6. Grades auch *Burkhardt*, Math. Ann. 35 (1889), p. 277.

96) Math. Ann. 2 (1870), p. 366 und 4 (1871), p. 346.

zeichenwechseln der zu der fundamentalen Identität $\sum_1^6 x_i^2 = 0$ ge-
hörigen x_i, indem jede durch eine gerade Anzahl von Elementaroperationen zusammengesetzte Umänderung der x_i im R_3 eine Kollineation bewirkt. Die so erhaltene *Gruppe von 16.720 Kollineationen*[97]) muss als *ausgezeichnete Untergruppe eine* $G_{16.360}$ besitzen, bei welcher sowohl Vertauschungen als Zeichenwechsel der x_i nur in gerader Zahl auftreten, und in dieser ist wieder eine blos *durch Vorzeichenwechsel erzeugte* G_{16} *ausgezeichnet. Diese* G_{16} *ist die Kollineationsgruppe von* ∞^3 *Kummer'schen Flächen*, welche Singularitätenflächen von Linienkomplexen $\sum_1^6 k_i x_i^2 = 0$ darstellen. Der Zusammenhang der obigen Kollineationsgruppe G_{11520} mit der Transformation 2. Ordnung der hyperelliptischen Funktionen vom Geschlechte $p = 2$ wurde von *Klein* hervorgehoben, indem er zeigte, dass die sogenannten *Borchardtschen Moduln* sich nach ihr substituieren[98]). Hieran knüpfen weitere Entwicklungen über die G_{11520} von *Reichardt*, welcher dabei insbesondere den Zusammenhang zwischen den hyperelliptischen Funktionen und der Kummer'schen Fläche in Betracht zog, und *Maschke*, von dem das vollständige Formensystem aufgestellt wurde; aus der Gruppe ableitbare räumliche Konfigurationen wurden von *Hess*[99]) untersucht.

Der Isomorphismus der Vertauschungsgruppe von 6 Dingen mit der quaternären Gruppe der Borchardt'schen Thetamoduln führte natürlich zu Versuchen, die *Gleichung 6. Grades durch jene Moduln zu lösen.* Diese hatten auch Erfolg, indem zuerst *Maschke* eine Partialresolvente 6. Grades des quaternären Formenproblems der G_{11520} aufstellte[100]), und dann *Brioschi* und wiederum *Maschke* die allgemeine Gleichung 6. Grades auf jene Resolvente transformierten, wobei die Koeffizienten sich als Invarianten der ursprünglichen Form erwiesen[101]).

---

97) Die entsprechende *homogene* Gruppe enthält 64.720 Substitutionen, worüber man die sogleich zu citierenden Arbeiten von *Reichardt* und *Maschke* vergleichen möge.

98) *Klein*, Vorlesungen (Leipzig, Sommer 1885). Die in Betracht zu ziehende Arbeit von *C. W. Borchardt*, J. f. Math. 83 (1877), p. 234 = Werke, p. 341, handelt eben von der „Darstellung der Kummer'schen Fläche durch die *Göpel*'sche biquadratische Relation zwischen vier Thetafunktionen".

99) *W. Reichardt*, Leipz. Ber. (1885), p. 419; Math. Ann. 28 (1886), p. 84; N. Act. Leop. 50 (1887), p. 375; *Maschke*, Math. Ann. 30 (1887), p. 496; *E. Hess*, N. Act. Leop. 55 (1889), p. 97.

100) Ebenda p. 506.

101) *Maschke, Brioschi*, Rom. Linc. Rend. (4) 4 (1888), p. 181, 301, 485;

Diejenigen *Gleichungen 16. Grades*, von denen die Bestimmung der *16 Knotenpunkte der Kummer'schen Fläche* abhängt, haben eine mit der G_{11520} holoedrisch isomorphe Gruppe, einfacher sind dagegen die Gleichungen, welche die *16 Geraden einer Fläche 4. Ordnung mit doppeltem Kegelschnitte* bestimmen, indem ihre Gruppe sich mit einer Untergruppe $G_{16.120}$ der $G_{16.720}$ holoedrisch isomorph erweist[102]).

23. Quaternäre und quinäre Gruppen aus der Dreiteilung der hyperelliptischen Funktionen. Aus der elliptischen Transformationstheorie (Nr. 18) kennen wir Systeme von je n Grössen X_α und von daraus ableitbaren $\frac{n+1}{2} y_\alpha$ und $\frac{n-1}{2} z_\alpha$. Nun hat *Klein* darauf hingewiesen, wie die entsprechenden Überlegungen im *hyperelliptischen Falle* ($p = 2$) zu je n^2 *ganz analogen Grössen* $X_{\alpha\beta}$ (wie die Borchardt'schen Moduln für $n = 2$) führen[103]), aus denen man dann, wenn n ungerade, *Systeme von je* $\frac{n^2+1}{2}$ *Grössen* $Y_{\alpha\beta}$, bez. $\frac{n^2-1}{2}$ *Grössen* $Z_{\alpha\beta}$ herleiten kann[104]).

Die linearen Substitutionsgruppen, welche die $Y_{\alpha\beta}$ und die $Z_{\alpha\beta}$ bei linearer Transformation der Perioden erleiden, sind nur für $n = 3$ näher untersucht worden. In diesem Falle besitzt das Problem ein doppeltes Interesse, weil nach *C. Jordan*[105]) die Gruppe der *Gleichung 27. Grades*, von welcher *die Geraden auf einer allgemeinen F_3* [III C 6] abhängen, eine ausgezeichnete (und zwar einfache) Untergruppe vom Index 2 enthält, welche aus 25920 Substitutionen besteht und mit der Gruppe der *Dreiteilung der hyperelliptischen Funktionen isomorph*

Brioschi, Act. math. 12 (1888), p. 83; Ann. éc. norm. (3) 12 (1895), p. 343 [I B 2, Nr. 10, Anm. 205]. Um die Aufstellung einer linearen Differentialgleichung 4. Ordnung, deren Integrale mit den Borchardt'schen Moduln zusammenfallen, als Resolvente der Gl. 6. Grades handelt es sich bei *F. N. Cole*, Amer. J. of math. 8 (1886), p. 265.

102) Die Gruppen dieser beiden Klassen von Gleichungen bestimmte *C. Jordan*, Traité des subst. 1870, p. 309, 313 [I B 3 c, d, Nr. 29].

103) Die von *Klein* in seinen Vorlesungen gegebenen Andeutungen über die $X_{\alpha\beta}$ wurden zunächst von *A. Witting* ausgeführt, Math. Ann. 29 (1886), p. 157; Diss. (Göttingen 1887); spätere Vereinfachungen und Zusätze stammen von *Burkhardt*, Math. Ann. 38 (1891), p. 163.

104) Die Moduln Y und Z treten auch in den citierten Arbeiten von *Witting* auf. Doch finden sich mit den Y äquivalente Funktionen schon bei der Behandlung der hyperelliptischen Multiplikatorgleichungen (genau wie bei *Jacobi* im elliptischen Falle [Nr. 10]) von *E. Wiltheiss*, J. f. Math. 96 (1883), p. 17.

105) Vgl. (auch wegen der Untergruppen) *C. Jordan*, J. de math. 4 (1869), p. 147; Traité des subst. p. 316, 365. Vgl. noch *E. Pascal*, Ann. di mat. 20 (1892), p. 168, 269; 21 (1893), p. 85 [I B 3 c, d, Nr. 29; III C 6].

ist. *C. Jordan* hat nun auch bereits *5 wichtige Arten von Untergruppen* jener G_{25920} mit den bez. Indices 27, 36, 40, 40, 45 bestimmt, welche in den Entwickelungen der folgenden Verfasser die Hauptrolle spielen, und bewiesen, dass die G_{25920} keine Untergruppen von niedrigerem Index als 27 enthalten kann. Wie man jene Gleichung 27. Grades auf das quaternäre Formenproblem der hyperelliptischen Moduln $Z_{\alpha\beta}$ zurückführen kann, hat *Klein* skizziert[106]). Die *quaternäre Gruppe der Z,* welche aus 2.25920 *homogenen Substitutionen* besteht und mit der zugehörigen Kollineationsgruppe G_{25920} hemiedrisch isomorph ist, wurde zuerst von *Witting* behandelt. Das *vollständige* aus 5 Formen bestehende *System von Invarianten* wurde sodann von *Maschke* aufgestellt. Endlich vervollständigte *H. Burkhardt* die früheren Untersuchungen durch Einführung von *Linienkoordinaten*[107]); die *senäre Gruppe von 25920 Substitutionen,* welche sich dadurch neben die Gruppe der Z stellte, liess unmittelbar die Beziehung zwischen den Gleichungen 27. Grades mit einer G_{25920} und dem Probleme der Z erkennen.

Burkhardt behandelte auch die *quinäre Gruppe der Y von 25920 homogenen Substitutionen* und stellte dabei ihr vollständiges System von 6 Invarianten auf[108]). In geometrischer Hinsicht traten am meisten zwei Systeme von 40 bez. 45 Haupträumen hervor, ebenso wie bei der Gruppe der Z eine Konfiguration von 40 Ebenen, welche den anderen Untergruppen vom Index 40 zugeordnet sind.

24. Gruppen von eindeutigen Transformationen einer algebraischen Kurve in sich. Nach den Untersuchungen von *Schwarz* u. a. [III C 9] ist es bekannt, dass ein *algebraisches Gebilde vom Geschlechte $p > 1$ nur eine endliche Zahl von eindeutigen Transformationen in sich* zulassen kann. Allgemeine Untersuchungen über solche Gebilde mit eindeutigen Transformationen in sich hat nun insbesondere *Hurwitz* unternommen[109]). Die zugehörigen endlichen Transformationsgruppen sind im hyperelliptischen Falle *auf die endlichen binären Gruppen*

---

106) J. d. math. (4) 4 (1887), p. 169.

107) *Witting,* Diss.; *G. Maschke,* Gött. Nachr. 1888, p. 78; Math. Ann. 33 (1889), p. 317; *Burkhardt,* Math. Ann. 41 (1892), p. 317. Vgl. über die quaternäre Gruppe der Z auch *G. Morrice,* Lond. M. S. Proc. 21 (1890), p. 58; 23 (1892), p. 213.

108) Gött. Nachr. 1890, p. 376; Math. Ann. 38 (1891), p. 185.

109) Man sehe über periodische Transformationen Gött. Nachr. 1887, p. 85 und Math. Ann. 32 (1888), p. 290; über allgemeine Transformationsgruppen Math. Ann. 41 (1892), p. 403.

hemiedrisch isomorph bezogen, indem die zweiwertige Hauptfunktion sich nach einer solchen substituieren muss. *Für $p = 2$ hat O. Bolza* die in Rede stehenden Transformationsgruppen bestimmt[110]). Im nichthyperelliptischen Falle kann man die durch die Transformationen gebildete Gruppe in eine *Kollineationsgruppe* im R_{p-1} überführen, indem man die p homogenen Koordinaten den Differentialquotienten der Integrale erster Gattung proportional setzt. *Für $p = 3$ und $p = 4$* hat *Wiman* die hier besprochenen Kollineationsgruppen hergeleitet[111]); auch sind von ihm verschiedene Resultate für $p = 5, 6$ gegeben.

25. Endliche Gruppen von birationalen Transformationen. Man kann die bisherige Fragestellung erweitern, indem man ganz allgemein nach den *endlichen Gruppen von birationalen Transformationen* fragt. Hier hat *S. Kantor* mit besonderem Erfolge eingesetzt. Zuerst handelte es sich bei ihm um die Bestimmung der *periodischen Transformationen in der Ebene.* Diese Frage erledigte er nach zwei Methoden: einmal so, dass er die geometrische Konstruktion der Gruppen durch eine rein *arithmetische* Untersuchung über die möglichen Verkettungen der Fundamentalpunkte bei den Transformationen vorbereitete[112]); seine zweite *rein geometrische* Lösung[113]) ging von einem invarianten linearen Systeme von rationalen oder elliptischen Kurven aus, dessen Existenz er durch den Übergang zu den successiven Systemen von adjungierten Kurven einer ursprünglichen invarianten Kurve nachgewiesen hatte. Weiter suchte *Kantor*[114]) unter wechselnder Anwendung seiner verschiedenen Methoden *alle endlichen Gruppen von birationalen Transformationen in der Ebene überhaupt* zu bestimmen. Seine Lösungen hier waren aber in mancher Hinsicht unrichtig; die nötigen Berichtigungen wurden von *Wiman* gegeben[115]). Die *typischen Hauptklassen* von endlichen birationalen Transformationsgruppen in der Ebene sind nach *Kantor* die folgenden[116]):

1) Kollineationsgruppen;

---

110) Amer. J. of math. 10 (1887), p. 47; Math. Ann. 30 (1887), p. 546 [I B 2, Nr. 4, Anm. 85].

111) Stockh. Bih. 21¹, Nr. 1, 3 (1895); wegen $p = 3$ vgl. auch *W. Dyck,* Math. Ann. 17 (1880), p. 474, 510.

112) „Premiers fondements pour une théorie des transformations périodiques univoques" (Preisschrift Neapel 1891); vgl. J. f. Math. 111 (1894), p. 50.

113) Acta math. 19 (1895), p. 115. Dort findet sich (p. 167) die erste völlig korrekte Aufzählung der periodischen Typen.

114) „Theorie d. endl. Gruppen von birationalen Transformationen in der Ebene" (Berlin 1895).

115) Math. Ann. 48 (1896), p. 195.

116) l. c. p. 43.

2) Gruppen von „orthanallagmatischen“ Transformationen[117]), welche einen Geradenbüschel invariant lassen;

3) Gruppen, welche ein System von Kegelschnitten durch zwei feste Punkte invariant lassen und den Gruppen der Kollineationen einer F_2 in sich entsprechen;

4—8) Gruppen, welche ein System von C_3 mit 3 bis 7 festen Punkten invariant lassen;

9) Gruppen mit invariantem C_3-Büschel und überdies invariantem System von C_6 mit Doppelpunkten in den 8 Basispunkten.

In den Klassen 3 bis 5 kommen höchstens *quadratische* und in der Klasse 6 *kubische Transformationen* vor; solche Gruppen sind von *L. Autonne*[118]) vielfach behandelt. Die Klasse 7 erhält man aus den *Kollineationsgruppen einer F_3 in sich* durch die Abbildung dieser Fläche auf die Ebene. Bei den Klassen 8 und 9 kann man die Ebene als das Bild *einer doppelten Ebene mit einer C_4*, bez. *eines doppelten Kegels 2. Grades mit einer C_6 als Übergangskurve*[119]) betrachten, sodass man in beiden Fällen durch Kombination der Vertauschung der beiden Blätter mit der Gruppe der Kollineationen der Übergangskurve in sich die in der einfachen Ebene zu bestimmenden Gruppen herleiten kann.

Kantor[120]) hat auch die endlichen Gruppen von *birationalen Transformationen im R_3*, bei denen die den Ebenen entsprechenden Flächen keine doppelten oder mehrfachen Kurven enthalten, untersucht und ihre Typen aufgezählt.

26. Erweiterung auf unendliche diskontinuierliche Gruppen. Die hier in Betracht gezogene Theorie der *endlichen* Gruppen findet in der Theorie der *unendlichen diskontinuierlichen* Gruppen ihre naturgemässe Fortsetzung, deren Behandlung insbesondere in II B 6 c der vorliegenden Encyklopädie unternommen wird.

---

117) Nach *Wiman* (l. c. p. 200, 207) existiert hier in den Fällen, welche nicht durch die Klassen 1 und 3 geliefert werden, immer eine invariante hyperelliptische Kurve.

118) Par. C. R. 97, 98, 101 (1883—85); J. d. math. (4) 1, p. 431; 2, p. 49; 3, p. 63; 4, p. 177, 407 (1885—88).

119) Wegen dieser Abbildungen einer einfachen Ebene auf eine Doppelebene vgl. man etwa *Noether*, Erl. Ber. 10 (1878), p. 81; bez. der Litteratur s. noch Fortschr. d. Math. 9 (1877), p. 581.

120) Acta math. 21 (1897), p. 1; Amer. J. of math. 19 (1897), p. 1, 382.